河南玉兰栽培

赵天榜　宋良红　田国行　陈志秀　主编

黄河水利出版社
·郑州·

内容提要

本书是全面系统地介绍河南发展玉兰属植物的意义、分类研究简史、分布与栽培范围、良种选育理论与技术、种质资源、苗木培育与栽培技术、"辛夷"挥发油主要化学成分,以及开发与利用相结合的一部著作。全书分15章:第一章　研究玉兰属植物的意义、第二章　河南省自然概况、第三章　河南玉兰属植物分类研究简史、第四章　河南玉兰属植物分布与栽培范围、第五章 玉兰属植物的生物学特性、第六章　玉兰属植物形态解剖、第七章　玉兰属植物良种选育理论与技术、第八章　玉兰属分类系统、第九章　河南玉兰属植物资源、第十章　玉兰属植物苗木培育技术、第十一章　玉兰属植物栽培理论与技术、第十二章　玉兰属植物灾害防除、第十三章　河南玉兰属植物"辛夷"挥发油主要化学成分、第十四章　河南玉兰属植物开发与利用、第十五章　河南玉兰栽培现状与建议。本书内容丰富、论点明确、资料翔实、文图并茂,是作者40多年来从事河南玉兰属植物调查、科学研究成果与经验的总结。本书总计收录玉兰属植物有3亚属、9组(1新组)、14亚组、3系、57种(5新种、8杂交种、1新改隶组合种)、23亚种(7新亚种)、85变种(2新变种、3新组合变种、2新改隶组合变种、2新引栽变种)、40品种群(14新品种群)、310品种(69新品种、3新组合品种、20新改隶组合品种、31新引栽品种、4无性系)。同时,收录中国玉兰属植物彩色图版111幅(彩片1124张)、图171幅、77表格。

本书可供林业、植物分类学、园林植物学、观赏植物学、经济林栽培学、林木育种学、园林育种学、花卉学、园林苗圃学、中药学、园林设计等专业科技人员及其爱好者阅读与参考。

图书在版编目(CIP)数据

河南玉兰栽培 / 赵天榜等主编. —郑州:黄河水利出版社,2015.3

ISBN 978-7-5509-1046-1

Ⅰ.①河…　Ⅱ.①赵…　Ⅲ.①玉兰-观赏园艺-河南省　Ⅳ.①S685.15

中国版本图书馆CIP数据核字(2015)第059324号

出 版 社:黄河水利出版社

地址:河南省郑州市顺河路黄委会综合楼14层

邮政编码:450003

发行单位:黄河水利出版社

发行部电话:0371-66026940、66020550、66028024、66022620(传真)

E-mail:hhslcbs@126.com

承印单位:河南省瑞光印务股份有限公司

开本:787 mm×1 092 mm　1/16

印张:31.5　　插页:56

字数:900千字　　印数:1—2 000

版次:2015年6月第1版　　印次:2015年6月第1次印刷

定价:90.00元

《河南玉兰栽培》编委会

主编单位　河南农业大学　郑州植物园
主　　编　赵天榜　宋良红　田国行　陈志秀
副 主 编　李小康　李　静　赵东欣　高聚堂　傅大立
编 著 者　王　华　宋良红　李小康　郑州植物园
田国行　李　宁　李　静　陈志秀
赵天榜　赵东武　河南农业大学
陈俊通　河南农业大学林学院园林系 2012 级学生
张东安　鲁山县林业局
赵　杰　新郑市林业局
赵东方　郑州市林业工作总站
赵东欣　河南工业大学
高聚堂　靳三恒　南召县林业局
傅大立　中国林业科学研究院经济林研究开发中心
绘 图 者　赵天榜　陈志秀
彩片排序　陈俊通　李小康　赵天榜
摄 影 者　王　华　田文晓　李小康　李万成　张东安
张贯银　陈俊通　杨　帆　杨红震　赵天榜
赵东方　赵东欣　赵东武　郭保生　高聚堂
谢学军　靳三恒　傅大立　戴慧堂

前 言

河南地处我国中原地区,地形与地貌复杂;气候冬寒少雪,春旱多风,夏热多雨,秋季凉爽,且具有繁多的土壤类型,因而植物资源丰富,又是我国粮食、棉花、烟草等重要产区之一。同时,铁路、公路纵横贯穿全省,是全国航空、陆路和铁路重要交通枢纽之一。玉兰属 Yulania Spach 植物是一类生长迅速、适应性强、分布与栽培范围很广、寿命长、树姿雄伟、花色鲜艳、芳香四溢、材质优良、用途广泛的名贵花木、重要中药材、香精原料,绿化、美化荒山和平原的重要速生用材树种。

据赵天榜等2014年统计,世界玉兰属植物自然种57种。中国分布57种(包括引种栽培的4种、7引种栽培杂交种),中国是玉兰属植物主要起源中心、分布中心,以及多样性中心。河南玉兰属植物具有4大特点:(1)种质资源丰富。河南是我国该属植物分布与栽培最多的地区。本书中记载的河南玉兰属植物有3亚属、9组(1新组)、14亚组、3系、57种(5新种、8杂交种、1新改隶组合种)、23亚种(7新亚种)、85变种(2新变种、3新组合变种、2新改隶组合变种、2新引栽变种)、40品种群(14新品种群)、310品种(69新品种、3新组合品种、20新改隶组合品种、31新引栽品种、4无性系)。同时,收录中国玉兰属植物彩色图版111幅(彩片1124张)。(2)南召和鲁山两县是世界上辛夷植物栽培面积最大、株数最多的基地。如南召和鲁山两县的望春玉兰 Y. biondii(Pamp.) D. L. Fu 和腋花玉兰 Y. axilliflora(T. B. Zhao, T. X. Zhang et J. T. Gao) D. L. Fu 栽培面积最大(12万 hm^2 以上)、栽培株数最多(700万株以上),居全国之首、世界第一。(3)南召和鲁山两县产的"辛夷"年产量最高(50.0万 kg 以上)、品质最优,因而荣称"河南辛夷",畅销东南亚各国与地区,而"辛夷"质量也居全国之首、世界第一。据赵东欣副教授等研究,望春玉兰不同变种、品种"辛夷"挥发油中共鉴定出主要化学成分24种,其中共有化学成分7种,即:① α-派烯(α-pinene) 2.30 %~4.54 %;② β-水芹烯(β-phellandrene)5.02 %~13.16 %;③ β-派烯(β-pinene)4.22 %~7.91 %;④ 桉叶油醇(eudesmol)15.75 %~50.27 %;⑤ 芳樟醇(linalol) 1.19 %~4.30 %;⑥ δ-荜澄茄烯(δ-cadinene)2.82 %~4.03 %;⑦ 吉兰烯(gerancrene) 3.74 %~7.77 %。同时,测定出腋花玉兰及其品种"辛夷"挥发油中共有主要化学成分及其平均含率表明:① β-水芹烯(β-phellandrene)8.116 %(腋花玉兰)、1.106 %['猴背子'腋花玉兰 Y. axilliflora(T. B. Zhao, T. X. Zhang et J. T. Gao) D. L. Fu 'Houbeizi']、3.659 %['猴掌'腋花玉兰 Y. axilliflora (T. B. Zhao, T. X. Zhang et J. T. Gao) D. L. Fu 'Multialabastra']、3.396 %['序花'腋花玉兰 Y. axilliflora(T. B. Zhao, T. X. Zhang et J. T. Gao) D. L. Fu 'Xuhua']、4.041 %['卷毛'腋花玉兰 Y. axilliflora(T. B. Zhao, T. X. Zhang et J. T. Gao) D. L. Fu 'Juanyehua'];② β-派烯分别为:8.659 %、5.532 %、6.607 %、7.317 %、1.980 %;③ 桉叶油醇分别为:29.720 %、15.871 %、31.727 %、39.662 %、28.381%。总之,可以看出"河南辛夷"质量优越。特别是桉叶油醇含率15.75 %~50.27 %,为全国乃至世界"辛夷"所罕见。据报道,桉叶油醇在治疗癌症方面具有显著的疗效。再者，赵东欣副教授等测定：南召县望春玉兰“辛夷”中金合欢醇(famesol)含率5.95 %～15.59 %。金合欢醇为名贵香料，具有极大的开发利用潜力。(4)河南玉兰属植物中特异种类居全国之首，而为其他国家及全国其他省、市、区所没有。据赵天榜2014年统计，河南玉兰属植物中特异种类为25种，如多型叶玉兰 Y. multiformis T. B. Zhao, Z. X. Chen et J. Zhao 短枝叶形多种类型，幼叶暗紫色。单花具花被片9枚，或11～12枚；2种花型：① 单花具花被片9枚，有萼、瓣之分；雄蕊花药淡黄白色；② 单花具花被片11～12枚，花瓣状，内轮花被片3枚，条形，内弯呈弓形。又如异花玉兰 Yulania varians T. B. Zhao, Z. X. Chen et Z. F. Ren 混合芽腋生、顶生，椭圆体状；玉蕾顶生、腋生，长卵球状。花蕾顶生。花先叶开放、后叶开放。玉蕾花6种类型：① 单花具花被片6枚，花瓣状，匙状椭圆形；② 单花具花被片9枚，花瓣状，匙状椭圆形；③ 单花具花被片9枚，外轮3枚，萼状，长约3 mm，宽约2 mm，膜质；④ 单花具花被片9枚，外轮3枚花被片狭条形，长3.5～6.5 cm，宽3～5 mm，膜质；⑤ 单花具花被片11～12枚，外轮3枚花被片条形，长1.5～2.5 cm，宽2～3 mm，膜质；⑥ 单花具花被片11枚，外轮3枚条形，变化极大，长0.3～6.5 cm，宽0.2～2.0 cm，膜质。6种类型花的离生单雌蕊子房疏被短柔毛；有时单花具2枚并生雌蕊群；在雄蕊中混有离生单雌蕊，或混有2～5枚呈簇的离生单雌蕊；花丝亮淡红粉色与花药近等长。雌雄蕊群有2种类型，即：① 雄蕊群与雌蕊群近等高，或雌蕊群明显低于雄蕊群；② 雌蕊群显著高于雄蕊群；花梗与缩台枝密被长柔毛。混合芽花有3种类型，即：① 单花具花被片5枚；② 单花具花被片9枚；③ 单花具花被片12枚。3种类型花的离生单雌蕊子房无毛，稀单花内具2枚雌雄蕊群；花被片花瓣状，其形状、大小、颜色、质地有显著区别；花梗1～2节，无毛，也无缩台枝。花蕾1次花有2种类型、2次花蕾花有6种类型，两者单花具花被片(8～)9～12枚，其内轮花被片大小、形状、质地等多变异，有雄蕊瓣化，雌雄蕊群通常发育不良。因而，在开展该属形变理论、起源理论、良种选育、开发利用等多学科理论研究中具有重要意义。

为此，多年来，作者赵天榜、高聚堂、陈志秀、田国行、赵东欣等与黄桂生、张东安高级工程师及张天锡、任云和、赵杰工程师等，在南召和鲁山县县委、县政府、林业局，新郑市林业局及河南新郑林业高新技术试验场等单位领导同志的大力支持下，先后开展有：“望春玉兰自然类型研究”、“望春玉兰研究”、“望春玉兰品种资源调查研究”、“河南木兰属植物新品种选育及栽培技术的研究”、“望春玉兰与农作物间作群体结构的研究”、“望春玉兰等辛夷挥发油含率及其化学成分的研究”等多项资源调查、科学试验和研究，从中发现许多新分类群，选育出一批新优良种与品种，如‘桃实’望春玉兰 Y. biondii(Pamp.)D. L. Fu ‘Ovata’、腋花玉兰及青皮玉兰 Yulania viridula D. L. Fu, T. B. Zhao et G. H. Tian 等，并进行了大量繁育及大面积推广应用，为河南林业生产、园林化建设事业和经济林发展积累了宝贵经验，为深入开展该属植物多学科理论研究和开发利用奠定了基础。同时，阐述了该属植物建立分类系统的形态理论、系统分类理论(起源理论)、特征分析和模式理论，以及模式方法，提出其分类系统是：属、亚属、组、亚组、系、种、亚种及变种，使玉兰属植物自然种与杂交种形成一个自然的、完整的、进化的谱系。

本书记载的玉兰属植物资源植物有3亚属、9组(1新组)、14亚组、3系、57种(5新种、8杂交种、1新改隶组合种)、23亚种(7新亚种)、85变种(2新变种、3新组合变种、2新改隶组合变种、2新引栽变种)、40品种群(14新品种群)、310品种(69新品种、3新组合品种、20新改隶组合品种、31新引栽品种、4无性系)。河南玉兰属植物有3亚属、9组(1新组)、14亚组、3系、57种(5新种、8杂交种、1新改隶组合种)、23亚种(7新亚种)、85变种(2新变种、3新组合变种、2新改隶组合变种、2新引栽变种)、41品种群(14新品种群)、310品种(69新品种、3新组合品种、20新改隶组合品种、31新引栽品种、4无性系)。同时,收录中国玉兰属植物彩色图版111幅(彩片1124张)。57种植物中有26种为河南特产植物(包括中国特有珍稀濒危植物种3种和河南特有植物,即模式标本,采自于河南23种),如1. 河南玉兰 Yulania honanensis(B. C. Ding et T. B. Zhao)D. L. Fu et T. B. Zhao、2. 石人玉兰 Y. shirenshanensis D. L. Fu et T. B. Zhao、3. 腋花玉兰 Y. axilliflora(T. B. Zhao,T. X. Zhang et J. T. Gao)D. L. Fu、4. 鸡公玉兰 Y. jigongshanensis(T. B. Zhao,D. L. Fu et W. B. Sun)D. L. Fu、5. 青皮玉兰 Y. viridula D. L. Fu,T. B. Zhao et G. H. Tian、6. 奇叶玉兰 Y. mirifolia D. L. Fu,T. B. Zhao et Z. X. Chen、7. 楔叶玉兰 Y. cuneatifolia T. B. Chao et Z. X. Chen et D. L. Fu、8. 朝阳玉兰 Y. zhaoyangyulan T. B. Chao et Z. X. Chen、9. 信阳玉兰 Y. xinyangensis T. B. Zhao,Z. X. Chen et H. T. Dai、10. 异花玉兰 Y. varians T. B. Zhao,Z. X. Chen et Z. F. Ren、11. 安徽玉兰 Y. anhueiensis T. B. Zhao,Z. X. Chen et J. Zhao、12. 大别玉兰 Y. dabieshanensis T. B. Zhao,Z. X. Chen et H. T. Dai、13. 舞钢玉兰 Y. wugangensis(T. B. Zhao,W. B. Sun et Z. X. Chen)D. L. Fu、14. 两型玉兰 Y. dimorpha T. B. Zhao,Z. X. Chen et H. T. Dai、15. 莓蕊玉兰 Y. fragarigynandria T. B. Zhao,Z. X. Chen et H. T. Dai、16. 多型叶玉兰 Y. multiformis T. B. Zhao,Z. X. Chen et J. Zhao、17. 具柄玉兰 Y. gynophora T. B. Zhao,Z. X. Chen et J. Zhao、18. 华丽玉兰 Y. superba T. B. Zhao,Z. X. Chen et X. K. Li、19. 中州玉兰 Y. zhongzhou T. B. Zhao,Z. X. Chen et L. H. Sun、20. 伏牛玉兰 Y. funiushanensis(T. B. Zhao,J. T. Gao et Y. H. Ren)T. B. Zhao et Z. X. Chen、21. 华夏玉兰 Y. cathyana T. B. Zhao et Z. X. Chen、22. 黄山玉兰 Y. cylindrica(Wils.)D. L. Fu、23. 天目木兰 Y. amoena(Cheng)D. L. Fu、24. 宝华玉兰 Y. zenii(Cheng)D. L. Fu、25. 杂配玉兰 Y. hybrida T. B. Zhao,Z. T. Chen et X. K. Li、26. 华豫玉兰 Y. huayu T. B. Zhao,Z. X. Chen et J. T. Chen。同时,本书还收录中国玉兰属植物彩色图版111幅(彩片1124张),是目前河南收录玉兰属植物种质资源和品种资源最多、资源调查范围最广、科学试验和研究年限最长、收录资料最全的一部著作。

此外,作者在进行河南玉兰属植物资源调查、引种驯化、良种选育、新品种推广、栽培技术、林粮间作、“辛夷”化学成分分析等试验研究中,曾得到河南农业大学、南召县林业局、鲁山县林业局、新郑市林业局、河南鸡公山国家级自然保护区管理局、河南正昊风景园林设计有限公司等单位,参与河南玉兰属植物资源调查、标本采集、良种选育、引种驯化、造林技术与“辛夷”化学成分分析等试验研究人员黄桂生、戴天澍、戴慧堂、焦书道高级工程师,乔应常高级农艺师,卢奎教授,何瑞珍副教授,王建郑高级技师,以及张天锡、高超、孙军、任云和、王恩礼、杨凯亮、范军科工程师,曾庆乐、闫惠吾、顾朝玺、徐国超、刘超、陈新房、李欣忘、胡培贵、乔应常、宋留高、张贯银、李留根和魏超、宋培豪、马绢、胡艳芳、胡艳荣等同志的大力支持与帮助,特别是我国著名树木分类学家洪涛研究员给予极大鼓励和帮助,在此一并致以谢意!

本书作者在编著本书过程中，虽付出了艰辛的劳动，但因经验不足等，难免有不妥、错误之处，敬请读者批评指正。

赵天榜

2014 年 4 月 29 日

凡　例

1. 本书收录的玉兰属 Yulania Spach 属名，采用正体排版，该属异名属的异学名采用斜体排版。

2. 本书收录的玉兰属、亚属、组、亚组、系、种、亚种、变种、品种名称与学名采用正体排版，而该属各分类群的异学名采用斜体排版。

3. 本书收录的玉兰属各分类群之间关系及其各分类群的顺序，均按赵天榜等在《世界玉兰属植物资源与栽培利用》(2013)一书中，提出的以形态分类为主的"玉兰属新分类系统"的进化及亲缘关系的顺序排列。

4. 本书收录的玉兰属植物3亚属、9组(1新组)、14亚组、3系、57种(5新种、8杂交种、1新改隶组合种)、23亚种(7新亚种)、85变种(2新变种、3新组合变种、2新改隶组合变种、2新引栽变种)、40品种群(14新品种群)、310品种(69新品种、3新组合品种、20新改隶组合品种、28新引栽品种、4无性系)。河南玉兰属植物有3亚属、9组(1新组)、14亚组、3系、57种(5新种、8杂交种、1新改隶组合种)、23亚种(7新亚种)、85变种(2新变种、3新组合变种、2新改隶组合变种、2新引栽变种)、40品种群(14新品种群)、310品种(69新品种、3新组合品种、20新改隶组合品种、28新引栽品种、4无性系)。同时，收录中国玉兰属植物彩色图版111幅(彩片1124张)，均按其亲缘关系归入。其中，它们的记载顺序为：名称、异名称、学名、异学名、形态特征、形态特征图、产地、模式标本采集地点与存放处、生物学特性要点、繁育技术、栽培技术要点、用途。本书中所录用的图片，均以作者自绘为主，引用图片为辅，并注明其引用文献，或绘图者。

5. 本书收录的河南玉兰属植物各分类群，如作者发表的新亚属、新组、新亚组、新系、新种、新亚种、新变种、新品种的形态特征描述，一律采用原形态特征描述。其中，河南无引种栽的种、亚种、变种、品种，均在不同之处加以附注。

6. 本书收录的河南玉兰属植物种、亚种、变种、品种的形态特征，一律不采用错误，或不确切的形态术语，如"花蕾"改为"玉蕾"等；玉蕾、果实等均采用"球状"、"卵球状"、"椭圆体状"，而不采用"球形"、"卵球形"、"椭圆形"等；作者在玉兰属物种中"萼"采用"披针形"不妥，本书中一律改为"条形"。

7. 本书收录的河南玉兰属植物的良种选育、栽培技术，以及"辛夷"化学成分与用途，分别专章论述。其内容以作者进行的河南玉兰属植物资源调查与试验研究的成果为主，河南有关专家研究河南玉兰属植物的成果为辅。

8. 本书收录的玉兰属植物各分类群的索引中，种名称按笔画排列，种下分类群名称按名称(玉兰)、异名称(白玉兰)、学名 Yulania denudata (Desr.) D. L. Fu、异学名(*Magnolia denudata* Desr.)的顺序排列。

9. 本书收录的河南玉兰属植物各分类群的索引中，不包括其他属物种，如荷花木兰 Magnolia grandiflora Linn.、小麦、玉米、茶树、木耳等一律不作索引。

10. 本书中凡记录的外国栽培的玉兰属植物人工杂种、品种，中国没有引种栽培的，在最后附录索引中均不列入。

11. 本书收录的中国玉兰属植物彩色图版 111 幅（彩片 1124 张），其名称排列基本上按《河南玉兰栽培》一书中种的顺序进行。其中，河南无引种栽培的种仅附于第九章后，仅记其识别要点。所录取的玉兰属植物彩片均注明其摄影者，或引用出处，为该属植物科技工作者和爱好者，进一步深入开展玉兰属植物研究提供参考。

目　录

前　言
凡　例 …… 1
第一章　研究玉兰属植物的意义 …… 1
第二章　河南省自然概况 …… 4
第一节　河南省行政区 …… 4
第二节　地形与地貌 …… 5
一、山地与丘陵区 …… 5
1. 太行山山地与丘陵区 …… 5
2. 黄土台地与丘陵区 …… 5
3. 豫西山地与丘陵区 …… 5
4. 桐柏、大别山山地与丘陵区 …… 5
二、平原 …… 5
1. 山前平原 …… 6
2. 黄河平原 …… 6
3. 淮河平原 …… 6
4. 南阳盆地 …… 6
三、河流 …… 6
1. 海河水系 …… 6
2. 黄河水系 …… 6
3. 淮河水系 …… 6
4. 汉水水系 …… 7
第三节　交通与运输 …… 7
第四节　气候 …… 8
一、气温 …… 8
二、降水量 …… 9
三、自然灾害 …… 10
第五节　土壤 …… 10
一、黄棕壤土土类 …… 10
二、黄褐土土类 …… 10

三、棕壤土土类 …… 11
四、褐土土类 …… 11
五、潮土土类 …… 12
六、砂姜黑土土类 …… 12
七、盐土与碱土土类 …… 12
八、水稻土土类 …… 13
九、红黏土与紫色土土类 …… 13
十、风沙土与新积土土类 …… 13
十一、石质土与粗骨土等土类 …… 14
十二、山地草甸土土类与沼泽土土类 …… 14
第六节 植被 …… 14
一、暖温带落叶阔叶林地带 …… 14
1. 豫东平原栽培植物区 …… 14
2. 豫西北、豫西山地落叶栎林与温性针叶林区 …… 15
二、北亚热带常绿落叶阔叶林地带 …… 15
1. 豫南丘陵平原暖性针叶林与落叶常绿林区 …… 15
2. 豫南山地暖性针叶林与落叶常绿栎林区 …… 16
3. 豫西南山地盆地含常绿树种的落叶栎林与暖性针叶林区 …… 16
第七节 物产丰富 …… 17
一、农业 …… 17
二、林业 …… 17
三、其他 …… 18
第八节 文化遗产 …… 18
第三章 河南玉兰属植物分类研究简史 …… 20
第四章 河南玉兰属植物分布与栽培范围 …… 37
第一节 河南西部 …… 37
第二节 河南南部 …… 39
第三节 河南北部 …… 40
第四节 河南中部 …… 40
第五节 河南东部 …… 42
第五章 玉兰属植物的生物学特性 …… 44
第一节 对气候的适应性 …… 44
第二节 对土壤的适应性 …… 45
第三节 喜光树种 …… 46

第四节　生育规律 …… 46
一、王兰 …… 47
1. 玉兰的物候期 …… 47
2. 玉兰芽种类、解剖、分枝习性与成枝生长规律 …… 49
二、望春玉兰 …… 51
1. 望春玉兰树冠成层性规律 …… 51
2. 望春玉兰年生长发育进程 …… 52
附:望春玉兰叶面积公式测算的研究(摘要) …… 54
3. 枝条类型与成枝生长规律 …… 56
4. 影响成枝的因素 …… 57
5. 胸径生长规律 …… 62
6. 大周期生长规律 …… 63
7. 根系生长 …… 65
三、舞钢玉兰芽种类与成枝成花规律 …… 66
1. 舞钢玉兰芽种类 …… 66
2. 分枝习性与成枝生长规律 …… 67
3. 玉蕾分化发育与成花规律 …… 68
第五节　玉兰属植物光合作用与水分生理 …… 70
一、材料与方法 …… 71
1. 试验材料 …… 71
2. 试验方法 …… 71
二、试验结果 …… 72
1. 不同树种叶片光量子光合反应曲线 …… 72
2. 玉兰属 5 种植物叶片 CO_2 光量子光合反应曲线 …… 73
3. 玉兰属植物 5 种叶片水分利用效率反应曲线 …… 74
4. 树冠部位、叶龄对舞钢玉兰生理指标的影响 …… 74
三、结论 …… 75
第六章　玉兰属植物形态解剖 …… 77
第一节　玉兰属植物玉蕾形态特征及其解剖 …… 77
一、望春玉兰玉蕾形态特征及其解剖 …… 77
二、腋花玉兰玉蕾形态特征及其解剖 …… 78
三、飞黄玉兰玉蕾形态特征及其解剖 …… 78
四、青皮玉兰玉蕾形态特征及其解剖 …… 78
五、异花玉兰玉蕾形态特征及其解剖 …… 79

六、黄山玉兰玉蕾形态特征及其解剖……………………………………………… 79
七、华夏玉兰玉蕾形态特征及其解剖……………………………………………… 79
第二节 玉兰属植物形态特征解剖 ………………………………………………… 79
一、骨质种子与其幼苗………………………………………………………………… 79
1. 骨质种子和结构 ………………………………………………………………… 80
2. 幼苗 ………………………………………………………………………………… 80
二、根的形态结构……………………………………………………………………… 80
1. 根尖结构 …………………………………………………………………………… 80
2. 根的初生结构 ……………………………………………………………………… 81
3. 根的次生结构 ……………………………………………………………………… 81
第三节 茎的形态结构 ……………………………………………………………… 83
一、茎尖及其分枝……………………………………………………………………… 83
二、幼茎的构造………………………………………………………………………… 83
1. 表皮 ………………………………………………………………………………… 83
2. 皮层 ………………………………………………………………………………… 83
3. 中柱 ………………………………………………………………………………… 84
三、老茎的构造………………………………………………………………………… 84
四、花枝的结构………………………………………………………………………… 85
第四节 叶形态结构 ………………………………………………………………… 85
一、叶柄构造…………………………………………………………………………… 85
二、叶片结构…………………………………………………………………………… 85
1. 表皮 ………………………………………………………………………………… 85
2. 叶肉 ………………………………………………………………………………… 86
3. 叶脉 ………………………………………………………………………………… 86
第五节 玉蕾形态结构 ……………………………………………………………… 86
一、望春玉兰…………………………………………………………………………… 86
1. 缩台枝结构 ………………………………………………………………………… 86
2. 芽鳞状托叶结构 …………………………………………………………………… 87
3. 花被片 ……………………………………………………………………………… 88
4. 雄蕊群 ……………………………………………………………………………… 88
5. 雌蕊群 ……………………………………………………………………………… 88
6. 花托 ………………………………………………………………………………… 89
7. 果实 ………………………………………………………………………………… 89
二、玉兰………………………………………………………………………………… 89

三、凹叶玉兰……………………………………………………………………………………… 90
四、武当玉兰……………………………………………………………………………………… 90
五、紫玉兰………………………………………………………………………………………… 91
第六节　玉兰属植物木材结构 ………………………………………………………………… 92
一、玉兰木材解剖………………………………………………………………………………… 93
二、玉兰属植物的木射线解剖特征……………………………………………………………… 93
1. 单列射线 ……………………………………………………………………………………… 93
2. 多列射线 ……………………………………………………………………………………… 94
三、导管分子解剖………………………………………………………………………………… 94
第七章　玉兰属植物良种选育理论与技术 …………………………………………………… 96
第一节　玉兰属植物分类等级 ………………………………………………………………… 96
一、属下分类等级………………………………………………………………………………… 96
二、种下分类等级………………………………………………………………………………… 96
1. 种 ……………………………………………………………………………………………… 96
2. 亚种 …………………………………………………………………………………………… 99
3. 变种 …………………………………………………………………………………………… 100
4. 变型 …………………………………………………………………………………………… 100
三、杂交分类等级 ……………………………………………………………………………… 100
1. 杂交组 ………………………………………………………………………………………… 100
2. 杂交种 ………………………………………………………………………………………… 101
3. 杂交变种 ……………………………………………………………………………………… 101
第二节　河南玉兰属植物良种选育简介………………………………………………………… 101
第三节　良种……………………………………………………………………………………… 102
一、品种群 ……………………………………………………………………………………… 102
二、品种 ………………………………………………………………………………………… 103
1.《国际植物命名法规》 ……………………………………………………………………… 103
2.《国际栽培植物命名法规》 ………………………………………………………………… 103
3.《国际植物新品种保护公约》 ……………………………………………………………… 104
三、新品种 ……………………………………………………………………………………… 104
四、品种名称形成 ……………………………………………………………………………… 105
五、品种命名 …………………………………………………………………………………… 105
六、品种符号 …………………………………………………………………………………… 106
第四节　玉兰属植物良种选育理论与技术……………………………………………………… 106
一、形态依据 …………………………………………………………………………………… 106

1. 树形变异 …… 107
2. 叶形变异 …… 107
3. 玉蕾变异 …… 107
4. 花型变异 …… 109
5. 花的变异 …… 109
6. 聚生蓇葖果形状、蓇葖果变异 …… 109
7. 骨质种子 …… 110
附:玉兰属植物形态特征等调查内容 …… 110
1. 基本情况 …… 110
2. 形态特征性状记载 …… 110
3. 蜡叶标本采集 …… 111
4. 蜡叶标本鉴定 …… 112
二、良种选育标准 …… 113
1. 用材树种标准 …… 113
2. 经济树种标准 …… 113
3. 观赏树种标准 …… 113
第五节 玉兰属植物选择育种技术 …… 114
一、选择育种技术 …… 114
1. 选择目的 …… 114
2. 选择技术 …… 115
二、选择育种实例 …… 117
1. 新种 …… 117
2. 新亚种 …… 118
3. 新变种 …… 118
4. 新品种 …… 118
第六节 玉兰属植物杂交育种技术 …… 118
一、有性杂交育种技术 …… 118
1. 杂交组合确定 …… 119
2. 杂交亲本选择 …… 119
3. 杂种苗培育与选择 …… 120
二、无性杂交育种技术 …… 121
三、其他杂交育种技术 …… 122
第七节 玉兰属植物其他育种技术 …… 122
一、人工诱变 …… 122

二、引种驯化 …… 122
1. 引种驯化试验 …… 122
2. 引种驯化经验 …… 125
三、其他育种技术 …… 126
第八节　玉兰属植物新分类群与发表 …… 126
一、新分类群 …… 126
二、新分类群发表的依据 …… 126
三、新分类群的发表 …… 126
1. 新组或新改隶组合亚组的发表 …… 126
2. 新种或新亚种的发表 …… 128
3. 新变种或新改隶组合变种的发表 …… 131
第九节　新分类群发表时拉丁文描述提要 …… 133
一、掌握植物拉丁文基本知识与查找汉语词与其对应拉丁词 …… 133
1. 掌握植物拉丁文基本知识 …… 133
2. 掌握植物形态特征术语与其对应的拉丁文术语 …… 133
二、确定新分类的依据 …… 134
三、新分类群的形态描述 …… 134
四、新杂交分类群的发表 …… 135
1. 新杂交种的发表 …… 135
2. 新杂交变种的发表 …… 135
第十节　新品种发表 …… 135
一、发表日期 …… 136
二、发表实例 …… 136
1. ‘光梗 螺托’玉兰　新品种 …… 136
2. ‘多被’舞钢玉兰　新品种 …… 136
3. ‘紫斑’朱砂玉兰　新品种 …… 136
第十一节　品种登记与保护 …… 137
第十二节　良种基地建设中存在的问题 …… 137
第八章　玉兰属分类系统 …… 138
第一节　玉兰属分类系统建立的理论依据 …… 138
一、形态理论 …… 138
二、系统分类理论 …… 138
1. 共同起源 …… 138
2. 分支发展 …… 139

3. 阶段发展 …… 139
4. 特征分析 …… 139
三、模式理论 …… 140
第二节 玉兰属分类系统建立的形态学依据 …… 140
第三节 玉兰属分类系统建立的其他依据 …… 141
第四节 玉兰属及其分类系统 …… 141
一、玉兰属(武汉植物学研究) …… 141
二、玉兰属分类系统 …… 141
1. 玉兰亚属(世界玉兰属植物资源与开发利用) 亚属 …… 141
2. 渐尖玉兰亚属(世界玉兰属植物资源与开发利用) 亚属 …… 145
3. 朱砂玉兰亚属(世界玉兰属植物资源与开发利用) 亚属 …… 151
三、玉兰属亚属、组、亚组、系之间的亲缘关系 …… 152
附:木兰科分类系统 …… 153
第九章 河南玉兰属植物资源 …… 156
第一节 玉兰亚属 …… 156
1. 滇藏玉兰 …… 156
2. 武当玉兰 …… 158
3. 康定玉兰 …… 160
4. 红花玉兰 …… 162
5. 湖北玉兰 …… 163
6. 玉兰 …… 165
7. 飞黄玉兰 …… 189
8. 楔叶玉兰 …… 191
9. 青皮玉兰 …… 192
10. 玉灯玉兰 …… 194
11. 奇叶玉兰 …… 197
12. 信阳玉兰 …… 197
13. 朝阳玉兰 …… 199
14. 华丽玉兰 …… 199
15. 中州玉兰 …… 201
16. 罗田玉兰 …… 203
17. 鸡公玉兰 …… 207
18. 两型玉兰 …… 209
19. 舞钢玉兰 …… 210

20. 华夏玉兰 …… 213
第二节　渐尖玉兰亚属 …… 216
21. 宝华玉兰 …… 216
22. 伏牛玉兰 …… 218
23. 天目玉兰 …… 219
24. 石人玉兰 …… 220
25. 景宁玉兰 …… 221
26. 渐尖玉兰 …… 222
27. 紫玉兰 …… 224
28. 美丽玉兰 …… 233
29. 望春玉兰 …… 233
30. 日本辛夷 …… 250
31. 星花玉兰 …… 251
32. 柳叶玉兰 …… 255
33. 星紫玉兰 …… 256
34. 腋花玉兰 …… 260
35. 黄山玉兰 …… 264
36. 安徽玉兰 …… 268
37. 具柄玉兰 …… 269
38. 莓蕊玉兰 …… 270
39. 异花玉兰 …… 272
40. 河南玉兰 …… 273
41. 大别玉兰 …… 275
42. 多型叶玉兰 …… 276
43. 布鲁克林玉兰 …… 278
第三节　朱砂玉兰亚属 …… 279
44. 朱砂玉兰 …… 279
45. 杂配玉兰 …… 293
46. 华豫玉兰 …… 296
47. 伊丽莎白玉兰 …… 297
48. 大公子玉兰 …… 297
49. 黑饰玉兰 …… 298
50. 阳顶玉兰 …… 299
51. 星系玉兰 …… 299

附件 1:河南尚未引种栽培的中国玉兰属植物种、变种 …… 300
1. 凹叶玉兰 …… 300
2. 椭蕾玉兰 …… 301
3. 怀宁玉兰 …… 301
4. 北川玉兰 …… 302
5. 多花玉兰 …… 302
6. 其他 …… 303
附件 2:I. 玉兰属、亚属、组、亚组、系检索表 …… 303
II. 河南玉兰属植物分种检索表 …… 306
第十章 玉兰属植物苗木培育技术 …… 311
第一节 良种采集与处理 …… 311
一、选择采种母树 …… 311
二、适时采种 …… 311
三、采种技术 …… 312
四、拟假种皮种子处理 …… 313
五、骨质种子品质鉴定 …… 313
六、骨质种子贮藏 …… 313
第二节 良种苗木繁育技术 …… 314
一、播种育苗 …… 314
1. 育苗地选择 …… 314
2. 细致整地 …… 314
3. 施入有机基肥 …… 315
4. 做床 …… 315
5. 骨质种子催芽 …… 315
6. 播种技术 …… 316
7. 苗圃管理 …… 317
二、扦插育苗 …… 319
1. 试验地点 …… 319
2. 试验材料 …… 319
3. 试验方法 …… 319
4. 试验结果 …… 320
三、嫁接繁殖 …… 321
1. 嫁接 …… 321
2. 嫁接亲和性 …… 321

3. 嫁接种类 …… 321
4. 嫁接试验结果 …… 327
四、其他育苗方法 …… 330
1. 芽苗培育与移栽 …… 330
2. 压条繁殖 …… 330
五、苗木出圃与运输 …… 330
1. 苗木调查 …… 330
2. 苗木出圃 …… 331
3. 苗木假植与运输 …… 331
第三节 “河南辛夷”良种推广经验 …… 331
一、“河南辛夷商品生产基地建设”经验 …… 331
1. 推广依据 …… 331
2. 推广情况 …… 332
3. 推广措施与经验 …… 332
二、河南正昊风景园林工程有限公司的经验 …… 334
1. 指导思想明确 …… 334
2. 自主创新 …… 334
3. 诚信是企业能否发展壮大的命脉 …… 334
4. 坚决贯彻教学、科研、生产“三结合”的方针 …… 335
5. 教训 …… 335
三、河南许昌县程豪苗圃的经验 …… 335
1. 实行股份制 …… 335
2. 实行企业主+农户制 …… 335
3. 技术入股 …… 335
四、河南南召县发展玉兰花木产业的经验 …… 336
1. 建立组织,加强领导 …… 336
2. 掌握实情,制定总体规划 …… 336
3. 培养技术骨干,严格“五化”标准 …… 336
4. 建立良种基地,选用优良品种 …… 336
5. 建立玉兰花木产业营销体系 …… 337
第十一章 玉兰属植物栽培理论与技术 …… 338
第一节 适地适树 …… 338
一、土壤质地 …… 339
二、土壤水分 …… 339

三、土壤肥力 …… 339
第二节　造林地整地…… 341
一、整地意义 …… 341
二、整地季节 …… 341
三、山区整地环节 …… 342
四、整地技术 …… 342
1. 全面整地 …… 342
2. 局部整地 …… 342
第三节　良种壮苗…… 343
一、良种 …… 343
二、壮苗 …… 345
第四节　合理密植…… 345
一、栽植密植 …… 345
二、混交栽植 …… 346
第五节　认真栽植…… 346
一、栽植时间 …… 346
二、栽植方法 …… 347
1. 栽苗造林 …… 347
2. 截干造林 …… 347
3. 大树移栽 …… 348
第六节　抚育管理…… 349
一、除萌、抹芽…… 350
二、中耕、除草…… 350
三、灌溉、施肥…… 350
四、玉兰属植物灾害防除 …… 351
五、全面垦复 …… 351
六、人工林 …… 351
第七节　望春玉兰幼树树体结构…… 351
一、研究内容与方法 …… 352
1. 树体结构类型划分 …… 352
2. 树体结构调查 …… 352
二、树体结构规律 …… 352
1. 树体结构 …… 352
2. 树体结构类型 …… 353

3. 树体结构规律 …… 354
4. 根系分布 …… 357
第八节　丰产树形培养 …… 358
一、严格执行造林六项基本措施 …… 358
二、选用合理的树冠结构 …… 358
三、速生丰产树体结构标准 …… 358
1. 低干 …… 358
2. 大冠 …… 358
3. 腋花品种 …… 358
4. 立体结构 …… 359
四、培育速生、丰产树形措施 …… 359
1. 主枝培育 …… 359
2. 固定骨架 …… 359
3. 合理修剪 …… 359
4. 加强管理 …… 361
第九节　望春玉兰与农作物间作栽培群体结构 …… 361
一、试验地概况 …… 361
1. 禹州市顺店乡 …… 361
2. 南召县云阳镇 …… 362
3. 鲁山县国营林场 …… 362
二、研究内容与方法 …… 362
1. 望春玉兰生长调查 …… 362
2. 农田小气候观测 …… 362
3. 小麦及其产量测定 …… 362
4. 玉米等作物生长及产量测定 …… 363
三、研究结果 …… 363
1. 管理措施对望春玉兰生长的影响 …… 363
2. 望春玉兰等种、品种对其生长与产蕾量影响 …… 363
3. 望春玉兰与农作物间作群体内小气候观测 …… 364
4. 望春玉兰间作群体对小麦生长及产量影响 …… 367
5. 望春玉兰间作群体对玉米生长及产量影响 …… 368
6. 望春玉兰间作群体对其他作物生长及产量影响 …… 370
7. 结论 …… 370
第十节　矮化密植与低干大冠栽培 …… 371

一、矮化密植 …… 371
二、低干大冠栽培 …… 371
第十二章　玉兰属植物灾害防除 …… 372
第一节　主要病害 …… 372
一、苗木病害 …… 372
1. 苗木茎腐病 …… 372
2. 苗木立枯病 …… 372
二、叶部病害 …… 373
1. 玉兰炭疽病 …… 373
2. 辛夷点叶病 …… 374
3. 木兰叶斑病 …… 374
4. 白粉病 …… 374
三、枝干病害 …… 375
1. 立木腐朽病 …… 375
四、根部病害 …… 376
1. 根朽病 …… 376
五、果实病害 …… 376
1. 玉兰种实腐烂病 …… 376
六、其他病害 …… 377
第二节　主要虫害 …… 377
一、苗木虫害 …… 377
1. 蝼蛄类 …… 377
2. 金龟子类 …… 378
3. 小地老虎 …… 378
4. 种蝇 …… 379
5. 金针虫类 …… 379
二、叶部虫害 …… 380
1. 旋纹潜叶蛾 …… 380
2. 黄刺蛾 …… 380
3. 木橑尺蠖 …… 381
4. 河南卷叶象甲 …… 382
5. 大袋蛾 …… 383
6. 蚜虫类 …… 383
7. 山楂红蜘蛛 …… 384

三、枝干虫害 …… 385
1. 蚱蝉 …… 385
2. 光肩星天牛 …… 385
3. 红蜡蚧 …… 386
4. 叶蝉类 …… 387
四、㚖实与玉蕾虫害 …… 388
1. 桃小食心虫 …… 388
五、其他虫害 …… 388
第三节　寄生性植物防治 …… 389
1. 木兰寄生 …… 389
2. 栗毛钝果寄生 …… 389
3. 菟丝子 …… 389
4. 其他 …… 390
第四节　生物防虫 …… 390
一、以虫治虫 …… 390
二、以蜘蛛治虫 …… 390
三、以鸟治虫 …… 390
四、以菌治虫 …… 390
五、其他治虫 …… 391
第五节　鼠类、牲畜和人之害 …… 391
第六节　玉兰属植物自然灾害 …… 391
一、水害 …… 391
1. 产生原因 …… 391
2. 防治方法 …… 391
二、旱害 …… 391
1. 症状 …… 392
2. 防治方法 …… 392
三、盐碱害 …… 392
1. 症状 …… 392
2. 产生原因 …… 392
3. 防治方法 …… 392
四、风害 …… 392
1. 危害时期 …… 392
2. 症状 …… 393

3. 防治方法 …… 393
五、干热风害 …… 393
1. 症状 …… 393
2. 防治方法 …… 393
六、冻害 …… 393
1. 症状 …… 393
2. 防治方法 …… 394
七、雾凇 …… 394
八、日灼 …… 394
1. 苗颈日灼 …… 394
2. 叶片日灼 …… 394
3. 干皮日灼 …… 395
九、其他 …… 395
第十三章 河南玉兰属植物“辛夷”挥发油主要化学成分 …… 396
第一节 “辛夷”采摘 …… 396
一、“辛夷”采摘时期 …… 396
二、采摘方法 …… 396
1. 捆绑树冠 …… 396
2. 砍倒采摘 …… 396
3. 矮化密植 …… 396
4. 摘蕾技术 …… 397
三、玉蕾采摘时注意事项 …… 397
四、玉蕾贮存与运输 …… 397
第二节 河南玉兰属植物“辛夷”挥发油主要化学成分 …… 397
一、紫玉兰“辛夷”挥发油主要化学成分 …… 397
二、玉兰与黄花玉兰“辛夷”挥发油主要化学成分 …… 398
三、石人玉兰“辛夷”挥发油主要化学成分 …… 406
四、望春玉兰及其品种“辛夷”挥发油主要化学成分及其含率 …… 407
五、朱砂玉兰及‘红运’朱砂玉兰“辛夷”挥发主要油化学成分 …… 410
六、飞黄玉兰“辛夷”挥发油主要化学成分 …… 413
七、多油舞钢玉兰“辛夷”挥发油主要化学成分 …… 415
八、腋花玉兰及其品种“辛夷”挥发油主要化学成分 …… 416
1. 腋花玉兰及其品种“辛夷”挥发油 …… 417
2. 腋花玉兰及其品种“辛夷”挥发油主要特有化学成分及其平均含率 …… 418

3. 腋花玉兰及其品种“辛夷”挥发油中非共有主要化学成分数 …… 419
九、玉兰属植物10种“辛夷”挥发油主要化学成分 …… 421
1. 玉兰属植物10种“辛夷”的挥发油化学成分数 …… 421
2. 玉兰属植物10种“辛夷”挥发油中5种主要共有成分 …… 421
3. 玉兰属植物10种“辛夷”挥发油中非共有化学成分 …… 422
第十四章　河南玉兰属植物开发与利用 …… 424
第一节　玉兰属植物学术价值 …… 424
第二节　玉兰属植物药用 …… 424
第三节　玉兰属植物香料利用 …… 426
第四节　优良的园林、庭院和“四旁”观赏树种 …… 426
第五节　优良的水土保持林和水源涵养林树种 …… 427
第六节　植物园、公园中的特殊类群 …… 427
第七节　伏牛山区优良农林间作和特用经济林树种 …… 427
第八节　玉兰属植物其他特性和作用 …… 428
第九节　玉兰文化资源 …… 428
第十节　其他 …… 430
一、市花 …… 430
二、奖状 …… 430
三、玉兰艺术作品 …… 430
四、邮票 …… 430
五、装饰 …… 430
六、举办玉兰文化节 …… 430
七、现存玉兰属古树名木 …… 431
1. 玉琼洁绝双玉兰 …… 431
2. 东磊玉兰花王 …… 431
3. 大觉寺古玉兰 …… 431
4. 无染寺古玉兰 …… 431
5. 千年玉兰古树 …… 431
6. 白玉兰古树 …… 431
7. 广西玉兰古树 …… 431
8. 武当玉兰古树 …… 431
9. 望春玉兰古树 …… 431
第十五章　河南玉兰栽培现状与建议 …… 432
第一节　栽培现状 …… 432

一、成绩很大 …… 432
1. 种质资源丰富 …… 432
2. “河南辛夷”基地面积世界第一 …… 433
3. “河南辛夷”年产量最多、品质最优 …… 433
二、问题不少 …… 433
三、前途光明 …… 433
第二节 建议 …… 434
一、加强对我国现有玉兰属植物古树资源的保护 …… 434
二、迅速建立玉兰属植物种质资源基因库 …… 434
三、加速玉兰属植物新品种的选育、繁育与推广 …… 435
四、深入开展“辛夷”化学成分及其利用研究 …… 435
五、全面深入进行我国玉兰属植物资源的调查 …… 436
六、建议玉兰属植物中一些种作为珍稀濒危树种 …… 436
七、积极开展玉兰属植物栽培和“辛夷”采收的机械化研究 …… 436
八、加强对现有辛夷植物各林种的抚育管理 …… 436
九、加强玉兰文化建设 …… 437
附录 …… 438
I 玉兰亚科玉兰属、亚属、组、亚组、系名称、学名索引 …… 438
II 河南玉兰属种、亚种、变种及品种名称、学名索引 …… 441
参考文献 …… 464
中国玉兰属植物彩色图版

第一章　研究玉兰属植物的意义

玉兰属 Yulania Spach 植物，又称辛夷植物。该属植物是一类生长迅速、适应性强、分布与栽培范围很广、寿命长、树姿雄伟、花色鲜艳、芳香四溢、材质优良、用途广泛的名贵花木、重要中药材、香精原料，又是绿化、美化荒山和平原的重要速生用材林、特用经济林和城乡风景林等多用途的优良树种，因而在河南省林业生产和城乡园林化建设事业中，具有重要地位。

世界玉兰属植物共计 57 种（不包括杂交种），主要分布于北美洲、日本和中国。其中，北美洲分布区有 1 种——渐尖玉兰 Yulania acuminata（Linn.）D. L. Fu；日本分布区有 3 种——日本辛夷 Y. kobus（DC.）Spach、星花玉兰 Y. stellata（Sieb. & Zucc.）D. L. Fu 和柳叶玉兰 Y. salicifolia（Sieb. & Zucc.）D. L. Fu；中国分布区有 57 种（包括引种栽培的 4 种、7 引种栽培杂交种），如玉兰 Y. denudata（Desr.）D. L. Fu、滇藏玉兰 Y. campbellii（Hook. f. & Thoms.）D. L. Fu 等。中国是世界玉兰属植物主要起源中心、分布中心及多样性中心，也是品种资源最多、栽培面积最大，“辛夷”年产量最高、品质最优的地区。其中，河南分布与栽培玉兰属植物有 3 亚属、9 组（1 新组）、14 亚组、3 系、57 种（5 新种、8 杂交种、1 新改隶组合种）、23 亚种（7 新亚种）、85 变种（2 新变种、3 新组合变种、2 新改隶组合变种、2 新引栽变种）、40 品种群（14 新品种群）、310 品种（69 新品种、3 新组合品种、20 新改隶组合品种、31 新引栽品种、4 无性系）。同时，收录中国玉兰属植物彩色图版 111 幅（彩片 1124 张）。近年来，作者在河南各地发现一批新物种，如舞钢玉兰 Y. wugangensis（T. B. Zhao，Z. X. Chen et W. B. Sun）D. L. Fu；腋花玉兰 Y. axilliflora（T. B. Zhao，T. X. Zhang et J. T. Gao）D. L. Fu；河南玉兰 Y. honanensis（B. C. Ding et T. B. Zhao）D. L. Fu et T. B. Zhao；朝阳玉兰 Y. zhaoyangyulan T. B. Zhao et Z. X. Chen；多型叶玉兰 Y. multiformis T. B. Zhao，Z. X. Chen et J. Zhao；异花玉兰 Y. varians T. B. Zhao，Z. X. Chen et Z. F. Ren；鸡公玉兰 Y. jigongshanensis（T. B. Zhao，D. L. Fu et W. B. Sun）D. L. Fu 等。这些特异的形态特征物种的发现，在该属植物形变理论、进化理论、亲缘关系等多学科理论研究及开发利用中具有重要的学术价值和作用。

特别提出的是，长期以来，作者根据对玉兰属植物种质资源的调查和收集、整理与文献研究结果，阐述了该属植物建立分类系统的形态理论、系统分类理论（起源理论）、特征分析和模式理论，以及模式方法，创建玉兰属新分类系统，即：属、亚属、组、亚组、系、种。同时，解决了《国际植物命名法规》和《国际栽培植物命名法规》中有些不当规定。如凡是杂交类群均冠以‘ ’杂交符号，或在某杂交类群前，冠以“ notho - ”或“ n - ”表示。该属新分类系统，基本上解决玉兰属植物不同等级杂交类群的混乱的处理，使自然种与杂交种形成一个完整的、进化的、新的玉兰属谱系。

作者在进行河南玉兰属植物资源调查过程中，发现河南伏牛山区有望春玉兰天然群落（图版 1：1），有野生玉兰 Y. denudata（Desr.）D. L. Fu、武当玉兰 Y. sprengeri（Pamp.）

D. L. Fu 及滇藏玉兰 Y. campbellii(Hook. f. & Thoms.)D. L. Fu (图版 1:2)、康定玉兰 Yulania dawsoniana(Rehd. & Wils.)D. L. Fu 等分布,还有多处残留的望春玉兰一些百龄以上的古树,如南召县的云阳镇西花园屈庄有一株树龄近千年的望春玉兰(《南召县志》记载为 950 年),树高 25.0 m,胸径 1.41 m,冠幅 28.5 m,年产"辛夷"达 186.0 kg,是迄今发现的全国最大的古树之一,被称为"辛夷王";鲁山县鸡冢乡花园沟村的一株望春玉兰,树龄 300 年以上,树高 20.1 m,胸径 1.17 m,年产"辛夷"达 160.0 ~ 200.0 kg,亦称"辛夷王"。2009 年,南召县林业局等调查,全县望春玉兰胸径 100.0 cm 以上的大树有 1 616 株,其中最大 1 株胸径 200.0 cm 以上,誉为"玉兰王"。望春玉兰还能在多种立地条件下生长健壮、发育良好,甚至在成土母岩的坡地上,生长着 150 年左右的望春玉兰大树,树高 15.8 m,胸径 60.10 cm,冠幅 19.3 m。根据作者多年调查,望春玉兰、腋花玉兰等根系发达,固土、保水能力较强,是优良的主要经济树种之一。为此,河南南召县与鲁山县将望春玉兰、腋花玉兰作为长江上游水源涵养林、防护林、荒山造林、退耕还林、特用经济林、"四旁"造林的主栽树种之一,大力推广与发展。

目前,河南南召、鲁山两县已建成的"河南辛夷商品生产基地"面积最大(12 万 hm^2 以上)(图版 1:7)、栽培株数最多(700 万株以上),"辛夷"年产量最高(50.0 万 kg 以上)、品质最优,居我国第一,乃至世界各国之首。2000 年 3 月,南召县还被国家林业局、中国经济林协会命名为"中国名特优经济林　辛夷之乡"(图版 1:8)。

玉兰属植物的玉蕾(过去误称"花蕾")入中药,称"辛夷"。"辛夷"是我国传统的中药材之一,始载于秦汉时期的《神农本草经》,是主治头痛、鼻炎等疾病的用药,其栽培与利用已有两千多年的历史。河南南召和鲁山两县产的"辛夷",因其质量和产量均居全国首位,被誉称"河南辛夷",畅销东南亚各国或地区,享有极高的声誉。据赵东欣副教授等测定,腋花玉兰及品种"辛夷"中桉叶油醇(eudesmol)含率分别为:① 腋花玉兰 Y. axilliflora(T. B. Zhao,T. X. Zhang et J. T. Gao)D. L. Fu 'Axilliflora' "辛夷"中为 29.270 %;② '猴背子'腋花玉兰 Y. axilliflora(T. B. Zhao,T. X. Zhang et J. T. Gao)D. L. Fu 'Houbeizi' "辛夷"中为 15.871 %;③ '猴巴掌'腋花玉兰 Y. axilliflora (T. B. Zhao,T. X. Zhang et J. T. Gao) D. L. Fu 'Multialabastra' "辛夷"中为 31.727 %;④ '序'腋花玉兰 Y. axilliflora(T. B. Zhao,T. X. Zhang et J. T. Gao) D. L. Fu 'Xuhua' "辛夷"中为 39.662 %;⑤ '卷毛'腋花玉兰 Y. axilliflora(T. B. Zhao,T. X. Zhang et J. T. Gao)D. L. Fu 'Juanyehua' "辛夷"中为 28.381 %。据报道,桉叶油醇具有抗癌作用,很有研究和开发利用前景。

此外,望春玉兰"辛夷"中,主要含有香桧烯(sabinene)、β - 蒎烯(β - pinene)、桉叶油醇(eudesmol)、金合欢醇(farnesol)等香料成分,特别是望春玉兰"辛夷"金合欢醇含率达 15.59 %,是优质香料原料,很有开发利用前景。

玉兰属植物还具有显著的经济、生态效益和社会效益,以及科学理论研究价值。该属植物还是著名的观赏植物。我国很多省(市、区)植物园中均有木兰园(包括玉兰园),如《郑州植物园》中的玉兰园中有玉兰、望春玉兰、黄山玉兰 Y. cylindrica(Wils.)D. L. Fu、青皮玉兰 Y. viridula D. L. Fu,T. B. Zhao et G. H. Tian、朱砂玉兰 Y. soulangiana(Soul. - Bod.)D. L. Fu 等多种,特别是异花玉兰 Y. varians T. B. Zhao,Z. X. Chen et Z. F. Ren、华丽玉兰

Y. superba T. B. Zhao, Z. X. Chen et X. K. Li 及中州玉兰 Y. zhongzhou T. B. Zhao, Z. X. Chen et L. H. Sun 特异珍稀物种，对于深入开展玉兰属植物多学科理论研究，以及普及其科学知识和文化价值等具有重大意义。玉兰属植物的经济效益也很显著，据南召县 2012 年资料介绍，全县"辛夷"集中产地——云阳镇、小店乡、皇后乡等玉兰属植物"辛夷"与苗木总收入达 9.8 亿元，占全县 GDP 的 11.33 % 以上。其中，有些村与户玉兰属植物"辛夷"与苗木收入占其总收入的 60.0 % ~85.0 %，有 65 个村已成为玉兰属植物"辛夷"与苗木专业村。此外，该县小店乡栽植望春玉兰于山坡、谷间，不仅绿化了荒山、荒地及谷间沟壑，保持了水土，还获得了显著的经济、社会、生态效益。

河南正昊风景园林工程有限公司建立的"万亩玉兰生态园"基地中，引种玉兰属植物许多特异新物种和新优品种，栽培面积 18 万 hm^2，培育优质壮苗超过 300.0 万株，是目前我国企业界引种与栽培玉兰属植物品种资源最多、面积最大的良种繁育基地之一。

总结上述，充分表明发展和推广玉兰属植物中的特用经济和观赏树种、优良品种，对于改善当地农业经济单一结构、促进农林牧副工业全面发展，提高人民群众物质和文化生活水平，建设山区，绿化平原，改变自然面貌，维持生态平衡，保障工农业生产发展，具有特别重大的意义和作用。

第二章 河南省自然概况

第一节 河南省行政区

河南省位于我国中原地区,处在黄河中下游,又是我国中原经济开发区的中心区,东接山东、安徽,北邻河北、山西,西与陕西相连,南与湖北接壤。地处北纬31°23′~36°22′、东经110°21′~116°39′,南北长约550 km,东西宽580 km,总面积16.7万km^2(2012年统计),约占全国总面积的1.74%;人口约10 800万人。全省设置郑州、开封、商丘、南阳、驻马店、周口、信阳、濮阳、新乡、洛阳、平顶山、许昌、漯河、三门峡、安阳、焦作、鹤壁17地级市,50市辖区,21县级市,88县。2014年1月1日起,对巩义市、兰考县、汝州市、滑县、长垣县、邓州市、永城市、固始县、鹿邑县、新蔡县,全面施行由省直接管理的体制。河南省行政区如图2-1所示。

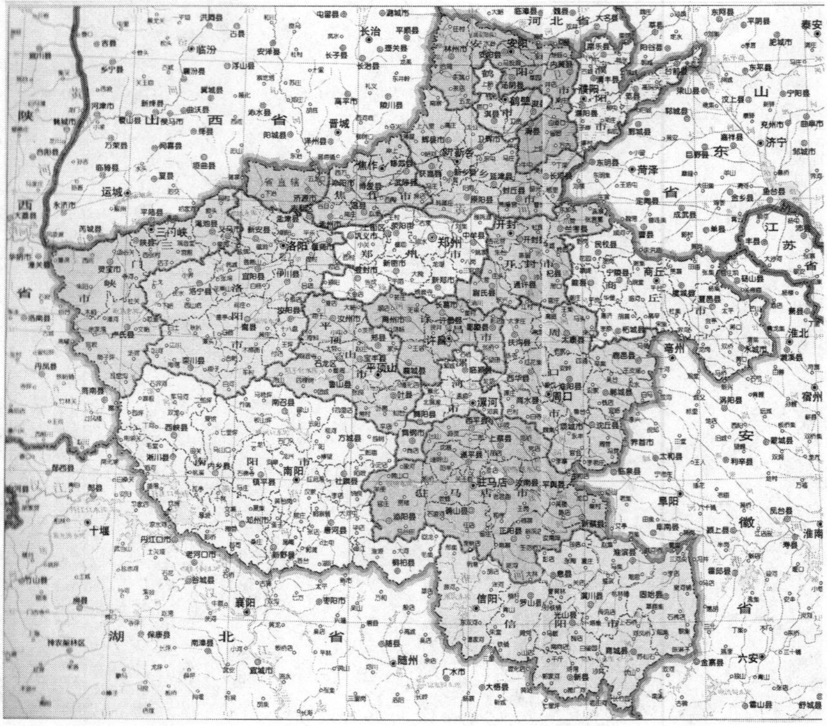

图2-1 河南省行政区

(选自星球地图出版社. 2013.《河南省地图册》)。

第二节　地形与地貌

河南省地形与地貌复杂,总的趋势是:由西向东逐渐降低。西部山区多在海拔 1 000 m 以上,最高达 2 412.8 m(老鸦坌);东部平原多在海拔 100 m 以下。其西北部有太行山,西部有伏牛山等,南部有桐柏山及大别山;京广铁路南北贯穿其中,东部荡漾千里,是黄淮海冲积大平原;山地与平原交接过渡地带,属丘陵与垄岗区。

一、山地与丘陵区

河南省全省山地与丘陵区面积 7.40 万 km^2(2012 年统计)。根据其地理位置不同,又分为 4 类。

1. 太行山山地与丘陵区

该区位于河南黄河以北的西北部,是一条东南向凸出的弧形山地与丘陵地带。其西部山地海拔 1 000 ~ 1 500 m,相对高度 500 ~ 1 000 m,山坡陡峻,悬崖峡谷相间,土层浅薄,基岩裸露,水土流失严重;东部为低山、丘陵地带,海拔 400 ~ 800 m。低山为石灰岩组成,顶圆坡陡,多在 30°左右;丘陵地带陡缓,多在 25°以下;低山与丘陵之间,有坳陷盆地,如林县盆地等。

2. 黄土台地与丘陵区

该区位于河南郑州以西的黄河南侧,是我国西北黄土高原的一部分。其范围包括黄河与洛河之间的广大地区和嵩山以北及济源一带,海拔 80 ~ 200 m,自西向东相对高度逐渐降低,黄土厚度 20 ~ 40 m。该区地形复杂,有黄土阶地、黄土塬、黄土丘陵区。其中,自然植被少,水土流失严重,因而沟壑纵横,是河南水土流失最严重的地区;东部为低山、丘陵地带,海拔 400 ~ 800 m。低山为石灰岩组成,顶圆坡陡,多在 30°左右;丘陵地带陡缓,多在 25°以下;低山与丘陵之间,有坳陷盆地。

3. 豫西山地与丘陵区

该区属于秦岭山系东段,位于河南西部,由崤山、熊耳山、外方山及伏牛山四大山系组成,并呈扇状向东、东南、东北延伸,构成雄伟的中山,海拔 1 000 ~ 1 500 m,最高达 2 413.8 m(老鸦坌);主要分布在灵宝、卢氏、栾川、西峡、嵩县、洛宁、登封、临汝、荥阳等县(市)。该区地形复杂,山陡坡峻,矿物与动植物资源丰富,发展区域特产潜力很大。其中,有山间盆地,如卢氏县盆地等。

4. 桐柏、大别山山地与丘陵区

该区包括桐柏山地、大别山北坡山地及南阳盆地东侧的丘陵地带。该区多为低山丘陵,水量充足,植物资源丰富,是发展农业生产的重要地区。

二、平原

河南平原区主要分布在京广铁路以东地区,是华北大平原的重要组成部分。整个地区荡漾千里,是河南农业生产的重要基地。其中,以地形不同,又分为 4 类。

1. 山前平原

该区主要分布在山麓边缘地区，主要有：

1.1 太行山山前洪积冲积平原：分布于卫河以西，南以武陟与赵和一线为界，西与西南部和太行山山麓相接，是由山前河流的洪积冲积扇和冲积坡积物联合而成的平原，分布于安阳、汲县、武陟一带。

1.2 伏牛山山前洪积冲积平原：分布于伏牛山山麓，东至京广铁路以西，是由沙河、颍河、汝河等的山前洪积冲积扇和冲积坡积物联合而成的平原。

1.3 桐柏、大别山山前洪积冲积平原：分布于淮河以南，信阳至固始县以北一线为界，是一个垄岗残丘与谷地相间分布的缓倾斜平原。

2. 黄河平原

该区主要分布于卫河以南，沿京广铁路直至漯河以东，沙河、颍河以北，是由黄河泛滥冲积而成的黄河大平原，黄河横贯中部，是我国主要粮食生产基地。其中，有沙地、沙丘和小形凹地分布。

3. 淮河平原

该区主要分布于淮河以北，沙河、颍河以南，沿京广铁路由漯河至确山一线以东地区。其地势平缓，水源丰富，是河南主要水稻 Oryza sativa Linn. 生产基地。

4. 南阳盆地

南阳盆地属南襄盆地，主要位于河南西南部，其三面环山，中间为堆积平原，地势平坦，土壤肥沃，灌溉方便，是河南主要粮食生产基地之一。其东、北、西三面为盆地周围边缘地带，属边缘垄岗状倾斜平原。

三、河流

河南省河流有470多条，其中，流域面积在1 000 km^2 的有50多条；流域面积超过5 000 km^2的有16条，隶属海河、黄河、淮河和汉水4大水系。

1. 海河水系

海河水系主要支流为卫河，发源于太行山，其支流在河南有30多条，如安阳河、淇河等，流域面积约1.53 km^2，包括黄河以北的地区，如安阳、新乡、焦作等。

2. 黄河水系

黄河自陕西潼关入豫，经河南台前县流入山东，流域面积约3.62 km^2，占河南总面积的21.7 %。黄河入豫后，自孟津注入平原，河床骤然变宽，泥沙大量沉积，形成“地上河”。夏季大雨，河水猛涨，造成多次决口成灾。1949年以来，在党和人民政府领导下，大力根治黄河，已经免除水患。其中，黄河水已得到充分利用，成为农业用水和城市供水的重要水源。黄河在河南的主要支流有伊河、洛河、沁河等。

3. 淮河水系

淮河发源于河南桐柏山地，由固始县流入安徽，流域面积约8.83 km^2，占流域总面积的46.2 %，占河南总面积的52.8 %。淮河在河南的支流约260多条，主要有沙河、洪汝河、狮河、贾鲁河等。淮河水系水量丰富，开发利用潜力很大。

4. 汉水水系

河南西南部的唐河、白河是汉水水系的主要支流。前者发源于嵩县的白云山，后者发源于方城县的伏牛山东侧，两河汇合后，称唐白河。在河南流域面积约2.72 km^2，占河南总面积的16.3 %。汉水水系水量丰富，水质良好，开发利用潜力很大。

总之，河南省地形与地貌复杂——西部山区多在海拔1 000 m以上；东部平原多在海拔100 m以下，是黄淮海冲积大平原；西北部有太行山，西部有伏牛山等，南部有桐柏山及大别山；山地与平原交接过渡地带，属丘陵与垄岗区，如图2－2所示。

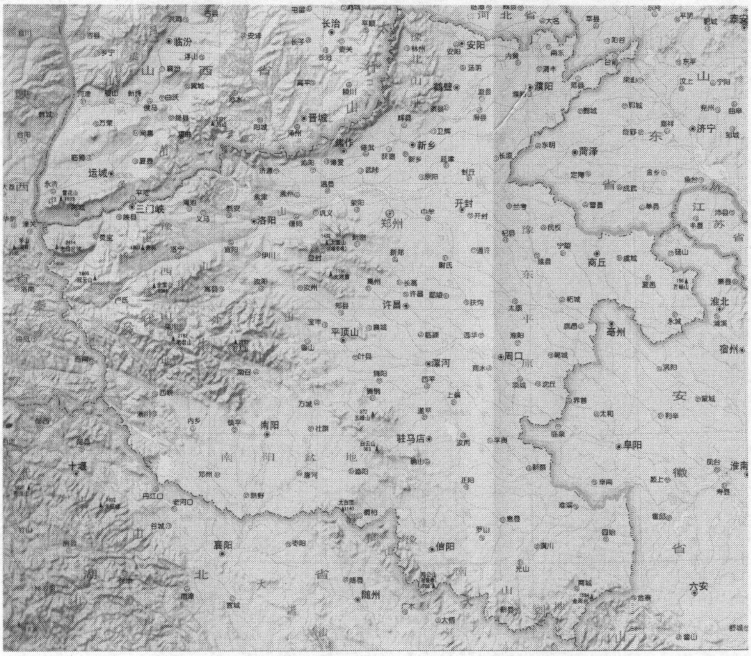

图2－2　河南省地形与地貌、河流等概况图

（选自星球地图出版社.2013.《河南省地图册》）。

第三节　交通与运输

河南省地处中原，地理位置优越，交通与运输十分便利。铁路、公路纵横贯穿全省，是全国陆路和铁路交通枢纽之一，已形成以国家铁路为骨干——公路为网络，铁路、公路、水运及民航全面协调发展的综合运输体系。全省铁路总长4 224 km，已形成“三纵四横”铁路交通枢纽，有郑西、京广客运专线通过，有京九、京广、焦柳、陇海、太焦、新焦等国家铁路和地方铁路漯阜、汤濮线交会。郑州东站、北站已成为亚洲最大的编组站，郑州东站是全国最大的零担中转站，郑州站是全国最大的客运站之一。公路南北有京港澳、大广、二广等国家高速公路，东西有连霍、沪陕等多条高速公路纵横贯穿全省，形成了以郑州为中心连接各地级城市的高速公路骨架，还有105、106、107、207、209、220、310、311、312国道与省道公路相互连接成公路交通网络，总里程达24.7万km，其中高速公路达5 196 km，交通运输十分便利，如图2－3所示。河南省还有黄河、淮河、海河、长江4大水系，境内有

1 500多条河流纵横交织,通航里程达1 267 km。

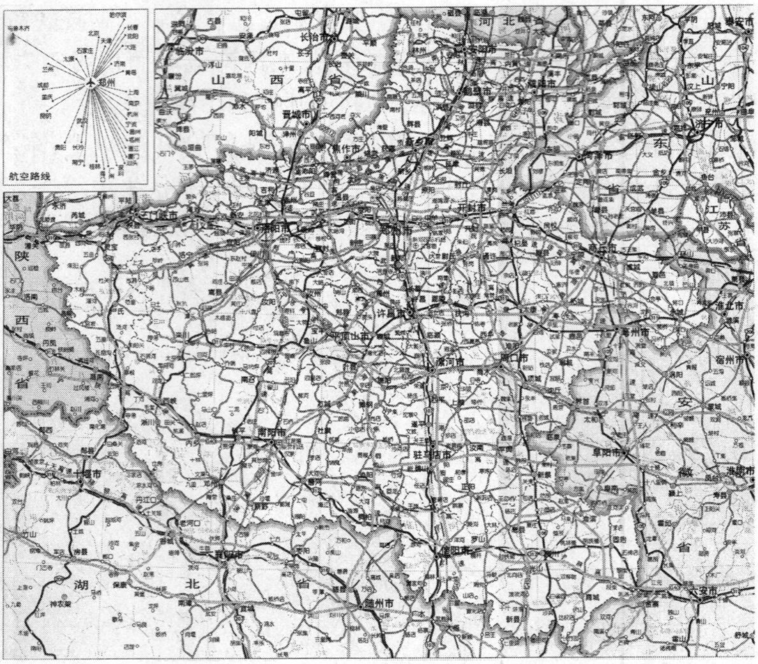

图2－3　河南省交通与运输图

（选自星球地图出版社. 2013.《河南省地图册》)。

此外,还有郑州上街、安阳北郊、洛阳北郊、南阳姜营机场,以及“郑州航空港区”,目前,已开辟76条航线(8条国际航线),航程达77 510 km。

第四节　气　候

河南省处于暖温带和北亚热带过渡地区,具有显著的过渡特征。由于地理位置不同,特别是受西伯利亚高压冷空气气流和南太平洋暖气流的影响,形成了河南气候多样性的特点。河南气候特点是:冬寒少雪,春旱多风,夏热多雨,秋季凉爽。

一、气温

气温是指空气的冷热程度,通常用℃表示。河南省全年平均气温为12.0～15.6 ℃,其年变化呈现由北向南逐渐递增、由西向东逐渐递减的规律。河南全年气温变化大,尤其是冬季与夏季变化更大。如冬季最低极端气温多在－15～－20 ℃,呈现出南高北低与东南低而西北高的趋势;7月最高,且有明显的大陆性特征,除高山区外,各地多在40 ℃以上,如郑州43.0 ℃、商丘43.0 ℃、南阳41.4 ℃、信阳40.9 ℃、安阳41.7 ℃等。河南省年平均气温分布与其河南省日平均气温稳定通过10 ℃的积温分布(1957～1977年),如图2－4和图2－5所示。

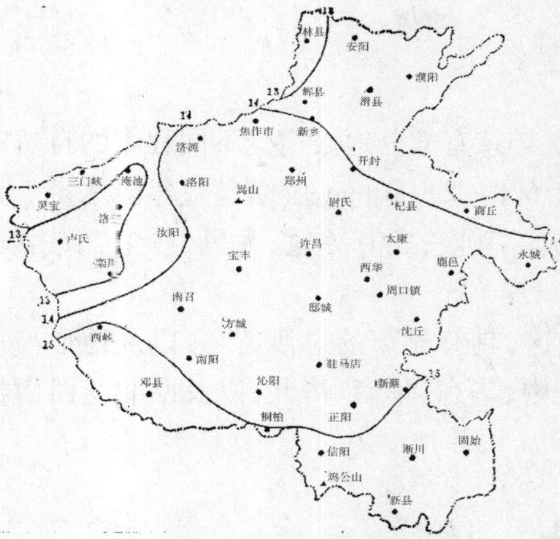

图2－4　**河南省年平均气温分布图**　（单位:°C）

（选自河南省气象局编. 1980.《河南气候》）。

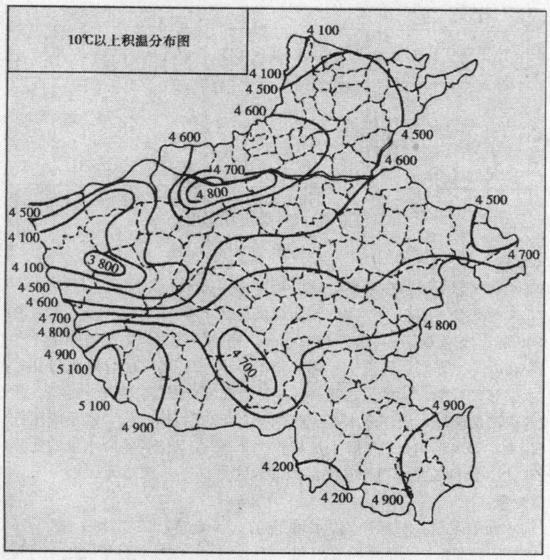

图2－5　**河南省日平均气温稳定通过10 ℃积温分布图**

（单位:°C）(选自河南省气象局编. 1980.《河南气候》)。

二、降水量

河南省各地由于地理位置不同,全年降水量也有明显差异,即600～1 400 mm,且明显呈现出由东南向西北逐渐减少的规律(见图2－6),如信阳县平均年降水量为1 106.3 mm,最大为1 654.1 mm,最小为617.6 mm,相差2.5倍以上。全省年降水量冬季很少。河南各地降水的另一个特点是:6～8月降水量为全年降水量的3/4左右。同时暴雨出现,造成极大灾害。据《河南省年鉴2012》记载,2012年全年降水量为507～995 mm。

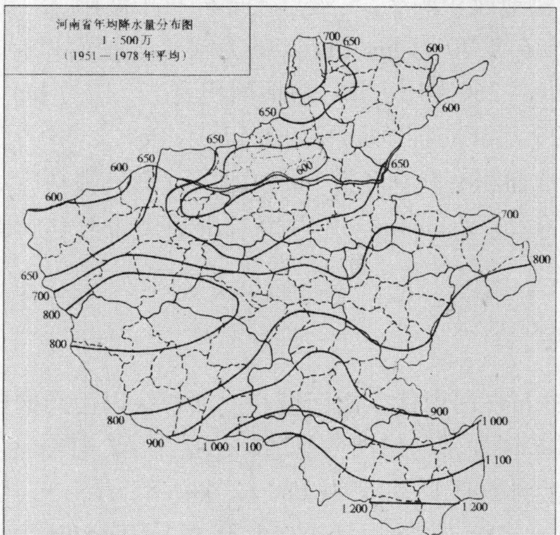

图2－6　**河南省年均降水量分布图**　（单位:mm）

（选自魏克循主编. 2004.《河南土壤》）。

此外,河南省各地水分年蒸发量为1 600～2 100 mm,显著超过年降水量。风具有环流性季节性变化,冬季多偏北风,夏季多偏南风,过渡季节两者相互交替发生,风速多在2～3 m/s。有些山区经常有“山谷风”发生。

三、自然灾害

河南省地域辽阔,各地由于地理位置不同,每年总有部分地区遭受不同程度的自然灾害,降水也有明显差异,而各地年水分蒸发量为1 600～2 100 mm,显著超过年降水量。其中,出现次数最多、影响地区最广的是旱灾与水灾。其次,还有冰雹、大风、沙尘、干热风、霜冻等灾害。

总之,河南省处于暖温带和北亚热带过渡地区,具有显著的过渡特征,以及地形与地貌复杂性,使河南植物组成成分中具有明显的华中、华东、华南、华北,以及西北与西南植物区系集中的特征。

第五节　土　壤

河南省地形与地貌复杂,成土因素复杂,因而土壤类型繁多。魏克循主编的《河南土壤》(2004)中记载:河南省土壤有7土纲、11土亚纲、17土类、42土亚类、133土属、424土种。其中,17土类分布与面积介绍如下。

一、黄棕壤土土类

黄棕壤土土类主要分布在河南伏牛山主脉以南、桐柏山、大别山北坡的丘陵与中低山地区。全省黄棕壤面积有32.37万 hm^2(485.53万亩),其中耕地面积有6.49万 hm^2(97.41万亩),占全省耕地面积的2.35%。主要分布于南阳、信阳、驻马店、平顶山、三门峡与洛阳市。其南阳市有8.30万 hm^2(124.46万亩),耕地面积有4.22万 hm^2(63.69万亩);信阳市有17.90 hm^2(268.41万亩),耕地面积有17.71万 hm^2(26.57万亩);三门峡市有3.20万 hm^2(48.06万亩),耕地面积有0.17万 hm^2(2.58万亩);洛阳市有1.80万 hm^2(26.99万亩),耕地面积有0.008万 hm^2(0.12万亩);驻马店市有0.008万 hm^2(12.04万亩),耕地面积有0.96万 hm^2(4.45万亩);平顶山市有0.361万 hm^2(5.57万亩),无耕地面积。

二、黄褐土土类

黄褐土土类主要分布在河南伏牛山南坡与沙河一线以南到桐柏山—大别山以北的北亚热带地域内的丘陵、垄岗地带与沿河阶地,即南阳、信阳、驻马店、平顶山、漯河、周口与三门峡市。全省黄褐土面积有162.99万 hm^2(2 444.83万亩),其中耕地面积有137.68万 hm^2(2 065.27万亩),占全省耕地面积的15.38%。其分布于南阳、信阳、驻马店、平顶山、三门峡、漯河与周口7市。南阳市有65.99万 hm^2(988.80万亩),耕地面积有60.20万 hm^2(903.03万亩);信阳市有27.18万 hm^2(407.65万亩),耕地面积有15.70万 hm^2(235.40万亩);三门峡市有0.55万 hm^2(8.30万亩),耕地面积有0.10万 hm^2(1.99万亩);漯河市有4.08万 hm^2(61.21万亩),耕地面积有4.06万 hm^2(60.91万亩);驻马店市有50.74万hm^2(761.18万亩),耕地面积有47.00万hm^2(714.92万亩);平顶山市有14.21万hm^2(213.22万亩),耕地面积有9.61万hm^2(144.61万亩);周口市有0.30万hm^2(4.47万亩),耕地面积有0.295万hm^2(4.42万亩)。

三、棕壤土土类

棕壤土土类(棕色森林土、山东棕壤)分布于太行山、伏牛山、桐柏山、大别山海拔1 000 m以上山地。全省棕壤土面积有44.47万hm^2(667.13万亩),其中耕地面积有0.222万hm^2(3.33万亩),占全省耕地面积的0.02%。其分布于安阳、焦作、新乡、洛阳、三门峡、郑州、南阳、信阳市。棕壤土又分以下几个亚类:

(1)棕壤土亚类。全省棕壤土亚类有13.39万hm^2(200.86万亩),耕地面积有0.207万hm^2(3.09万亩)。其分布于安阳市的棕壤土亚类面积有0.26万hm^2(0.39万亩),耕地面积有0.16万hm^2(0.24万亩);焦作市棕壤土亚类面积有0.32万hm^2(4.77万亩),耕地面积有40.0 hm^2(600亩);洛阳市棕壤土亚类面积有6.12万hm^2(91.83万亩),耕地面积有0.453万hm^2(0.68万亩);三门峡市棕壤土亚类面积有5.97万hm^2(89.59万亩),耕地面积有0.41万hm^2(2.08万亩);郑州市棕壤土亚类面积有0.19万hm^2(2.86万亩),无耕地面积;南阳市棕壤土亚类面积有0.702万hm^2(10.53万亩),耕地面积有2.07 hm^2(310亩);信阳市棕壤土亚类面积有0.06万hm^2(0.89万亩),无耕地面积。

(2)棕壤性土亚类。棕壤性土(粗骨棕壤)全省棕壤性土亚类有30.46万hm^2(456.93万亩),耕地面积有0.016万hm^2(0.24万亩)。其分布于安阳市棕壤性土亚类面积有0.116万hm^2(1.76万亩),无耕地面积;焦作市棕壤性土亚类面积有0.606万hm^2(9.09万亩),耕地面积有0.01万hm^2(0.16万亩);新乡市棕壤性土亚类面积有0.522万hm^2(7.83万亩),耕地面积有26.7 hm^2(401亩);洛阳市棕壤性土亚类面积有25.17万hm^2(377.58万亩),耕地面积有25.00 hm^2(374亩);三门峡市棕壤性土亚类面积有3.72万hm^2(56.79万亩),无耕地面积;郑州市棕壤性土亚类面积有0.253万hm^2(3.80万亩),无耕地面积;许昌市棕壤性土亚类面积有0.06万hm^2(0.89万亩),无耕地面积。

(3)白浆化棕壤土亚类。该亚类土壤共有6 219.1万hm^2(93 287亩)。其分布于三门峡市卢氏县的海拔1 500 m以上的中山阴坡地段。

四、褐土土类

褐土土类主要分布于豫西伏牛山脉(熊耳山)与沙河一线以北、京广铁路以西的广大地区。全省褐土面积有237.524万hm^2(3 562.86万亩),其中耕地面积有143.00万hm^2(2 214.89万亩),占全省耕地面积的16.5%。其分布于洛阳市的有38.32万hm^2(574.84万亩),耕地面积有25.52万hm^2(382.83万亩);平顶山市有26.27万hm^2(394.11万亩),耕地面积有11.85万hm^2(277.76万亩);安阳市有20.57万hm^2(308.51万亩),耕地面积有15.41万hm^2(231.07万亩);焦作市有16.88万hm^2(253.24万亩),耕地面积有7.994万hm^2(119.92万亩);许昌市有15.83万hm^2(237.49万亩),耕地面积有14.98万hm^2(224.73亩);新乡市有9.06万hm^2(135.90万亩),耕地面积有5.94万hm^2(89.20万亩);鹤壁市有8.22万hm^2(123.33万亩),耕地面积有6.67万hm^2(99.98万亩);周口市有1.14万hm^2(17.15万亩),耕地面积有1.04万hm^2(15.65万亩);漯河市有1.13万hm^2(16.91万亩),耕地面积有1.12万hm^2(16.87万亩);商丘市有0.033万hm^2(0.50万亩),无耕地面积。

五、潮土土类

潮土土类(冲积土)是河南土类中分布区域最广、面积最大的一个土类。主要分布于黄淮海平原及南阳盆地。全省潮土面积有416.09万hm^2(6 241.42万亩),其中耕地面积有387.08万hm^2(5 806.02万亩),占全省耕地面积的43.22%。其分布于商丘市的有79.23万hm^2(1 188.05万亩)、周口市有71.44万hm^2(1 073.53万亩)、开封市有49.52万hm^2(742.76万亩)、新乡市有45.94万hm^2(698.15万亩)、濮阳市有33.04万hm^2(495.60万亩)、安阳市有31.60万hm^2(463.58万亩)、焦作市有18.64万hm^2(279.56万亩)、郑州市有16.586万hm^2(248.79万亩)、驻马店市有14.142万hm^2(212.17万亩)、许昌市有12.34万hm^2(184.90万亩)、信阳市有8.81万hm^2(132.17万亩)、南阳市有8.23万hm^2(123.38万亩)、漯河市有7.55万hm^2(113.24万亩)、鹤壁市有6.84万hm^2(102.65万亩)、平顶山市有6.55万hm^2(98.21万亩)、洛阳市有5.246万hm^2(78.69万亩)、三门峡市有0.533万hm^2(7.99万亩)。其中,商丘、周口、开封、新乡市4市面积占52.29%。

六、砂姜黑土土类

砂姜黑土类主要分布于河南黄淮平原、南阳盆地的湖坡洼地,以及大别山、桐柏山、伏牛山及太行山山前的交接洼地有零星分布。全省砂姜黑土面积有127.245万hm^2(1 908.67万亩),其中耕地面积有124.79万hm^2(1 871.83万亩),占全省耕地面积的13.94%。其分布于驻马店市的有39.78万hm^2(596.73万亩)、南阳市有33.07万hm^2(496.07万亩)、周口市有20.22万hm^2(303.30万亩)、信阳市有10.672万hm^2(159.41万亩)、漯河市有9.82万hm^2(133.36万亩)、许昌市有4.589万hm^2(68.97万亩)、平顶山市有4.314万hm^2(64.71万亩)、商丘市有3.585万hm^2(53.78万亩)、安阳市有1.054万hm^2(15.81万亩)、新乡市有0.515万hm^2(8.72万亩)、洛阳市有0.172万hm^2(2.58万亩)、焦作市有0.348万hm^2(5.22万亩)。

七、盐土与碱土土类

盐土土类主要分布于河南黄河两岸的现背河洼地与古黄河洼地,即商丘、开封、新乡、濮阳等市。全省盐土面积有0.348万hm^2(1.67万亩),其中耕地面积有0.587万hm^2(0.88万亩),非耕地面积有0.527万hm^2(0.79万亩)。盐土又分草甸盐土和碱化盐土2亚类。草甸盐土亚类是指土壤中的盐分以氯化物,或硫酸盐为主,在0~20 cm的土层中含盐量大于10 g/kg,地下水位1~2 m。碱化盐土亚类是指土壤中既有碱化又有盐化的双重特征,土壤盐分中有碳酸盐和重碳酸盐,所以又称苏打盐土,在0~20.0 cm的土层中含盐量大于7 g/kg,土壤碱化度大于10.0%。全省碱化盐土面积有0.082万hm^2(1.23

万亩)，其中耕地面积0.358万hm^2(0.53万亩)。

碱土土类主要分布于沙河与颍河以北、京广铁路以东、古黄河背河洼地两侧与现黄河的背河洼地，多呈斑块状分布，即商丘、濮阳市。全省碱土面积有0.637万hm^2(9.52万亩)，其中耕地面积有0.115万hm^2(1.73万亩)。土壤呈强碱性反应，pH 9.5左右，碱化度45.0%~83.2%。

八、水稻土土类

水稻土土类主要分布于全省各地。全省水稻土面积有69.46万hm^2(1 041.93万亩)，其中耕地面积有67.107万hm^2(1 006.61万亩)，占全省耕地面积的7.49%。其分布于信阳市的有61.693万hm^2(925.43万亩)，南阳市有3.27万hm^2(49.05万亩)，驻马店市有1.255万hm^2(18.82万亩)，新乡市有0.305万hm^2(4.58万亩)，平顶山市有0.267万hm^2(4.01万亩)；焦作市、洛阳市、安阳市、郑州市有小面积分布。

九、红黏土与紫色土土类

红黏土土类主要分布于洛阳、三门峡2市，南阳盆地周边岗地、淮河以南垄岗地，以及太行山地也有分布，而信阳、南阳、平顶山、郑州、鹤壁、新乡等市有少量零星分布。全省红黏土面积有28.158万hm^2(422.37万亩)，其中耕地面积有15.025万hm^2(225.37万亩)，而洛阳、三门峡2市红黏土面积约为24.00万hm^2(360万亩)，占全省红黏土面积的85.0%以上。

紫色土是紫色风化物上发育的一种土壤。全省紫色土面积有6.565万hm^2(98.47万亩)，其中耕地面积有2.273万hm^2(34.1万亩)。该土类主要分布于洛阳市，面积有2.87万hm^2(43.00万亩)，耕地面积有0.859万hm^2(12.88万亩)；三门峡市（卢氏县）面积有0.365万hm^2(5.48万亩)，耕地面积有0.002万hm^2(0.03万亩)；郑州市面积有0.147万hm^2(2.21万亩)，耕地面积有0.386万hm^2(0.58万亩)；平顶山市面积有0.330万hm^2(4.94万亩)，无耕地面积；南阳市面积有2.633万hm^2(39.49万亩)，耕地面积有1.356万hm^2(20.34万亩)；信阳市面积有0.222万hm^2(3.35万亩)，无耕地面积。

十、风沙土与新积土土类

风沙土土类主要分布于河南黄河故道两侧与现黄河河漫滩的高滩地，其中，新乡、延津、卫辉、滑县、内黄、濮阳面积较大。全省风沙土面积有8.321万hm^2(124.81万亩)。该土类分布于安阳市的面积有1.069万hm^2(16.03万亩)、濮阳市面积有0.900万hm^2(13.50万亩)、新乡市面积有1.396万hm^2(20.95万亩)、鹤壁市面积有0.149万hm^2(2.24万亩)、开封市面积有0.905万hm^2(13.57万亩)、郑州市面积有3.065万hm^2(45.98万亩)、商丘市面积有0.641万hm^2(9.62万亩)、三门峡市面积有0.195万hm^2(2.92万亩)。

新积土土类主要分布于焦作市的有0.987万hm^2(14.82万亩)、三门峡市有2.114万hm^2(13.71万亩)、开封市有0.101万hm^2(1.52万亩)、新乡市有0.008万hm^2(0.12万亩)、安阳市有0.016万hm^2(0.24万亩)、鹤壁市有0.052万hm^2(0.88万亩)。全省风沙土面积有 2.086 万 hm^2(31.29 万亩),占全省土地面积的 0.15 %。

十一、石质土与粗骨土等土类

石质土土类主要分布于豫南、豫西与豫北的花岗岩、板岩、硅质砂岩、石灰岩地区。全省石质土面积有 57.037 万 hm^2(855.41 万亩)(无耕地面积),占全省土地面积的 4.15 %。即信阳、焦作、新乡、安阳、驻马店、南阳、三门峡、平顶山、郑州、许昌、鹤壁、商丘、洛阳市。

粗骨土土类全省面积有 182.586 万 hm^2(2 738.79 万亩),占全省土地面积的13.27 %,其中,耕地面积有 6.977 万 hm^2(104.66 万亩)。其主要分布于安阳市面积有 0.333 万 hm^2(5.00 万亩)、鹤壁市面积有 0.731 万 hm^2(10.97 万亩)、焦作市面积有 4.326 万 hm^2(64.90万亩)、新乡市面积有 0.695 万 hm^2(10.43 万亩)、三门峡市面积有 15.096 万 hm^2(226.49 万亩)、洛阳市面积有 24.753 万 hm^2(371.29 万亩)、郑州市面积有 1.139 万 hm^2(17.08 万亩)、平顶山市面积有 17.254 万 hm^2(285.81 万亩)、驻马店市面积有 9.602 万 hm^2(144.04 万亩)、许昌市面积有 1.493万 hm^2(22.42 万亩)、信阳市面积有 7.642 万 hm^2(114.63 万亩)、南阳市面积有 9.771 万 hm^2(1 465.70 万亩)。

十二、山地草甸土土类与沼泽土土类

山地草甸土土类主要分布于洛阳市的嵩县、栾川与安阳市的林州市,其他地区多零星分布。全省山地草甸土面积有 353.80 万 hm^2(5 307.0 万亩)。

沼泽土土类主要分布于焦作市的辉县市。全省沼泽土面积仅有 30.20 万 hm^2(453.0 万亩)。

河南省 4 种主要土类是黄褐土类、潮土土类、砂姜黑土土类、水稻土土类。其分布分别占全省农业耕地面积的 15.38 %、43.22 %、13.94 %、7.49 %。

注:上述各类土壤面积单位为万亩,均换成万 hm^2,并将原万亩数放在(　)内。

第六节　植　被

河南省地处于暖温带和北亚热带过渡地区,气候温和,雨量适中,植物资源丰富。据丁宝章等主编的《河南植物》第一册记载:河南省高等植物有 196 科 3 600 多种。其中,草本植物占 2/3,木本植物占 1/3。河南地形与地貌复杂,气候与土壤变化极大,因而在植被物种分布上亦具有明显的地带性和垂直分布带特征,现介绍如下。

一、暖温带落叶阔叶林地带

1. 豫东平原栽培植物区

该区西起京广铁路,南至淮河,北与河北连接,东与山东接壤,全区地势平坦,由西向东渐低,海拔 100 ~ 40 m,属黄淮海冲积平原。该平原气候冬冷夏热,年平均气温 13 ~ 15°C,年降水量 600 ~ 900 mm,雨热同季,对植物生长非常有利,但夏季降雨集中,常有水灾发生。该区内有洼地、盐碱地、砂地、砂丘等小型植被群落,人工林与“四旁”栽培树种。其树种多为杨属 Populus Linn.、柳属 Sailx Linn.、椿树 Ailanthus altissima(Mill.)Swingle、刺槐 Robinia pseudoacacia Linn.、泡桐属 Paulowni Sieb. & Zucc.、白蜡树 Fraxinus chinensis Roxb.、紫穗槐 Amorpha fruticosa Linn. 等。其中,杨属、刺槐、泡桐属、白蜡树、紫穗槐等有大面积人工林。农业生产主要以小麦 Triticum aestivum Linn.、玉米 Zea mays Linn. 为主,还有大豆 Glycine max(Linn.)Merr.、甘薯 Ipomoea batatas(Linn.)Lam.、谷子 Setaria italica (Linn.)Beauv.、高粱 Sorghum vulgare Pers.、芝麻 Sesamum indicum Linn.、落花生 Arachis hypogaea Linn.、西瓜 Citrullus lanatus(Thunb.)Matsum et Nakai、水稻 Oryza sativa Linn. 等。果树有梨树 Pyrus bretschneideri Rehd.、柿树 Diospyros kaki Linn. f.、苹果 Malus pumila Mill.、桃树 Amygdalus persica Linn.、枣树 Zizyphus jujuba Mill.、葡萄 Vitis rinifera Linn.、石榴 Punica granaturn Linn. 等。

此外,本区植物以华北植物区系为主,还有西北植物区系,以及引种栽培的多种经济植物和观赏植物,还有大量的野生草本植物,如禾本科 Gramineae 等科、属野生植物分布。

2. 豫西北、豫西山地落叶栎林与温性针叶林区

该区东起京广铁路,南达伏牛山主脉一线,北与西北与山西、陕西接壤,黄河贯穿其中,形成南北高、中间低的地形。同时,由于伊河、洛河、汝河、漳河等侵蚀切割,形成高山深谷、低山、丘陵、平川交错的复杂地形。该区气候变化大,年平均气温 12 ~ 14 °C,年降水量 600 ~ 800 mm,有些地方每年常有冻害与冰雹等自然灾害发生。全区多为山地、丘陵区,除山间盆地、丘陵区内植被群落物种外,人工林和"四旁"树种与豫东平原栽培植物区的树种相同;农业生产以小麦、玉米、大豆 Glycine soja Sieb. & Zucc.、甘薯 Ipomoea batatas(Linn.)Lam.、谷子、高粱、芝麻、落花生、西瓜、水稻、棉花 Gossypium hirsutum Linn. 等为主,还有梨树、柿树、苹果、桃树、枣树、葡萄、石榴等栽培。该植物区系以华北植物区系为主,还有华中植物区系及亚热带植物区系。其中,森林植被建群种主要为栎属 Quercus Linn.、松属 Pinus Linn.、杨属 Populus Linn.、槭属 Acer Linn.、桦木属 Betula Linn.、杜鹃属 Rhadodondron Linn、山楂属 Crataegus Linn.、连翘 Forsythia suspusa(Thunb.)Vahl、黄栌 Cotinus coggygria Scop. 等。玉兰属野生植物有:滇藏玉兰 Yulania campbellii(Hook. f. & Thoms.)D. L. Fu 和白花滇藏玉兰 var. alba(Treseder)D. L. Fu et T. B. Zhao、玉兰 Y. denudata(Desr.)D. L. Fu、望春玉兰 Y. biondii(Pamp.)D. L. Fu、武当玉兰 Y. sprengeri(Pamp.)D. L. Fu、腋花玉兰 Y. axilliflora (T. B. Zhao,T. X. Zhang et J. T. Gao)D. L. Fu、河南玉兰 Y. honanensis(B. C. Ding et T. B. Zhao)D. L. Fu et T. B. Zhao。其中,望春玉兰还有残留的天然次生林群落及很多百龄以上的大树。

此外,还有大量的野生草本植物。

二、北亚热带常绿落叶阔叶林地带

1. 豫南丘陵平原暖性针叶林与落叶常绿林区

该区指桐柏、大别山山前丘陵区及淮南平原。该区气候温和,年平均气温 14.5 ~ 15.5°C,年平均降水量 1 000 ~ 1 200 mm,是全省降雨最多的地区。信阳市的东北部与驻马店市南部的浅山丘陵区,多年栽培植物有小麦、甘薯、水稻,少数垄岗、残丘上主要栽培有茶树 Camellia sinesis O. Ktze.、油茶 C. oleifera Abel.、柑橘 Citrus reticulatsa Blanco、板栗 Castanea mollissima Bl.、马尾松 Pinus massoniana Lamb. 与杉木 Cunnighamia lanceilata

(Lamb.) Hook. 等。其植物区系以华中植物区系为主，还有华东植物区系及华北植物区系，以及大量的野生草本植物。玉兰属植物有鸡公玉兰 Yulania jigongshanensis (T. B. Zhao, D. L. Fu et W. B. Sun) D. L. Fu、罗田玉兰 Y. pilocarpa (Z. Z. Zhao et Z. W. Xie) D. L. Fu、黄山玉兰 Y. cylindrica (Wils.) D. L. Fu、毛玉兰 Y. denudata (Desr.) D. L. Fu subsp. pubescens (D. L. Fu, T. B. Zhao et G. H. Tian) D. L. Fu, T. B. Zhao et G. H. Tian 等。

2. **豫南山地暖性针叶林与落叶常绿栎林区**

该区指桐柏、大别山区与南阳市的桐柏山区。该区多年栽培植物有小麦、水稻。其植物区系以华中植物区系为主，还有华东植物区系及华北植物区系。大别山区与桐柏山区除保留有小面积的黄山松 Pinus taiwanensis Hayata 林外，还残存有香果树 Emmenopterys henryi Oliv.、金钱松 Pseudolarix amabili (Nelson) Rehd.、紫楠 Phoebe sheareri (Hemsl.) Gamble、黄檀 Dalbergia hupeana Hance、毛竹 Phyllostachys pubscens Mazel ex H. de Lehaie、刚竹 Ph. bambusoides Sieb. et Zucc. 等，以及大面积杉木、马尾松、油茶、茶树、板栗等人工林。还有大量的野生草本植物。

3. **豫西南山地盆地含常绿树种的落叶栎林与暖性针叶林区**

该区包括南阳市大部与驻马店市的一少部分。该区多年栽培植物有小麦、玉米、水稻、烟草 Nicotiana tabacum Linn.、芝麻等。其植物以落叶、常绿栎林与暖性针叶林为主，主要树种有栎属 Quercus、山杨 Populus davidiana Dode、漆树 Toxicodendron nerniciflnum (Stokes) F. A. Barkl.、山茱萸 Cornus offcinalis Sieb. et Zucc.、望春玉兰 Yulania biondii (Pamp.) D. L. Fu、山楂 Crataegus pinnatifida Bge.、猕猴桃 Actinidiachinensis Planch. 等，以及大面积板栗等人工林。还有大量的野生草本植物。

总之，河南地形与地貌复杂，气候与土壤变化大，因而在植被物种分布上具有明显的地带性和垂直带分布特征，如图 2-7 所示。

图 2-7　河南省植被图

I 暖温带落叶阔叶林地带；IA 豫东平原栽培植物区；IB 豫西北、豫西山地落叶栎林与温性针叶林区；II 北亚热带常绿落叶阔叶林地带；IIA 豫南丘陵平原暖性针叶林与落叶常绿林区；IIB 豫南山地暖性针叶林与落叶常绿栎林区；IIC 豫西南山地盆地含常绿树种的落叶栎林与暖性针叶林区（选自魏克循主编. 2004.《河南土壤》）。

第七节　物产丰富

河南省地处于北半球暖温带和北亚热带过渡地带，气候温和，雨量适中，植物资源丰富。其总面积约 17 万 km^2，而平原、河谷和盆地面积约 9.3 万 km^2（2012 年统计），约占全省总面积的 58.9 %。

一、农业

据 2012 年《河南年鉴 2012》，2012 年全省农作物播种总面积 1 425.861 万 hm^2。粮食作物面积 985.98 万 hm^2，其中夏收粮食面积 535.333 万 hm^2，秋收粮食面积 450.654 万 hm^2，谷物面积 905.535 万 hm^2，水稻种植面积 63.800 万 hm^2，玉米播种面积 302.500 万 hm^2，小麦播种面积 532.333 万 hm^2，谷子播种面积 3.587 万 hm^2，高粱播种面积 0.315 万 hm^2，大麦播种面积 3.000 万 hm^2，豆类播种面积 50.587 万 hm^2，油料播种面积157.891 万 hm^2，薯类种植面积 29.865 万 hm^2，棉花播种面积 39.667 万 hm^2，烟草种植面积 142.470 万 hm^2，药材种植面积 12.310 万 hm^2，蔬菜类种植面积 172.000 万 hm^2，瓜果类种植面积 32.900 万 hm^2，花卉类种植面积 9.120 万 hm^2。

据河南农业大学小麦专家郭天财教授、玉米专家陈延惠教授等介绍，2013 年全省小麦播种面积约 536.67 万 hm^2，单产约 4 298.5 kg/ hm^2，总产约 323.5 亿 kg；玉米播种面积约 400.0 万 hm^2，单产约 5 835.0 kg/hm^2，总产约 233.4 万 kg。特别提出的是，河南农业大学培育的玉米优良品种——伟科 702 号，最高每公顷产 20 250 kg。为此，中国工程院院士戴景瑞教授认为："伟科 702 是一个突破性成就，可能会使我国玉米育种进入一个新的阶段。" 水稻种植面积约 18.67 万 hm^2，单产 7 425.0 kg/hm^2，总产约 14.0 亿 kg。

二、林业

1980 年出版的《河南省综合农业区划》将河南省森林分为 8 类，即：1. 阔叶林，2. 针叶林，3. 针阔混交林，4. 农田林网，5. 农桐林，6. 农枣林，7. 经济林，8. 竹林。此后，河南林业有了突飞猛进的发展。据赵体顺等主编的《现代林业技术》（2010），2003 年河南森林资源调查结果是：森林覆盖率 16.19 %，林木覆盖率 22.64 %，林业用地面积 456.41 万 hm^2，森林面积 270.32 万 hm^2，森林蓄积量 8 404.64 万 m^3，活立木总蓄积量 13 370.52 万 m^3，林分总蓄积量 8 404.64 万 m^3，经济林面积 70.82 万 hm^2，竹林面积 1.77 万 hm^2，天然林面积 109.190 万 hm^2，人工林面积 161.11 万 hm^2，灌木林面积 59.84 万 hm^2，人工林面积 161.11 万 hm^2，"四旁"植树 79 160 万株，"四旁"植树蓄积量 4 382.37 万 hm^2。

2013 年，河南省人民政府在豫政[2013] 42 号文件《河南省人民政府关于印发河南林业省建设提升工程规划（2013 ~ 2017 年）的通知》中记载，2012 年，河南省森林覆盖率 22.98 %，森林面积 383.767 万 hm^2（5 756.5 万亩），森林蓄积量 14 227.0 万 m^3，经济林面积 101.44 万 hm^2（1 521.6 万亩）。其中，2007 ~ 2012 年间，森林覆盖率增加 3.62 %，森林面积增加 47.75 万 hm^2（716.4 万亩），林业产业年总产值增加 657.3 亿元，林业生态县 96.4 %，农田林网、间作控制率 86.0 %，沟、河、路、渠、湖岸周边宜绿化地段绿化率 85.0 %，新造林面积 169.613 万 hm^2(2 546.6 万亩),森林抚育与改造面积 50.953 万 hm^2(764.3 万亩),城镇社区建成区绿化率 23.0 %,花卉苗木种植面积 46.953 万 hm^2(174.3 万亩),主要经济林产品总产量 690.5 万 t 等,均有突飞猛进的发展。同时,还规划 2017 年实现《河南林业生态省建设》的宏伟目标。其目标是:

(1) 建设总目标:① 造林任务 91.64 万 hm^2(1 374.54 万亩);② 森林抚育与改造 120.97 万 hm^2(1 708.9 万亩),森林蓄积量 17 360 万 m^3 以上;③ 林业产业年总产值达 1 780亿元以上;④ 农民来自林业的纯收入平均达到 1 000 元;⑤ 省级以上生态文明教育基地达 130 个。

(2) 具体目标:沟、河、路、渠、湖库也宜绿化地段绿化率达 95.0 % 以上,平原农区防护林网、农林间作控制率稳定在 95.0 %,城镇、社区建成区绿地达 31.0 % 以上。

(3) 林地生产力达 60.0 m^3/hm^2。

(4) 主要经济林产品总产量达 750.0 万 t。

(5) 花卉苗木种植面积达 16.63 万 hm^2(249.4 万亩)。

(6) 林下种植、养殖经营面积 68.67 万 hm^2(930.0 万亩)。

(7) 商品材年产量达 550.0 万 m^3 左右,人工林商品材供应率达 90.0 % 左右,森林资源综合利用率达 95.0 % 以上。

(8) 森林防火瞭望覆盖达 95.0 %,火灾受害率稳定控制在 1.0 % 以下。

(9) 无公害防治率达 95.0 % 以上,林地有害生物成灾率控制在 4.0 % 以下。

(10) 湿地面积达 29.0 万 hm^2(435.0 万亩),自然湿地保护率达 44.0 % 以上,林业系统自然保护区面积达 53.33 万 hm^2 以上(800.0 万亩以上),90.0 % 以上国家和省重点保护野生动物和 80.0 % 以上极小种群野生植物种类得到有效保护。

(11) 科技进步贡献率达 52.0 %,专业技术人员比例达 13.0 %。

(12) 林业生态文明建设示范县达 20 个。

为实现上述任务,还明确提出实现这一重大目标的具体措施。

现以南召县 2013 年《南召县情简介》中的资料为例,该县林业发展概况是:森林覆盖率 66.4 %;林地面积 19.083 万 hm^2(286.3 万亩),木材蓄积量 630.7 万 m^3;经济林面积 4.467 万 hm^2(67.0 万亩);柞坡面积 8.167 万 hm^2(122.0 万亩),占全省柞坡面积的 52.5 %,年产柞茧 7.0 万担左右,占全省柞茧的 60.0 %;玉兰、望春玉兰等栽培面积 1.533万 hm^2(23 万亩),居全国第一,仅 2012 年其产业销售收入达 9.8 亿元,占全县总收入的 11.46 %。

三、其他

畜牧业、农业机械化、水利化、水产、食品加工,以及工业、矿产等均有很大发展。尤其是矿产资源极为丰富,如煤炭 251.41 亿 t、铁矿石 15.18 亿 t、钼砂 454.69 万 t、金 455.75 t 等。

第八节　文化遗产

河南省是中华民族发祥地之一,也是我国古代文明发祥地之一,具有大量宝贵的历史自然文化遗产,这是河南旅游发展得天独厚的优势。其境内有五六千年前裴李岗文化、仰韶文化和龙山文化,在夏、殷时这里的文化已相当发达。历史上有20多个朝代建都或迁都于河南,留下了很多名胜古迹,而地下文物居全国之首。世界文化遗产洛阳龙门石窟是我国三大石窟之一,还有安阳殷墟、洛阳白马寺、开封龙亭及相国寺、嵩山少林寺、嵩阳书院、中岳庙、岳飞庙、南阳武祠等一大批名胜古迹。殷商甲古文、商周青铜器、战国车马坑、汉代画像砖雕石刻等均展示出河南丰富多彩的人文旅游资源和史地科学价值。

此外,河南还有很多的自然景观,如云台山、鸡公山、石人山、宝天曼、老君山、浮戏山雪花洞、龙池曼原始森林风景区等。

第三章 河南玉兰属植物分类研究简史

玉兰属 Yulania Spach 植物在我国栽培与利用培历史悠久，始见于战国时期。如屈原《九歌·湘夫人》:“桂栋兮兰橑，辛夷楣兮药房”;《九歌·山鬼》:“乘赤豹兮从文狸，辛夷车兮结桂旗”;《九章·涉江》:“露申辛夷，死林薄兮”等。

1753 年，瑞典植物分类学家林奈 Caroli Linnaeus 首先发表美国木兰变种 *Magnolia virginiana* Linn. (var.) e. *acuminata* Linn.，并以美国木兰 *M. virginiana* Linn. 为模式建立木兰属 Magnolia Linn.。1759 年，林奈又将美国木兰变种提为种级——渐尖玉兰 *M. acuminata* (Linn.) Linn.。

1791 年，L. A. J. Desrousseaux 发表木兰属玉兰亚属 *Magnolia* Linn. subgen. *Yulania* (Spach) Dandy 在我国分布的 2 种：玉兰 *Magnolia denudata* Desr. 和紫玉兰 *M. liliflora* Desr.。

1820 年，Étienne Soulange – Bodin 发表在我国已有很久栽培历史的杂种——朱砂玉兰 *Magnolia* × *soulangiana* Soul. – Bod.。

1972 年，赵天榜、高聚堂、张宗尧等在河南南召县开始对河南木兰属玉兰亚属植物资源进行调查，发现河南南召县乔端林场宝天曼林区有野生玉兰 *M. denudata* Desr. 和望春玉兰 *M. biondii* Pamp.，并首次发现滇藏玉兰 *M. campbellii* Hook. f. & Thoms. 和白花滇藏玉兰 *M. campbellii* Hook. f. & Thoms. var. *alba* (Treseder) D. L. Fu et T. B. Zhao 天然分布。还有大面积望春玉兰次生天然群落和千年望春玉兰古树——“辛夷王”。同时，首次开展“望春玉兰类型研究”，并发现有河南玉兰 *M. honanensis* B. C. Ding et T. B. Chao (T. B. Zhao) 与腋花玉兰 *M. axilliflora* T. B. Zhao et T. B. Zhao [原称腋花望春玉兰 *M. biondii* Pamp. var. *axilliflora* T. B. Zhao (T. B. Zhao), T. X. Zhang et J. T. Gao)] 的分布。

1975 年，赵天榜、高聚堂、张宗尧、任云和率先在河南南召县开始进行河南木兰属 Magnolia Linn. 植物资源引种驯化研究。同时，在南召县乔端林场营建“河南辛夷基因库林”。该基因库林因张宗尧场长病故后被毁。

1978 年，王遂义主编的《河南木本植物识别》中，记载木兰属玉兰亚属植物在河南分布的有 3 种，即：① 望春花（辛夷）*Magnolia fargesii* Cheng；② 木兰（紫玉兰）*M. liliflora* Desr.；③ 玉兰 *M. denudata* Desr.。

1981 年，丁宝章等在《河南植物志》第一册中，记载木兰属玉兰亚属植物在河南分布的有 5 种，即：① 望春花（望春玉兰）*Magnolia biondii* Pamp.；② 木兰（紫玉兰）*M. liliflora* Desr.；③ 黄山玉兰 *M. cylindrica* Wils.；④ 玉兰 *M. denudata* Desr.；⑤ 朱砂玉兰 *M. diva* Stapf（实为‘德维’武当玉兰 *M. sprengeri* Pamp. ‘Diva’）。

1983 年，赵天榜在南召县人民政府办公室召开的“谈开发南召以林为主山区资源问题”会议上作了“大力发展望春玉兰”的发言。在发言中，特别提出大力发展腋花玉兰与

桃实望春玉兰 *Magnolia biondii* Pamp. var. *ovata* T. B. Chao(T. B. Zhao) et T. X. Zhang, var. nov. ined.。此后连续几年,在春季造林季时全县广播此发言,对该县发展望春玉兰的"辛夷"生产起到了很大的推动和鼓舞作用。

1983 年,赵天榜、高聚堂等在《望春玉兰类型的研究》(铅印稿)中,首次提出望春玉兰形态变异规律及其划分类型依据与命名条件,将望春玉兰划分为 8 个自然类型,即:望春玉兰、小蕾望春玉兰、腋花望春玉兰、桃实望春玉兰、多瓣望春玉兰、平枝望春玉兰、猴背子望春玉兰、紫色望春玉兰。同时,对优良类型——腋花望春玉兰及桃实望春玉兰进行了大量繁殖与推广。

1983 年,赵天榜等将"望春玉兰类型的研究"结果申报河南省科技成果奖,获准后,魏泽圃改称"望春玉兰研究",获 1983 年河南省科技成果奖三等奖。

1983 年,丁宝章、赵天榜、陈志秀等在《河南农学院学报》,4:6~11 页中,首次发表《河南木兰属新种和新变种》一文。其中,有:河南玉兰 *Magnolia hoenanensis* B. C. Ding et T. B. Zhao;小蕾望春玉兰 *M. biondii* Pamp. var. *parvialabastra* T. B. Zhao, Y. H. Ren et J. T. Gao;腋花望春玉兰 *M. biondii* Pamp. var. *axilliflora* T. B. Zhao, T. X. Zhang et J. T. Gao;猴背子望春玉兰 *M. biondii* Pamp. var. *multialabastra* T. B. Zhao, J. T. Gao et Y. H. Ren;桃实望春玉兰 *M. biondii* Pamp. var. *ovata* T. B. Zhao et T. X. Zhang;紫色望春玉兰 *M. biondii* Pamp. var. *purpura* T. B. Zhao, S. Y. Wang et Y. C. Qiao;平枝望春玉兰 *M. biondii* Pamp. var. *planities* T. B. Zhao et Y. C. Qiao;塔形玉兰 *M. denudata* Desr. var. *pylamidalis* T. B. Zhao et Z. X. Chen。

1984 年,赵天榜、高聚堂、任云和又将发现与选育及引种的玉兰属植物在南召县云阳镇某工厂内重新营建"河南辛夷基因库林",后遭毁。

1984 年,戴天澍在河南鸡公山国家级自然保护区内建立"木兰园"。其中,有玉兰属植物 11 种(包括尚未发表的新种 *、新变种 * *),即:玉兰、望春玉兰、罗田玉兰、奇叶玉兰 *、两型玉兰 *、黄山玉兰、朱砂玉兰、河南玉兰、紫玉兰、腋花玉兰、鸡公玉兰 *,以及狭被望春玉兰 * * Yulania biondii(Pamp.)D. L. Fu var. angutitepala D. L. Fu, T. B. Zhao et D. W. Zhao;狭叶黄山玉兰 * * Y. cylindrica(Wils.)D. L. Fu var. angustifolia T. B. Zhao et Z. X. Chen;白花黄山玉兰 * * Y. cylindrica(Wils.)D. L. Fu var. alba T. B. Zhao et Z. X. Chen。

1984 年,刘玉壶、高增义在《植物研究》,4(4):189~193 页中,发表《河南木兰属新植物》——椭圆叶玉兰 *Magnolia elliptilimba* Law et Gao 及紫望春玉兰 *M. biondii* Pamp. f. *purpurascens* Law et Gao。该变型为紫色望春玉兰的异名。

1984 年,高增义、周长山发表《河南辛夷——望春玉兰(*Mangolia biondii* Pamp.)挥发油化学成分及药理的研究》于《河南科学》,4:84~92。

1984 年,刘运爱、周长山、高增义发表《望春玉兰花蕾和嫩枝挥发油的成分研究》于《中草药》,15(4):23。

1984 年,张家勋将几种玉兰属植物从湖北神农县引入河南郑州市,有望春玉兰 Yulania biondii(Pamp)D. L. Fu 及拟莲武当玉兰 Y. sprengeri(Pamp.) D. L. Fu var. pseudonelumbo T. B. Zhao, Z. X. Chen et D. W. Zhao;狭被望春玉兰 Y. biondii(Pamp.)

D. L. Fu var. angutitepala D. L. Fu, T. B. Zhao et D. W. Zhao；朝阳玉兰 Y. zhaoyangyulan T. B. Zhao et Z. X. Chen；楔叶玉兰 Y. cuneatifolia T. B. Zhao, Z. X. Chen et D. L. Fu。

1985 年，丁宝章、赵天榜等"河南辛夷商品生产基地建设"列入"河南省重大科研项目"投资基金项目，用于南召县"河南辛夷商品生产基地建设"之用。

1985 年，丁宝章、赵天榜发表《辛夷良种——腋花望春玉兰》于《科普田园》，4:16～17 页。

1985 年，丁宝章、赵天榜、陈志秀等在《河南农学院学报》，19(4):356～363 页中，发表《中国木兰属植物腋花、总状花序的首次发现和新分类群》一文。其中，有：河南玉兰(组) *Magnolia* Linn. sect. *Trimorphaflora* B. C. Ding et T. B. Zhao；腋花玉兰派（组） *Magnolia* Linn. sect. *Axilliflora* B. C. Ding et T. B. Zhao；腋花玉兰 新种 *Magnolia axilliflora* (T. B. Zhao, T. X. Zhang et J. T. Gao) T. B. Zhao；白腋花玉兰 新变种 *M. axilliflora* (T. B. Zhao, T. X. Zhang et J. T. Gao) T. B. Zhao var. *alba* T. B. Zhao, Y. H. Ren et J. T. Gao；多被腋花玉兰 新变种 *M. axilliflora* (T. B. Zhao, T. X. Zhang et J. T. Gao) T. B. Zhao var. *multitepala* T. B. Zhao, Y. H. Ren et J. T. Gao；伏牛玉兰 新种 *M. fuiushanensis* T. B. Zhao, J. T. Gao et Y. H. Ren；紫基伏牛玉兰 新变种 *M. fuiushanensis* T. B. Zhao, J. T. Gao et Y. H. Ren var. *purpurea* T. B. Zhao et J. T. Gao；黄花望春玉兰 新变种 *M. biondii* Pamp. var. *flava* T. B. Zhao, J. T. Gao et Y. H. Ren；宽被望春玉兰 新变种 *M. biondii* Pamp. var. *tatitepala* T. B. Zhao et J. T. Gao；狭被玉兰 新变种 *M. denudata* Desr. var. *angustitepala* T. B. Zhao et Z. X. Chen。

1989～1993 年，赵天榜、黄桂生、高聚堂等又在鲁山县林业局的大力支持下，在鲁山县国营林场建立 10.0 hm^2 面积"河南辛夷基因库林"。其中，引种栽培玉兰属植物计 9 种、9 变种，即：玉兰、望春玉兰、鸡公玉兰、黄山玉兰、朱砂玉兰、河南玉兰、紫玉兰、腋花玉兰、椭圆叶玉兰 *Magnolia elliptilimba* Law et Gao 及紫色望春玉兰 Y. biondii (Pamp.) D. L. Fu var. purpurea (T. B. Zhao, S. Y. Wang et Y. C. Qiao) T. B. Zhao et Z. X. Chen；白腋花玉兰 新变种 *M. axilliflora* (T. B. Zhao, T. X. Zhang et J. T. Gao) T. B. Zhao var. *alba* T. B. Zhao, Y. H. Ren et J. T. Gao；多被腋花玉兰 新变种 *M. axilliflora* (*T. B.* Zhao, T. X. Zhang et J. T. Gao) T. B. Zhao var. *multitepala* T. B. Zhao, Y. H. Ren et J. T. Gao；伏牛玉兰 新种 *M. funiushanensis* T. B. Zhao, J. T. Gao et Y. H. Ren；紫基伏牛玉兰 新变种 *M. funiushanensis* T. B. Zhao, J. T. Gao et Y. H. Ren var. *purpurea* T. B. Zhao et J. T. Gao；黄花望春玉兰 新变种 *M. biondii* Pamp. var. *flava* T. B. Zhao, J. T. Gao et Y. H. Ren；宽被望春玉兰 新变种 *M. biondii* Pamp. var. *tatitepala* T. B. Zhao et J. T. Gao；狭被玉兰 新变种 *M. denudata* Desr. var. *angustitepala* T. B. Zhao et Z. X. Chen；塔形玉兰 新变种 *M. denudata* Desr. var. *pyramidalis* T. B. Zhao et Z. X. Chen；黄花玉兰 *M. denudata* Desr. var. *flava* T. B. Zhao et Z. X. Chen；朱砂玉兰、武当玉兰，以及腋花玉兰等 27 品种。该林场因领导更迭，基因库林全部被破坏。

1990 年，赵天榜、陈志秀、杨凯亮发表《望春玉兰幼龄树体结构规律》一文于《河南林业科技》，2:16～20。

1990 年,黄海欣发表《椭圆叶木兰辛夷的鉴定研究》一文于《中草药》,18(5):16～18 页。

1991 年,赵天榜、陈建业、张贯银等在《河南科技》,增刊:41 页中,发表《玉兰一新亚种》——舞钢玉兰 *Magnolia denudata* Desr. subsp. *wugangensis* T. B. Zhao, J. Y. Chen et G. Y. Zhang。

1991 年,黄桂生、焦书道、陈志秀等在《河南科技》,增刊:28～33 页中,发表《河南辛夷品种资源的调查研究》一文。其中,望春玉兰 18 个品种:望春玉兰 *Magnolia biondii* Pamp. cv. 'Biondii';小蕾望春玉兰 *M. biondii* Pamp. cv. 'Parvialabastra';平枝望春玉兰 *M. agnolia biondii* Pamp. cv. 'Pianities';桃实望春玉兰 cv. 'Ovata';紫色望春玉兰 cv. 'Purpurea';黄花望春玉兰 cv. 'Flava';白花望春玉兰 *M. biondii* Pamp. cv. 'Baihua';宽被望春玉兰 *M. biondii* Pamp. cv. 'Latitelapa';鼠皮望春玉兰 *M. biondii* Pamp. cv. 'Shupi';细枝望春玉兰 *M. biondii* Pamp. cv. 'Xizhi';厚叶望春玉兰 *M. biondii* Pamp. cv. 'Houye';小桃望春玉兰 *M. biondii* Pamp. cv. 'Xiaotao';卷毛望春玉兰 *M. biondii* Pamp. cv. 'Juanmao';小卷毛望春玉兰 *M. biondii* Pamp. cv. 'Xiaojuanmao';青桃望春玉兰 *M. biondii* Pamp. cv. 'Qingtao';尿搔黄望春玉兰 *M. biondii* Pamp. cv. 'Niaosaohuang';奶嘴望春玉兰 *M. biondii* Pamp. cv. 'Naizui';晚花望春玉兰 *M. biondii* Pamp. cv. 'Wanhua'。河南玉兰 3 个品种:河南玉兰 *M honanensis* D. C. Ding et T. B. Zhao cv. 'Honanensis';椭圆叶河南玉兰 *M. honanensis* D. C. Ding et T. B. Zhao cv. 'Elliptilima';腋生河南玉兰 *M. honanensis* D. C. Ding et T. B. Zhao cv. 'Axilla'。腋花玉兰 7 个品种:腋花玉兰 *M. axilliflora*(T. B. Zhao, T. X. Zhang et J. T. Gao)T. B. Zhao cv. 'Axilliflora';白腋花玉兰 *M. axilliflora* (T. B. Zhao, T. X. Zhang et J. T. Gao)T. B. Zhao cv. 'Alba';四季腋花玉兰 *M. axilliflora* (T. B. Zhao, T. X. Zhang et J. T. Gao)T. B. Zhao cv. 'Sijihua';序腋花玉兰 *M. axilliflora*(T. B. Zhao, T. X. Zhang et J. T. Gao) T. B. Zhao cv. 'Xuhua';猴掌腋花玉兰 *M. axilliflora*(T. B. Zhao, T. X. Zhang et J. T. Gao)T. B. Zhao cv. 'Multialabastra';卷毛腋花玉兰 *M. axilliflora*(T. B. Zhao, T. X. Zhang et J. T. Gao)T. B. Zhao cv. 'Juanyehua';多被腋花玉兰 *M. axilliflora*(T. B. Zhao, T. X. Zhang et J. T. Gao)T. B. Zhao cv. 'Daobei';伏牛玉兰 *M. funiushanensis* T. B. Zhao et Y. H. Ren。2 个品种:伏牛玉兰 *M. funiushanensis* T. B. Zhao et Y. H. Ren cv. 'Funiushanensis'、紫基伏牛玉兰 *M. funiushanensis* T. B. Zhao et Y. H. Ren cv. 'Purpurea'。

1991 年,宋留高等在《河南科技》,增刊:41～42 页中,发表《紫花玉兰两新栽培变种》——尖被紫花玉兰 *Magnolia liliflora* Desr. cv. 'Jianbei'、全紫花玉兰 *M. liliflora* Desr. cv. 'Quanzi'。

1991 年,赵天榜、陈志秀、张万庆等发表《望春玉兰叶面积公式测算的研究》于《河南科技》,增刊:82～88 页中。其中,介绍有望春玉兰、腋花玉兰、河南玉兰及桃实望春玉兰、小蕾望春玉兰叶面积公式测算表,为研究其生理变化规律提供了依据。

1991 年,赵天榜、陈志秀、戴丰瑞等发表《河南辛夷良种推广技术经验》于《河南科技》,1991,增刊:90～92。

1991 年，黄海欣将《望春玉兰形态变异观察研究》一文发表在《武汉植物学研究》，19(4)：387～395。

1991 年，戴天澍、敬根才、张清华主编的《鸡公山木本植物图鉴》中，介绍河南木兰属玉兰亚属植物 4 种，分别是：玉兰 *Magnolia denudata* Desr.、望春玉兰 *M. biondii* Pamp.、黄山木兰（黄山玉兰）*M. cylindrica* Wils.、紫玉兰 *M. liliflora* Desr.。

1992 年，赵天榜、陈志秀、曾庆乐等在《木兰及其栽培》一书中，介绍河南木兰属玉兰亚属植物 17 种、1 亚种、11 变种、2 品种。其中，17 种是：紫花玉兰（紫玉兰）*Magnolia liliflora* Desr.；望春玉兰 *M. biondii* Pamp.；河南玉兰 *M. honanensis* B. C. Ding et T. B. Zhao；腋花玉兰 *M. axilliflora*（T. B. Zhao，T. X. Zhang et J. T. Gao）T. B. Zhao；玉兰 *M. denudata* Desr.；朱砂玉兰 *M. diva* Stapf（实为'德维'武当玉兰 *M. sprengeri* Pamp. 'Diva'）；黄山木兰（黄山玉兰）*M. cylindrica* Wils.；凹叶木兰（凹叶玉兰）*M. sagentiana* Rehd. et Wils.；武当木兰（武当玉兰）*M. spengeri* Pamp.；天目木兰（天目玉兰）*M. amoena* Cheng；宝华玉兰 *M. zenii* Cheng；光叶木兰（康定玉兰）*M. dawsoniana* Rehd. & Wils.；皱叶木兰（日本辛夷）*M. kobus* DC.；滇藏木兰（滇藏玉兰）*M. campbellii* Hook. f. & Thoms.；日本玉兰（星花玉兰）*M. stellata* Maxim.；伏牛玉兰 *M. funiushanensis* T. B. Zhao，J. T. Gao et Y. H. Ren；景宁木兰（景宁玉兰）*M. sinostellata* P. L. Chiu et Z. H. Chen。1 亚种是：舞钢玉兰亚科 *M. denudata* Desr. subsp. *wugangensis* T. B. Zhao，Z. X. Chen et G. Y. Zhang。11 变种是：小蕾望春玉兰 *M. biondii* Pamp. var. *parvialabastra* T. B. Zhao，Y. H. Ren et J. T. Gao；桃实望春玉兰 *M. biondii* Pamp. var. *ovata* T. B. Zhao et T. X. Zhang；紫色望春玉兰 *M. biondii* Pamp. var. *purpurea* T. B. Zhao，S. Y. Wang et Y. C. Qi；紫望春玉兰 *M. biondii* Pamp. f. *purpurascens* Law et Gao；黄花望春玉兰 *M. biondii* Pamp. var. *flava* T. B. Zhao，J. T. Gao et Y. H. Ren；宽被望春玉兰 *M. biondii* Pamp. var. *latitepala* T. B. Zhao et J. T. Gao；白花望春玉兰 *M. biondii* Pamp. var. *alba* T. B. Zhao et Z. X. Chen；椭圆叶河南玉兰 *M. honanensis* B. C. Ding et T. B. Zhao var. *elliptilimba*（Law et Gao）T. B. Zhao（椭圆叶玉兰 *M. elliptilimba* Law et Gao）；塔形玉兰 *M. denudata* Desr. var. *pyramidalis* T. B. Zhao et Z. X. Chen；黄花玉兰 *M. denudata* Desr. var. *flava* T. B. Zhao et Z. X. Chen；白花武当木兰（长叶玉兰）*M. sprengeri* Pamp. var. *elongata*（Rehd. & Wils.）Stapf；紫基伏牛玉兰 *M. funiushanensis* T. B. Zhao，J. T. Gao et Y. H. Ren var. purpurea T. B. Zhao，J. T. Gao et Y. H. Ren。2 品种是：全紫花玉兰 *M. liliflora* Desr. cv. 'Quanzi'、长春二乔玉兰（长春朱砂玉兰）*M. soulangiana* Soul. - Bod. 'Semperflores'。

1992 年，赵天榜、李兆镕、陈志秀等《河南木兰属植物资源及栽培技术研究》（简介）一文，收录在《中国技术大全》一书中，介绍木兰属玉兰亚属植物 21 种（玉兰属植物 9 种）、发现 2～3 种花型植物 3 种，整理出辛夷 44 品种，选出 9 新优品种，并进行了繁育推广，创建了"河南辛夷商品生产基地"10.0 万亩，获得了显著的社会效益。

1993 年，赵天榜、陈志秀、焦书道等在《河南林业科技》，3：21～23 页中，发表《河南辛夷新优品种及快繁技术》一文，介绍了 6 个优良种与品种，即：'桃实'望春玉兰、'紫色'望春玉兰、河南玉兰、腋花玉兰、'四季'腋花玉兰、舞钢玉兰。

1993 年，赵天榜、陈志秀、焦书道《河南辛夷种质及品种资源的研究》一文，收录在中国植物学会编《中国植物学会六十周年(1933 ~ 1993 年)学术报告及论文摘要汇编》，481 ~482 页中，简要介绍河南木兰属玉兰亚属植物 19 种(种、变种及品种)优良特征及其繁育推广。

1993 年，赵天榜、陈志秀、焦书道等在《河南科技》，8 :32 ~ 34 页中，发表《河南辛夷优良无性系简介》一文，介绍了 6 种与 5 品种，即：望春玉兰、'桃实'望春玉兰、'紫色'望春玉兰、河南玉兰、腋花玉兰、'四季'腋花玉兰、'序'腋花玉兰、玉兰、'塔形'玉兰、伏牛玉兰、舞钢玉兰。

1993 年，闫双喜、赵天榜、刘国彦等《河南木兰属玉兰亚属植物数量分类的研究》一文发表在《河南林业科技》，18(4) :5 ~ 10 页。

1994 年，赵天榜、傅大立等在《生物数学学报》，9(3) :85 ~ 92 页中，发表《河南木兰属 9 种植物过氧化物同工酶分析》。其结果认为，河南玉兰组和腋花玉兰组，均与望春玉兰组(星花玉兰组、星玉兰组)亲缘关系较近，作为组下分类单位处理为宜。9 种植物是：玉兰、宝华王兰、舞钢玉兰、望春玉兰、椭圆叶玉兰(椭圆叶河南玉兰)、河南玉兰、伏牛玉兰(伏牛宝华玉兰)、腋花玉兰及塔形玉兰。

1994 年，赵天榜、郑同忠、李长欣等在《河南主要树种栽培技术》一书中，介绍木兰属玉兰亚属植物有：河南玉兰 *M. honanensis* B. C. Ding et T. B. Zhao、腋花玉兰 *M. axilliflora* (T. B. Zhao, T. X. Zhang et J. T. Gao) T. B. Zhao 及其四季腋花玉兰品种 cv. 'Sijihua'、望春玉兰 *Magnolia biondii* Pamp. 及其 3 品种——桃实望春玉兰 cv. 'Ovata'、紫色望春玉兰 cv. 'Purpurea'、黄花望春玉兰 cv. 'Flava'；伏牛玉兰 *M. funiushanensis* T. B. Zhao et Y. H. Ren cv. 'Funiushanensis'。

1994 年，朱长山、杨好伟主编的《河南种子植物检索表》一书中，介绍了河南木兰属玉兰属植物有：望春玉兰 *Magnolia biondii* Pamp.、紫花玉兰(紫玉兰) *M. liliflora* Desr.、黄山木兰 *M. cylindrica* Wils.、玉兰 *M. denudata* Desr.、武当玉兰(武当木兰) *M. sprengeri* Pamp.。

1994 年，王遂义主编的《河南树木志》167 ~ 169 页中，记载木兰属玉兰亚属植物在河南分布的有 5 种，即：望春花(望春玉兰) *Magnolia biondii* Pamp.、紫玉兰 *M. liliflora* Desr.、黄山玉兰 *M. cylindrica* Wils.、玉兰 *M. denudata* Desr.、武当玉兰 *M. sprengeri* Pamp.。

1994 年，宋朝枢主编的《鸡公山区自然保护区科学考察集》一书中，记载木兰属玉兰亚属植物在河南分布的有 4 种，即：望春玉兰(望春花) *Magnolia biondii* Pamp.、玉兰 *M. denudata* Desr.、紫玉兰 *M. liliflora* Desr.、黄山玉兰(黄山木兰) *Magnolia cylndrica* Wils.。

1995 年，宋朝枢主编的《伏牛山区自然保护区科学考察集》一书中，记载木兰属玉兰亚属植物在河南分布的有 3 种，即：望春玉兰 *Magnolia biondii* Pamp.、天目木兰 *M. amoena* Cheng、朱砂玉兰 *M. diva* Stapf. (实为'德维'武当玉兰 *M. sprengeri* Pamp. 'Diva')。

1996 年，李淑玲、戴丰瑞主编的《林木良种繁育学》一书中，记载木兰属玉兰亚属植物 4 种，即：望春玉兰 *Magnolia biondii* Pamp. 及其 3 品种、腋花玉兰 *M. axilliflora* (T. B.

Zhao, T. X. Zhang et J. T. Gao) T. B. Zhao 及其 2 品种、河南玉兰 *M. honanensis* B. C. Ding et T. B. Zhao 及伏牛玉兰 *M. funiushanensis* T. B. Zhao, T. J. Gao et Y. X. Ren。

1998 年，闫双喜、赵天榜等根据“河南木兰属玉兰属树种数量分类的研究”结果，提出以叶部，或玉蕾特征性状作为玉兰属分组的依据和标准，并将望春玉兰组（星花玉兰组、星玉兰组）和木兰组（紫玉兰组）合并为木兰组（渐尖玉兰组）*Magnolia* Linn. sect. *Trimorphaflora* (Spach) Dandy。

1998 年，宋留高、赵天榜、陈志秀等在《河南林业科技》，18(1)：3 ~ 7 页中，发表《河南木兰属特有珍稀树种资源的研究》一文，介绍河南特有珍稀树种（品种 * ）是：望春玉兰、望春玉兰 * 、桃实望春玉兰 * 、紫色望春玉兰 * 、黄花望春玉兰 * 、白花望春玉兰 * 、小蕾望春玉兰 * 、河南玉兰、腋生河南玉兰 * 、舞钢玉兰、河南玉兰、腋花玉兰、腋花玉兰 * 、四季腋花玉兰 * 、白腋花玉兰 * 、鸡公玉兰、黄山木兰（黄山玉兰）、宝华玉兰、伏牛玉兰（伏牛宝华玉兰 * ）、玉兰、塔形玉兰 * 、黄花玉兰 * 。

1998 年，卢炯林、余学友、张俊朴主编的《河南木本植物图鉴》一书中，介绍了河南木兰属玉兰属植物 5 种：白玉兰（玉兰）、望春玉兰、紫玉兰、二乔玉兰（朱砂玉兰）、黄山木兰（黄山玉兰）。

1998 年，朱长山、李服、杨好伟等主编的《河南主要种子植物分类》一书中，介绍了河南木兰属玉兰属植物 3 种：望春玉兰、紫花玉兰（紫玉兰）、玉兰。

1999 年，赵天榜、孙卫邦、宋留高等在《云南植物研究》，21(2)：170 ~ 172 页中，发表《河南木兰属一新种》——舞钢玉兰 *Magnolia wugangensis* T. B. Zhao, W. B. Sun et Z. X. Chen。

1999 年，傅大立、赵天榜、孙卫邦等在《中南林学院学报》，19(2)：23 ~ 28 页中，发表《关于木兰属玉兰亚属分组问题的探讨》一文。其中，提出木兰属玉兰亚属分类系统建立依椐及其分类系统是：玉兰亚属 *Magnolia* Linn. subgen *Yulania* (Spach) Reichenbch：玉兰组 *Magnolia* Linn. sect. *Yulania* (Spach) Dandy、腋花玉兰组 *Magnolia* Linn. sect. *Axilliflora* B. C. Ding et T. B. Zhao、河南玉兰组 *Magnolia* Linn. sect. *Trimophaflora* B. C. Ding et T. B. Zhao 和朱砂玉兰组 *Magnolia* Linn. sect. × *Zhushayulania* W. B. Sun et T. B. Zhao。

1999 年，Sun Weibang（孙卫邦）and Zhao Tianbang（赵天榜），The History of Cultivation and Use of Medicinal Xinyi Henan. China. Magnolia. 1999, 35(2)：20 ~ 24 页。

1999 年，张鑫、张峻松、李兴波等在《香料香精化妆品》，2：9 ~ 12 页中，发表《超临界 CO_2 流萃取辛夷挥发油的化学组分的研究》一文。

1999 年，张鑫，姚光明，张峻松等在《精细化工》，16(6)：10 ~ 12 页中，发表《超临界 CO_2 流萃取及与水蒸气蒸馏法萃取辛夷挥发油的化学组分分析》一文。

2000 年，赵天榜、傅大立、孙卫邦等在《河南师范大学学报》，28(1)：62 ~ 65 页中，发表《中国木兰属一新种》——鸡公玉兰 *Magnolia jigongshanensis* T. B. Zhao, D. L. Fu et W. B. Sun。

2000 年，ZHAO Tian - bang（赵天榜），CHEN Zi - xiu, Sun Wei - bang et al.，ON THE SECTION DIVISION OF SUBGENUS *YULANIA* BASED ON THE VARIABILITY OF

MAGNOLIA IN HENA. Proc. Internat. Symp. Fam. Magnoliaceae 2000. 52 ~ 57(英文)页中，将木兰属玉兰亚属分为 2 组，即玉兰组 *Magnolia* Linn. sect. *Yulania* ((Spach) Dandy) Sun et Zhao 和渐尖玉兰组 *Magnolia* Linn. sect. *Tulipastrum*((Spach) Dandy) Sun et Zhao。

2000 年，傅大立在《经济林研究》，18(2)：46 ~ 47 页，发表《河南木兰属一新栽培变种》——玫瑰望春玉兰 *Magnolia biondii* Pamp. cv. Rosiflora。

2000 年，南召辛夷被国家科技部和河南省人民政府确定为"中药现代化产业工程及绿色地道中药材规范化辛夷基地县"。

2001 年，赵天榜、高聚堂等申报"河南省木兰属植物资源及栽培技术的研究"，获河南省教育厅科技成果奖二等奖。

2001 年，赵天榜、高聚堂等申报"河南省木兰属植物资源及栽培技术的研究"，获河南省科技进步奖三等奖。

2001 年，傅大立在《辛夷植物资源分类及新品种选育研究》[D]中，主要介绍玉兰属 Yulania Linn. 分类性状及其演化。同时，提出玉兰属新系统——5 组、26 种、18 品种资源。其 5 组、26 种名称见《玉兰属的研究》一文。

2001 年，傅大立在《武汉植物学研究》，19(3)：191 ~ 198 页中，发表《玉兰属的研究》一文，首次提出恢复玉兰属 Yulania Linn.，并对该属分为 5 组：渐尖玉兰组 Yulania Linn. sect. Tulipastrum(Spach) D. L. Fu、望春玉兰组 Yulania Linn. sect. Buergeria (Sieb. & Zucc.) D. L. Fu、玉兰组 Yulania Linn. sect. Yulania、腋花玉兰组 Yulania Linn. sect. Axilliflora(B. C. Ding et T. B. Zhao) D. L. Fu、朱砂玉兰组 Yulania Linn. sect. × Zhushayulania(W. B. Sun et T. B. Zhao) D. L. Fu。同时，对木兰属玉兰亚属的 22 物种进行了新改隶组合。

2001 年，赵天榜、赵杰、赵鸿欣等在"河南新郑林业高新技术试验场"内建立"新郑木兰属玉兰亚属植物基因库"。该库主要引栽玉兰亚属植物种质资源计 23 种、9 变种 *、毛玉兰、具柄玉兰等。至 2008 年，该研究共引栽玉兰亚属植物种质资源计 24 种、10 变种 *，如玉兰、毛玉兰 *、淡紫玉兰 *、豫白玉兰 *、黄花玉兰 *、塔形玉兰 *、武当玉兰、拟莲武当玉兰 *、青皮玉兰、飞黄玉兰、望春玉兰、黄山玉兰、多型叶玉兰、紫玉兰、河南玉兰、椭圆叶河南玉兰 *、湖北玉兰、腋花玉兰、朱砂玉兰、日本辛夷、宝华玉兰、多被宝华玉兰 *、天目玉兰、罗田玉兰、椭圆叶罗田玉兰 *、玉灯玉兰、舞钢玉兰、鸡公玉兰、奇叶玉兰、具柄玉兰、美丽玉兰 Yulania concinna(Law et R. Z. Zhou) T. B. Zhao et Z. X. Chen、安徽玉兰，以及星紫玉兰 Y. × george - henry - kern(C. E. Kern) D. L. Fu et T. B. Zhao (*Magnolia* 'George Henry Kern')及星花玉兰 Y. stellat (Sieb. & Zucc.) D. L. Fu。

2002 年，高炳振在《河南林业科技》，22(4)：29 ~ 32 页中，发表《二乔玉兰品种资源初报》一文。其品种有：朱砂玉兰、'长春'朱砂玉兰、'红运'朱砂玉兰、'丹馨'朱砂玉兰、'红霞'朱砂玉兰、'紫霞'朱砂玉兰、'紫二乔'朱砂玉兰、'火炬'朱砂玉兰、'鸡公 2 号'朱砂玉兰。

2002 年，南召县产的"辛夷"被国家质监总局注册为"辛夷原产地保护地域"。

2002 年，范军科从浙江引进的玉兰属树种有：飞黄玉兰、景宁玉兰 *Magnolia sinostellata* P. L. Chiu et Z. H. Chen、美丽玉兰、朱砂玉兰、'景新'景宁玉兰。

2003 年,河南正昊风景园林工程有限公司在赵天榜指导下,引栽玉兰属植物种、品种 36 种,特别是新发现的特异种和优良品种,如莓蕊玉兰 Yulania fragarigynandria T. B. Zhao,Z. X. Chen et H. T. Dai 等。同时,繁育和推广玉兰属植物新优品种壮苗 300 万株以上,成为全国育苗面积最大、繁育和推广壮苗株数最多的玉兰属植物良种繁育基地。

2003 年,李晓、姚光明在《河南农业大学学报》,36(3):273 ~ 275 页中,发表《超临界 CO_2流萃取法提取辛夷精油的研究》。

2003 年,李晓、姚光明、邬亚萍等在《河南农业大学学报 · 烟草科技/烟草工艺》,(4):6 ~ 8 中,发表《辛夷挥发油化学组分的 GC/MS 分析及在卷烟加香中的应用》(辛夷实为望春玉兰)。

2003 年,张晓芳在其硕士论文《河南望春玉兰的研究》中,对在河南采集的望春玉兰标本与其原拉丁文形态描述进行了研究,并将河南产的望春玉兰 25 变种与品种形态描述进行了记载。

2003 年,赵天榜、高炳振、傅大立等在《武汉植物学研究》,21(3):81 ~ 90 页中,发表《舞钢玉兰芽种类与成枝成花规律的研究》一文。其中,首次提出木兰属玉兰亚属物种形态描述中所用的专业术语是不妥的,甚至是错误的。同时,提出"拟花蕾"(后改玉蕾)代替"花蕾"、缩台枝、芽鳞状托叶、佛焰苞状托叶等新术语;并提出建立舞钢玉兰组 *Yulania* Spach sect. *Wugangyulaniae* T. B. Zhao,D. L. Fu et Z. X. Chen。

2003 年,傅大立、李芳东、赵天榜等在《林业科学》,39(1):44 ~ 49 页中,发表《玉兰属 5 树种生理指标的对比研究》一文。其中,玉兰属树种是:望春玉兰、紫玉兰、玉兰、腋花玉兰、舞钢玉兰 Yulania wugangensis(T. B. Zhao,W. B. Sun et Z. X. Chen)D. L. Fu。

2004 年,傅大立、田国行、赵天榜等在《植物研究》,24(3):261 ~ 264 页中,发表《中国玉兰属两新种》——奇叶玉兰 Yulania mirifolia D. L. Fu,T. B. Zhao et Z. X. Chen 和青皮玉兰 Y. viridula D. L. Fu,T. B. Zhao et G. H. Tian。

2004 年,田国行、傅大立、赵天榜在《武汉植物学研究》,22(4):327 ~ 328 页,发表《河南玉兰一新变种》——毛玉兰变种 Yulania denduta(Desr.)D. L. Fu var. pubeacens D. L. Fu,T. B. Zhao et G. H. Tian。

2005 年,赵东武在《河南玉兰亚属植物资源的研究》[D]中,记录了河南玉兰亚属植物资源 31 种、19 变种。其中,10 新种、9 新变种、69 品种(27 新品种)。10 新种是:石人玉兰 Yulania shirenshanensis D. L. Fu et T. B. Zhao, sp. nov. ined.;具柄玉兰 Y. gynophora T. B. Zhao,Z. X. Chen et J. Zhao,sp. nov. ined.;大别玉兰 Y. dabieshanensis T. B. Zhao,Z. X. Chen et H. T. Dai,sp. nov. ined.;安徽玉兰 Y. anhuiensis T. B. Zhao, Z. X. Chen et J. Zhao,sp. nov. ined.;两型玉兰 Y. dimorpha T. B. Zhao et Z. X. Chen, sp. nov. ined.;多型叶玉兰 Y. multiformis T. B. Zhao,Z. X. Chen et J. Zhao,sp. nov. ined.;怀宁玉兰 Y. huainingensis D. L. Fu,T. B. Zhao et S. M. Wang,sp. nov. ined.;飞黄玉兰 Y. fēihuangyulan(F. G. Wang)T. B. Zhao et Z. X. Chen,sp. nov. ined.;朝阳玉兰 Y. zhaoyangyulan T. B. Zhao et Z. X. Chen,sp. nov. ined.;信阳玉兰 Y. xinyangensis T. B. Zhao,Z. X. Chen et H. T. Dai,sp. nov. ined.,以及变种、品种等。

2005 年,金红等在《中国农学通报》,21(9):313 ~ 314 页中,发表《河南省玉兰属新分布记录》——白花滇藏玉兰 Yulania campbellii (Hook. f. & Thoms.) D. L. Fu var. alba (Treseder) D. L. Fu et T. B. Zhao。

2005 年,傅大立、赵东欣、孙金花等在《林业科学》,41(3):68 ~ 74 页中,发表《10 种国产木兰属植物挥发油成分及系统学意义》。

2005 年,傅大立研究员从美国引进渐尖玉兰 Yulania acuminata (Linn.) D. L. Fu、星紫玉兰 Yulania × george - henry - kern (C. E. Kern) D. L. Fu et T. B. Zhao (*Magnolia* 'George Henry Kern') 及星花玉兰 Y. stellata (Sieb. & Zucc.) D. L. Fu 等 6 品种。

2006 年,田国行、傅大立、赵东武等在《中国农学通报》,22(5):404 ~ 411 页中,发表《玉兰属植物资源与新分类系统的研究》一文。其中,首次进行了"玉兰属植物补充描述",并提出玉兰属新分类系统:属→组→亚组→种。其系统是:玉兰属 Yulania Spach:2.1 玉兰组 Yulania Spach sect. Yulania (Spach) D. L. Fu; 2.1.1 玉兰亚组 Yulania Spach subsect. Yulania (Spach) D. L. Fu et T. B. Zhao; 2.1.2 罗田玉兰亚组 Yulania Spach subsect. Pilocarpa D. L. Fu et T. B. Zhao; 2.1.3 舞钢玉兰亚组 Yulania Spach subsect. Wugangyulan T. B. Zhao, D. L. Fu et Z. X. Chen。2.2 渐尖玉兰组 Yulania Spach sect. Tulipastrum (Spach) D. L. Fu; 2.2.1 渐尖玉兰亚组 Yulania Spach subsect. Tulipastrum (Spach) D. L. Fu et T. B. Zhao; 2.2.2 宝华玉兰亚组 Yulania Spach subsect. Baohuayulan D. L. Fu et T. B. Zhao; 2.2.3 河南玉兰亚组 Yulania Spach subsect. Trimorphaflora (B. C. Ding et T. B. Zhao) T. B. Zhao, D. L. Fu et Z. X. Chen。2.3 朱砂玉兰组 Yulania Spach sect. × Zhushayulania (W. B. Sun et T. B. Zhao) D. L. Fu。同时,记录了该属植物 25 种及 11 人工杂交种,并对它们进行了新改隶组合。

2006 年,田国行、傅大立、赵天榜等在《植物研究》,26(1):35 ~ 36 页中,发表《玉兰新分类系统的研究》一文。其中,首次提出玉兰 Yulania denudata (Desr.) D. L. Fu 新分类系统是:种→亚种→变种。其亚种及变种是:1. 玉兰亚种 Y. denudata (Desr.) D. L. Fu subsp. denudata D. L. Fu et T. B. Zhao:① 玉兰原变种 Y. denudata (Desr.) D. L. Fu var. denudata;② 黄花玉兰 Y. denudata (Desr.) D. L. Fu var. falva D. L. Fu, T. B. Zhao et Z. X. Chen;③ 塔形玉兰 Y. denudata (Desr.) D. L. Fu var. pyramidalis (T. B. Zhao et Z. X. Chen) D. L. Fu, T. B. Zhao et Z. X. Chen;④ 淡紫玉兰 Y. denudata (Desr.) D. L. Fu var. purpurascen (Maxim.) D. L. Fu et T. B. Zhao;⑤ 长叶玉兰(白花武当木兰、白花武当玉兰) Y. denudata (Desr.) D. L. Fu var. elongata (Rehd. & Wils.) D. L. Fu et T. B. Zhao; 2. 毛玉兰亚种 Y. denudata (Desr.) D. L. Fu subsp. pubescens (D. L. Fu, T. B. Zhao et G. H. Tian) D. L. Fu, T. B. Zhao et G. H. Tian; 毛玉兰变种 Y. denudata (Desr.) D. L. Fu var. pubescens D. L. Fu, T. B. Zhao et G. H. Tian。

2006 ~ 2007 年,河南正昊风景园林工程有限公司连续召开 2 届"中国长垣玉兰文化学术研讨会"。每届与会专家和代表 50 余人(图版 109:7)。2 次会议主要论述内容为玉兰属新优种与品种,在我国平原地区发展意义与前景,以及实现措施。同时,提出在平原地区开发玉兰文化的伟大意义与实现措施。此外,还介绍该公司在平原地区开发该属植物的经验与措施。

2007 年,傅大立、赵天榜、赵东武等在《植物研究》,22(4):327 ~ 328 页中,发表《河南玉兰两新变种》——狭被望春玉兰 Yulania biondii(Pamp.)D. L. Fu var. angustitepala D. L. Fu,T. B. Zhao et D. W. Zhao;椭圆叶罗田玉兰 Y. pilocarpa(Z. Z. Zhao et Z. W. Xie)D. L. Fu var. elliptifolia D. L. Fu et T. B. Zhao。

2007 年,南召县种苗站将赵天榜、高聚堂等于 1983 年发表的桃实望春玉兰 *Magnolia biondii* Pamp. var. *ovata* T. B. Chao(T. B. Zhao) et T. X. Zhang 及 1985 年发表的腋花玉兰 *M. axilliflora* (T. B. Zhao,T. X. Zhang et J. T. Gao)T. B. Zhao,作为该站调查培育的"桃实望春玉兰"和"腋花玉兰",被河南省林业厅品种审定委员会评为玉兰优良品种并予以推广。

2007 年,南召县云阳镇朱坪村被中宣部、国家林业局授于"全国绿化小康村"称号。

2008 年,张鑫、毛多斌、张峻松等在《郑州轻工业学院学报》,14(3):24 ~26 页中,发表《辛夷不同部位化学成分的对比研究》一文。

2008 年,赵东武、赵东欣在《安徽农业科学》,36(22):9 488 ~9 491 页中,发表《河南玉兰属植物资源与开发利用的研究》一文,介绍了河南玉兰属植物资源 36 种、3 亚种。其中,原分布种 4 种、2 亚种是:武当玉兰、玉兰、玉兰亚种、毛玉兰亚种、望春玉兰、黄山玉兰;新分布种 6 种是:奇叶玉兰、罗田玉兰、舞钢玉兰、河南玉兰、腋花玉兰、鸡公玉兰;新引栽种 13 种是:滇藏玉兰、康定玉兰、凹叶玉兰、玉灯玉兰、青皮玉兰、日本辛夷、星花玉兰、宝华玉兰、天目玉兰、景宁玉兰、渐尖玉兰、紫玉兰、朱砂玉兰,并对它们的形态特征和用途进行了记述。河南玉兰属植物资源 23 种、3 亚种是:武当玉兰、玉兰、玉兰亚种、毛玉兰亚种、望春玉兰、黄山玉兰、奇叶玉兰、罗田玉兰、舞钢玉兰、河南玉兰、腋花玉兰、鸡公玉兰、康定玉兰、凹叶玉兰、玉灯玉兰、青皮玉兰、日本辛夷、星花玉兰、宝华玉兰、滇藏玉兰、天目玉兰、景宁玉兰、渐尖玉兰、紫玉兰、朱砂玉兰;13 新种、1 新亚种是:湖北玉兰、华龙玉兰(飞黄玉兰)、贵妃玉兰(飞黄玉兰)、朝阳玉兰、黄宝石玉兰(飞黄玉兰)、怀宁玉兰、莓蕊玉兰、多变玉兰(异花玉兰)、两型玉兰、信阳玉兰、安徽玉兰、石人玉兰、大别玉兰及萼朱砂玉兰亚种。

2008 年,孙军、赵东武、赵东欣等在《安徽农业科学》,36(22):9 492 ~9 493,9 501 页中,发表《望春玉兰品种资源与分类系统的研究》一文,介绍了望春玉兰 6 个品种群及 24 个品种(6 新品种 *),提出望春玉兰新分类系统。其中,6 个品种群是:望春玉兰品种群 Yulania biondii(Pamp.)D. L. Fu(Biondii group)、变紫望春玉兰品种群 Y. Biondii(Pamp.)D. L. Fu (Bianza group)、富油望春玉兰品种群 Y. biondii(Pamp.)D. L. Fu(Fuyou group)、紫花望春玉兰品种群 Y. biondii(Pamp.)D. L. Fu(Purpurea group)、黄花望春玉兰品种群 Y. biondii(Pamp.)D. L. Fu(Flava group)、狭被望春玉兰品种群 Y. biondii(Pamp.)D. L. Fu(Angustitepala group)。24 个品种(新品种 *)是:望春玉兰、'小白花'望春玉兰 *、'变紫'望春玉兰 *、'鼠皮'望春玉兰、'小蕾'望春玉兰、'平枝'望春玉兰、'桃实'望春玉兰、'宽被'望春玉兰、'细枝'望春玉兰、'厚叶'望春玉兰、'小桃'望春玉兰、'卷毛'望春玉兰、'小卷毛'望春玉兰、'青桃'望春玉兰、'尿搔黄'望春玉兰、'晚花'望春玉兰、'菩莲'望春玉兰 *、'铁桃'望春玉兰 *、'富油'望春玉兰 *、'紫花'望春玉兰、'奶嘴'望春玉兰、'玫瑰'望春玉兰、'黄花'望春玉兰、'狭被'望春玉兰 *。

2008 年,王建勋、杨谦、赵杰等在《安徽农业科学》,36(4):1 424 ~1 425 页中,发表

《朱砂玉兰品种资源及繁殖技术》一文，介绍朱砂玉兰16品种资源，其中7新品种*及繁殖技术。16品种是：朱砂玉兰、'长春'朱砂玉兰、'红运'朱砂玉兰、'丹馨'朱砂玉兰、'长花'朱砂玉兰、'红霞'朱砂玉兰、'紫霞'朱砂玉兰、'紫二乔'朱砂玉兰、'火炬'朱砂玉兰、'鸡公2号'朱砂玉兰*、'紫斑'朱砂玉兰*、'正昊'朱砂玉兰*、'圆被'朱砂玉兰*、'白花'朱砂玉兰*、'紫花'朱砂玉兰*、'三色'朱砂玉兰*。

2008年，赵东欣、孙军、赵东武在《安徽农业科学》，36(16)：6 737～6 739页中，发表《玉兰属植物特异特征的新发现》一文。该文报道了玉兰属植物特异特征的新发现，如拟花蕾(玉蕾)顶生、腋生、簇生，有时呈总状聚伞花序。1种单株上叶形多变、1种植物具2～4种花型、花被片多变、单花具1～5枚雌蕊群等。该属特异特征的新发现为其分类系统建立与多学科理论研究提供了宝贵的科学依据。

2008年，ZHAO Dong－xin，ZHAO Dong－wu，Sun Jun. The New Discoveries of Specific Characteristics of Yulania Spach in《A GRICULTURAL SCIENCE & TECHNUOLOGY》，Vol. 9，No. 1：54～57，及赵东欣、赵东武、孙军在《A GRICULTURAL SCIENCE & TECHNUOLOGY》，Vol. 9，No.1：57～59中发表的《玉兰属植物特异特征的新发现》一文，报道了玉兰属24种、变种等植物特异特征的新发现，如拟花蕾(玉蕾)顶生、腋生、簇生，有时呈总状聚伞花序。1种单株上叶形多变、1种植物具2～4种花型、花被片多变、单花具2枚佛焰苞状托叶或无；花被片皱褶、边缘浅裂、深裂或重叠、雌雄蕊多变等。这些特异特征的发现，对进一步深入开展该属分类系统、形态变异、花序进化及亲缘关系、良种选育等多学科理论研究，具有重要的学术价值和生产实践意义。

2008年，赵东欣、赵文杰、卢奎在《河南师范大学学报》，36(5)：139～142页中，发表《玉兰属20种植物过氧化物同工酶研究》一文，该试验植物20种(种、变种、品种)是：望春玉兰、玉兰、'夏花'玉兰、'黄花'玉兰、'晚花'玉兰、塔形玉兰、'窄被'玉兰、'柱蕾'玉兰、罗田玉兰、舞钢玉兰、河南玉兰、椭圆叶玉兰(椭圆叶河南玉兰)、腋花玉兰、'四季'腋花玉兰、'猴掌'腋花玉兰、鸡公玉兰、朝阳玉兰、伏牛玉兰(伏牛宝华玉兰)、武当玉兰、石人玉兰，为它们的鉴别提供了酶学依据。

2008年，ZHAO Dong－xin，ZHAO Dong－wu，SUN Jun (赵东欣等). A GRICULTURAL SCIENCE & TECHNOLOGY，9 (1)：54～59页，The New Discoveries of Specific Characteristics of Yulania Spach。其内容同《玉兰属植物特异特征的新发现》。

2008年，孙军、赵东欣、傅大立等在《安徽农业科学》，36(5)：1 826～1 829页中，发表《玉兰种质资源与分类系统的研究》一文。其中，介绍了玉兰2亚种、9变种、10品种群、37品种。同时，提出玉兰新分类系统是：种→亚种→变种→品种群→品种。

2008年，赵东欣、傅大立、赵天榜在《安徽农业科学》，22(4)：327～328页中，发表《玉兰属35种植物形态特征性状的排序研究》一文，为该属分类系统建立与物种鉴别提供了一种新技术与方法。

2008年，崔波、李服、马杰等在《郑州植物志》一书中，记载木兰属玉亚兰属植物4种，即：望春玉兰 *Magnolia biondii* Pamp.、辛夷(紫玉兰)*M. liliflora* Desr.、玉兰 *M. denudata* Desr.、凹叶玉兰 *M. sargentiana* Rehd. & Wils.(实为白花鸡公玉兰亚种 Yulania jigongshanensis (T. B. Zhao，D. L. Fu et W. B. Sun) D. L. Fu subsp. alba T. B. Zhao，Z.

X. Chen et X. K. Li)。

2010 年,傅大立、赵天榜、陈志秀等在《植物研究》,30(6):641 ~ 644 页中,发表《湖北玉兰属两新种》——湖北玉兰 Y. verrucata D. L. Fu,T. B. Zhao et S. S. Chen 和楔叶玉兰 Y. cuneatofolia T. B. Zhao,Z. X. Chen et D. L. Fu。

2010 年,赵东欣、卢奎在《信阳师范大学学报 · 自然科学版》,23(1):72 ~ 74 页中,发表《两产地伊丽莎白玉兰的辛夷挥发油化学成分》一文。

2010 ~ 2011 年,河南镇平县拟在张林乡建立玉兰良种基地。

2011 年,赵东欣、卢奎在《应用化学》,28 增刊:330 ~ 331 页中,发表《黄花玉兰辛夷挥发油的化学成分分析》一文。

2011 年,赵东欣、卢奎在《应用化学》,28 增刊:332 ~ 333 页中,发表《腋花玉兰辛夷挥发油的化学成分分析》一文。

2011 年,ZHAO D X(赵东欣). Chemical Compositions of Volatile Oils of Xinyi Growing in Henan. 2011 International Conference on Agricultural and Natural Rewsoures Engineering Advances in Biomedical Engineering,3:87 ~ 90.

2011 年,ZHAO D X,LU K(赵东欣等). 2011. Essentia Oil Constituents of Flower Buds of Yulania biondii (Pamp.) Growing in Different Areas. 2011 International Conference on Agricultural and Biosystems Engineering Advances in Biomedical Engineering. 1 ~ 2:23 ~ 24.

2011 年, Dongxin Zhao (赵东欣). Chemical Compositions of Volatile Oils of Xinyi Growing in Henan. 2011 International Conference on Agricultural and Natural Resourcesm Engineering (ANRE 2011). July 30 ~ 31,Singapore,Singapore. Volume 3:87 ~ 90 页. 其中,介绍了玉兰、望春玉兰、紫玉兰"辛夷"中挥发油化学成分与平均含率有显著差异。

2011 年,Dongxin Zhao,Tianbang Zhao,Dali Fu(赵东欣等). A New Species of Yulania Spach and Chemical Components of Xinyi Essential Oli of the New Species. 2011 International Conference on Agricultural and Natural Resourcesm Engineering(ANRE 2011). July 30 ~ 31, Singapore,Singapore. Volume 3:91 ~ 94 页. 其中,介绍了石人玉兰 Yulania shirenshanensis D. L. Fu et T. B. Zhao 及其"辛夷"中挥发油化学成分与平均含率。

2012 年,戴慧堂、赵东武、李静等在《信阳师范学院学报 · 自然科学版》,25(3):333 ~ 335 页中,发表《河南玉兰属二新种》——莓蕊玉兰 Y. fragarigynandria T. B. Zhao, Z. X. Chen et H. T. Dai,sp. nov. ined. 及大别玉兰 Y. dabieshanensis T. B. Zhao,Z. X. Chen et H. T. Dai,sp. nov. ined. 。

2012 年,戴慧堂、李静、赵天榜等在《信阳师范学院学报 · 自然科学版》,25(4):482 ~ 485,489 页中,发表《河南〈鸡公山木本植物图鉴〉增补(Ⅱ)—河南玉兰两新种》——两型玉兰 Y. dimorpha T. B. Zhao et Z. X. Chen 和信阳玉兰 Y. xinyangensis T. B. Zhao,Z. X. Chen et H. T. Dai。

2012 年,傅大立、赵东欣等"玉兰属分类系统及新品种选育研究",获中国林业科学研究院 2013 年科技奖二等奖。

2013 年,河南南召县举办的首届"中国玉兰(南召)研讨会",与会专家、学者和实践经验丰富的科技人员对《南召县花卉苗木产业发展总体规划》(2013 ~ 2020)(送审稿)进行了认真的讨论与论证，提出了许多宝贵意见，对实现河南省南召县以玉兰属植物新优种与品种为龙头产业的发展，具有极大鼓舞与推动作用。

2013 年 4 月，南召县花卉苗木产业办公室编的《南召玉兰 首届中国玉兰(南召)研讨会》中介绍：据 2009 年调查，全县胸径在 100 cm 以上的望春玉兰就有 1 618 株，其中最大一株胸径达 200 cm 以上，被誉为“玉兰王”。

2013 年，河南南召县 2013 年 4 月 6～8 日召开“首届中国玉兰(南召)研讨会”。会上由中国农业大学李青林教授等详细介绍了《南召县花卉苗木产业发展总体规划》(2013～2020)的指导思想、基本原则、编制依据、区域与主导(花木)产业规划、实施方案与措施、投资与效益分析等，与会专家、学者认真地讨论与论证结果，一致认为：该《规划》指导思想明确、编制依据可靠、区域与主导(花木)产业规划切合实际、实施方案与措施具体等，是河南省第一个县进行以玉兰属植物为龙头的花卉苗木产业发展总体规划县。这一《规划》为该县林业、花卉产业、生态旅游业，以及工农牧副业的发展，具有极大的鼓舞和推动作用，并为实现全省森林生态县起到了表率作用。

2013 年，陈建业、安利波、赵天榜等在《中国农学通报》，22(5)：404～411 页中，发表《木兰属等 3 属植物的芽种类、结构与成枝规律研究》一文。其中，选取木兰属 Magnolia Linn. 等 3 属植物中的代表种进行研究，结果表明：荷花木兰 M. grandiflora Linn. 芽有 4 种：盲芽、休眠芽、叶芽、混合芽；玉兰芽有 3 种：休眠芽、叶芽、玉蕾；耐冬含笑 Michelia gelida T. B. Zhao et Z. X. Chen 芽有 4 种：休眠芽、叶芽、花蕾、混合芽。同时，首次发现含笑属有混合芽及单歧聚伞花序。3 属混合芽与玉蕾区别显著，具有系统学意义。同时指出：R. B. Figlar 提出的预生分枝和同生分枝的基础不同，无可比性，无系统学意义；荷花木兰等植物均具有预生分枝及预生－同生分枝，绝无同生分枝的现象。玉兰属植物栽培时，研究其分枝习性，可促进玉蕾的形成，具有重要的经济效益和观赏价值。

2013 年，傅大立、赵东欣等“玉兰属植物资源分类及新品种选育研究”，获河南省科技厅科技进步奖一等奖。

2013 年，赵天榜、田国行等在《世界玉兰属植物资源与栽培利用》一书中，提出“玉兰属新分类系统”。玉兰属 Yulania Spach 分：(一)玉兰亚属 Yulania Spach subgen. Yulania (Spach) T. B. Zhao et Z. X. Chen，又分：(1)玉兰组 Yulania Spach sect. Yulania (Spach) D. L. Fu：① 玉兰亚组 Yulania Spach subsect. Yulania (Spach) D. L. Fu et T. B. Zhao——1) 玉兰系 Yulania Spach ser. Yulania(Spach) Z. B. Zhao et Z. X. Chen、2) 维持奇玉兰系 Yulania Spach ser. × Veitchiyulan T. B. Zhao et Z. X. Chen；② 北川玉兰亚组 Yulania Spach subsect. Carnosa (D. L. Fu) T. B. Zhao et Z. X. Chen；③ 青皮玉兰亚组 Yulania Spach subsect. Viridulayulan T. B. Zhao et Z. X. Chen；④ 簇花玉兰亚组 Yulania Spach subsect. Cespitosiflora T. B. Zhao et Z. X. Chen；⑤ 特异玉兰亚组 Yulania Spach subsect. Mira T. B. Zhao et Z. X. Chen。(2)罗田玉兰组 Yulania Spach sect. Pilocarpa (D. L. Fu et T. B. Zhao) T. B. Zhao et Z. X. Chen：① 罗田玉兰亚组 Yulania Spach subsect. Pilocarpa D. L. Fu et T. B. Zhao；② 舞钢玉兰亚组 Yulania Spach subsect. Wugangyulania (T. B. Zhao, W. B. Sun et Z. X. Chen) T. B. Zhao, D. L. Fu et Z. X. Chen。(二)渐尖玉兰亚属 Yulania Spach subgen. Yulania (Spach) T. B. Zhao et Z. X.

Chen,又分:(1)宝华玉兰组 Yulania Spach sect. Baohuayulan (D. L. Fu et T. B. Zhao)T. B. Zhao et Z. X. Chen。(2)渐尖玉兰组 Yulania Spach sect. Tulipastrum (Spach) D. L. Fu:① 渐尖玉兰亚组 Yulania Spach subsect. Tulipastrum(Spach)D. L. Fu et T. B. Zhao——1)渐尖玉兰系 Yulania Spach ser. Tulipastrum(Spach)T. B. Zhao et Z. X. Chen、2)布鲁克林玉兰系 Yulania Spach ser. × brooklynyulan T. B. Zhao et Z. X. Chen;② 望春玉兰亚组 Yulania Spach subsect. Buergeria(Sieb. & Zucc.)T. B. Zhao et Z. X. Chen——1)望春玉兰系 Yulania Spach ser. Buergeria(Sieb. & Zucc.)T. B. Zhao et Z. X. Chen、2)洛内尔玉兰系 Yulania Spach ser. × Loebneriyulan T. B. Zhao et Z. X. Chen;③ 腋花玉兰亚组 Yulania Spach subsect. Axilliflora (B. C. Ding et T. B. Zhao) T. B. Zhao et Z. X. Chen。(3)黄山玉兰组 Yulania Spach sect. Cylindrica(S. A. Spongberg)T. B. Zhao et Z. X. Chen。(4)河南玉兰组 Yulania Spach sect. Trimophaflora(B. C. Ding et T. B. Zhao) T. B. Zhao et Z. X. Chen:① 河南玉兰亚组 Yulania Spach subsect. Trimophaflora (B. C. Ding et T. B. Zhao)T. B. Zhao,D. L. Fu et Z. X. Chen;② 多型叶玉兰亚组 Yulania Spach subsect. multifolia T. B. Zhao et Z. X. Chen。(三)朱砂玉兰亚属 Yulania Spach subgen. × Zhushayulania(W. B. Sun et T. B. Zhao)T. B. Zhao et X. Z. Chen,又分:(1)朱砂玉兰组 Yulania Spach sect. × Zhushayulania(W. B. Sun et T. B. Zhao)D. L. Fu:① 朱砂玉兰亚组 Yulania Spach subsect. × Zhushayulania(W. B. Sun et T. B. Zhao) T. B. Zhao et Z. X. Chen;② 多亲本朱砂玉兰亚组 Yulania Spach subsect. × multiparens T. B. Zhao et Z. X. Chen,并提出设立:(2) 不知多亲本朱砂玉兰亚组的意见。同时,发表了莓蕊玉兰 Yulania fragarigynandria T. B. Zhao,Z. X. Chen et H. T. Dai;异花玉兰 Y. varians T. B. Zhao,Z. X. Chen et Z. F. Ren;具柄玉兰 Y. gynophora T. B. Zhao,Z. X. Chen et J. Zhao;大别玉兰 Y. dabieshanensis T. B. Zhao,Z. X. Chen et H. T. Dai;安徽玉兰 Y. anhuiensis T. B. Zhao,Z. X. Chen et J. Zhao;两型玉兰 Y. dimorpha T. B. Zhao et Z. X. Chen;多型叶玉兰 Y. multiformis T. B. Zhao,Z. X. Chen et J. Zhao;怀宁玉兰 Y. huainingensis D. L. Fu,T. B. Zhao et S. M. Wang;飞黄玉兰 Y. fëihuangyulan(F. G. Wang)T. B. Zhao et Z. X. Chen;朝阳玉兰 Y. zhaoyangyulan T. B. Chao et Z. X. Chen;信阳玉兰 Y. xinyangensis T. B. Zhao,Z. X. Chen et H. T. Dai;琴叶青皮玉兰 Y. viridula D. L. Fu,T. B. Zhao et G. H. Tian var. pandurifolia T. B. Zhao et D. W. Zhao;狭被信阳玉兰 Y. xinyangensis T. B. Zhao,Z. X. Chen et H. T. Dai var. angutitepala T. B. Zhao et Z. X. Chen;白花紫玉兰 Y. liliflora(Desr.)D. L. Fu var. alba T. B. Zhao et Z. X. Chen;富油望春玉兰 Y. biondii(Pamp.)D. L. Fu var. fuyou D. L. Fu et T. B. Zhao;变异日本辛夷 Y. kobus (DC.)Spach var. variabilis T. B. Zhao et Z. X. Chen;白花黄山玉兰 Y. cylindrica (Wils.)D. L. Fu var. alba T. B. Zhao et Z. X. Chen;狭叶黄山玉兰 Y. cylindrica(Wils.)D. L. Fu var. angustifolia T. B. Zhao et Z. X. Chen;狭被黄山玉兰 Y. cylindrica(Wils.)D. L. Fu var. angustitepala T. B. Zhao et Z. X. Chen;变异莓蕊玉兰 Y. fragarigynandria T. B. Zhao,Z. X. Chen et H. T. Dai var. variabilis T. B. Zhao et Z. X. Chen;宽被罗田玉兰 Y. pilocarpa(Z. Z. Zhao et Z. W. Xie)D. L. Fu var. latitepala T. B. Zhao et Z. X. Chen;肉萼罗田玉兰亚种 Y. pilocarpa(Z. Z. Zhao et Z. W. Xie)D. L. Fu subsp. carnosicalyx T. B. Zhao et Z. X. Chen；紫红花肉萼罗田玉兰 Y. pilocarpa(Z. Z. Zhao et Z. W. Xie)D. L. Fu var. purpureo－rubra T. B. Zhao et Z. X. Chen；白花肉萼罗田玉兰亚种 Y. pilocarpa(Z. Z. Zhao et Z. W. Xie)D. L. Fu var. alba T. B. Zhao et Z. X. Chen；白花鸡公玉兰 Y. jigongshanensis(T. B. Zhao,D. L. Fu et W. B. Sun)D. L. Fu subsp. alba T. B. Zhao,Z. X. Chen et L. H. Song；多油舞钢玉兰 Y. wugangensis(T. B. Zhao,W. B. Sun et Z. X. Chen)D. L. Fu var. duoyou T. B. Zhao,Z. X. Chen et D. X. Zhao；三型花舞钢玉兰 Y. wugangensis(T. B. Zhao,W. B. Sun et Z. X. Chen)D. L. Fu var. triforma T. B. Zhao et Z. X. Chen；紫花舞钢玉兰 Y. wugangensis(T. B. Zhao,W. B. Sun et Z. X. Chen)D. L. Fu var. purpurea T. B. Zhao et Z. X. Chen；毛舞钢玉兰亚种 Y. wugangensis(T. B. Zhao,W. B. Sun et Z. X. Chen)D. L. Fu subsp. pubescens T. B. Zhao et Z. X. Chen；变异舞钢玉兰亚种 Y. wugangensis(T. B. Zhao,W. B. Sun et Z. X. Chen)D. L. Fu subsp. varians T. B. Zhao et Z. X. Chen；白花多型叶玉兰 Y. multiformis T. B. Zhao,Z. X. Chen et J. Zhao var. alba T. B. Zhao et Z. X. Chen；石人玉兰 Y. shirenshanensis D. L. Fu et T. B. Zhao。

此外，还在《世界玉兰属植物资源与栽培利用》一书中，介绍有35品种群：滇藏玉兰4品种群、玉兰13群品种、紫玉兰4品种群、望春玉兰6品种群、日本辛夷3品种群、星花玉兰3品种群、柳叶玉兰2品种群。

2013年，傅大立、赵东欣等“玉兰属植物资源分类及新品种选育研究”，获河南省科技进步奖二等奖。

2013年，赵天榜、任志锋、田国行主编的《世界玉兰属植物种质资源志》一书中，记载了世界玉兰属分类系统及该属植物资源有3亚属、8组(1新组)、14亚组、6系、43种和51杂交种、12亚种(2新亚种)、94变种(3新改隶组合杂变种、1新变种、1新组合变种)。其中，1新组：不知多亲本玉兰组 Yulania Spach sect. × Ignotimultiparens T. B. Zhao et Z. X. Chen；2新亚种为：萼朱砂玉兰 Y. soulangiana(Soul. －Bod.)D. L. Fu subsp. ezhushayulan T. B. Zhao et Z. X. Chen 及多变异朱砂玉兰 Y. soulangiana(Soul. －Bod.) D. L. Fu subsp. varia T. B. Zhao et Z. X. Chen。

2014年，赵天榜、宋良红、陈志秀等在《河南玉兰栽培》一书中，发表：1新组——异花玉兰组 Yulania Spach sect. Varians T. B. Zhao,Z. X. Chen et X. K. Li。5新种——华丽玉兰 Y. superba T. B. Zhao,Z. X. Chen et X. K. Li；中州玉兰 Y. zhongzhou T. B. Zhao, Z. X. Chen et L. H. Sun；华夏玉兰 Y. cathyana T. B. Zhao et Z. X. Chen；杂配玉兰 Yulania hybrida T. B. Zhao,J. T. Chen et X. K. Li；华豫玉兰 Y. huayu T. B. Zhao,Z. X. Chen et J. T. Chen。7新亚种——1. 红花紫玉兰亚种 Yulania(Desr.)D. L. Fu subsp. punicea T. B. Zhao et Z. X. Chen；2. 两型花紫玉兰亚种 Y. liliflora(Desr.)D. L. Fu subsp. subsp. dimorphiflora T. B. Zhao et Z. X. Chen；3. 两型花望春玉兰亚种 Y. biondii (Pamp.)D. L. Fu subsp. dimorphiflora T. B. Zhao,Z. X. Chen et X. K. Li；4. 两型花黄山玉兰亚种 Y. cylindrica(Wils.)D. L. Fu subsp. dimorphiflora T. B. Zhao et Z. X. Chen；5. 两型花康定玉兰 Y. dawsoniana(Rehd. & Wils.)D. L. Fu subsp. dimorphiflora T. B. Zhao,J. T. Gao et W. X. Tian；6. 菱形果玉兰 Y. denudata(Desr.)D. L. Fu subsp.

rhombea T. B. Zhao, X. K. Li et J. T. Chen；7. 两型花中州玉兰 Y. zhongzhou T. B. Zhao, Z. X. Chen et L. H. Sun subsp. dimorphiflora T. B. Zhao, Z. X. Chen et X. K. Li。2 新变种——1. 卵叶黄山玉兰 Y. cylindrica (Wils.) D. L. Fu var. ovata T. B. Zhao et Z. X. Chen；2. 条形望春玉兰 Y. biondii (Pamp.) D. L. Fu var. linearis T. B. Zhao, Z. X. Chen et X. K. Li。1 新改隶组合变种——毛湖北玉兰 Y. verrucosa D. L. Fu, T. B. Zhao et S. S. Chen var. glabrata (Law et R. Z. Zhou) T. B. Zhao et Z. X. Chen 和 1 新组合变种——多被宝华玉兰 Y. zenii (Cheng) D. L. Fu var. duobei T. B. Zhao et Z. X. Chen。同时，收录玉兰属植物 57 种（5 新种、1 引栽杂交种、1 新改隶组合种）、23 亚种（7 新亚种）、85 变种（2 新变种、3 新组合变种、2 新改隶组合变种、2 新引栽变种）、40 品种群（14 新品种群）、310 品种（69 新品种、3 新组合品种、20 新改隶组合品种、31 新引栽品种、4 无性系）；1 新改隶组合种——卷柱玉兰 Yulania flexistylus T. B. Zhao et Z. X. Chen。

总之，以上所述，就是河南省植物与林业科技工作者研究河南玉兰属植物资源分类的历史概况。

第四章　河南玉兰属植物分布与栽培范围

根据作者赵天榜2014年初步统计，玉兰属 Yulania Spach 植物共有57种(不包括人工杂交种51种)，常间断分布，或局限分布于一定地区。其主要分布于北半球的亚洲东南部、北美洲东南部及中美洲，以靠近北回归线南北10°地区为最多。玉兰属植物在中国的分布是：北部从辽宁起，经河南、湖北、云南、西藏。该区玉兰属植物最丰富(45种)，占世界玉兰属植物总数的91.67 %。中国是玉兰属植物的现代分布中心、起源中心，也是玉兰属植物多样性中心和栽培繁育中心。河南玉兰属植物有3亚属、9组(1新组)、14亚组、3系、57种(5新种、8杂交种、1新改隶组合种)、23亚种(7新亚种)、85变种(2新变种、3新组合变种、2新改隶组合变种、2新引栽变种)、40品种群(14新品种群)、310品种(69新品种、3新组合品种、20新改隶组合品种、31新引栽品种、4无性系)，以及中国玉兰属植物彩色图版109幅(彩片899张)。其中，河南玉兰属植物分布与栽培区如下。

第一节　河南西部

河南西部的伏牛山是河南玉兰属植物分布与栽培繁育中心。其中，天然分布种类8种、1亚种、9变种，如两型花康定玉兰 Yulania dawsoniana (Rehd. & Wils.) D. L. Fu subsp. dimorphiflora T. B. Zhao, J. T. Gao et W. X. Tian、武当玉兰 Yulania sprengeri (Pamp.) D. L. Fu、拟莲武当玉兰 Y. sprengeri (Pamp.) D. L. Fu var. pseudonelumbo T. B. Zhao, Z. X. Chen et D. W. Zhao；玉兰 Y. denudata (Desr.) D. L. Fu；滇藏玉兰 Y. campbellii (Hook. f. & Thoms.) D. L. Fu；望春玉兰 Y. biondii (Pamp.) D. L. Fu；黄花望春玉兰 Y. biondii (Pamp.) D. L. Fu var. flava (T. B. Zhao, J. T. Gao et Y. H. Ren) T. B. Zhao et Z. X. Chen；紫色望春玉兰 Y. biondii (Pamp.) D. L. Fu var. purpurea (T. B. Zhao, S. Y. Wang et Y. C. Qiao) T. B. Zhao et Z. X. Chen；白花望春玉兰 Y. biondii (Pamp.) D. L. Fu var. alba (T. B. Zhao et Z. X. Chen) T. B. Zhao et Z. X. Chen；河南玉兰 Y. honanensis (B. C. Ding et T. B. Chao) D. L. Fu et T. B. Zhao；椭圆叶河南玉兰 Y. honanensis (B. C. Ding et T. B. Chao) D. L. Fu et T. B. Zhao var. elliptilimba (Law et Gao) T. B. Zhao et Z. X. Chen；宝华玉兰 Y. zenii (Cheng) D. L. Fu；白花宝华玉兰 Y. zenii (Cheng) D. L. Fu var. alba T. B. Zhao et Z. X. Chen；石人玉兰 Y. shirenshanensis D. L. Fu et T. B. Zhao；腋花玉兰 Y. axilliflora (T. B. Chao, T. X. Zhang et J. T. Gao) D. L. Fu；白花腋花玉兰 Y. axilliflora (T. B. Chao, T. X. Zhang et J. T. Gao) D. L. Fu var. alba (T. B. Chao, T. X. Zhang et J. T. Gao) T. B. Zhao et Z. X. Chen；多被腋花玉兰 Y. axilliflora (T. B. Zhao, T. X. Zhang et J. T. Gao) D. L. Fu var. multitepala (T. B. Zhao, T. X. Zhang et J. T. Gao) T. B. Zhao et Z. X. Chen；石人玉兰 Y. shirenshanensis D. L. Fu et T. B. Zhao。引种栽培的有9种、1变种：飞黄玉兰 Y. fëihuangyulan (F. G. Wang) T.

B. Zhao et Z. X. Chen；紫玉兰 Y. liliflora(Desr.)D. L. Fu；红花玉兰 Y. wufengensis(L. Y. Ma et L. R. Wang)T. B. Zhao et Z. X. Chen；青皮玉兰 Y. viridula D. L. Fu, T. B. Zhao et G. H. Tian；玉灯玉兰 Y. pyriformis(T. D. Yang et T. C. Cui)D. L. Fu；朱砂玉兰 Y. soulangiana(Soul. - Bod.) D. L. Fu；舞钢玉兰 Y. wugangensis(T. B. Zhao, W. B. Sun et Z. X. Chen) D. L. Fu；星花玉兰 Y. stellata(Sieb. & Zucc.) D. L. Fu；星紫玉兰 Yulania × george - henry - kern(C. E. Kern) D. L. Fu et T. B. Zhao；紫玉兰 Y. liliflora (Desr.)D. L. Fu；黑紫紫玉兰 Y. liliflora(Desr.) D. L. Fu var. nigra(Nichols.) T. B. Zhao et Z. X. Chen，南召县是河南省各县(市)中玉兰属植物物种中最多的一个县，也是全国"辛夷"品种最多、质量最优、年产量最高、栽培面积最大的"辛夷"基地县，如图 4 - 1 和图 4 - 2 所示。

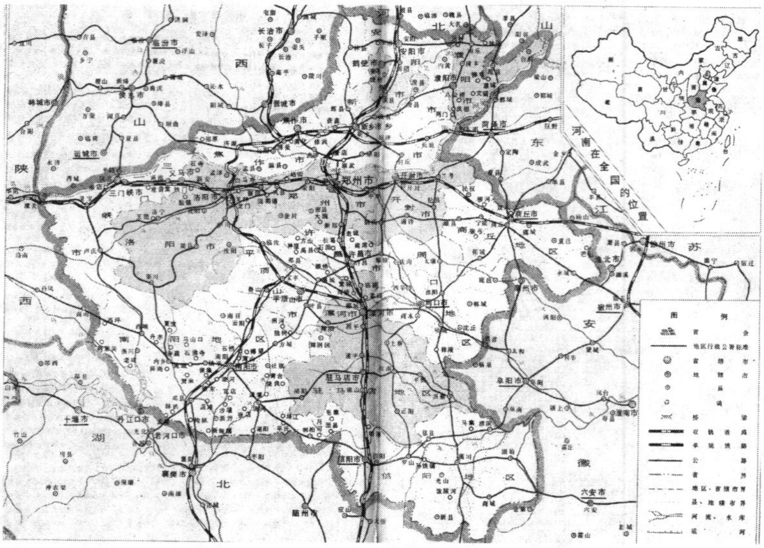

图 4 - 1　河南辛夷商品生产基地位置图

(选自河南省测绘局编印. 1987.《河南省地图册》)。

据南召县花卉苗木产业办公室介绍，2013 年，全县"辛夷"栽培面积 1.2 万 hm^2(18 万亩)，其中丘陵、平原地区"辛夷"栽培面积 0.33 万 hm^2(5 万亩)。同时，对该县玉兰属植物产业进行了整体全面规划，明确提出发展思路、任务与目标，加速河南南召"辛夷"基地、观光生态园，以及生态观光产业带建设。

据鲁山县林业局李延平介绍，至 2014 年 4 月，全县"辛夷"栽培面积 3.87 万 hm^2(5.8 万亩)；由原来 3 个乡(镇)发展到 21 个乡(镇)，栽培株数达 319.0 万株；"辛夷"年产量(2013)达 30 万 kg；大面积退耕还林林地，改营建为"环保林"，如图版 1:9 所示。

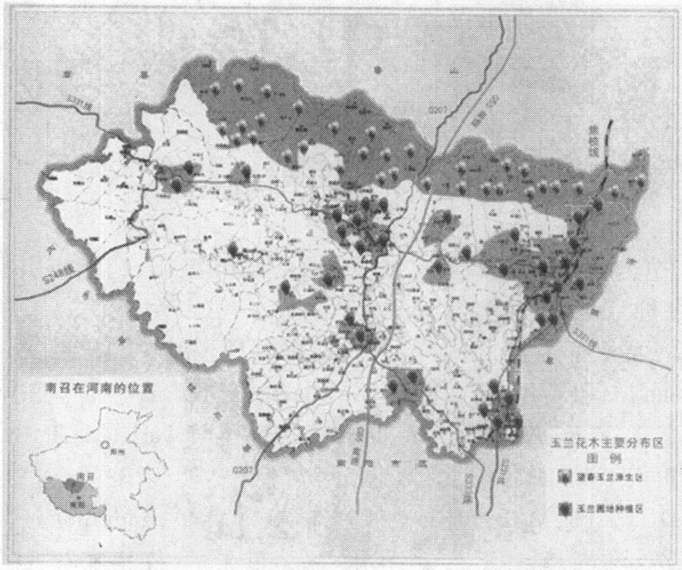

图 4－2　南召县玉兰属植物天然分布与栽培区域图

1. 天然分布区;2. 栽培区(选自南召县花卉苗木产业办公室. 2013.《南召玉兰》)。

第二节　河南南部

河南南部(包括大别山与桐柏山区及信阳、驻马店、潢川市)地区分布与引栽的玉兰属植物种类有 20 种、2 亚种、4 变种,如玉兰、信阳玉兰 Yulania xinyangensis T. B. Zhao,Z. X. Chen et H. T. Dai;罗田玉兰 Y. pilocarpa (Z. Z. Zhao et Z. W. Xie) D. L. Fu;大别玉兰 Y. dabieshanensis T. B. Zhao,Z. X. Chen et H. T. Dai;黄山玉兰 Y. cylindrica (Wils.) D. L. Fu;狭叶黄山玉兰 Y. cylindrica (Wils.) D. L. Fu var. angustifolia T. B. Zhao et Z. X. Chen;白花黄山玉兰 Y. cylindrica (Wils.) D. L. Fu var. alba T. B. Zhao et Z. X. Chen;鸡公玉兰 Y. jigongshanensis (T. B. Zhao,D. L. Fu et W. B. Sun) D. L. Fu;安徽玉兰 Y. anhueiensis T. B. Zhao,Z. X. Chen et J. Zhao;舞钢玉兰;两型玉兰 Y. dimorpha T. B. Zhao et Z. X. Chen;具柄玉兰 Y. gynophora T. B. Zhao,Z. X. Chen et J. Zhao;飞黄玉兰、紫玉兰、红花玉兰、青皮玉兰、玉灯玉兰、朱砂玉兰、萼朱砂玉兰 Y. soulangiana (Soul. – Bod.) D. L. Fu subsp. èzhushayulan T. B. Zhao et Z. X. Chen;变异朱砂玉兰亚种 Y. soulangiana (Soul. – Bod.) D. L. Fu subsp. varia T. B. Zhao et Z. X. Chen;望春玉兰、狭被望春玉兰 Y. biondii (Pamp.) D. L. Fu var. angutitepala D. L. Fu,T. B. Zhao et D. W. Zhao;腋花玉兰、湖北玉兰 Y. verrucosa D. L. Fu,T. B. Zhao et S. S. Chen;渐尖玉兰 Y. acuminata (Linn.) D. L. Fu;白花多型叶玉兰 Y. multiformis T. B. Zhao,Z. X. Chen et J. Zhao var. alba T. B. Zhao et Z. X. Chen。

河南鸡公山国家级自然保护区玉兰园内有玉兰属植物 16 种及 4 变种。它们是:玉兰、毛玉兰 Y. denudata (Desr.) D. L. Fu var. pubescens D. L. Fu,T. B. Zhao et G. H. Tian、望春玉兰、狭被望春玉兰、信阳玉兰、罗田玉兰、大别玉兰、黄山玉兰、狭叶黄山玉兰、白花黄山玉兰、鸡公玉兰、舞钢玉兰、两型玉兰、奇叶玉兰 Y. mirofolia D. L. Fu, T. B. Zhao et Z. X. Chen、飞黄玉兰、紫玉兰、青皮玉兰、玉灯玉兰、朱砂玉兰、腋花玉兰、湖北玉兰。

第三节　河南北部

河南黄河以北(包括太行山)地区,包括新乡、安阳、濮阳、鹤壁市引栽的玉兰属植物有种类 14 种、3 变种。河南正昊风景园林工程有限公司(长垣)引种与选育该属植物资源 36 种与品种,栽培面积近千亩,培育苗木 300 多万株。其中,15 种、3 变种:莓蕊玉兰 Yulania fragarigynandria T. B. Zhao, Z. X. Chen et H. T. Dai、变异莓蕊玉兰 Y. fragarigynandria T. B. Zhao, Z. X. Chen et H. T. Dai var. variabilis T. B. Zhao et Z. X. Chen、罗田玉兰、黄山玉兰、鸡公玉兰、舞钢玉兰、飞黄玉兰、紫玉兰、青皮玉兰、琴叶青皮玉兰 Y. viridula D. L. Fu, T. B. Zhao et G. H. Tian var. pandurifolia T. B. Zhao et D. W. Zhao、玉灯玉兰、玉兰、望春玉兰、腋花玉兰、朱砂玉兰、红花朱砂玉兰 Y. soulangiana (Soul. - Bod.) D. L. Fu var. rubra (Nichols.) T. B. Zhao et Z. X. Chen、星花玉兰、武当玉兰。

第四节　河南中部

河南郑州、许昌及漯河市引种栽培的玉兰属植物种类有 42 种、9 亚种和 25 变种,如武当玉兰 Yulania sprengeri (Pamp.) D. L. Fu、拟莲武当玉兰 Y. sprengeri (Pamp.) D. L. Fu var. pseudonelumbo T. B. Zhao, Z. X. Chen et D. W. Zhao;玉兰、毛玉兰亚种 Y. denudata (Desr.) D. L. Fu subsp. pubescens (D. L. Fu, T. B. Zhao et G. H. Tian) D. L. Fu, T. B. Zhao et G. H. Tian;塔形玉兰 Y. denudata (Desr.) D. L. Fu var. pyramidalis (T. B. Zhao et Z. X. Chen) T. B. Zhao, Z. X. Chen et D. L. Fu;淡紫玉兰 Y. denudata (Desr.) D. L. Fu var. purpurascens (Maxim.) D. L. Fu et T. B. Zhao;多被玉兰 Y. denudata (Desr.) D. L. Fu var. multitepala T. B. Zhao et Z. X. Chen;长叶玉兰 Y. denudata (Desr.) D. L. Fu var. elongata (Rehd. & Wils.) D. L. Fu et T. B. Zhao;鹤山玉兰 Y. denudata (Desr.) D. L. Fu var. heshanensis (Lam et R. Z. Zhou) T. B. Zhao et Z. X. Chen;白花玉兰 Y. denudata (Desr.) D. L. Fu var. alba T. B. Zhao et Z. X. Chen;黄花玉兰 Y. denudata (Desr.) D. L. Fu var. flava T. B. Zhao et Z. X. Chen;豫白玉兰 Y. denudata (Desr.) D. L. Fu var. yubaiyulan T. B. Zhao et Z. X. Chen;毛被玉兰 Y. denudata (Desr.) D. L. Fu var. maobei T. B. Zhao et Z. X. Chen;菱状果玉兰 Y. denudata (Desr.) D. L. Fu subsp. rhombea T. B. Zhao, Z. X. Chen et X. K. Li;莓蕊玉兰、罗田玉兰、椭圆叶罗田玉兰 Y. pilocarpa (Z. Z. Zhao et Z. W. Xie) D. L. Fu var. ellipticifolia D. L. Fu, T. B. Zhao et J. Zhao;肉萼罗田玉兰亚种 Y. pilocarpa (Z. Z. Zhao et Z. W. Xie) D. L. Fu subsp. carnosicalyx T. B. Zhao et Z. X. Chen;黄山玉兰、狭叶黄山玉兰、狭被黄山玉兰 Y. cylindriciflora (Wils.) D. L. Fu var. angutitepala T. B. Zhao et Z. X. Chen;两

型花黄山玉兰 var. dimorphiflora T. B. Zhao et Z. X. Chen;宝华玉兰、鸡公玉兰、白花鸡公玉兰亚种 Y. jigongshanensis(T. B. Zhao,D. L. Fu et W. B. Sun)D. L. Fu subsp. alba T. B. Zhao,Z. X. Chen et L. H. Song;舞钢玉兰、毛舞钢玉兰亚种 Y. wugangensis (T. B. Zhao,W. B. Sun et Z. X. Chen) D. L. Fu subsp. pubescens T. B. Zhao et Z. X. Chen;多变舞钢玉兰亚种 Y. wugangensis (T. B. Zhao,W. B. Sun et Z. X. Chen)D. L. Fu subsp. varians T. B. Zhao et Z. X. Chen;飞黄玉兰、紫玉兰、黑紫玉兰、红花玉兰、青皮玉兰、琴叶青皮玉兰 Y. viridula D. L. Fu,T. B. Zhao et G. H. Tian var. pandurifolia T. B. Zhao et D. W. Zhao;玉灯玉兰、朱砂玉兰、萼朱砂玉兰亚种 Y. soulangiana(Soul. - Bod.)D. L. Fu subsp. èzhushayulan T. B. Zhao et Z. X. Chen;变异朱砂玉兰亚种 Y. × soulangeana (Soul. - Bod.)D. L. Fu subsp. varia T. B. Zhao et Z. X. Chen;白花朱砂玉兰 Y. soulangiana(Soul. - Bod.)D. L. Fu var. candolleana(Soul-Bod.) T. B. Zhao et Z. X. Chen;楔叶玉兰 Y. cuneatifolia T. B. Zhao et Z. X. Chen et D. L. Fu;朝阳玉兰 Y. zhaoyangyulan T. B. Zhao et Z. X. Chen;奇叶玉兰、信阳玉兰、狭被信阳玉兰 Y. xinyangensis T. B. Zhao,Z. X. Chen et H. T. Dai var. angutitepala T. B. Zhao et Z. X. Chen;美丽玉兰 Y. concinna(Law et R. Z. Zhou)T. B. Zhao et Z. X. Chen;日本辛夷 Y. kobus (DC.) Spach;变异日本辛夷 Y. kobus (DC.) Spach var. variabilis (Sargent)T. B. Zhao et Z. X. Chen;星花玉兰 Y. stellata(Sieb. & Zucc.)D. L. Fu;星紫玉兰 Yulania × george - henry - kern(C. E. Kern)D. L. Fu et T. B. Zhao;具柄玉兰 Y. gynophora T. B. Zhao,Z. X. Chen et J. Zhao;异花玉兰 Y. varians T. B. Zhao,Z. X. Chen et Z. F. Ren;望春玉兰、信阳玉兰、狭被信阳玉兰 Y. biondii (Pamp.) D. L. Fu subsp. dimorphiflora T. B. Zhao,Z. X. Chen et X. K. Li;富油望春玉兰 Y. biondii(Pamp.)D. L. Fu var. fuyou D. L. Fu et T. B. Zhao;狭被望春玉兰 var. angutitepala D. L. Fu,T. B. Zhao et D. W. Zhao;紫色望春玉兰、腋花玉兰、安徽玉兰、河南玉兰、大别玉兰、滇藏玉兰、多型叶玉兰 Y. multiformis T. B. Zhao,Z. X. Chen et J. Zhao,以及华丽玉兰 Y. superba T. B. Zhao,Z. X. Chen et X. K. Li;两型花黄山玉兰 Y. cylindrica(Wils.)D. L. Fu var. dimorphiflora T. B. Zhao et Z. X. Chen;两型花望春玉兰亚种 Y. biondii(Pamp.)D. L. Fu subsp. dimorphiflora T. B. Zhao,Z. X. Chen et X. K. Li;条形望春玉兰 Y. biondii(Pamp.)D. L. Fu var. linearis T. B. Zhao,Z. X. Chen et X. K. Li;中州玉兰 Y. zhongzhou T. B. Zhao, Z. X. Chen et L. H. Sun;华夏玉兰 Y. cathyana T. B. Zhao et Z. X. Chen;杂配玉兰 Y. hybrida T. B. Zhao,J. T. Chen et X. K. Li、康定玉兰、天目玉兰、楔叶玉兰、景宁玉兰、伏牛玉兰、石人玉兰、具柄玉兰、柳叶玉兰、华豫玉兰 Y. huayu T. B. Zhao,Z. X. Chen et J. T. Chen,以及杂交种:布鲁克林玉兰、星系玉兰、伊丽莎白玉兰、黑饰玉兰、阳顶玉兰、大公子玉兰等。

郑州植物园内栽培玉兰属植物41种及6人工杂种。它们是:玉兰、武当玉兰、青皮玉兰、飞黄玉兰、紫玉兰、玉灯玉兰、朱砂玉兰、异花玉兰、中州玉兰、腋花玉兰、康定玉兰、宝华玉兰、天目玉兰、红花玉兰、楔叶玉兰、信阳玉兰、朝阳玉兰、罗田玉兰、鸡公玉兰、舞钢玉兰、景宁玉兰、美丽玉兰、日本玉兰、伏牛玉兰、星花玉兰、石人玉兰、滇藏玉兰、具柄玉兰、莓蕊玉兰、河南玉兰、大别玉兰、多型玉兰、柳叶玉兰、望春玉兰、杂配玉兰、华夏玉兰、黄山玉兰、奇叶玉兰、华丽玉兰、两型玉兰、华豫玉兰，以及杂交种：布鲁克林玉兰、星系玉兰、伊丽莎白玉兰、黑饰玉兰、阳顶玉兰、大公子玉兰等。郑州植物园内引种栽培玉兰属植物种类——种、亚种、变科及品种，是我省乃至全国植物园中栽培玉兰属植物种类最多的一个植物园，是研究该属分类、良种选育和开展科普教育的最佳基地之一。

第五节　河南东部

河南开封、商丘引种栽培的玉兰属植物种类有8种，如玉兰、黄山玉兰、飞黄玉兰、紫玉兰、青皮玉兰 Yulania viridula D. L. Fu, T. B. Zhao et G. H. Tian；玉灯玉兰、朱砂玉兰、望春玉兰等。

总之，根据作者多年来对河南玉兰属植物自然分布调查，结果表明，河南玉兰属植物50种，伏牛山区天然分布与栽培的有19种，大别山区天然分布与栽培的有10种。特别需要指出的是：河南伏牛山区分布的望春玉兰（图版1:1.4）的种下变异非常丰富，变异类群、品种最多，其中一些优良品种，如‘桃实’望春玉兰 Yulania biondii (Pamp.) D. L. Fu ‘Ovata’ 等已大面积繁育、推广，且已获得显著的经济、社会效益和生态效益。同时，伏牛山区还保存着多处望春玉兰天然次生林，有望春玉（胸径1.0 m以上）古树1 618株。如南召县有1株千年古树，通称“辛夷王”（望春玉兰）。

河南玉兰属植物50种中，野生分布12种：1. 武当玉兰、2. 玉兰、3. 滇藏玉兰、4. 望春玉兰、5. 河南玉兰、6. 宝华玉兰、7. 石人玉兰、8. 腋花玉兰、9. 鸡公玉兰、10. 黄山玉兰、11. 奇叶玉兰、12. 伏牛玉兰。栽培的有31种：1. 飞黄玉兰、2. 紫玉兰、3. 青皮玉兰、4. 玉灯玉兰、5. 朱砂玉兰、6. 星花玉兰、7. 渐尖玉兰、8. 宝华玉兰、9. 楔叶玉兰、10. 红花玉兰、11. 朝阳玉兰、12. 信阳玉兰、13. 美丽玉兰、14. 异花玉兰、15. 罗田玉兰、16. 安徽玉兰、17. 大别玉兰、18. 舞钢玉兰、19. 两型玉兰、20. 莓蕊玉兰、21. 多型叶玉兰、22. 星紫玉兰、23. 湖北玉兰、24. 天目玉兰、25. 具柄玉兰、26. 华丽玉兰、27. 安星紫玉兰、28. 中州玉兰、29. 华夏玉兰、30. 景宁玉兰、31. 杂配玉兰、32. 柳叶玉兰及7人工杂种。

特别提出的是：河南省玉兰属植物共计51种（不包括引栽人工杂种）中，有23种为河南所特有，即种模式标本采集于河南。它们是：1. 河南玉兰（南召县）、2. 石人玉兰（鲁山县）、3. 腋花玉兰（南召县）、4. 鸡公玉兰（河南鸡公山国家级自然保护区管理局）、5. 青皮玉兰（长垣县）、6. 奇叶玉兰（河南鸡公山国家级自然保护区管理局）、7. 楔叶玉兰（郑州市）、8. 朝阳玉兰（郑州市）、9. 信阳玉兰（河南鸡公山国家级自然保护区管理局）、10. 异花玉兰（郑州市）、11. 安徽玉兰（新郑市）、12. 大别玉兰（河南鸡公山国家级自然保护区管理局）、13. 舞钢玉兰（舞钢市）、14. 两型玉兰（河南鸡公山国家级自然保护区管理局）、15. 莓蕊玉兰（长垣县）、16. 多型叶玉兰（新郑市）、17. 具柄玉兰（新郑市）、18. 中州玉兰（郑州市）、19. 华丽玉兰（郑州市）、20. 伏牛玉兰（南召县）、21. 华夏玉兰（郑州市）、22. 杂配玉兰（郑州市）、23. 华豫玉兰（郑州市），以及宝华玉兰、天目玉兰、黄山玉兰（属国家级珍稀濒危植物，河南有分布与栽培）。

综上所述，充分表明，河南省玉兰属特有植物23种，居全国之首。尤其是异花玉兰形态特征变异极为显著而多样化，如单株具有混合芽、玉蕾与花蕾并存；且具有 15 种以上花型，是该属植物中极为特殊的 1 种。为此，在河南建立玉兰属植物基因库，为进一步深入开展该属植物多学科理论、新品种选育及栽培利用等研究具有重要的意义。

此外，中国玉兰属植物共计 57 种中，还有 6 种在河南没有引种栽培，即：1. 凹叶玉兰、2. 椭蕾玉兰、3. 北川玉兰、4. 多花玉兰、5. 怀宁玉兰、6. 卷柱玉兰 Yulania revolutistylus T. B. Zhao et Z. X. Chen。

第五章　玉兰属植物的生物学特性

玉兰属 Yulania Spach 植物的生物学及生态学主要特性介绍如下。

第一节　对气候的适应性

玉兰属植物种类多、分布较广，在我国北迄辽宁南部，经北京、河北、山西、陕西、山东、河南、安徽、湖北、四川直至广东、广西、福建、云南、贵州等省（区、市）皆有分布，或栽培。因而，该属不同物种对气候的适应能力和要求也有很大区别，如朱砂玉兰 Yulania soulangiana (Soul. – Bod.) D. L. Fu 能在温带地区生长发育良好，也耐寒冷（–31 ℃），又能在高温气温条件下正常生长；玉兰 Y. denudata (Desr.) D. L. Fu、朱砂玉兰在年平均气温 10.8 ℃、年降水量 650.0 ~ 1 350.0 mm 的地区，如北京、河北、山东、天津等省（市）不仅生长健壮，发育良好，且年年能开花结实；在河南年平均气温 13 ~ 15 ℃、年平均降水量 600.0 ~ 1 000.0 mm 的地方，其生长、发育良好；甚至在年平均气温 19 ℃以上，年平均降水量 1 200.0 mm 以上的广东、福建等地，它们也仍能生长良好，形成壮丽美观的树形。再如，滇藏玉兰 Yulania campbellii (Hook. f. & Thoms.) D. L. Fu 可分布在海拔 2 500 ~ 3 500 m 的高山疏林中，武当玉兰 Y. sprengeri (Pamp.) D. L. Fu 分布在海拔 1 300 ~ 2 400 m 的山林中，望春玉兰 Y. biondii (Pamp.) D. L. Fu 最高可分布到海拔 2 300 ~ 2 800 m 的林中，在河南主要栽培及分布于伏牛山区的南召、鲁山、西峡、卢氏、嵩县等海拔 600 ~ 1 000 m 的山地沟谷、坡地的杂木林中，最高可分布在 1 600 m 的山地杂木林中。不同海拔对望春玉兰生长的影响，如表 5 – 1 所示。

表 5 – 1　不同海拔对望春玉兰生长的影响

海拔（m）	树高年平均生长量（m）	胸径年平均生长量（cm）	冠幅年平均生长量（m）
410 ~ 500	0.29	0.995	0.30
510 ~ 600	0.27	0.864	0.22
610 ~ 700	0.26	0.840	0.25

注：选自赵天榜等主编. 1994.《河南主要树种栽培技术》。

望春玉兰为喜光树种，不同坡位、坡向对其生长也有影响，如表 5 – 2 所示。

表 5 – 2　不同坡位、坡向对望春玉兰生长的影响

测定项目	年生长量						
	上坡位	中坡位	下坡位	东南坡向	东北坡向	北坡向	西坡向
树高（m）	0.26	0.29	0.29	0.30	0.31	0.21	0.26
胸径（cm）	0.86	0.91	1.02	0.92	0.89	0.83	0.78
冠幅（m）	0.23	0.27	0.30	0.23	0.27	0.23	0.21

注：选自赵天榜等主编. 1994.《河南主要树种栽培技术》。

此外,望春玉兰、玉兰等在华北平原地区每年5月中旬、下旬至6月上旬、中旬易遭干热风危害,常引起叶边缘干枯,影响光合作用,降低生长量和"辛夷"年产量与品质。

总之,玉兰属植物因种类不同,而对气候、海拔、坡位、坡向等条件的要求也不尽相同。因此,在引种栽培时,应特别注意不同树种对气候条件的不同要求,否则,对引种,或造林均会造成不良影响。

第二节　对土壤的适应性

玉兰属植物对土壤的适应性很强。但是,土壤种类不同直接影响其根系的生长发育,是影响其树高和胸径生长的主导因子之一。其根系发育状况,直接受土壤因子,以及受不同立地条件的制约。根据调查,不同土壤种类与立地条件对望春玉兰生长发育有明显的影响,如表5-3和表5-4所示。

表5-3　不同立地条件对望春玉兰生长的影响

立地条件	树龄(a)	树高(m)	胸径(cm)	冠幅(m)	年生长量		
					树高(m)	胸径(cm)	冠幅(m)
乱石滩地	13	3.7	5.28	2.75	0.29	0.41	0.21
平沙地	13	5.6	12.08	4.22	0.47	0.93	0.33
壤土地	24	14.1	29.40	6.60	0.59	1.23	0.28
小地形棕壤土	17	14.6	33.70	5.40	0.96	1.39	0.32
"四旁"	16	5.0	20.00	4.50	0.30	1.25	0.28
山沟溪畔	28	8.9	28.00	1.50	0.32	1.00	0.38

注:选自赵天榜等主编. 1994.《河南主要树种栽培技术》。

表5-4　土壤质地对望春玉兰生长的影响

土壤条件	树龄(a)	树高(m)	胸径(cm)	冠幅(m)	年生长量		
					树高(m)	胸径(cm)	冠幅(m)
沙土	25	13.5	30.1	7.5	0.51	1.20	0.30
沙壤土	20	21.6	37.4	8.5	1.08	1.86	0.43
壤土	25	21.4	39.0	8.8	0.86	1.56	0.35
黏壤土	30	21.5	40.7	9.5	0.72	1.36	0.32
粗骨土	40	20.1	26.8	10.5	0.50	0.67	0.26
粗沙土	30	18.1	24.6	6.0	0.60	0.82	0.20

注:选自赵天榜等编著. 1992.《木兰及其栽培》。

从表5-3和表5-4材料中看出,土壤种类对望春玉兰生长具有明显的影响,其中以沙壤土、壤土和黏壤土对望春玉兰生长最有利,粗骨土、乱石滩地生长最差。

玉兰属植物,特别是望春玉兰具有耐水湿强的特点,能在河边、水旁土壤非常湿润条件下生长,甚至在短期积水地方,也能正常生长和发育,但不能在低洼长期积水地,或重盐碱土壤(pH>8.5)上生长,否则会引起根系腐烂而导致死亡。河南镇平县石佛寺院内栽植的玉兰,由于采用花坛式栽植,抚育措施不及时,500年生以上的玉兰大树生长极弱,胸径不足25.0 cm。

玉兰属植物对土壤适应性很强,但以在土层深厚、肥沃、湿润、疏松、通风的沙壤土上生长最快,根系发育也好,单株“辛夷”年产量高,品质也好。在平原地区,重盐碱地、长期积水洼地、地下水位过高,以及特别干旱、瘠薄的粗沙地上不宜栽培。在山区的谷地、山坡基部、梯田地坎、溪边大石块间、河滩地、路旁栽植的望春玉兰生长最好;在干旱、瘠薄的粗沙地,中薄层粗骨质土的坡地、山顶、梁峁处均有栽培,但植株生长不良。

根据调查表明,“四旁”栽植的望春玉兰,年生长量特别大,生长旺盛,成蕾年龄早,单株“辛夷”年产量高,尤以梯田地坎下边和溪边最为突出。如在梯田地坎边栽植的望春玉兰24年生树高14.1 m、胸径29.4 cm,年单株“辛夷”产蕾量达50.0 kg以上;百龄以上的“辛夷王”(望春玉兰)树高20.5 m,胸径93.6 cm,冠幅24.5 m,“辛夷”年产量达187.0 kg。

第三节 喜光树种

玉兰属植物除灌木种外,在天然次生林分中常处于林冠之上,为森林群落中的乔木树种之一。但是,胸径生长很慢,平均连年生长量在0.3~0.5 cm,且年单株形成玉蕾量也少。该属植物在苗期也具有明显的喜光特性,即在幼苗期间的分化现象就很快呈现出来,影响苗木质量与产量。望春玉兰、玉兰等属于喜光树种,因而树冠内小枝常因光照不足而生长不良,甚至干枯死亡,是造成树冠内膛光秃的主要原因之一。尤其是作为经济树种栽培时,光照不足是影响玉蕾(“辛夷”)产量很低的主要原因之一。2004年11月10日,作者在郑州市对在同种土壤(沙壤土)、同龄(20年生)的2株望春玉兰进行了调查。调查结果表明,2株望春玉兰中,1株栽培在同龄毛泡桐 *Paulownia tomentosa* (Thunb.) Steud 的东南方,其距离8.0 m,树高8.5 m,胸径25.5 cm,冠幅6.5 m,玉蕾数(径5.0 cm粗的标准枝)769个;另1株栽培在同龄毛泡桐的西北方,其距离5.0 m,树高9.5 m,胸径15.3 cm,冠幅4.1 m,玉蕾数(径5.0 cm粗标准枝)136个。由此可见,光照多少是影响望春玉兰生长发育、玉蕾产量的主导因素。此外,坡向不同对望春玉兰的生长发育也有影响。一般来说,生长在半阴坡的望春玉兰比阳坡生长的好,单株“辛夷”年产量也高。

总之,玉兰属植物为喜光树种,但以山谷半阴坡(东北向)、土壤肥沃湿润、光线适宜的条件下,生长发育最好,年单株产“辛夷”产量最高,品质也优。

该属植物还具有枝脆易断的特性,如南召县群众每年在采集“辛夷”时,常有枝断、伤人的现象发生。在大风、雾凇、冰雹的天气,部分树木的大枝常被折断。同时,该属植物枝干均有极强的萌发能力。

第四节 生育规律

玉兰、望春玉兰等的生长发育规律,是指林分群体的生长发育规律,不是指林木个体生长发育的规律。但是,它可以通过林木个体的生长发育规律而表现出来。研究林木生长发育规律,是正确安排各项林木栽培和抚育管理措施的科学根据,是获得其林木速生、优质、丰产的基础。

玉兰属植物生长发育规律主要表现在:① 大周期生长规律:是指从骨质种子出苗,或无性繁殖起，长大、成熟、衰老到死亡的整个生命过程。② 年周期生长（季节生长）规律：是指从芽萌动开始，经过开花、展叶、生长、结实、落叶到休眠为止的 1 年内的生长过程。现举例介绍如下。

一、玉兰

1. 玉兰的物候期

物候期是生物有机体在自然界中受气候和其他环境因素的影响，而在年生长发育周期中所表现出来的物候现象，如芽膨大开始期、开花期、展叶期……观察研究物候期的目的在于了解和掌握它的物候规律，为引种驯化、种实采集、良种选育和营林措施及玉蕾采摘提供科学根据。

玉兰属植物因其种类、地理分布、生物学特性等不同，而物候期与物候规律也不一致，即使同一种植物，在我国分布地区和栽培环境不同，其物候现象有明显区别，而物候规律也有差异。玉兰物候期变化，如表 5－5 所示。

表 5－5　玉兰物候期变化

地点	萌芽期（月－日）		展叶期（月－日）		开花期（月－日）				果熟期（月－日）	叶变色期（月－日）		落叶期（月－日）	
	膨大始期	膨大期	始期	盛期	始期	盛期	末期	2 次花		始期	全变期	始期	末期
北京Ⅰ	03－21	03－26	04－19	04－24	04－24	04－08	04－08	—	10－02	10－02	10－20	10－05	11－14
陕西 西安	—	03－09	03－31	04－02	—	—	—	—	—	—	—	—	—
安徽 蚌埠	03－20	03－28	04－04	04－08	—	—	—	—	—	—	—	—	—
四川 雅安	02－10	—	03－08	03－20	03－02	03－10	03－24	09－28	—	09－23	11－22	10－11	—
四川 北碚	02－16	02－16	03－06	03－22	03－05	03－09	03－23	10－11	—	09－30	11－23	09－06	11－26
浙江 杭州	—	03－07	03－27	04－02	03－19	03－28	—	—	08－30	09－15	—	—	—
浙江 温州	—	—	—	—	02－20	03－01	03－09	—	—	—	—	—	—
湖南 长沙	—	—	—	03－31	—	—	03－28	—	09－12	08－26	09－17	01－08	11－08
云南 昆明	01－15	—	02－16	02－27	01－03	01－25	02－07	—	—	10－05	10－19	10－12	11－09
北京Ⅱ	03－22	04－01	04－21	04－28	04－06	04－07	04－14	—	—	10－04	10－30	10－20	11－05
山东 淄博	03－13	03－19	04－14	04－16	03－31	04－01	04－03	—	—	10－14	10－20	10－20	11－06
山东 崂山	03－15	—	—	05－30	04－08	04－14	04－26	—	—	09－24	—	10－10	11－22
陕西 西安	03－31		04－05	04－19	03－12	03－18	03－23	—	—	10－16	11－08	10－24	12－15
四川 成都	03－12	03－22	—	—	03－16	03－22	04－01	—	—	09－24	11－06	10－04	12－03
四川 仁寿	03－09	—	03－15	03－24	03－15	03－20	03－24	—	—	—	—	—	—
四川 北碚	02－19	02－25	—	04－01	03－02	03－20	03－26	—	—	09－10	11－26	11－01	12－02
四川 宜宾	—	—	03－18	03－23	03－08	03－15	03－25	—	—	10－06	10－28	10－31	12－15
湖南 长沙	—	—	03－21	03－20	02－21	03－04	03－22	—	—	—	—	—	—
云南 昆明	01－27	—	02－26	03－05	01－19	01－27	02－12	—	09－10	09－24	11－06	10－08	12－02

注：北京Ⅰ：1973 年，北京Ⅱ：1974 年（选自赵天榜等主编. 2013.《世界玉兰属植物与栽培利用》）。

从表 5 – 5 中可以看出，玉兰物候期及其物候规律主要表现为以下 9 个时期：

（1）芽膨大期：玉兰芽膨大期，以玉蕾表现最明显，因其玉蕾大，芽鳞状托叶多，早春其先端开裂时，称玉兰芽膨大期。玉兰芽膨大规律是：随着纬度的增加，而芽膨大期依次推延。据 1974 年报道，芽膨大期分别是：云南昆明玉兰的芽膨大期为 1 月 27 日、四川北碚为 2 月 19 日、山东淄博为 3 月 3 日、北京为 3 月 22 日，从南到北相差 5°N，则玉兰芽膨大期相差 54 d。

（2）芽开放期：玉兰玉蕾开放期是在芽膨大期后，最内 1 层被丝状长柔毛的佛苞状托叶裂开，顶端露出花被片时，称芽开放期。玉兰玉蕾开放期与芽膨大期具有相似的规律，即呈现出南早北迟的物候规律。据 1973 年报道，四川北碚玉兰玉蕾开放期为 2 月 28 日、陕北西安为 3 月 9 日、北京为 3 月 26 日，四川北碚和北京两地之间玉蕾的开放期相差 38 d，且与两地芽膨大期的物候变化规律基本相吻合。

（3）开花期：在选定的观察植株上，有 1 朵，或同时几朵花的花被片完全开放，称开花始期。有一半以上花的花被片都展开时，称开花盛期。开花盛期后，树上留有极少数的花，称开花末期。

表 5 – 5 材料（1973）表明，云南昆明的玉兰开花最早（1 月 3 日）、浙江杭州为 3 月 19 日、河南郑州为 3 月 26 日（作者记录）、北京为 4 月 4 日。玉兰的开花物候规律呈现出南早北迟、东早西晚的规律。

（4）展叶期：当观察的植株上的叶芽，从芽鳞中露出第一批有 1 片，或 2 片的平展叶片时，称展叶期。当观察植株上有半数枝条上的叶完全平展时，称展叶盛期。这种物候规律与玉兰的芽膨大期、芽开放期和开花期的物候规律相一致。玉兰展叶期的物候规律是从南到北、从东到西依次推迟的规律。这从 5 – 5 材料（1974）中得到证实：云南昆明玉兰展叶期为 2 月 26 日、山东淄博为 4 月 14 日、湖南长沙为 3 月 21 日、河南郑州为 4 月 10 日（作者记录）、陕西西安为 4 月 8 日。

（5）果熟期：果熟期的表现为：聚生蓇葖果由绿色，或深绿色变为紫褐色、黄绿色带红晕时，位于先端的蓇葖果，有少数开裂露出橙黄色的拟假种皮种子时，称为果熟期。玉兰的果熟期，一般为 8 月中旬、下旬至 9 月中旬、下旬，但北京为 9 月下旬，或 10 月上旬。

（6）秋季叶变色期：当观察的玉兰植株上的叶片于秋末开始变为黄绿色，或带浅紫色晕时，称秋季叶片开始变色期。所有叶片完全变成浅黄绿色，或黄色时，称秋季叶片全部变色期。所谓叶片变色开始，是指正常叶片的季节性变化，不包括由于其他原因而引起叶片的颜色变化在内。玉兰的叶片秋季变色期的物候规律是：南方早，北方迟，如 1974 年云南昆明玉兰的叶片变色期为 9 月 24 日，北京为 10 月 5 日。

（7）落叶期：当观察的玉兰植株上叶片于秋末开始落叶时，称开始落叶期；树上的叶片大量脱落时，称落叶盛期；树上的叶尚有个别叶片没落时，称落叶末期。

此外，物候期以其物种、分布和栽培地区不同，以及栽培管理措施的不同而有差异，即同一地区，由于年份和种、变种之间的不同，其物候期及物候规律也有明显的差异。例如，1983 年作者在郑州观察，玉兰的玉蕾膨大期为 3 月 5 日、开花期为 3 月 18 日、展叶期为 4 月 3 日、落叶期为 11 月 12 日，而塔形玉兰 Yulania denudata (Desr.) D. L. Fu var. pyramidalis (T. B. Zhao et Z. X. Chen) T. B. Zhao, Z. X. Chen et D. L. Fu 玉蕾膨大期为

3月1日、开花期为3月14日、落叶期为11月2日。2005年,玉兰的玉蕾膨大期则推迟至4月中旬、上旬。

(8)玉蕾的发育:玉兰玉蕾具芽鳞状托叶3~6枚,最外层1枚于当年6月中旬、下旬开始脱落;越冬的芽鳞状托叶均于翌春开花前脱落完毕。翌年3~4月开花后,不育花自行脱落。母枝上,或缩台枝上的叶芽(包括小玉蕾状叶芽)萌发形成的1次新枝,通常于4月中旬、下旬至5月上旬,枝顶节间缩短、增粗、密毛,呈现新的玉蕾雏形;5月中旬、下旬新的玉蕾形成,其内部花器各部已发育,直至越冬,其花粉等还在继续分化发育中,稀有于6月中、下旬开花者。

(9)休眠期:当观察的玉兰植株上叶片全部脱落至翌春玉蕾与叶芽开始树液流动芽膨大开始时的一段时期,称休眠期。

此外,玉兰属植物中还有一些特殊的类群,如腋花玉兰 Yulania axilliflora (T. B. Zhao, T. X. Zhang et J. T. Gao) D. L. Fu、紫玉兰 Y. liliflora (Desr.) D. L. Fu 等具有多次开花的特性,即从4月中旬开始,直至11月落叶完毕,仍有少数花朵陆续开放,因而其芽的年发育进程,则明显区别于望春玉兰。生长期间开花的花朵,通常只有花被片发育充分,而雄蕊与离生单雌蕊通常发育不充分。

2. 玉兰芽种类、解剖、分枝习性与成枝生长规律

2000年,美国学者 R. B. Figlar 将木兰亚科 Magnoliaceae subfam. Magnolioideae 植物分枝习性分成同生分枝和预生分枝,如图5-1所示。同生分枝是指当年生2次新枝着生于1次新枝上;预生分枝是指当年生1次新枝着生于前1年枝上。由此可见,同生分枝和预生分枝两者提出的基础不同,没有可比性。

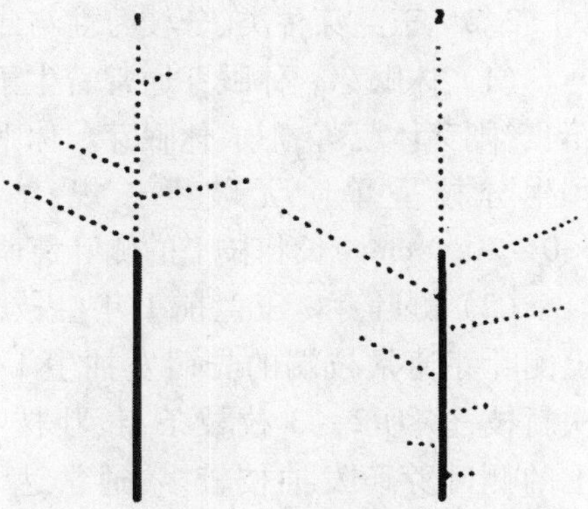

图5-1　同生分枝和预生分枝图

1. 同生分枝;2. 预生分枝(选自赵天榜等主编. 2013.《世界玉兰属植物与栽培利用》)。

2.1　玉兰芽种类及其解剖

玉兰为落叶乔木。当年生枝上有休眠芽、叶芽(侧叶芽和顶叶芽,见图版7:1)及玉蕾(拟花蕾,过去误称"花蕾")3种。

(1)顶叶芽形态特征及其解剖。玉兰顶叶芽着生在当年生枝的顶端。芽体狭卵球状,长1.0~1.5 cm,稀达2.0 cm,具芽鳞状托叶2~3(~4)枚,最外层1枚、薄革质,外面密被灰褐色至黑褐色短柔毛。其解剖结果表明,顶叶芽内第2、第3层芽鳞状托叶外面密被白色长柔毛、雏叶干枯,最内层1枚包被着雏枝、雏芽、雏叶与雏托叶。其雏枝、雏芽、雏叶与雏托叶着生于当年生枝顶端。玉兰顶叶芽形态特征及其解剖,如图版7:2所示。

(2)侧叶芽形态特征及其解剖。玉兰当年生侧叶芽着生于当年生枝叶腋内及缩台枝上。芽体椭圆体状,小,长3~10 mm,通常具芽鳞状托叶(过去称"芽鳞"、"苞片"……)2枚,最外层1枚灰褐色至黑褐色、薄革质,外面密被短柔毛。其解剖结果表明,侧叶芽最外层的1枚芽鳞状托叶包被着密被白色柔毛的第2层芽鳞状托叶,其内有雏芽、雏枝、雏叶和雏托叶。玉兰侧叶芽形态特征及其解剖,如图版7:3所示。

（3）玉蕾形态特征及其解剖。玉兰玉蕾顶生。玉蕾是由于它外形似花蕾（过去误称"花蕾"），实质上为混合芽，其内无叶、有芽和芽鳞状托叶（图版 7:5）包被的密被长柔毛的"缩台枝"，且明显不同于木兰属 Magnolia Linn. 植物的混合芽；玉兰混合芽又与含笑属 Michelia Linn. 植物花蕾及混合芽着生在当年生新枝叶腋内，或顶生，稀聚伞花序，或单歧聚伞花序及其结构组成的显著不同，而相区别。

玉兰玉蕾着生于当年生枝顶部，偶有腋生。芽体通常卵球状，其形状与大小差异很大，长 1.6 ~ 4.0 cm，径 1.2 ~ 1.6 cm，稀有小于 0.8 cm，或大于 4.0 cm。玉蕾具芽鳞状托叶 2 ~ 3（~6）枚，最外层 1 枚薄革质、灰黄褐色—灰褐色—黑褐色，外面密被短柔毛和不很明显的雏叶柄及雏叶脱落痕，当年 6 月中、下旬开始脱落；其他芽鳞状托叶陆续脱落，直至翌春开花前，脱落完毕。其解剖结果表明，玉蕾第 1 层至内层的芽鳞状托叶为薄革质—纸质—膜质，外面密被灰黑色、淡黄绿色、灰白色长柔毛，通常无雏叶（仅生长期间稀有畸形小叶），直至翌春花前脱落完毕。雏蕾卵球状，外被 1 枚、膜质、淡黄绿色、疏被长柔毛的佛焰苞状托叶，干后为棕褐色。花顶生在缩台枝上的极短的当年生新枝上；花梗密被灰白色长柔毛，稀无毛；佛焰苞状托叶内包被有雏花被片、雏雌蕊群、雏雄蕊群，以及延长的花托；雄蕊药隔先端具三角状短尖头；无雌蕊群柄；离生单雌蕊及花柱等均清晰可见。玉兰玉蕾形态特征及其解剖，如图版 7:4 所示。

2.2　玉兰芽种类、分枝习性与成枝生长规律

（1）休眠芽。休眠芽通常着生于 1 年生枝上，基部的侧叶芽，多因养分不足，或发育不良，则芽体脱落，形成休眠芽。休眠芽通常不萌发抽枝，稀萌发抽枝。这种分枝习性，属预生分枝呈单阶无歧生长规律，在年周期中有 1 次生长峰值，其生长量一般 3.0 ~ 20.0 cm。长壮枝上的侧叶芽萌发后，形成的 1 次新枝，年生长量 25.0 ~ 50.0 cm。

（2）侧叶芽。玉兰前 1 年生枝上侧叶芽通常枝端的先萌发抽生 1 次新枝，多为 2 ~ 3 枚枝条；长壮枝上的侧叶芽萌发抽枝较多，通常达 5 ~ 10枚 1 次新枝，其生长量从上向下依次减弱；基部的侧叶芽，因养分不足，或发育不良，则芽体脱落，形成休眠芽。这种分枝习性，属预生分枝呈单阶无歧生长规律，在年周期中有 1 次生长峰值，其生长量一般3.0 ~ 20.0 cm。长壮枝上的侧叶芽萌发后，形成的 1 次新枝，年生长量 25.0 ~ 50.0 cm，属预生分枝呈单阶无歧生长规律，稀新的长萌枝上的侧叶芽萌发形成 2 次新枝（夏枝），属预生—同生分枝呈单阶 1 歧生长规律（见图 5 -2）。

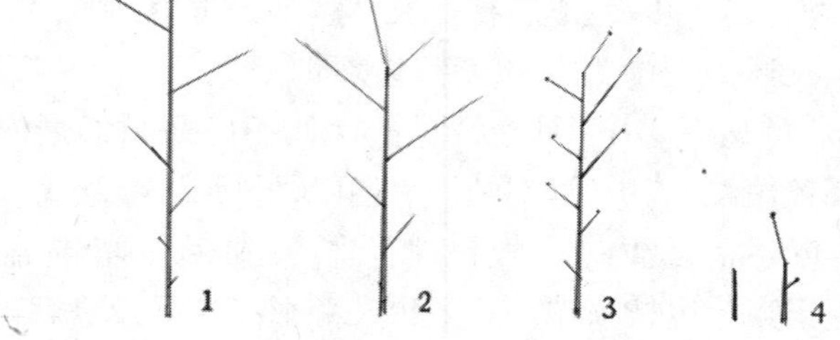

图 5 -2　玉兰枝条种类与分枝习性、成蕾、成枝生长规律

1. 壮枝上侧叶芽萌发枝；2. 中等枝上侧叶芽萌发枝；3. 中等枝上侧叶芽萌发玉蕾枝；4. 叶丛枝萌发玉蕾或不萌发枝；5. 叶丛枝萌发玉蕾（赵天榜绘）。

(3)顶叶芽。玉兰前1年生枝因壮弱情况不同,而萌发抽枝数及其生长也有明显差异,即:① 短弱枝上顶叶芽萌发后,多形成短的1次新枝,其枝顶形成新的顶叶芽,或新的玉蕾。这种分枝习性,属预生分枝呈单阶无歧生长规律,其年生长量多在3.0~15.0 cm。② 长壮枝上的顶叶芽萌发后,形成的1次新枝,年生长量多在25.0~50.0 cm,稀有80.0 cm以上者;一次新枝上侧叶芽萌发形成1次新枝和新的玉蕾。这种分枝习性,属预生分枝呈单阶无歧生长规律,稀新的长萌枝上的顶叶芽萌发形成2次新枝(夏枝),属预生—同生分枝呈2阶1歧生长规律。

(4)缩台枝:玉兰玉蕾花先叶开放。花后,不育花自行脱落。从前1年生枝上叶芽和"缩台枝"上的小玉蕾状叶芽萌发生成1次新枝(春枝)。这种分枝习性,作者称为预生分枝呈单阶无歧生长规律,而R. B. Figar(2000)称为预生分枝。1次新枝上小玉蕾状叶芽从3月下旬开始萌发生长,直至4月中、下旬停止生长,生长期1个月左右,生长量通常随立地条件、树龄等不同而有显著差异。例如,立地条件好,幼树上的1次新枝有时生长量达50.0~80.0 cm,7~8月在新枝顶端有时出现2次新枝(夏枝),或形成新的玉蕾。这种分枝习性,称为预生—同生分枝呈2阶无歧生长规律。

玉兰芽种类、分枝习性与成枝生长规律,如图版4:1~9所示。

2.3　小结

(1)玉兰属植株上均有休眠芽、叶芽(侧叶芽和顶叶芽)和玉蕾。玉蕾由缩台枝、芽鳞状托叶、雏叶芽、雏芽鳞状托叶和雏蕾组成。

(2)玉兰芽分枝习性与生长规律,有3种:① 母枝上的顶叶芽和侧叶芽萌发后形成1次新枝,属预生分枝呈单阶无歧生长规律,年生长周期中仅1次生长;② 粗壮母枝上顶叶芽,或玉蕾内小玉蕾状叶芽萌发1次新枝后,有2次新枝的出现,属预生—同生分枝呈单阶1歧生长规律;③ 少数壮枝稀有2次新的分枝现象,属预生—同生分枝呈2阶无歧生长规律。

二、望春玉兰

1. 望春玉兰树冠成层性规律

了解和掌握望春玉兰树冠成层性规律,也是制定其林木速生、丰产、优质林经营管理措施的可靠的科学依据。望春玉兰栽植后的第一年由于根系恢复能力弱,新根数少,吸收水分和矿物质少,因而第一年枝条生长量也小。在冬初落叶后,或翌春芽萌动前,可在顶部枝条基部4~6芽处进行重剪,促进产生徒长枝,而后逐年可形成较大的层间距,几年后望春玉兰树冠呈现出成层性规律,如图5-3所示。

图5-3　望春玉兰幼树成层性规律

(赵天榜　摄影)

2. 望春玉兰年生长发育进程

了解和掌握望春玉兰的年生长发育进程(年生长过程、年生长发育阶段),以及不同生育期间的生物学特性和对环境条件的要求,是制定其林木速生、优质、丰产栽培措施的重要科学依据。

2.1　年生育规律

望春玉兰年生长发育进程,随着植株的年龄、枝条类型、立地条件和抚育管理措施等不同而有明显差异,如生长在深厚、肥沃、湿润的土壤上的幼树上壮枝梢部的叶芽,萌芽后多形成新的长壮枝,且枝层明显,呈现出特别显著的成层性规律;中部、下部枝上的侧叶芽,多形成长枝和短枝,其长度和粗度,逐次向下减弱;枝条上基部的叶芽,则形成休眠芽,一般不萌发和抽枝。长枝上的侧叶芽萌发后,多形成长枝、中枝和短枝;极短枝上的叶芽萌发后多形成新的短枝,有时形成玉蕾。大树,或生长弱的植株,侧叶芽萌发后多形成短枝和花枝,少数形成长枝,但萌发枝有时也形成花枝;中枝、短枝上的侧叶芽有少数形成长枝,但萌发枝有时也能形成花枝。落叶时,少数短枝枯死,随后即行脱落。这种特性,是形成望春玉兰树冠内膛小枝稀疏、光秃的主要原因。

望春玉兰芽态区别明显。休眠芽很小,呈扁三角体状,紧贴枝上;壮枝叶芽肥大,圆柱状长椭圆体状;玉蕾更大,外面被淡黄色长柔毛。芽的性质,即萌发抽枝能力,在一定条件下可以转化。幼枝上的侧芽,萌发后多形成中、短枝。因枝短、叶少、光合作用弱,所以林木生长缓慢,加强水肥管理、防治病虫,可以改变芽萌发抽枝性质,促使基部休眠芽和中枝、短枝上顶芽萌发形成长壮枝,加速林木生长。玉蕾开花后,在缩台枝上具芽鳞状托叶的小叶芽,抽出短枝,或生成长 15.0 ~ 20.0 cm 的小枝,多呈假 2 叉状。

据观察,望春玉兰年生长发育进程依据物候期和枝条生长具有明显阶段性特点,而划分为:① 树液开始流动和芽膨大期、② 开花期、③ 展叶期、④ 春季营养生长期、⑤ 春季封顶期、⑥ 玉蕾分化发育期、⑦ 营养生长期(速生期)、⑧ 越冬准备期(包括芽的发育期、果实发育成熟期)、⑨ 落叶期、⑩ 休眠期。望春玉兰年生长发育进程(年生育规律),如表 5 -6所示。

表 5 -6　望春玉兰年生长发育进程

调查地点	树液流动及芽膨大期(月 - 日)	开花期(月 - 日)	展叶期(月 - 日)	春季营养生长期(月 - 日)	春季封顶期(月 - 日)	玉蕾分化期(月 - 日)	速生期(月 - 日)	越冬准备期(月 - 日)	落叶期(月 - 日)	休眠期(月 - 日)
鲁山	02 - 23 ~ 02 - 28	03 - 07 ~ 03 - 19	04 - 09 ~ 05 - 01	04 - 18 ~ 05 - 01	05 - 01 ~ 05 - 10	05 - 10 ~ 08 - 02	06 - 20 ~ 08 - 20	08 - 02 ~ 10 - 02	10 - 20 ~ 10 - 30	10 - 20 ~ 11 - 01
南召	02 - 23 ~ 02 - 28	03 - 01 ~ 03 - 15	04 - 01 ~ 04 - 10	04 - 10 ~ 04 - 15	04 - 25 ~ 05 - 10	05 - 10 ~ 08 - 10	06 - 18 ~ 08 - 02	08 - 10 ~ 10 - 25	10 - 31 ~ 11 - 15	11 - 05 ~ 12 - 15
郑州	02 - 20 ~ 02 - 25	03 - 10 ~ 03 - 31	04 - 01 ~ 04 - 10	04 - 15 ~ 04 - 20	05 - 01 ~ 05 - 10	05 - 10 ~ 08 - 02	06 - 25 ~ 08 - 15	08 - 02 ~ 10 - 20	10 - 20 ~ 11 - 01	11 - 01 ~ 12 - 20

注:选自赵天榜等主编. 2013.《世界玉兰属植物与栽培利用》。

望春玉兰在其年生长发育的不同时期中,具有明显的生长特点和形态特征。春季玉蕾迅速膨大生长、开花及叶芽展叶后,嫩枝生长快,进入中枝、短枝的速生期,即春季营养生长期。时间 15～20 d。枝条长度，一般 5.0～15.0 cm。幼壮植株上的长枝生长期较长，生长量也大，一般长 20.0～30.0 cm，最长主枝可达 2.50 m。大树上，或弱树上的枝条，一般生长期较短，枝条长度多达 5.0～15.0 cm。

春季营养生长期间，幼壮树上的短枝、中枝、长枝、主枝区别极为明显。这时中枝、短枝停止生长，形成顶芽。同时，长枝、主枝和短枝在不同生育期间的叶形变化也很明显。5 月中旬开始，芽进入发育分化时期，直到落叶，经过低温阶段后，才能分化完毕，翌春才能正常开花结实，形成种子。有时，气温适宜，玉蕾不经过温期阶段，可于当年 6～11 月上旬有少数玉蕾开出鲜艳美丽的花朵，而采用措施促进此时玉蕾盛开，则具有极大的观赏意义。

望春玉兰落叶从 10 月中旬开始，直到 11 上、中旬。中枝、短枝上叶，首先变黄脱落，大量落叶期在 10 月中旬；长枝、壮枝叶多在 10 月下旬至 11 月上旬，有时霜后脱落，或霜后干枯枝上。

2.2　枝条年生长规律

望春玉兰树高生长，主要是通过主枝的长度而表现出来。因此，了解其枝条年生长变化的过程，是了解和掌握望春玉兰树高生长年变化规律的关键。为此，作者曾在南召、鲁山两县进行过望春玉兰枝条年生长变化规律的测定，测定结果，如表 5－7 和表 5－8 所示。

表 5－7　望春玉兰枝条长度年生长变化进程

测定日期（月－日）		04－10	04－20	05－01	05－10
枝条长度（cm）	5	0.5	2.1	4.7	5.2
	10	1.0	4.5	9.9	10.2
	15	2.1	6.8	14.1	15.4
	20	2.7	9.7	18.1	19.9

注：选自赵天榜等编著．1992.《木兰及其栽培》。

表 5－8　望春玉兰不同品种长枝年生长进程

测定日期（月－日）	04－26	05－01	05－16	05－26	06－01	06－16	06－26	07－01	07－16	07－26	08－01
‘桃实’望春玉兰枝长（cm）	4.70	8.7	20.69	28.5	32.5	44.5	48.8	56.3	58.0	58.2	
‘小蕾’望春玉兰枝长（cm）	2.32	5.1	15.00	21.4	24.7	34.6	39.7	41.0	41.7	42.5	
‘卷毛’望春玉兰枝长（cm）	2.26	4.6	11.70	16.4	18.8	25.9	28.2	32.1	35.2	35.6	

注：选自赵天榜等编著．1992.《木兰及其栽培》。

表 5－7 和表 5－8 表明，望春玉兰及其 3 品种，即：‘卷毛’望春玉兰 Yulania biondii (Pamp.) D. L. Fu ‘Juanmao’、‘桃实’望春玉兰 Y. Biondii (Pamp.) D. L. Fu ‘Ovata’、‘小蕾’望春玉兰 Y. biondii (Pamp.) D. L. Fu ‘Parvialabastra’ 在年生长过程中，短枝只有一次生长，即春季营养生长期后，迅速形成顶芽，停止生长。长枝也只有一次生长，但与短枝不同，即长枝在春季枝条封顶期间，不形成顶芽，仍继续生长，但生长速度稍慢于主

枝，或萌枝生长速度，5 月下旬至 6 月中旬，开始出现生长缓慢现象，逐步形成顶芽，停止生长；主枝和萌枝则截然不同，即从 6 月上旬生长开始加速，直到 8 月中、下旬开始生长缓慢，9 月中、下旬，停止高生长为止，一般高度为 0.5 ~ 1.0 m，有时达 2.0 m 以上。其上叶芽和玉蕾于 5 月中旬到 6 月中旬从外形上可以明显地区别出来。在立地条件差、抚育管理不及时的条件下，主枝生长也很缓慢，多形成“小老树”。所以，在主枝速生阶段，加强土、水、肥管理措施，及时防治病虫，是培养速生、丰产林的关键时期和主要技术措施。

2.3　叶片生长规律

为进一步了解玉兰属植物叶片生长规律，作者采用定株、定叶、定时对望春玉兰、紫玉兰叶片生长变化进行了测定，测定结果，如表 5 – 9 所示。

表 5 – 9　望春玉兰等叶片生长规律

名称、学名	枝类	测定日期（月/日）	04 – 15	04 – 16	04 – 17	04 – 18	04 – 19	04 – 20	04 – 21	04 – 23	04 – 24
望春玉兰 Yulania biondii	短枝叶	长度（cm）	2.20	5.65	6.40	7.14	8.28	9.48	10.80	11.38	11.19
		宽度（cm）	3.20	2.18	3.40	3.04	3.40	3.93	4.43	4.75	4.80
	长枝叶	长度（cm）	4.20	4.50	4.86	6.04	7.84	8.81	10.02	11.32	12.38
		宽度（cm）	4.14	4.15	4.16	4.17	4.18	4.19	4.20	4.21	4.22
紫玉兰 Y. liliflora	短枝叶	长度（cm）	2.01	4.80	5.40	7.65	9.01	9.50	10.25	11.25	12.0
		宽度（cm）	1.50	2.10	3.40	3.45	3.80	4.00	4.95	5.25	5.55

注：选自赵天榜等主编. 2013.《世界玉兰属植物资源与栽培利用》。

附：望春玉兰叶面积公式测算的研究（摘要）

1990 年，赵天榜、陈志秀、高聚堂等选用望春玉兰、腋花玉兰、河南玉兰中选出有代表性叶片 203 枚，分 4 种叶形，如图 5 – 4 所示。然后，分别测量叶片长度与最大宽度，使其叶片构成椭圆形相似图形，再按 $S = 0.785\,4AB$ 公式测出叶面积。同时，采用方格法实测其面积。通过测算，求出叶面积（S）与叶片长度（A）× 宽度（B）的回归截距（a）和回归系数（b），建立回归方程。

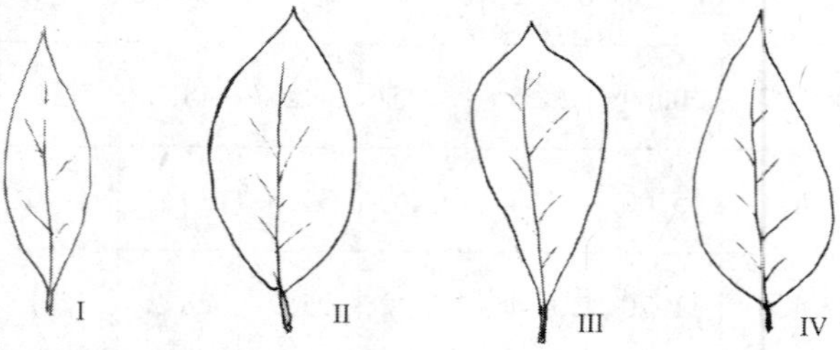

图 5 – 4　望春玉兰 4 种叶形

I. 狭椭圆形；II. 椭圆形；III. 倒卵圆形；IV. 卵圆形（选自赵天榜等. 1990.《望春玉兰叶面积公式测算的研究》）。

最后，验证所测公式的使用范围及相对误差，计算叶面积的校正值，编其不同种的叶面积表（略）。

望春玉兰、腋花玉兰叶面积公式测算研究结果表明，按照数理统计原理，用最小二乘法建立其叶面积回归方程，如表5－10所示。

表5－10　望春玉兰3变种、腋花玉兰叶面积测算公式

名称、学名	测算公式	相关系数	剩余标准差
腋花玉兰 Yulania axilliflora (T. B. Zhao, T. X. Zhang et J. T. Gao) D. L. Fu	$S = 0.6215 + 0.6750D$	0.992 0	2.801 3
望春玉兰 Y. biondii (Pamp.) D. L. Fu	$S = 0.2611 + 0.6541D$	0.980 9	4.335 8
'桃实'望春玉兰 Y. biondii (Pamp.) D. L. Fu 'Ovata'	$S = -0.2143 + 0.6576D$	0.989 7	2.557 8
'小蕾'望春玉兰 Y. biondii (Pamp.) D. L. Fu 'Parvialabastra'	$S = 2.7357 + 0.6127D$	0.958 1	6.246 0

注：D = 叶片长度(A) × 宽度(B)（选自赵天榜等. 1990.《望春玉兰叶面积公式测算的研究》）。

从表5－10看出，望春玉兰3变种、腋花玉兰叶面积测算公式求出面积与实测面积之间有差异。其中，腋花玉兰叶面积差异小，相关系数0.992 0；'小蕾'望春玉兰叶面积差异大，相关系数0.958 1。

为使工作方便，作者将203枚叶片有关数据建立综合方程，即：

$$S = 0.2611 + 0.6541D \tag{5-1}$$

$$\text{相关系数 } r = 0.9809 \qquad \text{剩余标准差} = 4.3358$$

采用该公式测算的望春玉兰3变种、腋花玉兰叶面积与实测的叶面积有差异，如表5－11和表5－12所示。

表5－11　望春玉兰3变种、腋花玉兰叶面积测算公式与实测的叶面积比较

名标	测算公式	测算面积 (cm^2)	实测叶面积 (cm^2)	绝对误差 (cm^2)	相对误差 (%)
腋花玉兰	$S = -0.6215 + 0.6750D$	84.90	86.42	1.52	1.759
望春玉兰	$S = 0.6215 + 0.6750D$	82.61	86.42	3.81	4.409
'桃实'望春玉兰	$S = -0.2143 + 0.6576D$	71.36	74.25	2.89	3.892
望春玉兰	$S = 0.2611 + 0.6541D$	71.00	74.25	3.25	4.377
'小蕾'望春玉兰	$S = 2.7357 + 0.6127D$	56.04	55.53	－0.51	－0.918
望春玉兰	$S = 0.2611 + 0.6541D$	56.81	55.53	－1.28	－2.305

注：选自赵天榜等. 1990.《望春玉兰叶面积公式测算的研究》。

表5－12　望春玉兰不同叶形面积测算公式

望春玉兰不同叶形	测算公式	相关系数	剩余标准差
Ⅰ. 狭椭圆形	$S = 5.0614 + 0.5865D$	0.949 5	5.620 9
Ⅱ. 椭圆形	$S = -0.7099 + 0.6756D$	0.993 5	2.728 3
Ⅲ. 倒卵圆形、Ⅳ. 卵圆形	$S = -1.5639 + 0.6608D$	0.994 4	2.154 7
Ⅰ～Ⅳ. 综合	$S = 0.2611 + 0.6541D$	0.980 9	4.335 8

注：选自赵天榜等. 1990.《望春玉兰叶面积公式测算的研究》。

从表5-11和表5-12看出，望春玉兰与其品种不同，其叶面积测算公式求出面积与实测面积之间有差异。若采用$S = 0.2611 + 0.6541D$测算叶面积，只有叶面积差异小的条件下，才可应用。

为提高望春玉兰、腋花玉兰叶面积计算精度，作者将203枚叶片有关数据，按照椭圆形求面积的公式，可以获得较好的结果。该公式为：

$$S = 0.7854\,AB \tag{5-2}$$

相关系数$r = 0.9999$　　剩余标准差 = 0.2777

采用该公式测算的望春玉兰、腋花玉兰叶面积与实测的叶面积有差异，如表5-13所示。

表5-13　望春玉兰3变种、腋花玉兰叶面积测算公式与实测的叶面积比较

名称	测算公式	相关系数r	$R_{0.01}$	r与$R_{0.01}$关系
腋花玉兰	$S = -0.6215 + 0.6750D$	0.9920	0.4896	$r > R_{0.01}$
'桃实'望春玉兰	$S = -0.2143 + 0.6576D$	0.9897	0.2540	$r > R_{0.01}$
'小蕾'望春玉兰	$S = 2.7357 + 0.6127D$	0.9581	0.3017	$r > R_{0.01}$
望春玉兰Ⅰ	$S = 5.0614 + 0.5865D$	0.9495	0.2830	$r > R_{0.01}$
望春玉兰Ⅱ	$S = -0.7699 + 0.6756D$	0.9935	0.2830	$r > R_{0.01}$
望春玉兰Ⅲ与Ⅳ	$S = -1.5639 + 0.6608D$	0.9944	0.3922	$r > R_{0.01}$
望春玉兰Ⅰ~Ⅳ	$S = 0.2611 + 0.6541D$	0.9809	0.1820	$r > R_{0.01}$
望春玉兰椭圆形公式	$S = 0.7854\,AB$	0.9999	0.1820	$r > R_{0.01}$

注：选自赵天榜等．1990.《望春玉兰叶面积公式测算的研究》。

从表5-13看出，望春玉兰、腋花玉兰叶面积采用椭圆形测算公式求出面积与实测面积之间误差小，与方格法相比，其绝对误差不超过 ±0.67，相对误差平均为 ±1.197%。

3．枝条类型与成枝生长规律

3.1　枝条类型

（1）发育枝：是指着生叶芽的长壮枝条。

（2）徒长枝：是长度大于40.0 cm，不着生玉蕾的枝条。此种枝条由树冠上部、生长旺盛的骨干枝背上的芽萌发而成。由于它所处地位优越，养分供应充足，本身生长非常旺盛，枝条粗，节间长，能形成2~3次枝。

（3）叶丛枝：是一种极短缩的小枝。这种枝条由于光照不良、营养不足等因素的影响，萌发后不久即停止生长，年生长量不足2.0 cm。枝上丛生1~5片叶，一般多为2~3片。落叶后枝上满布芽鳞痕及叶痕，枝顶着生叶芽，有时会干枯脱落。

（4）花枝：根据其形态、长度，可分为4种，即：① 极短花枝：凡花枝长度在5.0 cm以下者，称极短花枝。该枝多着生树冠下层、内膛，或2年生枝基部。其特点是枝细、节短、顶生玉蕾，腋芽处于休眠状态，个别枝条最上端一个腋芽也是玉蕾。② 短花枝：凡花枝长度5.0~10.0 cm者，称短花枝。该类花枝多着生在2年生枝的中部、下部，长势较弱。③ 中花枝：凡花枝长度在10.0~20.0 cm者，称中花枝。该类花枝长势较旺，多着生在2

年生枝的中部、上部，枝顶为玉蕾，其下为叶芽。④ 长花枝：凡枝条长度大于20.0 cm的花枝，称长花枝。长花枝多着生在光照充足的树冠上层和中层、下层的外部，因而生长旺盛，发育良好，玉蕾饱满，芽体较大，百蕾重较高。望春玉兰各类枝成枝规律，如图版5所示。

总之，望春玉兰植株上的花枝，无论枝条长度如何，只能形成1枚玉蕾，偶有腋生玉蕾的呈现。

3.2　成枝特点

望春玉兰芽具有成枝力高的特点，但由于其构造不同，其成枝特点也有所不同，如图版5所示。

（1）玉蕾成枝特点。望春玉兰玉蕾开花前，其上越冬芽鳞状托叶逐渐脱落。开花后，缩台枝上的叶芽萌发，通常有1~2芽成为新枝，其余小叶芽成为休眠芽，少数萌发3个新枝，但上端的新枝生长旺盛，其他渐弱。玉蕾开花后，一般条件下只有最上的1~2枚小叶芽萌发成新枝。这种成枝规律，对培养大型、中型成蕾枝组具有重要意义。

（2）叶芽成枝特点。短枝上的叶芽，仅上部1枚，或2枚叶芽萌发成单枝花、短（花）枝和叶丛枝，其余成为休眠芽；中枝、长枝上叶芽萌发，形成1~2枚叶丛枝，或短（花）枝，其下面的芽一般不萌发，成为休眠芽。采蕾后，枝上叶芽受刺激，翌年可以生成不同长度的新枝。短枝和叶丛枝上的芽，一般只有顶芽多萌发为新的短枝，腋芽多为休眠芽。

望春玉兰不同品种枝条上的叶芽，其成枝与其他树木相似，即从顶向下依次萌发，形成长度、粗度不同的枝条，直至到芽不萌发抽枝。

（3）休眠芽成枝特点。枝条基部的叶芽，一般不萌发成枝，形成休眠芽。在受刺激的情况下，如修剪、创伤等可以促使休眠芽萌发长出旺盛的徒长枝。据调查，56年生、胸径36.0 cm的主枝，受刺激后休眠芽萌发后长出了长度分别为61.2 cm和151.0 cm长的徒长枝。

（4）枝态形成特点。枝条着生于母枝上的形态，称枝态。据调查材料，在光照充足，生长旺盛部位，枝条多直立，或稍斜生长；在光照较弱部位，多着生平展枝，构成一个平面，以利充分接受阳光；在光照条件极差的内膛，多形成短小叶丛枝；在树冠外围，光照条件好，又具有一定生长空间，可以形成徒长枝。

望春玉兰成枝、成蕾规律，如图版5：1~6所示。

4. 影响成枝的因素

根据作者调查材料，影响望春玉兰成枝的因素包括内部因素、外界因素和人为因素三个方面。其中物种、年龄、母枝长度和粗度、枝态、着生部位等影响最明显。现分述如下。

4.1　物种

玉兰属植物因物种不同，其成枝特点明显不同。望春玉兰、腋花玉兰等与萌发新枝的关系，如表5-14和表5-15所示。

表 5－14 望春玉兰等与萌发新枝的关系

名称	直立枝		平展枝		下垂枝		合计	
	数量（个）	百分率（%）	数量（个）	百分率（%）	数量（个）	百分率（%）	数量（个）	百分率（%）
‘多瓣’腋花玉兰	94	42.9	72	32.9	53	24.2	219	100
腋花玉兰	44	28.0	51	32.5	62	39.5	157	100
‘桃实’望春玉兰	0	0	36	46.2	42	53.8	78	100

注：选自赵天榜等编著. 1992.《木兰及其栽培》。

从表 5－14 材料看出，‘多瓣’腋花玉兰 Yulania axilliflora（T. B. Zhao，T. X. Zhang et J. T. Gao） D. L. Fu ‘Daobei’ 直立枝比率为 42.9 %，平展枝比率为 32.9 %，下垂枝比率为 24.2 %；腋花玉兰 Y. axilliflora（T. B. Zhao，T. X. Zhang et J. T. Gao）D. L. Fu 直立枝比率 28.0 %，平展枝比率 32.5 %，下垂枝比率 39.5 %，这是腋花玉兰及‘多瓣’腋花玉兰“辛夷”高产的原因之一；‘桃实’望春玉兰 Y. biondii（Pamp.）D. L. Fu ‘Ovata’ 在调查的植株中没有直立枝生长，平展枝和下垂枝各占 46.2 % 及 53.8 %。

表 5－15 望春玉兰等与萌发新枝数量和长度的关系

名称	0～5.0 cm		5.1～10.0 cm		10.1～20.0 cm		20.1～40.0 cm		合计	
	数量（个）	百分率（%）	数量（个）	百分率（%）	数量（个）	百分率（%）	数量（个）	百分率（%）	数量（个）	百分率（%）
腋花玉兰	109	49.8	27	12.3	47	21.5	36	16.4	219	100
‘多瓣’腋花玉兰	117	74.5	25	15.9	13	8.3	2	1.3	157	100
‘桃实’望春玉兰	53	67.9	7	9.0	14	18.0	4	5.1	78	100
‘密枝’望春玉兰	26	44.1	11	18.6	15	25.4	7	11.9	59	100
‘疏枝’望春玉兰	15	55.6	5	18.5	4	14.8	3	11.1	27	100

注：选自赵天榜等编著. 1992.《木兰及其栽培》。

从表 5－15 中看出，腋花玉兰短花枝（0～5.0 cm）比率为 49.8 %，中花枝（5.1～10.0 cm）比率为 12.3 %，中长花枝（10.1～20.0 cm）比率为 21.5 %，长花枝（20.1～40.0 cm）比率为 16.4 %；‘多瓣’腋花玉兰短花枝（0～5.0 cm）比率为 74.5 %，中花枝（5.1～10.0 cm）比率为 15.9 %，中长花枝（10.1～20.0 cm）比率为 8.3 %，长花枝（20.1～40.0 cm）比率为 1.3 %；望春玉兰几个品种短花枝（0～5.0 cm）比率为 44.1 %～67.9 %，中花枝（5.1～10.0 cm）比率为 9.0 %～18.6 %，中长花枝（10.1～20.0 cm）比率为 14.8 %～25.4 %，长花枝（20.1～40.0 cm）比率为 5.1 %～11.9 %。

总之，腋花玉兰“辛夷”高产的原因是玉蕾顶生和腋生，而枝条数为 219 枝；‘桃实’望春玉兰在调查的植株中枝条数为 78 枝。

4.2 年龄

望春玉兰从幼苗开始到树体衰老为止，要经过几个时期。每一时期的树体结构特点、生理特点、成枝和修剪反应特性、枝条长势及其枝态等都不尽相同，因而抽生各类枝条的比率也有显著不同，如表 5－16 所示。

表 5－16 树龄对望春玉兰萌发新枝枝态数量的影响

树龄（a）	直立枝		平展枝		下垂枝		合计	
	数量（个）	百分率（%）	数量（个）	百分率（%）	数量（个）	百分率（%）	数量（个）	百分率（%）
4	—	—	36	46.2	42	53.8	78	100
13	7	17.9	26	66.7	6	15.4	39	100
23	94	42.9	72	32.9	53	24.2	219	100
50	85	43.1	74	37.6	38	19.3	197	100
87	76	44.4	72	42.1	23	13.5	171	100
200	83	45.6	80	44.0	19	10.4	182	100
300	90	46.4	86	44.3	18	9.3	194	100

注：选自赵天榜等编著．1992.《木兰及其栽培》。

表 5－16 表明，随着树龄的增长，直立枝比率上升，13～23 年生呈直立枝比率由 17.9 % 增为 42.9 %；23 年生以后，增长缓慢，到 300 年才增到 46.4 %，而下垂枝比率则逐渐下降。

4.3 母枝质量

母枝质量（长度、粗度）不同，而萌发新枝也有很大差异。叶丛枝因当年光照不足，发育不良，在生长过程中，或落叶后，部分枝条即行枯死。如果母枝稍壮，能继续生长 2～5 年，其上每年萌发新枝仍为叶丛枝，有时出现少数单花枝。若叶丛枝重截，则叶丛枝上叶芽可萌发成不同类型的枝条，而很少有徒长枝的发生。根据调查，母枝长度与萌发新枝的数量和长度呈正相关关系，如表 5－17 所示。

表 5－17 枝条长度对萌发新枝数量和长度的影响 （单位：cm）

枝条长度	0～5.0		5.1～10.0		10.1～20.0		20.1～40.0		合计	
	数量（个）	平均长度	数量（个）	平均长度	数量（个）	平均长度	数量（个）	平均长度	数量（个）	平均长度
0～5	1.14	1.51	0.03	6.90	—	—	—	—	1.44	1.62
5～10	1.59	1.08	0.26	6.37	0.33	14.50	—	—	2.18	3.74
10～20	1.88	1.18	0.35	7.53	0.96	14.08	0.13	23.18	3.32	6.44
20～40	1.92	1.39	0.52	7.34	1.20	15.08	1.20	25.83	4.84	11.84

注：选自赵天榜等编著．1992.《木兰及其栽培》。每 30 个枝条为一组，为 4 组平均数。

从表 5－17 中可以看出，母枝长 0～5.0 cm 时，萌发新枝 1.44 个，平均长度 1.62 cm；母枝长 5.0～10.0 cm 时，萌发新枝 2.18 个，平均长 3.74 cm；母枝长 10.0～20.0 cm 时，萌发新枝 3.32 个，平均长 6.44 cm；母枝长 20.0～40.0 cm 时，萌发新枝 4.84 个，平均长 11.84 cm。同时还表明，随母枝长度的增加，中枝、长枝的数量和长度也随着相应地增多和加长。这种现象，与其母枝营养状况有关。短枝因叶少、叶小，积累营养物质也少，萌发新枝也少而弱；长枝由于枝长、叶多，积累养分也相应增多，所以萌发的新枝生长健壮，而长度和粗度也明显增加。

母枝粗度与萌发新枝数量和质量的关系与长度一致，即母枝越粗，萌发新枝越多、越长；反之，母枝越细，则萌发新枝越少、越弱。根据调查材料，母枝粗度和长度存在着线性关系。相关系数 $r = 0.9721$，经回归分析，数学模型为：

$$L = 9.5566 + 70.4465a \tag{5-3}$$

式中：L 为枝条长度；a 为粗度。

4.4　枝态

望春玉兰枝态不同，其叶面积所受的光照条件和营养条件亦有明显差异。直立枝通常着生树冠外围，光照充足，养分优越，因而芽多萌发为长壮枝，且枝条数多；平展枝因生长势较弱，芽萌发中枝较多；下垂枝因受光不良，营养条件差，多萌发叶丛枝，或短枝。其枝态对萌发新枝的影响，如表 5-18 所示。

表 5-18　不同枝态枝条对萌发新枝数量的影响

枝条长度与数量	0~5.0 cm		5.1~10.0 cm		10.1~20.0 cm		20.1~40.0 cm	
	数量（个）	平均长度（cm）	数量（个）	平均长度（cm）	数量（个）	平均长度（cm）	数量（个）	平均长度（cm）
直立枝	0.90	1.17	0.40	6.99	0.95	14.61	0.88	26.97
平展枝	1.69	1.24	0.33	7.27	0.69	15.14	0.28	23.00
下垂枝	1.88	1.13	0.33	7.20	0.22	14.23	0	0

注：选自赵天榜等编著．1992.《木兰及其栽培》。直立枝 40 枝、平展枝 36 枝、下垂枝 18 枝 1 组，重复 4 次，为其平均数。

4.5　树冠部位

树冠上的枝条，由于着生部位和方向的差异，形成枝条的类型和数量也存在显著的不同。

（1）冠层。树冠层次不同，芽萌发新枝则有明显的差异。这种差异，如表 5-19 所示。

表 5-19　不同冠层枝条萌发各类枝条数量

冠层	直立枝		平展枝		下垂枝		合计	
	数量（个）	百分率（%）	数量（个）	百分率（%）	数量（个）	百分率（%）	数量（个）	百分率（%）
上层	116	56.0	77	37.2	14	6.8	207	100
中层	66	38.2	74	42.8	33	19.1	173	100
下层	73	38.2	79	38.7	47	23.1	204	100

注：选自赵天榜等编著．1992.《木兰及其栽培》。

表 5-19 表明，树冠上层直立枝分布多，占枝条总数的 56.0 %，平展枝占 37.2 %，而下垂枝占 6.8%；中层、下层由于树冠多为宽卵球状，或近球状，中层、下层冠面积近相等，而直立枝主要着生外围，平展枝主要着生中部，故它们的直立枝和平展枝所占的比率均无明显差异；下层的下垂枝所占比率为 23.1 %。同时，观测表明，从树冠下层到上层，短枝数量随树冠层次的上升而明显减少，而中枝、长枝数量则相应地逐渐增多。这种分布规律

充分说明,光照是决定枝条发育的重要因子。因而,创造良好的光照条件,促进中枝、长枝萌发的比率,是提高玉蕾产量的关键技术措施之一。

(2) 方向。调查材料表明,树冠不同方向各类枝条比率同样有差异,如表5-20所示。

表5-20　不同方向枝条上芽抽生各类新枝数量

方向	直立枝		平展枝		下垂枝		合计	
	数量(个)	百分率(%)	数量(个)	百分率(%)	数量(个)	百分率(%)	数量(个)	百分率(%)
北方	67	46.2	61	42.1	17	11.7	145	100
西方	69	45.7	62	41.1	20	13.2	151	100
南方	70	50.7	55	39.9	13	9.4	138	100
东方	67	44.7	60	40.0	28	15.3	150	100

注:选自赵天榜等编著. 1992.《木兰及其栽培》。

从表5-20可以看出,树冠南部阳光充足,直立枝较多,下垂枝占的比率较小(9.4 %),而东、西、北三个方向因树冠开展,受光条件近似,直立枝和下垂枝均无显著差异;平展枝多分布于树冠的中部,光照影响不大,在方向上无显著差异。枝条长度在分布上南面长枝多、短枝少,北方则长枝少、短枝多,东、西方向居中。这种现象与光照分布相一致。

根据作者多年来调查,腋花玉兰等无论树冠的哪个方向,小于5.0 cm的极短花枝数量都很少,出现这种现象的原因是:腋花玉兰是枝顶、叶腋均能形成玉蕾。采蕾恰如进行枝条中剪、短剪。剪后的枝条翌春多形成中枝、长枝,因而短枝数量就很少。

望春玉兰芽态区别明显。休眠芽很小,呈扁三角体状,紧贴枝上;壮枝叶芽肥大,圆柱状长椭圆体状;玉蕾更大,外面被淡黄色长柔毛。芽的性质,即萌发抽枝能力,在一定条件下,可以转化。幼枝上的侧芽,萌发后多形成中、短枝。因枝短、叶少、光合作用弱,所以林木生长缓慢,加强水肥管理、防治病虫,可以改变芽萌发抽枝性质,促使基部休眠芽和中、短枝上顶芽萌发形成长壮枝,加速林木生长。玉蕾开花后,在缩台枝上具芽鳞状托叶的小叶芽,抽出短枝,或生成长15.0~20.0 cm的小枝,多呈假2叉状。直立枝和平展枝较多,而占的比率为39.9 %~50.7 %,下垂枝占的比率较小,为9.4 %~15.3 %,而东、西、北三个方向因树冠开展,受光条件近似,直立枝和下垂枝均无显著差异;平展枝多分布于树冠的中部,光照影响不大,在方向上无显著差异。

4.6　抚育管理

抚育管理及时与否对腋花玉兰萌发枝条数量和长度有显著影响,如表5-21所示。

表5-21　抚育管理对腋花玉兰萌发枝条数量和长度有显著影响

项目	各类枝条率(%)				
	0~5.0 cm	5.1~10.0 cm	10.1~20.0 cm	20.1~40.0 cm	合计
抚育管理	67	46.2	61	42.1	17
不进行抚育管理	69	45.7	62	41.1	20

注:树龄8年生(选自赵天榜等编著. 1992.《木兰及其栽培》)。

从表 5 - 21 可以看出,加强抚育管理与不进行抚育管理的腋花玉兰各类枝条数量和长度均有显著差异。同时,调查结果表明,加强抚育管理的植株枝条上多数为腋生玉蕾、簇生玉蕾;不进行抚育管理的腋花玉兰植株上 1/3 枝条上具 1 枚玉蕾,通常为叶丛枝。所以,加强抚育管理,才能促进萌发短、中枝,增加叶面积,提高成蕾数量和质量。

5. 胸径生长规律

了解和掌握望春玉兰等的胸径生长的年变化规律,是制定其速生、丰产、优质林经营管理措施的可靠的科学依据。为此,我们选择栽培在不同立地条件下的望春玉兰等种、品种,每半月测定 1 次胸径生长。测定结果,如图 5 - 5、图 5 - 6 所示。

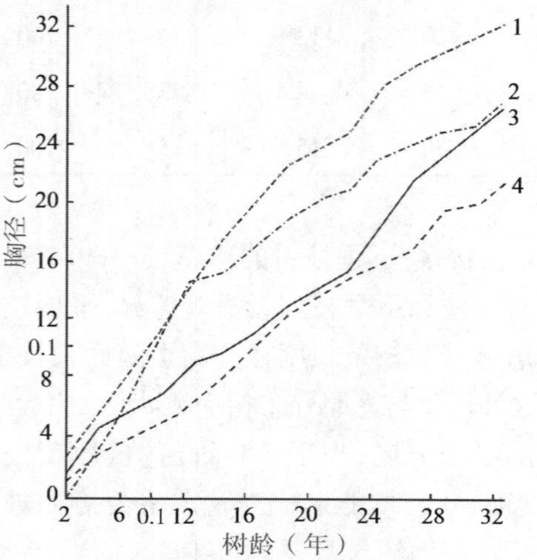

图 5 - 5　望春玉兰等胸径生长规律

1. 望春玉兰;2. 腋花玉兰;3. ‘桃实’望春玉兰;4. ‘小蕾’望春玉兰(赵天榜绘)。

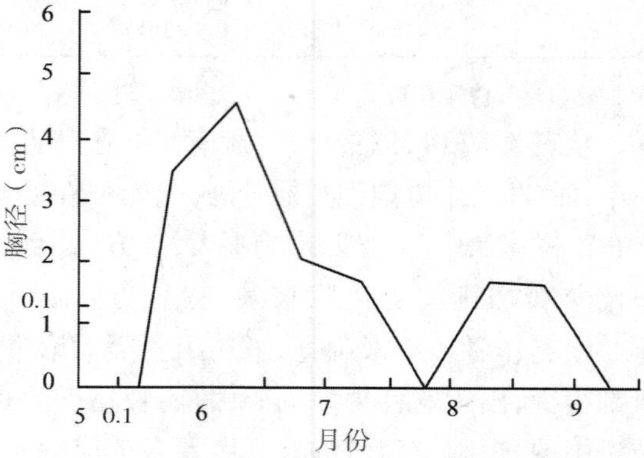

图 5 - 6　望春玉兰胸径生长年变化规律

(赵天榜绘)

图 5 - 5 表明,望春玉兰胸径生长量明显高于腋花玉兰、‘桃实’望春玉兰、‘小蕾’望春玉兰。

图 5 - 6 表明,望春玉兰胸径的年度变化也是有规律的,即胸径生长在全年生长过程中出现 2 次高峰:第 1 次在 5 月中旬至 6 月中旬;第 2 次在 8 月上旬至 8 月下旬。同时表明,胸径生长和种、品种、立地条件、管理措施的关系极为密切。在土壤肥力和抚育管理措施不同条件下,胸径生长差异很大。这充分表明,望春玉兰只有在光照充足、土壤肥沃湿润、加强抚育管理条件下,才能发挥其速生特性。

需要指出的是:在土壤、水肥条件和抚育管理措施相同时,望春玉兰林立木胸径生长量与孤立木条件也有明显的差异,即孤立木明显大于林立木胸径生长量,如图 5 - 7 所示。

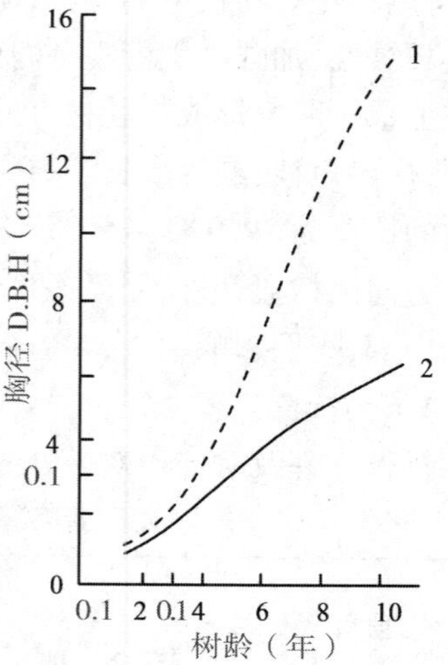

图 5 - 7　望春玉兰孤立木、林立木胸径生长年变化规律

1. 孤立木;2. 林立木(选自赵天榜等编著. 1992.《木兰及其栽培》)。

6. 大周期生长规律

6.1　造林成活期

造林成活期是指造林后的一段时期内(2～3年),栽植的苗木根系恢复能力较弱。这个阶段,初栽的植株常常要克服干旱等不利条件,才能保证造林的成活率,所以又称幼林成活阶段。这个阶段从造林开始,到幼林补植结束为止。

实践证明,望春玉兰栽植的当年,常有一个恢复期。该期长短与立地条件、管理措施等有关。只要采取相应措施,就可以缩短,或消除这一恢复期,并使幼树迅速生长。因此,在该期应该严格执行林木栽培技术措施,即:① 适地适树:望春玉兰幼树对水、土、肥要求比较严格。因此,造林时应选择土层深厚、土壤肥沃湿润、排灌方便的沙壤土。② 及时栽植:望春玉兰芽萌动期很早,一般在2月中、下旬。因此,以初冬,或早春栽植为宜。③ 良种壮苗:'桃实'望春玉兰具有速生、优质、抗病、适应性强等特点,应大力发展和推广。④ 大穴栽植:为消除栽后缓苗期,造林时必须采用大穴,认真栽植。植穴规格1.0 m × 1.0 m × 1.0 m。栽时,根系要舒展,施入表土,或基肥,利于根系恢复和生长。⑤ 加强管理:为加强望春玉兰幼树迅速生长,应在年生长过程中,及时中耕、松土、施肥、灌溉、间作及防治病虫等。同时,要适时抹芽、定干,培养丰产树形。

6.2　幼龄期(成冠期)

根据望春玉兰大量树干解析材料,在1～3年生时,树高、胸径生长较快,树高连年生长量分别为0.80～1.11 m,胸径连年生长量为0.6～1.2 cm;3年生胸径生长显著,增长率为80.0%。调查结果表明,2年生时望春玉兰等胸径生长较为缓慢。其原因在于栽培当年根系恢复较慢,影响其生长的结果。同时表明,望春玉兰等幼树对外界环境条件反应非常敏感,特别是对土、水、肥及光照条件的要求,如何创造适宜望春玉兰等当年造林后成活及生育的生态环境,极为重要。

此外,在土壤相同,水肥条件差,或没有进行抚育管理时,望春玉兰胸径生长量下降明显。这说明,加强抚育管理,是决定望春玉兰林木速生的关键措施之一。

望春玉兰等4～5年生时出现玉蕾,这预示着成冠时期的到来。该期到来早晚与林木生长发育状况密切相关,即林木发育健壮,成蕾龄早,一般在7～9年;反之,林木生长发育缓慢,成蕾龄要推迟到10～15年。特别需要指出的是:腋花玉兰当年嫁接苗即呈现玉蕾,3～5年生的幼树年产"辛夷"量可达3.0～5.5 kg。

望春玉兰等幼树在土、水、肥较好条件下,胸径生长迅速,年生长量0.9～2.0 cm,树高年平均生长量0.8～1.2 m,冠幅扩大很快,枝、叶量显著增加,枝成层规律明显地表现出来。随着枝叶增多,树冠浓密,光照不足,密枝型的望春玉兰冠内小枝出现干枯现象,比例逐年增大,影响成花素的形成,推迟了成蕾龄期。

为培育速生、优质、丰产树形,此间应采取以下主要措施,即:① 造形定干:首先,摘除顶枝控制树高生长。其次,应分批、分期适量疏除对生枝、轮生枝,采用撑、拉、锯等方法,开展枝角,造成通风透光、层次分明的冠形。② 合理修剪:根据该种不同品种的特性,因树修剪,随枝作形,培养成一个均匀的大、中、小型枝组。③ 加强管理:根据林木生长发育状况,及时进行中耕、除草、施肥和灌溉,加速其生长发育。同时,及时防治病虫,尤其是干腐病,以免造成树体早衰,降低玉蕾产量。④ 高接换种:为加速现有幼树生长发育,促进成蕾期早来，提高产量，对玉蕾低产的植株，可采用高接换种技术，嫁接优良品种。实践证明，嫁接后的腋花玉兰当年枝条上即有玉蕾出现。

6.3　壮龄期(丰收期)

从成蕾龄开始，其“辛夷”产量逐年增多，直至很长时期趋于稳定状态，到开始下降时为止，这一时期，称壮龄期。

望春玉兰在成冠的后期，即壮龄期，林木生长发育具有以下特点：

(1)“辛夷”产量显著增加。据调查，望春玉兰从9年开始到55年为止，其“辛夷”产量与年龄呈正相关关系，即“辛夷”产量随着树龄的增加而相应地增多，达到一定年龄55年，其“辛夷”产量与树龄呈现较为稳定的趋势，如图5-8所示。

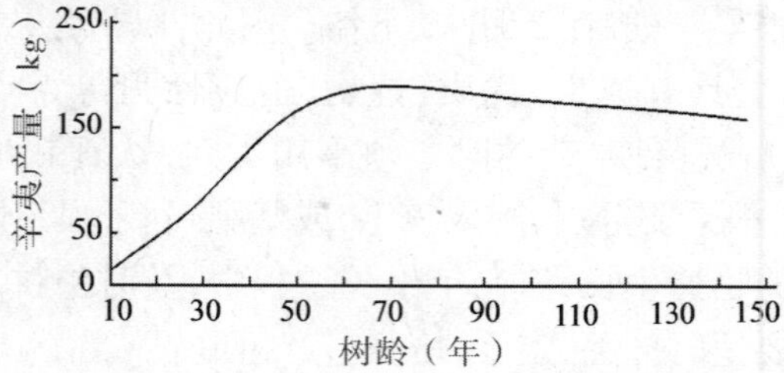

图5-8　望春玉兰树龄与“辛夷”年产量关系

(选自赵天榜等编著. 1992.《木兰及其栽培》)

(2)长枝比率增大。据调查，幼龄时期与壮龄期成枝力有明显的不同，如表5-22所示。

表5-22　望春玉兰树龄与当年生枝条长度的关系调查

树龄	0~5.0 cm		5.1~10.0 cm		10.1~20.0 cm		20.1~40.0 cm		合计	
	数量(个)	百分率(%)	数量(个)	百分率(%)	数量(个)	百分率(%)	数量(个)	百分率(%)	数量(个)	百分率(%)
4	53	67.9	7	9.0	14	17.9	4	5.2	78	100
13	21	53.8	5	12.8	11	28.2	2	5.2	39	100
23	109	49.8	27	12.3	47	21.5	36	16.4	219	100
50	98	50.0	22	11.2	49	25.0	22	13.8	196	100
87	97	50.9	16	9.4	50	29.2	18	10.5	171	100
200	110	60.4	19	10.4	38	20.9	15	8.3	182	100
300	111	57.2	27	13.9	45	23.2	11	5.7	194	100

注：按标准枝进行调查(选自赵天榜等编著. 1992.《木兰及其栽培》)。

从表5-22中可以看出，幼龄期植株上的枝条，在5.0 cm以下者占67.9％；23年生时则占49.8%。同时，20.1~40.0 cm长的枝条比率明显上升到16.4％；壮龄植株上长枝比率增多，是充分表明树体生长发育健壮、“辛夷”产量显著增加的重要标志。

望春玉兰的玉蕾是5~8月在当年生枝上形成的。因此，增加当年生枝条数量，是提高“辛夷”产量的关键。根据调查材料，枝条数量与“辛夷”产量呈正相关规律，即枝条数量越多，“辛夷”产量越高；反之，枝条数量越少，玉蕾产量越低。

(3)胸径变化明显。根据树干解析材料，望春玉兰胸径连年生长在此期间，连年生长量为0.3～0.9 cm,50～80年保持在0.4 cm左右。望春玉兰胸径连年生长量在80年生后再次出现下降趋势。但是,保持在一个相对稳定的水平上,如图5－9所示。

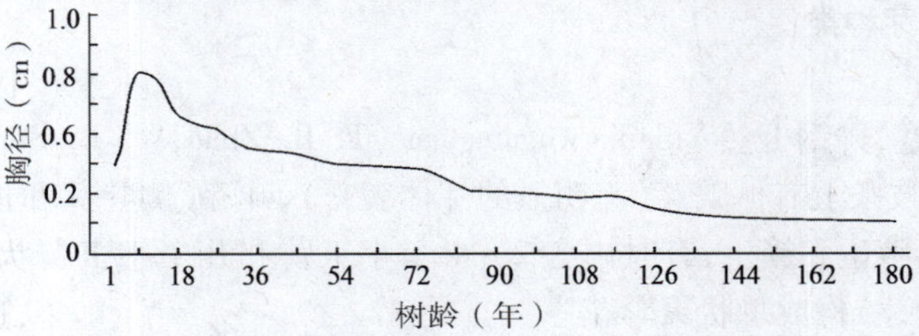

图5－9　望春玉兰树龄与胸径生长关系

（选自赵天榜等编著. 1992.《木兰及其栽培》）

从图5－9中可以看出,望春玉兰胸径连年生长量从15～100年生逐渐出现下降趋势,但是,仍保持在一个相对稳定的水平上。1981年,作者在南召县云阳镇西花园村调查,望春玉兰树龄与枝量也出现树龄越大,长枝比率下降的趋势。

（4）减退时期。望春玉兰从100年左右开始,"辛夷"产量明显下降,直到玉蕾产量很低时,枯枝、焦梢明显增多,称为减退时期。

这种趋势表明,望春玉兰植株制造的有机物大部分用于玉蕾的形成,因而生长受到了一定的限制。如何延长该时期,提高"辛夷"产量,是获得最大经济效益的关键。为此,应采取以下措施,即:① 适当修剪:适当回缩、修剪,按比例分期、分批进行枝条回缩,促使枝条更新,为长期优质、丰产创造条件。② 增施肥料:望春玉兰成蕾时期需要大量的营养物质,为保持树体不衰,应及时进行灌溉、追肥、防治病虫危害,特别是防止干腐病和根腐病的发生。

（5）衰老时期。望春玉兰寿命很长,在这次调查中,发现350年以上的大树,仍能生长健壮,发育良好,连年丰产。该期的任务与上期相同。

7. 根系生长

在调查中发现,望春玉兰属浅根系树种,主根不明显。在石质山区其根系多在地表0～0.6 m有数条侧根向四周水平伸展,根幅4.0～6.0 m;平原沙地上的望春玉兰根系分布较深,根系范围较大;在质地黏重的土壤上,望春玉兰的根系水平分布较浅,多集中于0.2～0.4 m深的表土层内,呈放射状伸展而交织成网状。

根据作者在禹州市的调查,10年生的望春玉兰人工栽培群体,在80.0 cm × 80.0 cm × 80.0 cm的土体中,其根系垂直分布的重量:在0～20.0 cm深的土层中占2.78 %,在20.0～40.0 cm深的土层中占75.0 %,在40.0～60.0 cm深的土层中占19.44 %,在60.0～80.0 cm深的土层中占2.78 %。由此表明,望春玉兰幼树根系垂直分布与土层深度在20.0 cm以下时呈反相关规律,即土层越深,则根系分布的重量越少,而在20.0 cm深土层中根系分布数量较少,其原因是多次重复耕作。同时表明,望春玉兰根系的水平分布与树干距离呈正相关规律,即距树干越近,则根系重量越重;反之,随着距树干距离的增远,则根系的重量逐渐减少,直至为0。

三、舞钢玉兰芽种类与成枝成花规律

1. 舞钢玉兰芽种类

1.1　芽种类

根据作者观察，舞钢玉兰 Yulania wugangensis(T. B. Zhao, W. B. Sun et Z. X. Chen) D. L. Fu 当年生枝条上有休眠芽(无明显的芽体表露)、叶芽(侧叶芽和顶叶芽)及玉蕾3种。玉蕾有顶生、腋生和簇生，有时内含2～4个小玉蕾和几个小玉蕾状叶芽(指外形似小玉蕾，其内为叶芽)构成总状聚伞花序。

1.2　玉蕾着生位置

玉蕾因其着生在枝条上位置的不同，可分3种，即：① 顶生玉蕾：单个玉蕾着生在当年生枝顶端；② 腋生玉蕾：腋生玉蕾着生在当年生枝上的叶腋内；③ 簇生玉蕾：簇生玉蕾着生在当年生枝端，或枝顶部叶腋内，通常构成总状聚伞花序。缩台枝上的侧叶芽，连续多年的玉蕾多次开花后，呈现出缩台枝群特有的分类特征性状。该性状在其高产栽培和园林化建设事业中具有特别重要的生产实践意义和观赏价值，并在研究花由顶生→腋生→簇生→总状聚伞花序的进化理论中具有重要意义。

1.3　玉蕾解剖

舞钢玉兰玉蕾卵球状，2.5～4.0 cm，径1.2～1.8 cm，有4～6层芽鳞状托叶、缩台枝、雏枝、雏芽和雏蕾及花托组成(见图5－10)。

(1) 芽鳞状托叶。芽鳞状托叶是托叶的变态，从外向内，即从第1层至内层的芽鳞状托叶为薄革质—纸质—膜质，最外面1枚，灰褐色至淡黄绿色，外面密被灰黑色、淡黄绿色、灰白色短柔毛，通常雏叶干枯，始落期6月中、下旬，其余的芽鳞状托叶外面密被－疏被长柔毛，淡黄绿色，纸质—膜质大，匙状半卵球形，花开时为棕褐色、褐色，着生在缩台枝上，与着生在枝条上的膜质、小、披针形、淡黄白色、疏被短柔毛的托叶相区别，故称芽鳞状托叶。过去文献中把它写为"苞片"、"苞鳞"、"佛焰苞状苞片"、"佛焰苞"、"佛焰苞片"是不符合科学含义的。

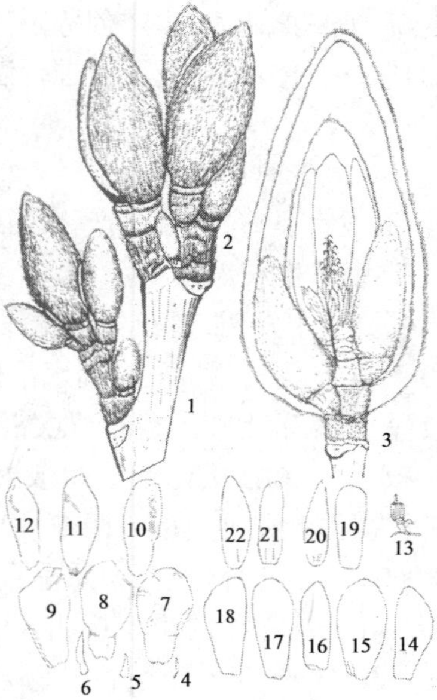

图5－10　舞钢玉兰玉蕾着生位置、解剖结构及2种花型的区别

1. 总状聚伞花序；2. 缩台枝；3. 玉蕾纵剖面；4～12. 花型1及花被片；13. 雌雄蕊群；14～22. 花型2及花被片(选自赵天榜等. 1999.《云南植物研究》)。

此外，需要指出的是：雏花外面包被的膜质、疏被长柔毛的、灰棕褐色、透明的托叶，着生在花梗顶端，呈单片状，或2裂，有时有畸形小叶，与芽鳞状托叶同属托叶的变态，为与着生在缩台枝上的芽鳞状托叶相区别，作者称为"佛焰苞状托叶"。

(2) 缩台枝。缩台枝是母枝(前1年生枝)顶端增粗、缩短的枝段与当年生枝由雏枝抽生的极短1次新枝(长度2.0～3.5 cm)2～3节组成的变态枝段,是枝与花着生的中间过渡阶段。该枝段具有数节、节短、增粗、无叶(稀有畸形小叶)、密被长柔毛,具有叶芽,小玉蕾状叶芽及小玉蕾,以及芽鳞状托叶及其环痕上密被长柔毛分类特征性状。该枝段,作者称为"缩台枝"。

舞钢玉兰玉蕾内的雏蕾在缩台枝上有2种着生方式,即:① 单个雏蕾着生在雏枝顶端。翌春,花先叶开放后,不育花及花梗自行脱落;育花不脱落,缩台枝上叶芽萌发成1次新枝,小玉蕾状叶芽萌发成2次新枝,2次新枝上形成新的玉蕾和新的缩台枝;② 总状聚伞花序上的顶生玉蕾,有少数于7～8月2次开花后,其侧生小玉蕾膨大形成总状聚伞花序,稀有当年新腋生玉蕾也有2次开花者。

(3) 雏蕾。舞钢玉兰雏蕾卵球状,由雏梗、雏佛焰苞状托叶、雄蕊群、雌蕊群及花托组成。雏梗密被白色长柔毛,偶无毛;其顶端着生1枚、膜质、淡黄绿色、疏被长柔毛的佛焰苞状托叶,干后为棕褐色。花顶生在缩台枝上的极短的当年生新枝上;佛焰苞状托叶内包被有雏花被片、雏离心皮雌蕊群、雏雄蕊群,以及延长的花托;雄蕊药室侧向纵裂,药隔先端具三角状短尖头;离心皮雌蕊群无柄;离生单雌蕊及花柱等均清晰可见。

舞钢玉兰雏形花被片有瓣状和萼、瓣之分,即2种花型:① 单花具花被片9枚,稀7～8枚,外轮花被片3枚,萼状,稀披针形,内轮花被片6枚,花瓣状;② 单花具花被片9枚,稀7～8枚,花瓣状。

2. 分枝习性与成枝生长规律

舞钢玉兰因其芽种类、着生位置,以及枝条生长发育状况的不同,其分枝习性与成枝生长规律有显著的不同,如图版6:1～6所示。

2.1　叶丛枝

该类枝通常由叶丛枝、短枝上的叶芽及中枝、长枝中部以下的侧叶芽萌发生成,在年生长周期中只有1次生长,其年生长量<5.0 cm,具3～5枚叶片,其中初生叶片为畸形小叶。新的叶丛枝顶端形成新的顶叶芽,或新的玉蕾,稀形成新的中枝,或短枝,枝顶形成新的玉蕾。这种分枝习性,为预生分枝。其分枝习性与成枝生长规律,作者称为预生分枝呈单阶无歧生长规律。该类枝寿命较短,通常2～3(～5)年,或玉蕾采摘后很快枯死,是造成舞钢玉兰树冠内膛光秃的主要原因之一。

2.2　短枝

该类枝通常由短枝上叶芽、缩台枝上叶芽和小玉蕾状叶芽,以及中枝、长枝上的中部、下部侧叶芽萌发形成,在年生长周期过程中也只有1次生长,其年生长量为5.0～15.0 cm,属预生分枝呈单阶无歧生长规律。当年生春季由母枝上叶芽萌发生成的1次新枝(春枝)及由缩台枝上叶芽,或小玉蕾状叶芽萌发生成的2次新枝上形成的新的玉蕾,有少数于7～8月2次开花后,在新的缩台枝上的叶芽萌发生成的2次,或3次新枝,均有1次生长,其生长量2.0～5.0 cm。这种分枝习性及成枝生长规律,作者称为预生—同生分枝呈单阶无歧,或单阶1歧生长规律。R. B. Figar没有观察到这一分枝特性,将玉兰属[原称木兰属玉兰亚属 *Magnolia* Linn. subgen. *Yulania*(Spach) Reichenbach]的分枝习性,称为预生分枝是片面的。

2.3　中枝

该类枝通常由中枝、长枝上的上、中部的侧叶芽萌发生长，稀有短枝上顶叶芽萌发生成，在年生长周期过程中也只有 1 次生长，其生长量为 15.0 ~ 30.0 cm，稀超过 50.0 cm。其中，分枝习性与成枝生长规律有：① 短枝、中枝上部的叶芽萌发后，多形成新的中枝，其上形成新的玉蕾，属预生分枝呈单阶无歧生长规律；新的中枝中部以上的侧叶芽和顶叶芽经分化发育成新的顶生和腋生玉蕾。② 粗壮中枝上的上、中部侧叶芽多形成 1 次新的中枝，或长枝，其上侧叶芽多形成新的玉蕾，顶端多形成簇生玉蕾，有时为总状聚伞花序，稀有 3 次新枝、新的玉蕾和新的缩台枝。中枝成枝生长规律，如图版 6:1 所示。这种分枝习性，作者称之为预生—同生分枝呈单阶 1 歧及单阶 2 歧生长规律。

2.4　长壮枝

该类枝由休眠芽、截干苗的侧叶芽，或休眠芽和嫁接苗的接芽、粗壮枝上的顶叶芽萌发生长，在年生长周期过程中有 2 种情况，其生长量 >1.0 m，有时达 2.5 m 以上。2 种情况是：① 长壮枝、苗干在年生长周期过程中有 2 次峰值，其间有一段缓慢生长阶段，呈马鞍状曲线生长，属预生分枝呈单阶无歧生长规律；② 壮的徒长枝，或苗干的上、中部的饱满侧叶芽，有的于 7 ~ 8 月萌发形成新枝及玉蕾，属预生—同生分枝呈单阶 1 歧生长规律。新枝上有新的腋生玉蕾和顶生玉蕾的形成，稀有 3 次新枝的形成。这种 3 次连续新枝形成的分枝习性，作者称为预生—同生分枝呈单阶 2 歧生长规律。

2.5　缩台枝

缩台枝分枝习性与成枝生长规律有 2 种情况，即：① 由缩台枝上小玉蕾状叶芽萌发生成 1 次新枝（春枝），枝顶形成新的玉蕾，属预生分枝呈单阶无歧生长规律。立地条件差，弱细枝上通常形成顶叶芽。② 立地条件好，粗壮中枝、短枝上多形成玉蕾，有时在新的缩台枝上的叶芽形成 2 次新枝和新的玉蕾。这种分枝习性，作者称为预生—同生分枝呈单阶 1 歧生长规律。

总之，舞钢玉兰分枝习性与成枝生长规律是：由母枝上叶芽萌发形成的 1 次新枝，属预生分枝呈单阶无歧生长规律，稀为（徒长枝，或苗干）预生分枝呈单阶 1 歧生长规律；缩台枝上的小玉蕾状叶芽及母枝上侧叶芽萌发生成的 1 次新枝，为预生分枝呈单阶无歧生长规律；缩台枝上缩短的 1 次新枝上小玉蕾状叶芽萌生的 2 次新枝，稀有 3 次新枝，作者称之为预生—同生分枝呈单阶 1 歧、单阶 2 歧生长规律，从而纠正了 R. B. Figar 提出的木兰属玉兰亚属 *Magonlia* Linn. subgen. *Yulania*（Spach）Reichenbach 分枝习性仅属预生分枝的片面观点。

3. 玉蕾分化发育与成花规律

3.1　玉蕾组成

玉蕾由缩台枝、芽鳞状托叶、佛焰苞状托叶、雏蕾、雏叶芽组成。

3.2　玉蕾分化发育始期

根据观察表明，舞钢玉兰玉蕾依据分化发育始期的不同，可分为两大类。第一类：该类为 1 次新枝和缩台枝上由小玉蕾状叶芽萌发的 2 次新枝，多于 4 月中、下旬至 5 月上旬停止生长后枝顶形成的玉蕾，6 月中、下旬最外层 1 枚芽鳞状托叶开始脱落，内部雏蕾内花各部器官已分化发育成雏形，其余芽鳞状托叶相继脱落，直到翌春开花时脱落完毕；第二类：该类为第一类玉蕾中有的于7~8月2次开花后，由新的缩台枝上的小玉蕾状叶芽萌发生成2次新枝和2次新的玉蕾，其最外层1枚芽鳞状托叶脱落和雌蕊群均已分化发育完毕，芽鳞状托叶相继脱落，直到翌春开花时脱落完毕。前后两批形成的玉蕾均按未分化发育期、花被分化发育期、雄蕊群分化发育期、雌蕊群分化发育期，依次递后进行，各期前后均有交错，但不逆转，也不能截然分开，只有越冬的玉蕾，才能开花、结实。

3.3　玉蕾分化发育期

舞钢玉兰前后两批形成的玉蕾，除其分化发育始期不同外，均需经历未分化发育期、花被分化发育期、雄蕊群分化发育期和雌蕊群分化发育期，直到越冬后，花器各部（包括雌雄配子体）发育完毕，才能开花结实。但不同的是，第一批形成的玉蕾的各个分化发育期均早于第二批形成玉蕾的各个分化发育期30~60 d，各期均依次递后进行。

（1）未分化发育时期：指当年生前后两批（指4~5月及7月上、中旬）萌发的新枝上的顶叶芽和侧叶芽呈现出颗粒状膨大，基部为球状，中部以上渐尖呈锥状弯曲，膜质托叶淡黄白色，在解剖镜下一般不容易区别出叶原基、芽鳞状托叶原基与花被原基等，故称为未分化发育期。

（2）花被分化发育期：通常于5月上、中旬，或7月上、中旬新枝上的顶叶芽，或侧叶芽膨大，呈卵球状芽，长3~5 mm，径2~3 mm，在解剖镜下，能观察到芽鳞状托叶原基的微凸，直到5月下旬，或7月下旬，花被原基呈微突表露，称该期为花被原基分化发育期。

（3）雄蕊群分化发育时期：该期始于5月下旬至6月上旬，花被原基相继分化发育，有花被雏形表露，长约1 mm，其内花托伸长，周围有雄蕊原基呈现微突，直至6月下旬至7月上旬，雏形花被片长5~10 mm，雄蕊相继分化发育，其花丝、药隔等均能分辨出来，故称雄蕊群分化发育期。第二批玉蕾的雄蕊群分化发育时期，通常在7月下旬至8月上旬表现出来。

（4）雌蕊群分化发育期：在雄蕊群分化发育的同时，雌蕊群也相继分化发育，6月下旬至7月中旬，雏形花被片长1.5~2.5 mm，雏形雄蕊长0.8~1.3 mm，离生单雌蕊长1~2 mm；7月下旬至8月下旬，第二批玉蕾中的雌蕊群分化发育表露出来。同时，第一批形成的玉蕾有少数于7月下旬至8月下旬开花者，但花而不实。其原因可能是雌雄配子发育不好，或天气炎热，气温高，不利于授粉。

舞钢玉兰玉蕾分化发育期与成枝生长规律，如图5-11所示。同时表明，舞钢玉兰属预生分枝呈单阶无歧、单阶1歧生长规律及预生—同生分枝呈单阶1歧生长规律，稀有单阶2歧生长规律，为玉兰属的特有分枝习性与成枝生长规律。

近年来，作者对舞钢玉兰玉蕾分化发育期与成花、成枝生长规律进行观察。其结果表明，舞钢玉兰前后两批形成的玉蕾，除分化发育始期不同外，均按未分化发育期、花被分化发育期、雄蕊群分化发育期、雌蕊群分化发育的进程，依次递后交错进行，但不逆转，也不能截然分开，各期相隔时间通常为30~60 d。前后两批形成的玉蕾，只有经过冬季，翌春开花后，才能结实。同时，还可以看出，叶丛生、长壮枝和缩台枝等不同枝类的成花、成枝生长规律则有显著差异。

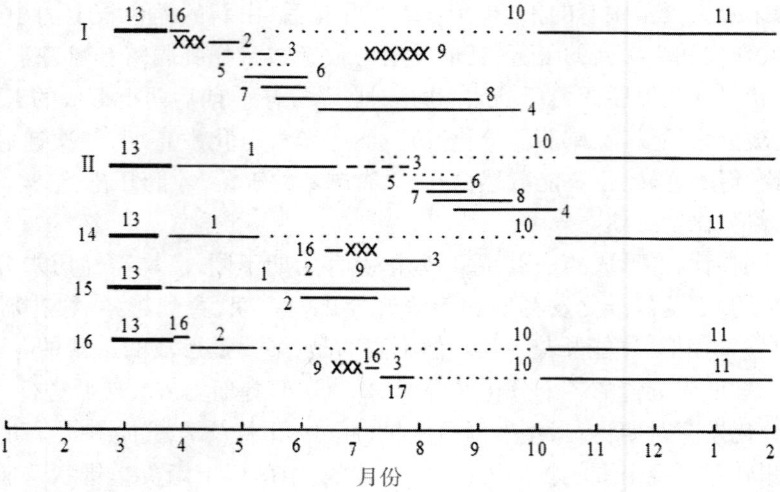

图 5－11　舞钢玉兰玉蕾分化发育期与成枝生长规律

（Ⅰ. 玉蕾分化发育期与成枝规律，Ⅱ. 分枝习性与成枝生长规律）

1. 1 次枝；2. 2 次枝；3. 芽鳞状托叶；4. 芽鳞状托叶始落期；5. 未分化发育期；6. 花被分化发育期；7. 雄蕊群分化发育期；8. 雌蕊群分化期；9. 开花期；10. 玉蕾期；11. 越冬期；12. 3 次枝；13. 母枝；14. 叶芽枝；15. 长壮枝；16. 缩台枝；17. 4 次枝（赵天榜绘）。

第五节　玉兰属植物光合作用与水分生理

2003 年，傅大立研究员等对玉兰属植物 5 种植物的光合作用与水分生理进行研究，现将研究结果介绍如下。

光合作用是一个将光能转化成化学能的过程，是植物通过光合作用将空气中的二氧化碳同化吸收，转化成碳水化合物，再通过呼吸作用进一步转化成高分子的碳水化合物等，促进植物器官的形成。光合作用是由 RuBP 酶进行催化反应的，RuBP 酶的活性与再生能力的大小对于光合作用反应速率的快慢起着决定性的影响。同时，二氧化碳供应速率对光合速率的快慢也有着重要的影响，二氧化碳供应速度的快慢主要取决于气孔传导率。气孔传导率又受许多因子的影响，目前尚未有一个比较完整的气孔传导率的基本模型。

光合作用强弱的指标通常用叶面光合速率来表示，也称净光合速率。它是指单位时间、单位面积叶面所吸收的 CO_2 量。光合速率与其所吸收的光量子通量的关系，可以用如下公式表示：

$$P = r_d + \frac{\alpha Q p_{\max}}{\alpha Q + p_{\max}} \tag{5-4}$$

式中：P 为叶面净光合作用速率，$\mu mol \cdot m^{-2} \cdot s^{-1}$；$r_d$ 为叶片白天的呼吸作用速率，$\mu mol \cdot m^{-2} \cdot s^{-1}$，是光量子效率，$\mu mol\ CO_2 \cdot mol^{-1}$ quanta；Q 为叶面吸收的光合有效辐射，μmol quanta $\cdot m^{-2} \cdot s^{-1}$；$p_{\max}$ 为叶片的最大光合速率，$\mu mol \cdot m^{-2} \cdot s^{-1}$。

光量子效率随空气中 CO_2 的浓度与叶片温度的变化而变化，从光合作用的生物化学模拟可以导出如下公式：

$$\alpha = \frac{\alpha_e(c_a - \Gamma^*)}{4(c_a + 2\Gamma^*)} \tag{5-5}$$

式中：e 为电子传递的光量需求量，是一个常数[0.385]；c 为空气中 CO_2 浓度，μmol·mol^{-1}；Γ^* 为白天呼吸速率为零时光合速率的 CO_2 补偿点，μmol·mol^{-1}。

y^* 与叶温(T_1)的关系可用如下公式计算：

$$y^* = 42.5 + 1.68(T_1 - 2.5) + 0.012(T_1 - 2.5) \tag{5-6}$$

式中，T_1 的单位是℃。当叶温为 15～25 ℃时，α 值可用 0.06 近似计算。

水分蒸腾主要对植物表面能量平衡的调节有很重要的作用。由于水分是植物体内化学反应、物质转换与输送的媒体，水分过度的丧失会导致植物生长发育受到阻碍。但伴随植物的气孔室张开与二氧化碳向植物叶片内的扩散，水分蒸腾也是不可避免的，即水分蒸腾与光合作用紧密相关。国内外近 20 年来的研究结果，证明了蒸腾速率与光合速率的紧密相关性，且一天之内光合速率与蒸腾速率的比值(水分利用效率)在一天内的变化可用气孔控制最优化理论进行描述。水分利用效率是植物物质生产和水分消耗之间关系的重要综合指标，这一指标在部分植物上有了比较深入的研究，从群体、植株和单叶等不同层次上进行了表达。在整个生长期内，植物的水分利用效率都比较稳定。

为探讨玉兰属植物生理变化规律，作者对望春玉兰等 5 树种的光合作用、水分生理作了初步研究，以便为辛夷植物的高产、优质、栽培模式提供理论依据。

一、材料与方法

1. 试验材料

实验材料为 5 种玉兰属植物，如表 5-23 所示。

表 5-23　试验材料基本概况

名称 学名	树龄(a)	地名	地理坐标	海拔(m)	年均气温(℃)	年均降水量(mm)
玉兰 Y. denudata	12	郑州	N34°46′, E113°39′	110	14.2	630
舞钢玉兰 Y. wugangensis	8	郑州	N34°46′, E113°39′	110	14.2	630
紫玉兰 Y. liliflora	10	郑州	N34°46′, E113°39′	110	14.2	630
望春玉兰 Y. biondii	12	郑州	N34°46′, E113°39′	110	14.2	630
腋花玉兰 Y. axilliflora	12	鲁山	N33°44′, E112°46′	120	14.8	950

2. 试验方法

采用美国 Li-Cor 公司生产的 Li-6400 光合作用分析系统，定时、定位测定。具体方法是：在田间条件下，每日 08:30～11:00，在温度 15～28 ℃，空气相对湿度 40.0 %～85.0 % 的条件下，测定辛夷植物单叶光合速率(P_n)、蒸腾速率(TR)、胞内 CO_2 浓度(Ci)等。同时，记录光合有效辐射(PAR)、空气温度(TA)、叶面温度(TL)、空气 CO_2 浓度、空气相对湿度(RH)、叶面相对湿度(Hs)、Ball-Berry 指数(BB)等生理或生态因子指标。水分利用效率(WUE)采用光合速率(P_n)与蒸腾速率(TR)的比值来计算。

二、试验结果

1. 不同树种叶片光量子光合反应曲线

不同树种叶片光量子光合反应结果，如图 5－12 所示。

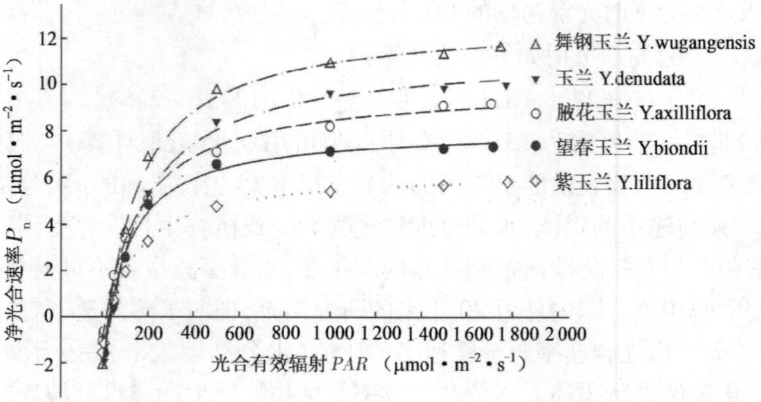

图 5－12　玉兰属植物 5 种单叶光量子光合反应曲线

（选自傅大立等. 2003.《林业科学》）。

从图 5－12 中可以看出，玉兰属 5 种植物的光合反应曲线较为相似，它们的光合速率对光量子的反应曲线均可用式（5－4）拟合。光通量是影响叶片光合作用的最主要因子，随着光能量的增加，光合速率逐渐增加，但当光通量增加到一定程度时，光合速率不再显著增加。辛夷植物的饱和光合有效辐射（Photosynthe－ticllay Active Radiation，*PAR*）为 500～1 000 μmol·m^{-2}·s^{-1}，当 *PAR* 大于该值时，光合速率随 *PAR* 的变化而变化不显著，光饱和现象较为明显。相对光饱和现象最明显的树种是望春玉兰，而相对光饱和现象最不明显的是腋花玉兰，这可能是由 2 树种 RuBP 酶及叶面气孔结构与功能的差异而造成的。

玉兰属 5 种植物的光补偿点也较为相似，均为 7～12.5 μmol·m^{-2}·s^{-1}，平均为10.0 μmol·m^{-2}·s^{-1}。玉兰属 5 种植物的光呼吸 r_d的变化也较小，平均为 2.1 μmol·m^{-2}·s^{-1}。

叶片光量子反应曲线取决于三个参数：α、p_{max}、r_d，其中α为常数（0.06），或变化极小，r_d占叶片净光合速率较小，且变化不明显，不同时期光合光量子反应曲线的变化主要起因于 p_{max}的变化。图 5－12 中也反映出：玉兰属 5 种植物光量子光合曲线的差异主要体现在最大光合速率 p_{max}的差异上。

望春玉兰、腋花玉兰、紫玉兰、玉兰、舞钢玉兰在温度、空气相对湿度、CO_2等条件相对不变的情况下，单叶光量子光合速率反应曲线（p_{max}），即不同光照条件下单叶的净光合速率（net photosynthetic rate，P_n），如图 5－13 所示。

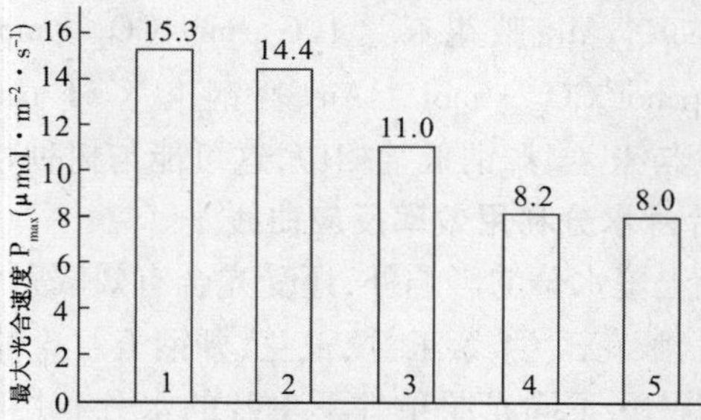

图 5－13　望春玉兰等单叶子光量子光合速率反应曲线

1. 舞钢玉兰，2. 玉兰，3. 腋花玉兰，4. 望春玉兰，5. 紫玉兰（选自傅大立等，2003.《林业科学》）。

从图 5－13 中可以看出，望春玉兰、紫玉兰的光合参数 p_{max} 的值较小，分别为 8.2 μmol·m^{-2}·s^{-1} 和 8.0 μmol·m^{-2}·s^{-1}；腋花玉兰为 11.0 μmol·m^{-2}·s^{-1}；玉兰为 14.4 μmol·m^{-2}·s^{-1}；舞钢玉兰的光合参数 p_{max} 的值最大，为 15.3 μmol·m^{-2}·s^{-1}。这主要是由不同树种叶片中光合作用酶（RuBP）的不同而决定的。

2. **玉兰属 5 种植物叶片 CO_2 光量子光合反应曲线**

望春玉兰、腋花玉兰、紫玉兰、玉兰、舞钢玉兰在光照、温度和空气相对湿度等条件相对不变的情况下，不同 CO_2 浓度下单叶的光合反应曲线为直线，如图 5－14 所示。

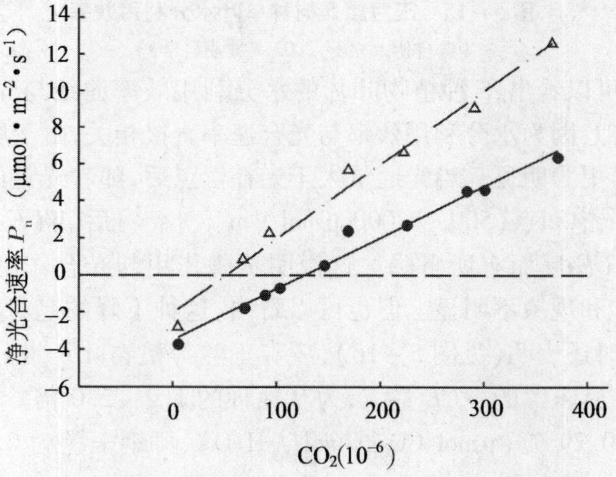

图 5－14　望春玉兰和舞钢玉兰单叶 CO_2 光合速率反应曲线

（选自傅大立等. 2003.《林业科学》）。

图 5－14 中显示了望春玉兰和舞钢玉兰的 CO_2 光合速率反应曲线。CO_2 是光合作用的原料，其浓度与光合速率呈正相关，说明自然条件下的 CO_2 浓度尚未达到玉兰属植物的 CO_2 饱和点。因此，望春玉兰栽培时，保持适宜密度，改善林内的通风条件，对望春玉兰的“辛夷”高产有重要作用。在有条件的地方，采取高 CO_2 浓度施肥，对望春玉兰的“辛夷”高产是非常有效的。

CO_2 光合反应曲线与光合速率为 0 的直线的交点，称为 CO_2 补偿点。玉兰属 5 种植物的 CO_2 补偿点为 50～130μmol CO_2·mol^{-1} Air。各树种单叶光合的 CO_2 补偿点分别是：望春玉兰 127 μmol CO_2 · mol^{-1} Air、腋花玉兰 106 μmol CO_2 · mol^{-1} Air、紫玉兰 62 μmol CO_2 · mol^{-1} Air、玉兰 52 μmol CO_2 · mol^{-1} Air、舞钢玉兰 51 μmol CO_2 · mol^{-1} Air。从 CO_2 补偿点上来看,紫玉兰与玉兰、舞钢玉兰相似,这可能与树种特性有关。

3. 玉兰属植物 5 种叶片水分利用效率反应曲线

植物的蒸腾速率除受土壤水分的影响外,还受光合有效辐射强弱的影响,通常随光照的增强而增强。望春玉兰、腋花玉兰、紫玉兰、玉兰、舞钢玉兰 5 种在温度、空气相对湿度、CO_2 等条件相对不变的情况下,不同光照条件下单叶的水分利用效率的变化,如图 5 – 15 所示。

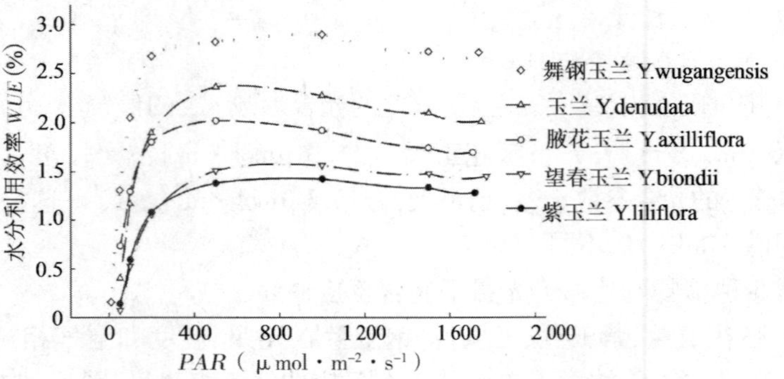

图 5 – 15　玉兰属 5 树种单叶水分利用效率

(选自傅大立等. 2003.《林业科学》)

从图 5 – 15 中可以看出,5 种植物叶片的水分利用效率曲线与光量子光合反应曲线的变化趋势较为相似,因为水分利用效率与光合速率直接相关,由于增加了水分蒸腾这一因素,使种间的差异更为明显。当光通量大于光补偿点后,随着光量的增加,*WUE* 也快速增加;当 *PAR* 达到光饱和点(500 ~ 1 000 μmol · m^{-2} · s^{-1})后,*WUE* 也达到最大值;随着光照的继续增强,*WUE* 反而有所下降。这说明蒸腾作用与光合作用对光的反应有所差异,蒸腾作用的光饱和现象不明显。但也可以看出,这种下降的趋势较为缓慢,基本呈一较稳定的状态。同时还表明(见图 5 – 16),望春玉兰等植物叶片水分利用效率的种间差异较大,主要表现在紫玉兰的 *WUE* 最大,为其他种的 1.2 ~ 2.0 倍。例如,单叶最大水分利用效率紫玉兰为 0.29 %(μmol CO_2 · mol^{-1} H_2O)、舞钢玉兰为 0.24 %(μmol CO_2 · mol^{-1} H_2O)、腋花玉兰为 0.20 %(μmol CO_2 · mol^{-1} H_2O)、玉兰为 0.16 %(μmol CO_2 · mol^{-1} H_2O)、望春玉兰为 0.14 %(μmol CO_2 · mol^{-1} H_2O)。

紫玉兰与望春玉兰的最大光合速率相近,但 *WUE* 却差别最大,相差达 2.0 倍,这从另一方面反映出两种间的差异。望春玉兰最大光合速率和水分利用效率均较小,而 CO_2 补偿点又最高。因此,栽培望春玉兰时,要选择水分条件,或灌溉条件较好的地方,以提供充足的水分供应。同时,要注意密度不能过大,保持林内通风透光,这样有利用于望春玉兰的光合作用,提高"辛夷"产量。

4. 树冠部位、叶龄对舞钢玉兰生理指标的影响

在温度、空气相对湿度、光照(1 000 μmol · m^{-2} · s^{-1})等条件不变下,舞钢玉兰树冠不同部位、枝条上不同叶片(叶龄不同)的水分利用效率是不同的,如图 5 – 16(顶叶因尚未完全展开,未作测定)所示。

从图 5－16 中可以看出,光合速率随采叶树冠部位、叶龄的变化较为明显,最大值为 16.3 μmol·m^{-2}·s^{-1},最小值为 8.6 μmol·m^{-2}·s^{-1},最大值与最小值相差近 1 倍;同样的测定叶片,水分利用效率最大值为 0.159 %,而最小值为 0.131 %,相差仅 0.28 %。这说明,水分利用效率是一个较为稳定的指标,随叶龄、枝条部位、树冠部位等的变化而变化不大,是一个较为稳定可靠的生理指标。

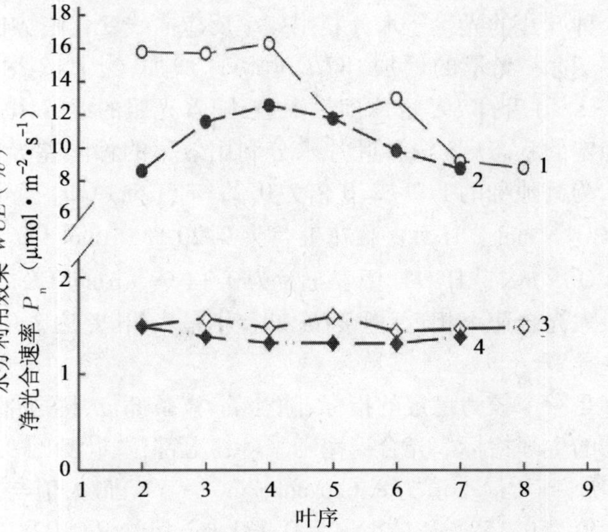

图 5－16　舞钢玉兰树冠顶部与基部单叶光合速率及水分利用效率

1. 冠顶叶片光合速率;2. 冠基叶片光合速率;3. 冠顶叶片水分利用效率;4. 冠基叶片水分利用效率(选自傅大立等. 2003.《林业科学》)。

此外,还可以算出,树冠顶部的枝端叶片与树冠基部的枝端叶片,因叶龄较小,冠顶与冠基的光合速率差异较大(叶序 2、3、4),但随着叶龄的增大,树冠顶部与基部的叶片光合速率趋于一致(叶序 5、6、7、8、9)。

三、结论

玉兰属植物 5 种的光合光量子反应曲线较为相似,光补偿点约为 10.0 μmol·m^{-2}·s^{-1},饱和光合有效辐射为 500～1 000 μmol·m^{-2}·s^{-1},光呼吸的变化也较小,平均为 2.1 μmol·m^{-2}·s^{-1}。5 树种光量子光合曲线的差异主要体现在最大光合速率 p_{max} 的差异上。望春玉兰、紫玉兰的 p_{max} 的值较小,分别为 8.2 μmol·m^{-2}·s^{-1}和 8.0 μmol·m^{-2}·s^{-1},腋花玉兰为 11.0 μmol·m^{-2}·s^{-1},玉兰为 14.4 μmol·m^{-2}·s^{-1},舞钢玉兰 p_{max} 的值最大,为 15.3 μmol·m^{-2}·s^{-1},这主要是由不同树种叶片中光合作用酶(RuBP)的不同而决定的。

在自然条件下,5 树种的 CO_2 光合速率反应曲线为直线,说明自然条件下的 CO_2 浓度尚未达到望春玉兰植物的 CO_2 饱和点。因此,望春玉兰栽培时,保持适宜密度,改善林内的通风条件，对望春玉兰的“辛夷”高产有重要作用。有条件的地方，采取高 CO_2 浓度施肥，对望春玉兰的“辛夷”高产是非常有效的。5 树种的 CO_2 补偿点为 50 ~ 130 μmol CO_2 · mol^{-1} Air，望春玉兰和腋花玉兰的 CO_2 补偿点较高，分别是 127 μmol CO_2 · mol^{-1} Air 和 106 μmol CO_2 · mol^{-1} Air；紫玉兰、玉兰、舞钢玉兰的 CO_2 补偿点较低，分别为 62 μmol CO_2 · mol^{-1} Air、52 μmol CO_2 · mol^{-1} Air 和 51 μmol CO_2 · mol^{-1} Air。这种差异可能与树种的光合特性有关。

玉兰属植物 5 种叶片的光量子水分利用效率反应曲线变化趋势也较为相似。当光通量大于光补偿点后，随着光量的增加，*WUE* 也快速增加，当 *PAR* 达到光饱和点（500 ~ 1 000 μmol · m^{-2} · s^{-1}）后，*WUE* 也达到最大值；随着光照的继续增强，*WUE* 反而有所下降或基本呈一较稳定的状态。5 树种叶片水分利用效率的种间差异较大，主要表现在紫玉兰的 *WUE* 最大，为其他种的 1.2 ~ 2.0 倍为 0.29 %（μmol CO_2 · mol^{-1} H_2O）、舞钢玉兰为 0.24 %（μmol CO_2 · mol^{-1} H_2O）、腋花玉兰为 0.20 %（μmol CO_2 · mol^{-1} H_2O）、玉兰为 0.16 %（μmol CO_2 · mol^{-1} H_2O）、望春玉兰为 0.14 %（μmol CO_2 · mol^{-1} H_2O）。紫玉兰与望春玉兰的最大光合速率相近，但 *WUE* 却差别最大，相差达 2.0 倍，这从另一方面反映出了 2 种间的差异。

水分利用效率是一个较为稳定的指标，随叶龄、枝条部位、树冠部位等的变化不大，是一个较为稳定可靠的生理指标。光合速率随采叶树冠部位、叶龄的变化较为明显，最大值为 16.3 μmol · m^{-2} · s^{-1}，最小值为 8.6 μmol · m^{-2} · s^{-1}，最大值与最小值相差近 1 倍；水分利用效率最大值为 0.159 %，最小值为 0.131 %，相差仅 0.028 %。

望春玉兰最大光合速率和水分利用效率均较小，而 CO_2 补偿点又最高。因此，丰产栽培时，要选择水分条件或灌溉条件较好的地方，以提供充足的水分供应。同时，要注意适当疏植，保持林内通风透光，这样可有利于望春玉兰的光合作用，提高“辛夷”产量。

第六章 玉兰属植物形态解剖

玉兰属 Yulania Spach 植物种类很多，现分别举例，将其玉蕾等形态特征、组成，以及形态解剖特征，介绍如下。

第一节 玉兰属植物玉蕾形态特征及其解剖

玉兰属植物种很多，现将望春玉兰、腋花玉兰、飞黄玉兰、青皮玉兰、异花玉兰、黄山玉兰 6 种植物玉蕾进行观察与解剖。其解剖结果，介绍如下。

一、望春玉兰玉蕾形态特征及其解剖

望春玉兰 Yulania biondii(Pamp.)D. L. Fu 原产我国，分布与栽培区域范围很广，河南伏牛山区、湖北神农县还有天然分布。该种由于栽培历史悠久，加之经过长期的自然选择和人工选育，因而该种群资源非常丰富，除其树形、枝态、小枝颜色与毛被、叶片形状与毛被、花的组成等有明显区别外，其玉蕾形态特征也有明显差异。现举例如下：

根据作者多年来观察，望春玉兰玉蕾形态特征及大小区别明显，可以作为品种划分的主要依据之一，如'桃实'望春玉兰 Y. biondii(Pamp.)D. L. Fu 'Ovata' 玉蕾形状像桃的果实形状；'奶嘴'望春玉兰 Y. biondii(Pamp.)D. L. Fu 'Naizui' 玉蕾形状像桃的奶嘴状；'小蕾'望春玉兰 Y. biondii(Pamp.)D. L. Fu 'Parvialabastra' 玉蕾形状像桃的幼果实形状，但很小；'卷毛'望春玉兰 Y. biondii(Pamp.)D. L. Fu 'Juanmao' 玉蕾芽鳞状外面的长柔毛先端反卷。但是，玉蕾由缩台枝、雏芽、雏蕾、雏叶芽及芽鳞状托叶组成。同时表明，它们玉蕾的组成，即缩台枝、芽鳞状托叶、雏芽及雏蕾等却完全相同。需要指出的是：它们的缩台枝不显著膨大、增粗，芽鳞状托叶外面毛状，与玉兰属植物其他种的玉蕾则有显著区别。其玉蕾中雏蕾由佛焰苞状托叶、3 枚萼状雏花被片、6 枚瓣状雏花被片、雏雌蕊群、雏雄蕊群及雏花托组成，如图版 7:6 所示。特别指出的是：以玉蕾形态特征识别望春玉兰种的要点为其缩台枝通常增粗不太明显，其下小枝细、淡绿黄色极显著。

两型花望春玉兰 Y. biondii (Pamp.)D. L. Fu subsp. dimorphiflora T. B. Zhao, Z. X. Chen et X. K. Li 2 种花型：① 单花具花被片 9 枚，外轮花被片 3 枚，萼状，条形，长度 1.5 ~ 1.7 cm，宽度约 2 mm，不早落，淡白色，先端反卷，内轮花被片 6 枚，匙状长椭圆形，长 6.0 ~ 6.5 cm，宽 2.3 ~ 2.7 cm，先端钝圆，外面中部以下暗紫色、亮粉紫色，中部以上淡白色，微有粉色晕，中脉暗紫色，或淡粉紫色直达先端；② 单花具花被片 12 枚，其花被片形状、大小、颜色与①相同。2 种花的雄蕊花药淡黄色，先端背面微有紫晕，花丝长约 2 mm，黑紫色；离生单雌蕊群圆柱状，长 1.7 ~ 2.0 cm；离生单雌蕊子房球状、淡黄绿色，花柱极短而特异，如图版 7:7 ~ 8 所示。

二、腋花玉兰玉蕾形态特征及其解剖

腋花玉兰 Yulania axilliflora(T. B. Zhao,T. X. Zhang et J. T. Gao)D. L. Fu 特产河南,目前南召、鲁山 2 县有大面积人工栽培。该种经过长期的人工选育,其主要品种有:'白'腋花玉兰 Y. axilliflora(T. B. Zhao,T. X. Zhang et J. T. Gao)D. L. Fu 'Alba';'多被'腋花玉兰 Y. axilliflora (T. B. Zhao,T. X. Zhang et J. T. Gao)D. L. Fu 'Duobei';'簇蕾'腋花玉兰 Y. axilliflora(T. B. Zhao,T. X. Zhang et J. T. Gao)D. L. Fu 'Culei';'卷毛'腋花玉兰 Y. axilliflora(T. B. Zhao,T. X. Zhang et J. T. Gao)D. L. Fu 'Juanyehua';'猴巴掌'腋花玉兰 Y. axilliflora(T. B. Zhao,T. X. Zhang et J. T. Gao) D. L. Fu 'Multialabastra';'四季'腋花玉兰 Y. axilliflora(T. B. Zhao,T. X. Zhang et J. T. Gao) D. L. Fu 'Sijihua';'猴背子' 腋花玉兰 Y. axilliflora(T. B. Zhao,T. X. Zhang et J. T. Gao)D. L. Fu 'Houbeizi';'铁桃'腋花玉兰 Y. axilliflora(T. B. Zhao,T. X. Zhang et J. T. Gao)D. L. Fu 'Tietao';'序'腋花玉兰 Y. axilliflora(T. B. Zhao,T. X. Zhang et J. T. Gao)D. L. Fu 'Xuhua'。现举例说明,腋花玉兰不同品种的玉蕾形态特征也有明显差异,可以作为品种划分的主要依据之一,如'多被'腋花玉兰、'簇蕾'腋花玉兰、'猴掌'腋花玉兰、'卷毛'腋花玉兰、'铁桃'腋花玉兰,就是根据玉蕾形态特征、着生部位而命名的品种。但是,玉蕾中雏蕾由佛焰苞状托叶、3 枚萼状雏花被片、6 枚瓣状雏花被片、雏雌蕊群、雏雄蕊群及雏花托组成。

三、飞黄玉兰玉蕾形态特征及其解剖

飞黄玉兰 Yulania fëihuangyulan(F. G. Wang)T. B. Zhao et Z. X. Chen 是我国浙江王飞罡发现并选育出的 1 个品种。该种花黄色而特异。

根据作者观察,飞黄玉兰玉蕾形态特征及大小区别明显,如图版 8:1 ~7 所示。但其组成与雏蕾的组成完全相同。雏蕾中花被片数目与其单花花被片数目相同,即:单花具花被片 9 枚,稀 6、12 枚,如图版 8:1 ~7 所示。需要指出的是:'多被'飞黄玉兰 Yulania fëihuangyulan (F. G. Wang) T. B. Zhao et Z. X. Chen 'Duobei' 单花花被片 12 枚,稀 10、11 枚,如图版 11:3、5 所示;'六被'飞黄玉兰 Yulania fëihuangyulan(F. G. Wang) T. B. Zhao et Z. X. Chen 'Liubei' 单花具花被片 6 枚。

2014 年 4 月,作者在飞黄玉兰植株上,发现其玉蕾中有 2 枚并生的雏蕾,以及雌蕊群发育而不实的特异现象,如图版 8:2 所示。

四、青皮玉兰玉蕾形态特征及其解剖

青皮玉兰 Yulania viridula D. L. Fu,T. B. Zhao et G. H. Tian 小枝粗壮,浅黄绿色,具光泽。玉蕾椭圆体状,或卵球状,淡黄绿色、灰绿色,是玉兰属植物中玉蕾最大的 1 种,极易与它种玉蕾相区别。单花具花被片 33 ~48 枚,狭椭圆形,外面中部以下亮桃红色,基部亮浓桃红色,内面雪白色;离生单雌蕊子房绿色,花柱和柱头亮桃红色而特异。其玉蕾组成与雏花的组成完全相同,如图版 7:9 所示。

五、异花玉兰玉蕾形态特征及其解剖

异花玉兰 Yulania varians T. B. Zhao, Z. X. Chen et Z. F. Ren 具有腋生、顶生玉蕾，混合芽腋生、顶生，以及花蕾并存极为特异，如图版 9:1～8 所示。玉蕾花有 6 种类型：单花具花被片 6～12 枚，外轮花被片形状、大小及质地变化极大；有时单花具 2 枚并生雌蕊群；在离生雄蕊中混杂有离生单雌蕊，或在离生雄蕊中混杂有 2～5 枚呈簇的离生单雌蕊；花丝亮粉色与花药近等长。雌雄蕊群有两种类型：① 雄蕊群与雌蕊群近等高，或雌蕊群低于雄蕊群；② 雌蕊群显著高于雄蕊群，花梗与缩台枝密被长柔毛。混合芽花有 5 种类型：单花具花被片 5、9、12 枚；离生单雌蕊子房无毛等；花梗、缩台枝密被柔毛。1 次花花蕾花有 2 种类型：单花具花被片 9 枚，有萼、瓣之分；雌雄蕊群发育不良等；花梗密被柔毛；无缩台枝，仅有 1 枚、质厚的佛焰苞状托叶。2 次花蕾花有 6 种类型：单花具花(8～)9～12 枚，内轮花被片大小、形状、质地变化极大；雌雄蕊群发育不良，有瓣化雄蕊等；花梗密被柔毛；无缩台枝，仅有 1 枚、质厚的芽鳞状托叶和 1 枚佛焰苞状托叶。

根据作者观察，异花玉兰混合芽、玉蕾形态特征及大小区别明显。但其玉蕾中雏蕾的组成完全与其花的组成相同。该种玉蕾、混合芽与花蕾形状、大小、颜色、花期多变，是该种独特的特异特征。

六、黄山玉兰玉蕾形态特征及其解剖

黄山玉兰 Yulania cylindrica (Wils.) D. L. Fu 玉蕾形态特征及大小区别明显，可以作为亚种、变种与品种划分的主要依据。如两型花黄山玉兰亚种 Y. cylindrica (Wils.) D. L. Fu subsp. dimorphiflora T. B. Zhao et Z. X. Chen 有 2 种类型花：① 单花具花被片 9 枚，花瓣状，匙状椭圆形；② 单花具花被片 9 枚，有萼、瓣状之分，萼状花被片长 5～10 mm，宽约 3 mm，如图版 8:7 所示。该亚种就是作者根据其玉蕾中雏蕾解剖组成发现的。

七、华夏玉兰玉蕾形态特征及其解剖

华夏玉兰 Y. cathyana T. B. Zhao et Z. X. Chen 小枝紫褐色，具光泽。玉蕾卵球状；芽鳞状托叶 4～6 枚，外面密被灰褐色、灰黄褐色长柔毛。单花具花被片 9 枚，稀 10 枚，白色，狭椭圆形，外面 3 枚，条形。其玉蕾组成与花的组成完全相同。

总结以上所述表明，玉兰属植物混合芽、玉蕾与花蕾形态特征及其组成，与所属种花的组成基本相同。因此，可以得出结论，即在无花的条件下，用玉蕾解剖材料，可以作为鉴定该属植物物种的依据，也可以作为发现、发表新种的主要依据之一。

第二节　玉兰属植物形态特征解剖

一、骨质种子与其幼苗

玉兰属 Yulania Spach 植物种类很多，现以望春玉兰 Y. biondii (Pamp.) D. L. Fu 和紫玉兰 Y. liliflora (Desr.) D. L. Fu 等为例，将其形态解剖特征介绍如下。

1. 骨质种子和结构

望春玉兰种子拟假种皮去掉后(骨质种子,通称种子)近扁状半球状,或宽扁卵球状,黑褐色、栗褐色、黄褐色,具光泽,长度约0.75 cm,宽0.4~0.9 cm,厚0.3 cm,背面隆起,呈扁球状,腹面具浅沟;背部先端凹陷处,称合点区,即原丝状种柄着生处。新鲜种子外被紫红色的拟假种皮,其内含有较多的水分和较多的油脂;外种皮内层为骨质层,其内为膜质种皮包被的白色胚乳,其比例占95.0%以上;在种脐相对端,胚乳中被有很小的胚。骨质种子通过湿沙储藏后,胚分化发育成熟。其骨质种子纵切面,如图6-1所示。

2. 幼苗

拟假种皮去掉后(骨质种子),在适宜的外界条件下,萌发成幼苗。骨质种子萌发时,首先是胚根穿过萌发口(株孔、合点孔)形成幼苗的主根。其根尖密生根毛,紧接是下胚轴伸长,2子叶从骨质种皮裂口中伸出,生长很快,如图6-2所示。从此以后,幼苗进行光合作用,独立生长,胚芽逐渐向上伸长生长,形成幼苗主茎。在主茎上相继长出叶,同时主根上形成较多侧根。

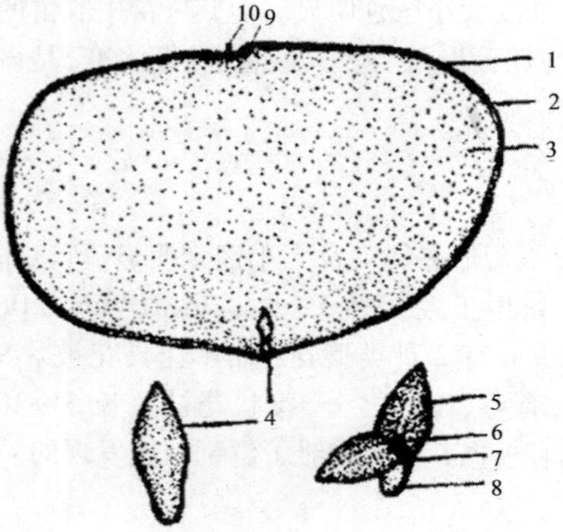

图6-1　望春玉兰骨质种子纵切面(与宽面相平行纵切)

1. 外种皮骨质层;2 种皮;3. 胚乳;4. 胚;5. 子叶;6. 胚芽;7. 胚轴;8. 胚根;9. 合点区;10. 合点管(珠柄)(陈志秀绘)。

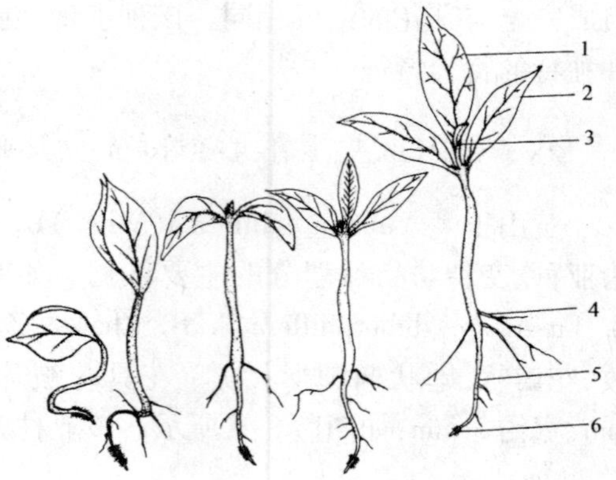

图6-2　望春玉兰幼苗形态

1. 真叶;2. 子叶;3. 幼叶及生长点;4. 侧根;5. 主根;6. 细根及根毛(陈志秀绘)。

二、根的形态结构

1. 根尖结构

望春玉兰的胚根从种皮伸出以后,一般称为种子根,后发育成主根,其外有根毛发生,以后发生的各级侧根的根尖,基本与主根相同,如图6-3所示。

从图6-3中可以看出,望春玉兰的根尖纵切面,由以下组织构成。

1.1　根冠

根尖的最前面部分,称根冠。它是保护内面的顶端分生组织。根冠是由较大型的活的薄壁细胞组成的。根冠细胞常分泌很多黏液,减少根尖与土粒的摩擦,有助于根伸入土中。但是,由于土粒的摩擦,根冠外围细胞不断破坏、剥落,新的细胞则不断补充和更新。

1.2　顶端分生组织

这是根尖内活跃的细胞分裂区,也称顶端分生组织、分生区。其内细胞为等径的。根的各部分,如表皮层、皮层和中柱(维管柱)均由此处细胞分化而来。

1.3　伸长区

该区细胞显著伸长,表皮、皮层和中柱开始分化。

1.4　成熟区

该区在伸长区后面,表皮上发育出根毛。根毛是表皮细胞壁向外突出形成的闭合管状物。同时,内面(中柱)的木质部、韧皮部也发育成熟。

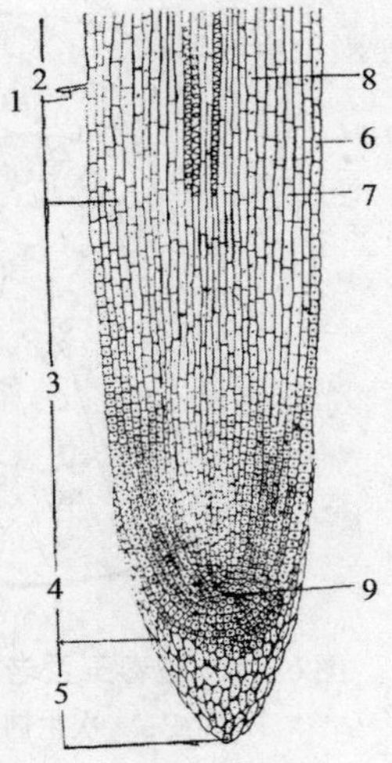

图 6－3　望春玉兰根尖纵切面

1. 根毛;2. 成熟区;3. 伸长区;4. 分生区;5. 根冠;6. 表皮;7. 皮层;8. 中柱;9. 顶端分生组织(选自赵天榜等编著. 1992.《木兰及其栽培》)。

2. 根的初生结构

望春玉兰的初生根,就是幼根,也称吸收根。土壤中的水分和无机盐,主要是通过吸收根进入根内。再向上通过干、枝,运到叶部。根据观察,望春玉兰初生根的结构,如图 6－4 所示。

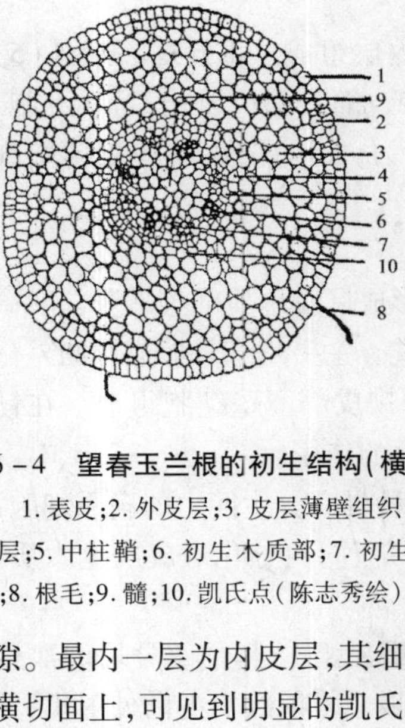

图 6－4　望春玉兰根的初生结构(横切面)

1. 表皮;2. 外皮层;3. 皮层薄壁组织;4. 内皮层;5. 中柱鞘;6. 初生木质部;7. 初生韧皮部;8. 根毛;9. 髓;10. 凯氏点(陈志秀绘)。

从图 6－4 中看出,望春玉兰根的初生结构,由以下几部分组成。

2.1　表皮与根毛

表皮为幼根最外一层近方形细胞,细胞壁薄,排列紧密,外突出形成根毛,以增加根的吸收面积,可多达几十倍,或上百倍。根毛的吸收作用不是终生的,行使吸收作用时间一般 7 ~ 15 d,以后发育为具次生结构的根。根尖向下转移,产生新的根毛,所以根的吸收部位可以不断更新下移。

2.2　皮层

皮层位于表皮的内方。由近十层至十几层薄壁细胞组成。细胞近圆球状,排列疏松,有较大的细胞间隙。最内一层为内皮层,其细胞排列紧密较整齐,细胞有带状加厚栓化的带(凯氏带),在横切面上,可见到明显的凯氏点。

2.3　中柱

中柱(维管柱)是位于内皮层以内所有部分的总称。中柱最外 1 ~ 2 层整齐的薄壁细胞为中柱鞘。中柱鞘以内有 4 束初生木质部和 4 束初生韧皮部,初生木质部与初生韧皮部相间排列。同时,二者之间还具有一些未分化的薄壁细胞,中央有髓。

3. 根的次生结构

望春玉兰的根系除幼根外,都为表面木栓化的老根。老根由幼根发育而来,逐年增粗,具有储藏、固定、合成等功能。老根结构比幼根复杂,由周皮和维管柱两大部分组成,如图 6－5 和图 6－6 所示。

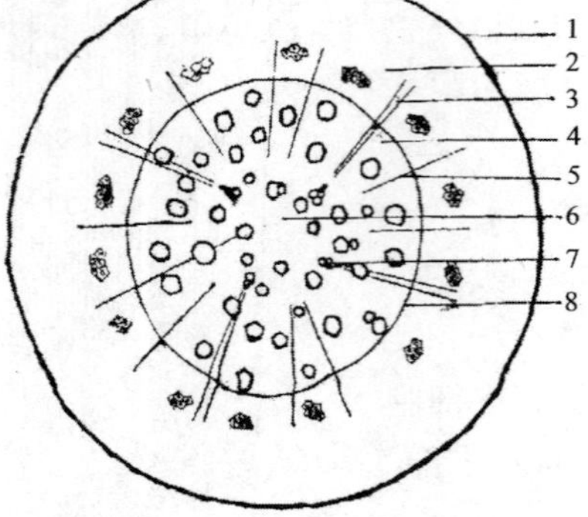

图 6 – 5　望春玉兰老根结构简图(横切面)

1. 周皮;2. 次生韧皮部;3. 射线;4. 次生木质部;5. 维管射线;6. 髓;7. 初生木质部;8. 维管形成层(陈志秀绘)。

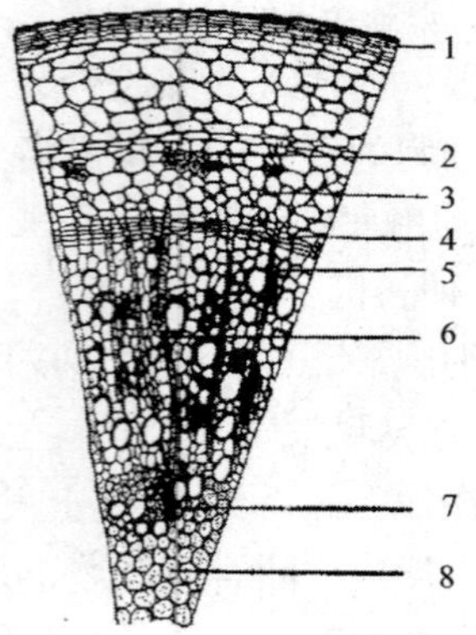

图 6 – 6　望春玉兰老根结构(部分放大)

1. 周皮;2. 韧皮部纤维;3. 次生韧皮部;4. 维管形成层;5. 次生木质部;6. 射线;7. 初生木质部;8. 髓层(陈志秀绘)。

从图 6 – 5 和图 6 – 6 可以看出,老根构造由周皮、维管柱组成。

3.1　周皮

周皮位于老根的最外部,由木栓层、木栓形成层及栓内层组成。木栓层在最外(5 ~ 7 层细胞),棕褐色,或淡棕色。其颜色因种类而异,外面粗糙,细胞壁栓质化,是死细胞,具有保护作用;木栓形成层为一层扁平的细胞,具有分生能力;栓内层为 2 ~ 3 层薄壁细胞组成。

3.2　维管柱

周皮以内统称维管柱,由外而内可分为韧皮部、维管形成层及木质部等部分。

(1) 韧皮部:初生韧皮部被挤往外边,甚至被挤毁消失。主要是维管形成层向外分裂而形成的次生韧皮部,它由筛管、伴胞、韧皮纤维及发达的韧皮部薄壁细胞组成。在韧皮部中,还有一列一列的韧皮射线,起着横向运输和储藏养分的作用。

(2) 维管形成层:它是位于韧皮部和木质部之间的一种具有分生能力的扁平细胞,在生长季节时不断分裂产生新细胞,向外分化形成次生韧皮部、向内分化形成次生木质部,使根逐年增粗。

(3) 木质部:初生木质部位于里边,只占极小部分(四原型)。其余部分均为次生木质部,由导管、木纤维、木薄壁细胞和很多单列的木射线组成。木射线由内向外射出,并与韧皮部射线相接连。

(4) 髓:较细的老根,髓部还很明显,单纯。较粗的老根,由于次生木质部的产生,向内方挤压,很多次生木质部导管被挤入髓部。此时,髓部既不明显,又不单纯。

第三节　茎的形态结构

一、茎尖及其分枝

根据观察，玉兰属植物的分枝规律是单轴分枝。单叶、互生。茎尖的幼叶（叶片未展开前），均被盔帽状托叶紧包着，但托叶膜质，与叶柄基部相连生。主、侧枝顶芽均如此，如图 6－7 及图 6－8 所示。

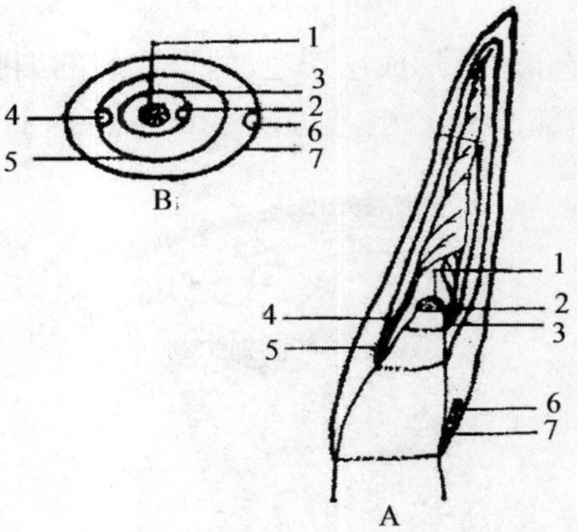

图 6－7　望春玉兰茎尖纵横切面示意图

A. 茎尖纵切面；B. 茎尖横切面

1. 生长点；2. 第一叶柄；3. 第一托叶；4. 第二叶柄；5. 第二托叶；6. 第三叶柄；7. 第三托叶层（陈志秀绘）。

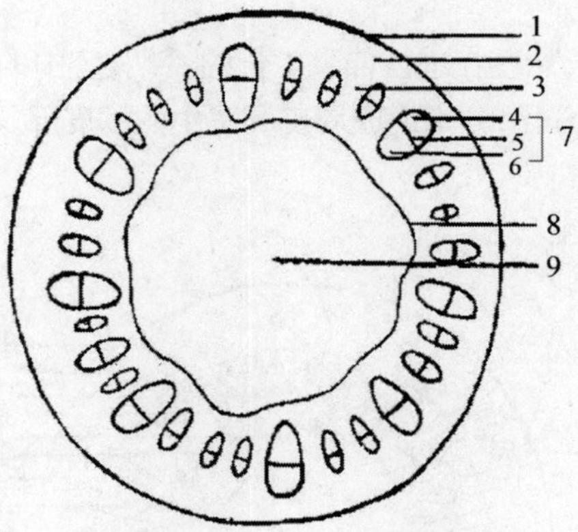

图 6－8　望春玉兰幼茎横切面简图

1. 表皮；2. 皮层；3. 髓射线；4. 初生韧皮部；5. 束中形成层；6. 初生木质部；7. 维管束；8. 髓；9. 髓射线层（陈志秀绘）。

二、幼茎的构造

茎尖顶端节间明显伸长的部分，称幼茎（茎的初生构造）。幼茎圆柱状，绿色，由表皮、皮层及中柱三部分组成，如图 6－9 所示。

1. 表皮

表皮是位于茎的最外面的一层细胞，排列整齐、紧密，其细胞外切向壁角质化，有一层角质层，以减少幼茎内水分的散失。表皮上有气孔器，还有表皮毛。

2. 皮层

皮层位于表皮以内，由多层薄壁细胞组成，排列疏松，有细胞间隙，含有叶绿体及其内含物，靠近表皮的几层细胞为厚角组织，起机械支持作用。

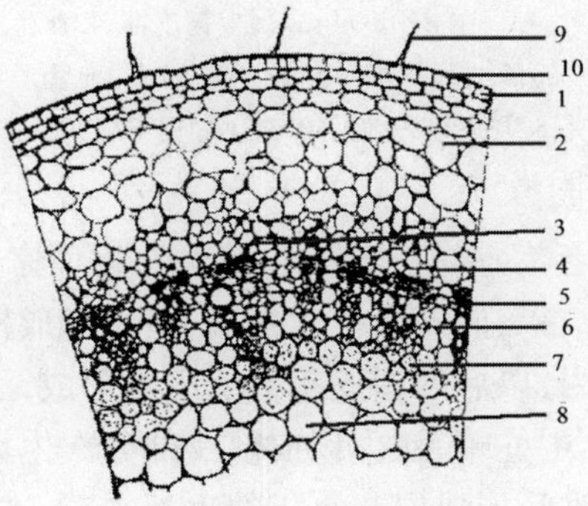

图 6－9　望春玉兰幼茎横切面结构（放大部分）

1. 表皮；2. 皮层；3. 初生韧皮部；4. 髓射线；5. 束中形成层；6. 初生木质部；7. 环髓带；8. 髓；9. 表皮毛；10. 角质层（陈志秀绘）。

3. **中柱**

皮层以内的各种组织，称为中柱（维管柱）。中柱的最外层为中柱鞘，其在一定位置的细胞壁加厚成中柱鞘纤维，成束分布于初生韧皮部的外方，起机械支持作用。中柱鞘薄壁细胞与髓射线相连，在一定条件下，可以恢复分裂性能，转变为形成层。中柱内的主要部分是维管束，由初生韧皮部、束中形成层和初生木质部组成。在横切面上，维管束排成一轮，维管束之间的髓射线狭窄。中柱的中央是大型的薄壁细胞组成的髓；髓的外围其细胞小，称为环髓带。

三、老茎的构造

幼茎在进行伸长生长的后期，茎中的维管形成层和木栓形成层产生，两形成层的细胞分裂、分化，分别形成周皮和次生的韧皮部及次生的木质部，使茎增粗（见图6－10和图6－11）。

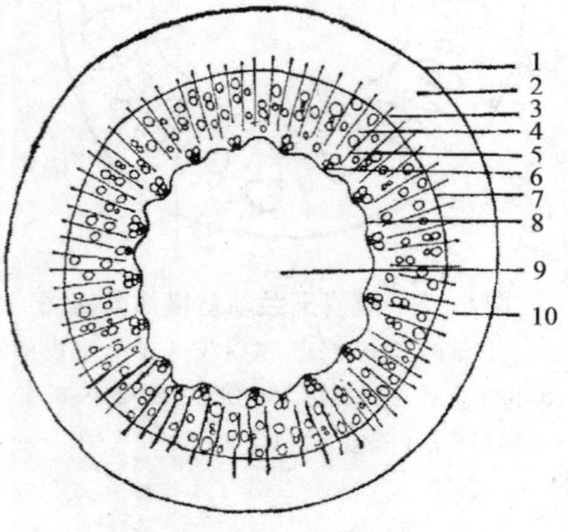

图6－10　望春玉兰老茎横切面结构简图

1. 周皮；2. 皮层；3. 次生韧皮部；4. 次生木质部；5. 髓射线；6. 初生木质部；7. 维管形成层；8. 环髓带；9. 髓；10. 初生韧皮部层（陈志秀绘）。

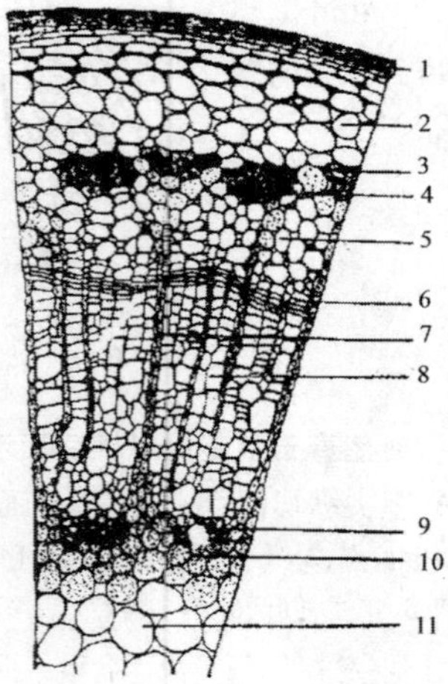

图6－11　望春玉兰老茎结构横切面部分详图

1. 周皮；2. 皮层；3. 石细胞；4. 韧皮纤维；5. 次生韧皮部；6. 维管形成层；7. 髓射线；8. 次生木质部；9. 初生木质部；10. 环髓带；11. 髓层（陈志秀绘）。

老茎（次生构造）由幼茎发育而来。最初的木栓形成层由皮层产生。木栓形成层活动的结果：向外形成木栓层，向内形成栓内层，三者合称周皮。枝条上的最初周皮位于表皮之内，以后的周皮每年从内部形成，逐年内移，直至在次生韧皮部发生。其外面的表皮、皮层、中柱鞘、初生韧皮部及部分次生韧皮部先后死去，附加在周皮之外。

维管形成层在每年的生长季节，进行有规律的分裂活动，向外分化的细胞形成次生韧皮部，由筛管、伴胞、韧皮薄壁细胞、韧皮纤维及韧皮射线组成；向内分化的细胞组成次生木质部，由导管、木纤维、木薄壁组织及木射线组成。在老茎结构中，维管形成层以外的所有部分，通称为树皮，其内所有部分，称为木材。

四、花枝的结构

望春玉兰花枝的结构和老茎的结构相同。花枝结构，如图6－12所示。

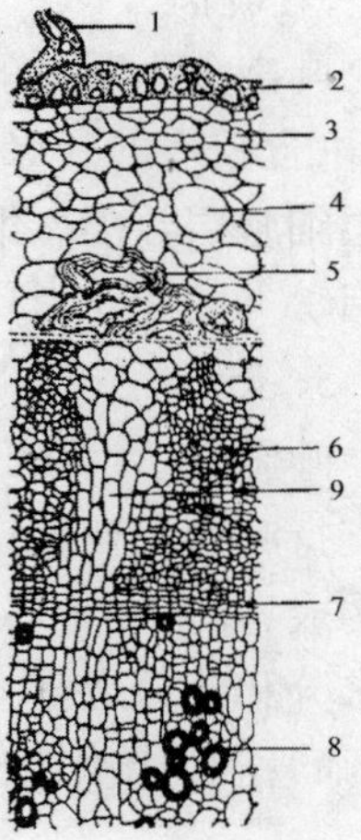

图6－12　望春玉兰缩台枝横切面部分详图

1. 表皮毛；2. 表皮；3. 皮层；4. 油细胞；5. 石细胞；6. 韧皮部；7. 形成层；8. 木质部导管；9. 髓射线（选自童玉懿等. 1985.《药学学报》）。

第四节　叶形态结构

望春玉兰的叶由叶柄、叶片和托叶（早落）3部分组成。

一、叶柄构造

叶柄构造与幼茎基本相同。中央也有发达的髓部；维管束也排列为一轮，但不同的是：叶柄内没有纤维，表皮下边的厚角组织很发达，以增强叶柄的支持能力，如图6－13所示。

二、叶片结构

望春玉兰叶为背腹型两面叶，由表皮、叶肉和叶脉三部分组成，如图6－14所示。

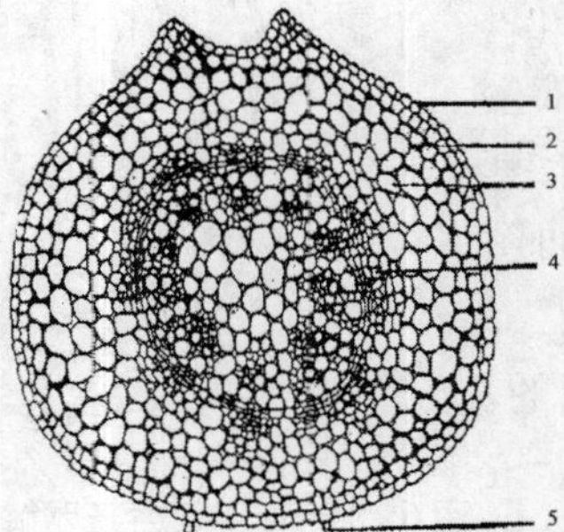

图6－13　望春玉兰叶柄横切面

1. 表皮；2. 厚角组织；3. 基本组织；4. 维管束；5. 表皮毛层（陈志秀绘）。

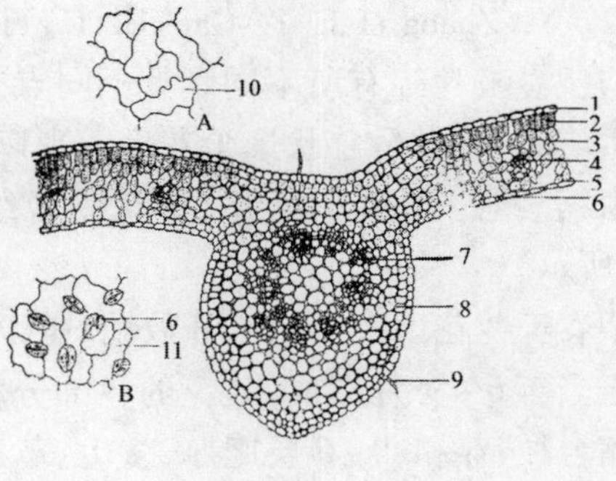

图6－14　望春玉兰叶片横切面

A. 上表皮正面观；B. 下表皮正面观

1. 上表皮；2. 栅栏组织；3. 海绵组织；4. 侧脉；5. 下表皮；6. 气孔器；7. 主脉；8. 主脉机械组织；9. 表皮毛；10. 上表皮细胞正面观；11. 下表皮细胞正面观层（陈志秀绘）。

1. 表皮

表皮分上表皮、下表皮。表皮细胞的侧壁为波状、凸凹不平，相邻细胞互相紧密的嵌合；上表皮无气孔器，但外切向壁上角质层较厚；下表皮有气孔器，并呈星散状分布，如图6－14中的A和B所示。同时，有毛分布，尤其是较幼嫩的叶片上。

2. 叶肉

叶肉分为明显的栅栏组织和海绵组织。栅栏组织有两层细胞,细胞圆柱状,排列整齐,内含较多的叶绿体。海绵组织细胞形状不规则,排列疏松,相互连接,细胞间隙发达,此层细胞层数多。细胞中绿体的含量不及栅栏组织含量高,是形成叶背面色浅的主要原因。

3. 叶脉

叶脉发达,背面突起,尤其是主脉。主脉表皮以内为叶脉的机械组织(厚角组织),以便支持叶片的伸展;再内为基本组织和叶脉维管束。维管束主要由韧皮部、形成层和木质部构成,并排成一环(在横切面上)。韧皮部都在下,或外,木质部在上,或内。二者为叶内水分和养分运输的通道,中央为髓。侧脉越细,其内的维管束越简单,有的仅由几个导管、筛管和薄壁细胞组成。各级侧脉均埋藏、贯穿在叶肉组织中。

第五节　玉蕾形态结构

一、望春玉兰

1. 缩台枝结构

舞钢玉兰 Yulania wugangensis(T. B. Zhao,Z. X. Chen et W. B. Sun) D. L. Fu、腋花玉兰 Y. axilliflora(T. B. Zhao,T. X. Zhang et J. T. Gao)D. L. Fu 的玉蕾着生部位、组成与望春玉兰等有所不同。其不同点是:玉蕾顶生、腋生和簇生均有,有时呈总状聚伞花序。现以望春玉兰为例,其玉蕾由缩台枝、芽鳞状托叶、芽及雏蕾组成。其结构如图 6-15所示。

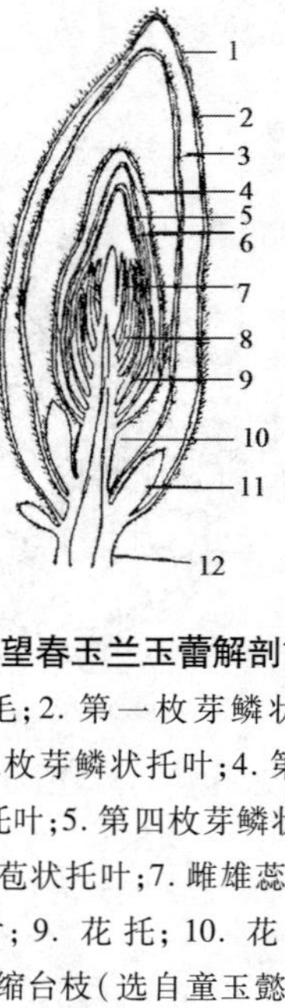

图 6-15　望春玉兰玉蕾解剖简图

1. 柔毛;2. 第一枚芽鳞状插叶;3. 第二枚芽鳞状托叶;4. 第三枚芽鳞状托叶;5. 第四枚芽鳞状托叶;6. 佛焰苞状托叶;7. 雌雄蕊群;8. 花被片;9. 花托;10. 花梗;11. 芽;12. 缩台枝(选自童玉懿等. 1985.《药学学报》)。

望春玉兰花顶生。花未开放前,是以玉蕾形式出现的。玉蕾于当年 6~9 月形成,其花的各部分均已分化形成。玉蕾有缩台枝、芽和 4~6 层肥厚、多毛、革质芽鳞状托叶及雏蕾组成。雏蕾具 1 枚佛焰苞状托叶包被着雏形花被片、雄蕊群和雌蕊群,以及延长的锥状花托。

(1) 缩台枝(芽鳞状托叶下 A)横切面:表皮细胞一层,细胞呈方状体形,有的向外突出成柔毛。柔毛 1~3 个细胞,长 100~300 μm,中部宽约 20 μm,先端尖,壁较薄。皮层为薄壁组织,其外侧面细胞较小,呈长方体状,或不规则体状,内侧的细胞略大,有油细胞及石细胞群散生;油细胞少数,呈圆球状,直径 40~80 μm;石细胞呈圆球状、梭状,或不规则体状,长 30~80 μm,宽 30~40 μm,壁较厚,多可见纹理。韧皮细胞细小;韧皮部和木质部之间的形成层为 2~3 层扁平薄壁细胞;木质部由导管及木薄壁细胞组成,射线放射状,细胞略呈长方体状,径向延长;中央为髓部薄壁组织,有少数油细胞散生,并有石细胞群;石细胞形状与皮层中石细胞形状相似。

（2）缩台（芽鳞状托叶间，B）横切面：表皮细胞呈石细胞状，多数突化为 3 ~4 个细胞的柔毛，长 400 ~800 μm，中部直径约 20 μm，先端尖，壁较厚，皮层薄壁组织中石细胞成群散生，并有多数维管束，外韧型，少数为周韧型，排列呈一轮，髓部薄壁组织中有多数油细胞及少数石细胞。望春玉兰缩台枝横切面，如图 6 –16 所示。

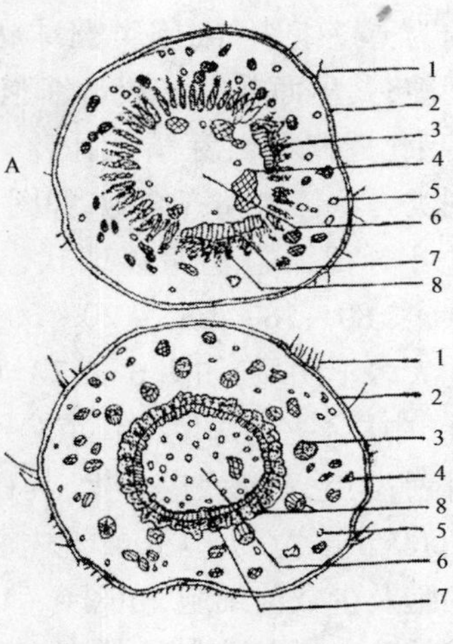

图 6 –16　望春玉兰缩台枝横切面

A. 缩台枝上芽鳞状托叶下横切面；B. 缩台枝上芽鳞状托叶间横切面

1. 表皮毛；2. 表皮；3. 维管束；4. 石细胞；5. 油细胞；6. 髓；7. 木质部；8. 韧皮部（选自童玉懿等. 1985.《药学学报》）。

2. 芽鳞状托叶结构

每朵花具芽鳞状托叶 4 ~6 枚，每层 1 枚，深褐色、革质，外面密被浅黄绿色，或淡灰黄色的丝状长柔毛，芽鳞状托叶脱落后，留一环痕，其上有一小叶芽，并具有较浓芳香气味。望春玉兰芽鳞状托叶形态结构，如图 6 –17 ~图 6 –19 所示。

第一芽鳞状托叶（外层）横切面的外表皮细胞呈石细胞状，大多向外突出形成 3 ~5 个细胞的柔毛，长 1 200 ~2 400 μm，中部宽约 20 μm，基部宽 60 μm；内表皮细胞一层，类方状体状，排列整齐；主脉部位维管束 5 ~9 个，外韧型，呈半圆球状排列。芽鳞状托叶

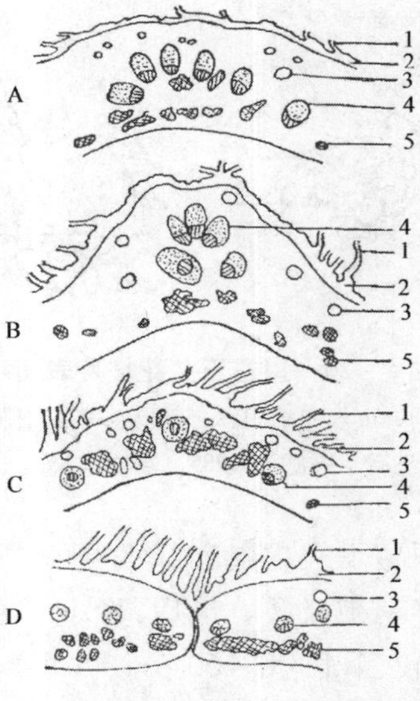

图 6 –17　望春玉兰芽鳞状托叶横切面简图

A. 第一枚芽鳞状托叶横切面简图；B. 第二枚芽鳞状托叶横切面简图；C. 第三枚芽鳞状托叶横切面简图；D. 芽鳞状托叶边缘横切面简图

1. 柔毛；2. 表皮；3. 油细胞；4. 维管束；5. 石细胞（选自童玉懿等. 1985.《药学学报》）。

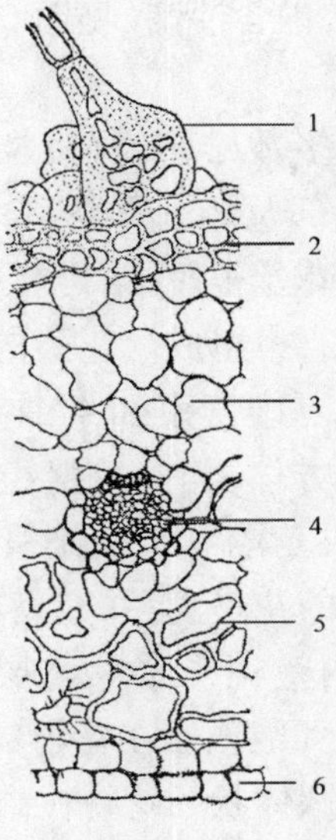

图 6 –18　望春玉兰芽鳞状托叶横切面部分详图

1. 柔毛；2. 外表皮；3. 基本组织；4. 维管束；5. 石细胞；6. 内表皮（选自童玉懿等. 1985.《药学学报》）。

内为薄壁组织，细胞类圆球状，排列疏松，有细胞间隙；其里面散生多数石细胞群、油细胞及小型维管束（周韧型）：芽鳞状托叶一侧的合缝边缘为一列类方状体形整齐细胞，如图 6－17 所示。芽鳞状托叶内石细胞呈卵圆球状、不规则体状，或分枝状，长 80～180 μm，宽20～60 μm，壁厚薄不一，纹孔大多不明显，如图 6－17A 所示。第二芽鳞状托叶（中层）主脉部位维管束4～5个，外韧型，放射状排列；柔毛于外表皮着生，具1～2个细胞，长 200～5 000 μm，宽约 20 μm；近内表皮处散生有多数石细胞及少数油细胞，如图 6－17 B 所示。第三芽鳞状托叶（内层）主脉维管束 1 个，周韧型；外表皮有多数柔毛，由 1～2 个细胞组成，长 200～400 μm；石细胞及油细胞均多数，散生，如图6－17 C 所示。

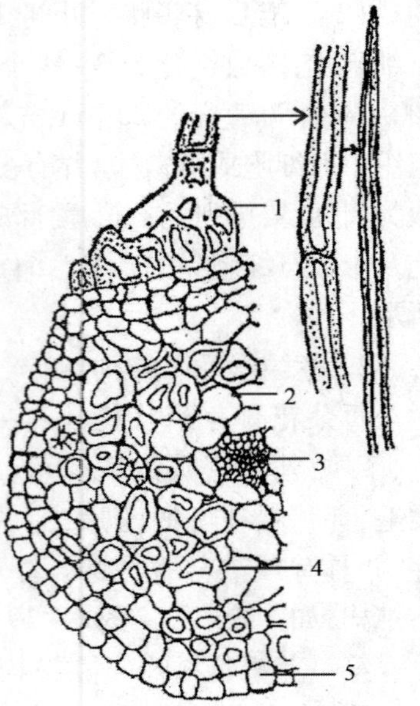

图 6－19　望春玉兰芽鳞状托叶边缘横切面详图

1. 柔毛；2. 薄壁细胞；3. 维管束；4. 石细胞；5. 表皮（选自童玉懿等. 1985.《药学学报》）。

3．花被片

望春玉兰单花具花被片 9 枚，有瓣状、萼状之分，形状、颜色及大小不同，即使是同一种，由于品种差异，也有明显的不同。花被片表皮细胞细小，气孔器多数，排列不定式；油细胞多数、圆球状，直径 60～80 μm，内含油滴（见图 6－20 中的 4）。

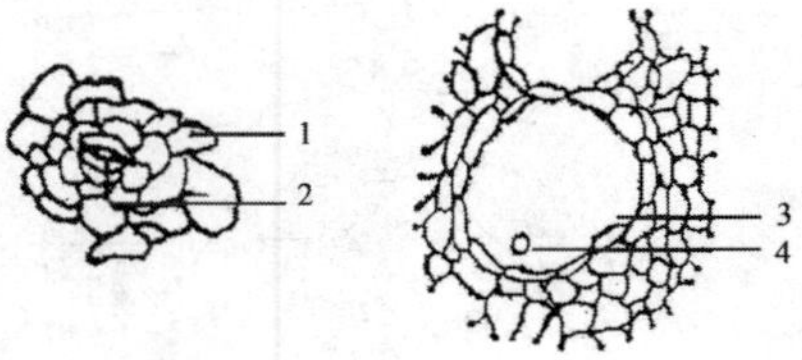

图 6－20　望春玉兰花被片表面观（部分）

1. 表皮细胞；2. 气孔器；3. 油细胞；4. 油滴（选自童玉懿等. 1985.《药学学报》）。

4．雄蕊群

雄蕊群由多数雄蕊组成，位于锥状花托基部，即在花被片上部及雌蕊群下部之间。雄蕊由花药和花丝组成。花丝很短，结构简单，由表皮、基本组织和简单的维管束组成。花药的结构，由一层表皮细胞、药隔、药隔维管束和 4 个花粉囊组成。花药横切面略呈四方体，均为薄壁组织，其内有油细胞数个散生，中央药隔有 1 个维管束，四个角隅处各有 1 个圆柱形的花粉囊，并充满花粉粒。花粉囊壁由表皮、药室内壁、中层及绒毡层组成。成熟的囊壁只留下表皮层和纤维层（药室内壁发育而来），中层和绒毡层在花粉粒发育过程中，作为养料被吸收。最后，囊中具有成熟的外壁光滑的椭圆体状的花粉粒。雄蕊组织中，油细胞较多，长 40～60 μm。

玉兰属植物因种类不同，其雌蕊及雄蕊花药内油细胞的含量多少、有无，以及花粉粒的形状等有明显的不同，如图 6－21A 雄蕊花药，图 6－21B 雌蕊所示。

5．雌蕊群

雌蕊群由多数离生单雌蕊组成，呈螺旋状排列在延长的柱状花托上部，离生单雌蕊横切面有 4～7 个围绕花托着生。每个离生单雌蕊有一个子房室，内含胚珠 1～2 枚。离生单雌蕊多为薄壁组成构成，子房壁外侧有一个小维管束，并有 1～2 个油细胞，长 40～60 μm，如

图 6-21B 所示。

6. 花托

花托多为薄壁组织，维管束放射状排列，油细胞多数，散生在薄壁组织中，但无石细胞。

7. 果实

玉兰属植物的果实为聚生蓇葖果，由多数离生单雌蕊螺旋状排列在延长的花托上，受精后，发育膨大，花托增粗而形成。望春玉兰聚生蓇葖果横切面简图（幼果），如图 6-22 所示。聚生蓇葖果形为圆柱状，果皮内有多数油细胞散生，或呈片分布在果皮薄壁组织中。蓇葖果内一般有 1~2 枚拟假种皮种子。中央为花托维管束，呈放射状排列。

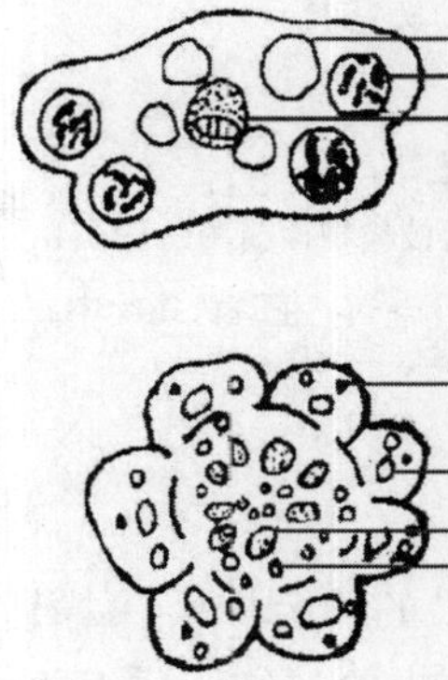

图 6-21　望春玉兰雌、雄蕊横切面简图

A. 花药；B. 雌蕊

1. 油细胞；2. 花粉囊；3. 药隔维管束；4. 子房壁维管束；5. 子房室；6. 花托维管束（选自童玉懿等. 1985.《药学学报》）。

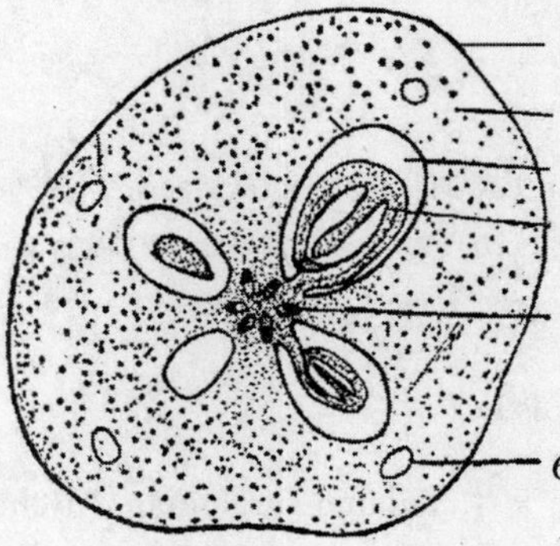

图 6-22　望春玉兰聚生蓇葖果横切面简图（幼果）

1. 果实表皮；2. 果皮；3. 子房室；4. 胚珠；5. 花托维管束；6. 果皮维管束层（陈志秀绘）。

二、玉兰

玉兰 Yulania denudata（Desr.）D. L. Fu 缩台枝的组织构造，与望春玉兰的缩台枝组织构造相似，其主要区别为：缩台枝（下）的横切面的表面细胞下呈石细胞状，内含红棕色色素，皮层石细胞多数，卵球状，或分枝状，长 40~60 μm，宽 30~40 μm，中柱维管束排列紧密，射线不明显，中柱鞘部位有多数石细胞排列成一轮；缩台枝中的皮层及髓部薄壁组成中有多数草酸钙结晶。芽鳞状托叶（1）外层横切面的主脉维管束 7~9 个，石细胞密集，分枝状，或不规则体状，长 20~140 μm，宽 20~60 μm，壁极薄；柔毛为 1~4 个细胞，长 160~180 μm。芽鳞状托叶（2）内层的主脉维管束 1 个。

玉兰花被片组织的油细胞多数，长 40~60 μm，无毛；雄蕊组织中油细胞中等，长 60~80 μm；单雌蕊组织中油细胞较多，长 30~40 μm；花托组织中油细胞较多，有石细胞。玉兰缩台枝等的横切面图，如图 6-23 所示。

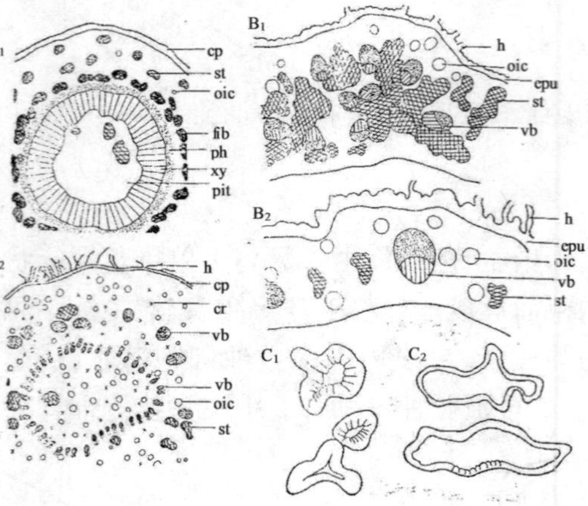

图 6－23　玉兰缩台枝等的横切面图

A_1缩台枝芽鳞状托叶下枝横切面简图(×9)；A_2 缩台枝芽鳞状托叶之间枝横切面简图(×9)；B_1 芽鳞状托叶1 切面简图(×9)；B_2 芽鳞状托叶 2 横切面简图(×37)；C_1 表层石细胞(×37)；C_2 芽鳞状托叶中石细胞(×37)(选自童玉懿等. 1985.《药学学报》)。

三、凹叶玉兰

凹叶玉兰 Yulania sargentiana(Rehd. & Wils.)D. L. Fu 的缩台枝(下)横切面的表皮细胞 1 列,内含红棕色色素;外侧的数列皮层细胞壁稍增厚,内侧的细胞呈海绵状,油细胞少,径 40～60 μm;中柱部位外侧有大小不等的石细胞群,内侧有少数纤维群,各自排列成一轮;石细胞呈球状,或不规则体状,长 20～40 μm,宽 20～30 μm,壁较厚,可见纹理;韧皮部束间有多数放射状裂隙;木质部导管排列紧密,射线细胞中含棕色物质;中央髓部有少数石细胞群及散生油细胞。芽鳞状托叶(1)的主脉维管束 7～9 个,石细胞多数,成群,形状不一,柔毛为 2～3 个细胞,长 200～400 μm。芽鳞状托叶(2)的主脉维管束 1 个,石细胞单个散生,长 40～160 μm,宽 20～60 μm,柔毛为 3～5 个细胞,长 400～1 200 μm。凹叶玉兰花被片组织中有多数油细胞,长 40～60 μm,无毛;雄蕊组织中有较多油细胞;单雌蕊和花托组织中有较多油细胞,长 30～40 μm;花托组织中油细胞较多,长 30～40 μm,无石细胞。凹叶玉兰缩台枝等的横切面图,如图 6－24 所示。

四、武当玉兰

武当玉兰 Yulania sprengeri(Pamp.)D. L. Fu 缩台枝下横切面的表皮细胞呈石细胞状;皮层薄壁组织中有少数外韧型维管束散生;石细胞多数,近圆球状,或分枝状,长 40～60 μm,宽 20～40 μm,有的可见纹理;韧皮部细胞少,油细胞多,径 40～60 μm,中柱维管束的木质部束及韧皮部束长短不一,放射状排列成环,髓中石细胞较少,油细胞多数;缩台枝中横切面的皮层薄壁细胞中维管束呈一轮;中柱维管束细小,紧密排列成轮。芽鳞状托叶(1)的主脉维管束 9～11 个,石细胞成群散生,分枝状或不规则体状,长 40～80 μm,宽 30～60 μm;柔毛为 1～3 个细胞,长 200～600 μm。芽鳞状托叶(2)的主脉维管束 3～4 个,薄壁组织中有裂隙,石细胞成群,散生,油细胞少数。

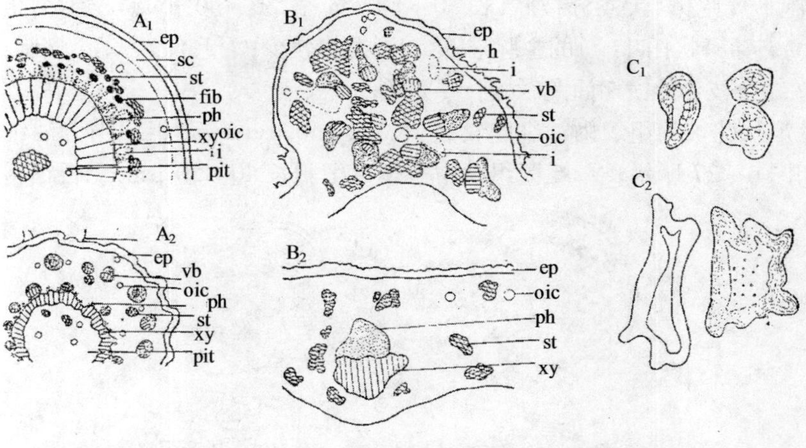

图 6-24 凹叶玉兰缩台枝等的横切面图

A_1缩台枝芽鳞状托叶下枝横切面简图(×9);A_2 缩台枝芽鳞状托叶之间枝横切面简图(×9);B_1 芽鳞状托叶1 切面简图(×9);B_2 芽鳞状托叶 2 横切面简图(×37);C_1 表层石细胞(×37),C_2 芽鳞状托叶中石细胞(×37)(选自童玉懿等. 1985.《药学学报》)。

武当玉兰花被片雄蕊组织中油细胞较多,长 40~60 μm;单雌蕊组中油细胞少,长30~40 μm;花托组织中油细胞多数,长 30~40 μm,无石细胞。武当玉兰缩台枝等的横切面图,如图 6-25 所示。

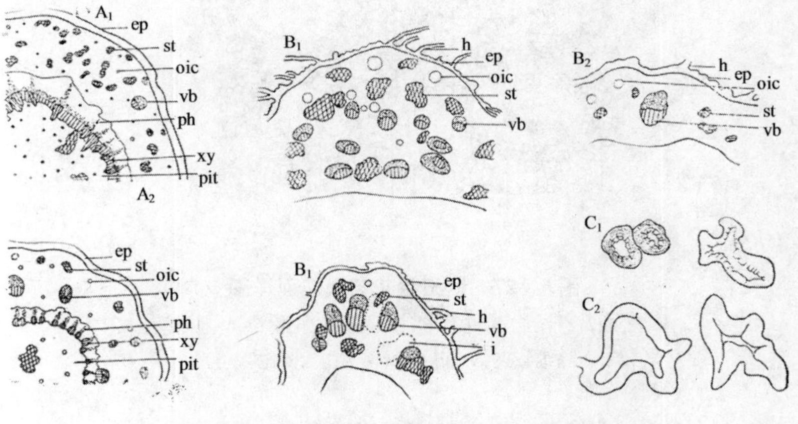

图 6-25 武当玉兰缩台枝等的横切面图

A_1缩台枝芽鳞状托叶下枝横切面简图(×9);A_2 缩台枝芽鳞状托叶之间枝横切面简图(×9);B_1 芽鳞状托叶1 切面简图(×9);B_2 芽鳞状托叶 2 横切面简图(×37);C_1 表层石细胞(×37);C_2 芽鳞状托叶中石细胞(×37)(选自童玉懿等. 1985.《药学学报》)。

五、紫玉兰

紫玉兰 Yulania liliflora(Desr.)D. L. Fu 缩台枝与望春玉兰的主要区别:缩台枝下横切面的表皮细胞不呈石细胞状,内含红棕色素;皮层石细胞类圆球状,或不规则体状,或一端稍窄,长 30~60 μm,宽 30~40 μm;中柱维管束排列成环,木射线细胞中含红棕色素。

紫玉兰芽鳞状托叶(1)的主脉维管束 7~9 个,薄壁组织中含多数草酸钙簇晶,直径 4~

8 μm；石细胞不规则体状，或分枝状，长 30 ~ 80 μm，宽 30 ~ 40 μm；柔毛 1 ~ 2 个细胞，长 400 ~ 500 μm。芽鳞状托叶(2)的主脉维管束，石细胞较少；柔毛有 1 ~ 2 个细胞，长 40 ~ 160 μm。紫玉兰缩台枝等的横切面图，如图 6 - 26 所示。

紫玉兰瓣状花被片组织内油细胞较多，长 40 ~ 60 μm；雄蕊组织中有油细胞较多，其解剖结构如图 6 - 27 所示。单雌蕊组织中有较多细胞长 40 ~ 50 μm，无石细胞。

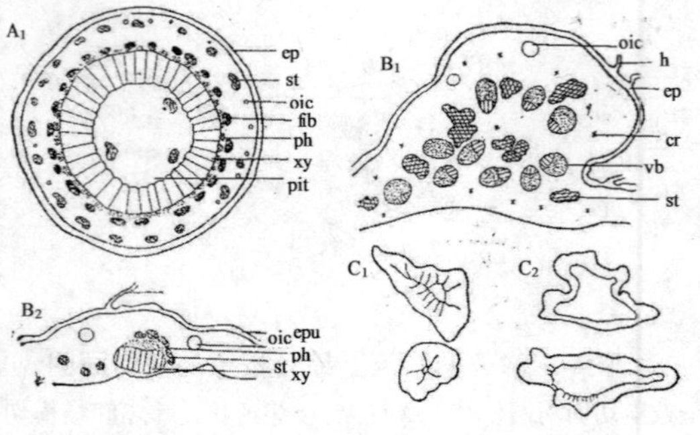

图 6 - 26　紫玉兰缩台枝等的横切面图

A_1 缩台枝芽鳞状托叶下枝横切面简图(×9)；B_1 芽鳞状托叶 1 切面简图(×9)；B_2 芽鳞状托叶 2 横切面简图(×37)；C_1 表层石细胞(×37)；C_2 芽鳞状托叶中石细胞(×37)(选自童玉懿等. 1985.《药学学报》)。

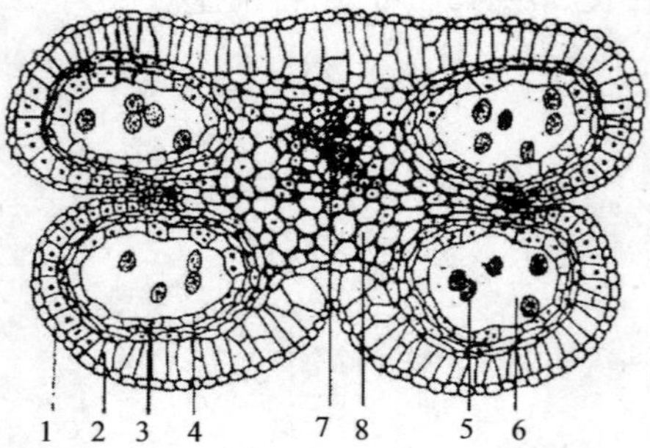

图 6 - 27　紫玉兰花药横切面详图

1. 表皮；2. 纤维层；3. 中层；4. 绒毡层；5. 花粉粒；6. 花粉囊；
7. 药隔维管束；8. 药隔基本组织层(陈志秀绘)。

第六节　玉兰属植物木材结构

根据我国木材学专家研究玉兰属 Yulania Spach、木兰属 Magnolia Linn. 等植物木材结构，不仅玉兰属与木兰属等植物木材结构有明显区别，可以作为分属的依据之一，即使是玉兰属植物不同种间其木材结构也有明显区别，可以作为识别与鉴定该属不同物种的依据之一。为此，现以玉兰、天目玉兰 Yulania amoen(Cheng) D. L. Fu、黄山玉兰 Y. cylindrica(Wils.) D. L. Fu、康定玉兰 Y. dawsoniana(Rehd. & Wils.) D. L. Fu、紫玉兰 Y. liliflora(Desr.) D. L. Fu、凹叶玉兰 Y. Yulania sargentiana (Rehd. & Wils.) D. L. Fu、武当玉兰 Y. sprengeri(Pamp.) D. L. Fu、宝华玉兰 Y. zenii(Cheng) D. L. Fu，以及木兰属等植物木材结构为例，介绍如下。

一、玉兰木材解剖

玉兰木材由导管、木纤维、轴向薄壁组织及木射线组成。生长轮(年轮)略明显。导管横切面为卵圆形及多角形;单独及径列复管孔 2 ~ 4 个,稀呈管孔团。穿孔单一,长椭圆体状,稀梯状穿孔。管间孔纹式梯状及梯状一对列,长椭圆体状;纹孔内涵及外展,长椭圆体状。木纤维薄壁,具缘纹孔略多,圆形;纹孔口外展,裂隙状,斜列。轴向薄壁组织量少,轮界状。射线组织异形Ⅲ型及同形多列,单列射线极少,通常为 2 列射线。射线与导管间纹孔类似管间纹孔式梯状及梯状一对列。

二、玉兰属植物的木射线解剖特征

1993 年,吴树明等研究了"木兰科 9 属、66 种植物木射线的比较解剖学研究"。玉兰属植物的研究结果如表 6 - 1 所示。

1. 单列射线

在观察的玉兰属植物的木射线均有单列和多列之分,如表 6 - 1 所示。

表 6 - 1　玉兰属植物的木射线特征

名称 学名	单列射线			多列射线			射线高度 (条·mm^{-1})	异形射线类型
	高度		宽度 (μm)	高度		宽度 (μm)		
	细胞数	(μm)		细胞数	(μm)			
天目玉兰 Yulania amoena	1 ~ 14 (1 ~ 10)	50 ~ 269 (122 ~ 254)	11 ~ 34 (15 ~ 24)	4 ~ 39 (8 ~ 24)	125 ~ 177 (193 ~ 525)	19 ~ 46 (27 ~ 41)	9.0	ⅡB
黄山玉兰 Y. cylindrica	2 ~ 17 (3 ~ 12)	85 ~ 725 (162 ~ 419)	15 ~ 29 (17 ~ 23)	6 ~ 45 (8 ~ 25)	148 ~ 132 (264 ~ 811)	19 ~ 61 (27 ~ 53)	6.4	ⅡB, ⅡA
康定玉兰 Y. dawsoniana	2 ~ 25 (4 ~ 14)	59 ~ 50 (108 ~ 365)	8 ~ 20 (13 ~ 19)	7 ~ 48 (12 ~ 28)	168 ~ 1 084 (308 ~ 700)	16 ~ 41 (22 ~ 32)	4.8	ⅡB
玉兰 Y. denudata	1 ~ 9 (2 ~ 6)	51 ~ 289 (79 ~ 201)	10 ~ 23 (12 ~ 20)	4 ~ 37 (9 ~ 21)	111 ~ 962 (226 ~ 5 551)	23 ~ 48 (29 ~ 40)	6.0	ⅡB
紫玉兰 Y. liliflora	1 ~ 16 (4 ~ 13)	33 ~ 219 (62 ~ 169)	8 ~ 25 (98 ~ 12)	8 ~ 113 (917 ~ 82)	111 ~ 962 (226 ~ 5 510)	23 ~ 94 (20 ~ 77)	6.7	ⅡB
凹叶玉兰 Y. sargentiana	2 ~ 13 (4 ~ 90)	70 ~ 391 (104 ~ 265)	10 ~ 33 (17 ~ 26)	5 ~ 37 (9 ~ 28)	120 ~ 1 011 (256 ~ 718)	21 ~ 48 (30 ~ 42)	5.0	ⅡB
武当玉兰 Y. sprengeri	1 ~ 11 (2 ~ 6)	40 ~ 216 (81 ~ 200)	14 ~ 29 (15 ~ 25)	3 ~ 26 (6 ~ 14)	90 ~ 779 (180 ~ 349)	23 ~ 53 (34 ~ 54)	6.0	ⅡB
宝华玉兰 Y. zenii	1 ~ 11 (3 ~ 8)	48 ~ 416 (91 ~ 211)	12 ~ 54 (13 ~ 24)	4 ~ 40 (8 ~ 26)	159 ~ 1 044 (242 ~ 639)	23 ~ 53 (31 ~ 46)	7.5	ⅡB

从表 6 - 1 可看出,单列射线细胞数为 1 ~ 25 个,高度为 40 ~ 725 μm,宽度为 8 ~ 54

μm。其中,玉兰单列射线细胞数为 1 ~ 9 个,黄山玉兰单列射线细胞数为 2 ~ 17 个等。单列射线高度与宽度也有明显差异，可以与其他物种相区别。

2. 多列射线

表 6 – 1 表明,多列射线细胞数为 3 ~ 113 个。其中,武当玉兰多列射线细胞数为 3 ~ 26 个,可与其他物种相区别。特别指出的是,黄山玉兰则有异形射线类型ⅡB、ⅡA 型 2 种,其他物种仅有ⅡB 型 1 种。

此外,吴树明等 1989 年研究“木兰科植物木材导管分子内壁的螺纹加厚”结果表明,天目玉兰、黄山玉兰、康定玉兰、玉兰、紫玉兰、凹叶玉兰、武当玉兰、宝华玉兰木材导管分子内无螺纹加厚。

三、导管分子解剖

刘德仪等 1987 年研究“木兰属(Magnolia Linn.)、玉兰属(Yulania Spach)、厚朴属(Houpoëa N. H. Xia & C. Y. Wu)、天女木兰[Oyama(Nakai)N. H. Xia & C. Y. Wu]植物导管分子的比较解剖”结果(摘录),如表 6 – 2 所示。

表 6 – 2　木兰属、玉兰属、厚朴属、天女木兰植物导管分子的比较解剖

名称 学名	导管分子长度(μm)	导管分子宽度(μm)	导管数目(个 · mm^{-2})
天目玉兰 Yulania amoena	605.22	68.81	113.53
黄山玉兰 Y. cylindrica	727.99	83.46	63.00
玉兰 Y. denudata	900.37	94.59	40.00
紫玉兰 Y. liliflora	813.15	74.41	113.00
凹叶玉兰 Y. sargentiana	891.82	117.63	30.00
武当玉兰 Y. sprengeri	687.51	96.90	35.78
宝华玉兰 Y. zeuii	720.34	60.42	63.79
夜香木兰 Magnolia coco	576.48	37.83	83.78
山玉兰 M. delavayi	638.19	63.78	67.89
毛叶木兰 M. globosa	703.52	73.76	36.23
大叶木兰 M. henryi	881.92	93.82	19.00
乐东拟单性木兰 Parakmeria lotungensis	1 154.87	64.00	127.00
光叶木兰 Magnolia nitidi	657.55	80.65	53.07
厚朴 Houpoëa officinalis	627.66	72.50	65.00
凹叶厚朴 var. biloba	763.04	87.53	109.00
长叶木兰 Magnolia paenetalauma	703.09	56.24	55.56
天女木兰 Oyama sieboldii	592.72	63.37	94.00

表 6 – 2 中表明,玉兰属和木兰属植物的导管分子长、宽度及导管数目无明显区别。

但是,玉兰属物种之间有一定差异,可作物种鉴定时的参考。例如,① 穿孔板:天目玉兰、黄山玉兰、玉兰、紫玉兰、武当玉兰和宝华玉兰为单穿孔板。但在导管分子中,往往有过渡类型出现,如天目玉兰、玉兰、凹叶玉兰、武当玉兰和宝华玉兰有一端为单穿孔板,另一端为梯状穿孔板;武当玉兰有一端两个单穿孔板,另一端为一个梯状穿孔板;一端为单穿孔板,另一端仅有一个横隔的梯状穿孔板和两端均为梯状穿孔板的导管分子;宝华玉兰、玉兰导管分子也有一端为单穿孔板,另一端仅有一个横隔的及两端均为梯状穿孔的导管分子;武当玉兰、紫玉兰除端壁外,侧壁上也有梯状穿孔板。在凹叶玉兰中,发现有少数导管分子穿孔板的一端有横脱落留下来的痕迹,另一端则没有。② 玉兰等植物的导管分子壁上均无螺纹加厚。导管分子底壁斜度:玉兰、紫玉兰的导管底壁的倾斜度小于或等于30°;天目玉兰、凹叶玉兰和宝华玉兰为30°~45°;武当玉兰大于45°。此外,玉兰的导管分子兼有长尾和短尾的导管分子。③ 导管分子上纹孔的排列方式:黄山玉兰、武当玉兰为梯状纹孔式;天目玉兰、玉兰、紫玉兰、凹叶玉兰和宝华玉兰除梯状纹孔式外,还有梯状至过渡。④ 导管分子横切面形状:天目玉兰、黄山玉兰、紫玉兰、宝华玉兰的导管分子横切面为多角形。⑤ 导管的分布和数目:玉兰、武当玉兰为多单管孔,稀管孔链(径列,或弦列)和管孔团;多管孔链(径列,或弦列)和单管孔,稀管孔团的有天目玉兰、紫玉兰、凹叶玉兰、宝华玉兰;多管孔链(径列,或弦列),稀单管孔和管孔团的有黄山玉兰。

总之,玉兰属植物木材解剖结果,可作为该玉兰属物种鉴别的参考。

第七章　玉兰属植物良种选育理论与技术

第一节　玉兰属分类等级

一、属下分类等级

玉兰属属下分类等级,见第八章第四节“玉兰属及其分类系统”。

二、种下分类等级

1. 种

目前,“种”species(sp.)的定义多种多样,没有一个统一认识的标准与依据。现简述如下:

1.1　Carl Linnaeus(1783)认为,“生物原被创造而成各自独立迥异之种类”,不因杂交,或其他方式而改变种类,即生物种是由上帝创造的。其晚年(1774),开始承认不同种类可以杂交,而称述:“上帝造物由简而繁,由少而多,植物界亦然,首先创造众多植物类,以代一自然排列,由此排列而再行繁衍而成今日之‘属’级植物群;再有属繁衍而产生各‘种’级植物,但不包括不孕性之杂交种类。”

1.2　Koeleuter(1761~1766)及Gaertner(1849)经过杂交试验,得出结论:种与种间之杂交后代几属不孕性,但同种内之变种与变种间之杂交,则可产生不孕性之后代。

1.3　Jordan(1846)认为,“种具多种可识别之地域性族群,此族群之组成分子可自交并繁衍其后代,且仍保存可资识别之特征,并分占不同之生态地位”。

1.4　Darwin(1859)在《物种起源》一书中认为,生物种具有相当程度之变异,致产生自然淘汰之意义及影响适者生存之结果。

1.5　黄增泉(1974)在《高等植物分类学原理》一书中认为,种“外形上可供识别,且可自行繁殖而绵延不绝;同时,与相近族群在遗传上、地理上及环境适应上,则具或多或少之隔离族群”。

1.6　Du Riettz(1930) 提出:“种为最小之天然族群,在生物型(biotype)上发生特殊之不连续现象,使其永远分隔”。生物型——具有相同基因型之所有个体。

1.7　Thoorpe(1940)认为,一群个体因生理上之不同,遂不与其他族群相交配(广义的),有时亦因构造上之不同而不行交配。

1.8　Gilmour(1940)认为,种为一群个体,具有相同性质,其相似情形则届相当程度。此种程度,应由分类学家判定之。

1.9　Timofeeff - Ressovsky(1940)认为,种为一群个体,其形态上、生理上皆属相同——包括若干分类最低之分类群——与同处一地区,或紧邻之个体群,在生物观点上,几完全隔离。

1.10　Cain(1944)认为,种为书籍上之一个名称,乃一推论名词。一极富声誉之分类学者所称之种即为种。

1.11　Babcock(1946)归纳种之观念如下:

(1) 具有共同之构造特征,可将有机个体归并而成族群,具有相同之遗传基础,亦即代表其族群特殊染色体之组合。

(2) 其与不同族群间,由不同特征以资鉴别,其中相异特殊之一,即染色体数。

(3) 在族群中,变异性与安定性并存。安定性来自染色体,变异来自染色体突变。

(4) 同一族群中,发生同配子,或自由交配而产生高度可孕性。

(5) 由最早种之演变所形成之群落,最属明显者,当推遗传步骤与变异,致群落中之个体具有相同之后代。

(6) 不同种之间,未能自由交配及产生极高不孕外(亦有少数例外),乃合理现象,因其基因与染色体皆不同。

(7) 不同生长地区或互相重叠之地区,则产生亚种(地理种)。

1.12　Stebbins Jr.(1950)认为,在形态特征及生理特征上,由遗传不连续而产生之间隙,可供种之区分,故种得以延续,乃因不同种间殊少基因交换。

1.13　Neiilson(1950)认为,种为分类上之名称,居属,或亚属之下及亚种,或变种之上;种为一群动物,或植物共同具有一或一以上相同之特性可自相近之一群动物,或植物识别出,而又可互相交配、繁殖,并遗传其特性,致成一种特有,或植物。

1.14　川崎次男(1971)认为,种应符合以下条件:

(1) 种属个体及个体群之集合体。

(2) 由于个体群发生变异,致为个体变异及突变2种。

(3) 种之个体群呈形态上之类似性。

(4) 种之个体群呈决定性之地理分布。

(5) 有关染色体等之遗传组成系呈一致性。

(6) 后代呈孕性。

后又提出种的形成条件:

(1) 两个群体具显著之不同形态。

(2) 形态上之差异呈不连续性,而隔离极明显。

(3) 染色体之遗传组成不一。

(4) 无法产生杂种,即令产生,亦属不孕性。

(5) 生长之处不同,即生育环境各异。

1.15　周长发等(2011)在《物种的存在与定义》一书中,介绍出物种定义69个。其中,对43个物种定义进行了介绍和评价。现仅介绍物种的3种定义,即:

(1) 形态学物种,也称模式物种:其定义包括4个方面,即物种是由具有同一本质的相似个体组成,具有分明的不连续性,同所有其他物种分开,物种不变,任何1个物种的可能的变异都有严格的限制。

(2) 分类学物种:其定义为"物种是生物群体,或群体组合,它的存在和命名是由合格的分类学家依据明确的特征来限定的”(Regan,1926)。中国林业科学院宋朝枢研究员(1986)有句名言:“有经验的分类学家说它是个种,它就是个种”。

(3) 人为物种:其定义为“分类学家可根据标本的共同特征来定义物种”(Blackwelder 1967)。

综上所述,可以清楚表明:世界上所有植物、动物学家对“种”的认识也不一致,也没有一个统一标准。特别值得重视的是:目前对“种”的认识还存在着极大的分歧,即“大属”与“小属”和“大种派”与“小种派”之争。如刘玉壶(1998)将木兰亚科 Magnolioideae 分为 15 属,而 H. P. Nooteboom(1998) 将该亚科合并为 2 属,即木兰属 Magnolia Linn. 和厚壁木属 Pachylarnax Dandy。又如伊藤芳夫(1988)将仙人掌科分为 266 属,徐民生与谢维荪(1981)将该科分为 94 属,安德尔逊等(2001)则将该科分为 127 属。

总之,1930 ~ 2014 年的 276 年间,关于“种”的定义多种多样。归纳起来,主要有 5 种:① “种”是由相似的个体组成的,它们经过杂交可以产生能育的后代;②“种”有一定的分布区域,“种”与“种”之间具有明显的区别,通过杂交可以产生后代;③“种”是由居群组成的,不是某一个个体所能代表的;④“种”是由若干能够进行杂交,或具有潜在杂交能力的自然居群,这些居群在生殖上是与另外的类群相隔离的;⑤个体,或少数植株,不能作为建立新分类群(新种、新亚种、新变种)的依据。

1977 年,俞德浚教授等认为,“种”的本质是从它的各方面的现象表现出来的,从它的外部形态、地理分布、生殖繁育、内部构造、细胞遗传、化学结构等方面表现出来的,这些领域的任何一个方面所表现的特征,都反映了种的一定本质。在蔷薇科 Rosaceae 的一些类群中(苹果亚科 Maloideae),各属形态的强烈分化并没有带来生殖上的隔离,当对这些类群进行分类时,就不应以生殖上的隔离作为分类的主要准据。俞德浚教授等通过对中国龙芽草属 Agrimonia Linn. 植物分类的研究,归纳出“(一)营养器官及花果形态;(二)显微特征,叶肉细胞内草酸钙结晶的形状;(三)染色体数目等可作为分类的准据,其中又以前一项为主要准据,后两项为辅助准据”。“茎叶等的毛被情况可作为划分种下等级的准据”。并得出结论:“以形态 - 地理准据为主,解剖、细胞遗传准据为辅来划分本属的种,是较为合适的”。

俞德浚教授等研究龙芽草属植物物种的划分时,以“营养器官及花果形态”为准据,参照解剖、细胞遗传等来划分,具有普遍的规律性,对于其他属植物物种的划分是切实可行的,并具有指导意义。

为此,作者(赵天榜与陈志秀)认为,“种”是生物分类学上客观存在的、基本的分类单位,它既有稳定的、相同的形态特征、特性,又有相同的遗传特性,又是在不断的进化和发展中的生物群体组成的,它们经过杂交可以产生能育的后代,在营养器官及花、果形态上明显与另一物种有明显的区别。因此,作为一个独立(指玉兰属 Yulania Spach 植物),必须具有 3 条以上形态特征与近似种相区别,即玉蕾着生位置、形态特征及其组成。花型种类及花期,单花花被片数目、形状、颜色,雄蕊数目、形状、颜色,离生单雌蕊数目及子房形状、颜色、毛被与否,聚生蓇葖果及蓇葖果数目、形状、颜色;树形、分枝习性,枝上毛被,叶片形状、颜色、毛被等也是重要的分类依据。如,作者命名莓蕊玉兰 Yulania fragarigynandria T. B. Zhao,Z. X. Chen et H. T. Dai 时的依据是:叶倒卵圆—椭圆形,背面灰绿色，基部心形、圆形，稀楔形。玉蕾顶生，或腋生，大，陀螺状，或卵球状（基部短柱状，长 8 ~ 12 mm），长 2.0 ~ 3.0 cm，径 2.0 ~ 2.5 cm；芽鳞状托叶花前脱落。单花具花被片 9 ~ 18 枚，花瓣状，花被片外面中部以下中间亮紫红色；有时具 1 ~ 3 枚肉质、披针形、亮紫红色花被片；雌雄蕊群草莓状而特异，径 1.8 ~ 2.3 cm，有时单花具 2 ~ 5 枚雌蕊群，与玉兰属植物其他物种明显相区别。

种名形成——双名法。该法是瑞典植物学家林奈 Carl Linnaeus 创立的。其内容是：每个生物种都用两个拉丁词，或拉丁化的希腊词（包括其他外来词）来命名，即每个生物种都由属名、种加词和命名者组成，如奇叶玉兰 Yulania mirifolia D. L. Fu，T. B. Zhao et Z. X. Chen。Yulania 为属名，语法上是单数第一格名词；mirifolia 奇叶，为种加词，在语法上种加词与属名词一致。总的来说，有 3 种情况可以作种加词：① 名词的单数第一格（同位定语）、② 形容名词的单数第一格（一致定语）、③ 名词的复数第二格（非一致定语）；④ 命名者。

种加词可以采用任何来源的词，如名词、形容词，以及产地、生活环境、生长季节、特征性状、土名、外来语、用途、人名，以及复合词构成的种加词，甚至可以任意造词。但是，① 种加词不能重复属名；② 形成种加词的符号，必须转化成文字，如（♀）（ – venris）及▲（ – aquatica ）；③ 数词不能作种加词；④ 种加词由 2 个以上的词组成，必须连成 1 个词，如罗田玉兰 Yulania pilocarpa（Z. Z. Zhao et Z. W. Xie）D. L. Fu 的种加词是由 pilus 毛（名词第一格去掉词尾加上连接符号 – ，即 pilo – ）与 – carpa（名词第一格 – 果）组成复合名词—— pilocarpa。

注：近代拉丁文由于受希腊文的影响，其复合词有时用 – o – 代替连接用的元音字词 – 1 – ，而成 pilocarpa，而不是 pilicarpa。

此外，如果采用无性繁殖而获得的种，或品种，则在属名前加上 + ，表示该属为无性杂种属；在种加词前加上 + ，表示该种为无性杂种。如‘三色花’朱砂玉兰 Y. soulangiana（Soul. – Bod.）D. L. Fu + ‘Sansehua’（玉兰砧木上嫁接朱砂玉兰后产生的芽变形成的无性杂交品种）。

2. 亚种

亚种 subpecies（subsp.）的定义：亚种属种内类群，是指同种内由于地域、生态，或季节上的隔离而形成的形态特征性状上有明显区别的生物群体。为此，作为一个独立种，必须具有 1，或 2 条形态特征与原亚种相区别，即玉蕾着生位置、形态特征及其组成，以及单花花被片数目、形状、颜色，雄蕊数目、形状、颜色，离生单雌蕊数目、形状、颜色，聚生蓇葖果数目、形状、颜色，蓇葖果数目、形状、颜色。其次，枝上毛被及叶片形状、颜色、毛被也是重要的分类依据。例如，毛玉兰亚种 Yulania denudata（Desr.）D. L. Fu subsp. pubescens（D. L. Fu，T. B. Zhao et G. H. Tian）D. L. Fu，T. B. Zhao et G. H. Tian。因该亚种离生单雌蕊子房疏被短柔毛；蓇葖果密具疣点（果点）等，而明显区别于玉兰亚种 Y. denudata（Desr.）D. L. Fu subsp. denudata。

亚种种名的形成：亚种种名形成不采用双名法，而采用三名法，即：属名　种加词　命名者（缩写） subsp. 亚种加词　命名者（缩写）。亚种种加词来源与种加词来源完全相同，在语法上完全一致，如毛玉兰亚种 Y. denudata（Desr.）D. L. Fu subsp. pubescens（D.

L. Fu,T. B. Zhao et G. H. Tian)D. L. Fu,T. B. Zhao et G. H. Tian。

3. **变种**

变种 varietas(var.)的定义:变种是指同种内具有相同分布内同一物种,而形态特征性状上有明显区别的生物群体。例如,黄花玉兰 Yulania denudata(Desr.)D. L. Fu var. flava D. L. Fu,T. B. Zhao et Z. X. Chen 单花花被片黄色,而明显区别于玉兰原变种 Y. denudata (Desr.)D. L. Fu var. denudata。又如,塔形玉兰 Y. denudata(Desr.) D. L. Fu var. pyramidalis(T. B. Zhao et Z. X. Chen)T. B. Zhao,Z. X. Chen et D. L. Fu 树冠塔状;侧枝少、细,与主干呈现 25°~30°角着生。小枝细,直立向上生长。单花具花被片 9 枚,白色,外面中部、基部中间有紫色晕,而明显区别于玉兰原变种 Y. denudata(Desr.)D. L. Fu var. denudata。

变种种名的形成:变种种名形成也不采用双名法,而采用三名法,即属名　种加词　命名者(缩写) var. 变种种加词　命名者(缩写)。变种种加词来源与种加词来源完全相同,在语法上完全一致,如黄花玉兰 Y. denudata(Desr.)D. L. Fu var. flava D. L. Fu, T. B. Zhao et Z. X. Chen。

4. **变型**

变型 forma(f.)的定义:变型是指同种内具有相同分布内同一物种,而形态特征、性状上有区别的生物群体,如 *Magnolia saliciflia* Sieb. & Zucc. f. *fasciata*(Mill.)Rehd.。

变型种名的组成:变种种名形成也不采用双名法,而采用三名法,即属名　种加词　命名者(缩写) f. (缩写) 变型种加词　命名者(缩写)。变型种加词来源与种加词来源完全相同,在语法上完全一致。

此外,需要说明的是:目前,世界上木兰科植物分类学家,均不采用变型这一分类等级,而将该等级作为品种处理。

三、杂交分类等级

玉兰属杂交分类等级,是指在该属植物中发现的杂交分类等级,如杂交组、杂交种、杂交亚种、杂交变种。该属中的杂交组、杂交种、杂交亚种、杂交变种的种加词和命名,与上述组、种、亚种、变种的种加词和命名完全相同。其中,不同的是,在杂交而产生的新分类等级,如杂交种、杂交亚种、杂交变种的学名中加入不同符号。如杂交种在其属名与种加词之间加上杂种符号 ×;杂交亚种在其亚种种加词之间加上杂种符号 ×;杂交变种在其变种符号前加上 n- 符号,如 n-var.;新杂交品种在其品种符号前加上 n- 符号,如n-cv.。

1. **杂交组**

杂交组 section hybrida(sect. hybr.)是指属内(组内) 种与种之间、种与变种之间、变种与变种之间的杂交种、杂交变种,均归属其杂交组,如朱砂玉兰组 Yulania Spach sect. × Zhushayulania(W. B. Sun et T. B. Zhao)T. B. Zhao et Z. X. Chen 的维特奇玉兰 Yulania × veithii (Bean) D. L. Fu (*Magnolia campbellii* Hook. f. & Thoms. × *M. denudata* Desr.)、霍克玉兰 Yulania × hawk (N. Holman)T. B. Zhao et Z. X. Chen, sp. hybr. transl. nov. ined. [*Magnolia campbellii* Hook. f. & Thoms. × 健凹叶玉兰(*M. sargentiana*

Rehd. & Wlis. var. *robusta* Rehd. & Wlis.)]等。杂交组也包括不同属内(组内)种与种之间杂交的杂交组。

2. **杂交种**

杂交种 species hybrida(sp. hybr.)是指属内(组内)种与种之间的杂交种。杂交种在种加词前加 × 符号,如凯武玉兰 *Magnolia* × *kewensis* Pearce[Yulania × kewensis (Pearce)D. L. Fu et T. B. Zhao]。该杂交种的亲本是:日本辛夷 *Magnolia kobus* DC. [Yulania kobus(DC.) Spach]× 柳叶玉兰 *M. salicifolia* Sieb. & Zucc. [Yulania salicifolia (Sieb. & Zucc.)D. L. Fu]。

杂交亚种与杂交种相同,即种内的杂交亚种、杂交变种,按该种内的分类等级处理,如种内的亚种与亚种的杂交亚种,在该种内作杂交亚种,而在该亚种加词前加 × 符号。

3. **杂交变种**

杂交变种 varietas hybrida(var. hybr.)是指属内(组内)种与变种之间,或变种与变种之间杂交所形成的变种。在杂交变种加词前加 n-、notho- 符号,如埃里斯 沃尔特滇藏玉兰 Yulania campbellii (Hook. f & Thoms.) D. L. Fu n-var. eric-walther (E. McMlitock) T. B. Zhao et Z. X. Chen, n-var. transl. nov. ined. (*Magnolia* 'Eric Walther')。本杂交变种系 1965 年由 Elizabeth McClintock 用滇藏玉兰 Yulania campbellii (Hook. f & Thoms.)D. L. Fu var. campbellii 与柔毛滇藏玉兰 var. mollicomata (W. W. Smith)T. B. Zhao et D. L. Fu 杂交而获得的变种。

此外,杂交变种也包括不同组内种与变种之间杂交的杂交变种,如玛丽林玉兰 *Magnolia kobus* DC. × *M. liliflora* Desr. var. *nigra* Vietch 等。

特别需要指出的是:《国际植物命名法规》中有关规定,如"规则 H. 5.2. 如果该假定或已知的亲本类群为不同等级,杂交类群的不同等级同于这些等级中最低的等级"。但是,这一规则 H. 5.2. 是不妥的。例如,*Magnolia acuminata*(Linn.)Linn. × *M. denudata* Desr. 'Sawada's Cream' 杂交变种,作哪个种的品种? 为此,"规则 H. 5.2." 不适合于不同等级杂种的正确名称。所以,作者在杂交类群处理上,不采用"规则 H. 5.2."不等杂交类群处理,而采用不同等级杂种的杂交类群,如麦星玉兰 Yulania × maxine-merrill (Ph. J. Savage) T. B. Zhao et Z. X. Chen, sp. hybr. transl. nov. ined.。其杂交亲本是:'蜜蜂小姐'渐尖玉兰 Y. acuminata(Linn.)D. L. Fu 'Miss Honeybee' × '梅里尔'洛内尔玉兰 Y. × loebneri (Kache)D. L. Fu 'Merrill'。又如,阳光玉兰 Y. × solar-flair (Ph. J. Savage) T. B. Zhao et Z. X. Chen, sp. hybr. transl. nov., *Magnolia* 'Solar Flair' in Fairweather Gardens Nursery Catalog. 63. 1999。其杂交亲本是:'伐木者'布鲁克林玉兰 Yulania × brooklynensis (G. Kalmbacher)D. L. Fu 'Woodsman' × 金星玉兰 Y. × gold-star(Ph. J. Savage)T. B. Zhao et Z. X. Chen, sp. hybr. transl. nov. ined. [Y. stellata (Sieb. & Zucc.) D. L. Fu × Y. acuminata(Linn.)D. L. Fu]。

第二节　河南玉兰属植物良种选育简介

玉兰属植物杂交育种工作,始于 1820 年,首先由 E'tienne Sulange-Bodin 用玉兰

Mangolia denudata Desr. 与紫玉兰 *Magnolia liliflora* Desr. 进行杂交，获得了第一个人工杂种，命名为朱砂玉兰（二乔玉兰）*Magnolia* × *soulangiana* Soul. – Bod.。随后，Todd Gresham、Ph. J. Savage、Dr. Francis de Vos、Mr. Willian Kosar、Evamaria Spetber 等都先后开展了玉兰属植物杂交育种，并获得一些优良的杂交种和杂交品种。

我国有计划、有目的进行玉兰属植物良种选育工作起步很晚。1972 年，首先由作者——赵天榜、南召县林业局高聚堂高级工程师和鲁山县林业局黄桂生高级工程师等，进行“望春玉兰自然类型研究”及品种的选育工作，获得一批新优品种，如‘桃实’望春玉兰 Yulania biondii（Pamp.）D. L. Fu‘Otava’等。据初步统计，赵天榜、高聚堂等已发表玉兰属植物 140 多新品种，并繁育与推广新优品种壮苗超过 1 000 万株以上。“河南辛夷”主产区的南召县、鲁山县的长江上游水源涵养林、特有经济林、退耕还林林地、望农间作（望春玉兰与农作物间作），以及“四旁”植树，已实现辛夷植物栽培良种化。目前，河南玉兰属植物人工杂交育种工作还未开展。

按《国际植物命名法规》中有关规定，种下分类等级，可分：种、亚种、变种。《国际栽培植物命名法规》（第七版）中有关规定，品种群及品种 2 分类等级（无性繁殖的品种，称无性系）。

总之，以上说明，植物的来源和繁殖方式各不相同，均可以形成品种。

第三节　良　种

河南玉兰属植物良种是指玉兰属 Yulania Spach 植物中的优良种、变种、品种、杂交种及杂交品种。良种必须具备的条件是：① 优良的特性，指适应性强、生长快、材质好、抗病虫与自然灾害能力强；② 成蕾年龄早、丰产、优质，寿命长；③ 树姿壮观、枝态多变、花大而多、多色艳丽；④ 科研价值高，如异花玉兰 Yulania varians T. B. Zhao，Z. X. Chen et Z. F. Ren 在研究形变理论、杂交理论及分类系统创建理论等研究中，具有特殊作用；⑤ 特异用途，如提取珍贵香料——金合欢醇（famesol）及提取抗癌物质——桉叶油醇（eudesmol），具有很大的开发利用前景。

《国际栽培植物命名法规》（第七版）中规定：种下分 2 级，即品种群、品种。

一、品种群

品种群（group）这一等级，在《国际栽培植物命名法规》（第七版）中有明确的规定条款，如“品种群名称由它所隶属的属或者更低分类单位的正确名称与品种群加词共同构成”。“品种群加词必须由一个词或几个词或短语加上‘Group’或现代语言中 Group 的等同词构成”，其中，“每个词的首位字母必须大写”。不同品种群内的品种数量随不同属植物、不同种的品种数量有很大差异。

作者根据玉兰属植物玉兰品种资源调查和新品种选育的结果，将该种中品种，归纳为 13 品种群：1. 玉兰品种群 Y. denudata（Desr.）D. L. Fu Denudata Group、2. 喙果玉兰品种群 Y. denudata（Desr.）D. L. Fu Qingguo Group、3. 鹤山玉兰品种群 Y. denudata（Desr.）D. L. Fu Heshanensis Group、4. 多被玉兰品种群 Y. denudata（Desr.）D. L. Fu

Duobeiyulan Group、5. 白花多被玉兰品种群 Y. denudata(Desr.)D. L. Fu Baihua Duobei Group、6. 白花玉兰品种群 Y. Denudata (Desr.)D. L. Fu Baihua Group、7. 塔形玉兰品种群 Y. denudata (Desr.) D. L. Fu Pyramidalis Group、8. 紫花玉兰品种群 Y. denudata (Desr.)D. L. Fu Zihuayulan Group、9. 长叶玉兰品种群 Y. denudata(Desr.)D. L. Fu Elongata Group、10. 毛玉兰品种群 Y. denudata(Desr.) D. L. Fu Pubescens Group、11. 黄花玉兰品种群 Y. denudata (Desr.) D. L. Fu Flava Group、12. 豫白玉兰品种群 Y. denudata(Desr.)D. L. Fu Yubai Group、13. 毛被玉兰品种群 Y. denudata(Desr.) D. L. Fu Maobei Group。又将望春玉兰分 11 品种群:1. 望春玉兰品种群 Yulania biondii (Pamp.)D. L. Fu Biondii Group、2. 变紫望春玉兰品种群 Yulania biondii(Pamp.)D. L. Fu Bianzi Group、3. 白花望春玉兰品种群 Yulania biondii (Pamp.) D. L. Fu Baihua Group、4. 富油望春玉兰品种群 Yulania biondii(Pamp.)D. L. Fu Fuyou Group、5. 紫花望春玉兰品种群 Yulania biondii(Pamp.)D. L. Fu Purpurea Group、6. 黄花望春玉兰品种群 Yulania biondii(Pamp.)D. L. Fu Flava Group、7. 狭被望春玉兰品种群 Yulania biondii (Pamp.)D. L. Fu Angustitepala Group、8. 多被望春玉兰品种群 Yulania biondii (Pamp.) D. L. Fu Duobei Group、9. 多变望春玉兰品种群 Yulania biondii (Pamp.)D. L. Fu Doubian Group、10. 长萼望春玉兰品种群 Yulania biondii (Pamp.) D. L. Fu Chang È Group、11. 两型花望春玉兰品种群 Yulania biondii(Pamp.)D. L. Fu Dimorphiflora Group。

二、品种

品种(栽培品种)定义如下。

1.《国际植物命名法规》

《国际植物命名法规》(1980)中规定:"栽培品种(cultivar)这一国际性术语是指具有明显区别特征(形态学、生理学、细胞学、化学和其他),并且在繁殖(有性,或无性)后这些特征仍能保持下来的一个栽培植物群体。"

2.《国际栽培植物命名法规》

《国际栽培植物命名法规》(第七版)中规定:"品种(cultivar)是栽培植物的主要分类类级(category)。""品种是为某一,或某些专门目的而选择的,具有一致、稳定和明显区别的性状,而且经采用适当的方式繁殖后,这些性状仍能保持下来的一些植物的集合体。"

"品种的来源和繁殖方式各不相同,……。不管通过何种方法繁殖,只有那些保持特定品种所具有特征的植物可以包含在该品种内。"如:

2.1 "同一个无性系(clone,由植物体的任何部分经无性繁殖得到)的植物可形成品种。"

2.2 "位置效应无性系(topophysic clone,由植物体的特定部位经无性繁殖得到)植物可形成品种。"

2.3 "生理阶段无性系(cyclophysic clone,来源于植物体生命周期中的特定阶段)植物可形成品种。"

2.4 "来源于异常生长(aberrant growth)的无性系植物可形成品种。"

2.5 "同种嵌合体(chimaera,具有与正常组织紧密结合的一种,或多种突变组织)植物可形成品种。”

2.6 “嫁接嵌合体(graft - chimaera,由两种,或多种不同分类单位的植物通过嫁接紧密结合而形成的植物组织的复合体)植物可形成品种。”

2.7 “由来源于无控制传粉而得到的种子长成的各个体之集合体可形成一个品种,只要该品种符合法规中2.2条的标准(“品种是为某一,或某些专门目的而选择的,具有一致、稳定和明显区别的性状,而且经采用适当的方式繁殖后,这些性状仍能保持下来的一些植物的集合体。”),而且它具有一个,或多个可以明显区分的特征,即使这个集合体之个体在遗传上并不一致。”

2.8 “自交系(line,来源于重复自交,或近交)植物可形成品种。”

2.9 “重复自交系(multiline,由几个亲缘关系密切的自交组成)植物可形成品种。”

2.10 “F_1代杂种(F_1 hybrid,由两个纯种自交系有意识地重复单交而来)植物可形成品种。”

2.11 “由某一特定原产地重复收集的种子长成的植物集合体,如果具有一个,或多个可以明显区别的特征(lopovzriant,地理变异),即可形成品种。”

2.12 “经过遗传改良的植物集合体,如果随着外来遗传物质的注入而呈现出新的标志,或性状,可形成品种。”

2.13 “当考虑两个,或多个植物属于相同还是不同品种时,与它们的起源无关。对利用相关类群中目前普遍采用的品种鉴定方法,不能明显区分的品种可作为一个品种对待。”

2.14 “如果一个品种繁殖方法的改变导致了它赖以区别的一系列特征标的改变,这样产生的植物就不能视为属于同一品种。”

2.15 “如果砧木(rootstock)是一个品种,则可予以相应名称。嫁接到砧木上的植物是依据接穗(scion)的名称而命名的。”

综上所述,可以清楚地表明,品种指具有明显区别特征、特性(形态学、生理学、细胞学、化学和其他),并且在繁殖(有性,或无性)后这些特征仍能保持下来的一个栽培植物群体,均可以形成品种。此外,芽变也是选育新品种的有效方法之一。

3.《国际植物新品种保护公约》

《国际植物新品种保护公约》(UPOV,1991)中指出:“‘品种’系指已知植物最低分类单元中单一的植物群,不论授予品种权的条件是否充分满足,该植物群可以是:——以某一特定基因型,或基因型组合表达的特性来确定;——至少表现出上述的一种特性,以区别于任何其他植物群,并且——作为一个分类单元,其适用性经过繁殖不发生变化”。同时,规定了品种名称的规定、申请保护的措施等。

三、新品种

新品种是指以前从未发表过的品种,它必须符合以下规定:

(1)《国际植物新品种保护公约》(UPOV,1991)中指出:“‘品种’系指已知植物最低分类单元中单一的植物群,不论授予品种权的条件是否充分满足,该植物群可以是:——以某一特定基因型或基因型组合表达的特性来确定;——至少表现出上述的一种特性,以区别于任何其他植物群,并且——作为一个分类单元,其适用性经过繁殖不发生变化”。同时,规定了授予品种权的新品种,必须符合4条规定:① 新颖性(novelty)、② 特异性(distinctness)、③ 一致性(uniformity)、④ 稳定性(stability),以及品种名称的规定、申请保护的措施等。

(2)《中华人民共和国植物新品种保护条例》(1997)中指出:“……新品种,是指经过人工培育的或者对发现的野生植物加以开发,具备新颖性、特异性、一致性和稳定性并有适当命名的植物品种。”

四、品种名称形成

品种名称形成,必须遵照有关规定,如:

《中华人民共和国植物新品种保护条例》(1997)中规定:“下列名称不得用于品种命名:(一)仅以数字组成的;(二)违反社会公德的;(三)对植物新品种的特征、特性,或者育种者身份等容易引起误解的。”而在《中华人民共和国植物新品种保护条例实施细则》(林业部分)中,又强调指出“除《条例》第十八条规定的以外,有下列情况之一的,不得用于植物新品种的命名:(一)违反国家法律、行政法规规定,或者带有民族歧视性的;(二)以国家名称命名的;(三)以县级以上行政区划的地名,或者公众知晓的外国地名命名的;(四)同政府间国际组织,或者其他国际知名组织的标识名称相同,或者近似的;(五)属于相同,或者相近植物属,或者种的已知名称的。”

《国际植物新品种保护公约》中规定:“品种应以通用的名称的命名”,“名称应具有区别品种的能力”,“名称不能仅用数字表示,已成为品种命名惯例的情况除外,名称不应导致误解,或在品种特征、特性、价值或类别或育种者身份方面造成混乱。尤其是名称必须异于各缔约方领土内相同种或近似种已有品种的任何名称”。

《国际植物新品种保护公约》UPOV 副秘书长 Brry Greengrass 在“植物新品种保护体系中的品种命名”中,提出:品种名称,必须是品种的“通用名称”。国际组织的名称,或简称,不适宜于作为品种的“通用名称”;名称与优先权冲突情况下,不适宜于作为品种的“通用名称”;违反政府政策和公共公德的名称,不适宜于作为品种的“通用名称”;名称里不能包含任何国家通用的姓;命名必须使品种能够辨认。因此,以下不能作为品种名称:不能仅由数字组成,对品种命名已成为惯例者例外;含有日常言语中排他性,或支配性词语的命名是不合适的,因为这种名称将妨碍他人在销售中使用;品种的命名不能有误导的倾向,会出现对品种的性状,或价值产生误解的危险,如品种命名造成该品种有特别的性状的印象、其他品种也具备同一性状、品种名称不能用比较级及最高级的词;品种名称不应在说话与写字时(过于)难以辨认,或书写与发音、过于长的名称等。

综上所述,品种的命名条款,必须遵守执行。

五、品种命名

品种(新品种、新杂交品种)命名时,必须按照《国际植物命名法规》、《国际栽培植物命名法规》、《中华人民共和国植物新品种保护条例》及《国际植物新品种保护公约》中的有关规定。还需要注意的是:① 品种的分类特征性状,必须具有稳定的可遗传性状;

② 形态特征变异明显，易于识别，便于研究和在生产上推广；③ 在一定的形态变异范围内，能够充分反映出优良的经济性状，或观赏价值，如'卷被'玉兰 Yulania denudata (Desr.) D. L. Fu 'Juanbei'；④ 尽量采用群众原有习惯的称呼，以便在生产上推广应用，如'桃实'望春玉兰 Y. biondii (Pamp.) D. L. Fu 'Ovata'、'红元宝'紫玉兰 Yulania liliflora (Desr.) D. L. Fu 'Hongyuanbao' 等。

六、品种符号

品种(新品种、新杂交品种)一律采用' '符号，如'长叶艳紫红'玉兰 Yulania denudata (Desr.) D. L. Fu 'Changye Yanzihong'、'凯武 惊奇'滇藏玉兰 Yulania campbellii (Hook. f. & Thoms.) D. L. Fu 'Kew's Surprise' (*Magnolia campbellii* Hook. f. & Thoms. 'Kew's Surprise')。玉兰新品种：'紫被 青果'玉兰 Y. denudata (Desr.) D. L. Fu 'Zibei Qingguo' 等。无性杂交的品种与新无性杂交品种在雅名前一律采用 + 符号，如'三色'朱砂玉兰 Y. soulangiana (Soul. - Bod.) D. L. Fu + 'Sanshai'。

特别需要指出的是：《国际植物命名法规》、《国际栽培植物命名法规》、《国际植物新品种保护公约》等规定中明确规定：杂交类群与品种，均采用' '，如伊丽莎白玉兰 *Magnolia* × 'Elizabeth' [该杂交种的杂交亲本是：*Magnolia acuminata* (Linn.) Linn. × *M. denudata* Desr.]、*Magnolia* × 'Early Rose' [该杂交种的杂交亲本是：*M. campbellii* Hook. f. & Thoms. × *M. liliflora* Desr.]、*Magnolia* × 'Milky Way' [该杂交种的杂交亲本是：*Magnolia* × 'Mark Jury' × (*M.* × soulangiana Soul. - Bod. 'Lennei Alba')] × [*M.* × 'Mark Jury' 的杂交亲本是：*M. campbellii* Hook. f. & Thoms. var. *mollicomata* (W. W. Smith) F. Kingdon - Ward 'Lanarth' × *M. sargentiana* Rehd. & Wils. var. *robusta* Rehd. & Wils. ?]、*Magnolia* × 'Ann Rosse' [该杂交种的杂交亲本是：*M. denudata* Desr. × *M. sargentiana* Rehd. & Wils. var. *robusta* Rehd. & Wils.] …… 又如，'桃实'望春玉兰 Yulania biondii (Pamp.) D. L. Fu 'Ovata'。

上述充分表明，玉兰属植物中不同分类等级的杂交后代，均采用杂交符号' '是不妥的，只能形成该属分类系统的混乱。作者在玉兰属植物中种间不同分类等级的杂交后代，不完全采用杂交符号' '；杂交品种可采用杂交符号' '，也不采用 cv.，或 n -、notho -，或 +(无性杂交品种. 符号)符号。需要说明的是：作者在本书中记述的品种、杂交品种，一律采用杂交符号' '。

第四节　玉兰属植物良种选育理论与技术

玉兰属植物良种选育选择的理论与玉兰属植物分类系统(分类群、分类等级)的建立的理论是一致的，即遵照形态理论、系统分类理论、特征分析和模式理论，以及模式方法进行的(参见第八章第一节)。

一、形态依据

玉兰属植物良种选育依据主要是形变依据(形变理论)，即形态特征变异多样性。其中，作者根据研究玉兰属植物资源的实践经验，特提出该属植物种、亚种、变种确定的主要形态特征依据如下。

1. 树形变异

树形变异是指树冠、干形、分枝习性等分类特征性状的总称。其主要表现在中央主干明显与否；侧枝大小、多少、粗细、长短及分枝角度等方面。玉兰属植物因物种不同，而差异极大。司一树种，其树形差异很大，如图 7－3 所示。

此外，小枝粗与细、颜色、有毛与无毛等，对少数物种鉴别上具有重要意义，如望春玉兰 1 年生枝细弱、淡绿色；青皮玉兰 1 年生枝粗壮、淡绿色，可以识别。

2. 叶形变异

玉兰属植物的叶片形状变异很大。以其叶片形状的不同，可分 3 大类，即：第 I 类，叶以椭圆形为主，最宽处在叶片中部，或中部以下，长度明显大于宽度；第 II 类，叶以倒卵圆形为主，最宽处在叶片上部，或近顶部；第 III 类，叶形多变，是玉兰属植物叶片变异最多的一类，先端浅裂、深裂，或不规则形，有时边缘缺裂等。叶片形状变异是发现新物种和选育新品种的主要依据之一，如奇叶玉兰 Y. mirifolia D. L. Fu, T. B. Zhao et Z. X. Chen、鸡公玉兰 Y. jigongshanensis (T. B. Zhao, D. L. Fu et W. B. Sun) D. L. Fu、多型叶玉兰 Y. multiformis T. B. Zhao, Z. X. Chen et J. Zhao '凹缺叶' 玉兰 Y. denudata (Desr.) D. L. Fu 'Aoqueye' 等。玉兰属植物主要几种叶片形状，如图 7－1、图版 2 所示。

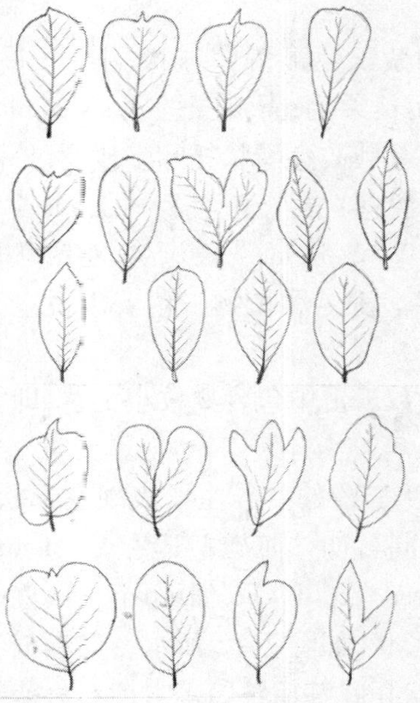

图 7－1　玉兰属植物主要几种叶片形状(赵天榜绘)

此外，叶片质地与皱折；幼叶颜色，有毛与无毛等对少数物种鉴别上具有重要意义，如武当玉兰幼叶紫色，或紫红色，可以识别。

3. 玉蕾变异

3.1　玉蕾着生位置

玉兰属植物玉蕾的变异主要表现在着生部位及形状等方面。玉兰属植物玉蕾的变异较大，是鉴定该属物种，发现新种、新品种的主要依据之一，也是创建属下分类等级的主要依据。玉蕾的分类特征性状主要表现在着生部位、形状、大小及组成等方面。玉兰属植物玉蕾因其着生在枝条上位置的不同，可分为 3 种：① 顶生玉蕾：单个玉蕾着生在当年生枝顶端，如紫玉兰 Y. liliflora (Desr.) D. L. Fu、玉兰等；② 顶生、腋生玉蕾：单个玉蕾着生在当年生枝上叶腋内及枝顶端，如飞黄玉兰 Y. fëihungyulana (F. G. Wang) T. B. Zhao et Z. X. Chen 等；③ 顶生、腋生及簇生玉蕾：玉蕾着生在当年生枝上腋生、簇生的叶腋内及枝顶端，有时呈总状聚伞花序，如腋花玉兰 Y. axilliflora (T. B. Zhao, T. X. Zhang et J. T. Gao) D. L. Fu 玉蕾有顶生、腋生、簇生，有时呈总状聚伞花序。其形状为卵球状，较大，芽鳞状托叶通常 3 层，其内层又具小玉蕾 2～4(～6) 枚，最多达 12 枚小玉蕾。

关于玉蕾腋生的观点，从发育学观点来看，玉兰属植物“腋生花实质是顶生在侧枝上”的看法是正确的。但作者认为，发育学的观点，是形态分类学的一个重要依据，但形态分类学并不是以其发育学的观点来考虑问题的，而是以分类特征性状的差异来区分不同的类群。玉兰属植物有些种，如腋花玉兰、舞钢玉兰 Y. wugangensis(T. B. Zhao, W. B. Sun et Z. X. Chen)D. L. Fu 等玉蕾确实着生在当年生枝的叶腋内，有时呈总状聚伞花序，通常在芽鳞状托叶脱落 2～3 枚后，或者第二年开花时，才能明显地呈现出短侧枝的形态特征。

根据作者研究表明，以玉蕾着生位置的不同区分为顶生玉蕾、腋生玉蕾、簇生玉蕾，其总状聚伞花序是非常容易识别的。

3.2　玉蕾形状

玉兰属植物玉蕾的形状，依种的不同而有区别，如紫玉兰玉蕾卵球状，小，长 1.0～1.5 cm，先端渐尖，芽鳞状托叶花前脱落，其外面通常无长柔毛；青皮玉兰 Y. viridula D. L. Fu, T. B. Zhao et G. H. Tian 玉蕾椭圆体状，大，先端钝圆，芽鳞状托叶多枚，其外面密被灰黄色长柔毛，外面几枚芽鳞状托叶通常于落叶前脱落；异花玉兰 Y. varians T. B. Zhao, Z. X. Chen et Z. F. Ren 玉蕾卵球状，较大，长 2.0～2.5 cm，先端渐尖，芽鳞状托叶花前脱落，其外面通常被短柔毛，且具腋生、顶生混合芽。玉兰属植物玉蕾着生位置与形态特征，如图版 3 所示。

需要指出的是：有些物种，如飞黄玉兰、异花玉兰少数玉蕾中包含 2 枚小玉蕾，即 2 朵雏花。

根据作者观察，同种玉蕾的变异也非常明显，如玉兰玉蕾的变异主要表现在形状、大小、颜色，芽鳞状托叶茸毛长短等方面也有显著的不同。如‘陀蕾’玉兰 Y. denudata (Desr.) D. L. Fu ‘Tolei’、‘喙蕾’玉兰 Y. denudata(Desr.)D. L. Fu ‘Huilei’ 等，就是根据玉蕾的显著不同而命名的新品种。玉兰玉蕾的变异形状，如图 7－2 所示。望春玉兰选育新品种的主要依据是，其玉蕾形状、大小、颜色，芽鳞状托叶茸毛长短等方面有显著的不同，如‘桃实’望春玉兰 Y. biondii (Pamp.) D. L. Fu ‘Ovata’、‘卷毛’望春玉兰 Y. biondii (Pamp.) D. L. Fu ‘Juanmao’ 等。

此外，玉蕾组成，缩台枝粗细、节数、毛被有无，芽鳞状托叶数目、质地、毛被有无等，也是选育新品种的依据之一。

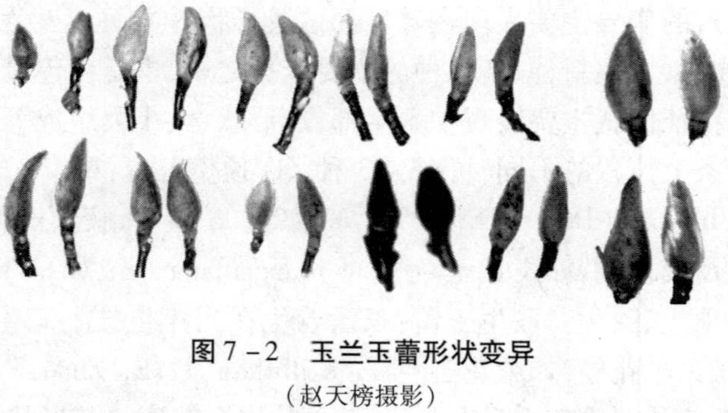

图 7－2　玉兰玉蕾形状变异

（赵天榜摄影）

4. 花型变异

玉兰属植物通常1种只有1种花型。有些种有2~多种花型,如舞钢玉兰有2种花型;河南玉兰 Y. honanensis(B. C. Ding et T. B. Zhao)D. L. Fu et T. B. Zhao 有3种花型;大别玉兰 Y. dabieshanensis T. B. Zhao,Z. X. Chen et H. T. Dai 有4种花型;异花玉兰 Yulania varians T. B. Zhao,Z. X. Chen et Z. F. Ren 有10种以上花型;莓蕊玉兰 Y. fragarigynandria T. B. Zhao,Z. X. Chen et H. T. Dai 花型特异:单花具花被片9~18枚,有时具1~3枚肉质、披针形、亮紫红色花被片,有时具2~5枚雌蕊群等。玉兰属植物花型的变异,见各物种图版内花。

5. 花的变异

玉兰属植物花的变异主要表现在单花具花被片数目、形状、大小、形状等。其中,单花具花被片数目、形状与质地有明显的区别,是玉兰属植物物种的重要分类特征性状之一。如玉兰、望春玉兰 Y. biondii(Pamp.)D. L. Fu、黄山玉兰等单花具花被片9枚,有萼、瓣之分;武当玉兰 Y. sprengeri (Pamp.)D. L. Fu 单花具花被片12~14枚,花瓣状;玉灯玉兰 Y. pyriformis (T. D. Yang et T. C. Cui)D. L. Fu 单花具花被片12~32枚,花瓣状;青皮玉兰 Y. viridula D. L. Fu,T. B. Zhao et G. H. Tian 单花具花被片则为33~48枚,花瓣状。玉兰属植物花的变异,见各物种图版内花。

需要指出的是:有些物种,如莓蕊玉兰、异花玉兰花中包含2~5枚雌蕊群,或多枚离生单雌蕊;有些物种,如异花玉兰花中有15种以上类型花及雌蕊群与雄蕊群近等高,或雌蕊群显著高于雄蕊群的花、雌雄蕊群发育不良及雄蕊瓣化;有些物种,如华丽玉兰 Y. superba T. B. Zhao,Z. X. Chen et X. K. Li 及具柄玉兰 Y. gynophora T. B. Zhao,Z. X. Chen et J. Zhao、弯柱玉兰 Yulania flexistylus T. B. Zhao et Z. X. Chen 花中雌蕊群具雌蕊群柄。

同一物种中,单花具花被片数目、形状与质地、颜色,也有明显不同。如玉兰单花具花被片数目通常为9枚,而'微粉 多被'玉兰 Y. denudata(Desr.)D. L. Fu 'Weifen Duobei'单花具花被片20~24枚,白色,花被片外面基部微粉色;'白花 多被'玉兰 Y. denudata (Desr.) D. L. Fu 'Baihua Duobei'单花具花被片9~14枚;离生单雌蕊子房无毛。其中,花被片大小、形状与质地、颜色,以及等雄蕊数目,花丝颜色及雄蕊瓣化,颜色不同;离生单雌蕊的数目,子房毛被、颜色,花柱数目、长短、颜色、弯曲度等的变异也是选育新品种的主要依据。如'宽被'望春玉兰 Y. biondii(Pamp.)D. L. Fu 'Latitepala'、'玫瑰'望春玉兰 Y. biondii (Pamp.)D. L. Fu 'Rosiflora'、'异被'玉兰 Y. denudata(Desr.) D. L. Fu 'Yibei'等。

6. 聚生蓇葖果形状、蓇葖果变异

玉兰属植物果实的变异主要表现在聚生蓇葖果形状、蓇葖果形状,以及果爿的不同,如图版10所示。玉兰、望春玉兰等正常发育的聚生蓇葖果为长圆柱状,黄山玉兰 Y. cylindrica(Wils.)D. L. Fu 正常发育的聚生蓇葖果为卵球状,而玉灯玉兰正常发育的聚生蓇葖果为长纺锤体状。特别是它们的果爿大小、形状与厚薄、颜色,果点大小与多少(图版11:11)是划分与识别其些种、亚种、变种、品种的重要依据之一。

7. 骨质种子

玉兰属植物拟假种皮种子与骨质种子变异主要表现在形状、大小、颜色。如玉兰、望春玉兰等正常发育的聚生蓇葖果为长圆柱状，黄山玉兰 Y. cylindrica(Wils.)D. L. Fu 正常发育的聚生蓇葖果为卵球状，而玉灯玉兰正常发育的聚生蓇葖果为长纺锤体状。

综上所述，还必须遵照《国际植物命名法规》、《国际栽培植物命名法规》、《中华人民共和国植物新品种保护条例》及《国际植物新品种保护公约》中的有关规定条款进行。还有遗传理论。即：建立在生物体普遍存在变异及获得性可以遗传。生物体产生变异的原因有：① 外界条件的改变；② 杂交引起的变异；③ 突变，即生物的染色体变异；④ 转基因；⑤ 诱变，即用化学药剂等处理，诱导其染色体变异，如秋水仙碱、钴－60 照射、化学药品处理、电处理等；⑥ 蒙导理论。所有引起的染色体变异，可以遗传下代，这就称获得性可以遗传。

附：玉兰属植物形态特征等调查内容

为调查、了解和掌握我国玉兰属植物品种资源，以便于识别和生产上推广，必须制定统一的记载内容和提供其植物种、变种及品种的标本样品，才能使记载内容标准化和统一化。作者（赵天榜和陈志秀）于 1987 年提出玉兰属植物种、变种的记载内容。现补充修正如下。

1. 基本情况

1.1　名称：首先写出该品种的俗称，并根据《国际栽培植物命名法规》和《国际植物命名法规》中“栽培植物的名称”和“杂种的名称”的有关条款，写出该品种的拉丁学名，或拼音名称。

1.2　年龄、生长状况：即年龄、树高、胸径、冠幅、枝下高等。

1.3　栽培地点：省、县、乡、村、组、沟（坡）等。

1.4　栽培立地：地形、位置、海拔（m）、坡向、坡度、坡位、母岩、土层厚度(cm)、土壤种类、质地、肥沃度、地下水位(m)等。

1.5　起源：野生、引种、人工杂交、自然杂交、嫁接、实生等。

1.6　栽培方式：人工林、农林间作、梯田地坎、“四旁”植树、带状栽植、庭园栽植、混交林等。

2. 形态特征性状记载

2.1　树形：乔木、灌木。树形：① 密枝型树冠：树冠卵球状、球状；中央主干不明显；侧枝多而粗、小枝多而密、向上直伸；② 疏枝型树冠：树冠球状、近圆球状；中央主干明显；侧枝粗而疏、开展；小枝稀而较少；③ 平枝型树冠：树冠开阔；侧枝少而呈 80°～90°着生；小枝稀，多呈 80°～90°平伸；④ 塔型树冠：树冠塔状，侧枝与中央主干呈 25°～30°着生。

2.2　枝条：① 枝条粗细：粗、中、细；② 枝条颜色：绿色、深绿色、浅黄绿色、紫色；③ 枝条毛茸：无毛、疏被短锈毛、长柔毛、短柔毛，密被绒毛等。

2.3　叶芽：① 形状：卵球状、椭圆体状、扁椭圆球状、扁三角体状。② 颜色：黄褐色、灰褐色、浅黄绿色。③ 毛被：短柔毛、长柔毛、无毛等。

2.4　叶：① 叶形：圆形、椭圆形、卵圆状披针形、倒卵圆—披针形、长椭圆形、倒卵圆形、不规则形等；② 先端：钝圆、凹入、急尖、渐尖、长渐尖、尾尖、短尖等；③ 叶基：楔形、宽楔形、窄楔形、圆形、心形、近圆形等；④ 叶柄：长短、托叶痕、毛茸等；⑤ 叶色：绿色、黄绿色、深绿色、浅绿色；⑥ 质地：薄革质、厚纸质、纸质、薄纸质、厚膜质等；⑦ 毛被：无毛、疏被毛、密被毛；毛分长柔毛、短柔毛；毛色分白色、灰白色、黄色、浅黄色等；⑧ 托叶：质地、毛被等。

2.5　混合芽与玉蕾：① 形状：球状、卵球状、桃实状、椭圆体状、奶嘴状等；② 着生部位：顶生、腋生和簇生等；③ 颜色：黄褐色、灰褐色、浅黄绿色、黄青色等；④ 毛被：长柔毛、短柔毛、柔毛平伸、柔毛先端翅起而反曲等；⑤ 数目：单蕾，或 2 ~6（~12）枚小玉蕾构成总状聚伞花序；⑥ 芽鳞状托叶数目、质地、毛被、始落期；⑦ 佛焰苞状托叶数目、毛被、质地；⑧ 缩台枝粗细、节枝、毛被等。

2.6　花蕾：① 形状：球状、卵球状、椭圆体状等；② 着生部位：顶生、腋生；③ 颜色：黄褐色、灰褐色、浅黄绿色、黄青色等；④ 毛被：长柔毛、短柔毛、柔毛平伸等；⑤ 芽鳞状托叶数目、质地、毛被、始落期；⑥ 佛焰苞状托叶数目、毛被、质地；⑦ 花梗毛被；⑧ 缩台枝有无、粗细、节枝、毛被等。

2.7　同一单株上花型种类：① 1 种花型；② 2 种花型；③ 3 种花型；④ 4 种花型；⑤ 多种花型。

2.8　花期：花先叶开放，花后叶开放，花叶同时开放。

2.9　花器构造：① 单花花被片数目；② 花色：白色、浅黄色、粉红色、淡紫红色、亮红紫色、淡红紫色、紫色等；③ 花被片形状：外轮萼状，三角形、匙形、线形、条形、不规则形；外轮花瓣状，宽倒卵圆形、匙形、倒卵圆状匙形、长卵圆形、履形、长椭圆形等；内轮花被片花瓣状：倒卵圆形、宽倒卵圆形、匙形、长卵圆形、履形、长椭圆形、条形等；④ 花被片着生与姿态：花被片环花梗着生、点状着生花梗上等，花被片直立、平展、下垂等；⑤ 雄蕊：数目、长短、颜色，花丝长短、粗细、颜色，药室纵裂方向等；⑥ 雌蕊群：形状、长短、粗细等，超过雄蕊群，或被雄蕊群包被等；⑦ 离生单雌蕊数目、颜色、毛茸，柱头长短、颜色等；⑧ 花梗：毛被、长短、粗细、佛焰苞托叶环痕等。

2.10　缩台枝、芽鳞状托叶：缩台枝粗细、毛被、长短、节数、芽鳞状托叶数；芽鳞状托叶形状、数目、颜色、毛被、始落期等。

2.11　聚生蓇葖果：① 大小：长短、粗细；② 形状：圆柱状、卵球状，以及其他形状；③ 蓇葖果数目、形状、着生、毛被，先端具喙等。果爿大小、形状与厚薄、颜色，果点大小与多少。

2.12　骨质种子：① 拟假外种皮颜色：紫红色、橙黄色；② 形状：扁心状、扁状倒卵球状、倒三角体状等；③ 骨质种子形状、颜色等。

2.13　其他。

3. 蜡叶标本采集

3.1　采集目的：通过野外植物采集掌握当地植物资源，制成蜡叶标本，贮存于标本馆，以扩大植物信息，为研究和开发利用提供可靠依据。

3.2　野外所需用具：主要有采集箱、标本夹、吸水纸、枝剪、小刀、扩大镜、相机、指南针、围尺、地图等。

3.3　采集时期:玉兰属植物采集时期,通常 2 次。第 1 次花期,第 2 次聚生蓇葖果近熟期,稀有生长期间开花的,也要采集标本。

3.4　采集时记载内容:见本节 1. 基本情况、2. 形态特征性状记载。

3.5　野外标本采集时处理:刚采集的标本,及时照相,填写采集卡。新采集的标本,含水率高,尤其是花,每天换吸水纸 2 ~ 4 次,以防发霉、腐烂。若条件许可,可将标本夹放入温箱内,控制适宜温度加速其干燥。

3.6　蜡叶标本制作:为确保其永久保存,消除病、虫危害,通常将采集的标本浸入氯化汞 2.0 % 的溶液内浸泡 3 ~ 5 min 后取出晾干,用针线将标本固定在长 41. 0 cm、宽 29. 0 cm 的台纸上,在台纸上的右下方粘贴上标签。标签上记载内容有标本馆名称、名称、学名、采集地点、采集人、鉴定者等。其主要内容,见表 7 – 1。

表 7 – 1　郑州植物园植物标本采集卡

种群代表株号:	采集日期:
郑州植物园植物标本采集卡	
采集区号:	
科名称:	学名:
属名称:	学名:
种名称(亚种、变种、品种):	学名:
识别要点: 1. 2. 3. 4.	
备注:	
采集者:	鉴定者:

3.7　蜡叶标本归档:蜡叶标本制作后,必须放入标本柜,便于查阅。入柜顺序排列,因馆而异。我国各标本馆的蜡叶标本入柜通常采用《中国植物志》系统排列。

3.8　蜡叶标本的借阅与交换:因馆而异。

4. 蜡叶标本鉴定

蜡叶标本的鉴定方法如下:

4.1　确定蜡叶标本的归属:有些蜡叶标本根据枝、叶、玉蕾及花,可直接确定为玉兰属植物。凡是不了解的,根据其枝、叶、花序、花与果实,按《中国植物志》,或其地方植物中的检索表,查出其归属的科与属。

4.2　确定蜡叶标本属于何种:按《中国植物志》,或其地方植物中的检索表,确定其标本属何种后,在其台纸上写出其科、属、种(亚种、变种)名称、学名,以及鉴定人签名。否则,根据该分标本与近缘种,或近似种有 3 条,或 3 条以上明显区别者,则确定为新种(亚种、变种)。然后,全面地研究该物种的形态变异及其变异规律,确定出其种(亚种、变种)明显的、稳定的分类特征性状。确定其模式标本,作为发表新种、新亚种、新变种的依据。

二、良种选育标准

玉兰属植物良种选育(人工选育与选择)是按照一定的选育目标和经济、观赏价值的高低,通过选优淘劣,选留具有较大经济,或观赏价值的分类特征性状,经过定向培育,成为符合人们生产和生活需要的新品种、新变种乃至新物种。经济、观赏性状是玉兰属植物新品种必备的重要分类特征性状。

玉兰属植物主要用于园林观赏和经济林栽培,因而选择标准要求及选择标准也有明显的差别。

1. 用材树种标准

用材树种优良品种必须具有生长快、适应性强、树干通直、侧枝细少,且抗病虫和自然灾害能力强、材质好等分类特征性状。例如,南召县四棵树乡的农民常用‘小蕾’望春玉兰 Y. biondii (Pamp.)D. L. Fu‘Parvialabastra’作为培育用材林的良种,而广泛栽培于“四旁”。

2. 经济树种标准

经济林树种优良品种除用材林良种标准外,还特别重视成蕾年龄早晚、玉蕾(“辛夷”)单株年产量高、品质好,以及特用成分含率高,如腋花玉兰 Y. axilliflora (T. B. Zhao,T. X. Zhang et J. T. Gao)D. L. Fu 5 年生单株年产蕾量可达 3.5～5.0 kg;10 年生望春玉兰作砧木改接的石人玉兰的 5 年生单株年产“辛夷”达 13.0 kg。特别值得提出的是:腋花玉兰“辛夷”挥发油中 β－桉叶油醇(β－eudesmol)含率分别为:① 腋花玉兰 Y. axilliflora(T. B. Zhao,T. X. Zhang et J. T. Gao) D. L. Fu‘Axilliflora’含率为 29.270 %;②‘猴背子’腋花玉兰 Y. axilliflora(T. B. Zhao,T. X. Zhang et J. T. Gao)D. L. Fu‘Houbeizi’含率为 15.871 %;③‘猴巴掌’腋花玉兰 Y. axilliflora(T. B. Zhao,T. X. Zhang et J. T. Gao)D. L. Fu‘Multialabastra’含率为 31.727 %;④‘序’腋花玉兰 Y. axilliflora(T. B. Zhao,T. X. Zhang et J. T. Gao) D. L. Fu‘Xuhua’含率为 39.662 %;⑤‘卷毛’腋花玉兰 Y. axilliflora (T. B. Zhao,T. X. Zhang et J. T. Gao)D. L. Fu‘Juanmao’含率为 28.381 %。据赵东欣等报道,南召县‘桃实’望春玉兰 Y. biondii(Pamp.)D. L. Fu‘Ovata’“辛夷”中桉叶油醇(eudesmol)含率为 50.27 %,望春玉兰 Y. biondii(Pamp.)D. L. Fu“辛夷”中金合欢醇(famesol)含率为 15.59 %等,很有开发利用前景。

3. 观赏树种标准

观赏玉兰属优良品种除用材林、经济林树种优良树种、品种要求外,还需要花大、花被片多、多姿、色艳、芳香,花期长,1 年内有多次开花的分类特征性状,如‘紫斑’朱砂玉兰 Y. soulangiana (Soul.－Bod.)D. L. Fu‘Ziban’、‘紫蕊’青皮玉兰 Y. viridula D. L. Fu, T. B. Zhao et C. Z. Chen‘Zirui’……它们不仅可以用于庭院美化、绿化等,还可进行反季培育,很有发展前景。

第五节 玉兰属植物选择育种技术

一、选择育种技术

玉兰属植物选择育种技术通常采用方法有表型选择、抗性选择、芽变选择等。目前，河南在进行玉兰属植物良种选育工作中，通常采用选择育种方法，现介绍如下。

选择是进行林木新种、新亚种、新变种和新品种最基本、最主要的手段，是与其他的改良方法紧密结合在一起的一个重要环节，没有选择，就不可能培育出符合人类需要的良种。如高产、优质的腋花玉兰 Yulania axilliflora(T. B. Zhao,T. X. Zhang et J. T. Gao) D. L. Fu、石人玉兰 Y. shirenshanensis D. L. Fu et T. B. Zhao、'桃实'望春玉兰 Y. biondii (Pamp.) D. L. Fu 'Ovata' 等，都是经过人工选择的结果。

1. 选择目的

选择是指对基因型非随机而有区别地进行繁殖，对群体中某些个体的挑选与淘汰。确切地说，选择是从林木(生物)群体中挑选符合人们需要的优良群体，或个体，通过培育、鉴定，创造出性状稳定的优良种(包括杂交种)、品种，或杂交品种，在生产上加以推广。选择有 2 种，即：① 自然选择。该选择是根据玉兰属物种个体生活能力的大小、繁殖能力的强弱决定的。在自然群体中，哪个个体的适应性强、繁殖能力强就能保存下来，否则，就被自然淘汰，即"适者生存，不适者被淘汰"。所以，自然选择是一种环境选择生物的适应现象，也是一种自然法则。自然选择的作用在于定向地改变种内群体的基因频率，促进生物不断进化，产生对环境条件高度适应的新类型、新品种、新变种乃至新物种。② 人工选择。该选择是按照人们一定的要求，即选择目标和经济、观赏价值的高低，通过选优淘劣，选留具有较大经济价值、观赏价值的分类特征性状的个体，或群体。人工选择作用是选择人类需要的经济性状，或观赏性状，经过定向培育，使之继续向符合人们生产和生活需要的方向发展，并成为新品种、新变种乃至新物种。人工选择是选留对人类有利的分类特征性状，加以繁殖，但对生物本身不一定有利。

选择是进行林木改良和新品种、新变种乃至新物种选育中最基本、最主要的手段，是与其他的改良方法紧密结合在一起的一个重要环节。育种材料的分离现象是不可避免的，没有选择，就不可能培育出符合人类需要的良种，育种的各个环节都贯穿着选择。美国著名育种家布尔班克 (L. Burbank) 说过："关于植物改良中任何理想的实现，第一因素是选择，最后一个因素还是选择。"可见，选择是林木育种中非常重要、非常关键的环节，也是林木育种最基本、最重要的育种方法之一。

选择具有创造性。作者在玉兰属植物资源调查、研究与繁育中，选育出一大批高产优质、稀有珍贵及具有开发利用价值的新物种、新变种、新品种，如河南玉兰、石人玉兰、腋花玉兰、鸡公玉兰 Y. jigongshanensis(T. B. Zhao,D. L. Fu et W. B. Sun) D. L. Fu、青皮玉兰 Y. viridula D. L. Fu,T. B. Zhao et G. H. Tian、奇叶玉兰 Y. mirifolia D. L. Fu,T. B. Zhao et Z. X. Chen、楔叶玉兰 Y. cuneatifolia T. B. Zhao,Z. X. Chen et D. L. Fu、朝阳玉兰 Y. zhaoyangyulan T. B. Zhao et Z. X. Chen、信阳玉兰 Y. xinyangensis T. B. Zhao,Z.

X. Chen et H. T. Dai、异花玉兰 Y. varians T. B. Zhao,Z. X. Chen et Z. F. Ren、大别玉兰 Y. dabieshanensis T. B. Zhao,Z. X. Chen et H. T. Dai、舞钢玉兰 Y. wugangensis(T. B. Zhao,D. L. Fu et W. B. Sun)D. L. Fu、安徽玉兰 Y. anhuiensis T. B. Zhao,Z. X. Chen et J. Zhao、两型玉兰 Y. dimorpha T. B. Zhao et Z. X. Chen、莓蕊玉兰 Y. fragarigynandria T. B. Zhao,Z. X. Chen et H. T. Dai、多型叶玉兰 Y. multiformis T. B. Zhao,Z. X. Chen et J. Zhao,以及 140 多个新品种。

2. 选择技术

2.1　类型选择

类型选择实质上是混合选择。它是在混杂的群体中,按几个,或单个形态特征性状同时进行的选择。例如,在望春玉兰群体中,根据几个分类特征性状,将该群体划分为几个类型,即密枝类型、疏枝类型、平枝类型、直立枝类型,如图 7－3 所示。然后,进行调查对比,淘汰不良的类型,保留优良的类型,最后形成比较理想的优良类型。该法的优点是:技术简便、效果明显、易于推广。

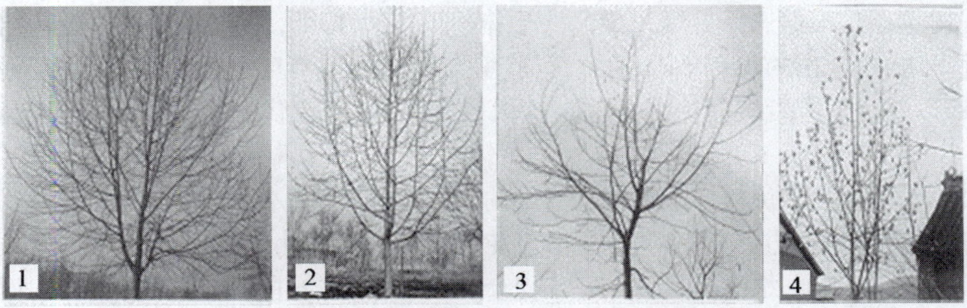

图 7－3　望春玉兰树形变异

1. 密枝类型;2. 疏枝类型;3. 平枝类型;4. 直立枝类型(摄影者:赵天榜)。

(1) 选择方法与步骤。根据玉兰属植物物种的形态特征、模式理论和我们多年来研究望春玉兰形态变异及其变异规律的结果,现将其类型选择的方法步骤。介绍如下:

第一,查文献,掌握原植物种、亚种、变种模式的形态特征描述(注:拉丁语形态描述)。

第二,全面地研究该物种的形态变异及其变异规律,提出划分该种,或该种内变异群体中明显的稳定的分类特征性状,作为划分类型的主要依据和标准。

第三,按照物种、亚种、变种模式的分类特征性状描述,进行分析对比,提出新分类群主要的分类特征性状,与原种,或相近种模式分类特征性状描述的主要区别要点,提出其新分类群的分类等级。

第四,作新分类群的形态特征描述,按《国际植物命名法规》、《国际栽培植物命名法规》等有关规定进行与发表。

(2) 类型划分。玉兰属植物每 1 物种形态变异非常明显而多样,究竟以何种形态特征作为该种类型划分的标准呢? 目前,还没有统一标准和解决办法。作者根据多年来研究望春玉兰形态变异的结果,结合具体情况,提出划分该种类型的条件是:① 新分类群的分类特征性状,必须具有稳定的可遗传性状;② 形态特征变异明显,易于识别,便于研究和在生产上推广;③ 在一定的形态变异范围内,能够充分反映出优良的经济性状,或观赏价值。

为此,作者认为,树形变异、分枝习性,玉蕾形态、着生部位,花器构造,叶片形状、质地、毛被等是划分其植物类型的主要依据和标准。

(3) 类型命名。为了减少名称混乱和便于研究、识别,以及推广其中的优良类型,在确定类型名称时应考虑以下条件:① 能充分反映和代表该类型植株最基本、最主要的分类特征性状。例如,'小蕾'望春玉兰侧枝分枝角度小、成枝力强、枝稠冠密为显著特点;'平枝'望春玉兰 Yulania biondii (Pamp.) D. L. Fu 'Planities' 侧枝分枝角度近 80° ~ 90 °,成枝弱、枝稀、平伸为明显特点。② 尽量采用群众原有习惯的称呼,以便在生产上推广应用。例如,将望春玉兰划分为:'小蕾'望春玉兰、紫色望春玉兰 Y. biondii(Pamp.) D. L. Fu var. purpurea(T. B. Zhao, S. Y. Wang et Y. C. Qiao) T. B. Zhao;'桃实'望春玉兰 Y. biondii(Pamp.) D. L. Fu 'Ovata';富油望春玉兰 Y. biondii(Pamp.) D. L. Fu var. fuyou D. L. Fu et T. B. Zhao 等。

2.2　优树选择

优树选择是根据选择目标和要求,按照树种的表型特征,从林木群体中选择优良单株的选优方法,所选出的优良单株,称"优树"。优树选择具有时间短、见效快、便于推广等优点,所以选优最有发展前途。当选定优树后,还需进行后代测定,确实优良者,再进行推广。

(1) 优树标准。优树标准也依选优目的和要求不同,而有显著的区别。其依据和标准,与选择标准的不同要求相同。例如,腋花玉兰优树应以生长快、适应性强,发枝力强,花枝多,成蕾年龄早,结蕾多,年年高产、稳产,品质好为主。同时,还具有玉蕾大而重、个体均匀、色泽好、挥发油含率高等。

此外,还应具有抗性强(抗病虫、耐寒冻、耐干旱、耐瘠薄、耐盐碱等)、寿命长的特性。

(2) 优树选择方法。优树选择方法如下:

第一,准备阶段:优树选择前,要详细查阅有关文献,并深入现场了解所选树种的分布和变异的分类特征性状,确定选优路线,拟定调查表格,做好各项准备工作。

第二,初选优树:选优单位组织力量,按照选优标准,进行选优调查。符合优树标准者,作为初选优树。

第三,复选优树:复选的主要工作内容是:① 审查野外调查记录;② 复查各初选优树的分类特征性状表现;③ 对于初选优树的各种分类特征性状,进行不少于 3 年的连续观察记载;④ 在初选优树过多、变异幅度较大时,可适当提高复选优树标准。

复选的评选技术,可用评分法、指数法及生产效率法、生长量调查法等,也可采用单一因子法。例如,塔形玉兰 Y. denudata (Desr.) D. L. Fu var. pyramidalis (T. B. Zhao et Z. X. Chen) T. B. Zhao, Z. X. Chen et D. L. Fu 就是依据树冠塔形而命名的。再如,'浓紫'玉兰 Y. denudata(Desr.) D. L. Fu 'Nongzi' 就是依据花被片颜色而命名的。

复选工作确定后,应由省(区)林业厅(局)直接组织,或委托某一单位组织,初选单位应作为主要成员参与工作。

经复选合格的初选优树,称为优树。当确定为优树后,应即时填报复选优树登记表一式三份(表格内容,根据具体实况,自行编制)。一份存选优单位,一份报省林业厅(局),

一份存复查组织单位，要对优树按统一编号，并在其树干上把原来用白色漆涂的记号，再改涂上红色漆记号，写明新的编号。

优树可以用来建立优树收集区、初级种条区和种子园。

(3) 优树资源的保护、管理和使用。优树要在县、地、省林业厅(局)备案，并由省林业厅(局)责成当地林业单位负责保护、管理和推广应用。

2.3　抗性选择

抗性选择主要是指同一树种不同类群抗性强弱的比较，如抗病虫、耐旱、耐瘠薄及抗自然灾害能力等方面均有差异。抗性选择是指在相同条件下，选出抗性较强的类型，或单株。选出的类型，或单株，其生长量，或“辛夷”产量与质量，一般应高于林分的平均水平10.0 %以上。若遇有抗性特别突出的个体，就是其他性状不足，也可入选。抗性选择的依据和标准、方法步骤，与类型选择、优树选择方法步骤基本相同。

2.4　芽变选择

芽变是植物的营养组织在进行细胞分裂过程中，由于外界条件(气候、土壤、砧木及栽培技术措施等)的影响，或基因突变，而产生出与母细胞不同的新细胞，形成了在某些方面与同一母株上其他枝条，或芽子不相同的枝，或芽。芽变是植物无性系育种工作的一个重要方面。其实，所有的芽变都是起源于个别细胞的突变，由于这个突变细胞存在于芽的分生组织中，它能进一步发展而形成突变芽和枝条，这就是一般所说的芽变，但有时这种突变产生的细胞并不形成芽，或者这些突变仅停留于分生组织的个别层次，或局部组织上，于是表现出了花瓣，或叶片上的杂色、异色现象，这就是所说的嵌合体。

当芽变具有较高的经济性状和观赏价值时，便被人们选择与栽培，形成了一个新的品种。辛夷植物有较多的芽变品种，如作者在西安植物园杨廷栋高级工程师在玉兰上嫁接‘红霞’朱砂玉兰 Y. soulangiana(Soul. – Bod.)D. L. Fu ‘Hongxia’ 时，发现有一嫁接条上出现了白色、红色和粉红色 3 种颜色的花，故命名为‘三色花’朱砂玉兰 Y. soulangiana (Soul. – Bod.)D. L. Fu + ‘Sansehua’。作者将玉灯玉兰 Y. pyriformis(T. D. Yang et T. C. Cui)D. L. Fu 枝接望春玉兰砧木上出现了‘裂被’玉灯玉兰 Y. pyriformis(T. D. Yang et T. C. Cui)D. L. Fu + ‘Liebei’。本品种花被片纯白色，先端钝圆，通常 2 裂而异。这是玉兰属植物较为典型的芽变事例之一。芽变是辛夷植物产生新分类群(品种)的途径之一，它是生物与环境统一的具体表现。实践中只要留心观察，就可能发现一些有益的芽变。

二、选择育种实例

长期以来，作者采用类型选择、优树选择、芽变选择等技术，选出一批玉兰属植物新种、新亚种、新变种和新品种。现举例如下。

1. 新种

玉兰属植物 24 新种都是作者通过选择育种获得的，如莓蕊玉兰 Yulania fragarigynandria T. B. Zhao, Z. X. Chen et H. T. Dai；异花玉兰 Y. varians T. B. Zhao, Z. X. Chen et Z. F. Ren；具柄玉兰 Y. gynophora T. B. Zhao, Z. X. Chen et J. Zhao；大别玉兰 Y. dabieshanensis T. B. Zhao, Z. X. Chen et H. T. Dai；安徽玉兰 Y. anhuiensis T. B.

Zhao, Z. X. Chen et J. Zhao；两型玉兰 Y. dimorpha T. B. Zhao et Z. X. Chen；多型叶玉兰 Y. multiformis T. B. Zhao, Z. X. Chen et J. Zhao；朝阳玉兰 Y. zhaoyangyulan T. B. Chao et Z. X. Chen；信阳玉兰 Y. xinyangensis T. B. Zhao, Z. X. Chen et H. T. Dai 等。

2. 新亚种

玉兰属植物13新亚种都是作者通过选择育种获得的，如宽被罗田玉兰 Y. pilocarpa (Z. Z. Zhao et Z. W. Xie) D. L. Fu var. latitepala T. B. Zhao et Z. X. Chen；白花鸡公玉兰 Y. jigongshanensis (T. B. Zhao, D. L. Fu et W. B. Sun) D. L. Fu subsp. alba T. B. Zhao, Z. X. Chen et L. H. Song；两型花康定玉兰 Yulania dawsoniana (Rehd. & Wils.) D. L. Fu subsp. dimophiflora T. B. Zhao, J. T. Gao et W. X. Tian；菱形果玉兰 Y. denudata (Desr.) D. L. Fu subsp. rhombea T. B. Zhao, X. K. Li et J. T. Chen；两型花中州玉兰 Y. zhongzhou T. B. Zhao, Z. X. Chen et L. H. Sun subsp. dimorphiflora T. B. Zhao, Z. X. Chen et X. K. Li；红花紫玉兰亚种 Y. liliflora (Desr.) D. L. Fu subsp. punicea T. B. Zhao et Z. X. Chen；两型花紫玉兰亚种 Y. liliflora (Desr.) D. L. Fu subsp. subsp. dimorphiflora T. B. Zhao et Z. X. Chen；两型花望春玉兰亚种 Y. biondii (Pamp.) D. L. Fu subsp. dimorphiflora T. B. Zhao, Z. X. Chen et X. K. Li 等。

3. 新变种

玉兰属植物37新变种都是作者通过选择育种获得的，如琴叶青皮玉兰 Y. viridula D. L. Fu, T. B. Zhao et G. H. Tian var. pandurifolia T. B. Zhao et D. W. Zhao；狭被信阳玉兰 Y. xinyangensis T. B. Zhao, Z. X. Chen et H. T. Dai var. angutitepala T. B. Zhao et Z. X. Chen；变异日本辛夷 Y. kobus (DC.) Spach var. variabilis T. B. Zhao et Z. X. Chen；白花黄山玉兰 Y. cylindrica (Wils.) D. L. Fu var. alba T. B. Zhao et Z. X. Chen 等。

4. 新品种

玉兰属植物140多个新变种都是通过选择育种获得的，如'浓紫'玉兰 Y. denudata (Desr.) D. L. Fu 'Nongzi' 等。

关于玉兰属植物新种、新亚种、新变种和新品种的有关资料，见第九章和图版。

第六节　玉兰属植物杂交育种技术

一、有性杂交育种技术

在林木上通常采用有性杂交的方法来培育新杂交种、新杂交变种和新杂交品种。长期实践和报道表明，有性杂交是引起生物产生遗传变异的主要原因之一。因此，有性杂交是培育新杂交种、新杂交变种和新杂交品种的重要手段之一。玉兰属植物有许多著名的杂交种、新杂交变种和新杂交品种差不多都是采用有性杂交育成的。例如，伊丽莎白玉兰 Yulania × elizabeth (E. Sperber) D. L. Fu、维特奇玉兰 Y. × veitchii (Bean) D. L. Fu 是采用有性杂交方法获得的。有性杂交技术有以下几种。

1. 杂交组合确定

进行杂交育种时，首先选定杂交组合，以获得具双亲的优良的分类特征性状的新杂交类群。其杂交组合有以下几类：

1.1　种间组合：指辛夷植物物种间的杂交组合，如朱砂玉兰杂交亲本是：玉兰 × 紫玉兰、布鲁克林玉兰 Y. × brooklynensis (G. Kalmbacher) D. L. Fu [*Magnolia* × *brooklynensis* G. Kalmbacher 杂交亲本是：渐尖玉兰 *Magnolia acuminata* (Linn.) Linn. × 紫玉兰 *M. liliflora* Desr.]、星紫玉兰 Yulania × george－henry－kern (C. E. Kern) D. L. Fu et T. B. Zhao [*Magnolia stellata* (Sieb. & Zucc.) Maxim. × *M. liliflora* (Desr.) D. L. Fu 'Nigra']等。

1.2　种内组合：指种内的变种间、品种间，或变种与品种间进行的杂交，如'查尔斯拉菲尔'滇藏玉兰 Y. campbellii (Hook. f. & Thoms.) D. L. Fu 'Carles Raffill', n－cv. nov. ined. (*Magnolia campbellii* Hook. f. & Thoms. 'Carles Raffill')杂交亲本是：滇藏玉兰 × 柔毛滇藏玉兰 Yulania campbellii (Hook. f. & Thoms.) D. L. Fu var. mollicomata (W. W. Smith) T. B. Zhao et Z. X. Chen (*Magnolia campbellii* Hook. f. & Thoms. var. *mollicomata* W. W. Smith)等。实践证明，辛夷植物种间杂交被很多林木育种学家采用，并获得了一大批新优品种。

1.3　远缘杂交组合：指不同属间物种之间的杂交。例如，玉兰含笑 Yuchelia × soulangisopa Ph. J. Savage (朱砂玉兰 *Magnolia soulangiana* Soul.－Bod × 南亚含笑 Michelia doltsopa Buch.－Ham.)、蜜蜂玉笑 Yuchelia × acumifigo (Ph. J. Savage) T. B. Zhao et Z. X. Chen, sp. hybr. transl. nov. ined. ['蜜蜂小姐'渐尖玉兰 *Magniloa acuminata* (Linn.) Linn. var. *subcordata* Spach 'Miss Honeybee' × 含笑 Michelia figo (Lour.) E. Spreng.]等。

玉兰属植物的远缘杂交，具有不易成功的特点，如王亚玲等(2003)用玉兰属 Yulania Spach. × 含笑属 Michelia Linn. 10 个杂交组合，均无一成功；木兰属 Magnolia Linn. × 玉兰属植物的 4 个远缘杂交组合，也无一成功。说明远缘杂交成功率极低。

2. 杂交亲本选择

杂交组合确定之后，必须考虑亲本选择条件，即根据杂交目的，选择具有优良的分类特征性状的亲本。例如，树姿壮观，花色鲜艳、花期长，适应性强，"辛夷"产量高、品种优良等优良特征、特性的植株作杂交亲本。杂交亲本选择条件是：

2.1　杂交双亲必须具备选种目标的性状，如选育高产的品种，则杂交亲本必须具备高产的优良性状，否则很难达到育种的目的。

2.2　杂交亲本应具备优点多、缺点少，杂交后可以相互弥补缺点。如果双亲缺点很多，又不能互相弥补，很难育成符合育种目的的杂种，或品种。

2.3　杂交亲本具有形态特征、生态习性差别明显的种、变种，或品种。应用不同生态型的物种(种、变种，或品种)进行杂交有一定的优越性，因为杂交亲本具有适应不同生态条件的适应性、遗传性不同，杂种后代具有较大的适应性和可塑性，为育成新杂交种、新杂交变种和新杂交品种创造有利条件。

2.4　杂交双亲至少有一个为本地优良的、广泛栽培的种、变种、品种。因为它们对当地环境条件具有很强的适应能力,其综合性状基本符合当地环境条件和生产的要求,能培育出更好的符合本地生态环境的新杂种、新杂交变种和新品种。

2.5　杂交方式:

(1)单交:由2个不同的物种、变种,或品种进行杂交而形成的杂种,如玉兰(A)×紫玉兰(B)=朱砂玉兰。单交时,2个亲本可互为父母本,即A×B,或B×A,前者称正交,后者称反交。

(2)三交:把单杂交所得的F_1植株,再与第三者(C)杂交(A×B)×C,或(B×A)×C,如黑饰玉兰Y.×dark-ranment(T. Gresham)D. L. Fu et T. B. Zhao(*Magnolia*×'Dark Ranment')[紫玉兰×维特奇玉兰Y.×veitchii(Bean)D. L. Fu]等。

(3)双交:用2个不同的单杂交种[(A×B)×(C×D)]进行杂交,如朱砂玉兰×维特奇玉兰。

(4)回交:由单杂交得到的杂(品)种F_1、F_2……连续与亲本之一进行杂交,可以培育出新杂种,或品种。例如,A×B→F_1×F_2→F_2×B……经过若干代的回交,可培育出新的杂交种、新杂交变种和新杂交品种。

(5)顶交:由一个自交系与另一个栽培品种杂交得到的杂交群体(主要用于玉米Zea mays Linn. 杂交育种)。

2.6　杂交技术:

(1)确定杂交亲本之后,必须了解双亲开花时期、开花习性,然后才能有效地进行杂交工作。在进行有性杂交,特别是种间杂交时,往往碰到双亲花期不一致的情况,致使不能杂交。为此,可把花粉贮藏在保持2℃左右的低温的冰箱内,也可在阴凉的房间或地窖中贮藏。贮藏方法是在干燥器内下部放入氯化钙,或木炭粉,铺好纸,将干燥的花粉包好,放在培养器中,再放入干燥器内,置于阴凉干燥的室内、窑中或冰箱内。

(2)有性杂交时,供花粉的植株,称父本(♂),在柱头上接受花粉后,而发育成种子(或果实)的,称母本(♀)。用"×"表示有性杂交,母本写在前面,父本写在后面,如黄山玉兰Y. cylindrica(Wils.)D. L. Fu×玉兰。从杂交种子生长出来的植株,称杂种一代,用"F_1"表示,以后各代分别用"F_2"、"F_3"……表示。

(3)进行有性杂交时,选择壮树的壮枝的玉蕾作为杂交用。花开前,去雄后,用薄而透明、坚韧的塑料薄膜制成隔离袋,进行套袋,以避免自由授粉。授粉时,应在母本单雌蕊柱头分泌黏液时进行,并用毛笔蘸父本花粉涂抹在母本花的柱头上,套上袋子。然后,挂上标签,注明杂交组合和授粉日期。同时,进行聚生蓇葖果生长发育的观察和记载。

2.7　杂交后管理:杂交后,待单雌蕊花柱干枯后,去掉套袋,加强管理,防治病虫危害,确保果实和种子的发育,特别是果实成熟后,及时采集、处理,保证种子品质。

3. 杂种苗培育与选择

获得的杂种种子通常不多,为管理方便,可在室内进行盆播。盆播土壤要肥沃、疏松,并进行消毒,以防治立枯病(病原是丝核菌Rhizoctonia solani Kühm和多种镰刀菌Fusarium ssp.)危害。当杂种幼苗出现3~4片真叶时,进行移植。移植圃地,要选择土壤肥沃、疏松、灌排方便、无病虫危害的沙质壤土地作苗圃。移植后的幼苗,加强管理,对于特异苗木必须注意保护,对于极弱的苗木应及时拔除。特异苗木及时嫁接在大龄的望春玉兰植株上,2~3年即可观察证实其具有优良的分类特征性状与否。凡具有特异的分类特征性状的杂种,加速繁育,进行大范围的区域试验。试验后,确属优良的新分类群,再进行推广。

二、无性杂交育种技术

无性杂交是对有性杂交而言。当把不同种、变种,或不同品种嫁接时,加强管理时,少数嫁接的接穗萌芽后,会出现新的分类特征性状。这种具有新的分类特征性状的出现,称为无性杂交。无性杂交是获得植物新品种的途径之一。无性杂交获得植物新分类群,称无性杂种。最常用的就是米丘林(И. В. МИЧУРИН)创立的蒙导法,可以使树幼龄杂种实生苗的特征与品质按着育种工作者的愿望部分进行改变,也就是按照我们所需要的方向去培育它们,使它们的好品种得以加强和发展。米丘林也特别强调:这种方法,只是在幼龄的,而且也仅仅是在自根营养的杂种实生苗上应用时,才有成效。

无性杂种最有名的事例是,米丘林把苹果(Malus pumila Mill.)嫁接在梨树(Pyrus sp.)上,获得了1个具有苹果和梨树形态特征的无性杂种,即枸橼形莱茵特苹果(РЕНЕТ БЕР-АМОТНЫЙ)。这个无性杂种因其具有良好的风味品质,且能够一直贮藏到翌年5~6月,现为俄罗斯主栽品种之一。该品种培育方法是采用蒙导法进行的,其具体方法是:将接芽嫁接在砧木上,接芽抽枝生长后,逐渐摘去叶片,保持顶部几枚小叶,由砧木根系供给新枝生长,使其产生新的变异,形成新物种或新品种。该种方法称根系蒙导法。苏联П. Л. 波格丹诺夫(П. Л. БодНов)用加杨 Populus canadensis Moench. + 西伯利亚杨 P. suaueolens Fish. 培育的无性杂种—— +西加杨 Populus + denssuaueolen Bogd.。其具体方法是在劈接愈合处产生新的变异枝条。也可以将接穗劈接在砧木上,接芽抽枝生长后,加强管理。翌春,接苗萌芽前,从砧木与接穗愈合上端剪去苗干,将两者愈合处削成光滑斜面后,用湿药棉盖上,加塑料薄膜,加速其削面产生愈伤组织,产生新的嵌合体植株,形成新物种,或新品种。据报道,+西加杨有3个品种:① +西加型杨 cv. Denssuaueolens 雌株;② 加型杨 cv. Canadensis 雌株;③ 西型杨 cv. Suaueolens。

玉兰属植物的无性杂种,尚未见有系统研究的报道。作者从玉兰、朱砂玉兰嫁接苗中发现其变异株,并命名为'曲被'玉兰 Yulania denudata(Desr.)D. L. Fu 'Qubei' 及'三色花'朱砂玉兰 Y. soulangiana(Soul. - Bod.)D. L. Fu 'Sansehua'、莓蕊玉兰 Yulania fragarigynandria T. B. Zhao, Z. X. Chen et H. T. Dai, sp. nov. ined. 等,是芽变产生,还是无性杂种?尚待研究。特别强调的是:作者长期从事于杨属 Populus Linn.、蜡梅 Chimonanthus praecox(Linn.)Link.、玉兰属 Yulania Spach 及苹果 Malus pumila Mill. 等生产实践和科学研究,从中发现:它们无论是扦插、嫁接、留根、分株繁殖,均有新的变异形态特征的发生与出现,尤以杂交植株进行嫁接繁育中,出现新的变异较多,如作者在进行朱砂玉兰繁育中发现新的变异,多达10余个品种。

特别强调的是作者从事50多年的林业生产实践和科学研究的结果中,得出一个结论,即:无性繁育既可保持其优良特征与特性,又能产生新的变异,选育新的分类群(新种、新亚种、新变种和新品种),特别是杂交种作为接穗嫁接繁育过程中尤为显著。

三、其他杂交育种技术

其他杂交育种技术，还有细胞融合技术，即利用细胞原生质体融合（体细胞杂交）成一个完整的细胞，然后经过细胞的分裂和分化，最终发育成完整的杂种植株。以此来代替有性杂交，克服生殖隔离的障碍，特别是克服合子前的不亲和性，以实现远缘杂交的可能。

另外，还有利用基因工程育种技术，将目的基因导入到植物遗传物质中并得以表达，以实现某些良好的特性如花型、花香、花色、花期与抗逆性等。

第七节　玉兰属植物其他育种技术

一、人工诱变

人工诱变是利用物理，或化学方法处理玉兰属植物的种子（骨质种子）、苗木，或组织器官，诱导其发生相应的变异，即获得多倍体植株，并加以选择和培育，获得新品种。例如，'激光' 渐尖玉兰 *Magnolia acuminata*（Linn.）Linn. 'Laser' 是 August Kehr 用秋水仙碱诱变法处理 '丰富 默特尔' 渐尖玉兰 *M. Acuminata*（Linn.）Linn. 'Fertile Myrtle' 实生苗获得的16倍体 $2n = 16x = 304$ 及'爱国者'渐尖玉兰 *M. acuminata*（Linn.）Linn. 'Patriot'］骨质种子获得的8倍体 $2n = 8x = 152$。

秋水仙碱是从百合科 Liliaceae 植物秋水仙 Colchicum autumule Linn. 鳞茎和种子中提取出来的一种生物碱（$D_{22}H_{25}O_6N + 1/2\ H_2O$）。秋水仙碱为针状结晶，无色，易溶于乙醇、氯仿、甲醛和冷水中，在热水、乙醚、苯中不溶解。秋水仙碱原液 1.0 % ~2.0 %，放黑暗处储存，但毒性极大，必须戴橡皮手套操作。但是，对植物细胞毒害作用较小，能阻止正在分裂的细胞纺锤丝的形成，而对染色体结构无显著影响。秋水仙碱溶液的有效浓度为 0.006 % ~1.000 %，常用浓度 0.01 % ~0.5 %，最常用浓度 0.2 %。诱导的植物材料最好是染色体数目较少、倍数较低、异花授粉的、能进行无性繁殖的物种、变种、品种。通常采用浸泡法，即将刚萌发裂皮的骨质种子，或刚萌芽的枝条，用 0.2 % ~1.6 % 浓度的秋水仙碱溶液浸泡 12 h 后，再在水中浸泡 12 h，反复交替进行，3 ~5 d 即可。也可采用滴定法、涂抹法。

二、引种驯化

1. 引种驯化试验

作者于 1983 年开始至今，相继在河南郑州、新郑、许昌市及长垣县进行玉兰属植物引种驯化试验，经过多年来引种栽培试验表明，该属植物除青皮玉兰生长稍差外，其余均生长发育良好，有些种、变种和品种，如腋花玉兰、'桃实' 望春玉兰、飞黄玉兰 Yulania fëihuangyulan（F. G. Wang）T. B. Zhao et Z. X. Chen 等，已大量繁育，并大面积推广应用。为此，现将玉兰属植物部分种、变种引种生长发育情况，列于表 7 –2，供参考。

表7－2　河南郑州市、长垣县、新郑市、许昌市等玉兰属植物引种生长发育调查表

编号	名称	引栽地点	原产地点	生长发育状况
1	玉兰 Yulania denudata	河南郑州	河南南召	生长健壮。正常开花、结实
2	毛玉兰 var. pubescens	河南郑州	河南南召	生长健壮。正常开花、结实
3	淡紫玉兰 var. purpurascens	河南新郑	河南鸡公山	生长健壮。正常开花
4	豫白玉兰 var. yubaiyulan	郑州、新郑	河南南召	生长健壮。正常开花、结实
5	黄花玉兰 var. flava	郑州、许昌	河南南召	生长健壮。正常开花、结实
6	多被玉兰 var. duobeiyulan	郑州	河南郑州	生长健壮。正常开花
7	塔形玉兰 var. pyramidalis	郑州	河南郑州	生长健壮。正常开花
8	武当玉兰 Y. sprengeri	新郑、长垣	河南鲁山	生长健壮。正常开花
9	拟莲武当玉兰 var. pseudonelumbo	郑州	湖北	生长健壮。正常开花
10	青皮玉兰 Y. viridula	新郑、郑州	陕西宝鸡	生长慢。正常开花
11	琴叶青皮玉兰 var. pandurifolia	河南长垣	陕西宝鸡	生长健壮。正常开花
12	飞黄玉兰 Y. fëihuangyulan	河南新郑	浙江嵊州	生长慢。正常开花
13	玉灯玉兰 Y. pyriformis	河南新郑	陕西宝鸡	生长健壮。正常开花
14	舞钢玉兰 Y. wugangensis	河南郑州	河南舞钢	生长健壮。正常开花
15	多油舞钢玉兰 var. duoyou	河南长垣	河南长垣	生长健壮。正常开花
16	鸡公玉兰 Y. jigongshanensis	河南中牟	河南鸡公山	生长健壮。正常开花
17	罗田玉兰 Y. pilocarpa	河南中牟	河南鸡公山	生长健壮。正常开花
18	椭圆叶罗田玉兰 var. elliptifolia	河南新郑	河南鸡公山	生长健壮。正常开花
19	白花罗田玉兰 var. alba	河南中牟	河南鸡公山	生长健壮。正常开花
20	望春玉兰 Y. biondii	河南郑州	河南南召	生长健壮。正常开花、结实
21	富油望春玉兰 var. fuyou	河南郑州	河南南召	生长健壮。正常开花、结实
22	变紫望春玉兰 var. bianzi	河南新郑	河南南召	生长健壮。正常开花、结实
23	紫色望春玉兰 var. purpurea	河南郑州	河南南召	生长健壮。正常开花、结实
24	黄山玉兰 Y. cylindrica	河南新郑	河南鸡公山	生长健壮。正常开花、结实
25	狭被黄山玉兰 var. angustitepala	河南新郑	河南长垣	生长健壮。正常开花
26	宝华玉兰 Y. zenii	河南新郑	浙江富阳	生长健壮。正常开花、结实
27	伏牛宝华玉兰 var. funiushanensis	河南新郑	河南南召	生长健壮。正常开花
28	白花宝华玉兰 var. alba	河南新郑	河南南召	生长健壮。正常开花
29	天目玉兰 Y. amoena	河南新郑	浙江嵊州	生长慢。正常开花
30	琴叶青皮玉兰 Y. viridula var. pandurifolia	河南长垣	陕西宝鸡	生长慢。正常开花

续表 7－2

编号	名称	引栽地点	原产地点	生长发育状况
31	石人玉兰 Y. shirenshanensis	河南新郑	河南鲁山	生长健壮。正常开花
32	朝阳玉兰 Y. zhaoyangtylan	河南郑州	河南郑州	生长健壮。正常开花
33	莓蕊玉兰 Y. fragerigynandria	河南长垣	河南鸡公山	生长健壮。正常开花
34	变异莓蕊玉兰 var. variabilis	河南长垣	河南鸡公山	生长健壮。正常开花
35	白花鸡公玉兰 Y. jigongshanensis var. alba	河南郑州	河南长垣	生长健壮。正常开花
36	大别玉兰 Y. dabeishanensis	河南中牟	河南鸡公山	生长健壮。正常开花
37	狭被信阳玉兰 Y. xinyangensis var. angustitepala	河南郑州	河南鸡公山	生长健壮。正常开花
38	紫玉兰 Y. liliflora	河南郑州	河南南召	生长较弱。正常开花
39	黑紫玉兰 var. nigra	河南郑州	河南南召	生长较弱。正常开花、结实
40	白花紫玉兰 var. alba	河南鸡公山	河南鸡公山	生长较弱。正常开花、结实
41	美丽玉兰 Y. concinna	河南新郑	浙江富阳	生长健壮。正常开花、结实
42	日本辛夷 Y. kobus	河南新郑	山东青岛	生长健壮。正常开花、结实
43	变异日本辛夷 var. variabilis	河南新郑	山东青岛	生长健壮。正常开花、结实
44	星花玉兰 Y. stellata	河南新郑	美国	生长健壮。正常开花、结实
45	具柄玉兰 Y. gynophora	河南新郑	河南新郑	生长健壮。正常开花、结实
46	湖北玉兰 Y. verrucosa	河南新郑	湖北武汉	生长健壮。正常开花
47	异花玉兰 Y. varians	河南长垣	河南长垣	生长慢。正常开花
48	腋花玉兰 Y. axilliflora	河南新郑	河南南召	生长健壮。正常开花、结实
49	白花腋花玉兰 var. alba	河南新郑	河南南召	生长健壮。正常开花、结实
50	安徽玉兰 Y. anhueiensis	河南新郑	安徽	生长健壮。正常开花
51	宽被罗田玉兰 Y. pilocarpa var. latitepala	河南长垣	河南鸡公山	生长健壮。正常开花
52	肉萼罗田玉兰亚种 subsp. carnosicalyx	河南郑州	河南长垣	生长健壮。正常开花、结实
53	紫红花肉萼罗田玉兰 var. purpule－rubra	河南长垣	河南长垣	生长健壮。正常开花、结实
54	白花肉萼罗田玉兰 var. alba	河南长垣	河南郑州	生长健壮。正常开花、结实
55	河南玉兰 Y. honanensis	河南新郑	河南南召	生长健壮。正常开花、结实
56	椭圆形河南玉兰 vasr. elliptimba	河南新郑	河南南召	生长健壮。正常开花、结实
57	朱砂玉兰 Y. soulageana	河南长垣	浙江富阳	生长健壮。正常开花
58	白花朱砂玉兰 var. candopleana	河南郑州	河南郑州	生长健壮。正常开花

续表 7－2

编号	名称	引栽地点	原产地点	生长发育状况
59	多变舞钢玉兰亚种 Y. wugangensis subsp. varians	河南郑州	河南郑州	生长健壮。正常开花
60	毛舞钢玉兰亚种 subsp. pubescens	河南郑州	河南郑州	生长健壮。正常开花
61	三型花舞钢玉兰 var. triforma	河南长垣	?	生长健壮。正常开花
62	紫花舞钢玉兰 var. purpurea	河南信阳	河南舞钢	生长健壮。正常开花
63	两型玉兰 Y. dimopha	中牟、郑州	河南鸡公山	生长健壮。正常开花
64	信阳玉兰 Y. xinyangensis	河南中牟	河南鸡公山	生长健壮。正常开花
65	多型叶玉兰 Y. multiformis	河南新郑	山东青岛	生长健壮。正常开花
66	光梗黄山玉兰 Y. cylindrica var. glabra	河南长垣	河南鸡公山	生长健壮。正常开花
67	楔叶玉兰 Y. cuneatifolia	河南郑州	河南郑州	生长健壮。正常开花
68	长叶玉兰 Y. denudate var. elongata	河南郑州	湖北武汉	生长健壮。正常开花
69	白花玉兰 var. alba	河南郑州	河南郑州	生长健壮。正常开花
70	毛被玉兰 var. maobei	河南新郑	河南郑州	生长健壮。正常开花
71	渐尖玉兰 Y. acuminata	河南信阳	美国	生长健壮。正常开花
72	紫星玉兰 Y. × george – henry – kern	河南新郑	美国	生长健壮。正常开花
73	安紫玉兰 var. ann	河南新郑	美国	生长健壮。正常开花

注:引种栽培 10 年生以上物种郑州市有些单位有引种栽培;引种栽培 5 年生以下的物种及品种,尚未列出。

2. 引种驯化经验

现将作者——赵天榜、陈志秀、赵杰等 20 多年来引种驯化玉兰属植物的经验,总结如下:

2.1　首先确定该属植物引种驯化的目的:作者引种驯化该属植物的目的有:① 了解和掌握中国玉兰属植物种质资源分布与种类(种、亚种、变种与品种)。② 确定调查、引种范围,特别确定河南、山东、北京、安徽、湖北、四川、湖南等省(市)为重点调查、引种区。③ 选定玉兰属植物种质资源圃的地点。为确保该属植物引种驯化的成功,采取以郑州为主的多点引种驯化区,如郑州市、新郑市、长垣县、许昌县等。

2.2　选派有实践经验的科技人员为骨干,进行引种驯化试验。这些人员,必须掌握该属植物种质资源识别、引种驯化、苗木培育等知识,确保引种驯化工作顺利进行。

2.3　采取"拿来主义"指导思想,即在引种地区内,凡属于该属植物种、亚种、变种、品种有形态变异植株的聚生蓇葖果、苗木、枝条、叶片、玉蕾、花等,一律引入引种圃内,繁育苗木。特别提出的是:凡是种、亚种、变种、品种以外的植株,如形态型、物候型、生长型、地理型等,以及具有微小的形态变异,千万不可放过。

2.4 加速引种资源繁育。根据引种资源的不同,采用不同方法,确保其成活。成活后,加强抚育管理,培育壮苗、幼树,及时定植。

2.5 认真观察、记录。首先,将引栽的植株编号,并按号进行物候期、生长特性、抗性记载,特别是对玉蕾、花的组成、枝与叶的记载。

2.6 最后,对引种的植物进行鉴定。

根据上述方法,可以获得良好的结果,如华丽玉兰 Yulania. superba T. B. Zhao,Z. X. Chen et X. K. Li;多型叶玉兰 Y. multiformis T. B. Zhao,Z. X. Chen et J. Zhao;朝阳玉兰 Y. zhaoyangyulan T. B. Zhao et Z. X. Chen;楔叶玉兰 Y. cuneatifolia T. B. Zhao et Z. X. Chen et D. L. Fu;异花玉兰 Y. varians T. B. Zhao,Z. X. Chen et Z. F. Ren 等新种,就是通过引种驯化发现,选择出而命名的。

三、其他育种技术

此外,还可采用化学诱变剂,如乙基硫、普鲁黄、N-乙基-亚硝酸磺基脲(NEU)等化学物质。也可采用辐射(钴^{60}Co)方法。

第八节 玉兰属植物新分类群与发表

一、新分类群

新分类群(新分类等级)是指玉兰属植物中,以前没有发表过的新分类等级,如新组、新种、新亚种、新变种,以及新杂交组、新杂交种、新杂交亚种、新杂交变种。

二、新分类群发表的依据

新分类等级包括组、种、亚种、变种发表的依据,必须根据《国际植物命名法规》中有关规定条款。

三、新分类群的发表

1. 新组或新改隶组合亚组的发表

新组,或新亚组的发表,必须符合4条规定:① 组,或新亚组名称、学名及命名者;② 新组,或新亚组的特征集要,必须用拉丁语描述,否则,为不合格发表;③ 新组,或新亚组模式(种);④ 新组,或新亚组必须在公开的书刊上发表。

新组发表的实例:

1.1 新组

河南玉兰组(原为河南玉兰派),其原记载:*Magnolia* Linn. sect. *Trimorphaflora* B. C. Ding et T. B. Zhao(T. B. Zhao),sect. nov. 该派为我国特有种——发表在《河南农业大学学报》,1985,19(4):359~360,其新改隶组合为:河南玉兰组是以河南玉兰 *Magnolia honanensis* B. C. Ding et T. B. Zhao 为模式而建立的。该派主要形态特征是,同树上的花有3种花型:① 单花具花被片9(枚),外轮(花被片)3(枚),萼状,内2轮花被片呈花瓣状,形状相似,大小不相等;② 单花具花被片9(枚),花瓣状,形状相似,大小近相等;③ 单花具花被片11或12(枚),花瓣状,形状相似,大小近相等。3种花型的花被片通常9~12(枚),稀7、8、10(枚),如照片3(略去)。

注:括号内为作者加上的。

1.2　新改隶组合组

朱砂玉兰组(中南林学院学报)新改隶组合组

Yulania Spach sect. × Zhushayulania(W. B. Sun et T. B. Zhao)D. L. Fu,傅大立.武汉植物学研究,19(3):198. 2001;田国行等. 中国农学通报,22(5):407. 2006;*Magnolia* Linn. sect. × *Zhushayulania* W. B. Sun et T. B. Zhao,傅大立等.中南林学院学报,19(2):27. 1999。

本组植物叶卵圆形、倒卵圆形、椭圆形等。花先叶开放。单花具花被片9枚,花瓣状,颜色多种,通常外轮花被片稍短,稀有萼状、膜质,或肉质的花被片;离生单雌蕊子房无毛。

本组植物为玉兰组与渐尖玉兰组(望春玉兰组)植物的种间杂种,具有双亲形态特征和中间过渡类型。染色体数目 $2n = 95$、133、123、143、156。

本组模式:朱砂玉兰 Yulania soulangiana(Soul. -Bod.)D. L. Fu。

本组植物51种:除朱砂玉兰外,其他种为种间杂交种。

附　朱砂玉兰　新组的发表的原记载:

朱砂玉兰组　新杂种组

Magnolia Linn. sect. × *Zhushayulania* W. B. Sun et T. B. Zhao,sect. nov.

Sect. nov. evidenter distingubiles sect. *Tulipastru*, sect. *Axilliflorae*, sect. Trimorphafloraeque plantae. sect. *Zhushayulania* plantae omnes species hybridae ramili, folia, petiodi, gemmae, flores, tepala formae, numeri, colores et al., omnes cum parentes plantae aequabiles vel similes, ac adest inter parentes transitivi multiformes plantae.

Sect. type species: *Magnolia* × *soulangiana* Soul. -Bod..

Sect. Zhushayulania species hybridae plantae: *Magnolia* × *soulangiana* Soul. -Bod. et ceteera.

本新组为玉兰亚属的杂种植物组,明显区别于木兰组、玉兰组、河南玉兰组和腋花玉兰组植物。该组植物均为杂种。它们的枝、叶、叶柄、芽、花、花被片形状、数量、颜色,皆与亲本植物组相似,或相同,并且均具有亲本之间中间过渡多种多样类型植物。

本新组模式种:朱砂玉兰 *Magnolia* × *soulangiana* Soul. -Bod.。

本组植物均为玉兰亚属的杂种,如朱砂玉兰等。

1.3　新改隶组合亚组

新改隶组合亚组如下:

(1) 舞钢玉兰亚组:摘自田国行等《玉兰属植物资源与新分类系统的研究》一文,见中国农学通报,22(5):406. 2006。其原记载为:

舞钢玉兰亚组(中国农学通报)　舞钢玉兰组(武汉植物学研究)亚组

Yulania Spach subsect. Wugangyulan T. B. Zhao, D. L. Fu et Z. X. Chen, subsect. nova

Subsect. nova simili – alabastris terminatis et axillaribus cum caespitosis, interdum racemi – cymis. Tepalis 9 in quoque flore, 2 – formis: tepalis 6 extus 3 sepaliodeis membranaceis caducis; tepalis 9 rare 6 ~ 8, 10, tepaloideis.

Subsect. typus: Yulania wugangyulan(T. B. Zhao, W. B. Sun et Z. X. Chen) D. L. Fu.

本亚组植物拟花蕾(玉蕾)顶生、腋生和簇生,有时构成总状花序。单花具花被片9枚,2种花型:单花具花被片9枚,外轮花被片3枚,萼状,膜质,早落;单花具花被片9枚,稀6~8枚,或10枚,花瓣状。

本亚组模式:舞钢玉兰 Yulania wugangyulan (T. B. Zhao, W. B. Sun et Z. X. Chen) D. L. Fu。

(2) 玉兰亚组:新改隶组合亚组　摘自田国行等《玉兰属植物资源与新分类系统的研究》一文,见中国农学通报,22(5):406. 2006。其原记载为:

玉兰亚组　新改隶组合亚组

Yulania Spach subsect. Yulania (Spach) D. L. Fu et T. B. Zhao, subsect. nov., Yulania Spach, Hist. Nat. Vég. Phan. 1839, 7: 462。

本亚组植物叶倒卵圆形、椭圆形、圆形、不规则形。花先叶开放,花被片近相似。

本亚组模式:玉兰 Yulania denudata (Desr.) D. L. Fu。

本亚组植物21种,分布于中国……

2. 新种或新亚种的发表

新种,或新亚种的发表,必须符合5条规定:① 新种名称、学名及命名者;② 新种的特征集要(与相近种的区别要点)、种形态描述,必须用拉丁语描述,否则,为不合格发表;③ 发表新种时,必须有新种的线条形态图,图中各项内容有比例尺;④ 模式标本(holotypus,或 typus),采集时间(年、月、日)、地点、采集人、编号,以及存藏地点;⑤ 新种必须在公开的书刊上发表,而报纸上发表的、油印的、石墨印的,列入植物名录,以及广告上发表的新分类群,都不算合格发表。

注:近年来,我国有关杂志发表新种时,采用照相图片,而不用线条形态图。

2.1　新种发表实例

(1) 朝阳玉兰　新种　图9–19

Yulania zhaoyangyulan T. B. Zhao et Z. X. Chen, sp. nov., fig. 9 ~ 19

Species Yulania viridula D. L. Fu, T. B. Zhao et G. H. Tian similis, sed foliis late obovati – ellipticis apice obtusis. Floribus terminatis. tepalis 6 ~ 12 in quoque flore, variantibus, late spathulati – ellipticis, anguste ellipticis apice obtusis, extus infra medium laete persicinis; Digynandriums: ① androeciis gynoecum aequantibus vel paulo breviorobus; ② androeciis gynoeciem superantibus; disjuncte simplici – pistillis glabris, stylis stigmatibusque pallide cinerei – albis, stylis revolutis; pedicellis glabris apice annulari – villosis ablis.

Arbor decidua. Ramuli hornotini flavo – virides primo pubescentes post glabri. Yulani – labastra terminata ovoidea 2.5 ~ 3.0 cm longa diam. 1.2 ~ 1.5 cm, peruli – stipulis 3 ~ 5, extus dense longe villosis cinerei – brunneis. Folia late obovati – elliptica 8.5 ~ 13.0 cm longa et 7.5 ~ 10.5 cm lata supra viridia nitida, costis et nervis lateralibus initio sparse pubescentibus post glabris subtus pallide viridia initio sparse pubescentibus post glabris costis et nervis lateralibus sparse pubescentibus, apice obtusa, basi cuneata margine integra interdum undulate integra; petioli 1.5 ~ 2.0 cm longi. glabri, cicatricibus stipulis 3 ~ 5 mm longi. Flores terminatrici, ante folia aperti, diam. 12.0 ~ 15.0 cm; tepala 6 ~ 12 in quoque flore, variantibus, late spathulati – ellipticis 6.5 ~ 10.5 cm longa et 3.5 ~ 4.8 cm lata, apice obtusa basi angusti – ungues, extus supra medium pallide persicinis infra medium laete persicinis. Digynandriumis: ① androeciis gynoecum aequantibus vel paulo breviorobus; ② androeciis gynoeciem superantibus; Stamina numerosa 1.5 ~ 1.7 cm longa atro – purple – rubris, anthera 1.1 ~ 1.5 cm longis dorsaliter purpurascenti – rubris, thecis lateraliter longitudinali – dehiscentiis, filamentis 3 ~ 4 mm longis subovoideis atro – purple – rubris, connetivis apice trianguste mucronatis 1mm longis; disjuncte simplici – pistillis numerosis ovariis ovoideis flavo – virentibus, stylis stigmatibusque pallide cinerei – albis, stylis revolultis. androeciis gynoecia carpelligeris superantibus vel aequalibus; pedicelli grossi 5 ~ 10 mm longis diam. 8 ~ 10 mm glabri apice annulari – villosisablis. Aggregati – folliculi cylindrici 7.0 ~ 10.0 cm longi diam. 3.5 ~ 4.5 cm; folliculis ovoideis supra lenticellis; pedicellis fructibus viridibus dense verrucosis brunneis. Soutai – ramuli grossi purpureo – brunnei.

Henan: Zhengzhou City. 26 – 03 – 2005. T. B. Zhao et Z. X. Chen, No. 200303268 (flos, holotypus hic disignatus, HNAC).

落叶乔木。小枝青绿色,初被短柔毛,后无毛。玉蕾顶生,卵球状,长 2.0 ~ 3.0 cm,径 1.2 ~ 1.5 cm;芽鳞状托叶 3 ~ 5 枚,外面密被灰褐色长柔毛。叶宽倒卵圆状椭圆形,长 8.5 ~ 13.0 cm,宽 7.5 ~ 10.5 cm,表面绿色,具光泽,主脉和侧脉初疏被短柔毛,后无毛,背面淡绿色,初疏被短柔毛,后无毛,主脉和侧脉疏被短柔毛,先端钝圆,基部楔形,边缘全缘,有时波状全缘;叶柄长 1.5 ~ 2.0 cm,无毛;托叶痕长 3 ~ 5 mm。花顶生,先叶开放,径 12.0 ~ 15.0 cm。单花具花被片 6 ~ 12 枚,花被片多变异,宽匙状椭圆形、狭椭圆形,长 6.5 ~ 10.5 cm,宽 3.5 ~ 4.8 cm,亮粉色,先端钝圆,基部狭爪状,外面中部以上淡粉红色,中部以下亮粉红色。2 种雌雄蕊群类型:① 雄蕊群与雌蕊群等高,或稍短;② 雌蕊群显著超过雄蕊群。雄蕊多数,暗紫红色,长 1.5 ~ 1.7 cm,花药长 1.1 ~ 1.5 cm,背面具淡紫红色晕,药室侧向纵裂,药隔先端具长 1 mm 的三角状短尖头,花丝长 3 ~ 4 mm,近卵球状,浓紫红色;离生单雌蕊多数;子房卵球状,浅黄绿色,花柱和柱头灰白色,花柱向外反卷;花梗粗壮,长 5 ~ 10 mm,径 8 ~ 10 mm,无毛,顶端具环状白色长柔毛。聚生合蓇葖果圆柱形,长 7.0 ~ 10.0 cm,径 3.5 ~ 4.5 cm;蓇葖果卵球状,红色,表面具皮孔;果梗青绿色,密具褐色疣点。缩台枝粗壮,紫褐色,5 ~ 6 节。花期 4 月;果实成熟 8 月。

本新种与青皮玉兰 Yulania viridula D. L. Fu, T. B. Zhao et G. H. Tian 相似,但区别是:叶宽倒卵圆状椭圆形,先端钝圆。花顶生。单花具花被片 6 ~ 12 枚,花被片多变异,宽匙状椭圆形、狭椭圆形,先端钝圆,外面中部以下亮粉红色。2 种雌雄蕊群类型:① 雄蕊群与雌蕊群等高,或稍短;② 雌蕊群显著超过雄蕊群。离生单雌蕊无毛,花柱和柱头淡灰白色,花柱向外反卷;花梗无毛,顶端具环状白柔毛。

产地：河南郑州市。2005 年 3 月 26 日。赵天榜和陈志秀，No. 200503268（花）。模式标本，存河南农业大学。新郑市。2005 年 4 月 2 日。赵天榜和陈志秀，No. 200504023（花）。长葛市。2006 年 3 月 28 日。赵天榜和范军科，No. 2006030282（叶、枝、芽和聚生合蓇葖果）。

用途：本种为优良观赏树种。单株具 2 种花型，在研究花的进化理论中，具有重要意义。

2.2　新改隶组合种发表实例

河南玉兰　新改隶组合种

Yulania honanensis（B. C. Ding et T. B. Zhao）D. L. Fu et T. B. Zhao，田国行等. 玉兰属植物资源与新分类系统的研究，中国农学通报，22（5）：409. 2006；*Magnolia honanensis* B. C. Ding et T. B. Zhao，丁宝章等. 河南农学院学报，4：6～8. 1983。

本种单花具花被片 9～12 枚；3 种花型：① 花被片 9 枚，外轮 3 枚，萼状，大小不等，形状不一；② 花被片 9 枚，花瓣状；③ 花被片 11～12 枚，其形状与大小近似。3 种花型的内轮花被片花瓣状形状、大小、颜色一致。

产地：河南。模式标本，采集河南南召县。

2.3　新亚种发表实例

新亚种的发表也必须符合《国际植物命名法规》中有关规定条款：① 新亚种名称、学名及命名者；② 新亚种的特征集要，必须用拉丁语描述，否则，为不合格发表；③ 新亚种模式标本（holotypus，或 typus），采集时间（年、月、日）、地点、采集人、模式标本编号，以及存藏地点；④ 新亚种必须在公开的书刊上发表。

白花鸡公玉兰　新亚种

Yulania jigongshanensis（T. B. Zhao，D. L. Fu et W. B. Sun）D. L. Fu subsp. alba T. B. Zhao，Z. X. Chen et L. H. Song，subsp. nov.

Subspecies Yulania jigongshanensis（T. B. Zhao，D. L. Fu et W. B. Sun）D. L. Fu subsp. Jigongshanensis similis，sed Foliis：① obovatis supra medium latissimis apice obtusis cum acumine vel accisis basi cuneatis；② obtriangulariis apice obtusis cum acumine infra medium anguste cuneatis；③ rotundatis apice obtusis cum acumine vel retusis basi rotundatis；④ foliis valde variis apice obtusis，obtusis cum acumine，accisis vel mucronatis basi late cuneatis vel subrotundatis. Yulani－alabastris terminatis ovoideis peruli－stipulis 4～5，extus dense villosis fulvi－brunneis. tepalis 9 in quoque folre，exterius 3 sepaliodeia 1.0～1.3 cm longis 3～5 mm，albis membranaceis lanceatis，intus 6 petaloideis late spathulati－ovatis 7.0～9.0 cm longis 4.0～5.0 cm latis apice obtusis albis，vel obtusis cum acumine plerumque involutis albis extus infra medium laete arto－purple－rubris saepe 4～5－nervis apicem；disjuncte simpilici－pistillis glabris.

Henan：Zhengzhou city. 2013－03－15. T. B. Zhao et Z. X. Chen，No. 201303155（flos，holotypus hic disignatus，HNAC）. ibid. T. B. Zhao et al.，No. 201306233.

本新亚种与鸡公玉兰原亚种 Yulania jigongshanensis（T. B. Zhao，D. L. Fu et W. B. Sun）D. L. Fu subsp. jigongshanensis 的主要区别如下。叶形有：① 倒卵圆形，中部以上最宽，先端钝圆，或凹缺，基部楔形；② 倒三角形，先端钝尖，中部以下渐狭呈狭楔形；③ 近圆形,先端钝尖,或微凹,基部圆形;④ 不规则圆形,先端钝圆、钝尖、凹缺,或具短尖头,基部宽楔形,或近圆形。玉蕾顶生枝端,卵球状,通常具4~5枚芽鳞状托叶,其外面密被黄褐色长柔毛。单花具花被片9枚,外轮花被片3枚,萼状,长1.0~1.3 cm,宽3~5 mm,白色,膜质,披针形,内轮花被片6枚,花瓣状,宽匙状卵圆形,长7.0~9.0 cm,宽4.0~5.0 cm,先端钝圆,白色;离生单雌蕊子房无毛。缩台枝和花梗密被长柔毛。花期3月下旬。

产地:河南。郑州市有栽培。赵天榜和陈志秀,No. 201303155(花)。模式标本,存河南农业大学。

2.4　新改隶组合亚种发表实例

摘自田国行等《玉兰新分类系统的研究》,中国农学通报,26(1):34~37. 2006 及田国行等《河南玉兰属一新变种》,武汉植物学研究,22(4):327~328. 2004。其原记载为:

1）玉兰　新改隶组合亚种

Yulania denudata(Desr.) D. L. Fu subsp. denudata (Desr.) D. L. Fu et T. B. Zhao, subsp. transl. nova, *Magnolia denudata* Desr. in Lama., Encycl. Méth. Bot. 3:675. 1791.

本亚种主要特征:花白色,花被片外面具有不同程度紫色,或淡紫红色晕;离生单雌蕊子房无毛。

2）毛玉兰　新改隶组合亚种

Yulania denudata(Desr.) D. L. Fu subsp. pubescens(D. L. Fu, T. B. Zhao et G. H. Tian) D. L. Fu, T. B. Zhao et G. H. Tian,田国行等. 玉兰新分类系统的研究. 植物研究, 26(1):36. 2006;赵东武等. 河南玉兰亚属植物种质资源与开发利用的研究. 安徽农业科学,36(22):9488. 2008; Y. denudata(Desr.) D. L. Fu var. pubescens D. L. Fu, T. B. Zhao et G. H. Tian,田国行等. 2004. 河南玉兰属一新变种. 武汉植物学研究,24(3):261~262。

本亚种离生单雌蕊被短柔毛。

河南:郑州市有引栽。鸡公山有分布。

3. 新变种或新改隶组合变种的发表

新变种的发表,也必须符合以下5条规定:① 新变种名称、学名及命名者;② 新变种的特征集要(与原变种的区别要点),也必须用拉丁语描述,否则,为不合格发表;③ 发表新变种时,可用线条图,或照片,也可不用;④ 新变种模式标本采集时间(年、月、日)、地点、采集人、模式标本编号,以及存藏地点;⑤ 新变种的发表必须在公开书刊上的发表,而在报纸、宣传品上的不算合格发表。

3.1　新变种发表实例

(1) 多油舞钢玉兰　新变种

Yulania wugangensis(T. B. Zhao, W. B. Sun et Z. X. Chen) D. L. Fu var. duoyou T. B. Zhao, Z. X. Chen et D. X. Zhao, var. nov.

A var. recedit Yulani - alabastris terminatricis, axillaribus et caespitosis. Florentibus facile laesis frigidis. volatili - oleis continentibus 10.0 % in Yulani - alabastris.

Henan: Changyuan Xian. 10. 04. 2007. T. B. Zhao et D. X. Zhao, No. 200704106 (Yulania - alabastra, holotypus hic disignatus HNAC).

本新变种与舞钢玉兰原变种 Yulania wugangensis(T. B. Zhao, W. B. Sun et Z. X. Chen) D. L. Fu var. wugangensis 的区别如下：玉蕾顶生、腋生和簇生，2 种花型。花初开时，容易遭受早春寒流危害。玉蕾挥发油含率 10.0 %，是玉兰属植物玉蕾中挥发油含率最高的一种，很有开发利用前景。

河南：长垣县。2007 年 4 月 10 日。赵天榜和赵东欣，No. 200704106(玉蕾)。模式标本，采自长垣县，存河南农业大学。

(2) 三型花舞钢玉兰　新变种

Yulania wugangensis(T. B. Zhao, W. B. Sun et Z. X. Chen) D. L. Fu var. triforma T. B. Zhao, et Z. X. Chen, var. nov.

A var. recedit floribus, 3 – formis: ① tepalis 6 in quoque flore, extus 3 sepaliodeis carnosis inordinatis intus 6 petaloideis late spathuli – ovatis albis; ② tepulis 9 in quoque flore, petalioideis late elliptici – ovatis albis apice obtusis cum acumine extus basi in medio minime subroseis; ③ tepulis 9 in quoque flore, petalioideis late elliptici – ovatis albis apice obtusis cum acumine.

Henan: Changyuan Xian. 10. 04. 2007. T. B. Zhao et Z. X. Chen, No. 200704108 (flores, holotypus hic disignatus, HNAC).

本新变种与舞钢玉兰原变种 Yulania wugangensis(T. B. Zhao, Z. X. Chen et W. B. Sun) D. L. Fu var. wugangensis 的区别：3 种花型：① 单花具花被片 9 枚，外轮花被片 3 枚，萼状，肉质、不规则形，内轮花被片 6 枚，花瓣状，白色，宽匙状卵圆形；② 单花具花被片 9 枚，花瓣状，宽匙状卵圆形，白色，先端钝圆，外面基部中间微有淡粉红色晕；③ 单花具花被片 12 枚，花瓣状，宽匙状卵圆形，白色，先端钝圆。

河南：长垣县。2007 年 4 月 10 日。赵天榜和陈志秀，No. 200704108(花)。模式标本，采自长垣县，存河南农业大学。

3.2　新改隶组合变种实例

塔形玉兰　摘自田国行等《玉兰新分类系统的研究》一文，植物研究，26(1)：35. 2006。其原记载为：

塔形玉兰　窄被玉兰　新改隶组合变种

Yulania denudata(Desr.) D. L. Fu var. pyramidalis(T. B. Zhao et Z. X. Chen) D. L. Fu, T. B. Zhao et Z. X. Chen, var. transl. nova, *Magnolia denudata* Desr. var. *pyramidalis* T. B. Zhao et Z. X. Chen，河南农学院学报，17 (4)：11. 1983；*Magnolia denudata* Desr. var. *angustitepala* T. B. Zhao et Z. X. Chen(Z. S. Chun)，河南农业大学学报，19(4)：363. 1985。

本变种树冠塔状；侧枝细、少，与主干呈 25°～30°角着生。小枝细，直立向上生长。单花具花被片 9 枚，白色，外面基部中间有紫色晕。

产地：河南。模式标本，采自郑州，存河南农业大学。

注：各新分类群发表的实例中，原为 Magnolia Linn. 的分类群名称及学名，还采用原名称及学名，也不更改；而采用 Yulania Spach 属的名称及学名，一律将学名斜体改为正体。

第九节　新分类群发表时拉丁文描述提要

新分类群的发表必须遵照《国际植物命名法规》中有关规定条款，如必用拉丁文描述；必有模式属（用于科）、模式种（用于属）、模式标本（种、亚种、变种）；形态特征线条图（按比例表出）。用拉丁文描述新分类群前，必须掌握和熟悉以下2点。

一、掌握植物拉丁文基本知识与查找汉语词与其对应拉丁词

1. 掌握植物拉丁文基本知识

目前，我国植物拉丁文基础知识以秦仁昌译的《植物学拉丁文》（上册）为佳。作为植物分类工作者，或想作为植物分类工作者，必须熟练掌握各种词（名词、形容词等）的性（中性、阳性、阴性）、数（单数、复数）、格（主格 Nom.、受格 Acc.、所有格 Gen.、与格 Dat.、夺格 Abl.）的属性与词尾，如叶 Folium（s. n. Ⅱ）——属名词、中性、第二变格法；又如圆形的 rotundatus（part. A）——属分词、A 变格法；再如新的 novus（adj. A）——属形容词、A 变格法等。还要掌握副词、形容词比较级及最高级变化、动词等变化。其名词、形容词等的性（中性、阳性、阴性）、数（单数、复数）、格（主格 Nom.、受格 Acc.、所有格 Gen.、与格 Dat.、夺格 Abl.）的词尾变化，如表7-3所示。

表7-3　变格法格的词尾表

变格法格	I	II	III		IV	V
	A	O	辅音	I	U	E
单数						
性	f.	m.　n.	m. f.　n.	f. m.　n.	m.　n.	f.
主格 Nom.	-a	-us　-um	不同的	-is, -es　-e,l,r	-us　-u	-us
受格 Acc.	-am	-um	-es 不同的	-em,im　-e,l,r	-um　-u	-em
所有格 Gen.	-ac	-i	-is	-is	-us	-ei
与格 Dat.	-ae	-o	-i	-i	-ui(u)	-ei
夺格 Abl.	-a	-o	-e	-i 或 e	-u	-e
主格 Nom.	-ae	-i　-a	-es　-a	-es　-ia	-us　-ua	-es
复数						
受格 Acc.	-as	-os　-a	-es　-a	-es,is　-ia	-us　-ua	-es
所有格 Gen.	-arum	-orum	-um	-ium	-uum	-erum
与格 Dat.	-is	-is	-ibus	-ibus	-ibus	-ebus
夺格 Abl.	-is	-is	-ibus	-ibus	-ibus	-ebus

注：摘自秦仁昌译的《植物学拉丁文》（上册）86~87页中的"格的词尾表"。

2. 掌握植物形态特征术语与其对应的拉丁文术语

目前，我国拉汉植物学辞典有：秦仁昌译的《植物学拉丁文》（下册）、赵毓棠等编的

《拉汉植物学名辞典》等。这些著作,对初步涉足植物分类的工作者来说,最大的困难是:如何快速查出汉拉相对应的词和查不出两者相对应的词的问题。现将作者赵天榜于1988~1991年期间,讲授《植物学拉丁语基础》过程中的体会与收获,介绍如下:

拉丁文词的分类通常分10种,即:名词(s.)、形容词(adj.)、代名词(代词 pron.)、动词(ver.)、数词(num.)、副词(adv.)、介词(前置词 prep.)、连接词(conj.)、感叹词、小品词。其中,名词、形容词、代名词、动词、数词有性、数、格词尾变化,尤以名词、形容词、副词在植物分类学中应用最多,而其他5种词类属不变化词类。

汉拉植物形态特征术语词查找的主要方法有4种:① 熟悉英拉汉植物学辞典(辞汇)者,通过英文词,可直接查出拉丁词;② 不熟悉英拉汉植物学辞典(辞汇)者,可按汉词笔画(繁体字)在梁秋实主编的《最新实用汉英辞典》中查出英汉对照的英文词,再通过英文词,在《植物学拉丁文》(下册)、《拉汉植物学名辞典》中,可查出汉拉对照的拉丁词;③ 可在1989年(赵天榜)《汉拉植物学辞汇》(初稿)中,按汉语(简化字)笔划直接查出汉拉植物学相对的拉丁词,同时知道该词的性、数、格等变化。

二、确定新分类的依据

确定新分类的依据主要是《国际植物命名法规》中有关规定条款,准确地确定新分类属于种、亚种、变种,及其模式标本。其具体方法如下:① 首先确定为种,还是亚种,或变种。② 根据其作者采集的标本,查出与该标本形态特征相近种的原始文献,即用拉丁文描述的。若采集的标本与其相近种的原始文献中描述的形态特征相差很大,即3条,或3条以上的形态特征,可定为新种,而该分标本定为模式标本。其两者具有1条,或2条形态特征明显区别,可定为新亚种,或新变种。

三、新分类群的形态描述

第一,确定该新种的名称与学名。

第二,根据模式标本,找出新种与近似种的主要区别点。

第三,按照模式标本,按树形、枝、玉蕾、叶、花、果等顺序记载其形态特征。

第四,新种拉丁文描述。首先,根据本新种与近似种区别要点,查找出拉汉植物学相应词。

然后,采用上述(第二、第三)方法,查出其形态特征的相关的词及其性、数、格的变化。再确定该词尾属于单数及复数词尾。按照其拉丁词的描述,确定出主格名词,凡是说明主格的词,一律置于其后,且性、数、格的变化与主格词尾一致,而副词置于说明主格的词前面。其他词,如代词 pron.、前置词 prep. 等根据具体情况而定。

特别指出的是:在描述新种与近似种区别时,一律采用单数和复数词的夺格词尾。描述新种形态特征时,根据其主词决定其拉丁词为单数,还是复数。其查出拉丁词的方法与上述相同。同时,绘出有比例的线条形态图。

第五,记清模式标本产地、标本号、采集者、采集时间及其储存馆(所)。

四、新杂交分类群的发表

新杂交分类群包括杂交种、杂交变种的发表,《国际植物命名法规》中有关规定条款,在杂交种的种加词前加 × 号,即凡属于杂交种、亚种及变种时,均采用属名 × 杂种加词 命名者表示。其中,还规定,只要注明该新杂交分类群的杂交亲本,则发表新杂交分类群时,不需要拉丁文描述。

1. 新杂交种的发表

新杂交种的发表,均按《国际植物命名法规》中有关规定条款。例如,凯武玉兰 Yulania × kewensis(Pearce)D. L. Fu et T. B. Zhao [*Magnolia* × *kewensis* Pearce = *M. kobus*(DC.)Spach × *M. salicifolia* Sieb. & Zucc.];布鲁克林玉兰 Yulania × brooklynensis (G. Kalmbacher) D. L. Fu [*Magnolia* × *brooklynensis* G. Kalmbacher = *M. acuminata* (Linn.) Linn. × *M. liliflora* Desr. 1970],等等。通常杂交母本(♀)在前面,父本(♂)在后。若杂种名称按字母 a,b,c……排列,应说明其母本、父本。

2. 新杂交变种的发表

新杂交变种的发表,按《国际植物命名法规》中有关规定条款,而新杂交变种名称与杂交种名称、变种名称的构成相同,即属名 种加词 命名者 var. 变种加词 命名者。发表新杂交变种时,应在变种加词前加 n - var.,如奥奇星紫玉兰 Yulania × george - henry - kern (C. E. Kern) D. L. Fu et T. B. Zhao var. orchid(L. Hillenmeyer) T. B. Zhao et Z. X. Chen,n - var. transl. nov.,'Orchid'. *Magnolia liliflora* Desr. × *M. kobus* DC. var. *stellata* (Sieb. & Zucc.) B. C. Blackbum in D. J. Callaway,THE WORLD OF Magnolias. 222~223. Plate 129. 1994。

本变种为圆形灌木。叶倒卵圆形。玉蕾弯曲,似紫玉兰 Yulania liliflora(Desr.) D. L. Fu,暗浅紫红色。单花具花被片 9 枚,外轮花被片 3 枚,小,萼状,内轮花被片 6 枚,淡红紫色,有时弯曲,或边缘内卷;柱头和花药淡红紫色。花时,淡香味很浓。

产地:美国肯塔基州。本变种于 1961 年由 Louis Hillenmeyer 命名。其杂交亲本是紫玉兰与星花玉兰 Yulania stellata(Sieb. & Zucc.)D. L. Fu。

第十节 新品种发表

新品种的发表必须按照《国际栽培植物命名法规》及《中华人民共和国植物新品种保护条例》(1997) 中的有关规定。如《国际栽培植物命名法规》(第七版)第 22 条规定:"本法规规定,只有把印刷品,或类似的复印品(通过销售、交换,或馈赠的方式)分发给一般公众,或者至少是分发到一般植物学家、农学家、林学家和园艺学家们能前去的植物、林业、农学,或园艺等院 (所)的图书馆,发表(publication)才有效。具备新颖性、特异性、一致性和稳定性并有适当命名的植物品种。"而以下发表是无效的:① 公共集会(public meeting)上交流的新名称;② 将名称写在采集品,或者向公众开放的公园的标签上;③ 散发由手稿(manuscripts)、打字稿(typescripts),或其他尚未发表的材料(unpublished material)制成的缩微品(microform);④ 通过电子传媒(electronic media)发表;⑤ 在一般公众无法看到的机密贸易名录(confidential trade lists)上发表的。

此外,还规定:"属间嫁接嵌合体的名称,如果在1953年1月1日及其以后出现在擦不掉的手写本、商业目录(trade catalogues)",或非学术报纸(non-scientific news-papers)中,或者在1973年1月1日及其以后出现在种子交换名录(seed-exchange lists)中,均不被认可为发表。

特别说明的是:"1900年1月1日前的中文、日文和朝鲜文书稿,由手稿原件经手工复制的也被认可发表。"

一、发表日期

《国际栽培植物命名法规》中明确规定:"自1959年1月1日起,载有新品种、品种群,或嫁接嵌合体名称的出版物应清楚地注明日期,至少标明年份,发表才属有效。"

二、发表实例

新品种发表,不需要拉丁文描述,需在专业书刊上公开发表。现举例如下。

1. **'光梗 螺托'玉兰**　新品种

Yulania denudata(Desr.)D. L. Fu 'Guanggeng Luotuo', cv. nov.

本新品种叶宽倒卵圆形,最宽处在顶端,从顶部向下渐狭,基部狭楔形,稀近圆形,长12.5~15.5 cm,宽11.0~12.5 cm,先端突微凹,具短尖,表面深绿色,具光泽,无毛,背面沿脉密被柔毛;叶柄长2.0~3.0 cm。单花具花被片9枚,白色,外面中、基部淡紫红色。聚生蓇葖果螺旋状圆柱状,长12.0~15.0 cm,径3.0~3.5 cm;蓇葖果背面微隆起,呈近方菱状,先端无喙,青绿色;皮孔小,较少,不突起;果梗青绿色,无毛。缩台枝粗壮,密被灰褐色柔毛。缩台枝3~4节。

产地:河南新郑市。选育者:赵天榜、陈志秀。

注:'光梗 螺托'玉兰　发表在赵天榜、田国行等主编的《世界玉兰属植物资源与开发利用》一书205页上。

2. **'多被'舞钢玉兰**　新品种

Yulania wugangensis(T. B. Zhao, W. B. Sun et Z. X. Chen) D. L. Fu 'Duobei', cv. nov.

本新品种单花具花被片16枚,单花花瓣状,片匙状宽卵圆形,外面被水粉色晕,先端钝圆,中部以下粉红色,内面乳白色。

河南:长垣县有栽培。2011年4月15日。选育者:赵天榜、赵杰等。

注:'多被'舞钢玉兰　发表在赵天榜、田国行等主编的《世界玉兰属植物资源与开发利用》一书311页上。

3. **'紫斑'朱砂玉兰**　新品种

Yulania soulangiana(Soul.-Bod.)D. L. Fu 'Ziban', cv. nov.

本新品种单花具花被片9枚,外轮花被片3枚,长度为内轮花被片的2/3,匙状椭圆形,外面中、基部紫红色,或淡紫红色,上部淡粉红色,内面白色,基部两侧具2~4块淡紫色晕斑纹,或淡紫色晕斑纹,侧脉呈淡紫色;雄蕊花丝、花药暗紫红色;离生单雌蕊子房鲜绿色,无毛,微有淡粉红色晕,花柱细,淡粉红色晕,向外反卷;花梗浅色,密被长柔毛。缩台枝粗壮,无毛,紫褐色。

河南:新郑市。选育者:赵天榜和范军科。

注:'紫斑'朱砂玉兰　王建勋等. 朱砂玉兰品种资源及繁育技术. 发表在《安徽农业科学》,36(4):1424. 2008。

第十一节　品种登记与保护

我国各单位机构及个人所选育的新品种应符合《中华人民共和国植物新品种保护条例》规定。该条例详细阐述了"品种权的内容和归属"、"授予品种权的条件"、"品种权的申请和受理"、"品种权的审查批准"等内容。凡是需要品种权保护的新品种,可向国家林业局新品种登记办公室、农业部植物新品种测试中心,以及省部级有关组织机构进行品种登记。

此外,在书籍、杂志上发表的新品种,只有符合《国际栽培植物命名法规》的有关规定,才是合法的。

作为栽培品种商标的登记是一个法律手续问题。为了保护植物新品种权利不受侵犯,鼓励培育和使用植物新品种,促进农业、林业的发展。

我国植物新品种的申请权、品种权、品种权的审查批准,或者转让申请权、品种权等事宜,详见《中华人民共和国植物新品种保护条例》、《中华人民共和国植物新品种保护条例实施细则》(林业部分)。

第十二节　良种基地建设中存在的问题

玉兰属植物良种基地建设,实质是指该属植物基因库林的建设。赵天榜、高聚堂、黄桂生、赵杰等同志曾多次与南召、鲁山县林业局和河南新郑高新技术林业试验场协商,先后在南召县乔端林场、云阳镇,鲁山县国营林场,河南正昊风景园林设计有限公司,以及河南新郑林业高新技术林业试验场建立"玉兰属植物基因库林"5处,均成规模,但因多种原因均告失败。其原因:首先是选址与规划设计不当、建立单位资金缺乏、主管领导的更替,以及不正之风等;其次是该属植物名称及异名称不统一,需要做名称统一与鉴定大量工作等。

第八章 玉兰属分类系统

第一节 玉兰属分类系统建立的理论依据

玉兰属植物分类系统（分类群、分类等级）的建立，应遵照形态理论、系统分类理论、特征分析和模式理论、模式方法及《国际植物命名法规》中的有关规定。

一、形态理论

形态理论（形变理论）是指植物（生物）的形态变异及其变异规律。研究植物的形态变异及其变异规律是玉兰属分类系统建立、物种起源与演化途径探讨，以及发现新分类群的重要理论之一。因为任何植物（树种）在长期的系统发育过程中，受自然环境条件的影响、自然杂交或人为的干预，一定会产生各种各样的形态变异。根据其变异显著性的不同，是决定玉兰属植物不同类群划分的理论基础。根据异花玉兰 Yulania varians T. B. Zhao，Z. X. Chen et Z. F. Ren 具有腋生、顶生混合芽；玉蕾顶生、腋生；花蕾顶生、腋生。花先叶开放与后叶开放。玉蕾花 6 种类型，混合芽花多种类型，花蕾 1 次花 2 种类型，花蕾 2 次花 6 种类型，以及单花具外轮花被片多变，雄蕊中混杂有离生单雌蕊、2 ~ 3 枚呈簇的离生单雌蕊等特异形态特征，而创建异花玉兰组 Yulania Spach sect. Varians T. B. Zhao，Z. X. Chen et X. K. Li，sect. nov.。

二、系统分类理论

系统分类理论（系统原理）是指探索和研究植物（生物）种的形成及其形成规律（系统发育），使建立的分类系统能充分反映出生物进化的历史过程。这一过程，包括从无到有、从少到多、从低级到高级三个环节，并从中得出共同起源、分支发展和阶段发展组成的系统分类学的理论基础。

1. 共同起源

共同起源就是研究生物种的系统发育，探索其亲缘关系。研究生物种的共同起源，就是探索、研究其共同祖先，了解和掌握某类生物种的共同祖先，才能反映出某类生物种的自然谱系。这种自然谱系，称单元系统。共同起源作为系统分类理论，就是单元系统理论（原理）。探讨玉兰属植物共同起源，最可靠的根据是化石材料。从石化材料，该属可以追溯到早白垩纪的阿普第阶 - 阿尔必 Aptian - albian 时期在我国吉林发现的喙柱始木兰 Archimagnolia rostrato - stylosa Tao & Zhang 大化石。再如，木兰亚科各属植物叶全缘，稀先端分裂；幼叶在芽中对折、卷折；花大，色艳；雄蕊多数，药室侧向纵裂，或内向纵裂；离生单雌蕊螺旋状着生在伸长的花托上；果实为聚生蓇葖果；骨质种子富含胚乳，具小型胚等。按照进化理论，木兰科各属是共同起源，因为它们有共同特征。

2. 分支发展

分支发展是指从少到多的发育过程。一个新物种的产生,最初总是少数,在理论上是一个物种。这个从少到多的过程,就是分支发展的过程,是物种形成的最基本过程。这条原理,早已被人们所利用,如系统树(denroram)就是分支发展的谱系。目前,有些学者不承认新物种(亚种、变种、品种)初期是少数植株的观点是错误的。阶段发展是指生物从低级到高级发育。例如,1 个新的物种(亚种、变种、品种)开始时总是少数,接着数量增多(分支分化),继而出现新物种(亚种、变种、品种)的庞大群体。该群体随着历史的发展,生活条件的改变,以及人工选育,一些新的变异植株出现,一些适应性强的类群(种、亚种、变种、品种)得到发展,另一些类群被淘汰,这是历史发展的必然趋势和结果。

3. 阶段发展

分支发展是横的发展,阶段发展是纵的上升。一个新物种,或类群的出现,开始总是少数,随着是数量的增加(分支发展),继而又出现更新的物种,或类群(阶段发)。更新的物种,或类群的出现、发展、淘汰,又有新的物种,或类群的出现与发展、淘汰……这就是生物历史发展的规律和必然结果。

4. 特征分析

物种、系统和特征三者相互联系、相互引申,组成生物分类学原理的一个整体。陈世骧教授指出:"分类特征是对立的特征,只有对立的意义,没有独立的意义。"在生物界中,物种,或物类都是通过对立对比而互相区别的,通过对立对比而互为存在的条件。所以,生物分类学的工作实质在于从物种,或物类中通过对比,从中发现特征、分析特征。然后,根据其特征,分门别类,提出其新分类系统。特征分析的依据是:

4.1　共性与特征

共性是归纳事物的依据,特征是区分事物的依据(条件)。共性与特征是对立统一的,是一切生物分类的依据。所以,生物分类是分与合的统一,是通过共性与特征的对立对比进行的。生物分类都有一个层次问题。层次关系,或分类级别(分类单元、分类群、分类等级),都是通过共性与特征的对立统一而实现的。在植物分类学中的分类层次(分类单元、分类群、分类等级)中,上级特征是下级的共性,下级的共性是上级的特征。例如,刘玉壶(2000)以种皮与果皮愈合和分离、蓇葖果为翅果状,或不为翅果状,将木兰科分为鹅掌楸亚科 subfam. Liriodendroideae(Bark.)Law 和木兰亚科 subfem. Magnolioideae;木兰亚科又依花顶生,或腋生的不同,将其分为木兰族 trib. Magnolieae 和含笑族 trib. Micheliinae Law ……

总之,上述分类单位的确立都是在研究某生物类群共性与特征之后而提出的。

4.2　祖先特征与新的特征

祖先特征是祖系传给的特征,新的特征是本系获得的特征。建立分类群(分类单元、分类级别、分类等级)(指科、属、种、亚种、变种等),必须采用新的特征,不取祖先特征。因为新的特征是新分类群产生的依据和标志,也是单源系统的自然标志。这是选用分类特征,建立新分类群、分类单元的基本原理。分类特征是生物物类(分类群)历史地位的标志,是随着新分类群如新种、新变种等的出现而出现的,同样是长期历史形成的产物。但是,祖先特征与新的特性相结合,则是发现新分类群与选育新品种的重要依据。例如,河南玉兰 Yulania honanensis(B. C. Ding et T. B. Zhao)D. L. Fu et T. B. Zhao,因其形态特征非常特殊,即3种花型:① 单花具花被片9枚,外轮花被片3枚,萼状、膜质、早落,内轮花被片6枚,花瓣状,肉质;② 单花具花被片9枚,花瓣状,肉质;③ 单花具花被片12枚,花瓣状,肉质,而定为新种。奇叶玉兰 Y. mirifolia D. L. Fu,T. B. Zhao et Z. X. Chen 因其叶多种类型,而浅裂、深裂等,显著与玉兰属其他物种不同,而命名为新种等。

三、模式理论

模式理论(模式概念)是指:形态相似的个体所组成的物种,同种个体符合于同一"模式"。这一概念(理论)是建立在物种不变的理论基础上的。因而,同一物种,不同学者采用不同的命名等级,甚至相差极大。例如,A. Rehder & E. H. Wilson 发表凹叶厚朴变种 Magnolia officinalis Rehd. & Wils. var. biloba Rehd. & Wils.,而郑万钧则作为种级处理(裸名)*Magnolia biloba* (Rehd. & Wils.) Cheng,刘玉壶则将凹叶厚朴作为亚种处理,即 Magnolia officinalis Rehd. & Wils. subsp. biloba(Rehd. & Wils.) Law(1996)。所以,"模式理论"普遍受到世界上所有进化论者的批判。但是,作为一种方法和手段,却在植物分类的实践中,普遍加以应用,并且在《国际植物命名法规》中有明确规定。

模式理论是以特征分析为主的。特征分析是物种、系统和特征三者相互联系、相互制约组成生物分类学原理的一个整体。陈世骧(1978)指出:"分类特征是对立的特征,只有对立的意义,没有单独的意义。"例如,在生物分类检索表中,物种,或物类(分类等级)都是通过对立对比而互相区分的,通过对立对比时互为存在的条件。所以,生物分类工作者的实质,在于从对立对比中发现特征(特性)、分析特征(特性)的异同,据以分门别类。

植物学经典分类方法(模式方法)在《国际植物命名法规》中明确规定:属以下分类群,必须以命名模式为根据。描述和命名新分类群(指新种、新亚种、新变种)所依据的标本,实指一份标本。这份标本,通常称为主模式(holotypus)。这种方法,在植物分类工作中,通称"模式方法"。模式标本,必须是永久保存的。

模式方法在植物分类学上是一种行而有效的方法,植物分类学者采用模式方法,并纳入《国际植物命名法规》。其原因在于:个体不能代表群体,但又能代表群体,否则,鉴别,或发现新种、新变种就无所依据。为此,在鉴定,或区别物种时,必须以群体特征为基础,在群体中找出稳定、不变的形态特征,或特性,作为物种的形态特征,或特性,与同属其他物种(包括亚种、变种)相区别,确定其不同类群的级别。然后,根据不同物种形态特征,或特性的相似和区别,加以归类,作为玉兰属属下分类群确定的依据。

第二节　玉兰属分类系统建立的形态学依据

玉兰属分类系统建立的形态学依据主要是指该属植物主要分类性状的变异,如乔木与灌木、树形性状变异、叶片形状、玉蕾、花期、花型种类、花的变异、聚生蓇葖果、蓇葖果等。玉兰属植物主要分类性状的变异,见第六章第三节选育依据与技术有关内容。还必须遵照《国际植物命名法规》中有关规定。

第三节　玉兰属分类系统建立的其他依据

根据报道，还有采用同工酶技术、系统聚类分析、染色体数目、DAN 测定、组织解剖、化学成分等方法进行玉兰属植物物种鉴定与分类系统建立依据的研究。

第四节　玉兰属及其分类系统

一、玉兰属(武汉植物学研究)

Yulania Spach in Hist. Nat. Vég. Phan. 7:462. 1839；傅大立. 玉兰属的研究. 武汉植物学研究，19(3):191～198. 2001；田国行等. 玉兰属植物资源与新分类系统的研究. 中国农学通报，22 (5):405. 2006；赵东欣. 河南玉兰亚属植物种质资源与开发利用的研究. 安徽农业科学，36 (22):9488. 2008；赵天榜、任志锋、田国行主编. 世界玉兰属植物种质资源志：6～7. 2013。

落叶乔木，或灌木。小枝上具环状托叶痕。叶多种类型：倒卵圆形、椭圆形、圆形，或奇形等，先端钝圆、钝尖、微凹、急尖，或不规则形，2 浅裂，或深裂，基部楔形，稀近圆形。玉蕾顶生、腋生、簇生，有时呈总状聚伞花序。混合芽顶生，或腋生。玉蕾顶生，或腋生，稀有花蕾。玉蕾形状、大小不等，由缩台枝、芽鳞状托叶、雏枝、雏芽和雏蕾组成。缩台枝通常 3～5 节，稀 1～2 节，或 >6 节，明显增粗，稀纤细，密被长柔毛，稀无毛。每种具 1 种花型，稀 2～多种花型；每花具佛焰苞状托叶 1 枚，稀 2 枚，有时无佛焰苞状托叶。玉蕾花先叶开放，或花叶同时开放；混合芽花、花蕾花后叶开放，花着生于新枝顶端。单花具花被 9～21(～32)枚，稀 6～8 枚，或 33～48 枚，稀外轮花被片稍小，或呈萼状；雄蕊多数，花丝短、宽，通常与花药等宽，或稍宽；雌蕊群显著高于雄蕊群，或雄蕊群与雌蕊群等高，或包被雌蕊群；雌蕊群无雌蕊群柄，稀具雌蕊群柄；离生单雌蕊子房无毛、被短柔毛；缩台枝、花梗和果枝粗、短，密被长柔毛，稀无毛。聚生蓇葖果常因部分单雌蕊不发育而弯曲；蓇葖果先端钝圆，或具短喙。

本属模式：玉兰 Yulania denudata(Desr.)D. L. Fu。

本属植物 57 种和 51 杂交种、20 亚种、98 变种。其中，中国分布与栽培 57 种(包括引种栽培的 4 种、引种栽培的 1 杂交种)；日本分布 3 种；美洲仅分布渐尖玉兰 1 种。滇藏玉兰 1 种在印度、锡金等有分布。本属植物杂交种广泛栽培于欧美各国。

二、玉兰属分类系统

1. **玉兰亚属**(世界玉兰属植物资源与开发利用)　亚属

Yulania Spach subgen. Yulania(Spach)T. B. Zhao et Z. X. Chen，赵天榜、田国行等主编. 世界玉兰属植物资源与栽培利用：190. 2013；赵天榜、任志锋、田国行主编. 世界玉兰属植物种质资源志：7～8. 2013；Yulania Spach，Hist. Nat. Vég. Phan. 7:462. 1839；*Magnolia* Linn. subgen. *Yulania*(Spach)Reichenbach in Der Dectsche Bot. ,1(1):192. 1841.

本亚属植物叶倒卵圆形、倒卵圆状三角形、椭圆形、圆形，或奇形，薄革质、纸质，以倒卵圆形为主的叶片，最宽处在顶部，或上部，先端钝圆、钝尖，微凹，或急尖，或不规则形、浅裂，或深裂，基部楔形，稀近圆形，背面主、侧脉明显隆起，被长柔毛，稀无毛，侧脉通常斜展，分离处与主脉等高，叶柄基部通常膨大，被短柔毛，稀无毛。玉蕾卵球状，中部以上渐细，通常长度 >3.0 cm，具芽鳞状托叶 3 ~5 枚，稀 1 ~2 枚，最外层 1 枚，外面密被短柔毛，稀无毛。单株上只 1 种花型。花先叶开放；单花具花被片 9 ~18(~32)枚，稀 6 ~8 枚，或 33 ~48 枚，花瓣状，通常无萼状花被片；花丝短、宽，通常与花药等宽，或稍宽，花隔伸出呈短尖头，稀钝圆；离生单雌蕊无毛，稀有毛；雌蕊群无雌蕊群柄，稀具雌蕊群柄；缩台枝、花梗和果枝粗、短，密被长柔毛，稀无毛。种子具橙黄色的拟假种皮。花期 3 ~4 月，为玉兰属植物花期较晚的一类。

本亚属模式：玉兰组 Yulania Spach sect. Yulania(Spach)D. L. Fu。

本亚属植物种类：26 种(不包括杂交种)，均产于中国。河南分布与栽培 20 种。

1.1　玉兰组(中国植物志) 组

Yulania Spach sect. Yulania(Spach)D. L. Fu，傅大立. 玉兰属的研究. 武汉植物学研究，19 (3)：191 ~198. 2001；田国行等. 玉兰属植物资源与新分类系统的研究. 中国农学通报，22 (5)：405. 2006；赵天榜、任志锋、田国行主编. 世界玉兰属植物种质资源志：8 ~9. 2013；*Magnolia* Linn. sect. *Yulania* (Spach) Dandy in Camellias and Magnolias. Rep. Conf. 72. 1950；*Magnolia* Linn. sect. *Yulania* ((Spach) Dandy) W. B. Sun et Zhao, syn. nov. in Liu Y H et al. ,ed. Proc. Interational Symp. Family. Magnoliaceae 2000. 52 ~57. Beijing：Science press. 2000.

本组植物以叶倒卵圆形为主，有椭圆形，或奇形，先端钝圆、微凹，或急尖，不规则形、浅裂，或深裂，基部楔形，稀近圆形。单株上只 1 种花型。花先叶开放；单花具花被片 9 ~18 (~32) 枚，稀 6 ~8 枚，或 33 ~48 枚，花瓣状，无萼状花被片；花丝短、宽，通常与花药等宽，或稍宽；离生单雌蕊无毛，稀有毛；缩台枝、花梗和果枝粗、短，密被长柔毛，稀无毛。种子具橙黄色的拟假种皮。

本组模式：玉兰 Yulania denudata(Desr.)D. L. Fu。

本组植物共计 20 种(不包括种间杂交种)。河南分布与栽培有：滇藏玉兰 Y. campbellii(Hook. f. & Thoms.)D. L. Fu、武当玉兰 Y. sprengeri(Pamp.)D. L. Fu、玉兰 Y. denudata(Desr.)D. L. Fu、楔叶玉兰 Y. cuneatofolia T. B. Zhao，Z. X. Chen et D. L. Fu、青皮玉兰 Y. viridula D. L. Fu，T. B. Zhao et G. H. Tian、奇叶玉兰 Y. mirifolia D. L. Fu，T. B. Zhao et Z. X. Chen、信阳玉兰 Y. xinyangensis T. B. Zhao，Z. X. Chen et H. T. Dai、朝阳玉兰 Y. zhaoyangyulan T. B. Chao et Z. X. Chen、华丽玉兰 Y. superba T. B. Zhao，Z. X. Chen et X. K. Li，sp. nov. 、中州玉兰 Y. zhongzhou T. B. Zhao，Z. X. Chen et L. H. Sun，sp. nov. 。

(1) 玉兰亚组(中国农学通报)　亚组

Yulania Spach subsect. Yulania (Spach)D. L. Fu et T. B. Zhao，田国行等. 玉兰属植物资源与新分类系统的研究. 中国农学通报，22(5)：405. 2006；赵天榜、田国行等主编. 世界玉兰属植物资源与栽培利用：169. 2013；赵天榜、任志锋、田国行主编. 世界玉兰属植物种质资源志:9. 2013。

本亚组植物叶倒卵圆形、倒卵圆状三角形,或椭圆形、圆形、不规则形。花先叶开放,稀花叶同时开放;花被片近相似。单花具花被片9~21枚,稀6~8枚,花瓣状。

本亚组模式:玉兰 Yulania denudata(Desr.)D. L. Fu。

本亚组植物14种。如滇藏玉兰、凹叶玉兰 Y. sargentiana(Rehd. & Wils.)D. L. Fu、康定玉兰 Y. dawsoniana(Rehd. & Wils.)D. L. Fu、武当玉兰、椭蕾玉兰 Y. elliptigemmata(C. L. Guo et L. L. Huang)N. H. Xia、红花玉兰 Y. wufengensis(L. Y. Ma et L. R. Wang)T. B. Zhao et Z. X. Chen、湖北玉兰 Y. verrucosa D. L. Fu,T. B. Zhao et S. S. Chen、玉兰、华丽玉兰、南召玉兰,均分布在中国。人工杂种6种,如维特奇玉兰 Y. × veitchii(Bean)D. L. Fu,广泛栽培于欧美各国。

1) 玉兰系(世界玉兰属植物资源与栽培利用)原系

Yulania Spach ser. Yulania(Spach)Z. B. Zhao et Z. X. Chen,赵天榜、田国行等主编. 世界玉兰属植物资源与栽培利用:169. 2013;赵天榜、任志锋、田国行主编. 世界玉兰属植物种质资源志:9. 2013。

本系植物叶倒卵圆形、倒卵圆状三角形,或椭圆形、圆形、不规则形。花先叶开放,稀花叶同时开放;花被片近相似,花瓣状。单花具花被片9~21枚,稀6~8枚,花瓣状。

本系模式:玉兰 Yulania denudata(Desr.)D. L. Fu。

本系植物14种,分别是:滇藏玉兰、凹叶玉兰、康定玉兰、武当玉兰、椭蕾玉兰、红花玉兰、湖北玉兰、玉兰、飞黄玉兰 Y. fëihuangyulan(F. G. Wang)T. B. Zhao et Z. X. Chen、楔叶玉兰、怀宁玉兰 Y. huainingensis D. L. Fu,T. B. Zhao et S. M. Wang、华丽玉兰、南召玉兰,均分布在中国。

2) 维持奇玉兰系(世界玉兰属植物资源与栽培利用)　系

Yulania Spach ser. × Veitchiyulan T. B. Zhao et Z. X. Chen,赵天榜、田国行等主编. 世界玉兰属植物资源与栽培利用:169. 2013;赵天榜、任志锋、田国行主编. 世界玉兰属植物种质资源志:9. 2013。

本系植物均为玉兰系植物的种间杂种,且具有双亲的形态特征、特性和中间过渡类型。

本系模式:维特奇玉兰 Yulania × veitchii(Bean)D. L. Fu。

本系植物有6杂交种,广泛栽培欧美洲各国。河南无引种栽培。

(2) 北川玉兰亚组(世界玉兰属植物资源与栽培利用)　亚组

Yulania Spach subsect. Carnosa(D. L. Fu)T. B. Zhao et Z. X. Chen,赵天榜、田国行等主编. 世界玉兰属植物资源与栽培利用:169. 2013;赵天榜、任志锋、田国行主编. 世界玉兰属植物种质资源志:9~10. 2013;Yulania Spach sect. Carnosa D. L. Fu,sect. ined.,傅大立. 辛夷植物资源分类与新品种选育研究. 中南林学院博士论文。

本亚组植物单花具佛焰苞状托叶2枚,1枚着生在花梗中间,膜质,外面疏被长柔毛,早落,呈2节状,另1枚顶生,花瓣状,肉质,淡蔷薇色。

本亚组模式:北川玉兰 Yulania carnosa D. L. Fu et D. L. Zhang。

本亚组植物1种:北川玉兰分布于四川。

(3) 青皮玉兰亚组(世界玉兰属植物资源与栽培利用)　亚组

Yulania Spach subsect. Viridulayulan T. B. Zhao et Z. X. Chen,赵天榜、田国行等主编. 世界玉兰属植物资源与栽培利用:169. 2013;赵天榜、任志锋、田国行主编. 世界玉兰属植物种质资源志:10. 2013。

本亚组植物单花具花被片(9~)12~48 枚,花瓣状,白色,或亮紫红色。

本亚组模式:青皮玉兰 Yulania viridula D. L. Fu,T. B. Zhao et G. H. Tian。

本亚组植物 2 种:青皮玉兰和玉灯玉兰 Y. pyriformis(T. D. Yang et T. C. Cui)D. L. Fu。其分布与栽培于陕西和河南。

(4) 簇花玉兰亚组(世界玉兰属植物资源与栽培利用)　亚组

Yulania Spach subsect. Cespitosiflora T. B. Zhao et Z. X. Chen,赵天榜、田国行等主编. 世界玉兰属植物资源与栽培利用:169. 2013;赵天榜、任志锋、田国行主编. 世界玉兰属植物种质资源志:10. 2013。

本亚组植物玉蕾顶生、腋生和簇生,有时呈总状聚伞花序,或玉蕾含 1~3 朵花。叶倒卵圆形。单花具花被片 6~12 枚,或 9 枚。

本亚组模式:多花玉兰 Yulania multiflora(M. C. Wang et C. L. Min)D. L. Fu。

本亚组植物 1 种:多花玉兰。其分布与栽培于陕西。

(5) 特异玉兰亚组(世界玉兰属植物资源与栽培利用)　亚组

Yulania Spach subsect. Mira T. B. Zhao et Z. X. Chen,赵天榜、田国行等主编. 世界玉兰属植物资源与栽培利用:170. 2013;赵天榜、任志锋、田国行主编. 世界玉兰属植物种质资源志:10. 2013。

本亚组植物单花花被片花瓣状,具有 2 种雌雄蕊群类型:① 雄蕊群与雌蕊群等高,或稍短;② 雌蕊群显著超过雄蕊群。有时具特异叶形。

本亚组模式:朝阳玉兰 Yulania zhaoyangyulan T. B. Zhao et Z. X. Chen。

本亚组植物有 3 种:朝阳玉兰、奇叶玉兰、信阳玉兰 Y. xinyangensis T. B. Zhao,Z. X. Chen et H. T. Dai,河南均有栽培。

1.2　罗田玉兰组(世界玉兰属植物资源与栽培利用)　组

Yulania Spach sect. Pilocarpa(D. L. Fu et T. B. Zhao)T. B. Zhao et Z. X. Chen,赵天榜、田国行等主编. 世界玉兰属植物资源与栽培利用:169. 2013;赵天榜、任志锋、田国行主编. 世界玉兰属植物种质资源志:10. 2013。

本组植物叶倒卵圆形、倒卵圆状椭圆形、近圆状倒卵形,或近圆形,先端钝尖、浅裂,或深裂。单花具花被片 9 枚,外轮花被片 3 枚,萼状、膜质、早落,内轮花被片 6 枚,肉质,花瓣状;离生单雌蕊无毛,或有毛。

本组模式:罗田玉兰 Yulania pilocarpa(Z. Z. Zhao et Z. W. Xie)D. L. Fu。

本组植物 2 种:鸡公玉兰 Y. jigongshanensis(T. B. Zhao,D. L. Fu et W. B. Sun)D. L. Fu、罗田玉兰,其分布与栽培于河南和湖北。

(1) 罗田玉兰亚组(中国农学通报)　亚组

Yulania Spach subsect. Pilocarpa D. L. Fu et T. B. Zhao,田国行等. 玉兰属植物资源与新分类系统的研究. 中国农学通报,22(5):405~406. 2006;赵天榜、任志锋、田国行主

编. 世界玉兰属植物种质资源志:10～11. 2013。

本亚组植物形态特征:与罗田玉兰组植物形态特征相同。

(2) 舞钢玉兰亚组(中国农学通报)　舞钢玉兰组(武汉植物学研究) 亚组

Yulania Spach subsect. Wugangyulania(T. B. Zhao,W. B. Sun et Z. X. Chen)T. B. Zhao,D. L. Fu et Z. X. Chen,田国行等. 玉兰属植物资源与新分类系统的研究. 中国农学通报,22 (5):406. 2006;赵天榜、任志锋、田国行主编. 世界玉兰属植物种质资源志:11. 2013;*Yulania* Spach sect. *Wugangyulaniae* T. B. Zhao,D. L. Fu et Z. X. Chen,赵天榜等. 舞钢玉兰芽种类与成枝成花规律的研究. 武汉植物学研究,21(3):83. 2003。

本亚组植物单株上同时具2种花型。玉蕾顶生、腋生和簇生,有时玉蕾内有2～4个小玉蕾构成总状聚伞花序。单花具花被片9枚,外轮花被片3枚,萼状,内轮花被片花瓣状,匙形,白色,外面中基部中间紫红色。

本亚组模式:舞钢玉兰 Yulania wugangensis(T. B. Zhao,W. B. Sun et Z. X. Chen) D. L. Fu。

本亚组植物有1种:舞钢玉兰,其分布与栽培于河南。

2. **渐尖玉兰亚属**(世界玉兰属植物资源与开发利用)　亚属

Yulania Spach subgen. Tulipastrum (Spach)T. B. Zhao et Z. X. Chen,赵天榜、田国行等主编. 世界玉兰属植物资源与开发利用:243. 2013;赵天榜、任志锋、田国行主编. 世界玉兰属植物种质资源志:11. 2013;*Tulipastram* Spach,Hist. Nat. Vég. Phan. 7:481. 1839.

本亚属植物为落叶灌木,或乔木。叶椭圆形、长圆状椭圆形、长卵圆形,以椭圆形为主,稀倒卵圆形,中部通常最宽,先端渐尖、短渐尖,稀钝圆,具短尖头。幼嫩部分(叶、枝、芽)疏被长柔毛,稀短柔毛,后无毛,或偶有残存毛,主脉与侧脉夹角50°～60°,侧脉基部多弯弓形斜展,中脉与侧脉分离处侧脉显著低于主脉,沿脉疏被长柔毛;叶柄细,初疏被长柔毛,后脱落,基部不显著膨大。玉蕾顶生,小。花叶同时开放,或花叶近同时开放,稀花后叶开放。单花具花被片9～12枚,淡黄色、黄色、白色及紫色,有萼、瓣之分,萼状花被片膜质,稀无萼、瓣之分(宝华玉兰组);花丝通常细、较长,比花药窄,药隔先端伸出呈短尖头;雌蕊群无雌蕊群柄,稀具雌蕊群柄;离生单雌蕊20～100枚以上,子房无毛;花梗和缩台枝被长柔毛,稀无毛。聚生蓇葖果卵球状。

本亚属模式:渐尖玉兰组 Yulania Spach sect. Tulipastrum(Spach)D. L. Fu。

本亚属植物有23种。河南分布与栽培23种(包括2人工杂交种)。

2.1　宝华玉兰组(世界玉兰属植物资源与开发利用)　宝华玉兰亚组(中国农学通报)　亚组

Yulania Spach sect. Baohuayulan(D. L. Fu et T. B. Zhao)T. B. Zhao et Z. X. Chen,赵天榜、田国行等主编. 世界玉兰属植物资源与栽培利用:171. 2013;赵天榜、任志锋、田国行主编. 世界玉兰属植物种质资源志:11～12. 2013;*Yulania* Spach subsect. *Baohuayulan* D. L. Fu et T. B. Zhao,田国行等. 玉兰属植物资源与新分类系统的研究. 中国农学通报,22(5):406～407. 2006。

本亚组植物叶椭圆形,或倒卵圆状椭圆形。花先叶开放;单花具花被片9枚,稀12～18枚,花瓣状,无萼状花被片。

本组模式:宝华玉兰 Yulania zenii(Cheng)D. L. Fu。

本组植物 4 种:宝华玉兰、天目玉兰、伏牛玉兰、景宁玉兰河南有分布与引种栽培。

2.2 渐尖玉兰组(武汉植物学研究) 紫玉兰组(中国植物志) 木兰组(中南林学院学报) 组

Yulania Spach sect. Tulipastrum(Spach)D. L. Fu,傅大立. 玉兰属的研究. 武汉植物学研究,19(3):198. 2001;田国行等. 玉兰属植物资源与新分类系统的研究. 中国农学通报,22(5):406. 2006;赵天榜、任志锋、田国行主编. 世界玉兰属植物种质资源志:12. 2013;*Magnolia* Linn. sect. *Tulipastrum* ((Spach) Dandy) Sun et Zhao in Proc. Internat. Symp. Fam. Magnoliaceae 2000. 52 ~ 57. 2000;*Magnolia* Linn. sect. *Tulipastrum*(Spach) Dandy in Camellias and Magnolias Rep. Conf. 74. 195。

本组植物叶以椭圆形为主,稀倒卵圆形,中部通常最宽,先端渐尖、短渐尖,稀钝圆,具短尖头。玉蕾顶生,小。花先叶开放,稀花叶同时开放,或近同时开放,偶有花后叶开放。单花具花被片 9 ~ 12 枚,淡黄色、黄色、白色及紫色,有萼、瓣之分,或花被片瓣状;雄蕊花丝通常细、较长,比花药窄,药隔先端伸出呈短尖头;离生单雌蕊多数,子房无毛;花梗和缩台枝被长柔毛,稀无毛。聚生蓇葖果卵球状,或圆柱状;蓇葖果通常无喙,稀具喙。

本组模式:渐尖玉兰 Yulania acuminata(Linn.)D. L. Fu。

本组植物有 11 种。

(1) 渐尖玉兰亚组(中国农学通报) 亚组

Yulania Spach subsect. Tulipastrum(Spach)D. L. Fu et T. B. Zhao,田国行等. 玉兰属植物资源与新分类系统的研究. 中国农学通报,22(5):406. 2006;赵天榜、任志锋、田国行主编. 世界玉兰属植物种质资源志:12 ~ 13. 2013。

本亚组植物叶以椭圆形为主,稀倒卵圆形,中部通常最宽,先端渐尖。花先叶开放,花叶同时开放,或花后叶开放。单花具花被片 9 ~ 12 枚,稀达 48 枚,外轮花被片 3 枚,萼状、膜质、早落,内轮花被片薄肉质,质地较软;花丝通常细于花药;花梗和缩台枝疏被长柔毛。

本亚组模式:渐尖玉兰 Yulania acuminata(Linn.)D. L. Fu。

本亚组植物天然种有 3 种,人工杂种 4 种。它们是:渐尖玉兰、紫玉兰、美丽玉兰 Y. Concinna(Law et R. Z. Zhou)T. B. Zhao et Z. X. Chen,以及布鲁克林玉兰 Yulania × brooulynenjis(G. Kalmbacher)D. L. Fu、洛内尔玉兰 Y. × loeneri (Kache)D. L. Fu et T. B. Zhao、凯武玉兰 Y. × kwensis(Pcarce)D. L. Fu et T. B. Zhao、普鲁托斯卡娅玉兰 Y. × proctoriana(Rehd.)D. L. Fu et T. B. Zhao。渐尖玉兰、紫玉兰、美丽玉兰河南有引种栽培。

1)渐尖玉兰系(世界玉兰属植物资源与栽培利用) 原系

Yulania Spach ser. Tulipastrum(Spach)T. B. Zhao et Z. X. Chen,赵天榜、田国行等主编. 世界玉兰属植物资源与栽培利用:173. 2013;赵天榜、任志锋、田国行主编. 世界玉兰属植物种质资源志:13. 2013;*Tulipastrum* Spach,Hist. Nat. Vég. Phan. 7:481. 1839.

本系植物叶椭圆形,或心形。花先叶开放,或花叶同时开放,花后叶开放。单花具花被片 9 枚,有萼、瓣之分,花瓣状花被片黄色、黄绿色,或蓝绿色,以及紫色、紫红色。

本系模式:渐尖玉兰 Yulania acuminata(Linn.)D. L. Fu。

本系植物有4种。如渐尖玉兰、紫玉兰等。

2）布鲁克林玉兰系（世界玉兰属植物资源与栽培利用）　系

Yulania Spach ser. × brooklynyulan T. B. Zhao et Z. X. Chen，赵天榜、田国行等主编. 世界玉兰属植物资源与栽培利用：173. 2013；赵天榜、任志锋、田国行主编. 世界玉兰属植物种质资源志：13. 2013。

本系植物系渐尖玉兰与紫玉兰植物的种间人工杂种，其形态特征和特性，均具有两亲本的形态特征和许多中间过渡类型。

本系模式：布鲁克林玉兰 Yulania × brooklynensis（G. Kalmbacher）D. L. Fu。

本系植物1种：布鲁克林玉兰。河南有引种栽培。

（2）望春玉兰亚组（世界玉兰属植物资源与栽培利用）　望春玉兰组（中国植物志）　星花玉兰组（中南林学院学报）　亚组

Yulania Spach subsect. Buergeria（Sieb. & Zucc.）T. B. Zhao et Z. X. Chen，赵天榜、田国行等主编. 世界玉兰属植物资源与栽培利用：173. 2013；赵天榜、任志锋、田国行主编. 世界玉兰属植物种质资源志：13～14. 2013；*Buergeria* Sieb. & Zucc. in Abh. Math.－Phys. Cl. Akad. Wiss. Münch.，4（2）：187.（Fl. Jap. Fam. 1：79）. 1843；*Yulania* Spach sect. *Buergeria*（Sieb. & Zucc.）D. L. Fu，傅大立. 玉兰属的研究. 武汉植物学研究，19（3）：198. 2001；*Magnolia* Linn. sect. *Buergeria*（Sieb. & Zucc.）Dandy in Camellias and Magnolias，Rép. Conf. 73. 1950；*Magnolia* Linn. subgen. *Yulania* sect. *Buergeria*（Sieb. & Zucc.）Baillon in D. J. Callaway，The World of Magnolias. 154. 167. 1994；*Magnolia* Linn. subgen. *Yulania*（Spach）Reichenbach subsect. *Buergeria* Y. L. Wang，sect. nov. ined. 及 subsect. *Buergeria*（Sieb. & Zucc.）Dandy，王亚玲等. 玉兰亚属植物形态变异及种间界限探讨. 西北林学院学报，21（3）：40. 2006。

本亚组植物叶以椭圆形为主，稀倒卵圆形，先端渐尖、短渐尖，稀钝圆，具短尖头。花先叶开放。每物种具1种花型。单花花被片通常9枚，稀9～48枚，花被片有萼、瓣之分；花丝通常细、较长，比花药窄，药隔先端伸出呈短尖头；离生单雌蕊子房无毛；花梗和缩台枝被长柔毛，稀无毛。拟假种皮颜色较深，紫红色。

本亚组模式：星花玉兰 Yulania stellata（Sieb. & Zucc.）D. L. Fu。

本亚组植物有4种：日本辛夷 Y. kobus（DC.）Spach、星花玉兰、柳叶玉兰 Y. salicifolia（Sieb. & Zucc.）D. L. Fu 及望春玉兰。人工杂交种均广泛栽培于欧美各国。

1）望春玉兰系（世界玉兰属植物资源与栽培利用）　系

Yulania Spach ser. Buergeria（Sieb. & Zucc.）T. B. Zhao et Z. X. Chen，赵天榜、田国行等主编. 世界玉兰属植物资源与栽培利用：174. 2013；赵天榜、任志锋、田国行主编. 世界玉兰属植物种质资源志：14. 2013。

本系植物叶椭圆形，或倒卵圆形。花先叶开放，但比玉兰组早。单花具花被片9枚，稀9～48枚，外轮花被片3枚，萼状、膜质、早落，内轮花被片花瓣状，外面中基部具不同程度的紫色、紫红色等晕，或条纹，稀白色。

本系模式：星花玉兰 Y. stellata（Sieb. & Zucc.）D. L. Fu。

本系植物有4种：望春玉兰、日本辛夷、星花玉兰和柳叶玉兰及8人工杂交种。

2）洛内尔玉兰系(世界玉兰属植物资源与栽培利用)　系

Yulania Spach ser. × Loebneriyulan T. B. Zhao et Z. X. Chen,赵天榜、田国行等主编. 世界玉兰属植物资源与栽培利用:174. 2013;赵天榜、任志锋、田国行主编. 世界玉兰属植物种质资源志:14. 2013。

本系植物为望春玉兰亚组植物种间杂种,其形态特性具有双亲的形态特征、特性和中间许多过渡类型。

本系模式:洛内尔玉兰 Yulania × loeneri(Kache)D. L. Fu。

本系植物有8人工杂交种。它们是:凯武玉兰 Yulania × kewensis(Pearce)D. L. Fu、洛内尔玉兰 Y. × loebneri(Kache)D. L. Fu et T. B. Zhao、玛丽林玉兰 Y. × marillyn(E. Sperber)T. B. Zhao et Z. X. Chen、金星玉兰 Y. × gold-star(Ph. J. Savage)T. B. Zhao et Z. X. Chen、普鲁斯托莉玉兰 Y. × proctoriana(Rehd.)D. L. Fu et T. B. Zhao、星紫玉兰 Y. × george-henry-kern(C. E. Kern)D. L. Fu T. B. Zhao、麦星玉兰 Y. × maxine-merrill(Ph. J. Savage)T. B. Zhao et Z. X. Chen、阳光玉兰 Y. × solar-flair(Ph. J. Savage)T. B. Zhao et Z. X. Chen。除紫星玉兰外,其他杂交种河南均无引种栽培。

(3)腋花玉兰亚组(世界玉兰属植物资源与栽培利用)　亚组

Yulania Spach subsect. Axilliflora(B. C. Ding et T. B. Zhao)T. B. Zhao et Z. X. Chen,赵天榜、田国行等主编. 世界玉兰属植物资源与栽培利用:174. 2013;赵天榜、任志锋、田国行主编. 世界玉兰属植物种质资源志:14~15. 2013;*Yulania* Spach sect. *Axilliflora*(B. C. Ding et T. B. Zhao) D. L. Fu,傅大立. 玉兰属的研究. 武汉植物学研究,19(3):198. 2001;*Magnolia* Linn. sect. *Axilliflora* B. C. Ding et T. B. Zhao,丁宝章等. 中国木兰属植物腋花、总状花序的首次发现和新分类群. 河南农业大学学报,19(4):360. 1985。

本亚组植物叶长椭圆形、椭圆形,先端钝尖,或长尖,基部近圆形,或心形。玉蕾顶生、腋生和簇生均有,有时构成总状聚伞花序。单花具花被片9枚,外轮花被片3枚,萼状、膜质、早落,内轮花被片花瓣状;离生单雌蕊无毛,稀雌蕊群与雄蕊群等高。

本亚组模式:腋花玉兰 Yulania axilliflora(D. C. Ding et T. B. Zhao)D. L. Fu。

本亚组植物有2种:腋花玉兰、安徽玉兰 Y. anhuiensis T. B. Zhao,Z. X. Chen et J. Zhao。河南有分布与栽培。

2.3　黄山玉兰组(世界玉兰属植物资源与栽培利用)　组

Yulania Spach sect. Cylindrica(S. A. Spongberg)T. B. Zhao et Z. X. Chen,赵天榜、田国行等主编. 世界玉兰属植物资源与栽培利用:175. 2013;赵天榜、任志锋、田国行主编. 世界玉兰属植物种质资源志:15. 2013;*Magnolia* Linn. sect. *Cylindrica* S. A. Spongberg in Arnoldia Boston,52:1. 1976;*Magnolia* Linn. subgen. *Yulania*(Spach)Reichenbach subsect. *Cylindrica*Y. L. Wang,subsect. nov. ined.,王亚玲、马延康、张寿洲,等. 2002. 玉兰亚属植物形态变异及种间界限探讨. 西北林学院学报,21(3):37~40。

本组植物叶椭圆形,较小,先端钝圆、钝尖,基部楔形,或近圆形。玉蕾顶生。花单花型,或多种类型。花先叶开放,或花先叶开放。单花具花被片9枚,有萼、瓣之分,或5~

18枚,外轮花被片花瓣状,或萼状大小、形状、质地、颜色等多变,内轮花被片花瓣状;离生单雌蕊子房无毛,或被短柔毛。稀单花具特异花被片1~3枚及1~5枚雌雄蕊群,或在雄蕊群混有离生单雌蕊。

本组模式:黄山玉兰 Yulania cylindrica(Wils.)D. L. Fu。

本组植物有3种:黄山玉兰、安徽玉兰 Y. anhuiensis T. B. Zhao,Z. X. Chen et J. Zhao及具柄玉兰 Y. gynophora T. B. Zhao,Z. X. Chen et J. Zhao,特产于中国。河南有分布与引种栽培。

2.4　异花玉兰组　新组

Yulania Spach sect. Varians T. B. Zhao,Z. X. Chen et X. K. Li,sect. nov.

Sect. nov. Yulania Spach sect. Cylindrica(S. A. Spongberg)T. B. Zhao et Z. X. Chen similis, sed gemmis mixomorphis et Yulani - alabastris communibus. gemmis mixomorphis axillaribus et apicibus; alabastris apicibus et axillaribus; Yulani - alabastris apicibus et axillaribus ovoideis et laonge ovoideis. Floribus Yulani - alabastris ante folia aperti; floribus post folia aperti in gemmis mixomorphis et alabastris. Floribus Yulani - alabastris, floribus gemmis mixomorphis, ter et quater floribus alabastris multiformis. Floribus Yulani - alabastris 6 - formis, tepalis 6 ~ 18 in qouque flore, extus tepalis calycibus et tepalis, eis amplitudinibus et formis et substantiis, coloribus et al. multi - variantibus; ovariis disjuncte simplici - pistillis sparse pubescentibus, interdum 2 - gynoeciis disjuncte simplici - pistillis appositis in qouque flore, vel 2 - Yulani - alabastris parvis id est 2 floribus in 1 Yulani - alabastris; disjuncte simplici - pistillis mixtis et 2 ~ 5 - simplici - pistillis cespitosis vel 2 - gynoeciis in androeciis, rare staminibus petaloideis; filamentis laete rubellis et thecis subaequilongis; pedicellis et Soutai - ramulis dense villosis albis. floribus in Yulani - alabastris ovoideis gynandries similaribus a - disjuncte simplici - pistillis. floribus alabastris multiformis, 5 ~ 12 in qouque flore, tepalis formis et magnitudinibus et substantiis, coloribus et al. manifeste variantibus; rare staminibus petaloideis; ovariis disjuncte simplici - pistillis glabris rare 2 - gynandriis in qouque flore; pedicellis 1 ~ 2 - nodulis glabris; Soutai - ramulis nullis.

Sect. typus: Yulania varians T. B. Zhao, Z. X. Chen et Z. F. Ren.

Sect. plant: 2 species. Yulania varians T. B. Zhao, Z. X. Chen et Z. F. Ren; Y. fragarigynandria T. B. Zhao, Z. X. Chen et H. T. Dai.

本新组与黄山玉兰组 Yulania Spach sect. Cylindrica(S. A. Spongberg)T. B. Zhao et Z. X. Chen 形态特征相似,但区别是:混合芽与玉蕾共存。混合芽腋生与顶生。花蕾顶生与顶生。玉蕾顶生与腋生,卵球状、长卵球状。玉蕾花先叶开放;混合芽、花蕾花后叶开放。玉蕾花、混合芽花、3次与4次花蕾花具多种类型。玉蕾花6种花型;单花具花被片6~18枚,外面花被片萼状及花瓣状,其大小、形状、质地与颜色等多变;离生单雌蕊子房疏被短柔毛;有时单花内具2枚并生雌蕊群,或1枚玉蕾中有2枚小玉蕾,即2朵花;雄蕊群中混有离生单雌蕊、许多2~5枚呈簇的离生单雌蕊,或2~5雌蕊群,稀有雄蕊瓣化;花丝亮淡红粉色与花药近等长;花梗和缩台枝密被白色长柔毛。球状玉蕾的花内的雌雄蕊群相似,但无离生单雌蕊。花蕾花有多类型;单花具花被片5~12枚,花被片形状、大小、颜色等有显著多变；稀雄蕊瓣化；离生单雌蕊子房无毛，稀单花内具2枚雌雄蕊群；花梗1～2节，无毛；无缩台枝。

本新组模式：异花玉兰 Yulania varians T. B. Zhao，Z. X. Chen et Z. F. Ren。

本新组植物有2种：异花玉兰、莓蕊玉兰。特产于河南。

2.5 河南玉兰组（世界玉兰属植物资源与栽培利用） 组

Yulania Spach sect. Trimophaflora（B. C. Ding et T. B. Zhao）T. B. Zhao et Z. X. Chen，赵天榜、田国行等主编. 世界玉兰属植物资源与栽培利用：175. 2013；赵天榜、任志锋、田国行主编. 世界玉兰属植物种质资源志：15. 2013；*Magnolia* Linn. sect. *Trimophaflora* B. C. Ding et T. B. Zhao，丁宝章等. 中国木兰属植物腋花、总状花序的首次发现和新分类群. 河南农业大学学报，19（4）：359～360. 1985。

本组植物叶倒卵圆形、椭圆形等。玉蕾顶生。花先叶开放；单花具花被片9～12枚，单株上同时具3～4种花型：① 单花具花被片9枚，有萼、瓣之分；② 单花具花被片9枚，花瓣状，近相似；③ 单花花被片12枚，稀6～8枚，或10枚，花瓣状，近相似；④ 单花具花被片9枚，花瓣状，外轮花被片明显小于内轮花被片。花瓣状颜色多种：紫红色、紫色，或白色，外面有不同程度的紫红色晕，或条纹。

本组模式：河南玉兰 Yulania honanensis（B. C. Ding et T. B. Zhao）D. L. Fu et T. B. Zhao。

本组植物有4种：河南玉兰、大别玉兰 Y. dabieshanensis T. B. Zhao，Z. X. Chen et H. T. Dai、多型叶玉兰 Y. multiformis T. B. Zhao，Z. X. Chen et J. Zhao、两型玉兰 Y. dimorpha T. B. Zhao et Z. X. Chen。河南均有分布与栽培。

（1）河南玉兰亚组（中国农学通报） 亚组

Yulania Spach subsect. Trimophaflora（B. C. Ding et T. B. Zhao）T. B. Zhao，D. L. Fu et Z. X. Chen，田国行等. 玉兰属植物资源与新分类系统的研究. 中国农学通报，22（5）：407. 2006；赵天榜、任志锋、田国行主编. 世界玉兰属植物种质资源志：16. 2013。

本亚组植物叶倒卵圆形、椭圆形等。玉蕾顶生。花先叶开放；单花具花被片9～12枚，单株上同时具3～4种花型：① 单花具花被片9枚，有萼、瓣之分；② 单花具花被片9枚，花瓣状，近相似；③ 单花具花被片12枚，稀6～8枚，或10枚，花瓣状，近相似；④ 单花具花被片9枚，花瓣状，外轮花被片明显小于内轮花被片。花瓣状颜色多种：紫红色、紫色，或白色，外面有不同程度的紫红色晕，或条纹。

本亚组模式：河南玉兰 Yulania honanensis（B. C. Ding et T. B. Zhao）D. L. Fu et T. B. Zhao。

本亚组植物有2种：① 河南玉兰、② 大别玉兰。河南有分布与栽培。

（2）多型叶玉兰亚组（世界玉兰属植物资源与栽培利用） 亚组

Yulania Spach subsect. Multiformis T. B. Zhao et Z. X. Chen，赵天榜、田国行等主编. 世界玉兰属植物资源与栽培利用：176. 2013；赵天榜、任志锋、田国行主编. 世界玉兰属植物种质资源志：16. 2013。

本亚组植物单株上叶2种形状，或多变，同时具2种花型。玉蕾顶生、腋生。单花具花被片6～12枚，瓣状花被片多变，外面中基部中间紫红色。

本亚组模式：多型叶玉兰 Yulania multiformis T. B. Zhao，Z. X. Chen et J. Zhao。

本亚组植物有 2 种：① 多型叶玉兰、② 两型玉兰 Y. dimorpha T. B. Zhao et Z. X. Chen。河南有分布与引种栽培。

3. **朱砂玉兰亚属**（世界玉兰属植物资源与开发利用）　亚属

Yulania Spach subgen. × Zhushayulania（W. B. Sun et T. B. Zhao）T. B. Zhao et X. Z. Chen，赵天榜、田国行等主编. 世界玉兰属植物资源与栽培利用：319. 2013；赵天榜、任志锋、田国行主编. 世界玉兰属植物种质资源志：16. 2013。

本亚属植物叶卵圆形、倒卵圆形、椭圆形等。花先叶开放。单花具花被片 9 枚，稀多数，花瓣状，稀有萼、瓣之分的类群；颜色多种：紫红色、紫色，或白色，外面有不同程度的紫红色晕，或条纹；外轮花被片通常长度为内 2 轮花被片的 2/3；离生单雌蕊子房无毛。

本亚属植物为玉兰亚属 Yulania Spach subgen. Yulania（Spach）T. B. Zhao et Z. X. Chen 与渐尖玉兰亚属 Yulania Spach subgen. Tulipastrum（Spach）T. B. Zhao et Z. X. Chen 的种间杂交种，因而其特征、特性兼有亲本的形态特征和特性，以及许多中间过渡类型。

本亚属模式：朱砂玉兰组 Yulania Spach sect. × Zhushayulania（W. B. Sun et T. B. Zhao）D. L. Fu。

本亚属植物有 51 杂交种（不包括朱砂玉兰、杂配玉兰）。它们主要广泛栽培于欧美各国。中国广泛栽培 1 种朱砂玉兰与引种栽培的星紫玉兰 Y. × george - henry - kern（C. E. Kern）D. L. Fu et T. B. Zhao 1 种。中国栽培有 7 杂交种。

3.1　朱砂玉兰组（中南林学院学报）　组

Yulania Spach sect. × Zhushayulania（W. B. Sun et T. B. Zhao）D. L. Fu，傅大立. 玉兰属的研究. 武汉植物学研究，19（3）：198. 2001；赵天榜、任志锋、田国行主编. 世界玉兰属植物种质资源志：16～17. 2013；田国行等. 玉兰属植物资源与新分类系统的研究. 中国农学通报，22（5）：407. 2006；*Magnolia* Linn. sect. × *Zhushayulania* W. B. Sun et T. B. Zhao，傅大立等. 关于木兰属玉兰亚属分组问题的探讨. 中南林学院学报，19（2）：27. 1999。

本组植物叶卵圆形、倒卵圆形、椭圆形等。花先叶开放。单花具花被片 9 枚，稀多数，花瓣状，稀有萼、瓣之分的类群；颜色多种：紫红色、紫色，或白色，外面有不同程度的紫红色晕，或条纹；外轮花被片通常长度为内 2 轮花被片的 2/3；离生单雌蕊子房无毛。

本组植物为玉兰组与渐尖玉兰组、望春玉兰组植物的种间杂交种，因而其特征、特性兼有亲本的形态特征和特性，以及许多中间过渡类型。

本组模式：朱砂玉兰 Yulania soulangiana（Soul. - Bod.）D. L. Fu。

本组植物的杂交种（不包括朱砂玉兰）。它们主要广泛栽培欧美各国。中国广泛栽培 1 种朱砂玉兰，而星紫玉兰 Y. × george - henry - kern（C. E. Kern）D. L. Fu et T. B. Zhao 1 种，为我国引种栽培。

（1）朱砂玉兰亚组（世界玉兰属植物资源与栽培利用）　亚组

Yulania Spach subsect. × Zhushayulania（W. B. Sun et T. B. Zhao）T. B. Zhao et Z. X. Chen，赵天榜、田国行等主编. 世界玉兰属植物资源与栽培利用：177. 2013；赵天榜、任

志锋、田国行主编. 世界玉兰属植物种质资源志:17. 2013;*Yulania* Spach sect. × *Zhushayulania*(W. B. Sun et T. B. Zhao) D. L. Fu,傅大立. 玉兰属的研究. 武汉植物的研究,19(3):198. 2001;*Magnolia* Linn. sect. × *Zhushayulania* W. B. Sun et T. B. Zhao,傅大立等. 关于木兰属玉兰亚属分组问题的探讨. 中南林学院学报,19(2):27. 1999。

本亚组植物叶卵圆形、倒卵圆形、椭圆形等。花先叶开放。单花具花被片 9 枚,稀多数,花瓣状,稀有萼、瓣之分的类群;颜色多种:紫红色、紫色,或白色,外面有不同程度的紫红色晕,或条纹;外轮花被片通常长度为内 2 轮花被片的 2/3;离生单雌蕊子房无毛。

本亚组模式:朱砂玉兰 Yulania soulangiana(Soul. - Bod.)D. L. Fu。

本亚组植物的杂交种(不包括朱砂玉兰)。它们主要广泛栽培于欧美各国。中国广泛栽培 1 种朱砂玉兰,而星紫玉兰 Yulania × george - henry - kern(C. E. Kern)T. B. Zhao et Z. X. Chen 1 种,为我国引种栽培。

(2) 多亲本朱砂玉兰亚组(世界玉兰属植物资源与栽培利用)　亚组

Yulania Spach subsect. × Multiparens T. B. Zhao et Z. X. Chen,赵天榜、田国行等主编. 世界玉兰属植物资源与栽培利用:177. 2013;赵天榜、任志锋、田国行主编. 世界玉兰属植物种质资源志:17. 2013。

本亚组植物为玉兰组与渐尖玉兰组植物的种间杂交种,因而其特征、特性兼有亲本的形态特征和特性,以及许多中间过渡类型。

本亚组模式:黑饰玉兰 Yulania × dark - raimen(T. Gresham)T. B. Zhao et Z. X. Chen。

本亚组植物 18 种,如黑饰玉兰、拂晓玉兰 Y. × daybreak (A. Kehr) T. B. Zhao et Z. X. Chen 等。河南均无引种栽培。

3.2　不知多亲本玉兰组(世界玉兰属植物种质资源志)　组

Yulania Spach sect. × Ignotimultiparens T. B. Zhao et Z. X. Chen,赵天榜、任志锋、田国行主编. 世界玉兰属植物种质资源志:18. 2013。

本亚组植物不知道其杂交多亲本玉兰的名称,或者知道其杂交母本名称而不知道其杂交父本玉兰的名称。如格蕾沙姆玉兰 Yulania × gresham - hybrid(T. Gresham)D. L. Fu et T. B. Zhao。河南均无引种栽培。

注:凡是不知多亲本植物杂交种,暂归入其类,待研究后,再确定归属。

三、玉兰属亚属、组、亚组、系之间的亲缘关系

玉兰属分类系统是 2013 年赵天榜、田国行等在《世界玉兰属植物资源与开发利用》中,根据该属植物叶形、玉蕾组成(包括缩台枝)、花型种类、花期、花的结构(花器)、起源亲本(杂交种)为主导因子,辅以蓇葖果、染色体数目等因子,加以综合之后提出的玉兰属新分类系统。该属分类系统是:属→亚属→组→亚组→系→种。

特别指出的是:该属亚属、组、亚组、系之间的亲缘关系的处理问题是个复杂的问题,特别是多亲本杂交种及复合杂交种的形态特征变化极大,通常处理时比较困难。作者认为,以花为主,叶辅之为佳。如杂交种单花花被片为花瓣状、叶倒卵圆形时,该杂交种置于玉兰组内;单花具花被片有萼、瓣之分,而叶倒卵圆形时,该杂交种置于渐尖玉兰组的罗田玉兰亚组内。如杂交种单花具花被片为花瓣状、叶椭圆形时,该杂交种置于玉兰组的宝华

玉兰亚组内；再如杂交种具有2种以上花型时，叶倒卵圆形时，该杂交种置于河南玉兰组的舞钢玉兰亚组内，反之，叶椭圆形时，该杂交种置于河南玉兰组的河南玉兰亚组内。这样处理，可以解决该属杂交种，特别是多亲本杂交种及复合杂交种的形态特征变化极大处理时困难问题。为清楚了解玉兰属分类系统演化关系，现用图8－1表示如下。

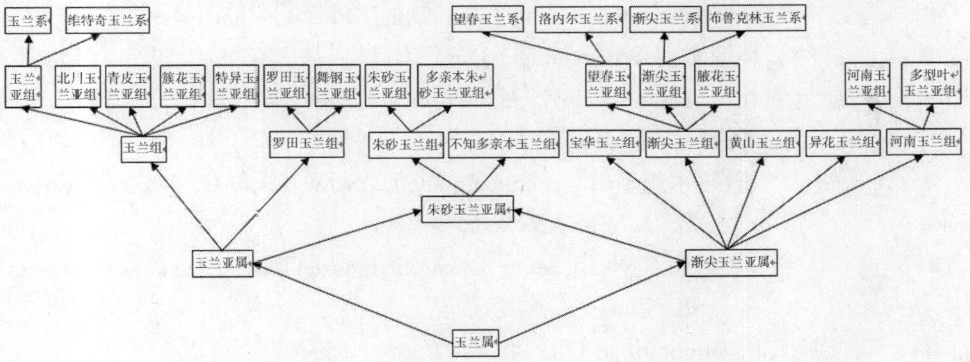

图8－1　玉兰属分类系统演化关系示意图

（李静、胡艳芳、李小康绘）

附：木兰科分类系统

木兰科分类系统为3亚科、4族、5亚族、16属、25组、16亚组、6系，如下：

木兰科 Magnoliaceae

木兰亚科 subfam. Magnolioideae

I　木兰族 trib. Magnolieae DC.

1.1　木莲亚族 subtrib. Mangilietiinae Law

（1）木莲属 Manglietia Blum.

木莲组 sect. Manglietia(Blum.) Baillon

落叶木莲组 sect. Sinomaglietia(Z. X. Yu) T. B. Zhao

华盖木组 sect. Manglietiastrum(Law) Noot.

1.2　木兰亚族 subtrib. Magnoliinae Law

（2）木兰属 Magnolia Linn.

木兰组 sect. Magnolia DC.

常绿木兰组 sect. Gwillimia DC.

荷花木兰组 sect. Theorhodon Spach

荷花木兰亚组. subsect. Theorhodon(Spach) Noot.

香木兰亚组 subsect. Aromadendron(Blum.) Noot.

（3）厚朴属 Houpoëa N. H. Xia & C. Y. Wu

（4）天女木兰属 Oyama(Nakai) N. H. Xia & C. Y. Wu

（5）长喙木兰属 Lirianthe Spach

1.3　长蕊木兰亚族 subtrib. Alcimandriinae Law

（6）长蕊木兰属 Alcimandra Dandy

(7) 拟单性木兰属 Parakmeria Hu et Cheng

II 单性木兰族 trib. Kmeriieae D. L. Fu et T. B. Zhao

(8) 单性木兰属 Kmeria(Pierre)Dandy

单性木兰组 sect. Kmeria(Pierre)Noot.

厚壁木组 sect. Pachylarnax(Dandy)T. B. Zhao

(9) 焕镛木属 Woonyoungia Law

III 盖裂木族 trib. Talauniieae Z. Y. Wu et al.

(10) 盖裂木属 Talauma Juss.

盖裂木组 sect. Talauma (M. L. Schnetter & G. Lozano – Contreras) B. L. Chen & Noot.

南美盖裂木组 sect. Dugandiodendron (G. Lozano – Contreras) T. B. Zhao

IV 含笑族 trib. Micheliinae Law

1.4 含笑亚族 subtrib. Micheliinae Law

(11) 含笑属 Michelia Linn.

含笑组 sect. Michelia

肖含笑组 sect. Micheliopsis(Baill.)Dandy

双被组 sect. Dichlamys Dandy

异被组 sect. Anisochlamys Dandy

1.5 南洋含笑亚族 subtrib. Elmerrilliinae Law

(12) 南洋含笑属 Elmerrillia Dandy

(13) 合果木属 Paramichelia Hu

合果木组 sect. Paramichelia(Hu)Noot. & B. L. Chen

观光木组 sect. Tsoongiodendron(Chun)Noot. & B. L. Chen

玉兰亚科 subfam. Yulanialioideae D. L. Fu et T. B. Zhao

(14) 玉兰属 Yulania Spach

1) 玉兰亚属 subgen. Yulania(Spach)T. B. Zhao et Z. X. Chen

玉兰组 sect. Yulania(Spach)D. L. Fu

玉兰亚组 subsect. Yulania(Spach)D. L. Fu et T. B. Zhao

玉兰系 ser. Yulania(Spach)T. B. Zhao et Z. X. Chen

维特奇玉兰系 ser. × Veitchiyulan T. B. Zhao et Z. X. Chen

北川玉兰亚组 subsect. Carnosa(D. L. Fu)T. B. Zhao et Z. X. Chen

青皮玉兰亚组 subsect. Viridulayulan T. B. Zhao et Z. X. Chen

簇花玉兰亚组 subsect. caespitosiflora T. B. Zhao et Z. X. Chen

特异玉兰亚组 subsect. mira T. B. Zhao et Z. X. Chen

罗田玉兰组 sect. Pilocarpa(D. L. Fu et T. B. Zhao)T. B. Zhao et Z. X. Chen

罗田玉兰亚组 subsect. Pilocarpa D. L. Fu et T. B. Zhao

舞钢玉兰亚组 subsect. Wugangyulania(T. B. Zhao,W. B. Sun et Z. X. Chen)T. B. Zhao,D. L. Fu et Z. X. Chen

2)渐尖玉兰亚属 subgen. Yulania(Spach)T. B. Zhao et Z. X. Chen

宝华玉兰组 sect. Baohuayula(D. L. Fu et T. B. Zhao)T. B. Zhao et Z. X. Chen

渐尖玉兰组 sect. Tulipastrum(Spach)D. L. Fu

渐尖玉兰亚组 subsect. Tulipastrum(Spach)D. L. Fu et T. B. Zhao

渐尖玉兰系 ser. Tulipastrum(Spach)T. B. Zhao et Z. X. Chen

布鲁克林玉兰系 ser. × brooklynyulan T. B. Zhao et Z. X. Chen

望春玉兰亚组 subsect. Buergeria(Sieb. & Zucc.)T. B. Zhao et Z. X. Chen

望春玉兰系 ser. Buergeria(Sieb. & Zucc.)T. B. Zhao et Z. X. Chen

洛内尔玉兰系 ser. × Loebneriyulan T. B. Zhao et Z. X. Chen

腋花玉兰亚组 subsect. Axilliflora(B. C. Ding et T. B. Zhao)T. B. Zhao et Z. X. Chen

黄山玉兰组 sect. Cylindrica(S. A. Spongberg)T. B. Zhao et Z. X. Chen

异花玉兰组 sect. Varians T. B. Zhao,Z. X. Chen et X. K. Li

河南玉兰组 sect. Trimophaflora(B. C. Ding et T. B. Zhao)T. B. Zhao et Z. X. Chen

河南玉兰亚组 subsect. Trimophaflora(B. C. Ding et T. B. Zhao)T. B. Zhao,D. L. Fu et Z. X. Chen

多型叶玉兰亚组 subsect. multifolia T. B. Zhao et Z. X. Chen

3)朱砂玉兰亚属 subgen. × Zhushayulania(W. B. Sun et T. B. Zhao)T. B. Zhao et X. Z. Chen

朱砂玉兰组 sect. × Zhushayulania(W. B. Sun et T. B. Zhao)D. L. Fu

朱砂玉兰亚组 subsect. × Zhushayulania(W. B. Sun et T. B. Zhao)T. B. Zhao et Z. X. Chen

多亲本朱砂玉兰亚组 subsect. × Multiparens T. B. Zhao et Z. X. Chen

不知多亲本玉兰组 sect. × Inotimultiparens T. B. Zhao et Z. X. Chen

注:不知多亲本玉兰组的杂种暂归为格蕾沙姆玉兰,待后研究。

(15)玉笑属 × Yuchelia Ph. J. Savage

鹅掌楸亚科 subfam. Liriodendroideae(Bark.)Law

(16)鹅掌楸属 Liriodendron Linn.

第九章　河南玉兰属植物资源

据赵天榜等2014年统计(世界玉兰属植物资源与栽培利用、世界玉兰属植物种质资源志),世界玉兰属 Yulania Spach 植物资源共计3亚属、9组、14亚组、57种、51杂交种、20亚种、101变种、41品种群、660多品种,而河南分布与栽培的玉兰属植物有3亚属、9组(1新组)、14亚组、3系、57种(5新种、8杂交种、1新改隶组合种)、23亚种(7新亚种)、85变种(2新变种、3新组合变种、2新改隶组合变种、2新引栽变种)、40品种群(14新品种群)、310品种(69新品种、3新组合品种、20新改隶组合品种、31新引栽品种、4无性系)。同时,收录中国玉兰属,以及中国玉兰属植物彩色图版111幅(彩片1124张)。现将河南分布与栽培的玉兰属植物资源,介绍如下。

第一节　玉兰亚属

Yulania Spach subgen. Yulania(Spach)T. B. Zhao et Z. X. Chen,赵天榜、田国行等主编.世界玉兰属植物资源与栽培利用:190. 2013;赵天榜、任志锋、田国行主编.世界玉兰属植物种质资源志:7~8. 2013;Yulania Spach,Hist. Nat. Vég. Phan. 7:462. 1839;*Magnolia* Linn. subgen. *Yulania*(Spach)Reichenbach in Der Dectsche Bot.,1(1):192. 1841.

1. **滇藏玉兰**(中国农学通报)　图9-1　图版1:2　图版2:3　图版12:1~6

Yulania campbellii(Hook. f. & Thoms.)D. L. Fu,傅大立.玉兰属的研究.武汉植物学研究,19(3):198. 2001;田国行等.玉兰属植物资源与新分类系统的研究.中国农学通报,22(5):407. 2006;赵天榜、田国行等主编.世界玉兰属植物资源与栽培利用:1179~180. 2013;赵天榜、任志锋、田国行主编.世界玉兰属植物种质资源志:21~22.图3-1. 2013;*Magnolia campbellii* Hook. f. & Thoms. in Hooker f.,III. Himal. Pl. t. 4,5. 1855;陈嵘著.中国树木分类学:290.图214. 1937;中国科学院中国植物志编辑委员会.中国植物志 第三十卷 第一分册:126~127. 1996。

落叶大乔木。叶椭圆形,稀狭长卵形,长10.0~20.0 cm,宽4.5~10.0 cm,先端钝圆,或短渐尖,稀长渐尖,基部圆形,稀狭楔形,表面深绿色,无毛,背面灰绿色,密被灰白色平伏短柔毛,有时无毛,沿脉被平伏短柔毛;叶柄无毛,或被细柔毛。玉蕾卵球状。花先叶开放。单花具花被片12~16枚,深玫瑰色,或淡红色,匙状倒卵

图9-1　滇藏玉兰 Yulania campbellii (Hook. f. & Thoms.) D. L. Fu
1. 叶、枝和玉蕾;2. 聚生蓇葖果(选自西南林学院等编著. 1988.《云南树木图志》(上册))。

圆形、宽匙形，基部具爪，长6.0～14.0 cm，宽4.0～6.0 cm，外轮花被片3枚，平展，或向外反折、下垂，内2轮花被片直立，较小；雄蕊多数，花丝紫红色、紫色；雌蕊群绿色；离生单雌蕊子房绿色，花柱和柱头红色；花梗粗壮，无毛，或被长柔毛。聚生蓇葖果圆柱状，或卵球状，下垂，暗红色至褐色；果梗粗壮，密被灰黄色长柔毛；蓇葖果褐色，质薄，紧贴，表面具圆点状果点，熟后沿背缝线开裂。花期3～5月；果实成熟期9～10月。染色体 $2n = 114$。

产地：云南和西藏、四川。河南伏牛山区南召县有分布。尼泊尔、不丹、印度东北部及缅甸东北部也有分布。模式标本采自锡金（Sikkin）。《中国植物红皮书》中，将滇藏木兰（滇藏玉兰）、凹叶木兰（凹叶玉兰）、天目木兰（天目玉兰）、黄山木兰（黄山玉兰）、宝华玉兰，作为重点保护植物物种。

变种：

（1）滇藏玉兰　原变种

Yulania campbellii（Hook. f. & Thoms.）D. L. Fu var. campbellii

（2）白花滇藏玉兰（中国农学通报）　变种　图9－1.2　图版12：7～9

Yulania campbellii（Hook. f. & Thoms.）D. L. Fu var. alba（Treseder）D. L. Fu et T. B. Zhao，金红等. 河南省玉兰属新分布记录. 中国农学通报，21（9）：313～314. 2005；赵天榜、田国行等主编. 世界玉兰属植物资源与栽培利用：180. 2013；赵天榜、任志锋、田国行主编. 世界玉兰属植物种质资源志：22. 2013；*Magnolia campbellii* Hook. f. & Thoms. var. *alba* Treseder，nom. illeg.，in J. Roy. Hor. Soc.，76：218. 1952.

本变种花白色；花被片宽卵圆状匙形，先端钝圆，或钝尖，基部狭窄，外面基部中间具亮粉红色条纹；雄蕊多数，花丝紫红色。

产地：锡金。模式标本采自锡金（Sikkin）。河南伏牛山区南召县有天然分布。

（3）狭卵圆叶滇藏玉兰　新改隶组合变种　图9－1.3

图9－1.2　白花滇藏玉兰 Yulania campbellii（Hook. f. & Thoms.）D. L. Fu var. alba（Treseder）D. L. Fu et T. B. Zhao

1. 枝、叶与玉蕾；2. 叶；3. 花被片（赵天榜绘）。

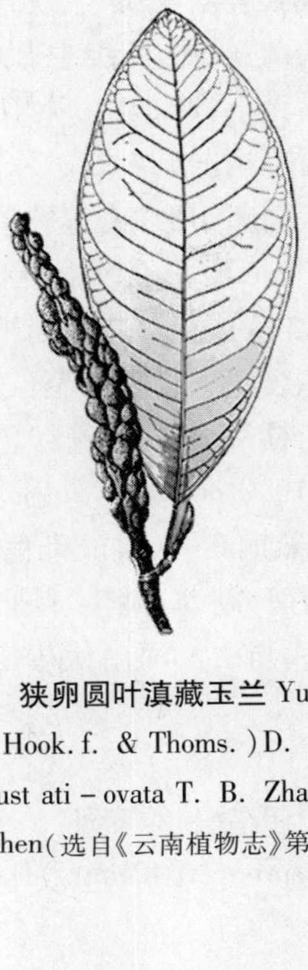

图9－1.3　狭卵圆叶滇藏玉兰 Yulania campbellii（Hook. f. & Thoms.）D. L. Fuvar. angust ati－ovata T. B. Zhao et Z. X. Chen（选自《云南植物志》第十六卷）。

Yulania campbellii(Hook. f. & Thoms.)D. L. Fu var. angustatiovata T. B. Zhao et Z. X. Chen, var. transl. nov., 中国科学院昆明植物研究所主编. 2006.《云南植物志》第十六卷:记载的图 9 – 1.1。

A transl. nov. foliis angustati – ovatis apice acuminatis basi angustati – cuneatis.

Locus: Xizang. holotype numero, situs lectus et colletor non cogntiis.

本变种叶狭卵圆形,先端渐尖,基部狭楔形。

产地:西藏。模式标本号、采集地点与采集人不详。

注:中国科学院昆明植物研究所主编. 2006.《云南植物志》第十六卷记载的图 9 – 1.1图表明叶为长卵圆形,与《云南树木图志》中图记述的差异较大。作者认为,可作 1 变种处理。

2. **武当玉兰**(中国农学通报)　武当木兰(中国植物志)　湖北木兰(湖北植物志)　图 9 – 2　图版 13:1 ~ 8

Yulania sprengeri(Pamp.)D. L. Fu, 傅大立. 玉兰属的研究. 武汉植物学研究, 19(3):198. 2001; 田国行等. 玉兰属植物资源与新分类系统的研究. 中国农学通报, 22(5):407. 2006; 赵天榜、田国行等主编. 世界玉兰属植物资源与栽培利用:187 ~ 189. 2013; 赵天榜、任志锋、田国行主编. 世界玉兰属植物种质资源志:25. 图 3 – 4. 2013; *Magnolia sprengeri* Pamp. in Nouv. Giorn. Bot. Ital. n. ser. 22:295. 1915; 中国科学院武汉植物研究所编著. 湖北植物志 第一卷:427. 1976; 中国科学院中国植物志编辑委员会. 中国植物志 第三十卷 第一分册:128 ~ 131. 1996; 朱长山等主编. 河南种子植物检索表:116. 1994。

落叶大乔木。叶倒卵圆形,长 7.0 ~ 14.5 cm,宽 2.5 ~ 7.5 cm,先端钝圆、急尖、急短渐尖、长尖,基部楔形至宽楔形,表面深绿色,无毛,沿脉疏被短柔毛,背面淡绿色,疏被短柔毛,主脉隆起,初被较密的平伏细柔毛,后无毛;叶柄细,无毛,或被短柔毛。花先叶开放。单花具花被片 12 (~ 14)枚,花瓣状,匙状长圆形、匙状倒卵圆形,或宽匙形,长 5.0 ~ 14.0 cm,宽 2.5 ~ 6.5 cm,淡粉红色,或白色,外轮花被片外面中基部玫瑰红色,内面白色,有时具紫红色至暗紫色条纹;雄蕊多数,花丝扁宽,紫红色;离生单雌蕊子房椭圆体状,花柱和柱头玫瑰红色。聚生蓇葖果圆柱状,长 6.0 ~ 18.0 cm;蓇葖果扁球状,褐色。花期 3 ~ 4 月;果实成熟期 8 ~ 9 月。染色体 2 n = 114。

图 9 – 2　武当玉兰 Yulania sprengeri (Pamp.) D. L. Fu

1. 叶、枝、叶芽和聚生蓇葖果;2. 花枝、缩台枝和叶芽(选自《中国植物志》)。

产地:河南、湖北、湖南、陕西等省。模式标本采自湖北房县武当山。河南伏牛山区南召县及嵩县有分布。

变种:

(1) 武当玉兰　原变种

Yulania sprengeri(Pamp.)D. L. Fu var. sprengeri

(2) 拟莲武当玉兰(世界玉兰属植物资源与栽培利用)　变种　图版2:11　图版14:1~9

Yulania sprengeri(Pamp.)D. L. Fu var. pseudonelumbo T. B. Zhao, Z. X. Chen et D. W. Zhao,赵天榜、田国行等主编. 世界玉兰属植物资源与栽培利用:189. 2013;赵天榜、任志锋、田国行主编. 世界玉兰属植物种质资源志:26. 2013。

本变种叶倒卵圆形,较小,先端钝尖,基部楔形。单花具花被片12~17枚,狭椭圆形,先端短渐尖,外面亮粉红色,内面乳白色;雄蕊和花丝紫红色;离生单雌蕊柱头和花柱粉红色。聚生蓇葖果圆柱状。

产地:河南。湖北有分布。赵天榜等,模式标本采自郑州市,存河南农业大学。

注:2008年,傅大立在"国家林业局948项目验收证书"编号:林科验字(2008年)143号"木兰科优良品种及无性繁殖技术引进"中,将拟莲武当玉兰变种嫁接于望春玉兰大树上的嫁接萌芽枝上的花作为'鸿艳'武当玉兰 Yulania sprengeri (Pamp.) D. L. Fu 'Hongyan' 新品种。

(3) 德维武当玉兰(世界玉兰属植物资源与栽培利用)　变种　图版13:9

Yulania sprengeri(Pamp.)D. L. Fu var. diva(Stapf)T. B. Zhao et Z. X. Chen,赵天榜、田国行等主编. 世界玉兰属植物资源与栽培利用:189. 2013;赵天榜、任志锋、田国行主编. 世界玉兰属植物种质资源志:25~26. 2013。

本变种叶倒卵圆形,或倒三角形,先端狭,突短尖,基部楔形。单花具花被片12枚,椭圆形、倒卵圆形,或长圆形,先端钝圆,或钝尖,外面紫红色,或淡紫红色;雄蕊花丝紫色;离生单雌蕊柱头和花柱淡紫红色。

产地:四川、湖北。河南无引种栽培。

附:刘玉壶主编. 2004. 在《中国木兰》112~113页中记载的武当木兰图表明叶为卵圆形、雌蕊群具雌雌蕊群柄与其他植物志中图表述的极为悬殊,如图9-2.2所示。作者认为,它实为1新种,故作新改隶组合种如下:

品种:

(1) 武当玉兰　原品种

Yulania sprengeri(Pamp.)D. L. Fu 'Sprengeri'

(2) '卫克哈斯特'武当玉兰(世界玉兰属植物资源与栽培利用)'卫克哈斯特'武当木兰　新引栽品种

Yulania sprengeri(Pamp.)D. L. Fu 'Wakehurst',赵天榜、田国行等主编. 世界玉兰属植物资源与栽培利用:190. 2013; *Magnolia sprengeri* Pamp. 'Wakehurst' in Jour. Roy. Hort, Soc., 73:353. 1948; -D. J. Callaway, THE WORLD OF Magnolias. 148. 1994; -克里斯托弗·布里克尔主编. 杨秋生、李振宇主译. 世界园林植物与花卉百科全书. 75. 彩片. 2004。

本品种内轮花被片粉红色,外轮花被片紫色。

产地:本品种产于英格兰。河南有引栽培。

附　卷柱玉兰　新改隶组合种　图9-2.2

Yulania flexistylus T. B. Zhao et Z. X. Chen, sp. transl. nov., *Magnolia sprengeri*

Pamp. ,刘玉壶主编. 中国木兰:112. 图. 2004。

Species transl. nov. Yulania superba T. B. Zhao, Z. X. Chen et X. K. Li similis, sed corticibsus pallide cinere – brunnis vel nigri – brunnis, canaliculatis in veteribus, decorticanlitibus glebosis. foliis ovatis apice breviter acuminatis. tepala 12 ~ 15 in quoque flore, 1 gynophoro in quoque gynandrio, glabris styluis revolutis.

Locus: Shaanxi et al.. holotype numero, situs lectus et colletor non cogntiis.

本新改隶组合种与华丽玉兰 Yulania superba T. B. Zhao, Z. X. Chen et X. K. Li 相似,但区别是:树皮淡灰褐色,或黑褐色。老时具纵裂沟,呈小块状剥落。叶卵圆形,先端短渐尖。单花具花被片 12 ~ 15 枚;雌蕊群具柄、无毛,花柱向后卷曲。

产地:陕西等。模式标本号、采集地点与采集人不详。

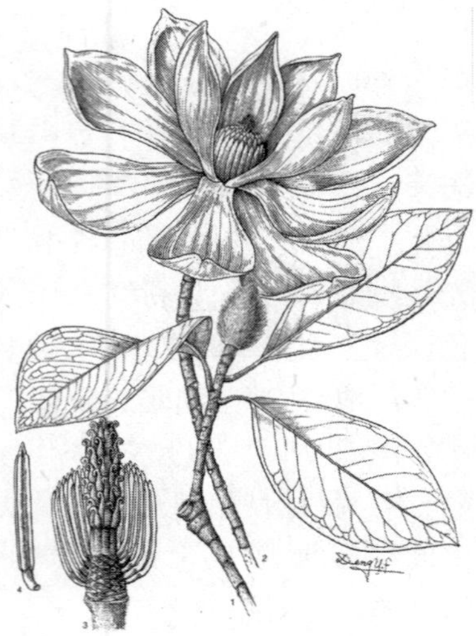

图 9 – 2.2 弯柱玉兰 Yulania flexistylus T. B. Zhao, Z. X. Chen et X. K. Li

1. 枝、叶与玉蕾;2. 花枝;3. 雌蕊群示雄蕊、花托、雌蕊群柄及弯卷花柱(选自刘玉壶主编. 2004.《中国木兰》)。

3. **康定玉兰**(武汉植物学研究) 光叶木兰(中国树木分类学、中国植物志、中国树木志) 西康玉兰(经济植物手册) 图 9 – 3 图版 15:1

Yulania dawsoniana (Rehd. & Wils.) D. L. Fu, 傅大立. 玉兰属的研究. 武汉植物学研究,19(3):198. 2001;Xia Nian – He et Liu Yu – Hu, Flora of China. vol. 7:72 ~ 73. 2008;田国行等. 玉兰属植物资源与新分类系统的研究. 中国农学通报,22(5):407. 2006;赵东武等. 河南玉兰属植物种质资源与开发利用的研究. 安徽农业科学,36(22):9489. 2008;*Magnolia dawsoniana* Rehd. & Wils. in Sargent, Pl. Wils. I:397. 1913;郑万钧. 中国植物学杂志, I:299. 1934;陈嵘著. 中国树木分类学:289. 1937;郑万钧主编. 中国树木志. 1:457. 图 138. 1983;中国科学院中国植物志编辑委员会. 中国植物志 第三十卷 第一分册:128. 图版 30. 1996;刘玉壶主编. 中国木兰:48 ~ 49. 图. 2004。

落叶大乔木,高 8.0 ~ 20.0 m;胸径 0.5 ~ 1.5 m。小枝粗壮,淡黄绿色,后变黄褐色、淡紫色、浅红褐色,无毛,或疏被短柔毛。叶互生,革质,倒卵圆形,或宽倒卵圆状、椭圆形,长 7.5 ~ 18.0 cm,宽 4.0 ~ 8.0 cm,先端钝圆,具急尖、短尖头,或短渐尖,稀微凹,从中部向下渐狭,基部呈楔形,稀近圆形,通常偏斜,表面深绿色,具光泽,无毛,沿主脉被细柔毛,后无毛,背面淡绿色,或苍白色,被白粉,主脉明显凸起,沿脉被白色长柔毛,脉有时带红色,侧脉 8 ~ 12 对,干后两面凸起;叶柄细,长 1.0 ~ 3.0 cm,带淡紫色,无毛至微被细柔毛,具短的托叶痕;托叶膜质,早落。玉蕾顶生,长圆体状,长 1.5 ~ 2.2 cm,径 1.2 ~ 1.7 cm;芽鳞状托叶 4 枚,第 1 枚薄革质,外面灰褐色,密被灰褐色短柔毛,具明显的小叶柄。花先叶开放,芳香,径 16.0 ~ 25.0 cm。单花具花被片 9 ~ 12 枚,白色,外面白色带红色晕,形状近相似,狭长圆状匙形,或倒卵圆状长圆形,长 7.0 ~ 11.0 cm,宽 2.0 ~ 5.0 cm,先端钝圆,或微凹;雄蕊多数,紫红色,长1.0~2.0 cm,花丝长2.5~4.5 mm,药室侧向纵裂,或近侧向纵裂,药隔伸出呈长1 mm三角状尖头;离生单雌蕊多数,长约1.5 cm;花梗长1.0~2.0 cm,无毛。缩短枝节上被长柔毛。聚生蓇葖果圆柱状,下垂,长7.0~14.0 cm,径3.0~3.5 cm,常弯曲,暗红色至红褐色;果梗粗壮,无毛。蓇葖果倒卵球状,先端钝圆,无喙,或具短喙。花期4~5月;果实成熟期9~10月。染色体数目2*n* = 114。

产地:本种产于四川。模式标本Type:E. H. Wilson 1241(holotype,A. isopytes,BM. K. US),采自四川东南部(near Tachien-lu to the south-east),而《中国植物志》第三十卷第一分册中记载:"模式标本采自康定"。

用途:本种花大,作观赏用。玉花蕾入中药,作"辛夷"用。

亚种:

Ⅰ. 康定玉兰 原亚种

Yulania dawsoniana(Rehd. & Wils.)D. L. Fu subsp. dawsoniana

Ⅱ. 两型花康定玉兰 新亚种 图版15:2~11

Yulania dawsoniana(Rehd. & Wils.)D. L. Fu subsp. dimophiflora T. B. Zhao,J. T. Gao et W. X. Tian,subsp. nov.

Subspecies nov. Yulania dawsoniana(Rehd. & Wils.)D. L. Fu subsp. dawsoniana similis, sed corticibus atro-brunneis, pernitus dehiscentibus glebosis. tepalis 9~12(~15)in quoque flore, extus 3, lanceolatis, 3.0~4.5 cm longis 3~5 mm latis. floribus 2-formis: ① androeciis gynoeciem superantibus; ② androeciis gynoeciem aequantibus vel paulo brevibus. pediceli 4~5 mm dense pubescentibus albis, apicem circitet 1 villosis albis.

Henan: Nanzhao Xian. 2013-40-20. J. T. Gao et W. X. Tian, No. 201304201(flos, holotypus hic disignatus, HNAC). ibid. J. T. Gao, No. 2014081411(folia et Yulani-alabastra).

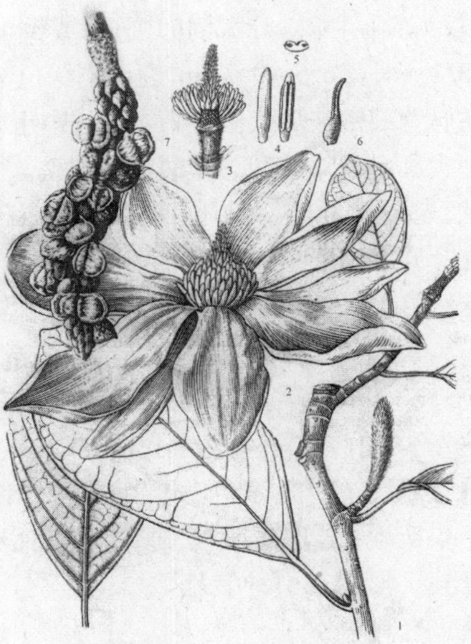

图9-3 康定玉兰 Yulania dawsoniana (Rehd. & Wils.)D. L. Fu

1. 叶、枝;2. 花;3. 雌雄蕊群;4. 雄蕊;5. 雄蕊横切面;6. 离生单雌蕊;7. 聚生蓇葖果(选自郑万钧主编. 1983.《中国树木志》)作者略有修改。

本新亚种与康定玉兰原亚种Yulania dawsoniana(Rehd. & Wils.)D. L. Fu subsp. dawsoniana区别:树皮深褐色,深块状开裂。单花具花被片9~12(~15)枚,外轮3枚披针形,长3.0~4.5 cm,宽3~5 mm;2种花型:① 雌蕊群显著高于雄蕊群;② 雌蕊群与雄蕊群近等高,或略低于雄蕊群;花梗短,长4~5 mm,密被白色短柔毛,顶端具1环状、白色密短柔毛。

产地:河南。南召县有分布。2013年4月20日。田文晓和高聚堂,No. 201304201(花)。模式标本,存河南农业大学。

4. **红花玉兰**(植物研究)　红花木兰(植物研究)　图 9－4　图版 16:1～8

Yulania wufengensis(L. Y. Ma et L. R. Wang) T. B. Zhao et Z. X. Chen,赵天榜、田国行等主编. 世界玉兰属植物资源与栽培利用:192. 2013;赵天榜、任志锋、田国行主编. 世界玉兰属植物种质资源志:27～28. 图 3－6. 2013;*Magnolia wufengensis* L. Y. Ma et L. R. Wang,马履一、王罗荣等. 中国木兰科木兰属一新种. 植物研究,26(1):4～6. fig. 1. 2. 2006;王晓玲、马履一等. 红花玉兰研究进展. 北方园艺,6:202～202. 205. 2011。

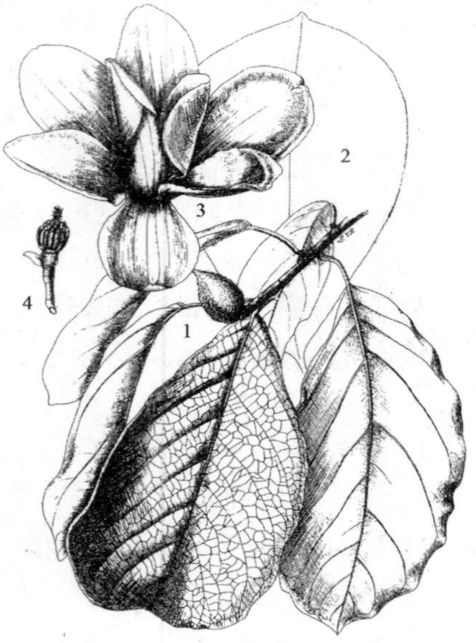

图 9－4　红花玉兰 Yulania wufengensis (L. Y. Ma et L. R. Wang) T. B. Zhao et Z. X. Chen

1. 叶、枝和玉蕾;2. 叶;3. 花;4. 雌雄蕊群(选自马履一等. 2006.《植物研究》)。注:作者略改之。

落叶乔木。叶宽倒卵圆形,或倒卵圆形,长9.0～13.2 cm,宽6.5～9.7 cm,表面铜绿色,背面淡绿色,沿主脉背部密被平伏白色短柔毛,先端圆形,或截形,具短尖头,基部宽楔形;叶柄被短柔毛。玉蕾顶生,卵球状,先端急尖;芽鳞状托叶外面密被银白色短柔毛。花先叶开放。单花具花被片 9 枚,花瓣状,近相等,两面深红色、红色,倒卵圆状匙形,长7.2～8.8 cm,宽2.9～4.7 cm,先端钝圆,基部宽楔形;花托圆柱状,淡黄绿色,长3.0 cm;雄蕊多数,外面紫色,具2 条红色条纹直达先端,内面淡紫色,药隔先端钝圆,具短尖头;离生单雌蕊多数;柱头深紫色。聚生蓇葖果圆柱状,红色。

产地:湖北。马履一等,模式标本采自湖北五峰县。河南有引种栽培。

变种:

(1) 红花玉兰　原变种

Yulania wufengensis(L. Y. Ma et L. R. Wang) T. B. Zhao et Z. X. Chen var. wufengensis

(2)多瓣红花玉兰(植物研究)　变种　图 9－4.1

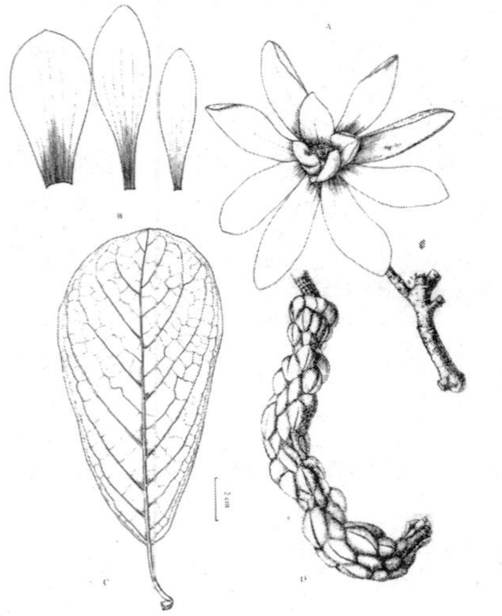

图 9－4.1　多瓣红花玉兰 Yulania wufengensis (L. Y. Ma et L. R. Wang) T. B. Zhao et Z. X. Chen var. multitepala (L. Y. Ma et L. R. Wang) T. B. Zhao et Z. X. Chen

1. 叶;2. 花枝;3. 花被片;4. 聚生蓇葖果(选自马履一等. 2006.《植物研究》)。

Yulania wufengensis(L. Y. Ma et L. R. Wang)T. B. Zhao et Z. X. Chen var. multitepala(L. Y. Ma et L. R. Wang)T. B. Zhao et Z. X. Chen,赵天榜、田国行等主编. 世界玉兰属植物资源与栽培利用:192～193. 2013;赵天榜、任志锋、田国行主编. 世界玉兰属植物种质资源志:28. 2013;*Magnolia wufengensis* I. Y. Ma et L. R. Wang var. *multitepala* L. Y. Ma et L. R. Wang,马履一等. 中国木兰科木兰属一新变种. 植物研究,26(5):516～519. fig. 1. 3. 彩片. 2006。

本变种单花具花被片 12、15、18、24 枚，宽倒卵圆状匙形、倒卵圆状匙形，或窄倒卵圆状匙形，红色，花被片内面略淡；不同植株间花被片有深红色、红色、浅红色之别。

产地：湖北。马履一等，模式标本采自湖北五峰县。河南有引种栽培。

品种：

马履一教授等已培育出'娇红 1 号'至'娇红 7 号'红花玉兰 7 品种。现仅介绍 1 品种如下：

'娇红 1 号'红花玉兰　品种

Yulania wufengensis(L. Y. Ma et L. R. Wang)T. B. Zhao et Z. X. Chen 'Jiaohong－1'

本品种叶互生，倒卵－椭圆形，表面深绿色，背面灰绿色，先端圆宽，具细小突尖，边缘全缘。花先叶开放。花顶生，直立。单花花被片匙状倒卵圆形，红色，先端钝圆，基部宽楔形。

产地：湖北。选育者：马履一等。品种权号　20120073。

5. **湖北玉兰**(中国农学通报)　图 9－5　图版 17:1～8

Yulania verrucosa D. L. Fu, T. B. Zhao et S. S. Chen，傅大立等. 湖北玉兰属两新种. 植物研究，30(6)：642～643. 2010；赵天榜、田国行等主编. 世界玉兰属植物资源与栽培利用：218. 2013；赵天榜、任志锋、田国行主编. 世界玉兰属植物种质资源志：28～29. 图 3－7. 2013；*Yulanias hubeiensis* D. L. Fu, T. B. Zhao et Sh. Sh. Chen, sp. nov. ined.，赵东武等. 河南玉兰属植物种质资源与开发利用的研究. 安徽农业科学，36(22)：9489. 2008；田国行等. 玉兰属植物资源与新分类系统的研究. 中国农学通报，22(5)：410. 2006。

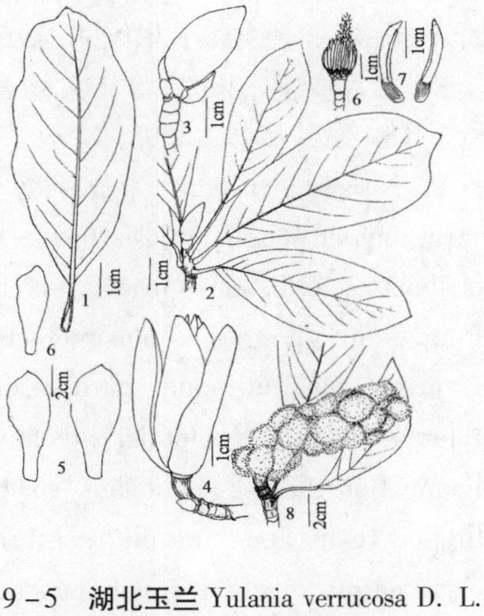

图 9－5　湖北玉兰 Yulania verrucosa D. L. Fu, T. B. Zhao et S. S. Chen

1. 叶；2. 叶、枝和玉蕾；3. 玉蕾；4. 花；5. 花被片；6. 雌雄蕊群；7. 雄蕊；8. 叶和聚生蓇葖果（选自《植物研究》）。

落叶乔木。小枝灰褐色，无毛，具纵裂纹；幼枝淡灰绿色，具光泽，无毛；皮孔点状，稀少，棕色，狭长椭圆形。叶芽椭圆体形，长约 1.0 cm，先端钝圆，无毛。玉蕾单生枝顶，长椭圆体状，长 2.0～2.5 cm，先端渐尖；芽鳞状托叶 5 枚，淡黄褐色，干后黑色，外面疏被长柔毛，有时无毛，通常先端疏被长柔毛。叶狭倒卵状椭圆形，长 8.0～19.5 cm，宽 3.5～12.5 cm，表面绿色，无毛，侧脉明显隆起，无毛，主脉稍凹陷，疏被淡黄色短柔毛、背面淡绿色，主、侧脉和网脉隆起，无毛，边缘全缘，先端钝圆，具微尖头，中部向下渐狭，基部楔形，或狭楔形，幼叶初浓紫红色，后表面淡绿色，背面淡绿白色，两面无毛；叶柄长 1.2～3.0 cm，绿色，表面具细槽，无毛；托叶披针形，长 2.5～3.5 cm，淡黄白色，先端钝圆，无毛，早落；托叶痕为叶柄长度的 1/3～1/4。花先叶开放。单花具花被片 9 枚，白色，花瓣状，匙状椭圆形，长 4.5～7.0 cm，宽 1.5～3.5cm，先端钝尖，基部楔形，宽 3～5 mm；雄蕊多数，长 1.0～1.3 cm，花丝长 1.5～2.0 mm，淡白色，花药长 7～10 mm，药室侧向纵裂，药隔先端具三角状短尖头，长 1～

1.5 mm；雌蕊群圆柱状，长 1.8～2.2 cm，淡黄白色；离生单雌蕊多数，长 3～5 mm，子房淡黄白色，无毛；花柱长约 3 mm，微反曲，或内曲，淡绿白色；花梗淡绿色，无毛。聚生蓇葖果圆柱状，长 10.0～15.0 cm，常弯曲；蓇葖果表面密被果点。骨质种子宽心状，宽约 1.0 cm，长约 0.8 cm。花期 4 月；果实成熟期 9 月。

产地：湖北武汉。2000 年 8 月 17 日。赵天榜和傅大立，No. 20008171（叶和玉蕾）、No. 20004151（花）。模式标本采自湖北武汉，存河南农业大学。

变种：

（1）湖北玉兰　原变种

Yulania verrucosa D. L. Fu，T. B. Zhao et S. S. Chen var. verrucosa

（2）毛湖北玉兰　华中木兰（中国木兰）　新改隶组合变种　图 9－5.1　图版 17：9～11

Yulania verrucosa D. L. Fu，T. B. Zhao et S. S. Chen var. glabrata（Law et R. Z. Zhou）T. B. Zhao et Z. X. Chen，var. transl. nov.，*Magnolia glabrata* Law et R. Z. Zhou，刘玉壶主编. 中国木兰：60～61. 彩图. 彩片 2 幅. 2004；曾庆文编著. 中国木兰：18. 彩片 2 幅. 2005。

A var. recedit gemmis，ramulis juvenilibus et petiolis villosis flavi－brunneis vel flavidis. foliis ob－ovatis vel obovati－ellipticis utrinque costis pilosis erectis albis，in juvenilibus utrinque purpurascentibus. proteranthis vel synanthis. tepalis 9 in quoque flore，albis，petaloideis spathulati－ellipticis extus basi purple－rubris supra nervis purple－rubris；staminibus numerosis pallide rubris filamentis rubris；stylis et ovariis aequilongis.

Distributed：Hubei and Hunan. Holotypus hic disignatus No. Holotypus hic disignatus No. ？，Site and people unknown.

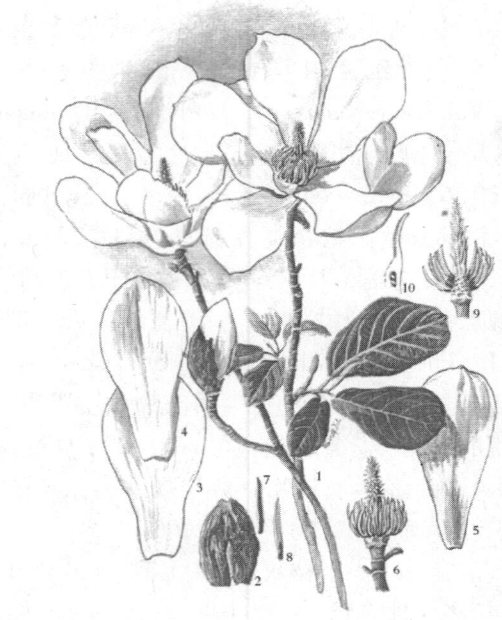

图 9－5.1　毛湖北玉兰 Yulania verrucosa D. L. Fu，T. B. Zhao et S. S. Chen var. glabrata（Law et R. Z. Zho）T. B. Zhao et Z. X. Chen

1. 花枝与叶枝；2. 芽鳞状托叶；3～5. 花被片；6. 雌雄蕊群；7～8. 雄蕊；9. 部分雄蕊、花托与雌蕊群；10. 离生单雌蕊子房纵切面（选自刘玉壶主编. 2004.《中国木兰》）。

本新改隶组合变种与湖北玉兰原变种 Yulania verrucosa D. L. Fu，T. B. Zhao et S. S. Chen var. verrucosa 主要区别是：芽、嫩枝与叶柄被白色长柔毛。玉蕾密被黄褐色，或淡黄色长柔毛。叶倒卵圆形，或倒卵圆－椭圆形，两面主脉被白色竖起柔毛；幼叶两面淡紫色。花后叶开放，或花叶同时开放。单花具花被片 9 枚，白色，花瓣状，匙状椭圆形，外面基部紫红色，上部具紫红色脉纹；雄蕊多数，淡红色，花丝红色；离生单雌蕊花柱与子房等长。

产地：湖北与湖南。模式标本号、采集地点与采集人不详，标本存华南植物园。河南有引种栽培。2014 年 4 月 15 日。赵天榜和陈志秀，No. 201404156（叶和玉蕾）、No. 20004151（花），标本采自河南，存河南农业大学。2014 年 7 月 20 日。赵天榜和陈志秀，No. 201407201（叶和玉蕾）、No. 20004151（花）。

6. **玉兰**（中国树木分类学、中国植物志）　白玉兰（湖北植物志）　图 9－6　图版 2:4　图版 3:13　图版 4:1～9　图版 7:1～5　图版 11:1　图版 18:1～9

Yulania denudata（Desr.）D. L. Fu，傅大立. 玉兰属的研究. 武汉植物学研究，19（3）：198. 2001；赵天榜、田国行等主编. 世界玉兰属植物资源与栽培利用：198～200. 2013；赵天榜、任志锋、田国行主编. 世界玉兰属植物种质资源志：29～30. 图 3－8. 2013；*Magnolia denudata* Desr. in Lama., Encycl. Méth. Bot. 3：675. 1791. exclud. syn. "Mokkwuren Kaempfer"；陈嵘著. 中国树木分类学：286. 1937；中国科学院中国植物志编辑委员会. 中国植物志 第三十卷 第一分册：131～132. 1996；丁宝章等主编. 河南植物志 第一册：513～514. 1981；朱长山等主编. 河南种子植物检索表：116. 1994；卢炯林等主编. 河南木本植物图鉴：26. 1998；刘玉壶主编. 中国木兰：54～57. 彩图. 图. 2004；中国科学院武汉植物研究所编著. 湖北植物志 第一卷：422～423. 图 594. 1976。

落叶乔木。玉蕾顶生，卵球状，大小不等。叶倒卵圆形、宽倒卵圆形，或倒卵圆状椭圆形，长 7.0～21.5 cm，宽 4.0～16.0 cm，先端钝圆，具短尖头，或平截，具短尖头，基部楔形、宽楔形，表面深绿色，初疏被短柔毛，后无毛，沿脉被短柔毛，背面淡绿色，被长柔毛，中脉两侧有长柔毛；叶柄粗壮，疏被长柔毛，后无毛。花先叶开放。单花具花被片 9 枚，稀 7、8、10（～18）枚，白色，有时外面基部带粉红色晕，形状近相似，长圆状倒卵圆形、匙状卵圆形，长 5.0～12.0 cm，宽 2.5～6.0 cm，先端钝圆，稍内曲；雄蕊多数；离生单雌蕊子房狭卵球状，无毛，锥状花柱长约 4 mm；花梗密被浅黄色长柔毛。聚生蓇葖果圆柱状、卵球状，常因部分离生单雌蕊不发育而扭曲；缩台枝和果梗粗壮，被长柔毛；蓇葖果厚木质，扁球状，褐色，具白色果点。花期 3～4 月；果实成熟期 8～9 月。染色体 2n = 76、114。

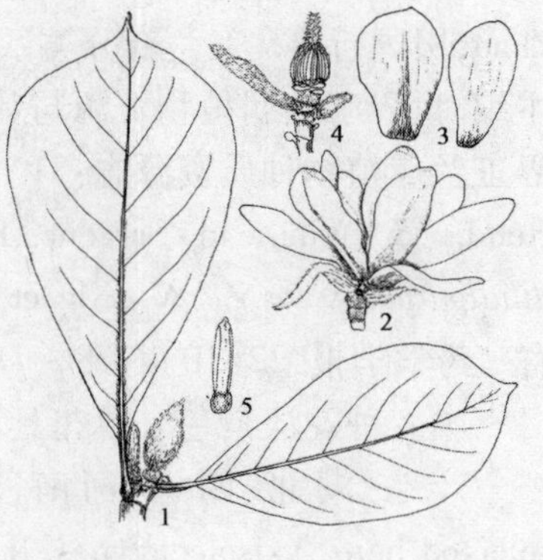

图 9－6　玉兰 Yulania denudata（Desr.）D. L. Fu

1. 叶、枝和玉蕾；2. 花；3. 花被片；4. 雌雄蕊群、玉蕾状叶芽和缩台枝；5. 雄蕊（陈志秀绘）。

产地：广东、河南、湖北、贵州等省。模式标本：Kaempfer's table 43, Mokkwuren 1（Banks, 1791, in BM）。

亚种与变种：

6.1　玉兰亚种（植物研究）　原亚种

Yulania denudata（Desr.）D. L. Fu subsp. denudata D. L. Fu et T. B. Zhao，田国行等. 玉兰新分类系统的研究. 植物研究，26（1）：34. 2006；赵天榜、田国行等主编. 世界玉兰属植物资源与栽培利用：200. 2013；赵天榜、任志锋、田国行主编. 世界玉兰属植物种质资源志：30～31. 2013。

本亚种花白色，花被片外面具有不同程度紫色，或淡紫红色晕；离生单雌蕊子房无毛。

（1）玉兰　原变种

Yulania denudata（Desr.）D. L. Fu var. denudata

（2）塔形玉兰（植物研究）　变种　图版19:1～5

Yulania denudata（Desr.）D. L. Fu var. pyramidalis（T. B. Zhao et Z. X. Chen）T. B. Zhao，Z. X. Chen et D. L. Fu，田国行等. 玉兰新分类系统的研究. 植物研究，26（1）：35. 2006；赵天榜、田国行等主编. 世界玉兰属植物资源与栽培利用：200. 2013；赵天榜、任志锋、田国行主编. 世界玉兰属植物种质资源志：31. 2013；*Magnolia denudata* Desr. var. *pyramidalis* T. B. Zhao et Z. X. Chen，丁宝章等. 河南木兰属新种和新变种. 河南农学院学报，4：11. 1983。

本变种树冠塔状；侧枝少、细，与主干呈现25°～30°角着生。小枝细，直立向上生长。单花具花被片9枚，白色，外面中、基部中间有紫色晕。聚生蓇葖果圆柱状，长12.0～15.0 cm，径3.5～4.0 cm；蓇葖果卵球状，表面稍突起，淡红褐色；果点小，少、稍突起，背缝线明显，先端喙明显、突起；果梗和缩台枝不膨大，灰褐色，无毛，或微毛。花期4月；果实成熟期8月。

产地：河南郑州。赵天榜等，模式标本，采自河南郑州，存河南农业大学。

（3）淡紫玉兰（药学学报）　变种　图版20:1～4

Yulania denudata（Desr.）D. L. Fu var. purpurascens（Maxim.）D. L. Fu et T. B. Zhao，田国行等. 玉兰新分类系统的研究. 植物研究，26（1）：35. 2006；赵天榜、田国行等主编. 世界玉兰属植物资源与栽培利用：200～201. 2013；赵天榜、任志锋、田国行主编. 世界玉兰属植物种质资源志：31. 2013；*Magnolia denudata* Desr. var. *purpurascens*（Maxim.）Rehd. & Wils. in Sargent，Pl. Wils. I：401. 1913；*Magnolia denudata* Desr. var. *dilutipurpurascens* Z. W. Xie et Z. Z. Zhao，赵中振等. 药用辛夷一新种及一变种的新名称. 药学学报，22（10）：778～779. 图. 1997。

本变种花淡紫色。单花具花被片9枚，花被片较狭长，外面中、基部紫色、浓紫色。

产地：湖北、四川、河南、陕西等。模式标本，Type：E. H. Wilson 373（lectotype，selected here，A：isolectotypes. E. K. US）。

（4）多被玉兰（安徽农业学报）多瓣白玉兰（中国绿色时报）　变种　图版10:11　图版21:1～3

Yulania denudata（Desr.）D. L. Fu var. multitepala T. B. Zhao et Z. X. Chen，赵天榜、田国行等主编. 世界玉兰属植物资源与栽培利用：201. 2013；孙军等. 玉兰种质资源与分类系统的研究. 安徽农业学报，36（5）：1826. 2008；赵天榜、任志锋、田国行主编. 世界玉兰属植物种质资源志：31. 2013。

本变种单花具花被片12～18枚，白色，或白色，外面中部以下紫色、紫红色，或紫红色脉纹。

产地：河南。模式标本采自郑州市，存河南农业大学。

（5）长叶玉兰（植物研究）长叶武当玉兰　白花湖北木兰（湖北植物志）　图9－6.1　图版21:6～10

Yulania denudata（Desr.）D. L. Fu var. elongata（Rehd. & Wils.）D. L. Fu et T. B.

Zhao,田国行等. 玉兰新分类系统的研究. 植物研究,26(1):35. 2006;赵天榜、田国行等主编. 世界玉兰属植物资源与栽培利用:201. 2013;赵天榜、田国行、任志锋主编. 世界玉兰属植物种质资源:31～32. 2013;*Magnolia denudata* Desr. var. *elongata* Rehd. & Wils. in Sargent,P1. Wils. I:402. 1913;中国科学院武汉植物研究所编著. 湖北植物志 第一卷:423. 1976。

本变种落叶乔木。叶倒卵圆形、长圆状倒卵圆形,长 8.5～17.5 cm,宽 4.5～13.0 cm,先端钝圆,具短尖头,或突短尖,基部楔形,两侧不对称,边缘全缘,表面深绿色,具光泽,初被短柔毛,后无毛,背面及脉上密被柔毛及长柔毛;叶柄初被柔毛,后无毛。幼叶紫色、紫红色,具蜡质亮光泽。玉蕾单生枝顶,卵球锥状。单花具花被片 12 枚,白色,外面基部有时具紫色晕,长圆状倒卵圆形,或匙状长圆形,长 7.0～9.0 cm,宽 2.0～4.0 cm,尖端钝圆,有时具短尖头;雄蕊多数,花丝紫红色,药隔先端长尖;离生单雌蕊子房淡黄绿色,无毛,柱头长 4～5 mm。聚生蓇葖果不详。

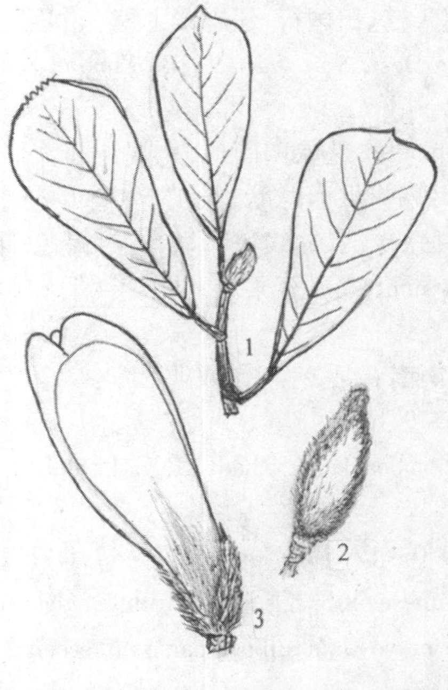

图 9-6.1　**长叶玉兰** Yulania denudata (Desr.) D. L. Fu var. elongata (Rehd. & Wils.) D. L. Fu et T. B. Zhao

1. 枝与叶;2. 玉蕾;3. 花(赵天榜绘)。

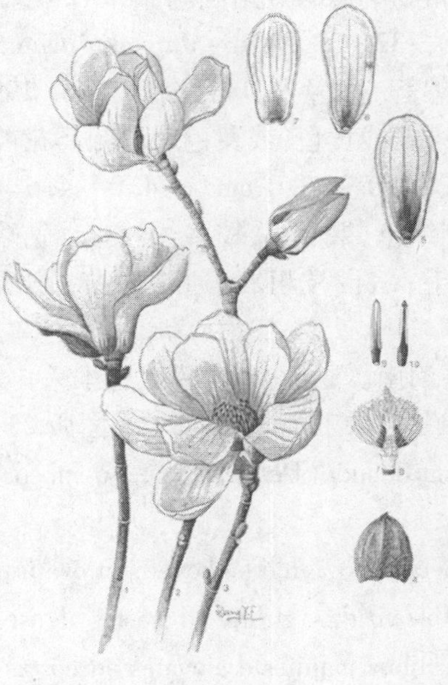

图 9-6.2　**鹤山玉兰** Yulania denudata (Desr.) D. L. Fu var. heshanensis (Law et R. Z. Zhou) T. B. Zhao et Z. X. Chen

1. 枝与叶;2. 玉蕾;3. 花(选自刘玉壶主编. 2004.《中国木兰》)。

产地:湖北。模式标本采自湖北长阳县。河南郑州市有栽培。

(6) 鹤山玉兰(中国木兰)　图 9-6.2　图版 22:1～3

Yulania denudata (Desr.) D. L. Fu var. heshanensis (Law et R. Z. Zhou) T. B. Zhao et Z. X. Chen,赵天榜、田国行等主编. 世界玉兰属植物资源与栽培利用:201～202. 2013;赵天榜、任志锋、田国行主编. 世界玉兰属植物种质资源志:32. 2013;*Magnolia heshanensis* Law et R. Z. Zhou ined. 刘玉壶主编. 中国木兰:72～73. 彩图(绘). 彩图 4 幅. 2004。

本变种叶芽被白色长柔毛。叶脉和叶背面被白色长柔毛。单花具花被片 9 枚,白色,外面基部 1/3 紫红色,上部具 1 红色脉纹;雄蕊红色。

产地:湖南。刘玉壶等,模式标本采自湖南白鹤山。河南郑州市有引种。

(7) 白花玉兰(世界玉兰属植物资源与栽培利用) 变种 图版 22:4 ~ 10

Yulania denudata(Desr.)D. L. Fu var. alba T. B. Zhao et Z. X. Chen,赵天榜、田国行等主编. 世界玉兰属植物资源与栽培利用:202. 2013;赵天榜、田国行、任志锋主编. 世界玉兰属植物种质资源志:32. 2013。

本变种单花花被片 9 枚,白色;离生单雌蕊子房无毛,花柱和柱头浅白色。

产地:河南。赵天榜等,模式标本采自郑州市,存河南农业大学。

(8) 黄花玉兰(木兰及其栽培) 变种 图版 23:1 ~ 4

Yulania denudata(Desr.)D. L. Fu var. flava D. L. Fu,T. B. Zhao et Z. X. Chen,田国行等. 玉兰新分类系统的研究. 植物研究,26(1):35. 2006;赵天榜、田国行等主编. 世界玉兰属植物资源与栽培利用:202. 2013;赵天榜、田国行、任志锋主编. 世界玉兰属植物种质资源志:32 ~ 33. 2013;*Magnolia denudata* Desr. var. *flava* T. B. Zhao et Z. X. Chen,赵天榜等编著. 木兰及其栽培:15 ~ 16. 1992。

本变种花浅黄色,或黄色。单花具花被片 9 枚,匙状卵圆形,先端钝圆。聚生蓇葖果圆柱状,长 12.0 ~ 15.0 cm,径 4.0 ~ 4.5 cm;蓇葖果卵球状,长 1.5 ~ 2.0 cm,径 1.1 ~ 1.3 cm,淡绿色;果点小,较多,不突起,先端具短喙,背缝线稍明显,有时褐色;果梗粗壮,密被短柔毛;缩台枝粗壮,通常 3 节,长约 4 mm,疏被短柔毛。花期 4 月;果实成熟期 8 月。

产地:河南。赵天榜等,模式标本采自河南南召县,存河南农业大学。

6.2 菱形果玉兰 新亚种 图版 23:5 ~ 9

Yulania denude(Desr.)D. L. Fu subsp. rhombea T. B. Zhao,X. K. Li et J. T. Chen *, subsp. nov.

Subspecies nov. foliis obovatis et ovatis,10.0 ~ 17.5 cm longis 5.5 ~ 11.0 cm latis,supra atro – viridiis viridiis glrbra ad costas dense pubescentibus,subtus viridulis glabris,costis et nervis lateralibus manifeste elevates ad costas et nervos lateralibus sparse pubescentibus;subtus viridulis,viridiis,costis et nervis lateralibus manifeste elevates ad costas et nervos lateralibus sparse pubescentibus,apice obtusis cum acumine vel acutis basi cuneatis;petiolis 2.0 ~ 3.5 cm longis;cicatrcibus stipularum longitudine 1/3 petiolorum partem aequantibus. Aggregati – folliculis cylindricis 14.0 ~ 20.0 cm longis diam. 4.0 ~ 5.0 cm;pedicelis et Soutai – rumulis grosse validis dense villosis;folliculis rhombeis planis flavo – albis,4 marginatis minute angulosis,suturis dorsalibus non dehiscentibus suturis dorsalibus non ventralibus dehiscentibus,saepe penitis dehiscentibus.

Henan:Zhengzhou City. 24 – 07 – 2014. T. B. Zhao et Z. X. Chen,No. 2014072411 (fola et Aggregati – folliculi,holotypus hic disignatus,HNAC).

本新亚种叶倒卵圆形、卵圆形,长 10.0 ~ 17.5 cm,宽 5.5 ~ 11.0 cm,表面深绿色、绿色,无毛,背面绿色、淡绿色,主、侧脉明显突起,沿脉疏被短柔毛,先端钝尖,或急尖,基部楔形;叶柄长 2.0 ~ 3.5 cm;托叶痕为叶柄长的 1/3。聚生蓇葖果圆柱状,长 14.0 ~ 20.0 cm,径 4.0 ~5.0 cm,表面平滑,淡黄白色;蓇葖果菱形,平,不突起,四边接触处为微突棱线,成熟后背缝线不开裂,通常腹缝线开裂;缩台枝和果梗粗壮,密被长柔毛。花期 4 月;果实成熟期 8 月。

产地:河南。郑州市有栽培。赵天榜、李小康、陈俊通,No. 2014072411(叶和聚生蓇葖果)。模式标本采自郑州市,存河南农业大学。

注:* 陈俊通系河南农业大学林学院 2012 级学生。

6.3　毛玉兰亚种(植物研究)　亚种

Yulania denudata(Desr.)D. L. Fu subsp. pubescens(D. L. Fu, T. B. Zhao et G. H. Tian)D. L. Fu, T. B. Zhao et G. H. Tian,田国行等. 玉兰新分类系统的研究. 植物研究,26(1):36. 2006;赵天榜、田国行等主编. 世界玉兰属植物资源与栽培利用:202. 2013;赵天榜、任志锋、田国行主编. 世界玉兰属植物种质资源志:32. 2013。

本亚种离生单雌蕊子房密被短柔毛,或疏被短柔毛。

产地:河南。赵天榜等,模式标本采自河南南召县,存河南农业大学。

(9) 毛玉兰(武汉植物学研究)　变种　图 9 -6.3　图版 24:7 ~10

Yulania denudata (Desr.)D. L. Fu var. pubescens D. L. Fu, T. B. Zhao et G. H. Tian,田国行等. 玉兰属一新变种. 武汉植物学研究,2(4):327 ~328. 2004;赵天榜、田国行等主编. 世界玉兰属植物资源与栽培利用:202. 2013;赵天榜、任志锋、田国行主编. 世界玉兰属植物种质资源志:32. 2013。

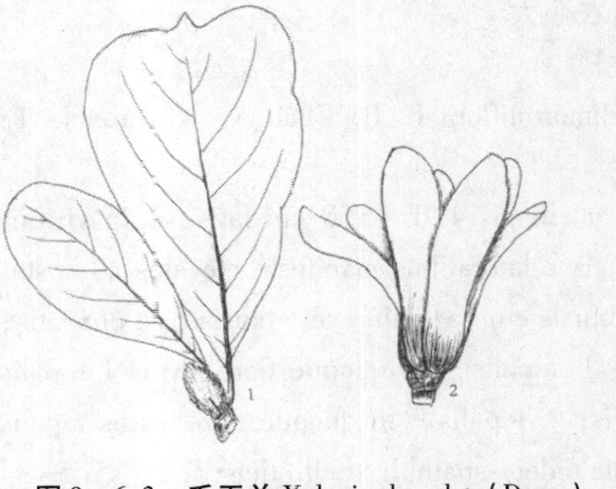

图 9 -6.3　毛玉兰 Yulania denudata(Desr.) D. L. Fu var. pubescens D. L. Fu, T. B. Zhao et G. H. Tian
1. 叶与三蕾;2. 花(赵天榜绘)。

本变种离生单雌蕊子房密被短柔毛,或疏被短柔毛。蓇葖果密被淡灰色细果点。聚生蓇葖果圆柱状,通常弯曲,长 10.0 ~ 13.0 cm,径 4.0 ~4.5 cm;蓇葖果球状,长 1.5 ~2.2 cm,径 1.5 ~2.0 cm,表面亮绿色;果点较少,小,微突起,先端钝圆大,无喙,背缝线明显凹入;果梗绿色,长约 8 mm,密被灰色长柔毛;缩台枝褐色,疏被灰色短柔毛。花期 4 月;果实成熟期 8 月。

产地:河南等省。赵天榜等,模式标本采自河南郑州市,存河南农业大学。河南鸡公山国家级自然保护区有分布。

(10) 豫白玉兰(安徽农业学报)　变种　图版 24:1 ~6

Yulania denudata(Desr.)D. L. Fu var. yubaiyulan T. B. Zhao et Z. X. Chen,赵天榜、田国行等主编. 世界玉兰属植物资源与栽培利用:202. 2013;孙军等. 玉兰种质资源与分类系统的研究. 安徽农业学报,36(5):1827. 2008;赵天榜、任志锋、田国行主编. 世界玉兰属植物种质资源志:34. 2013。

本变种单花具花被片 9 枚,白色;离生单雌蕊子房亮绿色,密被白色短柔毛,花柱和柱头浅白色，微有紫色晕，外卷。聚生蓇葖果圆柱状，长 18.0 ~ 20.0 cm，径 4.0 ~ 5.0 cm，表面平滑，淡黄白色；蓇葖果卵球状，四边接触处密被灰色突起果点，通常先端渐尖，喙长 2 mm，淡黄绿色明显；缩台枝和果梗粗壮，密被灰色长柔毛；缩台枝粗壮，疏被灰色柔毛。

产地：河南。赵天榜等，模式标本采自河南郑州市，存河南农业大学。

（11）毛被玉兰（世界玉兰属植物资源与栽培利用）　变种

Yulania denudata（Desr.）D. L. Fu var. maobei T. B. Zhao et Z. X. Chen，赵天榜、田国行等主编. 世界玉兰属植物资源与栽培利用：203. 2013；赵天榜、任志锋、田国行主编. 世界玉兰属植物种质资源志：34. 2013。

本变种小枝粗壮，浅黄色，而特殊，具光泽。叶近圆形，或倒卵圆形，两面密被浅黄短柔毛。玉蕾顶生和腋生；芽鳞状托叶 1 ~ 3 枚。单花具花被片 9 枚，浅黄绿色，或黄色，簸箕状，外层 3 枚花被片基部有时淡红紫色，疏被白色柔毛；离生单雌蕊多数，子房疏被短柔毛；花梗和缩台枝粗，密被灰色柔毛，稀无缩台枝。

产地：河南。模式标本采自新郑市，存河南农业大学。

6.4　两型花玉兰　新亚种　图版 25：1 ~ 3

Yulania denudata（Desr.）D. L. Fu subsp. dimorphiflora T. B. Zhao，X. K. Li et J. T. Chen，subsp. nov.

Subspecies nov. foliis obovatis，8.0 ~ 12.5 cm longis 4.0 ~ 5.0 cm latis，supra viridiis glrbra，subtus viridulis，subtus viridulis，costis et nervis lateralibus manifeste elevates ad costas et nervos lateralibus sparse pubescentibus，apice obtusis cum acumine vel obtusis basi cuneatis；petiolis 2.0 ~ 5.5 cm longis. floribus 2 – formis：① tepalis 9 in quoque flore，extus 1 tepalis late linearibus carnosis，extus infra medium roseolis；② tepalis 9 in quoque flore，extus tepalis calycibus linearibus membranaceis. ei tepalis petaloideis spathuli – ellipticis 3.5 ~ 5.5 cm longis 2.0 ~ 3.0 cm latis apice obtusis，extus infra medium roseolis，costatibus ad apicem.

Henan：Zhengzhou City. 24 – 03 – 2012. T. B. Zhao et Z. X. Chen，No. 201203241（flos，Aggregati – folliculi，holotypus hic disignatus，HNAC）.

本新亚种叶倒卵圆形，长 8.0 ~ 12.5 cm，宽 5.0 ~ 8.0 cm，表面绿色，无毛，背面淡绿色，主、侧脉明显突起，沿脉疏被短柔毛，先端钝尖，或钝圆，基部楔形；叶柄长 2.0 ~ 2.5 cm。2 种花型：① 单花具花被片 9 枚，外轮花被片 1 枚，宽条形，肉质，外面中部以下粉红色；② 单花具花被片 9 枚，外轮花被片萼状，条形，膜质。2 种花型花的瓣状花被片匙状椭圆形，长 3.5 ~ 5.5 cm，宽 2.0 ~ 3.0 cm，先端钝圆，外面中部以下粉红色，主脉粉红色，直达先端。

产地：河南郑州市。2012 年 3 月 24 日。赵天榜和陈志秀，No. 201203241（花）。模式标本，存河南农业大学。

品种群与品种：

Ⅰ 玉兰品种群（安徽农业学报）　原品种群

Yulania denudata（Desr.）D. L. Fu Denudata Group，孙军等. 玉兰种质资源与分类系统的研究. 安徽农业学报，36（5）：1827. 2008。

（1）玉兰（安徽农业学报）　原品种

Yulania denudata(Desr.)D. L. Fu 'Denudata',孙军等. 玉兰种质资源与分类系统的研究. 安徽农业学报,36(5):1827. 2008。

(2) '凹缺叶'玉兰(安徽农业学报)　品种　图版26:1

Yulania denudata(Desr.)D. L. Fu 'Aoqueye',孙军等. 玉兰种质资源与分类系统的研究. 安徽农业学报,36(5):1827. 2008;赵天榜、田国行等主编. 世界玉兰属植物资源与栽培利用. 203. 2013; *Magnolia denudata* Desr. 'Aoque Ye',刘秀丽. 2011. 中国玉兰种质资源调查及亲缘关系的研究. 北京林业大学博士论文。

本品种叶倒卵圆形、宽倒卵圆形,先端通常凹缺为显著特征。玉蕾卵球状,基部最粗,向上渐细,且弯曲。单花花被片外面基部微有淡紫是色晕。

产地:河南郑州市。选育者:赵天榜、陈志秀。

(3) '香蕉'玉兰(安徽农业学报)　香蕉玉兰(植物引种驯化集刊)　品种　蕉蕾玉兰　图版26:7

Yulania denudata(Desr.)D. L. Fu 'Banana',孙军等. 玉兰种质资源与分类系统的研究. 安徽农业学报,36 (5):1827. 2008;赵天榜、田国行等主编. 世界玉兰属植物资源与栽培利用:203 ~204. 2013;*Magolia denudata* Desr. cv. Banana,王玉玲等. 西安地区木兰属植物的引种、选育与应用. 植物引种驯化集刊,12:34 ~38. 1998;蕉蕾玉兰 *Magnolia denudata* Desr. 'Jiaolei',刘秀丽. 2011. 中国玉兰种质资源调查及亲缘关系的研究. 北京林业大学博士论文。

本品种叶宽倒卵圆形,长10.5 ~18.5 cm,宽4.0 ~8.5 cm。玉蕾细长,弯曲,形似香蕉 Musa nana Lour. 果而得名。单花具花被片花瓣状,外2轮花被片椭圆形,内轮花被片倒披针形,长9.5 ~11.0 cm,宽2.0 ~4.0 cm,白色,外面中脉带紫红色晕。

产地:陕西西安市。选育者:王亚玲、崔铁成和王伟。

(4) '长叶 艳紫红'玉兰(安徽农业学报)　品种　图版26:2 ~6

Yulania denudata(Desr.)D. L. Fu 'Changye Yuanzihong',孙军等. 玉兰种质资源与分类系统的研究. 安徽农业学报,36 (5):1827. 2008;赵天榜、田国行等主编. 世界玉兰属植物资源与栽培利用:204. 2013。

本品种叶长倒卵圆形,中部以下渐狭,边部波状起伏。玉蕾长圆柱状,长3.0 ~4.0 cm,径1.1 ~1.3 cm。单花具花被片9枚,外面中、基部亮紫红色,主脉紫红色,直达先端。聚生蓇葖果圆柱状,长12.0 ~15.0 cm,径3.5 ~4.0 cm;蓇葖果球状、卵球状,绿紫色;果点较多,明显突起,先端具喙;果梗粗壮,密被长柔毛;缩台枝褐色,疏被短柔毛,或无毛。花期4月;果实成熟期8月。

产地:河南郑州市。选育者:赵天榜、陈志秀。

(5) '脉纹'玉兰(安徽农业学报)　品种

Yulania denudata (Desr.)D. L. Fu 'Maiwen',孙军等. 玉兰种质资源与分类系统的研究. 安徽农业学报,36(5):1827. 2008;赵天榜、田国行等主编. 世界玉兰属植物资源与栽培利用:204. 2013。

本品种幼枝灰绿色,密被白柔毛。叶倒卵圆形,长10.0 ~16.5 cm,宽4.0 ~7.5 cm。玉蕾卵球状。单花具花被片(7 ~)9枚,长椭圆形,长6.8 ~9.0 cm,宽2.6 ~4.8 cm,白色,基部外面,或上部外面脉纹淡粉红色,最上部外面具粉红色晕,内面白色,先端渐短尖;雄蕊花丝浓紫红色,中部以上浅黄白色,微具粉红色晕;离生单雌蕊子房鲜绿色,无毛,花柱和柱头浅黄白色,微具粉红色晕、紫色,花柱向外反,或内曲;花梗灰绿色,密被白色长柔毛。缩台枝无毛,或被柔毛。

产地:河南新郑市。选育者:赵天榜、陈志秀。

(6)'红脉'玉兰(安徽农业学报) '红脉'二乔(植物引驯化集刊) 品种 图版26:8

Yulania denudata(Desr.)D. L. Fu 'Red Nerue',孙军等. 玉兰种质资源与分类系统的研究. 安徽农业学报,36(5):1827. 2008;赵天榜、田国行等主编. 世界玉兰属植物资源与栽培利用:204. 2013;红脉二乔 *Magnolia* × *soulangiana* Soul. – Bod. cv. Red Nerve,王亚玲等. 西安地区木兰属植物引种、选育与应用. 植物引驯化集刊,12:35. 37. 1998;*Magnolia* × *soulangiana* Soul. – Bod. cv. 'Red Nerve',王亚玲等. 玉兰育种研究初报,19(5):15. 1999;*Magnolia* × *soulangiana* Soul. – Bod. 'Hongmai',刘秀丽. 2011. 中国玉兰种质资源调查及亲缘关系的研究. 北京林业大学博士论文。

本品种叶薄纸质,长倒卵圆形,长14.0~20.5 cm,宽8.5~11.5 cm。单花具花被片9枚,长被片长卵圆状匙形,先端圆形,外面上部白色,基部紫红色,具几枚辐射紫红色脉纹,从基部直达先端和边缘,内面基部红紫色,上部白色;雄蕊多数,花丝红紫色,花药黄色;雌蕊群红紫色;花梗密被长柔毛。

产地:陕西西安市。本品种系从玉兰实生苗中选出。选育者:王亚玲、崔铁成等。

(7)'陀蕾'玉兰(安徽农业学报) 品种

Yulania denudata(Desr.)D. L. Fu 'Tolei',孙军等. 玉兰种质资源与分类系统的研究. 安徽农业学报,36(5):1827. 2008;赵天榜、田国行等主编. 世界玉兰属植物资源与栽培利用:204. 2013。

本品种叶倒卵圆形,背面疏被短柔毛。玉蕾陀螺状,大,长3.5~4.0 cm,先端突尖。

产地:河南郑州市、南召县。选育者:赵天榜、陈志秀。

(8)'小花'玉兰(安徽农业学报) 品种

Yulania denudata (Desr.)D. L. Fu 'Xiaohua',孙军等. 玉兰种质资源与分类系统的研究. 安徽农业学报,36(5):1827. 2008;赵天榜、田国行等主编. 世界玉兰属植物资源与栽培利用:204~205. 2013。

本品种小枝、缩台枝及花梗无毛。叶倒卵圆形,先端钝圆,且微凹,具小尖头。花小型,径6.0~8.0 cm;花被片狭匙状椭圆形。

产地:河南郑州市。选育者:赵天榜、陈志秀。

(9)'毛梗 小花'玉兰(世界玉兰属植物资源与栽培利用) 品种

Yulania denudata(Desr.)D. L. Fu 'Maogeng Xiaohua',赵天榜、田国行等主编. 世界玉兰属植物资源与栽培利用:205. 2013。

本品种缩台枝及花梗密被白色柔毛。花小型。单花具花被片9枚,匙状长椭圆形,长4.0~4.6 cm,宽1.5~2.0 cm,外面基部中间淡粉红色,主脉淡粉红色直达先端;花药黄白色,花丝紫红色。

产地:河南郑州市。选育者:赵天榜、陈志秀。

(10)‘小叶’玉兰(安徽农业学报)　品种　图版27:10

Yulania denudata(Desr.)D. L. Fu‘Xiaoye’,孙军等. 玉兰种质资源与分类系统的研究. 安徽农业学报,36(5):1827. 2008;赵天榜、田国行等主编. 世界玉兰属植物资源与栽培利用:205. 2013。

本品种叶小,狭倒卵圆形,长6.0~8.5 cm,宽3.5~5.0 cm,上部最宽,先端钝圆,具突短小尖头。聚生蓇葖果圆柱状,通常弯曲,长20.0~22.0 cm,径4.0~4.5 cm;蓇葖果椭圆体状,长1.2~2.0 cm,径1.5~2.2 cm,表面凸凹不平,淡绿色;果点小,较少,大小不等,微突起,先端具短喙,或无喙,背缝线稍明显;果梗较粗,密被长柔毛;缩台枝较细。花期4月;果实成熟期8月。

产地:湖南。株洲。选育者:傅大立、赵天榜。

(11)‘异被’玉兰(安徽农业学报)　品种　图版26:13~14

Yulania denudata(Desr.)D. L. Fu‘Yibei’,孙军等. 玉兰种质资源与分类系统的研究. 安徽农业学报,36(5):1827. 2008;*Magnolia denudata* Desr.‘Yibei’,刘秀丽. 2011. 中国玉兰属种质资源及亲缘关系的研究. 北京林业大学博士论文。

本品种单花具花被片9枚,瓣状花被片外面基部红紫色,或粉色,脉纹淡紫色,或粉色,通常有1~3枚肉质、萼状花被片的花。

产地:河南郑州市。选育者:赵天榜、赵东武。

(12)‘光梗 螺托’玉兰(世界玉兰属植物资源与栽培利用)　品种

Yulania denudata(Desr.)D. L. Fu‘Guanggeng Luotuo’,赵天榜、田国行等主编. 世界玉兰属植物资源与栽培利用:205. 2013。

本品种叶宽倒卵圆形,最宽处在顶端,基部狭楔形,稀近圆形,长12.5~15.5 cm,宽11.0~12.5 cm,先端突微凹、尖,表面深绿色,具光泽,无毛,背面沿脉密被柔毛。单花具花被片9枚,白色,外面中、基部淡紫红色。聚生蓇葖果螺旋状圆柱状,长12.0~15.0 cm,径3.0~3.5 cm;蓇葖果背面微隆起,呈近方菱状,先端无喙,青绿色;果梗青绿色,无毛。缩台枝粗壮,3~4节,密被灰褐色柔毛。

产地:河南新郑市。选育者:赵天榜、陈志秀。

(13)‘毛粗梗’玉兰(世界玉兰属植物资源与栽培利用)　品种

Yulania denudata(Desr.)D. L. Fu‘Maoging’,赵天榜、田国行等主编. 世界玉兰属植物资源与栽培利用:206. 2013。

本品种叶宽倒卵圆形,最宽处在顶端,从顶部向下渐狭,基部狭楔形,长9.5~19.5 cm,宽7.0~12.0 cm,先端微凹,具短尖,表面深绿色,具光泽,无毛。单花具花被片9枚,白色,外面中、基部淡紫红色。聚生蓇葖果圆柱状,长15.0~18.0 cm,径3.0~3.5 cm;蓇葖果背面平,呈近菱状,先端无喙,青绿色;果梗和缩台枝特别粗壮,密被灰褐色柔毛。缩台枝4~5节。

产地:河南新郑市。选育者:赵天榜、陈志秀。

（14）‘紫被 青果’玉兰（世界玉兰属植物资源与栽培利用）　品种

Yulania denudata(Desr.)D. L. Fu ‘Zibei Qingguo’，赵天榜、田国行等主编. 世界玉兰属植物资源与栽培利用:205～206. 2013。

本品种叶倒卵圆形，最宽处在顶端，从顶部向下渐狭，基部狭楔形，长9.5～13.5 cm，宽5.0～9.0 cm，先端钝尖，或微凹具突短尖，表面深绿色，具光泽，无毛；叶柄长2.0～2.5 cm，无毛。单花具花被片9枚，白色，外面中、基部紫红色。聚生蓇葖果圆柱状，长7.0～10.0 cm，径3.0～3.5 cm；蓇葖果卵球状，先端稍尖，无喙，青绿色，密被突起皮孔。

产地：河南新郑市。选育者：陈志秀、赵天榜。

（15）‘青果’玉兰（世界玉兰属植物资源与栽培利用）　品种　图版11:3　图版27:6

Yulania denudata(Desr.)D. L. Fu ‘Zibei Qingguo’，赵天榜、田国行等主编. 世界玉兰属植物资源与栽培利用:206. 2013。

本品种叶倒卵圆形，先端钝尖。单花具花被片9枚，白色，外面基部淡紫红色。聚生蓇葖果圆柱状，长5.0～7.0 cm；蓇葖果卵球状，无喙，青绿色，密被突起果点。

产地：河南新郑市。选育者：陈志秀、赵天榜。

（16）‘宽被’玉兰（世界玉兰属植物资源与栽培利用）　品种　图版26:12　图版31:9～10

Yulania denudata(Desr.)D. L. Fu ‘Kuanbei’，赵天榜、田国行等主编. 世界玉兰属植物资源与栽培利用:206. 2013。

本品种单花具花被片9枚，匙状宽卵圆形，白色，先端钝圆，基部圆匙形，基部外面水粉色，或粉红色，中脉粉色，直达先端；离生单雌蕊子房无毛。

产地：河南。选育者：赵天榜、陈志秀。

（17）‘皱被 水粉’玉兰（世界玉兰属植物资源与栽培利用）　品种

Yulania denudata(Desr.)D. L. Fu ‘Zhoubei Shuifen’，赵天榜、田国行等主编. 世界玉兰属植物资源与栽培利用:206. 2013。

本品种单花具花被片9枚，匙状狭长圆形，淡白色，被水粉色晕，先端钝尖，边部波状起伏，基部外面淡粉色，或粉色；雄蕊黄色，先端微被水粉色晕。

产地：河南。选育者：赵天榜、陈志秀。

（18）‘狭被’玉兰（世界玉兰属植物资源与栽培利用）　品种　图版27:7～8

Yulania denudata(Desr.)D. L. Fu ‘Xiabei’，赵天榜、田国行等主编. 世界玉兰属植物资源与栽培利用:206. 2013。

本品种叶倒卵圆形，表面微被短柔毛，沿主侧脉密被短柔毛，背面短柔毛较多。玉蕾卵球状。单花具花被片9枚，狭椭圆形，白色，先端钝圆，外面基部微有淡粉色晕，内面乳白色；雄蕊黄色，微被水粉色晕；雌蕊群淡黄白色。聚生蓇葖果圆柱状，通常弯曲，长14.0～16.0 cm，径4.0～4.5 cm；蓇葖果椭圆体状，或球状，长1.5～2.5 cm，径1.5～1.7 cm，表面亮淡黄绿色；果点较少，小，微突起，先端具稍膨大、突起短喙，喙上背缝线稍明显；果梗较粗，绿色，长约1.0 mm，密被灰色长柔毛；缩台枝褐色，疏被灰色短柔毛。花期4月；果实成熟期8月。

产地：河南。选育者：赵天榜、陈志秀。

(19)‘双雌蕊群’玉兰(世界玉兰属植物资源与栽培利用)　品种　图版27:9

Yulania denudata(Desr.)D. L. Fu‘Shuang Ciruiqun’,赵天榜、田国行等主编. 世界玉兰属植物资源与栽培利用:206. 2013。

本品种叶倒卵圆形,先端钝尖,基部楔形,边部波状;叶柄被短柔毛。玉蕾片卵球－椭圆体状。单花具花被片9枚,狭椭圆形,白色,先端钝圆,外面基部微有淡粉色晕,内面乳白色;雄蕊黄色;有时具2枚雌蕊群。

产地:河南。选育者:赵天榜、陈志秀。

(20)‘粉晕轻含’玉兰(世界玉兰属植物资源与栽培利用)　品种　图版22:11

Yulania denudata(Desr.)D. L. Fu‘Fenyun Qinghan’,赵天榜、田国行等主编. 世界玉兰属植物资源与栽培利用:206. 2013;*Magnolia denudata* Desr.‘Fenyun Qinghan’,刘秀丽. 2011. 中国玉兰属种质资源及亲缘关系的研究. 北京林业大学博士论文。

本品种小枝粗壮,淡绿橙黄色,无毛。叶倒卵圆形,绿色,无毛,长约12.6 cm,宽约8.7 cm,先端急尖,基部宽楔形,沿脉被短柔毛;叶柄无毛。单花具花被片9枚,匙状长椭圆形,长9.0 cm,宽4.5～4.9 cm,先端渐尖,外面基部红紫色,上部白色;雄蕊多数,花丝紫色,花药黄白色;离生单雌蕊红紫色。

产地:北京市。选育者:刘秀丽。

(21)‘窄被紫眉’玉兰(世界玉兰属植物资源与栽培利用)　品种　图版22:12～13

Yulania denudata(Desr.)D. L. Fu‘Zhaibei Zimei’,赵天榜、田国行等主编. 世界玉兰属植物资源与栽培利用:206～207. 2013;*Magnolia denudata* Desr.‘Zhaibei Zimei’,刘秀丽. 2011. 中国玉兰属种质资源及亲缘关系的研究. 北京林业大学博士论文。

本品种小枝粗壮,淡绿橙黄色,无毛。叶倒卵圆形,绿色,无毛,长约15.0 cm,宽约8.0 cm,先端长尾尖,基部宽楔形,沿脉被短柔毛;叶柄无毛。单花具花被片9枚,匙状长椭圆形,长9.0 cm,宽5.0 cm,先端渐尖,外面基部红紫色,上部白色;雄蕊多数,花丝紫色,花药黄白色;离生单雌蕊子房红紫色;花梗密被长柔毛。

产地:北京市。选育者:刘秀丽。

(22)‘卷瓣’玉兰(世界玉兰属植物资源与栽培利用)　品种　图版27:11～12

Yulania denudata(Desr.)D. L. Fu‘Juanban’,赵天榜、田国行等主编. 世界玉兰属植物资源与栽培利用:207. 2013;*Magnolia denudata* Desr.‘Juanban’,刘秀丽. 2011. 中国玉兰属种质资源及亲缘关系的研究. 北京林业大学博士论文。

本品种叶倒卵圆形,绿色,无毛,长约13.0 cm,宽约9.2 cm,先端尾尖,基部楔形;叶柄无毛。单花具花被片9枚,匙状长椭圆形,卷曲,长约6.9 cm,宽约4.0 cm,先端钝圆,微凹,外面基部紫色,上部白色;雄蕊多数,花丝灰黄色,花药红紫色;离生单雌蕊子房黄绿色;花梗密被短柔毛。

产地:浙江杭州市。选育者:刘秀丽。

(23)‘异色 花被’玉兰(世界玉兰属植物资源与栽培利用)　品种

Yulania denudata(Desr.)D. L. Fu‘Yishai Huabei’,赵天榜、田国行等主编. 世界玉兰属植物资源与栽培利用:207～208. 2013。

本品种单花具花被片9枚,匙状椭圆形,长6.0～6.5 cm,径3.0～3.5 cm,白色,外面花被片3枚，中、基部微淡黄绿色，内面花被片6枚，中、基部中间淡粉色；雄蕊花丝亮紫色，先端亮紫色；离生单雌蕊子房无毛；花梗淡绿色，被柔毛，顶端具一环状褐色长柔毛。缩台枝被褐色短毛，其上叶芽芽鳞状托叶被亮白长柔毛及黑色小点突起。

产地：河南郑州市。选育者：赵天榜、陈志秀。

(24)'大叶'玉兰　新品种　图版31:8

Yulania denudata (Desr.) D. L. Fu 'Daye', cv. nov.

本新品种叶大，2种叶型：① 倒卵圆形，②长24.0～30.0 cm，宽15.0～17.5 cm，先端钝圆，具三角形短尖，上部向下至基部呈狭三角形；② 宽椭圆形，长21.0～24.0 cm，宽12.0～15.0 cm，先端钝圆，具三角形短尖，中部与基部近等宽，基部宽圆形。

产地：河南郑州市。选育者：赵天榜、李小康、王华。

Ⅱ 喙果玉兰品种群(世界玉兰属植物资源与栽培利用)　品种群

Yulania denudata (Desr.) D. L. Fu Huiguo Group，赵天榜、田国行等主编. 世界玉兰属植物资源与栽培利用. 207. 2013。

(25)'喙果'玉兰(安徽农业学报)　品种　图版11:9

Yulania denudata (Desr.) D. L. Fu 'Huiguo'，孙军等. 玉兰种质资源与分类系统的研究. 安徽农业学报，36 (5)：1827. 2008；赵天榜、田国行等主编. 世界玉兰属植物资源与栽培利用：207. 2013。

本品种单花具花被片12枚，白色，外面中、基部淡紫红色；离生单雌蕊子房全发育。聚生蓇葖果圆柱状，长15.0～17.5 cm，径4.0～4.5 cm；蓇葖果先端具短喙，表面果点突起，小而较多。

产地：山东青岛市。选育者：赵天榜、陈志秀。

(26)'菱状 喙果'玉兰(世界玉兰属植物资源与栽培利用)　品种

Yulania denudata (Desr.) D. L. Fu 'Lingzhuang Huiguo'，赵天榜、田国行等主编. 世界玉兰属植物资源与栽培利用：207. 2013。

本品种叶倒卵圆形、倒卵圆形三角形，最宽处在顶端，从顶部向下渐狭，基部成狭楔形，长10.5～14.5 cm，宽8.5～9.5 cm，先端钝尖，表面绿色，具光泽；叶柄长1.5～3.0 cm。玉蕾卵球形，长2.0 cm。单花具花被片9枚，白色，外面中、基部淡紫红色。聚生蓇葖果圆柱状，长14.0～17.0 cm，径3.0～3.5 cm；蓇葖果卵球状，背面微隆起，呈菱状，背面背缝线明显，先端具喙，浅红色；无果点；果梗和缩台枝粗壮，密被灰褐色短柔毛。

产地：河南新郑市。选育者：赵天榜、陈志秀。

(27)'小叶 喙果'玉兰(世界玉兰属植物资源与栽培利用)　品种

Yulania denudata (Desr.) D. L. Fu 'Xiaoye Huiguo'，赵天榜、田国行等主编. 世界玉兰属植物资源与栽培利用：207. 2013。

本品种叶倒卵圆形、狭倒卵圆形，最宽处在顶端，从顶部向下渐狭，基部狭楔形，长9.0～11.5 cm，宽4.5～7.5 cm，先端钝尖，或微凹具短尖，表面浅黄绿色，具光泽，无毛；叶柄长1.5～2.0 cm。玉蕾卵球状，长2.0 cm。单花具花被片9枚，白色，外面中、基部淡紫红色。聚生蓇葖果圆柱状，长15.0～18.0 cm，径3.0～3.5 cm；蓇葖果卵球状，小，长1.3～1.5 cm，径7～13 mm，背面呈菱状突起，背缝线不明显，淡黄褐色，先端具喙；果点很小，不明显。果梗先端具1环状密柔毛；缩台枝无毛。

产地：河南新郑市。选育者：赵天榜、陈志秀。

Ⅲ 鹤山玉兰品种群（安徽农业学报）　品种群

Yulania denudata（Desr.）D. L. Fu Heshanensis Group，孙军等. 玉兰种质资源与分类系统的研究. 安徽农业学报，36（5）：1827. 2008；赵天榜、田国行等主编. 世界玉兰属植物资源与栽培利用：208. 2013。

（28）鹤山玉兰（安徽农业学报）　品种

Yulania denudata（Desr.）D. L. Fu 'Heshanensis'，孙军等. 玉兰种质资源与分类系统的研究. 安徽农业学报，36（5）：1827. 2008；赵天榜、田国行等主编. 世界玉兰属植物资源与栽培利用：208. 2013；*Magnolia heshanensis* Law et R. Z. Zhou ined. 刘玉壶主编. 中国木兰：72～73. 彩图（绘）. 彩图4幅. 2004。

本变种叶芽被白色长柔毛。叶脉和叶背面被白色长柔毛。

产地：湖南。刘玉壶等，模式标本采自湖南白鹤山。河南郑州市有引种。

Ⅳ 多被玉兰品种群（安徽农业学报）　白花多被玉兰品种群（世界玉兰属植物资源与栽培利用）　品种群

Yulania denudata（Desr.）D. L. Fu Multitepala Group，孙军等. 玉兰种质资源与分类系统的研究　安徽农业学报，36（5）：1827. 2008；Yulania denudata（Desr.）D. L. Fu Multitepala Group，赵天榜、田国行等主编. 世界玉兰属植物资源与栽培利用：208. 2013；白花多被玉兰品种群，赵天榜、田国行等主编. 世界玉兰属植物资源与栽培利用：209. 2013。

（29）多被玉兰（安徽农业学报）　多瓣白玉兰（中国绿色时报）　品种

Yulania denudata（Desr.）D. L. Fu 'Multitepala'，孙军等. 玉兰种质资源与分类系统的研究. 安徽农业学报，36（5）：1827. 2008；赵天榜、田国行等主编. 世界玉兰属植物资源与栽培利用：208. 2013；多瓣白玉兰 中国绿色时报 绿色科技3版，1999年4月23日。

本品种单花具花被片15～23枚，白色，外面基部微有淡紫色晕。

产地：浙江。河南新郑市有栽培。选育者：王飞罡。其品种为多瓣白玉兰，系白玉兰的芽变。

（30）'卷被'玉兰（世界玉兰属植物资源与栽培利用）　品种　图版11：2　图版27：1～5

Yulania denudata（Desr.）D. L. Fu 'Guanbei'，赵天榜、田国行等主编. 世界玉兰属植物资源与栽培利用：208. 2013。

本品种花大，白色。单花具花被片12～15枚，花被片外面基部微被浅粉色晕，边缘外卷为显著特征；离生单雌蕊花柱及柱头微被浅粉色晕。蓇葖果具喙。聚生蓇葖果圆柱状，通常弯曲，长10.0～16.0 cm，径4.0～4.5 cm；蓇葖果椭圆体状；或球状，长1.2～2.0 cm，径2.0～3.0 cm，表面淡黄绿色；果点较少，大小不等，微突起，先端具稍膨大短喙，不育者先端具长喙，背缝线凹入稍明显；果梗较粗，密被长柔毛。花期4月；果实成熟期8月。

产地：河南。郑州有栽培。选育者：赵天榜、陈志秀。

（31）'重瓣'玉兰（华北树木志、安徽农业学报）　品种

Yulania denudata（Desr.）D. L. Fu 'Plena'，孙军等. 玉兰种质资源与分类系统的研究. 安徽农业科学，36（5）：1827. 2008；赵天榜、田国行等主编. 世界玉兰属植物资源与栽

培利用:208～209. 2013;*Magndia denudata* Desr. cv.'Plena',华北树木志编写组编. 华北树木志:201. 1984。

本品种花大,白色。单花具花被片12～18枚,花被片外面中、基部紫红色。聚生蓇葖果圆柱状,长2.0～2.5 cm;蓇葖果灰褐色,表面密被细的、微裂的疣状突出。

产地:山东青岛市。河南郑州市有栽培。

(32)'微粉 多被'玉兰(世界玉兰属植物资源与栽培利用) 品种

Yulania denudata(Desr.)D. L. Fu'Weifen Duobei',赵天榜、田国行等主编. 世界玉兰属植物资源与栽培利用:209. 2013。

本品种玉蕾大,单生枝顶,卵球锥状;芽鳞状托叶4～5枚,外面密被灰褐色,或黑褐色长柔毛。花大。单花具花被片20～24枚,白色,花被片外面基部微粉色。

产地:河南鸡公山。选育者:戴慧堂。

(33)'白花 多被'玉兰(安徽农业学报) '多瓣白'玉兰 多瓣玉兰 品种 图版21:4～5

Yulania denudata(Desr.)D. L. Fu'Baihua Duobei',孙军等. 玉兰种质资源与分类系统的研究. 安徽农业学报,36(5):1828. 2008;赵天榜、田国行等主编. 世界玉兰属植物资源与栽培利用:209. 2013;*Magnolia denudata* Desr.,刘玉壶主编. 中国木兰:56. 彩图. 2004;'多瓣白'玉兰 *Magnolia denudata* Desr. 'Duoban Bai',刘秀丽. 2011. 中国玉兰种质资源调查及亲缘关系的研究. 北京林业大学博士论文。

本品种叶椭圆状倒卵圆形,表面微被短柔毛,沿主侧脉密被短柔毛,背面短柔毛较多,沿主脉、侧脉密被长柔毛;叶柄被短柔毛。玉蕾卵球状,长1.3～1.5 cm,径7～9 mm;芽鳞状托叶外密被灰白色长柔毛。单花具花被片9～14枚;离生单雌蕊子房无毛。

产地:四川。选育者:刘玉壶。

附录:多瓣白玉兰系王飞罡从玉兰自然芽变枝选出。品种权号:20000001。本品种单花具花被片9～14枚,白色。

(34)'迟花 多被'玉兰(世界玉兰属植物资源与栽培利用) 品种

Yulania denudata(Desr.)D. L. Fu'Chihua Duobei',赵天榜、田国行等主编. 世界玉兰属植物资源与栽培利用:209. 2013。

本品种初花年龄很迟。单花具花被片11～12枚,长匙状椭圆形,长7.5～10.0 cm,宽2.8～4.0 cm,白色,先端钝圆,具喙,中部多弓形上翘;雄蕊多数,长1.0～1.8 cm,花丝长2～3 mm,淡粉色,花药浅黄白色;雌雄蕊群长4.0～4.5 cm;离生单雌蕊子房淡灰色,无毛,花柱浅黄白色,花柱内曲;花梗灰绿色,疏被短柔毛,顶端具一环状长柔毛。缩台枝微被短柔毛。

产地:河南郑州市。选育者:赵天榜。

(35)'玉蝶'玉兰(世界玉兰属植物资源与栽培利用) 品种 图版31:13

Yulania denudata(Desr.)D. L. Fu'Yudie',赵天榜、田国行等主编. 世界玉兰属植物资源与栽培利用:209. 2013;*Magnolia denudata* Desr. 'Yudie',刘秀丽. 2011. 中国玉兰属种质资源及亲缘关系的研究. 北京林业大学博士论文。

本品种小枝粗壮,淡绿橙黄色,无毛。叶倒卵圆形,绿色,无毛,长约13.0 cm,宽约

9.0 cm,先端尾尖,基部楔形,偏斜,背面被短柔毛;叶柄密被短柔毛。单花具花被片 9 ~ 11 枚,匙状椭圆形,长 8.5 ~ 9.1 cm,宽 3.8 ~ 4.1 cm,先端钝圆,外面基部稍带绿色,上部白色;雄蕊多数,花丝红紫色,花药黄色;离生单雌蕊子房绿黄色。

产地:北京市。选育者:刘秀丽。

(36)'多被 紫花'玉兰(世界玉兰属植物资源与栽培利用)　品种

Yulania denudata(Desr.)D. L. Fu 'Duobei Zihua',赵天榜、田国行等主编. 世界玉兰属植物资源与栽培利用:211. 2013。

本品种单花具花被片 9 ~ 18 枚,宽匙状椭圆形,或宽匙状卵圆形,先端钝圆,内曲,外面深紫色,或深紫红色,内面淡紫色晕、脉纹色浓,外轮花被片较短;雄蕊及离生单雌蕊子房紫色,或紫红色。

产地:河南郑州市。选育者:赵天榜、赵杰。

Ⅴ 白花玉兰品种群(世界玉兰属植物资源与栽培利用)　品种群

Yulania denudata(Desr.)D. L. Fu Baihua Group,赵天榜、田国行等主编. 世界玉兰属植物资源与栽培利用:209. 2013。

(37) 白花玉兰　品种

Yulania denudata(Desr.)D. L. Fu 'Alba', Yulania denudata(Desr.)D. L. Fu var. alba T. B. Zhao et Z. X. Chen,赵天榜、田国行等主编. 世界玉兰属植物资源与栽培利用:202. 2013;赵天榜、田国行、任志锋主编. 世界玉兰属植物种质资源志:32. 2013。

(38)'喙被'玉兰(世界玉兰属植物资源与栽培利用)　品种　图版 31:6 ~ 7

Yulania denudata(Desr.)D. L. Fu 'Huibei',赵天榜、田国行等主编. 世界玉兰属植物资源与栽培利用:209 ~ 210. 2013。

本品种叶倒卵圆形,表面微被短柔毛,沿主侧脉密被短柔毛,背面短柔毛较多;叶柄被短柔毛。玉蕾卵球状。单花具花被片 9 枚,匙状鞋状,或匙状圆形,白色,先端钝圆,具尖喙;雄蕊多数,黄色,花丝紫色;雌蕊群淡黄绿色。

产地:新郑市。选育者:赵杰、赵东武、赵天榜。

(39)'白花 宽被'玉兰(世界玉兰属植物资源与栽培利用)　品种

Yulania denudata(Desr.)D. L. Fu 'Baihua Kuanbei',赵天榜、田国行等主编. 世界玉兰属植物资源与栽培利用:210. 2013。

本品种单花具花被片 9 枚,匙状卵圆形,白色,先端钝圆;离生单雌蕊子房无毛。

产地:河南。选育者:赵天榜、陈志秀。

(40)'狭被'玉兰(世界玉兰属植物资源与栽培利用)　品种　图版 27:7 ~ 8

Yulania denudata(Desr.)D. L. Fu 'Xiabei',赵天榜、田国行等主编. 世界玉兰属植物资源与栽培利用:210. 2013。

本品种单花具花被片 9 枚,狭椭圆形,白色,长 8.0 ~ 10.0 cm,宽 2.0~2.5 cm,先端钝圆,或钝尖。

产地:河南。选育者:赵天榜、陈志秀。

(41)'长瓣玉女'玉兰(世界玉兰属植物资源与栽培利用)　新组合品种　图版 29:10

Yulania denudata(Desr.)D. L. Fu 'Changban Yunü', cv. comb. nov., *Magnolia* denudata Desr.‘Changban Yunü’,刘秀丽. 2011. 中国玉兰属种质资源及亲缘关系的研究. 北京林业大学博士论文;*Yulania denudata*(Desr.)D. L. Fu‘Xiabei’,赵天榜、田国行等主编. 世界玉兰属植物资源与栽培利用:210. 2013。

本品种小枝粗壮,淡绿橙黄色,无毛。叶倒卵圆—披针形,绿色,长约 14.2 cm,宽约 7.7 cm,先端尾尖,基部楔形,表面叶脉及背面被柔毛。单花具花被片 9 枚,长匙状椭圆形,长 11.2 cm,宽 4.2 cm,先端钝圆,纯白色;雄蕊多数,花丝红紫色,花药绿黄色;离生单雌蕊子房绿黄色。

产地:北京市。选育者:刘秀丽。

注:‘长瓣玉女’玉兰学名不是 *Yulania denudata*(Desr.)D. L. Fu‘Xiabei’,也不是 *Magnolia denudata* Desr.‘Changban Yunv’,而是 Yulania denudata(Desr.)D. L. Fu‘Changban Yunü’,故作新组合品种。

Ⅵ 塔形玉兰品种群(安徽农业科学)　品种群

Yulania denudata(Desr.)D. L. Fu Pyramidalis Group,孙军等. 玉兰种质资源与分类系统的研究. 安徽农业科学,36(5):1828. 2008;赵天榜、田国行等主编. 世界玉兰属植物资源与栽培利用. 210:2013。

(42)‘窄被’玉兰(安徽农业学报)　窄被玉兰(河南农业大学学报)　品种

Yulania denudata(Desr.)D. L. Fu‘Angustitepala’,孙军等. 玉兰种质资源与分类系统的研究. 安徽农业科学,36(5):1828. 2008;赵天榜、田国行等主编. 世界玉兰属植物资源与栽培利用:210. 2013;*Magnolia denudata* Desr. var. *angustitepala* T. B. Zhao et Z. X. Chen,丁宝章等. 中国木兰属植物腋花、总状花序的首次发现和新分类群. 河南农业大学学报,19(4):363. 1985。

本品种单花具花被片 9 枚,匙状狭椭圆形,宽 1.0 ~ 2.0 cm,白色,外面基部具淡紫色晕,边部波状起伏为显著特征;离生单雌蕊子房无毛。

产地:河南。选育者:赵天榜、陈志秀。

(43) 塔形玉兰(河南农学院学报)　‘塔形’玉兰(安徽农业学报)　品种

Yulania denudata(Desr.)D. L. Fu‘Pyramidalis’,孙军等. 玉兰种质资源与分类系统的研究. 安徽农业学报,36(5):1828. 2008;赵天榜、田国行等主编. 世界玉兰属植物资源与栽培利用:210. 2013;*Magnolia denudata* Desr. var. *pyramidalis* T. B. Zhao et Z. X. Chen,丁宝章等. 河南木兰属新种和新变种. 河南农学院学报,4:11. 1983。

本品种单花具花被片 9 枚,花被片边部不波状起伏,白色,外面中、基部中间有紫色晕。

产地:河南郑州市。本品种系 1993 年由赵天榜和陈志秀发现。

(44)‘疏枝’塔形玉兰　新品种　图版 19:6 ~ 8

Yulania denudata(Desr.)D. L. Fu‘Shuzhi’,cv. nov.

本新品种树冠塔状;侧枝直立斜展。小枝稀少、直立。叶宽倒卵圆形,先端钝圆,稍凹具短头,基部楔形。单花具花被片 9 枚。聚生蓇葖果圆柱状,长 8.0 ~ 12.5 cm;蓇葖果淡粉色,表面光滑,稍突起。

产地:河南郑州市。选育者:李小康、陈俊通、王华。

Ⅶ 紫花玉兰品种群(安徽农业学报)　品种群

Yulania denudata(Desr.)D. L. Fu Purpurascens Group，孙军等．玉兰种质资源与分类系统的研究．安徽农业科学，36(5)：1828．2008；赵天榜、田国行等主编．世界玉兰属植物资源与栽培利用：211．2013。

(45) 淡紫玉兰(药学学报)　'淡紫'玉兰(植物研究)　'紫蝶飞'玉兰　图版20：1～4　图版28：10　品种

Yulania denudata(Desr.)D. L. Fu 'Purpurascens'，孙军等．玉兰种质资源与分类系统的研究．安徽农业学报，36(5)：1828．2008；赵天榜、田国行等主编．世界玉兰属植物资源与栽培利用：210．2013；*Yulania denudata*(Desr.)D. L. Fu var. *purpurascens*(Maxim.) D. L. Fu et T. B. Zhao，田国行等．玉兰新分类系统的研究．植物研究，26(1)：35．2006；*Magnolia denudata* Desr. var. *dilutipurpurascens* Z. W. Xie et Z. Z. Zhao，赵中振等．药用辛夷一新种及一变种的新名称．药学学报，22(10)：778～779．图．1997；'紫蝶飞'玉兰，*Magnolia denudata* Desr. 'Zidie Fei' 刘秀丽．2011．中国玉兰属种质质资源及亲缘关系的研究．北京林业大学博士论文。

本品种叶倒卵圆形，薄革质，沿脉疏被短柔毛，先端短尾尖，基部楔形；叶柄密被短柔毛。单花具花被片9枚，匙状卵圆形，先端钝圆，外面淡紫红色，内面乳白色；雄蕊淡紫红色，花丝花柱及柱头紫色；花梗密被短柔毛。

产地：江苏、浙江等。河南鸡公山与北京市有引栽。

(46)'浓紫'玉兰(安徽农业学报)　品种　图版20：5～7

Yulania denudata(Desr.) D. L. Fu 'Nongzi'，孙军等．玉兰种质资源与分类系统的研究．安徽农业学报，36(5)：1828．2008。

本品种单花具花被片9枚，浓紫色至紫色，内面白色，具明显紫色脉纹；雄蕊及花丝浓紫色；花柱及柱头紫色。

产地：河南。选育者：赵天榜、戴天澍。

(47)'曲被'玉兰(安徽农业学报)　品种　图版28：5～7

Yulania denudata(Desr.)D. L. Fu 'Qubei'，孙军等．玉兰种质资源与分类系统的研究．安徽农业学报，36(5)：1828．2008；赵天榜、田国行等主编．世界玉兰属植物资源与栽培利用：210．2013。

本品种单花具花被片9枚，花被片外面中、基部亮紫红色，上部淡粉色，上部及两侧内曲；花柱及子房近等长，花柱具淡粉红色晕，向内曲；花梗淡绿，密被白色长柔毛；缩台枝粗壮，无毛，紫褐色。

产地：河南。选育者：赵天榜、陈志秀。

(48)'紫花'玉兰(世界玉兰属植物资源与栽培利用)　品种　图版20：8～10　图版26：9

Yulania denudata(Desr.)D. L. Fu 'Zihua'，赵天榜、田国行等主编．世界玉兰属植物资源与栽培利用：211～212．2013。

本品种单花具花被片9(～10)枚，匙状椭圆形，长5.0～9.0 cm，宽2.5～3.5 cm，先端钝圆，有时钝尖，外面紫色，或淡紫色，内面淡白色，微有淡紫色晕，上部及两侧内曲；花柱及子房近等长，花柱具淡粉红色晕，向内曲；雄蕊多数，淡紫色，花丝紫黑色；雌蕊群紫色。

产地:新郑市及长垣县。选育者:赵杰、赵天榜。

(49)‘紫白’玉兰(世界玉兰属植物资源与开发利用) 品种

Yulania denudata(Desr.)D. L. Fu‘Zibai’,赵天榜、田国行等主编.世界玉兰属植物资源与栽培利用:212. 2013。

本品种单花具花被片9枚,匙状长卵圆形,先端钝圆,有时钝尖,外面淡紫色,脉纹紫色明显,内面淡白色,微有淡紫色晕,基部两侧有时具淡紫色晕斑内曲;雄蕊多数,淡紫色,药隔先端紫黑色,花丝紫黑色;离生单雌蕊子房淡紫色。

产地:新郑市及长垣县。选育者:赵杰、赵东武、赵天榜。

(50)‘娇容三变’玉兰(世界玉兰属植物资源与栽培利用) 品种 图版28:8~9

Yulania denudata(Desr.)D. L. Fu‘Jiaorong Sanbian’,赵天榜、田国行等主编.世界玉兰属植物资源与栽培利用:212. 2013;*Magnolia denudata* Desr.‘Jiaorong Sanbian’,刘秀丽. 2011. 中国玉兰属种质资源及亲缘关系的研究. 北京林业大学博士论文。

本品种小枝粗壮,褐色,无毛。叶倒披针形,绿色,无毛,长约15.0 cm,宽约8.0 cm,先端长尾尖,基部楔形,背面被短柔毛;叶柄密被短柔毛。单花具花被片9枚,匙状长椭圆形,长9.3~9.7 cm,宽2.7~3.2 cm,先端渐尖,外面基部红紫色,中部淡紫红色,上部绿白色;雄蕊多数,花丝红紫色,花药黄色;离生单雌蕊子房绿黄色。

产地:北京市。选育者:刘秀丽。

Ⅷ 长叶玉兰品种群(世界玉兰属植物资源与栽培利用) 白花玉兰品种群(安徽农业学报) 品种群

Yulania denudata(Desr.)D. L. Fu Elongata Group,孙军等. 玉兰种质资源与分类系统的研究. 安徽农业科学,36(5):1828. 2008;赵天榜、田国行等主编.世界玉兰属植物资源与栽培利用:212. 2013。

(51)长叶玉兰(植物研究) 白花玉兰(安徽农业学报) 白花湖北木兰(湖北植物志) 品种

Yulania denudata(Desr.)D. L. Fu‘Elongata’,Yulania denudata(Desr.)D. L. Fu var. elongata(Rehd. & Wils.)D. L. Fu et T. B. Zhao,田国行等. 玉兰新分类系统的研究. 植物研究,26(1):35. 2006;赵天榜、田国行等主编.世界玉兰属植物资源与栽培利用:201. 2013;赵天榜、田国行、任志锋主编. 世界玉兰属植物种质资源:31~32. 2013;*Magnolia denudata* Desr. var. *elongata* Rehd. & Wils. in Sargent,P1. Wils. I:402. 1913;中国科学院武汉植物研究所编著. 湖北植物志 第一卷:423. 1976。

本新改隶组合品种幼叶亮紫色,后紫红色,具光泽,背面脉腋具簇毛。叶长倒卵圆形,先端钝圆,或近截形,具小尖头,顶部最宽,向下渐狭,基部呈狭楔形;幼叶紫红色。花白色,芳香。单花具花被片9枚,长圆状倒卵圆形,长倒卵圆形,或匙状长圆形,长7.0~9.0 cm,宽2.0~4.0 cm;雄蕊长1.5~1.8 cm,花药长4~6 mm,花丝长,红色,药室侧向纵裂,药隔先端稍长,急尖;雌雄蕊群长3.0~3.5 cm。

产地:湖北长阳县。河南郑州市有栽培。

Ⅸ 毛玉兰品种群(安徽农业学报) 品种群

Yulania denudata(Desr.)D. L. Fu Pubescens Group,孙军等. 玉兰种质资源与分类系

统的研究. 安徽农业科学,36(5):1828. 2008;赵天榜、田国行等主编. 世界玉兰属植物资源与栽培利用:212. 2013。

(52) 毛玉兰(安徽农业学报)　品种

Yulania denudata(Desr.) D. L. Fu 'Pubescens',孙军等. 玉兰种质资源与分类系统的研究. 安徽农业学报,36(5):1828. 2008;赵天榜、田国行等主编. 世界玉兰属植物资源与栽培利用:213. 2013;Yulania denudata(Desr.) D. L. Fu var. pubescens D. L. Fu, T. B. Zhao et G. H. Tian,田国行等. 玉兰属一新变种. 武汉植物学研究,22(4):327~328. 2004。

本品种单花具花被片9枚,外面基部亮紫红色,中脉紫红色直达先端。离生单雌蕊子房被短柔毛。

产地:河南郑州市。选育者:赵天榜、傅大立等。

(53) '喙蕾'玉兰(安徽农业学报)　品种　图版11:7　图版26:11

Yulania denudata(Desr.) D. L. Fu 'Huilei',孙军等. 玉兰种质资源与分类系统的研究. 安徽农业学报,36(5):1828. 2008;赵天榜、田国行等主编. 世界玉兰属植物资源与栽培利用:212~213. 2013。

本品种玉蕾卵球状,长3.5~3.7 cm,径1.3~1.5 cm,先端长渐尖,具弯曲喙。单花具花被片9枚,宽匙状长椭圆形,白色,外面中、基部微有淡紫色脉纹。

产地:河南郑州市。选育者:赵天榜、陈志秀。

(54) '紫红基'玉兰　新品种　图版11:8　图版23:10~11

Yulania denudata(Desr.) D. L. Fu 'Zihongji', cv. nov.

本新品种单花具花被片9枚,大型;花被片长9.5~10.0 cm,宽4.5~5.5 cm,外面中、基部紫红色,或紫红色脉纹;雄蕊花丝黑紫色;离生单雌蕊子房疏被短柔毛,花柱、柱头微被水粉色晕;果梗及缩台枝密被短绒毛。聚生蓇葖果圆柱状,长14.0~15.0 cm,径4.0~5.0 cm;蓇葖果菱状,或卵球状,长1.5~2.2 cm,径1.2~2.0 cm,表面平,或突起,棕黄色;果点较大、多、明显、突起,背缝线橙黄色、淡绿色明显,先端喙明显、突起;果梗粗壮,密被长柔毛;缩台枝灰褐色、粗壮,无毛,或被毛。花期4月;果实成熟期8月。

产地:河南郑州市。选育者:赵天榜、陈志秀。

(55) '紫粉基'玉兰　新品种　图版29:1~5

Yulania denudata(Desr.) D. L. Fu 'Zifenji', cv. nov.

本新品种树冠大;侧枝斜直开展。单花具花被片9枚,花被片外面基部微被水粉色晕;雄蕊花丝亮紫红色;离生单雌蕊子房疏被短柔毛;果梗及缩台枝密被短绒毛。

产地:河南郑州市。选育者:赵天榜、陈志秀。

(56) '黑瘤'玉兰(世界玉兰属植物资源与栽培利用)　品种

Yulania denudata(Desr.) D. L. Fu 'Heiliu',赵天榜、田国行等主编. 世界玉兰属植物资源与栽培利用:213. 2013。

本品种叶芽芽鳞状托叶被亮白长柔毛及黑色小点突起。单花具花被片9枚,匙状椭圆形,两侧上翘,长7.0~8.0 cm,径2.50~4.0 cm,白色,外面被短柔毛;花梗淡绿色,密被短柔毛。缩台枝被褐色短柔毛。

产地:河南郑州市。选育者:赵天榜、陈志秀。

(57)'疣果'玉兰(安徽农业学报) 品种 图版31:11~12

Yulania denudata(Desr.)D. L. Fu 'Liuguo',孙军等. 玉兰种质资源与分类系统的研究. 安徽农业学报,36(5):1828. 2008;赵天榜、田国行等主编. 世界玉兰属植物资源与栽培利用:213. 2013。

本品种单雌蕊全发育。聚生蓇葖果圆柱状,长15.0~20.0 cm,径5.0~6.0 cm;蓇葖果表面密被灰褐色突起、细裂纹的疣点及短柔毛,具长约1 mm短喙;果梗及缩台枝密被短绒毛。

产地:湖北。选育者:傅大立、赵天榜。

(58)'紫枝'玉兰(世界玉兰属植物资源与栽培利用) 品种 图版29:6~8

Yulania denudata(Desr.)D. L. Fu 'Zizhi',赵天榜、田国行等主编. 世界玉兰属植物资源与栽培利用:213. 2013。

本品种小枝紫色,具亮光泽。玉蕾较大,顶生,椭圆体状,先端渐尖;芽鳞状托叶外面密被灰褐色长柔毛。

产地:河南。选育者:赵天榜和赵东武。

(59)'卵蕾'玉兰(安徽农业学报) 品种

Yulania denudata (Desr.) D. L. Fu 'Luanlei',孙军等. 玉兰种质资源与分类系统的研究. 安徽农业科学,36(5):1828. 2008;赵天榜、田国行等主编. 世界玉兰属植物资源与栽培利用:213. 2013。

本品种玉蕾卵球状,小,长1.2~1.6 cm,径1.1~1.2 cm,基部稍上最粗,中部以上渐细,先端突钝圆。

产地:河南。选育者:赵天榜、傅大立。

(60)'晚叶'玉兰(安徽农业学报) 品种 图版29:11

Yulania denudata(Desr.)D. L. Fu 'Wanye',孙军等. 玉兰种质资源与分类系统的研究. 安徽农业学报,36(5):1828. 2008;赵天榜、田国行等主编. 世界玉兰属植物资源与栽培利用. 213:2013。

本品种发芽展叶比玉兰晚20~30 d。

产地:河南鸡公山。选育者:赵天榜、傅大立、戴天澍。

(61)'光梗'玉兰(安徽农业学报) '无毛'玉兰 品种 图版29:12

Yulania denudata(Desr.)D. L. Fu 'Guanggeng',孙军等. 玉兰种质资源与分类系统的研究. 安徽农业科学,36(5):1828. 2008;赵天榜、田国行等主编. 世界玉兰属植物资源与栽培利用:213~214. 2013;*Magnolia denudata* Desr. 'Wumao',刘秀丽. 2011. 中国玉兰种质资源调查及亲缘关系的研究. 北京林业大学博士论文。

本品种小枝疏被短柔毛。缩台枝和花梗无毛。花托和花丝紫红色。

产地:河南。选育者:赵天榜和赵杰。

(62)'夏花'玉兰(安徽农业学报) 品种 图版29:9

Yulania denudata(Desr.)D. L. Fu 'Xiahua',孙军等. 玉兰种质资源与分类系统的研究. 安徽农业学报,36(5):1828. 2008;赵天榜、田国行等主编. 世界玉兰属植物资源与栽培利用:214. 2013。

本品种叶倒卵圆形,长9.0~11.5 cm,宽4.5~7.5 cm,先端钝尖,或微凹具短尖,表面浅黄绿色,具光泽,无毛;叶柄长1.5~2.0 cm。玉蕾卵球状,长2.0~3.0 cm。单花具花被片9枚,匙状椭圆形,长5.0~6.5 cm,宽2.5~3.5 cm,先端钝圆,白色,外面中、基部淡紫红色。生长期间有2次花开放(7月下旬),其单花具花被片通常9枚,白色,外面中、基部淡紫红色;雌雄蕊通常发育不良。聚生蓇葖果圆柱状,长15.0~18.0 cm,径4.0~4.5 cm;蓇葖果卵球状,背面呈菱状,背缝线明显,淡黄白色,先端具喙;果点小,突起明显。果梗和缩台枝稍粗,密被灰褐色短柔毛。

产地:河南。选育者:赵天榜、陈志秀。

(63)'艳紫红'玉兰(安徽农业学报)　品种　图版30:1~2

Yulania denudata(Desr.)D. L. Fu 'Yanzihong',孙军等. 玉兰种质资源与分类系统的研究. 安徽农业学报,36(5):1828. 2008;赵天榜、田国行等主编. 世界玉兰属植物资源与栽培利用:214. 2013;*Magnolia denudata* Desr. 'Yunzi Hong',刘秀丽. 2011. 中国玉兰属种质资源及亲缘关系的研究. 北京林业大学博士论文。

本品种叶纸质,倒卵圆状椭圆形,先端钝圆,具短尖头。玉蕾长椭圆体状,大,长4.5~5.5 cm,先端长渐尖,反曲,似牛角状。单花具花被片9枚,白色,外面基部浓紫红色,中部以上仅主脉紫红色,直达先端,内面白色,呈现紫红色脉纹;离生单雌蕊子房淡紫色到紫色;雄蕊花丝紫红色。

产地:河南。选育者:赵天榜、戴天澍等。

(64)'柱蕾'玉兰(安徽农业学报)　品种　图版30:10

Yulania denudata(Desr.)D. L. Fu 'Zhulei',孙军等. 玉兰种质资源与分类系统的研究. 安徽农业学报,36(5):1828. 2008;赵天榜、田国行等主编. 世界玉兰属植物资源与栽培利用:214. 2013; *Magnolia denudata* Desr. 'Zhulei',刘秀丽. 2011. 中国玉兰种质资源调查及亲缘关系的研究. 北京林业大学博士论文。

本品种玉蕾圆柱状,多在7月间呈现出来,比玉兰原品种'Denudata'晚1个月以上。叶长倒卵圆形,边缘波状起伏,背面被短柔毛,沿隆起主脉和侧脉被较多长柔毛。单花具花被片9枚,匙状长椭圆形、披针形,长7.5~11.0 cm,宽1.2~4.5 cm,大小不等,形状各异;离生单雌蕊子房被短柔毛。聚生蓇葖果长18.0~22.0 cm,径4.0~4.5 cm;蓇葖果卵球状,或球状,长1.7~2.0 cm,径1.5~2.2 cm,果点密,大小不等,褐色显著,大形果点凹入;果梗密被长柔毛。蓇葖果成熟后通常基部的蓇葖果与果轴合生为显著特征。

产地:河南郑州市。选育者:赵天榜、陈志秀。

X 黄花玉兰品种群(安徽农业学报)　品种群

Yulania denudata(Desr.)D. L. Fu Flava Group,孙军等. 玉兰种质资源与分类系统的研究. 安徽农业科学,36(5):1828. 2008;赵天榜、田国行等主编. 世界玉兰属植物资源与栽培利用:214. 2013。

(65)黄花玉兰　'黄花'玉兰(安徽农业学报)　品种

Yulania denudata(Desr.)D. L. Fu 'Flava',孙军等. 玉兰种质资源与分类系统的研究. 安徽农业学报,36(5):1828. 2008;赵天榜、田国行等主编. 世界玉兰属植物资源与栽培利用:214～215. 2013;Yulania denudata(Desr.)D. L. Fu var. flava D. L. Fu,T. B. Zhao et Z. X. Chen,田国行等. 玉兰新分类系统的研究. 植物研究,26(1):35. 2006;*Magnolia denudata* Desr. var. *flava* T. B. Zhao et Z. X. Chen,赵天榜等编著. 木兰及其栽培:15～16. 1992;*Magnolia denudata* Desr.'Huanghua',刘秀丽. 2011. 中国玉兰种质资源调查及亲缘关系的研究. 北京林业大学博士论文。

本品种花浅黄色至黄色;花被片匙状卵圆形。

产地:河南南召县。选育者:赵天榜、陈志秀、高聚堂和孙军。

(66)'大黄花'玉兰(安徽农业学报) 品种

Yulania denudata(Desr.)D. L. Fu'Dahuanghua',孙军等. 玉兰种质资源与分类系统的研究. 安徽农业学报,36(5):1828. 2008;赵天榜、田国行等主编. 世界玉兰属植物资源与栽培利用:214. 2013。

本品种花大型,径15.0～20.0 cm,黄色,具光泽,浓香;花被片匙状宽卵圆形,长7.5～10.5 cm,宽5.0～6.0 cm,先端钝圆,稍内曲,两侧上翘,似舟状。

产地:河南南召县。选育者:赵天榜、高聚堂和孙军。

(67)'密枝'玉兰(安徽农业学报) 品种 图版31:1～5

Yulania denudata(Desr.)D. L. Fu'Mizhi',孙军等. 玉兰种质资源与分类系统的研究. 安徽农业科学,36(5):1828～1829. 2008;赵天榜、田国行等主编. 世界玉兰属植物资源与栽培利用:215. 2013;*Magnolia denudata* Desr.'Mizhi',刘秀丽. 2011. 中国玉兰种质资源调查及亲缘关系的研究. 北京林业大学博士论文。

本品种小枝稠密为显著特征。叶长倒卵圆形,或宽倒卵圆形。玉蕾通常顶生,7～8月偶有开花者。单花具花被片9枚,浅黄白色,花被片稍皱褶。

产地:河南。选育者:赵天榜、陈志秀。

(68)'舟被'玉兰(安徽农业学报) 品种 图版30:8～9

Yulania denudata(Desr.)D. L. Fu'Zhoubei',孙军等. 玉兰种质资源与分类系统的研究. 安徽农业学报,36(5):1828. 2008;赵天榜、田国行等主编. 世界玉兰属植物资源与栽培利用:215. 2013; *Magnolia denudata* Desr.'Zhoubei',刘秀丽. 2011. 中国玉兰种质资源调查及亲缘关系的研究. 北京林业大学博士论文。

本品种花被片匙状卵圆形,或匙状长圆形,长6.5～7.0 cm,宽3.0～5.0 cm,先端钝圆、内曲,基部宽楔形,底宽4～8 mm,基部中间浅黄绿色,上部白色,两侧上翘,似舟状;雄蕊多数,长1.5～1.8 cm,浅黄色,花丝宽扁,长5～7 mm,背面红紫色,花药长7～8 mm,药隔先端短尖头长约2 mm,浅黄白色;雌蕊群长2.3～2.7 cm,径约1.0 cm;离生单雌蕊多数;子房绿色,花柱与柱头浅黄白色。缩台枝粗壮,通常具2节,密被较长柔毛。

产地:陕西。河南郑州市栽培。选育者: 赵杰和赵天榜。

(69)'黄脉'玉兰(世界玉兰属植物资源与栽培利用) 品种 图版30:5

Yulania denudata(Desr.)D. L. Fu'Huangmai',赵天榜、田国行等主编. 世界玉兰属植物资源与栽培利用:216. 2013;赵天榜、田国行等主编. 世界玉兰属植物资源与开发利用:215. 2013; *Magnolia denudata* Desr.'Huangmai',刘秀丽. 2011. 中国玉兰属种质资源及亲缘关系的研究. 北京林业大学博士论文。

本品种小枝粗壮，淡绿橙黄色，无毛。叶倒卵圆形，绿色，无毛，长约12.0 cm，宽约7.2 cm，先端尾尖，基部楔形；叶柄无毛。单花具花被片9枚，匙状长椭圆形，长8.8～9.2 cm，宽3.2～3.5 cm，先端渐尖，外面基部黄绿色，上部白色；雄蕊多数，花丝红紫色，花药灰黄色；离生单雌蕊子房黄绿色；花梗密被长柔毛。

产地：北京市。选育者：刘秀丽。

Ⅺ 豫白玉兰品种群（安徽农业学报）　品种群

Yulania denudata(Desr.)D. L. Fu Yubai Group，孙军等. 玉兰种质资源与分类系统的研究. 安徽农业科学，36(5)：1829. 2008；赵天榜、田国行等主编. 世界玉兰属植物资源与栽培利用：215. 2013。

(70) 豫白玉兰（安徽农业学报）　品种

Yulania denudata(Desr.)D. L. Fu 'Yubaiyulan'，Yulania denudata(Desr.)D. L. Fu var. yubaiyulan T. B. Zhao et Z. X. Chen，赵天榜、田国行等主编. 世界玉兰属植物资源与栽培利用：202. 2013；赵天榜、任志锋、田国行主编. 世界玉兰属植物种质资源志：34. 2013；'豫白'玉兰 Yulania denudata(Desr.)D. L. Fu 'Yubai'，孙军等. 玉兰种质资源与分类系统的研究. 安徽农业学报，36(5)：1827. 2008；*Magnolia denudata* Desr. 'Yubai'，刘秀丽. 2011. 中国玉兰属种质质资源及亲缘关系的研究. 北京林业大学博士论文。

本品种花大型，径25.0～28.0 cm；单花具花被片9枚，白色，长狭匙状椭圆形，(5.0～)12.0～14.5 cm，宽2.0～2.5 cm，先端钝尖，或短尖；雄蕊多数，花丝紫红色；离生单雌蕊子房鲜绿色，被短柔毛。花期长、花大而美丽，香味甚浓。

产地：河南。选育者：赵天榜、陈志秀。

(71)'小白花'玉兰（安徽农业学报）　品种　图版28：1～3

Yulania denudata(Desr.)D. L. Fu 'Xiaobaihua'，孙军等. 玉兰种质资源与分类系统的研究. 安徽农业学报，36(5)：1829. 2008；赵天榜、田国行等主编. 世界玉兰属植物资源与栽培利用. 215. 2013。

本品种花小型，径通常小于5.0 cm；单花具花被片9枚，白色，狭椭圆形，长2.5～3.5 cm，宽2.0～2.5 cm，先端钝圆。

产地：河南郑州、新郑市。选育者：赵天榜等。

(72)'黄蕊'玉兰　新品种　图版24：11

Yulania denudata(Desr.)D. L. Fu 'Huwangzi'，cv. nov.

本新品种单花具花被片9枚，白色，长狭匙状椭圆形，8.0～10.5 cm，宽3.0～3.5 cm，先端钝尖；雄蕊多数，花丝与花药淡黄色；离生单雌蕊子房、花柱与柱头淡黄色。

产地：河南。选育者：赵天榜、陈志秀。

Ⅻ 毛被玉兰品种群（世界玉兰属植物资源与栽培利用）　品种群

Yulania denudata(Desr.)D. L. Fu Maobei Group，赵天榜、田国行等主编. 世界玉兰属植物资源与栽培利用：216. 2013。

(73) 毛被玉兰　'毛被'玉兰（世界玉兰属植物资源与栽培利用）　品种

Yulania denudata(Desr.)D. L. Fu 'Maobei'，赵天榜、田国行等主编. 世界玉兰属植物资源与栽培利用. 216. 2013；Yulania denudata(Desr.)D. L. Fu var. maobei T. B. Zhao et Z. X. Chen,赵天榜、田国行等主编. 世界玉兰属植物资源与栽培利用:203. 2013;赵天榜、任志锋、田国行主编. 世界玉兰属植物种质资源志:34. 2013。

本品种单花具花被片9枚,外轮花被片淡绿黄色,疏被白色短柔毛;离生单雌蕊子房疏被短柔毛;花梗和缩台枝粗,密被灰色柔毛,稀无缩台枝。

产地:河南新郑市。选育者:赵天榜、赵杰。

(74)'异叶'玉兰　新品种

Yulania denudata(Desr.)D. L. Fu 'Yiye',cv. nov.

本新品种叶2种类型:① 倒卵圆形,先端钝尖;② 楔形,从上部向下渐狭,基部窄楔形。

产地:河南郑州市。选育者:李小康、陈俊通与赵天榜。

XⅢ 两型花玉兰品种群　新品种群

Yulania denudata(Desr.)D. L. Fu Dimorphiflora Group,Group nov.

(75) 两型花玉兰　品种

Yulania denudata(Desr.)D. L. Fu 'Dimorphiflora'

本品种的形态特征与两型花玉兰同。

(76)'淡紫'两型花玉兰　新品种　图版25:4

Yulania denudata(Desr.)D. L. Fu 'Danzi',cv. nov.

本新品种与两型花玉兰的主要区别:瓣状花被片外面淡粉色。

产地:河南郑州市。选育者:赵天榜和陈志秀。

(77)'水粉'两型花玉兰　新品种　图版25:5~8

Yulania denudata(Desr.)D. L. Fu 'Shu Fen',cv. nov.

本新品种与两型花玉兰的主要区别:瓣状花被片外面上部白色,中、基部水粉色,主脉水粉色,直达先端。

产地:河南郑州市。选育者:赵天榜和陈志秀。

(78)'狭被'两型花玉兰　新品种　图版25:9

Yulania denudata(Desr.)D. L. Fu 'Xiabei',cv. nov.

本新品种与两型花玉兰的主要区别:单花具花被片9枚,花被片外面上部白色。

产地:河南郑州市。选育者:赵天榜和陈志秀。

(79)'粉基'玉兰　新品种

Yulania denudata(Desr.)D. L. Fu 'Fenji',cv. nov.

本新品种单花具花被片9枚,匙状椭圆形,先端钝圆,外面基部粉色。

产地:河南郑州市。选育者:赵天榜和陈志秀。

(80)'紫暮渐浓'玉兰　新改隶组合品种　图版28:11

Yulania denudata(Desr.)D. L. Fu 'Zimu Jiannong',cv. transl. nov.,*Magnolia* 'Zimu Jiannong',刘秀丽. 中国玉兰种质资源调查及亲缘关系的研究(D). 2011年。

本新改隶组合品种小枝粗壮,青色,无毛。叶倒卵圆形,绿色,无毛,长约13.8 cm,宽约7.0 cm,先端突尖,基部楔形;叶柄疏被短柔毛。单花具花被片9枚,厚肉质,匙状长椭圆形,长7.4~7.5 cm,宽3.8~4.1 cm,先端钝圆,外面基部红紫色,上部青白色,中间紫脉至顶;雄蕊花丝紫色,花药灰黄色。

产地:北京。选育者:刘秀丽。

(81)'白荷粉露'玉兰　新改隶组合品种　图版28:12

Yulania denudata(Desr.)D. L. Fu 'Baihe Fenlou', cv. transl. nov., *Magnolia* 'Baihe Fenlou',刘秀丽。中国玉兰种质资源调查及亲缘关系的研究(D).2011年。

本新改隶组合品种叶倒卵圆形,绿色,无毛,长约14.7 cm,宽约8.9 cm,先端尾尖,基部楔形;叶柄密被短柔毛。单花具花被片9枚,匙状椭圆形,长约10.0 cm,宽4.7~5.4 cm,先端渐尖,外面基部红紫色,上部青黄色,中间紫脉至顶;雄蕊花丝紫色,花药灰黄色。

产地:北京。选育者:刘秀丽。

(82)'粉基红'玉兰　新品种　图版30:3

Yulania denudata(Desr.)D. L. Fu 'Fenjihong', cv. nov.

本新品种单花具花被片9枚,狭匙状椭圆形,先端钝尖,外面上部白色,中部以下粉红色。

产地:河南郑州市。选育者:赵天榜和陈志秀。

(83)'微粉'玉兰　新品种　图版26:10

Yulania denudata(Desr.)D. L. Fu 'Wēifen', cv. nov.

本新品种单花具花被片9枚,狭匙状椭圆形,先端渐尖,外面上部白色,中部水粉色,基部粉红色。

产地:河南郑州市。选育者:赵天榜和陈志秀。

(84)'水粉'玉兰　新改隶组合品种　图版30:6~7

Yulania denudata(Desr.)D. L. Fu 'Shui fen', cv. transl. nov., *Magnolia denudata* Desr. 刘玉壶主编. 中国木兰:56. 2004。

本新改隶组合品种花后叶开放。单花具花被片9枚,花被片匙状椭圆形,先端钝尖,外面上部白色,中部以下水粉色。

产地:不详。选育者:不详。河南有引种栽培。

(85)'橙粉基'玉兰　新改隶组合品种

Yulania denudata(Desr.)D. L. Fu 'Chengfenji', cv. transl. nov., *Magnolia denudata* Desr. 刘玉壶主编. 中国木兰:56. 2004。

本新改隶组合品种单花具花被片9枚,花被片匙状椭圆形,先端钝尖,外面上部白色中部以下橙黄色,其中间粉色。

产地:不详。选育者:不详。河南无引种栽培。

注:据报道,玉兰有1品种——'白色矮化'玉兰。现仅记其名称,有待进一步研究。

7. **飞黄玉兰**(园艺学报)　华龙玉兰(中国农学通报、安徽农业科学)　图9-7　图版3:2　图版8:1~4　图版10:5~6　图版32:1~11　图版33:1~7

Yulania fëihuangyulan(F. G. Wang)T. B. Zhao et Z. X. Chen,赵天榜、田国行等主编. 世界玉兰属植物资源与栽培利用:230~232. 2013;赵天榜、任志锋、田国行主编. 世界玉兰属植物种质资源志:33~34. 图3-9. 2013;*Yulania hualongyulan* D. L. Fu et al.,田国行等. 玉兰属植物资源与新分类系统的研究. 中国农学通报,22(5):410. 2006;*Yulania hualongyulan* D. L. Fu et T. B. Zhao, sp. nov. ined.,赵东欣、赵东武等. 玉兰属植物种特异特征的新发现. 安徽农业科学,36(16):6738. 2008;*Magnolia* 'Feihuang' 王亚玲等. 几

种玉兰亚属植物的 RAPD 亲缘关系的分析. 园艺学报, 30（3）: 299. 2003; *Magnolia denudata*, (*Desr.*) D. L. Fu 'Feihuang' 刘秀丽. 2011. 中国玉兰种质资源调查及亲缘关系的研究. 北京林业大学博士论文。

落叶乔木。叶倒卵圆形，或卵圆形，厚纸质，长 11.5～13.5 cm，宽 10.5～13.0 cm，绿色，具光泽，通常微有短柔毛，主脉明显，基部沿脉被短柔毛，背面淡绿色，被较密短柔毛，主脉和侧脉凸起明显，沿脉被较密短柔毛，先端钝圆，或钝尖，基部近圆形，两侧不对称，边缘波状全缘；叶柄粗，疏被短柔毛。混合芽与玉蕾。混合芽顶生，或腋生。玉蕾顶生，或腋生，长椭圆体状，两端渐细，先端钝圆；芽鳞状托叶花开时脱落完毕；玉蕾内稀有 2 小玉蕾，即有 2 朵雏花。玉蕾花叶开放。混合芽花后叶开放，着生于新枝顶端。单花具花被片 9～12枚，稀 7 枚，黄色至淡黄色，厚肉质，椭圆状匙形，长 4.5～8.5 cm，宽 2.5～4.5 cm，先端钝圆，基部宽，最外层花被片外面基部被白色、灰白色长柔毛，或无毛；雄蕊多数，淡粉红色，花丝淡粉红色，花丝宽于花药；雌蕊群圆柱状，绿色，或淡绿色；离生单雌蕊多数，淡黄白色，或淡黄绿色，子房疏被短柔毛，花柱和柱头淡黄白色，花柱稍弯曲；花梗和缩台枝细，且密被灰白色长柔毛，稀无缩台枝。聚生蓇葖果圆柱状，长 8.0～20.0 cm，径 4.0～4.5 cm；蓇葖果菱状椭圆体状、椭圆体状、球状，长 1.7～3.0 cm，径 1.3～3.0 cm，表面突起，2 果相连处凹入呈沟状，先端具明显长喙，或钝圆；果点大、明显、突起；果梗密被柔毛；缩台枝无毛，或疏被短柔毛。花期 4 月；果实成熟期 8 月。

产地：浙江。河南郑州市栽培。赵天榜等，模式标本采自河南郑州市，存河南农业大学。选育者：王飞罡。品种权号 19990008。

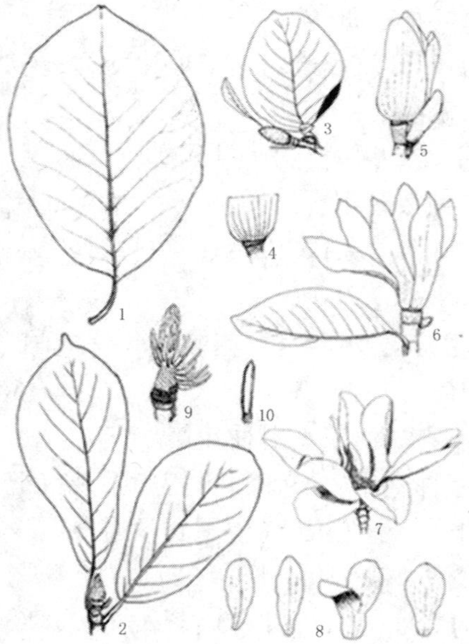

图 9－7　飞黄玉兰 Yulania fëihuangyulan (F. G. Wang) T. B. Zhao et Z. X. Chen
1. 叶；2～3. 叶、玉蕾和缩台枝；4. 花被片基部毛；5. 初花；6～7. 花；8. 花被片；9. 雌蕊群、缩台枝和雄蕊；10. 雄蕊（赵天榜绘）。

品种：

（1）飞黄玉兰

Yulania fëihuangyulan(F. G. Wang)T. B. Zhao et Z. X. Chen ‘Fëihuangyulan’

(2)‘多被’飞黄玉兰(世界玉兰属植物资源与栽培利用)　品种　图版33:8

Yulania fëihuangyulan(F. G. Wang)T. B. Zhao et Z. X. Chen ‘Duobei’,赵天榜、田国行等主编. 世界玉兰属植物资源与栽培利用:232. 2013。

本品种单花顶生,具花被片12枚,稀10、11枚,初开时,外轮花被片淡绿黄色,具光泽,上部颜色稍浅,其长度稍短于内轮花被片,内轮花被片黄白色,长7.0~9.5 cm,宽4.0~6.3 cm,匙状卵圆形,先端钝圆,基部微有极浅的粉红色晕;雄蕊花丝紫色,背部至先端微有浅紫红色晕;离生单雌蕊子房浅绿白色,柱头斜展,微外弯,被有极浅粉色晕。

产地:河南许昌市。选育者:赵天榜、赵杰、范军科。

(3)‘六被’飞黄玉兰(世界玉兰属植物资源与栽培利用)　品种　图版33:9

Yulania fëihuangyulan(F. G. Wang) T. B. Zhao et Z. X. Chen ‘Liubei’,赵天榜、田国行等主编. 世界玉兰属植物资源与栽培利用:232. 2013。

本品种花淡黄色;单花具花被片6枚。1年多次开花。

产地:河南新郑市。选育者:赵天榜、赵杰。

(4)‘黄宝石’飞黄玉兰　黄宝石玉兰、黄玉兰(安徽农业科学)　新组合品种

Yulania fëihuangyulan(F. G. Wang) T. B. Zhao et Z. X. Chen ‘Huangbaoshiyulan’, var. comb. nov., *Yulania huangbaoshiyulan* D. L. Fu et T. B. Zhao, sp. nov. ined.,赵东欣、赵东武等. 玉兰属植物种特异特征的新发现. 安徽农业科学,36(16):6738. 2008; *Yulania huangyulan* D. L. Fu et al.,田国行等. 玉兰属植物资源与新分类系统的研究. 中国农学通报,22(5):410. 2006。

本品种花淡黄色;单花具花被片(7~)9枚,外轮花被片宽而大,簸箕状,外面中基部通常疏被长柔毛。

产地:河南新郑市。选育者:赵天榜、赵杰等。

8. **楔叶玉兰**(植物研究)　贵妃玉兰(中国农学通报)　图9-8　图版34:1~6

Yulania cuneatifolia T. B. Chao, Z. X. Chen et D. L. Fu,傅大立等. 湖北玉兰属两新种. 植物研究,30(6):642~644. 2010;赵天榜、田国行等主编. 世界玉兰属植物资源与栽培利用:218~219. 2013;赵天榜、任志锋、田国行主编:世界玉兰属植物种质资源志. 34~35. 图3-10. 2013; *Y. guifeiyulan* D. L. Fu, T. B. Chao et Z. X. Chen,田国行等. 玉兰属植物资源与新分类系统的研究. 中国农学通报,22(5):407. 2006; *Y. guifeiyulan* D. L. Fu, T. B. Chao et Z. X. Chen, sp. nov. ined.,赵东武等. 河南玉兰属植物种质资源与开发利用的研究. 安徽农业科学,36(22):9489. 2008。

落叶乔木。小枝黄绿色,初被短柔毛,后无毛;皮孔椭圆形,白色,明显,稀少,具托叶痕。玉蕾单生枝顶,卵球状,长2.0~3.5 cm,径1.2~1.7 cm;芽鳞状托叶3~5枚,外面密被褐色长柔毛。叶通常楔形,或叶匙状圆形、宽倒卵圆状匙形,长9.5~15.0 cm,宽5.5~9.5 cm,表面绿色,具光泽,背面淡绿色,疏被短柔毛,主脉和侧脉被较密短柔毛,先端近截状圆形,具小短尖头,基部楔形,边缘全缘;叶柄长1.3~2.0 cm。花先叶开放,径12.0~15.0 cm;佛焰苞状托叶大,三角状匙形,长6.0~7.5 cm,宽3.5~4.2 cm,外面黑褐色,被极少短柔毛。单花具花被片9~14枚,宽卵匙状圆形,皱折,长8.5~11.5 cm,宽

2.5 ~4.5 cm，亮粉红色；雄蕊多数，暗紫红色，长1.5 ~1.7 cm，药室侧向纵裂，药隔先端具长1.0 ~1.5 mm的三角状短尖头，花丝长2.5 ~3.0 mm，近卵球状，浓紫红色；雌蕊群圆柱状，长约1.5 cm；离生单雌蕊多数；子房浅黄绿色，无毛，花柱和柱头灰白色，花柱内弯；花梗粗壮，长3 ~10 mm，密被短柔毛。聚生蓇葖果不详。花期4月。

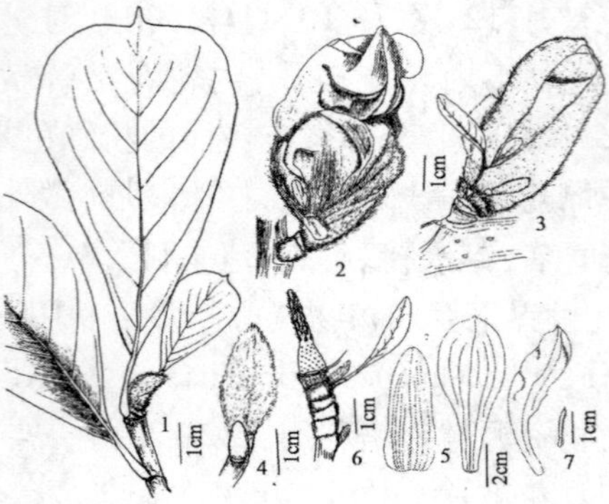

图9-8　楔叶玉兰 Yulania cuneatifolia T. B. Zhao et Z. X. Chen et D. L. Fu

1. 叶、枝和玉蕾；2. 初开花；3. 初开玉蕾、芽鳞状托叶和畸形叶；4. 叶芽和玉蕾；5. 花被片；6. 雌蕊群和缩短枝、幼叶；7. 雄蕊（选自傅大立等. 2010.《植物研究》）。

产地：湖北神农架。河南郑州市有引栽。模式标本采自郑州。2005年3月24日。赵天榜等，No. 200503241（花）。主模式，存河南农业大学；等模式，存中国林业科学研究院。2005年9月18日。赵天榜和陈志秀，No. 200509181（叶和玉蕾）。

9. **青皮玉兰**（植物研究）　图9-9　图版2:9　图版3:12　图版10:4　图版35:1 ~10　图版36:1 ~7

Yulania viridula D. L. Fu，T. B. Zhao et G. H. Tian，傅大立等. 中国玉兰属两新种. 植物研究，24(3):263 ~263. 图2. 2004；赵天榜、田国行等主编. 世界玉兰属植物资源与栽培利用:227. 2013；赵天榜、任志锋、田国行主编. 世界玉兰属植物种质资源志:39. 图3-13. 2013；厚叶木兰 *Magnolia crassifolius* Y. L. Wang et T. C. Cui，sp. nov. ined.，王亚玲. 2003. 王兰亚属的研究. 西北农林科技大学硕士论文。

落叶乔木。小枝粗壮，浅黄绿色，具光泽，初疏被短柔毛，或密被短柔毛，后无毛，有时宿存；沿托叶两侧具环状密被短柔毛。玉蕾椭圆体状，或卵球状，淡黄绿色。叶椭圆形，或宽椭圆形，纸质，长15.0 ~19.5 cm，宽11.5 ~15.5 cm，先端钝圆，稀具短尖头、凹缺，基部圆形，或心形，表面深绿色，无毛，沿主脉疏被短柔毛，背面灰绿色，无毛，主脉显著隆起，沿主脉和侧脉被长柔毛；叶柄疏被短柔毛。花先叶开放。单花具花被片33 ~48枚，狭椭圆形，长5.7 ~7.2 cm，宽1.0 ~1.5 cm，白色，先端钝圆，基部狭楔形，外面中部以下亮桃红色，基部亮浓桃红色，内面雪白色，开花末期外轮花被片反卷；雄蕊多数，花丝背面亮紫红色；雌蕊群圆柱状；离生单雌蕊子房绿色，无毛，花柱和柱头亮桃红色，花柱向内弯曲；每花具佛焰苞状托叶1枚，黑褐色，外面密被浅褐色长柔毛，膜质；花梗顶端具环状密被灰白色长柔毛，中部以下通常无毛，或被短柔毛。聚生蓇葖果圆柱状，长15.0 ~20.0 cm，径4.0 ~5.0 cm；蓇葖果球状、卵球状，长1.5 ~2.5 cm，径1.8 ~2.2 cm，深红色，果点小，明显;果爿厚,木质,通常菱状突起,不育者呈菱形;果梗绿色,无毛,或疏被短柔毛,顶端具1环状、宽约2 mm密被灰白色长柔毛;缩台枝粗壮,密被灰白色短柔毛。花期3月中、下旬;果实成熟期8~9月。

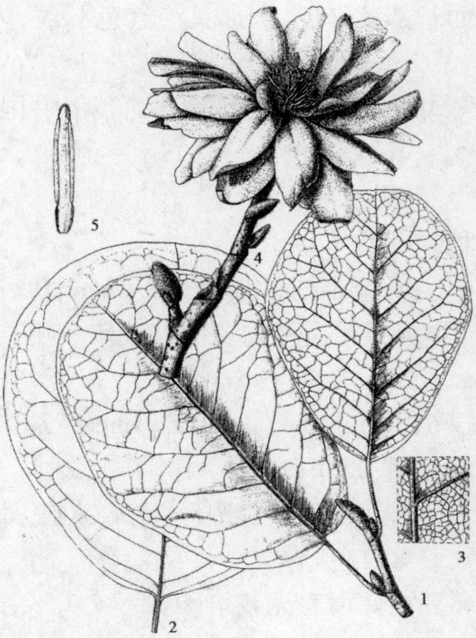

图9-9　青皮玉兰 Yulania viridula D. L. Fu,T. B. Zhao et G. H. Tian

1. 叶、枝和叶芽;2. 叶;3. 叶背面(部分);4. 花枝、叶芽和玉蕾状叶芽;5. 雄蕊(选自傅大立等. 2004.《植物研究》)。

产地:陕西。河南各地有引种栽培。赵天榜等,模式标本采自河南长垣县,存河南农业大学。

变种:

(1) 青皮玉兰　原变种

Yulania viridula D. L. Fu,T. B. Zhao et Z. X. Chen var. viridula

(2) 琴叶青皮玉兰(世界玉兰属植物资源与栽培利用)　变种

Yulania viridula D. L. Fu,T. B. Zhao et Z. X. Chen var. pandurifolia T. B. Zhao,Z. X. Chen et D. W. Zhao,赵天榜、田国行等主编. 世界玉兰属植物资源与栽培利用:227~228. 2013;赵天榜、任志锋、田国行主编. 世界玉兰属植物种质资源志:39:2013。

本变种叶琴形,先端钝圆,基部近圆形;叶柄细,通常下垂;幼叶亮紫色,背面脉腋被白色簇状长柔毛。单花花被片18枚,花被片、雄蕊和离生单雌蕊子房亮粉红色。

产地:河南。赵天榜等,模式标本采自新郑市,存河南农业大学。

(3) 多瓣青皮玉兰(世界玉兰属植物资源与栽培利用)　多瓣木兰(中国木兰)　变种　图版36:11

Yulania viridula D. L. Fu,T. B. Zhao et C. Z. Chen var. multitepala(Law et Q. W. Zeng)T. B. Zhao et Z. X. Chen,赵天榜、田国行等主编. 世界玉兰属植物资源与栽培利用:228~229. 2013;赵天榜、任志锋、田国行主编. 世界玉兰属植物种质资源志:40.

2013；*Magnolia glabrata* Law et R. W. Zhou var. *multitepala* Law et Q. W. Zeng ined.，刘玉壶主编．中国木兰：62．彩图2幅．2004。

本变种芽和玉蕾被白色长柔毛。嫩叶紫红色，椭圆形，或倒卵圆状椭圆形。单花具花被片24～30枚，花被片外面基部紫红色，上部具淡红色脉纹，内面白色；离生单雌蕊花柱与子房等长。

产地：湖南、湖北。模式标本采自地点等不详，存中国科学院华南植物研究所（IBSC）。河南无栽培。

品种：

（1）青皮玉兰　原品种

Yulania viridula D. L. Fu，T. B. Zhao et Z. X. Chen 'Viridula'

（2）'紫蕊'青皮玉兰（世界玉兰属植物资源与栽培利用）　'瑰丽'青皮玉兰　品种　图版36：10

Yulania viridula D. L. Fu，T. B. Zhao et C. Z. Chen 'Zirui'，赵天榜、田国行等主编．世界玉兰属植物资源与栽培利用：229．2013。

本品种单花具花被片30枚，花被片狭椭圆形，先端钝圆，外面基部紫红色，内面白色，基部粉红色；雌雄蕊群紫色，或紫红色。

产地：浙江。选育者：葛亚英。河南无栽培。

注：2008年，傅大立在"国家林业局948项目验收证书"编号：林科验字（2008年）143号"木兰科优良品种及无性繁殖技术引进"中，将'紫蕊'青皮玉兰作为'瑰丽'青皮玉兰 Y. viridula D. L. Fu，T. B. Zhao et C. Z. Chen 'Guili'，cv. nov. ined. 新品种。

（3）'粉花'青皮玉兰　新品种

Yulania viridula D. L. Fu，T. B. Zhao et C. Z. Chen 'Fenhua'，cv. nov.

本新品种单花花被片狭椭圆形，先端钝圆，外面基部淡粉色，上部白色。

产地：河南。长垣县有栽培。选育者：赵东方和陈志秀。

（4）'白花'青皮玉兰　新品种　图版36：8～9

Yulania viridula D. L. Fu，T. B. Zhao et C. Z. Chen 'Baihua'，cv. nov.

本新品种单花具花被片9枚，白色；夏花白色。

产地：河南。长垣县有栽培。选育者：赵东方和陈志秀。

10. **玉灯玉兰**（广西植物）图9－10　图版37：1～10　图版38：1～3

Yulania pyriformis（T. D. Yang et T. C. Cui）D. L. Fu，傅大立．玉兰属的研究．武汉植物学研究，19（3）：198．2001；赵东武等．安徽农业科学，22：9489．2008；赵天榜、田国行等主编．世界玉兰属植物资源与栽培利用：229．2013；赵天榜、任志锋、田国行主编．世界玉兰属植物种质资源志：40～41．图3－14．2013；*Magnolia denudata* Desr. var. *pyriformis* T. D. Yang et T. C. Cui，杨廷栋等．玉兰的一新变种．广西植物，13（1）：7．1993；*M. denudata* Desr. cv. Lamp，王亚玲等．西安地区木兰属植物引种、选育与应用．植物引驯化集刊，12：34～38．1998；*M. denudata denudata* Desr. 'Pyriformis'，刘秀丽．2011．中国玉兰属种质资源及亲缘关系的研究．北京林业大学博士论文。

Descr. Add.：Arbor deciduas. Ramuli flavo－brunnei，cinereo－brunnei nitidi glabri，in juventute pallide flavo – virentibus pubescentibus post glabris. Gemmae longe ovoideae. Folia rotundata vel subrotundata, tenuiter coriacea 8.5 ~ 15.5 cm longa 8.0 ~ 14.0 cm lata supra viridian nitida glabra, costis pubescentibus subtus pallide viridian ad costam et nervos lateralibus pubescentibus, nervis lateralibus 7 ~ 11 – jugis, apice obtuse mucronata ca. 3 mm longis basi rotundata rare late cuneata, cordata rare subrotundata; petiole gracile pallide brunnei 1.0 ~ 2.0 cm longi saepe penduli. Folia longe ramula subrotundata ca. 15.0cm longi ca. 4.8 cm lata, apice emarginata mucronata basi subcordata supra atro – viridia rugosa pubescentibus ad costam et nervos lateralibus dense pubescentibus subtus sparse pubescentibus costis et nervis lateralibus conspicuo elevates sparse curvis vel non curvis pubescentibus; petiole 2.0 ~ 3.0 cm laongi dense pubescentes, cicatricibus stipularum cruvis villosis. Yulani – alabastra ovoidea apice conica saepe tntra 1 – rare 2 – Yulani – alabastris. Flores ante folia aperti; flores candidi – alba dim. 10.0 ~ 15.0 cm. Tepala 12 ~ 33 in quoque flore, 7.5 ~ 8.5 cm longa 3.0 ~ 4.5 cm lata tenuiter carnosa obovati – spathulata apice obtuse intus gradatum parva longe elliptica vel connectives apice trianguste mucironatis 1.0 ~ 1.5 mm longis flavidi – albis; gynoecia disjuncte carpelligera cylindrica; dis juncte simplici – pistillis ovaries pallide flavo – albis minute pubescentibus; pedicelli et Soutai – ramuli pallide flavor – pubibus. Aggregate – folliculi cylindruci; folliculis sphaeroideis.

Type: T. C. Cui(崔铁成)No. 1249(Typus, XBGH).

补充描述：落叶乔木。小枝黄褐色、灰褐色，具光泽，无毛；幼枝浅黄绿色，初疏被短柔毛，后无毛。芽长卵球状，被短柔毛。叶圆形，或近圆形，薄革质，长 8.5 ~ 15.5 cm，宽 8.0 ~ 14.5 cm，先端钝圆，具长约 3 mm 的短尖头，基部圆形，稀宽楔形、心形，表面绿色，具光泽，无毛，主脉被短柔毛，背面浅绿色，沿脉疏被短柔毛，侧脉 7 ~ 11 对，先端钝尖，基部近心形；叶柄淡褐色，长 1.0 ~ 2.0 cm，通常拱形下垂；托叶痕长 2 ~ 7 mm。长枝叶圆形，稀宽楔形，长 15.6 ~ 25.0 cm，宽约 12.5 ~ 20.5 cm，先端微凹，具短尖头，基部近心形，表面深绿色，皱折，疏被短柔毛，沿主侧脉疏被短柔毛，背面疏被短柔毛，主、侧脉显著隆凸，疏被短柔毛；叶柄长 2.0 ~ 3.0 cm，密被短柔毛；托叶痕被弯曲短柔毛。玉蕾卵球状，先端锥状，通常具 1 枚小玉蕾，稀具 2 枚小玉蕾。花先叶开放；花纯白色，径 10.0 ~ 15.0 cm。单花具花被片 12 ~ 33 枚，长 7.5 ~ 8.5 cm，宽 3.0 ~ 4.5 cm，薄肉质，倒卵圆状匙形，先端钝圆，内几轮花被片渐狭小，长椭圆形，或倒披针形；雄蕊、花丝粉红色，药室侧向纵裂，药隔伸出短尖头；雌蕊群圆柱状；离生单雌蕊子房淡黄绿色，微被短柔毛；花梗和缩台枝密被浅黄色毛。聚生蓇葖果圆柱状；蓇葖果扁球状。花

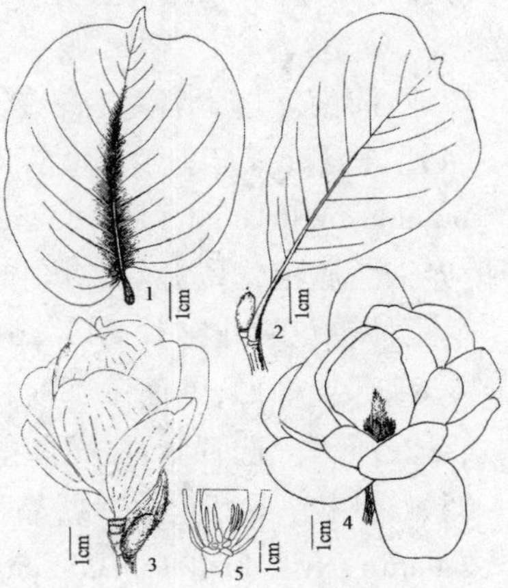

图 9 – 10　玉灯玉兰 Yulania pyriformis (T. D. Yang et T. C. Cui) D. L. Fu

1. 叶；2. 枝叶与玉蕾；3 ~ 4. 花；5. 雌椎蕊群与花梗（陈志秀绘）。

期 3 月中、下旬;果实成熟期 8 月。

产地:陕西。杨廷栋等,模式标本 T. C. Cui,1249,采自西安植物园,存西安植物园。河南许昌、郑州市有引种栽培。

品种:

(1) 玉灯玉兰　原品种

Yulania pyriformis(T. D. Yang et T. C. Cui)D. L. Fu 'Pyriformis'

(2)'白牡丹'玉灯玉兰(世界玉兰属植物资源与栽培利用)　品种　图版 38:4

Yulania pyriformis(T. D. Yang et T. C. Cui)D. L. Fu 'Baimudan',赵天榜、田国行等主编. 世界玉兰属植物资源与栽培利用:229 ~ 230. 2013。

本品种叶近圆形,先端钝尖,基部心形,边部波状起伏。单花具花被片 33 枚左右,白色,或浅黄白色,披针形,或狭椭圆形,长 4.5 ~ 5.0 cm,宽 1.5 ~ 2.2 cm,先端钝圆;雌蕊群圆柱形,长 1.8 ~ 2.0 cm;离生单雌蕊子房绿色,无毛,花柱长 3 ~ 4 mm;花梗密被长柔毛。缩台枝突细。

产地:陕西。河南新郑市有引栽。选育者:赵杰、赵天榜。

(3)'裂被'玉灯玉兰(世界玉兰属植物资源与栽培利用)　品种

Yulania pyriformis(T. D. Yang et T. C. Cui)D. L. Fu 'Liebei',赵天榜、田国行等主编. 世界玉兰属植物资源与栽培利用:230. 2013。

本品种叶先端通常微凹。单花具花被片 9 枚,匙状椭圆形,或匙状卵椭圆形,白色,外面基部被粉色晕,内面白色,先端钝圆,通常内曲,边缘波状起伏,或微裂;雌雄蕊群暗紫色。

产地:河南。选育者:赵杰、赵东武。

(4)'粉基'玉灯玉兰(世界玉兰属植物资源与栽培利用)　品种　图版 38:9 ~ 10

Yulania pyriformis(T. D. Yang et T. C. Cui)D. L. Fu 'Fenji',赵天榜、田国行等主编. 世界玉兰属植物资源与栽培利用:230. 2013。

本品种单花具花被片 20 ~ 26(~ 4)枚,白色,匙状卵圆形,或匙状椭圆形,先端钝圆,或钝尖,基部狭楔形,外面基部淡粉色晕。

产地:河南。选育者:戴慧堂等。

(5)'狭被'玉灯玉兰　新品种　图版 38:5 ~ 8

Yulania pyriformis(T. D. Yang et T. C. Cui)D. L. Fu 'Xiabei',cv. nov.

本新品种单花具花被片 30 ~ 35 枚,白色,狭椭圆形、披针形,长 4.5 ~ 5.7 cm,宽1.5 ~ 3.0 cm,先端钝圆,或钝头,基部楔形,外层花被片反卷,内层花被片内曲;雄蕊多数,淡黄白色,花丝深紫色;离心皮雌蕊群圆柱状淡绿色;离生单雌蕊子房淡黄绿色,疏被短柔毛,花柱和柱头淡黄白色;花梗密被灰白色长柔毛;缩台枝密被短柔毛。聚生蓇葖果圆柱状,长 14.0 ~ 16.0 cm,径 4.0 ~ 5.0 cm;蓇葖果卵球状、椭圆体状,红褐色。花期 3 月中、下旬;果实成熟期 8 月。

产地:河南。选育者:选育者:赵天榜、李小康。

(6)'玉灯一号'玉灯玉兰　'玉灯一号'(植物引种驯化集刊)　新改隶组合品种

Yulania pyriformis(T. D. Yang et T. C. Cui)D. L. Fu 'Lamp',cv. transl. nov.,

Magnolia denudata Desr. cv. Lamp，王亚玲等. 西安地区木兰属植物引种、选育与应用. 植物引种驯化集刊，12：34～38. 1998。

本品种单花具花被片浓绿白色。

产地：陕西。选育者：王亚玲等。河南无栽培。

11. **奇叶玉兰**（植物研究）图9－11　图版2：10　图版39：1～9

Yulania mirifolia D. L. Fu，T. B. Zhao et Z. X. Chen，傅大立等. 中国玉兰属两新种. 植物研究，24(3)：261～262. 图1. 2004；赵天榜、田国行等主编. 世界玉兰属植物资源与栽培利用：239～240. 2013；赵天榜、任志锋、田国行主编. 世界玉兰属植物种质资源志：42～43. 图3－15. 2013。

落叶乔木。叶不规则倒三角形，长9.2～16.5 cm，宽7.0～11.5 cm，表面黄绿色，后亮绿色，无毛，主脉和侧脉微凹入，沿主脉被短柔毛，背面浅绿色，被较密短柔毛，主脉和侧脉显著隆起，被短柔毛，两面网脉明显，先端不规则形、2圆裂，或2宽三角形，基部楔形，通常主脉先端偏向一侧，或从基部至中部分成2叉；叶柄被短柔毛。玉蕾顶生，卵球状，小，先端钝圆；芽鳞状托叶1枚，稀2枚，厚革质，外面密被淡褐色短柔毛，开花时脱落。花先叶开放。单花具花被片12枚，花瓣状，白色，匙状长椭圆形，长5.5～6.5 cm，宽2.5～3.2 cm，先端钝圆，基部狭楔形，外面基部中间微有淡紫色晕；雄蕊多数，花丝外面亮淡紫色；离生单雌蕊子房密被白色短柔毛，花柱和柱头淡绿色；花梗和缩台枝密被浅黄白色长柔毛。聚生蓇葖果不详。花期3～4月。

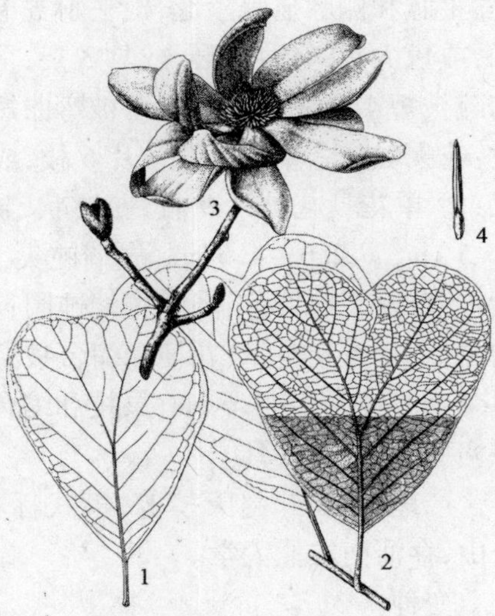

图9－11　奇叶玉兰 Yulania mirifolia D. L. Fu，T. B. Zhao et Z. X. Chen

1. 叶；2. 叶枝；3. 花枝和和玉蕾状叶芽；4. 雄蕊（选自傅大立等. 2004.《植物研究》）。

产地：河南。赵天榜等，模式标本采自河南鸡公山，存河南农业大学。

变种：

（1）奇叶玉兰　原变种

Yulania mirifolia D. L. Fu，T. B. Zhao et Z. X. Chen var. mirifolia

（2）燕尾奇叶玉兰（世界玉兰属植物资源与栽培利用）　变种

Yulania mirifolia D. L. Fu，T. B. Zhao et Z. X. Chen var. bifurcata D. L. Fu，赵天榜、田国行等主编. 世界玉兰属植物资源与栽培利用. 240. 2013。

本变种叶长圆形，先端2叉，状如燕 Hirundo rustica Linnaeus 尾。

产地：中国四川。河南无引种栽培。

12. **信阳玉兰**（中国农学通报）　图9－12　图版3：6　图版40：1～8

Yulania xinyangensis T. B. Zhao，Z. X. Chen et H. T. Dai，戴慧堂、李静、赵天榜等. 河南《鸡公山木本植物图鉴》增补（Ⅱ）河南玉兰两新种. 484～485. 2012；赵天榜、田国行等主编. 世界玉兰属植物资源与栽培利用：240～241. 2013；田国行等. 玉兰属植物资源与新分类系统的研究. 中国农学通报,22(5):410. 2006;赵东武、赵东欣. 河南玉兰属植物种质资源与开发利用研究. 安徽农业科学,36(22):9490. 2008;赵天榜、任志锋、田国行主编. 世界玉兰属植物种质资源志:43~44. 图 3-16. 2013。

落叶乔木。叶倒卵圆形、宽倒三角状卵圆形,长 9.5~20.5 cm,宽 5.2~12.3 cm,表面深绿色,具光泽,微被短柔毛,主脉和侧脉微下陷,密被短柔毛,背面淡绿色,疏被短柔毛,主脉和侧脉显著隆起,沿主脉密被弯曲短柔毛及疏被白色长柔毛,先端最宽,通常微凹,或短尖头,有时 2 裂,或具 3 裂,呈短三角状尖头,基部楔形,边缘全缘;叶柄浅黄绿色,初疏被短柔毛,后无毛,或密被弯曲短柔毛。玉蕾卵球状,或圆柱状,先端钝圆。花先叶开放:花喇叭状。单花具花被片 6 枚,或 9 枚,单株上 2 种花型:① 单花具花被片 6 枚,花瓣状;② 单花具花被片 9 枚,花瓣状,狭椭圆形,白色,基部外面中基部亮浅紫色,长 6.1~11.5 cm,宽 2.6~4.5 cm,先端钝尖,基部呈柄状,边缘呈不规则的小齿状,或全缘;雄蕊紫色,花丝背面紫色,药隔先端钝圆;离生单雌蕊子房浅绿色,密被短柔毛,花柱长浅白色,内曲,微有淡紫色晕;花梗和缩台枝密被长柔毛。聚生蓇葖果圆柱状,稍弯曲,长 10.5~14.5 cm,径 3.0~4.5 cm;果枝和缩台枝密被长柔毛;蓇葖果卵球状,无喙。花期 3~4 月;果实成熟期 8~9 月。

产地:河南。赵天榜等,模式标本采自河南鸡公山,存河南农业大学。

变种:

(1) 信阳玉兰 原变种

Yulania xinyangensis T. B. Zhao, Z. X. Chen et H. T. Dai var. xinyangensis

(2) 狭被信阳玉兰(世界玉兰属植物资源与栽培利用) 变种 图版 10:10 图版 40:9~13

Yulania xinyangensis T. B. Zhao, Z. X. Chen et H. T. Dai var. angutitepala T. B. Zhao et Z. X. Chen, 赵天榜、田国行等主编. 世界玉兰属植物资源与栽培利用:242. 2013;赵天榜、任志锋、田国行主编. 世界玉兰属植物种质资源志:44~45. 2013。

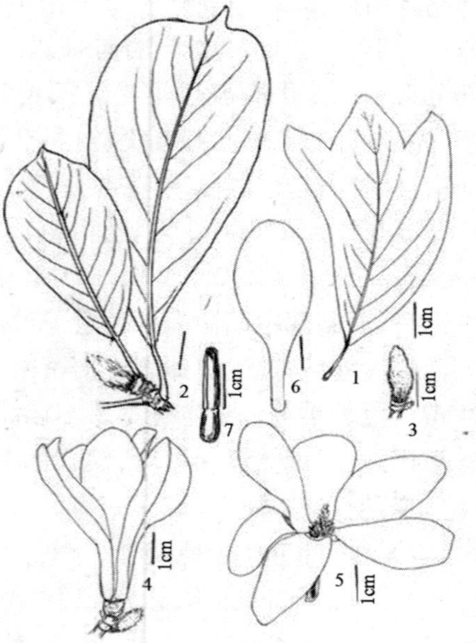

图 9-12 信阳玉兰 Yulania xinyangensis T. B. Zhao, Z. X. Chenet H. T. Dai

1. 叶;2. 叶、枝和玉蕾;3. 玉蕾;4~5. 花;6. 花被片;7. 雄蕊(陈志秀绘)。

本变种叶倒卵圆形。花先叶开放。单花具花被片 6~9 枚,单株上 2 种花型:① 单花具花被片 6 枚,花瓣状;② 单花具花被片 9 枚,花瓣状,狭椭圆状匙形,长 10.0~12.5 cm,宽 2.5~3. 5 cm,先端钝圆,或钝尖,基部宽约 1.0 cm,淡紫色;雄蕊多数,花丝长 5~6 mm,花药长 5~7 mm;离生单雌蕊子房淡灰绿色,疏被短柔毛,花柱弯曲,或反卷,淡灰白色;花梗淡灰绿色,密被短柔毛,顶端具环状长柔毛。缩台枝密被长柔毛。

产地:河南。赵天榜等,模式标本采自河南郑州,存河南农业大学。

13. **朝阳玉兰**(安徽农业科学)　图9-13　图版2:1　图版41:1~10

Yulania zhaoyangyulan T. B. Chao et Z. X. Chen,赵天榜、田国行等主编. 世界玉兰属植物资源与栽培利用:235~326. 2013;赵东武、赵东欣. 河南玉兰属植物种质资源与开发利用研究. 安徽农业科学,36(22):9489. 2008;赵天榜、任志锋、田国行主编. 世界玉兰属植物种质资源志:45. 图3-18. 2013。

落叶乔木。叶宽倒卵圆状椭圆形,长8.5~13.0 cm,宽7.5~10.5 cm,表面绿色,具光泽,主脉和侧脉初疏被短柔毛,后无毛,背面淡绿色,初疏被短柔毛,后无毛,主脉和侧脉疏被短柔毛,先端钝圆,基部楔形,边缘全缘,有时波状全缘。花顶生,先叶开放。单花具花被片6~12枚,花被片多变异,宽匙状椭圆形、狭椭圆形,长6.5~10.5 cm,宽3.5~4.8 cm,亮粉色,先端钝圆,基部狭爪状,外面中部以上淡粉红色,中部以下亮粉红色。2种雌雄蕊群类型:① 雄蕊群与雌蕊群等高,或稍短;② 雌蕊群显著超过雄蕊群。雄蕊多数,暗紫红色,长1.5~1.7 cm,花药长1.1~1.5 cm,背面具淡紫红色晕,花丝近卵球状,浓紫红色;离生单雌蕊子房卵球状,浅黄绿色,花柱和柱头灰白色,花柱向外反卷;花梗粗壮,无毛,顶端具环状白色长柔毛。聚生合蓇葖果圆柱状,长7.0~10.0 cm,径3.5~4.5 cm;蓇葖果卵球状,红色,表面具果点;果梗青绿色,密具褐色疣点。缩台枝粗壮,紫褐色,5~6节。花期4月;果实成熟期8月。

产地:河南。赵天榜等,模式标本采自河南郑州市, 存河南农业大学。

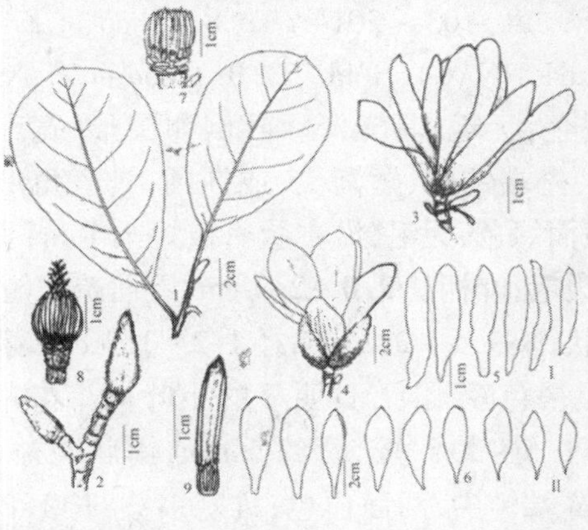

图9-13　朝阳玉兰 Yulania zhaoyangyulan T. B. Zhao et Z. X. Chen

1.叶;2.玉蕾枝;3.花;4.花;佛焰苞状托叶和芽鳞状托叶;5.花型Ⅰ花被片;6.花型Ⅱ花被片;7~8. 2种雌雄蕊群;9.雄蕊(陈志秀绘)。

14. **华丽玉兰**　新种　图9-14　图版42:1~9

Yulania superba T. B. Zhao, Z. X. Chen et X. K. Li, sp. nov., fig. 9-14

Species Yulania denudata (Desr.) D. L. Fu similis, sed foliis chartaceis diolutis supra medium latissimis supra ad costas dense pubescentibus. Yulani - alabastris terminatis. tepalis 8~9 in quoque flore, rare 1 linearibus, tepalis petaloideis albis; Gymoecis cum gymophoris 5~7 mm longis; gynoecis androecis manifeste elatis; disjuncte simplici - pistillis ovodeis minime pubescentibus; pedicellis dense villosia albis. Soutai - ramulis dense pubescentibus.

Arbor deciduas. Ramulipurpureo - brunnei nitidi. Folia obovata late ovata chartacea diolutia, 6.5 ~ 12.0 cm longa 4.6 ~ 7.0 cm lata apice obtusa brevter acuminata mucronatis triangulatis basi cuneata margine integra supra latissimis, supra viridia glrbra ad costas dense pubescentibus, subtus viridulis glabris, costis et nervis lateralibus manifeste elevates ad costas et nervos lateralibus sparse pubescentibus; petioli 2.0 ~ 2.3 cm longi supra pubesentes; stipulis membranacies flavo – albis caducis. Yulani – alabastra terminata ovoidea 1.5 ~ 2.2 cm longa diam. 1.2 ~ 1.7 cm, peruli – stipulis 4, extus primus tenuiter coriaceis nigri – brunneis dense villosis nigri – brunneis, manifeste petiolulis. Flores ante folia aperti. tepala 8 ~ 9 in quoque flore, rare 1 linearibus 1.5 ~ 2.5 cm longis ca. 5 mm latis, tepalis petaloideis spathulati – ovatis 6.5 ~ 8.0 cm longis 2.2 ~ 2.5 cm latis, apice obtusis cum acumine utrinque albis; stamina numerosa 1.2 ~ 1.5 cm longa thecis 10 ~ 13 mm longis dorsrsaliter minime purpulrascentibus, filamentis 2 mm longis laete atro – purpuratis; Gynoecia cylindrica viriduli – alba 1.5 ~ 2.0 cm longa; disjuncte simpilici – pistillis numerosis, ovsriis ovoideis viriduli – albis minime pubescentibus, stylis 5 ~ 7 mm longis apice dorsaliter minime carneis; gynoeciis androeciem suprantibus; pediceli dense villosi albi; Soutai – rumuli dense pubescentibus albis. Aggregati – folliculi cylindrici tortuosi 13.0 ~ 15.0 cm longi diam. 3.5 ~ 4.0 cm; folliculis ellipsoideis, globsis atro – brunneis supra manifeste guttis fructibus parvis, apice rostris; pedicelis fructibus dense villosis; Soutai – rumulis brunneis glabratis.

Henan: Zhengzhou City. 14 – 03 – 2014. T. B. Zhao et Z. X. Chen, No. 201403149 (flos, holotypus hic disignatus, HNAC). ibid. T. B. Zhao et Z. X. Chen, No. 201405201.

落叶乔木。小枝紫褐色，无毛，具光泽。叶倒卵圆形、宽卵圆形，薄纸质，长 6.5 ~ 12.0 cm，宽 4.6 ~ 7.0 cm，先端钝圆、短渐尖，或钝圆，具三角形短尖，基部楔形，边缘全缘，最宽处在叶的上部，表面绿色，无毛，沿主脉密被短柔毛，背面淡绿色，无毛，主脉和侧脉明显隆起，沿脉疏被短柔毛；叶柄长 2.0 ~ 2.3 cm，上面疏被短柔毛；托叶膜质，黄白色，早落。玉蕾顶生，长卵球状，长 1.5 ~ 2.2 cm，径 1.2 ~ 1.7 cm；芽鳞状托叶 4 枚，第 1 枚薄革质，外面黑褐色，密被黑褐色短柔毛，具明显的小叶柄。花先叶开放。单花具花被片 8 ~ 9枚，稀 1 枚，条形，长 1.5 ~ 2.5 cm，宽约 5 mm，瓣状花被片匙状椭圆形，长 6.5 ~ 8.0 cm，宽 2.2 ~ 2.5 cm，先端钝尖，两面白色；雄蕊多数，长 1.2 ~ 1.5 cm，花药长 1.2 ~ 1.5 cm，药室长10 ~ 13 mm，背部微有淡紫色晕，花丝长约 2 mm，亮浓紫红色；雌蕊群圆柱状，淡绿白色，长 1.5 ~ 2.0 cm，具长 5 ~ 7 mm 的雌蕊群柄，无毛，表面具钝纵棱与沟纹；离生单雌蕊多数，子房卵体状，淡绿白色，微被短柔毛，花柱长 5 ~ 7 mm，先端背部微有水粉色晕；雌蕊群显著高于雄蕊群；花梗密被白色长柔毛；缩台枝密被白色短柔毛。聚生蓇葖果长圆柱状、多弯曲，长 13.0 ~ 15.0 cm，径 3.5 ~ 4.0 cm；蓇葖果椭圆体状、球状，暗褐色；果点小，先端具喙；果梗密被柔毛；缩台枝褐色，近无毛。花期 4 月；果实成熟期 8 月。

本新种与玉兰 Yulania denudata (Desr.) D. L. Fu 相似，但区别是：叶薄纸质，最宽处在叶的上部，表面沿主脉密被短柔毛。玉蕾顶生。单花具花被片 8 ~ 9 枚，稀 1 枚，条形，瓣状花被片白色；雌蕊群具长 5 ~ 7 mm 的雌蕊群柄；雌蕊群显著高于雄蕊群；离生单雌蕊子房微被短柔毛；花梗密被白色柔毛；缩台枝密被白色短柔毛。

产地：河南。郑州有栽培。2014 年 3 月 14 日。赵天榜和陈志秀，No. 201403149

（花）。模式标本，存河南农业大学。2014 年 5 月 20 日。赵天榜和陈志秀，No. 201405201（枝、叶）。

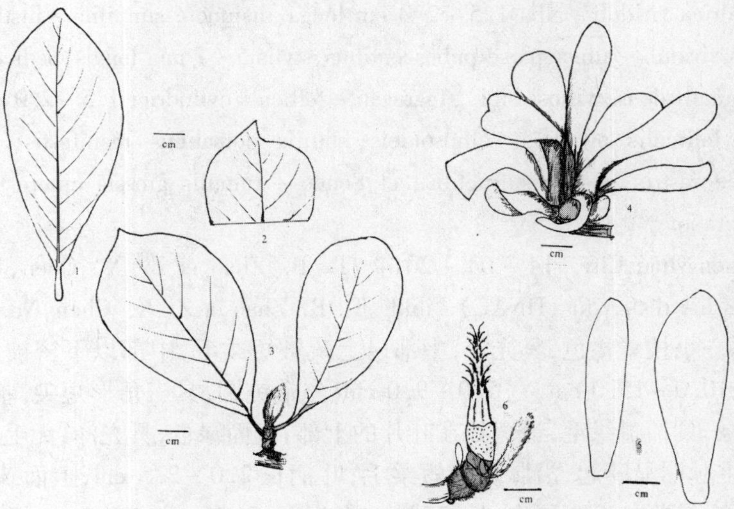

图 9－14　华丽玉兰 Yulania superba T. B. Zhao, Z. X. Chen et X. K. Li

1. 枝、叶与玉蕾；2～3. 花、花被片；4. 夏花外轮花被片；5. 雌雄蕊群（陈志秀绘）。

15. 中州玉兰　新种　图 9－15　图版 10:9　图版 43:1～9

Yulania zhongzhou T. B. Zhao, Z. X. Chen et L. H. Sun, sp. nov., fig. 9－15

Species Yulania denudata (Desr.) D. L. Fu similis, sed foliis obovatis, subtus et costis sparse pubescentibus. floribus 2 – formis: ① tepalis 9 in quoque flore, androeciis gynoeciem superantibus; ② tepalis 9 in quoque flore, androeciis gynoeciem aequantibus vel paulo brevibus. floribus 2 – formis tepalis aequabitibus, extus 3 tepalis linearibus carnosis 1.5～4.0 cm longis rare 4.5 cm longis 5～10 mm latis, intus 6 tapalis longe spathuli – ellipticis ablis 5.0～6.0 cm longis 2.0～2.7 cm latis apice obtusis cum acumine; ovariis disjuncte simplici – pistillis sparse pubescentibus.

Arbor deciduas. Ramuli purpureo – brunnei, nitidi, infra medium sparse pubescentibus. Folia obovata chartacea, 10.0～15.0 cm longa 5.0～9.0 cm lata apice obtusa mucronatis triangulatis basi anguste cuneata rare cuneata margine integra sparse ciliatis insuper latissimis, supra viridia glrbra, subtus viridulis pubescentibus, costis et nervis lateralibus manifeste elevates ad costas et nervos lateralibus sparse pubescentibus; petioli 2.0～2.5 cm longi supra pubesentes; stipulis membranacies flavo – albis caducis. Yulani – alabastra terminata long ovoidea 1.5～2.2 cm longa diam. 1.2～1.7 cm, peruli – stipulis 4, extus primus tenuiter coriaceis nigri – brunneis dense villosis nigri – brunneis, manifeste petiolulis. Flores ante folia aperti. floribus 2 – formis: ① tepalis 9 in quoque flore, androeciis gynoeciem superantibus; ② tepalis 9 in quoque flore, androeciis gynoeciem aequantibus vel paulo brevibus. floribus 2 – formis tepalis aequabitibus, extus 3 tepalis linearibus carnosis 1.5～4.0 cm longis rare 4.5 cm longis 5～10 mm latis, apice obtusis, intus 6 tapalis longe spathuli – ellipticis ablis 5.0～6.0 cm longis 2.0～

2.7 cm latis apice obtusis cum acumine; stamina numerosa 1.2 ~ 1.5 cm longa thecis 10 ~ 13 mm longis dorsrsaliter minime purpulrascentibus, filamentis 2 mm longis laete atro – purpuratis; Gynoecia cylindrica viriduli – alba 1.5 ~ 2.0 cm longa; disjuncte simpilici – pistillis numerosis, ovsriis ovoideis viriduli – albis sparse pubescentibus, stylis 5 ~ 7 mm longis; pediceli dense villosi albi; Soutai – rumuli dense villosi albi. Aggregati – folliculi cylindrici 1.5 ~ 2.0 cm longi diam. 3.5 ~ 4.0 cm; folliculis ovoideis, ellipsoideis, suturis dorsalibus manifestis, supra viridi – purpuratis, apice rostris; pedicelis fructibus et Soutai – rumulis grossis cinere – brunneis rare villosis vel glabratis.

Henan: Zhengzhou City. 14 – 04 – 2014. T. B. Zhao et Z. X. Chen, No. 201404141 (flos, holotypus hic disignatus, HNAC). ibid. T. B. Zhao et Z. X. Chen, No. 201405101.

落叶乔木。小枝紫褐色，具光泽，中部以上疏被短柔毛，中部以下密被短柔毛。叶倒卵圆形，纸质，10.0 ~ 15.0 cm，宽 5.0 ~ 9.0 cm，先端钝圆，具三角形短尖，基部狭楔形，稀楔形，边缘全缘，具稀疏缘毛，最宽处在叶片的上部，表面绿色，具光泽，无毛，背面淡绿色，疏被短柔毛，主脉明显隆起，沿脉疏被短柔毛；叶柄长 2.0 ~ 2.5 cm，上面疏被短柔毛；托叶膜质，黄白色，早落。玉蕾顶生，长卵球状，长 1.5 ~ 2.2 cm，径 1.2 ~ 1.7 cm；芽鳞状托叶 4 枚，第 1 枚薄革质，外面密被黑褐色、灰褐色长柔毛，具明显的小叶柄。花先叶开放。2 种花型：① 单花具花被片 9 枚，雌蕊群显著高于雄蕊群；② 单花具花被片 9 枚，雌蕊群与雄蕊群近等高，或雄蕊群稍低于雌蕊群。2 种花型花被片相似，外轮花被片 3 枚，条形，肉质，长 1.5 ~ 4.0 cm，稀长 4.5 cm，宽 5 ~ 10 mm，先端钝尖，内轮花被片 6 枚，长狭匙状椭圆形，白色，长 5.0 ~ 6.0 cm，宽 2.2 ~ 2.7 cm，先端钝尖；雄蕊多数，花药长 1.2 ~ 1.5 cm，药室长 10 ~ 13 mm，背部微有淡紫色晕，花丝长 2 mm、深紫色；雌蕊群圆柱状，淡绿白色，长 1.5 ~ 2.0 cm；离生单雌蕊多数，子房绿白色，疏被短柔毛，花柱长 5 ~ 7 mm；花梗密被白色长柔毛；缩台枝密被白色短柔毛。聚生蓇葖果圆柱状，长 8.5 ~ 10.0 cm，径 3.5 ~ 4.0 cm；蓇葖果卵球状、椭圆体状，长 1.5 ~ 2.5 cm，径 1.2 ~ 1.7 cm，背缝线明显，表面绿紫色，先端具喙；果点小，明显；果梗和缩台枝粗壮，灰褐色，疏被柔毛，或无毛。花期 4 月；果实成熟期 8 月。

本新种与玉兰 Yulania denudata (Desr.) D. L. Fu 相似，但区别是：叶倒卵圆形，背面及主脉疏被短柔毛。2 种花型：① 单花具花被片 9 枚，雌蕊群显著高于雄蕊群；② 单花具花被片 9 枚，雌蕊群与雄蕊群近等高，或雄蕊群稍低于雌蕊群。2 种花型花被片近相似，外轮花被片 3 枚，条形，肉质，长 1.5 ~ 4.0 cm，稀长 4.5 cm，宽 5 ~ 10 mm，内轮花被片 6 枚，花瓣状，长狭匙状椭圆形，白色，长 5.0 ~ 6.0 cm，宽 2.2 ~ 2.7 cm，先端钝尖；离生单雌蕊子房疏被短柔毛。

产地：河南。郑州市有栽培。2014 年 4 月 14 日。赵天榜和陈志秀，No. 201404141（花）。模式标本，存河南农业大学。2014 年 5 月 10 日。赵天榜和陈志秀，No. 201405101（枝、叶）。

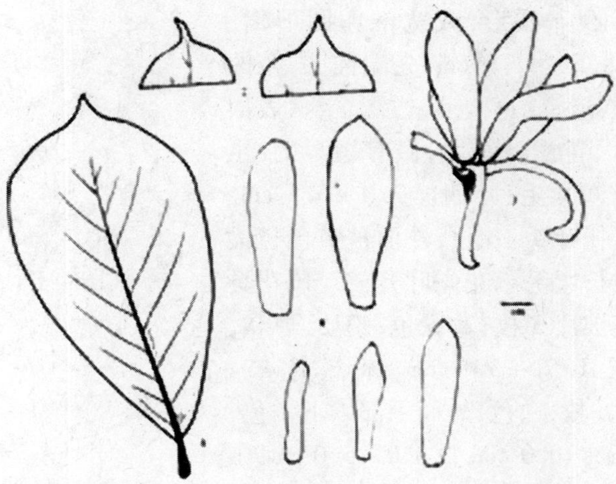

图 9-15　**中州玉兰** Yulania zhongzhou T. B. Zhao, Z. X. Chen et L. H. Sun
1. 枝、叶与玉蕾；2. 花；3. 花被片；4. 雌雄蕊群；5. 雌蕊群柄（陈志秀绘）。

亚种：

15.1　中州玉兰　原亚种

Yulania zhongzhou T. B. Zhao, Z. X. Chen et L. H. Sun subsp. zhongzhou

15.2　两型花中州玉兰　新亚种　图版 44:1～10

Yulania zhongzhou T. B. Zhao, Z. X. Chen et L. H. Sun subsp. dimorphiflora T. B. Zhao, Z. X. Chen et X. K. Li, subsp. nov.

Subspecies nov. 2-floriformis: ① tepalis 9 in quoque flore, albis——1 flore specie extus 3 linearibus carnosis; 1 flore specie extus 3 tepalis. ② tepalis 6～11 in quoque flore, tepalis albis——1 flore specie 11 tepalis linearibus longis carnosis; 1 flore specie 6 tepalis spathuli-ellipticis extus basi carneis dilutis.

Henan: Zhengzhou City. 16-04-2014. T. B. Zhao et Z. X. Chen, No. 201404164 (flos, holotypus hic disignatus, HNAC). No. 201404165 (flos hic disignatus, HNAC).

本新亚种花具 2 种花型：① 单花具花被片 9 枚，白色——1 种花外轮花被片 3 枚，长条形，肉质；另 1 种花被片 9 枚状，花瓣状。② 单花具花被片 6～11 枚，花瓣状，白色——1 种花花被片 11 枚，长条形，肉质；另 1 种花被片 6 枚，花瓣状，匙状椭圆形白色，基部微有水粉色晕。

产地：河南。郑州市有栽培。2014 年 4 月 16 日。赵天榜和陈志秀，No. 201404164（花）。模式标本，存河南农业大学。同地：2014 年 4 月 16 日。赵天榜和陈志秀，No. 201404165（花），存河南农业大学。

16. **罗田玉兰**（药学学报）　图 9-16　图版 3:4　图版 45:1～8

Yulania pilocarpa (Z. Z. Zhao et Z. W. Xie) D. L. Fu，傅大立. 玉兰属的研究. 武汉植物学研究，19(3):198. 2001；赵天榜、田国行等主编. 世界玉兰属植物资源与栽培利用：292～293. 2013；赵天榜、任志锋、田国行主编. 世界玉兰属植物种质资源志：46～47. 图 3-19. 2013；*Magnolia pilocarpa* Z. Z. Zhao et Z. W. Xie，赵中振等. 药用辛夷一新种及一变种的新名称. 药学学报，22(10):777. fig. 1. 1987。

落叶乔木。叶倒卵圆形,或宽倒卵圆形,长10.0~17.0 cm,宽8.5~11.0 cm,先端钝圆,稍凹缺,具短急尖,基部楔形,或宽楔形,边缘全缘,表面深绿色,主脉微凹入,背面淡绿色,微有短柔毛,主脉明显隆起,沿脉被短柔毛;叶柄长2.0~3.5 cm。玉蕾卵球状,芽鳞状托叶4~6枚,外面被黄色长柔毛。缩台枝粗壮,被长柔毛。花先叶开放。单花具花被片9枚,外轮花被片3枚,黄绿色,膜质,萼状,锐三角形,早落,长1.7~3.0 cm,基部宽4~10 mm,内轮花被片6枚,白色,外面中部以下锈色,肉质,近匙形,长7.0~10.0 cm,宽3.0~5.0 cm;雄蕊多数,花丝膨大,药隔先端伸出长约1 mm的短尖;雌蕊群圆柱状;离生单雌蕊多数;子房狭卵球状,长约3 mm,被白色短柔毛,花柱长约3 mm,反卷。聚生蓇葖果圆柱状,长10.0~20.0 cm,径约3.5 cm;蓇葖果残存有毛。

注:原记载,"幼枝无毛。花被片外面基部锈色;柱头长约1 mm,反卷"。作者观察结果:幼枝被短柔毛。花被片外面基部粉红色,柱头和花柱长约3 mm,花柱反卷。

图9-16 罗田玉兰 Yulania pilocarpa (Z. Z. Zhao et Z. W. Xie) D. L. Fu

1. 叶、枝和玉蕾;2. 花枝和玉蕾;3. 萼状花被片;4. 雌蕊群基部被毛;5. 雌雄蕊群;7. 聚生蓇葖果(选自赵中振等. 1987.《药学学报》)。

产地:湖北罗田县。赵中振等,模式标本采自湖北罗田县,存中国中医研究院中药研究所标本室(CMMI)。河南鸡公山国家级自然保护区及新州市有引种栽培。

亚种与变种:

16.1 罗田玉兰亚种(世界玉兰属植物资源与栽培利用) 亚种

Yulania pilocarpa (Z. Z. Zhao et Z. W. Xie) D. L. Fu subsp. pilocarpa,赵天榜、田国行等主编. 世界玉兰属植物资源与栽培利用:293. 2013;赵天榜、任志锋、田国行主编. 世界玉兰属植物种质资源志:47. 2013。

变种:

(1) 罗田玉兰 原变种

Yulania pilocarpa (Z. Z. Zhao et Z. W. Xie) D. L. Fu var. pilocarpa

(2) 椭圆叶罗田玉兰(植物研究) 变种 图9-16.1 图版45:9~11

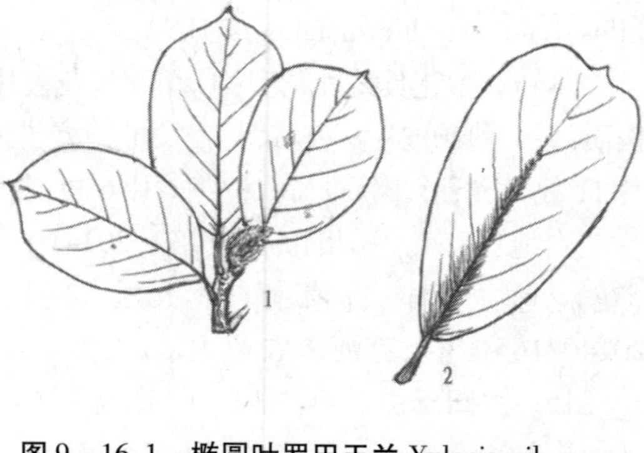

图9-16.1 椭圆叶罗田玉兰 Yulania pilocarpa (Z. Z. Zhao et Z. W. Xie) D. L. Fu var. ellipticifolia D. L. Fu, T. B. Zhao et J. Zhao

1. 短枝上叶;2. 长枝上叶(赵天榜绘)。

Yulania pilocarpa (Z. Z. Zhao et Z. W. Xie) D. L. Fu var. ellipticifolia D. L. Fu, T. B. Zhao et J. Zhao,傅大立等. 河南玉兰属两新变种. 植物研究,27(4):16~17. 2007;赵

天榜、田国行等主编. 世界玉兰属植物资源与栽培利用:293. 2013;赵天榜、任志锋、田国行主编. 世界玉兰属植物种质资源志:47～48. 2013。

本变种小枝细,弯曲,密被短柔毛,后无毛。叶小,椭圆形,稀倒卵圆形,背面被较密短柔毛。小,内轮花被片长5.0～7.0 cm,宽2.0～3.0 cm,白色。

产地:河南大别山区。赵天榜等,模式标本采自新郑市,存河南农业大学。

(3) 宽被罗田玉兰(世界玉兰属植物资源与栽培利用) 变种

Yulania pilocarpa(Z. Z. Zhao et Z. W. Xie)D. L. Fu var. latitepala T. B. Zhao et Z. X. Chen,赵天榜、田国行等主编. 世界玉兰属植物资源与栽培利用:294. 2013;赵天榜、任志锋、田国行主编. 世界玉兰属植物种质资源志:48. 2013。

本变种花白色。单花具花被片9枚,外轮花被片3枚,萼状,内轮花被片花瓣状,匙状卵圆形,或匙状圆形,长4.5～5.0 cm,宽3.0～4.0 cm。

产地:河南鸡公山与长垣县。赵天榜等,模式标本采自鸡公山,存河南农业大学。

品种:

(1) 罗田玉兰 原品种

Yulania pilocarpa (Z. Z. Zhao et Z. W. Xie)D. L. Fu ‘Pilocarpa’

(2)‘革叶’罗田玉兰(世界玉兰属植物资源与栽培利用) 品种

Yulania pilocarpa Z. Z. Zhao et Z. X. Chen ‘Geye’,赵天榜、田国行等主编. 世界玉兰属植物资源与栽培利用:294. 2013。

本品种叶宽倒卵圆形,厚革质,先端最宽,基部宽楔形,或近圆形,侧脉7～9对,背面被较密短柔毛。单花具花被片9枚,稀10枚,内轮花被片6枚,匙状长圆形,浅黄白色,外面基部淡灰紫色。

产地:河南鸡公山。选育者:赵天榜和陈志秀。

(3)‘少脉’罗田玉兰(世界玉兰属植物资源与栽培利用) 品种

Yulania pilocarpa(Z. Z. Zhao et Z. W. Xie)D. L. Fu ‘Shaomai’,赵天榜、田国行等主编. 世界玉兰属植物资源与栽培利用:294. 2013。

本品种叶长倒三角形,稀倒卵圆形,侧脉5～6对,背面沿主脉及侧脉疏被弯曲长柔毛。单花具花被片9枚,内轮花被片6枚,外面中部以下亮淡粉红色,或紫红色;雄蕊亮紫红色;雌蕊群基部密被白色环状长柔毛。

河南:大别山区。信阳县。选育者:赵天榜和陈志秀。

(4)‘绒毛’罗田玉兰(世界玉兰属植物资源与栽培利用) 品种

Yulania pilocarpa(Z. Z. Zhao et Z. W. Xie)D. L. Fu ‘Rongmai’,赵天榜、田国行等主编. 世界玉兰属植物资源与栽培利用:294. 2013。

本品种叶纸质,倒卵圆形,背面密被弯曲绒毛,基部两侧偏斜。玉蕾先端喙状。

安徽:怀宁县。选育者:傅大立。

(5)‘红基’罗田玉兰(世界玉兰属植物资源与栽培利用) 品种 图版45:12～13

Yulania pilocarpa(Z. Z. Zhao et Z. W. Xie)D. L. Fu ‘Hongji’,赵天榜、田国行等主编. 世界玉兰属植物资源与栽培利用:294. 2013。

本品种单花具花被片9枚,稀15枚,外轮花被片3枚,萼状,三角形,长1.5～1.5 cm,

宽5～10 mm，不早落，内轮花被片花瓣状，宽匙状卵圆形，或匙状圆形，长7.0～8.0 cm，宽5.0～6.0 cm，白色，外面基部红色，先端钝圆，近基部楔形，基部在具长3～4 mm，宽3～4 mm爪；花药淡黄白色，微有淡红色晕，花丝紫红色；离生单雌蕊花柱淡紫色。

产地：河南。鸡公山。选育者：戴慧堂。

（6）'粉花'罗田玉兰（世界玉兰属植物资源与栽培利用）　品种

Yulania pilocarpa（Z. Z. Zhao et Z. W. Xie）D. L. Fu 'Fenhua'，赵天榜、田国行等主编. 世界玉兰属植物资源与栽培利用：294. 2013。

本品种单花具花被片9枚，外轮花被片3枚，萼状，肉质，不规则形，内轮花被片花瓣状，宽匙状卵圆形，内面白色，外面淡粉色。

产地：河南。长垣县有栽培。选育者：赵天榜和陈志秀。

16.2　肉萼罗田玉兰亚种（世界玉兰属植物资源与栽培利用）　亚种　图9－16.2

Yulania pilocarpa（Z. Z. Zhao et Z. W. Xie）D. L. Fu subsp. carnosicalyx T. B. Zhao et Z. X. Chen，赵天榜、田国行等主编. 世界玉兰属植物资源与栽培利用：294～295. 2013；赵天榜、任志锋、田国行主编. 世界玉兰属植物种质资源志：48. 2013。

落叶乔木。叶宽卵圆形、倒卵圆形，或长倒卵圆形，长5.0～13.5 cm，宽4.0～7.5 cm，先端短尖，基部楔形，表面绿色，主脉基部常被短柔毛，背面淡绿色，疏被短柔毛，边缘全缘；叶柄长1.0～2.0 cm，被短柔毛。玉蕾卵球状，单生枝顶。花先叶开放。单花具花被片9～12枚，外轮花被片3枚，萼状，长8～13 mm，圆形，或不规则形，肉质，内轮花被片较大，匙状椭圆形，或匙状卵圆形，长5.0～9.0 cm，宽3.5～7.0 cm，外面白色，基部带淡紫红色，表面有细沟纹，先端钝圆；雄蕊多数，长8～13 mm，花药淡黄白色，药隔伸出呈短尖头，花丝深紫色；雌蕊群圆柱状，长约2.5 cm；离生单雌蕊多数，子房无毛，花柱绿色。聚生蓇葖果不详。花期4月。

图9－16.2　肉萼罗田玉兰 Yulania pilocarpa（Z. Z. Zhao et Z. W. Xie）D. L. Fu subsp. carnosicalyx T. B. Zhao et Z. X. Chen

1. 叶、枝和玉蕾；2. 花；3～4. 萼状花被片；5～6. 瓣状花被片；7. 雌雄蕊群（陈志秀绘）。

产地：河南郑州市。赵天榜等，模式标本采自郑州市，存河南农业大学。河南长垣县有栽培。

变种：

（1）肉萼罗田玉兰　原变种

Yulania pilocarpa（Z. Z. Zhao et Z. W. Xie）D. L. Fu var. carnosicalyx T. B. Zhao et Z. X. Chen var. carnosicalyx

（2）紫红花肉萼罗田玉兰（世界玉兰属植物资源与栽培利用）　变种

Yulania pilocarpa（Z. Z. Zhao et Z. W. Xie）D. L. Fu var. purpureo－rubra T. B. Zhao et Z. X. Chen，赵天榜、田国行等主编. 世界玉兰属植物资源与栽培利用：295～296. 2013；赵天榜、任志锋、田国行主编. 世界玉兰属植物种质资源志：48～49. 2013。

本变种叶倒卵圆形。花紫红色。单花具花被片 9 枚，有萼、瓣之分，外轮花被片 3 枚，萼状，肉质，紫红色，长度 1.0～1.5 cm。

产地：河南。赵天榜等。赵天榜等，模式标本采自长垣县，存河南农业大学。

（3）白花肉萼罗田玉兰（世界玉兰属植物资源与栽培利用）　变种

Yulania pilocarpa（Z. Z. Zhao et Z. W. Xie）D. L. Fu var. alba T. B. Zhao et Z. X. Chen，赵天榜、田国行等主编. 世界玉兰属植物资源与栽培利用：296. 2013；赵天榜、田国行、任志锋主编. 世界玉兰属植物种质资源志：49. 2013。

本变种叶倒卵圆形。花白色。单花具花被片 9 枚，外轮花被片 3 枚，萼状，肉质，圆形，或不规则形，白色，长度和宽度 1.0 cm，内轮花被片 6 枚，白色，匙状长圆形；离生单雌蕊子房无毛，基部两侧偏斜。

产地：河南。模式标本采自长垣县，存河南农业大学。

17. 鸡公玉兰（河南师范大学学报）　图 9－17　图版 2:7　图版 46:1～9

Yulania jigongshanensis（T. B. Zhao，D. L. Fu et W. B. Sun）D. L. Fu，傅大立. 玉兰属的研究. 武汉植物学研究，19(3)：198. 2001；赵天榜、田国行等主编. 世界玉兰属植物资源与栽培利用：296～297. 2013；赵天榜、任志锋、田国行主编. 世界玉兰属植物种质资源志：49～50. 图 3－20. 2013；*Magnolia jigongshanensis* T. B. Zhao，D. L. Fu et W. B. Sun，赵天榜等. 中国木兰属一新种. 河南师范大学学报，26(1)：62～65. fig. 1. 2000。

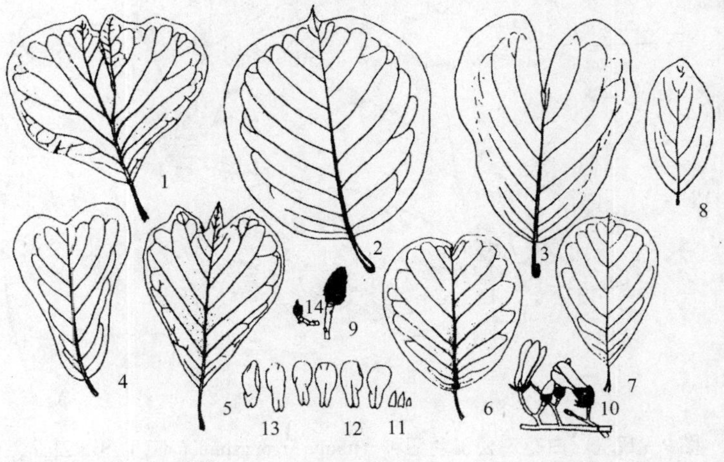

图 9－17　鸡公玉兰 Yulania jigongshanensis（T. B. Zhao，D. L. Fu et W. B. Sun）D. L. Fu

1～8. 叶形状；9. 玉蕾；10. 花枝；11. 萼片形状；12～13. 瓣状花被片；14. 雌雄蕊群（选自赵天榜等. 2000.《河南师范大学学报》）。

落叶乔木。叶特殊，具 7 种叶型：① 宽椭圆形，或宽卵圆形；② 倒卵圆形，上部最宽，先端凹入；③ 宽倒三角状近圆形，边缘波状全缘；④ 倒三角形，上部最宽，先端凹入，呈 3 裂，中间裂片狭三角形，先端长渐尖，两侧裂片宽三角形，边缘全缘，先端短尖，基部楔形，边缘波状全缘；⑤ 倒卵圆形，先端钝圆，具短尖头；⑥ 圆形，或近圆形，先端钝圆，具短尖头或微凹，具短尖头，基部圆形；⑦ 卵圆形，先端钝圆，具短尖头，基部楔形，或圆形。玉蕾芽鳞状托叶外面具有 1 小圆叶。花先叶开放。单花具花被片 9 枚，稀 8、10 枚，外轮花被片3枚,萼状,长1~2.5 mm,稀长3~5 mm,浅黄绿色,膜质,三角形,或条形,内轮花被片6枚,稀5、7枚,花瓣状,匙状椭圆形,长5.0~9.0 cm,宽3.0~5.0 cm,先端钝圆,有时微凹,浅黄白色,外面中部以下被淡紫色晕;雄蕊65~71枚,花丝紫色;离生单雌蕊多数;子房密被短柔毛。缩台枝和花梗密被长柔毛。聚生蓇葖果圆柱状,长5.0~20 cm,径3.0~5.0 cm;蓇葖果成熟后脱落,果轴宿存。花期4月中旬;果实成熟期8~9月。

产地:河南。赵天榜等,模式标本采自河南鸡公山,存河南农业大学。

亚种:

17.1　鸡公玉兰亚种　原亚种

Yulania jigongshanensis (T. B. Zhao, D. L. Fu et W. B. Sun) D. L. Fu subsp. jigongshanensis

17.2　白花鸡公玉兰亚种(世界玉兰属植物资源与栽培利用)　亚种　图9-17.1 图版47:1~8

Yulania jigongshanensis(T. B. Zhao,D. L. Fu et W. B. Sun)D. L. Fu subsp. alba T. B. Zhao, Z. X. Chen et X. K. Li,赵天榜、田国行等主编. 世界玉兰属植物资源与栽培利用:297~298. 2013;赵天榜、任志锋、田国行主编. 世界玉兰属植物种质资源志:50. 2013。

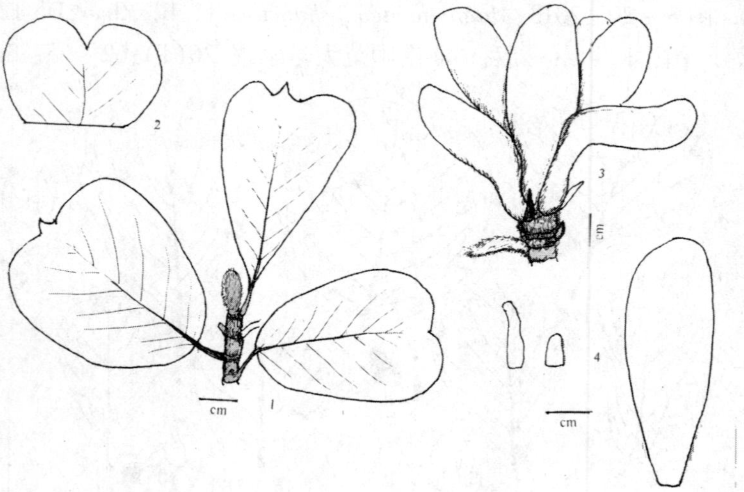

图9-17.1　白花鸡公玉兰亚种 Yulania jigongshanensis(T. B. Zhao, D. L. Fu et W. B. Sun)D. L. Fu subsp. alba T. B. Zhao, Z. X. Chen et X. K. Li

1. 叶与枝;2. 叶片的一部分;3. 花;4. 花被片(陈志秀绘)。

本亚种叶形有:① 倒卵圆形,中部以上最宽,先端钝圆,或凹缺,基部楔形;② 倒三角形,先端饨尖,中部以下渐狭呈狭楔形;③ 近圆形,先端钝尖,或微凹,基部圆形;④ 不规则圆形,先端钝圆、钝尖、凹缺,或具短尖头,基部宽楔形,或近圆形。玉蕾顶生枝端,卵球状,通常具4~5枚芽鳞状托叶,其外面密被黄褐色长柔毛。单花具花被片9枚,外轮花被片3枚,萼状,长1.0~1.3 cm,宽3~5 mm,白色,膜质,条形,内轮花被片6枚,花瓣状,宽匙状卵圆形,长7.0~9.0 cm,宽4.0~5.0 cm,先端钝圆,白色,外面基部中间微被水粉色晕;雄蕊多数,花丝紫色;离生单雌蕊多数;子房疏被短柔毛,或无毛。缩台枝和花梗密被长柔毛。聚生蓇葖果圆柱状,长 18.0 ~ 20 cm,径 4.0 ~ 5.0 cm;蓇葖果菱状卵球状,长 2.0 ~ 2.5 cm,径 1.2 ~ 1.5 cm,背部合缝线稍隆起,果点小,先端具喙,基部渐尖;果梗粗壮,亮绿色,无毛。花期 3 月中、下旬;果实成熟期 8 月。果爿特厚为其识别要点之一。

产地:河南。郑州市有栽培。赵天榜等,模式标本采自郑州市,存河南农业大学。

18. **两型玉兰**(安徽农业科学)　图 9 - 18　图版 2:8　图版 48:1 ~ 5

Yulania dimorpha T. B. Zhao et Z. X. Chen,戴慧堂、李静、赵天榜等. 河南《鸡公山木本植物图鉴》增补(Ⅱ)——河南玉兰两新种. 483 ~ 484. 2012;赵天榜、田国行等主编. 世界玉兰属植物资源与栽培利用:312 ~ 314. 2013;赵东武、赵东欣. 河南玉兰属植物种质资源与开发利用的研究. 安徽农业科学,36(22):9490. 2008;赵天榜、任志锋、田国行主编. 世界玉兰属植物种质资源志:87 ~ 88. 图 3 - 41. 2013。

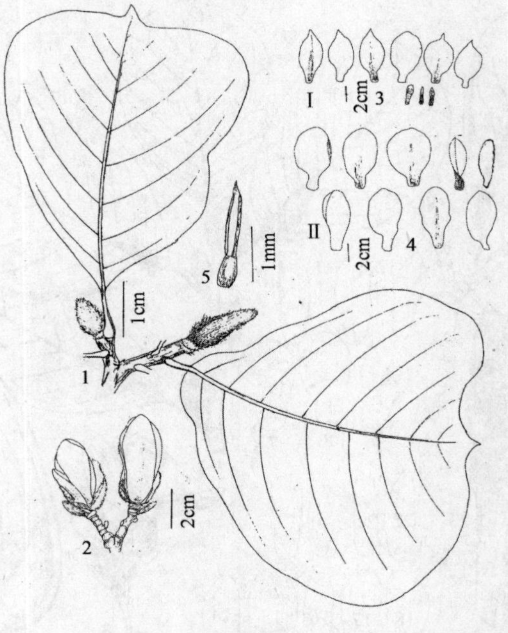

图 9 - 18　两型玉兰 Yulania dimorpha T. B. Zhao, Z. X. Chen et H. T. Dai

1. 叶 2 种类型、玉蕾 2 种类型;2. 初花 2 种类型;
3 ~ 4. 2种花型的花被片;5. 雄蕊(陈志秀绘)。

落叶乔木。叶 2 种类型:① 宽倒三角形;② 近圆形。玉蕾单生枝顶,2 种类型:① 长圆锥状、卵球状,大,中部以上渐小,长渐尖,微弯,长 3.5 ~ 4.1 cm,径 1.3 ~ 1.5 cm,先端钝圆,近基部突然变细;② 卵球状,小,长 1.2 ~ 1.5 cm,径 1.0 ~ 1.2 cm,先端钝圆;芽鳞状托叶 3 ~ 4(~ 5)枚,外面密被灰黄棕色长柔毛。单花花被片 6 ~ 9 枚,2 种类型:① 单花花被片 9 枚,外轮花被片 3 枚,萼状,膜质,早落,条形,长 6 ~ 12 mm,宽 2 ~ 3 mm,稀长 1.5 ~ 2.0 cm,宽 4 ~ 6 mm,内轮花被片 6 枚,花瓣状,匙状椭圆形,或匙状近圆形,长 4.0 ~ 4.5 cm,宽 3.5 ~ 4.5 cm,稀 1.2 ~ 1.5 cm 宽,先端钝圆,具喙,基部楔形,边缘全缘,边部稍反卷,基部外面具淡粉红色。② 9 枚,匙状椭圆形,或匙状近圆形,长 4.0 ~ 4.5 cm,宽 3.5 ~ 4.5 cm,稀 1.2 ~ 1.5 cm宽,先端钝圆,无喙,内轮花被片花瓣状,先端钝圆,无喙,基部截形,边缘微波状,边部稍反卷,基部外面无淡红色晕;雄蕊多数,花丝粉红色;离生单雌蕊子房无毛,花柱、柱头、药室先端淡粉红色。聚生蓇葖果圆柱状,长15.0～20.0 cm,径3.0～5.0 cm;缩台枝和果梗被长柔毛;蓇葖果近球状,长1.2～1.5 cm,径8～12 mm。花期4月;果实成熟期8～9月。

产地:河南。赵天榜等,模式标本采自河南信阳县,存河南农业大学。

19. **舞钢玉兰**(云南植物研究)　图9-19　图版10:2　图版49:1～7　图版50:1～3

Yulania wugangensis(T. B. Zhao,W. B. Sun et Z. X. Chen)D. L. Fu,傅大立. 玉兰属的研究. 武汉植物学研究,19(3):198. 2001;赵天榜、田国行等主编. 世界玉兰属植物资源与栽培利用:308. 2013;赵天榜、任志锋、田国行主编. 世界玉兰属植物种质资源志:50～52. 图3-21. 2013;*Magnolia wugangensis* T. B. Zhao,W. B. Sun et Z. X. Chen,赵天榜等. 河南木兰属一新种. 云南植物研究,21(2):170～172. 图1. 1999。

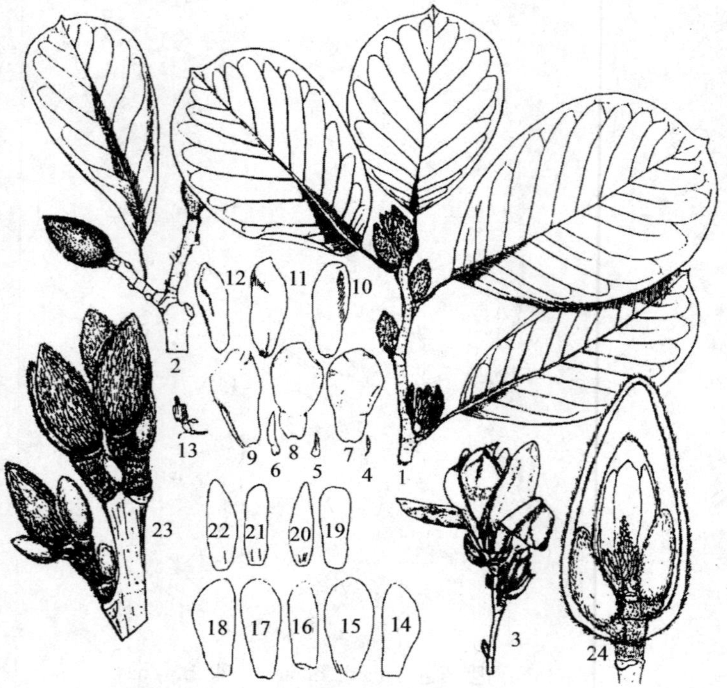

图9-19　舞钢玉兰 Yulania wugangensis(T. B. Zhao,W. B. Sun et Z. X. Chen)D. L. Fu

1. 长枝、叶和玉蕾;2. 短枝、叶和玉蕾;3. 花簇生;4～12. 花型Ⅰ的花被片;13. 雌雄蕊群,14～22. 花型Ⅱ的花被片;23. 玉蕾簇生;24. 解剖玉蕾(选自赵天榜等. 1999.《云南植物研究》)。

落叶乔木。叶倒卵圆形,或宽卵圆形,长8.0～20.0 cm,宽5.0～14.0 cm,表面深绿色,具光泽,幼时密被短柔毛,背面浅黄绿色,密被短柔毛,主脉隆起,密被短柔毛,先端钝圆,或微凸,具短尖头,基部楔形,边缘多少反卷;叶柄黄褐色,被黄锈色柔毛。玉蕾通常着生于枝端、腋生,或簇生。花先叶开放。单花具花被片9～12枚;2种花型:① 单花具花被片9枚,外轮花被片3枚,萼状,条形,黄绿色,或黄白色,先端渐尖,内轮花被片6枚,花瓣状,白色,匙状长椭圆形,长6.0～9.0 cm,宽2.5～3.5 cm,先端钝圆,或微凸,具短尖头,基部近圆形,外面基部有时具淡紫色晕;② 单花具花被片 9 枚,稀 7、8、10 枚,花瓣状,形状和颜色同前,有时外轮花被片稍小;雄蕊多数,花药浅黄色,或淡紫色;离生单雌蕊子房狭卵球状,无毛,柱头和花柱黄绿色;缩台枝、花梗浅黄绿色,密被长柔毛。聚生蓇葖果长 10.0 ~ 14.0 cm,径 3.0 ~ 4.50 cm;果梗粗 8 ~ 12 mm,密被灰褐色长柔毛;蓇葖果黄淡红色,光滑,无毛,具极少、黄白色小果点,先端具短喙;雄蕊着生处的花托紫色;缩台枝密被灰褐色长柔毛。花期 4 月;果实成熟期 8 月。

产地:河南舞钢市。郑州市有引种栽培。赵天榜等,模式标本采自河南舞钢市,存河南农业大学。

亚种与变种:

19.1　舞钢玉兰亚种(世界玉兰属植物资源与栽培利用)　原亚种

Yulania wugangensis(T. B. Zhao, W. B. Sun et Z. X. Chen) D. L. Fu subsp. wugangensis

(1) 舞钢玉兰　原变种

Yulania wugangensis(T. B. Zhao, W. B. Sun et Z. X. Chen) D. L. Fu var. wugangensis

(2) 多油舞钢玉兰(世界玉兰属植物资源与栽培利用)　变种

Yulania wugangensis(T. B. Zhao, W. B. Sun et Z. X. Chen) D. L. Fu var. duoyou T. B. Zhao, Z. X. Chen et D. X. Zhao,赵天榜、田国行等主编. 世界玉兰属植物资源与栽培利用:309. 2013;赵天榜、任志锋、田国行主编. 世界玉兰属植物种质资源志:52. 2013。

本变种玉蕾顶生、腋生和簇生,2 种花型。花初开时,容易遭受早春寒流危害。

产地:河南长垣县。赵天榜等,模式标本采自长垣县,存河南农业大学。

(3) 三型花舞钢玉兰(世界玉兰属植物资源与栽培利用)　变种　图版 50:4 ~ 5

Yulania wugangensis(T. B. Zhao, W. B. Sun et Z. X. Chen) D. L. Fu var. triforma T. B. Zhao, et Z. X. Chen,赵天榜、田国行等主编. 世界玉兰属植物资源与栽培利用:309 ~ 310. 2013;赵天榜、任志锋、田国行主编. 世界玉兰属植物种质资源志:52. 2013。

本变种 3 种花型:① 单花具花被片 9 枚,外轮花被片 3 枚,萼状,肉质、不规则形,内轮花被片 6 枚,花瓣状,白色,宽匙状卵圆形;② 单花具花被片 9 枚,花瓣状,宽匙状卵圆形,白色,先端钝圆,外面基部中间微有淡粉红色晕;③ 单花具花被片 12 枚,花瓣状,宽匙状卵圆形,白色,先端钝圆。

产地:河南长垣县。赵天榜等,模式标本采自长垣县,存河南农业大学。

(4) 紫花舞钢玉兰(世界玉兰属植物资源与栽培利用)　变种

Yulania wugangensis(T. B. Zhao, W. B. Sun et Z. X. Chen) D. L. Fu var. purpurea T. B. Zhao et Z. X. Chen,赵天榜、田国行等. 世界玉兰属植物资源与栽培利用:310. 2013;赵天榜、任志锋、田国行主编. 世界玉兰属植物种质资源志:52 ~ 53. 2013。

本变种单花具花被片 9 枚;花 2 种类型:① 单花具花被片 9 枚,外轮花被片 3 枚,膜质,萼状,淡紫色,或紫色,条形,长 1.2 ~ 1.7 cm,宽 2 ~ 3.5 mm,内轮花被片 6 枚,稀 7 枚,花瓣状,狭椭圆形,淡紫色,外面中部以下深紫色,内面淡紫色;② 单花具花被片 9 枚,稀 8 枚,花瓣状,狭椭圆形,淡紫色,或紫色。两种花型的雄蕊、花丝和花柱淡紫色。

产地:河南信阳县。赵天榜等,模式标本采自河南信阳县,存河南农业大学。

19.2　毛舞钢玉兰亚种(世界玉兰属植物资源与栽培利用)　亚种

Yulania wugangensis(T. B. Zhao, W. B. Sun et Z. X. Chen)D. L. Fu subsp. pubescens T. B. Zhao et Z. X. Chen, 赵天榜、田国行等主编. 世界玉兰属植物资源与栽培利用:310～311. 2013;赵天榜、任志锋、田国行主编. 世界玉兰属植物种质资源志:53. 2013。

本亚种玉蕾单生枝顶。花有2种类型:① 单花具花被片9枚,花瓣状,外面中部以下淡粉红色;② 单花具花被片6枚,花瓣状,外轮花被片1～3枚,条形,白色;离生单雌蕊子房密被短柔毛。

产地:河南。赵天榜等,模式标本采自河南郑州市,存河南农业大学。

19.3　多变舞钢玉兰亚种(世界玉兰属植物资源与栽培利用)　亚种

Yulania wugangensis(T. B. Zhao, W. B. Sun et Z. X. Chen)D. L. Fu subsp. varians T. B. Zhao et Z. X. Chen, 赵天榜、田国行等主编. 世界玉兰属植物资源与栽培利用:311. 2013;赵天榜、任志锋、田国行主编. 世界玉兰属植物种质资源志:53. 2013。

本亚种玉蕾单生枝顶。花型多变:单花具花被片9枚,白色,外面基部紫红色,外轮花被片3枚多变,条形,长短不等,淡黄绿色;离生单雌蕊子房无毛。

产地:河南。赵天榜等,模式标本采自河南郑州市,存河南农业大学。

品种:

(1) 舞钢玉兰　原品种

Yulania wugangensis(T. B. Zhao, W. B. Sun et Z. X. Chen)D. L. Fu 'Wugangensis'

(2)'圆被'舞钢玉兰(世界玉兰属植物资源与栽培利用)　'圆被'朱砂玉兰(安徽农业科学)　品种

Yulania wugangensis(T. B. Zhao, W. B. Sun et Z. X. Chen)D. L. Fu 'Yuanbei', 赵天榜、田国行等主编. 世界玉兰属植物资源与栽培利用:311. 2013; Yulania soulangiana (Soul. - Bod.)D. L. Fu 'Yuanbei', 王建勋等. 朱砂玉兰品种资源及繁育技术. 安徽农业科学,36(4)1424. 2008。

本品种单花具花被片6～9枚;花有2种类型:① 单花具花被片9枚,外轮花被片3枚,萼状,膜质,淡黄绿色,早落;② 单花具花被片6枚,花瓣状,肉质。花被片匙状卵圆形,外面橙红色,先端钝圆,外面中部以下浓紫红色;雄蕊花药和花丝深紫红色;花柱和柱头具浅紫红色晕。

河南:长垣县有栽培。选育者:赵天榜、赵杰等。

(3)'粉红'舞钢玉兰(世界玉兰属植物资源与栽培利用)　品种

Yulania wugangensis(T. B. Zhao, W. B. Sun et Z. X. Chen)D. L. Fu 'Weifen', 赵天榜、田国行等主编. 世界玉兰属植物资源与栽培利用:311. 2013。

本品种单花花瓣状,匙状宽卵圆形,外面被水粉色晕,先端钝圆,中部以下粉红色,内面乳白色。

河南:长垣县有栽培。选育者:赵天榜、赵杰等。

(4)'多被'舞钢玉兰(世界玉兰属植物资源与栽培利用)　品种

Yulania wugangensis(T. B. Zhao, W. B. Sun et Z. X. Chen)D. L. Fu 'Doubei', 赵天榜、田国行等主编. 世界玉兰属植物资源与栽培利用:311. 2013。

本品种单花具花被片16枚,单花花瓣状,片匙状宽卵圆形,外面被水粉色晕,先端钝圆,中部以下粉红色,内面乳白色。

河南:长垣县有栽培。选育者:赵天榜、赵杰等。

(5)'多变'舞钢玉兰(世界玉兰属植物资源与栽培利用)　品种

Yulania wugangensis(T. B. Zhao, W. B. Sun et Z. X. Chen)D. L. Fu 'Varians',赵天榜、田国行等主编.世界玉兰属植物资源与栽培利用:311~312. 2013;赵天榜、任志锋、田国行主编. 世界玉兰属植物种质资源志:666. 2013。

本品种叶大型,倒卵圆形。单花具花被片9枚,外轮花被片长短不齐,常扭曲,内轮花被片长椭圆形,上部白色,中部以下淡黄绿色,中间亮紫红色。

产地:河南。郑州市有栽培。选育者:赵天榜、陈志秀。

(6)毛舞钢玉兰(世界玉兰属植物资源与开发利用)　品种

Yulania wugangensis(T. B. Zhao, W. B. Sun et Z. X. Chen)D. L. Fu 'Pubescens',赵天榜、田国行等主编.世界玉兰属植物资源与栽培利用:312. 2013。

本品种玉蕾单生枝顶。花有2种类型:① 单花具花被片9枚,花瓣状,外面中部以下淡粉红色;② 单花具花被片6枚,花瓣状,外轮花被片1~3枚,披针形,白色;离生单雌蕊子房密被短柔毛。

产地:河南。郑州市有栽培。选育者:赵天榜、陈志秀。

(7)'肉萼'舞钢玉兰　新品种　图版50:7

Yulania wugangensis(T. B. Zhao, W. B. Sun et Z. X. Chen)D. L. Fu 'Rou È', cv. nov.

本新品种 单花具花被片9枚,外轮花被片1~3枚,萼状,小,白色,或粉色,肉质。

产地:河南。郑州市有栽培。选育者:赵天榜、陈志秀。

20. **华夏玉兰**　新种　图9-20　图版51:1~13

Yulania cathyana T. B. Zhao et Z. X. Chen, sp. nov., fig. 9-20

Speciesnov. 2-formis foliis: ① ellipticis; ② anguste ob-ovatis. hysteranthis Yulani-alabastris. diolutis supra medium latissimis supra ad costas dense pubescentibus. Yulani-alabastris terminatis. 2-formis floribus: ① tepalis 9 in quoque flore, tepalis petaloideis albis; ② tepalis 9 in quoque flore, tepalis petaloideis et calycibus albis. proteranthis floribus alabastris. 2-formis floribus: ① tepalis 9 in quoque flore, extus 3 calycibus carnosis linearibus revolutis, in medio tepalis spathulati-ellipticis, intus tepalis anguste oblongis albis; ② tepalis 9 in quoque flore, spathulati-ellipticis, anguste ellipticis vel ob-ellipticis, apice obtusis rare emargiantis. mult-formis floribus disjuncte simpilici-pistillis ovsriis minime pilosis; pedicellis et Soutai-ramulis dense pubescentibus.

Arbor deciduas. Ramuli brunnei nitidi. 2-forma folia: ① elliptica; ② anguste ob-ovata. crasse chartacea, 6.5~12.0 cm longa 4.6~7.0 cm lata, supra atro-viridia glrbra ad costas dense villosis, subtus viridulis rare villosis, costis et nervis lateralibus manifeste elevates ad costas et nervos lateralibus dense villosis, inter se dense dense villosis, apice obtusa vel obtusa cum acuminata basi cuneata margine integra; petioli 1.0~2.0 cm longi supra pubesentes. Yulani-alabastra terminata ovoidea 1.5~2.2 cm longa diam. 1.2~1.7 cm; 4-perulistipulis, extus dense villosis. alabastra terminata in ramulis novitatea longe ovoidea vel globosa, a - Soutai - rumuli, a - peruli - stipulis. Flores Yulani - alabastra ante folia aperti; Flores alabastra proteranthm[2] Yulani - alabastra 2 - forma flores: ① tepalis 9 in quoque flore, petaloideis spathulati - ellipticis albis, 5.0 ~ 6.0 cm longis 2.5 ~ 3.0 cm latis, apice obtusis; ② tepalis 9 in quoque flore, extus 3 calycibus carnosis linearibus revolutis, intus tepalis 6 petaloideis spathulati - ellipticis 5.5 ~ 7.0 cm longa 3.0 ~ 3.5 cm lata, apice obtusis. Yulani - alabastra 2 - forma flores tepalis petaloideis, staminibus, filamentis aequabilibus; disjuncte simpilici - pistillis ovsriis minime pubescentibus. pedicellis et Soutai - ramulis dense pubescentibus. Alabastra 2 - forma flores: I——① tepalis 9 in quoque flore, petaloideis spathulati - ellipticis albis, 5.5 ~ 7.0 cm longis 2.5 ~ 3.0 cm latis, apice obtusis; ② tepalis 9 in quoque flore, extus 3 anguste ellipticis vel ob - ellipticis, apice obtusis rare emargiantis carnosis, intus tepalis 6 petaloideis spathulati - ellipticis apice obtusis rare emargiantis. II——tepalis 9 in quoque flore, albis, extus 3 calycibus carnosis linearibus revolutis, in medio tepalis spathulati - ellipticis apice obtusis, intus tepalis anguste oblongis albis apice obtusis cum acuminata. multi - forma flores disjuncte simpilici - pistillis ovsriis minime pubescentibus.

Henan: Zhengzhou City. 14 - 03 - 2014. T. B. Zhao et Z. X. Chen, No. 201403149 (flos, holotypus hic disignatus, HNAC). ibid. T. B. Zhao et Z. X. Chen, No. 201405201.

落叶乔木。小枝褐色,具光泽。叶2种类型:① 椭圆形;② 狭倒卵圆形。2种叶形,厚纸质,长10.0~14.0 cm,宽5.0~7.5 cm,表面深绿色,沿主脉疏被长柔毛,背面淡绿色,疏被长柔毛,主脉和侧脉明显隆起,沿脉密被长柔毛,主脉和侧脉夹角处密被长柔毛,先端钝圆,或钝尖,基部楔形,边缘全缘;叶柄长1.0~2.0 cm,疏被短柔毛。玉蕾顶生,卵球状,长1.5~2.2 cm,径1.2~1.7 cm;芽鳞状托叶4枚,外面密被长柔毛。花蕾顶生当年生1次枝上,长卵球状,或球状,无缩台枝,也无芽鳞状托叶。玉蕾花先叶开放;花蕾花后叶开放。玉蕾花2种花类型:① 单花具花被片9枚,花瓣状,匙状椭圆形,白色,长5.0~6.0 cm,宽2.5~3.0 cm,先端钝圆;② 单花具花被片9枚,外轮花被片3枚,萼状,肉质,条形,反卷,内轮花被片6枚,花瓣状,匙状椭圆形,长5.5~7.0 cm,宽3.0~3.5 cm,先端钝圆。2种花类型花的瓣状花被片相似;雄蕊花药淡黄色晕,花丝紫红色;雌雄蕊群相同;离生单雌蕊子房微被短柔毛;花梗与缩台枝密被短柔毛。花蕾花2种花类型:I——① 单花具花被片9枚,花瓣状,匙状椭圆形,白色,长5.5~7.0 cm,宽3.0~3.5 cm,先端钝圆;② 单花具花被片9枚,外轮花被片3枚,狭椭圆形,或倒卵圆形,先端钝尖,稀凹缺,肉质,内2轮花被片6枚,匙状椭圆形,先端钝圆,稀凹缺。II——单花具花被片9枚,白色,外轮花被片3枚,萼状,肉质,条形,反卷,中轮花被片匙状椭圆形,先端钝圆,内轮花被片狭长圆形,先端钝尖。花蕾花离生单雌蕊子房疏被短柔毛。花期4月。

本新种叶2种类型:① 椭圆形;② 狭倒卵圆形。玉蕾花先叶开放,2种花类型:① 单花具花被片9枚,花瓣状,白色;② 单花具花被片9枚,有萼、瓣之分,白色。花蕾花后叶开放,2种花类型:① 单花具花被片9枚,外轮花被片3枚,萼状,肉质,条形,反卷,中轮花被片匙状椭圆形,内轮花被片狭长圆形,白色;② 单花具花被片9枚,匙状椭圆形、狭椭圆形、倒椭圆形,先端钝圆,稀凹缺。多种花的离生单雌蕊子房微被柔毛;花梗和缩台枝密被短柔毛。

产地：河南。郑州市有栽培。2014 年 3 月 14 日。赵天榜、陈志秀和赵东欣，No. 2014031410（花）。模式标本，存河南农业大学。2014 年 8 月 20 日。赵天榜、陈志秀和赵东武，No. 201407205（枝、叶和雌蕊群不孕圆柱状体）。

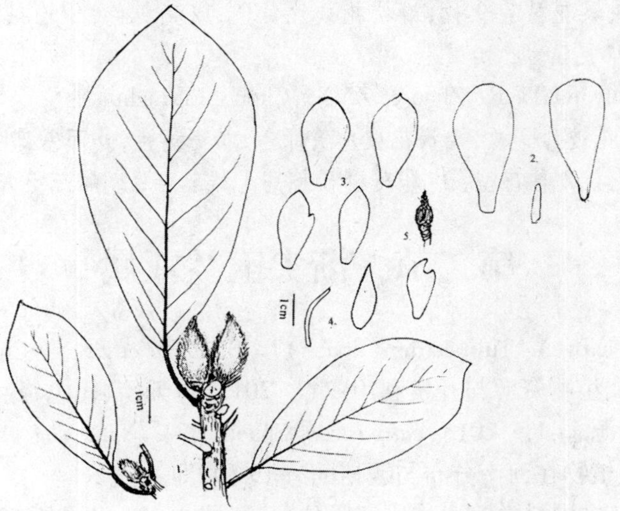

图 9－20　华夏玉兰 Yulania cathyana T. B. Zhao et Z. X. Chen

1. 叶与枝；2～3. 瓣状花被片；4. 夏花外轮花被片；5. 雌雄蕊群等（陈志秀绘）。

品种：

（1）华夏玉兰　原品种

Yulaniacathyana T. B. Zhao et Z. X. Chen ‘Cathyana’

（2）‘红基’华夏玉兰　新品种　图版 51：14

Yulania cathyana T. B. Zhao et Z. X. Chen ‘Hongji’

本新品种叶倒三角形，先端平，或稍钝圆，基部狭楔形。单花具花被片 9 枚，白色，外面 3 枚花被片萼状，膜质；内面花被片瓣状 6 枚，匙状倒卵圆形，先端钝圆，外面基部粉红色；雄蕊花丝淡紫红色。

产地：河南。选育者：赵天榜与陈志秀。

（3）‘肉萼’华夏玉兰　新品种

Yulania cathyana T. B. Zhao et Z. X. Chen ‘Rou È’，cv. nov.

本新品种单花具花被片 9 枚，外面 3 枚花被片萼状，肉质，内面花被片瓣状 6 枚，白色，匙状倒卵圆形，先端钝圆，外面基部中间粉红色；雌蕊群与雄蕊群近等高；雄蕊紫红色。

产地：河南。2012 年 3 月 20 日。新郑市有栽培。选育者：赵天榜与陈志秀与赵杰。

（4）‘绿星’华夏玉兰　绿星玉兰（棕榈公司）　新引栽品种

Yulania cathyana T. B. Zhao et Z. X. Chen ‘ Lusing’

本品种玉蕾顶生和腋生，较密。单花具花被片 9 枚，外轮花被片 3 枚，萼状，绿色，内轮花被片 9 枚，花瓣状，初绿色，后白色，外面基部 1/3 为紫红色，上部具紫红色脉纹。聚生蓇葖果圆柱状，紫红色。

产地：广东。选育单位：广东棕榈公司。河南有引栽。

注：据报道，华夏玉兰还有以下2品种：

1.‘黄花’华夏玉兰

Yulania cathyana T. B. Zhao et Z. X. Chen ‘Huanghua’

本品种单花具花被片9枚，瓣状花被片黄色，或亮黄色，外轮花被片3枚，萼状。

2.‘两型花’华夏玉兰

Yulania cathyana T. B. Zhao et Z. X. Chen ‘Èrxinghua’

本品种单花具花被片9枚，瓣状花被片黄绿色，或亮黄色，外面基部中间鲜红色，外轮花被片3枚，萼状。花具2种花型：① 雌蕊群显著高于雄蕊群；② 雌蕊群与雄蕊群近等高。

第二节　渐尖玉兰亚属

Yulania Spach subgen. Tulipastrum(Spach)T. B. Zhao et Z. X. Chen，赵天榜、田国行等主编. 世界玉兰属植物资源与开发利用：243. 2013；赵天榜、任志锋、田国行主编. 世界玉兰属植物种质资源志：11. 2013；*Tulipastram* Spach，Hist. Nat. Vég. Phan. 7：481. 1839.

渐尖玉兰亚属植物在河南分布与栽培的有19种，即：

21. **宝华玉兰**(中国科学院生物研究所丛刊)　图9－21　图版52：1～7

Yulania zenii (Cheng) D. L. Fu，傅大立. 玉兰属的研究. 汉植物学研究，19(3)：198. 2001；田国行等. 玉兰属植物资源与新分类系统的研究. 中国农学通报，22(5)：408～409. 2006；赵天榜、田国行等主编. 世界玉兰属植物资源与栽培利用：221～222. 2013；赵天榜、任志锋、田国行主编. 世界玉兰属植物种质资源志：53～54. 图3－22. 2013；*Magnolia zenii* Cheng，中国科学院生物研究所丛刊，8：291. fig 20. 1933 傅立国主编. 中国植物红皮书——珍稀濒危植物：428～429. 彩图. 1992；刘玉壶主编. 中国木兰：116～117. 彩图(绘). 彩图. 2004。

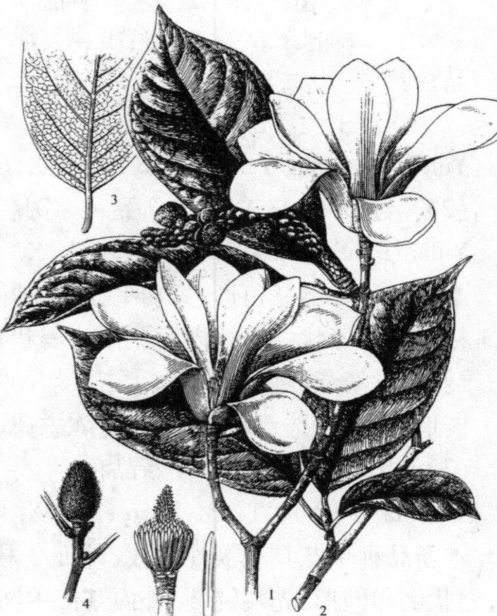

图9－21　宝华玉兰 Yulania zenii(Cheng)D. L. Fu

1. 花枝；2. 叶、枝和聚生蓇葖果；3. 叶背面(部分)；4. 玉蕾；5. 雌雄蕊群；6. 雄蕊(选自郑万钧主编. 1983.《中国树木志》)。

落叶小乔木。叶倒卵圆状长圆形，或长圆形，长7.0～16.5 cm，宽3.0～9.0 cm，上部宽圆，先端急尖、尾状渐尖，或突尖，具长尖头，基部宽楔形，稀圆形，表面暗绿色，无毛，背面浅绿色，沿脉被弯曲长柔毛；叶柄长6～20 mm，稀被长柔毛，后无毛。花先叶开放。单花具花被片9枚，近匙状椭圆形，长3.0～8.0 cm，宽2.7～4.0 cm，先端钝圆，或急尖，初开时外面红紫色，开后上部白色，中部以下浅红紫色，内轮花被片较窄小；雄蕊多数，花丝紫红色；雌蕊群圆柱状；离生单雌蕊多数；花梗密被长柔毛。聚生蓇葖果圆柱状，长 5.0 ~ 14.0 cm；蓇葖果近球状，表面具果点突起，先端钝圆。花期3 ~4月；果实成熟期 8 ~9 月。

产地：江苏。模式标本采自江苏句容县宝华山。1999 年，列入《国家重点保护野生植物名录》II 级保护植物。

变种：

(1) 宝华玉兰　原变种

Yulania zenii(Cheng)D. L. Fu var. zenii

(2) 白花宝华玉兰(世界玉兰属植物资源与栽培利用)　变种　图版 53：1 ~4

Yulania zenii(Cheng)D. L. Fu var. alba T. B. Zhao et Z. X. Chen，赵天榜、田国行等主编. 世界玉兰属植物资源与栽培利用：223. 2013；赵天榜、任志锋、田国行主编. 世界玉兰属植物种质资源志：54. 2013。

本变种叶卵圆形，先端钝尖，基部圆形。单花具花被片 9 枚，匙状椭圆形，白色，先端钝圆，基部狭楔形。

产地：河南。赵天榜等，模式标本采集河南南召县，存河南农业大学。

(3) 多被宝华玉兰　'多被'宝华玉兰(世界玉兰属植物资源与栽培利用)　新组合变种　图 9 -21.2　图版 52：8 ~9

Yulania zenii(Cheng)D. L. Fu var. duobei T. B. Zhao et Z. X. Chen, var. comb. nov., *Yulania zenii*(Cheng)D. L. Fu 'Duobei'，赵天榜、田国行等主编. 世界玉兰属植物资源与栽培利用：224. 2013；赵天榜、任志锋、田国行主编. 世界玉兰属植物种质资源志：54. 2013。

本变种单花具花被片 12 枚，匙状椭圆形，白色，先端钝圆，或钝尖，基部狭楔形，外面中部以上淡白色，基部中间淡紫色。

产地：河南。新郑市有栽培。2007 年 4 月 20 日。赵天榜、赵杰，No. 1007 -04 -201。模式标本采集自河南新郑市，存河南农业大学。

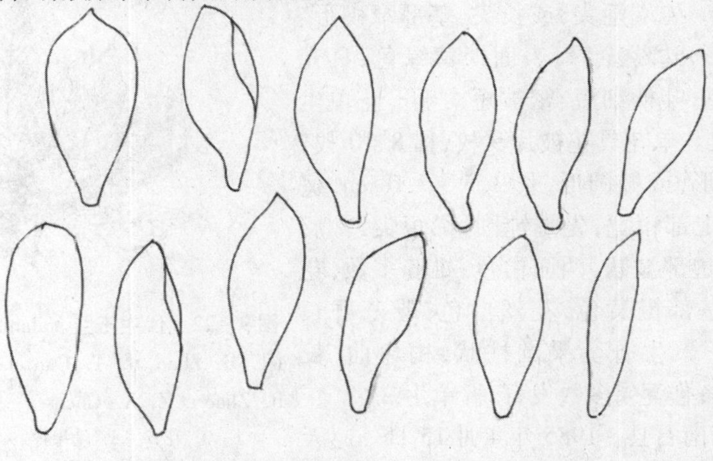

图 9 -21.2　多被宝华玉兰 Yulania zenii(Cheng)D. L. Fu var. duobei T. B. Zhao et Z. X. Chen 花被片形状(赵天榜绘)。

品种：

(1) 宝华玉兰　原品种

Yulania zenii(Cheng)D. L. Fu ‘Zenii’

(2)‘多被’宝华玉兰(世界玉兰属植物资源与栽培利用)　品种

Yulania zenii(Cheng)D. L. Fu ‘Duobei’,赵天榜、田国行等主编. 世界玉兰属植物资源与栽培利用:224. 2013。

本品种单花具花被片12枚,匙状椭圆形,白色,先端钝圆,或钝尖,基部狭楔形,外面中部以上淡白色,基部中间淡紫色。

产地:河南新郑市。选育者:赵天榜、赵杰。

(3)‘淡紫基’宝华玉兰　新品种　图版53:5~7

Yulania zenii(Cheng)D. L. Fu ‘Danziji’,cv. nov.

本新品种单花具花被片12枚,匙状椭圆形,白色,外面中部以下中间淡紫色。

产地:河南新郑市。选育者:赵天榜、赵杰。

22. **伏牛玉兰**(河南农业大学学报)　伏牛宝华玉兰(世界玉兰属植物资源与栽培利用)新改隶组合种　图9-22　图版1:6　图版54:7~11

Yulania funiushanensisnia(T. B. Zhao,J. T. Gao et Y. H. Ren)T. B. Zhao et Z. X. Chen,sp. transl. comb. nov.,*Magnolia funiushanensis* T. B. Chao,J. T. Gao et Y. H. Ren,丁宝章等. 中国木兰属植物腋花、总状花序的首次发现和新分类群. 河南农业大学学报,19(4):361~362. 照片5. 1985;赵天榜、田国行等主编. 世界玉兰属植物资源与栽培利用:222~223. 2013;赵天榜、任志锋、田国行主编. 世界玉兰属植物种质资源志:54. 2013。

落叶乔木,高10.0~15.0 m。小枝圆柱状,绿色,或紫色;幼枝淡黄绿色,疏被短柔毛,后无毛。玉蕾卵球状,较小;芽鳞状托叶外面密被长柔毛。叶椭圆形、椭圆状长卵圆形,长7.0~8.0 cm,宽2.8~7.0 cm,先端渐尖,或长尖,基部窄楔形、近圆形,或楔形,边缘全缘,表面淡黄绿色,具光泽,背面浅绿色;叶柄细短、密被短柔毛。花单生枝端,先叶开放。单花具花被片9枚,稀8、10枚,长椭圆—披针形,或椭圆形,长3.5~7.0 cm,宽1.3~2.3 cm,上部稍宽,先端钝圆,稀短尖,常反卷,下部渐狭,边部波状,两面白色;雄蕊多数,花药先端白色,基部橙黄色,花丝白色;雌蕊群长1.6~2.5 cm。聚生蓇葖果圆柱状,稍弯曲,长15.0~25.0 cm;蓇葖果多数发育,稀单生。

产地:河南南召县。1985年4月15日。赵天榜、高聚堂和任云和,No. 85019(花)。模式标本采自河南南召县,存河南农业大学。

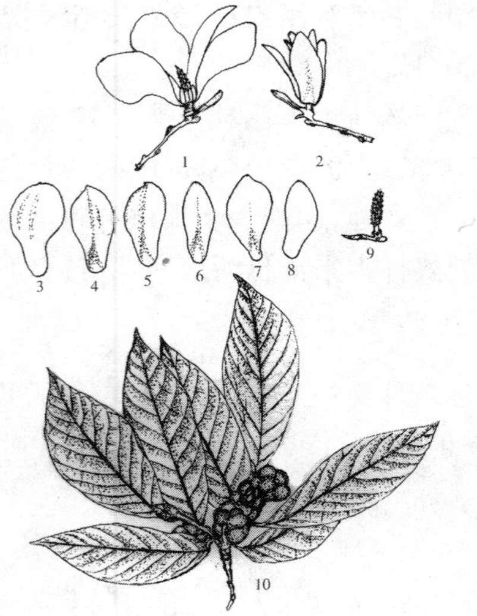

图9-22　伏牛玉兰 Yulania funiushanensis (T. B. Zhao, J. T. Gao et Y. H. Ren) T. B. Zhao et Z. X. Chen

1~2. 花;3~8. 幼果序;9. 花被片;10. 叶、枝和聚生蓇葖果(陈志秀绘)。

品种：

(1) 伏牛玉兰　原品种

Yulania funiushanensisnia(T. B. Zhao, J. T. Gao et Y. H. Ren) T. B. Zhao et Z. X. Chen ‘Funiushanensisnia’

(2) ‘紫基’伏牛玉兰(河南农业大学学报)　‘紫基’宝华玉兰(世界玉兰属植物资源与栽培利用) 新改隶组合品种

Yulania funiushanensisnia(T. B. Zhao, J. T. Gao et Y. H. Ren) T. B. Zhao et Z. X. Chen ‘Purpurea’; *Yulania zenii* (Cheng) D. L. Fu ‘Purpurea’, 赵天榜、田国行等主编. 世界玉兰属植物资源与栽培利用: 224. 2013; *Magnolia funiushanensis* T. B. Zhao, J. T. Gao et Y. H. Ren ‘Purpurea’, 丁宝章等. 中国木兰属植物腋花、总状花序的首次发现和新分类群. 河南农业大学学报, 19(4): 361 ~ 362. 照片 5. 1985。

本品种单花具花被片 9 枚，长椭圆—披针形，或长椭圆形，外面白色，基部紫色，或具淡紫色晕。

产地：河南南召县。选育者：赵天榜、高聚堂、任云和。

23. **天目玉兰**(中国农学通报)　天目木兰(中国植物学杂志)　图 9 - 23　图版 54: 1 ~ 6

Yulania amoena (Cheng) D. L. Fu, 傅大立. 玉兰属的研究. 武汉植物学研究, 19(3): 198. 2001. 田国行等. 玉兰属植物资源与新分类系统的研究. 中国农学通报, 22(5): 408. 2006; 赵天榜、田国行等主编. 世界玉兰属植物资源与栽培利用: 224 ~ 225. 2013; 赵天榜、任志锋、田国行主编. 世界玉兰属植物种质资源志: 54 ~ 55. 图 3 - 23. 2013; *Magnolia amoena* Cheng, in Biol. Lab. Science Soc. China, Bot. Ser., 9: 280 ~ 281. 1934; 贺善安主编. 中国珍稀植物: 92 ~ 93. 彩图 171 ~ 173. 1998; 傅立国主编. 中国植物红皮书——珍稀濒危植物: 410 ~ 411. 彩图. 1992; 刘玉壶主编. 中国木兰: 32 ~ 33. 彩图(绘). 彩图. 2004; 黄山风景区管理委员会编. 黄山珍稀植物: 36 ~ 37. 彩图 3. 2006。

落叶乔木。叶倒卵圆形至倒卵圆状椭圆形、长椭圆形、倒披针状长圆形，长 9.0 ~ 16.5 cm，宽 3.0 ~ 8.0 cm，先端短尾尖、急尖，或长渐尖，基部楔形，有时偏斜，或圆形，边缘全缘，表面暗绿色，无毛，具光泽，背面沿主脉和侧脉疏被白色弯曲长柔毛；叶柄初被白色长柔毛，后无毛。花先叶开放。单花具花被片 9 枚，粉红色，或淡粉红色，形状相近似，倒宽披针形、匙形，长 4.5 ~ 6.5 cm，宽 10 ~ 18 mm；雄蕊多数，花丝紫红色；离生单雌蕊多数，花柱向上直伸；花梗被淡黄色短柔毛。聚生蓇葖果圆柱状，有时弯曲；缩短枝和果梗粗壮，宿存白色长柔毛；蓇葖果通常少数，扁球状、长圆体状，表面具疣状突起，先端钝圆，沿背缝开裂；种子被紫红色拟假种皮。花期 4 ~ 5 月；果实成熟期 9 月。染色体 $2n = 38$。

产地：浙江、福建、安徽等。模式标本采自浙江天目山。河南新郑市有引种栽培。1987 年，列入《中国珍稀濒危保护植物名录》II 级保护植物。《中国植物红皮书》中，将滇藏木兰（滇藏玉兰）、凹叶木兰（凹叶玉兰）、天目木兰（天目玉兰）、黄山木兰（黄山玉兰）、宝华三兰作为重点保护植物物种。

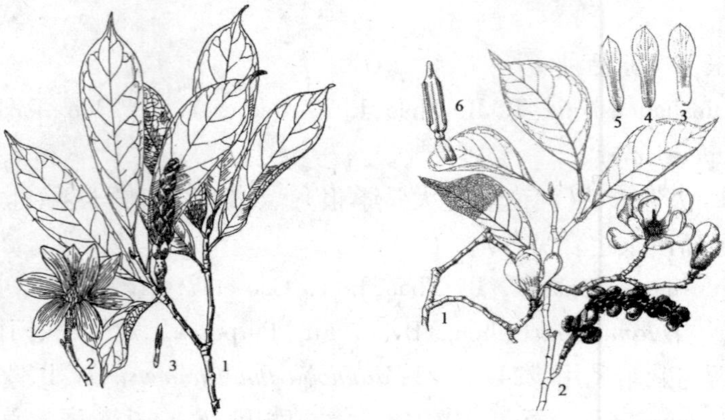

图9－23　天目玉兰 Yulania amoena(Cheng)D. L. Fu

注:图9－23(《中国植物学杂志》及《中国植物志》)2图区别非常明显，尚待研究。

品种：

(1) 天目玉兰　原品种

Yulania amoena(Cheng)D. L. Fu‘Amoena’

(2) 长花天目玉兰(世界玉兰属植物资源与栽培利用)　长花玉兰(中国绿色时报)　品种

Yulania amoena(Cheng)D. L. Fu‘Changhua’,赵天榜、田国行等主编. 世界玉兰属植物资源与栽培利用:225. 2013;*Magnolia amoena* Cheng‘Changhua’长花玉兰 中国绿色时报,绿色科技3版,1994年4月23日。

本品种小乔木。叶椭圆—倒卵圆形,先端短尖,基部楔形。单花具花被片6~9枚,鲜红色。1年开3次花。

产地:浙江选育者:王飞罡。品种权号:20000006。河南无栽培。

24. **石人玉兰**(中国农学通报)　图9－24　图版3:5　图版55:1~8

Yulania shirenshanensis D. L. Fu et T. B. Zhao in 2011 International Confernce on Agricultural and Nstural Rewsoures Enginering(ANRE2011). July 30－31. 2011,Singapore,Singapore. Vol. 3:91~94;田国行等. 玉兰属植物资源与新分类系统的研究. 中国农学通报,22(5):408. 2006;赵东武、赵东欣. 河南玉兰属植物种质资源与开发利用研究. 安徽农业科学,36(22):9490. 2008;赵天榜、田国行等主编. 世界玉兰属植物资源与栽培利用:232~233. 2013;赵天榜、任志锋、田国行主编.

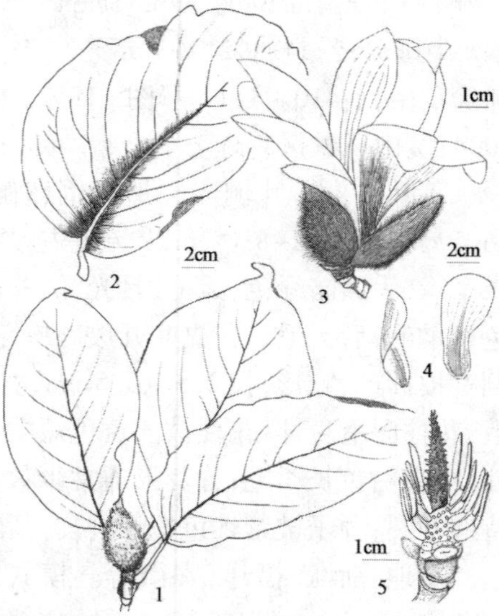

图9－24　石人玉兰 Yulania shirenshanensis D. L. Fu et T. B. Zhao

1. 叶枝和玉蕾;2. 叶;3. 花;4. 花被片;5. 雌雄蕊群(陈志秀绘)。

世界玉兰属植物种质资源志:75~76. 图 3-33. 2013。

落叶乔木。短枝叶纸质,椭圆形、卵圆状椭圆形,长 12.0~19.5 cm,宽 5.5~9.5 cm,表面深绿色,具光泽,无毛,主脉下陷,沿脉无毛,背面淡绿色,初疏被短柔毛,后无毛,主脉和侧脉明显隆起,沿脉疏被弯曲长柔毛,先端钝圆尖,或长尾尖,基部宽楔形,或近圆形,两侧不对称,边缘波状全缘,边部皱波状起伏;叶柄浅黄绿色,被疏被长柔毛,后无毛,或宿存毛;长枝叶宽椭圆形,长 16.5~25.0 cm,宽 15.0~21.0 cm,先端钝尖,基部心形,边缘波状起伏,表面具皱纹,浅黄绿色,或深绿色,具光泽,初疏弯曲短柔毛,后无毛,背面淡绿色,主脉和侧脉明显隆起,疏被弯曲长柔毛,后无毛;叶柄初被长柔毛,后无毛。玉蕾顶生、腋生及簇生,有时 2~4 枚小玉蕾呈总状花序;玉蕾卵球状,先端钝圆,或突尖呈短喙状。花先叶开放。单花具花被片 9 枚,花瓣状,匙状椭圆形,长 5.0~7.0 cm,宽 2.5~3.5 cm,先端钝圆,具突短尖头,基部宽楔形,边缘全缘,外面中部以上白色,中部以下中间亮淡紫色;雄蕊多数,背面淡粉红色,花丝宽厚,背面淡粉红色;离生单雌蕊子房淡绿白色,无毛;花柱及柱头浅黄白色;花梗和缩台枝密被白色长柔毛。聚生蓇葖果不详。花期 3~4 月。

产地:河南伏牛山区。赵天榜等,模式标本采自河南鲁山县,存河南农业大学。

25. **景宁玉兰**(武汉植物学研究)　景宁木兰(植物分类学报)　图 9-25　图版 54:12~13

Yulania sinostellata(P. L. Chiu et Z. H. Chen) D. L. Fu,傅大立. 玉兰属的研究. 武汉植物学研究,19(3):191~198. 2001;田国行等. 玉兰属植物资源与新分类系统的研究. 中国农学通报,22(5):408. 2006. 赵东武等. 河南玉兰属植物种质资源与开发利用的研究. 安徽农业科学,36(22):9489. 2008;*Magnolia sinostellata* P. L. Chiu et Z. H. Chen,裘宝林等. 浙江木兰属一新种. 植物分类学报,27(1):79~80. 图. 1989;刘玉壶主编. 中国木兰. 105. 彩图. 2004。

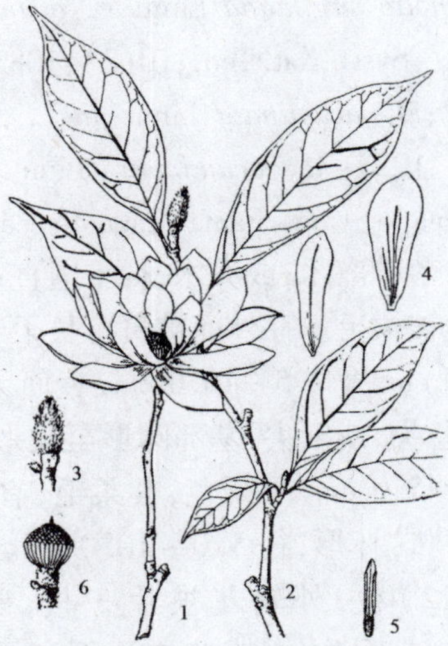

图 9-25　景宁玉兰 Yulania sinostellata (P. L. Chiu et Z. H. Chen) D. L. Fu

1. 花枝;2. 叶、枝和玉蕾;3. 玉蕾;4. 花被片;5. 雄蕊;6. 雌雄蕊群(选自裘宝林等. 1989.《植物分类学报》)。

落叶灌木,高达 2.4 m。幼枝绿色,疏被短柔毛;小枝绿色,略细,疏生皮孔;老枝灰褐色。叶椭圆形、狭椭圆形至倒卵状椭圆形,长 7.0~12.0 cm,宽 2.5~4.0(~7.0)cm,先端渐尖至尾尖,基部楔形,表面绿色,无毛,主脉微凹背面淡绿色,无毛(幼时被短柔毛),或沿脉被白色柔毛,侧脉 6~8(~10)对;叶柄长 0.3~1.2 cm,初被短柔毛,后无毛;托叶痕为叶柄长度的 1/2~1/3。玉蕾椭圆体状,长 1.4~2.0 cm。花先叶开放,径5.0~7.0 cm。单花具花被片 12~15(~18)枚,初开时淡紫红色,后渐变白色,仅外面中下部,或沿中间紫红色,肉质,倒披针形,或倒卵圆状匙形,长 3.3~4.5 cm,宽 1.3~1.8 cm,先端圆,或近锐尖;雄蕊 86~99 枚,长 7~10 mm,花药长 6~7 mm,花丝长 1~2(~3)mm;离生单雌蕊多数;子房狭卵球状,长约 2 mm,无毛,柱头长约 1.5 mm;花梗长 3~5

mm,密被黄色长柔毛。聚生蓇葖果短圆柱状,或不规则弯曲。

产地:本种产于浙江景宁县。斯金平和潘洪峰,JN－002(Typus,HZBG;Isotypus,PE),采自浙江景宁县。河南许昌市有引种栽培。

品种:

(1)景宁玉兰　原品种

Yulania sinostellata(P. L. Chiu et Z. H. Chen)D. L. Fu ‘Sinostellata’

(2)‘景新’景宁玉兰　景新玉兰(中国绿色时报)　新改隶组合品种

Yulania sinostellata(P. L. Chiu et Z. H. Chen)D. L. Fu ‘Jingxin’,cv. transl. nov., *Magnolia sinostellata* P. L. Chiu et Z. H. Chen,景新玉兰 中国绿色时报,绿色科技 3 版,1999 年 4 月 23 日。

本品种花期早、香味浓。单花具花被片 17～35 枚,先端内凹。

产地:本品种产于浙江。选育者:王飞罡。20000005。

26. **渐尖玉兰**(武汉植物学研究)　图 9－26　图版 56:1～4

Yulania acuminata(Linn.)D. L. Fu,傅大立. 玉兰属的研究. 武汉植物学研究,19(3):198. 2001;田国行等. 玉兰属植物资源与新分类系统的研究. 中国农学通报,22(5):409. 2006;赵天榜、田国行等主编. 世界玉兰属植物资源与栽培利用:243. 2013;*Magnolia virginiana* Linn. e. *acuminata* Linn., Sp. Pl.. 536. 1753;*M. acuminata*(Linn.) Linn., Syst. Nat., ed. 10(2):1082. 1759;朝日新聞社編. 朝日園芸植物事典:247～249. 1987;*M. acuminata* Linn. in L. H. Bailey, MANUAL OF CULTIVATED PLANTS. 290～291. 1925;*M. acuminata*(Linn.)Linn. subsp. *acuminata* Linn. in J. D. Tobe, Proc. Internat. Symp. Fam. Magnoliaceae 2000. Beijing, China:Science press, 98～99. 1998.

落叶灌木,或乔木,树干通直;树皮褐色,深纵裂。小枝褐色至灰色,或红褐色,光滑,或疏被柔毛。芽外面被黄色长柔毛。叶椭圆形、长圆形,或卵圆形至倒卵圆形,长 5.0～20.0 cm,宽 2.5～10.0 cm,表面无毛,或疏被短柔毛,背面密被短柔毛,或绒毛,先端圆形、急尖,或渐尖,基部圆形至楔形,稀心形;叶柄长 1.3～5.0 cm,绿褐色,被柔毛,有时几无毛。花微有香味,杯形,径 5.0～10.0 cm。单花具花被片 9(～12)枚,外轮花被片 3 枚,萼状,膜质,长达 2.5 cm,反卷,内轮花被片倒卵圆形至披针形,长 2.5～10.0 cm,宽 2.5～5.0 cm,黄色至黄绿色,常具紫青色晕;雄蕊长约 1.3 cm;花梗褐色,无毛,或疏被柔毛,长约 2.5 cm。聚生蓇葖果圆柱状,或椭圆体状,长 2.5～10.0 cm,径达 2.5 cm,无毛。花期(3～)5～6 月;果实成熟期7～9 月。染色体数目 $2n = 76$。

产地:美国。河南有引种栽培。

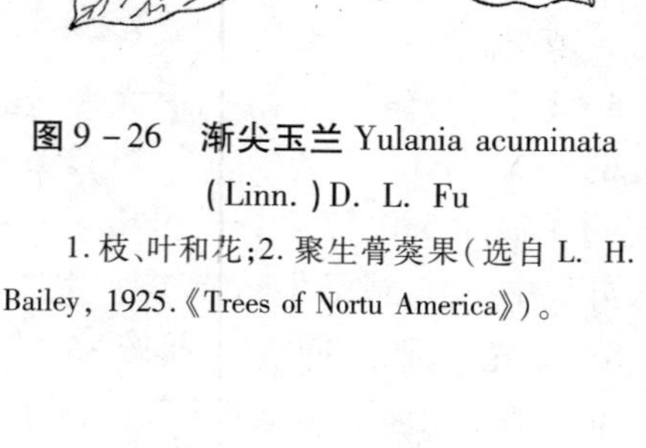

图 9－26　渐尖玉兰 Yulania acuminata (Linn.) D. L. Fu

1. 枝、叶和花;2. 聚生蓇葖果(选自 L. H. Bailey, 1925.《Trees of Nortu America》)。

变种：

(1) 渐尖玉兰　原变种

Yulania acuminata(Linn.)D. L. Fu var. acuminata

(2) 心叶渐尖玉兰(世界玉兰属植物资源与栽培利用)　变种　图 9－26.1

Yulania acuminata(Linn.)D. L. Fu var. subcordata(Michx.)T. B. Zhao et Z. X. Chen,赵天榜、田国行等主编. 世界玉兰属植物资源与栽培利用:244～245. 2013; *Tulipastrum americanum* Spach var. *subcordata* Spach, in Hist. Nat. Vég. Phan., 7:483, 1839; *Magnolia acuminata* (Linn.) Linn. var. *subcordata* (Spach) Dandy in S. Tucker, Terminal ideoblasts in Magnolia ceous leaves. Am. Journ. Bot., 51(10):1051～1062. 1964; *M. cordata* Michx. Fl. Bor. －Am., 1:328. 1803; *M. acuminata* (Linn.) Linn. subsp. *subcordata* (Spach) Dandy, American Jour. Bot. 51:1056. 1964; *M. acuminata* (Linn.) Linn. var. *cordata* Sargent in Am. Journ. Sci. ser., 3(32):473. 1866; *M. cordata* and other woody plants, Bull. Torr. Bot., 54:579～582. 1927; *M. acuminata* (Linn.) Linn. subsp. *subcordata* (Spach) Dandy in J. D. Tobe, Proc. Internat. Symp. Fam. Magnoliaceae 2000. Beijing, China: Science press, 97～98. 2000.

本变种通常为灌木、小乔木,稀高达 10.0 m。小枝被短柔毛。叶小,多宽卵圆形,先端钝圆,基部心形,或浅心形。花鲜黄色,不为黄绿色(var. acuminata)。花期 5～6 月;果实成熟期 8～9 月。

产地:美国。广东有引栽。

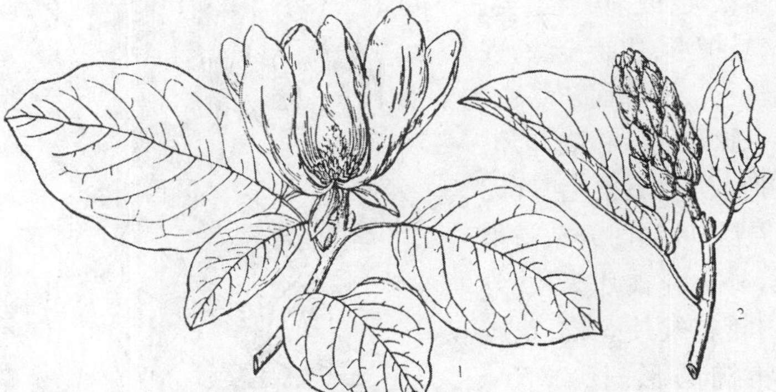

图 9－26.1　心叶渐尖玉兰 Yulania acuminata(Linn.)D. L. Fu var. subcordata(Michx.)T. B. Zhao et Z. X. Chen

1. 枝、叶和花;2. 聚生蓇葖果(选自 L. H. Bailey, 1925.《Trees of Nortu America》)。

品种:

(1) 渐尖玉兰　原品种

Yulania acuminata(Linn.)D. L. Fu 'Acuminata'

(2) '蜜蜂 小姐'渐尖玉兰(世界玉兰属植物资源与栽培利用)　新引栽品种

Yulania acuminata(Linn.)D. L. Fu 'Miss Honeybee',赵天榜、田国行等主编. 世界玉

兰属植物资源与栽培利用：250 ~ 252．2013；*Magnolia acuminata*（Linn.）Linn. var. *subcordata*（Spach）Dandy 'Miss Honeybee' *in J. D. Callaway*, THE WORLD OF *Magnolias*. 171．1994.

本品种生长壮。叶具柔毛。花大、浅黄色，芳香，开花早。

产地：本品种产于美国。河南有引栽。

27．**紫玉兰**（中国植物志）　木兰（河南植物志）　紫花玉兰（河南种子植物检索表）　辛夷（湖北植物志）　图 9－27　图版 2:2　图版 3:10　图版 10:3　图版 57:1 ~ 9

Yulania liliflora（Desr.）D. L. Fu，傅大立．玉兰属的研究．武汉植物学研究，19（3）：198．2001；赵天榜、田国行等主编．世界玉兰属植物资源与栽培利用：250 ~ 252．2013；赵天榜、任志锋、田国行主编．世界玉兰属植物种质资源志：58 ~ 60．图 3－26．2013；*Magnolia liliflora* Desr. in Lamarck, Encycl. Méth. Bot. 3：675．1791, exclud. syn. "Mokkwuren fl. Albo Kaempfer"；中国科学院中国植物志编辑委员会．中国植物志 第三十卷 第一分册：128 ~ 131．1996；丁宝章等主编．河南植物志．第一册：513．图 660．1981；朱长山等主编．河南种子植物检索表：116．1994；*Magnolia quiquepeta*（Buc'hoz）Dandy，中国科学院武汉植物研究所编著．湖北植物志 第一卷：425．1976。

落叶灌木，常丛生。小枝细弱，通常紫褐色。玉蕾卵球状，小，中部以上渐长尖；芽鳞状托叶花前脱落。叶宽椭圆形、长圆形，长 6.0 ~ 10.0 cm，宽 3.0 ~ 7.0 cm，先端急尖，或渐尖、短尖、长尾尖，基部渐窄呈楔形，边缘全缘，表面深绿色，中脉被短柔毛，背面灰绿色，无毛，或疏被毛，中脉和侧脉稍隆起，沿脉疏被长柔毛；叶柄初被短柔毛，后无毛。花先叶开放，或花叶同时开放。单花具花被片 9 枚，外轮花被片 3 枚，萼状，条形，膜质，内轮花被片 6 枚，花瓣状，直立，长匙状椭圆形，长 7.5 ~ 9.0 cm，宽 3.5 ~ 4.5 cm，肉质，先端纯尖，外面中部以上红紫色，基部亮紫红色，内面中、上部乳白色，微具淡粉红色脉纹，基部亮紫红色，具亮紫红色脉纹；雄蕊多数，紫红色，花丝紫红色；离生单雌蕊子房长椭圆体状，微具紫色晕，花柱背面紫褐色，先端向外弯曲；花梗膨大，被灰黄色，或白色长柔毛。聚生蓇葖果卵球状；蓇葖果具喙。花期 3 月下旬至 4 月上旬；果实成熟期 8 ~ 9 月。染

图 9－27　紫玉兰 Yulania liliflora（Desr.）D. L. Fu
1. 花枝；2. 叶、枝和聚生蓇葖果；3. 雄蕊；4. 雌雄蕊群；5. 雌蕊群和萼状花被片（选自郑万钧主编．1983.《中国树木志》）。

色体 $2n = 38$、76。

产地：中国。湖北、四川等省、区有栽培。模式标本 Type：f. 2 of t. 19（Buc'hoz, 1779）。

说明：中国植物志 第三十卷 第一分册及中国树木志 第一卷中记载的"紫玉兰（河南）"是不对的。河南群众俗称的紫玉兰是指望春玉兰 Yulania biondii（Pamp.）D. L. Fu，而不是紫玉兰 Y. liliflora（Desr.）D. L. Fu。

亚种与变种：

27.1　紫玉兰亚种　原亚种

Yulania liliflora（Desr.）D. L. Fu subsp. liliflora

（1）紫玉兰　原变种

Yulania liliflora（Desr.）D. L. Fu var. liliflora

（2）纽萼紫玉兰（世界玉兰属植物资源与栽培利用）变种

Yulania liliflora（Desr.）D. L. Fu var. gracilis（Salisb.）T. B. Zhao et Z. X. Chen，赵天榜、田国行等主编. 世界玉兰属植物资源与栽培利用：252～253. 2013；赵天榜、任志锋、田国行主编. 世界玉兰属植物种质资源志：60～61. 2013；*Magnolia gracilis* Salisb.，Parad Londin，2：t. 87. 1807。

本变种叶倒卵圆形，边缘全缘，先端急尖，基部楔形，背面沿脉被短柔毛；叶柄短。花先叶开放。花暗紫色，外轮花被片3枚，膜质，萼状，线形，边缘内曲，淡绿色，花时反曲，长于雌雄蕊群，内2轮花被片6枚，肉质，小、细，稍狭长，先端尖，直立，外面淡红紫色、红紫色，或浓红紫色，内面白色；雄蕊多数，着生于花托基部；离生单雌蕊多数。

产地：中国。日本有引种栽培。河南郑州市有栽培。

（3）黑紫紫玉兰（世界玉兰属植物资源与栽培利用）全紫花玉兰（河南科技）'黑紫'紫玉兰（世界园林植物与花卉百科全书）　变种　图版58：1～9

Yulania liliflora（Desr.）D. L. Fu var. nigra（Nichols.）T. B. Zhao et Z. X. Chen，赵天榜、田国行等主编. 世界玉兰属植物资源与栽培利用：253. 2013；赵天榜、任志锋、田国行主编. 世界王兰属植物种质资源志：61. 2013；*Magnolia liliflora* Desr. 'Nigra' Vietch et Bean，Thees and Shruss Brit. Isl.，2：74. 1914；*M. liliiflora* 'Nigra'. 克里斯托弗·布里克. 杨秋生、李振宇主译. 世界园林植物与花卉百科全书：25. 彩片 2004；*M. liliflora* Desr. cv. 'Quanzi'，宋留高等. 紫花玉兰两新栽培变种. 河南科技，增刊：41～42. 1991；*Magnolia liliflora* Desr. cv. 'Jianbei'，黄桂生等. 紫花玉兰两新栽培变种. 河南科技，增刊：41. 1991。

本变种 花先叶开放，或花叶同时开放。单花具花被片9枚，外轮花被片3枚，萼状，膜质，三角形，先端渐尖，两侧边缘内曲，内轮花被片6枚，花瓣状，直立，长椭圆形，长6.0～6.5 cm，宽2.8～3.8 cm，薄肉质，先端钝圆，外面黑紫色、紫色，内面红紫色，脉纹稍重；雄蕊多数，紫红色；雌蕊群圆柱状，淡紫色；离生单雌蕊子房长卵球状，淡紫色，花柱紫色，或黑紫色；花梗疏被柔毛。缩台枝无毛。花期3月底至4月初。1年开花3～5次。其外轮花被片狭披针形，长1.9～2.1 cm，宽3～5 mm，内轮花被片6枚，宽披针形，先端渐尖，外面淡紫色，内面白色。染色体 $2n = 76$。

产地：中国。河南郑州市有栽培。

(4) 重瓣紫玉兰(湖南林专学报)多瓣紫玉兰(中国木兰)　变种　图9－27.1　图版61:8～9

Yulania liliflora (Desr.) D. L. Fu var. plena(C. L. Peng et L. H. Yan)T. B. Zhao et Z. X. Chen,赵天榜、田国行等主编. 世界玉兰属植物资源与栽培利用:253. 2013;赵天榜、任志锋、田国行主编. 世界玉兰属植物种质资源志:61. 2013;*Magnolia plena* C. L. Peng et L. H. Yan,彭春良等. 湖南木兰科新分类群. 湖南林专学报,试刊1:14～17. 1995;*Magnolia polytepala* Law, R. Z. Zhou & R. J. Zhang in Botanical Journal of the Linnean Society,151:289～292. 2006;*Magnolia polytepala* Law et R. Z. Zhao ined.,刘玉壶主编. 中国木兰:94～95. 彩图(绘). 彩图3幅. 2004。

本变种单花具花被片12～16枚,内轮花外面深紫色,内面淡紫色,或白色,外轮花被片3枚,萼状。

产地:湖南与福建。彭春良等,模式标本采自福建武夷山,存湖南省森林植物园。

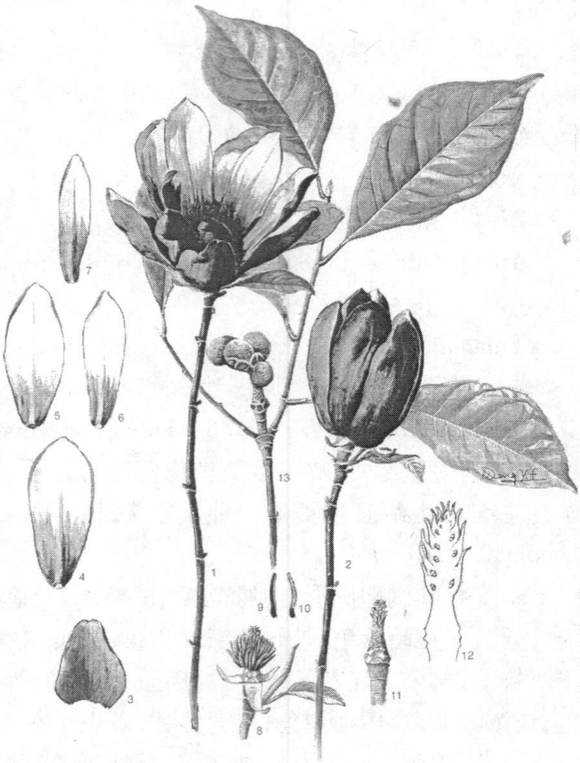

图9－27.1　重瓣紫玉兰 Yulania liliflora(Desr.)D. L. Fu var. plena(C. L. Peng et L. H. Yan)T. B. Zhao et Z. X. Chen

1. 叶枝;2. 花;3. 芽鳞状托叶;4. 花被片(选自刘玉壶主编. 2004.《中国木兰》)。

(5) 白花紫玉兰(世界玉兰属植物资源与栽培利用)　变种

Yulania liliflora (Desr.) D. L. Fu var. alba T. B. Zhao et Z. X. Chen,赵天榜、田国行等主编. 世界玉兰属植物资源与栽培利用:253～254. 2013;赵天榜、任志锋、田国行主编. 世界玉兰属植物种质资源志:61～62. 2013。

本变种单花具花被片9～15枚,内轮花被片6枚,外面白色,基部中间淡粉红色晕。

产地:河南。模式标本采自鸡公山,存河南农业大学。

(6) 时珍紫玉兰　时珍玉兰(植物研究)　新组合变种　图版59:6～8

Yulania liliflora(Desr.)D. L. Fu var. shizhenii(D. L. Fu et F. W. Li)T. B. Zhao et Z. X. Chen,var. comb. nov.,*Yulania shizhenii* D. L. Fu et F. W. Li,傅大立等. 四川玉兰属两新种. 植物研究,2010,30(4):387～389;*Yulania shizhenii*,赵天榜、田国行等主编. 世界玉兰属植物资源与栽培利用. 258～259. 2013。

落叶乔木。叶倒卵圆形,长9.5～14.5 cm,宽4.5～6.5 cm,表面绿色,沿主脉疏被短柔毛,背面淡绿色,主侧脉疏被短柔毛,先端钝圆尖,具长1.0～1.5 cm的小短尖头,基部楔形,侧脉 8～10 对;叶柄浅黄绿色,长 0.8～1.3 cm,疏被白色短柔毛。玉蕾单生枝顶,卵圆球状,先端钝圆,长约 1.5 cm,径约 1.0 cm;芽鳞状托叶外面被浅黄色长柔毛。花先叶开放或花叶同时开放。单花具花被片 9 枚,纯白色,外轮花被片 3 枚,萼状,膜质,条形,长 1～2 mm,内轮花被片 6 枚,倒卵圆状匙形,长 5.0～6.5 cm,宽 1.5～2.0 cm,先端钝圆;雄蕊约 20 枚,白色,长约 8 mm,药室侧向纵裂,药隔伸出短尖头,花丝宽于花药;雌蕊群圆柱状,白色;离生单雌蕊多数;子房白色,无毛,柱头和花柱白色;花梗长约 5 mm,无毛。缩台枝无毛。聚合蓇葖果未见。花期 3 月。

产地:四川。模式标本采自昌都市。

27.2　红花紫玉兰亚种　新亚种　图版 59:1～4

Yulania liliflora(Desr.)D. L. Fu subsp. punicea T. B. Zhao et Z. X. Chen, subsp. nov.

Subspecies floris terminalibus et axillaribus. Flores ante folia apeeti. Tepalis 9 in quoque flore, extus 3 sepalis, linearibus 1.0～1.5 cm lnogis 3～4 mm latis, intus tepalis spathulati - ellipticis puniceis vel punicei - ruberis 6.5～8.5 cm longis 3.5～4.5 cm latis, carnosis, apice obtusis cum acumine; staminibus numerosis, filamentis laete ruberis; gynoeciis 1.5～2.0 cm longis, ovariis rufis, stylis laete ruberis.

Henan: Zhengzhou City. 15 - 04 - 2013. T. B. Zhao et J. Zhao, No. 201304151 (flos, holotypus hic disignatus, HNAC). ibid. 20 - 08 - 2013. T. B. Zhao et Z. X. Chen, No. 201308201.

本新亚种花顶生、腋生。花先叶开放。单花具花被片 9 枚,外轮花被片 3 枚,萼状,条形,长 1.0～1.5 cm,宽 3～4 mm,内轮花被片 6 枚,花瓣状,匙状椭圆形,亮红色,或紫红色,长 6.5～8.5 cm,宽 3.5～4.5 cm,肉质,先端钝尖;雄蕊多数,花丝亮红色;雌蕊群圆柱状,长 1.5～2.0 cm;子房淡红色,花柱亮红色。

产地:河南。郑州市有栽培。2013 年 4 月 15 日。赵天榜和赵杰。No. 201304151(花)。模式标本,存河南农业大学。2013 年 8 月 20 日。赵天榜和陈志秀, No. 201308201(枝、叶和玉蕾)。

27.3　两型花紫玉兰亚种　新亚种　图版 60:9～11

Yulania liliflora (Desr.) D. L. Fu subsp. dimorphiflora T. B. Zhao et Z. X. Chen, subsp. nov.

Subspecies nov. Yulania liliflora(Desr.)D. L. Fu subsp. siomilis, sed floribus 2 - formis: ① tepalis 9 in quoque flore, extus 3 calycibus favo - albis; ② tepalis 12 in quoque flore, extus 3 calycibus favo - albis. floribus 2 - formis tepalis spathuli - ellipticis late roseis; androeciis gynoeciem superantibus; pedicelis et Soutai - rumulis dense pubescentibus.

Henan: Xinzheng City. 27 - 03 - 2007. T. B. Zhao et Z. X. Chen, No. 200703279 (flos, holotypus hic disignatus, HNAC).

本新亚种与紫玉兰原亚种 Yulania liliflora(Desr.)D. L. Fu subsp. liliflora 相似,但区别是:2 种花型:① 单花具花被片 9 枚,外轮花被片 3 枚,萼状,淡黄白色;② 单花具花被片 12 枚,外轮花被片 3 枚,萼状,淡黄白色。2 种花的瓣状花被片匙状椭圆形,雌蕊群显著高于雄蕊群;花梗和缩台枝上密被短柔毛。

产地:河南新郑市。2007 年 3 月 27 日。赵天榜和陈志秀,No. 200703279(花)。模式标本,存河南农业大学。

品种群与品种:

Ⅰ 紫玉兰品种群(世界玉兰属植物资源与栽培利用)　原品种群

Yulania liliflora(Desr.)D. L. Fu Liliflora Group,赵天榜、田国行等主编. 世界玉兰属植物资源与栽培利用:254. 2013。

(1) 紫玉兰(世界玉兰属植物资源与栽培利用)　原品种

Yulania liliflora(Desr.)D. L. Fu 'Liliflora',赵天榜、田国行等主编. 世界玉兰属植物资源与栽培利用:254. 2013。

(2)'亮 紫'紫玉兰(世界玉兰属植物资源与栽培利用)　品种　图版 61:1 ~ 7

Yulania liliflora(Desr.)D. L. Fu 'Darkest Purple',赵天榜、田国行等主编. 世界玉兰属植物资源与栽培利用:254. 2013;*Magnolia liliflora* Desr. 'Darkest Purple' in Overlook Nurseries Catalog. 1948/9;D. J. Callaway in THE WORLD OF Magnolias. 173. 1994.

本品种落叶灌木,常丛生。小枝粗壮,紫褐色,具光泽,无毛,秋季枝灰绿色,被短柔毛;幼枝嫩绿色,被淡紫褐色晕,疏被极少短柔毛;秋季枝灰绿色,密被短柔毛。叶纸质,长椭圆形,长 7.5 ~ 8.5 cm,宽 3.0 ~ 4.0 cm,先端钝尖,或钝圆,基部楔形,表面绿色,亮光泽,无毛,主、侧脉微下陷,无毛,背面绿色,亮光泽,无毛,沿主、侧脉突起,沿主脉疏被短柔毛;叶柄长 0.8 ~ 1.0 cm,具淡紫褐色晕,疏被短柔毛;托叶膜质,匙状披针形,嫩绿色,无毛;托叶痕长 2 ~ 3 mm,为叶柄长度的 2/3。玉蕾卵球状,长 1.3 ~ 1.8 cm,中部以上渐长尖;芽鳞状托叶 2 ~ 3 枚,外面密被灰褐色短柔毛。花先叶开放。单花具花被片 9 枚,外轮花被片 3 枚,萼状,膜质,不早落,披针形,基部绿褐色,中部以上紫褐色,长 1.5 ~ 2.0 cm,基部宽 5 ~ 7 mm,先端钝圆,内轮花被片 6 枚,花瓣状,直立,匙状椭圆形,长 5.6 ~ 6.0 cm,宽 2.8 ~ 3.5 cm,薄肉质,先端钝圆,外面基部亮紫红色,上部粉红色,内面乳白色;雄蕊多数,长 7 ~ 9 mm,紫红色,弓形,花丝长约 1 mm,紫红色,药室侧向纵裂,药隔伸出呈短尖头,稀有 2 ~ 5 枚,长 1.3 cm,宽 2 mm,呈弓形的特异雄蕊;雌蕊群圆柱状,长 1.0 ~ 1.2 cm;离生单雌蕊多数,子房鲜绿色,花柱紫红色,稍向外曲;花梗稍膨大,长 5 ~ 7 mm,淡绿色,密被白色柔毛。缩台枝无毛。花期 3 月底至 4 月初。

产地:美国。河南新郑市有栽培。

(3)'拟亮 紫'紫玉兰　星花玉兰 - 2(世界玉兰属植物资源与栽培利用)　品种

Yulania liliflora(Desr.)D. L. Fu 'Yiliangzi', 星花玉兰 - 2,赵天榜、田国行等主编. 世界玉兰属植物资源与栽培利用:282. 2013。

本品种单花具花被片 9 枚,外轮花被片 3 枚,萼状,膜质,长条形,淡绿紫色,先端钝尖,内轮花被片 6 枚,花瓣状,直立,匙状椭圆形,长 4.6 ~ 5.5 cm,宽 2.5 ~ 3.0 cm,肉质,先端钝圆,外面基部黑紫色,上部色稍淡,内面淡紫红色,脉纹色稍重;雄蕊多数,黑紫色,花丝黑紫色;离生单雌蕊多数,子房无毛,花柱淡紫色,弯曲,先端稍向外曲。花期 3 月底至 4 月初。

产地:美国。河南新郑市有引栽。2003 年河南新郑市引栽名称为'Waterlily'。因其与'百龄'星花玉兰有明显区别,暂称星花玉兰 - 2。

注：作者认为，星花玉兰-2可能为紫玉兰的1品种，与'亮 紫'紫玉兰相似，故暂为'拟亮 紫'紫玉兰，尚待进一步研究。

(4)'淡紫'紫玉兰(世界玉兰属植物资源与栽培利用) 品种

Yulania liliflora(Desr.)D. L. Fu 'Danzi'，赵天榜、田国行等主编. 世界玉兰属植物资源与栽培利用:257. 2013。

本品种单花具花被片9枚，外轮花被片3枚，萼状，膜质，条形，内轮花被片匙状长椭圆形，先端钝圆，或钝尖，基部外面粉红色，中部以上白色，微有淡粉色晕；雌雄蕊群紫红色；花丝黑紫色。

产地：河南。郑州市有栽培。选育者：赵天榜、赵东武。

(5)'紫红'紫玉兰(世界玉兰属植物资源与栽培利用) 品种

Yulania liliflora(Desr.)D. L. Fu 'Zihong'，赵天榜、田国行等主编. 世界玉兰属植物资源与栽培利用:257~258. 2013。

本品种单花具花被片9枚，外轮花被片3枚，萼状，膜质，条形，内轮花被片匙状长椭圆形，先端钝圆，或钝尖，两面紫红色。

产地：河南。郑州市有栽培。选育者：赵天榜、赵杰。

(6)'毛枝'紫玉兰 新品种

Yulania liliflora(Desr.)D. L. Fu 'Maozhi'，cv. nov.

本新品种落叶灌木，常丛生。小枝细，灰褐色，无光泽，被灰褐色柔毛；幼枝嫩绿色，密被柔毛，或疏被白色长柔毛。叶长圆形、椭卵圆形，长7.8~10.8 cm，宽3.0~4.8 cm，先端急尖，或钝圆，基部楔形，两侧不对称，表面绿色，具光泽，无毛，主、侧脉微下陷，背面绿色，具光泽，初疏被短柔毛，后无毛，主、侧脉突起，无毛；叶柄细，长>1.0 cm，疏被短柔毛；托叶膜质，匙状披针形，嫩绿色，密被灰褐色短柔毛；托叶痕长2~3 mm。

河南：新郑市有栽培。选育者：赵天榜、陈志秀。

(7)'毛梗'紫玉兰 新品种

Yulania liliflora(Desr.)D. L. Fu 'Maogeng'，cv. nov.

本新品种落叶灌木，丛生。小枝紫褐色，具光泽，疏被短柔毛；皮孔很少、很小；幼枝绿色，疏被短柔毛，或无毛。叶纸质，椭圆形，长5.7~10.5 cm，宽3.0~4.7 cm，先端钝圆，基部楔形，表面绿色，稍具光泽，无毛，主、侧脉微下陷，背面绿色，无毛，主、侧脉突起，无毛，侧脉7~10对，边缘向下微卷，基部边缘下延至托叶痕处；叶柄细，长0.5~0.7 cm，微被短柔毛；托叶膜质，匙状条形，嫩绿色，无毛；托叶痕长2~3 mm，为叶柄长度的2/3。玉蕾顶生，长椭圆体状，长1.5~2.0 cm；芽鳞状托叶1~(~3)枚，红褐色，外面密被短柔毛。花先叶开放；花梗长4~6 mm，淡绿色，密被白色柔毛。单花具花被片9枚，外轮花被片3枚，萼状，膜质，不早落，匙状长条形，淡褐绿色，长2.5~3.2 cm，宽3~4 mm，先端钝尖，内轮花被片6枚，花瓣状，直立，匙状椭圆形，长6.0~7.0 cm，宽3.0~3.5 cm，肉质，先端钝圆，外面基部亮紫红色，上部色稍淡，内面白色，具淡粉红色晕，脉纹色稍重；雄蕊多数，长1.0~1.2 cm，紫红色，花丝长2 mm，紫红色，药室侧向纵裂，药隔伸出呈短尖头，稀有1~3枚，长1.3 cm，宽2 mm的弓形特异雄蕊；雌蕊群圆柱状，长1.2~1.5 cm；离生单雌蕊多数，子房淡绿色，无毛，花柱淡紫红色，弯曲，先端稍向外曲；花梗密被灰褐色长短柔毛。缩台枝疏被短柔毛。花期3月底至4月初。

产地:河南。新郑市有栽培。选育者:赵天榜、陈志秀。

(8)'无毛'紫玉兰　新品种

Yulania liliflora(Desr.)D. L. Fu 'Wumao',cv. nov.

本变种落叶灌木,丛生。小枝细,紫褐色,具光泽,仅枝梢被柔毛;皮孔小,椭圆形,微突起,中间纵裂;幼枝嫩绿色,无毛,而基部第1枚叶下1~2个极短节上密被短柔毛。叶纸质,长圆形、椭卵圆形,长9.0~15.2 cm,宽1.3~5.5 cm,先端短尖,基部楔形,表面绿色,具光泽,无毛,主、侧脉微下陷,背面亮绿色,无毛,主、侧脉突起,无毛;叶柄长2~4 mm,淡褐色,被淡褐色柔毛;托叶膜质,匙状条形,淡褐色,无毛;托叶痕长1~2 mm。玉蕾顶生,长椭圆体状,长1.5~2.0 cm;芽鳞状托叶2~3枚,外面密被短柔毛。花先叶开放,或花先叶开放;佛焰苞状托叶1枚,淡紫色,膜质,通常仅顶部微有极少柔毛;花梗长4~6 mm,淡绿色,无毛。单花具花被片9枚,外轮花被片3枚,萼状,膜质,不早落,长条形,淡绿紫色,长1.0~1.5 cm,宽约2 mm,先端钝尖,内轮花被片6枚,花瓣状,直立,匙状椭圆形,长4.6~5.5 cm,宽2.5~3.0 cm,肉质,先端钝圆,外面基部黑紫色,上部色稍淡,内面淡紫红色,脉纹色稍重;雄蕊多数,长0.8~1.0 cm,黑紫色,花丝长2 mm,黑紫色;雌蕊群圆柱状,长1.0~1.3 cm;离生单雌蕊多数,子房无毛,花柱淡紫色,弯曲,先端稍向外曲。花期3月底至4月初。

产地:河南。新郑市有栽培。选育者:赵天榜、陈志秀。

(9)'夏花'紫玉兰(世界玉兰属植物资源与栽培利用)　品种　图版60:1~5

Yulania liliflora(Desr.)D. L. Fu 'Xiahua',赵天榜、田国行等主编. 世界玉兰属植物资源与栽培利用:256~257. 2013。

本品种生长期间多次开花。

产地:中国。河南新郑市有栽培。选育者:赵天榜。

(10)'尖被'紫玉兰　尖被紫玉兰(河南科技)　新改隶组合品种　图版60:6~8

Yulania liliflora(Desr.)D. L. Fu 'Jianbei',cv. transl. nov.,*Magnolia liliflora* Desr. cv. 'Jianbei',黄桂生等. 紫花玉兰两新栽培变种. 河南科技,增刊:41. 1991。

本品种落叶灌木。单花具花被片9枚,外轮花被片3枚,萼状,膜质,不早落,狭条形,长1.9~2.1 cm,宽3~5 mm,内轮花被片6枚,花瓣状,披针形,先端渐尖。年内开花3~5次。

产地:河南南召县。郑州市有栽培。选育者:赵天榜等。

Ⅱ 黑紫玉兰品种群(世界玉兰属植物资源与栽培利用)　品种群

Yulania liliflora(Desr.)D. L. Fu subsp. Nigra Group,赵天榜、田国行等主编. 世界玉兰属植物资源与栽培利用:255. 2013。

(11)'黑'紫玉兰(世界玉兰属植物资源与栽培利用)　全紫花玉兰(河南科技)　'黑紫'紫玉兰(世界园林植物与花卉百科全书)　品种

Yulania liliflora(Desr.)D. L. Fu 'Nigra',赵天榜、田国行等主编. 世界玉兰属植物资源与栽培利用:255~256. 2013;*Magnolia liliflora* Desr. 'Nigra' Vietch et Bean,Thees and Shruss Brit. Isl.,2:74. 1914;*M. liliflora* Desr. cv. 'Quanzi',黄桂生等. 紫花玉兰两新栽培变种. 河南科技,增刊:41~42. 1991;*Magnolia* × *soulangeana* Soul - Bod. var. *nigra*

Nichols. in Gard. ,25:276. 1884;*M. liliflora*'Nigra'. 克里斯托弗·布里克. 杨秋生、李振宇主译. 世界园林植物与花卉百科全书:25. 彩片 2004。

本品种落叶灌木。单花具花被片9枚,外轮花被片3枚,萼状,膜质,不早落,长条形,淡黄绿白色;瓣状花被片两面暗紫色。

产地:中国。河南郑州市有栽培。

(12)'圆被黑'紫玉兰(世界玉兰属植物资源与栽培利用)　品种　图版62:10

Yulania liliflora(Desr.)D. L. Fu'Yuanbeihei',赵天榜、田国行等主编. 世界玉兰属植物资源与栽培利用:256. 2013。

本品种花黑色;瓣状花被片圆匙形,两面黑色;雌雄蕊群黑色。

产地:中国。河南郑州市有栽培。选育者:陈志秀、赵天榜。

(13)'长被黑'紫玉兰(世界玉兰属植物资源与栽培利用)　品种　图版62:9

Yulania liliflora(Desr.)D. L. Fu'Zhangbeihei',赵天榜、田国行等主编. 世界玉兰属植物资源与栽培利用:256. 2013。

本品种灌木。花较大,黑色。花被片长匙状椭圆形,长6.0~7.5 cm,宽2.5~3.0 cm,先端钝圆,内曲,两面黑色;雌雄蕊群黑色。

产地:中国。河南新郑市有栽培。选育者:赵天榜。

Ⅲ 细萼玉兰品种群(世界玉兰属植物资源与栽培利用)　品种群

Yulania liliflora(Desr.)D. L. Fu Gracilis Group,赵天榜、田国行等主编. 世界玉兰属植物资源与栽培利用:256. 2013。

(14)'细萼'紫玉兰(世界玉兰属植物资源与栽培利用)　品种

Yulania liliflora(Desr.)D. L. Fu'Gracilis',赵天榜、田国行等主编. 世界玉兰属植物资源与栽培利用:256. 2013;*Magnolia gracilis* Salisb. , Parad Londin, 2: t. 87. 1807; *Magnolia*'Gracilis',J. D. Callaway,THE WORLD OF Magnolias. 173. 1994.

本品种外轮花被片先端反卷,瓣状花被片稍白色,或淡白色,仅先端浓红紫色。

产地:中国。河南鸡公山有栽培。

Ⅳ 奥尼尔玉兰品种群(世界玉兰属植物资源与栽培利用)　品种群

Yulania liliflora(Desr.)D. L. Fu O'Neill Group,赵天榜、田国行等主编. 世界玉兰属植物资源与栽培利用:257. 2013。

(15)'长萼'紫玉兰(世界玉兰属植物资源与栽培利用)　品种

Yulania liliflora(Desr.)D. L. Fu'Chang È',赵天榜、田国行等主编. 世界玉兰属植物资源与栽培利用:257. 2013。

本品种单花具花被片9枚,外轮花被片3枚,萼状,膜质,不早落,长条形,淡黄绿色,内轮花被片匙状狭椭圆形,先端钝尖,外面紫色,或亮粉色,内面乳白色,带微紫色晕;雄蕊紫黑色;雌蕊群淡紫色。

产地:河南。郑州市有栽培。选育者:赵天榜、赵东武。

(16)'锥状'紫玉兰(世界玉兰属植物资源与栽培利用)　品种　图版59:5

Yulania liliflora(Desr.)D. L. Fu'Zhuizhuang',赵天榜、田国行等主编. 世界玉兰属植物资源与栽培利用:257. 2013。

本品种初花呈锥状,基部球状,中部以上锥状。单花具花被片9枚,外轮花被片3枚,萼状,膜质,不早落,长条形,淡黄绿色,内轮花被片匙状长圆形,先端渐尖,基部向外拱起,外面亮紫色;雌雄蕊群黑紫色。

产地:河南。郑州市有栽培。选育者:赵天榜、赵东武。

Ⅴ 红花玉兰品种群 新品种群

Yulania liliflora(Desr.)D. L. Fu Punicea Group,赵天榜、田国行等主编. 世界玉兰属植物资源与栽培利用:256. 2013。

本品种群单花具花被片9枚,内轮花被片外面亮红色、浅粉红色。

(17)'红花-1'紫玉兰 新品种

Yulania liliflora(Desr.)D. L. Fu 'Honghua-1',cv. nov.

本新品种花顶生、腋生。花先叶开放。单花具花被片9枚,外轮花被片3枚,萼状,条形,长1.0~1.5 cm,宽3~4 mm,内轮花被片6枚,花瓣状,匙状椭圆形,长6.5~8.5 cm,宽3.5~4.5 cm,肉质,外面亮红色,先端钝尖;雄蕊多数,花丝亮红色;雌蕊群圆柱状,长1.5~2.0 cm,子房淡红色,花柱亮红色。

产地:河南。郑州、新郑市有栽培。选育者:赵天榜、陈志秀。

(18)'红花-2'紫玉兰 新品种

Yulania liliflora(Desr.)D. L. Fu 'Honghua-2',cv. nov.

本新品种花先叶开放,顶生、腋生。单花具花被片9枚,外轮花被片3枚,萼状,膜质,不早落,内轮花被片6枚,花瓣状,长匙状椭圆形,外面基部亮红色,上部淡粉色。

产地:河南。郑州、新郑市有栽培。选育者:赵天榜、陈志秀。

(19)'红元宝'紫玉兰(世界玉兰属植物资源与栽培利用) 红元宝玉兰(中国绿色时报、园艺学报) 品种

Yulania liliflora(Desr.)D. L. Fu 'Hongyuanbao',赵天榜、田国行等主编. 世界玉兰属植物资源与栽培利用:254~255. 2013;*Maglonia* 'Hongyuanbao',王亚玲等. 园艺学报,2003,30(3):299~302;红元宝玉兰 中国绿色时报,1999年4月23日。

本品种花形似元宝状。春秋二季开放,瓣状花被片两面红色。

产地:浙江嵊州市。选育者:王飞罡。品种权号:20000003。

(20)'粉红花'紫玉兰(世界玉兰属植物资源与栽培利用) 品种

Fulani liliflora(Desr.)D. L. Fu 'Fenhonghua',赵天榜、田国行等主编. 世界玉兰属植物资源与栽培利用:257. 2013。

本品种瓣状花被片外面浅粉红色,内面白色,萼状花被片浅黄白色。

产地:中国。河南鸡公山有栽培。选育者:赵天榜、戴天澍。

(21)'紫白'紫玉兰 新品种 图版61:10

Yulania liliflora(Desr.)D. L. Fu 'Zibai',cv. nov.

本新品种单花具花被片9枚,外轮花被片3枚,萼状,膜质,不早落,内轮花被片6枚,花瓣状,长匙状椭圆形,外面紫红色,内面乳白色。

产地:河南。郑州、新郑市有栽培。选育者:赵天榜、陈志秀。

(22)'亮紫红'紫玉兰　新品种　图版62:1~8

Yulania liliflora(Desr.)D. L. Fu 'Liangzihong',cv. nov.

本新品种叶狭椭圆形,先端钝尖。单花具花被片9枚,外轮花被片3枚,萼状,膜质,条形,淡黄白色,内轮花被片6枚,花瓣状,长匙状椭圆形,外面亮紫红色,内面白色,具粉紫色晕。雌雄蕊群具粉紫色晕。

产地:河南。郑州、新郑市有栽培。选育者:赵天榜、陈志秀。

28. **美丽玉兰**(世界玉兰属植物资源与栽培利用)　美丽紫玉兰(中国木兰)　图9-28　图版56:6~8

Yulania concinna(Law et R. Z. Zhou)T. B. Zhao et Z. X. Chen,赵天榜、田国行等主编. 世界玉兰属植物资源与栽培利用:259~260. 2013;赵天榜、任志锋、田国行主编. 世界玉兰属植物种质资源志:62~63. 图3-27. 2013;*Magnolia concinna* Law et R. Z. Zhou ined.,刘玉壶主编. 中国木兰:44~55. 彩图. 彩照. 2004。

落叶乔木。叶芽、玉蕾被白色平伏短柔毛。叶椭圆形、倒卵圆状椭圆形,长11.0~19.0 cm,宽5.0~9.0 cm,先端钝圆,或短渐尖,基部宽楔形,边缘全缘,表面绿色,侧脉凹入,背面灰绿色,主脉和侧脉隆起,被白色平伏短柔毛;叶柄被白色平伏短柔毛。花先叶开放,或花叶同时开放。单花具花被片12枚,外轮花被片3枚,萼状,条形,淡绿色,先端尖,膜质,内轮花被片9枚,花瓣状,直立,倒卵圆状椭圆形、倒卵圆状匙形,长约8.0 cm,宽约3.5 cm,肉质,先端钝圆,外面基部淡红色,中上部紫红色脉;雄蕊多数,白色,花丝红色;雌蕊群圆柱状,红色;离生单雌蕊子房被白色平伏短柔毛;花梗被灰黄色平伏长柔毛。聚生蓇葖果圆柱状,或长椭圆体状,长5.0~10.0 cm,淡褐色;蓇葖果近球状,先端具短喙,成熟后背裂。花期3~4月;果熟期8~9月。

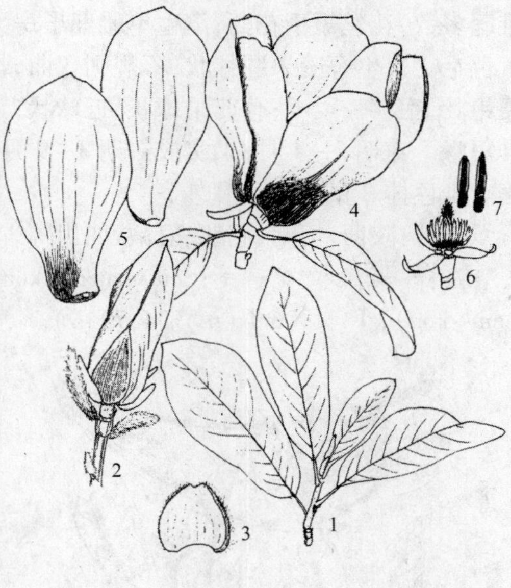

图9-28　美丽玉兰 Yulania concinna(Law et R. Z. Zhou)T. B. Zhao et Z. X. Chen

1. 叶、枝;2. 初花和叶芽;3. 芽鳞状托叶;4. 花枝和叶;5. 花被片;6. 雌雄蕊群和萼状花被片;7. 雄蕊(描自刘玉壶主编. 2004.《中国木兰》)。

产地:福建。刘玉壶等,模式标本采自福建武夷山,存中国科学院华南植物园。河南郑州市有栽培。

29. **望春玉兰**(秦岭植物志)　辛夷、望春花(河南植物志)　华中木兰(湖北植物志)　图9-29　图9-29.1　图版:1、4　图版2:5　图版3:11　图版5:1~6　图版7:6　图版63:1~8

Yulania biondii(Pamp.)D. L. Fu,傅大立. 玉兰属的研究. 武汉植物学研究,19(3):198. 2001;赵天榜、田国行等主编. 世界玉兰属植物资源与栽培利用:260~262. 2013;赵天榜、任志锋、田国行主编. 世界玉兰属植物种质资源志:63 ~ 64. 图 3 - 28. 2013; *Magnolia biondii* Pamp. in Nuov. Giorun Bot. Ital. n. ser. 17:275. 1910, et in Bull. Soc. Tosc. Ortic. ser. 316:216. 1911, 18. t. 3. 1911;中国科学院西北植物学研究所编著. 秦岭植物志 第一册 种子植物(第二分册):339. 图 288. 1974;中国科学院武汉植物研究所编著. 湖北植物志 第一卷:424. 1976;丁宝章等主编. 河南植物志 第一册:512. 1981;卢炯林等主编. 河南木本植物图鉴:27. 图 79. 1999;朱长山等主编. 河南种子植物检索表:116. 1994;刘玉壶主编. 中国木兰:36 ~ 37. 图. 彩图. 2004。

落叶乔木。玉蕾卵球状。叶长卵圆形、狭卵圆形、椭圆形、倒卵圆状椭圆形,长10.0 ~ 21.7 cm,宽 3.5 ~ 6.5(~ 11.0)cm,先端短渐尖、渐尖,基部圆形,稀楔形,表面暗绿色,具光泽,初被长柔毛,后无毛,背面淡绿色、灰绿色,通常被短柔毛,后无毛,沿脉疏被短柔毛;叶柄浅黄绿色。花先叶开放。单花具花被片 9 枚,外轮花被片 3 枚,萼状,条形、线形等,长 3 ~ 15 mm,膜质,早落,内轮花被片 6 枚,薄肉质,白色,外面主脉、基部淡紫色,有时紫色,内面白色,匙状椭圆形,或倒卵状披针形,长 4.0 ~ 6.0 cm,宽 1.3 ~ 2.5 cm,先端短尖;雄蕊多数,花丝短于花药;离生单雌蕊子房无毛,花柱先端内曲,微有紫色晕;花梗密被浅黄色毛。聚生蓇葖果圆柱状,不规则弯曲,长 6.0 ~ 14.5(~ 25.3)cm,径 3.5 ~ 4.0 cm;果梗粗壮,宿存长柔毛;蓇葖果球状、近球状,紫红色,表面果点小、少、不明显,先端无喙,或具短喙。花期 2 ~ 4 月;果实成熟期 8 ~ 9 月。聚生蓇葖果成熟后常 1 ~ 3 年悬挂树上不脱落。染色体 $2n = 76$。

产地:陕西、河南、湖北、安徽、四川等省。河南南召、鲁山县有大面积人工栽培。

注:模式标本,记载是:Scia - men - kou, alt. citc. 900 m. Ⅰ. Ⅴ - 10. Ⅻ. 1906(Ju - teen - kou), Ⅰ. 1906 J (n. 734, 734α)。

图 9 - 29　望春玉兰 Yulania biondii (Pamp.) D. L. Fu

1. 枝、叶和玉蕾;2. 花枝;3. 雌雄蕊群;4. 聚生蓇葖果(选自《秦岭植物志》)。

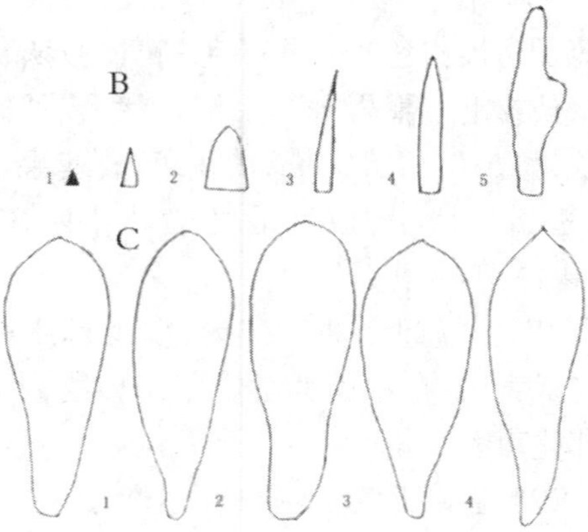

图 9 - 29.1　望春玉兰 Yulania biondii (Pamp.) D. L. Fu

B. 外轮花被片形状, C. 内轮花被片形状(赵天榜绘)。

亚种与变种：

29.1　望春玉兰亚种　原亚种

Yulania biondii (Pamp.) D. L. Fu subsp. biondii

(1) 望春玉兰　原变种

Yulania biondii (Pamp.) D. L. Fu var. biondii

本原变种内轮花被片白色。

(2) 狭被望春玉兰(植物研究)　变种　图9－29.2　图版64:1～7

Yulania biondi (Pamp.) D. L. Fu var. angutitepala D. L. Fu, T. B. Zhao et D. W. Zhao, 傅大立等. 河南玉兰属两新变种. 植物研究, 27(4):16～17. 2007; 赵天榜、田国行等主编. 世界玉兰属植物资源与栽培利用:262. 2013; 赵天榜、任志锋、田国行主编. 世界玉兰属植物种质资源志:64～65. 2013。

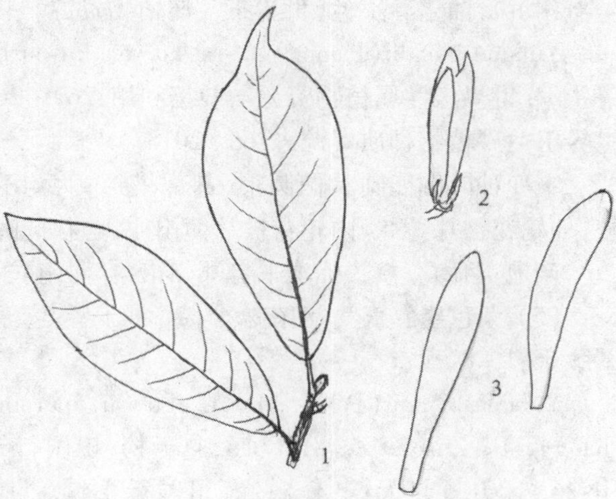

图9－29.2　狭被望春玉兰 Yulania biondii (Pamp.) D. L. Fu var. angutitepala D. L. Fu, T. B. Zhao et D. W. Zhao

1. 叶枝；2. 初花；3. 花被片(赵天榜绘)。

本变种叶椭圆形，先端钝而具尖头。单花具花被片9枚，外轮花被片3枚，萼状，条形，早落，内2轮花被片6枚，花瓣状，长5.0～6.5 cm，宽0.8～1.3(～1.5) cm，白色，外面近基部微有淡紫色晕。聚生蓇葖果圆柱状，长14.0～15.0 cm，径3.0～3.5 cm；蓇葖果球状、卵球状，绿紫色，长1.2～1.5 cm，径1.3～1.7 cm，表面果点稀、白色、突起明显，先端具短喙，或无喙；缩台枝和果梗灰绿色，或灰褐色，密疏被短柔毛。花期3月；果实成熟期8月。

产地：河南大别山山区。赵天榜等，模式标本采自鸡公山，存河南农业大学。

(3) 黄花望春玉兰(河南农业大学学报)　变种　图版65:1～6

Yulania biondii (Pamp.) D. L. Fu var. flava (T. B. Zhao, J. T. Gao et Y. H. Ren) T. B. Zhao et Z. X. Chen, 赵天榜、田国行等主编. 世界玉兰属植物资源与栽培利用:262. 2013; 赵天榜、任志锋、田国行主编. 世界玉兰属植物种质资源志:65. 2013; *Magnolia biondii* Pamp. var. *flava* T. B. Zhao, J. T. Gao et Y. H. Ren, 丁宝章等. 中国木兰属植物腋花、总状花序的首次发现和新分类群. 河南农业大学学报, 19(4):362～363. 1985。

本变种叶长椭圆形、倒卵圆状椭圆形，长10.0～13.5 cm，宽4.0～5.0 cm，先端渐尖，基部楔形，两侧不对称。花杯状，黄色。单花具花被片9枚，外轮花被片3枚，三角形，膜质，早脱落，萼状，内轮花被片6枚，薄肉质，匙状椭圆形。聚生蓇葖果圆柱状，不规则弯曲，长15.0～22.0 cm，径3.5～4.0 cm；果梗粗壮，宿存长柔毛；蓇葖果球状、近球状，表面被果点，先端具短喙，基部钝圆。

产地：河南南召县。赵天榜等，模式标本采自南召县，存河南农业大学。

(4) 富油望春玉兰(世界玉兰属植物资源与栽培利用)　变种　图版 65:7 ~ 8

Yulania biondii(Pamp.) D. L. Fu var. fuyou D. L. Fu et T. B. Zhao,赵天榜、田国行等主编. 世界玉兰属植物资源与栽培利用:262 ~ 263. 2013;赵天榜、任志锋、田国行主编. 世界玉兰属植物种质资源志:65. 2013。

本变种叶倒卵圆状椭圆形,基部楔形,两侧不对称。花杯状。单花具花被片 9 ~ 11 枚,外轮花被片萼状,内轮花被片薄肉质,匙状椭圆形。

产地:河南。模式标本采自郑州市,存河南农业大学。

(5) 紫色望春玉兰(河南农学院学报)　紫望春玉兰(植物研究)　变种　图版 10:7　图版 66:1 ~ 8

Yulania biondii(Pamp.) D. L. Fu var. purpurea(T. B. Zhao, S. Y. Wang et Y. C. Qiao) T. B. Zhao et Z. X. Chen,赵天榜、田国行等主编. 世界玉兰属植物资源与栽培利用:263. 2013;赵天榜、任志锋、田国行主编. 世界玉兰属植物种质资源志:65. 2013; *Magnolia biondii* Pamp. var. *purpurea* T. B. Zhao, S. Y. Wang et Y. C. Qiao,丁宝章等. 河南木兰属新种和新变种. 河南农学院学报,4:10. 1983;*M. biondii* Pamp. f. *purpurascens* Law et Gao,刘玉壶、高增义. 河南木兰属新植物. 植物研究,4(4):192. 1984。

本变种叶倒卵圆状椭圆形,基部楔形,两侧不对称。玉蕾顶生,长椭圆体状,中部以上渐尖。叶倒卵圆形,或长椭圆形。单花具花被片 9 枚,瓣状花被片 6 枚,较小,两面紫色,或淡紫色;离生单雌蕊、雄蕊及花托均为紫色;花梗和缩台枝被白色柔毛。聚生蓇葖果圆柱状,通常弯曲,长 10.0 ~ 14.5(~ 25.3) cm,径 3.5 ~ 4.0 cm;蓇葖果球状、椭圆体状,紫色,表面果点大小不等、多、白色、突起明显,先端具短喙,或无喙;缩台枝和果梗粗壮、灰绿色,或灰褐色,疏被短柔毛。花期 2 ~ 4 月;果实成熟期 8 月。

产地:河南南召和鲁山县。赵天榜等,模式标本采自鲁山县,存河南农业大学。

注:2014 年 3 月 8 日。赵天榜、陈志秀在郑州采集的标本进行观察结果不同,即:瓣状花被片内面基部淡黄色;离生单雌蕊、雄蕊及花托均为黄色,花丝紫色;花梗和缩台枝被天短柔毛,而是在节间处及花梗顶部密被环状白色柔毛。

(6) 白花望春玉兰(木兰及其栽培)　变种　图版 66:10 ~ 11

Yulania biondii(Pamp.) D. L. Fu var. alba(T. B. Zhao et Z. X. Chen) T. B. Zhao et Z. X. Chen,赵天榜、田国行等主编. 世界玉兰属植物资源与栽培利用:263. 2013;赵天榜、任志锋、田国行主编. 世界玉兰属植物种质资源志:65. 2013;*Magnolia biondii* Pamp. var. *alba* T. B. Zhao et Z. X. Chen,赵天榜等编著. 木兰及其栽培:12. 1991。

本变种单花具瓣状花被片 6 枚,白色。

产地:河南南召县。赵天榜等,模式标本采自南召县,存河南农业大学。

29.2　两型花望春玉兰亚种　新亚种　图版 7:7 ~ 8　图版 67:7 ~ 10

Yulania biondii(Pamp.) D. L. Fu subsp. dimorphiflora T. B. Zhao, Z. X. Chen et X. K. Li, subsp. nov.

Subspecies nov. Yulania biondii(Pamp.) D. L. Fu subsp. biondii siomilis, sed floribus 2 - formis: ① tepalis 9 in quoque flore, androeciis gynoeciem superantibus; ② tepalis 9 in quoque flore, androeciis gynoeciem aequantibus vel paulo brevibus. floribus 2 - formis tepalis aequabitibus: extus 3 calycibus variantibus manifestis, intus 6 tapalis longe spathuli - ellipticis 5.0 ~ 6.0 cm longis 2.0 ~ 2.7 cm latis saepe revolutis, extus obscure purpuratis medianis infra medium, supra medium pallide albis; thecis stsminibus flavidis, filamentis purpuratis; gynoecis cylindricis; ovariis disjuncte simplici - pistillis globulis flavovirentibus, stylis saepe revolutis; pedicelis et Soutai - rumulis dense villovia albis. Aggregati - folliculi cylindrici tortuos 10.0 ~ 14.05 cm longi diam. 3.5 ~ 4.0 cm; folliculis globsis, ovoideis purple - rubris supra guttis fructibus magnis albis manifeste protuberantibus, apice brevitte rostris; pedicelis fructibus dense villosis; Soutai - rumulis pluries glabratis.

Henan: Zhengzhuo City. 14 - 03 - 2014. T. B. Zhao et Z. X. Chen, No. 201403149 (flos, holotypus hic disignatus, HNAC).

本新亚种与望春玉兰原亚种 Yulania biondii (Pamp.) D. L. Fu subsp. biondii 相似，但区别：2 种花型：① 单花具花被片 9 枚，雌蕊群显著高于雄蕊群；② 单花具花被片 9 枚，雌蕊群与雄蕊群近等高，或雄蕊群稍低于雌蕊群。2 种花的花被片相似，即：外轮花被片 3 枚，萼状，变化大，内轮花被片 6 枚，长匙状长椭圆形，长 6.0 ~ 6.5 cm，宽 2.3 ~ 2.7 cm，外面中部以下暗紫色，中部以上淡白色，常反卷；雄蕊花药淡黄色，花丝紫色；雌蕊群圆柱状；离生单雌蕊子房淡黄绿色，花柱常反曲；花梗和缩台枝上密被白色长柔毛。聚生蓇葖果圆柱状，长 10.0 ~ 14.5 cm，径 3.5 ~ 4.0 cm；蓇葖果球状、卵球状，紫红色，表面果点大、少、白色、突起明显，先端具短喙；缩台枝通常无毛；果梗粗壮，密被柔毛。花期 3 ~ 4 月；果实成熟期 8 月。

产地：河南郑州市。2014 年 3 月 14 日。赵天榜和陈志秀，No. 201403149（花）。模式标本，存河南农业大学。

变种：

(1) 两型花望春玉兰　原变种

Yulania biondii (Pamp.) D. L. Fu var. dimorphiflora

(2) 条形望春玉兰　新变种　图 9 - 29.3

Yulania biondii (Pamp.) D. L. Fu var. linearis T. B. Zhao, Z. X. Chen et X. K. Li, var. nov.

A var. recedit floribus 2 - formis: ① tepalis 9 in quoque flore, extus 3 calycibus linearibus 1.5 ~ 1.7 cm, ca. 2 mm, non deciduis, pallide albis apice revolutis intus 6 petalodeis longe spathli - ellipticis 6.0 ~ 6.5 cm longis 2.3 ~ 2.7 cm latis, apice obtusis extus obscure purpuratis, infra medium laete subrose - purpureis, supra medium pallide albis minute subrosris, costis impolitis usque ad apicem; ② tepalis 12 in quoque flore, eis tepalis formis et al. itidem ① tepalis. thecis stsminibus flavidis apice dorsaliter minime purpurascentibus, filamentis ca. 2 mm, nigri - purpuratis; gynoecis disjuncte carpelligeris cylindricis 1.7 ~ 2.0 cm; ovariis disjuncte simplici - pistillis globulis flavovirentibus, stylis brevissimis; pedicelis villosis apice 1 amplectentibus villosis; Soutai - rumulis dense villosis albis.

Henan: Zhengzhuo City. 14 - 03 - 2014. T. B. Zhao et Z. X. Chen, No. 201403145 (flos, holotypus hic disignatus, HNAC).

本新变种有 2 种花型：① 单花具花被片 9 枚，外轮花被片 3 枚，萼状，条形，长度 1.5～1.7 cm，宽度约 2 mm，不早落，淡白色，先端反卷，内轮花被片 6 枚，匙状长椭圆形，长6.0～6.5 cm，宽 2.3～2.7 cm，先端钝圆，外面中部以下暗紫色、亮粉紫色，中部以上淡白色，微有粉色晕，中脉暗紫色，或淡粉紫色直达先端；② 单花具花被片 12 枚，其花被片形状、大小、颜色与①相同。2 种花的雄蕊花药淡黄色，先端背面微有紫晕，花丝长约 2 mm，黑紫色；离生单雌蕊群圆柱状，长 1.7～2.0 cm；离生单雌蕊子房球状、淡黄绿色，花柱极短；花梗被长柔毛，顶端具 1 环状长柔毛；缩台枝上密被白色长柔毛。

产地：河南郑州市。2014 年 3 月 14 日。赵天榜和陈志秀，No. 201403145（花）。模式标本，存河南农业大学。

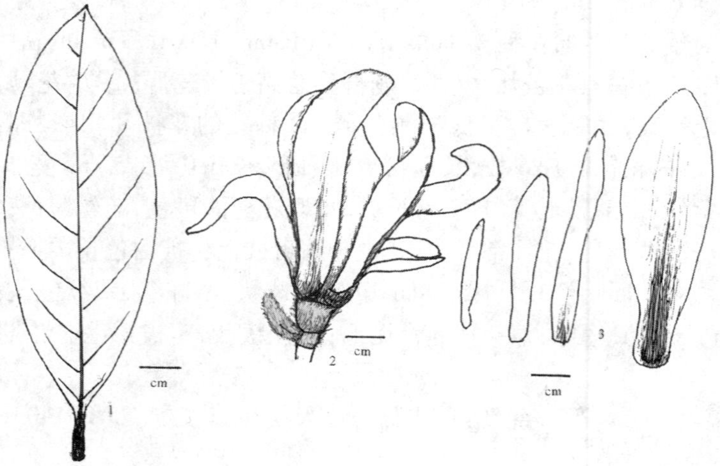

图 9－29.3　条形望春玉兰 Yulania biondii (Pamp.) D. L. Fu var. linearis T. B. Zhao, Z. X. Chen et X. K. Li

1. 叶；2. 花；3. 花被片。

品种群与品种：

Ⅰ 望春玉兰品种群（世界玉兰属植物资源与栽培利用）　原品种群

Yulania biondii (Pamp.) D. L. Fu Biondii Group，孙军等. 望春玉兰品种资源与分类系统的研究. 安徽农业科学，36(22)：9492. 2008；赵天榜、田国行等主编. 世界玉兰属植物资源与栽培利用：263. 2013。

（1）望春玉兰（世界玉兰属植物资源与栽培利用）　原品种

Yulania biondii (Pamp.) D. L. Fu ‘Biondii’，孙军等. 望春玉兰品种资源与分类系统的研究. 安徽农业科学，36(22)：9492. 2008；赵天榜、田国行等主编. 世界玉兰属植物资源与栽培利用：263. 2013。

Ⅱ 变紫望春玉兰品种群（世界玉兰属植物资源与栽培利用）　品种群

Yulania biondii (Pamp.) D. L. Fu Bianzi Group，孙军等. 望春玉兰品种资源与分类系统的研究. 安徽农业科学，36(22)：9492. 2008；赵天榜、田国行等主编. 世界玉兰属植物资源与栽培利用：264. 2013。

（2）‘变紫’望春玉兰（安徽农业科学）　品种　图版70：4

Yulania biondii（Pamp.）D. L. Fu‘Bianzi’，孙军等. 望春玉兰品种资源与分类系统的研究. 安徽农业科学，36（22）：9492. 2008；赵天榜、田国行等主编. 世界玉兰属植物资源与栽培利用：264. 2013。

本品种花瓣状花被片外面淡紫色。

产地：河南南召县。选育者：赵天榜、任云和、高聚堂。

（3）‘厚叶’望春玉兰（河南科技）　品种

Yulania biondii（Pamp.）D. L. Fu‘Houye’，孙军等. 望春玉兰品种资源与分类系统的研究. 安徽农业科学，36（22）：9492～9493. 2008；赵天榜、田国行等主编. 世界玉兰属植物资源与栽培利用：264. 2013；*Magnolia biondii* Pamp. cv.‘Houye’，黄桂生等. 河南辛夷品种资源的调查研究. 河南科技，增刊：30. 1991。

本品种枝细而多，斜上生长，成枝力弱。叶厚革质为其显著特征。

产地：河南南召县。选育者：焦书道、张东安。

（4）‘卷毛’望春玉兰（河南科技）　品种

Yulania biondii（Pamp.）D. L. Fu‘Juanmao’，孙军等. 望春玉兰品种资源与分类系统的研究. 安徽农业科学，36（22）：9493. 2008；赵天榜、田国行等主编. 世界玉兰属植物资源与栽培利用：264. 2013；*Magnolia biondii* Pamp. cv.‘Juanmao’，黄桂生等. 河南辛夷品种资源的调查研究. 河南科技，增刊：30. 1991。

本品种玉蕾顶生，长卵球状，浅黄白灰色，长2.0～3.4 cm，径1.0～1.8 cm；芽鳞状托叶外面被丝状柔毛长，先端向外反卷为其显著特征。单花具花被片9枚，外轮花被片3枚，萼状，内轮花被片6枚，宽卵圆状匙形，或长椭圆－鞋形，长6.4～7.5 cm，宽1.7～3.1 cm，先端钝圆，或突尖，基部楔形，外面上部及中下部两侧白色，基部及中脉紫红色，或紫色；花药乳黄色，花丝内面白色，外面淡紫红色；离生单雌蕊多数；花梗密被银灰色短绒毛。

产地：河南南召县。选育者：高聚堂、王恩礼、张天锡。

（5）‘宽被’望春玉兰（河南科技）　品种

Yulania biondii（Pamp.）D. L. Fu‘Latitepala’，孙军等. 望春玉兰品种资源与分类系统的研究. 安徽农业科学，36（22）：9492. 2008；赵天榜、田国行等主编. 世界玉兰属植物资源与栽培利用：254～265. 2013；*Magnolia biondii* Pamp. var. *latitepala* T. B. Zhao et J. T. Gao，丁宝章等. 中国木兰属植物腋花、总状花序的首次发现和新分类群. 河南农业学报，19（4）：363. 1985；*Magnolia biondii* Pamp. cv.‘Latitepala’，黄桂生等. 河南辛夷品种资源的调查研究. 河南科技，增刊：29. 1991。

本品种玉蕾顶生，卵球状，先端短尖，长2.2～2.9 cm，径1.5～1.7 cm；芽鳞状托叶外面密被较长柔毛，斜展。单花具花被片9枚，外轮花被片3枚，萼状，内轮花被片较大，白色，外面基部淡紫色，宽匙形，长6.0～8.0 cm，宽3.5～4.5 cm。

产地：河南南召县。选育者：赵天榜、高聚堂。

（6）‘尿臊黄’望春玉兰（河南科技）品种　图版70：6

Yulania biondii（Pamp.）D. L. Fu‘Niaosaohuang’，孙军等. 望春玉兰品种资源与分类系统的研究. 安徽农业科学，36（22）：9493. 2008；赵天榜、田国行等主编. 世界玉兰属植物资源与栽培利用:265. 2013;*Magnolia biondii* Pamp. cv. 'Niaosaohuang',黄桂生等. 河南辛夷品种资源的调查研究. 河南科技,增刊:31. 1991。

本品种玉蕾顶生,形状、大小、颜色同'青桃'望春玉兰。花梗和缩台枝黄色,有尿骚气味。

产地:河南南召县。选育者:高聚堂、焦书道。

(7)'桃实'望春玉兰(河南科技)　桃实望春玉兰(河南农学院学报)　品种　图版68:5~9

Yulania biondii(Pamp.)D. L. Fu 'Ovata',孙军等. 望春玉兰品种资源与分类系统的研究. 安徽农业科学,36(22):9492. 2008;赵天榜、田国行等主编. 世界玉兰属植物资源与栽培利用:265. 2013;*Magnolia biondii* Pamp. var. *ovata* T. B. Zhao et T. X. Zhang,丁宝章等. 河南木兰属新种和新变种. 河南农学院学报,4:9~10. 1983;*M. biondii* Pamp. cv. 'Ovata',黄桂生等. 河南辛夷品种资源的调查研究. 河南科技,增刊:29. 1991。

本品种玉蕾单生枝顶,桃实状,浅黄灰绿色,长2.0~3.9 cm,径1.3~2.6 cm;芽鳞状托叶通常4枚,外面密被丝状长柔毛。花径10.4~14.5 cm。单花具花被片9枚,稀10、11枚,花被片内面浅黄白色,外面中部淡紫色,基部紫色,外轮花被片3枚,稀2枚,萼状,条形,大小不等,长0.7~2.5 cm,宽3~8 mm;内轮花被片花瓣状,较大,长椭圆状履形,或匙状履形,先端钝圆,基部窄狭,长5.0~9.3 cm,宽2.0~3.2 cm;雄蕊多数;离生单雌蕊数117枚;花梗紫褐色,密被长柔毛。

产地:河南南召县。选育者:赵天榜、张天锡。

(8)'毛桃实'望春玉兰(世界玉兰属植物资源与栽培利用)　品种

Yulania biondii(Pamp.)D. L. Fu 'Mao Ovata',赵天榜、田国行等主编. 世界玉兰属植物资源与栽培利用:265. 2013。

本品种与'桃实'望春玉兰的区别如下:1. '毛桃实'望春玉兰(鲁山)"辛夷"挥发油中化学成分有14种,而'桃实'望春玉兰(南召)"辛夷"挥发油中化学成分有13种。2. 两者共有化学成分7种,含率分别为:① a-蒎烯(a-pinene)3.61%与2.86%;② β-水芹烯(β-phellandrene)13.16%与5.05%;③ β-蒎烯(β-pinene)7.91%与4.60%;④ 桉叶油醇(eudesmol)50.27%与22.27%;⑤ β-里哪醇(β-linalol)1.19%与4.30%;⑥ δ-荜澄茄烯(δ-cadinene)3.49%与2.89%;⑦ β-gerancrene 6.41%与3.95%。3. 两者特有化学成分则不相同:'桃实'望春玉兰(鲁山)桉叶油醇为50.27%,樟脑(camphor)则无;'桃实'望春玉兰(南召)桉叶油醇为22.27%,而樟脑为36.50%。

根据《国际栽培植物命名法规》与《国际植物命名法规》中有关规定,'桃实'望春玉兰(鲁山)与'桃实'望春玉兰(南召)可作2个品种。故前者称'桃实'望春玉兰 Yulania biondii(Pamp.)D. L. Fu 'Ovata',而后者称'毛桃实'望春玉兰 Y. biondii(Pamp.)D. L. Fu 'Mao Ovata'。

(9)'小蕾'望春玉兰(河南科技)　品种　图版69:10~11

Yulania biondii(Pamp.)D. L. Fu 'Parvialabastra',孙军等. 望春玉兰品种资源与分类系统的研究. 安徽农业科学,36(22):9492. 2008;赵天榜、田国行等主编. 世界玉兰属植物资源与栽培利用:265. 2013;*Magnolia biondii* Pamp. var. *parvialabastra* T. B. Zhao,

Y. H. Ren et J. T. Gao,丁宝章等. 河南木兰属新种和新变种. 河南农学院学报,4:8. 1983;*M. biondii* Pamp. cv. ‘Parvialabastra’,黄桂生等. 河南辛夷品种资源的调查研究. 河南科技,增刊:29. 1991。

本品种玉蕾顶生,卵球状,小,长 1.6 ~ 2.4 cm,平均 2.0 cm,径 0.7 ~ 1.4 cm;平均 1.0 cm;芽鳞状托叶 4 枚,外面丝状柔毛较长,稀疏。花径 7.4 ~ 9.2 cm。单花具花被片 9 枚,外轮花被片 3 枚,萼状,线形,或长三角形;内两轮花被片花瓣状,长椭圆形,先端钝圆,长 4.2 ~ 9.6 cm,宽 0.9 ~ 1.9 cm,内面浅黄白色,外面中、基部紫色,上部具淡紫色小斑点。聚生蓇葖果圆柱状,常弯曲,长 10.0 ~ 12.5 cm,径 3.0 ~ 3.5 cm;蓇葖果卵球状,紫红色,表面果点大、少、突起明显,先端具短喙;缩台枝和果梗疏被柔毛。花期 3 ~ 4 月;果实成熟期 8 月。

产地:河南南召县。选育者:赵天榜、任云和、高聚堂。

(10)‘平枝’望春玉兰(河南科技) 品种

Yulania biondii(Pamp.)D. L. Fu‘Planities’,孙军等. 望春玉兰品种资源与分类系统的研究. 安徽农业科学,36(22):9492. 2008;赵天榜、田国行等主编. 世界玉兰属植物资源与栽培利用:266. 2013;*Magnolia biondii* Pamp. var. *planities* T. B. Zhao et Y. C. Qiao,丁宝章等. 河南木兰属新种和新变种. 河南农学院学报,4:10 ~ 11. 1983;*M. biondii* Pamp. cv. ‘Planities’,黄桂生等. 河南辛夷品种资源的调查研究. 河南科技,增刊:29. 1991。

本品种树冠稀疏;侧枝少,与主干成 80° ~ 90°角。小枝稀小,近平伸。玉蕾单生枝顶生,椭圆体状、卵球状,灰白色,长 1.8 ~ 2.0 cm,径 0.8 ~ 1.3 cm;芽鳞状托叶外面被丝状长柔毛,斜向伸展。单花具花被片 9 枚,外轮花被片 3 枚,线形,内轮花被片匙形,先端钝尖,或钝圆,基部较宽,长 6.0 ~ 7.2 cm,宽 1.9 ~ 2.7 cm,白色,外面中部淡紫色,基部紫色。

产地:河南禹州市。选育者:赵天榜、高聚堂。

(11)‘菩莲’望春玉兰(安徽农业科学) 品种 图版 70:1

Yulania biondii(Pamp.)D. L. Fu‘Pulian’,赵天榜、田国行等主编. 世界玉兰属植物资源与栽培利用:268. 2013;孙军等. 望春玉兰品种资源与分类系统的研究. 安徽农业科学,36(22):9493. 2008;赵天榜、田国行等主编. 世界玉兰属植物资源与开发利用. 266. 2013。

本品种玉蕾大型;花被片等发育较晚,使蕾成空泡状。其花开展,似莲花状。

产地:河南南召县。选育者:傅大立、赵天榜和孙军。

(12)‘青桃’望春玉兰(河南科技) 品种

Yulania biondii(Pamp.)D. L. Fu‘Qingtao’,孙军等. 望春玉兰品种资源与分类系统的研究. 安徽农业科学,36(22):9493. 2008;赵天榜、田国行等主编. 世界玉兰属植物资源与栽培利用:266. 2013; *Magnolia biondii* Pamp. cv. ‘Qingtao’,黄桂生等. 河南辛夷品种资源的调查研究. 河南科技,增刊:31. 1991。

本品种玉蕾顶生,宽卵球状,浅黄绿色,长 2.1 ~ 2.9 cm;芽鳞状托叶通常 3 ~ 4 枚,外面被短柔毛。

产地:河南南召县。选育者:高聚堂。

(13)‘鼠皮’望春玉兰(河南科技)　品种　图版 70:2～3

Yulania biondii(Pamp.)D. L. Fu‘Shupi’,孙军等. 望春玉兰品种资源与分类系统的研究. 安徽农业科学,36(22):9492. 2008;赵天榜、田国行等主编. 世界玉兰属植物资源与栽培利用:266. 2013; *Magnolia biondii* Pamp. cv.‘Shupi’,黄桂生等. 河南辛夷品种资源的调查研究. 河南科技,增刊:30. 1991。

本品种玉蕾顶生,卵球状,深灰色,或深褐色,长 1.7～2.6 cm,径 1.2～1.6 cm;芽鳞状托叶 4 枚,外面被极短丝状柔毛,且密。有些玉蕾几乎光滑,形似鼠皮,因此得名。花白色,径 7.8～10.2 cm。单花具花被片 9 枚,外轮花被片 3 枚,条形,萼状,内轮花被片花瓣状,长椭圆形,基部较宽,先端钝圆,或突尖,长 5.0～5.7 cm,宽 1.3～2.2 cm,外面基部紫色。

产地:河南南召县。选育者:焦书道。

(14)‘晚花’望春玉兰(河南科技)　品种

Yulania biondii(Pamp.)D. L. Fu‘Wanhua’,孙军等. 望春玉兰品种资源与分类系统的研究. 安徽农业科学,36(22):9493. 2008;赵天榜、田国行等主编. 世界玉兰属植物资源与栽培利用:266. 2013;*Magnolia biondii* Pamp. cv.‘Wanhua’,黄桂生等. 河南辛夷品种资源的调查研究. 河南科技,增刊:31. 1991。

本品种玉蕾比其他品种发育晚,盛花期在 4 月上、中旬,为望春玉兰所有品种中开花最晚、果熟最晚的品种。

产地:河南南召县。选育者:黄桂生、张东安。

(15)‘小卷毛’望春玉兰(河南科技)　品种

Yulania biondii(Pamp.)D. L. Fu‘Xiaojuanmao’,赵天榜、田国行等主编. 世界玉兰属植物资源与栽培利用:266～267. 2013;*Magnolia biondii* Pamp. cv.‘Xiaojuanmao’,黄桂生等. 河南辛夷品种资源的调查研究. 河南科技,增刊:30～31. 1991。

本品种玉蕾顶生,椭圆状卵球状,或宽卵球状,先端尖,浅黄灰褐色,小于‘卷毛’望春玉兰,长 1.5～2.4 cm,径 1.1～1.7 cm;芽鳞状托叶外面被丝状长柔毛,先端向下反卷。单花具花被片 9 枚,外轮花被片 3 枚,萼状,条形;内轮花被长 6 枚,鞋形,长 6.6～7.3 cm,宽 1.7～2.6 cm,外面上部及中部两侧白色,基部及中脉紫色;雄蕊群长 7～8 mm;雄蕊 48～55枚,花药褐色,长 4.5～7.0 mm,花丝紫红色,长约 2.5 mm;雌蕊群长 1.7～1.9 cm;花梗疏被银白色短绒毛,长 2.3～3.4 mm,径 4～5 mm。

产地:河南南召县。选育者:高聚堂、张天锡。

(16)‘小桃’望春玉兰(河南科技)　品种　图版 68:10～11

Yulania biondii(Pamp.)D. L. Fu‘Xiaotao’,孙军等. 望春玉兰品种资源与分类系统的研究. 安徽农业科学,36(22):9493. 2008;赵天榜、田国行等主编. 世界玉兰属植物资源与栽培利用:267. 2013; *Magnolia biondii* Pamp. cv.‘Xiaotao’,黄桂生等. 河南辛夷品种资源的调查研究. 河南科技,增刊:30. 1991。

本品种玉蕾比‘桃实’望春玉兰小。花较‘桃实’望春玉兰小。单花具花被片 9 枚,有 10、11 枚,外轮花被 3 枚,萼状,线形,内轮花被片花瓣状,较大,长椭圆状匙形,先端钝圆,基部较宽,内面浅黄白色,外面基部紫色,长 5.8～6.5cm,宽 1.5～2.3 cm;雄蕊多数,54～59

枚,花药乳黄色,花丝腹内面白色,外面淡紫色;雌蕊群长1.2～1.7cm;离生单雌蕊数115枚。聚生蓇葖果圆柱状,通常弯曲,长16.0～20.0 cm,径3.5～4.0 cm;蓇葖果球状、卵球状,紫色,长1.2～2.0 cm,径1.5～1.7 cm;表面果点大、稀、白色、突起明显,先端具短喙,或无喙;缩台枝和果梗灰绿色,或灰褐色,疏被短毛。花期2～4月;果实成熟期8月。

产地:河南南召县。选育者:高聚堂、任云和、张天锡。

(17)'细枝'望春玉兰(河南科技)　品种

Yulania biondii(Pamp.)D. L. Fu 'Xizhi',孙军等. 望春玉兰品种资源与分类系统的研究. 安徽农业科学,36(22):9492. 2008;赵天榜、田国行等主编. 世界玉兰属植物资源与栽培利用:267. 2013; *Magnolia biondii* Pamp. cv. 'Xizhi',黄桂生等. 河南辛夷品种资源的调查研究. 河南科技,增刊:30. 1991。

本品种枝条细弱,斜展,或下垂。成枝力弱为显著特点。叶膜质。

产地:河南禹州市。选育者:赵天榜。

Ⅲ 白花望春玉兰品种群　新品种群

Yulania biondii(Pamp.)D. L. Fu Baihua Group, group nov.

本新品种群花白色。

(18)'小白花'望春玉兰(安徽农业科学)　品种　图版66:9～11

Yulania biondii(Pamp.)D. L. Fu 'Xiaobaihua',孙军等. 望春玉兰品种资源与分类系统的研究. 安徽农业科学,36(22):9492. 2008;赵天榜、田国行等主编. 世界玉兰属植物资源与栽培利用:264. 2013。

本品种玉蕾卵球状,顶生,长1.8～2.2 cm,径0.9～1.2 cm,单粒平均重0.25 g;通常具芽鳞状托叶3～4枚,外面密被深褐色长柔毛。单花具花被片9枚,外轮花被片3枚,小,萼状,线形,先端钝,内轮花被片6枚,较小,匙状长圆形,纯白色,长2.5～3.7 cm,宽1.3～1.8 cm。

产地:河南南召县。选育者:高聚堂、孙军、赵天榜。

(19)'线萼'望春玉兰　新品种

Yulania biondii(Pamp.)D. L. Fu 'Xian È', cv. nov.

本新品种单花具花被片9枚,稀10枚,外轮花被片3枚,小,萼状,线形,淡黄白色,内轮花被片6枚,稀7枚,倒卵圆形,白色,先端钝圆,微后反卷,外面基部中间淡紫色,中脉淡紫色直达先端。

产地:河南南召县。选育者:高聚堂和赵天榜。

Ⅳ 富油望春玉兰品种群(世界玉兰属植物资源与栽培利用)　品种群

Yulania biondii(Pamp.)D. L. Fu Fuyou Group,孙军等. 望春玉兰品种资源与分类系统的研究. 安徽农业科学,36(22):9493. 2008;赵天榜、田国行等主编. 世界玉兰属植物资源与栽培利用:267. 2013。

(20)'富油'望春玉兰(安徽农业科学)　品种

Yulania biondii(Pamp.)D. L. Fu 'Fuyou',孙军等. 望春玉兰品种资源与分类系统的研究. 安徽农业科学,36(22):9493. 2008;赵天榜、田国行等主编. 世界玉兰属植物资源与栽培利用:268. 2013。

本品种小枝细弱。玉蕾卵球状—锥状，先端稍弯曲。花杯状。单花具花被片9～11枚，外轮花被片3枚，三角形，膜质，萼状，内轮花被片6～8枚，薄肉质，匙状椭圆形，先端钝圆，具突短尖头，中部向下突狭呈楔状，外面中部以下中间浓红色；雄蕊花丝长1.5～2 mm；雌蕊群绿色，细柱状；花柱及柱头淡白色，花柱微反卷；花梗密被弯曲长柔毛。

产地：河南郑州市。选育者：赵天榜、傅大立。

Ⅴ 紫花望春玉兰品种群　品种群

Yulania biondii (Pamp.) D. L. Fu Purpurea Group，孙军等．望春玉兰品种资源与分类系统的研究．安徽农业科学，36(22)：9493．2008；赵天榜、田国行等主编．世界玉兰属植物资源与栽培利用：268．2013。

(21)'奶嘴'望春玉兰(河南科技)　品种

Yulania biondii (Pamp.) D. L. Fu 'Naizui'，孙军等．望春玉兰品种资源与分类系统的研究．安徽农业科学，36(22)：9493．2008；赵天榜、田国行等主编．世界玉兰属植物资源与栽培利用：268．2013；*Magnolia biondii* Pamp. cv. 'Naizui'，黄桂生等．河南辛夷品种资源的调查研究．河南科技，增刊：31．1991。

本品种玉蕾顶生，较大，长椭圆体状、奶嘴状，先端长尖，浅灰色，长2.1～3.4 cm，径1.0～1.7 cm；芽鳞状托叶通常4枚，外面被长丝状毛，斜向伸展。花径8.0～9.0 cm。单花具花被片9枚，外轮花被片3枚，萼状，线形，或条形，内两轮花被片浅紫色，较大，长4.6～6.4 cm，宽1.5～2.6 cm，长椭圆状匙形、匙形，或宽匙形，基部狭窄，紫红色，直立紧凑。

产地：河南南召县。选育者：赵天榜、焦书道。

(22)'紫色'望春玉兰(河南科技)　紫望春玉兰、紫色望春玉兰(植物研究)　品种　图版66：1～8

Yulania biondii (Pamp.) D. L. Fu 'Purpurea'，孙军等．望春玉兰品种资源与分类系统的研究．安徽农业科学，36(22)：9493．2008；赵天榜、田国行等主编．世界玉兰属植物资源与栽培利用：268～269．2013；*Magnolia biondii* Pamp. cv. 'Purpurea'，黄桂生等．河南辛夷品种资源的调查研究．河南科技，增刊：29～30．1991；*Magnolia biondii* Pamp. var. *purpurea* T. B. Zhao, S. Y. Wang et Y. C. Qiao，丁宝章等．河南木兰属新种和新变种．河南农学院学报，4：10．1983；*Magnolia biondii* Pamp. f. *purpurascens* Law et Gao，刘玉壶和高增义．河南木兰属新植物．植物研究，4(4)：189～194．1984。

本品种叶革质，倒卵圆形，或长椭圆形；叶柄被短柔毛。花顶生，大型。单花具花被片9枚，外轮花被片3枚，萼状；内轮花被片6枚，花瓣状，长6.5～7.5 cm，宽1.9～2.5 cm，两面紫色；离生单雌蕊子房、雄蕊及伸长的花托均为紫色；花梗被白色丝状长柔毛。

产地：河南鲁山县。选育者：赵天榜、黄桂生等。

(23)'玫瑰'望春玉兰(经济林研究)　品种　图版69：8～9

Yulania biondii (Pamp.) D. L. Fu 'Rosiflora'，孙军等．望春玉兰品种资源与分类系统的研究．安徽农业科学，36(22)：9493．2008；赵天榜、田国行等主编．世界玉兰属植物资源与栽培利用：269．2013；*Magnolia biondii* Pamp. cv. Rosiflora，傅大立．河南木兰属一新栽培变种．经济林研究，18(2)：6～7．2000。

本品种单花具花被片9枚，外轮花被片3枚，萼状，膜质，条形，浅黄绿色，微有玫瑰色泽，长8～12 mm，早落，内轮花被片6枚，匙状鞋形，长4.5～6.5 cm，宽2.5～3.0 cm，外面玫瑰红色，中下部边缘为白色，基部色浓，内面玫瑰红色较浓，先端钝圆，或钝尖，基部匙状；雄蕊多数，长1.0～1.3 cm，花丝长约2 mm，浓玫瑰色，先端具淡玫瑰色短尖头；离生单雌蕊多数，花柱和柱头玫瑰色。花期2～3月。

产地：河南鲁山县。选育者：傅大立、赵天榜。

(24)'淡紫'望春玉兰(世界玉兰属植物资源与栽培利用)　品种

Yulania biondii(Pamp.)D. L. Fu 'Danzi'，赵天榜、田国行等主编．世界玉兰属植物资源与栽培利用：269. 2013。

本品种单花具花被片9枚，外轮花被片3枚，三角形，膜质，萼状，内轮花被片6枚，匙状椭圆形，先端钝圆，外面淡紫色。

产地：河南郑州市。选育者：赵天榜、陈志秀。

注：张家勋从湖北神农县引种栽培的望春玉兰花瓣状花被片外面淡紫色。蓇葖果球状，红色，表面果很少、很小，与河南栽培的望春玉兰蓇葖果球状，紫红色，表面果很大、很多，而明显区别。

(25)'亮紫'望春玉兰(世界玉兰属植物资源与栽培利用)　品种　图版71：6

Yulania biondii(Pamp.)D. L. Fu 'Liangzi'，赵天榜、田国行等主编．世界玉兰属植物资源与栽培利用：269. 2013。

本品种单花具花被片9枚，外轮花被片3枚，长条形，膜质，萼状，内轮花被片6枚，匙状椭圆形，先端钝圆，外面亮紫红色，内面乳白色。

产地：河南郑州市。选育者：赵天榜、陈志秀。

(26)'紫果'望春玉兰(世界玉兰属植物资源与栽培利用)　品种　图版69：1～3

Yulania biondii(Pamp.)D. L. Fu 'Ziguo'，赵天榜、田国行等主编．世界玉兰属植物资源与栽培利用：267. 2013。

本品种蓇单花具花被片9枚，外轮花被片3枚，萼状，微有粉色晕；内轮花被长6枚，宽椭圆形，外面紫红色，内面紫色；雄蕊紫色，花丝紫色；雌蕊群略高于雄蕊群，紫色。聚生蓇葖果圆柱状，长14.0～16.0 cm，径3.0～3.5 cm；蓇葖果球状、卵球状，亮紫色为显著特点，表面果点大、稀、白色、突起明显，先端具短喙；缩台枝和果梗灰绿色，或灰褐色，疏被短柔毛。花期3月；果实成熟期8月。

产地：河南郑州市。选育者：赵天榜和陈志秀。

(27)'喙被'望春玉兰(世界玉兰属植物资源与栽培利用)　品种　图版70：8～9

Yulania biondii(Pamp.)D. L. Fu 'Huibei'，赵天榜、田国行等主编．世界玉兰属植物资源与栽培利用：269. 2013。

本品种单花具花被片9枚，外轮花被片3枚，膜质，萼状，内轮花被片6枚，上部匙状圆形，先端钝圆，具喙，基部狭窄，外面淡紫红色。

产地：河南郑州市。选育者：赵天榜、陈志秀。

(28)'两色花'望春玉兰　新品种　图版69：4

Yulania biondii(Pamp.)D. L. Fu 'Shuangsehua'，cv. nov.

本新品种单花具花被片 9 枚，外轮花被片 3 枚，萼状，膜质、早落，内轮花被片 6 枚，匙状椭圆形，白色与紫红色 2 种颜色。

产地：河南鲁山县。发现者：赵天榜、张东安、高超发现于原鲁山县国营林场"河南辛夷基因库林"内。

Ⅵ 黄花望春玉兰品种群（世界玉兰属植物资源与栽培利用）　品种群

Yulania biondii (Pamp.) D. L. Fu Flava Group，孙军等. 望春玉兰品种资源与分类系统的研究. 安徽农业科学，36(22)：9493. 2008；赵天榜、田国行等主编. 世界玉兰属植物资源与栽培利用：269～270. 2013。

(29)'黄花'望春玉兰（河南科技）　品种

Yulania biondii (Pamp.) D. L. Fu 'Flava'，孙军等. 望春玉兰品种资源与分类系统的研究. 安徽农业科学，36(22)：9493. 2008；赵天榜、田国行等主编. 世界玉兰属植物资源与栽培利用：270. 2013；*Magnolia biondii* Pamp. cv. 'Flava'，黄桂生等. 河南辛夷品种资源的调查研究. 河南科技，增刊：30. 1991；*M. biondii* Pamp. var. *flava* T. B. Zhao，J. T. Gao et Y. H. Ren，丁宝章等. 中国木兰属植物腋花、总状花序的首次发现和新分类群. 河南农业大学学报，19(4)：362～363. 1985。

本品种单花具花被片 9 枚，外轮花被片 3 枚，萼状，条形，先端向外反曲，浅黄色，背面中脉有红晕，内轮花被片 6 枚，匙状鞋形，长 7.3～7.8 cm，宽 2.4～3.3 cm，先端钝圆，具短尖，或钝尖，基部圆形至楔形，外面上部黄色、浅黄色，中部及下部中间紫色，两侧浅黄色，中脉与侧脉呈放射状紫色细条纹，基部呈淡紫色晕，中央浅黄色；雄蕊花药浅黄色，微有紫色晕，先端尖，内面乳白色，外面微被紫色晕；花梗密被白色长柔毛。

产地：河南南召县。选育者：赵天榜、高聚堂。

Ⅶ 狭被望春玉兰品种群（世界玉兰属植物资源与栽培利用）　品种群

Yulania biondii (Pamp.) D. L. Fu Angustitepala Group，孙军等. 望春玉兰品种资源与分类系统的研究. 安徽农业科学，36(22)：9493. 2008；赵天榜、田国行等主编. 世界玉兰属植物资源与栽培利用：270. 2013。

(30)'狭被'望春玉兰（植物研究）　品种

Yulania biondii (Pamp.) D. L. Fu 'Angustitepala'，孙军等. 望春玉兰品种资源与分类系统的研究. 安徽农业科学，36(22)：9493. 2008；赵天榜、田国行等主编. 世界玉兰属植物资源与栽培利用：270. 2013；Yulania biondii (Pamp.) D. L. Fu var. angutitepala D. L. Fu，T. B. Zhao et D. W. Zhao，傅大立等. 河南玉兰属两新变种. 植物研究，27(4)：16～17. 2007。

本品种叶椭圆形，薄纸质，先端钝圆，具突长尖头。单花具花被片 9 枚，外轮花被片 3 枚，萼状，膜质、早落，内轮花被片 6 枚，狭长，长 5.0～7.0 cm，宽 1.0 ～1.5 cm，外面白色，仅基部微有紫色晕。绽开时呈棒状。

产地：河南省鸡公山。发现者：赵天榜。

(31)'狭被－1'望春玉兰　新品种

Yulania biondii (Pamp.) D. L. Fu 'Angustitepala－1'，cv. nov.

本新品种叶狭椭圆形，薄纸质，先端渐尖。单花具花被片 9 枚，外轮花被片 3 枚，萼状，膜质、早落，内轮花被片 6 枚，狭带形，长 5.0～7.0 cm，宽 0.8～1.0 ～1.5 cm，白色，通常向后反卷。

产地：河南郑州市。选育者：赵天榜和陈志秀。

Ⅷ 多被望春玉兰品种群　新品种群

Yulania biondii (Pamp.) D. L. Fu Duobei Group, group nov.

本新品种群单花具花被片 12 枚。

(32)'多被'望春玉兰　新品种

Yulania biondii (Pamp.) D. L. Fu 'Duobei', cv. nov.

本新品种叶椭圆形，薄纸质，先端钝圆，具突长尖头。单花具花被片 15 枚，外轮花被片 3 枚，萼状，膜质、早落，内轮花被片 12 枚，条形，长 6.0～7.5 cm，宽 0.8～1.2 cm，白色。

产地：河南南召县。发现者：高聚堂、赵天榜于 1985 年在南召县小店乡发现 1 株'桃实'望春玉兰。其花极似星花玉兰花 Y. stellata (Sieb. & Zucc.) D. L. Fu。

(33)'多被 白花'望春玉兰　新品种

Yulania biondii (Pamp.) D. L. Fu 'Duobei Baihua', cv. nov.

本新品种单花具花被片 12 枚，外轮花被片 3 枚，萼状，条形，长 2.0～3.0 cm，宽 4～5 mm，外面白色，内轮花被片 9 枚，匙状椭圆形，长 6.0～8.0 cm，宽 3.0～5.0 cm，白色，外面基部中间紫红色，中部以上白色，内面白色。

产地：河南南召县。发现者：高聚堂、赵天榜。

Ⅸ 多变望春玉兰品种群　新品种群

Yulania biondii (Pamp.) D. L. Fu Doubian Group, group nov.

本新品种群单花具花被片 9 枚，外轮花被片 3 枚，多变。

(34)'多变'望春玉兰　新品种

Yulania biondii (Pamp.) D. L. Fu 'Duobian', cv. nov.

本新品种单花具花被片 9 枚，外轮花被片 3 枚，萼状，多变，长 2～32 mm，宽 2～4 mm，不早落，内轮花被片 6 枚，匙状椭圆形，外面中部以下紫红色，上部白色；雄蕊花药淡黄色，花丝紫红色；离生单雌蕊花柱与子房黄色；花梗无毛，仅顶端具 1 环状柔毛；缩台枝上仅节间处密被 1 环状白色柔毛。

产地：河南郑州。选育者：赵天榜、陈志秀。

(35)'双粉花'望春玉兰　新品种

Yulania biondii (Pamp.) D. L. Fu 'Shuangfenhua', cv. nov.

本新品种单花具花被片 9 枚，外轮花被片 3 枚，萼状，条形，长度 1.3～1.7 cm，宽度 1.5～2 mm，不早落，淡白色，微有淡粉晕，先端反卷，内轮花被片 6 枚，匙状长椭圆形，长 7.5～8.5 cm，宽 2.5～3.5 cm，常从中部向后反曲，外面中部以下中间水粉色，上部以上微水粉色，先端钝尖，内面白色，上部以上微被水粉色晕；雄蕊花药淡黄色，花丝紫色；雌蕊群圆柱状，长 2.0～2.5 cm；离生单雌蕊子房淡黄绿色，花柱极短，长约 1 mm，微有极浅紫晕，先端不外卷；花梗被柔毛，顶端具 1 环状柔毛；缩台枝上密被白色柔毛。

产地：河南郑州。选育者：赵天榜、陈志秀。

X 长萼望春玉兰品种群　新品种群

Yulania biondii(Pamp.)D. L. Fu Chang È Group, group nov.

本新品种群单花具花被片 9 枚,外轮花被片 3 枚,条形。

(36)'长萼'望春玉兰(世界玉兰属植物资源与开发利用)　品种

Yulania biondii(Pamp.)D. L. Fu 'Chang È',赵天榜、田国行等主编. 世界玉兰属植物资源与栽培利用:268. 2013。

本品种单花具花被片 9 枚,外轮花被片 3 枚,长条形,膜质,萼状,长度为内轮花被片 1/3,内轮花被片匙状长椭圆形,先端钝圆,外面亮粉红色。

产地:河南郑州市。选育者:赵天榜。

(37)'紫粉花'望春玉兰　新品种

Yulania biondii(Pamp.)D. L. Fu 'Zifenhua', cv. nov.

本新品种单花具花被片 9 枚,外轮花被片 3 枚,萼状,条形,长度 1.3 ~ 1.7 cm,宽度 1.5 ~ 2 mm,不早落,基部淡粉色,上部微有淡粉晕,先端反卷,内轮花被片 6 枚,匙状长椭圆形,长 6.5 ~ 7.5 cm,宽 2.0 ~ 2.5 cm,常从中部向后反曲,外面中部以下中间亮紫色,紫色中脉直达先端,中部以上水粉色,内面上部以上淡水粉色,上部以下白色;雄蕊花药淡黄色,花丝紫色;雌蕊群圆柱状,长 1.7 ~ 2.5 cm;离生单雌蕊子房淡黄绿色,花柱极短,长约 1 mm,淡黄绿色,先端不外卷;花梗被柔毛,顶端具 1 环状柔毛;缩台枝上密被白色柔毛。

产地:河南郑州市。选育者:赵天榜、陈志秀。

(38)'卷被'望春玉兰(世界玉兰属植物资源与栽培利用)　品种　图版 67:1 ~ 6

Yulania biondii(Pamp.)D. L. Fu 'Guanbei',赵天榜、田国行等主编. 世界玉兰属植物资源与栽培利用:267. 2013。

本品种单花具花被片 9 枚,外轮花被片 3 枚,萼状,条形,淡白色,微有粉色晕;内轮花被长 6 枚,宽椭圆形,向下反卷,乳白色,外面基部紫红色,中脉紫红色,内面乳白色及中脉紫色;雄蕊背面淡紫色,花丝紫红色,长约 2.5 mm;雌蕊群略高于雄蕊群。

产地:河南郑州市。选育者:赵天榜、陈志秀。

(39)'粉被'望春玉兰(世界玉兰属植物资源与栽培利用)　品种

Yulania biondii(Pamp.)D. L. Fu 'Fenbei',赵天榜、田国行等主编. 世界玉兰属植物资源与栽培利用:268. 2013。

本品种单花具花被片 9 枚,外轮花被片 3 枚,条形,膜质,萼状,水粉色,内轮花被片 6 枚,匙形,先端钝圆,具喙,中部以下狭呈楔状,外面白色,花柱微反卷。

产地:河南郑州市。选育者:陈志秀、赵天榜。

Ⅺ 两型花望春玉兰品种群　新品种群

Yulania biondii(Pamp.)D. L. Fu Dimorphiflora Group, group nov.

本新品种群花有 2 种花型:① 单花具花被片 9 枚,雌蕊群显著高于雄蕊群;② 单花具花被片 9 枚,雌蕊群与雄蕊群近等高,或雄蕊群稍低于雌蕊群。

(40)两型花望春玉兰　原品种

Yulania biondii(Pamp.)D. L. Fu 'Dimorphiflora'

(41)条形望春玉兰　新品种

Yulania biondii(Pamp.)D. L. Fu ‘Linearis’,cv. nov.

本新品种有2种花型:① 单花具花被片9枚,外轮花被片3枚,萼状,条形,不早落,淡白色,先端反卷;② 单花具花被片12枚,其花被片形状、大小、颜色与①相同。

产地:河南郑州市。选育者:赵天榜和陈志秀。

(42)‘黄籽’望春玉兰　新品种　图版64:8

Yulania biondii(Pamp.)D. L. Fu ‘Huangzi’,cv. nov.

本新品种主要形态特征:拟假种皮种种子黄色。

产地:河南郑州市。选育者:赵天榜和陈志秀。

(43)‘狭叶’望春玉兰　新品种　图版70:7

Yulania biondii(Pamp.)D. L. Fu ‘Xiayé’,cv. nov.

本新品种主要形态特征:叶狭椭圆形,长7.5~9.5 cm,宽2.5~3.5 cm,从中部向上长渐尖,先端细尖,外面中部以下呈狭楔形。

产地:河南郑州市。选育者:赵天榜和陈俊通。

(44)‘卷被 两型花’望春玉兰　新品种　图版68:1~4

Yulania biondii(Pamp.)D. L. Fu ‘Juanbei Liangxinghua’,cv. nov.

本新品种单花具花被片9枚,瓣状花被片向后反卷;2种花型:① 雌蕊群显著高于雄蕊群;② 单花具花被片9枚,雌蕊群与雄蕊群近等高,或雄蕊群稍低于雌蕊群。

产地:河南郑州市。选育者:赵天榜和陈志秀。

(45)‘塔形’望春玉兰　新品种　图版69:5~7

Yulania biondii(Pamp.)D. L. Fu ‘Tǎxing’,cv. nov.

本新品种树冠塔形;侧枝直立。叶狭椭圆形,长7.5~9.5 cm,宽2.5~3.5 cm,从中部向上长渐尖,先端细尖,外面中部以下渐狭,基部楔形。

产地:河南郑州市。选育者:赵天榜和陈俊通。

(46)‘淡粉’望春玉兰　新品种　图版71:1~3

Yulania biondii(Pamp.)D. L. Fu ‘Dànfen’,cv. nov.

本新品种单花具花被片9枚,外轮花被片萼状,小,早落,瓣状花被片椭圆形,先端钝尖,外面中间淡粉色;稀单花具花被片10枚,外2轮花被片狭椭圆形,或椭圆形。

产地:河南郑州市。选育者:赵天榜和陈志秀。

(47)‘紫基’望春玉兰　新品种　图版71:4~5

Yulania biondii(Pamp.)D. L. Fu ‘Ziji’,cv. nov.

本新品种单花具花被片9枚,外轮花被片萼状,小,早落,瓣状花被片椭圆形,外面基部中间紫色,或紫红色,上部白色,微被水粉色晕。

产地:河南郑州市。选育者:赵天榜和陈志秀。

(48)‘微粉’望春玉兰　新品种　图版71:7~9

Yulania biondii(Pamp.)D. L. Fu ‘Wēifen’,cv. nov.

本新品种单花具花被片9枚,外轮花被片萼状,小,早落,瓣状花被片6枚,长匙状椭圆形,先端钝尖,外面中间淡粉色,上部被水粉色晕。

产地:河南郑州市。选育者:赵天榜和陈志秀。

（49）‘紫红基’望春玉兰　新品种　图版 70:10

Yulania biondii（Pamp.）D. L. Fu ‘Zihongji’，cv. nov.

本新品种单花具花被片 9 枚，外轮花被片萼状，小，早落，瓣状花被片 6 枚，长匙状椭圆形，先端钝尖，外面中间紫红色，主脉紫红色直达先端。

产地：河南郑州市。选育者：赵天榜和陈志秀。

30. **日本辛夷**（中国农学通报）　皱叶木兰（中国植物志）　图 9－30　图版 72:1～4

Yulania kobus（DC.）Spach，Hist. Nat. Vég. Phan. 7:467. 1839；傅大立. 玉兰属的研究. 武汉植物学研究，19（3）:189. 2001；田国行等. 玉兰属植物资源与新分类系统的研究. 中国农学通报，22（5）:408. 2006；赵天榜、田国行等主编. 世界玉兰属植物资源与栽培利用：270～272. 2013；赵东武、赵东欣. 河南玉兰属植物种质资源与开发利用研究. 安徽农业科学，36（22）:9490. 2008；赵天榜、任志锋、田国行主编. 世界玉兰属植物种质资源志：66～67. 图 3－29. 2013；*Magnolia kobus* DC.，nom. cons. prop.，Syst. Nat. 1：456. 1818；*M. praecocissima* Koidz. in Bot Mag. Tokyo 43 386. 1929；中国科学院中国植物志编辑委员会. 中国植物志 第三十卷 第一册：139. 1976。

落叶乔木。玉蕾卵球状。叶倒卵圆状椭圆形，长 8.0～17.0 cm，宽 3.5～11.0 cm，先端急短尖，基部窄楔形，稍下延，边缘微波状，表面暗绿色，主脉基部被白色长柔毛，背面灰绿色，沿脉被白柔毛；叶柄初被白柔毛，后无毛。花先叶开放。单花具花被片 9 枚，外轮花被片 3 枚，萼状，绿色、黄白色，或浅褐色，三角状条形，长 1.5～4.0 cm，内轮花被片 6 枚，白色，有时外面基部紫红色，匙形、狭倒卵圆形，长 5.0～9.0 cm，宽 1.5～3.0 cm，内轮花被片较小；雄蕊多数，花丝紫红色；雌蕊群圆柱状；离生单雌蕊子房绿色；花梗无毛。缩台枝被柔毛。聚生蓇葖果圆柱状，长 3.5～10.0 cm，常扭曲；蓇葖果扁球状，具白色皮孔。花期 3～4 月；果实成熟期 9～10 月。染色体 $2n = 38$。

图 9－30　**日本辛夷** Yulania kobus（DC.）Spach
1. 叶、枝和初花；2. 花枝；3. 雌雄蕊群；4. 枝叶与聚生蓇葖果
（选自《複製 日本森林樹木図譜》）。

产地：日本和朝鲜南部。我国山东青岛、河南新郑市有引种栽培。

注：作者尚未查到假日本辛夷 *Magnolia psuedo－kobus* Ashe 的有关资料，现存异，尚待进一步研究。

变种：

（1）日本辛夷　原变种

Yulania kobus(DC.)Spach var. kobus

（2）变异日本辛夷（世界玉兰属植物资源与栽培利用）　变种　图版72:5～8

Yulania kobus(DC.)Spach var. variabilis T. B. Zhao et Z. X. Chen，赵天榜、田国行等主编. 世界玉兰属植物资源与栽培利用:272. 2013；赵天榜、任志锋、田国行主编. 世界玉兰属植物种质资源志:67. 2013。

本变种单花具花被片9枚，稀11枚，外轮花被片3枚，萼状，膜质，窄条形，长0.8～1.2 cm，宽2 mm，内轮花被片花瓣状，薄肉质，白色，有时外面基部紫红色，沿中脉紫红色直达先端；雄蕊群高于雌蕊群；花梗无毛，仅顶端具1环状、白色长柔毛。缩台枝无毛。

产地：河南。模式标本采自新郑市，存河南农业大学。

31. **星花玉兰**（中国农学通报）　星花木兰（中国植物志）　日本毛木兰（中国植物志）　星玉兰（辽宁植物志）　四手辛夷（经济植物手册）　图9－31　图版73:1～8

Yulania stellata(Sieb. & Zucc.)D. L. Fu，田国行等. 玉兰属植物资源与新分类系统的研究. 中国农学通报，22(5):408. 2006；赵东武、赵东欣. 河南玉兰属植物种质资源与开发利用研究. 安徽农业科学，36(22):9490. 2008；赵天榜、田国行等主编. 世界玉兰属植物资源与栽培利用:274～275. 2013；赵天榜、任志锋、田国行主编. 世界玉兰属植物种质资源志:68～69. 图3－30. 2013；*Yulania stellata*(Maxim.) N. H. Xia et al.，Flora of China. vol. 7:75. 2008；*Buergeria stellata* Sieb. & Zucc. in Abh. Math.－Phys. Cl. Akad. Wiss. Münch. 4(2):186. t. 11a(Fl. Jap. Fam. Nat. 1:78)1843；*Yulania tomentosa*(Thunb.)D. L. Fu，傅大立. 玉兰属的研究. 武汉植物学研究，19(3):168. 2001；*Magnolia tomentosa* Thunb. in Trans. Linn. Soc. Bot. 2:336. 1794；中国科学院中国植物志编辑委员会. 中国植物志 第三十卷 第一册:139～140. 1976；胡先骕著. 经济植物手册 上册(2):383. 1955。

落叶灌木、大灌木，或小乔木。叶宽倒卵圆形、长椭圆形，长4.0～11.0 cm，宽2.0～7.0 cm，先端钝圆，急尖至短渐尖，基部楔形，边缘全缘，表面深绿色，无毛，仅沿脉疏被短柔毛，背面浅绿色，无毛，沿脉被密长柔毛，后无毛；叶柄初被短柔毛，后无毛。玉蕾卵球状，顶生；花梗密被灰色长柔毛。花先叶开放。单花具花被片12～18枚，稀48枚，外轮花被片3枚，萼状，条形，长1.5～2.0 mm，宽2～3 mm，早落，内轮花被片9～15枚，稀45枚，形状很相似，通常狭卵圆形、狭长椭圆形、倒卵圆形，长3.2～6.5 cm，宽7～17 mm，白色至玫瑰色，开后常反曲；雄蕊多数，花药线形；雌蕊群圆柱状。聚生蓇葖果圆柱状，不规则弯曲，长5.0～10.0 cm；蓇葖果近球状，长7～12 mm，先端具短喙。染色体$2n = 38$。

产地：日本。美国、英格兰有引栽。中国山东青岛市、河南新郑市有引种。

品种群与品种：

Ⅰ 星花玉兰品种群（世界玉兰属植物资源与栽培利用）　原品种群

Yulania stellata(Sieb. & Zucc.)D. L. Fu Stellata Group，赵天榜、田国行等主编. 世界玉兰属植物资源与栽培利用:276. 2013。

图 9－31　星花玉兰 Yulania stellata(Sieb. & Zucc.)D. L. Fu

1. 花枝、叶芽和玉蕾；2. 玉蕾；3. 雌蕊群；4. 雄蕊；5. 叶枝和聚生蓇葖果；6. 聚生蓇葖果；7～8. 骨质种子(选自《原色日本林業樹木図鑑》)。

(1) 星花玉兰(世界玉兰属植物资源与栽培利用)　原品种

Yulania stellata(Sieb. & Zucc.)D. L. Fu 'Stellata', 赵天榜、田国行等主编. 世界玉兰属植物资源与栽培利用:276. 2013。

(2)'皇星'星花玉兰(世界玉兰属植物资源与栽培利用)　新引栽品种

Yulania stellata(Sieb. & Zucc.)D. L. Fu 'Royal Star',赵天榜、田国行等主编. 世界玉兰属植物资源与栽培利用:277. 2013; *Magnolia kobus* DC. var. *stellata*(Sieb. & Zucc.) B. C. Blackburn 'Royal Star' in D. J. Callaway, THE WORLD OF Magnolias. 160. Plate 50. 1994.

本品种叶椭圆形,长 5.7～10.5 cm,宽 3.0～4.7 cm,先端钝圆,基部楔形,表面亮绿色,无毛,主、侧脉微下陷,背面淡绿色,无毛,边缘向下微卷;叶柄短,微被短柔毛。玉蕾卵球状,顶生;芽鳞状托叶粉红色。花先叶开放。花白色。单花具花被片 25～30 枚,外轮花被片 3 枚,萼状,三角形,膜质。开花期晚于星花玉兰模式 7～10 d。

产地:美国。河南新郑市有引种栽培。

(3)'水 百合'星花玉兰(世界玉兰属植物资源与栽培利用)　新引栽品种

Yulania stellata(Sieb. & Zucc.)D. L. Fu 'Water Lily',赵天榜、田国行等主编. 世界玉兰属植物资源与栽培利用:277～278. 2013; *Magnolia stellata*(Sieb. & Zucc.) Maxim. 'Water Lily' in Hilliers Man. of Trees and Shrubs. ed. 2. 1973; *M. kobus* DC. var. *stellata*

(Sieb. & Zucc.) B. C. Blackburn ‘Water Lily’ in D. J. Callaway, THE WORLD OF Magnolias. 160. 1994; *Magnolia stellata* ‘Water Lily’，克里斯托弗·布里克尔主编. 杨秋生、李振宇主译. 世界园林植物与花卉百科全书:75. 彩片. 2004。

本品和叶椭圆形，长7.8～10.8 cm，宽3.0～4.8 cm，先端钝圆，或急尖，基部楔形，两侧不对称，表面亮绿色，无毛，主、侧脉微下陷，背面淡绿色，初被短柔毛，后无毛。玉蕾卵球状，顶生。花先叶开放。花大型，白色。花被片多数。明显区别于‘睡莲’星花玉兰‘Waterlily’。

产地：英格兰。河南新郑市有引种栽培。

Ⅱ 粉红星花玉兰品种群(世界玉兰属植物资源与栽培利用)　品种群

Yulania stellata(Sieb. & Zucc.)D. L. Fu Fenhong Group，赵天榜、田国行等主编. 世界玉兰属植物资源与栽培利用:278. 2013。

(4)‘百龄’星花玉兰(世界玉兰属植物资源与栽培利用)　新引栽品种

Yulania stellata(Sieb. & Zucc.)D. L. Fu ‘Centennial’，赵天榜、田国行等主编. 世界玉兰属植物资源与栽培利用:278. 2013; *Magnolia kobus* DC. var. *stellata* (Sieb. & Zucc.) B. C. Blackburn ‘Centennial’ in D. J. Callaway, THE WORLD OF Magnolias. 159. Plate 48. 1994.

本品和落叶灌木。小枝纤细，径粗2～3 mm，棕褐色、灰褐色，稍具光泽，疏被灰褐色短柔毛；皮孔少、小，点状突起；幼枝绿色，被短柔毛。叶纸质，长圆形、椭卵圆形，长6.5～10.8 cm，宽2.5～4.8 cm，先端急尖，或钝圆，稀钝尖，基部楔形，两侧不对称，表面亮绿色，具光泽，无毛，主、侧脉微下陷，背面淡绿色、绿色，具光泽，初疏被短柔毛，后无毛，主、侧脉突起，主脉基部被短柔毛；叶柄短，长<1.0 cm，被短柔毛；托叶膜质，匙状条形，嫩绿色，无毛；托叶痕长1～3 mm。玉蕾卵球状，顶生；芽鳞状托叶2枚，第1枚芽鳞状托叶外面深褐色，或黑褐色，纸质，外面密被白色长柔毛，内面1枚浅黄绿色，膜质，外面密被白色长柔毛；花梗长3.4 mm，密被白色长柔毛。花先叶开放，径达12.7 cm。单花具花被片30～35枚，外轮花被片3枚，萼状，三角形，长4～6 mm，宽2 mm，膜质，微浅黄绿色，不脱落，内轮花被片狭长披针形、狭长椭圆形，长3.5～4.2 cm，宽1.1～1.7 cm，白色，或被微粉红色，沿中脉色稍重，先端钝尖，或钝圆，开后常反曲；雄蕊40枚左右，长5～6 mm，花丝长约1.5 mm，粉红色，花药浅黄白色，线形，药室侧向纵裂；雌蕊群圆柱状，长8～10 mm，鲜绿色；离生单雌蕊子房20枚左右，鲜绿色，无毛，花柱中部以上粉红色。

产地：美国。河南新郑市有引种栽培。

(5)‘莉莱斯 莱加西’星花玉兰(世界玉兰属植物资源与栽培利用　新引栽品种

Yulania stellata(Sieb. & Zucc.)D. L. Fu ‘Lyle’s Legacy’，赵天榜、田国行等主编. 世界玉兰属植物资源与栽培利用:278～279. 2013; *Magnolia* ‘Lyle’s Legacy’ in Magnolia Issue 27　51(1):26. 1991.

本品种单花具花被片57枚，稀59枚，或61枚。

产地：美国。

(6)‘莉莱斯 莱加西－1’星花玉兰　星花玉兰－1(世界玉兰属植物资源与栽培利用)　新引栽品种

Yulania stellata(Sieb. & Zucc.)D. L. Fu 'Lyle's Legacy - 1'，赵天榜、田国行等主编.世界玉兰属植物资源与栽培利用:278～279. 2013。

本品种单花具花被片35枚，外轮花被片3枚，萼状，三角形，膜质，微浅黄绿色，不脱落，内轮花被片32枚，狭长条形、狭长椭圆形，长3.5～4.2 cm，宽1.1～1.7 cm，初花粉红色，后白色，或微粉红色，沿中脉色稍重，先端钝尖，或纯圆，开后常反曲；雄蕊40枚左右，花丝粉红色，花药浅黄白色，线形；雌蕊群圆柱状，鲜绿色；离生单雌蕊子房20枚左右，鲜绿色，无毛，花柱中部以上粉红色；花梗长3～4 mm，密被白色长柔毛。

产地：美国。河南新郑市有引种栽培。

（7）'菊花花'星花玉兰（世界玉兰属植物资源与栽培利用）　新引栽品种

Yulania stellata(Sieb. & Zucc.)D. L. Fu 'Chrysanthemumiflora'，赵天榜、田国行等主编.世界玉兰属植物资源与栽培利用:278～279. 2013；*Magnolia stellata*(Sieb. & Zucc.) Maxim. 'Chrysanthemumiflora' in Otto Eisenhut Nursery Catalog. 3. 1989；*M. kobus* DC. var. *stellata*(Sieb. & Zucc.)B. C. Blackburn 'Chrysanthemumiflora' in D. J. Callaway, THE WORLD OF Magnolias. 159. 1994.

本品种花具有透明的粉红色色彩。单花具花被片40枚以上。

产地：本品种产于日本。河南新郑市有引种栽培。

Ⅲ 灌木星花玉兰品种群（世界玉兰属植物资源与栽培利用）　品种群

Yulania stellata(Sieb. & Zucc.)D. L. Fu Nana Group，赵天榜、田国行等主编.世界玉兰属植物资源与栽培利用:281. 2013。

（8）'睡莲'星花玉兰（世界玉兰属植物资源与栽培利用）　'睡莲'星花木兰（世界园林植物与花卉百科全书）　新引栽品种

Yulania stellata(Sieb. & Zucc.)D. L. Fu 'Waterlily'，赵天榜、田国行等主编.世界玉兰属植物资源与栽培利用：281. 2013；*Magnolia stellata*(Sieb. & Zucc.) Maxim. 'Waterlily' Treseder, in Magnolia Books. 1978；*Magnolia stellata*(Sieb. & Zucc.) Maxim. 'Waterlily' in Morton Arb. Bull.,14:23. 1939 and 15:24. 1940；*M. kobus* DC. var. *stellata*(Sieb. & Zucc.) B. C. Blackburn 'Waterlily' in D. J. Callaway, THE WORLD OF Magnolias. 160～161. 1994；[英] 克里斯托弗·布里克尔主编. 杨秋生、李振宇主译. 世界园林植物与花卉百科全书:75. 622. 2004。

本品种单花具花被片18枚，外轮花被片3枚，萼状，内轮花被片15枚，花瓣状，匙状长椭圆形，白色，先端钝圆，或渐尖。

产地：美国。河南新郑市有引栽。

无性系：

'睡莲'星花玉兰无性系如下：

1）'睡莲'星花玉兰无性系 - 1

Yulania stellata(Sieb. & Zucc.)D. L. Fu 'Waterlily - 1', cv. transl. nov., *Magnolia kobus* DC. var. *stellata*(Sieb. & Zucc.)B. C. Blackburn 'Waterlily - 1' in D. J. Callaway, THE WORLD OF Magnolias. 160. 1994.

本无性系植株比模式更直立。花细长、大而颇香。单花具花被片20枚。

产地:本品种产于美国。河南有引栽。

2)'睡莲'星花玉兰无性系 -2

Yulania stellata(Sieb. & Zucc.)D. L. Fu 'Waterlily -2', cv. transl. nov., *Magnolia kobus* DC. var. *stellata*(Sieb. & Zucc.)B. C. Blackburn 'Waterlily -2' in D. J. Callaway, THE WORLD OF Magnolias. 161. 1994.

本无性系花期晚;花亮粉红色。单花具花被片32枚。

产地:本品种产于美国。河南有引栽。

3)'睡莲'星花玉兰无性系 -3

Yulania stellata(Sieb. & Zucc.)D. L. Fu 'Waterlily -3', cv. transl. nov., *Magnolia kobus* DC. var. *stellata*(Sieb. & Zucc.)B. C. Blackburn 'Waterlily -3' in D. J. Callaway, THE WORLD OF Magnolias. 161. 1994.

本无性系花粉红色,脱落时白色。单花具花被片34~40枚。

产地:本品种产于美国。河南有引栽。

4)'睡莲'星花玉兰无性系 -4　星花玉兰 -2

Yulania stellata(Sieb. & Zucc.)D. L. Fu 'Waterlily -4'

本品种落叶灌木,丛生。叶纸质,长圆形、椭卵圆形,先端短尖,基部楔形,表面绿色,具光泽,两面无毛。花先叶开放,或花先叶开放。单花具花被片9枚,外轮花被片3枚,萼状,膜质,长披针形,淡绿紫色,内轮花被片6枚,直立,匙状椭圆形,先端钝圆,外面基部黑紫色,上部色稍淡,内面淡紫红色,脉纹色稍重;雄蕊黑紫色;离生单雌蕊子房无毛,花柱淡紫色,弯曲,先端稍向外曲。

产地:本品种产于美国。河南有栽培。

注:本品种为星花玉兰中特异的1种,暂作'睡莲'星花玉兰无性系。

32. **柳叶玉兰**(武汉植物学研究)　柳叶木兰(经济植物手册、世界园林植物与花卉百科全书)　图9-32　图版73:9~10

Yulania salicifolia(Sieb. & Zucc.)D. L. Fu,傅大立. 玉兰属的研究. 武汉植物学研究,19(3):198. 2001;田国行等. 玉兰属植物资源与新分类系统的研究. 中国农学通报,22(5):407. 2006;赵天榜、田国行等主编. 世界玉兰属植物资源与栽培利用:282~285. 2013;赵天榜、任志锋、田国行主编. 世界玉兰属植物种质资源志:70~71. 2013;*Buergeria salicifolia* Sieb. & Zucc. in Abh. Math. -Phys. Cl. Akad. Wiss. Münch. 4(2):187(Fl. Jap. Fam. Nat. 1:79). 1843;*Magnolia salicifolia*(Sieb. & Zucc.)Maxim. in Bull. Acad. Sci. St. Pétersb. 17:419(in Mél. Biol. 8:509). 1872;Rehd. & Wils. in Sargent, Pl. Wils. 1:408. 1913;胡先骕著. 经济植物手册. 上册(2):380. 1953;D. J. Callaway, THE WORLD OF Magnnolias. 163~164. 1994;—朝日新聞社编. 朝日園芸植物事典. 148. 彩图240. 1987;布里斯托弗·布里克尔. 世界园林植物与花卉百科. 75. 彩图. 2004;倉田悟. 原色日本林業樹木図鑑. 3:18. 彩图(绘). 1971;—牧野富太郎. 牧野新日本植物圖鑑. 昭和五十四年. 第35版:542. 第1264圖;白澤保美著. 複製日本森林樹木圖譜. 120~122. 第四十版 图解. 明治四十四年;*Talauma* ? *salicifolia* Miq. in Ann. Mus. Bot. Lugd. -Bat. 2:258(Prol. Fl. Jap. 145). 1866.

灌木，或大灌木，高 10.0 ~ 15.0 m；树皮粗糙，银灰色。小枝浅黄褐色，疏被短柔毛。顶生玉蕾被黄色，或银色长柔毛，通常具不同的香味。叶卵圆形，稀椭圆形，通常宽在中部，长 5.0 ~ 15.2 cm，宽 2.5 ~ 7.6 cm，表面暗绿色，具光泽，背面灰绿色，先端急尖到渐尖，基部楔形至圆形；叶柄无毛，黄棕色，长达 2.5 cm。花先叶开放，芳香，径 7.6 ~ 10.0 cm。单花具花被片 9 ~ 12 枚，内轮花被片 6 ~ 9 枚，匙形，长 5.0 ~ 10.0 cm，宽 2.5 ~ 5.0 cm，具光彩，基部通常粉红色，外轮花被片 3 枚，萼状；离生单雌蕊多数；子房白色，或乳黄色，长达 1.3 cm；花梗无毛。聚生蓇葖果圆柱状，长 5.0 ~ 7.6 cm，红褐色。染色体数目 $2n = 38$。

产地：本种产于日本。模式标本（Type specimen：collection by Siebold，Leyden Herbarium，the Netherlands）。广东、河南、陕西有引种栽培。

用途：本种为优良观赏树种。玉蕾入药，称“辛夷”，也是香料的资源。

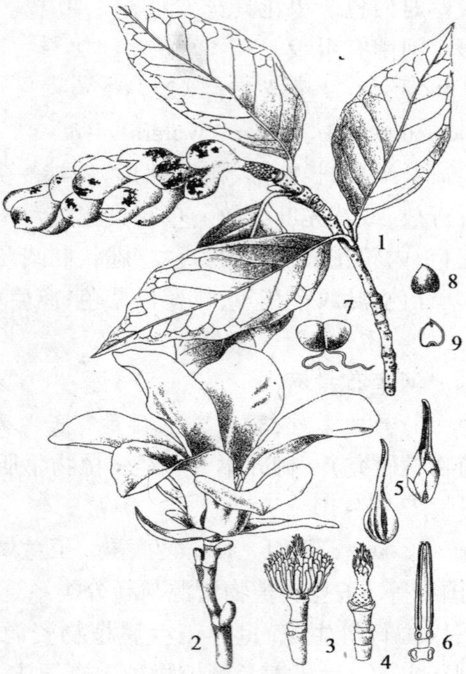

图 9 – 32　柳叶玉兰 Yulania salicifolia（Sieb. & Zucc.）D. L. Fu

1. 花枝；2. 雌雄蕊群；3. 雄蕊；4. 叶枝和聚生蓇葖果；5. 叶枝和玉蕾；6. 拟假种片皮种子；7. 骨质种子（选自《原色日本林業樹木図鑑》）。

33. **星紫玉兰**（中国农学通报）　杂交种

Yulania × george – henry – kern（C. E. Kern）D. L. Fu et T. B. Zhao，田国行等. 玉兰属植物资源与新分类系统的研究. 中国农学通报，22（5）：409. 2006；赵天榜、田国行等主编. 世界玉兰属植物资源与栽培利用：353. 2013；赵天榜、任志锋、田国行主编. 世界玉兰属植物种质资源志：73. 2013；*Magnolia* ‘George Henry Kern’ in American Nurseryman，89（5）：33 ~ 34. 1949；‘George Henry Kern’. *Magnolia kobus* DC. var. *stellata*（Sieb. & Zucc.）B. C. Blackburn × *M. liliflora* Desr. in D. J. Callaway，THE WORLD OF

Magnolias. 217. 1994.

本杂交种单花具花被片 8 ~ 10 枚,花被片外面浓红 - 蔷薇色,内面颜色较浅;外轮花被片 3 枚,萼状。花期 4 ~ 7 月。染色体 $2n = 57$。

产地:本杂交种产于美国。本杂交种杂交亲本是:星花玉兰 × 紫玉兰。

变种:

(1) 星紫玉兰　原变种

Yulania × george - henry - kern(C. E. Kern) D. L. Fu et T. B. Zhao var. george - henry - kern

(2) 安星紫玉兰(世界玉兰属植物资源与栽培利用)　变种　图版 73:11

Yulania × george - henry - kern(C. E. Kern) D. L. Fu et T. B. Zhao var. ann (Francis de Vos) D. L. Fu et T. B. Zhao 'Ann',赵天榜、田国行等主编. 世界玉兰属植物资源与栽培利用:353. 2013。

本品种灌木状。叶长达 10.0 cm,革质,边缘波状起伏。玉蕾直立,渐细。花红紫色,径 5.0 ~ 10.0 cm。单花具花被片 6 ~ 9 枚,外轮花被片 3 枚,萼状,内外轮花被片 6 枚,外面基部红紫色,向先端稍淡,渐呈细条纹。

产地:本杂交变种产于美国。本变系 1955 年由 Dr. Francis de Vos 用星花玉兰 × 黑紫玉兰 Yulania liliflora (Desr.) D. L. Fu var. nigra (Nichols.) T. B. Zhao et Z. X. Chen 培育的。河南新郑市有引种栽培。

品种:

(1) 星紫玉兰　原品种

Yulania × george - henry - kern(C. E. Kern) D. L. Fu et T. B. Zhao 'George Henry Kern'

(2) '安'星紫玉兰(世界玉兰属植物资源与栽培利用)　新引栽品种

Yulania × george - henry - kern(C. E. Kern) D. L. Fu et T. B. Zhao 'Ann',赵天榜、田国行等三编. 世界玉兰属植物资源与栽培利用:353. 2013;*Magnolia* 'Ann' in Dudley & Kosar, Morris Arb. Bull., 19:28. figs. 1. 4. 1968;'Ann'. *Magnolia kobus* A. DC. var. *stellata* (Sieb. & Zucc.) B. C. Blackburn × *M. liliflora* Desr. 'Nigra' in J. D. Callaway, THE WORLD OF Magnolias. 211. Plates 107 ~ 108. 1994.

本品种灌木状。叶长达 10.0 cm,革质,边缘波状起伏。玉蕾直立,渐细。花红紫色,径 5.0 ~ 10.0 cm。单花具花被片 9 枚,外轮花被片 3 枚,萼状,内外轮花被片 6 枚,外面基部红紫色,向先端渐呈细条纹。

产地:本品种产于美国。本品种是用星花玉兰 × 黑紫玉兰培育的。

2005 年,傅大立从美国引入的 *Magnolia* 'Ann' 栽培于河南郑州市。现将其形态特征补充描述如下:

落叶灌木,常丛生。小枝粗壮,紫褐色,具光泽,无毛,秋季枝灰绿色,被短柔毛;幼枝嫩绿色,被淡紫褐色晕,疏被极少短柔毛。叶纸质,长椭圆形,长 7.5 ~ 8.5 cm,宽 3.0 ~ 5.0 cm,先端钝尖,或钝圆,基部楔形,表面绿色,亮光泽,无毛,主、侧脉微下陷,无毛,背面绿色,亮光泽,无毛,沿主、侧脉突起,沿主脉疏被短柔毛;叶柄长 0.8 ~ 1.0 cm,具淡紫褐色晕,疏被短柔毛;托叶膜质,匙状披针形,嫩绿色,无毛;托叶痕长 2 ~ 3 mm,为叶柄长度的2/3。玉蕾卵球状,长1.3～1.8 cm,中部以上渐长尖;芽鳞状托叶2～3枚,外面密被灰褐色短柔毛。花先叶开放。单花具花被片9枚,外轮花被片3枚,萼状,膜质,不早落,条形,基部绿褐色,中部以上紫褐色,长1.5～2.0 cm,基部宽5～7 mm,先端钝圆,内轮花被片6枚,花瓣状,直立,匙状椭圆形,长5.6～6.0 cm,宽2.8～3.5 cm,薄肉质,先端钝圆,外面基部亮紫红色,上部粉红色,内面乳白色;雄蕊多数,长7～9 mm,紫红色,弓形,花丝长约1 mm,紫红色,药室侧向纵裂,药隔伸出呈短尖头;稀有2～5枚,长1.3 cm,宽2 mm,呈弓形的特异雄蕊;雌蕊群圆柱状,长1.0～1.2 cm;离生单雌蕊多数;子房鲜绿色,花柱紫红色,稍向外曲;花梗稍膨大,长5～7 mm,淡绿色,密被白色柔毛。缩台枝无毛。花期3月底至4月初。

(3)'贝蒂'安星紫玉兰(世界玉兰属植物资源与栽培利用)　新引栽品种

Yulania × george－henry－kern(C. E. Kern)D. L. Fu et T. B. Zhao'Betty',赵天榜、田国行等主编. 世界玉兰属植物资源与栽培利用:354～355. 2013;*Magnolia*'Betty' in Dudley & Kosar, Morris Arb. Bull., 19:26. fig. 2. 1968; *Magnolia*'Betty' in D. J. Callaway, THE WORLD OF Magnolias. 212. 1994.

本品种叶宽卵圆形,长达12.7 cm,无毛。玉蕾先端尖,有时弯曲。花径20.3 cm。单花具花被片12～19枚,外面基部红紫色,先端灰紫色。花期4月中旬。

产地:本品种产于美国。河南新郑市有引种栽培。

(4)'长柱'安星紫玉兰　'贝蒂'安星紫玉兰－2(世界玉兰属植物资源与栽培利用)　新组合品种

Yulania × george－henry－kern(C. E. Kern)D. L. Fu et T. B. Zhao'Changzhu', cv. nov., Yulania × george－henry－kern(C. E. Kern)D. L. Fu et T. B. Zhao'Betty－2',赵天榜、田国行等主编. 世界玉兰属植物资源与栽培利用:354～355. 2013。

本新品种落叶灌木,常丛生。小枝粗壮,紫褐色,或灰绿色,具光泽,通常无毛,秋季枝灰绿色,密被短柔毛;幼枝嫩绿色,被短柔毛。叶纸质,长椭圆形,长7.5～10.5 cm,宽3.8～5.0 cm,先端钝尖,基部楔形,表面绿色,亮光泽,无毛,主、侧脉微下陷,沿主脉被短柔毛,背面绿色,亮光泽,无毛,沿主、侧脉突起,沿主脉基部被短柔毛,边缘被缘毛;叶柄长0.5～1.2 cm,被短柔毛;托叶膜质,匙状披针形,嫩绿色,无毛;托叶痕长2～3 mm,沿托叶痕边缘被白色柔毛。玉蕾长卵球状,长1.5～2.0 cm,中部以上渐长尖;芽鳞状托叶2～3枚,外面密被灰褐色短柔毛。花先叶开放;花梗稍膨大,长4～5 mm,淡绿色,密被白色柔毛。单花具花被片9～15枚,外轮花被片3枚,萼状,膜质,不早落,匙状条形,淡褐色,长1.8～2.0 cm,基部宽2～3 mm,先端钝圆、内曲,内轮花被片6～12枚,花瓣状,匙状椭圆形,长4.5～7.0 cm,宽1.6～3.3 cm,薄肉质,先端钝圆,或钝尖,外面基部亮紫红色,上部色稍淡,内面白色,具淡粉红色晕,脉纹色稍重;雄蕊多数,长7～8 mm,紫红色,花丝长约1.5 cm,紫红色,药室侧向纵裂,药隔伸出呈短尖头,稀有1～3枚,长1.5 cm,宽2 mm,花丝长4～6 mm,宽3 mm,呈弓形的特异雄蕊;雌蕊群圆柱状,长1.0～1.2 cm;离生单雌蕊多数,子房淡绿色,无毛,花柱紫红色,或淡紫红色,花柱长于子房,或2倍于子房,花柱稍向外曲,或内曲;花梗淡绿色,微被短柔毛。缩台枝密被白色长柔毛。花期3月底至4月初,或生长期间多次开花;单花具佛焰苞状托叶1枚,着生在花梗顶端,膜质、无毛,绿色。

生长期间单花具花被片9～12枚,外轮花被片萼状、膜质、三角形,绿褐色,内轮花被片6～9枚,紫红色,或中部以上淡紫色,基部紫红色,内面白色,具淡粉红色晕及脉纹,宽椭圆状匙形,长7.5～9.5 cm,宽(1.5～)3.5～3.5 cm,先端钝圆,基部楔形;雄蕊约30枚,淡紫红色,长约1.5 cm,花丝紫红色,药室侧向纵裂,药隔先端伸出呈三角状短尖头;雌蕊群圆柱状,发育差。

产地:本品种产于美国国家树木园(USNA)。本品种是1956年由William Kosar杂交成功的。其杂交亲本为:'玫瑰'星花玉兰Yulania stellata(C. E. Kern)D. L. Fu 'Rosea' × 黑紫玉兰。河南新郑市有栽培。

注:本品种2005年由傅大立从美国引入。傅大立、赵天榜,No. 200803261、No. 200803283(花)。河南新郑市有引种栽培。2007年7月25日。赵天榜和傅大立,No. 2007072517(枝和叶)。

(5)'诊妮'安星紫玉兰(世界玉兰属植物资源与栽培利用)　新引栽品种

Yulania × george－henry－kern(C. E. Kern)D. L. Fu et T. B. Zhao 'Jane',赵天榜、田国行等主编. 世界玉兰属植物资源与栽培利用:355. 2013;*Magnolia* 'Jane' in Dudley & Kosar, Morris Arb. Bull., 19:27. fig. 3. 1968;*Magnolia* 'Jane' in D. J. Callaway, THE WORLD OF Magnolias. 218. 1994.

本品种晚花品种。花初期直立,杯状,柔软,红紫色,芳香。花小,径7.6～10.1 cm。单花具花被片8～10枚,花被片卵圆—匙形,长5.0～6.0 cm,宽1.0～2.5 cm,先端钝圆,外面紫色,或紫红色,内面白色;雄蕊90～110枚,紫红色。该品种为3倍体,败育。

产地:本品种产于美国。本品种由William Kosar培育。其杂交亲本是:'睡莲'星花玉兰Yulania stellata(Sieb. & Zucc.)D. L. Fu 'Waterlily' × '堇花'紫玉兰Y. liliflora(Desr.)D. L. Fu 'Reflorescens' [*Magnolia liliflora* Desr. 'Reflorescens']。本品种系2005年由傅大立从美国引进。河南新郑市有栽培。

(6)'诊妮－2'安星紫玉兰　新引栽品种

Yulania × george－henry－kern(C. E. Kern)D. L. Fu et T. B. Zhao 'Jane－2',赵天榜、田国行等主编. 世界玉兰属植物资源与栽培利用. 355. 2013。

2005年由傅大立从美国引入的*Magnolia* 'Jane'栽培于河南郑州市。因其形态特征与*Magnolia* 'Jane'不同,即单花具花被片35枚。现将其形态特征补充描述如下:

本品种落叶灌木。小枝纤细,径粗2～3 mm,棕褐色、灰褐色,稍具光泽,疏被灰褐色短柔毛;皮孔少、小,点状,突起;幼枝绿色,被短柔毛。叶纸质,长圆形,长6.5～8.0 cm,宽2.5～3.8 cm,先端钝圆,稀钝尖,基部楔形,表面亮绿色,无毛,主、侧脉微下陷,背面淡绿色,密被微细毛,主、侧脉突起,主脉基部被短柔毛;叶柄短,长＜1.0 cm,被短柔毛;托叶膜质,匙状披针形,嫩绿色,无毛;托叶痕长1～3 mm。玉蕾卵球状,顶生;芽鳞状托叶2枚,第一枚深褐色,或黑褐色,纸质,外面密被白色长柔毛,内面浅黄绿色,膜质,外面密被白色长柔毛。花先叶开放。单花具花被片35枚,外轮花被片3枚,萼状,三角形,长4～6 mm,宽2 mm,膜质,微浅黄绿色,不脱落,内轮花被片32枚,长条形、狭长椭圆形,长3.5～4.2 cm,宽1.1～1.7 cm,初花粉红色,后白色,或微粉红色,沿中脉色稍重,先端钝尖,或钝圆,开后常反曲;雄蕊40枚左右,长5～6 mm,花丝长约1.5 mm,粉红色,花药浅黄白色,线形,药室侧向纵裂;雌蕊群圆柱状,长 8 ~ 10 mm,鲜绿色;离生单雌蕊子房 20 枚左右,鲜绿色,无毛,花柱中部以上粉红色;花梗长 3.4 mm,密被白色长柔毛。

(7)'苏珊'安星紫玉兰(世界玉兰属植物资源与栽培利用)　新引栽品种

Yulania × george - henry - kern(C. E. Kern)D. L. Fu et T. B. Zhao 'Susan',赵天榜、田国行等主编. 世界玉兰属植物资源与栽培利用:357. 2013;*Magnolia* 'Susan' in Dudley & Kosar,Morris Arb. Bull.,19:26. 1968;*Magnolia* 'Susan' in D. J. Callaway,THE WORLD OF Magnolias. 229. 1994.

本杂交品种叶纸质,卵圆形,长 12.7 cm,无毛。玉蕾直立而细。花径 10.0 ~ 15.0 cm。单花具花被片 6 枚,表面红紫色,有些扭曲。花期 4 月中、下旬。

产地:本品种产于美国。本杂交品种杂交亲本为:'玫瑰'星花玉兰与黑紫玉兰。河南南召县有栽培。

(8)'柱蕾'安星紫玉兰(世界玉兰属植物资源与栽培利用)　新引栽品种

Yulania × george - henry - kern(C. E. Kern)D. L. Fu et T. B. Zhao 'Pinkie',赵天榜、田国行等主编. 世界玉兰属植物资源与栽培利用:356. 2013;*Magnolia* 'Pinkie' in D. J. Callaway,THE WORLD OF Magnolias. 225. 1994.

本品种叶长达 17.8 cm,无毛。玉蕾短、粗,先端钝尖。花杯状,径 12.7 ~ 17.8 cm。单花具花被片 9 ~ 12 枚,内轮花被片外面淡粉色紫色,内面白色。

产地:本品种产于美国国家树木园((USNA)。本品种杂交亲本为:'玫瑰'星花玉兰 × '堇花'紫玉兰。河南有引栽。

34. **腋花玉兰**(河南农业大学学报)　图 9 - 33　图版 3:7　图版 74:1 ~ 10

Yulania axilliflora(T. B. Zhao,T. X. Zhang et J. T. Gao)D. L. Fu,傅大立. 玉兰属的研究. 武汉植物学研究,19(3):198. 2001;赵天榜、田国行等主编. 世界玉兰属植物资源与栽培利用:298 ~ 299. 2013;赵天榜、任志锋、田国行主编. 世界玉兰属植物种质资源志:74 ~ 75. 图 3 - 32. 2013;*Magnolia axillifolra*(T. B. Zhao,T. X. Zhang et J. T. Gao)T. B. Zhao,丁宝章等. 中国木兰属植物腋花、总状花序的首次发现和新分类群. 河南农业大学学报,19(4):360. 照片 1. 2. 1985;B. Zhao,T. X. Zhang et J. T. Gao,丁宝章等. 中国木兰属植物腋花、总状花序的首次发现和新分类群. 河南农学院学报,4:8 ~ 9. 1983;猴背子望春玉兰,丁宝章等. 中国木兰属植物腋花、总状花序的首次发现和新分类群. 河南农业大学学报,17(4):8 ~ 9. 1983;*M. biondii* Pamp. var. *multalastra* T. B. Zhao,J. T. Gao et Y. H. Ren,丁宝章等. 河南农学院学报,4:9. 1983。

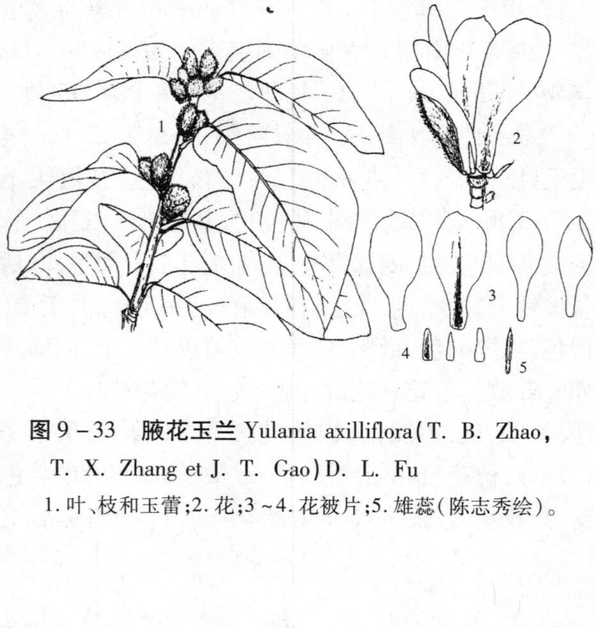

图 9 - 33　腋花玉兰 Yulania axilliflora(T. B. Zhao, T. X. Zhang et J. T. Gao)D. L. Fu

1. 叶、枝和玉蕾;2. 花;3 ~ 4. 花被片;5. 雄蕊(陈志秀绘)。

落叶乔木。玉蕾腋生和顶生,或枝顶部簇生,卵球状。每蕾内含 2 ~ 4

枚小玉蕾，有时多达12枚小玉蕾，构成总状聚伞花序。叶长椭圆形，稀长圆状椭圆形、长椭圆披针形，长8.0~24.0 cm，宽3.0~10.0 cm，先端短尖，稀渐尖，基部圆形，稀楔形，边缘全缘，表面深绿色，具光泽，主脉凹入，背面主脉明显隆起，沿脉密被短柔毛，脉腋密被片状短柔毛；幼叶紫色，具光泽；叶柄被短柔毛。花先叶开放。单花具花被片9枚，稀9~14枚，外轮花被片3枚，萼状，大小不等，形状不同，长1.1~2.4 cm，宽4.5~7.0 mm，内轮花被片6枚，稀7、8枚，花瓣状，匙状椭圆形，中部狭窄，长4.9~9.0 cm，宽1.6~3.0 cm，先端钝圆，基部渐狭，外面中基部深紫色，先端长渐尖；雄蕊粉红色，花丝紫色；离生单雌蕊子房浅黄绿色，无毛。聚生蓇葖果长圆柱状，长15.0~23.0 cm，径2.3~3.5 cm；蓇葖果球状，表面具灰色细疣点。花期3~4月；果实成熟期8~9月。

产地：河南。赵天榜等，模式标本采自河南南召县，存河南农业大学。南召县和鲁山县有大面积栽培。

变种：

（1）腋花玉兰　原变种

Yulania axilliflora(T. B. Zhao, T. X. Zhang et J. T. Gao) D. L. Fu var. axillifolra

（2）白花腋花玉兰（河南农业大学学报）　变种

Yulania axilliflora(T. B. Zhao, T. X. Zhang et J. T. Gao) D. L. Fu var. alba(T. B. Zhao, T. X. Zhang et J. T. Gao) T. B. Zhao et Z. X. Chen，赵天榜、田国行等主编. 世界玉兰属植物资源与栽培利用：299~300. 2013；赵天榜、任志锋、田国行主编. 世界玉兰属植物种质资源志：75. 2013；*Magnolia axilliflora*(T. B. Zhao, T. X. Zhang et J. T. Gao) D. L. Fu var. *alba* T. B. Zhao, Y. H. Ren et J. T. Gao，丁宝章等. 中国木兰属植物腋花、总状花序的首次发现和新分类群. 河南农业大学学报，19(4)：360~361. 照片4. 1985。

本变种花白色。

产地：河南。赵天榜等，模式标本采自南召县，存河南农业大学。

（3）多被腋花玉兰（河南农业大学学报）　变种

Yulania axilliflora(T. B. Zhao, T. X. Zhang et J. T. Gao) D. L. Fu var. multitepala (T. B. Zhao, Y. Ren et J. T. Gao) T. B. Zhao et Z. X. Chen，赵天榜、田国行等主编. 世界玉兰属植物资源与栽培利用：300. 2013；赵天榜、任志锋、田国行主编. 世界玉兰属植物种质资源志：75. 2013；*Magnolia axilliflora*(T. B. Zhao, T. X. Zhang et J. T. Gao) D. L. Fu var. *multitepala* T. B. Zhao, Y. H. Ren et J. T. Gao，丁宝章等. 中国木兰属植物腋花、总状花序的首次发现和新分类群. 河南农业大学学报，19(4)：361. 1985；*Magnolia axillifolra*(T. B. Zhao, T. X. Zhang et J. T. Gao) T. B. Zhao，黄桂生等. 河南辛夷品种资源的调查研究. 河南科技，增刊. 31~32. 1991。

本变种单花具花被片9~12枚，外面基部淡紫色；离生单雌蕊子房无毛。

产地：河南。赵天榜等，模式标本采自南召县，存河南农业大学。

品种：

（1）腋花玉兰　原品种

Yulania axilliflora(T. B. Zhao, T. X. Zhang et J. T. Gao) D. L. Fu 'Axillifolra'

（2）'白'腋花玉兰（河南农业大学学报）　白腋花玉兰（河南农业大学学报）　品种

Yulania axilliflora(T. B. Zhao,T. X. Zhang et J. T. Gao)D. L. Fu 'Alba', 赵天榜、田国行等主编. 世界玉兰属植物资源与栽培利用:300. 2013;*Magnolia axilliflora* var. *alba* T. B. Zhao,Y. H. Ren J. T. Gao 'Alba',丁宝章等. 中国木兰属植物腋花、总状花序的首次发现和新分类群. 河南农业大学学报,19(4):360~361. 照片5. 1985。

本品种花白色。单花具花被片9枚,外轮花被片3枚,条形,常反曲,长1.4~1.5 cm,宽3.5~4.0 cm,内轮花被片6枚,椭圆形,或狭长卵圆形,长6.0~7.1 cm,宽1.8~2.8 cm,先端钝尖,或短尖,基部近圆形;雄蕊42~49枚,花药黄色,长3.1~5.0 mm,花丝白色,长约2 mm;雌蕊群长1.3~1.5 cm;花梗黄绿色,被短柔毛。

产地:河南南召县。选育者:赵天榜、高聚堂和王恩礼。

(3) '多被'腋花玉兰(世界玉兰属植物资源与栽培利用)　多被腋花玉兰(河南科技)　品种

Yulania axilliflora(T. B. Zhao,T. X. Zhang et J. T. Gao)D. L. Fu 'Daobei',赵天榜、田国行等主编. 世界玉兰属植物资源与栽培利用.300. 2013;赵天榜、任志锋、田国行主编. 世界玉兰属植物种质资源志:75. 2013;*Magnolia axilliflora* (T. B. Zhao,T. X. Zhang et J. T. Gao)T. B. Zhao cv. 'Daobei',黄桂生等. 河南辛夷品种资源的调查研究. 河南科技,增刊. 32. 1991;*M. axilliflora* var. *alba* T. B. Zhao,Y. H. Ren J. T. Gao var. *multitepala* T. B. Chao,Y. H. Ren et J. T. Gao,丁宝章等. 中国木兰属植物腋花、总状花序的首次发现和新分类群. 河南农业大学学报,19(4):360~361. 照片5. 1985。

本品种单花花被片9~12枚。

产地:河南南召县。选育者:黄桂生、焦书道。

(4) '簇蕾'腋花玉兰(世界玉兰属植物资源与栽培利用)　品种

Yulania axilliflora(T. B. Zhao,T. X. Zhang et J. T. Gao)D. L. Fu 'Culei',赵天榜、田国行等主编. 世界玉兰属植物资源与栽培利用:300. 2013。

本品种玉蕾顶生,宽卵球状,灰褐色,先端钝圆;每蕾内通常具4~6个小玉蕾。单花具花被片9枚,外轮花被片2~3枚,萼状,小,条形,内轮花被片较大,花瓣状,长5.5~6.3cm,宽2.0~2.5 cm,长椭圆形,或长椭圆状履形,先端圆,内面浅黄白色,外面基部淡紫色。

产地:河南南召县。选育者:赵天榜、高聚堂、任云和。

(5) '卷毛'腋花玉兰(世界玉兰属植物资源与栽培利用)　卷毛腋花玉兰(河南科技)　品种

Yulania axilliflora(T. B. Zhao,T. X. Zhang et J. T. Gao)D. L. Fu 'Juanyehua',赵天榜、田国行等主编. 世界玉兰属植物资源与栽培利用:300~301. 2013;*Magnolia axilliflora* (T. B. Zhao,T. X. Zhang et J. T. Gao) T. B. Zhao cv. 'Juanyehua',黄桂生等. 河南辛夷品种资源的调查研究. 河南科技,增刊. 32. 1991。

本品种玉蕾腋生和顶生;顶生玉蕾单生,卵球状;芽鳞状托叶外面被长柔毛,先端向外反卷。

产地:河南鲁山县。选育者:黄桂生、张东安。

(6)'猴巴掌'腋花玉兰(世界玉兰属植物资源与栽培利用)　猴掌腋花玉兰(河南科技)　品种

Yulania axilliflora(T. B. Zhao,T. X. Zhang et J. T. Gao)D. L. Fu 'Multialabastra',赵天榜、田国行等主编. 世界玉兰属植物资源与栽培利用:301. 2013;*Magnolia biondii* Pamp. var. *multialabastra* T. B. Zhao,J. T. Gao et Y. H. Ren,丁宝章等. 中国木兰属植物腋花、总状花序的首次发现和新分类群. 河南农学院学报,4:9. 1983;*M. axilliflora*(T. B. Zhao,T. X. Zhang et J. T. Gao)T. B. Zhao cv. 'Multialabastra',黄桂生等. 河南辛夷品种资源的调查研究. 河南科技,增刊. 32. 1991。

本品种叶革质,长圆形至长圆—椭圆形;叶柄被短柔毛。玉蕾大,顶生、腋生及簇生;每蕾内通常具2~4个小玉蕾,稀6~12个小玉蕾,呈总状聚伞花序。

产地:河南南召县。选育者:赵天榜、黄桂生、高聚堂。

(7)'四季'腋花玉兰(世界玉兰属植物资源与栽培利用)　四季腋花玉兰(河南科技)　品种

Yulania axilliflora(T. B. Zhao,T. X. Zhang et J. T. Gao)D. L. Fu 'Sijihua',赵天榜、田国行等主编. 世界玉兰属植物资源与栽培利用:301. 2013;*Magnolia axilliflora*(T. B. Zhao,T. X. Zhang et J. T. Gao)T. B. Zhao cv. 'Sijihua',黄桂生等. 河南辛夷品种资源的调查研究. 河南科技,增刊. 32. 1991。

本品种玉蕾腋生、顶生及簇生,且呈总状聚伞花序。花为杂色,即花色有白色、淡紫色和紫色之分。1年开花多次,即第1次花期2月中、下旬;第2次花期6~8月,其花的特征与望春玉兰相似;9~11月还有一次开花期。该期花型较小,花被片完全似乒乓球拍形。

产地:河南南召县。选育者:赵天榜、高聚堂、王恩礼。

(8)'猴背子'腋花玉兰　猴背子望春玉兰(河南农学院学报)　新品种

Yulania axilliflora(T. B. Zhao,T. X. Zhang et J. T. Gao)D. L. Fu 'Houbeizi', cv. nov.

本新品种玉蕾簇生,每蕾内具显著小玉蕾3~5枚。

产地:河南南召县。选育者:赵天榜、高聚堂、任云和。

(9)'铁桃'腋花玉兰(世界玉兰属植物资源与栽培利用)　铁桃望春玉兰(安徽农业科学)　品种　图版1:5　图版74:11~14

Yulania axilliflora(T. B. Zhao,T. X. Zhang et J. T. Gao)D. L. Fu 'Teitao',赵天榜、田国行等主编. 世界玉兰属植物资源与栽培利用:301. 2013;*Yulania biondii* (Pamp.) D. L. Fu 'Teitao',孙军等. 安徽农业科学,22:9493. 2008。

本品种玉蕾顶生、腋生,长圆体状,先端突尖,长2.4~2.7 cm,径1.6~1.5 cm,单蕾平均重0.55 g;通常具芽鳞状托叶3~5枚,外面密被深褐色长柔毛,外层1枚芽鳞状托叶质厚而硬,俗称'铁桃'。单花形态特征似'小桃'望春玉兰。

产地:河南南召县。选育者:高聚堂、孙军、赵天榜。

(10)'序'腋花玉兰(世界玉兰属植物资源与栽培利用)　序腋花玉兰(河南科技)　品种

Yulania axilliflora(T. B. Zhao,T. X. Zhang et J. T. Gao)D. L. Fu 'Xuhua',赵天榜、

田国行等主编. 世界玉兰属植物资源与栽培利用:301 ~ 302. 2013;*Magnolia axilliflora*(T. B. Zhao,T. X. Zhang et J. T. Gao)T. B. Zhao cv. 'Xuhua',黄桂生等. 河南辛夷品种资源的调查研究. 河南科技,增刊. 32. 1991。

本品种玉蕾腋生和顶生,卵球状,或宽卵球状,灰绿色,长 1.6 ~ 2.8 cm,径 1.1 ~ 2.3 cm,通常具 4 层芽鳞状托叶,每芽鳞状托叶内有 1 小玉蕾;每蕾内具 2 ~ 4 个小玉蕾,外面被较短柔毛。花小,径 5.8 ~ 7.2 cm。单花具花被片 9 枚,稀 8、10、11 枚,外轮花被片 2 ~ 3 枚,萼状,甚小,条形,长 0.8 ~ 1.5 cm,宽 3 ~ 4 mm;内轮花被片较大,花瓣状,长 4.5 ~ 5.9 cm,宽 1.5 ~ 2.5 cm,长椭圆形,或长椭圆状履形,先端圆,或突尖,内面浅黄白色,外面基部淡紫色;雄蕊约 54 枚;离生单雌蕊约 115 枚。

产地:河南南召县。选育者:赵天榜、高聚堂、任云和。

35. **黄山玉兰**(中国农学通报)　黄山木兰(中国树木分类学)　图 9 - 34　图版 2:12　图版 3:8　图版 8:7　图版 10:1　图版 75:1 ~ 10　图版 76:1 ~ 5

Yulania cylindrica(Wils.)D. L. Fu,傅大立. 玉兰属的研究. 武汉植物学研究,19(3):198. 2001;田国行等. 玉兰属植物资源与新分类系统的研究. 中国农学通报,22(5):408 ~ 409. 2006;赵东武、赵东欣. 河南玉兰属植物种质资源与开发利用研究. 安徽农业科学,36(22):9488. 2008;赵天榜、田国行等主编. 世界玉兰属植物资源与栽培利用:285 ~ 286. 2013;赵天榜、任志锋、田国行主编. 世界玉兰属植物种质资源志:76 ~ 77. 图 3 - 34. 2013; *Magnolia cylindrica* Wils. in Journ. Arn. Arb. 8:109. 1927;陈嵘著. 中国树木分类学:288. 1937;丁宝章等主编. 河南植物志 第一册:512 ~ 513. 1981;朱长山等主编. 河南种子植物检索表:116. 1994;刘玉壶主编. 中国木兰:46 ~ 47. 彩图. 2004;克里斯托弗 · 布里克尔主编(杨秋生、李振宇译). 世界园林植物与花卉百科全书:75. 彩片. 2004。

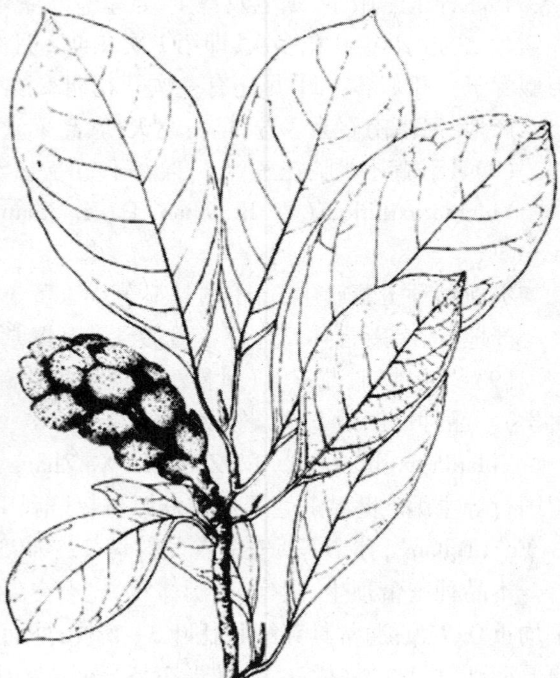

图 9 - 34　黄山玉兰 Yulania cylindrica(Wils.)D. L. Fu
叶、枝和聚生蓇葖果(选自《中国珍稀濒危植物》)。

落叶乔木。玉蕾卵球状,先端尖。叶椭圆形、倒卵圆形、狭倒卵圆状长圆形,长 5.0 ~ 16.5 cm,宽 2.0 ~ 9.7 cm,最宽处在中部以上,先端渐尖、钝尖、急尖,或短尾尖,基部楔形至狭楔形,稀近圆形,边缘全缘,表面深绿色,无毛,主脉凹入,沿脉疏被短柔毛,背面苍白色,或淡绿色,疏被短柔毛,沿脉被黄褐色短柔毛；叶柄被短柔毛。花单生枝顶，先叶开放，径6.0～10.0 cm，芳香。单花具花被片9枚，大小不相等，外轮花被片3枚，膜质，萼状，条形，长0.5～1.5 mm，宽2 mm，开张，多向后曲，早落，内2轮花被片6枚，宽匙状倒卵圆形、倒卵圆形、宽匙形，长6.5～10.5 cm，宽2.5～5.0 cm，先端钝圆，基部具爪，初花时淡黄绿色，后白色，外面中部以下中间为亮紫红色、亮淡红紫色，中脉及其两侧紫红色直达先端；雄蕊多数，花丝紫红色，宽于花药，花药浅黄色；雌蕊群圆柱状，绿色；离生单雌蕊多数，子房卵球状，鲜绿色，无毛，花柱浅黄白色；花梗密被浅黄色长柔毛。缩台枝无毛。聚生蓇葖果卵球状，长5.0～16.0 cm；果梗密被灰色柔毛；蓇葖果通常较少，木质，成熟时带亮橙红色，表面有疣状突起。染色体 $2n = 38$。

产地：浙江、江西、河南等。模式标本采自安徽黄山。河南新县有分布，鸡公山国家级自然保护区及郑州市有引种栽培。1987年，列入《中国珍稀濒危保护植物名录》II级保护植物。《中国植物红皮书》中，将滇藏木兰（滇藏玉兰）、凹叶木兰（凹叶玉兰）、天目木兰（天目玉兰）、黄山木兰（黄山玉兰）、宝华玉兰，作为重点保护植物物种。

亚种：

35.1　黄山玉兰亚种　原亚种

Yulania cylindrica (Wils.) D. L. Fu subsp. cylindrica

35.2　两型花黄山玉兰亚种　新亚种　图版76:7

Yulania cylindrica (Wils.) D. L. Fu subsp. dimorphiflora T. B. Zhao et Z. X. Chen, subsp. nov.

Subspecies nov. Yulania cylindrica (Wils.) D. L. Fu subsp. cylindrica similis, sed foliis anguste ellipticis apice obtusis cum acumine basi cuneatis. 2 - formis: ① tepalis 9 in quoque flore, petalioideis spathuli - ellipticia; ② tepalis 9 in quoque flore, petalioideis et calycibus, calycibus 5～10 mm, ca. 3 mm latis. 2 - formis floribus petaloideis spathulati - ellipticis albis extus basi purple - rubris.

Henan Xinzheng City. T. B. Zhao et Z. X. Chen, No. 201404101 (flos, holotypus hic disignatus, HNAC).

本新亚种与黄山玉兰原亚种 Yulania cylindrica (Wils.) D. L. Fu subsp. cylindrica 主要区别是：叶狭椭圆形，先端钝尖，基部楔形。2种类型花：① 单花具花被片9枚，花瓣状，匙状椭圆形；② 单花具花被片9枚，有萼、瓣状之分，萼状花被片长5～10 mm，宽约3 mm。2种花瓣状花被片匙状椭圆形，白色，外面基部紫红色。

河南：新郑市有栽培。2014年4月10日。赵天榜和陈志秀，No. 201404101（花），模式标本采自河南，存河南农业大学。2014年8月20日。赵天榜和陈志秀，No. 201408201（叶和玉蕾）。

变种：

（1）黄山玉兰　原变种

Yulania cylindrica (Wils.) D. L. Fu var. cylindrica

（2）白花黄山玉兰（世界玉兰属植物资源与栽培利用）　变种

Yulania cylindrica (Wils.) D. L. Fu var. alba T. B. Zhao et Z. X. Chen，赵天榜、田国行等主编. 世界玉兰属植物资源与栽培利用：286. 2013；赵天榜、任志锋、田国行主编. 世

界玉兰属植物种质资源志:77. 2013。

本变种玉蕾顶生,较大;第 2 枚和以内芽鳞状托叶外面密被黑暗长柔毛。单花具花被片 12 枚,瓣状花被片白色,稀基部外面微带粉红色晕。

产地:河南鸡公山。赵天榜等,模式标本采自河南鸡公山,存河南农业大学。

(3) 狭叶黄山玉兰(世界玉兰属植物资源与栽培利用)　变种　图 9 - 34.1　图版 77:5 ~ 9

Yulania cylindrica (Wils.) D. L. Fu var. angustifolia T. B. Zhao et Z. X. Chen,赵天榜、田国行等主编. 世界玉兰属植物资源与栽培利用:287. 2013;赵天榜、任志锋、田国行主编. 世界玉兰属植物种质资源志:77 ~ 78. 2013。

本变种幼枝被短柔毛。叶狭椭圆形、披针形,长 10.3 ~ 17.3 cm,宽 5.3 ~ 8.0 cm,先端渐尖,基部楔形;叶柄长 1.5 ~ 2.5 cm。单花具花被片 9 枚,外轮花被片 3 枚,膜质,萼状,早落,内 2 轮花被片 6 枚,宽匙状倒卵圆形、宽匙形,先端钝圆,基部具爪,白色,外面中部以下中间为亮紫红色。聚生蓇葖果卵球状,长 8.0 ~ 11.0 cm,径约 5.0 cm;蓇葖果通常菱状,突起,成熟时红褐色,表面有小果点,先端具喙;果梗和缩台枝较细,密被柔毛。

图 9 - 34.1　狭叶黄山玉兰 Yulania cylindrica (Wils.) D. L. Fu angustifolia T. B. Zhao et Z. X. Chen 枝与叶(赵天榜绘)。

产地:河南。赵天榜等,模式标本采自河南鸡公山,存河南农业大学。

(4) 狭被黄山玉兰(世界玉兰属植物资源与栽培利用)　变种　图 9 - 34.2

Yulania cylindrica (Wils.) D. L. Fu var. angustitepala T. B. Zhao et Z. X. Chen,赵天榜、田国行等主编. 世界玉兰属植物资源与栽培利用:287. 2013;赵天榜、任志锋、田国行主编. 世界玉兰属植物种质资源志:78. 2013。

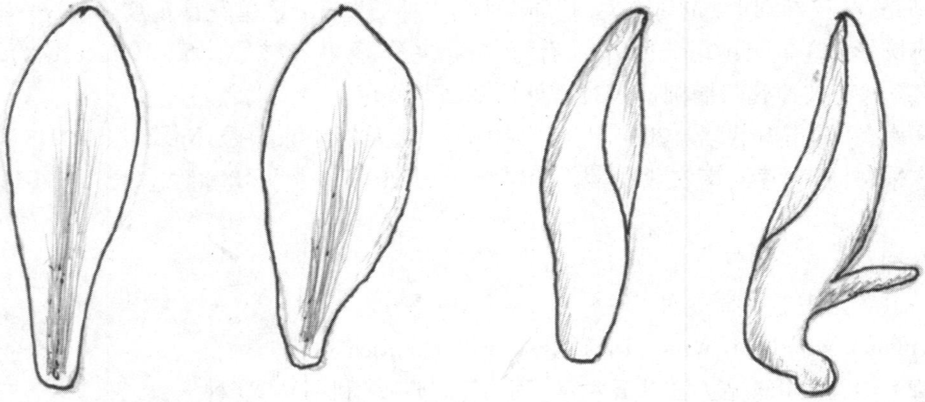

图 9 - 34.2　狭被黄山玉兰 Yulania cylindrica (Wils.) D. L. Fu var. angustitepala T. B. Zhao et Z. X. Chen 花被片(赵天榜绘)。

本变种单花具花被片10～15枚，瓣状花被片7～12枚，长椭圆形及披针形等多变，皱折，长3.0～6.5 cm，宽4～25 mm，白色，外面基部水粉色；雌蕊群与雄蕊群近等高。

产地：河南。赵天榜等，模式标本采自新郑市，存河南农业大学。

(5) 卵叶黄山玉兰　新变种　图版77:4

Yulania cylindrica(Wils.)D. L. Fu var. ovata T. B. Zhao et Z. X. Chen, var. nov.

A var. nov. ovatis apice longe btusis cum acuminatis basi cuneatis. tepalis 9 in quoque flore, intis extus basi purpreis.

Henan: jigongshan. 10－07－2012. T. B. Zhao et Z. X. Chen, No. 201207101(flos, holotypus hic disignatus, HNAC).

本新变种叶卵圆形，先端长渐尖，基部楔形。单花具花被片9枚，内轮花被片6枚，花瓣状，外面基部紫色。聚生蓇葖果卵球状，长8.0～11.0 cm，径3.0～4.0 cm；蓇葖果卵球状，突起，成熟时红褐色，表面有小果点，先端具喙；果梗和缩台枝较细，密被短柔毛。

河南：鸡公山。2012年7月10日。赵天榜等，模式标本采自河南鸡公山国家级自然保护区管理局，存河南农业大学。

品种：

(1) 黄山玉兰　原品种

Yulania cylindrica(Wils.)D. L. Fu 'Cylindrica'

(2) '光梗'黄山玉兰(世界玉兰属植物资源与栽培利用)　品种

Yulania cylindrica(Wils.)D. L. Fu 'Guanggeng'，赵天榜、田国行等主编. 世界玉兰属植物资源与栽培利用：287. 2013。

本品种花梗亮绿色，无毛。缩台枝无毛。

河南：长垣县有栽培。选育者：赵天榜、杨建正和王锦恩。

(3) '喙果'黄山玉兰(世界玉兰属植物资源与栽培利用)　品种

Yulania cylindrica(Wils.)D. L. Fu 'Huiguo'，赵天榜、田国行等主编. 世界玉兰属植物资源与栽培利用：287. 2013。

本品种单花具花被片9枚，瓣状花被片外面中部以下浅紫褐色。聚生蓇葖果卵球状，或短圆柱状；蓇葖果卵球状，或椭圆体状，先端具短喙，表面光滑。

河南：新郑市有栽培。选育者：赵天榜和杨建正。

(4) '皱被'黄山玉兰(世界玉兰属植物资源与栽培利用)　品种　图版76:6

Yulania cylindrica(Wils.)D. L. Fu 'Zhoubei'，赵天榜、田国行等主编. 世界玉兰属植物资源与栽培利用：287～288. 2013。

本品种叶狭椭圆形，基部圆形。单花具花被片9枚，花瓣状，基部外面微带粉红色晕，先端渐尖，边缘皱折。

河南：长垣县有栽培。选育者：赵天榜和杨建正。

(5) '卷被'黄山玉兰(世界玉兰属植物资源与栽培利用)　品种

Yulania cylindrica(Wils.)D. L. Fu 'Juanbei'，赵天榜、田国行等主编. 世界玉兰属植物资源与栽培利用：288. 2013。

本品种单花具花被片9枚，外轮花被片3枚，萼状，条形，膜质，外面微带粉红色晕，内轮花被片 6 枚,外面中部以上淡白色、淡黄白色,先端钝圆,向外反卷,中部以下中间浓紫色,内面乳白色;雄蕊多数,淡紫色、淡水粉色,花丝暗紫色;雌蕊群圆柱状,淡黄白色长8～10 mm,径约 4 mm;雌蕊群与雄蕊群近等高。

河南:长垣县有栽培。选育者:赵天榜和王锦恩。

(6)'黄花'黄山玉兰　新品种　图版 77:10

Yulania cylindrica(Wils.)D. L. Fu 'Huanghua',cv. nov.

本新品种单花具花被片 9 枚,外轮花被片 3 枚,萼状,条形,膜质,外面淡白色,内轮花被片 6 枚,外面中部以上淡黄白色,先端钝圆,中部以下黄色,中间浓紫红色;雄蕊多数,淡紫色,花丝暗紫色;雌蕊群圆柱状,淡黄白色长 8～10 mm,径约 4 mm;雌蕊群显著高于雄蕊群。

河南:长垣县有栽培。选育者:赵天榜和陈志秀。

(7)'亮紫红基'黄山玉兰　新品种　图版 76:8～9

Yulania cylindrica(Wils.)D. L. Fu 'Liangzihongji',cv. nov.

本新品种单花具花被片 9 枚,外轮花被片 3 枚,萼状,条形,膜质,内轮花被片 6 枚,花瓣状,外面中部以上亮白色,先端钝圆,基部亮紫红色。

河南:长垣县有栽培。选育者:赵东方和陈志秀。

(8)'紫基'黄山玉兰　新品种　图版 76:10

Yulania cylindrica(Wils.)D. L. Fu 'Ziji',cv. nov.

本新品种单花具花被片 9 枚,外轮花被片 3 枚,萼状,条形,膜质,内轮花被片 6 枚,花瓣状,外面中部以下暗紫色,中部以上白色,先端钝圆,具短尖。

河南:长垣县有栽培。选育者:不详。其花,见刘玉壶主编. 中国木兰 46 页。

(9)'紫红基'黄山玉兰　新品种　图版 77:1～3

Yulania cylindrica(Wils.)D. L. Fu 'Zihonji',cv. nov.

本新品种单花具花被片 9 枚,外轮花被片 3 枚,萼状,条形,膜质,内轮花被片 6 枚,花瓣状,外面中部以下紫红色,中部以上淡黄白色,先端钝尖。

河南:长垣县有栽培。选育者:赵东方和陈志秀。

36. **安徽玉兰**(中国农学通报)　图 9－35　图版 78:6～12

Yulania anhueiensis T. B. Zhao,Z. X. Chen et J. Zhao,赵天榜、田国行等主编. 世界玉兰属植物资源与栽培利用:302～303. 2013;田国行等. 玉兰属植物资源与新分类系统的研究. 中国农学通报,22(5):410. 2006;赵东武、赵东欣. 河南玉兰属植物种质资源与开发利用的研究. 安徽农业科学,36(22):9490. 2008;赵天榜、任志锋、田国行主编. 世界玉兰属植物种质资源志:78～79. 图 3－35. 2013。

落叶乔木。叶椭圆形,或舟状椭圆形,通常下垂,长 9.0～18.0 cm,宽 6.5～10.5 cm,先端钝尖,基部通常近圆形,稀宽楔形,表面深绿色,疏被短柔毛,主脉和侧脉隆起明显,被短柔毛,背面灰绿色,被短柔毛;主脉和侧脉疏被短柔毛,边缘微波状全缘;叶柄被短柔毛。玉蕾顶生和腋生,卵球状。花先叶开放。单花具花被片 9 枚,外轮花被片 3 枚,萼状,条形,长 3.0～3.5 cm,宽 7～10 mm,淡黄白色,外面基部有浅色晕,早落,内轮花被片 6 枚,花瓣状,宽卵圆状匙形,长 6.0～8.5 cm,宽 2.0～4.5 cm,先端钝圆,稀具短尖,内面白色,外面中基部亮紫色,具数条亮紫色脉纹,主脉亮紫红色,直达先端,基部楔形,无爪;雄蕊多数，花丝全紫红色，花药背部紫红色，腹部淡黄白色，药隔先端紫色；雌蕊群圆柱状，稀雌蕊群与雄蕊群等高；离生单雌蕊多数，子房椭圆体状，无毛，花柱长度为子房的2倍，子房背面、花柱和花柱紫色；花梗和缩台枝密被短柔毛。聚生蓇葖果未见。花期4月。

产地：河南。赵天榜等，模式标本采自郑州市，存河南农业大学。

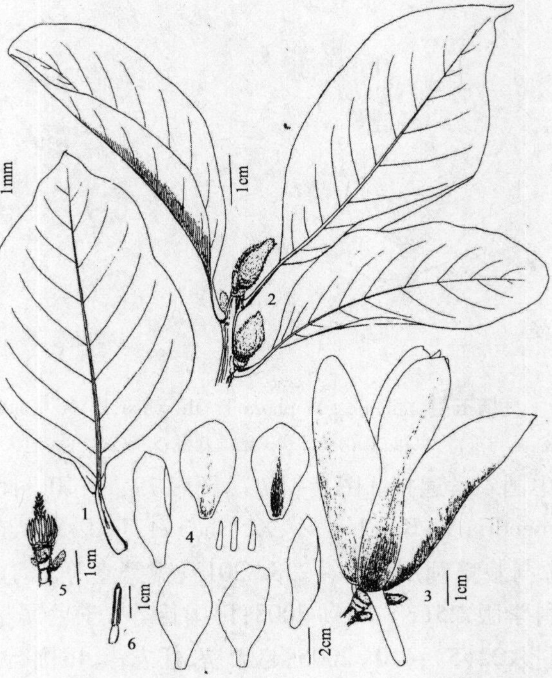

图9－35　安徽玉兰 Yulania anhueiensis T. B. Zhao, Z. X. Chen et J. Zhao

1. 叶；2. 叶、枝和玉蕾；3. 花；4. 花被片；5. 雌雄蕊群；6. 雄蕊（陈志秀绘）。

37. **具柄玉兰**（中国农学通报）　图9－36　图版78：1～5

Yulania gynophora T. B. Zhao, Z. X. Chen et J. Zhao，赵天榜、田国行等主编. 世界玉兰属植物资源与栽培利用：288～289. 2013；赵天榜、任志锋、田国行主编. 世界玉兰属植物种质资源志：79～80. 图3－36. 2013；*Magnolia gynophora* D. L. Fu et T. B. Zhao, sp. nov. ined. 赵东武. 2005 河南玉兰亚属植物的研究. 河南农业大学硕士毕业论文；田国行等. 玉兰属植物资源与新分类系统的研究. 中国农学通报，22(5)：407. 2006。

落叶乔木。叶椭圆形，纸质，长6.0～11.5 cm，宽5.5～7.5 cm，先端钝圆，基部楔形，边缘全缘，具微反卷的狭边，最宽处在叶的中部，表面深绿色，具光泽，无毛，主脉基部被短柔毛，背面淡绿白色，疏被短柔毛；主脉和侧脉明显隆起，沿脉疏被短柔毛；叶柄被短柔毛。玉蕾顶生和腋生，卵球状，或椭圆卵球状。花先叶开放。单花具花被片9枚，外轮花被片3枚，萼状，膜质，长三角形，长1.2～2.0 cm，宽1～3 mm，淡黄白色，早落，内轮花被片6枚，花瓣状，宽卵圆状匙形，长7.0～8.5 cm，宽4.0～4.5 cm，先端钝尖，或钝圆，通常内曲，内面白色，外面中部以下亮浓紫红色，通常具4～5条放射状深紫红色脉纹，直达先端；雄蕊多数，花药背部具紫红色晕，中间有1条浓紫红色带，花丝亮浓紫红色；雌蕊群圆柱状，淡黄白色，具长8～10 mm的雌蕊群柄，无毛；离生单雌蕊子房卵圆体状，淡白色，疏被白色短柔毛，花柱背部淡紫红色；雄蕊群包被雌蕊群；花梗和缩台枝细，密被白色短柔毛。聚生蓇葖果未见。

产地：河南。赵天榜等，模式标本采自郑州市，存河南农业大学。

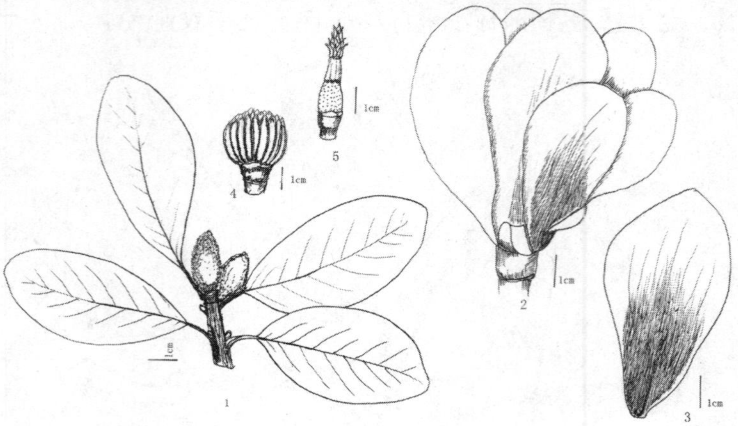

图 9－36　具柄玉兰 Yulania gynophora T. B. Zhao，Z. X. Chen et J. Zhao

1. 枝、叶与玉蕾；2. 花；3. 花被片；4. 雌雄蕊群；5. 雌蕊群柄（赵天榜绘）。

38. **莓蕊玉兰**（中国农学通报）图 9－37　图版 79：1～10　图版 80：1～8

Yulania fragarigynandria T. B. Zhao，Z. X. Chen et H. T. Dai，赵天榜、田国行等主编. 世界玉兰属植物资源与栽培利用：236～238. 2013；戴慧堂等. 河南玉兰属二新种. 信阳师范学院学报 自然科学版，25(3)：334. 2008；田国行等. 玉兰属植物资源与新分类系统的研究. 中国农学通报，22(5)：410. 2006；赵天榜、任志锋、田国行主编. 世界玉兰属植物种质资源志：81～82. 图 3－37. 2013。

落叶乔木。叶椭圆形，长 10.0～15.6 cm，宽 6.0～8.5 cm，先端钝尖，基部圆形，或宽楔形，表面绿色，通常无毛，稀被短柔毛，主脉平，疏被短柔毛，背面淡灰绿色，疏被白色短柔毛，主脉和侧脉显著隆起，沿主脉疏被短柔毛，边缘全缘；叶柄疏被短柔毛。混合芽顶生、腋生。玉蕾顶生，或腋生。玉蕾花先叶开放；混合芽花后叶开放，花着生于新枝顶端。玉蕾顶生和腋生，很大，陀螺状，或长卵球状；芽鳞状托叶最外面 1 枚外面密被深褐色短柔毛，薄革质，花前脱落，其余芽鳞状托叶外面疏被长柔毛，膜质。单花具花被片 9～18 枚，匙状椭圆形，长(4.8～)6.5～7.0 cm，宽(0.8～)2.0～3.5 cm，先端钝圆，或渐尖，中部以上皱折，外面中部以下中间亮紫红色，或紫红色脉直达先端，有时具 1～3 枚肉质、条形、亮紫红色花被片；雄蕊多数，有时很多(336 枚)，外面亮紫色，花丝粗壮，背面亮紫红色，药隔先端亮紫红色；离生单雌蕊子房淡绿色，或黄白色，无毛，花柱浅黄白色，外卷；雌雄蕊群草莓状而特异，长 2.0～2.5 cm，径 1.8～2.3 cm，有时具 2～5 枚雌蕊群；花梗中间具 1 枚佛焰苞状托叶；花梗和缩台枝密被白色长柔毛。生长期间开的花（夏花），无芽鳞状托叶，无缩台枝，具 1 枚革质、佛焰苞状托叶，稀有 1 枚淡黄白色、膜质、萼状花被片和特异肉质、紫红色花被片。聚生蓇葖果卵球状，长 7.5～8.5 cm，径 4.5～5.0 cm；蓇葖果卵球状，表面红紫色，疏被疣点；果梗粗壮，密被灰褐色短柔毛。花期 4 月及 8 月。

产地：河南。赵天榜等，模式标本采自长垣县，存河南农业大学。

变种：

(1) 莓蕊玉兰　原变种

Yulania fragarigynandria T. B. Zhao, Z. X. Chen et H. T. Dai var. fragarigynandria

(2) 变异莓蕊玉兰(世界玉兰属植物资源与栽培利用)　变种

Yulania fragarigynandria T. B. Zhao, Z. X. Chen et H. T. Dai var. variabilis T. B. Zhao et Z. X. Chen,赵天榜、田国行等主编. 世界玉兰属植物资源与栽培利用:238. 2013;赵天榜、任志锋、田国行主编. 世界玉兰属植物种质资源志:82. 2013。

本变种单花具花被片(6～)9～11枚,匙状椭圆形,长5.0～7.0 cm,宽2.0～3.5 cm,外面中部以下中间亮紫红色,或紫红色脉直达先端;雄蕊多数,长8～10 mm,花丝约2 mm,药隔先端及花丝背面亮紫红色,并具有长约1.5 cm,宽约3 mm,背面亮紫红色,1～2枚,特异雄蕊,亮紫红色;雌蕊群长1.5～2.0 cm;离生单雌蕊多数,子房淡绿色,或黄白色,无毛,花柱浅黄白色,微有淡粉红色晕;花梗和缩台枝密被白色长柔毛。

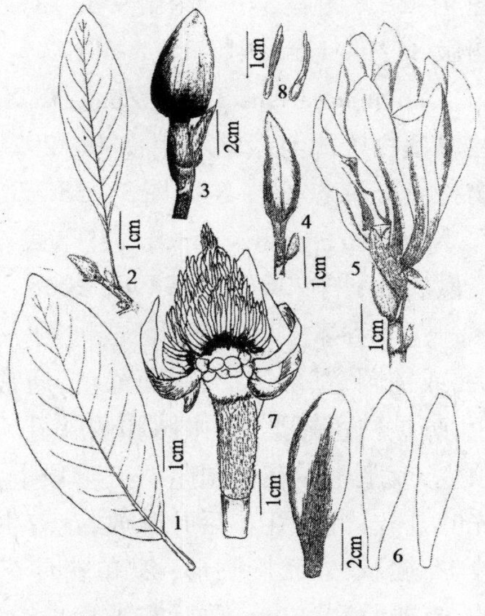

图9-37　莓蕊玉兰 Yulania fragarigynandria T. B. Zhao, Z. X. Chen et H. T. Dai

1.叶;2.叶、枝和玉蕾;3～4.玉蕾和缩台枝;5.花;6.花被片;7.雌雄蕊群和异形花被片;8.雄蕊(陈志秀绘)。

产地:河南。赵天榜等,模式标本采自长垣县,存河南农业大学。

品种：

(1) 莓蕊玉兰　原品种

Yulania fragarigynandria T. B. Zhao, Z. X. Chen et H. T. Dai 'Fragarigynandria'

(2) '裂被'莓蕊玉兰(世界玉兰属植物资源与栽培利用)　品种

Yulania fragarigynandria T. B. Zhao, Z. X. Chen et H. T. Dai 'Libei',赵天榜、田国行等主编. 世界玉兰属植物资源与栽培利用:239. 2013。

本品种单花具花被片9枚,匙状卵圆形,先端钝圆 内曲,边缘波状皱折,具浅裂,外面水粉色,基部粉红色,内面乳白色;雄蕊多数,长8～10 mm,药隔先端粉红色;离生单雌蕊子房淡黄白色,无毛,花柱浅黄白色。

产地:河南长垣县。选育者:赵天榜和赵东武。

(3) '九被'莓蕊玉兰　新品种　图版80:9

Yulania fragarigynandria T. B. Zhao, Z. X. Chen et H. T. Dai 'Jiubei', cv. nov.

本新品种单花具花被片9枚,匙状卵圆形,肉质,长4.0～5.5 cm,宽2.5～3.2 cm,先端钝圆,内曲,边缘全缘,或波状皱折,外面水粉色,基部粉红色,内面乳白色;雄蕊多数,长8～10 mm,药隔先端粉红色,花丝粉红色;离生单雌蕊子房、花柱粉红色。

产地:河南长垣县。选育者:赵天榜和陈志秀。

39. **异花玉兰**(世界玉兰属植物资源与栽培利用)　多变玉兰(安徽农业科学)　图9-38　图版3:9　图版9:1~8　图版81:1~13　图版82:1~11　图版83:1~13　图版84:1~12　图版85:1~11

Yulania varians T. B. Zhao,Z. X. Chen et Z. F. Ren,赵天榜、田国行等主编. 世界玉兰属植物资源与栽培利用:289~292. 2013;赵天榜、任志锋、田国行主编. 世界玉兰属植物种质资源志:82~84. 图3-38. 2013;多变玉兰 *Yulania varians* D. L. Fu,T. B. Zhao et Z. X. Chen,sp. nov. ined.,赵东武、赵东欣. 河南玉兰属植物种质资源与开发利用研究. 安徽农业科学,36(22):9490. 2008。

落叶乔木。叶椭圆形,或卵圆—椭圆形,长8.0~10.6 cm,宽5.0~7.5 cm,先端钝尖,或钝圆,基部楔形,表面绿色,通常无短柔毛,稀被短柔毛,主脉疏被短柔毛,背面灰绿色,疏被白色短柔毛,主脉和侧脉显著隆起,沿主脉疏被短柔毛;叶柄疏被短柔毛。混合芽顶生,或腋生。花蕾顶生。玉蕾顶生,或腋生,长卵球状等;芽鳞状托叶花前脱落。玉蕾花先叶开放;混合芽花后叶开放,花着生于新枝顶端。玉蕾花6种类型:① 单花具花被片6枚,花瓣状,匙状椭圆形;② 单花具花被片9枚,花瓣状,匙状椭圆形;③ 单花具花被片9枚,有萼、瓣状之分,萼状花被片长约3 mm,宽约2 mm;④ 单花具花被片9枚,外轮3枚花被片狭条形,长3.5~6.5 cm,宽3~5 mm,膜质;⑤ 单花具花被片11~12枚,稀18枚,外轮3枚花被片条形,长1.5~2.5 cm,宽2~3 mm,膜质;⑥ 单花具花被片11枚,外轮3枚花被片条形,变化极大,长0.3~6.5 cm,宽0.2~2.0 cm,膜质。6种花类型的外轮3枚花被片形状、大小及质地变化极大,膜质;内轮花被片匙状椭圆形,或匙状长椭圆形,先端钝尖,或渐尖,基部楔形,外面中部以下中间亮紫红色;离生单雌蕊子房疏被短柔毛;有时单花具2枚并生雌蕊群;在离生雄蕊中混杂有离生单雌蕊,或在离生雄蕊中混杂有2~5枚呈簇的离生单雌蕊;花丝亮粉色与花药近等长。雌雄蕊群两种类型:① 雄蕊群与雌蕊群近等高,或雌蕊群低于雄蕊群;② 雌蕊群显著高于雄蕊群。花梗与缩台枝密被长柔毛。混合芽花有6种类型:单花具花被片5枚、9枚、12枚,花瓣状,匙状狭披针形,其形状、大小多变,先端内曲,肉质;雄蕊多数,有瓣化雄蕊;离生单雌蕊多数,子房无毛;花梗密被柔毛;无缩台枝。花蕾1次花(6月上、中旬)有2种类型:① 单花具花被片9枚,有瓣状、萼状之分;② 单花具花被片9枚,花瓣状。2种类型花的花被片瓣状匙状卵圆形,先端内曲,外面基部紫红色,中部以上具紫色、淡紫色脉纹;雄蕊多数;离生单雌蕊多数,子房无毛;花梗被短柔毛;雌雄蕊群发育不良;无缩台枝。花蕾2次花(7月中、下旬)有6种类型:① 单花具花被片9枚,花瓣状,内轮花被片萼状,变化大,有雄蕊瓣化;② 单花具花被片10枚;③ 单花具花被片11枚;④ 单花具花被片12枚。6种类型花的外2轮花被片花瓣状,匙状卵圆形,先端钝圆,内曲,外面基部紫红色,中部以上具紫色、淡紫色脉纹;内轮花被片萼状,大小、形状、质地多变;雄蕊多数,有瓣化雄蕊;离生单雌蕊多数,子房无毛;花梗被短柔毛;无缩台枝。花期4~7月。

产地:河南。赵天榜等,模式标本采自河南郑州市,存河南农业大学。

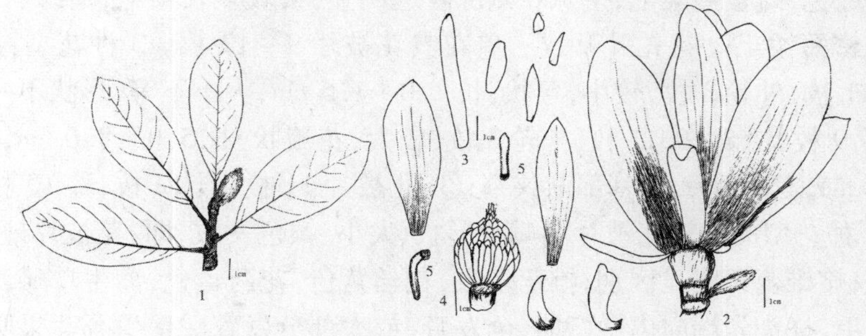

图9－38　异花玉兰 Yulania varians T. B. Zhao, Z. X. Chen et Z. F. Ren

1. 枝、叶与玉蕾；2. 花；3. 各种外部花被片；4. 雌雄蕊群；5～6. 雄蕊（赵天榜绘）。

40. 河南玉兰（河南农学院学报）　图9－39　图版86：3～6

Yulania honanensis (B. C. Ding et T. B. Zhao) D. L. Fu et T. B. Zhao，田国行等. 玉兰属植物资源与新分类系统的研究. 中国农学通报，22(5)：409. 2006；赵天榜、田国行等主编. 世界玉兰属植物资源与栽培利用：303～305. 2013；赵天榜、任志锋、田国行主编. 世界玉兰属植物种质资源志：84～85. 图9－39. 2013；*Magnolia honanensis* T. B. Zhao, T. X. Zhang et J. T. Gao. 丁宝章等. 河南木兰属新种和新变种. 河南农学院学报，17(4)：6～8. 1983；*M. elliptilimba* Law et Gao, in Bull. Bot. Res.，4(4)：189～194. 图1. 1984；*M. honanensis* B. C. Ding et T. B. Zhao var. *elliptilimba* (Law et Gao) T. B. Zhao，赵天榜等编著. 木兰及其栽培. 13. 1992。

落叶乔木。玉蕾卵球状，较大。叶椭圆形，或椭圆长卵圆形，长9.0～18.0 cm，宽4.5～8.0 cm，先端急尖，长渐尖，或长尾尖，基部近圆形、稍偏斜，或楔形，边缘全缘，表面深绿色，具光泽，无毛，或疏被短柔毛，背面浅绿色，无毛，或被稀疏短柔毛；叶柄细短，被较密短柔毛。长枝叶宽卵圆形、长椭圆状倒卵圆形，革质，或厚纸质，长15.0～20.0 cm，宽8.0～12.0 cm，先端长渐尖，或短尖，基部近圆形，或楔形，表面深绿色，具光泽，主脉中间微凹，通

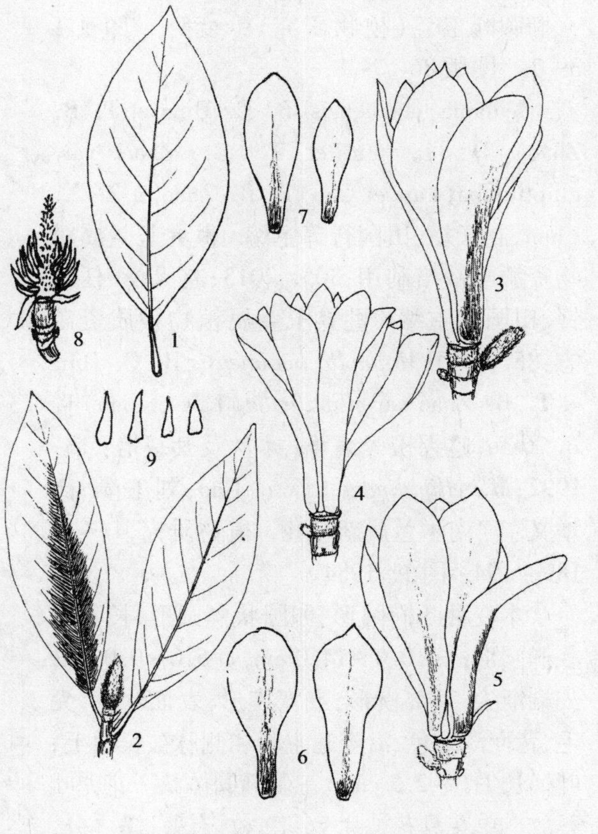

图9－39　河南玉兰 Yulania honanensis (B. C. Ding et T. B. Zhao) D. L. Fu et T. B. Zhao

1. 叶；2. 叶和玉蕾；3～5. 三种花型；6～7. 瓣状花被片；8. 雌雄蕊群；9. 萼状花被片（陈志秀绘）。

常无毛，背面绿色，疏被短柔毛，主脉和侧脉隆起明显，被较多长柔毛，边缘有时呈波状全缘；叶柄被较密短柔毛。花先叶开放。单花具花被片 9 ~ 12 枚。3 种花型：① 花被片 9 枚，稀 8、10、11 枚，外轮 3 枚，较小，萼状，长 1.0 ~ 1.5 cm，大小不等，形状不一，内 2 轮较大；② 花被片 9 枚，稀 8、10、11 枚，外轮 3 枚，较大，花瓣状，长 5.0 ~ 8.0 cm，宽1.5 ~ 3.0 cm，先端圆形，或具短尖头，近基部渐狭窄；③ 花被片 11 枚，或 12 枚，稀 10 枚，其形状与大小近似。3 种花型的内轮花被片花瓣状形状、大小、颜色一致，即：花被片外面中基部紫色，内面白色；雌雄蕊无明显区别；雄蕊多数，花丝紫色，花药黄色；离生单雌蕊多数；子房淡黄绿色，无毛，柱头先端向内微弯曲，全发育，或大部分发育。聚生蓇葖果圆柱状，较弯曲，长 10.0 ~ 25.0 cm，径 4.0 ~ 5.0 cm；蓇葖果近球状，长 1.0 ~ 1.5 cm，表面具明显的圆形果点，先端钝圆，通常具骨质种子 2 枚。花期 3 月；果实成熟期 9 月。

产地：河南。赵天榜等，模式标本采自南召县，存河南农业大学。

变种：

（1）河南玉兰　原变种

Yulania henanensis（B. C. Ding et T. B. Zhao）D. L. Fu et T. B. Zhao var. honanensis

（2）椭圆叶河南玉兰（木兰及其栽培）　椭圆叶玉兰（植物研究）　变种　图 9 – 39.1　图版 86：7 ~ 9

Yulania henanensis（B. C. Ding et T. B. Zhao）D. L. Fu et T. B. Zhao var. elliptilimba（Law et Gao）T. B. Zhao et Z. X. Chen，赵天榜、田国行等主编. 世界玉兰属植物资源与栽培利用：305. 2013；赵天榜、任志锋、田国行主编. 世界玉兰属植物种质资源志：85. 2013；*Magnolia honanensis* B. C. Ding et T. B. Zhao var *elliptilimba*（Law et Gao）T. B. Zhao，赵天榜等编著. 木兰及其栽培：13. 1992；*M. elliptilimba* Law et Gao，刘玉壶、高增义. 河南木兰属新植物. 植物研究，4（4）：189 ~ 194. 图 1. 1984。

本变种叶椭圆形、卵圆状椭圆形、长卵圆状椭圆形，长 10.0 ~ 14.0 cm，宽 5.0 ~ 9.0 cm，先端渐尖，基部楔形，或宽楔形，表面绿色，无毛，背面淡绿色，沿隆起主脉和侧脉被长柔毛；叶柄长 1.0 ~ 2.5 cm。玉蕾椭圆体状。花先叶开放。单花具花被片 9 ~ 12 枚，有萼、瓣之分，瓣状花被片椭圆形，白色，长 5.5 ~ 7.5 cm，宽 2.0 ~ 3.5 cm，先端钝圆，或具短尖头，外面中基部具淡紫红色晕；雄蕊 52 ~ 63 枚，花丝紫红

图 9 – 39.1　椭圆叶河南玉兰 Yulania honanensis（B. C. Ding et T. B. Zhao）D. L. Fu et T. B. Zhao var. elliptilimba（Law et Gao）T. B. Zhao et Z. X. Chen（选自刘玉壶等. 1984.《植物研究》）
1. 枝、叶与玉蕾；2、3. 花枝；4、5. 佛焰苞状托叶；6、7. 花被叶；8. 雌雄蕊群；9. 雌蕊群与花托；10. 雄蕊；11. 聚生蓇葖果；12. 骨质种子。

色,花药乳黄色,花丝背面紫红色;雌蕊群圆柱状,长 1.8 ~ 2.5 cm;离生单雌蕊多数,子房狭卵球状,长约 2 mm,无毛;花梗密被浅黄色长柔毛。聚生蓇葖果圆柱状,长 10.0 ~ 20.0 cm;蓇葖果倒卵球状、近球状。花期 3 ~ 4 月;果实成熟期 8 ~ 9 月。

产地:河南。高增义等,模式标本采自南召县,存河南生物研究所标本室(HNIB)。

品种:

(1) 河南玉兰　原品种

Yulania henanensis(B. C. Ding et T. B. Zhao)D. L. Fu et T. B. Zhao 'Honanensis'

(2) 椭圆叶河南玉兰　'椭圆叶'河南玉兰(木兰及其栽培)　椭圆叶玉兰(植物研究)　品种　Yulania henanensis(B. C. Ding et T. B. Zhao) D. L. Fu et T. B. Zhao 'Elliptilimba',赵天榜、田国行等主编. 世界玉兰属植物资源与栽培利用:306. 2013;*Magnolia honanensis* B. C. Ding et T. B. Zhao cv. 'Elliptilimba',黄桂生等. 河南辛夷品种资源的调查研究. 河南科技,增刊. 31. 1991;*M. elliptilimba* Law et Gao,刘玉壶、高增义. 河南木兰属新植物. 植物研究,4(4):189 ~ 194. 图 1. 1984。

本品种叶椭圆形、卵圆状椭圆形、长卵圆状椭圆形。玉蕾椭圆体状,长 2.0 ~ 2.5 cm;芽鳞状托叶 4 ~ 5 枚,外面密被浅黄色长柔毛。花先叶开放。单花具花被片 9 ~ 12 枚(作者多年对原模式植株的观察,单花具花被片 9 枚,有萼、瓣之分),椭圆形,近相似,白色,匙状椭圆形、长椭圆状匙形,先端钝圆,或具短尖头,外面中基部具淡紫红色晕。

产地:河南南召县。

(3) '腋生'河南玉兰(世界玉兰属植物资源与栽培利用)　品种

Yulania honanensis(B. C. Ding et T. B. Zhao)D. L. Fu et T. B. Zhao 'Axilla',赵天榜、田国行等主编. 世界玉兰属植物资源与栽培利用:306. 2013;*Magnolia honanensis* B. C. Ding et T. B. Zhao cv. 'Axilla',黄桂生等. 河南辛夷品种资源的调查研究. 河南科技,增刊. 31. 1991。

本品种玉蕾顶生和腋生。单花具花被片 9 ~ 12 枚,多 11 枚,稀 9、10 及 11 枚。

产地:河南南召县。选育者:赵天榜、任云和。

41. **大别玉兰**(中国农学通报)　图 9 - 40　图版 86:1 ~ 2

Yulania dabieshanensis T. B. Zhao,Z. X. Chen et H. T. Dai,赵天榜、田国行等主编. 世界玉兰属植物资源与栽培利用:306 ~ 308. 2013;田国行等. 玉兰属植物资源与新分类系统的研究. 中国农学通报,22(5):410. 2006;赵东武、赵东欣. 河南玉兰属植物种质资源与开发利用的研究. 安徽农业科学,36(22):9490. 2008;赵天榜、任志锋、田国行主编. 世界玉兰属植物种质资源志:85 ~ 86. 图 3 - 40. 2013。

落叶乔木。玉蕾单生枝顶,卵球状。叶卵圆形,稀椭圆形,长 9.0 ~ 15.0 cm,宽 3.5 ~ 5.0 cm,表面绿色,具光泽,沿主脉和侧脉初被疏短柔毛,后无毛,背面淡绿色,沿脉密被短柔毛,先端急尖,或渐尖,基部楔形,边缘全缘,有时波状全缘,被缘毛;叶柄长 1.5 ~ 2.0 cm。花先叶开放。单花具花被片 9 枚,有 4 种类型:① 单花具花被片 9 枚,外轮花被片 3 枚,萼状,膜质,三角形,或长三角形,长 5 ~ 15 mm,宽 3 ~ 5 mm,淡黄绿色,早落,先端急尖,或渐尖,内轮花被片花瓣状,其他与 ④ 种花相同;② 单花具花被片 9 枚,外轮花被片 3 枚,萼状,多形状,肉质,长 1.0 ~ 1.5 cm,0.5 ~ 1.2 cm,紫红色、浓紫红色,或浅紫红色，内轮花被片花瓣状，其他与④种花相同；③单花具花被片9枚，外轮花被片3枚，花瓣状，长2.5～3.4 cm，宽1.2～2.5 cm，其长度约为内轮花被片长度的2/3，形状和颜色与内轮花被片相同；④单花具花被片9枚，花瓣状，匙状长圆形，或匙状宽卵圆形，长5.5～9.0 cm，宽2.5～4.5 cm，上部最宽，先端钝圆，或尖，外面中部以上浅紫红色，具明显的浓紫红色脉纹，中部以下浓紫红色，具光泽，内面肉色，脉纹明显下陷，多皱纹；雄蕊多数，花药背面具浅紫红色晕，花丝近卵球状，浓紫红色；离生单雌蕊多数，子房淡黄绿色，花柱和柱头微紫红色晕，花柱微内卷。花期3月。

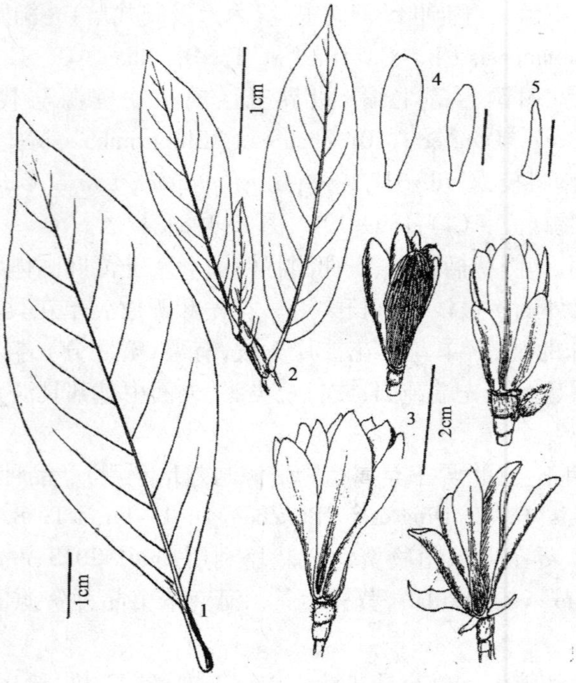

图9－40　大别玉兰 Yulania dabieshanensis T. B. Zhao, Z. X. Chen et H. T. Dai

1. 叶；2. 短枝、叶；3. 4种花型；4. 花被片；5. 萼状花被片（陈志秀绘）。

产地：河南鸡公。赵天榜等，模式标本采自河南鸡公山，存河南农业大学。

42. **多型叶玉兰**（世界玉兰属植物资源与栽培利用）　图9－41　图版2:6　图版87:1～6

Yulania varians D. L. Fu, T. B. Zhao et Z. X. Chen，赵天榜、田国行等主编. 世界玉兰属植物资源与栽培利用：314～316. 2013；赵天榜、任志锋、田国行主编. 世界玉兰属植物种质资源志：88～89. 图3－42. 2013。

落叶乔木。叶多种类型：①倒卵圆形，长9.0～12.0 cm，宽3.0～5.0 cm，表面绿色，通常无毛，背面淡绿色，油点，疏被短柔毛，主脉和侧脉明显隆起，沿脉疏被长柔毛，侧脉5～6对，先端通常1侧钝圆，另1侧三角形，基部楔形，边缘全缘；幼叶密被短柔毛，后脱落；叶柄长1.0～2.0 cm，浅黄绿色，初密被短柔毛，后无毛，基部楔形；②近圆形，长5.0～7.0 cm，先端钝圆，基部圆形；③卵圆—椭圆形，即1侧半圆形，另1侧半椭圆形，长9.0～12.0 cm，基部圆形；④椭圆形，先端2深裂，2裂片先端钝圆；⑤近倒三角形，先端2深裂，裂片长三角形,先端2深裂,裂片三角形,1大,1小,近等于叶片1/2长度,基部楔形。玉蕾单生枝顶,椭圆体状,先端钝圆。花先叶开放。2种花型:① 单花具花被片9枚,外轮花被片3枚,萼状,膜质,条形,长8~12 mm,宽2~3 mm,内轮花被片6枚,花瓣状,匙状椭圆形,或匙状卵圆形,长4.0~4.5 cm,宽3.5~4.5 cm,先端钝圆,基部楔形,边缘全缘,基部外面具淡粉红色;雄蕊多数,长8~15 mm,淡黄白色,花丝长2~3 mm,紫红色;雌蕊群长圆柱形,淡绿色,长2.0~2.5 cm;离生单雌蕊多数,花柱和柱头微被粉红色。② 单花具花被片11~12枚,花瓣状,外轮花被片匙状椭圆形,或匙状近圆形,长6.0~10.0 cm,宽3.5~4.5 cm,白色,先端钝圆,或钝尖,内轮花被片3枚,狭条形,长3.0~7.0 cm,宽1.2~1.5 cm,向内卷曲呈弓形,先端三角形,基部具爪,白色,外面基部中间亮紫色;雄蕊多数,淡黄白色,花丝浓紫红色;离生单雌蕊多数,子房、花柱和柱头淡绿白色。缩台枝和花梗密被灰白色短柔毛。聚生蓇葖果卵球状,长7.0~10.0 cm,径4.0~5.5 cm;蓇葖果近球状,浅黄绿色。花期4月;果实成熟期8~9月。

产地:山东青岛。河南郑州有引栽。赵天榜等,模式标本采自河南郑州市,存河南农业大学。

变种:

(1) 多型叶玉兰　原变种

Yulania multiformis T. B. Zhao, Z. X. Chen et J. Zhao var. multiformis., 赵天榜、田国行等主编. 世界玉兰属植物资源与栽培利用:316. 2013;赵天榜、任志峰、田国行主编. 世界玉兰属植物种质资源志:98. 2013。

(2) 白花多型叶玉兰(世界玉兰属植物资源与栽培利用)　变种

Yulania multiformis T. B. Zhao, Z. X. Chen et J. Zhao var. alba T. B. Zhao et Z. X. Chen, 赵天榜、田国行等主编. 世界玉兰属植物资源与栽培利用:316. 2013;赵天榜、任志锋、田国行主编. 世界玉兰属植物种质资源志:98. 2013。

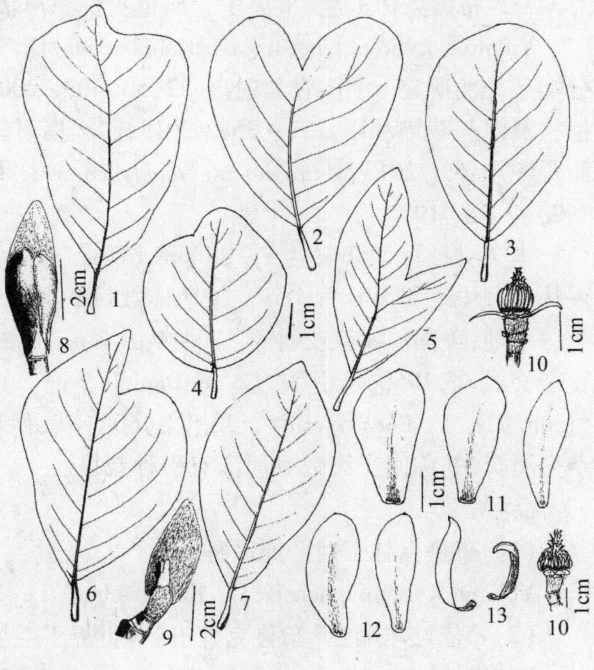

图9-41　多型叶玉兰 Yulania multiformis T. B. Zhao, Z. X. Chen et J. Zhao

1~7. 叶;8~9. 玉蕾;10. 雌雄蕊群;11. 花型Ⅰ花被片;12~13. 花型Ⅱ花被片(陈志秀绘)。

本变种叶卵圆形,或椭圆形,背面灰绿色,密被灰色油点。玉蕾2种类型。单花具花被片9枚,或11~12枚。2种花型:① 单花具花被片9枚,外轮花被片3枚,萼状,内轮花被片6枚,花瓣状;② 单花具花被片9~10枚,花瓣状。花瓣状花被片白色,外面基部微被淡粉色晕。

产地:河南。鸡公山有引栽。赵天榜等,模式标本采自河南鸡公山,存河南农业大学。

(3) 短雌蕊群多型叶玉兰　短蕊群玉兰(安徽农业科学)　新组合变种

Yulania multiformis T. B. Zhao, Z. X. Chen et J. Zhao var. brevigyandria T. B. Zhao et Z. X. Chen, var. nov., *Yulania brevigyandria* D. L. Fu, T. B. Zhao et Z. X. Chen, sp. nov. ined., 安徽农业科学, 36(16):6739. 2008。

A var. nov. foliis variantibus et multi – partitis, longe ramulis ob – ovatis. tepala 9 in quoque flore, extus 3 tepalis calucibus membranaceis, intus 6 tepalis petaloideis; gynandriis brevibus 1.0 ~ 1.5 cm longis.

Henan: Zhengzhou City. 14 – 03 – 2008. T. B. Zhao et Z. X. Chen, No. 200803145 (flos, holotypus hic disignatus, HNAC).

本新变种叶多变、多裂,长枝叶倒卵圆形。单花具花被片 9 枚,外轮花被片 3 枚,萼状,内轮花被片 6 枚,花瓣状;雌雄蕊群短小, 长 1.0 ~ 1.5 cm。

产地:河南。郑州市有栽培。赵天榜和陈志秀,No. 200803145(花)。模式标本,存河南农业大学。

43. **布鲁克林玉兰**(世界玉兰属植物资源与栽培利用)　杂交种

Yulania × brooklynensis (G. Kalmbacher) D. L. Fu, 田国行等. 玉兰属植物资源与新分类系统的研究. 中国农学通报, 22(5):409. 2006; 赵天榜、田国行等主编. 世界玉兰属植物资源与栽培利用: 357 ~ 358. 2013; 赵天榜、任志锋、田国行主编. 世界玉兰属植物种质资源志: 63. 2013; *Magnolia* × *brooklynensis* G. Kalmbacher in New. Am. Magnolia Soc., 8(2):7 ~ 8. 1972.

本杂交种很像紫玉兰 Y. liliflora (Desr.) D. L. Fu。其生长健壮、耐寒。花期长,表现从 5 月中下旬至 6 月中旬。染色体数目 $2n = 78$。

产地:美国。本杂交种系 1954 年由 Mrs. Evamaria Sperber 在纽约布鲁克林植物园进行杂交成功, 1960 年由 J. C. McDaniel 登记。其杂交亲本为:渐尖玉兰 Y. acuminata (Linn.) D. L. Fu 与紫玉兰。20 世纪 60 年代,伊利诺斯州的 J. C. McDaniel 报道了这一杂交组合,并称回交失败。河南有引种栽培。

品种:

(1) 布鲁克林玉兰　原品种

Yulania × brooklynensis (G. Kalmbacher) D. L. Fu 'Brooklynensis'

(2) '依娃玛丽亚'布鲁克林玉兰(世界玉兰属植物资源与栽培利用)　新引栽品种

Yulania × brooklynensis (G. Kalmbacher) D. L. Fu 'Evamaria', 赵天榜、田国行等主编. 世界玉兰属植物资源与栽培利用: 357. 2013; *Magnolia* 'Evamaria' in Newsl. Amer. Mag. Soc., 7(1):7. 1970; *M.* × *brooklynensis* G. Kalmbacher 'Evamaria' in Journ. Magnolia Soc. 8(2):7 ~ 8. 1972; 'Evamaria'. *M. acuminata* (Linn.) Linn. × *M. denudata* Desr. in D. J. Callaway, THE WORLD OF Magnolias. 202. Plates. 84 ~ 85. 1994.

本品种叶卵圆形,先端渐尖,幼叶表面被银白色短柔毛。花径约 10.0 cm。单花具花被片 6 枚,外面淡紫红色,有黄绿色色晕,内面白色。花期 5 ~ 6 月。

产地:美国。本品种于 1970 年由美国 Brooklyn 植物园选出,由 Evamaria Sperber 命名, 1970 年由 Brooklyn 植物园注册。该品种获美国植物专利,专利号 #2820。河南有引种栽培。

(3)'最　黄'布鲁克林玉兰(世界玉兰属植物资源与栽培利用)　新引栽品种

Yulania × brooklynensis (G. Kalmbacher) D. L. Fu 'Ultimate Yellow',赵天榜、田国行等主编. 世界玉兰属植物资源与栽培利用:357. 2013; *Magnolia* 'Ultimate Yellow' in Magnolia. Issue 59 31(1):18. 1996.

本品种花色最黄。

产地:美国。本品种由 J. C. McDaniel 培育,1991 年由 Harry Heineman 选出。其杂交亲本为:布鲁克林玉兰 × 渐尖玉兰 Yulania acuminata (Linn.) D. L. Fu。河南有引种栽培。

第三节　朱砂玉兰亚属

Yulania Spach subgen. × Zhushayulania (W. B. Sun et T. B. Zhao) T. B. Zhao et X. Z. Chen,赵天榜、田国行等主编. 世界玉兰属植物资源与栽培利用:319. 2013;赵天榜、任志锋、田国行主编. 世界玉兰属植物种质资源志:16. 2013。

朱砂玉兰亚属植物在河南栽培的有 2 种,即朱砂玉兰和星紫玉兰。星紫玉兰按该属分类系统,已纳入渐尖玉兰亚属。

44. **朱砂玉兰**(河南植物志)　二乔木兰(中国植物志)　图 9－42　图版 88:1～13

Yulania soulangiana (Soul. －Bod.) D. L. Fu,傅大立. 玉兰属的研究. 武汉植物学研究,19(3):198. 2001;赵天榜、田国行等主编. 世界玉兰属植物资源与栽培利用:316～318. 2013;赵天榜、任志锋、田国行主编. 世界玉兰属植物种质资源志:89～91. 图 9－43. 2013; *Magnolia soulangiana* Soul. in L. H. Bailey, Manual of Cultivated Plants. 290～291. 1925;中国科学院中国植物志编辑委员会. 1996. 中国植物志 第三十卷 第一册:132～133. 1996; *Magnolia × soulangiana* [*M. denuata × M. liliflora*] Soul. －Bod. in Mém. Soc. Linn. Paris 1826. 269 (Nouv. Esp. Mag.). 1826。

落叶小乔木。叶宽卵圆形、倒卵圆形至宽椭圆形,长 6.0～15.0 cm,宽 4.0～7.5 cm,先端短尖,2/3 以下向基部渐狭呈楔形,幼时被短柔毛,表面绿色,具光泽,主脉基部常被短柔毛,背面淡绿色,被短柔毛,边缘全缘,被缘毛;叶柄被短柔毛。玉蕾卵球状,单生枝顶。花先叶开放;花大,宽钟状。单花具花被片 9 枚,外轮花被片 3 枚,长为内轮花被片的 2/3,内轮花被片较大,匙

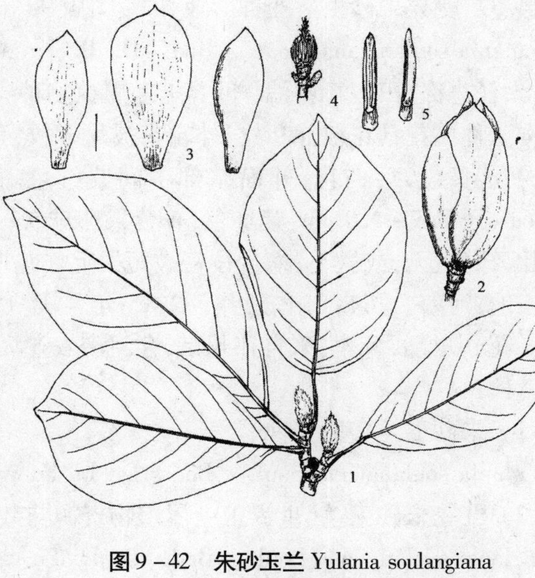

图 9－42　朱砂玉兰 Yulania soulangiana (Soul. －Bod.) D. L. Fu

1. 叶、枝和玉蕾;2. 花;3. 花被片;4. 雌雄蕊群;5. 雄蕊(陈志秀绘)。

状椭圆形,长 6.0 ~8.0 cm,宽 1.5 ~2.5 cm,外面淡红色,或淡紫色、玫瑰色,内面黄白色,少香味,或无香味;雄蕊多数;雌蕊群圆柱状;离生单雌蕊多数,子房无毛。聚生蓇葖果长约 8.0 cm,径约 3.0 cm;蓇葖果卵球状,长 1.0 ~1.5 cm。花期 3 ~4 月;果实成熟期 9 月。染色体 $2n = 57$、76、95、123、133、152。

产地:中国。1826 年,法国人 Soulange – Bodin 用玉兰与紫玉兰 Yulania liliflora (Desr.) D. L. Fu 杂交培育而成。目前,我国长城以南各省(区)栽培很广。模式标木(type):We do not know whether a lectope haqs ever been designated。

亚种:

44.1　朱砂玉兰亚种　原亚种

Yulania soulangiana(Soul. – Bod.) D. L. Fu subsp. soulangiana

44.2　萼朱砂玉兰亚种(安徽农业科学)　亚种　图版 89:2

Yulania soulangiana(Soul. – Bod.) D. L. Fu subsp. èzhushayulan T. B. Zhao et Z. X. Chen, subsp. nov., Yulania soulangiana(Soul. – Bod.) D. L. Fu subsp. èzhushayulan D. L. Fu, T. B. Zhao et Z. X. Chen, subsp. nov. ined., 赵东武等. 河南玉兰属植物种质资源与开发利用的研究. 安徽农业科学, 36(22):9490. 2008; 赵天榜、任志锋、田国行主编. 世界玉兰属植物种质资源志:91. 2013。

本亚种单花具花被片 9 枚,2 种花型:① 单花具花被片 9 枚,有萼、瓣之分,外轮花被片 3 枚,萼状,小;② 单花具花被片 9 枚,花瓣状,外轮花被片长度为内轮花被片的 1/3 ~ 2/3,白色,外面基部带紫色晕。

产地:河南。郑州市有栽培。2008 年 4 月 10 日,赵天榜和陈志秀,模式标本采自郑州市,存河南农业大学。

44.3　变异朱砂玉兰亚种　亚种　图版 90:1 ~5

Yulania soulangiana(Soul. – Bod.) D. L. Fu subsp. varia T. B. Zhao et Z. X. Chen, 赵天榜、任志锋、田国行主编. 世界玉兰属植物种质资源志:91. 2013;

本亚种单花具花被片 9 枚,外轮花被片 3 枚,萼状和瓣状,变化极大,内轮花被片,花瓣状,初淡黄色,后白色,外面基部中间紫红色。聚生蓇葖果圆柱状、弯曲,长 12.0 ~ 14.0 cm,径 3.5 ~4.0 cm,紫红色;蓇葖果卵球状;果点密、大,明显、突起,先端具短喙;果梗粗壮,绿色、无,或微毛;缩台枝密被短柔毛。花期 4 月;果实成熟期 8 月。

产地:河南。郑州市有栽培。2015 年 4 月 15 日,赵天榜和陈志秀, No. 15 – 04 – 20105(花)。模式标本,采自郑州市,存河南农业大学。

变种:

(1) 朱砂玉兰　原变种

Yulania soulangiana(Soul. – Bod.) D. L. Fu var. soulangiana

(2) 红花朱砂玉兰(世界玉兰属植物资源与栽培利用)　变种

Yulania soulangiana(Soul. – Bod.) D. L. Fu var. rubra(Nichols.) T. B. Zhao et Z. X. Chen, 赵天榜、田国行等主编. 世界玉兰属植物资源与栽培利用:318. 2013; 赵天榜、任志锋、田国行主编. 世界玉兰属植物种质资源志:92. 2013; *Magnolia rustica rubra* Nichols. in Fl. & Silva, 1:16. t. 1903; *M.* × *soulangiana* Soul. – Bod. var. *rustica*(Nichols.) Rehd. in

Bailey, Stand. Cycl. Hort. 4:1969. 1916; *M.* × *soulangiana* Soul. – Bod. f. *rubra* (Nichols.) Rehd. in Jour. Arnold Arb., 21:276. 1940.

本变种花为紫红色,或暗红色。单花具花被片9枚,外轮花被片短于内轮花被片。

产地:荷兰。河南长垣县有栽培。

(3) 白花朱砂玉兰(世界玉兰属植物资源与栽培利用)　变种

Yulania soulangiana (Soul. – Bod.) D. L. Fu var. candolleana (Soul. – Bod.) T. B. Zhao et Z. X. Chen, 赵天榜、田国行等主编. 世界玉兰属植物资源与栽培利用:318. 2013; 赵天榜、任志锋、田国行主编. 世界玉兰属植物种质资源志:92. 2013; *Magnolia* × *soulangiana* Soul. – Bod. 'Candolleana' in The Garden, 44:470. 1893。

本变种落叶小乔木。叶倒卵圆形,先端钝凹,具短尖,基部楔形,幼时被短柔毛,表面绿色,具光泽,初被短柔毛,后无毛,背面淡绿色,被短柔毛,边缘全缘;叶柄被短柔毛。玉蕾卵球状,单生枝顶。花先叶开放。单花具花被片9枚,外轮花被片3枚,长为内轮花被片的2/3,内轮花被片较大,花白色,大;开花期比其他品种晚1周。聚生蓇葖果圆柱状,长10.0~15.0 cm,径4.0~4.5 cm;蓇葖果近球状,紫红色;拟假种皮种子紫红色,微带橙色晕;不发育的蓇葖果卵球状,两端渐尖。聚生蓇葖果圆柱状,长12.0~14.0 cm,径4.0~4.5 cm;蓇葖果卵球状,背缝线明显,表面紫红色,先端具明显甘喙;果点小,密,稍突起,明显;果梗和缩台枝稍粗,灰褐色,疏被短柔毛。花期4月;果实成熟期8月。

产地:可能起源于法国。河南郑州市有栽培。

品种群与品种:

Ⅰ 朱砂玉兰品种群　原品种群

Yulania soulangiana (Soul. – Bod.) D. L. Fu Soulangiana Group

(1) 朱砂玉兰　原品种

Yulania soulangiana (Soul. – Bod.) D. L. Fu 'Soulangiana'

(2) '水粉'朱砂玉兰(世界玉兰属植物资源与栽培利用)　品种　图版91:10~11 图版92:9~11

Yulania soulangiana (Soul. – Bod.) D. L. Fu 'Shuifen', 赵天榜、田国行等主编. 世界玉兰属植物资源与栽培利用:323. 2013。

本品种初花圆柱状,中部以上渐细。单花具花被片9枚,匙状卵圆形,先端钝圆,外面中部及基部中间水粉色,内面白色。

产地:河南。长垣县等有栽培。选育者:赵天榜和赵东武。

(3) '淡粉红'朱砂玉兰(世界玉兰属植物资源与栽培利用)　品种

Yulania soulangiana (Soul. – Bod.) D. L. Fu 'Danfenhong', 赵天榜、田国行等主编. 世界玉兰属植物资源与栽培利用:324. 2013。

本品种单花具花被片9枚,外轮花被片较小,淡粉红色,内轮花被片匙状卵圆形,先端钝尖,外面淡紫红色,内面白色;雄蕊花丝紫红色;花柱淡紫色。

产地:河南。长垣县等有栽培。选育者:赵天榜。

(4) '棱被'朱砂玉兰(世界玉兰属植物资源与栽培利用)　品种　图版90:8

Yulania soulangiana (Soul. – Bod.) D. L. Fu 'Lengbei', 赵天榜、田国行等主编. 世界

玉兰属植物资源与栽培利用:324. 2013。

本品种单花具花被片 9 枚,匙状倒卵圆形,先端钝圆,或钝尖,外面淡粉红色,中间主脉呈棱状突起,内面白色。

产地:河南。新郑市有栽培。选育者:赵天榜和赵杰。

(5)'尖被'朱砂玉兰(世界玉兰属植物资源与栽培利用)　品种

Yulania soulangiana(Soul. – Bod.)D. L. Fu 'Jianbei',赵天榜、田国行等主编. 世界玉兰属植物资源与栽培利用:322. 2013。

本品种单花具花被片 9 枚,匙状长椭圆形,先端短尖,外面水粉色,基部粉红色。

产地:河南。郑州市有栽培。选育者:赵天榜。

Ⅱ 红花朱砂玉兰品种群　新品种群

Yulania soulangiana(Soul. – Bod.)D. L. Rubra Group, Group nov.

本品种群花被片外面紫红色、红色,或暗红色。

(6)'红霞'朱砂玉兰(安徽农业科学)　红霞玉兰(植物引种驯化集刊)　品种　图版 97:3 ~ 6

Yulania soulangiana (Soul. – Bod.) D. L. Fu 'Hongxia',王建勋等. 朱砂玉兰品种资源及繁育技术. 安徽农业科学,36(4):1424. 2008;赵天榜、田国行等主编. 世界玉兰属植物资源与栽培利用:319. 2013;*Magnolia* × *soulangiana* Soul. – Bod. cv. Hongxia,王亚玲等. 西安地区木兰属植物引种、选育与应用. 植物引种驯化集刊,12:35. 37. 1998。

本品种为灌木状矮化类型。叶长圆形,背面红褐色,顶叶黄绿色,略带红色。玉蕾球状。单花具花被片 9 枚,外轮为内轮花被片的 2/3,花被片长椭圆形,深紫红色;离生单雌蕊子房黄色、淡绿黄白色,柱头及花柱浅紫色。花期除 4 月集中开花外,从 6 月下旬至 10 月,陆续开花。花色渐淡,花型渐小;离生单雌蕊不发育。

产地:陕西。本品种系王亚玲等从'红运'朱砂玉兰的芽变选出。河南郑州市有栽培。

(7)'红运'朱砂玉兰(安徽农业科学)　红运玉兰(植物引种驯化集刊)　品种　图版 93:1 ~ 3

Yulania soulangiana(Soul. – Bod.)D. L. Fu 'Hongyun',王建勋等. 朱砂玉兰品种资源及繁育技术. 安徽农业科学,36(4):1424. 2008;赵天榜、田国行等主编. 世界玉兰属植物资源与栽培利用:319. 2013。

本品种落叶小乔木。叶椭圆状倒卵圆形。单花花被片 6 ~ 9 枚,鲜红色,内面白色。1 年生开花 3 次:第一次 3 月 10 日至 4 月初,第二次 6 月中旬至 7 月中旬,第三次 8 月中旬持续到 10 月初。

产地:浙江。选育者:王飞罡。品种权号:20000007。河南郑州市有栽培。

(8)'火炬'朱砂玉兰(安徽农业科学)　品种

Yulania soulangiana(Soul. – Bod.)D. L. Fu 'Huoju',王建勋等. 朱砂玉兰品种资源及繁育技术. 安徽农业科学,36(4):1424 ~ 1425. 2008;赵天榜、田国行等主编. 世界玉兰属植物资源与栽培利用:319. 2013;'火炬'二乔玉兰 *Magnolia* × *soulangiana* Soul. – Bod. cv. 'Huoju',高炳振. 二乔玉兰品种资源初报. 河南林业科技,22(4):32. 2002。

本品种单花具花被片9枚,外轮花被片3枚,长度约为内轮花被片的1/2,外面紫红色,花形似'火炬'而得名。

产地:陕西西安植物园。由杨廷栋从'红运'朱砂玉兰中选出。

(9)'丹馨'朱砂玉兰(安徽农业科学)　品种　图版96:5~10

Yulania soulangiana(Soul. -Bod.)D. L. Fu'Danxin',王建勋等. 朱砂玉兰品种资源及繁育技术. 安徽农业科学,36(4):1424. 2008;赵天榜、田国行等主编. 世界玉兰属植物资源与栽培利用:321. 2013。

本品种小乔木。花顶生、腋生,或3~5朵簇生,花被片鲜红色。

产地:浙江。选育者:王飞罡。品种权号:20000004。河南许昌县等有栽培。

(10)'紫红'朱砂玉兰(世界玉兰属植物资源与栽培利用)　品种

Yulania soulangiana(Soul. -Bod.)D. L. Fu'Zihong',赵天榜、田国行等主编. 世界玉兰属植物资源与栽培利用:324. 2013。

本品种单花具花被片9枚,匙状卵圆形,先端钝圆,外面紫红色、淡紫色,内面乳白色,厚肉质;雌雄蕊群紫红色,或紫色。

产地:河南。许昌县等有栽培。选育者:赵天榜和范军科。

(11)'紫红白'朱砂玉兰(世界玉兰属植物资源与栽培利用)　品种

Yulania soulangiana(Soul. -Bod.)D. L. Fu'Zihongbei',赵天榜、田国行等主编. 世界玉兰属植物资源与栽培利用:324. 2013。

本品种单花具花被片9枚,匙状卵圆形,先端钝圆,或钝尖,质地薄,外面中部及基部中间淡紫红色,先端边部色淡,有时呈白色,微有水粉点。

产地:河南。许昌县等有栽培。选育者:赵天榜和范军科。

(12)'淡紫红'朱砂玉兰(世界玉兰属植物资源与栽培利用)　品种

Yulania soulangiana(Soul. -Bod.)D. L. Fu'Danzihong',赵天榜、田国行等主编. 世界玉兰属植物资源与栽培利用:324. 2013。

本品种初花呈牛角状,弯曲。单花具花被片9枚,匙状椭卵圆形,先端钝圆,或钝尖,外面淡紫红色,内面白色,外轮花被片3枚,长度为内轮花被片的2/3。

产地:河南。许昌县等有栽培。选育者:赵天榜和范军科。

(13)'亮粉'朱砂玉兰(世界玉兰属植物资源与栽培利用)　品种

Yulania soulangiana(Soul. -Bod.)D. L. Fu'Liangfen',赵天榜、田国行等主编. 世界玉兰属植物资源与栽培利用:323~324. 2013。

本品种初花圆柱状,中部以上微弯曲。单花具花被片9枚,匙状鞋底形,厚肉质,先端钝尖,外面淡紫红色,具光泽,内面白色。

产地:河南。许昌县等有栽培。选育者:赵天榜和范军科。

(14)'淡紫'朱砂玉兰(世界玉兰属植物资源与栽培利用)品种　图版92:1~2

Yulania soulangiana(Soul. -Bod.)D. L. Fu'Danzi',赵天榜、田国行等主编. 世界玉兰属植物资源与开发利用:324. 2013。

本品种单花具花被片9枚,宽匙状卵圆形,先端钝圆,内曲,外面淡紫色,微有白色纵条纹;雌雄蕊群紫红色,或紫色。

产地:河南。许昌县等有栽培。选育者:赵天榜和范军科。

Ⅲ 紫花朱砂玉兰品种群 新品种群

Yulania soulangiana(Soul. – Bod.)D. L. Fu Zihua Group,Group nov.

本品种群花被片外面紫色、亮紫色、淡紫色。

(15)'紫霞'朱砂玉兰(安徽农业科学) 紫霞玉兰(植物引种驯化集刊) 品种 图版94:1~11

Yulania soulangiana(Soul. – Bod.)D. L. Fu 'Zixia',王建勋等. 朱砂玉兰品种资源及繁育技术. 安徽农业科学,36(4):1424. 2008;赵天榜、田国行等主编. 世界玉兰属植物资源与栽培利用:321. 2013;*Magnolia* × *soulangiana* Soul. – Bod. cv. 'Zixia',王亚玲等. 西安地区木兰属植物引种、选育与应用. 植物引种驯化集刊,12:35. 37. 1998。

本品种叶椭圆形,幼叶棕红色,叶脉绿色。玉蕾顶生,长卵球状,或椭圆体状。单花具花被片9枚,外轮花被片长椭圆形,比内轮花被片短,紫红色,亮光泽,先端渐尖,或钝圆,内轮花被片长椭圆形,颜色与外轮花被片相同;雄蕊花丝、花药背部紫红色;离生单雌蕊子房淡灰紫褐色晕,花柱和柱头浅土色,具淡灰紫褐色晕。

产地:浙江。河南郑州市有栽培。

(16)'长春'朱砂玉兰(安徽农业科学) 长春二乔玉兰(植物杂志) 品种 图版96:1~4

Yulania soulangiana(Soul. – Bod.)D. L. Fu 'Semperflorescens',王建勋等. 朱砂玉兰品种资源及繁育技术. 安徽农业科学,36(4):1424. 2008;赵天榜、田国行等主编. 世界玉兰属植物资源与栽培利用:320. 2013;*Magnolia* × *soulangiana* Soul. – Bod. cv. 'Semperflorescens',王飞罡. 一年多次开花的长春二乔玉兰. 植物杂志,4:29. 彩图. 1986;*Magnolia soulangiana* Soul. – Bod. 'Changchun',刘秀丽. 中国玉兰种质资源调查及亲缘关系的研究. 北京林业大学博士论文,2011。

本品种叶倒卵圆形、卵圆形、长椭圆形、椭圆形。花顶生,或腋生,先叶开放,或后叶开放。单花具花被片9枚,外轮花被片3枚,内轮花被片6枚,外面淡紫色,内面白色;雄蕊花丝浓红色,花药紫红色;离生单雌蕊子房浅灰白色,无毛,花柱和柱头灰绿白色,反卷。每年开花2~3次。8月为第2次花期。

产地:浙江。选育者:王飞罡。品种权号:20000002。河南郑州市有栽培。

注:王亚玲与杨延栋选育的'常春'朱砂玉兰与王飞罡选育的'长春'朱砂玉兰不同,故将'常春'朱砂玉兰介绍如下:

(17)'常春'朱砂玉兰 常春朱砂玉兰 新改隶组合品种

Yulania soulangiana(Soul. – Bod.)D. L. Fu 'Changchun',cv. transl. nov.,常春朱砂玉兰 王亚玲与杨延栋. 玉兰新品种介绍. 现代种业,2:39. 2003。

本新改隶组合品种单花具花被片9枚,匙状宽卵圆形,先端钝圆,外面水粉色。

产地:陕西。选育者:王亚玲与杨延栋。

(18)'紫斑'朱砂玉兰(安徽农业科学) 品种

Yulania soulangiana(Soul. – Bod.)D. L. Fu 'Ziban',王建勋等. 朱砂玉兰品种资源及繁育技术. 安徽农业科学,36(4):1424. 2008;赵天榜、田国行等主编. 世界玉兰属植物资源与栽培利用:320. 2013。

本品种单花具花被片9枚,外轮花被片3枚,长度为内轮花被片的2/3,匙状椭圆形,外面中、基部紫红色,或淡紫红色,上部淡粉红色,内面白色、基部两侧具2~4块淡紫色晕斑纹,或淡紫色晕斑纹,侧脉呈淡紫色;雄蕊花丝、花药暗紫红色;离生单雌蕊子房鲜绿色,无毛,微有淡粉红色晕,花柱细,淡粉红色晕,向外反卷;花梗浅色,密被长柔毛。缩台枝粗壮,无毛,紫褐色。

河南:许昌市。选育者:赵天榜和范军科。

(19)'紫二乔'朱砂玉兰(安徽农业科学)　紫二乔(植物引种驯化集刊)　品种

Yulania soulangiana(Soul. - Bod.)D. L. Fu 'Zierqiao',王建勋等. 朱砂玉兰品种资源及繁育技术. 安徽农业科学,36(4):1424. 2008;赵天榜、田国行等主编. 世界玉兰属植物资源与栽培利用:320~321. 2013;*Magnolia* × *soulangiana* Soul. - Bod. cv. Zierqiao,王亚玲等. 朱砂玉兰品种资源及繁育技术. 植物引种驯化集刊,12:36. 1998;紫二乔 *Magnolia* × *soulangiana* Soul. - Bod. cv. 'Parpurea',王亚玲等. 玉兰育种研究初报,19(5):14~16. 1999。

本品种叶长椭圆形,顶叶倒卵圆状披针形,上半部,或全部红褐色。玉蕾卵球状,细、小。花先叶开放。单花具花被片9枚,外轮花被片3枚,长度为内轮花被片的2/3,椭圆状匙形、宽椭圆状匙状,先端具短尖头,基部楔形,基部外面亮紫色,中、上部色很浅,沿脉纹稍浓,内面白色,脉稍凹陷;雄蕊花丝亮紫色;离生单雌蕊子房浅黄绿色,花柱、柱头浅微淡紫色晕。

产地:西安植物园。河南郑州市有栽培。

(20)'紫花'朱砂玉兰(安徽农业科学)　品种

Yulania soulangiana(Soul. - Bod.)D. L. Fu 'Zihua',王建勋等. 朱砂玉兰品种资源及繁育技术. 安徽农业科学,36(4):1425. 2008;赵天榜、田国行等主编. 世界玉兰属植物资源与栽培利用:322. 2013。

本品种单花具花被片9枚,外轮花被片较短,外面深紫色,长椭圆形,内面淡紫色;雌雄蕊群紫色,或紫红色。

产地:河南。郑州市有栽培。选育者:赵天榜等。

(21)'宽被 亮紫'朱砂玉兰(世界玉兰属植物资源与栽培利用)　品种

Yulania soulangiana(Soul. - Bod.)D. L. Fu 'Liangzi Kuanbeizi',赵天榜、田国行等主编. 世界玉兰属植物资源与栽培利用:323. 2013。

本品种单花具花被片9枚,匙状椭卵圆形,先端钝圆,或钝尖,外面亮紫色,内面白色。

产地:河南。郑州市有栽培。选育者:赵天榜和赵东武。

(22)'两型 紫花'朱砂玉兰　新品种　图版90:7

Yulania soulangiana(Soul. - Bod.)D. L. Fu 'Èrxing Zihua',cv. nov.

本新品种花2种类型:① 单花具花被片9枚,外轮花被片3枚,肉质,条形;② 单花具花被片9枚,花瓣状,肉质。2种花瓣状花被片外面紫色,或淡紫色。

产地:河南。郑州市有栽培。选育者:赵天榜和陈志秀等。

Ⅳ 白花朱砂玉兰品种群　新品种群

Yulania soulangiana(Soul. – Bod.)D. L. Fu Baihua Group, Group nov.

本品种群花被片外面白色,基部微有水粉色、淡紫色晕。

(23)'白花'朱砂玉兰(安徽农业科学) 品种 图版 89:1

Yulania soulangiana(Soul. – Bod.)D. L. Fu 'Baihua',王建勋等. 朱砂玉兰品种资源及繁育技术. 安徽农业科学,36(4):1424. 2008;赵天榜、田国行等主编. 世界玉兰属植物资源与栽培利用:319. 2013。

本品种叶椭圆形、倒卵圆形。花期晚。花白色,外轮花被片长度为内轮花被片的 1/3 ~1/2。聚生蓇葖果圆柱状,长 12.0 ~14.0 cm,径 3.5 ~4.0 cm,紫红色;蓇葖果卵球状、椭圆体状;果点密,明显、突起,先端具短喙;果梗粗壮,灰绿色,密被短柔毛;缩台枝灰褐色,无毛,或疏被短柔毛。花期 4 月;果实成熟期 8 月。

产地:河南郑州市。选育者:赵天榜和赵东欣。

(24)'小白花'朱砂玉兰 新品种 图版 10:12 图版 93:4 ~7

Yulania soulangiana(Soul. – Bod.)D. L. Fu 'Xiaobaihua', cv. nov.

本新品种叶倒卵圆形。花期晚。花小,径3.5 ~4.0 cm。单花具花被片 9 枚,外轮花被片萼形,内轮花被片匙状椭圆形,白色。聚生蓇葖果短圆柱状,长 8.0 ~10.0 cm,径 3.5 ~4.0 cm,淡紫红色;蓇葖果卵球状、椭圆体状;果点明显、突起,先端具短喙;果梗粗壮,密被短柔毛;缩台枝疏被短柔毛。花期 4 月;果实成熟期 8 月。

产地:河南郑州市。选育者:赵天榜和陈志秀。

(25)'狭被'朱砂玉兰(世界玉兰属植物资源与栽培利用) 品种

Yulania soulangiana(Soul. – Bod.)D. L. Fu 'Xiabei',赵天榜、田国行等主编. 世界玉兰属植物资源与栽培利用:320. 2013。

本品种单花具花被片 9 枚,外轮花被片狭匙状椭圆形,宽度为内轮花被片的 1/2,长度为内轮花被片的 2/3,外面中部以上白色,基部中间亮淡紫色。

产地:河南郑州市。选育者:赵天榜、陈志秀。

(26)'微粉'朱砂玉兰(世界玉兰属植物资源与栽培利用) 品种

Yulania soulangiana(Soul. – Bod.)D. L. Fu 'Weifen',赵天榜、田国行等主编. 世界玉兰属植物资源与栽培利用:322. 2013。

本品种单花具花被片 9 枚,外轮花被片长度为内轮花被片长度的 2/3,匙状卵圆形,白色,先端钝圆,稀钝尖,外面基部微被粉色晕。

产地:河南。新郑市有栽培。选育者:赵天榜和赵杰。

(27)'鸡公 2 号'朱砂玉兰(河南林业科技) 品种

Yulania soulangiana(Soul. – Bod.)D. L. Fu 'Jigongshan 2',王建勋等. 朱砂玉兰品种资源及繁育技术. 安徽农业科学,36(4):1424. 2008;赵天榜、田国行等主编. 世界玉兰属植物资源与栽培利用:319 ~320. 2013;*Magnolia* × *soulangiana* Soul. – Bod. 'Jigongshan 2',高炳振. 二乔玉兰品种资源初报. 河南林业科技,22(4):29. 33. 2002。

本品种小枝绿色,或灰绿色,无毛。叶倒卵圆形,中上部最宽,先端钝尖,基部楔形,边缘微波状全缘,表面绿色,沿脉被短柔毛,背面淡绿色,中侧脉突起,沿脉被较密柔毛。

产地:河南鸡公山。选育者:赵天榜等。

(28)‘宽被 微粉’朱砂玉兰(世界玉兰属植物资源与栽培利用)　品种　图版 92:3～5

Yulania soulangiana(Soul. －Bod.)D. L. Fu‘Kuanbei Weifen’,赵天榜、田国行等主编. 世界玉兰属植物资源与栽培利用:322. 2013。

本品种单花具花被片 9 枚,匙状宽卵圆形,外轮花被片长度为内轮花被片长度的2/3,白色,先端钝圆,外面基部粉红色,中脉粉红色,内面乳白色。

产地:河南。郑州市有栽培。选育者:赵天榜。

(29)‘宽被’朱砂玉兰(世界玉兰属植物资源与栽培利用)　品种　图版 91:4～7

Yulania soulangiana(Soul. －Bod.)D. L. Fu‘Kuanbei’,赵天榜、田国行等主编. 世界玉兰属植物资源与栽培利用:322～323. 2013。

本品种单花具花被片 9 枚,匙状宽卵圆形,白色,先端短尖,外面基部粉红色,中脉粉红色。聚生蓇葖果圆柱状,长 9.0～14.0 cm,径 4.0～4.5 cm;蓇葖果近球状,灰浅褐色,微带淡粉色晕,或黑褐色;拟假种皮种子橙红色,微带淡紫色晕;不发育的蓇葖果狭卵球状,两端渐尖,背部合缝线突起明显,呈一棱脊。

产地:河南。郑州市有栽培。选育者:赵天榜。

Ⅴ 三色花朱砂玉兰品种群　新品种群

Yulania soulangiana(Soul. －Bod.)D. L. Fu Sanshai Group,Group nov.

本品种群花被片外面 3 种颜色,即:上部淡黄白色,中部淡紫红色,基部暗紫红色。

(30)‘三色’朱砂玉兰(安徽农业科学)　品种　图版 90:6

Yulania soulangiana(Soul. －Bod.)D. L. Fu ＋‘Sanshai’,王建勋等. 朱砂玉兰品种资源及繁育技术. 安徽农业科学,36(4):1424. 2008;赵天榜、田国行等主编. 世界玉兰属植物资源与栽培利用:320. 2013。

本品种花被片外面上部淡黄白色,中部淡紫红色,基部暗紫红色。

产地:陕西。河南长垣县有栽培。发现者:赵天榜等。

Ⅵ 黄花朱砂玉兰品种群　新品种群

Yulania soulangiana(Soul. －Bod.)D. L. Fu Huanghua Group,Group nov.

本新品种群单花花被外面中部以上金黄色、淡黄色,微被水粉色晕,基部紫黑色、金黄色。

(31)‘黄花 紫基’朱砂玉兰(世界玉兰属植物资源与栽培利用)　品种

Yulania soulangiana(Soul. －Bod.)D. L. Fu‘Huanghua Ziji’,赵天榜、田国行等主编. 世界玉兰属植物资源与栽培利用:322. 2013。

本品种单花具花被片 9 枚,匙状卵圆形,先端钝尖,外面中部以上淡黄色,微被水粉色晕,基部紫黑色。

产地:河南。郑州市有栽培。选育者:赵天榜。

(32)‘淡黄 紫基’朱砂玉兰(世界玉兰属植物资源与栽培利用)　品种　图版 93:11

Yulania soulangiana(Soul. －Bod.)D. L. Fu‘Danhuang Ziji’,赵天榜、田国行等主编. 世界玉兰属植物资源与栽培利用:323. 2013。

本品种单花具花被片 9 枚,匙状椭卵圆形,先端钝圆,或钝尖,外面淡黄色,基部中间紫色。

产地:广东。河南郑州市有栽培。选育者:赵天榜。

(33)'橙黄'朱砂玉兰　新改隶组合品种

Yulania soulangiana(Soul. – Bod.)D. L. Fu 'Danhuang Zigui', cv. transl. nov.

本新改隶组合品种单花具花被片9枚,匙状椭卵圆形,先端矩尖,外面上部橙黄色,基部中间红色。

产地:(?)。河南郑州尚无栽培。

Ⅶ 多被朱砂玉兰品种群　新品种群

Yulania soulangiana(Soul. – Bod.)D. L. Fu Doubei Group, Group nov.

本新品种群单花具花被片12枚。

(34)'多被 淡紫红'朱砂玉兰(世界玉兰属植物资源与栽培利用)　品种

Yulania soulangiana(Soul. – Bod.)D. L. Fu 'Doubei Danzihong',赵天榜、田国行等主编. 世界玉兰属植物资源与开发利用:323. 2013。

本品种单花具花被片12枚,匙状椭圆形,先端钝圆,或钝尖,外面紫红色,或淡红色,内面白色。

产地:河南。郑州市有栽培。选育者:赵天榜和赵东武。

(35)'正昊'朱砂玉兰(世界玉兰属植物资源与栽培利用)　品种　图版91:1~3

Yulania soulangiana(Soul. – Bod.)D. L. Fu 'Zhengxao',赵天榜、田国行等主编. 世界玉兰属植物资源与栽培利用:321~322. 2013。

本品种单枝上叶2种类型:倒卵圆形及圆形。玉蕾顶生、腋生与簇生(3~5枚),有时呈总状聚伞花序。其形状为椭圆体状,或卵球状。花先叶开放。单花具花被片8~10枚,外面先端白色,中部及基部淡紫红色,或紫红色,脉纹紫红色,内面乳白色,花瓣状,匙状椭圆形,或匙状卵圆形,先端钝圆,基部宽楔形,边缘全缘;雄蕊花丝浓紫色;离生单雌蕊子房扁卵球状,无毛;花柱、柱头淡粉红色;花梗淡黄绿色,密被灰白色长柔毛。缩台枝粗壮,紫褐色,疏密被短柔毛。

产地:河南。长垣县。选育者:赵天榜、杨建正和王锦恩。

Ⅷ 变异朱砂玉兰品种群　新品种群

Yulania soulangiana(Soul. – Bod.)D. L. Fu Varia Group, Group nov.

本品种群外轮花被片3枚,萼状和瓣状,变化极大。

(36)变异朱砂玉兰　品种

Yulania soulangiana(Soul. – Bod.)D. L. Fu 'Varia'

本品种单花具花被片9枚,外轮花被片3枚,萼状和瓣状,变化极大,内轮花被片,花瓣状,初淡黄色,后白色,外面基部中间紫红色。

产地:河南。郑州市有栽培。选育者:赵天榜和陈志秀。

Ⅸ 萼朱砂玉兰品种群　新品种群

Yulania soulangiana(Soul. – Bod.)D. L. Fu Èzhushayulan Group, Group nov.

本新品种群花被外面3枚,萼状、条形。

(37)'萼'朱砂玉兰　新品种　图版89:2

Yulania soulangiana(Soul. – Bod.)D. L. Fu, 'Èzhushayulan', cv. nov.

本新品种单花具花被片 9 枚，外轮花被片 3 枚，肉质，淡黄白色，微有淡紫色晕，条形，长 1.5～3.0 cm，宽 2～13 mm，内轮花被片 6 枚，膜质，花瓣状，匙状椭圆形，通常长 5.0～7.5 cm，宽 1.5～2.2 cm，先端钝圆，外面上部淡黄白色，中部以下紫红色。

本新品种为我国首次发现的具有萼状、膜质花被片的朱砂玉兰新品种。

产地：河南。长垣县有栽培。选育者：赵天榜、陈志秀等。

（38）'圆萼'朱砂玉兰　新品种　图版 89:3

Yulania soulangiana（Soul. –Bod.）D. L. Fu 'Yuan È'，cv. nov.

本新品种的主要形态特征：叶长倒卵圆状三角形，长 8.0～12.5 cm，宽 5.0～7.5 cm，先端钝圆，具短尖，上部最宽，从上部向下渐狭，基部楔形，表面深绿色，两面疏被短柔毛，背面主脉和侧脉凸起明显，疏被短柔毛。花先叶开放；单花具花被片 9 枚，外轮花被片 3 枚，萼状，肉质，圆形，长宽约小于 1.0 cm，内轮花被片 6 枚，白色，长匙状宽楔形，长6.0～7.5 cm，宽 2.5～3.0 cm，先端钝圆。

产地：河南。鸡公山国家级自然保护区有栽培。郑州有引种栽培。选育者：赵天榜。

（39）'肉萼'朱砂玉兰　新品种　图版 89:13

Yulania soulangiana（Soul. –Bod.）D. L. Fu 'Ròu È'，cv. nov.

本新品种的主要形态特征：单花具花被片 9 枚，外轮花被片 3 枚，萼状，长 3～5 mm，淡灰白色，内轮花被片 6 枚，外面中部以上白色，基部中间粉紫色，匙状宽卵圆形，先端钝圆。

产地：河南。郑州市有栽培。选育者：赵天榜、陈志秀、李小康。

（40）'大花嫣紫'朱砂玉兰　'大花嫣紫'二乔玉兰　新改隶组合品种　图版 97:1

Yulania soulangiana（Soul. – Bod.）D. L. Fu 'Dahua Yanzi'，cv. transl. nov.，*Magnolia × soulangiana* Soul. –Bod. 'Dahua Yanzi'，刘秀丽. 中国玉兰种质资源调查及亲缘关系的研究. 北京林业大学博士论文，2011。

本新改隶组合品种的主要形态特征：叶倒卵圆形，薄革质，平均长 15.3 cm，平均宽 8.1 cm，先端尾尖，基部楔形；叶柄密被短柔毛。单花具花被片 9 枚，匙状椭圆形，长9.6～11.9 cm，宽 5.3～6.2 cm，先端突尖，外面红紫色；花药紫红色，花丝紫红色；雌蕊群紫红色。

产地：北京。选育者：刘秀丽。

（41）'粉绫'朱砂玉兰　'粉绫'二乔玉兰　新改隶组合品种　图版 97:2

Yulania soulangiana（Soul. –Bod.）D. L. Fu 'Fenling'，cv. transl. nov.，*Magnolia × soulangiana* Soul. –Bod. 'Fenling'，刘秀丽. 中国玉兰种质资源调查及亲缘关系的研究. 北京林业大学博士论文，2011。

本新改隶组合品种的主要形态特征：叶倒卵圆形，厚革质，平均长 12.3 cm，平均宽 6.7 cm，先端突尖，基部楔形；叶柄密被短柔毛。单花具花被片 9 枚，匙状椭圆形，长 8.2～9.2 cm，宽 2.7～3.9 cm，先端钝圆，具短尖，外面中部以上紫色，基部红紫色；花药黄色，花丝紫色；雌蕊群黄绿色。

产地：北京。选育者：刘秀丽。

(42)'红脉'朱砂玉兰　'红脉'二乔玉兰　新改隶组合品种　图版 97:8

Yulania soulangiana(Soul. – Bod.)D. L. Fu 'Hongmai', cv. transl. nov., *Magnolia* × *soulangiana* Soul. – Bod. 'Hongmai', 刘秀丽. 中国玉兰种质资源调查及亲缘关系的研究. 北京林业大学博士论文, 2011。

本新改隶组合品种的主要形态特征:叶倒卵圆形,厚革质,平均长 15.2 cm,平均宽 6.5 cm,先端尾尖,基部楔形;叶柄疏被短柔毛。单花具花被片 9 枚,匙状椭圆形,长 11.1 ~ 11.2 cm,宽 5.0 ~ 5.8 cm,先端钝圆,外面上部白色,基部红紫色,紫色脉纹直达先端;花药白色,花丝红紫色;雌蕊群红紫色。

产地:北京。选育者:刘秀丽。河南有引栽。

(43)'阔瓣'朱砂玉兰　'阔瓣'二乔玉兰　新改隶组合品种　图版 97:9

Yulania soulangiana(Soul. – Bod.)D. L. Fu 'Kuoban', cv. transl. nov., *Magnolia* × *soulangiana* Soul. – Bod. 'Kuoban', 刘秀丽. 中国玉兰种质资源调查及亲缘关系的研究. 北京林业大学博士论文, 2011。

本新改隶组合品种的主要形态特征:叶倒卵圆形,薄革质,平均长 18.1 cm,平均宽 7.0 cm,先端尾尖,基部楔形;叶柄粗。单花具花被片 9 枚,匙状椭圆形,长 7.1 ~ 8.7 cm,宽 3.6 ~ 4.7 cm,先端钝圆,外面紫红色;花药黄色,花丝红紫色;雌蕊群红紫色。

产地:北京。选育者:刘秀丽。

(44)'美丽'朱砂玉兰　'美丽'二乔玉兰　新改隶组合品种　图版 97:7

Yulania soulangiana(Soul. – Bod.)D. L. Fu 'Meili', cv. transl. nov., *Magnolia* × *soulangiana* Soul. – Bod. 'Meili', 刘秀丽. 中国玉兰种质资源调查及亲缘关系的研究. 北京林业大学博士论文, 2011。

本新改隶组合品种的主要形态特征:叶倒卵圆形,厚革质,平均长 11.8 cm,平均宽 5.4 cm,先端尾尖,基部楔形;叶柄无毛。单花具花被片 9 枚,匙状椭圆形,长 9.2 ~ 10.5 cm,宽 3.9 ~ 5.2 cm,先端尖,外面中部以上淡紫红色,基部紫红色;花药黄色,花丝深紫色;雌蕊群黄绿色。

产地:北京。选育者:刘秀丽。

(45)'紫乳白'朱砂玉兰　新品种

Yulania soulangiana(Soul. – Bod.)D. L. Fu 'Zirubai', cv. nov.

本新品种单花具花被片 9 枚,匙状椭圆形,先端钝圆,或钝尖,外面紫红色,内面乳白色。

产地:河南。郑州市有栽培。选育者:赵天榜、陈志秀。

(46)'金球'朱砂玉兰　'金球'二乔玉兰　新改隶组合品种　图版 95:8

Yulania soulangiana(Soul. – Bod.)D. L. Fu 'Jinqiu', cv. transl. nov., *Magnolia* × *soulangiana*(Soul. – Bod.)D. L. Fu 'Jinqiu', 刘秀丽. 中国玉兰属种质资源调查及亲缘关系的研究. 北京林业大学博士论文, 2011。

本新改隶组合品种尚无形态特征记载,仅有彩片中看出:单花具花被片 9 枚,匙状椭圆形,先端钝圆,或钝尖,外面上部淡粉色,基部亮红色。

产地:深圳特区有栽培。

(47)‘香型’朱砂玉兰　‘香型’二乔玉兰　新改隶组合品种　图版95:9

Yulania soulangiana(Soul. - Bod.)D. L. Fu ‘Xiangxing’, cv. transl. nov., *Magnolia* × *soulangiana*(Soul. - Bod.)D. L. Fu ‘Xiangxing’,刘秀丽. 中国玉兰属种质资源调查及亲缘关系的研究. 北京林业大学博士论文,2011。

本新改隶组合品种尚无形态特征记载,仅有彩片1幅。从中看出:单花具花被片9枚,匙状椭圆形,先端短尖,外面鲜红色,或上部白色、亮红色。外面中、基部金黄色。

产地:深圳特区有栽培。

(48)‘紫魁’朱砂玉兰　‘紫魁’二乔玉兰　新改隶组合品种

Yulania soulangiana(Soul. - Bod.)D. L. Fu ‘Zikui’, n - cv. transl. nov., *Magnolia* × *soulangiana* Soul. - Bod. ‘Zikui’,刘秀丽. 中国玉兰属种质资源调查及亲缘关系的研究. 北京林业大学博士论文,2011。

本新改隶组合品种尚无形态特征记载。

产地:深圳特区有栽培。

(49)‘皇冠’朱砂玉兰　新改隶组合品种

Yulania soulangiana(Soul. - Bod.)D. L. Fu ‘Huangguan’, n - cv. transl. nov., *Magnolia densdata* Desr. ‘Huangguan’,刘秀丽. 中国玉兰属种质资源调查及亲缘关系的研究. 北京林业大学博士论文,2011。

本新改隶组合品种尚无形态特征记载,仅有1幅照片。

(50)‘京’朱砂玉兰　‘京’玉兰　新改隶组合品种

Yulania soulangiana(Soul. - Bod.)D. L. Fu‘Beijing’

本新改隶组合品种无形态特征记载,尚待查明。

产地:北京。选育者:王亚玲、杨延栋。

(51)‘粉红’朱砂玉兰　新品种　图版89:7　图版91:8~9

Yulania soulangiana(Soul. - Bod.)D. L. Fu‘Fenhong’, cv. nov.

本新品种单花具花被片9枚,宽匙状卵圆形,先端钝圆,外面粉红色。

产地:河南。郑州市有栽培。选育者:赵天榜、陈志秀。

(52)‘亮粉红’朱砂玉兰　新品种　图版93:9~10

Yulania soulangiana(Soul. - Bod.)D. L. Fu‘Liǎngfenhong’, cv. nov.

本新品种单花具花被片9枚,花被片匙状椭圆形,先端钝尖,尖头外折,外面亮紫色。

产地:河南。郑州市有栽培。选育者:赵天榜、陈志秀。

(53)‘亮紫霞’朱砂玉兰　新品种　图版95:1~7

Yulania soulangiana(Soul. - Bod.)D. L. Fu‘Liǎng Zixiā’, cv. nov.

本新品种单花具花被片9枚,内轮花被片宽匙状卵圆形,先端钝圆,外面亮紫色。

产地:河南。郑州市有栽培。选育者:赵天榜、陈志秀。

(54)‘白花 粉基’朱砂玉兰　新品种　图版89:4~6

Yulania soulangiana(Soul. - Bod.)D. L. Fu‘Báihuafenji’, cv. nov.

本新品种单花具花被片9枚,外轮花被片3枚,长为内轮花被片的1/3~2/3,内轮花被片匙状椭圆形,先端钝尖,反曲,外面淡黄色。

产地:河南。郑州市有栽培。选育者:赵天榜、陈志秀。

(55)'淡紫 粉基'朱砂玉兰 新品种

Yulania soulangiana(Soul. – Bod.)D. L. Fu'Dānzi Fenji',cv. nov.

本新品种单花具花被片9枚,花被片匙状椭圆形,先端钝尖,反曲,外面上部粉红色,向下为亮红色。

产地:河南。郑州市有栽培。选育者:赵天榜、陈志秀。

(56)'宽被 粉基'朱砂玉兰 新品种

Yulania soulangiana(Soul. – Bod.)D. L. Fu'Kuānbei Fenji',cv. nov.

本新品种单花具花被片9枚,花被片匙状卵圆形,先端钝圆,外面淡白色,基部淡黄色,具水粉色晕。

产地:河南。郑州市有栽培。选育者:赵天榜、陈志秀。

(57)'橙红'朱砂玉兰 新品种 图版92:12

Yulania soulangiana(Soul. – Bod.)D. L. Fu'Chēnghong',cv. nov.

本新品种单花具花被片9枚,花被片匙状椭圆形,先端钝尖、渐尖,外面橙黄色,中部以下中间橙红色。

产地:河南。郑州市有栽培。选育者:赵天榜、陈志秀。

(58)'紫花 萼'朱砂玉兰 新品种 图版89:7~12

Yulania soulangiana(Soul. – Bod.)D. L. Fu'Zihua È',cv. nov.

本新品种单花具花被片9枚,花被片匙状椭圆形,先端钝圆,外面亮紫红色,外轮花被片3枚,狭条形,先端钝尖,淡黄白色,或紫色,膜质,或肉质;雄蕊花丝黑紫色。

产地:河南。郑州市有栽培。选育者:李小康、赵天榜。

(59)'红 乡村'朱砂玉兰(世界玉兰属植物资源与栽培利用) 新引栽品种

Yulania soulangiana(Soul. – Bod.)D. L. Fu'Rusttica Rubra'('Rusttica, Rubra'),赵天榜、田国行等主编. 世界玉兰属植物资源与栽培利用:321~322. 2013。

本品种单花具花被片9枚,花被片匙状椭圆形,先端钝圆,外面亮紫红色,外轮花被片3枚,狭条形,先端钝尖,淡黄白色;雄蕊花丝黑紫色。

产地:河南。郑州市有栽培。选育者:李小康、赵天榜。

(60)'白兰地'朱砂玉兰(世界玉兰属植物资源与栽培利用) 新引栽品种

Yulania soulangiana (Soul. – Bod.) D. L. Fu'Burgundy',赵天榜、田国行等主编. 世界玉兰属植物资源与栽培利用:527. 2013;*Magnolia* × *soulangiana* Soul. – Bod. 'Burgundy' in Swarthmore Plant Notes. ed. 3. 1 (1):876. 1955/6.

本品种花暗紫色;花期比多数品种早。

产地:本品种产于美国。本品种在美国加利福尼亚州的圣约瑟 San José 克拉克 Clarke 苗圃中有栽培,不知其来源,1943年命名。河南有引栽。

(61)'林奈'朱砂玉兰(世界玉兰属植物资源与栽培利用) '伦纳河'朱砂玉兰(世界园林植物与花卉百科全书) 新引栽品种

Yulania soulangiana(Soul. – Bod.)D. L. Fu'Linnei',赵天榜、田国行等主编. 世界玉兰属植物资源与栽培利用:329~330. 2013;*Magnolia Lennei* Topf ex Van Houtte in Flore des. Serr. ,16:159. t. 1693/4. 1866;克里斯托弗·布里克主编. 杨秋生、李振宇主译. 世果园林植物与花卉百科全书. 622. 2004;*Magnolia* × *soulangiana* Soul. – Bod. var. Lennei Rehd. ,最新園芸大辞典编集委员会. 最新園芸大辞典 第7卷. 昭和五十八年,170。

本品种灌木状。花杯状。花被片匙状球形,外面紫色至鲜红色,内面白色,也可能会有颜色最暗的花。耐寒。染色体数目 2 *n* = 133。

产地:本品种产于美国。河南有引栽。

(62)'皮卡德 鲁比'朱砂玉兰(世界玉兰属植物资源与栽培利用)　新引栽品种

Yulania soulangiana(Soul. – Bod.)D. L. Fu 'Pickard's Ruby',赵天榜、田国行等主编. 世界玉兰属植物资源与栽培利用:337. 2013;*Magnolia* 'Pickard's Ruby' in Magnolia. Issue 37 20(1):18. 1984;*Magnolia* × *soulangiana* Soul. – Bod. 'Pickard's Ruby' in D. J. Cawallay,THE WORLD OF Magnolias. 224. 1994.

本品种树冠塔状。花芳香,球状,大型,径 28.0 cm,暗红色。花色似'林奈'朱砂玉兰。花像'鲁比'朱砂玉兰。

产地:本品种产于英格兰。河南有引栽。

(63)'白花 萼'朱砂玉兰　新品种

Yulania soulangiana(Soul. – Bod.)D. L. Fu'Baihua È',cv. nov.

本新品种单花具花被片 9 枚,匙状卵圆形,长 7.0 ~ 8.5 cm,宽 3.0 ~ 4.5 cm,先端钝圆,或钝尖,外面中部以上乳白色,具多条纵钝棱与沟纹,基部淡粉色,带淡黄色晕,内面白色及淡紫色晕和脉纹,外轮花被片 3 枚,多变,有狭条形、匙状椭圆形,先端钝尖,淡黄白色;雄蕊花丝紫色;雌蕊群淡黄白色,子房淡绿色,无毛、花柱与柱头淡黄白色。

河南:郑州市有栽培。选育者:陈志秀、赵天榜。

45. **杂配玉兰**　新种　图 9 – 43　图版 98:1 ~ 13

Yulaniahybrida T. B. Zhao,Z. T. Chen et X. K. Li,sp. nov. ,fig. 9 – 43

Species nov. 2 – formis foliis: ellipticis et obovatis chartaceis. Yulani – alabastris et alabastris terminatis. floribus Yulani – alabastris ante foliis apertis(flores centibus Martio). tepalis 9 in quoque flore,petaloideis vivide purpuratis. floribus alabastris proteranthis. multi – formis floribus:tepalis 9 (rare 5) in quoque flore, intus 6 petaloideis extus purpureis velsupra medium albis basi purpureis vel purpurascentibus, extus 3 tepalis multiformis. floribus alabastris(florescentibus Majo ~ Decembri), multiformis floribus: ① tepalis 9 rare 10 in quoque flore, intus 6 petaloideis extus purpureir vel supra medium albis basi purpureis vel purpurascentibus,petaloideis multi – formis floribus extus purpureis vel supra medium albis basi purpureis vel purpurascentibus, extus 6 (~ 7) ellipticis, basi truncatis carnosis; 3 – formis floribus gynandris: androeciis gynoeciem superantibus, androeciis gynoeciem aequantibus vel paulo brevibus; filamentis purpureis sparse pilosis; pedicellis dense villosia. Soutai – ramulis dense pubescentibus.

Arbor deciduas. Ramuli purpureo – brunneisupra medium dense villosi infra medium glabri nitidi. 2 – forma folia: ① elliptica tenuiter chartacea 10.0 ~ 12.0 cm longa 4.6 ~ 7.0 cm lata apice acuminata vel obtuse cum acuminate basi anguste cuneata margine integra in medio latissimis, supra viridia raro pubescentibus ad costas dense pubescentibus, subtus viridulis raro pubescentibus, costis et nervis lateralibus manifeste elevates ad costas et nervos lateralibus dense pubescentibus; petioli 2.0 ~ 3.0 cm longi supra pubesentes. ② obovata 8.0 ~ 11.0 cm longa 4.0 ~ 5.5 cm lata apicemucronata vel obtusa cum acuminate basi anguste cuneata in supra medim latissimis, ea aspecti et ① similia. Yulani - alabastra et alabastra terminata. Yulani - alabastra terminata longe ovoidea 2.5 ~ 3.5 cm longa diam. 1.2 ~ 1.7 cm, peruli - stipulis 4, extus primus tenuiter coriaceis nigri - brunneis dense villosis nigri - brunneis, manifeste petiolulis. Flores ante folia aperti. tepala 9 (rare 5) in quoque flore, tepala petaloidea spathulati - ovata 4.0 ~ 5.0 cm longa 2.2 ~ 2.5 cm lata, apice obtusis extus purpuratis vel purpurascentibus; tepala calyces linearibus 1.3 ~ 1.5 cm longa 4 ~ 5 mm lata, apice obtusis extus flavda membranacea; stamina numerosa 1.2 ~ 1.5 cm longa thecis 10 ~ 13 mm longa, filamentis atro - purpuratis minime pubescentibus; Gynoecia cylindrica viriduli - alba; disjuncte simpilici - pistillis numerosis, ovsriis ovoideis viriduli - albis; gynoeciis androeciem suprantibus; pediceli dense villosi albi; Soutai - rumuli dense pubescentibus albis. Alabastra terminata anguste ovoidea 2.5 ~ 3.5 cm longa diam. 1.2 ~ 1.7 cm, peruli - stipulis 1, tenuiter coriaceis extus nigri - brunneis dense villosis nigri - brunneis; spathifomi - stipulis 1, chartacea extus dense villosis. Protterantha antheses 5 ~ 11 menses. multi - forma flores: ① tepala 9 in quoque flore, tepala petaloidea spathulati - elliptica 3.5 ~ 4.5 cm longa 2.0 ~ 2.5 cm lata, apice obtusis extus supra medium albis infra medium purpuratis vel purpurascentibus; filamentis atro - purpuratis minime pubescentibus; gynoeciis androeciem suprantibus; pediceli dense villosi albi; a Soutai - rumuli. ② tepala 9 rare 10 in quoque flore, intus tepala petaloidea 3 rare 2 spathulati - elliptica saepe involutes 3.0 ~ 3.5 cm longa 2.0 ~ 2.5 cm lata, apice obtusis extus basibus purpureis vel atro - pururastis supra medium albis vel carneis infra medium purpuratis vel purpurascentibus; intus 6, rare 5 vel 7 - tepala calyces lineares carnosa flavida 1.2 ~ 1.5 cm longa 4 ~ 5 mm lata, apice obtusis basi truncata; filamentis atro - purpuratis minime pubescentibus; gynoeciis androeciem suprantibus, androeciis gynoeciem aequantibus vel paulo brevibus; pediceli dense villosi albi; a Soutai - rumuli. Aggregati - folliculi cylindrici 10.0 ~ 15.0 cm longi diam. 3.0 ~ 4.0 cm; folliculis ellipsoideis, globsis subroeis apice rostris; pedicelis et Soutai - rumulis villosis vel glbris .

Henan: Zhengzhou City. 14 - 03 - 2014. T. B. Zhao et Z. X. Chen, No. 201403149 (flos, holotypus hic disignatus, HNAC). ibid. T. B. Zhao et Z. X. Chen, No. 201410203.

落叶乔木。小枝紫褐色，上部以上密被密长柔毛，中部以下无毛，具光泽。叶 2 种类型：① 椭圆形，薄纸质，长 10.0 ~ 16.5 cm，宽 5.0 ~ 7.0 cm，先端渐尖，或钝尖，基部楔形，或狭楔形，边缘全缘，最宽处在叶的中部，表面绿色，微被短柔毛，沿主脉密被短柔毛，背面淡绿色，微被短柔毛，主脉和侧脉明显隆起，沿脉密被柔毛；叶柄长 2.0 ~ 3.0 cm，疏被短柔毛。② 倒卵圆形，长 8.0 ~ 11.0 cm，宽 4.0 ~ 5.5 cm，先端短尖，或钝尖，基部狭楔形，最宽处在叶的上部，其他特征与①相同。玉蕾和花蕾顶生。玉蕾顶生，长卵球状，长 2.5 ~ 3.5 cm，径 1.2 ~ 1.7 cm；芽鳞状托叶 4 枚，第 1 枚薄革质，外面黑褐色，密被黑褐色短柔毛，具明显的小叶柄。

花先叶开放。单花具花被片9枚(稀5枚),瓣状花被片6枚,匙状椭圆形,长4.0~5.0 cm,宽2.0~2.5 cm,先端钝圆,外面紫色,或淡紫色;萼状花被片3枚,条形,长1.3~1.5 cm,宽4~5 mm,先端钝圆,淡黄色,膜质;雄蕊多数,长1.2~1.5 cm,花药长1.0~1.3 cm,花丝浓紫色,微被短柔毛;雌蕊群圆柱状,淡绿白色;离生单雌蕊多数,子房卵体状,淡绿白色;雌蕊群显著高于雄蕊群;花梗密被白色长柔毛;缩台枝密被白色短柔毛。花蕾顶生,狭卵球状,长2.0~3.5 cm,径1.2~1.5 cm;芽鳞状托叶1枚,薄革质,外面黑褐色,密被黑褐色柔毛;佛焰苞状托叶1枚,纸质,外面灰黄色,密被长柔毛。花后叶开放,花期5月至12月中旬。花多种类型:① 单花具花被片9枚,瓣状花被片匙状椭圆形,长3.5~4.5 cm,宽2.0~2.5 cm,先端钝圆,外面基部紫色,中部以上白色,中部紫色,或淡紫色;雄蕊花丝浓紫色,微被短柔毛;雌蕊群显著高于雄蕊群;花梗密被白色长柔毛;无缩台枝。② 单花具花被片9枚,稀10枚,内1轮瓣状花被片3枚,稀2枚,匙状椭圆形,常内卷,长3.0~3.5 cm,宽2.0~2.5 cm,先端钝圆,外面中部以上白色,中部以下紫色,或淡紫色;外1~2轮花被片6枚,稀5,或7枚,椭圆形,长1.2~1.5 cm,宽4~5 mm,淡黄色,肉质,先端钝圆,基部截形;雄蕊花丝浓紫色,微被短柔毛;雌蕊群显著高于雄蕊群,雌蕊群与雄蕊群近等高,雌蕊群显著低于雄蕊群;花梗密被白色长柔毛;无缩台枝。聚生蓇葖果圆柱状,长10.0~15.0 cm,径3.0~4.0 cm;蓇葖果椭圆体状,长1.5~2.5 cm,径1.2~1.7 cm,粉红色,先端具喙;果梗和缩台枝粗壮,被柔毛,或无毛。花期3~12月;果实成熟期8月。

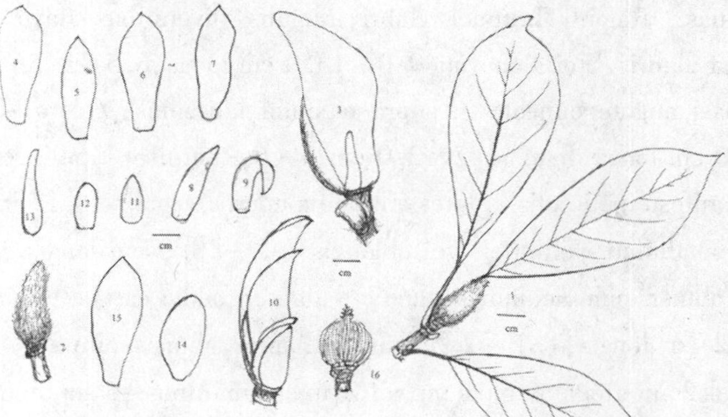

图9-43　杂配玉兰 Yulania hybrida T. B. Zhao, Z. T. Chen et X. K. Li

1.枝、叶与玉蕾;2.玉蕾;3.玉蕾初花;4~7.夏花与秋花花被片;8~9.夏花与秋花外轮花被片;10.冬花;11~14.冬花外轮花被片;15.冬花内轮花被片;16.雌雄蕊群(陈志秀绘)。

本新种形态特征:叶2种类型,即椭圆形和倒卵圆形,纸质;玉蕾和花蕾顶生;玉蕾花1次(花期3月中旬)先叶开放,单花具花被片9枚,稀5枚,花瓣状,亮紫色,或淡紫色;花蕾花多次(花期5月至12月中旬),后叶开放;多种花型,即:① 单花具花被片9枚,内面瓣状花被片6枚,外面中部以上白色,基部紫色,或淡紫色,外1轮花被片3枚,条形,膜质;② 单花具花被片9枚,稀10枚,内轮瓣状花被片3枚,外1~2轮花被片6(~7)枚,椭圆形,基部截形,肉质;多种花型瓣状花被片外面紫色,或中部以上白色,基部紫色,或淡紫色。雌雄蕊群3种类型:① 雌蕊群与雄蕊群近等高;② 雌蕊群显著高于雄蕊群;③ 雌蕊群显著低于雄蕊群。雄蕊花丝疏被柔毛；花梗密被柔毛；缩台枝密被短柔毛。

产地：河南。郑州市有栽培。2014 年 3 月 14 日。赵天榜等，No. 201403149（花）。模式标本，存河南农业大学。2014 年 5 月 20 日。赵天榜和李小康，No. 201405205（枝、叶与花）。2014 年 8 月 20 日。赵天榜和陈俊通，No. 201408201（枝、叶与花）。2014 年 10 月 20 日。赵天榜和和陈俊通，No. 201410203（枝、叶与花）。2014 年 11 月 11 日。赵天榜和李小康等，No. 201411111（玉蕾与花）。

46. **华豫玉兰** 新种

Yulania huayu T. B. Zhao, Z. X. Chen et J. T. Chen, sp. nov.

Species nov. Yulania pyriformis (T. D. Yang et T. C. Cui) D. L. Fu similis, sed tepalis 9 ~ 17 in quoque flore, extus tepalis late linearibus carnosis, 2 ~ 3 – staminibus in tepalis inter tepalis vel 2 ~ 3 – tepalis in staminibus inter staminibus; Gymoecis cum gymophoris ca. 5 mm longis glabria; disjuncte simplici – pistillis ovodeis minime pubescentibus; pedicellis dense villosia. Soutai – ramulis dense pubescentibus. Is et Y. denudata (Desr.) D. L. Fu var. multitepala T. B. Zhao et Z. X. Chen similis, sed tepalis 9 ~ 17 in quoque flore, extus tepalis late linearibus carnosis, 2 ~ 3 – staminibus in tepalis inter tepalis vel 2 ~ 3 – tepalis in staminibus inter staminibus; Gymoecis cum gymophoris ca. 5 mm longis glabria; disjuncte simplici – pistillis ovodeis minime pubescentibus.

Arbor deciduas. Ramuli brunnei glabri; ramulis iuvenilibus flavo – virentibus dense pubescentibus post glabris. Folia obovata 9.0 ~ 13.0 cm longa, 6.5 ~ 9.5 cm lata, apice obtusa cum acuminata basi angute cuneata in supra medium latissimis; Yulani – alabastra terminata ovoidea 2.5 ~ 3.0 cm longa diam. 1.7 ~ 2.0 cm; 4 ~ 6 – peruli – stipulis, extus atro – brunneis dense villosis, manifeste petiolulis. Flores ante folia aperti. tepalis 9 ~ 17 in quoque flore, intus petaloideis longe spathulati – ellipticis vel oblongis 7.5 ~ 10.0 cm longis 3.1 ~ 5.2 cm latis, apice obtusis vel obtusis cum acuminata flavidi – albis in nedio carneis; extua 3 parvioribus late loratis, 4.5 ~ 5.2 cm longis, 1.1 ~ 2.5 cm latis, apice obtusis rare 2 – lobis flavid – albis; stamen unicum vel 2 intertepalis; tepalum vel 2 interstaminibus. staminibus, filamentis arto – purpuratis; gynoecia carplligera cylindrica 2.5 ~ 2.2 cm longis, chlorini – albis gynophoris 5 mm longis flavidis glabis; disjuncte simpilici – pistillis ovsriis viridulis rare pubescentibus; pedicellis viridulis rare pubescentibus, Soutai – ramulis dense pubescentibus albis.

Henan: Zhengzhou City. 14 – 03 – 2015. T. B. Zhao et Z. X. Chen, No. 201503149 (flos, holotypus hic disignatus, HNAC).

落叶乔木。小枝灰褐色，无毛；幼枝淡黄绿色，被较密短柔毛，后毛。叶倒卵圆形，长 9.0 ~ 13.0 cm，宽 6.5 ~ 9.5 cm，先端钝尖，基部狭楔形，最宽处在叶的上部。玉蕾顶生，长卵球状，长 2.5 ~ 3.0 cm，径 1.7 ~ 2.0 cm；芽鳞状托叶 4 ~ 6 枚，外面黑褐色，密被黑褐色短柔毛，具明显的小叶柄。花先叶开放。单花具花被片 9 ~ 17 枚，内轮花被片匙状长椭圆形，或长圆形，长 7.5 ~ 10.0 cm，宽 3.1 ~ 5.2 cm，先端钝圆、钝尖，淡黄白色，中间为水粉白色，外轮花被片 3 枚，较小，宽条形，长 4.5 ~ 5.2 cm，宽 1.1 ~ 2.5 cm，先端钝圆，稀 2 圆裂，淡黄白色；花被片中间有雄蕊 1 枚，或 2 枚；雄蕊中间有花被片；雄蕊多数，花丝黑紫色;雌蕊群圆柱状,长 2.5 ~3.2 cm,淡绿白色,具长约 5 mm 雌蕊柄,淡黄色,无毛;离生单雌蕊子房卵体状,淡绿色,微被短柔毛;花梗长淡绿色,密被白色长柔毛;缩台枝密被白色短柔毛。聚生蓇葖果不详。

本新种与玉灯玉兰 Yulania pyriformis(T. D. Yang et T. C. Cui)D. L. Fu 相似,但区别:单花具花被片 9 ~17 枚,外轮花被片 3 枚,宽条形,肉质;花被片中间有 2 ~3 枚雄蕊,或雄蕊中间有 2 ~3 枚花被片;雌蕊群具长约 5 mm 雌蕊柄,无毛;离生单雌蕊子房微被短柔毛;花梗密被柔毛;缩台枝密被短柔毛。它又与多被玉兰 Y. denudata(Desr.)D. L. Fu var. multitepala T. B. Zhao et Z. X. Chen 相似,但区别:单花具花被片 9 ~17 枚,外轮花被片 3 枚,宽条形,肉质;花被片中间有雄蕊,雄蕊中间有花被片;雌蕊群具长约 5 mm 雌蕊柄,无毛;离生单雌蕊子房微被短柔毛。

河南:郑州市有栽培。2015 年 3 月 14 日。赵天榜、陈志秀,No. 201403149(花)。模式标本,存河南农业大学。

47. **伊丽莎白玉兰**(中国农学通报)　杂交种

Yulania × elizabeth(E. Sperber)D. L. Fu,田国行等. 玉兰属植物资源与新分类系统的研究. 中国农学通报,22 (5):410. 2006;赵天榜、田国行等主编. 世界玉兰属植物资源与栽培利用:361 ~364. 2013;赵天榜、任志锋、田国行主编:世界玉兰属植物种质资源志. 2013;*Magnolia* × *elizabeth* E. Sperber in Journ. Magnolia Soc. ,13 (2):21 ~22. 1977; ‘Elizabeth’. *M. acuminata* (Linn.) Linn. × *M. denudata* Desr. in D. J. Callaway, THE WORLD OF Magnolias. 215. Plates 115 ~116. 1994。

本杂交种植株高 6.10 m。幼叶铜绿色,成熟叶深绿色,倒卵圆形。花期早,芳香,呈现黄色。单花具花被片 6 ~9 枚,匙状;雄蕊蔷薇色,似玉兰。花的大小似玉兰,花形为双亲中间类型。本杂种通常不育,但是个易于无性繁殖的类型。花期 4 ~5 月,可免受霜害。成龄后,树形、叶很像渐尖玉兰。染色体数目 $2n = 95$。

产地:美国。本杂交种杂交亲本是渐尖玉兰 Yulania acuminata(Linn.)D. L. Fu 与玉兰。河南有引种栽培。

品种:

(1) 伊丽莎白玉兰　原品种

Yulania × elizabeth(E. Sperber)D. L. Fu ‘Elizabeth’

(2) ‘阳舞’伊丽莎白玉兰(世界玉兰属植物资源与栽培利用)　新引栽品种

Yulania × elizabeth(E. Sperber) D. L. Fu ‘Sundance’,赵天榜、田国行等主编. 世界玉兰属植物资源与栽培利用:361 ~364. 2013;*Magnolia* ‘Sundance’[*M. acuminata* (Linn.) Linn. × *M. denudata* Desr.]in Magnolia. Issue 42　21(2):12. 1986/7.

本品种花先叶开放。花浅黄色,径 20.3 cm。花期 4 月底至 5 月初。能耐 −21 ℃低温。

产地:本品种产于美国。本品种由 August Kehr 选出,1985 年注册。其杂交亲本为:渐尖玉兰 × 玉兰。河南有引种栽培。

48. **大公子玉兰**(世界玉兰属植物资源与栽培利用)　杂交种

Yulania × big – dude (Ph. J. Savage)T. B. Zhao et Z. X. Chen,赵天榜、田国行等主

编. 世界玉兰属植物资源与栽培利用:361 ~ 364. 2013;赵天榜、任志锋、田国行主编:世界玉兰属植物种质资源志. 99. 2013;*Magnolia* ‘Big Dude’ in Magnolia. Issue 47 2(1):19. 1989;*Magnolia* ‘Big Dude’ in D. J. Callaway,THE WORLD OF Magnolias. 212. Plate 111. 1994.

本杂交种花芳香,很大,径达 35.6 cm。单花具花被片 9 ~ 12 枚,外面淡红 - 紫色,内面白色,凋谢时为玫瑰 - 粉红色和白色;花长杯状,其体太大,有时上下摆动。花期能耐 -34 ℃低温。

产地:美国。本杂交种杂交亲本为‘沃达影’朱砂玉兰 × 德维武当玉兰。河南有引种栽培。

品种:

(1) 大公子玉兰　原品种

Yulania × big - dude (Ph. J. Savage) T. B. Zhao et Z. X. Chen ‘Big - dude’

(2)‘弗兰克　杰作’大公子玉兰(世界玉兰属植物资源与栽培利用)　新引栽品种

Yulania × big - dude (Ph. J. Savage) T. B. Zhao et Z. X. Chen ‘Frnk’s Masterpice’,赵天榜、田国行等主编. 世界玉兰属植物资源与栽培利用:371. 2013;*Magnolia* ‘Frnk’s Masterpice’ in Magnolia. Issue 33　63 (1):29. 1998.

本品种花先叶开放。花浅黄色,径 20.3 cm。花期 4 月底至 5 月初。能耐 -21 ℃低温。

产地:本品种产于美国。本品种由 August Kehr 选出,1985 年注册。其杂交亲本为:渐尖玉兰 × 玉兰。河南有引种栽培。

49. **黑饰玉兰**(中国农学通报)　杂交种

Yulania × dark - raiment(T. Gresham) D. L. Fu et T. B. Zhao,田国行等. 玉兰属植物资源与新分类系统的研究. 中国农学通报,22 (5):410. 2006;赵天榜、田国行等主编. 世界玉兰属植物资源与栽培利用:367 ~ 369. 2013;赵天榜、任志锋、田国行主编:世界玉兰属植物种质资源志. 97. 2013;*Magnolia* ‘Dark Raiment’ in Morris Arb. Bull. ,13:47. 1962;*M.* ‘Dark Raiment’[*M. liliflora* Desr. × *M. veitchii* Bean] in D. J. Callaway,THE WORLD OF Magnolias. 214. 1994.

本杂交种乔木、生长健壮。叶厚革质,背面有时具紫罗兰彩色。花深红 - 紫罗兰色,像杯状。单花具花被片 12 枚,外面花被片 8 枚,内轮花被片 4 枚,像滇藏玉兰。开花年龄 4 年左右。

产地:本杂交种产于美国。本杂交种杂交亲本是:紫玉兰与维特奇玉兰 (滇藏玉兰 × 玉兰)。河南有引种栽培。

品种:

(1) 黑饰玉兰　原品种

Yulania × dark - raiment(T. Gresham) D. L. Fu et T. B. Zhao ‘Dark Raiment’

(2)‘皇冠’黑饰玉兰(世界玉兰属植物资源与栽培利用)　新引栽品种

Yulania × dark - raiment (T. Gresham) D. L. Fu et T. B. Zhao ‘Royal Crown’,赵天榜、田国行等主编. 世界玉兰属植物资源与栽培利用:368 ~ 369. 2013;*Magnolia* ‘Royal

Crown' in Morris Arb. Bull., 13:48. figs. 39～41. 1962.

本品种花深红色至紫罗兰色，径 30.5 cm。单花具花被片 12 枚，花被片外面的边缘外卷，黑紫色，似紫玉兰，内面白色，基部微有粉红色晕。开花年龄早。

产地：本品种产于美国。本品种杂交亲本是：紫玉兰 × 维特奇玉兰。河南有引种栽培。

50. **阳顶玉兰**（世界玉兰属植物资源与栽培利用）　杂交种

Yulania × sun－spire (A. Kehr) T. B. Zhao et Z. X. Chen；赵天榜、田国行等主编. 世界玉兰属植物资源与栽培利用：378～379. 2013；赵天榜、任志锋、田国行主编：世界玉兰属植物种质资源志. 99. 2013；*Magnolia* 'Hot Flash' in Magnolia. Issue 68　35 (2)：18. 2000.

本杂交种乔木，帚状。花深黄色，花期晚于霜后。

产地：本杂交种产于美国。本杂交种杂交亲本是：'林奈'朱砂玉兰 × 伊丽莎白玉兰。河南有引种栽培。

品种：

(1) 阳顶玉兰　原品种

Yulania × sun－spire (A. Kehr) T. B. Zhao et Z. X. Chen 'Sun Spire'

(2) '辣彩'阳顶玉兰（世界玉兰属植物资源与栽培利用）　新引栽品种

Yulania × sun－spire (A. Kehr) T. B. Zhao et Z. X. Chen 'Hot Flash'，赵天榜、田国行等主编. 世界玉兰属植物资源与栽培利用：379. 2013；*Magnolia* 'Hot Flash' in Fairweather Gardens Nursery Catalog. 62. 1999.

本品种花深黄色，花期很晚。

产地：本品种产于美国。本品种杂交亲本是：'林奈'朱砂玉兰 × 伊丽莎白玉兰。河南有引种栽培。

(3) '满阳'阳顶玉兰（世界玉兰属植物资源与栽培利用）　新引栽品种

Yulania × sun－spire (A. Kehr) T. B. Zhao et Z. X. Chen 'Sunsation'，赵天榜、田国行等主编. 世界玉兰属植物资源与栽培利用：379. 2013；*Magnolia* 'Sunsation' in Magnolia. Issue 35　68(2)：18. 2000.

本品种乔木；侧枝开展。花深黄色。

产地：本品种产于美国。本品种杂交亲本是：'林奈'朱砂玉兰 × 伊丽莎白玉兰。河南有引种栽培。

51. **星系玉兰**（世界玉兰属植物资源与栽培利用）　杂交种

Yulania × galaxy (F. Santamour) T. B. Zhao et Z. X. Chen，赵天榜、田国行等主编. 世界玉兰属植物资源与栽培利用：364～365. 2013；*Magnolia* 'Galaxy' in Hort Science, 15 (6)：832. 1980；*M.* 'Galaxy' [*M. liliflora* Desr. 'Nigra' × *M. sprengeri* Pamp. 'Diva'] in J. D. Callaway, THE WORLD OF Magnlias. 216～217. Plate 117. 1994.

本杂交种是个具有直立、单干乔木；塔状，或几为圆柱状树冠；树高 9.1 m。玉蕾深红－紫色。花径 20.3～25.4 cm。单花具花被片 12 枚，稍香，花被片外面淡红－紫色，内面淡蔷薇－紫色。染色体数目 $2n = 95$。

产地:本杂交种产于美国。本杂交种杂交亲本是:黑紫玉兰 × 德维武当玉兰 Yulania sprengeri(Pamp.)D. L. Fu var. diva (Stapf)T. B. Zhao et Z. X. Chen。河南有引种栽培。

品种:

(1) 星系玉兰 原品种

Yulania× galaxy(F. Santamour)T. B. Zhao et Z. X. Chen 'Galaxy'

(2)'光谱'星系玉兰(世界玉兰属植物资源与栽培利用) 新引栽品种

Yulania × galaxy(F. Santamour)T. B. Zhao et Z. X. Chen 'Spectrum',赵天榜、田国行等主编. 世界玉兰属植物资源与栽培利用:365. 2013;*Magnolia* 'Spectrum' in Dirr, Michael A. in Nursery Manager, 7(6):38 ~ 40. 1991;*M.* 'Spectrum' [*M. liliflora* Desr. 'Nigra' × *M. sprengeri* Pamp. 'Diva'] in D. J. Callaway, THE WORLD OF Magnolios. 228. Plate 138. 1994.

本品种树冠宽卵球状,比星系杂种玉兰'Galaxy'更宽,但耐寒。花径 25.4 ~ 30.5 cm。花被片匙状椭圆形,外面淡红-紫色,先端渐尖,像星系杂种玉兰,但花大而少。在温暖的气候条件下,生长表现好于星系杂种玉兰。

产地:本品种产于美国。河南有引种栽培。

附件 1:河南尚未引种栽培的中国玉兰属植物种、变种

1. **凹叶玉兰**(中国农学通报) 凹叶木兰(中国树木分类学) 图版 34:7 ~ 10

Yulania sargentiana(Rehd. & Wils.)D. L. Fu,傅大立. 玉兰属的研究. 武汉植物学研究,19(3):198. 2001。

落叶大乔木。玉蕾卵球状,先端急尖。叶倒卵圆形,稀长圆状倒卵圆形、宽倒圆卵形,长 10.0 ~ 22.5 cm,宽 6.0 ~ 12.0 cm,先端钝圆、凹缺,或具短尖头,基部楔形至宽楔形,偏斜,稀截形,表面暗绿色,具光泽,无毛,背面灰绿色,主脉明显突起,密被银灰色弯曲长柔毛;叶柄细,密被短柔毛,后无毛。花先叶开放,径 15.0 ~ 20.0 cm。单花具花被片 9 枚,近相似,淡红色,或淡紫红色,肉质,匙状倒卵圆形,或匙状长倒卵圆形,长 6.5 ~ 12.0 cm,宽 2.0 ~ 4.3 cm,先端钝圆,或微凹,基部渐狭;雄蕊多数,淡紫色,花丝紫色;雌蕊群圆柱状,绿色;离生单雌蕊多数;子房绿色,柱头和花柱紫色;花梗长 2.0 ~ 2.3 mm,无毛或被柔毛。聚生蓇葖果圆柱状,长 3.0 ~ 20.5 cm,径 2.0 ~ 3.0 cm,通常扭曲;果梗粗壮,长 2.0 ~ 2.5 cm。缩台枝上被长柔毛。蓇葖果近球状或卵球状,紫黑色,长 1.7 ~ 2.2 cm,径约 9 mm,密被细疣点,先端具短喙。花期 4 ~ 5 月;果熟期 9 月。染色体数目 $2n = 114$。

产地:中国云南、四川。模式标本,采自四川瓦山。

变种:

(1) 健凹叶玉兰(世界玉兰属植物资源与栽培利用) 变种 图版 34:11 ~ 13

Yulania sargentiana(Rehd. & Wils.)D. L. Fu var. robusta (Rehd. & Wils.)T. B. Zhao et Z. X. Chen,赵天榜、田国行等主编. 世界玉兰属植物资源与栽培利用:194. 2013。

本变种叶长圆倒卵圆形,长 14.0 ~ 21.0 cm,宽 5.0 ~ 8.5 cm。玉蕾镰刀状椭圆体状。花大型,径 20.3 ~ 30.5 cm。单花具花被片 16 枚,粉红色、亮粉红色。聚生蓇葖果较大,

长 12.0～18.0 cm;蓇葖果长 1.5～1.8 cm,具短喙。染色体数目 $2n=114$。

产地:四川。模式标本,采自四川。

2. **椭蕾玉兰**(武汉植物学研究)

Yulania elliptigemmata(C. L. Guo et L. L. Huang) N. H. Xia, Xia Nian－He et Liu Yu－Hu, Flora of China. vol. 7:74. 2008。

落叶乔木。叶倒卵圆形,或宽倒卵圆形,长 5.0～9.0 cm,宽 4.5～6.5 cm,先端宽圆,或微凹缺,有急短尖,基部楔形,或宽楔形,表面深绿色,背面绿色,幼嫩时背面主脉两侧被白色平伏短柔毛,其余无毛;叶柄疏被长柔毛。玉蕾椭圆体状;芽鳞状托叶上毛容易脱落,通常无毛,仅上部疏被白色平伏短柔毛。花先叶开放,芳香。单花具花被片 11(12)枚,淡紫红色,上部色较淡,基部色较深,近相似,倒卵圆状匙形,或披针状匙形,长 5.0～8.0 cm,宽 1.6～4.0 cm;雄蕊 80～100 枚,长 1.0～1.5 cm,药室侧向纵裂,花丝长 1.5～2.0 mm,稀长 4 mm,药隔伸出长约 1 mm 的短尖头;雌蕊群圆柱状,长 1.8～2.0 cm;子房无毛,花柱长约 2 mm,略有反卷,微有淡紫色晕;花梗长约 6 mm。聚生蓇葖果长 4.0～7.0 cm,常因部分离生单雌蕊不发育而扭曲;蓇葖果球状,径约 3 mm,2 瓣裂,表面具点状疣点突起。花期 3 月;果熟期 9～10 月。

产地:中国湖北安远县。

3. **怀宁玉兰**(中国农学通报)　图版 87:7～12

Yulania huainingensis D. L. Fu, T. B. Zhao et S. M. Wang,赵天榜、田国行等主编. 世界玉兰属植物资源与栽培利用. 219～220. 2013。

落叶乔木,高 10.0 m。小枝粗壮,紫褐色,稍具光泽,疏被绒毛,或密被绒毛。叶宽倒卵圆形、椭圆形、圆形,纸质,长 7.0～18.5 cm,宽 6.9～14.0 cm,表面深绿色,无毛,具光泽,主脉平坦,疏被短柔毛,网脉下陷,背面灰淡绿色,密被弯曲绒毛,主脉、侧脉明显隆起,密被弯曲长柔毛,先端钝尖或微凹,边缘微波状全缘,上部最宽,基部狭楔形、圆形,侧脉 6～10对;叶柄长 3.0～4.5 cm,被较密绒毛;托叶痕为叶柄长度的 1/3～1/2。玉蕾顶生和腋生;顶生玉蕾,长椭圆体状,大,长 2.5～2.8 cm,径约 1.5 cm,中部以上渐细,先端钝圆;腋生玉蕾卵球状,小,长 1.4～1.8 cm,径 9～11 mm;芽鳞状托叶 3～5 枚,第 1 枚深灰褐色,质厚,密被短绒毛;其余膜质,外面密被灰白色长柔毛。花先叶开放。单花具花被片 9 枚,匙状椭圆形,长 9.5～10.5 cm,宽 3.5～4.2 cm,白色,先端钝圆,外面中部以下中间亮淡紫色,外轮花被片 3 枚,基部宽,内轮花被片(5～)6 枚,稍狭,先端钝尖,基部楔形;雄蕊多数,长 1.4～1.7 cm,花药长 1.0～1.2 cm,药室侧向纵裂,药隔先端具三角状短尖头,花丝宽扁,宽于药隔,与花药近等长,浓紫色;雌蕊群圆柱状,长 2.5～2.8 cm;离生单雌蕊多数;子房淡黄绿色,被短柔毛,花柱长 5～7 mm,向内弯曲;花梗粗壮,密被长柔毛。聚生蓇葖果圆柱状,长 8.5～20.0 cm,径 2.5～4.5 cm。花期 3～4 月。

产地:中国安徽。

变种:

(1) 簇花怀宁玉兰(世界玉兰属植物资源与栽培利用)　变种

Yulania huainingensis D. L. Fu, T. B. Zhao et S. M. Wang var. caespes D. L. Fu,赵天榜、田国行等主编. 世界玉兰属植物资源与栽培利用:221. 2013。

本变种1～4枚花簇生枝端，或腋生。花梗、子房无毛，罕被短柔毛。

产地：中国安徽。

4. **北川玉兰**（植物研究）　图版48：6～13

Yulania carnosa D. L. Fu et D. L. Zhang，傅大立等. 四川玉兰属两新种. 植物研究，30（4）：385～386. 2010。

落叶乔木。叶宽卵圆形，长7.0～14.5 cm，宽4.0～8.5 cm，先端急尖，稀钝圆，基部圆形，稀心形，表面深绿色，具光泽，无毛，背面灰绿色，无毛，沿主脉疏被弯曲长柔毛；叶柄细，长1.5～2.6 cm，无毛。玉蕾长卵球状；芽鳞状托叶外面密被浅黄色短柔毛。缩台枝、花梗无毛。花先叶开放。单花具佛焰苞状托叶2枚，1枚着生在花梗中部，膜质，早落，背面疏被长柔毛，环状托叶脱落痕膨大，2节状，节长约1.2 cm。另1枚着生在花梗顶端，肉质、无毛，花瓣状，宽椭圆状匙形，淡粉红色，不早落。单花具花被片12枚，外面粉红色，内面白色，宽椭圆状匙形，长9.5～10.5 cm，宽4.8～6.0 cm，先端钝圆，中部以下渐狭，基部狭楔形，具爪；雄蕊背面淡紫色，花丝粗壮，宽于花药，紫红色；雌蕊群圆柱状，无毛；离生单雌蕊多数；子房无毛，花柱较长，淡紫红色。聚生蓇葖果圆柱状，长10.0～17.0 cm，通常弯曲；果梗无毛，具明显的佛焰苞状托叶脱落痕，呈2节状；蓇葖果卵球状，先端钝圆。骨质种子近心状。花期3月；果熟期8～9月。

产地：中国四川。

5. **多花玉兰**（中国农学通报）　多花木兰（西北植物学报）　图版34：14～15

Yulania multiflora（M. C. Wang et C. L. Min）D. L. Fu，傅大立. 玉兰属的研究. 武汉植物学研究，19（3）：198. 2001。

落叶乔木。叶倒卵圆形，长5.0～10.0 cm，宽3.5～7.0 cm，先端急尖，基部宽楔形，表面无毛，背面脉腋内疏被柔毛或无毛；叶柄长1.0～2.0 cm。玉蕾密被淡黄色长柔毛，顶生，含1～3朵花。花先叶开放。单花具花被片12～14（～15）枚，狭倒卵圆形或倒披针形，长4.6～6.8 cm，宽1.1～2.3 cm，白色，外面下部淡红色；雄蕊长1.1～1.6 cm，花丝紫红色，宽扁；雌蕊群圆柱状，长1.8～3.0 cm；子房绿色。聚生蓇葖果柱状，通常因部分离生单雌蕊不发育而弯曲，长4.0～9.0 cm；蓇葖果通常3枚丛生，扁球状，成熟时灰褐色。花期5月；果熟期8～9月。

产地：中国陕西。

变种：

（1）多被多花玉兰（世界玉兰属植物资源与栽培利用）　无苞多花玉兰、四川玉兰（安徽农业科学）　变种

Yulania multiflora（M. C. Wang et C. C. Min）D. L. Fu var. multitepala D. L. Fu et T. B. Zhao，赵天榜、田国行等主编. 世界玉兰属植物资源与栽培利用：234～235. 2013；*Yulania multiflora*（M. C. Wang et C. C. Min）D. L. Fu var. *a－spatha* D. L. Fu et T. B. Zhao var. nov. ined.，赵东欣等. 安徽农业科学，36（16）：6739. 2008；*Yulania sichuanyulan* D. L. Fu et T. B. Zhao，sp. nov. ined.，赵东欣等. 安徽农业科学，36（16）：6738. 2008。

本变种叶椭圆形或倒卵圆形。玉蕾小，顶生和腋生，芽鳞状托叶4～6枚，最外面1枚外面被较密短柔毛，内层几枚外面密被淡黄白色长柔毛；无佛焰状托叶。单花具花被片

9～14 枚;离生单雌蕊子房疏被短柔毛。

产地:中国四川。

6. 其他　还有尚未引种栽培的如下:

柔毛滇藏玉兰 var. mollicomata(W. W. Smith)T. B. Zhao et Z. X. Chen

卷柱玉兰 Yulania revolutistylus T. B. Zhao et Z. X. Chen

附件 2.

Ⅰ. 玉兰属、亚属、组、亚组、系检索表

1.1　玉兰亚属、组、亚组、系检索表

单株上只 1 种花型。花先叶开放;单花具花被片 9～18(～32)枚,稀 6～8 枚,或 33～48 枚,花瓣状,通常无萼状花被片;花丝短、宽,通常与花药等宽或稍宽,花隔伸出呈短尖头,稀钝圆;离生单雌蕊无毛,稀有毛;缩台枝、花梗和果枝粗、短,密被长柔毛,稀无毛。种子具橙黄色的拟假种皮。花期为玉兰属植物花期较晚的一类[玉兰亚属 Yulania Spach subgen. Yulania(Spach)T. B. Zhao et Z. X. Chen]。

1. 单株上只 1 种花型。

2. 叶倒卵圆形为主,有椭圆形,或奇形,先端钝圆、微凹,或急尖,不规则形、浅裂,或深裂,基部楔形,稀近圆形……………………………………………………玉兰组 Yulania Spach sect. Yulania(Spach)D. L. Fu

2. 叶倒卵圆形为主,有椭圆形,或奇形,先端钝圆、微凹,或急尖,不规则形、浅裂,或深裂,基部楔形,稀近圆形…………………………玉兰亚组 Yulania Spach subsect. Yulania(Spach)D. L. Fu et T. B. Zhao

3. 单花具佛焰苞状托叶 2 枚,1 枚着生在花梗中间,膜质,外面疏被长柔毛,早落,呈 2 节状,另 1 枚……………………北川玉兰亚组 Yulania Spach subsect. Carnosa(D. L. Fu)T. B. Zhao et Z. X. Chen

3. 单花具佛焰苞状托叶 1 枚。

4. 玉蕾顶生。

5. 单花具花被片 9～21 枚,稀 6～8 枚,花瓣状

6. 叶倒卵圆形、倒卵圆状三角形,或椭圆形、圆形、不规则形。花先叶开放,稀花叶同时开放;花被片近相似………………玉兰系 Yulania Spach ser. Yulania(Spach)Z. B. Zhao et Z. X. Chen

6. 玉兰系植物的种间杂种,且具有双亲的形态特征、特性和中间过渡类型……………………………………维持玉兰系 Yulania Spach ser. × Veitchiyulan T. B. Zhao et Z. X. Chen

5. 单花具花被片 9～枚,或 12～48 枚。

7. 单花具花被片(9～)12～48 枚,花瓣状,白色,或亮紫红色……………………………………………青皮玉兰亚组 Yulania Spach subsect. Viridulayulan T. B. Zhao et Z. X. Chen

7. 单花具花被片 9 枚,外轮花被片 3 枚,萼状、膜质、早落,内轮花被片

6 枚,肉质,花瓣状;离生单雌蕊无毛,或有毛……………………………………………罗田玉兰组 Yulania Spach sect. Pilocarpa(D. L. Fu et T. B. Zhao)T. B. Zhao et Z. X. Chen……………罗田玉兰亚组 Yulania Spach subsect. Pilocarpa D. L. Fu et T. B. Zhao

4. 玉蕾顶生、腋生和簇生,有时呈总状聚伞花序,或玉蕾含 1 ~ 3 朵花。叶倒卵圆形。单株上 1 种花型。单花具花被片 6 ~ 12 枚,或 9 枚…………………………………………………………………簇花玉兰亚组 Yulania Spach subsect. Cespitosiflora T. B. Zhao et Z. X. Chen

1. 单株上 2 种花型。单花具花被片 9 枚或 9 枚,外轮花被片 3 枚,萼状,内轮花被片花瓣状,匙形,白色,外面中基部中间紫红色…………………………………………………………………………舞钢玉兰亚组 Yulania Spach subsect. Wugangyulania(T. B. Zhao, W. B. Sun et Z. X. Chen)T. B. Zhao,D. L. Fu et Z. X. Chen

1.2 渐尖玉兰亚属、组、亚组、系检索表

叶椭圆形、长圆状椭圆形、长卵圆形,以椭圆形为主,稀倒卵圆形,中部通常最宽,先端渐尖、短渐尖,稀钝圆,具短尖头。玉蕾顶生,稀腋生;有具顶生、腋生混合芽。花叶同时开放,或花叶近同时开放,稀花后叶开放,或花先叶开放。单花具花被片 9 ~ 12 枚,淡黄色、黄色、白色及紫色,有萼、瓣之分,萼状花被片膜质,稀无萼、瓣之分(宝华玉兰组);花丝通常细、较长,比花药窄,药隔先端伸出呈短尖头;雌蕊群无雌蕊群柄,稀具雌蕊群柄[渐尖玉兰亚属 Yulania Spach subgen. Tulipastrum(Spach)T. B. Zhao et Z. X. Chen]。

1. 单株上具 1 种花型。

2. 玉蕾顶生。单花具花被片 9 枚,稀 12 ~ 18 枚,或单花具花被片 12 ~ 18 枚,或 9 ~ 48 枚。

3. 单花具花被片 9 枚,稀 12 ~ 18 枚。

4. 单花具花被片 9 枚,有萼、瓣之分。

5. 叶椭圆形,或心形。

6. 花先叶开放,或花叶同时开放,花后叶开放。单花具花被片 9 枚,有萼、瓣之分,花瓣状花被片黄色、黄绿色,或蓝绿色,以及紫色、紫红色……………………………………………………………渐尖玉兰系 Yulania Spach ser. Tulipastrum(Spach)T. B. Zhao et Z. X. Chen

6. 本系为渐尖玉兰与紫玉兰植物的种间人工杂种,其形态特征和特性,均具有两亲本的形态特征和许多中间过渡类型……………………………………………………………………………布鲁克林玉兰系 Yulania Brooklynyulan T. B. Zhao et Z. X. Chen

5. 叶椭圆形,先端钝圆、钝尖,基部楔形,或近圆形。

7. 单花具花被片 9 枚,外轮花被片 3 枚,萼状、膜质;离生单雌蕊 1 枚,子房无毛………………………………黄山玉兰组 Yulania Spach sect. Cylindrica (S. A. Spongberg)T. B. Zhao et Z. X. Chen

7. 单花具花被片 9 枚，外轮花被片 3 枚，形状多变，或具特异花被片 1～3 枚；离生单雌蕊 1（～2～5）枚。2 次花多变……………………………………………………………………………………异花玉兰组 Yulania Spach sect. Varians T. B. Zhao，Z. X. Chen et X. K. Li.

4. 单花具花被片 9 枚，花瓣状，无萼状花被片。叶椭圆形，或倒卵圆状椭圆形。花先叶开放………………………………宝华玉兰组 Yulania Spach sect. Baohuayulan (D. L. Fu et T. B. Zhao) T. B. Zhao et Z. X. Chen

3. 单花具花被片 12～18 枚，或 9～48 枚。

8. 单花具花被片 12～18 枚，有萼、瓣之分，或花被片花瓣状……………………………………………渐尖玉兰组 Yulania Spach sect. Tulipastrum (Spach) D. L. Fu

8. 单花具花被片 9～48 枚。

9. 单花花被片通常 9 枚，稀 9～48 枚，花被片有萼、瓣之分。拟假种皮颜色较深，紫红色，稀白色 ………望春玉兰亚组 Yulania Spach subsect. Buergeria (Sieb. & Zucc.) T. B. Zhao et Z. X. Chen……………………望春玉兰系 Yulania Spach ser. Buergeria (Sieb. & Zucc.) T. B. Zhao et Z. X. Chen

9. 本系植物为望春玉兰亚组植物种间杂种，其形态特性具有双亲的形态特征、特性和中间许多过渡类型…………………………洛内尔玉兰系 Yulania Spach ser. × Loebneriyulan T. B. Zhao et Z. X. Chen

2. 玉蕾顶生、腋生和簇生均有，有时构成总状聚伞花序。叶长椭圆形、椭圆形，先端钝尖，或长尖，基部近圆形，或心形。单花具花被片 9 枚，外轮花被片 3 枚，萼状、膜质、早落，内轮花被片花瓣状；离生单雌蕊无毛，稀雌蕊群与雄蕊群等高……………………………………………腋花玉兰亚组 Yulania Spach subsect. Axilliflora (B. C. Ding et T. B. Zhao) T. B. Zhao et Z. X. Chen

1. 单株上具 2～4 种花型。

10. 单株上具 2 种花型。叶多变。玉蕾顶生、腋生。单花具花被片 6～12 枚，瓣状花被片多变，外面中基部中间紫红色………………多型叶玉兰亚组 Yulania Spach subsect. Multiformis T. B. Zhao et Z. X. Chen

10. 花先叶开放；单花具花被片 9～12 枚，单株上同时具 3～4 种花型：① 单花具花被片 9 枚，有萼、瓣之分；② 单花具花被片 9 枚，花瓣状，近相似；③ 单花具花被片 12 枚，稀 6～8 枚，或 10 枚，花瓣状，近相似；④ 单花具花被片 9 枚，花瓣状，外轮花被片明显小于内轮花被片。花瓣状颜色多种：紫红色、紫色，或白色，外面有不同程度的紫红色晕，或条纹…………………………………………………………………………………河南玉兰组 Yulania Spach sect. Trimophaflora (B. C. Ding et T. B. Zhao) T. B. Zhao et Z. X. Chen……………………………………………………………………………河南玉兰亚组 Yulania Spach subsect. Trimophaflora (B. C. Ding et T. B. Zhao) T. B. Zhao，D. L. Fu et Z. X. Chen

1.3　朱砂玉兰亚属、组、亚组检索表

叶卵圆形、倒卵圆形、椭圆形等。花先叶开放。单花具花被片 9 枚，稀多数，花瓣状，

稀有萼、瓣之分的类群；颜色多种：紫红色、紫色，或白色，外面有不同程度的紫红色晕，或条纹，通常长度为内 2 轮花被片的 2/3；离生单雌蕊子房无毛［朱砂玉兰亚属 Yulania Spach subgen. × Zhushayulania(W. B. Sun et T. B. Zhao)T. B. Zhao et X. Z. Chen］。

1. 单花具花被片 9 枚，稀多数，花瓣状，稀有萼、瓣之分的类群；颜色多种。外轮花被片通常长度为内 2 轮……………………………………朱砂玉兰组 Yulania Spach sect. × Zhushayulania(W. B. Sun et T. B. Zhao)D. L. Fu
  2. 外轮花被片通常长度为内 2 轮花被片的 2/3，稀多数，花瓣状，稀有萼状花被片……………………………朱砂玉兰亚组 Yulania Spach subsect. × Zhushayulania (W. B. Sun et T. B. Zhao)T. B. Zhao et Z. X. Chen
  2. 本亚组植物为玉兰组与渐尖玉兰组植物的种间杂交种，其特征、特性兼有亲本的形态特征和特性，以及许多中间过渡类型……………………多亲本朱砂玉兰亚组 Yulania Spach subsect. × Multiparens T. B. Zhao et Z. X. Chen
1. 本亚组植物不知道其杂交多亲本玉兰的名称，或者知道其杂交母本名称而不知道其杂交父本玉兰的名称… ……………………………………………………不知多亲本玉兰组 Yulania Spach sect. × Ignotimultiparens T. B. Zhao et Z. X. Chen

Ⅱ. 河南玉兰属植物分种检索表(不包括人工杂交种)

1. 单株上具 1 种花型。
  2. 单花具花被片 9 枚，稀 12 ~ 15 枚，有瓣状、萼状之分。
    3. 花后叶开放，或花叶同时(包括稍前、稍后开放)。
      4. 单花具花被片 9 枚，有瓣状、萼状之分。
        5. 瓣状花被片纯白色；离生单雌蕊、雄蕊白色；雄蕊约 20 枚。叶倒卵圆形。花梗和缩台枝无毛………………………………日本辛夷 Y. kobus(DC.)Spach
        5. 瓣状花被浓紫色、紫色、紫红色，或淡紫红色。单花具花被片 9 枚，稀 12 ~ 15 枚……………………………………………紫玉兰 Y. liliiflora(Desr.)D. L. Fu
      4. 单花具 12 枚，有瓣状、萼状之分；雄蕊白色，花丝红色；雌蕊群红色；离生单雌蕊子房和花梗被白色平伏短柔毛……………………………………………………………美丽玉兰 Y. concinna(Law et R. Z. Zhou)T. B. Zhao et Z. X. Chen
    3. 花先叶开放。单花具花被片有萼、瓣之分。
        6. 花单生枝顶。单花具花被片 9 ~ 12 枚，有萼、瓣之分……………………………………………………柳叶玉兰 Yulania salicifolia(Sieb. & Zucc.)D. L. Fu
        6. 单花具花被片 9 枚；瓣状花被片外面基部被锈色、紫红色，或淡紫色等。叶倒卵圆形、宽倒卵圆形，先端钝圆具短尖头。
          7. 离生单雌蕊子房被短柔毛。
            8. 多种叶型，先端钝圆具短尖头、微凹具短尖头、深裂等………………………鸡公玉兰 Y. jigongshanensis(T. B. Zhao, D. L. Fu et W. B. Sun)D. L. Fu
            8. 叶倒卵圆形，或长卵圆形。
              9. 叶最宽处在上部，先端凹，具短尖头。单花具花被片 12 枚；离生单雌蕊子房被短柔毛………………………………………………………

……………罗田玉兰 Y. pliocarpa(Z. Z. Zhao et W. Z. Xie)D. L. Fu

9. 叶先端短尖。单花具花被片 12 枚,稀 6 枚,外轮花被片 3 枚,萼状,不规则形肉质;离生单雌蕊子房无毛…………………………………………………………肉萼罗田玉兰 Y. pliocarpa(Z. Z. Zhao et W. Z. Xie) D. L. Fu subsp. carnosicalyx T. B. Zhao et Z. X. Chen

7. 单雌蕊子房无毛。

10. 瓣状花被片外面中、基部紫红色、粉红色。叶倒卵圆形,中部最宽,先端钝圆,或具短尖头。

11. 叶倒卵圆形,先端钝圆,或钝尖。

12. 瓣状花被片宽匙形,外面中、基部紫红色。

13. 雌蕊群雌蕊群无柄………黄山玉兰 Y. cylindrica(Wils.)D. L. Fu

13. 雌蕊群具柄…………………………………………………………………具柄玉兰 Y. gynophora T. B. Zhao,Z. X. Chen et J. Zhao

12. 瓣状花被被片外面白色,内轮花被片较小,具爪……………………………………………………………日本辛夷 Y. kobus(DC.)Spach

11. 短枝叶形多种类型。2 种花型:① 单花具花被片 9 枚,有萼、瓣之分;② 单花具花被片 11~12 枚,花瓣状,内轮花被片披针形,内弯呈弓形………多型叶玉兰 Y. multiformis T. B. Zhao,Z. X. Chen et J. Zhao

10. 瓣状花被片匙状椭圆形,外面中部以下紫色。叶椭圆形,先端长尖,短尖,或短渐尖……………………望春玉兰 Y. biondii(Pamp.)D. L. Fu

7. 花顶生、腋生及簇生。单花具花被片 12 枚有萼、瓣之分。

14. 叶形多种类型。2 种花型:① 单花具花被片 9 枚,有萼、瓣之分;② 单花具花被片 11~12 枚,花瓣状,内轮花被片披针形,内弯呈弓形……………………多型叶玉兰 Y. multiformis T. B. Zhao,Z. X. Chen et J. Zhao

14. 叶宽椭圆形,或宽倒卵圆形。1 种花型。

15. 宽椭圆形。

16. 花顶生、腋生、簇生,有时呈总状聚伞花序。单花花被片 9 枚,有萼、瓣之分,瓣状花被片外面中部以下红紫色。叶宽椭圆形…………………………………腋花玉兰 Y. axilliflora(T. B. Zhao,T. X. Zhang et J. T. Gao)D. L. Fu

16. 花顶生。单花具花被片 15~45 枚,有萼、瓣之分,瓣状花被片外面基部粉红色、紫红色……星花玉兰 Y. stellata(Sieb. & Zucc.)D. L. Fu

15. 宽倒卵圆形。单花具花被片 9 枚,萼状花被片肉质,或膜质,瓣状花被片外面白色、黄色,基部紫红色…………………………………………………………华夏玉兰 Yulania cathyana T. B. Zhao et Z. X. Chen

2. 单花具花被片 9~48 枚,稀 6~7 枚,瓣状花被片,无萼状花被片,稀瓣状花被片之间有亮紫红色、肉质条形花被片。

17. 花单生枝顶。

18. 单花具花被片 9～12 枚,稀 6～7 枚。
19. 单花具花被片 9～12 枚。叶椭圆形,或倒卵圆形。
20. 单花具花被片 9～12 枚,白色;花被片形状不近相似,外面带紫色脉纹,皱折,中部以下红紫色;具亮紫色的特异花被片;雌雄蕊群大,草莓状。叶椭圆形……………………………………莓蕊玉兰 Y. fragarigynandria T. B. Zhao,Z. X. Chen et H. T. Dai
21. 单花具花被片 9～12 枚,稀 6～7 枚,白色,外面中、基部亮红色。雌蕊群无雌蕊群柄。单株上具多种类花型。外轮花被片形状、大小多变……………………………………异花玉兰 Yulania varians T. B. Zhao,Z. X. Chen et Z. F. Ren
21. 单花具花被片 9～12 枚,有萼、瓣之分;雌蕊群具雌蕊群柄;离生单雌蕊少于 20 枚……………………………具柄玉兰 Y. gynophora T. B. Zhao,Z. X. Chen et J. Zhao
20. 单花具花被片 12 枚,白色;花被片外面基部中间微有淡紫色晕;离生单雌蕊子房密被白色短柔毛。叶不规则倒三角形…………………………………………奇叶玉兰 Y. miriflora D. L. Fu,T. B. Zhao et Z. X. Chen
19 . 单花具花被片 9 枚。
22. 单花具花被片 9 枚,花被片白色,外面基部具紫红色晕,或亮粉红色。
23. 花白色,外面基部具紫红色晕、亮粉红色。叶倒卵圆形。
24. 花白色,外面基部具紫红色晕,花被片不皱折。叶倒卵圆形,背面被短柔毛,主脉、侧脉被短柔毛……………………………………………………………………玉兰 Y. denudata(Desr.)D. L. Fu
24. 花被片皱折,亮粉红色。叶匙形,先端钝尖……………………………楔叶玉兰 Y. cuneatifolia T. B. Zhao,Z. X. Chen et D. L. Fu
23. 单花具花被片 9 枚,花白色。
25. 花白色,或深红色,无雌蕊群柄,离生单雌蕊子房无毛。叶椭圆形湖北玉兰 Y. rerrucosa D. L. Fu,T. B. Zhao et S. S. Chen
25. 花白色,具雌蕊群柄,离生单雌蕊子房疏被短柔毛。叶倒卵圆形…………华丽玉兰 Yulania superba T. B. Zhao,Z. X. Chen et X. K. Li
22. 单花具花被片 9 枚,花被片外面淡紫红色、玫瑰红色,有深紫色脉纹。
26. 叶椭圆形。
27. 叶先端突长尖,基部楔形。花丝通常宽于花药………………………………………………………………天目玉兰 Y. amoena(Cheng)D. L. Fu
27. 叶倒卵圆状椭圆形,先端短尖。花丝细于花药。
28. 单花具花被片 9 枚,花被片外面淡紫红色……………………………………………………………………宝华玉兰 Y. zenii (Cheng)D. L. Fu
28. 单花具花被片 9 枚,花被片外面白色…………伏牛玉兰 Y. funiushanensis (T. B. Zhao,J. T. Gao et Y. H. Ren)T. B. Zhao et Z. X. Chen

26. 叶倒卵圆形。
29. 单花具花被片 9 枚,花被片玫瑰红色,有深紫色脉纹……………………………………………红花玉兰 Yulania wufengensis(I. Y. Ma et L. R. Wang) T. B. Zhao et Z. X. Chen
29. 单花具花被片 9 枚,外面花被片淡紫色,外轮花被片为内轮花被片长的 2/3。叶、玉蕾和花等具有多型性…………………………………………朱砂玉兰 Y. soulangiana(Soul. – Bod.)D. L. Fu
18. 单花具花被片 9 ~ 12 ~ 48 枚。
30. 单花具花被片 9 ~ 12 ~ 17 枚。
31. 单花具花被片 9 ~ 15 枚,初花淡紫色,后白色。灌木……………………………………景宁玉兰 Yulania sinostellata(P. L. Chiu et Z. H. Chen)D. L. Fu
31. 单花具花被片 12 ~ 17 枚。
32. 单花具花被片 12 ~ 17 枚,基部呈爪状,深红色,或粉红色…………………………………………滇藏玉兰 Y. campbellii(Hook. f & Thoms.)D. L. Fu
32. 单花具花被片 12 ~ 15 枚,外面玫瑰红色,有深紫色脉纹…………………………………………………武当玉兰 Y. sprengeri(Pamp.)D. L. Fu
30. 单花具花被片 12 ~ 48 枚。叶近圆形、椭圆形。
33. 单花具花被片 12 ~ 33 枚,纯白色;离生单雌蕊绿色……………………………………玉灯玉兰 Y. pyriformis(T. D. Yang et T. C. Cui)D. L. Fu
33. 单花具花被片 32 ~ 48 枚,外面中基部亮粉红色;离生单雌蕊、雄蕊亮浓红色……………………青皮玉兰 Y. viridula D. L. Fu, T. B. Zhao et G. H. Tian
17. 花顶生、腋生和簇生枝端,呈总状聚伞花序。单花具花被片 7 ~ 9 枚。
34. 单花具花被片 9 枚。叶宽椭圆形…………………………………………………石人玉兰 Y. shirenshanensis D. L. Fu et T. B. Zhao
34. 单花具花被片 7 ~ 9 枚,黄色,淡绿色,皱折,或开裂……………………………飞黄玉兰 Y. fëihuangyulan(F. G. Wang)T. B. Zhao et Z. X. Chen
1. 单株上具 2 ~ 多种花型。
35. 单株上具 2 种花型。
36. 单花花被片 6 ~ 9 枚。单花花被片 9 枚,有萼、瓣之分。
37. 单花花被片 9 枚。
38. 雄蕊群低于雌蕊群。玉蕾顶生、腋生,或簇生。叶倒卵圆形………………………………………………舞钢玉兰 Y. wugangensis(T. B. Zhao, W. B. Sun et Z. X. Chen)D. L. Fu
38. 雄蕊群低于雌蕊群,或雄蕊群高于雌蕊群。叶倒卵圆形,背面苍白色…………………………安徽玉兰 Y. anhueiensis T. B. Zhao, Z. X. Chen et J. Zhao
37. 叶 2 种类型:① 宽倒三角形;② 近圆形。玉蕾 2 种类型:① 长圆锥状,或椭圆体状;② 卵球状。花 2 种类型:① 单花花被片 9 枚,有萼、瓣之分;② 单花花被片 9 枚,花瓣状,先端无喙, 边缘微波状起伏…………………………

………………两型玉兰 Y. dimorpha T. B. Zhao, Z. X. Chen et H. T. Dai

36. 单花花被片 6～12 枚，花瓣状。

39. 2 种花型。

40. 单花花被片 6～12 枚，花瓣状，白色，外面基部淡紫色；雌蕊群与雄蕊群等高及雌蕊群显著高于雄蕊群。叶倒卵圆状匙形………………………………………………朝阳玉兰 Y. zhaoyangyulan T. B. Zhao et Z. X. Chen

40. 单花花被片 9 枚，内轮花被片 6 枚，花瓣状，白色，外轮花被片 3 枚，肉质，条形；雌蕊群与雄蕊群显著高于雄蕊群；离生单雌蕊子房疏被短柔毛。叶倒卵圆形，稀椭圆形…………………………………………………………………中州玉兰 Y. zhongzhou T. B. Zhao, Z. X. Chen et L. H. Sun

39. 2 种花型。单花具花被片 6～9 枚，雄蕊群高于雌蕊群。叶倒卵圆形、不规则倒三角形………信阳玉兰 Y. xinyangensis T. B. Zhao, Z. X. Chen et H. T. Dai

35. 单株上具 3～多种类花型。

41. 单株上具 3 种类花型。花白色，花被片外面中部以下中间有紫色…………河南玉兰 Y. honanensis (B. C. Ding et T. B. Zhao) D. L. Fu et T. B. Zhao

41. 单株上具多种类花型。

42. 单株上具 4 种类花型。花紫色，雄蕊群及雌蕊群紫色…………………………………大别玉兰 Y. dabieshanensis T. B. Zhao, Z. X. Chen et H. T. Dai

42. 单株上具多种类花型。

43. 叶椭圆形。单株上 10 种以上花型。花期 3～8 月。花被片外面上部白色，中、基部中间红色…………………………………………………………………异花玉兰 Yulania varians T. B. Zhao, Z. X. Chen et Z. F. Ren

43. 叶 2 种类型：椭圆形和倒卵圆形。

44. 花期 3～11 月。玉蕾花有萼、瓣之分；花蕾花花被片瓣状，或萼、瓣之分，萼长圆形，肉质；雌雄蕊群 3 种类型；雌蕊群无雌蕊群…………………杂配玉兰 Yulania hybrida T. B. Zhao, J. T. Chen et X. K. Li

44. 花期 3 月。单花具花被片 9～17 枚，花瓣状，白色，外轮花被片 3 枚，肉质，宽条形，匙状椭圆形；雌蕊群具雌蕊群柄，无毛；离生单雌蕊子房疏被短柔毛…………………………………………………………………华豫玉兰 Yulania huayi T. B. Zhao, Z. X. Chen et J. Chen

第十章　玉兰属植物苗木培育技术

第一节　良种采集与处理

作者认为,玉兰属 Yulania Spach 植物苗木良种(种与品种)必须具备的条件是:① 优良的遗传品质,即生长迅速,树形壮观,适应性与抗逆性强,材质好等;② 优良的播种品质,即骨质种子饱满,纯度高,千粒重大,无病虫害,发芽率与发芽势高等;③ 经济效益大,即成蕾年龄早,玉蕾大,且均匀,单株年产蕾量高、品质优良、挥发油含率高,特别是金合欢醇与桉叶油醇,很有开发利用前景等;④ 社会、生态效益明显,即花大,色艳,1 年内多次开花等;⑤ 科学理论价值,如莓蕊玉兰 Y. fragarigynandria T. B. Zhao, Z. X. Chen et H. T. Dai、异花玉兰 Y. varians T. B. Zhao, Z. X. Chen et Z. F. Ren 等形态特征多样性,开展其形变理论、亲本起源等多学科理论研究具有重要意义;杂交育种优良亲本,如紫玉兰 Y. liliflora(Desr.) D. L. Fu 等。

一、选择采种母树

为保证播种育苗具有优良的遗传品质和播种品质的骨质种子,要选择土壤肥沃、湿润,光照充足,生长健壮,发育良好,抗病虫等灾害能力强,冠大而结实多,骨质种子品质好的 30~50 年生的望春玉兰 Y. biondii(Pamp.) D. L. Fu 孤立树木。采种母树选择决定后,每年冬季,或翌年春季应进行松土、施肥和灌溉,促使其根系生长发育,利于吸收土壤中水分和矿物质。同时,母树生长发育期间,及时浇水、施肥和防治病虫害,确保其果实正常生长和发育,利于骨质种子产量和品质的提高。

二、适时采种

采种是一项季节性很强的工作,必须了解玉兰属植物不同物种的拟假种皮的骨质种子的成熟时期,抓紧时期采种。为此,要了解玉兰属植物不同物种的开花、结实物候期和物候特征,才能获得良好的效果。否则,采种过早,拟假种皮的骨质种子成熟度差,影响骨质种子品质,降低骨质种子发芽率;反之,采种过迟,成熟的拟假种皮的骨质种子容易散落,而影响采种。据作者观察,河南玉兰属植物不同种的果实成熟期也不一致,即使是同一物种、同一立地条件下,由于年份的差异也有区别。

据报道,玉兰属植物不同物种的开花、结实物候特征,随物种和地区不同而有区别,如表 10-1 所示。

表 10 – 1　玉兰属植物的开花、结实物期与物候特征

名称 学名	地点	时间(a)	开花期	果实成熟期	成熟果实 形状、大小、颜色
黄山玉兰 Y. cylindrica	河南鸡公山	2001	3 月下旬至 4 月上旬	9 月中旬	卵球状, 长 7.0 ~ 11.0 cm, 径 3.0 ~ 4.0 cm, 橙红色, 具光泽
玉　兰 Y. denudata	河南郑州	2002 ~ 2005	3 月中旬至 4 月上旬	9 月中旬	圆柱状,弯曲, 长 10.0 ~ 18.0 cm, 径 3.5 ~ 5.0 cm, 暗紫色
望春玉兰 Y. biondii	河南郑州	2002 ~ 2005	2 月中、下旬至 3 月中、下旬	8 月中旬	圆柱状, 扭曲, 长 7.0 ~ 25.0 cm, 紫褐色
	河南鸡公山	2002 ~ 2003	2 月中、下旬至 3 月中、下旬	8 月上旬	
	南召县	1998 ~ 2001	3 月上旬、中旬	8 月上旬	
紫玉兰 Y. liliflora	河南郑州	2003 ~ 2005	4 月中、下旬至 5 月上旬	9 月下旬	卵球状, 长 4.0 ~ 10.0 cm, 暗紫色, 蓇葖果具喙
舞钢玉兰 Y. wugangensis	河南郑州	2008	4 月中、下旬	9 月下旬	圆柱状,弯曲, 长 8.0 ~ 15.0 cm, 径 4.5 ~ 5.0 cm, 褐红色
朱砂玉兰 Y. soulangiana	河南郑州	2002	4 月中、上旬	9 月下旬	圆柱状,弯曲, 长 7.0 ~ 12.0 cm, 径 3.0 ~ 4.0 cm, 暗紫色

注:赵天榜提供资料。

表 10 – 1 中材料表明,不同的玉兰属物种,在河南不同地区,其果实成熟期是不一致的,即使是同一物种在同一地区,由于年份的差异也有区别;同一物种如望春玉兰,在河南不同地区,其果实成熟期是一致的。河南望春玉兰果实成熟期,多在 8 月中、下旬至 9 月中旬。但是,玉兰属植物物种果实成熟的主要特征性状是:聚生蓇葖果由绿色变为红褐色,或黑褐色,先端的蓇葖果有部分开裂后,露出橙黄色,或紫红褐色的拟假皮种子时,为骨质种子成熟的主要形态标志,应及时采收。

三、采种技术

玉兰属植物种通常树体高大,聚生蓇葖果成熟后,通常应用高枝剪,或长竿上绑利镰采下果实,或上树采摘等。采种时,必须认真保护母树,避免损坏过多枝条影响母树生长发育和翌年结实(指聚生蓇葖果)、玉蕾产量与质量。

此外,采种前必须进行采种技术教育,特别是安全教育,以免事故的发生。

四、拟假种皮种子处理

采集的新鲜聚生蓇葖果,应及时放在通风、干燥处摊开,使蓇葖果全部开裂后,敲击“龙瓜”取出拟假种皮种子。禁忌果实长期堆放,或在阳光下暴晒,以免骨质种子变质而丧失发芽能力。拟假种皮种子取出后,随即投入草木灰,或碱(1.0)中浸泡 1 ~ 2 d,待拟假种皮吸水膨胀后,捞出反复搓揉,冲净拟假种皮,捞出骨质种子,阴干后进行贮藏。

五、骨质种子品质鉴定

玉兰属植物的骨质种子品质的鉴定是保证育苗成功的关键一环。因此,其贮藏前,或调拨前,都必须进行骨质种子净度、千粒重、发芽率与发芽势的测定。玉兰属植物的骨质种子品质,随着物种的不同而有显著区别。如玉兰 Yulania denudata(Desr.)D. L. Fu 骨质种子净度 95.0 % ~98.0 %,千粒重平均 150.0 g,变幅 130.0 ~ 167.0 g,每千克骨质种子平均 6 600 粒,变幅 5 500 ~7 700 粒;望春玉兰骨质种子净度 98.0 %以上,千粒重平均 161.8 g,每千克骨质种子 5 000 ~ 6 700 粒,发芽率 80.0 % ~90.0 %;黄山玉兰 Y. cylindrica(Wils.)D. L. Fu 骨质种子净度 90.0 % ~98.0 %,千粒重平均 150.0 g,每千克骨质种子平均 6 000 粒,变幅 5 800 ~7 700 粒。

玉兰属植物的骨质种子品质的鉴定,通常采用发芽试验。用发芽试验鉴定其骨质种子品质所需时间较长,可采用切开法鉴定骨质种子品质。发芽试验具体方法与技术,见原中华人民共和国林业部颁布的《林木种子品质检验规程》。切开法鉴定骨质种子品质具有迅速、简便、准确等优点,具体方法是:从供检验的纯洁骨质种子中选取 400 粒,分为 4 组,用利刀将其切开,进行观察。凡是籽粒饱满、胚与子叶为乳白色者,属优良骨质种子;籽粒空秕、不饱满、胚与子叶变色者,加压后为粉末状,或霉烂,有臭味,或病虫危害者,属品质低劣的骨质种子。

根据鉴定结果,求出骨质种子优良度多少(%)。凡是骨质种子优良度 > 80.0 %以上者,为优良骨质种子。

六、骨质种子贮藏

根据作者实践证明,当年采集的望春玉兰骨质种子,经过层积沙藏,一般发芽率达 90.0 %以上。其具体方法:贮藏坑选择在背风向阳、地势高燥、排水良好、无鼠害的地方。一般坑深 70.0 ~80.0 cm,宽 60.0 cm,坑的长度视骨质种子数量多少而定。贮藏坑挖好后,坑底铺湿润细沙约 10.0 cm,并竖放 1 ~2 束秸秆,利于通气,沙上放入混有湿润细沙的骨质种子(3:1)。当混有湿润细沙的骨质种子放到距地表 15.0 ~20.0 cm 处时,覆湿润细沙后,盖土,使其高出地面。然后,在贮藏坑四周挖排水沟,以防坑内积水。在骨质种子层积沙藏过程中,通常检查 1 ~2 次,以免贮藏坑内水分过大,引起骨质种子腐烂,或湿度过小,造成骨质种子发芽不一致,或起不到层积沙藏的催芽目的。如果发现贮藏坑内水分过大,加入干细沙,混匀后达到细沙湿润为宜(手捏后湿润细沙无水滴即可);反之,适量喷水达到贮藏坑内细沙湿润为止。然后,按上述层积沙藏方法,将骨质种子放入贮藏坑内,供翌春进行播种育苗时用。

第二节　良种苗木繁育技术

玉兰属植物良种苗木繁育，通常采用播种育苗、扦插育苗、嫁接育苗方法。现将 3 种方法，分别介绍如下。

一、播种育苗

1. 育苗地选择

土壤肥沃与质地好坏，是培育玉兰属植物实生壮苗的主要基地。所以，育苗地的选择直接影响到苗木产量、质量和成本高低，是决定育苗成败的重要关键技术措施之一。该属植物幼苗怕旱、怕涝、怕盐碱、怕强光、忌瘠薄，喜土层深厚，土壤肥沃、疏松、湿润，排水良好的沙壤土，或黏壤土。杂草丛生，地势低洼，土壤瘠薄地、盐碱地、低洼积水地、沙地，不能选作为育苗地，否则必须经过土壤改良后，再作育苗用地。

为进一步了解土壤种类对望春玉兰 1 年生实生苗的影响，是决定选择育苗地的主要依据。现将调查结果列入表 10－2。

表 10－2　土壤条件对望春玉兰实生苗生长的影响

地点、名称		土壤条件			苗木		材料来源
		土层厚度(cm)	肥沃程度	pH	苗高(m)	地径(cm)	
河南鸡公山	黏壤土	20	肥沃	5～6	1.53	1.51	戴天澍提供材料
	黏壤土	20	中等	5～6	0.87	1.00	
	黏壤土	20	瘠薄	5～6	0.41	0.80	
河南南召县	重黏土	50～70	中等	7.0	0.70	0.81	任云和等提供材料
	沙土	50～70	中等	7.0	0.35	0.40	
	沙壤土	50～70	中等	7.0	1.55	1.50	
	黏壤土	40～50	中等	7.0	1.27	1.35	
河南鲁山县	沙土	>50	瘠薄		0.45	0.52	赵天榜等提供材料
	重黏土	>50	中等	7.2	0.87	0.63	
	壤土	>50	肥沃	7.0	1.39	1.51	
河南郑州市	沙土	>50	极瘠薄	7.3	0.19	0.30	赵天榜等提供材料
	粉沙壤土	>50	中等	7.3	0.63	0.11	
	沙壤土	>50	肥沃	7.3	1.31	1.21	

注：选自赵天榜、田国行等主编．2013.《世界玉兰属植物资源与栽培利用》。

表 10－2 中材料表明，沙壤土、黏壤土对望春玉兰苗木生长最好，可选为玉兰属植物的育苗用地。

2. 细致整地

育苗地选择后，必须进行深耕细整，才能达到改良土壤性质，提高土壤保墒、保肥能力,为骨质种子发芽出土、苗木健壮生长创造适宜的环境条件。深耕细整,是培育玉兰属植物优质壮苗的重要措施之一。

育苗整地要求是:整地及时,床面平整,深度适宜,深浅一致,土埴下实,土块细碎,无杂根及石块。整地最好在秋末冬初进行深耕。耕地深度为25.0~30.0 cm,耕后不耙,使其经过冬季进行充分风化,并冻死有害病虫。翌春土壤解冻后,施入基肥;地下害虫较重的育苗地,在耕地前每亩均匀撒入杀虫农药1.0~1.5 kg后,再进行浅耕细耙,可使育苗地达到上埴下实、土层不乱、土肥混合均匀的要求。同时,要及时拣出石块、树根,然后耧平筑床。

3. 施入有机基肥

整地时,施入有机基肥,不仅能直接供应和满足苗木生长对土壤养分的需要,而且还能改善土壤理化性质,促进土壤团粒结构形成,提高土壤微生物活动能力,为苗木生长发育创造适宜的环境条件。基肥应以有机肥料为主,适当加入一定数量的复合肥,通常在秋后,或翌春整地时施入。每亩施入有机基肥以4 500.0 kg左右为宜。

根据作者调查材料表明,每亩施入有机基肥1 500.0 kg时,望春玉兰1年生实生苗平均高0.91 m,平均地径1.00 cm;每亩施入有机基肥为3 000.0 kg时,1年生实生苗平均高1.35 m,平均地径1.50 cm;每亩施入有机基肥4 500.0 kg时,1年生实生苗平均苗高1.87 m,平均地径2.10 cm,而对照1年生实生苗平均高0.63 m,平均地径0.70 cm。由此可见,播种前每亩施入有机基肥3 000.0 kg是培育望春玉兰实生壮苗的主要技术措施之一。

4. 做床

做床一般可在春季土壤解冻后进行。根据育苗地的立地条件的不同,河南各地通常采用平床,或高床2种方法。

4.1　平床

平床适宜于地势平坦,地下水位较低,排水良好,土壤疏松、透气性强的地区。做床时,首先在整平的育苗地上,用划行器,或长绳,按要求进行划印做床。一般苗床长10.0 m、宽1.0 m。然后,用板镢、锄,或刮板,沿线印堆土、拍实成垄。苗床做好耧平后,引大水灌溉,待水分渗干后,再用锄松土约10.0 cm后,耧平床面,准备播种。

4.2　高床

高床适宜雨水较多、土壤质地黏重、低洼积水的地区。做法是:在整平的育苗地上,按长度10.0 m左右(视具体情况而定)、底宽0.6 m,筑成高20.0 cm的苗床。高床质量要求是:床面高低一致,土块碎细均匀,上埴下实,灌溉方便,排水流畅。

5. 骨质种子催芽

催芽是为骨质种子创造适宜的发芽条件,提高骨质种子发芽率和发芽势。催芽的方法较多,通常采用以下2种方法。

5.1　层积催芽法

当年11~12月间,将骨质种子用60 ℃左右的热水浸种,几分钟后,加入冷水浸种1~2 d,使其吸水膨胀。同时,选择地势高燥、背风阴凉处,挖贮藏坑。贮藏坑规格:深50~70 cm,宽70~100 cm,长度1.0~1.5 m。具体贮藏坑大小,依骨质种子数量多少而定。

然后,将浸水膨胀的骨质种子,按3(湿润细沙):1(骨质种子)混匀。贮藏坑底铺1层厚约10.0 cm的湿润细沙后,将混沙骨质种子放入坑内,每1.0 m左右,竖放草束1个,混沙骨质种子放到距地面15.0 cm左右时,再铺平放入湿润细沙,铺平后,再堆土高20.0 cm左右成丘状。在骨质种子层积催芽期间,要翻动1~2次。若贮藏坑干燥时,应加水使其湿润;反之,适量加入干沙,利于骨质种子均匀吸水膨胀。翌春寒流过后,取出层积贮藏骨质种子进行播种。通常经过层积沙藏的骨质种子,约30.0 %的骨质种子微露出白色胚根,可拣出播种。

此外,尚未萌动的骨质种子,再进行催芽后播种。具体方法是:将尚未萌动的骨质种子混入2倍的湿润细沙,在背风向阳的地方筑朝阳池进行催芽。朝阳池深度20.0 cm,其大小依骨质种子量多少而定。然后,将混沙的骨质种子均匀地铺在池内,用塑料薄膜搭成弓形棚,保持棚内一定的温度(20~25 ℃)和空气相对湿度70 %左右。一般3~5 d拣1次萌动的骨质种子,进行播种,一直把好骨质种子拣完为止。

朝阳池进行骨质种子催芽方法是:选择背风向阳的地方,根据骨质种子多少挖1催芽池,将其混入湿润细砂(1:3),上面加盖塑料薄膜,保持其内气温15~20 °C,空气相对湿度80 % 以上。3~5 d,搅拌1次,使骨质种子受温、受湿均匀,利于发芽整齐。也可用木箱,或瓦盆,放在温室,或塑料棚内,进行骨质种子催芽。

5.2　热水浸种催芽法

凡在塑料大棚内,培育幼苗,供移栽用时,采用此法。其方法:播种前,将干骨质种子放入60 ℃的温水中浸泡1~2 d,使骨质种子吸水膨胀。捞出骨质种子放入蒲包,或竹筐内,盖上麻袋,放在温暖的地方,每天用温水冲洗1~2次,并上下翻动,待骨质种子发芽裂嘴露出胚根时,立即进行播种。为了节约骨质种子,保证出苗整齐。每5~7 d把裂嘴骨质种子拣出点播,未萌动的骨质种子可继续催芽。

6. 播种技术

播种技术是培育优质壮苗的主要技术措施之一。其内容如下。

6.1　播种时间

应根据当地的气候条不同,选择适宜的播种期。为延长苗木生长期,可在春季晚霜期前10~15 d进行播种。据南召县云阳镇群众育苗经验,望春玉兰适宜播种期为3月下旬到4月上旬,如表10-3所示。

表10-3　播种时间对望春玉兰苗木的影响

播种期(月-日)	03-31	04-05	04-12	04-20	04-25	05-05
苗高(m)	1.51	1.28	0.98	0.68	0.40	0.20
地径(cm)	1.72	1.48	1.20	0.92	0.63	0.41

注:选自赵天榜、田国行等主编. 2013.《世界玉兰属植物资源与栽培利用》。

6.2　播种方法

通常采用以下3种方法,即:

(1) 条状摆播:按行距40.0 cm,开深3.0 cm、宽5.0 cm的播种沟,沟内浇水,待水渗完后,按株距10.0~15.0 cm,将萌芽的骨质种子单粒均匀地摆放在播种沟内,覆细土约

2.0 cm，用秸草覆盖。

（2）条状撒播：将经过催芽的骨质种子，均匀地撒播在播种沟内后，覆细土约2.0 cm，用秸草覆盖，或用塑料薄膜搭成弓形棚，保持棚内一定的温度（20～25℃）和空气相对湿度70 %左右，利于骨质种子发芽出苗。播种量直接影响到苗木质量和产量，合理的密度是培育玉兰属植物苗木优质、壮苗的基础。望春玉兰骨质种子每千克5 000～6 700 粒，根据骨质种子质量和育苗要求，一般每亩播种量以0.5～1.0 kg 为宜；单位面积上以1.00 万～1.67 万株为宜；每平方米面积上以6～10 株为宜，每平方米面积上以12～16 株次之，每平方米面积上以17 株又次之，如表10－4 所示。

表10－4　每平方米长播种行上留苗株数对望春玉兰实生苗生长的影响

苗木株数（株/m^2）	6	8	10	12	16	17
苗高（cm）	56.7	71.9	0.69	57.4	60.9	57.5
地径（cm）	1.25	1.25	1.23	1.11	1.10	0.94
产苗量（万株/亩）	1.00	1.33	1.67	2.00	2.67	2.84

注：选自赵天榜等编著．1992.《木兰及其栽培》。

此外，试验证明，每米长的播种行上以留4～6 株为宜，最好不要超过6 株，如表10－5 所示。

表10－5　每米长播种行上留苗株数对望春玉兰实生苗生长的影响

苗木株数（株/m）	3	4	5	6	7	8	9
苗高（m）	1.59	1.63	1.58	1.41	0.96	0.76	0.31
地径（cm）	1.89	1.81	1.65	1.53	1.20	1.11	0.70
产苗量（千株/亩）	0.80	2.40	3.00	3.60	4.20	4.80	5.40

注：选自赵天榜、田国行等主编．2013.《世界玉兰属植物资源与栽培利用》。

从表10－5 中看出，望春玉兰播种行（单位长度 m）上留苗株数多少，与产量、质量均有很大差异。其中，每米长的播种行上留苗株数以4～5 株为宜，最好不要超过6 株。

（3）苗床撒播：将经过催芽的骨质种子，均匀地撒播在播种苗床上（ 沙床 ）后，覆细土2.0 cm，用塑料薄膜搭成弓形棚，保持棚内一定的温度（20～25 ℃）和空气相对湿度70 %左右，利于骨质种子发芽出苗。撒播是专门培育幼苗，供移栽用的。具体方法，与用朝阳池进行骨质种子催芽方法相似，但不同点是：骨质种子发芽出土后，进行幼苗移栽，而不是拣出裂口骨质种子，进行播种。

7．苗圃管理

玉兰属植物骨质种子播种后，经过吸水膨胀、发芽出土、生长发育，并在年生长发育的不同阶段中，要求不同的外界环境条件和采取相应的管理措施，才能达到提高苗木产量和质量、培育优质壮苗的目的。其育苗技术措施如下。

7.1　出苗期

望春玉兰的骨质种子经过催芽后，从播种到幼苗出土，历时20～30 d 才能出齐。这一时期，由于幼苗依靠种子内部贮存的养分，供生根、发芽，所以幼苗出土早晚和整齐与否,土壤温度、水分是主导因子。这一时期加强苗床管理,特别是适时喷水,细致覆盖苗床,保持土壤具有一定温度和湿度,有利于幼苗生长和发育。同时,严防土壤板结、病虫危害及日灼、闷芽等灾害。特别是种蝇 Hylemyia platura Meigen 危害,是造成缺苗、断垄的主要原因,应及时防除。

7.2　生长初期(扎根期,或蹲苗期)

幼苗出齐后,适时揭除覆盖物。从幼苗出现第 2 片真叶起,能进行独立营养生长开始,到苗木速生期开始出现(即第 5 片真叶)时为止。该期应采取措施是:① 适时、适量灌溉,保持土壤具有一定湿度,严防日灼和病害的发生。为此,每隔 5 ~ 7 d 灌溉 1 次,使床面土壤保持湿润,利于苗木的良好生长和发育。② 严防病虫危害。要及早采取预防措施,做到苗齐、苗全、苗壮。③ 及时间株定苗。当幼苗长出第 2 ~ 3 片真叶时,应及时进行间苗。间苗时,要留大、留优,留苗距离,一般每米长的播种行上留苗 4 ~ 5 株,即每亩保留 3 000 ~ 3 600 株为宜。要结合间苗进行带土移栽,以扩大苗木数量,提高苗木质量。④ 适时中耕、除草,为苗木速生和根系发育创造条件。

7.3　速生期

从苗木高生长加速开始到秋末苗木生长缓慢为止,即从 8 月上旬至 9 月下旬,历时 60 ~ 70 d。该期加强苗圃管理是培育壮苗的关键。为此,应采取技术措施:① 灌溉、施肥。天气干旱时,应及时灌溉,一般 10 ~ 15 d 1 次。灌溉前,应追施肥料,以尿素为最好,每次每亩可施 3.0 ~ 3.5 kg,也可在距苗行 15.0 ~ 20.0 cm 处,挖深、宽约 10.0 cm 的小沟,将肥料撒入,覆土后,进行灌溉。若用碳铵作追肥,必须深施,并立即盖土,以免氨的挥发而熏伤苗木茎、叶。有机肥料可进行沟施,施后覆土,以达到充分利用肥效的目的。② 中耕、除草。苗木速生期间,行间很快郁闭,仅有少量杂草生长,应及时拔除,一般不再进行中耕。例如,行距较宽,行内杂草丛生、地表板结时,可在灌溉后,适时疏松地表,清除杂草,利于苗木生长发育。③ 排涝防害。苗木速生期,正处雨水较多季节,特别是大雨、暴雨和连阴雨天气,平床地面容易积水,加之高温,易发生苗木根腐,造成死亡。为此,雨后应及时排除积水。④ 严防虫害。望春玉兰苗木一般虫害不多,也不易造成灾害,偶尔发现食叶害虫,如樗蚕 Philosamia cynthia Walker et Felder、大袋蛾 Cryptothelea variegate Snellen 等用人工捕捉便可消灭。

7.4　生长后期

苗木从速生期后,高生长显著下降开始,到秋末落叶为止。该期的主要任务是:防止苗木徒长,促进木质化,提高苗木越冬抗寒能力。因此,在管理上应采取以下措施:9 月下旬,停止灌溉和施氮肥。苗木高生长停止后,一般于下午傍晚,进行叶面喷施磷、钾肥(浓度 1.0 % ~3.0 %)1 ~2 次,提高苗木木质化程度。

7.5　休眠期

苗木从落叶到翌年春发芽前,称休眠期。该期苗木处于微弱的、正常的生理活动状态中,应在 12 月上旬前后,灌溉越冬,严防苗木冻害和牲畜危害。

望春玉兰 1 年生播种苗生长状况,如图版 99:5 所示。

二、扦插育苗

赵杰等于 1999 ~ 2001 年连续进行了 3 年的望春玉兰扦插育苗试验,获得成功。其插条成活率达 95 % 以上,且根系发达。

1. 试验地点

试验设置在拱形塑料棚内,棚高 3.5 m、宽 8.0 m、长 30.0 m,有 2 排 34 个试验区,中间有 1.0 m 宽的工作道。试验小区长 3.5 m、宽 1.5 m,面积 5.25 m^2。插壤为:粗砂和腐烂锯末(1:2,必须腐熟),厚度 20.0 cm,排水良好。插前,用 5.0 % $KMnO_4$液消毒。

2. 试验材料

试验选用 2 种、5 品种,即:望春玉兰、'小桃'望春玉兰 Yulania biondii (Pamp.) D. L. Fu 'Xiaotao'、'桃实'望春玉兰 Yulania biondii (Pamp.) D. L. Fu 'Ovata'、'玫瑰'望春玉兰 Yulania biondii (Pamp.) D. L. Fu 'Rosiflora' 及腋花玉兰 Yulania axilliflora (T. B. Zhao, T. X. Zhang et J. T. Gao) D. L. Fu。

3. 试验方法

3.1　插条处理

1999 ~ 2001 年 6 月中旬,选望春玉兰等春季营养枝(粗度 5 ~ 8 mm),剪成长 10.0 ~ 15.0 cm 的插条。插条上留 1 个剪去 1/3 ~ 2/3 的叶片,或 1 个小叶。插条剪取时,避免风吹、日晒,严防其失水。插条下剪口附近切勿挤烂皮层,上剪口用胶封好。

3.2　激素处理

用作者研制的辛夷生根粉(NIPB)配成 800 mg/L 浓度的溶液,速蘸后进行插栽。

3.3　插栽技术

为确保插条下端剪口附近皮层不受损伤,在整平的试验小区内插壤上沿一侧开深5.0 ~ 7.0 cm 浅沟,将处理的插条按株距 7.0 ~ 10.0 cm 垂直放入沟内,覆土后压之,以防倒伏;按行距 10.0 ~ 13.0 cm 开第二条浅沟……插条插栽后,喷水使插条与插壤密接,确保成活。

3.4　插后管理

插条插栽后主要管理措施是:① 保持塑料大棚内光照充足,气温为 20 ~ 25 ℃、空气相对湿度 80.0 % 以上。若棚内气温超过 30℃时,可采用喷水降温,或在棚底边缘揭膜通风降温,或用 30.0 % 遮阴网降温。② 插条插栽后,每隔 10 ~ 15 d 喷 50.0 % 的退菌特 800 倍液 1 次,严防插条感染腐烂病等。③ 在插条生根过程中,确保插壤湿润,勿干燥,或湿度过大,以防插条干枯,或霉烂。若有杂草,用剪刀除去,勿使手拔,以免动摇插条,影响其生根成活。④ 插条新根木质化后,再进行移栽。

3.5　插苗移栽

移栽前,成活的插条小苗要经过 10 ~ 15 d 的适应性锻炼,即:减少灌溉,逐渐撤去塑棚,增加光照,增强幼苗适应能力,然后进行移栽。移栽时,严防插条苗风吹、日晒,减少失水,保证成活。小苗取出时,要轻拿慢放盛水的盆内。然后,开沟、浇水,将带根插条放入水中,覆湿土,使其与土壤密接。最后,封垄、覆盖地膜,严防病虫,并加强水、肥管理,移栽成活率达95.0% 以上,当年生苗高达 50.0 ~ 80.0 cm。8 月以后,扦插的插条成活后,苗木生长量小于 30.0 cm,一般不进行移栽,翌春再进行小苗移栽。

此外,采用营养袋进行育苗更好。

4. 试验结果

4.1 扦插日期

第一次是1999年6月10日,采用2龄植株上的春季营养枝进行插试。试验方法同3.试验方法。7月20日检查结果,插条生根率93.5%,平均每插条生根数8~12条、新枝长5.0~10.0 cm。其中,未生根而死亡的插条原因有2:① 插条上没叶、上剪口无封口。② 插条下剪口一侧皮层腐烂,逐渐感病而死。第二次是2000年6月5日,采用3龄植株上的营养枝进行扦插试验。试验方法同3.试验方法。7月29日检查结果,插条生根率98.7%,新枝长度5.0~7.0 cm;插条生根数平均12.5条,最多达15条,侧根长度13.0~21.0 cm,且根系非常发达。第三次是2000年8月10日,采用3龄植株上及10年生'小桃'望春玉兰 Yulania biondii(Pamp.)D. L. Fu 'Xiaotao' 树上的夏季营养枝进行试插。因其气温较低,棚内没有加温设施,插条生根很慢。9月20日检查,插条基部仅有愈合组织的产生,未见新根,留叶正常,插条没有枯死,而到2001年5月1日再检查结果:望春玉兰插条生根率达89.5%,'小桃'望春玉兰的生根率仅达60.0%。

以上说明,望春玉兰扦插适期从6月4日至8月上旬为宜;幼龄植株上的插条生根率明显高于大树上插条生根率;夏季徒长枝的中部插条具有较高的死亡率(>30.0%),这可能是由于上剪口失水与管理不善所引起的。

4.2 试插品种

2000年6月5日进行望春玉兰、腋花玉兰2种、4品种插试,插条长度12.0 cm、粗0.4 cm,扦插数200根。7月29日调查结果,如表10-6所示。

表10-6 望春玉兰等扦插试验

名称	插条生根率(%)	幼苗高度(cm)	根系	
			条数(根)	长度(cm)
望春玉兰 Y. biondii	96.4	7.1	9.6	10.3
'小桃'望春玉兰 'Xiaotao'	92.1	7.3	8.6	11.5
'玫瑰'望春玉兰 'Rosiflora'	95.3	7.0	9.1	13.1
'桃实'望春玉兰 'Ovato'	97.6	6.9	15.0	12.0
腋花玉兰 Y. axilliflora	94.3	7.8	13.0	14.1
'四季'腋花玉兰 'Sijihua'	88.7	7.5	11.0	13.1
对照望春玉兰	48.7	5.0	5.1	8.0

注:选自赵天榜、田国行等主编. 2013.《世界玉兰属植物资源与栽培利用》。

从表10-6中可看出,望春玉兰等不同种与品种插条生根率及幼苗生长没有显著的影响。望春玉兰1年生扦插苗生根状况,如图版99:11所示。

4.3 插条规格

为进一步了解望春玉兰插条规格对其生根的影响,并于2000年6月5日,采用2龄望春玉兰植株的春季营养枝,进行插条规格试验。试验结果,如表10-7所示。

表 10－7　插条规格对望春玉兰插条生根和幼苗的影响

编号	插条规格(cm) 长度	插条规格(cm) 粗度	带叶与否	成活率(%)	幼苗高度(cm)	叶数	最大叶片(cm) 长度	最大叶片(cm) 宽度	根数	最长根长度(cm)
1	15.0	0.5	带叶(1/3)	98.7	9.5	5~7	16.6	6.5	15.8	21.0
2	13.0	0.4	带叶(1/3)	95.1	7.1	2~4	10.0	5.0	13.6	15.3
3	10.0	0.3	带叶(1/3)	90.6	5.3	1~2	6.5	3.5	8.1	13.7
4	15.0	0.5	无叶(中段)	60.1	6.3	1~2	7.1	6.0	6.7	14.5
5	15.0	0.5	无叶(中段)	20.5	4.1	1~2	5.0	4.0	5.8	10.1

注:2000 年 5 月 5 日扦插,插条用 800 mg/L 辛夷生根粉液速蘸。赵杰等 2000 年 7 月 29 日调查材料。

从表 10－7 中可看出,望春玉兰插条以长 15.0 cm、粗 0.5 cm 的带叶顶端枝为最好;长 113.0 cm、粗 0.4 cm 的带叶顶芽枝的插条次之;细插条长度 10.0 cm、粗度 0.3 cm 的带叶顶枝生长较差,但也可以利用,这对于充分利用种条、扩大品种繁殖系数具有重要作用。同时还表明,插条无叶的顶枝插条成活率较低;插条上面无叶、上剪口不封者更低。为此,扦插育苗时,尽量避免应用这类插条。

三、嫁接繁殖

1. 嫁接

嫁接是人为构成接穗与砧木共生的一种方法,培育成一个植株。以繁殖为目的的枝、芽称为接穗(接枝、接芽),被嫁接植株称砧木。嫁接繁殖的优点是:① 保持嫁接种与品种特性;② 用其他方法难繁殖,或不能繁殖的接种与品种特性;③ 嫁接苗能促进生长、发育、早开花与结实,还能缩短育种年限,利于老树,或劣品种植株更新复壮;④ 采用蒙导技术,培育无性杂种;⑤ 引起芽变,选育新品种。

2. 嫁接亲和性

嫁接亲和性是指嫁接成活后的植株能够正常生长发育,即生长、开花、结实。其原因是:同属,或同种间不同品种间嫁接成活率高,且能正常生长发育和开花、结实。嫁接不亲和性是指嫁接成活后的小苗生长不良,多形成“小脚”,或“大脚” 现象,即嫁接植株树的嫁接处,形成上下接合处粗细差异极大,容易引起死亡。其原因是:① 亲缘关系远,② 生长速度差异大,③ 组织结构不同,④ 砧木与接穗所需的养分与水分差异大。

3. 嫁接种类

玉兰属植物良种繁育方法较多。按照接穗与砧木种类不同,可分枝接、根接、绿枝接、靠接、高接、芽接等。其中,枝接又分切接、劈接、合接、鞍接、舌接、皮下接等;芽接又分“丁”芽接、盾芽接、倒芽接、削芽接、嵌芽接、套芽接等。

为加速玉兰属植物良种繁育,现介绍目前通常采用的几种方法如下。

3.1　切接

切接在枝接中具有广泛的代表性,不仅能培育各种苗木,又能在大树上高接换种、更新复壮时应用。切接的基本技术是:

（1）采穗条时期：接穗条可在树木落叶后到翌春萌动前的休眠期间采集。落叶后采集的接穗条，用湿沙贮藏起来，到嫁接时应用，但以随采随接为宜。

（2）接穗条规格：接穗条必须是具备繁育目的的优良品种。采集时，应选择光照充足、发育充实的健壮枝条，弱枝、花枝、2 次枝、病虫害枝、徒长枝不宜选用。接穗条采集后，应除去上部发育不充实部分，下部去掉芽分化不良的部分，选用枝条中部的饱芽部分。该部分接穗条上芽饱满、发育良好、利于成活。

（3）接穗条贮藏：冬采，或早春采集的接穗条，可剪成长 20.0～30.0 cm，30～50 根捆成一捆进行贮藏。贮藏地点应选择地势高燥、排水良好、温度低处为宜。贮藏坑深 50.0 cm，大小依接穗条数量多少而定。具体方法，与骨质种子"层积沙藏"方法相似，但不同点是：一层湿润细沙，一层嫁接接穗条。也可放在低温（5.0 ℃左右）贮藏库内贮藏。

（4）嫁接时期：从 11 月到翌春 3 月上、中旬均可进行。切接可将砧木苗起出，在温室内嫁接后，放在湿沙中贮藏，用塑料薄膜覆盖，待接合处愈合后，翌春发芽前移栽，成活率高。各地经验表明，在苗圃内采用切接方法繁育玉兰属植物良种苗时，一般以春季 3 月上、中旬为宜。

（5）嫁接技术：

1）削接穗：当天嫁接用的接穗条，放在湿润的包裹中，然后削接穗进行嫁接。削接穗的方法是：先在接穗基部 2.0～3.0 cm 处上方芽的两侧切入木质部，下切呈水平状、成双切面，削面平滑，一侧稍厚，另一侧稍薄。削好的接稳最少要保留 2 个芽为好。

2）削砧木：砧木苗从根颈上 10.0～15.0 cm 处剪去苗干，断面要平滑，随之选择光滑平整的砧木一侧面，用刀斜削一下，露出形成层，对准露出的形成层的一侧，用切接刀从其边部向下垂直切下 2.5～3.5 cm，但切伤面要平直。

3）接法：将削好的接穗垂直插入砧木的切口内，使接穗和砧木的形成层上下接触面要大、要牢固。若砧木和接穗粗细不同，其两者的削面必须有一侧形成层彼此接合。若从一侧面看，二者的切削面接合之间有空隙，表明接穗，或砧木切削不平，不易成活。为此，要重新削切，其面积要平滑，并要技术操作熟练。接后，用塑料薄膜绑紧，切忌碰动接穗。通常每 1 砧木上嫁接 1 个接穗。若砧木，或大树上砧枝过粗（3.0～10.0 cm），可接多个接穗。在田间进行切接时，其嫁接方法相同，但不同点是：接穗应用塑料薄膜绑紧，以防接穗失水过多，而影响成活。接穗成活后，及时用刀破膜使接穗上的芽萌发抽枝生长。切接技术，如图 10－1 所示。

4）管理：温室内切接后，将接后的嫁接植株放在湿润的有塑料薄膜覆盖的温室内，进行假植，保持一定湿度和温度，利于接口愈合，但以不发芽为宜。翌春进行移栽。移栽时，严防碰动接穗，以保证嫁接具有较高的成活率。移栽成活后，及时松绑接穗、除萌、中耕、除草、灌溉、施肥、防治病虫和防止成活的接枝风折等。

5）切接成活过程：提高嫁接成活必须考虑接穗与砧木的内部条件，即枝与芽发育充实和营养丰富；嫁接后必须考虑如何加速促进接穗与砧木形成愈伤组织，提高成活的外部措施，即保持接穗与砧木接合处最适宜的温度与湿度（需 7～20 d），以利于两者形成层细胞分裂与愈合。现以切接为例，介绍其嫁接成活过程。切接成活过程，如图 10－2 所示。

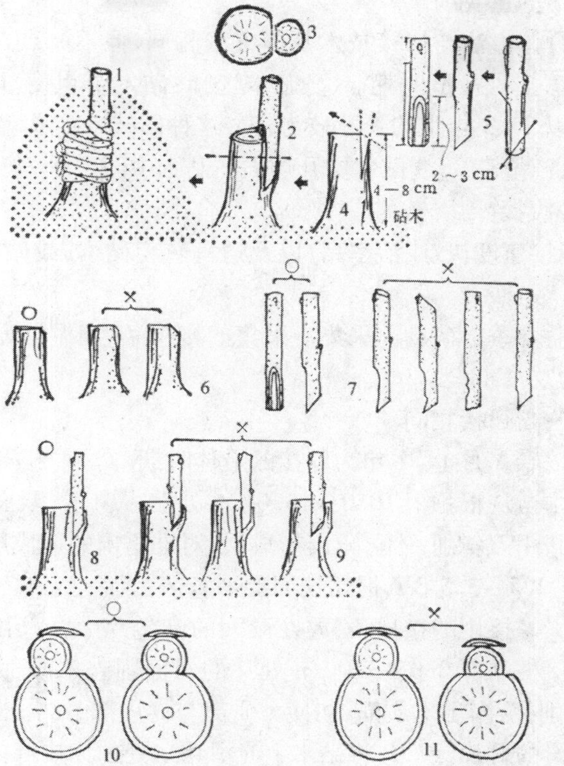

图 10－1　切接技术

1. 截劈砧木；2. 削接穗；3. 接穗插入砧木；4. 接后，扎绑与封土；5. ○正确截劈砧木，× 不正确截劈砧木；6. ○正确削接穗，× 不正确削接穗；7. ○正确接穗插入砧木，× 不正确接穗插入砧木；8. ○正确接穗与砧木对准形成层（选自町田英夫等著．孙昌其等泽．1982.《花木嫁接技术》）。

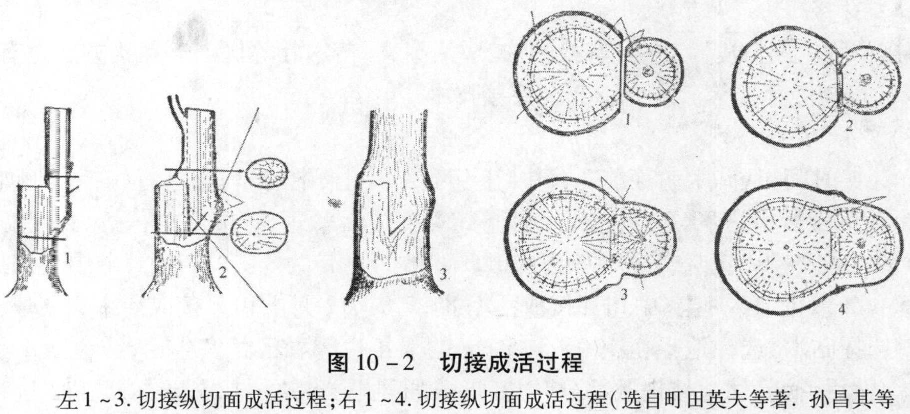

图 10－2　切接成活过程

左 1～3. 切接纵切面成活过程；右 1～4. 切接纵切面成活过程（选自町田英夫等著．孙昌其等译．1982.《花木嫁接技术》）。

6）影响切接成活因素：影响切接成活的主要因素是接穗与砧木的亲和性，其他还有必须考虑接穗与砧木的内部条件，即接穗与砧木发育充实和营养丰富与否；嫁接后必须保持接穗与砧木接合处最适宜的温度与湿度（需 7～20 d），以利于两者形成层细胞分裂与愈合,即影响切接成活的主要因素。

此外,劈接技术具体方法与切接技术具体方法相同,但不同点是:① 嫁接时期:通常以3月上、中旬进行嫁接为最适时期。② 砧木选择:砧木苗粗度,以粗2.0~3.0 cm为佳。大树上的砧枝,以2~3年生的长壮枝为宜。这种砧枝嫁接成活后,接穗萌枝多而壮,扩大树冠快,成蕾早,产量高。③ 砧木劈开切面在砧木中间。

3.2　皮下插接(腹接)

皮下插接具有嫁接速度快、成活率高,以及适宜较粗砧木,或砧枝嫁接。具体方法与技术是:

(1) 采穗条时期:春季芽萌动前采集。采集的接穗条,用湿沙贮藏起来,到嫁接时应用。但以随采随接为宜。

(2) 接穗条规格:与切接相同。

(3) 嫁接时期:以春3月上、中旬为嫁接的最佳时期。

(4) 削砧木:砧木苗从根颈上10.0~15.0 cm处剪去苗干,断面要平滑,随之选择光滑平整的砧木一侧面,用刀斜削一下,露出形成层,对准露出的形成层的一侧,用切接刀从其边部向下垂直切下2.5~3.5 cm,但切伤面要平直。

(5) 削接穗:当天嫁接用的接穗条,放在湿润的麻包片中,然后削接穗进行嫁接。削接穗的方法是:先在接穗基部2.0~3.0 cm处芽的对面削入木质部,切口平滑,长约3.0 cm,而在对面将皮层削掉,露出木质部,勿使木质部与韧皮部分离。

(6) 接法:用光滑的竹片,或刀,将砧木上光滑切口处的韧皮部挑开,削好的接穗垂直插入砧木切口处后,接触面要大。然后,用塑料薄膜绑紧。接穗用塑料薄膜套上,或包住接穗,以免失水过多,而影响成活。接穗成活后,及时用刀破膜,使接穗上的芽萌发抽枝生长。

(7) 管理:接穗成活萌发后,及时除萌、中耕、除草、灌溉、施肥、防治病虫和绑支柱,以防接枝风折等。

3.3　芽接

芽接俗称"热粘皮"。它具有接的快、成活率高、苗木壮等优点。芽接方法也有多种,如"丁"芽接与嵌芽接等。现介绍2种芽接技术。

(1)"丁"芽接技术:

1) 芽接时间:从砧木萌芽前3月中、下旬到9月上、中旬,均可进行嫁接。例如,3月中、下旬芽接成活率达80.0 %左右,4月下旬芽接成活率达80.0 %左右,5月上旬至6月下旬为92.0 % ~ 95.7 %,7月中旬为76.5 %,8月上旬为83.3 %,9月上中旬嫁接成活率达95.0 %以上,10月上、中旬芽接成活率84.7 %,12月上旬芽接成活率3.0 %。

2) 选择砧木:选择地径粗1.0~1.5 cm的1年生望春玉兰实生苗,或树上1年生枝作砧木。然后,摘除幼嫩枝梢及部分叶片,形成通风透光的条件,利于嫁接工作进行和嫁接后接芽愈合快,成活率高。2龄以上的砧木芽接成活低,要注意。

3) 选择接穗条:选用优良品种幼壮植株上发育充实的1年生枝作接穗条。然后去掉叶片,用中间饱满芽的枝段;细弱枝、内膛枝、下垂枝、病虫害枝及徒长枝不能选用。

4) 芽接天气:芽接前,要注意天气预报,即芽接后约7 d无雨为佳,否则会影响芽接成活率。例如，戴天澍高级工程师经验表明，芽接后，当晚大雨，连续几天下雨，则接芽全部死亡。因此，芽接应注意嫁接前的天气预报，极为重要。

5）芽接技术：

① 削接芽：通常选用接穗条中间的饱满芽进行芽接。接芽削取时，应从接芽基部下1.0～1.5 cm处下刀，削成长2.0～3.0 cm的芽片。芽片不要太厚，里侧稍带薄的木质部为宜。

② 削砧木与芽接：芽接前10～15 d，应灌溉1次。同时，要注意天气预报。选择砧木的适宜处，去掉泥尘，在地面10.0 cm左右地方，刻"丁"字形口，拨开皮层，将削好的接芽，插入皮层内，上切口对齐，使两者形成层相互密接后，用塑料薄膜绑紧。接芽外露，上切口处也要绑紧，以防雨水入内，影响成活率。"丁"芽接与嵌芽接技术，如图10－3所示。

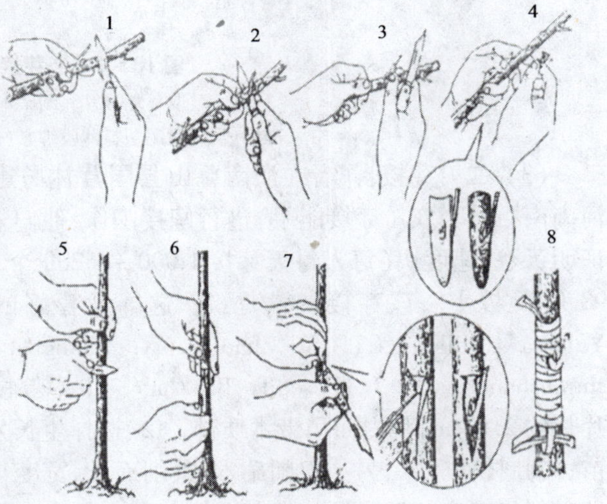

图10－3　"丁"芽接技术

1～2. 削接芽；3～4. 取芽片；5～6. 拨开砧木开口皮层；7. 插入接芽上切口对齐；8. 用塑料薄膜绑紧（选自孙时轩主编. 1987.《林木育苗技术》）。

目前，河南各地在进行芽接繁育花卉、经济林、果树苗木时，很少采用该法，而采用嵌芽接。

6）接后管理：3～6月芽接的接芽成活后，适时剪除接芽上的砧木。接芽萌发后，及时绑缚，以防风折。同时，还要加强中耕、除草、施肥、灌溉、防治病虫，及时抹除砧木上的萌芽，加速苗木生长，提高苗木质量。8～9月芽接的接芽成活后，到翌春砧木芽萌前10～15 d，从接芽上3.0～5.0 cm处剪去砧木上枝段，以免剪口距接芽太近（>2.0 cm），否则会造成芽接上枝段干枯，影响接芽萌发。

（2）嵌芽接：该法芽接具有很高的成活率，且效率快，适宜大面积生产上应用。其具体方法是：

1）选择优良品种植株上生长健壮的中、长枝为接穗条，其中以中部饱满芽为好。接穗条选取后，用利剪从叶柄基部0.3～0.5 cm处剪去叶柄，剪口要平。

2）选择生长健壮的望春玉兰1年生实生壮苗作砧木，或大树上1年生壮枝作砧木。在砧木的光滑处，用刀斜切深达木质部3～5 mm，再从切口上方1.5～2.5 cm，向下斜入木质后直达下切口。

3）在接穗条中部选择饱满芽作为接芽。然后，从接芽下方1.0～1.5 cm处斜切深达木质部3～5 mm，再从芽上方1.0～1.5 cm，向下斜入木质后，再顺韧皮层与木质部间纵切到下方斜切口处，使接芽脱离枝条后，取出放入砧木切口，对准形成层，用塑料薄膜将芽片绑紧，露出接芽。望春玉兰嵌芽接技术，如图10－4所示。

4）加强管理，严防新枝风折。其管理与其他嫁接方法管理相同。

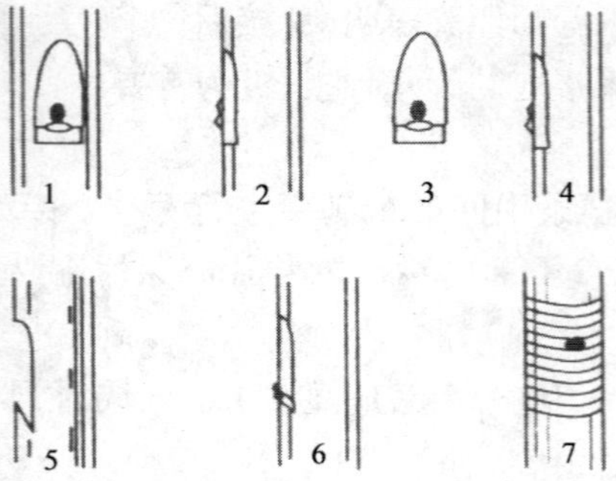

图 10－4　嵌芽接技术

1～3. 取芽片；4～5. 刻砧木；6. 摘入芽片对准形成层；7. 用塑料薄膜绑紧（赵天榜绘）。

（3）二刀芽接：作者在河南鲁山县国营林场建立“河南辛夷资源基因库林”时，特请河南南召县药农（芽接能手）进行嫁接工作，他们采用的芽接技术是两刀芽接技术。实践证明，该法速度快（每人每天芽接 1 000～1 200 个，最高达 1 500 个接芽）、接芽成活率达 98.0 % 以上。该芽接技术是：① 选择发育好的 1 年生‘桃实’望春玉兰、腋花玉兰 Yulania axilliflora、（T. B. Zhao，T. X. Zhang et J. T. Gao）D. L. Fu、石人玉兰 Y. shirenshanensis D. L. Fu et T. B. Zhao 树上中等枝条，取中部芽作接芽。一刀取芽片，芽片长约 2.0 cm，其内面稍带木质部。② 选择生长发育好的 1 年生望春玉兰、腋花玉兰壮苗，或壮枝作砧木，另一刀削砧木，其削面长、宽度与芽片长、宽度近相等，或稍小。芽片与砧木削口对齐；芽片稍小时，其一侧与砧木削口一侧形成层对齐后，用塑料薄膜将芽片绑紧，使芽片露出。嫁接时期，以 5 月中旬至 6 月上旬，或 8 月上旬至 9 月上旬为宜。接芽成活后，去绑，加强管理。然后，从接芽上部砧木上留叶 3～5 叶处剪去以上砧枝。

3.4　缩台枝嫁接

该法适于一些稀有物种、品种，且种条少的条件下应用。其嫁接成活率达 95.0% 以上。该芽接技术是：① 选择发育好的 1 年生的缩台枝作接穗。用利刀取出芽片，芽片长约 1.0 cm，其内面稍带木质部，上切口平滑，且勿碰掉其叶芽。② 选择生长发育好的 1 年生望春玉兰、腋花玉兰壮苗，或壮枝作砧木，用利刀削砧木，其削面长、宽、深度与芽片长、宽度近相等，或稍小。芽片与砧木上切口对齐；芽片稍小时，其一侧与砧木削口一侧形成层对齐后，用塑料薄膜将芽片绑紧，使芽露出。嫁接时期，以 5 月中旬至 6 月上旬，或 8 月上旬至 9 月上旬为宜。接芽成活后，去绑，加强管理。

玉兰属植物种嫁接 1 年生苗木生长状况，如图版 99：1～4 所示。大苗培育，如图版 99：6～7。

3.5　根接技术

该法嫁接具有很高的成活率、成本低等优点。其具体方法是：

（1）选择生长健壮的 1～5 年生的壮苗，待其落叶 10～20 d 后，在其一侧挖取粗度 4～20 mm 的根。然后，剪成长 10.0～12.0 cm，按粗细分级后，用湿润细砂掩埋，供嫁接时用。中、长枝为接穗条，其中以中部饱满芽为好。接穗条选取后，用利剪从叶柄基部 0.3～0.5 cm 处剪去叶柄，剪口要平。

（2）选择中、长枝为接穗条，其中以中部饱满芽作接穗为好。

（3）根接时期：从取根开始直到翌年3月上旬。

（4）根接技术：接根与接穗等粗，或超过接穗时，接根当砧木。嫁接时，用利刀将砧根上端削平后，垂直劈开，将接穗削成楔形，插入砧根切口内，一侧对准形成层后，绑后进行贮藏。若砧根细于接穗，用利刀将接穗下端削平后，垂直劈开，将砧根上部削成楔形，插入接穗切口内，一侧对准形成层，绑后进行贮藏。

（5）根接贮藏：贮藏可在室外挖深宽40.0 cm左右贮藏坑。坑底铺湿润细砂，一侧用湿润细砂堆成40°左右斜坡后，将接好的根接接穗斜排放在斜坡上，排放厚度一般10.0 cm左右，再用铺湿润细砂堆成斜坡，直到放满。最后用湿润细砂将贮藏坑填满。也可在温室内，采用相同方法进行贮藏。

（6）根接苗移栽：翌春土壤解冻后，耧平育苗地，按40.0～60.0 cm行距，开成深20.0 cm的移栽沟，灌水于沟内，将愈合的根接按15.0～20.0 cm的株距摆放，上端高低一致，封土后，覆盖薄膜，便于保持其湿度，提高地温，利用新根生长发育。

（7）加强管理：根接苗管理与其他嫁接方法管理相同。

4. 嫁接试验结果

4.1　赵杰等试验材料

为加速玉兰属植物新优品种的繁殖和推广，赵杰等于1999～2001年连续3年进行了嫁接试验。试验结果如下：

（1）试验地概况：试验地设在原河南新郑林业高新技术试验场内。该场面积33.0 km^2。土壤属壤质沙壤土，土层深厚，土壤肥沃，保水、保肥性良好，pH值7.8，地下水位1.30 m，有机质含量为9.8 g/kg。气象条件是：年平均气温14.2 ℃，绝对最高气温42.5 ℃，绝对最低气温－15.5℃，年平均降水量699.0 mm，7～8月降水量占年降水量的62.0%，年平均蒸发量1 600.0 mm，年平均空气相对湿度69.0%，年平均日照时数2 386.4 h；≥10 ℃年积温平均为4 607.5 ℃，无霜期210 d。

（2）试验材料：为1～2年生实生及多年生望春玉兰实生苗作砧木。用玉兰 Yulania denudata(Desr.)D. L. Fu、紫玉兰、朱砂玉兰 Y. soulangiana(Soul. －Bod.)D. L. Fu 1年生枝作接穗。

（3）试验日期：从3月10日开始至12月10日。每月进行1次，每次嫁接100株，重复3次。采用相同砧木，进行玉兰属植物和荷花木兰 Magnolia grandiflora Linn. 的不同嫁接方法试验。

（4）嫁接技术：采用3种方法，即：① 嵌芽接、② "T"字形芽接、③ 枝接。枝接选用望春玉兰作砧木，将砧木从地面5.0 cm处平剪，用利刀从砧木中间下切，切口长2.5 cm，将双芽，或多芽的插穗下端削成楔形，1.2～1.5 cm双斜面（外厚内狭），插入砧木切口内，对准形成层，用塑料条绑紧。

（5）试验结果：为了解不同时间的嵌芽接、"T"字形芽接、双芽枝接和多芽枝接方法对玉兰属植物嫁接成活的影响进行了试验。试验结果，如表10－8及表10－9所示。

表 10－8　不同砧木上嫁接时间、方法对玉兰属植物嫁接成活率(%)的影响

嫁接日期(月－日)	嵌芽接成活率(%)	"T"字形双芽枝接成活率(%)	多芽枝接成活率(%)	单芽枝接成活率(%)
03－10	68.1	73.5	77.3	86.5
04－10	62.6	70.7	78.8	89.7
06－25	41.0	31.8	—	—
07－20	55.5	63.2	63.4	—
08－20	57.0	78.8	91.6	73.8
09－20	96.6	90.3	85.5	96.3
10－10	81.9	84.7	17.2	87.7
11－10	11.1	3.0	2.0	34.8
12－10	—	—	—	13.5

注:本试验每种方法嫁接 1000 株,每次重复 3 次。数值为 4 年平均值。赵杰等调查材料。

从表 10－8 中可看出,不同嫁接方法和时间,其嫁接成活率具有明显的不同,如:①玉兰属植物,9 月 20 日至 10 月 10 日嫁接成活率高达 90.0 % 以上;3 月 10 日、4 月 10 日嫁接成活率次之。② 3 月 10 日、4 月 10 日和 6、7、8 月嫁接成活率低的主要原因是接穗芽子大,发育不充实,温度较高,而 11、12 月主要是气温太低,不产生愈合组织所造成。

表 10－9　接穗条处理对玉兰属植物嫁接成活率的影响

嫁接时间(月－日)		03－15		04－15		09－15		10－10	
嫁接方法		嵌芽接	枝接	嵌芽接	枝接	嵌芽接	枝接	嵌芽接	枝接
砧木	1a	78.8	81.8	70.2	73.0	94.6	96.5	93.6	90.8
	2a	59.0	73.2	61.5	72.1	88.7	93.7	86.6	88.6
	4a	18.5	66.3	43.4	68.8	39.6	77.7	31.5	76.5
接穗	沙藏	64.2	60.7	58.6	66.7	—	—	—	—
接穗	随采	68.5	76.7	74.7	71.3	97.7	94.5	90.7	97.4

注:从 2002～2004 年嫁接试验。每次嫁接 100 株,重复 3 次,为 3 年成活率(%)平均数值。赵杰等调查材料。

从表 10－9 可以看出,玉兰属植物(树种)9 月 15 日、10 月 10 日枝接、嵌芽接在 1 年生砧木上嫁接成活率高达 90.0 % 以上,2 年生砧木次之,多年生砧木较差。接穗条随采随接成活率高达 90.0 % 以上,3 月 15 日、4 月 15 日嫁接的成活率次之,1 年生砧木成活率高于 2 年生砧木;随采随接成活率高于沙藏。由此可知,成活率低是沙藏接穗条在贮藏过程中水分、养分消耗所致。

此外,需要指出的是:以景宁玉兰 Y. sinostellata(P. L. Chiu et Z. H. Chen)D. L. Fu 作砧木,嫁接的飞黄玉兰 Y. fēihuangyulan(F. G. Wang)T. B. Zhao et Z. X. Chen 引入河南许昌栽培 2 年后多数植株枯死;反之,生长极为衰弱,特提出引起注意。

4.2　戴天澍试验材料

河南鸡公山国家级自然保护区管理局戴天澍高级工程师,采用望春玉兰芽接方法嫁接玉兰属植物具有极高的成活率,如表 10－10 所示。

表 10－10　砧木、嫁接方法对玉兰属植物嫁接成活率的影响

砧木名称 学名	接穗名称学名	嫁接方法	嫁接期（年－月）	嫁接数	成活率（%）	苗高（m）	粗度（cm）
玉兰 Y. denudata	‘艳紫红’玉兰‘Yanzihuang’	嵌芽接	1998－03	50	100.0	2.98	3.50
玉兰	紫玉兰 Y. liliflora	嵌芽接	1998－03	23	100.0	2.15	2.53
望春玉兰 Y. biondii	罗田玉兰 Y. pilocarpa	嵌芽接	2000－03	25	100.0	1.98	2.30
望春玉兰	朱砂玉兰 Y. soulangiana	嵌芽接	2000－03	20	100.0	1.99	2.15
望春玉兰	玉兰	嵌芽接	1999－08	55	100.0	2.18	1.80
玉兰	紫玉兰	嵌芽接	1999－08	85	100.0	1.93	2.10

注：戴天澍调查材料。

4.3　杨建正、王锦恩等提供试验材料

2002～2004 年，原河南正昊风景园林工程有限公司从河南南召、鲁山县引栽一大批望春玉兰 1 年生实生苗，建立已具规模（面积 160.0 km^2）的玉兰属植物良种繁育基地，还引进了一大批玉兰属植物新优品种，其中包括该属珍稀物种 10 余种，如奇叶玉兰 Y. mirifolia D. L. Fu，T. B. Zhao et Z. X. Chen、青皮玉兰 Y. viridula D. L. Fu，T. B. Zhao et G. H. Tian、舞钢玉兰 Y. wugangensis（T. B. Zhao，Z. X. Chen et W. B. Sun）D. L. Fu 等，并繁育 300.0 万株以上的良种壮苗，获得了明显的生态效益、社会效益和经济效益，为河南玉兰属植物良种繁育和推广，作出了很大的贡献。为此，现将该公司近年来繁育玉兰属植物的部分良种壮苗嫁接试验结果，列于表 10－11。

表 10－11　玉兰属植物嫁接成活率及嫁接苗木生长状况

嫁接品种名称 学名	嫁接日期（月－日）	嫁接株数	成活率（%）	苗高（m）
‘红运’朱砂玉兰 Yulania soulangiana ‘Hongyun Yulan’	08－25	500	76.0	1.70
青皮玉兰 Y. viridula	08－25	500	84.9	1.12
琴叶青皮玉兰 var. pandurifolia	08－25	500	78.0	1.60
	02－25	500	65.4	1.92
玉灯玉兰 Y. pyriformis	08－25	500	85.4	1.72
朱砂玉兰 Y. soulangiana	08－25	500	86.4	1.74
飞黄玉兰 Y. feihuangyulan	08－25	500	88.8	2.30
豫白玉兰 Y. denudata var. yubaiyulan	08－25	500	89.6	1.92

注：表中嫁接成活率等数据系从大田苗圃抽查而来。嫁接方法为嵌芽接。2004 年，王锦恩等调查材料。

该公司为了为培育玉兰属植物良种壮苗提供科学依据，对朱砂玉兰嫁接苗年生长规律进行了调查研究。调查结果表明，朱砂玉兰嫁接苗：6 月 10～20 日，其苗高日平均生长 1.0 cm；6 月 21～30 日为 1.1 cm；7 月 1～10 日为 1.0 cm；7 月 11～20 日为 1.4 cm；7 月 21～31 日为 1.7 cm；8 月 1～10 日为 1.4 cm；8 月 11 日后，苗生长极度缓慢，停止生长，而

顶芽形成。由此表明,为培育良种壮苗,从6月上旬至8月中旬这一时段内,加强水、肥管理,及时防治病虫等灾害,是培育玉兰属植物壮苗的关键时期,并为该期制定育苗技术措施提供了科学依据。'紫霞'朱砂玉兰 Yulania soulangiana (Soul. – Bod.) D. L. Fu 'Zixia' 嵌芽接生长健壮,且有大量玉蕾出现。该种大量玉蕾的出现,为玉兰属植物反季栽培,即春节前后提供大批多花色盆栽品种及矮化密植集约栽培,提供了新依据。

此外,需要说明的是:采用嫁接技术是改造低产、品质差大树(指玉蕾年单株产量低、观赏价值不好品种,图版99:9～10),以及快速繁殖新优种亚种品种的重要技术之一。

四、其他育苗方法

1. 芽苗培育与移栽

南召县毛俊宽等进行了望春玉兰芽苗移栽试验,获得成功,现已推广应用。其技术要点是:① 骨质种子进行沙藏处理,翌春取出贮藏骨质种子,置于向阳处,挖50.0 cm × 50.0 cm × 50.0 cm 的朝阳池,进行催芽。骨质种子与细沙成3:1混匀,放入坑内,用塑料薄膜盖上,保持湿度,每3～5 d喷水1次,并进行翻拌,待骨质种子裂口时,捡出播种。② 芽苗培育:选背风向阳处,挖宽1.2 m、深30.0～60.0 cm,长度不等,做成朝阳池,池床底北高南低,成一斜面,便于排水。床面铺细沙,沙用呋喃丹(3.0 g/m^2)和(5.0 g/m^2)硫酸亚铁处理。③ 播种期为11月下旬,或12月。每平方米播种约2 000粒,然后覆2.0 cm厚细沙,搭成弓形棚。棚上覆盖2层薄膜,保持其内温度15～20 ℃及湿度,促进骨质种子发芽出土及幼苗健壮生长。④ 翌春晚霜后,及时移栽。移栽前,幼苗要进行锻炼15～20 d。移栽时,将幼苗取出,放在盛水盆内,以防风吹、日晒损伤幼苗根系。同时,在苗圃地内苗床上开沟,沟深、宽约10.0 cm,浇水后将幼苗放入水沟内,慢慢覆土,勿损伤根系。移后,严防病虫害、日灼。⑤ 苗木落叶后结果表明,4月5日移栽的幼苗平均苗高1.20 m,地径1.30 cm;4月20日移栽的苗高为1.15 m,地径1.26 cm,而大田播种的苗木高0.95 m,地径1.13 cm。

2. 压条繁殖

压条繁殖通常有2种方法:一种方法,是将1～3年生的枝条,在靠地一侧刻伤,弯后压入地下,待其生根成活后,剪断枝条,即成带根植株进行移栽。另一种方法,是在萌发,或生长初期,选健壮的枝条,在其基部上边用细钢丝,或铜丝,将其枝条上韧皮部弄破后,在其下部15.0～20.0 cm处用黑色塑料绑成袋筒状,其内装入肥沃的腐殖土,并使其湿润,然后上面扎好,经过一个生长季节后,均从弄伤处萌发很多新根。落叶后,将其剪下,进行移植。

五、苗木出圃与运输

1. 苗木调查

调查的目的在于了解当年苗圃的苗木产量和质量,以便作出造林用苗和营销计划。调查时间,通常在苗木落叶后进行。调查方法,一般根据苗圃面积大小和要求而定。通常采用标准行进行苗木调查,也可采用标准面积调查。标准行调查是指在苗圃地内的育苗面积上按种植总行数的1.0 %～3.0 %作为标准行进行苗木调查。面积调查是指在苗圃地内的育苗面积上按1.0 %的面积进行苗木调查。若育苗面积小,可增加其调查面积比例,有时可进行全面调查。调查后,按苗木高度,或地径不同,分别统计各级苗木的数量。根据河南南召县和鲁山县群众的经验,通常将望春玉兰一龄实生苗分为四级。其标准是:一级苗,苗高 >1.0 m,地径 >1.0 cm;二级苗,苗高0.6 ~1.0 m,地径0.6 ~1.0 cm;三级苗,苗高0.3 ~0.6 m,地径0.4 ~0.6 cm;四级苗,苗高 <0.3 m,地径 <0.4 cm。

2. 苗木出圃

苗木出圃通常称起苗,是育苗的重要环节。这一环节如果不注意,会严重降低苗木质量和合格苗的产量。起苗前,必须做好一切准备工作。例如,1 ~2 年生苗木采用裸根造林时,起苗前,必须进行灌溉,保持土壤湿润,以免起苗时过多损伤根系。起苗时,通常在苗行一侧距离苗木25.0 ~30.0 cm处,开沟深50.0 cm后,再从一侧逐渐按株掘取,不可用力拔,以免损伤根系。大苗起苗时,必须根据其地径粗细,一般保持根系长度15.0 ~20.0 cm,并带土球移栽(图版99:8)。土球直径大小,应根据树种、年龄和要求不同而有区别。

3. 苗木假植与运输

玉兰属植物苗木通常采取春季土壤解冻后,随起苗、随造林。掘取的苗木根系沾泥浆后,再运往造林地进行栽植。也可在12月中、下旬,将苗木掘取后进行假植,翌春造林。假植时,应选地势高燥、背风处挖贮藏沟。沟的长度随苗木数量而定,深度50.0 ~70.0 cm,沟的顺风方向一侧挖成45° ~50°的斜坡。苗木放置时,顶部应与当地风向相反,放置苗木数量不要过厚,上面覆土要厚、踏实。土壤干燥时,覆土后要灌水,然后重新覆土、踏实,以免影响苗木根系干燥,或腐烂,而影响造林后成活率。若长途运输苗木于外地栽植,或造林,在运输过程中,必须严防苗木失水和根系干燥,是确保造林和栽植成活的关键。特别提出,引起注意和重视。

第三节　“河南辛夷”良种推广经验

一、“河南辛夷商品生产基地建设”经验

1. 推广依据

望春玉兰是我国特有药用树种之一,腋花玉兰 Yulania axilliflora(T. B. Zhao,Z. T. Zhang et J. T. Gao)D. L. Fu、河南玉兰 Y. honanensis(B. C. Ding et T. B. Zhao)D. L. Fu et T. B. Zhao 等是我国特产珍稀树种。因其生长迅速,适应性强,栽培广泛,历史悠久,经验丰富,同时,树姿优美,花香色艳,是我国经济、用材及绿化兼备的优良树种。

“河南辛夷”是河南玉兰属植物中望春玉兰、腋花玉兰、河南玉兰等植物玉蕾(过去通常“花蕾”)入中药的通称。其中,以望春玉兰占绝对优势。河南是“河南辛夷”的主产区(包括南召、鲁山两县),其玉蕾质量和数量等居全国首位。但在长期生长发育过程中,受立地条件、自然选择和人工选择,以及长期栽培的结果,形成了很多形态变异的类群,产生了许多优良的品种,其中不少的类群生长较慢,玉蕾较少,且产量不高,未能充分发挥优良品种的作用,从而影响了“河南辛夷”良种发展任务的完成。迅速推广其良种,是当前发

展“河南辛夷”经济林及中药生产中一个急需解决的问题。为此，南召县林业局等单位研究、推广了腋花玉兰、‘桃实’望春玉兰 Yulania biondii (Pamp.) D. L. Fu ‘Ovata’及‘四季’腋花玉兰 Y. axilliflora (T. B. Zhao, Z. T. Zhang et J. T. Gao) D. L. Fu ‘Sijihua’等良种。这些良种具有适应性强、生长快、效益显著等特性，特别是经济显著，为实现“河南辛夷”良种标准化、栽培良种化、管理集约化提供了科学依据。

2. 推广情况

“河南辛夷”植物良种繁育与推广始于1983年。从1983～2004年间，在南召、鲁山等县的范围内，有计划、有组织、有步骤地开展群众繁殖和推广“河南辛夷”良种工作。同时，支援北京、山东、河北、江苏、浙江、江西等省（市）大批“河南辛夷”壮苗。据统计，推广面积达12.0万 hm^2 以上，推广株数700.0万株以上，已建成“河南辛夷商品生产基地”。同时，建立了全国性第一个“辛夷”基因库林，繁育推广一大批新优良品种壮苗，并获得了显著的经济效益、生态效益。同时，为长江防护林、水土保持林的营建提供了大批的良种壮苗。

3. 推广措施与经验

3.1　建立组织，加强领导

南召、鲁山两县林业局先后成立了有领导和技术人员参加的推广协作组。例如，南召县协作组，由县长亲自负责，并由抓林业工作的副县长、林业局局长、科委主任、各乡抓科技的副乡长组成，从而加强了与各单位的横向联合，发挥各自优势，开展技术协作，并进行定期检查评比，从而保质保量完成了推广任务。2005年黄桂生提供的1983～2004年材料，南召、鲁山两县共造林700.0万株以上，繁育、推广新优品种50.0万株以上。鲁山县林业局为了抓好良种推广工作，专门成立了五人领导小组，由一名副局长专抓育苗、造林工作，造林季节齐上阵，分工负责，保质保量完成推广任务。由于该县领导重视，高标准、严要求，使“河南辛夷”良种推广工作扎扎实实，仅1988年一年成片造林面积1 27.0万 hm^2，栽植辛夷植物良种79.0万株以上，成活率达91.4%。

3.2　落实林业政策，保证良种的繁育与推广

推广优良品种时，首先解决群众在推广良种中权、责、利归属问题。推广良种造林，也像农业生产责任制一样，签订合同到户，实行谁的地、谁栽植、谁管护、谁收益；对积极推广良种的专业户、重点户，除了在政策上引导、生产上服务、经济上扶持、法律上保护，并在工作中做到“五优先”，即：计划上优先安排，种苗上优先供应新品种，技术上优先培训，经济上优先扶持，种苗销售上优先帮助，从而调动了群众繁育和栽培良种壮苗的积极性。例如，南召县育苗专业户梁玉峰，连续5年，每年培育“辛夷”良种壮苗8.0万株，获得显著的经济收入。在梁玉峰同志的带动下，全村积极繁育望春玉兰的优良品种，大搞群众造林。为此，该同志被评为县“林业劳动模范”。

3.3　培养骨干，普及技术

为搞好“河南辛夷”良种推广工作，采用多种形式，培训推广技术人员，如1983～1990年，南召、鲁山县林业局的推广技术人员进行技术培训，共计1 000多人次。负责培训各乡林业专业户、重点户、科技户的推广技术人员。为了更进一步使广大推广人员熟练掌握技术、应用技术的能力，还编发了《辛夷育苗技术》、《望春玉兰类型研究》、《木兰及其栽

培》等多种技术资料,共计4万多份,发到有关推广单位及技术人员。然后,把这些技术人员分到各乡辛夷育苗专业户进行推广指导。由于这支推广队伍熟练地掌握了望春玉兰优良品种育苗、造林、管理和病虫害防治的基本技术,为迅速推广良种作出了贡献。这批技术骨干目前还发挥着重要作用。

为了解决技术棚架问题,1989年以来,南召、鲁山两县林业局分别连续组织技术人员巡回基地乡村,先后培训了分布6乡、46村、182个村民组的2 000多名学员,送发技术材料4000余份,代购嫁接工具300余套,提供服务,传播技术,方便群众,促进生产。五道庙村经过连续2年的技术培训,达到了村村有骨干、家家有能手,学技术,大搞嫁接良种。该村以党团员、村组干部为基础,组成了"辛夷" 嫁接专业突击队,开展有偿嫁接服务(接活1株8分),保证当年嫁接成活率,有效地促进了推广生产任务的完成。

3.4 抓好推广示范点

为使推广"河南辛夷"优良品种建立在稳步可靠的基础上,首先作好推广示范点的建设。1984年,南召县首先建立"辛夷"良种推广示范点。1987年,鲁山县建立"辛夷"良种推广示范点,其中以县林场苗圃为骨干,林业专业户、重点户为依托,建成良种繁育基地6个。多年来,2个重点县共繁育"辛夷"良种壮苗达1 000.0万株以上,并建成了12.0万 hm^2 以上"河南辛夷商品生产基地",且实现了基地栽培良种化。鲁山、南召县通过层层抓点,用事实教育群众,采用一个点,带一片,连一串的示范作用。这样使"河南辛夷"优良品种推广工作迅速发展,已遍及豫西山区各县。为此,南召县于2000年3月被国家林业局、中国经济林协会命名为"中国名特优经济林　辛夷之乡"。

3.5 建立良种繁育基地

大力发展玉兰属植物新优良种,在我国、河南省林业生产及城乡园林绿化建设中具有重要的地位,应当广泛宣传,建立良种繁育基地,培育大批优质壮苗,实现苗木标准化、栽培良种化,是发展方向。

3.6 加强林木管护

"造林一时,管护千日"。为了保证推广成果,使群众获得明显的经济效益,各村建立了相应的林木管护制度。除谁的地、谁栽树、谁管护外,还设置护林人员。护林员实行岗位责任制,一年检查3次,进行评比,使造林后幼林保存完整,生长良好。南召县为把护林工作落到实处,县林业局向乡、村发放《森林法》,县政府还张贴护林布告,各乡、村制定护林公约,并定期召开会议、广播、放电影等形式进行广泛宣传、教育群众护林光荣的新风尚。这样有力地加强了林木管理,使造林成活率达95.0%以上。

目前,幼林生育良好,并进行改接良种的工作,且获得明显的经济效益。

3.7 几点意见

① 建立玉兰属植物基因库林,大力开展群众性发展"河南辛夷"新优品种的选育工作;② 各级政府及林业部门要拿出一定比例的投资用于其良种繁育和推广,争取"河南辛夷商品基地"成为玉兰生产、科研及开发利用的典范;③ 实现玉兰属植物苗木标准化、栽培良种化,为城乡园林绿化建设提供特异资源,美化、香化环境,增加生态效益;④ 加强科学研究,积极开展"河南辛夷"挥发油中β-桉叶油醇(β-eudesmol)及金合欢醇[Z,E]-fanesol等名贵香料成分,进行综合开发利用的研究,为造福人类作出新的贡献。

二、河南正昊风景园林工程有限公司的经验

该公司是由杨建正高级经济师于2002年创建的。该公司现拥有面积160.0 km^2,注册资本1050万元,属国家二级资质单位,是集绿化苗木培育、引种驯化、新品种选育、园林工程设计及施工管养为一体的股份制企业。该公司技术力量雄厚,拥有高级、中级技术人员及管理人员10余名,并聘请省内外专家、教授为公司的技术顾问,并与河南农业大学林学院等单位相结合,开展新优种、品种引种驯化试验和选育等研究,为发展我国中原地区园林业生产、振兴当地经济和良种繁育与推广,获得了良好效果,取得了显著的经济、社会效益和生态效益。目前,该公司拥有名、优、特、新苗圃繁育基地4处。其中,河南正昊风景园林工程有限公司在长垣县常村镇的建立的"正昊玉兰生态园"基地占地93.3 km^2,引栽玉兰属植物种、品种36种,特别是新选育的特异种和优良品种,如莓蕊玉兰 Y. fragarigynandria T. B. Zhao, Z. X. Chen et H. T. Dai、舞钢玉兰 Y. wugangensis (T. B. Zhao, W. B. Sun et Z. X. Chen) D. L. Fu、望春玉兰等,具有广阔的开发利用前景和学术价值。目前,该公司繁育和推广玉兰属植物新优品种壮苗300万株以上,成为全国育苗面积最大、繁育和推广壮苗株数最多的玉兰属植物良种繁育基地。总结几年来的工作成绩,概括起来有以下几点经验。

1. 指导思想明确

指导思想明确是该公司成立以来获得很大成绩的重要因素之一,也是最重要的经验之一。所谓指导思想明确,是指该公司成立前,首先做到心中有数、目的明确,即:① 做什么?根据什么?② 多大规模?③ 资金来源?④ 如何实现?谁来实现?⑤ 市场如何?如何开拓市场?等。这些问题解决后,作出可出行性报告。然后,邀请有关行业领导、专家、教授等充分发表意见,以达到集思广益,最后作出决策。

2. 自主创新

自主创新是该公司成立以来获得很大成绩的重要因素之一,也是最重要的一条经验。开公司办企业,必须走自主创新的道路,否则墨守成规,跟着别人的道路前进,是没有发展前途的。最终,必然走向失败。该公司成立时,就提出自主创新是该公司的主要宗旨。为此,该公司在繁育和推广自创品牌的基础上,采取走出去(到外地)、请进来的(引进)相结合的发展经营模式,是该公司成立以来走向稳步发展、逐渐壮大的轨道。所谓走出去,就是把公司的玉兰属植物新优种、品种繁育基地迁移到鄢陵县去发展。这样可以享受当地的多种优惠政策,有利于企业的发展壮大。所谓请进来,就是指把公司基地内没有的新优种、品种引进来,也可以将其他专业,如养殖业引入苗木繁育基地。其方法是:每年5~6月开始,每亩地内(四周用方格塑料网围)饲养鸡、鹅500只左右,3~5 d后转移至另一地内。每天喂食1次。这种林牧相结合的生产模式,既解决了苗圃除草问题,又增加圃地肥料,降低了苗木成本。同时,还解决了大批饲养鸡、鹅无场地的困难,又能获得大批蛋类产品和肉类产品。还可种饲草天麻、木耳,育苗,种蔬菜,牧草、种药材等。这种林、牧、药等相结合的生产模式,通称"林下经济",应该加以推广。

3. 诚信是企业能否发展壮大的命脉

任何单位或企业如果没有诚信这一道德规范,这个单位,或企业一定会走向衰败,或

灭亡。为此,该公司成立以来,坚持诚信这一最高道德规范。为此,该公司对外一切交往工作,从始至终贯彻着诚信第一、广交朋友、从不欺骗的忠实信念,是企业逐步走向繁荣的坚强基础。目前,一些企业走向失败,走向破产倒闭的关键之一,就是不遵守诚信这一道德规范的结果。

4. 坚决贯彻教学、科研、生产“三结合”的方针

任何企业如果要想长久地、持续发展,必须认真地贯彻教学、科研、生产“三结合”的方针,才会使企业在发展过程中,不断地有新的科技成果,如新优品种等,而更新老的品种。为此,该公司从成立时开始,与河南农业大学等单位相结合,积极开展新优种、品种引种驯化试验和良种选育等研究,如“含笑属植物引种驯化试验研究”(Michelia Linn.)、“玉兰属植物基因库建立”、“玉兰属植物新品种选育的研究”、“玉兰属植物玉蕾挥发油含率及其开发利用的研究”,以及“常绿阔叶乔木园林树种的引种及培育的研究”等。所以,在很短时间内获得一批新的科技成果,如琴叶青皮玉兰 Yulania viridula D. L. Fu, T. B. Zhao et Z. X. Chen var. pandurifolia T. B. Zhao et D. W. Zhao、莓蕊玉兰 Y. fragarigynandria T. B. Zhao, Z. X. Chen et H. T. Dai、‘皱被’黄山玉兰 Y. cylindica (Wils.) D. L. Fu ‘Zhoubei’ 等。

此外,加强领导班子建设,加强职工思想教育,做到上下一致、团结一心,认真贯彻执行党纪、国法,以及公司的规章制度,也是该公司的主要经验。

5. 教训

河南正昊风景园林工程有限公司的教训在于:① 企业发展壮大时,多种荣誉随之而来,领导决策者脑子发热,忘乎一切;② 完全听不进群众的正确意见,特别是专家教授的正确意见。正如该公司总经理的一句话,即:当初不该不听你的话(要有目的、有计划的发展,不要盲目的进行);③ 失去诚信,是该企业走向失败、走向破产倒闭的关键。这一教训,应是各企业家应该铭记的教训。

三、河南许昌县程豪苗圃的经验

河南许昌县程豪苗圃的经验适合于规模小、资金少、技术力量较弱的小型企业。目前,栽培面积超过 100 hm^2。该苗圃的组织形式是:企业加农户的生产经营模式。其具体经营模式如下。

1. 实行股份制

实行股份制,就是企业主以投资额多少,合伙经营。每年终根据苗木销售后的经济收入,按股份比例分配。

2. 实行企业主+农户制

实行企业主与农民签订生产规模、产品数量与质量,企业主提供种苗、负责技术和销售任务,而参与该联合体的农户负责苗圃地的一切费用,如苗木管理等。每年终苗木销售后的经济收入,其分配比例为各半。这种企业加农户的生产经营模式,是一种能人(企业主)带领一片农民走富裕道路的发展方向,值得大力推广。

3. 技术入股

技术入股是指程豪苗圃负责农户育苗工作中一切技术,而不承担管理工作中的经费。

每年终根据苗木销售后的经济收入，提取 10 % 为技术服务费用。

河南许昌县园林局程豪苗圃经验是由范军科工程师创建的，现已带动周边农户几十余家，经营苗圃土地面积千余亩，年经济收入也获得良好效果。

四、河南南召县发展玉兰花木产业的经验

1. 建立组织，加强领导

2011 年《国务院关于河南省加快建设中原经济区的指导意见》中提出："加快特色高效农业发展，重点支持优质油料蔬菜瓜果花卉苗木生产，建设全国重要的油料和花卉生产基地"，2012 年河南省人民政府通知"支持南阳建设中原经济区高效生态经济示范市"中明确指出"市政府决定高标准高起点建设南加——南召云阳'两园一线工程'"（两园：南阳月季园区、云阳玉兰园区；一线：云阳百公里花木观光廊带）。南召县县委、县政府、县人大与县政协领导，尤其是县委书记非常重视，提出"南召花卉秀神州　伏牛苗木绿天下"的雄伟发展目标。为实现这一目标，该县先后成立"南召县辛夷办公室"、"南召县花卉苗木产业办公室"，从而加强了与全县各单位的横向联合，发挥各自优势，开展协作，为实现全县"河南辛夷"优质化与南召玉兰花木产业化、规模化、标准化与基地化奠定了有力基础。同时，开展木兰科植物研究等。

2. 掌握实情，制定总体规划

近年来，"南召县辛夷办公室"、"南召县花卉苗木产业办公室"负责组织多部门、多行业有关行政与业务技术工作者，先后对该县自然概况进行了调查，特别是基本查清森林植被情况，即：全县有裸子植物 8 科（苏铁科 Cycadaceae、银杏科 Ginkgoaceae、麻黄科 Ephedraceae、松科 Pinaceae、杉科 Taxodiaceae、柏科 Suoressaceae、罗汉松科 Podocarpaceae、粗榧科 Cephalotacaceae、红豆杉科 Taxaceae），被子植物 120 科以上。其中，该县玉兰属植物天然分布的有武当玉兰、玉兰、滇藏玉兰、望春玉兰、河南玉兰、宝华玉兰、石人玉兰、腋花玉兰 8 种；引栽的有飞黄玉兰、紫玉兰、青皮玉兰、玉灯玉兰、朱砂玉兰、星花玉兰、红花玉兰、星紫玉兰 8 种。近年来，又以玉兰属植物观花为主产业发展了 5 万余亩基地。同时，对该产业发展前景进行了全国性调查与论证，为该县实施《南召县花卉苗木产业发展总体规划（2013～2020）》，提供了根据和保障。同时，建立河南南召玉兰生态物流城、河南南召玉兰观光生态园等。

3. 培养技术骨干，严格"五化"标准

为实现南召县"河南辛夷"优质化与南召玉兰花木产业化、规模化、标准化与基地化，必须采用多种形式，培养技术骨干。自 2005 年以来，全县举办林业技术及花木生产培训 38 期，采用送出（到先进单位参观、短期学习）、请进（请大专院校，或专业研究单位教授，或研究员进行讲课），专项培训（嫁接技术、新品种选育技术、虫害防治、专项参观……也可编发技术资料）技术骨干达 1.5 万人次。这些措施培养出一大批技术骨干，将在实现南召县"河南辛夷" 优质化与南召玉兰花木产业化、规模化、标准化与基地化工程建设中发挥重要作用。

4. 建立良种基地，选用优良品种

建立良种基地，选用优良品种，培育高质量标准壮苗，是实现该县实施《南召县花卉

苗木产业发展总体规划(2013~2020)》的关键措施之一。为此,首先作好示范点的建设,建立良种大苗培育区。其次,制定培育优质壮苗的标准和培育优质壮苗的技术措施,确定优质壮苗的价格,是实现全年营销任务能否完成的决定因素。对于该工作中有突出贡献的人员、单位,或企业,给予奖励,如"劳动模范"、"嫁接能手"、"新型农民"等称号,而在培育优质壮苗或营销过程中以假充真或以次充好的人员,应严格给予处理,使该县建立的玉兰花木产业永葆常青。

5. 建立玉兰花木产业营销体系

近年来,南召县以"建设全省苗木花卉大县、强县"为目标,成立各类园林绿化专业公司38家,玉兰花木合作社48家,玉兰花木生产专业村65个,建立玉兰花木交易市场1处,建立玉兰属植物圃4个,系列开发龙头企业2个,加速实现"南召县辛夷加工产业化集群"……大力发展玉兰属植物新优品种,获得了显著的经济效益。如2012年玉兰花木产业经济收益达9.8亿元。同时,生态效益与社会效益也获得了显著改善和提高。

第十一章 玉兰属植物栽培理论与技术

为了扩大、发展玉兰属 Yulania Spach 植物,提高造林质量,加速林木生长,达到速生、丰产、优质的目的,作者多年来在河南南召、鲁山两县多种立地条件下,进行了望春玉兰 Y. biondii(Pamp.)D. L. Fu、腋花玉兰 Y. axilliflora(T. B. Zhao,T. X. Zang et J. T. Gao)D. L. Fu 等集约栽培试验和调查研究,获得到一批非常宝贵的试验材料,取得了一整套集约栽培望春玉兰、腋花玉兰等经验。现整理介绍如下。

第一节 适地适树

"适地适树"是指造林树种的生物学特性,主要是其生态学特性和造林地的立地条件相适应条件下,以充分发挥造林地的生产潜力,达到在该立地条件和当前技术、经济条件下,可能达到的高产、优质水平和最佳的生态环境。这是造林工作的一项基本理论和原则。为此,只有认真贯彻执行"适地适树"原则,才能发挥造林地的生产潜力,取得造林的最佳效果,达到造林的预期目的。

造林时,在造林地地段(立地条件)确定后,玉兰属植物种的选择,应该按照"生物、经济兼顾"的原则,全面加以考虑,即根据造林地的立地条件,选择适宜当地生长的树种(包括变种、品种),否则造林就要失败。

玉兰属植物种生长发育的好坏与其植株年"辛夷"产量高低、品质优劣密切相关,是受外界多种因素和人为措施相互综合作用的结果。这种结果,必然通过树种的年生长速度、单株年"辛夷"产量高低、品质优劣而表现出来。总之,造林树种必须与外界环境条件统一,生物体才能得以生存、繁衍和发展。

玉兰属植物种适应性强、分布地区很广,因而栽培范围也大。中国地域辽阔,横跨亚热带、暖温带和寒带三个气候带,立地条件悬殊极大,有高山、丘陵和平原,土壤种类、气候类型也多种多样。因此,玉兰属植物在我国北迄北京、辽宁南部,南至广西、广东等省(区),东起山东青岛,西至陕西、甘肃、云南、四川西部、西藏东南部,均有栽培和分布。河南除海拔 1 600 m 以上和重盐碱(pH 8.5 以上)外,均有分布和栽培。其中,南召和鲁山两县的"辛夷基地"多在海拔 900 m 以下地区。

南召和鲁山两县的辛夷植物为望春玉兰及腋花玉兰等,是喜光、喜肥、喜湿润气候和肥沃土壤的速生树种,也具有耐瘠薄、干旱特性。在海拔 300.0～600.0 m 的浅山区阴坡或半坡栽培的望春玉兰生长发育好。但是,在成土母岩的阳坡上栽培的望春玉兰也能正常生长和发育。因此说,在河南伏牛山区望春玉兰等最适栽培区为山地阴坡中基部地段、山间谷地、浅山山地,或沿溪两岸大石间。不同立地条件下,望春玉兰、腋花玉兰生长,如图版 100:1～15、图版 101:1～8、图版 102:1～8、图版 103:1～9 所示。

根据作者调查、试验,辛夷植物物种在生长发育过程中,影响其生长发育的最重要因子是气候、土壤和栽培措施。在同一地区范围内,气象因子对望春玉兰生长发育的影响要比土壤因子小得多。因此,土壤因子是主导因子之一。土壤因子主要是指土壤质地、水分和养分。其中,以土层深厚、疏松、通气、肥沃、湿润的沙壤土生长最好,壤土次之,乱石滩地上生长最差。因此,栽培望春玉兰、腋花玉兰等最好选择肥沃的沙壤土、壤土的造林地。其中,土壤含水率保持在20.0 % ~25.0 %范围内具有良好的效果。

一、土壤质地

为进一步了解土壤质地对玉兰属植物生长的影响,作者进行了调查。调查结果表明,土壤质地对望春玉兰生长影响很大。其中,以土层深厚、疏松、通气、肥沃、湿润的沙壤土生长最好,壤土次之,乱石滩地上生长最差。因此,栽培望春玉兰、玉兰最好选择沙壤土、壤土的造林地。土壤质地对望春玉兰、玉兰生长影响,如表 11 -1 所示。

表 11 -1 土壤质地对望春玉兰、玉兰生长的影响

名称及学名	立地条件	树龄(a)	树高(m)	胸径(cm)	冠幅(m)
望春玉兰 Yulania biondii	沙壤土	8	6.31	10.0	7.01
	壤土	8	5.80	9.00	6.35
	乱石滩	8	3.03	5.00	3.41
玉兰 Y. denudata	沙壤土	10	7.56	13.70	6.51
	壤土	10	7.31	11.90	6.03
	乱石滩	10	4.01	6.10	2.50

注:赵天榜等于 2000 年 8 月 25 日在河南鲁山县调查材料。

二、土壤水分

土壤质地相同,而土壤含水率不同,则望春玉兰生长也有明显的差异。例如,在经常灌溉的菜园地上,10 年生的望春玉兰平均树高 6.8 m,胸径 15.3 cm,冠幅 6.0 m,而在无灌溉的同地段上、同龄的树木,平均树高 3.0 m,胸径 3.0 cm,冠幅 1.7 m。

根据大量调查材料,望春玉兰的生长发育与土壤含水率的多少密切相关。这种关系是:土壤含水率在一定范围内与其生长呈正态分布规律,即土壤非常干旱影响其生长,随着土壤含水率的增多,其生长量也随之增多,当土壤水分达到一定含率时,其胸径生长量保持在一定水平上。然后,随着土壤含水率的增加,其生长也随之降低,直至停止生长,甚至引起烂根死亡。因而,在栽培管理中,适时进行灌溉,保持土壤绝对含水率在 20.0 % ~25.0 %范围内具有良好的效果。

三、土壤肥力

土壤肥力是受多种因子综合相互作用的结果。一般来说,土壤肥力的高低受土壤母质、通气性能、机械组成、土层厚度、有机质含量、地下水位、pH 等因素所制约。所以,望春玉兰的生长发育与土壤之间的关系极为复杂,如图 11 -1 所示。但是,土壤肥力和土壤水分两个因子起主要作用。实践证明,在同一地貌、地形区域内,依据土壤肥力高低和水分多少为主进行造林立地选择是科学的，并被长期实践证明是完全正确的。因此，望春玉兰在河南省伏牛山区的浅山、丘陵及平原地区都可以发展和推广。

为了贯彻"适地适树"原则，在造林地地段确定后，必须进行造林地的立地类型条件划分。造林地立地类型条件划分除具有相同，或相似的地貌、土壤、气象、植被等环境因素外，人为因素在人工林、林农间作栽培中起着主异作用。因此，造林地的立地条件类型因子是非常复杂，而又相互联系、相互制约，它涉及林木生长发育各个时期，受多种因素影响，如图 11 －2 所示。

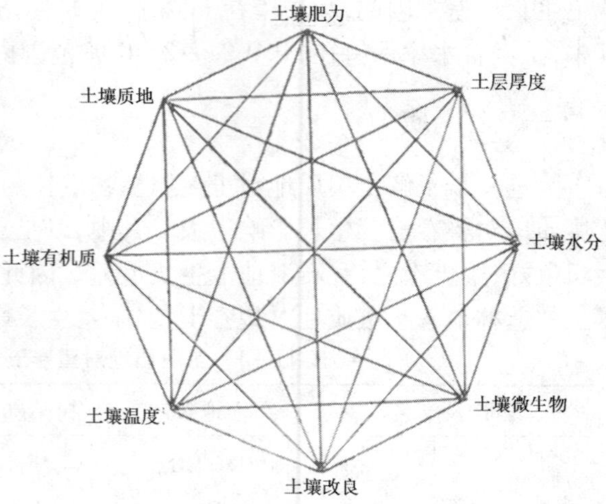

图 11 －1　土壤肥力与其他因子关系

（选自赵天榜等编著. 1992.《木兰及其栽培》）

各地经验证明，为实现"适地适树"，达到望春玉兰速生、丰产、优质，必须采用以下措施：第一，必须做到适地选树，或选地适树。选择造林树种时，应优先考虑采用乡土树种。乡土树种是长期适应当地气候、土壤条件的结果，造林容易成活、成林。如果引种栽培，应根据该树种的生物学特性和对环境条件的特殊要求，选择适宜于该树种生长的造林地，否则，引种栽培就要失败。第二，改树适地，就是在"地"和"树"之间不能达到统一，影响树木的生长发育时，造林前必须采用选择、育种等方法，改变和利用树种的某些特性，以适应当地造林地的立地条件。第三，改地适树，就是在"地"和"树"之间不能达到统一，影响树木的生长发育时，造林前必须采用技术措施，改变造林地的立地条件，如深翻土壤、施有机肥料，改变土壤瘠薄、土壤质地黏重的造林地，或挖排水沟、修台田、施有机肥料等措施，改造低洼地、盐碱地后，再造林。

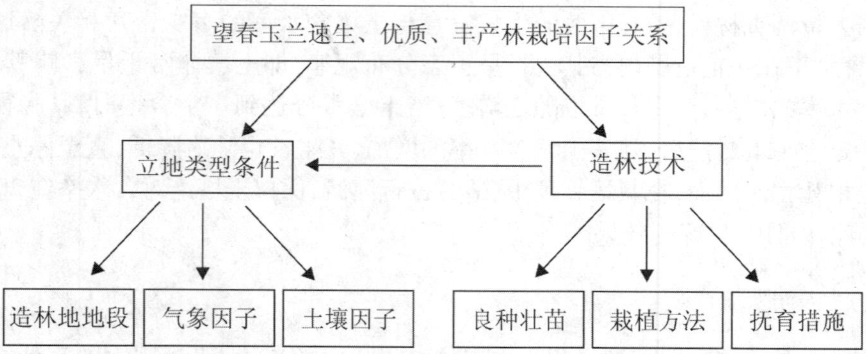

图 11 －2　望春玉兰速生、优质、丰产林与栽培因子关系（李静绘）

总之，"适地适树"必须认真贯彻执行，才能发挥造林地的生产潜力，取得造林的最佳效果，达到造林的预期目的。

第二节　造林地整地

一、整地意义

造林整地(造林地的整理,简称整地)是造林前改善造林地立地条件(土壤条件)的一项重要工作,是人工林培育技术措施的主要组成部分。细致整地在改善土壤物理化学性质,加速土壤团粒结构形成,增强土壤蓄水、保肥能力中具有重要作用,是提高造林成活率,促进望春玉兰、腋花玉兰等速生、"辛夷"高产、优质的重要技术措施之一。

细致整地,尤其是深耕(翻)不仅改善土壤的物理性状,提高土壤含水率,而且在改善土壤化学性状、提高土壤肥力等方面也有一定作用,如耕深 0~33.0 cm 时,土壤含水率平均 11.72 %;耕深 33.0~67.0 cm 时,土壤含水率平均 14.83 %;耕深 68.0~100.0 cm 时,土壤含水率平均 15.94 %;耕深 101.0~133.0 cm 时,土壤含水率平均 12.95 %。耕深 33.0 cm 左右时,土层中的氮素含率 0.061 % ~0.086 %;耕深 67.0 cm 左右时,土层中氮素含率 0.074 %;耕深约 100.0 cm 时,土层中氮素含率 0.061 %;耕深 100.0~112.0 cm 时,土层中氮素含率 0.059 % ~0.066 %;耕深约 133.0 cm 时,土层中氮素含率 0.060 %。

由此可见,耕地深度,并不是越深越好。一般耕地深度,以 33.0~100.0 cm 为宜。此外,深耕时不要打乱土层,以免影响林木生长和根系发育。还要拣净石块、草根和树根,并达到土层疏松、平整。

整地不仅能够改善造林地立地条件,还能加速望春玉兰幼树生长,如表 11-2 所示。

表 11-2　整地深度对望春玉兰幼树生长的影响

整地深度(cm)		30	50	70	100
壤　土	树高(m)	3.03	3.50	4.15	4.80
	胸径(cm)	3.51	4.25	4.90	5.61
沙壤土	树高(m)	3.26	3.61	4.35	5.11
	胸径(cm)	3.81	4.53	5.01	6.35

注:任云和等提供材料。调查材料:3 年生,1 组 30 株,重复 4 次平均数。

从表 11-2 可看出,整地对望春玉兰幼树生长均有明显促进作用。但是整地深度不同,其作用也不一样。在土壤肥沃、疏松条件下,一般整地深度 70.0 cm 即可。如果土壤质地黏重,或坚硬、或土层较浅条件下,整地可深些,才能获得良好效果。

二、整地季节

选择适宜的整地季节,可以较好地改善土壤条件,提高造林成活率,节省整地用工,降低造林成本。因此,整地季节应根据当地立地条件的特点而定。

在土壤肥沃、湿润、杂草少的造林地上造林,整地最好秋整春栽。"四旁"植树多在春季随整地,随造林。在茅草 Imperata cylindrica (Linn.) Beauv. var. major (Nees) C. E. Hubb. ex Hubb. et Vaughan 丛生的造林地上。造林前 1 年,或半年必须根除茅草后,才能造林。茅草在防风固沙、保持水土中具有一定作用,但对望春玉兰生长影响很大,如在壤土条件下,15 年生的望春玉兰平均胸径 18.35 cm,而茅草覆盖度 100 % 时,其平均胸径 4.18 cm;茅草覆盖度 50.0 % 时,其平均胸径 5.45 cm;茅草覆盖度 30.0 % 时,其平均胸径 9.14 cm。茅草严重地影响望春玉兰幼树生长的主要原因是:在望春玉兰生长期间,茅草吸收了大量水分和养分,降低林木光合作用。据报道,10.0 cm 长的一段茅草茎,在适宜立地条件下,1 年内蔓延面积平均为 0.96 m^2,分布在 0 ~ 40.0 cm 的土层中,总长度达 3.86 m。同时,每亩茅草在 1 d 内可蒸腾 141.51 kg 的水分,这样使林木在生长期间极度缺水,造成生长停滞,形成"小老树"。

2000 年 8 月 20 日,作者在南召县建坪村沿河沙地上营造的望春玉兰人工林调查表明,在茅草丛生的地段上,5 年生望春玉兰平均株高 1.58 m,平均地径 2.1 cm,枝条年生长量 4.0 ~ 8.5 cm,成为"小老树"。因此,在茅草丛生的造林地上,消灭茅草是获得望春玉兰幼树速生的关键措施。消灭茅草的方法很多。伏天连续耕地 2 ~ 3 次,耕地深度 20.0 ~ 23.0 cm,每次耕后,用钉齿耙耙地 2 ~ 3 遍,可使 90.0 % 以上茅草死亡。然后,才能造林。

三、山区整地环节

在山区造林地进行细致整地时,要经过劈山、挖山、炼山三个环节:① 劈山:指通常在 8 ~ 10 月将造林地上的杂灌木、野草全面,或沿等高线呈带状清除干净,林地四周开好防火线;在杂草、灌木稀疏的造林地上,可以不经劈山,只开防火线。② 挖山:指在造林地上进行整地的整地方式与技术。劈山后,要及时挖山,促进土壤熟化,改善土壤墒情,提高造林成活率。过去曾提出在山区造林整地时,必须采取劈山。③ 炼山(烧山):是指劈山后的杂灌木、野草通常干燥的情况下,选晴朗、无风的天气,从上而下,或从外向内点火烧山。为了保证安全,防止山火事故的发生,必须采取有效的防火措施。炼山后,残存的枝干、草根、树桩要集中成堆烧尽。烧山是清理林地的传统方法,能够大量增加速效性养分,提高土壤肥力,并有利于驱除有害动物,减少病虫害,改善林地卫生状况。但是,烧去了大量有机物质和动植物物种,严重地破坏了生态环境,造成了不可估计的生态灾难。这一破坏性的整地措施,必须严加禁止。

四、整地技术

1. 全面整地

全面整地是在造林地上全面翻垦土壤的一种整地方法。此法多在地形平坦,或坡度起伏较小($\leqslant 15°$)的造林地上使用。全面整地后的造林地具有蓄水保墒、疏松、肥力较高等特点,因而造林成活率高,幼林生长快。同时,还可间种作物 2 ~ 3 年,达到以农促林,林粮双丰收的效果。不同立地条件下,望春玉兰等荒坡、荒山造林与水源涵养林林木生长状况,如图版 100:14、图版 102:1 ~ 7 所示。

2. 局部整地

2.1 抽槽整地

抽槽整地(撩壕整地)是沿等高线挖沟的一种整地方式。沟的长度根据当地具体情况而定,一般长度 50.0 ~ 150.0 m,也有超过 200.0 m 的,沟宽 0.50 ~ 0.65 m,深 0.5 ~ 7.7 m,沟间距 2.3 ~ 2.5 m;小沟宽 0.5 m,深 0.3 ~ 0.4 m,沟间距 2.0 m,长度不限,以不引起水土流失为原则。整地时，先从坡下部开始挖沟，把新土放于抽槽的下侧做埂。待沟挖到规定深度后，再从坡上部相邻的沟面起肥沃壤土和杂草等，填入下边的沟中心。撩壕整地填表土、肥土后，可增加松土层厚度，改善土壤的深层结构，增进土壤活土层的通气性能和保水、蓄肥能力，促进微生物活动，从而提高了土壤的肥力，有利于栽植幼树的根系发育和地上部分快速生长。但随树龄的增加，壕内水、肥供给不足，壕壁限制了根系的发展。其植株生长必减弱。为此，必须深耕抚育、增加肥力，才能保证其持续旺盛生长。

2.2　梯田整地

沿等高线筑成梯田，田面向内倾斜成反坡，即外沿高、内边低，一般外沿高 3°~15°。梯田面宽 1.0~3.0 m，埂外，或埂内坡约 60°。然后，平整地面，供造林用，如图版 101:3、5 及图版 103:1~9 所示。

2.3　鱼鳞坑整地

鱼鳞坑整地是指在造林地上进行穴状整地。其植穴为半月形的坑穴，坑穴在坡地上呈三角状排列，远看似鱼鳞状，故称鱼鳞坑整地。大坑长径 0.8~1.5 m，短径 0.6~1.0 m，深度 0.7~1.0 m；小坑长径 0.70 m，短径 0.50 m，深度 0.40~0.50 m。坑面水平，或稍向内倾斜，有时坑内侧有蓄水坑，或坑两角的引水沟相通，外缘有土埂，呈半环状，环埂高于地面 20.0~25.0 cm，便于蓄水保墒。该种整地的最大优点是：整地费用低，不破坏原有的生态环境和自然面貌。但是，新栽幼树成活后，增大抚育措施工作量和经费开支。

2.4　块状整地

块状整地通常在坡陡、地形复杂、水土流失严重的山地，或大块岩石裸露地上，或"四旁"造林地上进行穴状整地。其植穴大小，依具体立地条件和植苗大小而定。

总之，无论哪一种整地方式，均必须遵照适地、细致整地的原则进行。整地的质量要求，必须做到：造林穴内的石块、草根、树根清除干净；土埂要修筑牢固；穴状整地时，表层土与底层心土放置有序，土层勿乱。

第三节　良种壮苗

良种壮苗是培育林木速生、优质、丰产的物质基础。营林目的不同，对良种的要求也随之不同。

一、良种

良种是指适应性强、生长快、抗病虫害和自然灾害能力强、"辛夷"成龄早、年单株产量高、品质优良的树种、变种和品种。例如，培养特用经济林种时，则良种标准是：速生、成蕾年龄早(3~5 a)、丰产(20 年生左右单株年产"辛夷"量 >30.0 kg)、"辛夷"挥发油含率高(5.0% 以上)等；选作园林绿化观赏良种用时，则良种标准是：速生、适应性强、花期长、花大、色艳、味香、病虫害少和抵抗自然灾害能力强等。

实践证明，在相同立地条件和经营管理措施下，'桃实'望春玉兰 *Yulania biondii* (Pamp.) D. L. Fu 'Ovata'、腋花玉兰及'序'腋花玉兰 *Y. axilliflora* (T. B. Zhao, T. X. Zhang et J. T. Gao) D. L. Fu 'Xuhua' 等为"辛夷"基地建设中的良种，如表 11-3 所示。

表 11－3　望春玉兰等及其年龄对“辛夷”产量的影响

名称 学名	树龄(a)	树高(m)	胸径(cm)	冠幅(m)	枝下高(m)	枝下高(m)	
						(kg/a*)	(g/m²)
腋花玉兰 Yulania axilliflora	110	20.2	102.0	17.4×18.0	0.5	150.0	456.0
腋花玉兰	33	10.0	37.2	9.9×10.6	2.3	50.0	479.0
‘序’腋花玉兰 ‘Xuhua’	50	8.0	41.0	11.2×7.0	0.4	17.5	223.0
望春玉兰 Y. biondii	33	9.7	44.6	8.1×8.3	0.5	30.0	420.0
望春玉兰	60	17.1	40.4	9.1×12.4	2.3	14.0	124.0
‘小蕾’望春玉兰 ‘Parvialabastrum’	80	15.7	52.5	14.3×14.2	1.6	3.5	167.0
望春玉兰	150	18.7	95.5	17×15.2	1.1	85.0	329.5

注:赵天榜和高聚堂等 1981～1982 年调查材料。* 单株平均年产“辛夷”量(kg)。

根据多年来调查,在同等立地条件下,望春玉兰品种决定着林木生长和结蕾量。河南鲁山县林业局试验材料,嫁接的‘桃实’望春玉兰,一般可提早 4 年左右结蕾,其“辛夷”年产量提高 5 倍以上,如表 11－4 所示。

表 11－4　望春玉兰生长、结蕾情况

造林年度(a)	树龄(a)	调查株数(株)	实生树			品种树		
			胸径(cm)	冠幅(m²)	结蕾量(g)	胸径(cm)	冠幅(m²)	结蕾量(g)
1976	15	25	13.0	25.0	1 150	19.6	30.00	6 900
1981	10	29	8.0	9.0	450	13.0	10.50	1 850
1986	5	33	4.6	4.0	50	7.50	5.50	250
1988	3	60	2.9	1.7	0	3.50	2.25	50
1990	1	70	2.0	0.3	0	2.00	0.36	10

注:赵天榜和高聚堂等 1976 ～1990 年调查材料。

从表 11－4 可以看出,嫁接‘桃实’望春玉兰的生长量和结蕾量比同龄实生望春玉兰树有明显增加,如 15 年生‘桃实’望春玉兰的胸径和结蕾量是实生望春玉兰树的 1.5 倍和 7.5 倍。这充分表明,推广‘桃实’望春玉兰良种是加速树体生长和获得显著经济效益的途径之一。

此外,玉兰属植物中的观赏良种有玉灯玉兰 Y. pyriformis(T. D. Yang et T. C. Cui) D. L. Fu、飞黄玉兰 Y. fëihuangyulan(F. G. Wang)T. B. Zhao et Z. X. Chen、莓蕊玉兰 Y. fragarigynandria T. B. Zhao,Z. X. Chen et H. T. Dai、‘红运’朱砂玉兰 Y. soulangiana (Soul. － Bod.) D. L. Fu ‘Hongyun’;药用良种有望春玉兰,其“辛夷”挥发油含率 94.79 %～97.97 %,其中,桉叶油醇(eudesmol)含率 15.75 %～50.27 %,尤其是南召县产的‘桃实’望春玉兰“辛夷”中桉叶油醇含率 50.27 %。

二、壮苗

壮苗是指生长健壮、芽发育良好、根系发达、苗干通直、无严重病虫害的1～3年生的望春玉兰实生苗用于造林的苗木而言。"四旁"植树，或园林绿化、美化和农林间作而栽植的大苗(胸径≤6.0 cm)，也称"壮苗"。壮苗在"四旁"植树，或城乡园林建设中具有重大意义。壮苗标准，依树种、品种的不同也有差异，即使是同一树种、品种，根据造林，或栽植要求、繁殖方法的不同，其壮苗标准也不一致。苗木规格对望春玉兰幼树生长的影响，如表11－5所示。

表11－5　苗木规格对望春玉兰幼树生长的影响

苗高(m)	地径(cm)	树龄(a)	树高(m)	胸径(cm)
>1.5	>1.5	5	3.21	4.00
1.0～1.5	1.2～1.5	5	3.00	3.49
1.0～1.5	0.5～1.2	5	3.27	3.50
0.5～1.0	0.6～0.8	5	3.50	3.35
>0.5	0.5～0.6	5	3.47	3.15
<0.5	0.5～0.3	5	2.50	2.53

注：选目赵天榜等主编. 1994.《河南主要树种栽培技术》。

从表11－5可看出，苗木规格对幼树的生长影响是很大的，特别是"四旁"绿化，更应选择大苗、壮苗栽植，这样的苗木才不易遭受破坏，同时提高了造林成活率。大面积造林时，应选择发育好、地径粗壮(1.0～2.0 cm)、根系发达的1年生实生苗，而不要单纯追求苗木高度。

第四节　合理密植

一、栽植密度

栽植密度也称造林密度。它是根据经营方式和造林目的不同而定。望春玉兰等作为特用经济树种，栽植密度应根据当地立地条件和经济条件而定，而不宜进行大面积成片造林。

望春玉兰正常的生长发育，要求有一定的营养面积。玉兰属植物中不同树种在不同立地条件下，或在其不同的生长发育阶段中，需要的营养面积(包括地下和地上空间)是不同的，即使是同一树种，在不同立地条件，或不同生长发育阶段中所要求的密度也有显著的差异。所以，在确定合理栽植密度时，应根据以下四点原则：① 树种特性：不同树种的生长发育也不尽相同。一般来说，速生的乔木树种，可稀植；生长慢的树种，或灌木，要密植。② 立地条件：造林地内土层深厚、肥沃、湿润，有利于林木生长时，应稀植；在气候恶劣，土壤瘠薄、干旱，可采用宽行窄距栽植，或间种绿肥植物，才能充分发挥该种林木的群体作用，有利于林木生长。③ 经营目的：以栽植望春玉兰等生产"辛夷"为主的经济林时,应稀些,一般行株距 4.0 ~ 6.0 m;农林间作以农为主时,可稀些,一般行距大于 10.0 m,株距 4.0 ~6.0 m;以生产木材为主的用材林,可适当密栽。④ 抚育管理:抚育措施及时,如适时灌溉、合理施肥、及时防治病虫危害,林木生长迅速,发育健壮,可稀植;在抚育措施不能及时进行,或不能进行时,可适当密植,发挥群体的作用,利于林木生长,但必须及时间除过密植株。

总之,栽植密度是依据造林树种生态特性、立地条件、经营目的和抚育管理措施等因子综合考虑而定。

二、混交栽植

森林培育学(造林学)介绍林木混交林营造中,常讲:生物体与外界环境条件统一、种内与种间关系的理论,为混交林栽植提供理论依据。

玉兰属植物通常为落叶大乔木,在天然次生林中居于上层,其下多为落叶阔叶树种,如栎类 Quercus Linn. 及其他杂灌木,无天然纯林分布。因为该属植物玉蕾入中药,称"辛夷",属经济树种,因而除在河南南召和鲁山 2 县有大面积人工林与林农间作群体栽培外,多为"四旁"植树。其中,在庭院绿化及公园中有小面积的混交栽植。

混交栽植形式有单株栽植、单行—多行栽植、丛状栽植、小片人工林栽植等方式,如图版 100:1 ~4 所示。混交栽植也有不同形式的栽植,如株间混栽、行与行(单行与多行)混栽、片状混栽、乔灌木混栽,以及与农作物、药用植物、育苗等多种形式混栽。尽管采用形式不同,但必须遵守的原则是:玉兰属植物为喜光树种,栽植株距要大于 10.0 m 以上,矮化密植栽培、灌木种例外。混交栽植时,玉兰属植物必须为上层,其混栽树种必须为下层,其根系分布不能与主栽树种根系分布于同一土层中,以免产生对光、水、肥的争夺,也不是主栽树种病虫害传播的中间寄主。其中,林下以种豆科 Leguminosae 苜蓿属 Medicago Linn. 植物为佳。此外,混交栽植还包括玉兰属植物不同种及同种不同品种的选择与栽植。

总之,栽植密度应依据造林树种生态特性、立地条件、经营目的和抚育管理措施等因子综合考虑而定。

第五节　认真栽植

一、栽植时间

根据当地的气候条件和苗木的质量而定。一般来说,从秋季落叶至翌春发芽前这一段时间内均可栽植、造林。但对于木质化程度差的 1 年生实生苗,在冬天气温低、风大的地区易遭受冻害时,应在春季造林;在土壤肥沃、湿润,无大风危害的地方,可秋季造林,翌年苗木生长迅速。

二、栽植方法

1. 栽苗造林

栽苗造林的植穴大小，一般应根据造林地立地条件，如坡度、土层厚度的不同而要求也有不同。如造林地平坦、土层厚深，植穴以 1.0 m × 1.0 m × 1.0 m 为宜，穴内要适当施入有机肥料。造林地土层浅薄、土壤瘠薄时，可提前挖穴，将别处一些草皮、肥土填入穴内，至草皮熟化后再进行造林。挖植穴时，应把表土和底土分开放在穴边。栽植时，将苗木放置穴内，对准株行距，使苗木根系舒展，用细表土填入穴内至苗木根颈附近，这样有利于根系的生长，填土 1/2～1/3 时，将苗木轻轻提至栽植的最适深度后，踏实，填满土，封土成堆。造林地有灌溉条件时，苗木栽植后，应及时灌溉，确保造林成活率。

2. 截干造林

在植苗（栽植）造林过程中，除苗木质量和栽植技术外，"水"是影响其成活的关键因素。长期以来，南召、鲁山两县群众进行大面积望春玉兰造林的实践经验证明，采用 1 年生实生苗截干造林，容易成活；采用 2 年生实生苗（不截干）栽植后，常因苗木失水而死亡，如 1987 年采用 2～4 年生实生苗（不截干）造林，成活率分别是 73.4 %、58.3 % 和 21.2 %，均低于工程造林标准。为了提高望春玉兰造林成活率，鲁山县林业局于 1986 年采用 1～3 年生实生苗（截干）造林，获得 90.0 % 以上成活率的明显效果，如表 11－6 所示。

表 11－6　截干造林与常规造林成活、生长情况

苗龄(a)	不截干			截干		
	成活率(%)	枝量(个)	平均生长量(cm)	成活率(%)	枝量(个)	平均生长量(cm)
1	89.7	3	16.0	97.8	4	25.2
2	73.4	6	21.0	94.7	9	38.0
3	58.3	3	17.0	90.1	12	31.0
4	21.2	<3 或无	10.0 以下	46.5	10	20.0 左右

注：黄桂生等 1986 年调查材料。

从表 11－6 可以看出，1～3 年生实生苗（截干）造林成活率均有显著提高，其成活率在 90.0 % 以上；4 年生实生苗采用裸根栽植，无论截干与否，成活率均低于 50.0 %，因而不宜采用。

为了提高望春玉兰造林成活率，1988 年后，鲁山县均采用 1～3 年生实生苗截干造林，使"河南辛夷"商品基地的望春玉兰造林成活率连年保持在 90.0 % 以上，并且成活后，生长良好，如表 11－7 所示。

表 11 -7　“河南辛夷”商品基地连年造林成活、生长情况

造林年度(a)	造林总株(万株)	成活株数(万株)	成活率(%)	造林面积(亩)	树高(m)	胸径(cm)	冠幅(m)
1988	78.0	71.3	91.4	19 000	3.2	4.6	1.44
1989	49.5	47.0	94.9	12 750	2.2	3.1	1.08
1990	37.3	35.1	94.1	9 500	1.5	2.1	0.64
1991	34.9	34.1	97.7	9 000	1.1	1.0	9.36
合计	199.7	187.5	94.53	50 250			

注:调查地点为鲁山县熊背乡。截干造林。1986 年,黄桂生等提供材料。

如果水源较近,可及时浇水,确保苗木成活。特别是大苗时,灌溉更为重要。栽植时,应随起苗随栽,尽量做到少伤,或不伤根系,根系要蘸泥浆,避免风吹、日晒,或长期运输。如需假植,时间不要过长。假植后要浇水。浇水后再覆一层土,以防苗木周围低洼积水,或风害而影响成活率。

3. 大树移栽

3.1　大树挖掘、包装和运输

大树移栽要掌握随挖、随包、随运输、随栽植的原则。移栽时期,以 11 月中旬至翌年 3 月中旬为宜,如表 11 -8、表 11 -9 所示。带土移栽望春玉兰时,所带土球的大小,以单株的大小而定。一般移栽 5 年生左右的植株,土球约 50.0 cm × 50.0 cm × 50.0 cm 为宜;10 年生左右的树木,土球以 0.7 ~1.0 m^3 为佳。带土树木的土球,要用草绳包扎,以防泥土松散,影响移栽的成活。包扎方法是:先用草绳将土球全部固定后,再在土球腰间打上一道腰箍,使土球坚固不散,以防包扎时土块松散。腰箍宽度达土球绑捆厚度的 1/3 左右。腰箍打好后,从四周向土球底部挖土,随挖、随断根(断根时,切勿使土块松散下落)、随包扎。包扎时,以用草绳包扎的方法为宜。裸根栽植的望春玉兰大树,在挖掘时,勿伤过多的侧根和细根,运输和栽植时,勿伤根系,过长的侧根要进行短截。截时,伤口要平滑。同时,严防运输时,使树木失水过多,影响成活。因此,在运输过程中,要采用防止水分过度蒸腾的措施,如洒水,或用帆布篷盖起来等。

表 11 -8　栽植时间对望春玉兰成活、生长的影响

栽植地点	栽植时间	栽植总数(株)	成活数(株)	成活率(%)	第一年着花率(%)	胸径(cm)
建设路	11 月中旬	227	210	92.5	31.5	6.0
市委院	11 月下旬	127	113	91.4	7.0	5.5
建西游园	3 月中旬	30	20	66.7	3.0	5.5

注:栽植地点为河南平顶山市。赵天榜 1990 年调查材料。

表 11－9　移植方式对望春玉兰成活率及当年生长影响

栽植地点	栽植时间	栽植方式	成活数（株）	成活率（%）	栽后管理	新枝生长量（cm）
市委院	1989 年 11 月	带土球，侧枝回缩	342	91. 9	及时浇水	56.0
建设路	1989 年 11 月	带土球，侧枝回缩	30	91.4	及时浇水	65.0
建西游园	1990 年 3 月	裸根定植	137	66.7	及时浇水	30.0

注：栽植地点为河南平顶山市。赵天榜 1990 年 10 月调查材料。

从表 11－8 及表 11－9 看出，无论是初冬带土移栽，或早春裸根截枝移栽，成活率可达 90.0% 以上。1992 年观察结果表明，第一个夏季抽枝生长情况看，大枝回缩后，休眠芽萌发后，当年生新梢长度比不回缩的当年生新梢长度有所增加，并且叶片大，叶色深绿有光泽；第二年呈现玉蕾，第三年春开花，第三年基本形成树冠。由此可见，望春玉兰大树带土栽后，进行主枝回缩，可促使侧枝萌发，加速树冠的形成，是目前最好的栽植方法。

此外，必须说明的是：栽植望春玉兰大树时，不带土球，或在包扎、运输、栽植时，土球散开，是造成望春玉兰大树栽植成活率过低的主要原因，应加注意和防范。例如，2004 年，原河南正昊风景园林设计有限公司移栽的胸径 10.0 cm 左左的望春玉兰，因在运输中土球松散，栽后成活率不足 30.0 %。同年，原河南新郑林业高新技术试验场移栽的胸径 10.0 cm 左左的望春玉兰，由于裸根运输，又无采取防止水分散失的措施，栽后成活率不足 20.0 %。

3.2　栽植与管理

大树移栽前，必须按规定挖好植穴。植穴大小，应大于栽植树木根系大小，深度应深于大树干基部 30.0 cm 左右，大树运到后，用吊车吊起来，对准位置进行填土封穴，切勿用人工绳拉，以免伤根过多，或土球散开。大树封土后，灌足水密封。在灌水过程中，逐渐将穴封满、封严。然后，用草绳将树干缠绕起来，以防碰伤，并减少水分蒸腾，保证成活。

大树栽植后的当年春季和春末夏初，天气特别干旱、空气相对湿度低，为保证移栽成活，必须及时进行大水灌溉 2～3 次；还应根据具体天气进行适时喷水，增加周围空气相对湿度，减少水分蒸腾，必要时，要进行输水、输液（1.0% 糖水）工作，利于移栽树木成活和生长。

为了确保大树栽植成活，近年来全国各地采用筑台、堆土、高栽技术（栽植位置确定后，在 3.0～5.0 m 范围内，或者更大范围内，用土堆成高 1.0～1.5 m，移栽树木放置后，用土堆成大土丘，支架固定住大树），栽后搭荫棚，并进行喷水，增加空气相对湿度，效果良好。目前，这一技术已得到普遍推广应用。望春玉兰大树移栽后生长情况，如图版 100：11 所示。

第六节　抚育管理

为了提高造林和大树栽植成活率，加速林木生长，及时进行抚育管理具有重要作用。俗话说："三分栽植，七分管"，管是关键。植树以成活为标准。所以，栽植后当年抚育管理的主要任务是为苗木，或大树成活创造适宜的土壤和水分条件。造林成活后，及时进行中耕、除草、施肥、灌溉、防病虫害等措施。为加强望春玉兰幼树生长提供好的环境条件，其中水、肥是决定幼树速生的主导因子。抚育管理的主要措施如下。

一、除萌、抹芽

望春玉兰栽植后,为了获得通直的树干,增加美观性,通常在栽植后进行平茬。平茬后,翌春常从地面处萌发出很多萌芽,影响主干生长。为了保证培育出主干通直、圆满,并具有一定高度的主干。一般应在芽萌发后、枝条未木质化前,选留一个生长健壮、发育良好的萌芽,其余全部抹去。也可根据具体情况,适当留选 3 ~5 个萌芽,以培育多干的观赏型树木,或矮化栽培的植株,增多“辛夷”产量。抹芽主要是对一些苗干上侧芽萌发过多,影响主干生长的树木所采取的一种抚育措施。抹芽时间,主要是在栽植后当年内常在侧芽萌发后、尚未木质化前进行。抹芽方法,常把苗干上中部以下的幼芽全部抹掉,上部的萌芽,一般每隔 3 ~5 芽再抹去 5 ~7 个,以促进主干向上生长,避免“卡脖”现象出现。

为了培育主干通直、丰产的树形,应在苗干侧芽萌发前,将苗干顶部侧芽发育较差的秋梢截去,等侧芽萌发后,选留靠近顶端 1 ~2 个健壮芽留下,其余逐年按一定层间距,配备成通风透光、分布均匀的主侧枝,以便培育疏散分层的丰产树形。

二、中耕、除草

中耕、除草是林木抚育管理措施中的重要内容。中耕的目的在于破碎表土,切断毛细管,减少地表水分蒸发,改善林木土壤透水和通气性能,利于土壤微生物活动,为林木良好生长发育创造条件。中耕次数,依具体条件而定。除草可以改善土壤水分和养分状况,减少杂草吸收水分、养分,利于林木生长。特别是茅草,或杂灌丛生的林地,及时消灭茅草和杂灌,是加速林木生长的重要措施之一。

三、灌溉、施肥

水和肥是决定望春玉兰速生、丰产的主导因素。因此,在人工林的栽培管理中,施肥和灌溉是一项重要的技术措施。

灌溉是人为改良土壤水分状况,满足林木生育所需要水分的有力措施。特别在干旱地区,适时灌溉对于提高栽植成活率和林木生长发育具有决定性的作用。渠道、河旁、沟岸栽植,通常成活后,一般不需要灌溉。所以,该地段栽植望春玉兰等经济树种,具有广阔的前途。据调查,灌溉及时的林木,20 年生的望春玉兰平均树高 14. 8 m,平均胸径 24. 1 cm,而无灌溉的树木平均树高 12. 1 m,平均胸径 14. 7 cm。灌溉量、灌溉时间和次数,一般根据林木年发育规律和当地降水条件,多在速生期前和速生期间灌溉 2 ~3 次,对于加速林木生长具有特别重要的作用。

施肥是改善林地营养状况和提高土壤肥力的重要措施之一。为了获得望春玉兰速生、丰产,作者曾对河南禹州市顺店乡谷北大队于 1972 年在沙滩地上营造的望春玉兰人工幼林进行了调查。调查结果表明,施肥的望春玉兰 10 年生平均树高 7. 1 m,胸径 18. 5 cm,冠幅 5. 9 m;无施肥的树高 2. 0 cm,胸径 3. 2 cm,冠幅 1. 8 m。施肥是加速望春玉兰林木生长,提高“辛夷”产量的重要措施。但是,在我国现实条件下,林木栽培不可能全面采用施肥措施。为了提高土壤肥力,加速林木生长。采用掩青和实行林粮间作可获得良好效果。

四、玉兰属植物灾害防除

玉兰属植物病虫害及自然灾害防除，见第十章玉兰属植物灾害防除。

五、全面垦复

河南鲁山县经过1988～1991年连续4年的大量造林，面积迅速扩大，但由于发展过速，管理不及时，林地普遍出现了荒芜现象。为了加速林木生长，对望春玉兰幼林进行了垦复试验，取得了明显效果，并在生产上应用推广。1989年后，实行"造管并重，随造随垦"的方法，并提出"以耕代抚，以农养林"的要求，保证了幼林的正常生长。现将该县"河南辛夷商品基地"进行了全面垦复试验。试验结果列于表11－10。

表11－10　望春玉兰幼林垦复效果调查表

造林年度(a)	造林面积(亩)	垦复面积(亩)	垦复率(%)	未垦复			垦复		
				树高(m)	胸径(cm)	冠幅(m)	树高(m)	胸径(cm)	冠幅(m)
1986	10 500	7 000	66.7	3.9	6.5	2.89	5.7	10.0	7.84
1987	19 850	15 000	75.6	2.8	5.5	1.96	4.7	8.0	4.00
1988	19 000	15 500	81.6	2.3	3.1	1.21	3.4	5.0	2.25
1989	12 750	11 000	86.3	1.9	2.0	0.81	2.4	3.6	1.69
1990	9 500	9 000	94.7	1.4	1.6	0.49	1.8	2.4	1.00
1991	9 000	8 500	94.4	1.0	1.0	0.25	1.2	1.6	0.36
合计	80 600	66 000	81.9						

注：调查地点鲁山县。1986年，黄桂生等提供材料。

六、人工林

河南南召县和鲁山县在县政府各级部门领导下，在两县不同立地条件下营造大面积腋花玉兰、'桃实'望春玉兰人工林，如图版108所示。两县多年来大面积营造林在提高"辛夷"年产量和质量、改善自然面貌、加速当地经济发展、提高群众物质和文化水平方面发挥了巨大作用。

第七节　望春玉兰幼树树体结构

望春玉兰是我国特用经济树种之一。目前，因管理粗放，致使望春玉兰树体紊乱、成蕾年龄迟，"辛夷"产量低、质量差等不良现象非常普遍。为了加速望春玉兰幼树生长，提高"辛夷"年产量和质量，我们进行了望春玉兰幼龄树体结构规律的研究，获得了一些宝贵资料，现整理如下。

一、研究内容与方法

本研究以河南禹州市顺店乡谷北村的 1 250 株望春玉兰的 9 年生幼树为研究对象。其研究内容与方法如下。

1. 树体结构类型划分

以望春玉兰中央树干明显与否、分枝习性、枝角大小、枝条数量、叶片面积、透光情况、成蕾年龄迟早为根据，进行归类，提出划分各类树体结构的标准。

2. 树体结构调查

在各类树体结构归并后，选择具有代表性的标准株，进行树体结构的调查，如树高、干周、冠径，以及各层侧枝数目和分布状态、枝角大小、数量、叶量及层间距、根系、生物量、光照强度、蒸腾强度、土壤含水率等。

2.1　枝、叶调查

在选择的标准株上分上、中、下三层进行标准枝条数量、叶面积、叶量、枝角大小和层间距等测定。

2.2　根系调查

以树干为中心，分别按层次（每层 20.0 cm）和水平距离（20.0 cm）进行根系的垂直和水平分布调查。其方法：采用 20.0 cm × 20.0 cm × 20.0 cm 的土块，取出用水冲洗后，将根系烘干、称重，按比例绘制根系分布图。

2.3　光照强度测定

用 ST－11 型光照计，按树体结构类型，在树冠上、中、下三层设点，从 06:00～18:00，每 2 h 测定光照强度 1 次，重复 5 次。

2.4　蒸腾强度测定

采用 1/1 000 分析天平，选取标准枝上的第 5～7 片叶，立即称重，5 min 后再称重一次。测定时间：6:00～18:00，每 2 h 测定 1 次。最后，用方格法计算叶面积，求出每样品的蒸腾强度。

2.5　数据处理

测定数据，按统计计算法进行。

二、树体结构规律

1. 树体结构

望春玉兰幼龄树体结构与功能是分不开的，研究其树体结构规律必须了解它的构成。为了研究方便，先将望春玉兰幼龄树体结构分为 3 层。

1.1　光合层

光合层（冠层）是指树体结构中最上面的一层，包括所有的绿色叶片、中央主干、侧枝及小枝。在枝条稠密情况下，冠层表面接受阳光全部，中部次之，下部及内部则光照较少，通常光照强度小于 10 000 lx。该层厚度一般随树龄不同而异。9 年生的望春玉兰冠层厚度多在 4.0～6.0 m，而有很多枝条和叶片。其主要功能是吸收太阳能和 CO_2 进行光合同化作用。

1.2　支架层

该层在光合层之下，为伞状分叉支柱，一方面支持光合层，一方面为上下运输传导。该层在光合层稠密情况下，完全无光。其主要功能是运输水分、矿物质营养及有机物质。

1.3　吸收层

吸收（根层）包括根系、根系周围土壤等。其主要功能是吸收水分和养分、支持地上部分生长发育。

根据上述分层方法，将望春玉兰幼龄树体结构分层中的枝、叶、根、干等调查结果，列于图 11－3 中。

2. 树体结构类型

从调查 1 250 株望春玉兰幼龄树体结果，根据其枝条分布状态、主侧枝多少、枝角大小和自然类型不同，将其树体结构归结为以下 3 种类型。

2.1　疏枝型

该类型的树体结构有明显的中央主干，主、侧枝排列方式为 4:2:1，呈交互排列，层次明显，层间距 0.8～1.2 m，枝角 60°～30°，构成主干直、枝角大、透光良好的树体结构。

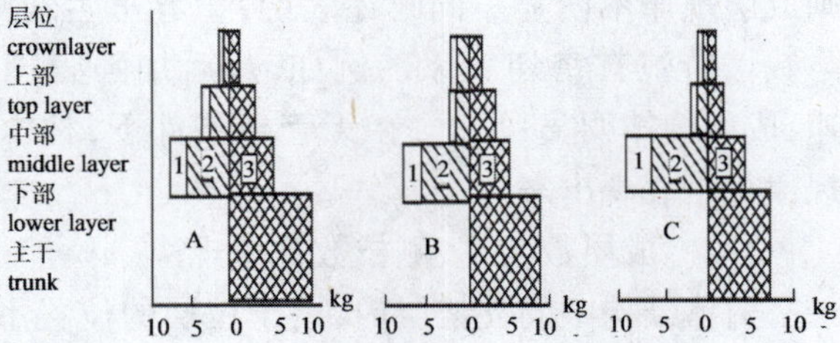

图 11－3　望春玉兰幼龄树体结构示意图

A. 密枝型；B. 疏枝型；C. 自然开心型

1. 叶干重；2. 枝干重；3. 树干干重（选自赵天榜等. 1990.《河南林业科技》）。

2.2　密枝型

该类型有较明显的中央主干，主、侧枝数常达 10 个以上，分 2～4 层，大部分侧枝都集中在第一层，枝角 50°～70°，构成树冠浓密、枝层不清、光照不良的密枝型树体结构。

2.3　自然开心型

该类型在主干达到一定高度（约 1.0 m）后，中央主干不明显，主、侧枝 4～6 个，枝层不明显，枝角 70°～80°，构成树冠开张、枝角大、透光良好的自然开心型树体结构。

河南禹州市顺店乡谷北村栽植的 9 年生望春玉兰幼树体结构干、枝、叶重量等调查材料，如表 11－11 所示。

表 11－11　望春玉兰幼龄树体结构主要类型

结构类型	枝角	冠幅（m）	层间枝数比	1 年生小枝干重（g）
疏枝型	60°～80°	4.95	4:2:1	4.95
疏枝型	50°～70°	4.05	9:2:1	6.24
自然开心型	70°～80°	5.35	5:0	5.35

注：1983 年，赵天榜及杨凯亮等提供材料。

表 11－11 材料表明，疏枝型与自然开心型的树体结构是望春玉兰丰产树形。

3. **树体结构规律**

3.1　成层规律

成层规律是指树体结构中支架层随着树高生长，侧枝在中央主干上成层分布。望春玉兰为速生树种，幼龄期间一般年高生长量达0.7～1.5 m，并在其顶部抽发3～5个近似轮生状的侧枝，构成一层，年复一年，使中央主干上侧枝表现出成层的现象。这种现象，通称“成层规律”（见图11－4）。根据调查，望春玉兰幼树成层规律与年高生长量具有明显的相关性，即年生长量越高，成层规律越明显：反之，年生长量越低，则成层规律不明显。同时还表明，望春玉兰幼龄树成层规律与栽培措施有密切关系。例如，栽后加强管理，树木生长迅速，成层规律明显；反之，在无管理条件下，林木生长弱，成层规律很难表现出来。

图11－4　望春玉兰幼树成层性规律（赵大榜摄影）

3.2　成层数与主、侧枝数分布规律

树体结构中的支架层内，由于枝层的位置不同，其侧枝分布规律则有明显不同，即从下部向上部的枝层内侧枝呈现出递减规律。例如，疏枝型的望春玉兰9年生树上的侧枝，在中央主干的分布呈现为4:2:1，密枝型为9:2:1；平枝型为7:6:6。同时表明，即使是同龄植株同为第一层的侧枝数目也有差异，如密枝型第一层侧枝为12个，疏枝型为4个，平枝型则为7个。

3.3　层枝数与光照强度的关系

望春玉兰9年生树上的各枝层的主侧枝数变动很大，最多的达12～15个，最少的仅有3个，一般为5～8个主侧枝。侧枝数的多少对望春玉兰树体结构中光线的分布影响很大，如图11－5所示。

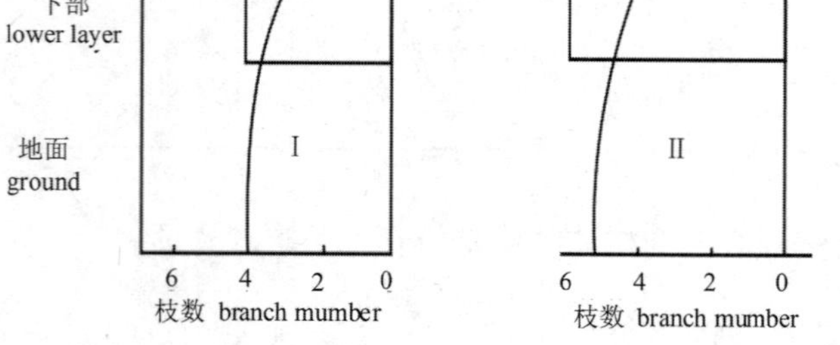

图11－5　9龄望春玉兰冠层内侧枝数与光照强度分布关系

Ⅰ. 平枝型；Ⅱ. 密枝型（选自赵天榜等. 1990.《河南林业科技》）。

从图11－5可看出，平枝型的望春玉兰9年生树上有8个新的侧枝，第一层具4个主侧枝，且层间距大，第二、三层各为2个新的主侧枝，因而光照充足、分布均匀。据测定，树冠下光照强度平均为28 000～35 000 lx，基本上可以满足小麦在生长发育期间对光照的需要。密枝型具13个主侧枝，第一层具6个新的主侧枝、第二层4个新的主侧枝、第三层3个新的主侧枝。由于冠层层间距小，主侧枝斜直生长、小枝多、叶片多，因而冠下光照强度较小，仅平均为2 000 lx，影响小麦等作物生长。

3.4　枝角与光照强度的关系

枝角是指中央主干上主侧枝着生的角度，是决定望春玉兰树体结构的主导因子，且与冠幅大小、叶片数量与分布、冠内光照强度等因子密切相关。尤其是枝角与冠内光照强度的变化更密切。据测定，望春玉兰由于侧枝的枝角不同，其冠内光照强度则有明显的差异，如图 11－6 所示。

从图 11－6 可看出，3 号树第一层侧枝枝角为 50°时，光照强度在树冠上、中、下三层的分布分别为：56 000 lx、25 600 lx、18 000 lx，冠下光照强度仅为 1 500 lx；4 号树第一层侧枝枝角为 70°，在树冠上、中、下三层的光照强度分别为：60 000 lx、37 000 lx、32 000 lx，其冠下则为 3 000 lx。

由此可见，开张枝角是增加树体结构中光照强度，提高“辛夷”产量和质量的主要技术措施之一。

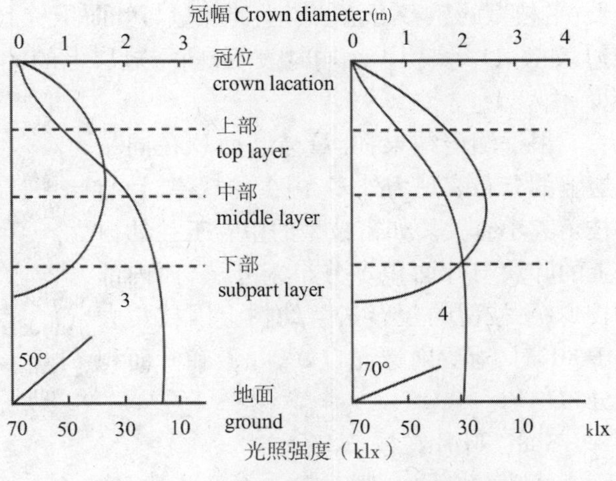

图 11－6　望春玉兰枝角与光照强度分布规律

3 号树：枝角 50°；4 号树：枝角 70°（选自赵天榜等. 1990.《河南林业科技》）。

3.5　枝量分布规律

望春玉兰幼树树冠多为卵球状，侧枝从下向上逐渐减少，因此枝量分布也呈现出从下向上逐渐递减的分布规律。根据调查表明，这种分布规律与植株自然类型、树体结构等因素密切相关。平枝型的望春玉兰树冠上、中、下三层枝量比例较小，仅为 3:1:1；密枝型为 5:21，如图 11－7 所示。

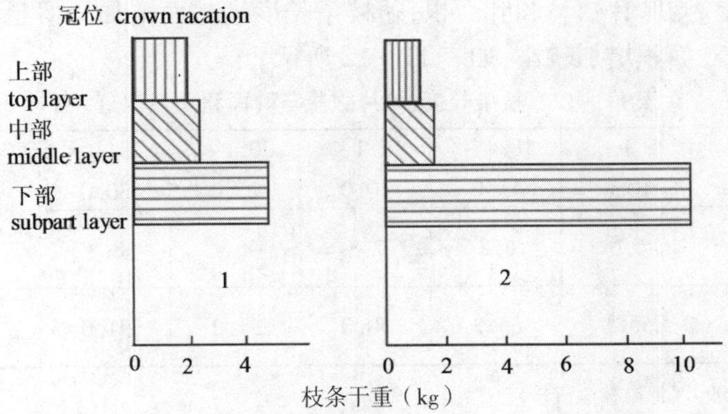

图 11－7　望春玉兰枝条干重垂直分布规律

1. 密枝型；2. 平枝型（选自赵天榜等. 1990.《河南林业科技》）。

3.6　枝角与叶面积

调查表明，望春玉兰幼树上侧枝枝角不同，其叶面积分布也有显著不同，如枝角 60°左右的植株，树冠上部叶面积占总叶面积约达 1/2；枝角 80°左右的植株，其树冠上部叶面积约占总面积的 27.0 %。

3.7　冠层内叶片分布规律

望春玉兰幼树上叶片分布也呈现出规律性变化。如叶量与叶面积从树冠上层到下层逐渐增大,但增大幅度因植株自然类型和树体结构不同而异。密枝型的望春玉兰幼树上叶片从上层到下层的叶量和叶面积下降较大,约 70.0 % 的叶量和面积都集中在下层枝条上;平枝型的望春玉兰幼树上的叶量与叶面积从上层到下层的下降较缓,叶片的分布较均匀,如图 11 – 8 所示。同时表明,同一冠层上的叶量与叶面积水平分布规律为:外多、中少、内极少。

根据测定结果,叶量与叶面积在同一层上的分布表现为外多、内少的规律,且与枝角大小有关。如密枝型的望春玉兰幼树上的叶量与叶面积多分布于外层,而内部较少;平枝型的望春玉兰幼树上因枝角大于 80°时,冠层内透光良好,叶量和叶面积分布均匀。

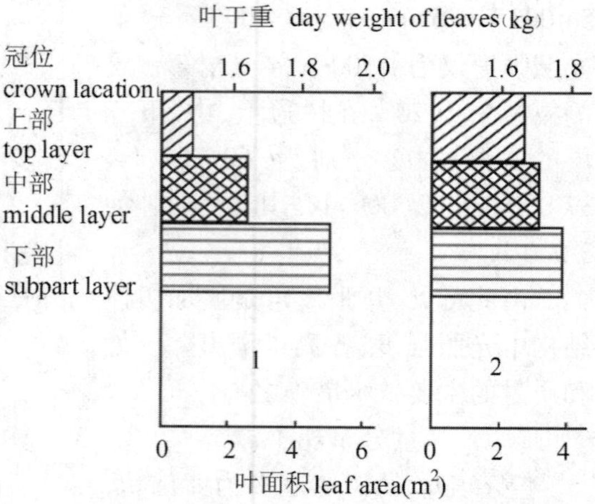

图 11 – 8　望春玉兰叶干重与叶面积分布

1. 密枝型;2. 平枝型(选自赵天榜等. 1990.《河南林业科技》)。

3.8　叶片在枝条上分布

叶片在树体上的垂直和水平分布,均与叶片在当年生枝条上的分布密切相关,调整其叶片分布,是决定整形修剪技术、培育丰产树形的重要依据。叶片及其叶面积在枝条上的分布规律如下:

(1) 叶数、叶面积与枝条长度呈正相关。根据调查,叶片数量、叶面积与枝条长度呈正面相关规律,即:枝条越短,叶片与叶面积越少、越小;反之,则叶片数量和叶面积,随枝条长度增加而增加。但是,枝条长度达到一定时,叶片数和叶面积增加较小,如表 11 – 12 所示。

表 11 – 12　枝条长度、叶片数量与叶面积关系调查

枝条长度(cm)	0 ~ 5.0	5.1 ~ 10.0	10.1 ~ 15.0	15.1 ~ 20.0	20.1 ~ 25.0	25.1 ~ 30.0	30.1 ~ 35.0	35.1 以上
叶片数量(个)	3.8	6.0	6.2	7.8	8.3	8.8	10.0	10.0
叶面积(cm^2)	41.2	56.1	65.2	90.0	91.2	91.0	91.0	91.7

注:选自赵天榜等. 1990.《河南林业科技》。

(2) 叶面积在枝条上分布规律:据调查,同一枝条上叶面积呈现出:短枝呈正态分布,中长枝呈马鞍状分布,长枝呈山峰状分布规律,如表 11 – 13 和图 11 – 9 所示。

表 11－13　叶面积在枝条上分布规律

叶　序	1	2	3	4	5	6	7	8	9	10	11	12
长枝上叶面积(cm^2)	37.2	63.7	81.4	98.6	75.5	107.6	94.9	106.9	138.7	116.4	56.4	38.3
中枝上叶面积(cm^2)	33.8	47.8	69.4	74.1	65.3	68.5	80.0	68.8	41.3			
短枝上叶面积(cm^2)	40.1	80.9	1 158	102.3	68.9	41.3						

注: 选自赵天榜等. 1990.《河南林业科技》。

3.9　蒸腾强度日变化

望春玉兰叶片蒸腾强度变化,是受多因素综合作用的影响。如光照强度、气温、空气相对湿度、风速等。根据测定,一日中,望春玉兰的叶片蒸腾强度随着光照强度与气温等变化而变化,如图 11－10 所示。

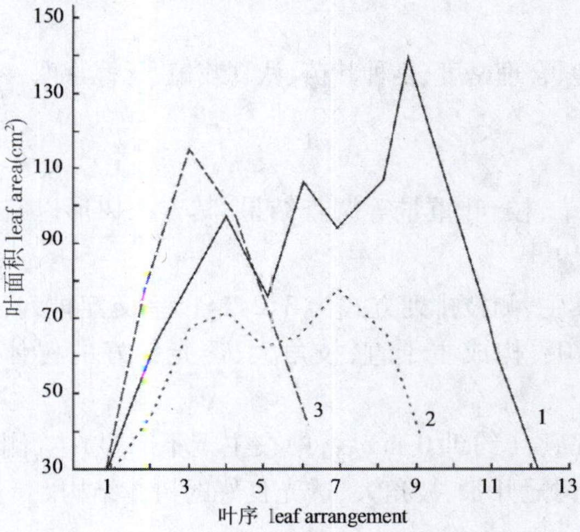

图 11－9　叶面积在枝条上分布规律

1. 长枝;2. 中枝;3. 短枝(选自赵天榜等. 1990.《河南林业科技》)。

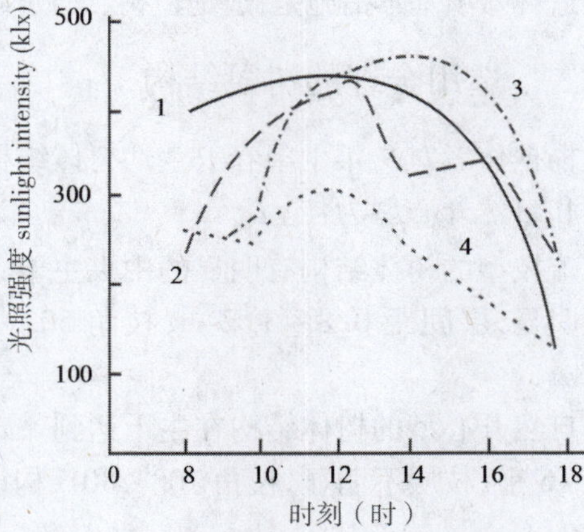

图 11－10　望春玉兰等 4 自然类型叶片日蒸腾强度变化

1. 疏枝型;2. 密枝型;3. 平枝型;4. 腋花玉兰型(选自赵天榜等. 1990.《河南林业科技》)。

从图 11－10 表明,从 8:00 开始到 18:00 止,以中午 12:00 时光照强度最大,温度也高,蒸腾强度也最高;16 h 以后,由于光照强度逐渐减少,气温和蒸腾强度也随着降低。

根据测定结果,蒸腾强度受树体结构类型影响较大。如平枝型的望春玉兰植株上叶片蒸腾强度最大;腋花玉兰植株上叶片的蒸腾强度最小;密枝型的望春玉兰植株上叶片蒸腾强度,则在日变化中呈现出两个高峰,即:第一个峰值在 12:00,第二个峰值出现于 14:00～16:00。

此外,望春玉兰的光合强度与树体结构类型也有密切关系,并受光照强度的影响。

4. 根系分布

根据调查结果,10 年生望春玉兰幼树根系数量在土壤中的垂直分布与土层有效层厚度呈反相反规律,即土壤有效层越厚,根系垂直分布较浅;土壤有效层越薄,根系垂直分布较深。例如,5 号树的根系垂直分布仅为 0.6 m,而水平分布为 6.0 m,其根系分布深度与树冠高度比例仅为 0.15,水平根系分布与冠径比为 1.52。

望春玉兰幼树根系垂直分布较浅的主要原因是:受地下水位(0.5 ~ 0.8 m)的影响,限制了其根系的垂直分布。同时,在调查中发现,望春玉兰属浅根系树种,主根不明显。在山区其根系多在从地表 0 ~ 0.6 m 有数条侧根向四周水平伸展,根幅 4.0 ~ 6.0 m;平原沙地上的望春玉兰根系分布较深,根系发达。

第八节 丰产树形培养

望春玉兰等是我国特用经济树种之一。目前,因管理粗放,致使望春玉兰树体紊乱、成蕾年龄迟,“辛夷”产量低、质量差等不良现象非常普遍。为了加速其幼树生长,提高“辛夷”年产量和质量。现将其丰产树形培养技术要点,整理如下。

一、严格执行造林六项基本措施

造林六项基本措施是:适地适树、细致整地、合理密度、良种壮苗、认真栽植、抚育管理。

二、选用合理的树冠结构

根据作者对 9 年生望春玉兰幼树体结构干、枝、叶重量等调查结果,其丰产树形以疏枝型和自然开心型为佳。

疏枝型的树体结构有明显的中央主干,其主、侧枝排列方式为 3:2:2:1,呈交互排列,层次明显,层间距 0.8 ~ 1.2 m,枝角 50° ~ 70°,构成主干直、枝角大、透光良好的树体结构。

自然开心型的树体结构在主干达到一定高度(约 1.0 m)后,中央主干不明显,主、侧枝 4 ~ 6 个,枝层不明显,枝角 70° ~ 80°,构成树冠开张、枝角大、透光良好的树体结构。

三、速生丰产树体结构标准

实践表明,速生、丰产的望春玉兰树体结构,应具有以下特点。

1. 低干

低干是速生、丰产树体结构的主要特征之一。凡是“辛夷”年产量达 50.0 kg 以上的望春玉兰单株,其主干高度多在 2.0 m 以下,而树干通直、高于 2.0 m 的单株,绝大多数(90.0 % 以上)植株都是低产的。因此,低干是培育速生、丰产树体结构的主要标准之一。

2. 大冠

树冠大小、侧枝着生的数量和枝角大小密切相关,即:树冠越大,一般条件下,侧枝数目越多,枝角也相应增大;反之,树冠小,则侧枝数目也相应减少,而枝角也小。根据调查结果,树冠越大,侧枝开展,角度大,则二、三、四……级侧枝相应增多,而“辛夷”年产量也随着增加。

3. 腋花品种

凡是腋花玉兰的植株都是丰产的单株。同时,该类型的植株,一般成蕾年龄早、“辛夷”年产量高、丰收期长，且连年丰产。采用嫁接繁殖腋花玉兰植株，当年生即可成蕾，2~3年生的单株可成蕾数50~100个，甚至更多。25年生的单株“辛夷”年产量25.0~35.0 kg。因此，腋花玉兰应是培育速生、丰产树体结构的必要条件之一。

4. 立体结构

立体结构是构成速生、丰产树体的重要内容。只有侧枝适量、分布合理、枝层明显，立体结构，才能通风透光，获得“辛夷”连年丰产、稳产。

总之，凡是速生、丰产的树体结构，必须具有低干、大冠、腋花、立体结构四个标准，缺一不可，特别是幼龄期。

四、培育速生、丰产树形措施

望春玉兰、腋花玉兰速生、丰产树体结构的培育，是多种因素综合作用的结果。其措施是如下。

1. 主枝培育

望春玉兰、腋花玉兰栽植后，加强抚育管理措施，秋末冬初，或翌春萌芽前，距离地面高50.0~80.0 cm的饱满芽处进行截干，促使萌发新的主枝和侧枝。芽萌发后，选1~2个侧芽，促使生成长壮主侧枝，其间距离50.0~60.0 cm，第1主侧枝选留其正南方向，第2主侧枝放在东北方向，与第1主侧枝呈110°左右角着生；第2年秋末冬初落叶后，或翌春（第二年）芽萌发前，按上述措施将直立主干枝进行截干，间距50.0~60.0 m，促使萌发第三主侧枝，且在西北方向，构成三大主侧枝分布均匀的树体结构。其枝角采用撑、拉，或换头办法，使其呈70°~80°角开展，为树冠内膛创造通风透光的环境条件。第3年再在其延长主枝上进行截干，其间距与第三主侧枝相距1.0~1.5 m，促使萌发新枝，然后选留2个主侧枝，构成该树具有5个主、侧枝的丰产树形。

2. 固定骨架

望春玉兰幼树具有年成层性的规律，即每年主枝生长旺盛，且生长量大于0.8~1.0 m，可在秋末冬初落叶后，或翌春萌发前，剪去主枝1/3，促使萌发新的长壮主枝，促使层间距离增大，为其开展的主侧枝角度创造条件。

3. 合理修剪

合理修剪主要措施如下。

3.1 短截

为了提高望春玉兰、腋花玉兰“辛夷”年产量和质量，要分别采取相应的修剪措施，才能达到预期目的。为此，望春玉兰等植株上，长枝进行轻短截，以促进萌发中、短枝；短枝进行中、短截，促进萌发中、长枝；萌发的中、长枝再进行轻短截，培养成蕾枝组。腋花玉兰植株，所有成蕾枝都可进行中、短截，以促进萌发中、长枝。叶丛枝可进行重截，刺激其萌发长、壮枝。

望春玉兰、腋花玉兰摘蕾后相当于对树冠上1年生枝条进行1次短截。短截程度不同，其成枝特点也有明显不同。其成枝类型和数量也存在显著的不同，如表11－14所示。

表 11 - 14　修剪程度对望春玉兰当年生枝条生长的影响

枝条长度(cm)	0 ~ 5.0 cm		5.1 ~ 10.0 cm		10.1 ~ 20.0 cm		20.1 ~ 40.0 cm		合计	
	数量(个)	百分率(%)	数量(个)	百分率(%)	数量(个)	百分率(%)	数量(个)	百分率(%)	数量(个)	百分率(%)
剪去顶芽	40	37.4	37	34.6	28	17.9	2	1.0	288	184.6
剪去 1/2	37	31.4	21	17.8	34	28.2	26	22.0	397	254.5
剪去 2/3	7	12.1	4	6.9	23	21.5	24	41.4	259	166.0
剪到枝基	29	40.3	34	47.2	9	25.0	0	0	156	100.0
不剪	58	47.5	31	25.4	15	29.2	18	14.9	308	197.4

注:按标准枝进行调查。选自赵天榜等编著. 1992.《木兰及其栽培》。

从表 11 - 14 可以看出,修剪程度不同对望春玉兰当年生枝条生长有显著的影响。只剪去顶芽,翌春萌发枝条多呈中、短枝(占 98.1 %),顶芽多为玉蕾;剪去 1/2 后的枝条,翌春萌发枝条多呈中、长枝(占 50.8 %),且生长壮、发育好,形成玉蕾也多;剪去 2/3 后的枝条,翌春萌发枝条很少,多呈长、壮枝,下部多抽细弱枝,且生长、发育不良,形成玉蕾很少;从基部剪去的枝条,翌春萌发枝条 1 ~ 2 枚,且生长细弱枝,玉蕾极少。由此,得出结论:轻短剪,促进萌发中、短枝;重短剪,促进萌发中、短枝;只有短剪适当(1/2),才能促进萌发中、长枝,增加叶面积,提高成蕾数量和质量。

3.2　疏剪

望春玉兰和腋花玉兰的植株上下垂枝均具有生长弱、玉蕾少、生长不良的特点,可根据具体情况进行疏除。大树上蕾枝外移严重,内膛光照不足,枝条光秃,可疏除弱枝、密枝,打开内膛,增加光照,促进萌发长、壮枝,增多成枝、成蕾部位,形成立体枝型,提高“辛夷”产量。疏枝是调整树体结构、增加成蕾枝量、提高“辛夷”产量的重要措施之一。

3.3　回缩

对大树,或老树骨干枝进行重回缩更新,可刺激潜伏芽抽生强壮枝,充实内膛。回缩可以促进更新。回缩的部位、粗度、年龄适宜时,休眠芽则发枝多,长势旺。调查表明,回缩在 5 年生的 3.0 cm 粗枝上,萌发枝一个,长度可达 40.0 cm 左右;胸径 50.3 cm 的百龄大树粗枝短截后,仍然萌发出很多的健壮枝条,很快形成新的树冠。望春玉兰具有萌芽力很强的特性,如图 11 - 11 所示。

图 11 - 11　望春玉兰具有萌芽力很强的特性

1. 胸径 50.0 cm 大树萌芽更新状况;2. 35.0 cm 粗枝萌芽更新状况;3. 粗枝萌芽更新后分枝况(赵天榜摄影)。

3.4 改接低产幼树

高接新优品种对年龄较小的低产树实行改良具有重要意义。高接换头后,可以提高单株"辛夷"年产量和质量。如鲁山县王京生同志采用石人玉兰 Y. shirenshanensis D. L. Fu et T. B. Zhao 作接穗,高接换头的望春玉兰(15 年生),第 3 年单株平均"辛夷"产量达 15.1 kg。

4. **加强管理**

实践证明,短截、回缩、疏枝等一系列修剪措施,虽然可以调节树体长势,增加成枝数量,提高"辛夷"产量和质量,但土、肥、水管理仍是调节树势最根本的措施。特别是长在溪边石砾地及山坡上贫瘠土壤上的树木,加强土壤管理更为重要。

第九节 望春玉兰与农作物间作栽培群体结构

望春玉兰是我国传统的药用和观赏树种之一,为落叶乔木,冠大叶密,树形壮观;花大美丽,香味宜人,寿命长,材质好,是河南豫西伏牛山区荒山绿化、"四旁"造林,以及营造水土保持林、经济林和园林建设中重要的优质、速生用材树种之一。望春玉兰玉蕾挥发油含率达 3.0 %~5.0 %,最高达 7.2 %,还是我国多种香味制品的重要原料之一。

河南南召、鲁山两县是我国"河南辛夷"的主产区,栽培历史悠久,并有丰富的品种资源和栽培经验,为进行望春玉兰的栽培群体结构及其林粮间作的研究提供了非常宝贵的经验。

一、试验地概况

1. **禹州市顺店乡**

试验地位于河南中部平原地区禹州市顺店乡谷北村的沿岸滩地上。该地区气候温和,年平均气温 14.4 ℃,年平均降水量 728.3 mm。土壤为细沙壤土,肥力很差,但灌溉方便,地下水位 1.0~1.5 m,pH 7.2,植被覆盖率很低(<3.0%)。1975 年,选择平坦滩地 2.0 km^2,按 6.0 m × 6.0 m 的栽植密度,采用 1.0 m × 1.0 m × 1.0 m 的大穴整地。整地时,拣出卵石块,每穴施有机肥约 30.0 kg,并与细沙混匀,用 1 年生望春玉兰实生壮苗(高 0.8~1.0 m,地径 1.5~2.0 cm)穴植。栽后,及时灌水,防止牲畜危害,确保栽植成活率 100.0 %。望春玉兰栽植后,按间种作物年限和抚育措施不同,而分为 3 区。

1.1 集约栽培管理区

该区当年秋末冬初在 1/3 的试验地上,进行全面垦复,即深翻 70.0 cm,拣出所有卵石块,整修成宽 6.0 m、长 15.0 m 的大型苗床。从第二年开始,每年在望春玉兰行间种植小麦 Triticum aestivum Linn.、落花生 Arachis hypogaea Linn.、甘薯 Ipomoea batatas (Linn.) Lam.,或油菜 Brassica campestris Linn. 等,结合作物的管理,每年灌溉 5~8 次不等,分别施基肥 2~3 次(每次每亩施有机肥料约 1 000 kg),追肥 5~7 次(每次每亩追施化肥 5.0~7.5 kg)。该区望春玉兰生长良好,9 年生平均树高 6.1 m,胸径 12.1 cm,冠幅 5.6 m,郁闭度 0.7。

1.2　一般栽培管理区

该区当年秋末冬初在1/3的试验地上，进行全面垦复，其基本措施与集约栽培管理区相同，仅间种作物4年，望春玉兰生长较差，9年生平均树高4.1 m，胸径5.2 cm，冠幅2.5 m。

1.3　无抚育管理区

该区为1983年秋末冬初进行垦复区。因在望春玉兰栽后的9年中，没有采取任何一项措施，因而其生长最差。据调查，9年生望春玉兰平均树高2.7 m，胸径3.6 cm，冠幅1.6 m。

2. 南召县云阳镇

该区位于河南豫西南伏牛山区南坡的浅山、丘陵区，年平均气温14.8 ℃，年平均降水量800.0 mm。该区土壤为沙壤土，肥力中等，排灌方便。望春玉兰常栽植在坡基、河旁、路旁及梯田地坎上，行距10.0～15.0 m，株距3.0～5.0 m，树龄9～15年生，树高5.0～10.0 m，干粗10.0～30.0 cm。抚育管理措施，多与间种作物的管理相结合进行。2000年5月28～30日与8月25～30日在南召县云阳镇西花园的河岸旁梯田上进行小麦、玉米等间作作物的调查研究。

3. 鲁山县国营林场

该林场位置为鲁山县国营林场小集林区，靠近沙河，年平均气温14.8℃，1月平均气温0.7℃，绝对最低气温-18.1℃，7月平均气温28.1℃，绝对最高气温42.4℃，年平均降水量824.0 mm，集中在7～9月。全年无霜期215 d。土壤为粗沙土，土壤干旱、瘠薄，保肥、保水能力极差，地下水位<1.0 m，有昭平台北干渠流经林场，灌溉极为方便。该试验区原为沿河沙地刺槐 Robinia pseudoacacia Linn. 人工林，皆伐后经过整地营造河南“辛夷”林面积66.6 km^2。栽植行株距为3.0 m × 1.5 m。植苗选用1年生望春玉兰实生壮苗按1.0 m × 1.0 m × 1.0 m穴栽。栽后及时灌溉，确保成活率100.0 %，并进行农林间作，实行以农代抚措施，确保其正常生长和良好发育。

二、研究内容与方法

1. 望春玉兰生长调查

在不同的试验地段上，选择具有代表性的标准木15～30株，分别确定树龄后，进行每木树高、胸径、冠幅和单株产蕾量的调查。最后，求出平均树高、胸径，或干径（指树干离地30.0 cm处的直径）、冠幅及单株产蕾量。

2. 农田小气候观测

为了解望春玉兰栽培群体及农林间作中小气候的变化规律，在不同的试验区内设置小气候临时观测点。按照要求分别在不同时期、不同时间，进行气温、地温、空气相对湿度、水分蒸发量、土壤含水率，以及光照强度的测定。

3. 小麦及其产量测定

不同试验区，选择具有代表性的小麦 Triticum aestivum Linn. 标准株5～10株，每株在冠下东、南、西、北4个方向以树基为中心，确定不同距离点（以1.0 m为准）进行取样调查。每点取小麦30株，分别测定株高、穗长、穗重、粒数，并测定千粒重等，最后计算每亩产量，并分析望春玉兰冠下小麦生长发育及其产量分布规律，为今后进行大面积的望春玉兰间作提供科学依据。

4. 玉米等作物生长及产量测定

玉米 Zea mays Linn. 的测定，按距树干基部不同距离测定其株高、穗长、穗重，并计算其增产幅度。每次 5～10 株，重复 5～10 次，最后求出所需数据。芝麻 Sesamum indicum Linn.、油菜 Brassica pekinensis（Lour.）Popr. 测定和玉米相同，但每次取 10～15 株，测定其株高、每平方米产量（g），计算亩产量，并有对照。甘薯 Ipomoea batatas（Linn.）Lam. 仅作株产调查，计算出亩产量。

三、研究结果

1. 管理措施对望春玉兰生长的影响

在禹州市顺店乡谷北村小河沿岸的同一细沙滩地上栽培的 9 年生望春玉兰，由于管理措施不同，其生长调查结果，如表 11－15 所示。

表 11－15　栽培抚育措施对望春玉兰生长的影响

抚育措施	林龄（a）	树高（m）	胸径（cm）	冠幅（m）	平均生长量			增长率（%）		
					树高（m）	胸径（cm）	冠幅（m）	树高（m）	胸径（cm）	冠幅（m）
集约栽培管理	9	6.2	12.1	5.6	0.69	1.34	0.62	230.0	462.1	350.0
一般栽培管理	9	4.1	5.2	2.5	0.40	0.58	0.28	153.3	200.1	136.3
无抚育管理	9	2.7	2.6	1.6	0.30	0.29	0.18	100	100.0	100.0

注：赵天榜及杨凯亮等于 1983 年 5 月 28 日调查材料。

从表 11－15 材料可看出，同一立地条件、同龄的望春玉兰栽植后，由于抚育管理措施的不同，则其生长差异明显。所以，栽植的林木，必须采取集约管理措施，这是加速望春玉兰生长的关键技术措施，否则很难达到预期的目的。

2. 望春玉兰等种、品种对其生长与产蕾量影响

为进一步了解望春玉兰等与农作物间作群体内对望春玉兰等 2 种、3 个品种的生长及产蕾量进行调查。调查结果，如表 11－16 所示。

表 11－16　望春玉兰等在间作群体内对其生长与产蕾量的比较

立地条件	名称	树龄（a）	树高（m）	胸径（cm）	冠幅（m）	蕾量（kg/株）	增长率（%）			
							树高（m）	胸径（cm）	冠幅（m）	蕾量（kg/株）
Ⅰ溪旁梯田黏壤土	腋花玉兰	52	20.5	93.4	24.5	187.0	154.9	147.2	181.6	359.6
	望春玉兰	52	20.1	78.0	17.1	104.0	151.1	122.6	125.6	200.0
	‘桃实’望春玉兰	52	13.3	63.6	11.3	100.0	100.0	100.0	100.0	100.0
Ⅱ沿河沙地 50cm深下为黏土	腋花玉兰	10	6.0	13.9	4.2	12.5	111.1	86.9	110.5	403.2
	‘四季’腋花玉兰	10	5.5	11.8	3.4	0.80	101.9	73.7	89.5	254.8
	望春玉兰	10	4.6	11.0	3.1	0.36	85.2	68.8	81.5	116.1
	‘桃实’望春玉兰	10	5.8	13.1	4.0	0.51	107.4	81.9	105.3	164.5
	‘小桃’望春玉兰	10	5.4	16.0	3.8	0.31	100.0	100.0	100.0	100.0

注：赵天榜等调查材料。Ⅰ. 1983 年在南召县皇后乡调查材料；Ⅱ. 1998 年在鲁山县国营林场调查材料。

从表 11 - 16 可以看出，望春玉兰等生长随立地条件而有区别，即使是在同一立地条件下的同龄和同样管理技术下，由于品种不同，其生长也有很大的差异。例如，在黏壤土条件下，52 年生的腋花玉兰比望春玉兰单株产蕾量(1983)高 159.6 %，比'桃实'望春玉兰单株产蕾量(1983)高 259.6 %；在粗沙土壤条件下，10 年生的腋花玉兰比望春玉兰产蕾量高 303.2 %等。由此可见，望春玉兰栽培时，选用优良品种，不仅提高其植株的成蕾年龄，还可以提高其成蕾量，增加经济效益。

3. 望春玉兰与农作物间作群体内小气候观测

3.1 光照强度等的测定

光照强度的测定是在禹州市顺店乡、南召县云阳镇、鲁山县国营林场的人工林中分别进行的。由于试验位置、抚育措施的不同，测定时期也不一致，因此测定结果必然有明显的差异。观测点不同、测定时期不同，而每日都是从 6:00 开始至 18:00 进行的。每 2 h 测定 1 次。测定结果，如表 11 - 17 和表 11 - 18 所示。

表 11 - 17 望春玉兰与农作群体内光照强度等测定

测定时间(时:分)	集约抚育区		一般抚育区		无抚育区	
	光照强度(klx)	透光率(%)	光照强度(klx)	透光率(%)	光照强度(klx)	透光率(%)
6:00	1.0	7.7	3.4	26.2	13.0	100
8:00	19.2	32.0	50.0	83.3	60.0	100
10:00	24.1	29.4	72.0	87.7	82.0	100
12:00	12.7	14.8	67.0	77.9	86.0	100
14:00	20.9	25.5	77.0	93.9	82.0	100
16:00	2.4	11.4	80.0	38.1	21.0	100
18:00	0.7	13.7	3.2	62.7	5.1	100
平均	11.6	19.2	40.1	67.1	49.9	100

注：赵天榜及杨凯亮等于 1983 年 5 月 28 日至 6 月 3 日测定；林分在禹州市顺店乡谷北村沿河滩地；林龄 9 年；栽植密度为 6.0 m × 6.0 m。测定点在树行及株距中间。

(1) 光照强度分配。根据观测结果发现，望春玉兰与作物间作群体内中，光照强度分配具有明显的变化规律。这种变化，是受多种因素、相互作用密切联系、彼此制约的综合结果，如树龄、物候期、树冠大小、栽培密度，以及太阳高度和方位角等。其中，光照强度分配占主导因素，因而也是影响作物生长发育和产量的主导因子。

(2) 抚育管理措施不同，林内光照强度变化。表 18 - 18 材料表明，不同立地条件下，望春玉兰林分内的光照强度透光率有明显变化，即使是同一立地条件下的不同抚育管理的林分内，其光照强度亦大不相同。如集约栽培的望春玉兰林分平均光照强度为 11.6 klx，透光率 19.2 %；一般抚育管理的林分内，光照强度、透光率分别为 40.1 klx、67.1 %；无抚育管理的林分内，则分别为 49.9 klx、100 %。由于集约栽培抚育管理区内的望春玉兰基本达到郁闭，林分光照强度及透光率比较低，间作作物的间作已经停止，而一般抚育管理区和无抚育管理区，还能间种小麦、花生、油菜等。

表 11－18　望春玉兰与农作物间作群体内的太阳辐射分布（透光率）

测定时间(h)	太阳辐射($Mol \cdot m^{-2} \cdot h^{-1}$)	透光率(%)						
		东侧 0.5 m	东侧 1.0 m	东侧 1.5 m	东侧 2.0 m	西侧 1.5 m	西侧 1.0 m	西侧 0.5 m
7:00	0.228	68.6	67.2	68.2	59.2	73.6	61.9	64.7
8:00	1.085	49.2	45.8	51.5	49.1	54.5	49.6	51.2
9:00	1.105	54.6	50.4	56.7	54.2	58.8	54.2	56.1
10:00	3.033	63.2	58.4	64.7	59.9	65.6	61.3	63.3
11:00	4.765	67.8	62.1	61.1	63.1	72.0	66.5	68.4
12:00	1.978	64.1	49.5	68.5	69.0	75.4	68.9	61.0
13:00	5.678	36.9	66.1	80.9	75.1	80.7	61.8	45.5
14:00	5.591	74.9	42.9	80.7	69.4	57.0	46.6	71.9
15:00	5.558	79.5	73.7	75.5	59.8	80.2	74.6	68.5
16:00	3.870	69.6	66.5	73.8	68.2	68.7	54.8	42.8
17:00	2.173	61.9	59.0	65.7	60.1	61.9	56.7	58.5
18:00	1.247	51.6	48.7	54.5	50.6	54.6	49.6	50.8

注：傅大立于 2000 年 5 月 24 日至 25 日在鲁山县林场测定。望春玉兰林分为 1987 年造林，树高 4.5 m，冠幅 2.8 m，栽植密度为 3.0 m × 1.5 m；沿河滩地；7 年后，林分未抚育管理，杂草丛生。测定点在树林中间，距东西树行不同距离处。

（3）不同树龄的树冠下光照强度等的变化。望春玉兰树龄不同，必然要通过它的冠幅大小表现出来。在通常条件下，幼龄期间（5 年生）的望春玉兰树冠较小，枝叶较少，所以光照强度 40 klx，透光率 <50.0 %；随着树龄的增大，冠幅逐渐增大，光照强度、透光率则相应降低，树龄达 25～100 年生时，正是望春玉兰成蕾盛期，生长缓慢，抽生萌壮枝的能力很弱，冠幅趋于比较稳定状态，因而在树冠下的光照强度和透光率，也趋于相对稳定状态，其冠下光照强度为 5.2～8.0 klx，透光率一般达 6.3 %～8.0 %；百龄后，随树龄的增大，树势仍很正常，尚无枯枝焦梢现象出现，因而光照强度和透光率变化不大，如表 11－19 所示。同时表明，10 年生的望春玉兰人工林已不能进行间作。

表 11－19　望春玉兰树龄与光照强度和透光率关系

树龄(a)	树高(m)	胸径(cm)	冠幅(m)	光照强度(klx)	透光率(%)
5	4.1	5.7	2.6	40.0	40.1
10	6.3	15.0	5.9	11.6	19.2
25	8.0	24.0	8.0	8.0	8.0
70	15.3	40.3	14.2	5.2	6.3
120	17.1	60.7	19.7	3.3	4.7
200	19.1	95.0	24.3	3.0	4.3

注：赵天榜及杨凯亮等于 1983 年 6 月 1～5 日在禹州市测定。测定点在树冠投影中间点。

（4）树冠投影面积与光照强度的变化。为进一步了解望春玉兰树冠投影面积的日变化规律，我们选定 10 年生的孤立植株进行了树冠投影面积等日变化的测定。测定结果，如表 11－20 所示。

表 11－20　望春玉兰树冠投影面积、光照强度和透光率测定

测定时间(时:分)	06:00	08:00	10:00	12:00	14:00	16:00	18:00	平均
树冠投影面积(m^2)	7 380	3 450	1 070	8 476	1 160	2 310	7 290	4 419
光照强度(klx)	1 350	10 500	14 000	5 750	8 500	11 000	2 000	7 586
透光率(%)	8.9	18.4	19.2	6.8	10.1	18.3	5.0	12.4

注:赵天榜及杨凯亮等于 1983 年 6 月 1～5 日在禹州市测定。

从表 11－20 看出,在望春玉兰树冠下光照强度日平均为 7 586 klx,透光率达 12.40%,其冠下基本不能满足作物生长发育对光照强度的需要。

3.2　气温、地温等测定

为了解望春玉兰间作群体内气温与地温的日变化规律,作者于 1983 年 5 月 28 日～6 月 3 日、2000 年 5 月 28 日～6 月 3 日及 2000 年 8 月 25～30 日,对望春玉兰不同林分的气温与地温作了测定。测定结果,如表 11－21 所示。

表 11－21　望春玉兰不同抚育措施林分内气温、地温等测定

抚育措施	气温(℃)			地温(℃)					空气相对湿度(%)		蒸发量(mm)	
	日均	13:10	日均降低	10 cm 处	15 cm 处	20 cm 处	日均	日均降低	日均	日均降低	日均	日均降低
集约措施	27.5	32.2	1.9	21.8	21.5	19.8	21.0	4.0	55.7	806	88.3	45.3
一般措施	28.5	33.2	0.9	13.7	22.4	21.3	21.3	2.5	52.0	4.7	173.3	88.8
无措施	29.4	34.5	0	26.1	24.7	24.0	25.0	0.0	47.3	0	195.0	100

注:赵天榜及杨凯亮等于 1983 年 5 月 28 日～6 月 3 日测定。

从表 10－21 材料表明,不同抚育管理措施区的望春玉兰林分内日平均气温、地温、空气相对湿度及蒸发量也有不同变化。其中,以集约栽培区最低,一般管理区次之,无抚育管理区最高。

为进一步了解望春玉兰与农作物间作群体中不同措施区内的气温及空气相对湿度的日变化,现将测定结果,绘于图 11－12、图 11－13。

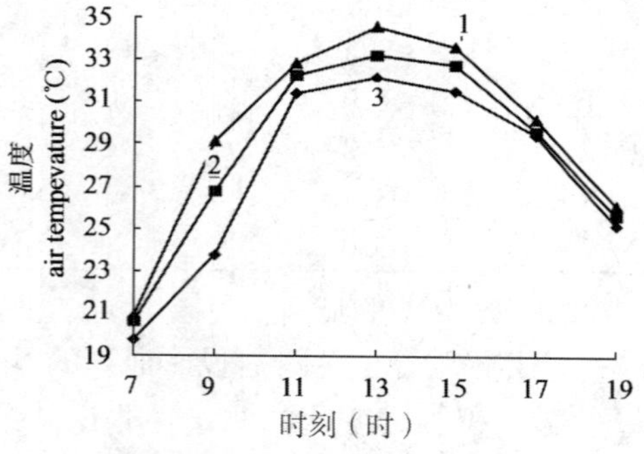

图 11－12　气温日变化曲线

1. 集约管理区;2. 一般管理区;3. 无管理区(赵天榜绘)。

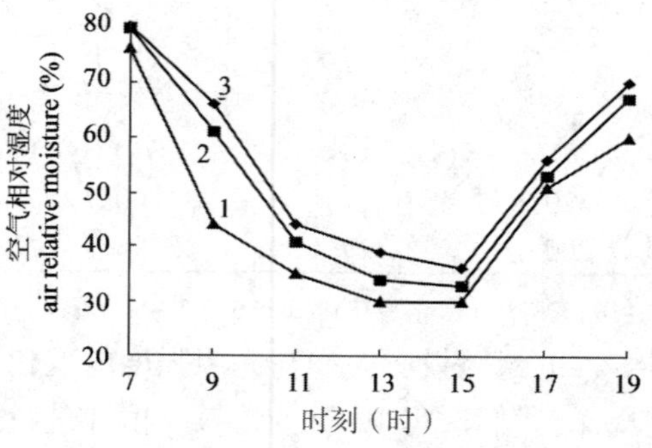

图 11－13　空气相对湿度日变化曲线

1. 集约管理区;2. 一般管理区;3. 无管理区(赵天榜绘)。

4. 望春玉兰间作群体对小麦生长及产量影响

望春玉兰与小麦间作群体，如图版 104:1 所示。

4.1　望春玉兰与小麦间作群体内小麦生长发育与产量的测定

根据调查，立地条件对小麦产量有明显影响，如表 11－22 所示。

表 11－22　立地条件对望春玉兰间作群体内小麦产量的影响

调查地点	调查日期（年－月－日）	土壤种类	望春玉兰生长状况				小麦千粒重		小麦产量	
			树龄（a）	株行距（m）	树高（m）	冠幅（m）	千粒重（g）	减少率（%）	产量（kg）	减产率（%）
禹州市	1983－05－28	沙土	9	6×6	3.8	2.7	32.1	18.5	246.1	3.1
顺店乡	1983－06－01	粗沙土	9	6×6	6.3	5.9	27.1	31.2	90.9	64.2
南召县	2005－05－24	沙壤土	6	4×5	3.5	2.5	11.0	14.4	241.5	7.2
云阳镇		沙壤土	10	5×7	5.7	4.0	34.7	11.7	184.9	50.7

注：赵天榜及高聚堂等在禹州市及南召县测定。

注：本节中望春玉兰包含腋花玉兰和‘桃实’望春玉兰。

表 11－22 材料表明，立地条件好（沙壤土），则望春玉兰生长好，而小麦减产幅度就大。随着树龄的增大，冠幅增大，对小麦千粒重和产量的影响相应明显。望春玉兰栽群内小于 10 年生时，可进行间作。

4.2　望春玉兰间作群体内小麦生长与产量的分布

了解望春玉兰与小麦间作群体结构内小麦生长与产量的分布规律，对于制定栽培措施、选用作物品种，进行科学而合理的间作具有重要意义。

据多年来观察结果，望春玉兰冠下小麦生长、千粒重与年龄成反相关规律，即随着树龄的增大，冠下小麦生长、千粒重和产量也相应降低。

从表 11－23、表 11－24 和图 11－14 可看出，望春玉兰冠下小麦生长、千粒重和产量等，与距树干距离也呈反相关规律，即距树干越近，小麦生长越差，其千粒重和产量越低；反之，随着距树干距离的增加，小麦生长越好，其千粒重和产量也越高。冠下小麦的这种分布规律与树龄密切相关，即在 40 年生以上的大树，其冠下胁地范围一般可达 8.5 m 左右。还调查表明，望春玉兰冠下小麦生长与产量依冠下的方向不同而有区别。一般南北行栽植的望春玉兰其冠下两侧对小麦生长和产量的影响不太显著，而东西行栽植的望春玉兰冠下南北两侧对小麦生长发育和产量的影响比较显著。

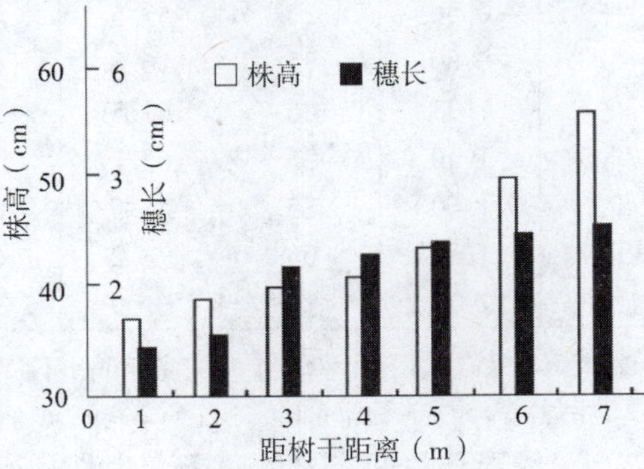

图 11－14　望春玉兰冠下小麦株高、穗长分布

（选自赵天榜等编著．1992.《木兰及其栽培》）。

表 11－23　望春玉兰与农作物间作群体内冠下小麦生长发育与产量的分布规律

距树行距离(m)	株高(m)	穗长(cm)	秆重(g/m)	穗重(g/m)	粒重(g/m)	千粒重(g)	亩产量(kg)
0.5	31.4	1.2	2.4	2.3	1.51	16.8	15.3
1.5	38.4	1.5	5.2	4.7	3.26	20.5	38.0
2.5	40.3	1.8	6.8	6.7	5.43	26.8	45.2
3.5	42.1	2.0	7.0	8.2	6.35	27.2	45.2
4.5	46.3	1.8	7.7	8.6	6.77	27.6	49.6
5.5	45.3	2.0	9.6	9.7	7.40	27.6	58.6
6.5	46.6	1.9	9.8	10.1	8.07	26.4	72.8
7.5	46.4	2.7	10.4	11.0	8.50	30.2	81.9
8.5	49.4	3.0	10.9	13.6	8.98	30.2	90.1
9.5	50.4	3.3	16.1	20.0	15.91	33.3	149.6
10.5	57.1	3.2	20.2	22.5	18.13	33.7	184.4

注:赵天榜及高聚堂等于1983年5月28日在南召县调查材料。望春玉兰树龄9年生株行距6.0 m × 6.0 m,冠幅4.8 m,枝下高1.1 m。

表 11－24　望春玉兰与农作物间作群体内冠下南北两侧距离对小麦生长发育与产量的影响

编号	距树干距离(m)	株数(50cm)	株高(cm)	穗长(cm)	粒数(个/株)	粒重(g/株)	亩产(kg)	千粒重(g)
南6	2.55	52	67.7	5.9	31	8.8	330.7	40.14
南5	1.75	50	67.1	5.6	28	6.4	265.8	52.59
南4	1.25	48	63.4	5.4	29	6.4	260.0	31.74
南3	0.80	43	64.1	5.6	29	5.9	230.8	32.87
南2	0.50	38	61.9	5.7	27	5.5	201.1	33.41
南1	0.30	28	59.6	5.1	21	4.4	134.8	31.78
植株	—	—	—	—	—	—	—	—
北1	0.30	33	52.8	4.2	13	4.7	66.9	23.47
北2	0.50	33	53.5	4.4	13	5.2	74.7	33.00
北3	0.80	35	56.8	4.7	14	5.8	89.7	33.09
北4	1.25	36	62.5	5.4	19	8.8	131.7	33.38
北5	1.40	35	65.7	5.7	25	11.0	171.2	33.55
北6	1.60	35	64.5	6.0	24	11.0	171.7	34.70
北7	1.80	35	93.2	6.0	24	13.0	202.3	36.51
北8	2.25	36	61.9	6.0	24	14.0	198.0	39.09

注:赵天榜及高聚堂等于2000年5月24日在南召县西花园村调查材料。品种'桃实'望春玉兰林。树龄:10年生,平均树高5.7 m,冠幅4.0 m,枝下高2.0 m,东西行:行间距7.0 m,株距5.0 m.。林地土壤:沙壤土。

5. 望春玉兰间作群体对玉米生长及产量影响

望春玉兰与玉米间作群体也是一个重要的栽培模式,如图版104:2所示。为了解望春玉兰间作群体对玉米生长发育和产量的影响,我们于2000年8月28～30日在南召县云阳镇西花园村的山地基部梯田的沙壤土上进行了调查。调查结果,如表11－25和表11－26所示。

表 11－25　望春玉兰与农作物间作群体内冠下玉米生长与产量关系

望春王兰	距树干距离(m)	株高(cm)	穗长(cm)	穗重(g)	增产幅度(%)
树龄 15 a	北 1.0	2.67	12.7	43.8	100.0
株距 5.0 m	北 1.9	2.40	14.7	70.1	160.1
树高 7.2 m	北 2.9	2.20	16.7	97.5	222.6
干径 29.8 cm	北 3.9	2.20	18.3	128.7	293.6
冠幅 6.5 m	北 4.3	2.20	19.0	163.0	372.1
株产蕾 9 440 个	北 5.3	2.13	20.0	170.1	365.8
	北 6.0	2.17	21.6	178.3	407.1
	北 7.1	2.13	21.8	185.5	423.6
	北 8.7	2.19	21.0	190.6	435.1
	北 9.8	2.18	21.7	199.0	454.3
	北 10.7	2.20	20.7	193.4	441.6
树龄 12 a	北 1.6	1.78	6.0	51.0	100.0
株距 3.5 m	北 2.6	2.00	12.1	79.4	155.7
树高 5.1 m	北 3.3	2.12	18.6	131.1	256.9
干径 13.5 cm	北 4.1	2.10	19.0	165.3	324.1
冠幅 4.3 m	北 5.0	2.26	21.0	193.0	378.4
株产蕾 2676 个	南 0.0	2.01	10.4	30.1	110.0
	南 1.0	2.14	12.6	67.4	223.7
	南 1.8	2.22	14.2	98.3	326.6
	南 2.5	2.48	19.8	180.3	599.0
	南 3.3	2.44	20.1	180.7	600.3
	南 3.8	2.67	21.5	190.1	631.3

注：赵天榜及高聚堂等 2000 年 9 月 20 日在南召县西花园村调查材料。玉米株行距 30.0 cm × 60.0 cm。

表 11－26　望春玉兰间作群体内西侧不同距离对玉米生长及产量的影响

距树干距离(m)	西 1.0	西 1.8	西 2.8	西 3.5	西 4.2	西 4.9
株高(m)	1.62	1.81	1.95	2.10	2.10	2.10
穗长(cm)	1.44	18.0	18.7	19.3	20.0	20.4
穗重(g)	90.1	125.3	140.1	170.8	180.6	183.1
增产幅度(%)	100.0	139.1	155.5	189.6	200.5	203.1

注：赵天榜及高聚堂等 2000 年 9 月 20 日在南召县西花园村调查材料。

6. 望春玉兰间作群体对其他作物生长及产量影响

为了进一步了解秋季作物其他作物与望春玉兰间作群体内的效果,作者于 2002 年 8 月在河南鲁山县国营林场的"河南辛夷基因库林"下,对间作的芝麻 Sesamum indicum Linn.(图版 104:3)、落花生(图版 104:4)、甘薯(图版 104:5)与油菜进行了调查。调查结果,如表 11 - 27 所示。

表 11 - 27　望春玉兰与农作物间作群体内油菜等间作调查

调查日期			5月上旬				8月中旬							
望春玉兰			油菜				芝麻				落花生			
树高(m)	胸径(cm)	冠幅(m)	株高(m)	m^2(g)	亩产(kg)	对照(kg)	株高(m)	m^2(g)	亩产(kg)	对照(kg)	株高(m)	m^2(g)	亩产(kg)	对照(kg)
4.10	5.30	2.5	0.73	88.7	35.5	30.4	1.73	106.3	48.9	50.3	35.1	183.3	73.3	53.3

注:望春玉兰为 6 年生;行株距:6.0 m × 6.0 m。林地:沙土。抚育管理措施及时。赵天榜及高聚堂等于 1996 年在南召县西花园村调查材料。

此外,1996 年 9 月上旬,还对望春玉兰林内间种的甘薯进行了调查。调查结果:间种的甘薯每株平均重 0.81 kg,亩产(0.81 kg × 3 055 株)24 750.0 kg,而对照甘薯产量(1.03 kg × 3 055 株)3 146.7 kg。还有林苗间作(图版 104:6 ~ 7)、林下种木耳(图版 104:8)、林下种中药植物(图版 104:9)等。

7. 结论

望春玉兰栽培群体与作物间作经验,归纳如下。

7.1　适地适树

望春玉兰造林,必须选择土壤肥沃、疏松的沙壤土、黏壤土。特别是在山地营造望春玉兰林时,应先修筑梯田后,再进行栽植。特别干旱、瘠薄的沙地,重黏土地不宜选用。

7.2　选择适宜的结构类型

河南南召、鲁山两县的望春玉兰栽培群体主要有 4 种类型:① 以望春玉兰为主的栽培群体,通常采用 3.0 m × 5.0 m 的株行距,在间作作物 3 ~ 5 年后,不再间种,成为以生产"辛夷"为主的经济纯林。② 望春玉兰与农并重的栽培群体,通常采用 5.0 m × 7.0 m 的株行距。一般在 10 年以内进行间作,10 年后随着望春玉兰生长,严重影响农作物的生长发育和"辛夷"产量,而不再进行间种,成为以生产"辛夷"为主的经济林。③ 以农为主的望春玉兰栽培群体,行距通常大于 10.0 m,株距 3.0 ~ 5.0 m,种植作物通常可达 15 年,或更长时间。④ 农耕地上散生类型:农耕地上零星栽植望春玉兰,每亩栽 2 ~ 5 株,以农业生产为主,种植作物通常可达 50 年以上。

7.3　选用望春玉兰等良种

选用望春玉兰等良种,可以提高"辛夷"产量,发展当地经济。河南南召县在进行望春玉兰栽植时,选用腋花玉兰和'桃实'望春玉兰 2 个良种进行单株间栽。前者成蕾年龄早,成蕾多,可提早获得效益;后者 10 ~ 15 年前生长较快,成蕾迟,产量也低;15 年以后,则产蕾较高。两个品种可以互补,并在建立望春玉兰特种经济林时,有特殊的意义和作用。

7.4　选用适宜作物品种

在适宜的密度下,选用适宜作物,是提高经济效益,建立农林混合生态体系的重要措施之一。其中,以小麦、落花生 Arachis Linn.、油菜 Brassica campestris Linn.、豆类[包括大豆 Glycine max(Linn.)Merr.、绿豆 Phaseolus radiatus Linn.]等作物为宜。也有选用玉米间作。近年来,南召、鲁山两县不少的农民,在望春玉兰林分内培育天麻、香菇,饲养鸡、鸭、兔等,也获得了可喜的效果。

7.5　加强抚育管理

加强抚育管理,是获得望春玉兰间作效果的不可缺少的技术措施。如适时施肥、灌溉、中耕、除草、防治病虫害,以及整形修剪疏枝等工作。

第十节　矮化密植与低干大冠栽培

一、矮化密植

为了提高“辛夷”单位面积上玉蕾年产量及经济收益,谢学军进行了腋花玉兰矮化密植栽培试验。经过多年的试验证明,矮化密植栽培经验值得大力推广。其技术要点是:

(1) 选择土壤肥沃、灌排方便的沙壤土地。

(2) 按 1.0 m × 1.5 m 株行距。

(3) 选用腋花玉兰壮苗,大穴栽植。

(4) 加强抚育管理,消灭病虫害。

(5) 培育矮化密植株型。其培育技术要点是:① 腋花玉兰壮苗栽植后,从地面高 50.0 ~60.0 cm 处进行定干,萌发 3 ~4 新枝,并加速顶端直枝生长高度达 70.0 cm 以上,力促下部枝形成玉蕾枝;② 落叶后,采蕾时直立枝在高度达 1.0 ~1.2 m,从壮叶处截断,其余玉蕾枝,从枝基部采摘,利于翌年萌发新蕾枝;③ 按此法连续 3 年可培育成高 1.7 m 的矮化株型;④ 矮化株型的每层不超过 3 个玉蕾枝组,每玉蕾枝组不超过 70.0 cm;⑤ 矮化株型之间的玉蕾枝组不能重叠、不能影响光照。

此外,还要加强水、肥等管理措施和防治病虫等灾害。

二、低干大冠栽培

为了提高“辛夷”单位面积上玉蕾年产量及经济收益,解决采蕾的问题,谢学军进行了腋花玉兰的多年栽培试验。经过多年的试验证明,值得大力推广。其技术要点是:

(1) 选择土层深厚、土壤肥沃的坡地、岗地,或小面积平地。

(2) 按 80.0 ~10.0 m 株行距,实行农林间作。

(3) 选用腋花玉兰壮苗,大穴栽植。

(4) 加强抚育管理,消灭病虫害。

(5) 培育低干大冠植株型。其培育技术要点是:腋花玉兰壮苗栽植后,从地面高50.0 ~60.0 cm 处进行定干,萌发新枝后,及时短截、疏枝,或开张枝角,培养成低干、大冠,高 3 ~5 m的丰产、大冠树形。其冠内及玉蕾枝组不能重叠、不能影响光照。同时,还要加强水、肥等管理措施和防治病虫等灾害。

第十二章　玉兰属植物灾害防除

玉兰属 Yulania Spach 植物的病虫等危害较多。现将主要病害、虫害，以及自然灾害的防治与防除，介绍如下。

第一节　主要病害

一、苗木病害

玉兰属植物主要病害有苗木茎腐病、苗木立枯病。

1. **苗木茎腐病** Macrophomina phaseoli (Maub.) Ashby

1.1　危害病状

受害后的苗木典型病症是“茎腐”。初期，茎基部出现水渍状黑褐色病斑，后迅速蔓延，后导致韧皮部与木质部分离、枯死。拔苗时，仅剩木质部。

1.2　致病病原

由 Mcrophomina phaseoli (Maub.) Ashby 病原引起。它属真菌，在土壤中普遍存在。

1.3　发病规律

病菌以菌核及菌丝在病株残体上，或土壤中越冬。翌年，夏季气温升高，苗木基部灼伤后，诱发该病危害，随土壤温度上升和持续时间增长，发病率逐渐增加，9 月中、下旬停止发病。

1.4　防治方法

(1) 苗木生长期间，适时灌溉，或遮阴、覆草，降低地表温度，减免病菌危害。

(2) 尽量避免在干燥沙土地上进行育苗。

(3) 发病前，每隔 5 ~ 7 d 喷洒 1∶1∶1 的波尔多液进行预防；发病后，及时喷洒75.0 %的退菌特 500 倍液。

2. **苗木立枯病**

2.1　病害症状

幼苗，或苗木受立枯病危害后，表现有：① 种腐型，即骨质种子发芽后，子叶未出土前，就腐烂；② 猝倒型，幼苗出土后，幼茎被害，从地面处腐烂倒状而死；③ 稍腐烂，幼苗出土后，茎、根皮部受害腐烂，使韧皮部与木质部脱离，拔苗木时韧皮部留于土中，木质部拔出。

2.2　致病病原

据报道，引起苗木立枯病的病原菌主要有 3 种：① 立枯丝核菌 Rhizoctonia solani Kühm；② 光孢镰刀菌 Fusarium oxysporum Schl. ；③ 瓜果腐霉菌 Pythium spp. 。

2.3　发病规律

3 种病菌都是土壤中的习居病菌，长期生活在土壤中，平时在土壤中植物残体上腐生，每年4～6月初，遇到合适寄主和潮湿环境便侵染幼苗茎部和苗木根部。腐霉菌和丝核菌的适宜温度是12～22℃及20～28℃，镰刀菌则为20～30℃。在土壤板结、湿度过大时，苗木生育不良，易导致猝倒的发生。

2.4　防治方法

（1）选择好苗圃地，实行病圃与麦专类作物，或与小青杨 Populus pseudo－sinomii Kitagaula 轮作2～3年。

（2）高温、高湿天气适于病菌的发生和危害，可在发病前喷1:1:2的200倍波尔多液，或50.0％的退菌特800倍液，或50.0％的（水剂灭菌灵）200～300倍液，每3～5 d喷1次，可有效制止病害发生。

（3）播种前，不施未腐熟的有机肥料，并进行土壤清毒，每亩可施2.0～2.5 kg的5.0％的五氯硝基苯，拌细土撒入圃地。

（4）骨质种子发芽、幼苗出土后至茎基部木质化前，适当进行遮阴、减少灌溉次数和灌溉量，抑制病菌发生和蔓延危害。

二、叶部病害

1. **玉兰炭疽病** Colletotrichum magnoliae Camara

1.1　危害病状

该病常在叶边缘发生，病斑椭圆形至不规则形，径10～30 mm，灰白色，边缘红褐色至暗褐色，周围常有退色的带，后期病斑正面有轮生无数小黑点，即病原病分生孢子盘。在湿润天气下，涌出污白色至粉红色胶状分生孢子堆。玉兰炭疽病，如图12－1所示。

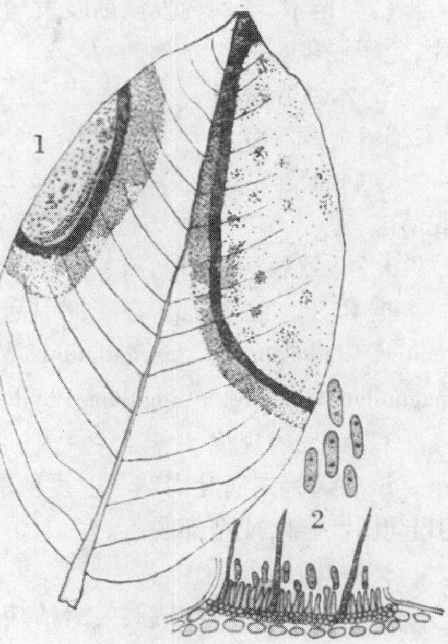

图12－1　玉兰炭疽病 Colletotrichum magnoliae Camara

1.病叶；2.分生孢子盘、刚毛和分生孢子

（选自杨有乾等. 1982.《林木病虫害防治》）。

1.2　致病病原

由木兰刺盘孢菌 Colletotrichum magnoliae Soud de Camora 引起。另一病菌为木兰盘长孢菌 Gloeosporium magnoliae Pass。

1.3　发病规律

以菌丝，或分生孢子盘越冬，靠风传播，从伤口侵入，或直接入侵；侵入后，植株生长不良，叶片发黄；夏秋多雨时，可不断发病，根颈处萌叶上容易发病。

1.4　防治方法

（1）及时修剪病枝和清除病叶，深埋，或烧掉。

（2）加强管理，促进长势，减少危害。

（3）发病初期，喷50.0％的托布津1 000倍液，或1:1:1，或1:2:200的波尔多液，或80.0％的代森锌500倍液，或75.0％的退菌特500倍液，7～10 d喷洒1次，直至9月底。

2. 辛夷点叶病 Phyllosticta magnoliae Sacc.

2.1　危害病状

受害叶片表面有近圆形、边缘隆起的褐色小斑点，斑点径 0.5 ~ 1 mm，多数为 0.5 mm 左右，散生叶脉间，或主脉及侧脉上。由病斑中心顶破表皮，露出 1 个，或 2 ~ 5 个漆黑色隆起的小点——病原菌的分生孢子器。病斑周围变褐色，叶背面对应处变褐色，或不明显，少数病斑及黑点则位于叶背面。

2.2　致病病原

辛夷叶点病 Phyllosticta magnoliae Sacc. 引起。

2.3　发病规律

病菌的分生孢子器在病叶内越冬。7 ~ 9 月雨季时，释放孢子，侵染叶片。一般年份发病不严重。

2.4　防治方法

（1）落叶期间，及时清扫落叶烧之，或深埋，以减少越冬病源。

（2）苗木，或幼树发病前及发病期间，每 10 ~ 30 d，喷 1:2:200 倍的波尔多液，保护叶片，免于浸染。

3. 木兰叶斑病

3.1　病害症状

该病通常侵害木兰属 Magnolia Linn.、玉兰属植物叶片，有时病斑连接，致使叶片干枯脱落。

3.2　致病病原

据 P. P. 庇隆报道，在美洲引起危害木兰属植物叶斑病及木材腐朽病的有：Alternaria tenuis、Cladosporium fasciculatum、Mycosphaerella milleri、Epicoccum nigrum、Exophoma magnoliae、Glomerella cingulata、Phyllosticta cookei、Septoria magnoliae 及 S. niphostoma 等。

3.3　发病规律

该病病菌在病叶内越冬。夏秋季节均可发生，但是高温、多雨、多湿时期，病害严重，引起叶片大部，或全部脱落。

3.4　防治方法

（1）冬季树木落叶后，及时清除落叶，深埋。

（2）发病初期，每 3 ~ 10 d 喷 1 次 1:2:250 的波尔多液，或 65.0 % 的代森锌可湿性粉剂 500 倍液，或 70.0 % 的甲基布托津可湿性粉剂 1 000 倍液进行预防。

（3）也可在生长初期，定期喷铜素杀菌剂，或二硫代氨基甲盐杀菌剂防治。

4. 白粉病

4.1　病害症状

该病主要侵害玉兰属植物叶片、幼枝等，有时病斑连接，致使叶片干枯脱落。首先，在病部出现褐色斑点，病斑中央开始长出白霉，后逐渐扩大，直至全部，或整段枝枝。秋季在白粉层中出现小黑点，有时白粉层消失，有时白粉层与小黑点共有，有时白粉层中无小黑点。

4.2　致病病原

白粉病是由白粉菌目 Erysiphales 中的各种菌引起的。

4.3　发病规律

该类病菌一是在病叶、病枝上越冬，翌年春展叶时，子囊壳破裂，从中释放出子囊孢子危害幼叶、嫩枝。二是以菌丝体在芽内越冬，翌年春在病芽内产生分生孢子危害。白粉病分3种类型：① 耐干旱类型，② 喜潮湿类型，③ 中间类型。其中，以空气相对湿度30 %～100 %，温度在4～32℃均可发生危害，但是高温、多雨、多湿时期，病害严重，引起叶片大部，或全部脱落。

4.4　防治方法

（1）冬季树木落叶后，及时清除病枝、落叶，埋深，或烧去。

（2）发病初期，每3～10 d喷1次1:2:250的波尔多液，或65.0 % 的代森锌可湿性粉剂500倍液，或70.0 % 的甲基布托津可湿性粉剂1 000倍液进行预防。

（3）苗木及林木密度适中，不可太密；④ 在生长初期，用25 % 的1:（1 000～2 000）的液进行防治。

此外，玉兰属植物枝叶，也常遭多种病危害。如丛枝病、褐斑病等危害（图版106:2～4）。

三、枝干病害

1. 立木腐朽病

1.1　病害症状

常见的病症为树皮和边材腐朽；腐朽的心材通常表现为白色腐朽，或褐色腐朽。立木腐朽病的后期，在树干、大枝上，常有木腐真菌的子实体出现。立木腐朽病，如图12－2及图版106:5所示。

1.2　致病病原

① 普通裂褶菌 Schizophyllum commune Fr. 危害多种树木；② Fomes geotropus 和 F. fasciatus 引起心材腐朽；③ 多毛栓孔菌 Trametes hispida Bagl. 及 T. dickinsii Berk.；④ 扁蕈 Ganoderma applanatum（Pers.）Pat.；⑤ 紫韧革菌 Stereum purpureum（Pers.）Fr.。

1.3　防治方法

（1）加强抚育管理，避免树体的各种损伤，如虫蛀、日灼、伤皮、疏枝等，以防病菌从伤口侵入。

（2）疏枝伤口，要及时涂漆、涂白，或3.0%氟酸钠液。伤口消毒防腐后，用水泥填平，以免积水腐烂。

（3）发现病菌子实体后，及时摘除、消毁，病部要采用刮皮、消毒措施。

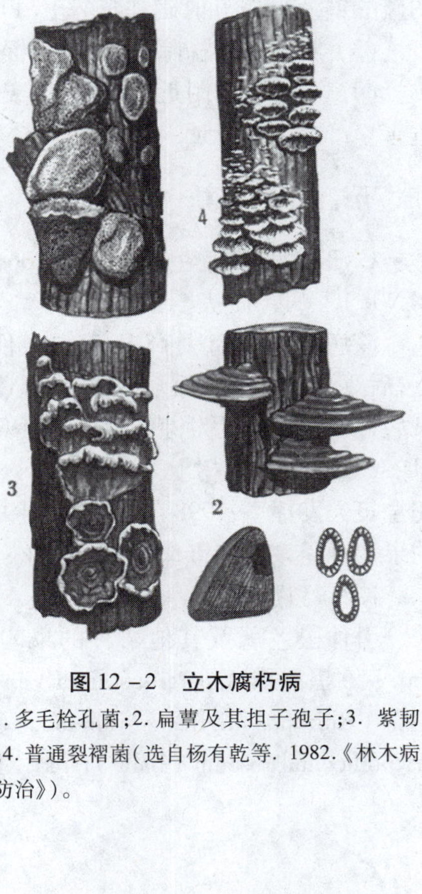

图12－2　立木腐朽病

1. 多毛栓孔菌；2. 扁蕈及其担子孢子；3. 紫韧革菌；4. 普通裂褶菌（选自杨有乾等. 1982.《林木病虫害防治》）。

四、根部病害

1. 根朽病

1.1 病害症状

被害植株的地表根颈外和根部韧皮部外面最初出现斑点状灰褐色、黑褐色病斑，逐渐扩大，韧皮部腐烂，病皮下有白色扇形菌丝片；木质部呈现白色海绵状腐朽；夏秋高温、多雨季节，在腐朽根上有簇状小蘑菇菌（子实体）出现。

1.2 致病病原

引起根朽病的病原菌有 2 种：Armillaria mellea（Vahl.）Fr. 及 Armillariella tabescen（Scop. ex Fr.）Somg。

特别需要提出的是：近几年来，河南南召县群众在望春玉兰树木，或林内栽培木耳等，2～3 年后，其植株根腐病发生，有些植株已枯死。

1.3 发病规律

该病菌由风力传播，从伤口侵入，在根皮内产生黑色菌素，再蔓延邻近树根上危害。病害常在低洼、多湿的地方造成危害。

1.4 防治方法

（1）发现树根上有该菌子实体出现，及时采集，销毁，并在根冠以外处挖环形深沟（1.0 m 以上）施入石灰，或其他农药，进行土壤消毒，防治该菌蔓延他株。

（2）幼树发病后，可在植株周围用穿孔器打孔灌药（1:2:200 倍波尔多液，或 1.0% 的硫酸铜液），施五氯硝基苯药土（1:200）翻入地内进行土壤消毒。

（3）将死的植株除去，进行土壤消毒。

（4）防治植株附近长期积水，或停止栽培香菇、木耳，以免引起根腐，招致病害发生与危害。

五、果实病害

1. 玉兰种实腐烂病　图版 106:6

1.1 病害症状

该病通常 6～8 月高温、高湿条件下发病严重。幼果染病后，果面上形成紫褐色小圆点，后逐渐扩大到果面至果梗；高温、高湿条件下，又出现粉红色黏状物，致使骨质种子感染后，发育不良，无发芽能力。如，1997 年在河南农业大学校园内的玉兰 Yulania denudata（Desr.）D. L. Fu 树上采集约 0.5 kg 骨质种子，因该病危害，果实发育不健全，种皮受害，完全丧失发芽率；1998 年在 10 年生的望春玉兰 Y. biondii（Pamp.）D. L. Fu 树上，采集的果实遭受该病危害率达 100.0 %；骨质种子没有发芽能力。

1.2 致病病原

引种玉兰属及其他树种的果实、骨质种子病原菌主要有：① 青霉菌类 Penicillium spp.；② 黑曲霉 Aspergillus nigra Van Tiegh.；③ 链隔孢菌类 Alternaria spp.；④ 根足霉（黑根霉）Rhizopus nigricans Euremb.；⑤ 镰刀菌类 Fusarium spp.；⑥ 粉红聚端孢霉菌 Trichothecium roscum（Ball.）Link。玉兰种实腐烂病，如图版 113:6 所示。

此外，还有多种细菌引起的种皮霉烂，常使骨质种子烂成糊状。

1.3　发病规律

上述病菌普遍存在空气、土壤、水中、库房里。果实，或骨质种子表面带菌是普遍存在现象。骨质种子伤口有利于病菌侵入，高温、高湿有利于病原菌生长繁殖。

1.4　防治方法

（1）6～7月，发病前，或发病期间，喷洒1∶1∶2的200倍波尔多液，或50.0％的退菌特800倍液，每15～20 d 1次。

（2）骨质种子成熟后及时吸收，避免损伤。

（3）储藏时，骨质种子含水率10.0％～15.0％，库内温度保持在0～4℃，并通气。

（4）骨质种子层积时，用0.5％高锰酸钾$KMnO_4$浸种15～30 min，用清水洗净，沙用40.0％的甲醛10倍液喷洒，闷30 min后摊干，待药味消失后，再与骨质种子混匀储藏。

六、其他病害

危害玉兰属植物的病害还有：① 叶疮痂病，由 Sphaceloma magnoliae 引起；② 藻斑病，由 Cephaleuros virescens Kunze 引起；③ 萎蔫病，由 Verticillium alboatrum 所引起，以及其他病害，如图版106∶2～4所示。

第二节　主要虫害

玉兰属植物主要虫害如下。

一、苗木虫害

1. 蝼蛄类

该类害虫主要为华北蝼蛄 Gryllotalpa unispina Saussure 和非洲蝼蛄 G. africana africana Palisot de Beauvois。

1.1　形态特征

成虫梭状，黄褐色，前胸背板发达，前翅平叠背上，后翅在前翅下面，纵卷成筒状，腹部末端有两根尾毛，前足发达，后足胫上节具刺。华北蝼蛄胫节有1～2根刺；非洲蝼蛄有4根刺。若虫很小。蝼蛄类形态特征，如图12－3所示。

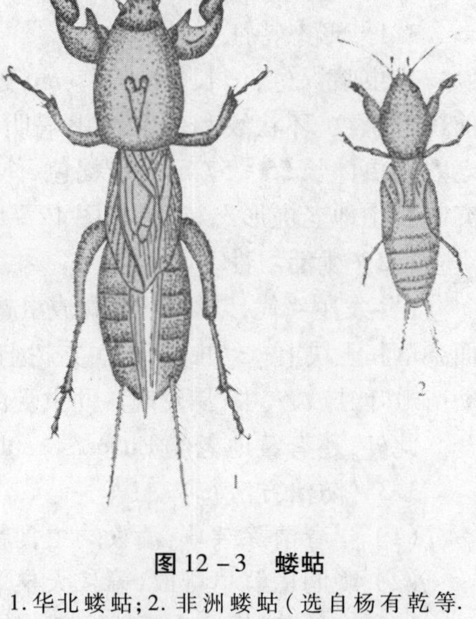

图12－3　蝼蛄

1. 华北蝼蛄；2. 非洲蝼蛄（选自杨有乾等. 1982.《林木病虫害防治》）

1.2　防治方法

（1）施有机肥料时，要充分腐熟。

（2）苗床上发现有隧道时，灌水、滴煤油后，蝼蛄出洞后杀死。

（3）用灯光，或火光诱杀。

（4）用喂毒剂药品，拌毒饵诱杀。

2. **金龟子类**

2.1　形态特征

金龟子种类很多，其形态特征也有明显区别。例如，铜绿金龟子 Anomala corpulenta Motsch 成虫翅鞘铜绿色，具光泽，腹部橙黄色。朝鲜黑金龟子 Holotrichia diomphalia Bates 成虫体黑褐色，具光泽。大黑金龟子 H. morosa serobiculata Brenske 成虫体黑色，无光泽，小盾片上有点刻。幼虫称蛴螬，多在地下取食根系。2 种金龟子形态特征，如图 12－4 所示。

2.2　生活习性

铜绿金龟子 1 年发生 1 代，以幼虫在土壤中越冬。翌年 5 月化蛹化。成虫有趋光性。通常在 5 月下旬至 8 月下旬，傍晚群集危害叶片，以 6～7 月危害最重，常把树叶吃光。幼虫在地下取食植物幼根。朝鲜黑金龟子 2 年发生 1 代，其习性与铜绿金龟子相似。

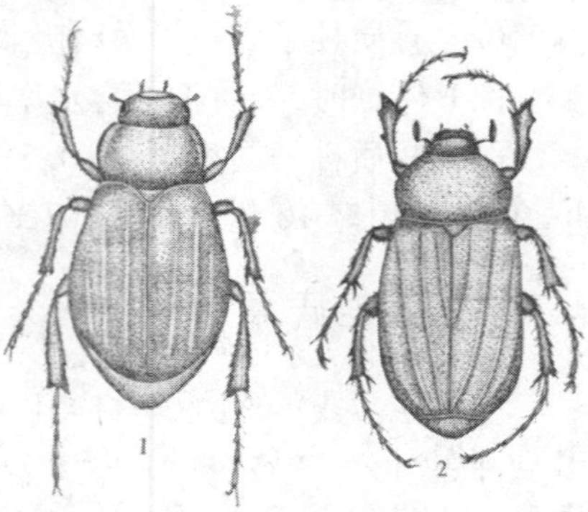

图 12－4　2 种金龟子

1. 铜绿金龟子成虫；2. 黑绒金龟子成虫（选自杨有乾等. 1982.《林木病虫害防治》）。

2.3　防治方法

（1）春季金龟子成虫出土前及出土期间，在树下喷氧化乐果（粉剂），或呋喃丹（粉剂），每亩 1.5～2.0 kg 均匀撒入地表，用耙耧匀即可。

（2）成虫有趋光性，可用黑光灯诱杀，或夜间堆柴放火诱杀。

（3）加除苗圃，或林地管理，消灭杂草，减少成虫产卵机会。

3. **小地老虎** Agrotis ypsilon（Rott.）

3.1　形态特征

成虫暗褐色，体长 19～24 mm，翅展 44～56 mm，前翅肾状纹、环状纹和剑状纹黑褐明显，后翅淡褐色。老熟幼虫体长 55～57 mm，灰褐色，体表密布黑色颗粒突起。小地老虎形态特征，如图 12－5 所示。

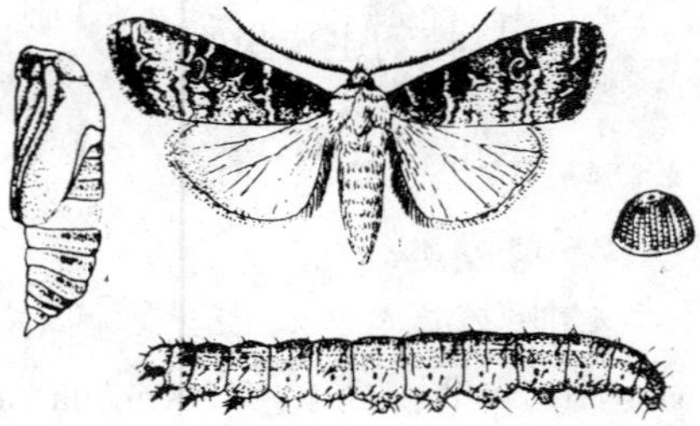

图 12－5　小地老虎 Agrotis ypsilon（Rott.）

1. 成虫；2. 卵；3. 幼虫；4. 蛹；5. 茧（选自张执中主编. 1997.《森林昆虫学》）。

3.2　生活习性

1 年发生 4 代，以幼虫、蛹和成虫越冬。成虫于 3 月出现，有趋光性。雌成虫产卵于地面杂草和土块上。幼虫孵化后，在树上啃皮，或咬成小洞。4 龄后，白天入土，夜晚出来危害幼苗嫩叶，拖入穴中，易发现。幼虫受惊后，将体卷缩作假死状。老熟幼虫在土中化蛹。

此外，还有黄地老虎 Euxoa segetum Schiff. 等。

3.3　防治方法

（1）早春清除杂草，消灭幼虫食料来源和成虫产卵场所。

（2）晚间用鲜草堆放，第二天早上可人工捕杀。

（3）在幼苗、嫩叶上喷 40.0% 的氧化乐果 1 000 倍液毒杀。

（4）灌水后，幼虫出土作假死状，可捕杀。

4. **种蝇** Hylemyia platura Meigen

4.1　形态特征

成虫体灰褐色，长 4 ~ 6 mm，似家蝇 Musca domestica Linnaeus。幼虫蛆状，体长 8 ~ 10 mm，乳白色，头部尖细，尾端钝截，口钩黑色。蛹褐色，圆筒状。种蝇形态特征，如图 12 - 6 所示。

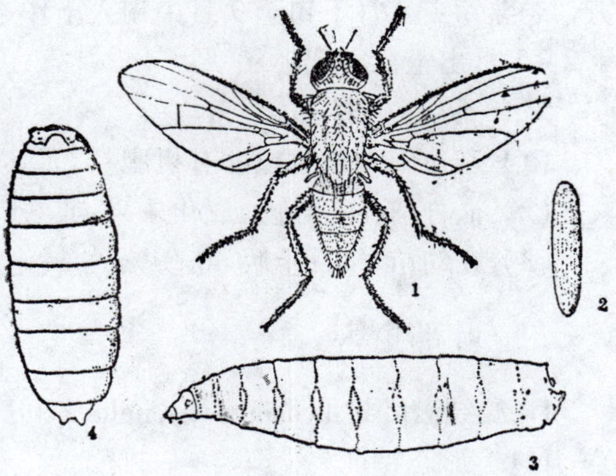

图 12 - 6　种蝇 Hylemyia platura Meigen

1. 成虫；2. 卵；3. 幼虫；4. 蛹（选自山东省林业学校主编. 1992.《森林昆虫学》（第 2 版））。

4.2　生活习性

1 年发生 2 代，以蛹越冬。翌年 3 月成虫羽化，喜在未腐熟的肥料中产卵。幼虫孵化后，咬食子叶、幼芽造成缺苗断垄。老熟幼虫入土化蛹。

4.3　防治方法

（1）避免施入未腐熟的有机肥料，尤其是饼肥。

（2）播种前，每亩施入氧化乐果，或呋喃丹粉 1.5 ~ 2.0 kg，均匀撒入地表进行毒杀。

5. **金针虫类**

金针虫类常见的有 2 种，即：沟金针虫和细胸金针虫。

5.1　形态特征

沟金针虫 Pleonomus canaliculatus Falder. 成虫体深栗褐色，长 14 ~ 16 mm，梭状，全身密被黄色细毛；前胸背板半球状隆起，中央有微细纵沟，鞘翅上有纵沟。幼虫体长 20 ~ 30 mm，扁平，金黄色，背面中央有 1 纵沟，尾端分为二叉，末端稍上弯。蛹体长 18 ~ 22 mm，乳白色，纺锤状。

细胸金针虫 Agriotes fusicollis Miwa. 成虫体黑褐色，有光泽，体长 8 ~ 9 mm，棱状，全身被黄褐色细茸毛；前胸背板不呈球状隆起。幼虫体长 23 mm，淡黄褐色，长圆柱状，尾节圆锥状，近基部两侧有一褐色圆斑，并有 4 条褐色纵纹。

2 种金针虫形态特征，如图 12 - 7 所示。

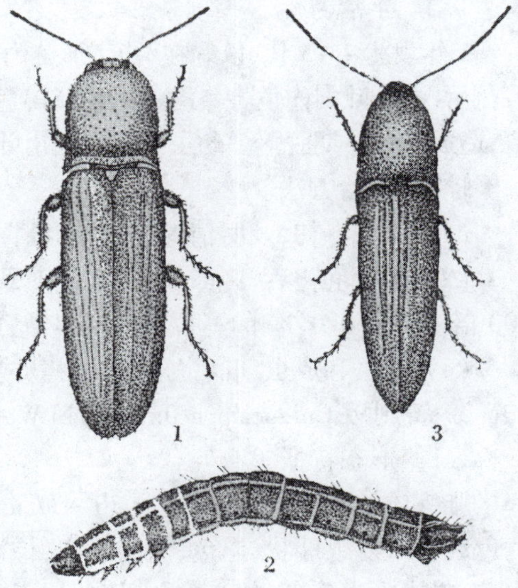

图 12 - 7

1. 沟金针虫成虫；2. 沟金针虫幼虫；3. 细胸金针虫成虫（选自杨有乾等. 1982.《林木病虫害防治》）

5.2　生活习性

沟金针虫 2 ~ 3 年发生 1 代，以幼虫，或成虫越冬。越冬成虫翌年 2 月下旬至 3 月上旬成虫开始活动。白天入土，夜间出土交配产卵于地表土中。5 月上旬孵化。幼虫危害至 6 ~ 7 月入土深处过夏，秋季又出土危害，秋后过冬。越冬幼虫翌年 2 ~ 3 月出土活动危害。老熟幼虫8月下旬至9月中旬入土作室化蛹,9月下旬羽化为成虫在原土室中,待翌年2~3月出土危害。

5.3　防治方法

(1) 避免施入未腐熟的有机肥料,尤其是饼肥。

(2) 播种前,每亩施入氧化乐果,或呋喃丹粉1.5~2.0 kg,均匀撒入地表进行毒杀。

(3) 在幼苗、嫩叶上喷40.0 % 的氧化乐果1 000倍液毒杀。

二、叶部虫害

1. 旋纹潜叶蛾 Leucoptera scitella Zeller

1.1　形态特征

成虫体长约2.8 mm,头、体腹面及足银白色,头顶具1丛竖立的银白色毛,唇无须,触角银白褐色,基部具"眼罩";前翅银白色,近端部2/5处大部分为橘黄色,前缘及翅端有7条褐色纹,顶端呈放射状,前端下方有2个大深紫色斑;后翅披针形,浅褐色,缘无毛,白色。老熟幼虫体长6 mm左右,青白色,稍扁平,节间明显;头部黑色。旋纹潜叶蛾形态特征,如图12-8所示。

图12-8　旋纹潜叶蛾

1.2　生活习性

1年发生4~5代,以蛹在"I"字形茧内越冬。翌年4月中旬成虫羽化,卵散于叶背;幼虫孵化后,潜入叶肉内危害。潜痕为圆形褐色斑,径达10 mm左右,严重时在叶片上有很多虫斑,造成叶片早期脱落。幼虫老熟后钻出叶面作白色"I"字形茧,在其中化蛹越冬。

1.3　防治方法

(1) 秋末冬初,及时清除地面落叶,深埋,或烧去,消灭枯叶上结茧的越冬蛹。

(2) 成虫羽化后,产卵期间,或老熟幼虫作茧期间,喷40.0 % 的氧化乐果乳剂400~500倍液,或50.0 % 的马拉松800倍液,或50.0 % 的杀螟松800~1 000倍液毒杀。

(3) 幼虫和成虫期间,施放寄生蜂,或寄生蝇,消灭其虫。

2. 黄刺蛾 Cnidocampa flavescens (Walker)

2.1　形态特征

雌蛾体长15~17 mm,翅展30~37 mm;雄蛾体长13~15 mm,翅展32~33 mm,体橙黄色;头小,复眼球状,黑色,触角丝状,棕褐色;前翅黄褐色,自顶角有1细斜线伸向翅的中室,斜线内为黄色,外为棕色,翅的棕色部分有1褐色细线自顶角伸向后缘中部,后缘近翅基有1小黄褐色圆斑,中室部分有1黄褐色圆纹,后翅灰黄色。幼虫体壮,头部黄褐色,体自第2节起,各节背线两侧有1对刺,其中第3~4节及第10节尤大,枝刺上有黑刺毛,体的两侧各有9个枝刺,枝刺具毒液。茧椭圆体状,质硬,黑褐色,或灰褐色,具白色纵条纹。黄刺蛾形态特征,如图12-9所示。

2.2 生活习性

1 年发生 2 代,以幼虫在茧内越冬。翌年 5 月幼虫化蛹、羽化,成虫有趋光性,产卵于叶背面。6 月卵孵化后,幼虫群集背叶进行危害,后分散危害。6 月中、下旬至 7 月上、中旬,老熟幼虫在枝上吐丝结茧,化蛹其中越冬。有时,7 月中、下旬出现第 2 代幼虫,危害至 9 月,结茧越冬。

2.3 防治方法

(1) 冬季组织人力,破茧杀虫。

(2) 幼虫群集危害时,用人工摘叶捕杀。

(3) 在幼虫分散危害期间,喷农药毒杀。

(4) 保护益鸟,如大山雀 Parus major artatus T. & B. 等捕食茧内蛹。

(5) 施放天敌——赤眼蜂 Trichogramma sp.,产卵于其幼虫上,在茧内越冬。翌年春季成虫羽化,继续产卵于黄刺蛾幼虫上,给予杀死。

此外,还有白眉刺蛾 Narosa edoensis Kawada、青刺蛾 Parasa consocia Walker、中国绿刺蛾 P. sinica Moore、扁刺蛾 Thosea sinensis (Walker)、褐刺蛾 Th. hibarana Mats.。防治方法与黄刺蛾相同。

3. **木橑尺蠖** Culcula panterinaria Bremer et Grey

3.1 形态特征

成虫体长 17~30 mm,灰白色,头棕黄色,复眼深褐色,雌蛾触角丝状,雄蛾羽状,胸部背面有棕黄色鳞毛,中央有 1 条线灰色斑纹,翅展 50~78 mm;前翅白色,散生大小不等的灰色,或橙色斑点,基部有 1 块大圆形橙色斑,近外缘有 1 排橙色及深褐色圆斑,与后翅外缘同样的花斑相接。老熟幼虫体上有灰白色小斑点,头部密生乳白色、琥珀色及褐色泡沫状突起,头顶中央凹陷,两侧突起,胴部 2~10 各节前缘亚基线各有 1 灰白色圆斑。木橑尺蠖形态特征,如图 12-10 所示

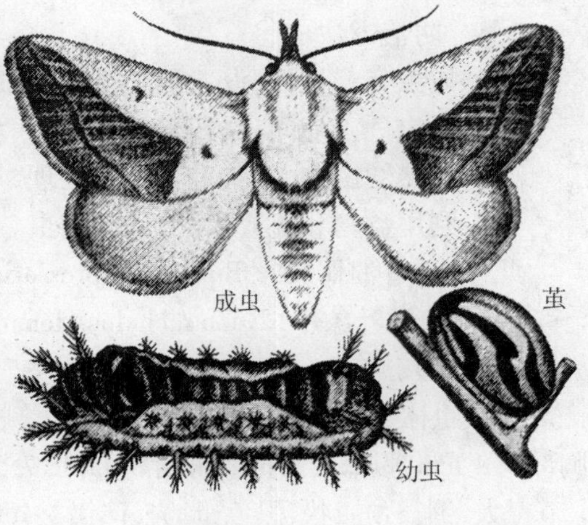

图 12-9 **黄刺蛾** Cnidocampa flavescens (Walker)

(选自李孟楼主编. 2002.《森林昆虫学通论》)

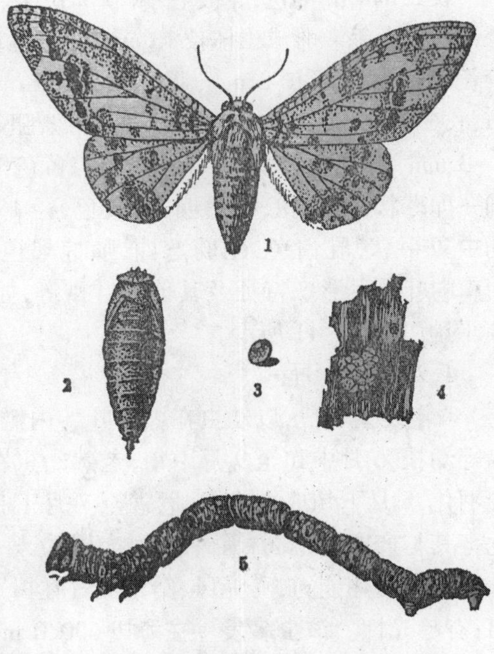

图 12-10 **木橑尺蠖** Culcula panterinaria Bremer et Grey

1. 成虫;2. 蛹;3. 卵;4. 卵块;5. 幼虫(选自中南林学院主编. 1987.《经济林昆虫学》)。

3.2 生活习性

1 年发生 1 代,以蛹在土中,或石块下越冬。翌年 6~7 月成虫羽化,有趋光性。卵产

于叶背、枝干、杂草等处,聚集成块,表面覆盖棕色毛茸。幼虫孵化后,分散危害,受惊后吐丝下蚕,借风力传播。严重吃光叶片。8 月上旬幼虫老熟,入土化蛹越冬。

3.3　防治方法

(1) 成虫有趋光性,设置黑光灯,或利用火光诱杀。

(2) 幼虫危害期间,喷药毒杀。

(3) 老熟幼虫入土前,进行土壤处理,每亩撒施农药进行毒杀。

(4) 利用益鸟和施放天敌,消灭害虫。

此外,还有油桐尺蠖 Buzura suppressaria Guenée 等。防治方法与木橑尺蠖相同。

4. 河南卷叶象甲 Cycnotrachelus Henan Xinyi

4.1　形态特征

雄成虫体长 19 mm,背部宽 4 mm,头管长 9 mm,胸部长 4 mm,腹部长 6 mm,触角 8 节,长 7.5 mm,第 1 节粗大,倒长颈瓶状,黑色,具光泽,微被短毛,余节长短不一,上端粗,下端细,竹节状—棒状,棕色,微被毛,末节粗,棒状,先端突短尖,密被灰色毛,腿部胫节长 3 mm,黑褐色,疏被毛,跗节 3 节,长 1.5 mm,密被棕黄色毛。雌成虫体长 13 mm,背部宽 4 mm,头管长 5 mm,胸部长 2 mm,腹部长5 ~6 mm,触角 8 节,长 3 ~4 mm,其他特征与雄成虫相似,腿部胫节长 2 ~3 mm,跗节 3 节,长 1 mm,密被棕黄色毛。卵椭圆—卵球状,胶质状,半透明,米黄色,径 1 ~5 mm。幼虫象甲状,乳白色,肥胖弯曲,嘴棕褐色。裸蛹。河南卷叶象甲形态特征及其他卷叶蛾等,如图 12 - 11、图版 105:7 ~11 所示。

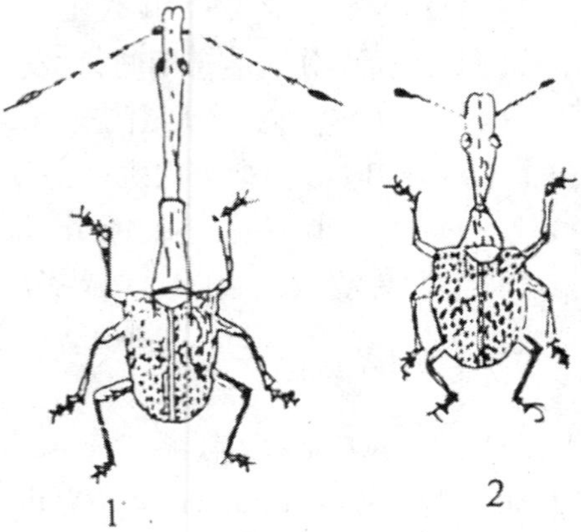

图 12 - 11　河南卷叶象甲

1. 雄成虫;2. 雄成虫(选自赵东方等. 1998.《河南林业科技》)。

4.2　生活习性

1 年发生 1 代,以幼虫在被害叶卷内孵化、取食,后钻出叶卷入土,继续危害杂草、作物等幼根,6 月中旬至 9 月中旬,老熟幼虫在地表作室化蛹,翌年 5 月下旬至 7 月下旬相继羽化,5 月下旬成虫出现,危害至 7 月下旬。危害期间,也是该虫的产卵期。成虫由于危害其与产卵期不同,因而幼虫孵化期、入土期、化蛹期与成虫羽化差异较大。雌成虫具有很强的飞翔能力,喜无风、晴朗天气在树冠上部,或树外围处活动;阴雨天气活动能力减弱;有趋光性。该虫多发生在海拔 600.0 m 以下的浅山地区纯林中,很少危害孤立木;成林中以纯林危害较重,混交林中危害较轻;纯林中以渠边、阴坡土壤湿润处危害严重,阳坡土壤干燥处的林分很少发生危害;同株树上长萌壮枝新成形的健叶危害重(图版 112:10),短枝、弱枝上叶受害很轻,甚至没有发生危害。

4.3　防治方法

(1) 成虫出土前,或幼虫入土前,在林地清除杂草、灌木,喷施氧化乐果,或久效磷,每平方千米 15.0 kg,用耙耧地表,以便毒杀。

(2) 成虫危害期间,每 3 ~5 d 喷 1 次 800 ~1 000倍氧化乐果液毒杀,或用灯光诱杀,或清扫、拾起被害叶卷深埋，或烧掉。采取上述措施，杀虫率达95.0%以上。

此外，还有大绿象甲、大灰象甲(见图12－12)等危害及其防治方法与上述方法相同。

另外，2003年，作者在河南鸡公山国家鸡公山自然保护区内的罗田玉兰 Yulania pilocarpa (Z. Z. Zhao et Z. W. Xie) D. L. Fu、望春玉兰的林内又发现玉兰属植物一种新的害虫——辛夷卷叶蛾。该虫经杨有乾教授初步鉴定认为，它属卷叶蛾科 Tortricidae。

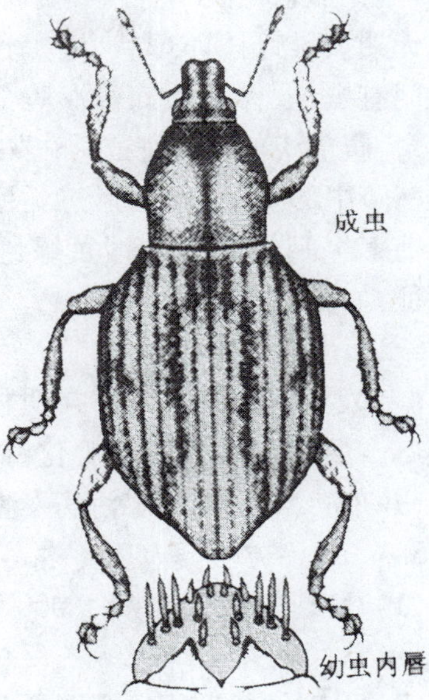

图12－12　大灰象甲

(选自李孟楼主编. 2002.《森林昆虫学通论》)。

5. **大袋蛾** Cryptothelea variegata Snellen

5.1　形态特征

雌蛾无翅，乳白色，蛆状，体长约22 mm；雄蛾有翅，翅展29～35 mm，体翅灰褐色，翅面有透明斑块。幼虫紫褐色，头顶两侧有几条明显的黑褐色纵条，胸部背板中央有纵沟2条，胸足3对，较发达，腹足退化，仅存痕迹。大袋蛾形态特征，如图12－13所示。

5.2　生活习性

1年发生1代，稀有2代。以幼虫在袋囊内越冬，袋囊系在枝上。5月中上旬在袋内化蛹。雌蛾无翅，产卵于袋内，每雌蛾产卵2 000～4 000粒，可孤雌生殖。幼虫6月中旬开始孵化，群集叶面危害，可吐丝结袋下垂，转移到其他树木枝条上吐丝系袋越冬。

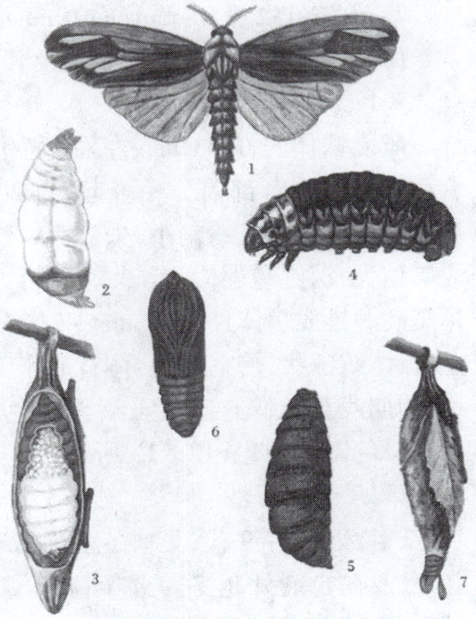

12－13　**大袋蛾** Cryptothelea variegata Snellen

1. 雄成虫；2. 雌成虫；3. 袋内雌成虫产卵状；4. 幼虫；5. 雌蛹；6. 雄蛹；7. 雌成虫羽化后在袋上的蛹壳(选自杨有乾等. 1982.《林木病虫害防治》)。

5.3　防治方法

(1) 人工摘除虫袋，杀死幼虫。

(2) 加强预测预报，及时喷药防治。

(3) 3龄以下幼虫喷80.0％的氧化乐果1 000倍液，或50.0％的锌硫磷1 000倍液，或50.0%的速灭杀丁3 000倍液毒杀。

(4) 幼虫3龄前打孔注药，在树干基部侧根上钻6.0 cm深孔3～5个，注入40％的久效磷或50.0％的甲胺磷2.0～5.0 mL，内吸后毒杀，也可在树干基部穴施呋喃丹毒杀。

(5) 保护益鸟。

6. **蚜虫类**

危害玉兰属植物的蚜虫主要有豆蚜 Aphis glycines Mats.、刺槐蚜虫 A. robiniae Macchiati、桃

蚜 Myzus persicae Sulzer 等。

6.1　形态特征

无翅孤雌蚜体卵球状,漆黑色具光泽,附肢淡色间有黑色,体毛短而浅。腹部第 1 ~ 6 节为大黑斑,腹部淡色具黑斑;7 ~ 8 节一狭细横带;触角第三节中部 4 ~ 7 个圆形感觉圈成行;生殖板有长毛 12 ~ 14 根。若虫淡黄绿色。刺槐蚜虫形态特征,如图 12 – 14 所示。

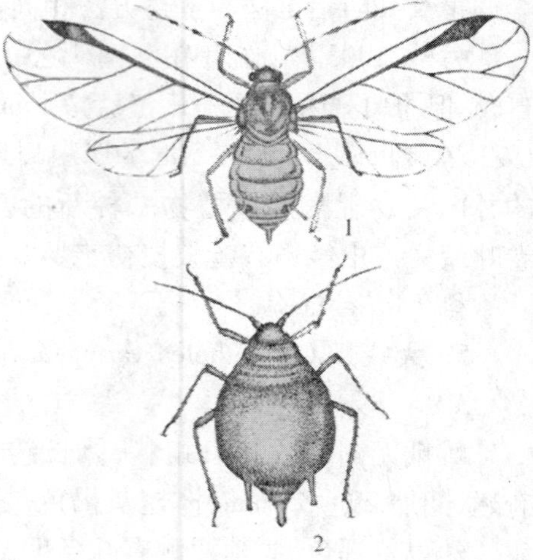

图 12 – 14　刺槐蚜虫

1. 有翅蚜;2. 无翅蚜(选自杨有乾等. 1982.《林木病虫害防治》)

6.2　生活习性

1 年发生 10 余代,以卵在树枝梢芽腋、枝杈处越冬。翌年 3 月卵开始孵化,群集危害幼芽、幼叶,并布满黏液,招致煤污病发生。

6.3　防治方法

(1) 发现蚜虫及时喷 1 000 倍氧化乐果液毒杀。

(2) 及时清除苗圃等周围杂草。

(3) 释放天敌,如小蜂科 Chalcidiae 的广大腿小蜂 Brachymeria obscurata Wal Ker 等,以及寄生蝇类等。

7. **山楂红蜘蛛** Tetranychus vinnensis Zacher

山楂红蜘蛛危害玉兰属植物及其他植物。

7.1　形态特征

雌成螨体长 0. 53 mm 左右,宽 0. 32 mm 左右;体卵球状,背部前方稍隆起,有 26 根刚毛横排成 6 排。冬型成螨略小,朱红色,具光泽;夏型成螨稍大,深红色,体背第 3 对足后方两侧有大黑斑纹。雄成螨体长 0. 45 mm 左右,宽 0. 25 mm 左右;体纺锤状,前宽后尖,体背后半部有明显沟纹;初期浅黄色,渐变绿色,后橙黄色,体背两侧有黑绿色斑纹,如图 12 – 15 所示。

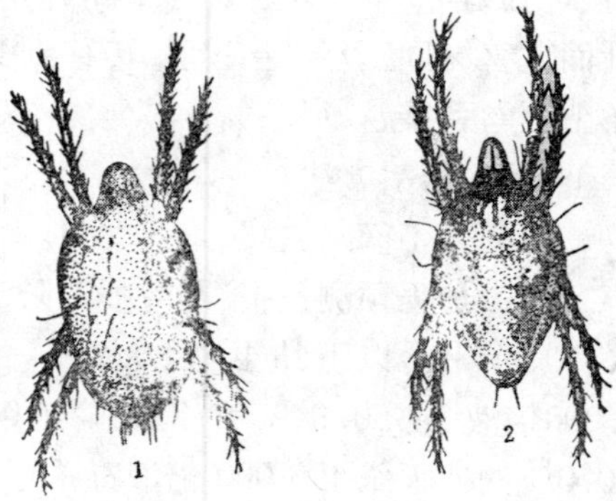

图 12 – 15　山楂红蜘蛛

1. 雌成虫;2. 雄成虫(选自中南林学院主编. 1987.《经济林昆虫学》)。

7.2　生活习性

1 年发生 8 ~ 9 代,受精冬型雌成螨在树皮裂缝处,或在土缝处越冬。翌年树木发芽后危害。经 2 ~ 3 代繁殖,数量剧增。6 ~ 7 月危害高峰期,叶片大量枯落。此后雨季来临及天敌增加,螨量锐减。9 月有所增多。10 月后进入越冬。

7.3　防治方法

(1) 枯落叶及落叶及时收集深埋,或烧之。

(2) 及时清除苗圃等周围杂草。

(3) 冬初及时刮树皮深埋或烧之。

(4) 发现初期,及时喷 80.0 % 的氧化乐果 1 000 倍液等。

此外,危害玉兰属植物的还有苜蓿红蜘蛛 Bryobia praetiosa Koch、卷叶蛾类(图版 111:7 ~9)、尺蠖类(图版 111:11)等。

三、枝干虫害

1. **蚱蝉** Cryptotympana atrata Fabricias

1.1　形态特征

成虫体长 50 ~55 mm,黑色,有光泽,有金色细毛,翅展 120 ~130 mm,透明,基部烟黑色。雄虫 1 ~2 腹节有鸣器;雌虫有刀状产卵器。若虫形似成虫,淡黄褐色,仅有翅芽,前足腿节极端膨大,下缘具刺。蚱蝉形态特征,如图 12 -16 所示。

1.2　生活习性

约 10 年发生 1 代,以卵和若虫在土中越冬。若虫钻入土中,吸取幼根汁液,至冬季潜入土层深处越冬。幼虫一生均在土中生活。6 ~7 月间,羽化若虫在黄昏及夜间钻出地表,爬至树干上蜕皮羽化。成虫寿命 60 d 左右,7 月下旬至 8 月为产卵期。产卵时,用产卵器插入枝条内木质部产卵,每枝上可产卵 90 余粒,每雌虫可产卵 500 ~600 粒。枝条产卵后枯死;冬季产卵枝易被风折落地。

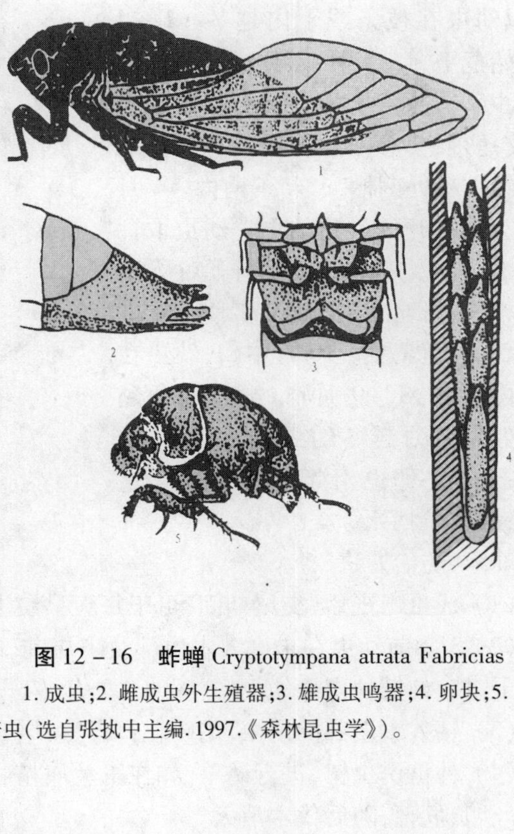

图 12 -16　蚱蝉 Cryptotympana atrata Fabricias

1. 成虫;2. 雌成虫外生殖器;3. 雄成虫鸣器;4. 卵块;5. 老熟若虫(选自张执中主编. 1997.《森林昆虫学》)。

1.3　防治方法

(1) 6 ~7 月间,若虫爬出地面时,采用人工捕捉。

(2) 冬季及时清除风落枯枝烧之,或深埋。

(3) 黑夜间,用燃柴火光,诱杀成虫。

(4) 饲养和保护益鸟,如灰喜鹊 Cyanopica cyana Pallas、喜鹊 Pica pica sericea Grould 等捕食其成虫。

此外,还有鸣蝉 Euterpnosia chinensis Mats. 等危害紫玉兰 Yulania liliflora(Desr.) D. L. Fu、玉兰、望春玉兰等。

2. **光肩星天牛** Anoplophora glabripennis Motschulsky

2.1　形态特征

雌成虫体长 22 ~38 mm,宽 7. 8 ~10. 2 mm;雄成虫体长 15. 4 ~26 mm,宽 6. 9 ~9. 5

mm，体漆黑色，具光泽，头部中央具1纵沟，复眼肾状，黑明而发亮，触角鞭状，11节，除第1、2节外，余下各节基部均有灰白色毛环，基节特粗，第3节最长，末节稍长，前胸两侧各具1刺尖突起，鞘翅紫铜色，具光泽，基部光滑，并有数目不等、大小形状不一的绒毛白斑排列成5～6横列。雌成虫产卵器周围密布棕黑色毛束；雄成虫腹部全被鞘翅盖住，生殖器周围生来较少。幼虫：蠕虫型，体长50～60 mm；老熟幼虫乳白色，头淡黄褐色，缩入前胸内。蛹：裸蛹。光肩星天牛形态特征，如图12－17所示。

2.2　生活习性

多数为1年1代，少数为2年1代，以幼虫在枝条或干内越冬。1～4月开始危害，4～5月化蛹，6月上旬羽化成虫。成虫危害嫩叶、幼芽，有趋光性，交尾前，多在早晨树干上进行。成虫多在枝桠处刻槽，产卵于槽内。6月中旬至7月开始孵化幼虫。幼虫取食周围木质部及皮层；3龄后开始蛀入木质部，蛀成S形、U形以及多种不规则坑道，每坑道1虫。10月中旬，幼虫在坑道内越冬；8～9月产的卵，以卵越冬。翌年4月越冬幼虫开始活动，继续危害；越冬卵也相继孵化，被害严重植株，或枝干枯死。

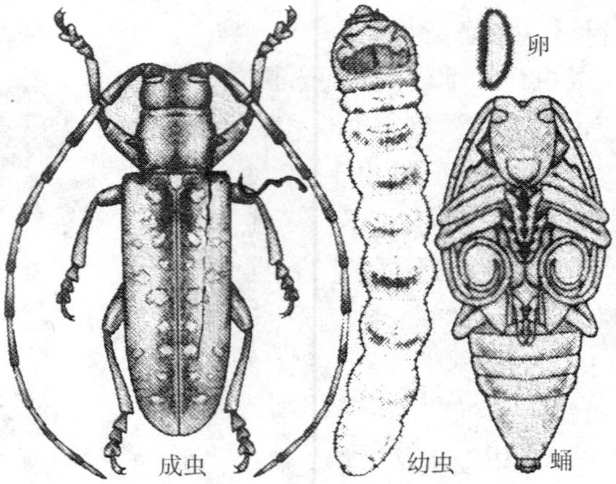

图12－17　光肩星天牛

（选自李孟楼主编. 2002.《森林昆虫学通论》）。

2.3　防治方法

（1）成虫出现后，交尾期间，可于每天早晨进行人工捕杀。

（2）3龄前幼虫在未进入木质部及表层前，喷40.0％的氧化乐果800～1 000倍液于树干、枝、枝桠处毒杀幼虫。

（3）钻入木质部的幼虫，用磷化锌毒签，堵塞虫孔。

（4）种植诱虫树，进行诱杀，如在玉兰属植物周围种植旱柳 Salix matshudana Koidz.，诱其产卵、危害，随后伐木消灭。

（5）保护天敌：啄木鸟属 Piculus lacepede。

此外，还有云斑天牛 Batocera horsfieldi Hope、星天牛 Anoplophora chinensis(Forster)等，其防治方法与光肩星天牛防治方法相同。

3. **红蜡蚧** Ceroplastes rubens Maskell

3.1　形态特征

雌成虫介壳近椭圆体状，长3～4 mm，红褐色，老熟时背面隆起略呈半球状，顶部凹陷，边缘四角各有1条白色蜡质横带；雌成虫体椭圆体状，暗红色，长2.5 mm，体边缘气门处凹陷较深。雄虫化蛹时介壳椭圆体状，长1 mm，暗紫红色，翅白色，半透明，翅展2.4 mm，触角10节，顶端3～4根长毛。末龄雌若虫体椭圆体状，红褐色至紫红色；末龄雄成虫体长椭圆体状，紫红色。

3.2　生活习性

1年发生1代,以受精雌成虫在枝条上越冬。一般4月上、中旬雄成虫大量羽化,4月下旬雌成虫大量产卵。第1、2、3代若虫大量孵化期为5月下旬、7月下旬、8月上旬至10月上旬。完成1代所需时期是:第1、2代雌成虫为70 d左右,雄成虫为51~58 d;第3代雌虫长达8个月左右;雄虫为7个月左右;若虫期第1、2代雌虫28~32 d,雄虫为23~24 d;第3代为6个月左右。若虫孵化后,经2~5 h后固定取食,固定后开始分泌白色蜡状物质,逐渐形成介壳盖于背部。第1、2代虫体分布于叶片和枝干上。该虫的传播主要是借风力进行。

3.3　防治方法

(1) 若虫孵化期间,喷40.0 % 的氧化乐果乳油8 000倍液,或25.0% 的亚胺硫磷乳油800倍液毒杀。

(2) 红点唇瓢虫是该虫的主要天敌。

此外,还有日本蜡蚧 Ceroplastes japonicus Green、龟蜡蚧壳虫等,其防治方法与红蜡蚧防治方法相同。

4. 叶蝉类

据杨有乾主编的《河南森林昆虫志》记载,河南叶蝉科害虫有21种。其中,介绍2种。

4.1　形态特征

大青叶蝉 Cicadella viridis(L.)成虫体长7~12 mm,黄绿色;头突出,三角状;前胸黄绿色,方形;前翅较厚,中央黄绿色,其后缘及翅脉黄色,外缘灰白色,半透明;后翅膜质,灰黑色,半透明;腹部背面蓝黑色,腹面橙黄色;后足胫节刺列基部黑色。大青叶蝉形态特征,如图12-18中1所示。

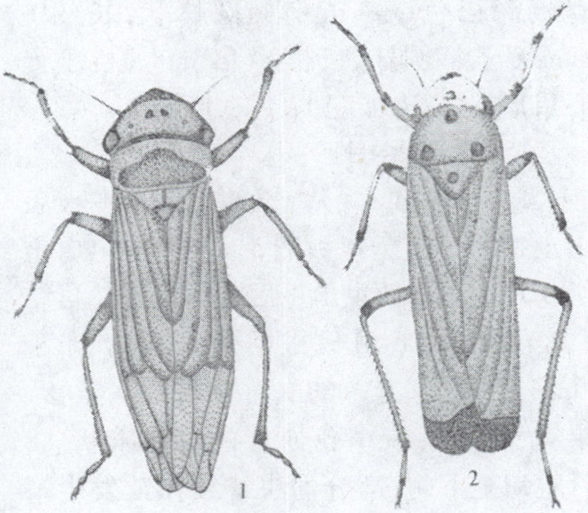

图12-18　大青叶蝉与黑尾大叶蝉

1. 大青叶蝉;2. 黑尾大叶蝉(选自河南农学院昆虫教研组编绘. 1975.《河南园林害虫图册》)。

黑尾大叶蝉 Tettigoniella ferruginea (Fabr.)成虫体长13 mm左右,黑色;头顶及背面中央具1枚黑色圆点;前胸背板黄色,有3枚黑色圆点;前翅黄绿色,端部黑色。黑尾大叶蝉形态特征,如图12-18中2所示。

4.2　生活习性

大青叶蝉 Cicadella viridis(L.)1年发生3代,以卵在枝条上越冬。翌年4月孵化,迁移杂草蔬菜上取食,后转入其他植物危害,成虫成熟后产卵繁殖。10月迁入果树或林木枝条上产卵越冬,严重时枝条枯死。

黑尾大叶蝉 Tettigoniella ferruginea(Fabr.)1年发生1代,以成虫越冬。翌年4~5月出现,产卵于叶肉内;6月孵化,群居危害;8~9月成虫羽化;成虫与若虫吸食汁液,危害至11月越冬。

4.3　防治方法

(1) 若虫孵化期间,或在秋后产卵前及产卵期间,喷40.0 % 的氧化乐果乳油800倍液，或 25.0 % 的亚胺硫磷乳油 800 倍液毒杀。

（2）剪除枯枝烧掉。

四、果实与玉蕾虫害

1. **桃小食心虫** Carposina nipomensis Walsingham

1.1　形态特征

成虫体长 5 ~ 8 mm，灰褐色，或黄褐色，翅展 13 ~ 18 mm，前翅白色，或淡灰色，近前缘中央有一蓝黑色三角形大斑纹，后翅灰白色；复眼红色。雌成虫下唇须长而向前伸出呈剑状；雌成虫下唇须短而弯曲；成虫卵深红色。幼虫体长 12 ~ 15 mm，黄白色，体背渐变为桃红色，头黄褐色，前胸背板深褐色。冬茧扁椭圆体状，长约 6 mm；夏茧椭圆体状，长约 13 mm。桃小食心虫形态特征，如图 12 – 19 所示。

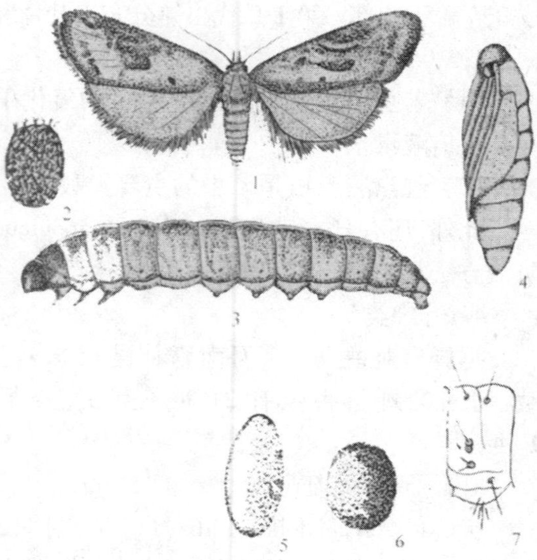

图 12 – 19　桃小食心虫

1. 成虫；2. 卵；3. 幼虫；4. 蛹；5. 被害果；6. 夏茧；7. 冬茧；8. 幼虫第二节示毛位（选自河南农学院昆虫教研组编绘. 1975.《河南园林害虫图册》）。

1.2　生活习性

1 年发生 1 ~ 2 代，以幼虫结茧在枝条上土中越冬。翌年一般 5 月上、中旬出土至 6 月上旬。幼虫出土后在地面吐丝再结（夏茧）化蛹，6 月成虫羽化，交尾产卵于叶、玉蕾、果实上。幼虫孵化后蛀入玉蕾、果实上，其后在小孔处有白色粉末状。8 月上旬至下旬，部分幼虫继续作茧发生第 2 代，此代成虫，8 月中旬羽化最多，危害也大，9 月上旬至下旬危害至果落入土越冬。完成 1 代所需时期是：第 1、2 代雌成虫为 70 d 左右，雄成虫为 51 ~ 58 d；第 3 代雌虫长达 8 个月左右；雄虫为 7 个月左右；若虫期第 1、2 代雌虫 28 ~ 32 d，雄虫为 23 ~ 24 d；第 3 代为 6 个月左右。若虫孵化后，经 2 ~ 5 h 后固定取食，固定后开始分泌白色蜡状物质，逐渐形成介壳盖于背部。第 1、2 代虫体分布于叶片和枝干上。该虫的传播主要是借风力进行。

1.3　防治方法

（1）成虫孵化期间，或出土期间，每 5 ~ 10 d 喷 1 次 40.0 % 的氧化乐果乳油 800 倍液，或 25.0 % 的亚胺硫磷乳油 800 倍液毒杀等。

（2）落叶与落果收集后深埋。

五、其他虫害

其他害虫，如蟋蟀类、黄褐油葫芦 Gryllus testaceus Walker、柳沫蝉 Aphrophora intermedia Uhler、梨网椿象 Stephanitis nashi Esaki et Tareya、透翅蛾卷叶蛾、介壳虫、象甲类等，也要及时防除，如图版 105：5、12 所示。

第三节　寄生性植物防治

植物中有少数种类从寄主植物中获得水分、养分而使其生长发育，不断地危害寄主。其中有如下几种。

1. **木兰寄生** Taxillus limprichtii (Grüning) H. S. Kiu

该寄生植物在我国南方木兰科木兰属 Magnolia Linn. 植物上寄生。

1.1　被害症状

被寄生的树木枝干上，丛生有寄生植物的枝叶，受害的树枝稍为肿大，容易风折。同时，由于受害植物体的部分水分和养分被寄生物吸取，并受其分泌物的毒害造成落叶早、芽发迟，开花少、易落果，甚至使枝，或整株枯死。

1.2　形态特征

常绿性多年生小灌木。嫩枝密被黄褐色星状毛；小枝灰褐色，无毛。叶对生或近对生，革质，卵圆状圆形，或倒卵圆形，通常稍偏斜，长 4.0 ~ 12.0 cm，宽 2.5 ~ 6.0 cm，先端钝凹，基部楔形，常稍下延，侧脉 4 ~ 5 对，表面侧脉不明显，或稍凹入，边缘稍反卷；叶柄长 5 ~ 12 mm。伞形花序，具花 3 ~ 6 朵；花序和花被黄褐色星状毛，后毛稀疏：花红色，或橙色；副萼环状，全缘，或具 4 小齿；花冠在花蕾时管状，下半部膨胀，顶部椭圆体状；裂片 4 枚，披针形，反折。果实椭圆体状，两端钝圆，具小疣，疏被毛。

1.3　发生规律

木兰寄生常在秋季果实成熟，其果皮外面被黏性物质，种子由鸟嘴吐出，或粪便排出粘在受害树枝上；当种子吸水膨大，其胚根先端产生吸盘，并形成许多幼根，分泌消解酶钻入树枝皮层，或木质部内，再产生很多吸根，吸取受害树木水分和养分；在吸盘上部的胚芽，形成茎、叶，能进行光合作用。冬季在受害枝干上越冬，翌春则继续危害。

1.4　防治方法

发现受害病枝，砍除，烧之或作中药用。

2. **栗毛钝果寄生** Taxillum balansae (Lecomte) Danser

该寄生植物寄生于木兰科及枫杨 Pterocarya stenoptera C. DC. 等植物上。

2.1　形态特征

该寄生植物属灌木状。嫩枝、叶、花序和花均密被栗褐色叠生星状毛；小枝和叶的绒毛呈粉状，逐渐全部脱落。叶对生，或近对生，革质，椭圆形，或卵圆形，长 2.5 ~ 6.0 cm，宽 1.5 ~ 3.5 cm，先端钝圆后，基部宽楔形至圆形，侧脉 3 ~ 4 对，略明显；叶柄长 2.5 ~ 7 mm。伞形花序，通常腋生，具花 1 ~ 3 朵；花红褐色；花冠管状，下半膨胀，顶部卵球状，裂片 4 枚，匙形，反折。果椭圆体状，先端平截，表面具颗粒状体。

2.2　防治方法

与木兰寄生相同。

3. **菟丝子** Cuscuta chinesis Lam.

菟丝子通常危害多种树木，或草本植物上。作者发现菟丝子危害的植物有望春玉兰和厚朴 Magnolia officinalis Rehd. & Wils.。

3.1 被害症状

菟丝子的茎主要缠绕苗木，或幼树枝条吸取枝条内水分、养分，形成缢痕，致使其干枯。

3.2 被害起因

由菟丝子引起。该植物茎较粗，似绳状，径 2 ~ 3 mm，黄白色，具紫色、淡紫色的突起斑点，多分枝，无叶。穗状花序；花冠钟状，淡红色，或绿白色，花萼碗状；子房球状，花柱 1，柱状裂开。蒴果卵球状，具 1 ~ 2 粒种子。种子淡褐色，光滑。

3.3 防治方法：发现寄生植物立即除去，深埋。

4. 其他

玉兰属植物除上述病虫与自然灾害等外，还有槲寄生、桑寄生，以及其他植物，如葛等危害（见图版 105:4），也要及时清除。

第四节 生物防虫

利用自然界各种有益生物控制和防治害虫的方法，是今后防治害虫的方向，也是有效的措施之一。它具有不污染环境，对人畜和其他生物（包括植物）安全的特点。生物防治的主要途径如下。

一、以虫治虫

自然界中有许多肉食性昆虫，它们以捕食，或寄生的方式消灭害虫，分别称其为捕食性，或寄生性天敌昆虫。常见的捕食性天敌昆虫，有瓢虫科异色瓢虫 Leis axyriolis Pallas、黑翅蜻 Rhyotremis fuliginosa Seys、中华大刀螳螂 Tenodera andifolia sinensis Saussare、中华草蛉 Chrysopa sinica Tjeder、黑疣姬蜂 Coccygomimus disparis Vierech，以及寄生蝇类等。

二、以蜘蛛治虫

蜘蛛种类多、数量大、繁殖快、食性广、适应性强，是一类重要的天敌。它们只捕食昆虫，不危害作物和林木、果树，只捕活虫，不食死虫，能捕食许多种类的害虫。

三、以鸟治虫

我国是多鸟之国，有鸟类达 1 800 种以上，约有 1/2 能捕食昆虫，其中常见的有灰喜鹊 Cyanopica cyana（Pallas）、喜鹊 Pica pica sericea Gould、大山雀 Parus major artatus T. et B.、家燕 Hirundorustica gutturalis Scopoli 等。据报道，1 对家燕在一个夏季能捕食 50 万 ~ 100 万只昆虫。因此，大力宣传保护和利用食虫益鸟，严禁捕杀，并给鸟类创造适宜的栖息环境。

四、以菌治虫

有些细菌、真菌和病毒，能使害虫感染而死。目前，国内外应用最多的是细菌制剂等，如青虫菌（Bacillus thuringiensis Berliner var. galleriae）制剂、白僵菌［ Beaaveria bassiana

(Bals.) Vuill.]制剂、苏云金杆菌(Bacillus thuringienus Berliner)等制剂。这些细菌及真菌类制剂通常每克含孢子达100亿,喷雾时加水1 000～2 000倍液,可防治多种鳞翅目Lepidoptera 幼虫。

总之,以上进行害虫的防治的具体措施和方法,参见有关著作。

五、其他治虫

有些病虫虫体较大,且数量较少时,如大袋蛾可人工摘除,介壳虫类可人工刷杀;蝼蛄、地老虎等害虫,可在苗圃,或林内饲养鸡、鸟等捕食。

第五节 鼠类、牲畜和人之害

根据作者在"河南辛夷"产区的长期观察结果,还有鼠、鼢鼠、岩松鼠、牛、羊等危害,以及人为的破坏等,均要加以严防。

此外,玉兰属植物花期,鸟类花也常遭鸟类危害。

第六节 玉兰属植物自然灾害

玉兰属植物常遭以下自然灾害。

一、水害

水害是由于土壤水分过多而造成玉兰属植物生长不良,甚至引起根系腐烂而死亡的一种灾害。

1. 产生原因

(1) 造林地选择不当,因造林地长期积水,引起望春玉兰根系腐烂而死亡。如南召县小店乡马庄沿河滩填土营造的望春玉兰人工林,1997年雨季因林地长期积水,致使树高8.0～10.0 m,干径粗10.0～20.0 cm的大树死亡。

(2) 玉兰栽植处有自来水管的水龙头处,长期因人用水,使其周围地下土壤水分饱和,引起根腐烂,造成死亡。

(3) 地下水位增高、土壤水分含率增加,引起土壤盐渍化程度提高,也是玉兰属植物受害的原因之一。

2. 防治方法

(1) 选择地势高,排水、排污方便的地方栽植。

(2) 地势低洼、长期积水,或盐碱地,在未改造前,不能造林,或植栽。

(3) 及时排除积水。

二、旱害

旱害是指玉兰属植物对大气和土壤过度干燥而引起的自然性灾害。

1. **症状**

玉兰属植物发生干旱时，首先表现是：白天叶片边缘呈现向上微翘，或下降，继而边缘出现干枯狭边，随着旱情时期的延长加剧，干枯面积逐渐增多，致使叶片全部干枯脱落或长期悬挂树上。若遭大的降水，或灌溉，则会萌发二次新叶和幼枝。

2. **防治方法**

（1）选栽抗旱的玉兰属植物品种，增加其抗干旱能力。如‘长叶艳紫红’玉兰 Yulania denudata（Desr.）D. L. Fu‘Changye Yuanzihong’则有高度的抗干旱能力，即1998年在严重夏旱和秋旱相连时，叶片没有干枯现象的发生。

（2）适时进行灌溉，在干旱情况下，为确保玉兰属植物的正常生长和发育，应每隔15～20 d灌溉1次，确保其对水分的需要。

（3）栽植地段要慎重选择，玉兰属植物要选择土壤肥沃、湿润，或有灌溉条件的地方，特别在无灌溉条件的干旱地段，或风口处，不宜栽植。

（4）浅山丘陵区栽培望春玉兰时，必须采用抽槽整地，或修筑梯田、积水防旱、护土防冲等措施，可以减轻，或避除其害。

（5）干旱沙地造林，应采用换土、种草，或增设灌溉措施，确保所栽植株速生、优质、丰产。

（6）城乡园林化建设地段，特别庭院绿化树木周围不宜采用全面硬化措施，已采用硬化措施的，应逐渐除去，种草，或花卉，及时灌溉，确保植株所需的水分，而避免其危害。

三、盐碱害

盐碱害是指造林地或栽植地点的土壤严重盐碱（pH >9.0），而引起栽植玉兰属植物死亡或生长不良而言。

1. **症状**

在盐碱地上栽植玉兰属植物，常引起新叶发黄，叶小而少，随后干枯，甚至死亡。

2. **产生原因**

（1）玉兰属植物多数种喜生于酸性、肥沃土壤上，只有少数种类，如玉兰 Yulania denduta（Desr.）D. L. Fu、望春玉兰等，可以在轻度盐碱地上（pH 8.0～8.5）生长。

（2）如果土壤 pH >9.0 时，就会引起灾害的发生，尤其是氯化物的盐碱地更为严重。

3. **防治方法**

（1）改造造林地，进行挖沟，排水、洗碱，增施有机肥料，改善土壤结构，降低其盐碱含率后，再造林，或栽植。

（2）选择有耐盐碱的优良物种，如玉兰、望春玉兰等。

（3）栽种耐盐碱树种，或牧草。

四、风害

风害是指由大风引起玉兰属植物风倒、风折而造成的危害。

1. **危害时期**

风灾通常在夏季多雨或大风天气发生。有时早春、冬季也有发生。

2. 症状

夏季常有大风而使大树风倒，或者树冠大枝折断，而影响树体形状生长和玉蕾形成，有时形成严重的偏冠现象。

3. 防治方法

(1) 浅土层、风口处，尽量避免栽植玉兰属植物。

(2) 栽植防护林带。

(3) 栽植在无风或风力比较少的特殊小环境内。

(4) 选择冠小、根系深的抗风品种，如塔形玉兰 Y. denudata (Desr.) D. L. Fu var. pyramidalis (T. B. Zhao et Z. X. Chen) T. B. Zhao, Z. X. Chen et D. L. Fu。

五、干热风害

华北平原地区在5月下旬至6月上旬，带有一种又热又干的西南风，或南风，称干热风。这种干热风常在5月下旬至6月上旬出现。在这一阶段中，气温达30 ℃以上，空气相对湿度达25.0%以下(重型干热风)，轻型干热风达空气相对湿度30.0%以下，风速3~4级，干热风可使小麦籽粒干瘪，质量变劣，产量降低，如农谚也有"麦前4月风(农历)，风过一场空"之说。

1. 症状

玉兰属植物的一些种，如玉兰、望春玉兰等叶片受干热风危害引起叶片干枯，影响生长和发育，而呈现第二次萌叶生长现象。

2. 防治方法

(1) 5月下旬至6月上旬，及时灌大水1~2次，保持玉兰等在干热风危害时，有充足的水分供应，避免，或减轻危害。

(2) 营造防护林带，或防护林网，改变小气候条件，避免干热风的危害程度。

(3) 选择抗干热风的玉兰属植物新品种，如'长叶艳紫红'玉兰、'柱蕾'玉兰 Y. denudata(Desr.)D. L. Fu'Zhulei'等。

(4) 选择无干热风危害的特殊环境，或地段，栽培其他树种。

六、冻害

冻害是指玉兰属植物对气温突然降低而不适应的结果，使其枝、花、芽受冻而发生的危害。

1. 症状

玉兰属植物受冻害表现有3种：

(1) 从南方引栽的玉兰属植物，在河南以及以北地区，最初几年不能在露地栽培越冬，或者在特殊小环境内，加以防护，可以越冬。若遇特冷气温，即受害死亡，有时部分枝条冻死，剪去枯枝，枝桩还可萌发生长。

(2) 有一部分玉兰属植物，如望春玉兰、玉兰等，苗期或幼龄植物，在高度密植，或生长后期加强水肥管理，促使其速生，待冬季来临前，其枝条还没有充分木质化时，如遇低温，会使其未木质化的部分干枯死亡。

(3) 翌春2~4月间，正值玉兰属植物开花、叶展期间，如遇寒流，或晚霜，会使部分玉蕾、花被片受害而干枯，如 2008 年 3 月，因发生寒流，而使舞钢玉兰 Yulania wugangensis (T. B. Zhao, Z. X. Chen et W. B. Sun) D. L. Fu 植株上的玉蕾干枯。玉灯玉兰花期受寒流危害，如图版 106:1 所示。

2. 防治方法

(1) 在苗木或幼树生长后期，停止灌溉和施氮肥，增施磷、钾肥，促进其枝条发育充实和加速其木质化，确保其免受冻害。

(2) 开花初期，或展叶期，如遇晚霜，可使采用草、麦糠堆燃放烟，提高气温，凝雾防寒，亦可采用风障进行预防。

(3) 选育，或引栽耐寒种，或品种。

(4) 选择背风向阳处，避免栽植风口地方。

(5) 营造防护林带，或防护林网，改变小气候条件，避免其危害程度。

七、雾凇

雾凇（俗称冰挂、冻雨）是指早春季节下雨时由于气温突降，雨点落在物体（树枝干）后，立刻凝聚成冰层，雾凇条件适应时，会越聚越厚，形成白色半透明凝聚物。雾凇是一种常见的灾害性天气。

1999 年，河南南召县发生几百年以来特大的雾凇，致使河南“辛夷王”（望春玉兰 950 年以上）大树的主枝（20.0 ~ 40.0 cm 粗）几乎全部折断（见图版 105:6）。该县曲庄村的望春花沟内的几十株野生望春玉兰大树，全部因雾凇的危害而死亡，造成巨大的经济损失，对生态环境也有极大影响。

防治方法：目前雾凇危害“玉兰属”植物还没有采取任何防护的措施。

八、日灼

日灼危害望春玉兰等树种，在河南通常有以下 3 种情况下发生。

1. 苗颈日灼

播种出土后的幼苗，由于地表温度过高（35 ℃以上），常使幼苗根颈及叶灼伤，致其死亡。其症状是：苗颈受伤后，根颈处缢缩，倒伏，或幼苗灼焦而死，但不腐烂，组织内无病菌菌丝。

防治方法：① 在重黏土地，或沙土地上育苗时，要覆盖稻草、遮阴，或喷水；② 在塑料棚内进行营养袋育苗，待幼茎木质化后早春进行移栽，避免幼苗期的高温天气；③ 苗带间间种较高的其他作物，如玉米进行侧方遮阴。

2. 叶片日灼

叶片日灼常在 6 月上旬至 7 月底期间发生。河南经常出现高温（气温达 35 ℃以上）引起叶片灼伤或因高温、水分供应不足，造成叶片边缘干枯，严重时，常使叶片干枯脱落，尤其是嫩叶，然后出现多次生长，甚至造成死亡。叶片日灼，如图版 105:1 ~ 2 所示。

防治方法：① 在高温、干旱、大风天气时，定时（12 ~ 15 时）喷水；② 适时灌溉，保证高温、干旱时水分的充足供应，可避免，或减轻其危害程度。

3. 干皮日灼

干皮日灼通常在当年春季新栽的植株(胸径 5.0 ~ 10.0 cm),常在 6 ~ 7 月间,由于高温天气,在树干西南侧灼伤干皮。严重时,灼伤长度 0.5 ~ 1.5 m,宽达干粗的 1/3 ~ 1/2,受伤后的树皮干枯,不腐烂。干皮日灼,如图版 105:3 所示。

防治方法:① 玉兰等移栽后,在树干上用稻草绳从地面缠绕树干 1.8 m 高,或树干上缠草绳,或涂白,即可避免此害。② 鲁山县林场在沙地上栽植的望春玉兰,5 年生幼龄树,3 年前由于进行间作套种措施,则无日灼现象;5 年后不再进行间种,6 ~ 7 月由于林地没有其他作物遮阴,造成沙地地表温度过高,有时达 50℃ 以上,致使部分树干基部树皮受害,长度 10.0 ~ 15.0 cm,严重影响树木生长。

九、其他

玉兰属植物除上述病虫与自然灾害等外,其他危害也要及时清除。

第十三章　河南玉兰属植物“辛夷”挥发油主要化学成分

第一节　“辛夷”采摘

玉兰属 Yulania Spach 植物，也称辛夷植物，其玉蕾入中药，称“辛夷”。

一、“辛夷”采摘时期

“辛夷”采摘时期，依立地条件、着生地区不同而异。河南栽培的‘桃实’望春玉兰 Yulania biondii (Pamp.) D. L. Fu‘Ovata’及腋花玉兰 Yulania axilliflora (T. B. Zhao, T. X. Zhang et J. T. Gao) D. L. Fu 的“辛夷”采摘时期，依立地条件、着生地区不同而异。河南栽培的‘桃实’望春玉兰及腋花玉兰的“辛夷”采摘时期，以 10 ~ 11 月为佳。据报道，河南望春玉兰玉蕾 11 ~ 12 月采摘的挥发油含率为 3.4 %，12 月采摘的挥发油含率为 3.4 %，1 月采摘的挥发油含率为 4.4 %，2 月采摘的挥发油含率为 1.8 %左右。

二、采摘方法

1. 捆绑树冠

采摘前，用长绳将侧枝全部拉紧捆绑在一起，以免因枝细，采蕾时伤人。然后，技术熟练有经验者，采摘树冠上部，或树冠围枝上的玉蕾；技术不熟练者，采摘树冠下部，或树冠内部枝上的玉蕾，或培养低干、大冠、疏枝树形，或无干、大冠、疏枝树形便于采摘玉蕾，如图版 107:5 所示。

2. 砍倒采摘

树大，干高，不易采摘的山上大树，采蕾时，伤人事故常有发生。为避免事故发生，南召县谢学军采用砍倒采摘技术，效果良好，即：春季树液流动时，在距地面高 60.0 ~ 80.0 cm 处的树干上用草绳多层绑紧，用锯在树干基部处锯深达 1/3，再沿山坡在大树树冠的粗枝上绑上 2 条大绳。绑好后，上山坡大绳，用力慢慢拉，下山坡大绳，也慢慢松，不致使树突然倒下。倒后，在劈裂伤口处涂抹防污剂，以防伤口木材腐烂，影响以后年“辛夷”产量和质量。同时，还要加强抚育管理。砍倒采摘玉兰，如图版 107:2 所示。有时将大枝砍下采摘玉蕾，如图版 107:1 所示。

3. 矮化密植

矮化密植栽培的植株，因株低、冠小，落叶后，直立壮枝采蕾时可在枝基部瘦芽以上处，用剪采摘，短弱枝可在枝中部叶芽处，用剪采摘，利于翌年萌发新蕾枝，达到年年优质高产，如图版 107:3 ~ 4 所示。

4. 摘蕾技术

凡属玉蕾顶生的种、品种，采蕾时，采蕾枝的长度，可从蕾枝基部下 1.0 cm 左右处掐摘；属玉蕾腋生，或簇生的种、品种，采蕾时，采蕾枝的长度，可从玉蕾枝缩台枝基部下 1.0 cm 左右处掐摘。近年来，由于中药材市场的变化，对玉蕾采摘标准要求也有变化，即将玉蕾基部"缩台枝"全部去掉，这样可加速玉蕾中挥发油过快、过多地散失。因此，目前市场上收购的玉蕾不要其"缩台枝"，是不妥的，应加以纠正。为确保玉蕾中挥发油保存较长的时间，在采摘玉蕾时应留保留其下"缩台枝"1 ~2 节为佳。

三、玉蕾采摘时注意事项

玉蕾采摘时间，多在 11 月至翌年 2 月间进行。在这一期间内，由于天气寒冷，常有大风出现，每年南召、鲁山两县均有采蕾时伤人事件发生。为此，必须强调指出：不要在大风、寒流天进行玉蕾采摘；不要砍取大枝；采摘前，要加强安全教育。

特别指出的是：要提高"辛夷"年产量，增加经济效益，必须推广新优品种，进行矮化丰产栽培技术措施，实现农业机械化作业，才是今后发展的重要措施。

四、玉蕾贮存与运输

玉蕾摘取后，放在室内阴干，不能堆放，或日晒。阴干后的玉蕾，可装入塑料袋内，放入冷库贮藏。贮藏时，严防玉蕾霉变和虫害。玉蕾运输，通常将干燥的玉蕾，装入袋内，用汽车运输，如图版 107:6 所示。据报道，刚采摘的玉蕾挥发油含率为 4.4 %右右，贮存半年时"辛夷"挥发油含率下降为 3.7 %左右，1 年时"辛夷"挥发油含率为 2.4 %左右，2 年时"辛夷"挥发油含率为 1.8 %左右。由此可见，"辛夷"不宜久藏。

第二节　河南玉兰属植物"辛夷"挥发油主要化学成分

据作者统计，河南玉兰属植物有 42 种、26 亚种、84 变种、261 品种。其"辛夷" 是香料的主要原料之一。有些种的挥发油中含有珍贵的化学成分——金合欢醇(farnesol)，有些种的挥发油中含有抗癌化学成分——桉叶油醇(eudesmol)，具有极大的开发利用前景。为了合理开发利用，现将几种"辛夷"挥发油中主要化学成分(含率≥1.00 %)，分别介绍如下。

一、紫玉兰"辛夷"挥发油主要化学成分

2008 年，赵东欣副教授采用德国 Agilent 6890 GC/5973 ms 气质联用仪分析，nisto2. L 质谱库检索确定化学成分，并按 GC 峰面积归一化法定量。测定紫玉兰 Yulania liliflira (Desr.)D. L. Fui"辛夷"挥发油中化学成分 36 种。其中，主要化学成分及其平均含率，如表 13 -1 和图 13 -1 所示。

表 13－1　紫玉兰"辛夷"挥发油主要化学成分及其平均含率

编号	化学成分名称	平均含率（%）	编号	化学成分名称	平均含率（%）
1	α－蒎烯 α－pinene	5.46	10	（＋）－4－蒈烯 （＋）－4－carene	1.29
2	β－水芹烯 β－phellandrene	33.03	11	乙酸冰片酯 bornylacetate	1.29
3	β－蒎烯 β－pinene	7.63	12	α－石竹烯 α－caryophyllene	1.54
4	α－水芹烯 α－phellandrene	1.69	13	β－金合欢烯 β－farnesene	7.36
5	伞花烃 cymene	1.26	14	β－石竹烯 β－caryophyllene	4.96
6	D－柠檬烯 D－limonene	8.68	15	吉玛烯 germarene	2.68
7	桉叶油醇 eudesmol	2.14	16	α－金合欢烯 α－farnesene	1.39
8	γ－松油烯 γ－terpinene	1.44	17	β－桉叶油醇 β－eudesmol	1.03
9	L－4－松油醇 L－4－terpineol	1.99			

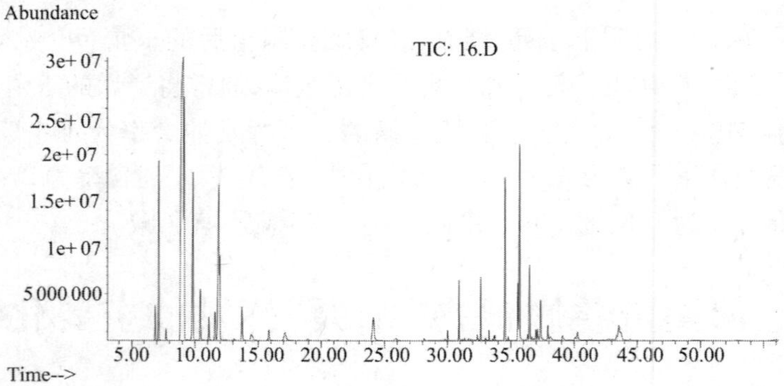

图 13－1　紫玉兰"辛夷"挥发油化学成分及其平均含率

从表 13－1 和图 13－1 可看出，紫玉兰"辛夷"挥发油化学成分计 36 种，其平均含率差异极大。例如：① β－水芹烯（β－phellandrene）含率 33.03 %；② D－柠檬烯（D－limonene）含率 8.68 %。根据作者调查，紫玉兰为灌木，生长弱，单株年产"辛夷"少，且挥发油含率低，作为经济林树种没有发展前途。但是，它是优良的观赏灌木和杂交育种的优良亲本。

二、玉兰与黄花玉兰"辛夷"挥发油主要化学成分

2008 年，赵东欣副教授用水蒸气蒸馏法测定：① 玉兰 Yulania denudata（Desr.）D. L. Fu（郑州）；② 黄花玉兰 Yulania denudata（Desr.）D. L. Fuvar. fvala D. L. Fu，T. B. Zhao et Z. X. Chen；③ 毛被玉兰 Yulania denudata（Desr.）D. L. Fu var. maobei T. B. Zhao et Z. X. Chen；④'光梗'玉兰 Yulania denudata（Desr.）D. L. Fu 'Guanggeng'；⑤ 玉兰（新郑）"辛夷"挥发油含量。采用德国 Agilent 6890 GC/5973 ms 气质联用仪分析，nisto2. L 质

谱库检索确定化学成分,并按 GC 峰面积归一化法定量。测定结果,如表 13－2 和图 13－2～图 13－5 所示。

表 13－2　玉兰及黄花玉兰等“辛夷”其挥发油主要化学成分的研究

编号	时间(min)	化学成分名称	平均含率(%)				
			玉兰	玉兰 2	毛被	黄花	光梗
1	6.87	2－甲基－5－(1－甲基乙烯基)－双环［3.1.0］六碳－2－烯 bicyclo[3.1.0] hex－2－ene, 2－methyl－5－(1－methylethyl)－	—	6.2640	—	—	—
2	7.12	α －蒎烯 α－pinene	—	—	—	—	1.2662
3	7.15	1R－α－蒎烯 1R－α－pinene	—	3.6246	3.0738	2.0148	1.2669
4	7.15	1S－α－蒎烯 1S－α－pinene	—	1.8351	—	2.0148	1.2669
5	7.15	(+/－.)－2,6,6－三甲基－双环［ 3.1.1］－庚－2－烯 bicyclo[3. 1. 1] hept － 2 － ene, 2, 6, 6 － trimethyl－, (. +/－.)－	—	1.8351	1.5561	1.9204	—
6	8.97	β－石竹烯 β－phellandrene	3.3677	22.1733	5.0471	13.7106	3.4401
7	8.97	4－亚甲基－1－(1－甲基乙基)－双环［ 3.1.0 ］－已烷 bicyclo [3. 1. 0] hexane, 4 － methylene － 1 －(1－methylethyl)－	3.4062	—	5.1046	—	6.9599
8	8.97	4－甲基－1－(1－甲基乙基)－双环［ 3.1.0 ］己－2－烯 bicyclo [3. 1. 0] hex－2－ene, 4－methyl－1－(1－methylethyl)－	3.4061	10.8567	—	6.0430	2.3964
9	9.03	4－亚甲基－1－(1－甲基乙基)－环已烯 cyclohexene, 4 － methylene － 1 － (1 － methylethyl)－	—	—	5.0551	—	—
10	9.10	(1S)－6,6－二甲基－2－甲基乙基－双球［3.1.1］庚烷 bicyclo[3. 1. 1] heptane, 6,6－dimethyl－2－methylene－, (1S)－	—	2.5677	9.6308	4.5400	—
11	9.17	1,7,7－三甲基－三环［2.2.1.0(2,6)］庚烷 Tricycle [2. 2. 1. 0(2,6)] heptane, 1,7,7－trimethyl－	—	—	3.0394	—	—

续表 13－2

编号	时间(min)	化学成分名称	平均含率(%)				
			玉兰	玉兰2	毛被	黄花	光梗
12	9.12	β－蒎烯 β－pinene	8.2700	5.0623	6.5837	9.0300	21.1200
13	9.86	4－甲基－1－(1－甲基乙基)－双环[3.1.0]己－2－烯 bicyclo[3.1.0] hex－2－ene, 4－methyl－1－9 1－methylethyl)－	2.5866	3.3386	—	1.8246	—
14	9.86	pyridine, 2－propyl－2－丙基吡啶	3.1234	4.0314	4.3789	1.1018	2.8936
15	11.65	1－甲基－2－(1－甲基乙基)－苯 benzene, 1－methyl－2－(1－methylethyl)－	—	1.2600	—	—	—
16	11.90	D－柠檬烯 D－limonene	—	5.7614	—	—	—
17	11.90	cyclohexene, 1 － methyl － 5 － (1 － methylethenyl)－, (R)－	—	2.9186	—	—	—
18	12.08	桉叶油醇 eudesmol	16.2700	2.1400	21.6600	32.8000	7.2100
19	17.11	1,5－二甲基－1－乙烯基－4－已烯基丁酸 1,5－dimethyl－1－vinyl－4－hexenyl butyrate	—	1.8351	—	—	—
20	17.11	Linalyl isobutyrate	—	1.8351	—	—	—
21	24.09	4－甲基－1－(1－甲基乙基)－3－环已烯－1－醇 3－cyclohexen－1－ol, 4－methyl－1－(1－methylethyl)－	—	22.1733	—	—	—
22	34.79	1H － cyclopenta [1, 3] cyclopropa [1, 2] benzene, octahydro－7－methyl－3－methylene－4－(1－methylethyl)－, [3aS－(3a. α, 3b. β,4. β,7α,7 aS*)]	—	10.8567	—	—	—
23	35.55	Z,Z,Z－1,5,9,9－四甲基－1,4,7－环 cycloundecatriene 1,4,7－cycloundecatriene, 1,5,9,9－tetramethyl－, Z,Z,Z－	—	2.5677	—	—	—
24	25.92	p－menthen－8－ol p－烯－8－醇	—	5.0623	1.2284	1.1820	—
25	25.92	α,α4－三甲基－3－环已烯－1－甲醇 3－cyclohexene－1－methanol,α,α4－trimethyl－	1.8260	3.3386	2.4816	2.3880	—

续表 13-2

编号	时间(min)	化学成分名称	平均含率(%)				
			玉兰	玉兰2	毛被	黄花	光梗
26	30.01	3,7-二甲基-1,6-辛二烯-3-醇,2-氨基苯甲酸酯 1,6-octadien-3-ol, 3,7-dimethyl-, 2-aminobenzoate	—	4.0314	—	—	—
27	30.92	bornyl acetate 乙酸冰片酯	—	1.2600	—	—	—
28	32.35	cis-2-甲基-5-(1-甲基乙基)-2-环已烯-1-醇,乙酸 2-cyclohexen-1-ol, 2-methyl-5-(1-methylethenyl)-, acetate, cis-	—	5.7614	—	—	—
29	32.35	2-甲基-5-(1-甲基乙基)-2-环已烯-1-醇,乙酸 2-cyclohexen-1-ol, 2-methyl-5-(1-methylethenyl)-, acetate	—	2.9186	—	—	—
30	32.35	(1R-cis)-2-甲基-5-(1-甲基乙基)-2-环已烯-1-醇,乙酸 2-cyclohexen-1-ol,2-methyl-5-(1-methylethenyl)-, acetate,(1R-cis)-	—	2.1400	—	—	—
31	32.61	azulene,1,2,3,4,5,6,7,8-octahydro-1,4-dimethyl-7-(1-methylethylidene)-,(1S-cis)-	—	6.2640	—	—	—
32	32.63	2,7,7-三甲基-双环[2.2.1]庚-2-烯 bicyclo[2.2.1]hept-2-ene, 2,7,7-trimethyl-	—	3.6246	—	—	—
33	33.68	1H-cyclopenta[1,3]cyclopropa[1,2]benzene, octahydro-7-methyl-3-methylene-4-(1-methylethyl)-,[3aS-(3a.α,3b.β,4.β,7α,7aS*)]-	—	1.8351	—	—	—
34	34.54	2-亚甲基-4,8,8-三甲基-4-乙烯-双环[5.2.0]壬烷 bicyclo[5.2.0]nonane, 2-methylene-4,8,8-trimethyl-4-vinyl-	—	1.6555	—	—	—
35	34.60	caryophyllene 石竹烯	5.7563	3.3045	1.5456	—	1.0862

续表 13 – 2

编号	时间(min)	化学成分名称	平均含率(%)				
			玉兰	玉兰2	毛被	黄花	光梗
36	34.60	4,11,11 – 三甲基 – 8 – 亚甲基 – 双环 [7.2.0] 十一碳 – 4 – 烯 bicyclo[7.2.0] undec – 4 – ene, 4,11,11 – trimethyl – 8 – methylene –	2.8837	—	—	—	—
37	34.80	1H – cyclopenta [1, 3] cyclopropa [1, 2] benzene, octahydro – 7 – methyl – methylene – 4 – 91 – methylethyl) – , [3aS – (3a. α, 3b. β, 4. β, 7α, 7aS*)] –	—	—	—	3.4759	—
38	35.58	1, 4, 7, – cycloundecatriene, 1, 5, 9, 9 – tetramethyl – , Z, Z, Z –	1.0243	—	—	—	—
39	35.58	α – caryophyllene α – 石竹烯	2.0457	1.0262	—	—	—
40	35.70	(E) – 7,11 – 二甲基 – 3 – 亚甲基 – 1,6,10 – 十二三烯 1,6,10 – dodecatriene, 7,11 – dimethyl – 3 – methylene – , (E) –	—	4.9053	—	—	—
41	35.70	[S – (R*, S*)] 3 – (1,5 – 二甲基 – 4 – 乙烯) – 6 – 亚甲基 – 环已烯 cyclohexene, 3 – (1,5 – dimethyl – 4 – hexenyl) – 6 – methylene – [S – (R*, S*)] –	—	2.4547	—	—	—
42	36.93	[S – (R*, S*)] – 5 – (1,5 – 二甲基 – 4 – 乙烯) – 2 – 甲基 – 1,3 – 环已二烯 1,3 – cyclohexadiene, 5 – (1,5 – dimethyl – 4 – hexenyl) – 2 – methyl – , [S – (R*, S*)] –	—	—	—	2.7097	—
43	36.51	[s – (E, E)] – 1 – 甲基 – 5 – 亚甲基 – 8 – (1 – 甲基乙基) – 1,6 – 环癸二烯 1,6 – cyclodecadiene, 1 – methyl – 5 – methylene – 8 – (1 – methylethyl) – , [s – (E, E)] –	1.5796	—	1.8069	—	3.7369
44	36.51	1H – cyclopenta [1, 3] cyclopropa [1, 2] benzene, octahydro – 7 – methyl – 3 – methy	3.1490	7.4930	—	2.8990	—
45	36.51	1H – cyclopenta [1, 3] cyclopropa [1, 2] benzene, octahydro – 7 – methyl – 3 – methylene – 4 – (1 – methylethyl) – , [3aS – (3a. α, 3b. β, 4. β, 7α, 7aS*)] –	3.1404	—	3.6231	—	—

续表 13－2

编号	时间(min)	化学成分名称	平均含率(%)				
			玉兰	玉兰2	毛被	黄花	光梗
46	37.38	(S)－1－甲基－4－(5－甲基－1－亚甲基－4－己烯)－环己烯 cyclohexene, 1－methyl－4－(5－methyl－1－methylene－4－hexenyl)－,(S)－	—	—	—	1.2100	—
47	37.93	(1S－cis)－1,2,3,5,6,8a－六氢化－4,7－二甲基－1－*(1－甲基乙基)－萘 naphthalene,1,2,3,5,6,8a－hexahydro－4,7－dimethyl－1－(1－methylethyl)－,(1S－cis)－	4.4600	0.4600	2.5500	—	4.3800
48	39.08	[1R－(1α,3α,4β)]－α,α,4－三甲基－3－(1－甲基乙基)－4－乙烯－环己二甲醇 cyclohexanemethanol, 4－ethenyl－,α,α,4－trimethyl－3－(1－methylethenyl)－,[1R－(1α,3α,4β)]－	1.5300	—	—	—	—
49	40.08	1,3,3－三甲基－双环[2.2.1]庚－2－酮 Bicyclo[2.2.1] heptan－2－one, 1,3,3－trimethyl－	—	—	—	—	2.0632
50	40.09	Cyclobuta[1,2:3,4] dicyclopentene, decahydro－3a－methyl－6－methylene－1－(1－methylethyl)－,[1S－(1α,3a. α,3b. β,6a. β,6b. β)]－	—	—	—	—	5.0426
51	40.11	1－乙醌－3,7－二甲基－6,11－十一二烯 6,11－undecadiene, 1－acetoxy－3,7－dimethyl－	1.0313	—	—	—	—
52	43.56	[2R－(2α,4a. β,8β)]－α,α,4a,8－四甲基－2,3,4,4a,5,6,7,8－八氢－2－萘甲醇 2－naphthalenemethanol,2,3,4,4a,5,6,7,8－octahydro－. α, α,4a,8－tetramethyl－,[2R－(2α,4a. β,8β)]－	—	—	—	—	3.7491
53	43.62	[2R－(2α,4a. α,8a. β)]－. α,α,4a－三甲基－8－亚甲基－十氢－2－萘甲醇 2－naphthalenemethanol, decahydro－. α,α,4a－trimethyl－8－methylene－,[2R－(2α,4a. α,8a. β)]－	3.8067	—	2.1256	—	—

续表 13－2

编号	时间(min)	化学成分名称	平均含率(%)				
			玉兰	玉兰 2	毛被	黄花	光梗
54	43.62	[2R－(2α,4aβ,8β)]－α,α,4a, 8－四甲基－2,3,4,4a,5, 6,7,8－八氢－2－萘甲醇 2－naphthalenemethanol, 2,3,4,4a,5, 6,7,8－octahydro－.α,α,4a, 8－tetramethyl－, [2R－(2α,4aβ,8β)]－	1.9033	—	2.1257	—	—
55	43.71	(2R－cis)－α,α,4a, 8－四甲基－1,2,3,4, 4a, 5, 6, 7－八氢－2－萘甲醇 2－naphthalenemethanol, 1,2,3,4,4a, 5,6,7－octahydro－.α,α,4a, 8－tetramethyl－,(2R－cis)－	—	—	1.1696	—	—
56	43.80	1,4－methano－1H－indene, octahydro－1,7a－dimethyl－4－(1－methylethenyl)－, [1S－(1α,3a.β,4α,7a.β)]－	1.5859	—	—	—	—
57	43.80	naphthalene, decahydro－4a－methyl－1－methylene－7－(1－methylethylidene)－, (4aR－trans)－	1.5842	—	—	—	—
58	43.80	β－panasinsene	1.5799	—	—	—	—

注:玉兰系郑州产的玉兰“辛夷”,玉兰 2 系新郑产的玉兰“辛夷”,毛被系毛被玉兰, 黄花系黄花玉兰, 光梗系‘光梗’玉兰。

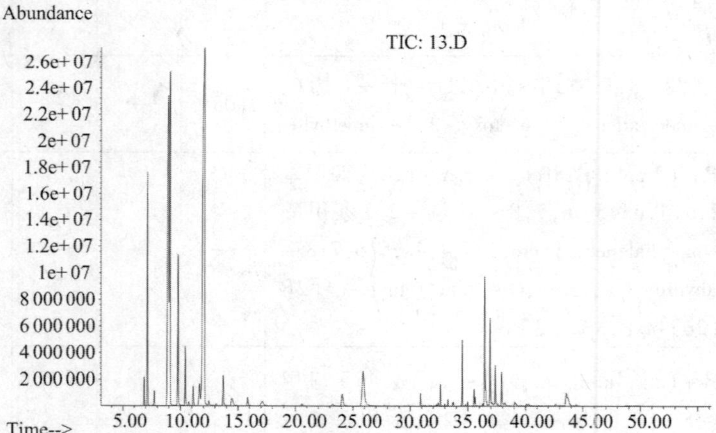

图 13－2　黄花玉兰

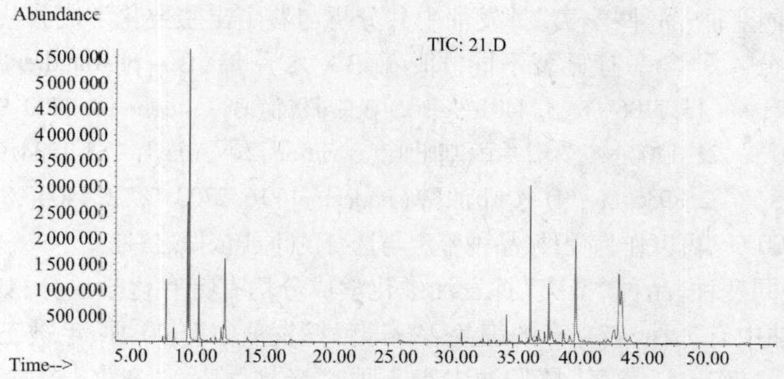

图 13 -3　‘光梗’玉兰

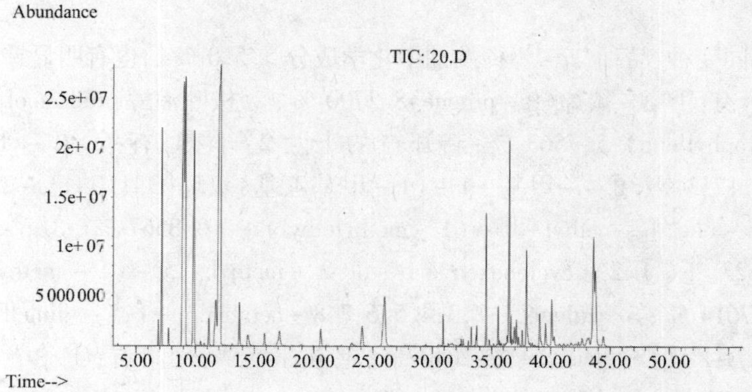

图 13 -4　毛被玉兰

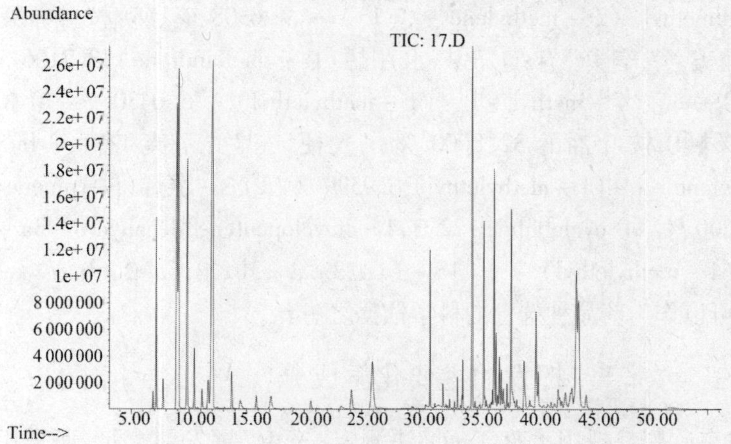

图 13 -5　玉兰(新郑)

从表 13 -2 和图 13 -2 ~ 图 13 -5 可看出：

(1)玉兰不同变种、品种“辛夷”挥发油中主要化学成分(1.00 %以上)共计 58 种。其中,郑州产的玉兰“辛夷”挥发油中有 23 种、新郑产的玉兰 2“辛夷”挥发油中有 35 种、毛被玉兰“辛夷”挥发油中有 19 种、黄花玉兰“辛夷”挥发油中有 16 种、‘光梗’玉兰“辛夷”挥发油中有 15 种。

（2）玉兰不同变种、品种“辛夷”挥发油中共分析与鉴定出主要化学成分共计58种。其中，共有化学成分4种含率有显著不同，即：① β－水芹烯（β－phellandrene）3.3677 %、22.1733 %、5.0471 %、13.7106 %、3.4401 %；② β－蒎烯（β－pinene）8.2700 %、5.0623 %、6.5837 %、9.0300 %、21.1200 %；③ 2－丙基吡啶（pyridine，2－propyl－）3.1234 %、4.0314 %、4.3789 %、1.1018 %、2.8936 %；④ 桉叶油醇（eudesmol）16.2700 %、2.1400 %、21.6600 %、32.8000 %、7.2100 %，可以作为变种、品种鉴定与选育的重要依据之一。

（3）玉兰不同变种、品种“辛夷”挥发油中化学成分均有特有化学成分，如郑州产的玉兰“辛夷”挥发油中有7种、新郑产的玉兰2“辛夷”挥发油中有20种、毛被玉兰“辛夷”挥发油中有3种、黄花玉兰“辛夷”挥发油中有3种、‘光梗’玉兰“辛夷”挥发油中有5种。根据其特有化学成分及其平均含率的差异，可以作为变种、品种鉴定与选育的重要依据之一。

（4）玉兰不同变种、品种“辛夷”挥发油中化学成分 > 5.0 %的也有明显差异。如：郑州产的玉兰“辛夷”有：① β－蒎烯（β－pinene）8.2700 %、② 桉叶油醇（eudesmol）16.2700 %、③ 石竹烯（caryophyllene）5.7563 %；新郑产的玉兰2“辛夷”有：① β－水芹烯（β－phellandrene）22.1733 %、② 4－甲基－1－（1－甲基乙基）双环[3.1.0]己－2－烯（bicyclo[3.1.0] hex－2－ene，4－methyl－1－（1－methylethyl）－ 10.8567 %、③ p－menth－1－en－8－ol 5.0623 %、④ 2－cyclohexen－1－ol，2－methyl－5－（1－methylethenyl）－，acetate，cis－ 5.7614 %、⑤ azulene，1，2，3，4，5，6，7，8－octahydro－1，4－ dimethyl－7－（1－methylethylidene）－ ，（1S－cis）－ 6.2640 %；毛被玉兰“辛夷”有：① β－水芹烯 β－phellandrene 5.0471 %、② bicyclo[3.1.0] hexane，4－methylene－1－（1－methylethyl）5.1046 %、③ cyclohexene，4－methylene－1－（1－methylethyl）5.0551 %、④ bicyclo[3.1.1] heptane，6，6－dimethyl－2－methylene－，（1S）－ 9.6308 %、⑤ 桉叶油醇（eudesmol）21.6600 %；黄花玉兰“辛夷”有：① β－水芹烯（β－phellandrene）13.7106 %、② bicyclo[3.1.0] hex－2－ene，4－methyl－1－（1－methylethyl）－ 6.0430 %、③ β－蒎烯（β－pinene）9.0300 %、④ 桉叶油醇 32.8000 %；‘光梗’玉兰“辛夷”有：① bicyclo[3.1.0] hexane，4－methylene－1－（1－methylethyl）6.9599 %、② β－蒎烯（β－pinene）21.1200 %、③ 桉叶油醇 7.200 %、④ cyclobuta [1，2：3，4] dicyclopentene，decahydro－3a－methyl－6－methylene－1－（1－methylethyl）－ ，[1S－（1α，3a.α，3b.β，6a.β，6b.α）]－ 5.0426 %。根据这种差异，可以作为新品种选育的科学依据之一。

三、石人玉兰“辛夷”挥发油主要化学成分

2008年，赵东欣副教授用水蒸气蒸馏法测定“辛夷”挥发油含量，而采用德国 Agilent 6890 GC/5973 ms 气质联用仪分析，nisto2.L 质谱库检索确定化学成分，并按 GC 峰面积归一化法定量。测定石人玉兰 Yulania shirenshanensis D. L. Fu et T. B. Zhao“辛夷”挥发油化学成分，如表13－3所示。

表 13－3　石人玉兰“辛夷”挥发油主要化学成分及平均含率

编号	时间(min)	化学成分名称	平均含率(%)	编号	时间(min)	化学成分名称	平均含率(%)
1	7.15	α－pinene　α－蒎烯	7.14	7	13.70	γ－terpinene　γ－萜品烯	1.71
2	8.90	β－phellandrene　β－水芹烯	8.34	8	17.12	linalool　芳樟醇	4.37
3	9.06	β－pinene　β－蒎烯	16.56	9	25.86	α－松油醇　α－terpineol	4.43
4	9.77	β－myrcene　β－月桂烯	1.62	10	37.93	δ－cadinene　δ－荜澄茄烯	3.16
5	11.61	cymene 伞花烃	2.64	11	40.08	germacrenol 吉玛烯	4.54
6	12.03	桉叶油醇 eudesmol	35.98				

从表 13－3 可看出，石人玉兰“辛夷”挥发油主要化学成分共有 11 种。其中，有 4 种化学成分平均含率 >5.00 % 的有 5 种，分别是：① β－水芹烯（β－phellandrene）8.34 %、② β－蒎烯（β－pinene）16.56 %、③ 桉叶油醇（eudesmol）35.98 %、④ α－蒎烯（α－pinene）7.14 %。

四、望春玉兰及其品种“辛夷”挥发油主要化学成分及其含率

2008 年，赵东欣副教授等用水蒸气蒸馏法测定“辛夷”挥发油含量，而采用德国 Agilent 6890 GC/5973 ms 气质联用仪分析，nisto2. L 质谱库检索确定化学成分，并按 GC 峰面积归一化法定量。测定望春玉兰 Yulania biondii（Pamp.）D. L. Fu（南召）“辛夷”挥发油化学成分，如表 13－4 和图 13－6 ~ 图 13－10 所示。

表 13－4　望春玉兰及其品种“辛夷”挥发油主要化学成分的研究

编号	化学成分名	平均含率(%)				
		南召	鲁山	白花	桃实南	桃实鲁
1	α－蒎烯 α－pinene	3.17	2.30	4.54	3.61	2.86
2	莰烯 camphene	7.28	—	3.00	—	7.29
3	β－水芹烯 β－ phellandrene	5.02	5.82	11.22	13.16	5.05
4	β－蒎烯 β－pinene	4.22	5.53	7.29	7.91	4.60
5	β－月桂烯 β－myrcene	1.06	—	1.29	—	—
6	伞花烃 cymene	1.27	2.05	—	—	—
7	D－柠檬烯 D－limonene	—	—	—	—	2.73
8	桉叶油醇 eudesmol	15.75	25.89	28.60	50.27	22.27
9	γ－萜品烯 γ－terpinene	1.30	1.18	—	—	—

续表 13 – 4

编号	化学成分名	平均含率(%)				
		南召	鲁山	白花	桃实南	桃实鲁
10	萜品油烯 terpinolene	1.00	—	—	—	—
11	芳樟醇 linalool	3.15	4.22	2.59	1.19	4.30
12	樟脑 camphor	24.58	—	11.70	—	36.50
13	L – 4 – 松香醇 L – 4 – terpineol	—	—	1.77	1.19	—
14	α – 松香醇 α – terpineol	2.97	4.23	7.17	6.82	—
15	柠檬醛醛 citral	—	2.00	—	—	—
16	乙酸冰片酯 bornyl acetate	1.47	—	—	—	1.75
17	β – 石竹烯 β – caryophyllene	8.64	2.69	—	—	—
18	吉玛烯 germacrene	1.10	3.72	1.28	1.90	—
19	D – 吉玛烯 D – germacrene	1.10	—	—	—	—
20	δ – 荜澄茄烯 δ – cadinene	2.89	2.82	4.03	3.49	2.89
21	吉兰烯 gerancrene	3.74	7.77	3.89	6.14	3.95
22	丁 – 衣兰油醇 T – muurolol	—	1.00	—	—	—
23	古巴烯 copaene	1.46	—	—	—	—
24	金合欢醇 farnesol	5.95	15.59	—	—	—

注:桃实南—南召县产的桃实望春玉兰,桃实鲁—鲁山县产的桃实望春玉兰。

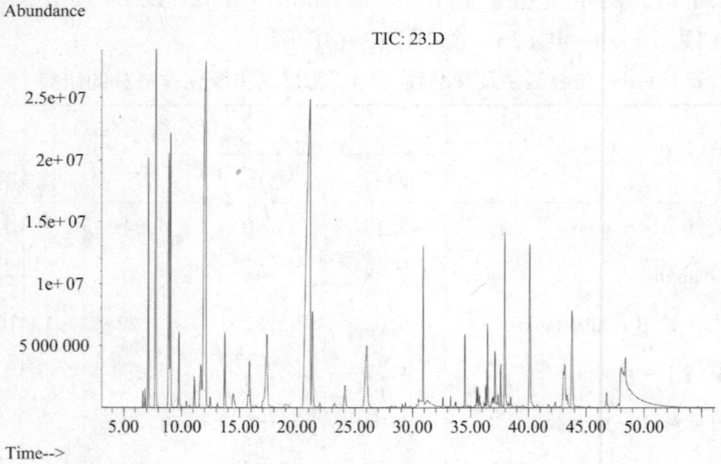

图 13 – 6　望春玉兰(南召)

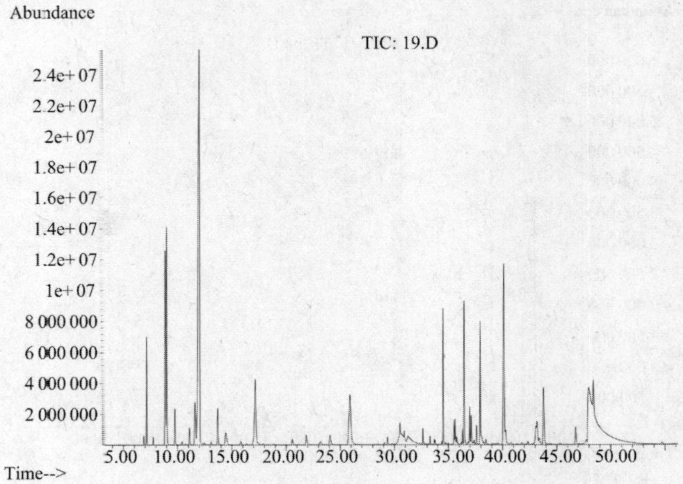

图 13－7　望春玉兰(新郑)

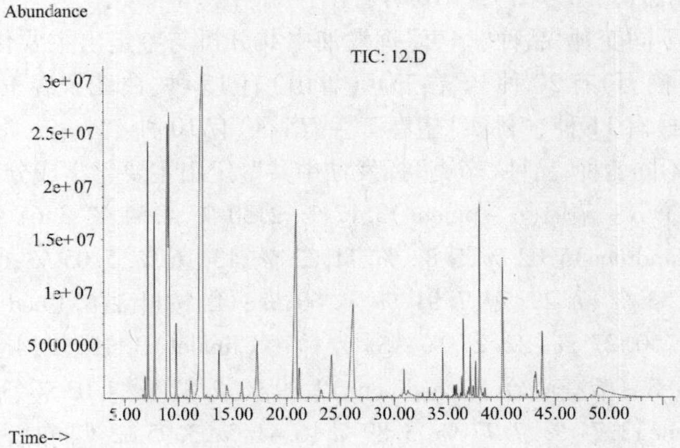

图 13－8　'小卷毛'望春玉兰(南召)

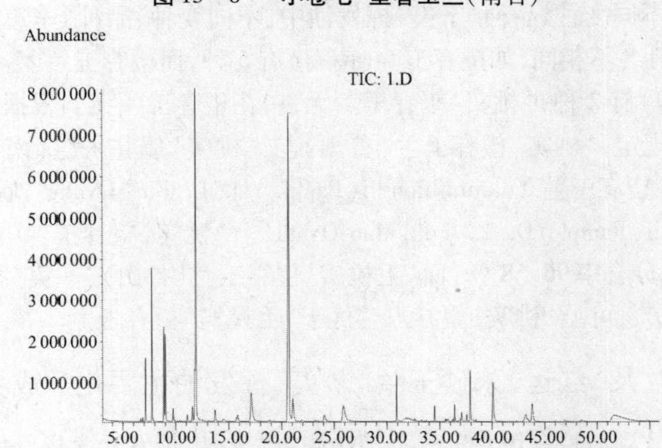

图 13－9　'桃实'望春玉兰(鲁山)

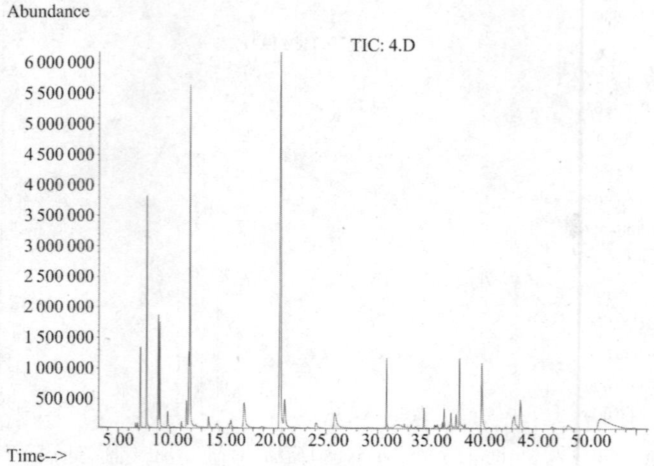

图 13－10 '桃实'望春玉兰(南召)

从表 13－4 和图 13－6～图 13－10 可看出：

(1)望春玉兰不同变种、品种"辛夷"挥发油中共分析与鉴定出主要化学成分共计 24 种,其中望春玉兰(南召)有 20 种、望春玉兰(鲁山)有 15 种、白花望春玉兰有 13 种、'桃实'望春玉兰(鲁山)有 11 种、'桃实'望春玉兰(南召)有 10 种。

(2)望春玉兰不同变种、品种"辛夷"挥发油中共鉴定出主要化学成分 24 种,其中共有化学成分 7 种,即:① α－蒎烯(α－pinene)3.17 %、2.30 %、4.54 %、3.61 %、2.86 %;② β－水芹烯(β－phellandrene)5.02 %、5.82 %、11.22 %、13.16 %、5.05 %;③ β－蒎烯(β－pinene)4.22 %、5.53 %、7.29 %、7.91 %、4.60 %;④ 桉叶油醇(eudesmol)15.75 %、25.89 %、28.60 %、50.27 %、22.27 %;⑤ 芳樟醇(linalol)3.15 %、4.22 %、2.59 %、1.19 %、4.30 %;⑥ δ－荜澄茄烯(δ－cadinene)2.89 %、2.82 %、4.03 %、3.49 %、2.89 %;⑦ 吉兰烯(gerancrene)3.74 %、7.77 %、3.89 %、6.41 %、3.95 %。同时表明,共有主要化学成分 7 种含率的差异,可以作为变种、品种鉴定与选育的重要依据之一。

(3)望春玉兰不同变种、品种"辛夷"挥发油中,不同变种、品种"辛夷"化学成分均有特有化学成分,并且各不相同,如望春玉兰(南召)有 5 种,而望春玉兰(鲁山)有 2 种;'桃实'望春玉兰(鲁山)有 2 种,'桃实'望春玉兰无,白花望春玉兰无。根据《国际栽培植物命名法规》中有关规定,'桃实'望春玉兰(鲁山)与'桃实'望春玉兰(南召)可作 2 个品种。前者称'桃实'望春玉兰 Yulania biondii(Pamp.)D. L. Fu 'Ovata',后者称'毛桃实'望春玉兰 Y. biondii(Pamp.)D. L. Fu 'Mao Ovata'。'桃实'望春玉兰(南召)"辛夷"挥发油中主要化学成分含率96.58 %,而'毛桃实'望春玉兰(鲁山)"辛夷"挥发油中主要化学成分含率 74.39 %,可见'桃实'望春玉兰优于'毛桃实'望春玉兰。

五、朱砂玉兰及'红运'朱砂玉兰"辛夷"挥发油主要化学成分

2008 年,赵东欣副教授等用水蒸气蒸馏法测定"辛夷"挥发油含量。采用德国 Agilent 6890 GC/5973 ms 气质联用仪分析,nisto 2. L 质谱库检索确定化学成分,并按 GC 峰面积归一化法定量。测定朱砂玉兰 Yulania soulangiana(Soul. －Bod.)D. L. Fu 及'红运'朱砂

玉兰 Yulania soulangiana(Soul. - Bod.) D. L. Fu ‘Hongyun’“辛夷”挥发油化学成分，如表 13 - 5和图 13 - 11、图 13 - 12 所示。

表 13 - 5　朱砂玉兰“辛夷”挥发油主要化学成分及其平均含率

编号	时间(min)	化学成分名称	平均含率(%)	
			‘红运’	朱砂
1	7.16	1S - α - 蒎烯 1S - α - pinene	1.4738	2.1331
2	7.16	1R - α - 蒎烯 1R - α - pinene	1.4739	4.2669
3	7.16	(. +/ -) - 2,6,6 - 三甲基 - 双环［3.1.1］庚 - 2 - 烯 Bicyclo［3.1.1］hept - 2 - ene,2,6,6 - trimethyl - , (. +/ - .) -	1.4923	—
4	8.97	β - 水芹烯 β - phellandrene	4.7075	9.9210
5	8.97	4 - 亚甲基 - 1 - (1 - 甲基乙基) - ［3.1.0］己烯［3.1.0］hexane,4 - methylene - 1 - (1 - methylethyl) -	4.7612	10.7297
6	8.97	4 - 甲基 - 1 - (1 - 甲基乙基) - 双环［3.1.0］己 - 2 - 烯 bicyclo［3.1.0］hex - 2 - ene, 4 - methyl - 1 - (1 - methylethyl) -	4.7613	4.6713
7	9.02	(1S) - 6,6 - 二甲基 - 2 - 亚甲基 - 双环［3.1.1］庚烷 Bicyclo［3.1.1］heptane,6,6 - dimethy - 2 - methylene - , (1S) -	—	6.5161
8	9.10	β - pinene　β - 蒎烯	16.9600	17.4679
9	9.94	Pyridine,2 - propyl -　2 - 丙基吡啶	9.5300	—
10	11.64	1 - 甲基 - 2 - (1 - 甲基乙基) - 苯 benzene,1 - methyl - 2 - (1 - methylethyl) -	1.2900	1.7468
11	12.06	桉叶油醇 eudesmol	20.8000	17.7200
12	11.81	D - limonene　D - 柠檬烯	—	4.2100
13	13.73	1 - 甲基 - 4 - (1 - 甲基乙基) - 1,4 - 环已二烯　1 - methyl - 4 - (1 - methylethyl) - 1,4 - cyclohexadiene	1.5500	1.0300
14	25.84	α,α,4 - 三甲基 - 3 - 环已烯　3 - cyclohexene - 1 - methanol,α,α,4 - trimethyl -	1.0034	—
15	30.90	bornyl acetate 乙酸冰片酯	1.5599	—

续表 13－5

编号	时间(min)	化学成分名称	平均含率(%)	
			‘红运’	朱砂
16	32.35	cis－乙酸2－甲基－5－(1－甲基乙基)－2－环已烯2－cyclohexen－1－ol,2－methyl－5－(1－methylethenyl)－,acetate,cis－	0.0367	—
17	34.52	Caryophyllene　石竹烯	1.8187	1.7056
18	36.49	[s－(E,E)]－1－甲－5－亚甲基－8－(1－甲基乙基)－1,6－环癸二烯 1,6－cyclodecadiene,1－methyl－5－methylene－8－(1－methylethyl)－,[s－(E,E)]－	1.9067	3.1240
19	36.49	1H－cyclopenta[1,3] cyclopropa[1,2] benzene,octahydro－7－methyl－3－methylene－4－(1－methylethyl)－,[3aS－(3a. α,3b. β,4β,7α,7aS*)]－	3.8233	1.5660
20	37.41	α－farnesene α－金合欢烯	4.0264	0.6279
21	37.41	(E)－3,7－二甲基－1,3,6－八三烯　1,3,6－octatriene,3,7－dimethyl－,(E)－	1.9889	—
22	37.94	(1S－cis)－1,2,3,5,6,8a－六氧化－4,7－二甲基－1－(1－甲基乙基)－萘 naphthalene,1,2,3,5,6,8a－hexahydro－4,7－dimethyl－1－(1－methylethyl)－,(1S－cis)－	1.6100	2.0100
23	43.53	[2R－(2α,4α. α,8α. β)]－.α,α,4a－三甲基－8－亚甲基－2－萘甲醇 2－naphthalenemethanol,decahydro－.α,α,4a－trimethyl－8－methylene－,[2R－(2α,4a. α,8a. β)]－	1.9722	—

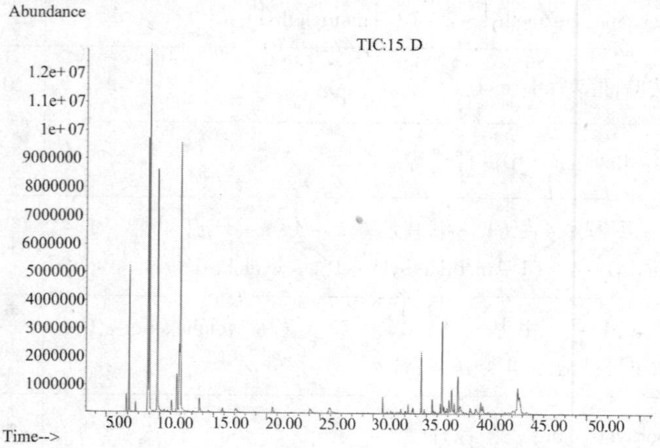

图 13－11　朱砂玉兰玉蕾挥发油化学成分

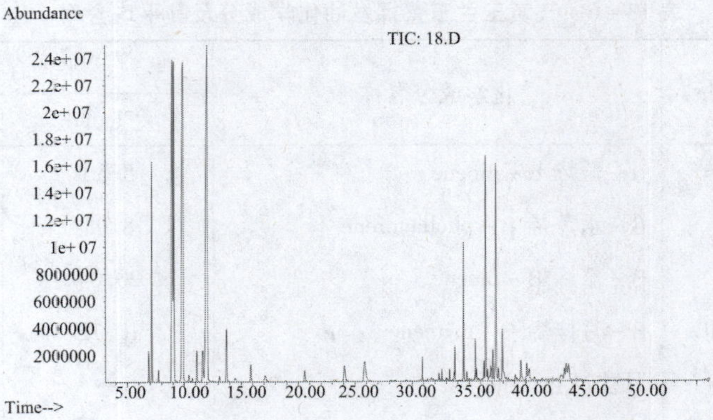

图 13－12　‘红运’朱砂玉兰(长垣)

从表 13－5 和图 13－11、图 13－12 可看出：

(1)朱砂玉兰“辛夷”挥发油中共检测出 21 种主要化学成分。其中，含率 5.00 % 以上有 5 种化学成分，它们是：① 桉叶油醇(eudesmol)含率为 17.7200 %、② β－蒎烯(β－pinene)含率为 17.4679 %、③ bicyclo［3.1.0］hexane，4－methylene－1－(1－methylethyl)－ 含率为 10.7297 %、④ β－水芹烯(β－phellandrene)含率为 9.9210 %、⑤ bicyclo［3.1.1］heptane，6，6－dimethy－2－methylene－，(1S)－ 含率为 6.5161 %。‘红运’朱砂玉兰“辛夷”挥发油中共检测出 16 种主要化学成分。其中，含率 5.00 % 以上有 3 种化学成分，它们是：① 桉叶油醇含率为 20.8000 %、② β－蒎烯含率为 16.9600 %、③ 2－丙基吡啶(pyridine，2－propyl－)含率为 9.5300 %。同时，还表明，两者依其含率 5.0 % 以上化学成分的有无及其含率的不同，可以作为朱砂玉兰新品种选育的重要依据。

(2)朱砂玉兰与‘红运’朱砂玉兰“辛夷”挥发油中共有化学成分 23 种。其中，朱砂玉兰“辛夷”挥发油中特有化学成分 1 种，而‘红运’朱砂玉兰“辛夷”挥发油中特有化学成分 7 种。根据两者特有化学成分的不同，可以作为朱砂玉兰新品种选育的重要依据之一，加以应用。

(3)朱砂玉兰与‘红运’朱砂玉兰“辛夷”挥发油中桉叶油醇(eudesmol)含率分别为 20.8000 %、17.7200 %，而 β－蒎烯含率分别为 16.9600 %、17.4679 %，且具有药用及香料价值，很有开发利用前景。

六、飞黄玉兰“辛夷”挥发油主要化学成分

2008 年，赵东欣副教授用水蒸气蒸馏法测定“辛夷”挥发油含量。采用用德国 Agilent 6890 GC/5973 ms 气质联用仪分析，nisto2.L 质谱库检索确定化学成分，并按 GC 峰面积归一化法定量。测定飞黄玉兰 Yulania fëihuangyulan(F. G. Wang)T. B. Zhao et Z. X. Chen“辛夷”挥发油化学成分及其平均含率，如表 13－6 和图 13－13、图 13－14 所示。

表 13－6　飞黄玉兰玉蕾挥发油化学成分及其平均含率

编号	时间(min)	化学成分名称	平均含率(%)	
			农大飞黄玉兰	长垣县飞黄玉兰
1	7.13	α－蒎烯 α－pinene	5.36	5.87
2	8.87	β－水芹烯 β－phellandrene	8.08	13.22
3	9.02	β－蒎烯 β－pinene	20.04	17.49
4	9.78	β－月桂烯 β－myrcene	10.72	8.79
5	11.56	月桂烯 cymene	—	1.97
6	11.80	D－柠檬烯 D－limonene	3.33	3.55
7	11.90	桉叶油醇 eudesmol	10.22	18.67
8	15.83	异松油烯 terpinolen	1.30	—
9	30.90	乙酸异冰片酯 bornyl acetate	0.86	0.44
10	34.51	石竹烯 caryophyllene	4.86	3.48
11	35.54	α－石竹烯 α－caryophyllene	1.29	—
12	36.74	D－吉玛烯 D－germacrene	12.63	8.74
13	37.92	δ－杜松烯 δ－cadinene	2.88	2.40
14	39.20	γ－榄香醇 γ－elemene	1.62	—
15	40.08	吉玛醇 germacrenol	3.16	2.32
16	41.12	愈创醇 guaiol	2.12	—
17	43.54	β－桉叶油醇 β－eudesmol	2.04	2.79
18	43.75	α－荜澄茄醇 α－cadinol	—	3.10
19	44.40	布藜醇 bulnesol	3.02	1.36

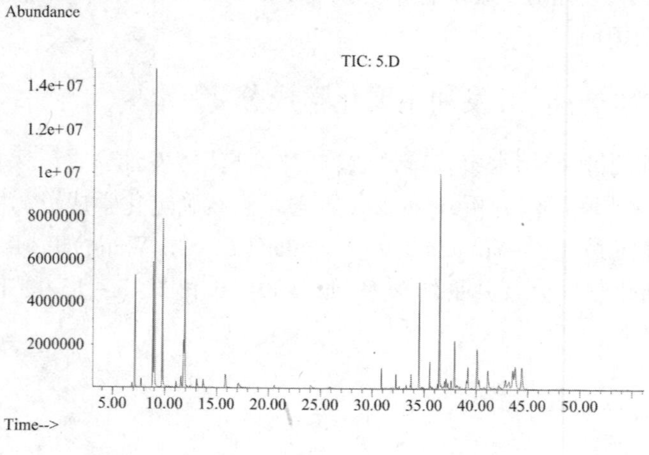

图 13－13　飞黄玉兰玉蕾挥发油化学成分(河南农业大学)

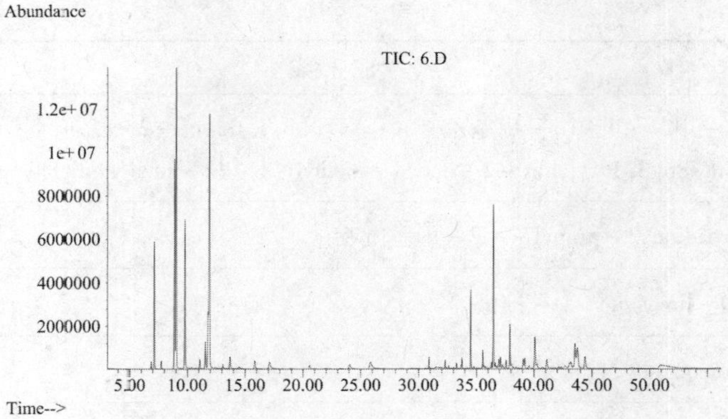

图 13－14　飞黄玉兰玉蕾挥发油化学成分(河南长垣县)

从表 13－6 和图 13－13、图 13－14 可看出：

(1)飞黄玉兰"辛夷"挥发油中共检测出 19 种主要化学成分。其中，含率 5.00 % 以上有 5 种化学成分，分别是：① α－蒎烯(α－pinene)、② β－蒎烯(β－pinene)、③ β－月桂烯(β－myrcene)、④ 桉叶油醇(eudesmol)、⑤ β－水芹烯(β－phellandrene)。

(2)2 产地的飞黄玉兰"辛夷"挥发油化学成分及其含率有差异，以作为飞黄玉兰新品种选育的重要依据。

七、多油舞钢玉兰"辛夷"挥发油主要化学成分

2008 年，赵东欣副教授等用水蒸气蒸馏法测定多油舞钢玉兰 Yulania wugangensis(T. B. Zhao，W. B. Sun et Z. X. Chen)D. L. Fu var. duoyou T. B. Zhao，Z. X. Chen et D. X. Zhao "辛夷"挥发油含量。采用德国 Agilent 6890 GC/5973 ms 气质联用仪分析，nisto2. L 质谱库检素确定化学成分，并按 GC 峰面积归一化法定量。测定结果，如表13－7 和图 13－15 所示。

表 13－7　多油舞钢玉兰"辛夷"挥发油主要化学成分数及其平均含率

编号	时间(min)	化学成分名称	平均含率(%)
1	7.18	1R－α－蒎烯 1R－α－pinene	8.7569
2	7.18	(.＋/－.)－2,6,6－三甲基－双环[3.1.1] 庚－2－烯 bicyclo[3.1.1] hept－2－ene,2,6,6－trimethyl－,(.＋/－.)－	4.4331
3	9.00	β－水芹烯 β－phellandrene	13.4905
4	9.00	4－甲基－1－(1－甲基乙基)－ 双环[3.1.0] 己－2－烯 bicyclo[3.1.0] hex－2－ene,4－methyl－1－(1－methylethyl)－	20.5233
5	9.13	β－蒎烯 β－pinene	12.4736
6	9.13	(1S)－ 6,6－二甲基－2－亚甲基－双环 [3.1.1]－庚烷 bicyclo[3.1.1] heptane,6,6－dimethyl－2－methylene－,(1S)－	6.3264

续表 13－7

编号	时间(min)	化学成分名称	平均含率(%)
7	9.83	4－甲基－1－(1－甲基乙基)－双环[3.1.0]己－2－烯 bicyclo[3.1.0] hex－2－ene,4－methyl－1－(1－methylethyl)－	3.3833
8	9.83	pyridine,2－propyl－　2－丙基吡啶	2.0422
9	11.84	D－limonene　D－柠檬烯	3.9609
10	11.84	Limonene　柠檬烯	1.9791
11	11.93	eudesmol 桉叶油醇	3.3600
12	15.83	(+)－4－carene　(+)－4－蒈烯	1.5280
13	34.51	Caryophyllene　石竹烯	1.1056

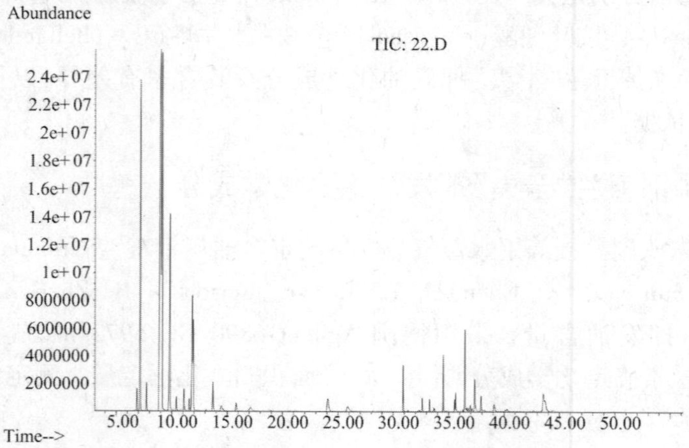

图 13－15　多油舞钢玉兰“辛夷”挥发油化学成分数及其平均含率的检测结果

从表 13－7 和图 13－15 表明,多油舞钢玉兰“辛夷”挥发油中有 13 种主要化学成分数。其中,以平均含率为 5.00 % 以上的有 4 种化学成分。它们分别是:① bicyclo[3.1.0]hex－2－ene,4－methyl－1－(1－methylethyl)－ 平均含率为 20.5233 %、② β－水芹烯(β－phellandrene)平均含率为 13.4905 %、③ β－蒎烯(β－pinene)平均含率为 12.4736 %、④ bicyclo[3.1.1]heptane,6,6－dimethyl－2－methylene－,(1S)－ 平均含率为6.3264 %。这为舞钢玉兰“辛夷”开发利用提供了 1 个新的优良资源,并为其繁育、推广提供了科学依据。

八、腋花玉兰及其品种“辛夷”挥发油主要化学成分

2008 年,赵东欣副教授对腋花玉兰及其品种的“辛夷”挥发油化学成分进行了研究。研究材料:腋花玉兰 Y. axilliflora(T. B. Zhao,T. X. Zhang et J. T. Gao)D. L. Fu 及其品种“辛夷”。其品种有 5:① 腋花玉兰 Y. axilliflora (T. B. Zhao,T. X. Zhang et J. T.

Gao) D. L. Fu'Axilliflora'、②'猴背子'腋花玉兰 Y. axilliflora(T. B. Zhao, T. X. Zhang et J. T. Gao) D. L. Fu'Hobeizi'、③'猴巴掌'腋花玉兰 Y. Axilliflora (T. B. Zhao, T. X. Zhang et J. T. Gao) D. L. Fu 'Multialabastra'、④'序'腋花玉兰 Y. axilliflora (T. B. Zhao, T. X. Zhang et J. T. Gao) D. L. Fu'Xuhua'、⑤'卷毛'腋花玉兰 Y. axilliflora(T. B. Zhao, T. X. Zhang et J. T. Gao) D. L. Fu'Juanyehua'。采用 GC/MS 分析法测定"辛夷"挥发油化学成分:腋花玉兰"辛夷"挥发油化学成分的测定,采用 GC/MS 分析法。分析仪器为德国生产的 GC－MSQP－5000 液相质谱联合测定分析仪。GC/MS/DS 定性条件:石英弹性毛细管柱内径 0.25 mm,长 30.0 m。流动相为 He,流速 18.7 mL/min,分流比 1:10。柱温 50～200 ℃,程序变温:50 ℃,保持 1 min,后每分钟升温 5 ℃,至 120 ℃,保持 2 min,再每分钟升温 12 ℃,至 200 ℃;检测器温度 200 ℃;气化室温度 200 ℃。样品进样量 0.2 μm。VG2035 数据处理与分析系统。通过带有计算谱库检索,对有关标准质谱图对每一成分定性,根据 GC 峰面积归一化法定量。测定结果如下。

1. 腋花玉兰及其品种"辛夷"挥发油

腋花玉兰及其品种"辛夷"挥发油共有主要化学成分及其平均含率,如表 13－8 所示。

表 13－8　腋花玉兰及其品种"辛夷"挥发油共有主要化学成分及其平均含率

编号	时间(min)	化学成分名称	平均含率(%)				
			腋花	猴背	猴掌	序花	卷毛
1	7.16	(+/－)-2,6,6－三甲基－双环[3.1.1]庚－2－烯 bicyclo[3.1.1] hept－2－ene, 2,6,6－trimethyl－,(+/－)－	1.650	1.056	1.526	1.653	1.653
2	8.96	β－水芹烯 β－phellandrene	8.116	1.706	3.659	3.396	4.014
3	8.96	4－亚甲基－1－(1－甲基乙基)－双环[3.1.0]已烯 bicyclo[3.1.0] hexane, 4－methylene－1－(1－methylethyl)－	4.104	3.528	7.600	6.636	2.036
4	9.10	β－蒎烯 β－pinene	8.695	2.879	6.607	7.317	1.980
5	12.16	桉叶油醇 eudesmol	29.720	15.871	31.727	39.662	28.381
6	17.21	3,7－二甲基－1,6－辛二－3－醇 1,6－octadien－3－ol, 3,7－dimethyl－	1.000	2.255	2.290	3.440	2.667
7	26.03	p－menthen－8－ol　p－盖烯－8－醇	1.912	1.216	1.143	1.713	2.537
8	26.03	α,α, 4－三甲基－3－环已烯－1－甲醇 3－cyclohexene－1－methanol, α, α, 4－trimethyl－	1.932	2.494	2.893	3.501	5.154

续表 13－8

编号	时间 (min)	化学成分名称	平均含率(%)				
			腋花	猴背	猴掌	序花	卷毛
9	40.08	1－羟基－1,7－二甲基－4－异丙基－2,7－环癸二烯 1－hydroxy－1,7－dimethyl－4－isopropyl－2,7－cyclodecadiene	1.000	3.066	1.029	1.118	1.613

从表 13－8 可看出,腋花玉兰及其品种“辛夷”挥发油共有 9 种主要化学成分,其含率均有显著差异,如桉叶油醇(eudesmol):① 腋花玉兰含率为 29.270 %、②‘猴背子’腋花玉兰含率为 15.871 %、③‘猴巴掌’腋花玉兰含率为 31.727 %、④‘序’腋花玉兰含率为 39.662 %、⑤‘卷毛’腋花玉兰含率为 28.381 %。根据腋花玉兰及其品种“辛夷”挥发油中共有化学成分的含率,或每一化学成分的含率不同,可作为腋花玉兰品种鉴别和选育新品种的科学依据。

2. 腋花玉兰及其品种“辛夷”挥发油主要特有化学成分及其平均含率

腋花玉兰及其品种“辛夷”挥发油主要特有化学成分(＞0.500 %)及其平均含率测定结果,如表 13－9 所示。

表 13－9　腋花玉兰及其品种“辛夷”挥发油主要特有化学成分及其平均含率

编号	时间 (min)	化学成分名称	平均含率 (%)
		Ⅰ 腋花玉兰	
1	17.21	异戊酸 4,7－二甲基－1,6－辛二－3－醇 1,6－octadien－3－ol, 4,7－dimethyl－, isovalerate	1.583
2	20.87	(1S)－1,7,7－三甲基－双环[2.2.1]庚－2－醇 bicyclo[2.2.1] heptan－2－one, 1,7,7－trimethyl－,(1S)－	5.101
3	26.03	(S)－α,α,4－三甲基－3－环己烯－1－甲　3－cyclohexene－1－methanol,α,α,4－trimethyl－,(S)－	1.936
4	32.62	3,7,7－三甲基－双环[4.1.0]庚－2－烯　bicyclo[4.1.0] hept－2－ene, 3,7,7－trimethyl－	1.134
		Ⅱ‘猴背子’腋花玉兰	
1	12.01	2,4－二甲基环己－1－烯－5－羧酸(反) 2,4－dimethylcyclohex－1－ene－5－carboxylic acid (trans)	4.358
2	43.87	2－propoxybenzaldehyde 2－丙氧基苯甲醛	3.396
3	43.87	(E)－3,6－二甲基－3－(1－甲基乙基)－4,6－庚－2－酮 4,6－heptadien－2－one, 3,6－dimethyl－3－(1－methylethyl－),(E－)	2.410

续表 13-9

编号	时间(min)	化学成分名称	平均含率(%)
		Ⅲ‘猴巴掌’腋花玉兰	
1	17.15	2-氨苯甲酸酯 3,7-二甲基-1,6-辛二烯-3-醇 1,6-octadien-3-ol, 3,7-dimethyl-, 2-aminobenzoate	1.189
		Ⅳ‘序’腋花玉兰	
1	17.15	乙酸 3,7-二甲基-1,6-八二烯-3-醇　1,6-octadien-3-ol, 3,7-dimethyl-, acetate	1.780
		Ⅴ‘卷毛’腋花玉兰	
1	30.90	1-乙烯基-1-甲基-2, 4-bis(1-甲基乙基)-环己烯、 cyclohexane, 1-ethenyl-1-methyl-2, 4-bis(1-methylethenyl)-	1.300
2	43.81	甲基酯,反-3-[4-甲氧基]-缩水甘油酸 glycidic acid, trans-3-[4-methoxyphenyl]-, methyl ester	1.213
3	43.87	1-butanone, 1-92-hydroxyphenyl)-　1-(2-羟苯基)-1-丁酮	1.226
4	48.38	farnesol isomera　金合欢醇异构体	2.384
5	48.38	(E,E)-3,7,11-三甲基-2,6,10-十二三烯甘油-1-醇 2,6,10-dodecatrien-1-ol, 3,7,11-trimethyl-, (E,E)-	1.745
6	48.38	squalene　三十六碳六烯	1.810

从表 13-9 可看出,腋花玉兰皮及其品种“辛夷”挥发油中主要特有化学成分有 15 种。其中,① 腋花玉兰特有化学成分 4 种,平均含率为 1.134 %~5.101 %;②‘猴背子’腋花玉兰特有化学成分 3 种,平均含率为 2.410 %~4.358 %;③‘猴巴掌’腋花玉兰特有化学成分 1 种,平均含率为 1.189 %;④‘序’腋花玉兰特有化学成分 1 种,平均含率为 1.780 %;⑤‘卷毛’腋花玉兰特有化学成分 6 种,平均含率为 1.213 %~2.384 %。根据其主要特有化学成分数及其含率的不同,可作为腋花玉兰品种鉴别和选育新品种的科学依据。

3. 腋花玉兰及其品种“辛夷”挥发油中非共有主要化学成分数

腋花玉兰及其品种“辛夷”挥发油中非共有化学成分数及其平均含率测定结果,如表 13-10 所示。

表 13 – 10 腋花玉兰及其 品种"辛夷"挥发油中非共化学成分及其平均含率

编号	时间(min)	化学成分名称	平均含率(%)				
			腋花	猴背	猴掌	序花	卷毛
1	9.07	6,6 – 二甲基 – 2 – 亚甲基 – 双环 [3.1.1] 庚烷 bicyclo[3.1.1] heptane, 6,6 – dimethyl – 2 – methylene – ,	—	2.078	—	—	—
2	9.78	β – myrcene β – 月桂烯	—	—	—	1.209	—
3	12.01	2,4 – 二甲基环己 – 1 – 烯 – 5 – 羧酸(反) 2, 4 – dimethylcyclohex – 1 – ene – 5 – carboxylic acid(trans)	—	4.358	—	—	—
4	13.75	3 – carene 3 – 蒈烯	—	—	1.200	—	—
5	20.87	(. +/–.) – 1,7,7 – 三甲基 – 双环 [2.2.1] 庚 – 2 – 酮 bicyclo[2.2.1] heptan – 2 – one, 1,7,7 – trimethyl – ,(. +/–.) –	5.107	—	—	—	—
6	36.46	(+) – epi – bicyclosesquiphellandrene	—	—	—	—	1.348
7	40.08	Cyclobuta [1, 2: 3, 4] dicyclopentene, decahydro – 3a – methyl – 6 – methylene – 1 – (1 – methylethyl) – , [1(1. α, 3a. α, 3b. β, 6a. β, 6b. α)] –	—	—	1.033	—	—
8	43.16	tau – muurolol	—	—	1.286	—	—
9	41.78	tau – cadinol	—	—	1.073	—	—
10	43.75	1,4 – methano – 1H – indeneoctahydro – 1,7a – dimethyl – 4 – (1 – methylethenyl) – , [1S – (1. α, 3a. β, 4. α, 7a. β)] –	—	—	—	—	1.208
11	43.87	ethanone, 1 – (4 – ethoxyphenyl) –	—	2.384	—	—	—
12	46.78	3,7,11 – 三甲基 – 2,6,10 – 十二三烯甘油 – 1 – 醇 2,6,10 – dodecatrien – 1 – ol, 3,7,11 – trimethyl –	—	—	4.569	—	—
13	46.78	2,6,10 – dodecatrienal, 3,7,11 – trimethyl –	—	—	—	—	1.763

注:摘自赵天榜等主编.《世界玉兰属植物资源与栽培利用》一书,其中仅摘录 5 个品种中凡有 1 种化学成分含率超过 1.00% 者列为此表。

从表13－10可看出，腋花玉兰及其品种"辛夷"挥发油中有13种非共有主要化学成分。其中有1种成分超过1.00%的分别是：① 腋花玉兰有1种，平均含率5.107 %；② '猴背子'腋花玉兰有3种（1、3、11），平均含率2.078% ~4.538 %；③'猴巴掌'腋花玉兰有5种（4、7、8、9、12），平均含率1.003 % ~4.569 %；④'序'腋花玉兰有1种（2），平均含率1.209 %；⑤'卷毛'腋花玉兰有3种（6、10、13），平均含率1.208 % ~1.763 %。腋花玉兰及其品种"辛夷"挥发油中非共有主要化学成分数及其平均含率均有明显差异。根据其差异不同，可作为腋花玉兰种、品种鉴别和选育新品种的科学依据。

九、玉兰属植物10种"辛夷"挥发油主要化学成分

2005年，傅大立等测定了玉兰属植物10种的"辛夷"挥发油含率、化学成分及其变异规律。供试植物10种是：望春玉兰 Yulania biondii (Pamp.) D. L. Fu、腋花玉兰 Y. axilliflora(T. B. Zhao, T. X. Zhang et J. T. Gao) D. L. Fu、河南玉兰 Y. honanensis(B. C. Ding et T. B. Zhao) D. L. Fu et T. B. Zhao、椭圆叶河南玉兰 Y. honanensis(B. C. Ding et T. B. Zhao) D. L. Fu et T. B. Zhao var. elliptilimba(Law et Gao) T. B. Zhao et Z. X. Chen、朱砂玉兰 Y. soulangiana (Soul. – Bod.) D. L. Fu、玉兰、舞钢玉兰 Y. wugangensis(T. B. Zhao, W. B. Sun et Z. X. Chen) D. L. Fu、两型玉兰 Y. dimorpha T. B. Zhao et Z. X. Chen、罗田玉兰 Y. pilocarpa(Z. Z. Zhao et Z. W. Xie) D. L. Fu、鸡公玉兰 Y. jigongshanensis(T. B. Zhao, D. L. Fu et W. B. Sun) D. L. Fu。"辛夷"挥发油主要化学成分测定，是采用GC/MS分析法。仪器为日本岛津公司生产的GC－MS QP－5000液相质谱联合测定分析仪。GC/MS/DS定性条件：石英弹性毛细管柱，内径0.25 mm，长30.0 cm。流动相为He，流速16.7 mL/min，分流比1:10。柱温50～200 ℃，程序变温50 ℃保持1 min，后每分钟升温5 ℃，至120 ℃，保持1 min，再每分钟升温12～200 ℃；检测器温度200 ℃；气化室温度200 ℃。样品稀释5倍，进样量0.2 μL。VG2035数据处理与分析系统。通过带有计算机谱库检索，核对有关标准质谱图对每一成分定性，根据GC峰面积归一化法定量。其测定结果如下。

1. 玉兰属植物10种"辛夷"的挥发油化学成分数

玉兰属植物10种"辛夷"中挥发油化学成分数及各成分含率的测定结果表明，舞钢玉兰"辛夷"中挥发油化合物数目为36个，椭圆叶河南玉兰56个，河南玉兰55个，朱砂玉兰50个，鸡公玉兰48个，罗田玉兰43个，两型玉兰47个，玉兰39个，腋花玉兰41个，望春玉兰40个。由此表明，具有杂种起源的椭圆叶河南玉兰、河南玉兰、朱砂玉兰等"辛夷"挥发油成分数明显高于非杂种起源的其他玉兰属植物。

2. 玉兰属植物10种"辛夷"挥发油中5种主要共有成分

5种主要共有成分是：桉油醇、香桧烯、β－蒎烯、月桂烯和α－松油醇，均为单萜类及其含氧衍生化合物。5种主要成分总含率在玉兰属植物10种"辛夷"中平均含率达55.30 %。同时还表明，该属植物物种不同，"辛夷"中挥发油主要成分含率有较大差异。其中，腋花玉兰"辛夷"中桉叶油醇的含率最高达35.5 %。香桧烯的含率以罗田玉兰"辛夷"中含率最高，为27.2 %，河南玉兰"辛夷"中最低为5.4 %。β－蒎烯则以舞钢玉兰"辛夷"中最高达16.0 %，河南玉兰"辛夷"中最低为3.6 %。特别值得注意的是：以月桂

烯的含率差异,玉兰属植物10种明显分为2大类:一类为朱砂玉兰、玉兰、舞钢玉兰、两型玉兰、罗田玉兰和鸡公玉兰,其含率在6.0 %以上,以玉兰最高达14.3 %;另一类为望春玉兰、腋花玉兰、河南玉兰、椭圆叶河南玉兰,其含率均在2.0 %以下,以河南玉兰最高,为0.9 %,与最高的玉兰相差15倍。因此,月桂烯的含率不同,可以作为玉兰属属下分类群建立的依据。

3. 玉兰属植物10种"辛夷"挥发油中非共有化学成分

根据测定,玉兰属植物10种"辛夷"挥发油中,特有或非共有化学成分,如表13-11所示。

表13-11 玉兰属植物"辛夷"挥发油6种主要和4种新报道的非共有成分含率 (%)

化学成分名称	望春玉兰	腋花玉兰	河南玉兰	椭圆叶河南玉兰	朱砂玉兰	玉兰	舞钢玉兰	两型玉兰	罗田玉兰	鸡公玉兰
聚伞花素 cymene			11.13	6.39		2.51		1.65	0.42	0.15
樟脑 camphor	0.21	2.72	0.95	0.29	5.63	0.68			0.26	0.27
β-榄香烯 β-elemene		0.39	5.67	5.82	0.39	0.36	0.31	0.20	0.28	0.44
α-荜澄茄醇 α-cadinol	5.20	2.06	6.05	4.15	7.27					
β-桉叶油醇 β- eudesmol						5.43	3.45	7.55	7.70	3.81
金合欢醇 farnesol	10.90	3.47	4.73	3.89	1.91	0.62		0.43	0.15	0.30
α-姜黄烯 α-curcumene								1.27		2.48
大根香叶烯D germacrene D								1.55	0.56	
β-倍半水茴香烯 β-sesquiphellandrene								1.45		2.13
四甲基环癸二烯异丙醇					1.23	1.01	1.30	2.50	1.94	1.12

注:选自傅大立等. 2005.《林业科学》。

从表13-11中可看出:

(1)α-荜澄茄醇与β-桉叶油醇是非共有成分中重要的化学成分。在10种植物"辛夷"中,望春玉兰、腋花玉兰、河南玉兰、朱砂玉兰和椭圆叶河南玉兰仅含α-荜澄茄醇,而其余5种,即玉兰、舞钢玉兰、两型玉兰、罗田玉兰和鸡公玉兰则仅含β-桉叶油醇。这对10种植物的化学分类很有价值。同时,还可以作为确定玉兰属植物物种亲缘关系远近的依据。如,河南玉兰和椭圆叶河南玉兰的6种化合物极为相似,6种主要成分中两者均含有5种,且含率较为接近,即:两者合欢醇含率分别为4.73 % 与3.89%、α-荜澄茄醇含率为6.05 % 及4.15 %、β-榄香烯含率为5.67 %及5.82 %、樟脑含率为0.95 %及0.29 %、聚伞花素含率为11.13 % 及6.39 %。由此可见,两种植物"辛夷"中的5种化合物含率非常相近,这揭示了河南玉兰和椭圆叶河南玉兰有较近的亲缘关系。

(2)作为玉兰属分类系统确立的依据。4种新成分中,四甲基环癸二烯异丙醇具有明显的分类学意义。朱砂玉兰、玉兰、舞钢玉兰、两型玉兰、罗田玉兰和朱砂玉兰6种植物"辛夷"挥发油中含有一定量的四甲基环癸二烯异丙醇,而其他4种植物,即望春玉兰、腋花玉兰、河南玉兰和椭圆叶河南玉兰"辛夷"挥发油中不含这一成分。根据玉兰属植物10种依其"辛夷"挥发油中4种化合物含率的不同,即α-毕澄茄醇、β-桉叶油醇、金合欢醇、四甲基环癸二烯异丙醇,明显分为3类,即:玉兰类包括玉兰、舞钢玉兰、罗田玉兰、紫花舞钢玉兰、两型玉兰;望春玉兰类包括望春玉兰、腋花玉兰、河南玉兰和椭圆叶河南玉兰;朱砂玉兰类仅朱砂玉兰1种。它含α-荜澄茄醇7.27%,而不含β-桉叶油醇,介于玉兰类和望春玉兰类之间。玉兰属植物10种3类的划分,恰与玉兰属的玉兰组、望春玉兰组(渐尖玉兰组)和朱砂玉兰组的形态分类相吻合。

(3)作为玉兰属植物物种鉴别和确定新物种的依据。罗田玉兰"辛夷"中含大根香叶烯0.56%、鸡公玉兰含β-倍半水茴香烯2.13%、α-姜烯2.48%,与玉兰组的玉兰、舞钢玉兰、紫花舞钢玉兰、两型玉兰、罗田玉兰和朱砂玉兰组的朱砂玉兰相区别;两型玉兰与舞钢玉兰的8种化合物含率也有明显区别,如两型玉兰"辛夷"中的聚伞花序1.65%、金合欢醇0.43%、α-姜烯1.27%、大根香叶烯1.55%、β-倍半水茴香烯1.45%及四甲基环癸二烯异丙醇2.50%与舞钢玉兰相区别,而其支持两型玉兰作为新的种级地位。

(4)支持椭圆叶玉兰作为河南玉兰的异名处理依据。河南玉兰和椭圆叶玉兰5种化学成分相近,显示出两者亲缘关系较近,支持作者将椭圆叶玉兰作为河南玉兰变种的观点,即椭圆叶河南玉兰。

(5)金合欢醇为名贵芳香成分,望春玉兰"辛夷"挥发油中含率高达10.9%,显著高于其他种植物,腋花玉兰、河南玉兰和椭圆叶河南玉兰"辛夷"挥发油中的含有较高的金合欢(farnesol),这为"辛夷"的开发利用奠定了基础,提供了新的理论依据。特别值得提出的是:玉兰、舞钢玉兰、两型玉兰、罗田玉兰和鸡公玉兰"辛夷"挥发油中的含桉叶油醇3.45%~7.70%。据报道,该化学成分具有很强的抗癌作用,具有重要理论价值和开发利用前景。

第十四章　河南玉兰属植物开发与利用

玉兰属 Yulania Spach 植物，也称辛夷植物。该属植物是一类生长迅速、适应性强、分布与栽培很广、寿命长、树姿雄伟、花色鲜艳、芳香四溢、材质优良、用途广泛的名贵花木、重要中药材、香精原料，绿化、美化荒山和平原的重要速生用材林、特用经济林和城乡风景林等多用途的优良树种，因而在我国林业生产和城乡园林建设事业中占据重要地位，也是荒山绿化与流域治理的重要树种。

第一节　玉兰属植物学术价值

多年来，作者在进行玉兰属植物研究过程中，还发现该属植物具有许多特异特征，如：① 玉蕾顶生、腋生和簇生，有时呈总状聚伞花序；② 1 种植物具有 2 ~4 种花型；③ 单花具 2 枚佛焰苞状托叶，或无，花被片皱褶、边缘深裂，或重叠，雌雄蕊群特大而宽；④ 雄蕊群超过雌蕊群，或与雌蕊群等高；⑤ 单花具 1 ~5 枚雌蕊群；⑥ 特异雄蕊为普通雄蕊长度 2 倍以上……以及玉蕾与混合芽共存的特异物种——异花玉兰 Y. varians T. B. Zhao，Z. X. Chen et Z. F. Ren，还有莓蕊玉兰 Y. fragarigynandria T. B. Zhao，Z. X. Chen et H. T. Dai、多型叶玉兰 Y. multiformis T. B. Zhao，Z. X. Chen et J. Zhao、朝阳玉兰 Y. zhaoyangyulan T. B. Chao et Z. X. Chen 等特异物种。这些特异特征，如玉蕾是玉兰属植物特有的组织器官，它是由缩台枝、芽鳞状托叶、雏枝、雏芽、雏叶及雏蕾组成的，是恢复玉兰属植物的重要论据之一，在建立玉兰亚科 Magnoliaceae subfam. Yulanialioideae D. L. Fu et T. B. Zhao 的重要根据之一。特别是作者在创建玉兰属 Yulania Spach 新分类系统中具有特殊的作用。同时，进一步深入开展该属植物形态变异、亲缘关系、花序进化、良种选育、栽培及农林间作等多学科理论研究具有重要的学术价值和意义。本书部分作者在郑州植物园内玉兰属植物区内进行该属植物研究等，如图版 108：1 ~6 所示。

第二节　玉兰属植物药用

辛夷植物在我国已有两千多年的利用历史。在《神农本草经》、《名医别录》、《图经本草》、《本草纲目》、《花镜》、《植物名实图考长编》等古植物文献中均有各自相对应的记载。为此，作者现举例摘录如下：

别录：(辛夷)……无毒。温中，解肌，利九窍，通鼻塞，涕出，面肿，引齿疼眩冒，身兀兀如在车船之上者，生须发，去白虫，可作膏药用之。去心及外毛，毛射入肺，令人欬。

图经：(辛夷)……用花药缩者良，已开者劣，谢者不佳。

《本草纲目》中记载："辛夷 本经上品 ……苞【修治】〔敩曰〕凡用辛夷，拭去赤肉毛了，以芭蕉（Musa basjoo Sieb. & Zucc.）水浸一宿，用浆水煮之，从已（注：简字版改巳有误)至未,取出焙干用。若治眼目中患,即一时示去皮,用向里实者。〔大明曰〕入药微炙。

【气味】辛,温,无毒。〔时珍曰〕气味俱薄,浮而散,阳也。入手太阴、足阳明径。〔之才曰〕芎为使。恶五石脂。畏菖蒲(唐菖蒲 Gladiolus gandavensis Van Houtte)、蒲黄、黄连(Coptis chinensis Franch.)、石膏、黄环。

【主治】五脏身体寒热,头风,脑疼,面䵟。久服下气,轻身明目,增年耐老。本经温中解肌,利九窍,通鼻塞涕出,治面肿引齿痛,眩冒身兀兀如在车船之上者,生须发,去白虫。别录通关脉,治头疼憎寒、体噤瘙痒。入面脂,生光泽。大明鼻渊鼻鼽,鼻窒鼻疮,及痘后鼻疮,并用研末,入麝香少许,葱白蘸入数次,甚良。

【发明】〔时珍曰〕鼻气通于天。天者头也,肺也。肺开窍于鼻,而阳明胃脉环鼻而上行。脑为元神之府,而鼻为命门之窍。人之中气不足,清阳不升,则头为之慨,九窍为之不利。辛夷之辛温走气而入肺,其体轻浮,能助胃中清阳上行通于天。所以能温中,治头面目鼻九窍之病。……。"

《植物名实图考长编》中记载:"辛夷 本草经:辛夷味温。主五脏,身体寒,头风,脑疼,面䵟,久服下气,轻身,明目,增年耐老。一名辛雉,一名侯桃,一名房木。"

特别提出的是:现代医药科学研究表明,"辛夷(玉蕾、拟花蕾)中挥发油(volatile oils)(精油 essential oils)主要成分为桉叶油醇(eucalyptol)等,是中药中的一类常见的重要的有效成分,具有发散解表、理气止痛、活血化瘀、利尿、祛痰、消炎、止咳及预防哮喘、杀虫抗菌等作用,并对多种炎症具有良好的医疗效果。其中 β-桉叶油醇(β-eudesmol)、酚类化合物和芍药酮[p(a)eonol]等具有抗突变和抑制癌细胞增长活性。

近年来,还发现某些挥发油具有抑制肿瘤的作用,如 β-桉叶油醇在 Ames 实验中,使用了鼠伤寒沙门菌 TA100 发现 β-桉叶油醇具有抗突变活性,而且在 E-B 病毒的早期抗原活性实验,也表明 β-桉叶油醇可能具有抑制癌细胞增长活性。其挥发油的生理活性有:① 抗过敏活性。该属植物玉蕾中含有 α-石竹烯(α-caryophyllene)和 α-葎草烯(α-humulene)也具有抗过敏活性作用。② 酶抑制活性。挥发油成分对多种酶具有抑制作用。如(+)-香芹酮[(+)-carvone]、(-)-香芹酮[(-)-carvone]、(+)-长叶薄荷酮[(+)-pulegone]、(-)-薄荷酮[(-)-menthone]可抑制乙酰胆碱酯酶活性;香茅醇(citronellol)、香叶醇(lemonol)、芳樟醇(linalool)、金合欢醇(farnesol)、橙花叔醇(nerolidol)能抑制酪氨酸酶(tyrosinase)活性等。③ 抗炎活性。"辛夷"挥发油能降低炎症组织血管的通透性,对多种炎症具有良好的医疗效果。④ 抗突变和抗癌活性。挥发油中的 β-桉叶油醇酚类化合物具有抗突变活性,可被用于治疗痢疾、糖尿病等。⑤ 利尿作用。"辛夷"挥发油具有利尿、祛痰、消炎、止咳及预防哮喘等作用。

特别是赵东欣副教授对腋花玉兰 Yulania axilliflora(T. B. Zhao, T. X. Zhang et J. T. Gao) D. L. Fu 及其品种中桉叶油醇(eudesmol)测定表明:① 腋花玉兰含率为 15.871 %~39.662%,望春玉兰 Y. biondii(Pamp.) D. L. Fu(南召)含率为 15.75%,望春玉兰(鲁山)含率为 25.89 %、白花望春玉兰 Y. biondii(Pamp.) D. L. Fu var. alba(T. B. Zhao et Z. X. Chen) T. B. Zhao et Z. X. Chen 含率为 28.60%,'桃实'望春玉兰 Y. biondii(Pamp.) D. L. Fu'Ovata'(南召)含率为 50.27%,'桃实'望春玉兰 Y. biondii(Pamp.) D. L. Fu'Ovata'(鲁山)含率为 22.27%,朱砂玉兰 Y. soulangiana(Soul. -Bod.) D. L. Fu 含率为 17.72 %~

20.80 %等,很有开发利用前景。特别是:深入开展桉叶油醇提取工艺和治癌理论与技术研究,具有深远历史意义和伟大的现实作用。

目前,以“辛夷”为原料的药品有:广州白云山制药股份有限公司与白云山何济公制药厂生产的“滴通鼻炎水”;贵州苗一堂药业有限责公司生产的“鼻通宁滴剂”。

第三节　玉兰属植物香料利用

玉兰属植物“辛夷”中挥发油是化妆、食品工业的主要原料来源之一。根据傅大立研究员等测定,玉兰属10种植物“辛夷”中挥发油含率3.0 %~5.0 %,最高达7.2 %。其中,1,8-桉叶素(1,8-cineile)含率17.48 %(望春玉兰含率28.6 %);金合欢醇[Z,E]-fanesol 含率分别是:望春玉兰含率10.90 %,腋花玉兰含率3.47 %,河南玉兰含率4.73%,朱砂玉兰含率1.91 %,玉兰含率0.62 %。根据赵东欣副教授的测定,望春玉兰Y. biondii(Pamp.)D. L. Fu(南召)金合欢醇含率为5.95 %,望春玉兰(鲁山)含率为15.59 %。

特别指出的是:‘富油’望春玉兰“辛夷”中金合欢醇含率达10.9 %,为玉兰属植物的开发利用提供了宝贵优质资源和利用前景。同时,指出的是:玉兰属植物种所有“辛夷”中均含有樟(camphor)有害成分。为此,将“辛夷”作为食品、饮料、茶等应用时,必须除去樟脑后再利用。

第四节　优良的园林、庭院和“四旁”观赏树种

玉兰属植物在古园林中应用。刘秀丽教授2011年在《中国玉兰种资源调查及亲缘关系的研究》中介绍:“我国是最早栽培玉兰属植物的国家,秦统一中国后,就于阿房宫、上林苑中引种包括玉兰在内的木兰科植物,表明玉兰应用于城市绿化秦朝时即已经开始。”

明代文震享在《大物志》中记载:“宜种厅事前对植数株,花时如玉圃琼林,最称绝胜。”

明代王廷贞在私园《弇山园》中记载:“弇山之阳,旷(?)朗为平台,可以收全月,左右各植玉兰五株,花时交映,如雪山琼岛。”又《小辋川记》中记载:“聚远楼之东有庑,庑南有台,以朱栏植玉环之,题曰木兰柴。”

明末郑元勋在《影园自记》中记载:“……趾水际者,尽芙蓉;土者,梅、玉兰、垂丝海棠、绯白桃;……岩下牡丹,蜀府垂丝海棠、玉兰、黄白大红宝珠茶、磬口蜡梅、千叶榴、青白紫薇、香橼,备四时之色。”由此可见,玉兰在园中栽植已很普遍。

玉兰早在我国唐代,视为园林或庭院中名花。在清代皇家布置园林中,非常重视玉兰,如在“清漪园”(颐和园前身)乐寿堂、清花轩及排云殿以东,长廊以北,栽植大片玉兰及朱砂玉兰。花开时节有“玉香海”之美称。

玉兰属植物生长快、适应性强、树姿雄伟、根系发达、花色艳丽、芳香,是优良的观赏树种。如玉兰、舞钢玉兰、朱砂玉兰等为落叶乔木,是现代园林、庭院和“四旁”植树的主要观赏良种;紫玉兰 Yulania liliflora(Desr.)D. L. Fu、青皮玉兰 Y. viridula D. L. Fu,T. B.

Zhao et G. H. Tian 花色艳丽、芳香，是优良的盆栽植物，也是优良的切花资源。该属植物种类多，花期长，从2月中、下旬至12月上、中旬，均有开花的种、变种，或品种；花色有白色、黄色、粉红色、紫红色、白色带紫红色等，且芳香四溢。它们在园林、庭院中，单栽、行植、丛栽、片植和盆栽置景。因此，为欧、美各国广泛引种栽培。

第五节　优良的水土保持林和水源涵养林树种

玉兰属植物适应性强、根系发达、固土护坡能力强，是水土保持林、水源涵养林的主要树种，如图版101:1～8及图版102:1～8所示。为此，河南南召、鲁山县把望春玉兰作为长江上游水源涵养林、特用经济林、林农间作、荒山造林、退耕还林、沿河护岸林的首选树种，大力推广与发展。目前，造林培育面积12万 hm^2 以上，株数超过700万株，"辛夷"年产量50.0万kg以上。南召县还被国家林业局、中国经济林协会命名为"中国名特优经济林　辛夷之乡"。

第六节　植物园、公园中的特殊类群

目前，世界上很多植物园（公园）中均有木兰区的设置。我国很多省、市、区植物园中均有木兰园（包括玉兰园），如北京植物园、武汉植物园、南京植物园、西安植物园、青岛植物园、广州植物园、华南植物园、郑州植物园等，均设置有木兰园区（均包括玉兰属植物园）。如华南植物园中的木兰园占地12.0 hm^2，栽培11属近130种，是世界上收集木兰科植物最多的种质保存基地之一（1998）；郑州植物园中的木兰园内除荷花木兰 Magnolia grandiflora Linn. 外，均为玉兰属植物，其中有紫玉兰、玉兰、望春玉兰、宝华玉兰 Y. zenii (Cheng) D. L. Fu、黄山玉兰 Y. cylindrica (Wils.) D. L. Fu、青皮玉兰、朱砂玉兰等。郑州市人民公园中设置有望春玉兰区、玉兰区，以及儿童乐园内均栽植有望春玉兰和玉兰（图版109:1～8）。郑州植物园中玉兰园，栽植玉兰属植物多种，对于深入开展玉属植物多学科理论研究，以及普及其科学知识和丰富文化生活具有重大意义。

第七节　伏牛山区优良农林间作和特用经济林树种

望春玉兰是我国传统的药用植物之一，也是河南豫西伏牛山区经济林栽培的重要速生树种。河南南召、鲁山两县是我国"河南辛夷"的主产区，栽培历史悠久，并有丰富的品种资源和栽培经验。其经验是：在适宜的密度下，选用适宜的作物品种，加强田间管理，是提高经济效益、建立农林混合生态体系的重要措施之一。其中，以小麦 Triticum Linn.、落花生 Arachis hypogaea Linn.、油菜 Brassica campestis Linn.、豆类作物为宜。也有选用玉米 Sorghum vulgare Pers. 间作。近年来，南召、鲁山两县不少的农民，在望春玉兰林分内培育木耳、香菇，以及种天麻等，也获得了可喜的效果。近年来，南召、鲁山两县除营造大面积水土保持林和水源涵养林外，还推广了大面积营造特用经济林的经验，获得了良好效果。

第八节 玉兰属植物其他特性和作用

玉兰属植物绝大多数为落叶乔木树种,通常树干直,木材轻软,纹理直,不翘裂,是当地民用建筑材、家具等主要用材。

此外,该属植物在我国栽培历史悠久。例如,陕西长安县有千年以上的古玉兰,北京故宫有 200 多年生的玉兰,河南南召、鲁山县有百龄以上的望春玉兰大树万余株,是研究当地气候变迁历史、玉兰文化的宝贵资源。

第九节 玉兰文化资源

据考证,辛夷植物(玉兰属植物)描述始见于战国时期。如屈原《九歌 · 湘夫人》:"桂栋兮兰橑,辛夷楣兮药房",《九歌 · 山鬼》:"乘赤豹兮从文狸,辛夷车兮结桂旗",《九章 · 涉江》:"露申辛夷,死林薄兮"等。

唐代王维《辛夷坞》曰:"新诗已旧不堪闻,江南荒馆隔秋云。多情不改年年色,千古芳心持赠君"。因玉兰花高洁,且在初春开放,该作者以花自喻,成为后人引玉兰为长久高洁之心和高风亮节象征的佳句。

唐代时期,辛夷已分南北两种,北为木笔,南为迎春。例如陈藏器《本草拾遗》:"辛夷花木发时,苞如小桃子,有毛,故名侯桃。初发如笔头,北人呼为木笔。其花最早,南人呼为迎春。"苏敬《唐本草》:"此是树,花未开时收之。正月、二月好采……其树大,连合抱高数仞,叶大于柿叶,所在皆有。"钱起:"谷口春残黄鸟稀,辛夷花尽杏花飞"等。

唐代李群玉的《二辛夷》:"狂饮乱舞双白鹤,霜翎玉羽纷纷落。空庭向晚春雨微,却敛寒香抱瑶萼。"诗人用洁白仙鹤比喻两株盛开的玉兰,用霜翎玉羽比喻花瓣纷纷落。辛夷花色洁白,实为玉兰。

唐代周防的《簪花仕女图》(辽宁省博物馆藏)。此图展现唐代宫廷嫔妃"采盛开的玉兰花"。

五代徐熙的花鸟巨作《玉堂富贵图》中,以我国传统的玉兰、海棠、牡丹 3 种名花相配,取玉兰与海棠谐音"玉堂"和牡丹之富贵,绘出了"玉堂富贵"传世杰作。

宋代王渊的珍品《花竹锦鸡图轴》(绢本 北京故宫博物院藏)、明代陈洪绶的珍品《玉兰依石图册》(绢本 故宫博物院藏)、清代郎世宁的珍品《孔雀开屏图册》(绢本 台北故宫博物院藏)等,都以玉兰与其他花、鸟,尤以与孔雀相配合为题材,表达我国人民喜爱和平与吉祥的生活美景。

明代李贤《大明一统志》中有"五代时,南湖中建烟雨楼,楼前玉兰花莹洁清丽,与松柏相掩映,挺出楼外,亦是奇观"。

明代玉兰文化已构成中国花文化的一个重要内容组成。如睦石的《玉兰》:"霓裳片片晚妆新,束素亭亭玉殿春。已向丹霞生浅晕,故将清露作芳尘";沈周《玉兰》:"翠条多力引风长,点破银花玉雪香。韵友自知人意好,隔帘轻解白霓裳";张茂晟《玉兰》:"但有一枝堪比玉,何须九畹始征兰"。将"玉"与"兰"纳入诗中,甚是巧妙。

明代王彀祥的《玉兰图》。画以墨笔写折枝玉兰花或初绽或怒放或含苞，布局错落有致，似觉暗香浮动。

明代王象晋《群芳谱》："玉兰九瓣，色白微碧，香味似兰，故名。丛生一干一花，皆着木末，绝无柔条。花落从蒂中抽叶，特异他花。"

明代孙克弘的《玉堂芝兰图》(北京故宫博物院藏)。此图用双钩填色法画玉兰，兰花以湖石相衬托。笔致清秀，色彩淡雅，湖石用墨厚重，点染结合，浓重的玲珑湖石与轻盈的素白玉兰，对比强烈而又和谐，画风清丽。此画实属一珍品。

明代以后，"玉兰"成了"迎春"的通用名称。如王世懋《读史订疑》："余兄尝言玉兰花，古不经见，岂木笔之新变耶？……则木笔当为辛夷，而迎春，白辛夷，玉兰本名审矣"；《学圃杂疏》："玉兰早于辛夷，故宋人名以迎春，今广中尚用此名。千干万蕊，不叶而花。当其盛时，可称玉树。"

元代传世珍品《织成仪凤图》(辽宁省博物馆藏)中以拈金线织制玉兰枝头盛开的美景，以金彩织制的百鸟朝凤图案，展现出一幅富贵大气、吉祥如意而又生机勃勃的春景图。

清代吴其浚《植物名实图考长编》内中记载有"王世懋读史订疑：余兄尝言玉兰花，古不经见，岂木笔之新变耶？余求其说而不得，近与元驭学士对坐，偶阅苕溪渔隐日感春时：辛夷花高最先开。洪庆善注云：辛夷树高，江南地暖，正月开，北地寒，二月开；初发如笔，北人呼为木笔。其花最早，南人呼为迎春。余观木笔、迎春自是两种。木笔色紫，迎春色白，木笔丛生，二月方开。迎春树高，立春已开，然则辛夷乃此花耳。其言如此，洗(注：可能系浩之误)然有悟，今之玉兰，即宋之迎春也。既呼元驭曰：兄知玉兰古何名？乃迎春也。元驭疾应曰：果然。昨岭南一门生来，见玉兰曰：此吾地迎春花，何此名为玉兰，其奇合如此。乃知迎春是本名，此地好事者美其花，改呼玉兰，而岭南人尚仍其旧耳。据丛话言：玉兰是迎春，迎春即辛夷，即木笔也。然今北方有木笔，而绝无玉兰。则王摩诘辛夷坞果是何花，岂古有之而今绝种耶？第花以辛名，今玉兰嚼之辛，而木笔不然，又似苕溪之说为是。夫玉兰之为辛夷，未可定，而其本名为迎春，则自今日始知也。尝恨山川草木鸟兽之名，古今不合，多如此类，是故恶夫改者！近阅宋小说，又有名白辛夷者，则木笔当为辛夷，而迎春、白辛夷、玉兰本名审矣"文献记载。

清代康熙题《玉兰》诗云："琼姿本自江南种，移向春光上苑栽。试比群芳真皎洁，冰心一片晓风开"。诗句中抒发了该作者指点世间万物苍生情怀。又康熙四十七年修成的题《佩文斋广群芳谱》云："玉兰花九瓣，色白微碧，香味似兰，故名"(王象晋，1708)。

清代汪承儒的《春祺集锦》(台北故宫博物院藏)，图中以四时花卉于一卷，包括李、梅、玉兰等40余种，画法似真，彩绘细致，洋溢着清新的美感。

清代恽寿平的《花卉图之二　·　玉兰》中，以大胆突破冷色与淡色为主的传统花鸟画法，浓妆艳抹与冷暖色调并存技巧，完美地表现出玉兰高雅冰洁之意境。

清代奚冈的《海棠玉兰图》(上海博物馆藏)，用玉兰与孔雀相配合图，展现出我国人民喜爱和平之意。

清代郎世宁的《孔雀开屏图》(绢本，台北故宫博物院藏)，用玉兰与孔雀相配合图，展现出我国人民喜爱和平之意。

清代夏宗辂的《木兰》(台北故宫博物院藏)，画盛开玉兰一枝。其枝由极小的寿字组

成,显为祝寿而作,含义深刻

近代于非瘖的《黄鹂玉兰》中,展现一对黄鹂,迎风玉兰花枝头,穿插有致,姿态万千,颇有"玉树临风,莺簧百转" 之盎然春意。

我国玉兰文化,具有悠久的历史,如图版 110:1 ~7 所示。

第十节　其　他

一、市花

我国上海、东莞、潮州、连云港、佛山、新余、保定、台湾嘉义等市,已将玉兰作为市花,而河南南召县将辛夷(望春玉兰)作为县花。

二、奖状

上海市白玉兰戏剧奖、国际电影节目白玉兰奖、上海市政建设白玉兰奖。

三、玉兰艺术作品

玉兰高洁清雅和吉祥如意形象还以书画、瓷器等形式表现出来。如五代徐熙的《玉堂富贵图》。该图以我国传统的玉兰、海棠、牡丹 3 种名花相配,取玉兰与海棠谐音和牡丹之富贵,营造了"玉堂富贵"之寓意。

四、邮票

现代,玉兰文化得到发展和弘扬,玉兰曾多次作为我国国家名片邮票的重要题材。如"联合国教科文组织中国绘画艺术展览纪念"邮票中的第 2 枚"黄鹂玉兰"(1980)、"珍稀濒危木兰植物"邮票一套与小型张(1986)、"玉兰花"(2005)特种邮票一套(玉兰、山玉兰、荷花玉兰、紫玉兰),如图版 110:1 所示。

五、装饰

玉兰属植物种、亚种、品种很多,加之枝态、花期、花形、花色及花期不同,除作不同林种栽培与经营外,还是装饰的优良材料,如作盆景、切花、室内装饰(图版 109:9 ~10)、书封,以及花坛置景等用。

此外,还有玉兰的木雕、玉雕、窗花、剪纸、刺绣、陶瓷品、灯饰等。

六、举办玉兰文化节

2006 年及 2007 年,河南长垣县连续 2 年举办"中国长垣玉兰文化学术研讨会"(图版 108:7);2013 年,"南召玉兰　首届中国玉兰(南召)研讨会"召开。这 3 次会议的召开对推动河南玉兰属新优种和品种的繁育与推广起到了巨大作用。

七、现存玉兰属古树名木

1. 玉琼洁绝双玉兰

甘肃省天水市玉兰村太平寺内有2株玉兰，俗称“双玉兰”。据史料记载，这2株玉兰为1 200多年前杜甫流寓天水所作《太平寺泉眼诗》中之玉兰幼树。现树高25.0 m，胸围2.60 m。我国著名画家齐白石于95岁高龄时曾题“双玉兰堂”匾，今悬挂于太平寺小殿，因而太平寺遂改名为“双玉兰堂”。

2. 东磊玉兰花王

江苏云台山东磊延福观内，有4株白玉兰。其中，2株树龄已达800年，1株树龄400年，另1株树龄150年。最大1株树高15.42 m，胸径1.03 m。古木参天，花时似万千白鸽飞舞。

3. 大觉寺古玉兰

北京市大觉寺中有3株古玉兰，其中，南院四宜堂前1株树龄400多年，树高10.0 m，胸径1.25 m。

4. 无染寺古玉兰

山东省无染寺中有1株白玉兰，树龄300多年，树高10.0 m。

5. 千年玉兰古树

陕西省富平县唐代大将李光弼墓前有千年以上玉兰古树。

6. 白玉兰古树

湖南溆浦县大华乡新胜村在海拔880 m的原始次生林中有3株白玉兰古树，最大1株树龄约500年，树高17.0 m，胸径1.25 m，冠幅10.0 m×13.0 m。

7. 广西玉兰古树

广西蒙山县武庙有1株400多年的玉兰古树，树高22.0 m，胸径1.0 m，现枝叶繁茂。

8. 武当玉兰古树

陕西勉县汉诸葛亮庙中现保存3株武当玉兰古树。

9. 望春玉兰古树

河南南召县2013年报道：南召县是望春玉兰的原生区和发源地，至今仍保留有500年以上的天然植物群落，全县胸径100 cm以上的望春玉兰有1 618株。其中，有3株胸径达1.5 m以上，分别被誉为“辛夷王”。

河南鲁山县也有百龄以上的大树，其中最大的1株树龄300多年，也称“辛夷王”。其位于鲁山县鸡冢乡花园沟村，年产“辛夷”150.0 kg以上。中国玉兰属植物古树，如图版111：1～11所示。

总之，以上玉兰属古树名木，不仅是各地独特的自然景观和历史遗产，也是吸引众多游客的著名旅游景点，还是研究当地气候变迁规律的实物证据。

第十五章　河南玉兰栽培现状与建议

第一节　栽培现状

根据作者40多年来从事玉兰属植物资源研究和河南玉兰栽培实践经验与科验成果，河南玉兰栽培现状可总结为：成绩很大，问题不少，前途光明，还需努力。

一、成绩很大

1. 种质资源丰富

根据2013年4月及2014年4月河南南召县和鲁山县提供的材料，2县栽培玉兰属植物19种、13变种、34品种，它们是：康定玉兰 Yulania dawsoniana(Rehd. & Wils.) D. L. Fu；武当玉兰 Yulania sprengeri(Pamp.) D. L. Fu；拟莲武当玉兰 Y. sprengeri(Pamp.) D. L. Fu var. pseudonelumbo T. B. Zhao, Z. X. Chen et D. W. Zhao；玉兰 Y. denudata (Desr.) D. L. Fu；滇藏玉兰 Y. campbellii(Hook. f. & Thoms.) D. L. Fu；望春玉兰 Y. biondii(Pamp.) D. L. Fu；黄花望春玉兰 Y. biondii(Pamp.) D. L. Fu var. flava (T. B. Zhao, J. T. Gao et Y. H. Ren) T. B. Zhao et Z. X. Chen；紫色望春玉兰 Y. biondii (Pamp.) D. L. Fu var. purpurea(T. B. Zhao, S. Y. Wang et Y. C. Qiao) T. B. Zhao et Z. X. Chen；白花望春玉兰 Y. biondii (Pamp.) D. L. Fu var. alba (T. B. Zhao et Z. X. Chen) T. B. Zhao et Z. X. Chen；河南玉兰 Y. honanensis(B. C. Ding et T. B. Zhao) D. L. Fu et T. B. Zhao；椭圆叶河南玉兰 Y. honanensis(B. C. Ding et T. B. Chao) D. L. Fu et T. B. Zhao var. elliptilimba(Law et Gao) T. B. Zhao et Z. X. Chen；宝华玉兰 Y. zenii (Cheng) D. L. Fu；伏牛玉兰 Y. funiushanensis(T. B. Zhao, J. T. Gao et Y. H. Ren) T. B. Zhao et Z. X. Chen；白花宝华玉兰 Y. zenii(Cheng) D. L. Fu var. alba T. B. Zhao et Z. X. Chen；石人玉兰 Y. shirenshanensis D. L. Fu et T. B. Zhao；腋花玉兰 Y. axilliflora (T. B. Zhao, T. X. Zhang et J. T. Gao) D. L. Fu；白花腋花玉兰 Y. axilliflora(T. B. Zhao, T. X. Zhang et J. T. Gao) D. L. Fu var. alba(T. B. Zhao, T. X. Zhang et J. T. Gao) T. B. Zhao et Z. X. Chen；多被腋花玉兰 Y. axilliflora (T. B. Zhao, T. X. Zhang et J. T. Gao) D. L. Fu var. multitepala(T. B. Zhao, T. X. Zhang et J. T. Gao) T. B. Zhao et Z. X. Chen。引栽的有9种、1变种：飞黄玉兰 Y. fëihuangyulan(F. G. Wang) T. B. Zhao et Z. X. Chen；紫玉兰 Y. liliflora (Desr.) D. L. Fu；红花玉兰 Y. wufengensis (L. Y. Ma et L. R. Wang) T. B. Zhao et Z. X. Chen；青皮玉兰 Y. viridula D. L. Fu, T. B. Zhao et G. H. Tian；玉灯玉兰 Y. pyriformis(T. D. Yang et T. C. Cui) D. L. Fu；朱砂玉兰 Y. soulangiana(Soul. -Bod.) D. L. Fu；舞钢玉兰 Y. wugangensis(T. B. Zhao, W. B. Sun et Z. X. Chen) D. L. Fu；星花玉兰 Y. Stellata (Sieb. & Zucc.) D. L. Fu；星紫玉兰

Yulania × george - henry - kern(C. E. Kern)D. L. Fu et T. B. Zhao;紫玉兰 Y. liliflora (Desr.)D. L. Fu;黑紫紫玉兰 Y. liliflora(Desr.)D. L. Fu var. nigra (Nichols.)T. B. Zhao et Z. X. Chen。南召县是河南省各县(市)中玉兰属植物物种中最多的县。

2. "河南辛夷"基地面积世界第一

2013 年 4 月及 2014 年 4 月,河南南召县和鲁山县提供的材料表明,2 县栽培玉兰的面积合计 20 万 hm^2,栽培株数超过 1 200 万株,已建成全国最大、世界第一的"河南辛夷商品生产基地(图版 1:7),以及河南南召玉兰观光生态园和玉兰花木生态观产业带,为"河南辛夷"开发利用开拓了一个新方向。

3. "河南辛夷"年产量最多、品质最优

河南南召县和鲁山县提供的材料表明,2 县"辛夷"年产量高,约达 50 万 kg 以上,约占全国"辛夷"年产量的 70.0 %,居全国各省、县之首。"河南辛夷"品质最优。据赵东欣副教授等测定,望春玉兰不同变种、品种"辛夷"挥发油中共鉴定出主要化学成分 24 种,其中共有化学成分 7 种,即:① α - 蒎烯(α - pinene)3.17 %、2.30 %、4.54 %、3.61 %、2.86 %;② β - 水芹烯(β - phellandrene)5.02 %、5.82 %、11.22 %、13.16 %、5.05 %;③ β - 蒎烯(β - pinene)4.22 %、5.53 %、7.29 %、7.91 %、4.60 %;④ 桉叶油醇(eudesmol)15.75 %、25.89 %、28.60 %、50.27 %、22.27 %;⑤ 芳樟醇(linalol)3.15 %、4.22 %、2.59 %、1.19 %、4.30 %;⑥ δ - 荜澄茄烯(δ - cadinene)2.89 %、2.82 %、4.03 %、3.49 %、2.89 %;⑦ 吉兰烯(gerancrene)3.74 %、7.77 %、3.89 %、6.41 %、3.95 %。同时表明,共有主要化学成分 7 种含率的差异,可以作为变种、品种鉴定与选育的重要依据之一。而桉叶油醇具有抗癌作用,很有开发前途。

二、问题不少

作者研究了近年来河南南召和鲁山 2 县辛夷植物栽培资料并经实地考察,认为还有以下问题:①"辛夷"发展与旅游发展处理问题;②"辛夷"开发利用问题;③"辛夷"基地建设、玉兰花木产业基地建设、"辛夷"技术推广站、观光旅游与有关局、委领导关系问题;④"辛夷"、苗木、土地多重收税问题;⑤ 病虫及其他灾害防治问题;⑥ 林下经济如何开展问题,⑦ 新优品种选育、引种与其基因库建立与隶属局、委领导问题;⑧ 水源涵养林、水土保持林、"四旁"植树隶属局、委领导问题;⑨ "辛夷"科学研究;⑩"辛夷"中通常含樟脑 10.0% 以上,不除去,而直接利用是个大问题,以及"辛夷"基因库建立、资金等。

以上都是需要解决的问题。其中,建立统一的领导机构和配备有事业心的领导者是关键。

三、前途光明

"河南辛夷"要想获得突破性的发展,除搞好"河南辛夷商品生产基地"外,搞好 3 件事,即:①"辛夷"中金合欢醇是名贵的香料成分,其提取与开发利用前途极大;②"辛夷"中、桉叶油醇含率占其挥发油的 15.75 % ~50.27 %,探索提取新工艺、新技术及其桉叶油醇治癌理论及应用研究,不仅有极大的商业价值,还会造福于子孙后代;③ 继续开展新优品种的选育和栽培、采药机械化研究。

第二节　建　议

一、加强对我国现有玉兰属植物古树资源的保护

据报道,我国现有较多的玉兰属古树资源。如陕西长安县王莽乡青蝉寺村有一株玉兰古树,胸径 1.04 m,主干高 2.0 m,树高 10.0 m,平均冠幅 10.0 m,当地人称之为"长寿树"。据碑文记载,该树始栽于盛唐时期,距今已有一千多年(当地人传称有 1 700 年)。河南南召县云阳镇西花园屈庄有 1 株树龄近千年的望春玉兰大树(《南召县志》记载约 950 年),树高 25.0 m,胸径 1.41 m,冠幅 28.5 m,年产"辛夷"达 186.0 kg,是我国辛夷中最老、最大的 1 株,故称"辛夷王";鲁山县鸡冢乡花园沟村的 1 株辛夷树高 20.1 m,胸径 1.17 m,年产辛夷达 160 ~ 200 kg,亦称"辛夷王"。安徽怀宁县石镜乡海螺山有 500 余株怀宁玉兰古树群,其中最大胸径达 1.16 m,据《怀宁县志》记载,已有 200 多年的历史,怀宁玉兰产量较高、品质较好,因主产于怀宁县的海螺山,而称"海螺望春花"。四川北川县有近百年的康定玉兰 Y. dawsoniana(Rehd. & Wils.)D. L. Fu 大树,并形成康定玉兰栽培群落。另据报道,云南宜威市东山乡有千年滇藏玉兰 Y. cmapbellii(Hook. f. & Thoms.)D. L. Fu 古树,该树生长于北宋时期,原高 40.0 m,清雍正年间因受火害而倒,现存树体为倒后萌生,其树高 19.0 m,地径 1.85 m,冠幅 19.0 m。每年二三月间,先花后叶,开满枝头,花白里透红,每逢花时,参观者络绎不绝。

目前,我国玉兰属古植物资源处于严重濒危状态。加强玉兰属古植物资源的保护,已迫在眉睫。

二、迅速建立玉兰属植物种质资源基因库

玉兰属植物种——渐尖玉兰 Yulania acuminata(Linn.)D. L. Fu(*Magnolia virginiana* e. *acuminata* Linn.)自 1753 年建立以来,至近已有 250 多年的历史,在世界上没有一个国家建立起玉兰属植物种质资源基因库,或玉兰属植物园。中国是玉兰属的主要起源中心、分布中心与繁衍中心,也是玉兰属植物种质资源最多的国家。该属植物 50 种,除渐尖玉兰、日本辛夷、星花玉兰及柳叶玉兰外,其他物种均产中国。

玉兰属植物中一些树种,如宝华玉兰 Y. zenii(Cheng)D. L. Fu 等,已被列入我国珍稀濒危保护树种,在科学研究领域具有极高的科学价值,在植物进化与分类系统研究中具有重要地位。建立玉兰属植物基因库,有利于对玉兰属种质资源的研究,更有利于该属植物新品种选育研究,也更有利于玉兰属资源的开发与利用。特别是我国特产珍稀的、具有特异形态特征、自然种群(种、变种)植株株数极少的、科学理论研究价值极高的、经济效益显著的种、变种,如楔叶玉兰 Y. cuneatifolia T. B. Zhao,Z. X. Chen et D. L. Fu;奇叶玉兰 Yulania mirifolia D. L. Fu,T. B. Zhao et Z. X. Chen;玉灯玉兰 Y. pyriformis(T. D. Yang et T. C. Cui)D. L. Fu;莓蕊玉兰 Y. fragarigynandria T. B. Zhao,Z. X. Chen et H. T. Dai;石人玉兰 Y. shirenshanensis D. L. Fu et T. B. Zhao;朝阳玉兰 Y. zhaoyangyulan T. B. Zhao et Z. X. Chen;信阳玉兰 Y. xinyangensis T. B. Zhao,Z. X. Chenet H. T. Dai

等，需要进行迁地保护——建立种质资源库林，便于保护和进行多学科理论研究。

为了深入开展玉兰属植物多学科理论与技术研究，建立该属植物园，或基因库林是项重大任务。多年来，作者曾与河南南召、鲁山县林业局，以及河南新郑林业高新技术试验场合作，先后在原南召县国营乔端林场、鲁山县国营林场小集林区、河南新郑林业高新技术试验场建立"河南辛夷300亩基因库林"、"河南玉兰亚属植物200亩丰产林及基因库林"、"河南玉兰属植物园"等5处，引种栽培玉兰属植物300余种和品种资源。但是，由于单位领导更替、科技与管理人员变更、经济力量不足，致使建立"河南辛夷基因库林"等均遭失败。

为此，建议在"河南鸡公山国家级自然保护区"及"郑州植物园"内建立世界性玉兰园区，从中央到地方有关林业部门，必须重视玉兰属植物种质资源基因库建设和保护，选拔德才兼备的各级领导与科技干部，长期加大经费投入，否则，难以实现。

三、加速玉兰属植物新品种的选育、繁育与推广

玉兰属植物是我国园林建设中的传统名花，其花大、美观、绚丽、芳香，迎春开放，是庭园观赏及城市园林的重要树种。例如，玉兰树姿雄伟，枝叶密茂，花色艳丽，香气四溢；紫玉兰 Y. liliflora(Desr.)D. L. Fu 树体矮小，花色艳紫，适作盆景和花坛置景用；朱砂玉兰等花色艳丽，兼具玉兰与紫玉兰之优点，深受人们喜爱。另外还有部分树种，已在观赏品种培育中显露出其特有的价值。例如，玉灯玉兰花大、多瓣，纯白色，花初开时，犹如灯泡状，盛开时如一朵洁白的莲花，以及'浓紫'玉兰 Yulania denudata (Desr.) D. L. Fu 'Nongzi'、'白牡丹'玉灯玉兰 Y. pyriformis (T. D. Yang et T. C. Cui) D. L. Fu 'Baimudan'、多瓣紫玉兰 Y. liliflora(Desr.)D. L. Fu var. polytepala(Law et R. Z. Zhou) D. L. Fu et T. B. Zhao，是优良的观赏树种资源。罗田玉兰、白花舞钢玉兰、富油望春玉兰等是特用经济、药用良种，应加速玉兰属植物新品种的选育、繁育与推广。

四、深入开展"辛夷"化学成分及其利用研究

"辛夷"是我国传统的中药材，被《神农本草经》列入上品，是治疗各种鼻炎，或头痛、目眩等的传统药材，这一药材的药用成分与药效研究已有所报道，但尚待进一步的研究。

挥发油是"辛夷"的主要有效成分，也是辛夷香料的原料。因此，以挥发油含率、挥发油产量为指标，开展"辛夷"优质药用新品种的培育，已成为"辛夷"药用新品种选育的迫切需要。

玉兰属植物的玉蕾是优质香料原料，并具有挥发油含率高、产量稳定等优良特性，如富油望春玉兰"辛夷"中挥发油含率高达7.2 %，位居芳香植物之冠。据傅大立等对10种玉兰属植物"辛夷"(玉蕾)中挥发油成分测定结果，"辛夷"挥发油的主要成分为：桉叶油醇(eucalyptol)、桧烯(sabinene)、β－蒎烯(β－pinene)、β－月桂烯(β－myrcene)、α－松油醇(α－terpineol)等，是重要的香料原料。特别是多油舞钢玉兰 Y. wugangensis(T. B. Zhao, W. B. Sun et Z. X. Chen)D. L. Fu var. duoyou T. B. Zhao, Z. X. Chen et D. X. Zhao"辛夷"挥发油含率10.0 %，是玉兰属植物"辛夷"中挥发油含率最高的一种；两型玉兰"辛夷"中金合欢醇的含率高达4.73 %；望春玉兰"辛夷"中挥发油含率高达

7.2 %,而1品种中“辛夷”金合欢醇的含率高达10.9 %,这为“辛夷”香料的开发利用提供了科学依据。为此,应加速其香料、桉叶油醇提取新工艺、新技术及其桉叶油醇治癌理论和应用研究。

五、全面深入进行我国玉兰属植物资源的调查

根据作者多年来进行我国玉兰属植物资源调查结果和实践经验,该属植物在我国分布地域很广,且栽培历史悠久,并在多种立地、气候条件下均能健壮生长和良好发育。同时,玉兰属植物多数物种(种、变种、品种和类型)花期相近,容易产生天然杂种,加上人工选育(包括各种各样的变异植株),在天然群体和人工栽培群体中,必然有新的物种(种、变种、品种和类型)的存在。例如,作者于2008年4月在河南农业大学校园内观察玉兰花时,偶然发现1株16年生的玉兰树上单花具花被片12~15枚,白色,花被片外面基部微被浅粉色晕,边缘外卷为显著特征,蓇葖果具喙等。作者将其命名为‘卷瓣’玉兰 Y. denudata (Desr.) D. L. Fu ‘Juanban’。其他省(区、市)尚未认真调查。由此表明,我国玉兰属植物在天然资源和人工栽培群体中,还有我们尚未发现的新资源存在。因此,进一步深入地全面开展我国玉兰属植物调查资源很有必要。

六、建议玉兰属植物中一些种作为珍稀濒危树种

根据作者多年来研究结果,该属植物中,凡具有分布,或栽培地域极小、株数极少(< 5株),且具多学科理论研究价值的物种,应作为珍稀濒危树种严加保护,或迁地保护。其中有大别玉兰 Yulania dabieshanensis T. B. Zhao, Z. X. Chen et H. T. Dai;石人玉兰;安徽玉兰 Yulania anhueiensis T. B. Zhao, Z. X. Chen et J. Zhao;多型叶玉兰 Yulania multiformis T. B. Zhao et Z. X. Chen;鸡公玉兰;两型玉兰;河南玉兰;莓蕊玉兰;湖北玉兰;朝阳玉兰;异花玉兰;中州玉兰;华夏玉兰等。

七、积极开展玉兰属植物栽培和“辛夷”采收的机械化研究

辛夷植物绝大多数为落叶大乔木,加上优良品种推广,目前河南南召和鲁山两县栽培株超过1 200万株,“辛夷”年产量高,约达50万kg以上。由于树体高大、采蕾困难,每年都有采蕾伤人事件发生,加之“辛夷”价格下降,致使一些群众弃之不采,或砍大枝采蕾。为了彻底解决这一问题,必须加快开展玉兰属植物栽培的机械化研究,即:栽培技术和采蕾必须实现机械化,如适应于机械化的集约栽培技术和“辛夷”采收的机械化技术。因此,加速机械化的集约栽培技术和“辛夷”采收的机械化,是当前急需解决的主要问题之一。

八、加强对现有辛夷植物各林种的抚育管理

目前,河南南召和鲁山两县辛夷植物栽培面积大、株数多,多数林地抚育管理措施不及时,甚至根本没有进行抚育管理,特别是平原地区林地内杂草丛生、毁林现象较为严重,林下经济尚未充分开发利用。村民护林、爱林公约尚待进一步完善,国家政策和法律,如《森林法》必须认真执行。

九、加强玉兰文化建设

玉兰在我国栽培已有2 500年历史之久。因其花“色白微碧”而称玉兰，早在唐代，就被人工栽培在园林，或庭院中，视为名贵花木。古人所谓“玉堂富贵”，便是由玉兰、海棠 Malus spectabilis (Ait.) Borkh.、牡丹 *Paeonia suffruticosa* Andr.、桂花 *Osmanthus fragrans* (Thunb.) Lour. 来表征的。

春秋时代，南朝梁国昉在《述异记》中记载：“木兰洲在浔阳，江中多木兰树。昔日吴王阖植木兰于此，用构宫殿。”

战国时代，屈原在《离骚》中记载：“朝饮木兰之坠露兮，夕餐秋菊之落英”、“朝搴阶之饮木兰之，夕揽中洲之山宿莽。”其中，木兰即玉兰。

唐代，诗人白居诗云：“紫粉笔含尖火焰，红胭脂染小莲花。芳情香思多少？恼得山僧悔出家！”其中，“紫粉笔含尖火焰”是指紫玉兰，反映了人们对玉兰的感情与爱好。裴廷裕的诗句：“微风微雨寒食节，半开半合木兰花。”眭石有七言绝句：“霓裳片片晚妆新，束素亭亭玉殿春。已向丹霞生浅晕，故将清露作芳尘。”沈周《题玉兰》七言绝句：“翠条多力引风长，点破银花玉雪香。韵友自知人意好，隔窗轻解白裳衣。”

近年来，随着我国木兰科植物研究的发展，玉兰属植物资源、新品种选育及良种推广，以及玉兰园的建立，每年开花时节，游人不断，是普及玉兰文化及其科学知识的时节。为此，作者建议：在河南应建立一个集资源保存、新品种选育及良种推广、玉兰属植物多学科理论研究及旅游、休闲于一体的大型玉兰生态园。

附　　录

I　玉兰亚科玉兰属、亚属、组、亚组、系名称、学名索引
（异学名斜体及名称附后）

玉兰亚科 Subfam. Yulanialioideae D. L. Fu et T. B. Zhao 154,424

玉兰属 Yulania Spach 1, 20, 29, 33, 37, 93, 94, 102,119, 121, 141, 154, 156, 313,396, 424

玉兰亚属 subgen. Yulania(Spach)T. B. Zhao et Z. X. Chen 33, 141, 151, 156

玉兰组 sect. Yulania(Spach)D. L. Fu 27, 29, 33, 142, 154

玉兰亚组 subsect. Yulania(Spach)D. L. Fu et T. B. Zhao 29, 33, 128, 142, 154

玉兰系 ser. Yulania(Spach)Z. B. Zhao et Z. X. Chen 33, 143,154

维持玉兰系 ser. × Veitchiyulan T. B. Zhao et Z. X. Chen 33, 143, 154

北川玉兰组 sect. Carwosa D. L. Fu 143

北川玉兰亚组 subsect. Biechuanlania T. B. Zhao et Z. X. Chen 33, 143, 154

青皮玉兰亚组 subsect. Viridulayulan T. B. Zhao et Z. X. Chen 33, 144, 154

簇花玉兰亚组 subsect. Cespitosiflora T. B. Zhao et Z. X. Chen 33, 144, 154

特异玉兰亚组 subsect. Mira T. B. Zhao et Z. X. Chen 33, 144, 154

罗田玉兰组 sect. Pilocarpa(D. L. Fu et T. B. Zhao)T. B. Zhao et Z. X. Chen 29, 33, 144, 154

罗田玉兰亚组 subsect. Pilocarpa D. L. Fu et T. B. Zhao 33, 144, 154

舞钢玉兰亚组 subsect. Wugangyulania(T. B. Zhao,D. L. Fu et Z. X. Chen)T. B. Zhao,D. L. Fu et Z. X. Chen 29, 33, 127, 145, 155

渐尖玉兰亚属 subgen. Tulipastrum(Spach T. B. Zhao et Z. X. Chen 33, 145, 151, 155, 216

宝华玉兰组 sect. Baohuayulan(D. L. Fu et T. B. Zhao)T. B. Zhao et Z. X. Chen 33, 145, 155

宝华玉兰亚组 subsect. *Baohuayulan* D. L. Fu et T. B. Zhao 29, 145, 154

渐尖玉兰组（紫玉兰组）sect. Tulipastrum(Spach)D. L. Fu 27, 29, 34, 145, 146, 155

渐尖玉兰亚组 subsect. Tulipastrum(Spach)D. L. Fu et T. B. Zhao 29, 34, 146, 155

渐尖玉兰系 ser. Tulipastrum(Spach)T. B. Zhao et Z. X. Chen 34, 146, 155

布鲁克林玉兰系 ser. × Brooklynyulan T. B. Zhao et Z. X. Chen 34, 147, 155

望春玉兰组 sect. Buergeria(Sieb. & Zucc.)D. L. Fu 27, 147

望春玉兰亚组 subsect. Buergeria(Sieb. & Zucc.)T. B. Zhao et Z. X. Chen 34, 147, 155

望春玉兰系 ser. Buergeria(Sieb. & Zucc.)T. B. Zhao et Z. X. Chen 34, 147, 155

洛内尔玉兰系 ser. × Loebneriyulan T. B. Zhao et Z. X. Chen 34, 148, 155

腋花玉兰组 sect. Axilliflora(B. C. Ding et T. B. Zhao)D. L. Fu 27, 148

腋花玉兰亚组 subsect. Axilliflora(B. C. Ding et T. B. Zhao)T. B. Zhao et Z. X. Chen 34, 148, 155

黄山玉兰组 sect. Cylindrica(S. A. Spongberg)T. B. Zhao et Z. X. Chen 34, 148, 149, 155

异花玉兰组 Yulania Spach sect. Varians T. B. Zhao,Z. X. Chen et X. K. Li 35, 138, 149, 155

河南玉兰组 sect. Trimophaflora(B. C. Ding et T. B. Zhao)T. B. Zhao et Z. X. Chen 34, 150, 155

河南玉兰亚组 subsect. Trimophaflora(B. C. Ding et T. B. Zhao)T. B. Zhao, D. L. Fu et Z. X. Chen 29, 34,150, 155

多型叶玉兰亚组 subsect. Varians T. B. Zhao et Z. X. Chen 34, 150, 155

朱砂玉兰亚属 subgen. × Zhushayulania(W. B. Sun et T. B. Zhao)Z. B. Zhao et Z. X. Chen 34, 151, 155, 279

朱砂玉兰组 sect. × Zhushayulania(W. B. Sun et T. B. Zhao)D. L. Fu 27, 29, 34, 100, 127, 151, 155

朱砂玉兰亚组 subsect. × Zhushayulania(W. B. Sun et T. B. Zhao)T. B. Zhao et Z. X. Chen 34, 151, 155

多亲本朱砂玉兰亚组 subsect. × Multiparens T. B. Zhao et Z. X. Chen 34, 152, 155

不知多亲本玉兰组 sect. × Ignotimultiparens T. B. Zhao et Z. X. Chen 34, 35, 152, 155

Magnolia Linn. subgen. *Yulania*(Spach)Reichenbach 木兰属玉兰亚属 20, 26, 68, 141, 156

sect. *Yulania*(Spach)Dandy 玉兰组 26, 142

sect. *Yulania*((Spach)Dandy)W. B. Sun et Zhao 玉兰组 27, 142

Tulipastram Spach 渐尖玉兰属 145, 146, 216

Magnolia Linn. sect. *Tulipastrum*(Spach)Dandy 渐尖玉兰组 紫玉兰组 木兰组 26, 27, 68, 146

sect. *Tulipastrum*((Spach)Dandy)Sun et Zhao 渐尖玉兰组 146

subsect. *Tulipastrum*(Spach)Dandy 渐尖玉兰亚组 146

sect. *Buergeria*(Sieb. & Zucc.)Dandy 望春玉兰组 147

sect. *Buergeria*(Sieb. & Zucc.)Baillon 望春玉兰组 147

sect. *Buergeria*(Sieb. & Zucc.)D. L. Fu 望春玉兰组 147

subsect. *Buergeria*(Sieb. & Zucc.)Dandy 望春玉兰亚组 147

Buergeria(Sieb. & Zucc.)Dandy 望春玉兰组 147

Yulania Spach sect. *Axilliflora*(B. C. Ding et T. B. Zhao)D. L. Fu 腋花玉兰亚组 148

Magnolia Linn. sect. *Axilliflora* B. C. Ding et T. B. Zhao 腋花玉兰组 腋花玉兰派 22, 26, 148

sect. *Cylindrica* S. A. Spongbr. 黄山玉兰组 148

subsect. *Cylindrica*(S. A. Spongbr.)Y. L. Wang 黄山玉兰亚组 148

Magnolia Linn. sect. *Trimophaflora* B. C. Ding et T. B. Zhao 河南玉兰组 河南玉兰派 22, 26, 126, 150

Yulania Spach sect. *Wugangyulaniae* T. B. Zhao, D. L. Fu et Z. X. Chen 舞钢玉兰组 28, 145

subsect. *Wugangyulania* T. B. Zhao, D. L. Fu et Z. X. Chen 舞钢玉兰亚组 144

Magnolia Linn. sect. × *Zhushayulania* W. B. Sun et T. B. Zhao 朱砂玉兰组 26, 127, 129, 151, 152,

Ⅱ　河南玉兰属种、亚种、变种及品种名称、学名索引

（异学名斜体及名称附后）

飞黄玉兰 Yulania fëihuangyulan(F. G. Wang)T. B. Zhao et Z. X. Chen 28,34, 38, 78,107,122, 143, 189,328 344, 413, 432

飞黄玉兰 'Fëihuangyulan' 191

'多被'飞黄玉兰 'Duobei' 78, 191

'六被'飞黄玉兰 'Liubei' 78, 191

'黄宝石'飞黄玉兰　黄宝石玉兰 'Huangbaoshiyulan' 191

Yulania huangbaoshiyulan D. L. Fu et T. B. Zhao　黄宝石玉兰 189, 191

Magnolia denudata (Desr.)D. L. Fu 'Feihuang' 飞黄玉兰 191

Magnolia 'Feihang' 飞黄玉兰 189, 190

大公子玉兰 Yulania × big - dude(Ph. J. Savage)T. B. Zhao et Z. X. Chen 297

大公子玉兰 'Big - dude' 298

'弗兰克　杰作'大公子玉兰 'Frnk's Masterpice' 298

Magnolia 'Big Dude'　大公子玉兰 298

Magnolia 'Frnk's Masterpice'　'弗兰克　杰作'大公子玉兰 298

大别玉兰 Yulania dabieshanensis T. B. Zhao,Z. X. Chen et H. T. Dai 28, 32, 34,39, 109,114, 117, 150, 275,436

天目玉兰 Yulania amoena(Cheng)D. L. Fu 93, 219

天目玉兰 'Amoena' 220

'长花'天目玉兰　长花玉兰 'Changhua' 220

Magnolia amoena Cheng 天目木兰　天目玉兰 24, 25, 219

'Changhua' 长花玉兰 220

中州玉兰 Y. zhaongzhaou T. B. Zhao,Z. X. Chen et　L. H. Sun 3, 35, 41, 142, 201

中州玉兰 subsp. Zhongzhou 203

两型花中州玉兰 subsp. dimorphiflora T. B. Zhao,Z. X. Chen et X. K. Li 35, 118, 203

日本辛夷 Yulania kobus(DC.)Spach 1, 41, 101, 147, 250

日本辛夷 var. kobus 251

变异日本辛夷 var. variabilis T. B. Zhao et X. Chen 34, 41, 118, 251

玉灯玉兰 Yulania pyriformis(T. D. Yang et T. C. Cui)D. L. Fu 38, 109,117,144, 194,344,432, 435

玉灯玉兰 'Pyriformis' 196

'白牡丹'玉灯玉兰 'Baimudan' 196, 437

'裂被'玉灯玉兰 'Leibei' 117, 196

'粉基'玉灯玉兰 'Fenji' 196

‘狭被’玉灯玉兰‘Xiabei’196
‘玉灯一号’玉灯玉兰‘Lamp’197
Magnolia denudata Desr. var. *pyriformis* T. D. Yang et T. C. Cui 玉灯玉兰 194
cv. Lamp 玉灯玉兰 194
cv. Lamp ‘玉灯一号’玉灯玉兰 197
‘Pyriformis’ 玉灯玉兰 194, 196
玉兰 Yulania denudata(Desr.)D. L. Fu 1, 15, 20, 29, 37, 44, 89, 101, 128, 141, 142, 143, 165, 199, 200, 202, 313, 329,376, 398, 432, 434
玉兰亚种 subsp. denudata D. L. Fu et T. B. Zhao 29, 131, 165
玉兰 var. denudata 29, 99, 166
塔形玉兰 var. pyramidalis(T. B. Zhao et Z. X. Chen)T. B. Zhao,Z. X. Chen et D. L. Fu 29, 40, 48, 100, 116, 132, 166,393
淡紫玉兰 var. purpurascens(Maxim.)D. L. Fu et T. B. Zhao 29, 40, 166
长叶玉兰　长叶武当木兰　白花湖北木兰　var. elongata(Rehd. & Wils.)T. B. Zhao et Z. X. Chen 29, 166
多瓣玉兰　多瓣白玉兰 var. multitepala T. B. Zhao et Z. X. Chen 40, 166
鹤山玉兰 var. heshanensis(Law et R. Z. Zhou)T. B. Zhao et Z. X. Chen 40, 167
白花玉兰 var. alba T. B. Zhao et Z. X. Chen 40, 168
菱形果玉兰 subsp. rhombea T. B. Zhao,X. K. Li et J. T. Chen 35, 40, 118. 168
毛玉兰亚种 subsp. pubescens(D. L. Fu,T. B. Zhao et G. H. Tian)D. L. Fu,T. B. Zhao et G. H. Tian 16, 29, 40, 99, 131,169
毛玉兰 var. pubescens D. L. Fu,T. B. Zhao et G. H. Tian 28, 39, 131, 169, 183
黄花玉兰 var. flava D. L. Fu,T. B. Zhao et Z. X. Chen 29, 40, 100, 168, 398
豫白玉兰 var. yubaiyulan T. B. Zhao et Z. X. Chen 40, 169, 187
毛被玉兰 var. maobei T. B. Zhao et Z. X. Chen 29, 40, 187, 398
两型花玉兰亚种 subsp. Dimorphiflora T. B. Zhao, X. K. Li et J. T. Chen 170
玉兰品种群 Denudata Group 102, 170
玉兰‘Denudata’170
‘凹缺叶’玉兰‘Aoqueye’107, 171
‘香蕉’玉兰　香蕉玉兰 蕉蕾玉兰‘Banana’171
‘长叶 艳紫红’玉兰‘Changye Yuanzihong’106, 171, 392
‘脉纹’玉兰‘Maiwen’171
‘红脉’玉兰　‘红脉’二乔‘Red Nerue’172
‘陀蕾’玉兰‘Tolei’108,172
‘小花’玉兰‘Xiaohua’172
‘毛梗 小花’玉兰‘Maogeng Xiaohua’172

'小叶'玉兰 'Xiaoye' 173
'异被'玉兰 'Yibei' 109, 173
'光梗 螺托'玉兰 'Guanggeng Luotuo' 136, 173, 398
'毛粗梗'玉兰 'Maoging' 173
'紫被 青果'玉兰 'Zibei Qingguo' 106, 166, 174
'青果'玉兰 'Zibei Qingguo' 174
'宽被'玉兰 'Kuanbei' 174
'皱被 水粉'玉兰 'Zhoubei Shuifen' 174
'狭被'玉兰 'Xiabei' 174,179
'双雌蕊群'玉兰 'Shuang Ciruiqun ' 175
'粉晕轻含'玉兰 'Fenyun Qinghan' 175
'窄被紫眉'玉兰 'Zhaibei Zimei' 175
'卷瓣'玉兰 'Juanban' 106, 175, 436
'异色 花被'玉兰 'Yishai Huabei' 175
'大叶'玉兰 'Daye' 176
喙果玉兰品种群 Huiguo Group 102, 176
'喙果'玉兰 'Huiguo' 176
'菱状 喙果'玉兰 'Lingzhuang Huiguo' 176
'小叶 喙果'玉兰 'Xiaoye Huiguo' 176
鹤山玉兰品种群 Heshanensis Group 102, 177
鹤山玉兰 'Heshanensis' 177
多被玉兰品种群 Multitepala Group 102, 177
'多瓣'玉兰　多瓣白玉兰 'Multitepala' 177
'卷被'玉兰　'Guanbei' 177
'重瓣'玉兰 'Plena' 177
'微粉 多被'玉兰 'Weifen Tobei ' 109,178
白花多被玉兰品种群 Baihua Duobei Group 103,179
'白花 多被'玉兰 '多瓣白'玉兰 'Baihua Duobei' 109, 178
'迟花 多被'玉兰 'Chihua Duobei' 178
'玉蝶'玉兰 'Yudie' 178
白花玉兰品种群 Baihua Group 103, 179
'白花'玉兰 'Alba' 179
'喙被'玉兰 'Huibei' 179
'白花 宽被'玉兰 'Baihua Kuanbei' 179
'狭被'玉兰 'Xiabei' 179
'长瓣玉女'玉兰 'Changban Yunü' 179
塔形玉兰品种群 Pyramidalis Group 103, 180
'窄被'玉兰　窄被玉兰 'Angustitepala' 180

塔形玉兰‘Pyramidalis’180
‘疏枝’塔形玉兰‘Shuzhi’180
紫花玉兰品种群 Purpurascens Group 103, 180
‘浓紫’玉兰‘Nongzi’116, 118, 181, 435
‘淡紫’玉兰 淡紫玉兰‘紫蝶飞’玉兰‘Purpurascens’181
‘曲被’玉兰‘Qubei’121, 181
‘紫花’玉兰‘Zihua’181
‘紫白’玉兰‘Zibai’182
‘多被 紫花’玉兰‘Duobei Zihua’179
‘娇容三变’玉兰‘Jiaorong Sanbian’182
长叶玉兰品种群 Elongata Group 103, 182
长叶玉兰　白花湖北木兰‘Elongata’182
毛玉兰品种群 Pubescens Group 103, 182
‘喙蕾’玉兰‘Huilei’108, 183
毛玉兰‘Pubescens’183
‘紫红基’毛玉兰‘Zihongji’183
‘粉红基’毛玉兰‘Fenhongji’183
‘黑瘤’玉兰‘Heiliu’183
‘疣果’玉兰‘Liuguo’184
‘紫枝’玉兰‘Zizhi’184
‘卵蕾’玉兰‘Luanlei’184
‘晚叶’玉兰‘Wanye’184
‘光梗’玉兰　‘无毛’玉兰‘Guanggeng’184
‘夏花’玉兰‘Xiahua’184
‘艳紫红’玉兰‘Yanzihong’185
‘柱蕾’玉兰‘Zhulei’185
黄花玉兰品种群 Flava Group 103,185
‘大黄花’玉兰‘Dahuanghua’186
‘黄花’玉兰 黄花玉兰‘Flava’186
‘密枝’玉兰‘Mizhi’186
‘舟被’玉兰‘Zhoubei’186
‘黄脉’玉兰‘Huangmai’186
豫白玉兰品种群 Flava Group 103, 187
‘小白花’玉兰‘Xiaobaihua’187
‘豫白’玉兰‘Yubai’187
‘黄蕊’玉兰‘ Huwangzi’187
毛被玉兰品种群 Maobei Group 103. 187
‘毛被’玉兰 毛被玉兰‘Maobei’187

‘异叶’玉兰‘Yiye’188
两型花玉兰品种群 Dimorphiflira Group 188
两型花玉兰‘Dimorphiflira’188
‘淡紫’两型花玉兰‘Danzi’188
‘水粉’两型花玉兰‘Shuifen’188
‘狭被’两型花玉兰‘Xiabei’188
‘粉基’玉兰‘Fenji’188
‘紫暮渐浓’玉兰‘Zimu Jiannong’188
‘白荷粉露’玉兰‘Baihe Fenlou’189
‘粉基红’玉兰‘Fenjihong’189
‘微粉’玉兰‘Wēifen’189
‘水粉’玉兰‘Shuǐfen’189
‘橙粉基’玉兰‘Chenfenji’189
‘白色矮化’玉兰 189
Magnolia denudata Desr. 玉兰　白玉兰 20,24,25,31,101,106,131,165
var. *angustitepala* T. B. Zhao et Z. X. Chen 窄被玉兰 132,180
var. *purpurascens*(Maxim.)Rehd. & Wils. 淡紫玉兰 166, 181
var. *dilutipurpurascens* Z. W. Xie et Z. Z. Zhao 淡紫玉兰 166, 181
var. *elongata* Rehd. & Wils. 白花湖北木兰 166, 182
var. *flava* T. B. Zhao et Z. X. Chen 黄花玉兰 22, 24, 168, 181
var. *pyramidalis* T. B. Zhao et Z. X. Chen 塔形玉兰 22, 24, 132, 166, 180
‘Aoque Ye’凹缺叶’玉兰 171
cv. Banana 香蕉玉兰 蕉蕾玉兰 171
cv.‘Plena’‘重瓣’玉兰 178
‘Jiaolei’ 蕉蕾玉兰 171
‘Jiaorong Sanbian’‘娇容三变’玉兰 182
‘Juanban’‘卷瓣’玉兰 175
‘Yudie’‘玉蝶’玉兰 178
‘Wumao’‘无毛’玉兰 184
‘Zhaibei Zimei’‘窄被紫眉’玉兰 175
‘Zimu Jiannong’ ‘紫暮渐浓’玉兰 188
‘Duoban Bai’ ‘白花 多被’玉兰‘多瓣白’玉兰 178
‘Fenyun Qinghan’ ‘粉晕轻含’玉兰 175
‘Changban Yunü’ ‘长瓣玉女’玉兰 179, 180
‘Zidie Fei’ ‘紫蝶飞’玉兰 181
‘Zhulei’ ‘柱蕾’玉兰 185
‘Huanghua’ ‘黄花’玉兰 186
‘Mizhi’ ‘密枝’玉兰 186

'Yubai' '豫白'玉兰 187
'Elongata' 长叶玉兰 白花湖北木兰 182
'Yanzi Hong' '艳紫红'玉兰 185
'Zhoubei' '舟被'玉兰 186
'Huangmai' '黄脉'玉兰 186
'Baihe Fenlou' '白荷粉露'玉兰 189
'Yibei' '异被'玉兰 173
*Magnolia heshanensis*Law et R. Z. Zhou 鹤山玉兰 21, 167,177
Magnolia conspicua Spach var. *purpurascens*(Maxim.)Rehd. & Wils. 淡紫玉兰 166
var. *dilutipurpurascens* z. W. Xie et Z. Z. Zhao 淡紫玉兰 166
*Magnolia soulangiana*Soul. – Bod. cv. Red Nerve 红脉二乔'红脉'玉兰 '红脉'二乔 172
石人玉兰 Yulania shirenshanensis D. L. Fu et T. B. Zhao 28, 32, 35, 37,114,220, 326,363,406,432,434,438
布鲁克林玉兰 Yulania × brooklynensis(G. Kalmbacher) D. L. Fu 119, 135, 146, 147,278
布鲁克林玉兰'Brooklynensis' 278
'依娃玛丽亚'布鲁克林玉兰 'Evamaria' 278
'最黄'布鲁克林玉兰 'Ultimate Yellow' 279
Magnolia × *brooklynensis* G. Kalmbacher 布鲁克林玉兰 135, 278
'Evamaria' '依娃玛丽亚'布鲁克林玉兰 278
'Ultimate Yellow' '最 黄'布鲁克林玉兰 279
伊丽莎白玉兰 Yulania × elizabeth(E. Sperber) D. L. Fu 118, 297
伊丽莎白玉兰 'Elizabeth' 106, 297
'阳舞'伊丽莎白玉兰 'Sundance' 297
Magnolia × *elizabeth* E. Sperber 伊丽莎白玉兰 297
'Elizabeth' 伊丽莎白玉兰 297
'Sundance' '阳舞'伊丽莎白玉兰 297
阳顶玉兰 Yulania × sun – spire(A. Kehr) T. B. Zhao et Z. X. Chen 299
阳顶玉兰 'Sun Spire' 299
'辣彩' 阳顶玉兰 'Hot Flash' 299
'满阳' 阳顶玉兰 'Sunsation' 299
Magnolia 'Hot Flash' '辣 彩' 阳顶玉兰 299
'Sunsation' '满阳' 阳顶玉兰 299
杂配玉兰 Yulania hybrida T. B. Zhao, Z. T. Chen et X. K. Li 35, 41, 293
红花玉兰 Yulania wufengensis(L. Y. Ma et L. R. Wang) T. B. Zhao et Z. X. Chen 38,143,162,432
红花玉兰 var. wufengensis 162

多瓣红花玉兰 var. multitepala(L. Y. Ma et L. R. Wang)T. B. Zhao et Z. X. Chen 162

Magnolia wufengensis L. Y. Ma et L. R. Wang 红花木兰 162

var. *multitepala* L. Y. Ma et L. R. Wang 多瓣红花玉兰 162

'娇红 1 号'红花玉兰 'Jiaohong - 1' 163

安徽玉兰 Yulania anhueiensis T. B. Zhao, Z. X. Chen et J. Zhao 28, 34, 39, 114, 117, 148, 149, 268, 436

华丽玉兰 Yulania superba T. B. Zhao, Z. X. Chen et X. K. Li 2, 35, 41, 109, 126, 142, 160, 199, 214

华夏玉兰 Yulania cathyana T. B. Zhao et Z. X. Chen 35, 41, 79, 213

华夏玉兰 var. cathyana 215

白花华夏玉兰 var. alba T. B. Zhao, Z. X. Chen et X. K. Li

华夏玉兰 'Cathyana'

'红基'华夏玉兰 'Hongji' 215

'肉萼'华夏玉兰 'Rou È' 215

'绿星'华夏玉兰　绿星玉兰 ' Luxing' 215

'黄花'华夏玉兰 'Huanghua' 216

'两型花'华夏玉兰 'Èrxinghua' 216

华豫玉兰 Yulania huayu T. B. Zhao, Z. X. Chen et J. T. Chen 41, 291

多型叶玉兰 Yulania multiformis T. B. Zhao, Z. X. Chen et J. Zhao 1, 28, 34, 107, 114, 126, 150, 276, 424, 436

多型叶玉兰 var. multiformis 277

白花多型叶玉兰 var. alba T. B. Zhao et Z. X. Chen 35, 39, 279

短雌蕊群多型叶玉兰　短蕊群玉兰 var. brevigyandria T. B. Zhao et Z. X. Chen 278

Yulania brevigyandria D. L. Fu, T. B. Zhao et Z. X. Chen 短蕊群玉兰 278

异花玉兰 Yulania varians T. B. Zhao, Z. X. Chen et Z. F. Ren 1, 2, 34, 41, 79, 102, 109, 114, 117, 126, 138, 150, 273, 311, 424, 434

伏牛玉兰 Yulania funiushanensis(T. B. Zhao, J. T. Gao et Y. H. Ren)T. B. Zhao et Z. X. Chen 218, 432

伏牛玉兰 'funiushanensisnia' 23, 219

'紫基'伏牛玉兰 'Purpurea' 219

Magnolia funiushanensis T. B. Chao, J. T. Gao et Y. H. Ren 伏牛玉兰 22, 23, 24, 25, 218

'Purpurea' 紫基伏牛玉兰 219

Yulania zenii(Cheng)D. L. Fu 'Purpurea' '紫基'伏牛玉兰 219

朱砂玉兰 Yulania × soulangeana(Soul. - Bod.)D. L. Fu 2, 20, 38, 44, 102, 127, 151, 152, 299, 327, 410, 421, 425, 432

朱砂玉兰亚种 subsp. Soulangeana 280
萼朱砂玉兰亚种 subsp. Èzhushayulan T. B. Zhao et Z. X. Chen 35,39,41,280
变异花朱砂玉兰亚种 subsp. varia T. B. Zhao et Z. X. Chen 35,39,41,280
朱砂玉兰 var. soulangiana 280
红花朱砂玉兰 var. rubra(Nichols.)T. B. Zhao et Z. X. Chen 280
白花朱砂玉兰 var. candolleana T. B. Zhao et Z. X. Chen 41,281
朱砂玉兰品种群 Soulangiana Group 281
朱砂玉兰 'Soulangiana' 281
'水粉'朱砂玉兰 'Shuifen' 281
'淡粉红'朱砂玉兰 'Danfenhong' 281
'棱被'朱砂玉兰 'Lengbei' 281
'尖被'朱砂玉兰 'Jianbei' 282
红花朱砂玉兰品种群 Group 282
'红霞'朱砂玉兰 红霞玉兰 'Hongxia' 117,282
'橙红'朱砂玉兰'Chēnghong'282
'红运'朱砂玉兰 红运玉兰 'Hongyun' 282,344,410
'火炬'朱砂玉兰 'Huoju' 282
'丹馨'朱砂玉兰 'Danxin' 283
'紫红'朱砂玉兰 'Zihong' 283
'紫红白'朱砂玉兰 'Zihongbei' 283
'淡紫红'朱砂玉兰 'Danzihong' 283
'亮粉'朱砂玉兰 'Liangfen' 283
'淡紫'朱砂玉兰 'Danzi' 283
紫花朱砂玉兰品种群 Zihua Group 284
'紫霞'朱砂玉兰 紫霞玉兰 'Zixia' 284,330
'长春'朱砂玉兰 长春二乔玉兰 'Semperflorescens' 284
'常春'朱砂玉兰 常春朱砂玉兰'Changchun'2,284
'紫斑'朱砂玉兰'Ziban' 113,136,284
'紫二乔'朱砂玉兰 紫二乔 'Zierqiao' 285
'紫花'朱砂玉兰 'Zihua' 285
'宽被 亮紫'朱砂玉兰 'Liangzi Kuanbeizi' 285
'两型 紫花'朱砂玉兰 'Èrxing Zihua' 285
白花朱砂玉兰品种群 Baihua Group 285
'白花'朱砂玉兰 'Baihua' 286
'小白花'朱砂玉兰 'Xiaobaihua' 286
'狭被'朱砂玉兰 'Xiabei' 286
'微粉'朱砂玉兰 'Weifen' 286
'鸡公 2 号'朱砂玉兰 'Jigongshan 2' 286

‘宽被 微粉’朱砂玉兰‘Kuanbei Weifen’287
‘宽被’朱砂玉兰‘Kuanbei’287
三色花朱砂玉兰品种群 Sanshai Group 287
‘三色’朱砂玉兰 +‘Sanshai’106,117,121,287
黄花朱砂玉兰品种群 Huanghua Group 287
‘黄花 紫基’朱砂玉兰‘Huanghua Ziji’287
‘淡黄 紫基’朱砂玉兰‘Danhuang Ziji’287
‘橙黄’朱砂玉兰‘Chenghuang’288
多被朱砂玉兰品种群 Doubei Group 288
‘多被 淡紫红’朱砂玉兰‘Doubei Danzihong’288
‘正昊’朱砂玉兰‘Zhenghao’288
变异朱砂玉兰品种群 Varia Group 288
变异朱砂玉兰‘Varia’288
萼朱砂玉兰品种群 Èzhushayulan Group 288
‘萼’朱砂玉兰‘Èzhushayulan’288
‘圆萼’朱砂玉兰‘Yuan È’288
‘肉萼’朱砂玉兰‘Ròu È’289
‘大花嫣紫’朱砂玉兰　‘大花嫣紫’二乔玉兰‘Dahua Yanzi’289
‘粉棱’朱砂玉兰　‘粉棱’二乔玉兰‘Fenling’289
‘红脉’朱砂玉兰　‘红脉’二乔玉兰‘Hongmai’290
‘阔瓣’朱砂玉兰　‘阔瓣’二乔玉兰‘Kuoban’290
‘美丽’朱砂玉兰　‘美丽’二乔玉兰‘Meili’290
‘亮粉红’朱砂玉兰‘Liǎngfenhong’291
‘亮紫霞’朱砂玉兰‘Liǎng　Zixiā’291
‘白花 粉基’朱砂玉兰‘Báihuafenji’291
‘香型’朱砂玉兰　‘香型’二乔玉兰‘Meili’291
‘紫魁’朱砂玉兰　‘紫魁’二乔玉兰‘Meili’291
‘皇冠’朱砂玉兰‘Huangguan’291
‘京’朱砂玉兰‘Beijing’291
‘亮粉红’朱砂玉兰‘Liǎngfenhong’291
‘亮紫霞’朱砂玉兰‘Liǎng　Zixiā’291
‘白花 粉基’朱砂玉兰‘Báhuafenji’291
‘粉红’朱砂玉兰‘Fenhong’291
‘金球’朱砂玉兰　‘金球’二乔玉兰‘Jinqiu’292
‘紫花 萼’朱砂玉兰‘Zihua È’292
‘紫乳白’朱砂玉兰‘Zirubai’292
‘紫花 萼’朱砂玉兰‘Zihua È’292
‘淡紫 粉基’朱砂玉兰‘Dāzi　Fenji’292

'宽被 粉基'朱砂玉兰'Kuānbei Fenji'292
'红 乡村'朱砂玉兰'Rusttica Rubra'('Rusttica,Rubra')292
'白兰地'朱砂玉兰 'Burgundy' 292
'林奈'朱砂玉兰 '伦纳河'朱砂玉兰'Lennei' 292
'皮卡德 鲁比'朱砂玉兰 'Pickard's Ruby' 293
Magnolia × *soulangeana* Soul. – Bod. 朱砂玉兰 二乔玉兰 279
Magnolia rustica rubra Nichols. 二乔玉兰 280
Magnolia soulangiana Soul. 二乔玉兰 279
var. *rustica*(Nichols.)Rehd. 红花朱砂玉兰 280
f. *rubra*(Nichols.)Rehd. 红花朱砂玉兰 281
'Candolleana' 白花朱砂玉兰 281
cv. Hongxia 红霞玉兰 282
cv. 'Huoju' '火炬'朱砂玉兰 282
cv. 'Zixia' 紫霞玉兰 284
cv. 'Semperflorescens' '长春'朱砂玉兰 长春二乔玉兰 284
cv. Zierqiao 紫二乔 285
cv. 'Parpurea' 紫二乔 285
'Jigongshan2' '鸡公 2 号'朱砂玉兰 286
'Dahua Yanzi' '大花嫣紫'朱砂玉兰 '大花嫣紫'二乔玉兰 289
'Fenleng' '粉棱'朱砂玉兰 '粉棱'二乔玉兰 289
'Hongmai' '红脉'朱砂玉兰 '红脉'二乔玉兰 290
'Kuoban' '阔瓣'朱砂玉兰 '阔瓣'二乔玉兰 290
'Meili' '美丽'朱砂玉兰 '美丽'二乔玉兰 290
'Jinqiu' '金球'二乔玉兰 291
'Xiangxing' '香型'二乔玉兰 291
'Zikui' '紫魁'二乔玉兰 291
'Huangguan' '皇冠'朱砂玉兰 291
'Jinqiu' '金球'朱砂玉兰 '金球'二乔玉兰 292
'Rusttica Rubra'('Rusttica,Rubra') '红 乡村'朱砂玉兰 292
'Burgundy' '白兰地'朱砂玉兰 292
'Lennei' '林奈'朱砂玉兰 '伦纳河'朱砂玉兰 292
'Pickard's Ruby' '皮卡德 鲁比'朱砂玉兰 293
var. Lennei Rehd. '林奈'朱砂玉兰 '伦纳河'朱砂玉兰 293
Magnolia Lennei Tope ex Van Houtte '林奈'朱砂玉兰 '伦纳河'朱砂玉兰 292
Magnolia 'Pickard's Ruby' '皮卡德 鲁比'朱砂玉兰 293
鸡公玉兰 Yulania jigongshanensis(T. B. Zhao, D. L. Fu et W. B. Sun) D. L. Fu 1, 16, 39, 107, 114, 130, 144, 207, 421

鸡公玉兰 subsp. Jigongshanensis 130,208

白花鸡公玉兰 subsp. alba T. B. Zhao,Z. X. Chen et L. H. Song 31,35,41,118,130,208

Magnolia jigongshanensis T. B. Zhao,D. L. Fu et W. B. Sun 鸡公玉兰 26,207

两型玉兰 Yulania dimorpha T. B. Zhao,Z. X. Chen et H. T. Dai 28,32,34,39,114,118,150,151,209,421

武当玉兰 Yulania sprengeri(Pamp.)D. L. Fu 1,15,37,40,44,90,93,109,142,158,432

武当玉兰 var. 158

拟莲武当玉兰 var. pseudonelumbo T. B. Zhao,Z. X. Chen et D. W. Zhao 21,37,40,159,432

德维武当玉兰 var. diva(Stapf)T. B. Zhao et Z. X. Chen 159

武当玉兰 'Sprengeri' 159

'卫克哈斯特'武当玉兰 'Wakehurst' 159

Magnolia sprengeri Pamp. 武当玉兰 武当木兰 24. 25, 158

'Diva' '德维'武当玉兰 24

'Wakehurst' '卫克哈斯特'武当玉兰 159

宝华玉兰 Yulania zenii(Cheng)D. L. Fu 37,93,146,216,427,432,434

宝华玉兰 var. zenii 217

白花宝华玉兰 var. alba T. B. Zhao et Z. X. Chen 37,217,432

多被宝华玉兰 '多被'宝华玉兰 var. duobei T. B. Zhao et Z. X. Chen 36,217

宝华玉兰 'Zenii' 217

'多被'宝华玉兰 'Duobei' 217

'淡紫基'宝华玉兰 'Danzi' 217

Magnolia zenii Cheng 宝华玉兰 24, 216

Yulania zenii(Cheng)D. L. Fu 'Duobei' '多被'宝华玉兰 217

青皮玉兰 Yulania viridula D. L. Fu,T. B. Zhao et G. H. Tian 2, 28, 38,78,108,109,114,129,142,144, 192, 329,426,432

青皮玉兰 var. Viridula 193

琴叶青皮玉兰 var. pandurifolia T. B. Zhao,Z. X. Chen et D. W. Zhao 34,40,41,118,193,335

多瓣青皮玉兰 var. multitepala(Law et Q. W. Zeng)T. B. Zhao et Z. X. Chen 193

青皮玉兰 'Viridula' 194

'紫蕊'青皮玉兰 'Zirui' 113,194

'粉花'青皮玉兰 'Fenhua' 194

'白花'青皮玉兰 'Baihua' 194

'瑰丽'青皮玉兰 'Guili' 194

Magnolia crassifolius Y. L. Wang et T. C. Cui 厚叶木兰 192

Magnolia glabrata Law et R. W. Zhou var. *multitepala* Law et Q. W. Zeng 多瓣木兰 194

奇叶玉兰 Yulania mirifolia D. L. Fu,T. B. Zhao et Z. X. Chen 28,99,107,114,142,197,329,434

奇叶玉兰 var. Mirifolia 197

燕尾奇叶玉兰 var. bifurcata D. L. Fu 197

罗田玉兰 Yulania pilocarpa(Z. Z. Zhao et Z. W. Xie)D. L. Fu 16,39,144,203,383,421

罗田玉兰亚种 subsp. pilocarpa 204

罗田玉兰 var. pilocarpa 204

椭圆叶罗田玉兰 var. ellipticifolia D. L. Fu,T. B. Zhao et J. Zhao 30,40,204

宽被罗田玉兰 var. latitepala T. B. Zhao et Z. X. Chen 34,118,204

罗田玉兰 'Pilocarpa' 205

'革叶'罗田玉兰 'Geye' 205

'少脉'罗田玉兰 'Shaomai' 205

'绒毛'罗田玉兰 'Rongmao' 205

'红基'罗田玉兰 'Hongji' 205

'粉花'罗田玉兰 'Fenhua' 205

肉萼罗田玉兰亚种 subsp. carnosicalyx T. B. Zhao et Z. X. Chen 34,40,206

肉萼罗田玉兰 var. carnosicalyx 206

紫红花肉萼罗田玉兰 var purpureo－rubra T. B. Zhao et Z. X. Chen 34, 206

白花肉萼罗田玉兰 var alba T. B. Zhao et Z. X. Chen 206

Magnolia pilocarpa Z. Z. Zhao et Z. W. Xie 罗田玉兰 35, 204

河南玉兰 Yulania honanensis(B. C. Ding et T. B. Zhao)D. L. Fu et T. B. Zhao 1, 15, 37,109,130,140,150,273,333,421,432

河南玉兰 var. honanensis 274

椭圆叶河南玉兰 var. elliptilimba(Law et Gao)T. B. Zhao et Z. X. Chen 37,274,421,432

河南玉兰 'Honanensis' 275

椭圆叶河南玉兰 'Elliptilimba' 275,423,434

腋生河南玉兰 'Axilla' 275

Magnolia honanensis B. C. Ding et T. B. Zhao 河南玉兰 20,21,23,24,25,126,130,273

var *elliptilimba*(Law et Gao)T. B. Zhao 椭圆叶玉兰 21,22,24,273,274

cv. 'Elliptilimba' 椭圆叶河南玉兰 23,24,275

cv. 'Axilla' 腋生河南玉兰 23,275

Magnolia elliptilimba Law et Gao 椭圆叶玉兰 274

具柄玉兰 Yulania gynophora T. B. Zhao,Z. X. Chen et J. Zhao 28,34,39,41,109,

117,149,296

Magnolia gynophora D. L. Fu et T. B. Zhao　具柄玉兰 296

卷柱玉兰 Yulania flexistylus T. B. Zhao et Z. X. Chen 36,109,159

星花玉兰 Yulania stellata(Sieb. & Zucc.)D. L. Fu 1, 27,29,38,41,135,147,251,432

星花玉兰品种群 Stellata Group 251

星花玉兰'Stellata' 252

'皇星'星花玉兰'Royal Star' 252

'水百合'星花玉兰'Water Lily' 252

粉红星花玉兰品种群'Fenhong Group' 253

'百龄'星花玉兰'Centennial' 253

'莉莱斯 莱加西'昰花玉兰'Lylés Legacy' 253

'莉莱斯 莱加西－1'星花玉兰'Lylés Legacy－1' 253

'菊花花'星花玉兰'Chrysanthemumiflora' 254

灌木星花玉兰品种群 Nana Group 254

'睡莲'星花玉兰　'睡莲'星花木兰'Waterlily' 254

'睡莲'星花玉兰无性系－1　'Waterlily－1' 254

'睡莲'星花玉兰无性系－2　'Waterlily－2' 225

'睡莲'星花玉兰无性系－3　'Waterlily－3' 225

'睡莲'星花玉兰无性系－4　星花玉兰－2'Waterlily－4' 225

Magnolia stellata(Sieb. & Zucc.) Maxim.'Water Lily'　'水百合'星花玉兰 252

'Chrysanthemumiflora''菊花花'星花玉兰 254

'Waterlily''睡莲'星花玉兰无性系　254

'Waterlily－1''睡莲'星花玉兰无性系－1 254

'Waterlily－2''睡莲'星花玉兰无性系－2 225

'Waterlily－3''睡莲'星花玉兰无性系－3 225

'Waterlily－4'　'睡莲'星花玉兰无性系－4 星花玉兰－2　225

'Centennial''百龄'星花玉兰 253

Magnolia stellata'Water Lily'　'水百合'星花玉兰 252

Magnolia kobus DC. var. *stellata*(Sieb. & Zucc.)B. C. Blackburn'Waterlily－1''睡莲'星花玉兰

无性系－1 254

'Waterlily－2''睡莲'星花玉兰无性系－2　255

'Waterlily－3''睡莲'星花玉兰无性系－3　255

'Waterlily－4'　'睡莲'星花玉兰无性系－4　星花玉兰－2　255

'Centennial''百龄'星花玉兰 253

'Lylés Legacy－1''莉莱斯 莱加西－1'星花玉兰 253

Magnolia kobus DC. var. *stellata*(Sieb. & Zucc.)B. C. Blackburn'Royal Star'星花

木兰 星玉兰 252
'Water Lily' '水百合'星花玉兰 252
'Royal Star' '皇星'星花玉兰 252
Magnolia tomentosa Thunb. 星花木兰 星玉兰 251
Buergeria stellata Sieb. & Zucc. 星花木兰 星玉兰 251
Yulania stellata(Maxim.)N. H. Xia et al. 星花木兰 星玉兰 251
Yulania tomentosa(Thunb.)D. L. Fu 星花木兰 星玉兰 251
星紫玉兰 Yulania × george－henry－kern(C. E. Kern)D. L. Fu et T. B. Zhao 27,29,38,41,119,148,151,152,256,432
星紫玉兰 var. george－henry－kern 257
安星紫玉兰 var. ann(Francis de Vos)T. B. Zhao et Z. X. Chen 257
星紫玉兰'George Henry Kern' 257
'安'星紫玉兰'Ann' 257
'贝蒂'安星紫玉兰'Betty' 258
'长柱'安星紫玉兰 '贝蒂'安星紫玉兰－2 'Changzhu' 258
'苏珊'安星紫玉兰'Susan' 260
'珍妮'安星紫玉兰'Jane' 259
'珍妮'安星紫玉兰－2 259
'柱蕾'安星紫玉兰'Pinkie' 260
Magnolia 'George Henry Kern' 星紫玉兰 256
'Ann' '安'星紫玉兰 257
'Betty' '贝蒂'安星紫玉兰 258
'Changzhu' '长柱'安星紫玉兰 '贝蒂'安星紫玉兰－2 'Changzhu' 258
'Susan' '苏珊'安星紫玉兰 260
'Jane' '珍妮'安星紫玉兰 259
'Jane－2' '珍妮'安星紫玉兰－2 259
'Pinkie' '柱蕾'安星紫玉兰 260
星系玉兰 Yulania × galaxy(F. Santamour)T. B. Zhao et Z. X. Chen 299
星系玉兰'Galaxy' 300
'光谱'星系玉兰'Spectrum' 300
Magnolia 'Galaxy' 星系玉兰 299
'Spectrum' '光谱'星系玉兰 300
信阳玉兰 Yulania xinyangensis T. B. Zhao, Z. X. Chen et H. T. Dai 28,32,34,39,114,117,142,197,434
信阳玉兰 var. xinyangensis 198
狭被信阳玉兰 var. angutitepala T. B. Zhao et Z. X. Chen 34,41,118,198
美丽玉兰 Yulania concinna(Law et R. Z. Zhou)T. B. Zhao et Z. X. Chen 27, 41, 146,233

Magnolia concinna Law et R. Z. Zhou 美丽紫玉兰 233

柳叶玉兰 Yulania salicifolia(Sieb. & Zucc.)D. L. Fu 1,101,126,147,255

Magnolia salicifolia(Sieb. & Zucc.)Maxim. 柳叶玉兰　柳叶木兰 101,255

Buergeria salicifolia Sieb. & Zucc. 柳叶木兰 255

Talauma salicifolia Miq. 柳叶木兰 255

莓蕊玉兰 Yulania fragarigynandria T. B. Zhao,Z. X. Chen et H. T. Dai 28,32,34,40,98,109,114,117,121,270,311,334,335,344,424,434

莓蕊玉兰 var. fragarigynandria 34,40,271

变异莓蕊玉兰 var. variabilis T. B. Zhao et Z. X. Chen 271

莓蕊玉兰 'Fragarigynandria' 271

'裂被'莓蕊玉兰 'Libei' 271

'九被'莓蕊玉兰 'Jiubei' 272

渐尖玉兰 Yulania acuminata(Linn.)D. L. Fu 1,20,29,39,106,146,222,434

渐尖玉兰 var. acuminata 223

心叶渐尖玉兰 var. subcordata(Michx.)T. B. Zhao et Z. X. Chen 223

渐尖玉兰 'Acuminata' 223

'蜜蜂 小姐'渐尖玉兰 'Miss Honeybee' 101,119,223

*Magnolia acuminata*Linn. 渐尖玉兰 119, 222

Magnolia acuminata(Linn.)Linn. 渐尖玉兰 222

subsp. *acuminata* Linn. 渐尖玉兰 222

var. *subcordata*(Spach)Dandy 心叶渐尖玉兰 223

Magnolia acuminata Spach var. *subcordata* Spach 心叶渐尖玉兰 223

'Miss Honeybee' '蜜蜂 小姐'渐尖玉兰 119,224

望春玉兰(辛夷) Yulania biondii(Pamp.)D. L. Fu 15,16,37,44,77,109,113,225,233,311,338,376,407,423,425,428,434

望春玉兰亚种 subsp. Biondii 235

望春玉兰 var. biondii 235

狭被望春玉兰 var. angutitepala D. L. Fu,T. B. Zhao et D. W. Zhao 21,29,39,41,235,246

黄花望春玉兰 var. flava(T. B. Zhao,J. T. Gao et Y. H. Ren)T. B. Zhao et Z. X. Chen 37,235,432

富油望春玉兰 var. fuyou D. L. Fu et T. B. Zhao 34,41,116,236

紫色望春玉兰 var. purpurea(T. B. Zhao,S. Y. Wang et Y. C. Qiao)T. B. Zhao et Z. X. Chen 23,37,116,236,432

白花望春玉兰 var. alba(T. B. Zhao et Z. X. Chen)T. B. Zhao et Z. X. Chen 37,236,425,432

两型花望春玉兰亚种 subsp. dimorphiflora T. B. Zhao,Z. X. Chen et X. K. Li 41,77,118,236

两型花望春玉兰 var. Dimorphiflora 237
条形望春玉兰 var. linearis T. B. Zhao, Z. X. Chen et X. K. Li 36,41,237
望春玉兰品种群 Biondii Group 30,103,238
望春玉兰 'Biondii' 30,238
变紫望春玉兰品种群 Bianzi Group 30,103,238
'变紫'望春玉兰 'Bianzi' 30,239
'厚叶'望春玉兰 'Houye' 239
'卷毛'望春玉兰 'Juanmao' 53,77,108,239
'宽被'望春玉兰 'Latitepala' 109,239
'尿搔黄'望春玉兰 'Niaosaohuang' 239
'桃实'望春玉兰 桃实望春玉兰 'Ovata' 42,53,102,106,108,113,114,116,240,319,332,343,396,410,425
'毛桃实'望春玉兰 'Mao Ovata' 240,410
'小蕾'望春玉兰 'Parvialabastra' '小蕾'望春玉兰 30,53,77,116,240
'平枝'望春玉兰 'Planities' 30,116,241
'菩莲'望春玉兰 'Pulian' 241
'青桃'望春玉兰 'Qingtao' 241
'鼠皮'望春玉兰 'Shupi' 30,242
'晚花'望春玉兰 'Wanhua' 242
'小卷毛'望春玉兰 'Xiaojuanmao' 242
'小桃'望春玉兰 'Xiaotao' 242,319,320
'细枝'望春玉兰 'Xizhi' 243
富油望春玉兰品种群 Fuyou Group 30,103,243
'富油'望春玉兰 'Fuyou' 243
紫花望春玉兰品种群 Purpurea Group 30,103,244
'奶嘴'望春玉兰 'Naizui' 77,244
'紫色'望春玉兰 紫望春玉兰 紫色春玉兰 'Purpurea' 116,244
'玫瑰'望春玉兰 'Rosiflora' 29,109,244,319
'淡紫'望春玉兰 'Danzi' 245
'亮紫'望春玉兰 'Liangzi' 245
'紫果'望春玉兰 'Zigo' 245
'喙被'望春玉兰 'Huibei' 245
'双色花'望春玉兰 'Shuangsehua'
白花望春玉兰品种群 Baihua Group 103,243
'小白花'望春玉兰 'Xiaobaihua' 243
'线萼'望春玉兰 'Xian È ' 243
黄花望春玉兰品种群 Flava Group 30,103,2467
'黄花'望春玉兰 'Flava' 246

狭被望春玉兰品种群 Angustitepala Group 30,103,246
'狭被'望春玉兰 'Angustitepala' 246
'狭被-1'望春玉兰 'Angustitepala-1' 246
多被望春玉兰品种群 Duobei Group 103,247
'多被'望春玉兰 'Duobei' 247
'多被 白花'望春玉兰 'Duobei Baihua' 247
多变望春玉兰品种群 Duobian Group 103,247
'多变'望春玉兰 'Duobian' 247
'双粉花'望春玉兰 'Shuangfenhua' 247
长萼望春玉兰品种群 Chang È Group 103,248
'长萼'望春玉兰 'Chang È' 248
'紫粉花'望春玉兰 'Zifenhua' 248
'卷被'望春玉兰 'Juanbei' 248
'粉被'望春玉兰 'Fenbei' 248
两型花望春玉兰品种 Dimorphiflora Group 103,248
两型花望春玉兰'Dimorphiflora' 248
'条形'望春玉兰 'Linearis' 248
'黄籽'望春玉兰 'Huangzi' 249
'狭叶'望春玉兰 'Xiayé' 249
'卷被 两型花'望春玉兰 'Juanbei Liangxinghua' 249
'塔形'望春玉兰 'Tǎxing' 249
'淡粉'望春玉兰 'Dànfen' 249
'紫基'望春玉兰 'Ziji' 249
'微粉'望春玉兰 'Wēifen' 249
'紫红基'望春玉兰 'Zihongji' 249
Magnolia biondii Pamp. 辛夷 木笔 望春花 华中木兰 20,21,24,25,31,234
var. *flava* T. B. Zhao, J. T. Gao et Y. H. Ren 黄花望春玉兰 22,24,235,246
var. *purpurea* T. B. Zhao, S. Y. Wang et Y. C. Qiao 紫色望春玉兰 24,236
var. *latitepala* T. B. Zhao et J. T. Gao 宽被望春玉兰 22,24,239
var. *ovata* T. B. Zhao et T. X. Zhang 桃实望春玉兰 21,24,30,240
var. *parvialabastra* T. B. Zhao, Y. H. Ren et J. T. Gao 小蕾望春玉兰 21,24,240
var. *planities* T. B. Zhao et Y. C. Qiao 平枝望春玉兰 21,241
var. *alba* T. B. Zhao et Z. X. Chen 白花望春玉兰 24,236
var. *purpurea* T. B. Zhao, S. Y. Wang et Y. C. Qiao 紫色望春玉兰 21,236,244
f. *purpurascens* Law et Gao 紫望春玉兰 236,244
cv. 'Baihua' 望春玉兰 23
cv. 'Houye' '厚叶'望春玉兰 23,239
cv. 'Juanmao' '卷毛'望春玉兰 23,239

cv. ‘Latitepala’ ‘宽被’望春玉兰 24,239
cv. ‘Niaosaohuang’ ‘尿搔黄’望春玉兰 23,239
cv. ‘Ovata’ ‘桃实’望春玉兰 23,25,240
cv. ‘Parvialabastra’ ‘小蕾’望春玉兰 23,240
cv. ‘Planities’ ‘平枝’望春玉兰 23,241
cv. ‘Qingtao’ ‘青桃’望春玉兰 23,241
cv. ‘Shupi’ ‘鼠皮’望春玉兰 23,242
cv. ‘Wanhua’ ‘晚花’望春玉兰 23,242
cv. ‘Xiaojuanmao’ ‘小卷毛’望春玉兰 23,242
cv. ‘Xiaotao’ ‘小桃’望春玉兰 23,242
cv. ‘Xizhi’ ‘细枝’望春玉兰 23,243
cv. ‘Naizui’ ‘奶嘴’望春玉兰 23,244
cv. ‘Purpurea’ 紫色望春玉兰 23,25,244
cv. Rosiflora ‘玫瑰’望春玉兰 244
cv. ‘Flava’ ‘黄花’望春玉兰 23,25,246

康定玉兰 Yulania dawsoniana(Rehd. & Wils.)D. L. Fu 2,16,93,143,160,432,434
康定玉兰亚种 subsp. Dawsoniana 161
两型花康定玉兰亚种 subsp. dimorphiflora T. B. Zhao,J. T. Gao et W. X. Tian 35,37,118,161
Magnolia dawsoniana Rehd. & Wils. 光叶木兰 康定玉兰 24,160

黄山玉兰 Yulania cylindrica(Wils.)D. L. Fu 2,39,79,93,110,149,264,427
黄山玉兰亚种 subsp. cylindrica 265
黄山玉兰 var. cylindrica 265
白花黄山玉兰 var. alba T. B. Zhao et Z. X. Chen 21,34,39,118,265
狭叶黄山玉兰 var. angustifolia T. B. Zhao et Z. X. Chen 21,34,39,40,266
狭被黄山玉兰 var. angustitepala T. B. Zhao et Z. X. Chen 34,266
卵叶黄山玉兰 var. ovata T. B. Zhao et Z. X. Chen 36,267
两型花黄山玉兰亚种 subsp. dimorphiflora T. B. Zhao et Z. X. Chen 35,40,41,79,265
黄山玉兰 ‘Cylindrica’ 267
光梗黄山玉兰 ‘Guanggeng’ 267
‘喙果’黄山玉兰 ‘Huiguo’ 267
‘皱被’黄山玉兰 ‘Zhoubei’ 267,335
‘卷被’黄山玉兰 ‘Juanbei’ 267
‘黄花’黄山玉兰 ‘Huanghua’ 268
‘紫基’黄山玉兰 ‘Ziji’ 268
‘亮紫红基’黄山玉兰 ‘Liangzihongji’ 268
‘紫红基’黄山玉兰 ‘Zihongji’ 268

Magnolia cylindrica Wils. 黄山木兰 20,24,25,264

湖北玉兰 Yulania verrucosa D. L. Fu, T. B. Zhao et S. S. Chen 32,39,143,163

湖北玉兰 var. Verrucosa 164

毛湖北玉兰　华中木兰 var. glabrata(Law et R. Z. Zhou)T. B. Zhao et Z. X. Chen 36,164

Magnolia glabrata Law et R. Z. Zhou 华中木兰 164

Yulania hubeiensis D. L. Fu, T. B. Zhao et Sh. Sh. Chen 湖北玉兰 163

景宁玉兰 Yulania sinostellata(P. L. Chiu et Z. H. Chen)D. L. Fu 27,221,328

景宁玉兰　'Sinostellata' 222

'景新'景宁玉兰 景新玉兰　'Jingxin' 222

Magnolia sinostellata P. L. Chiu et Z. H. Chen 景宁木兰　景宁玉兰 24,221

黑饰玉兰 Yulania × dark - raiment(T. Gresham)D. L. Fu et T. B. Zhao 120,152,298

黑饰玉兰　'Dark Raiment' 298

'皇冠'黑饰玉兰 'Royal Crown' 298

Magnolia 'Dark Raiment' 黑饰玉兰 120,298

'Royal Crown'　'皇 冠' 黑饰玉兰 298

朝阳玉兰 Yulania zhaoyangyulan T. B. Chao et Z. X. Chen 1, 22,28,34,41,114,117,126,128,142,144,199,424,435,436

紫玉兰 Yulania liliflora(Desr.)D. L. Fu 20,38,79,92,93,107,135,224,225,258,388,3990,426,432,433

紫玉兰亚种 subsp. Liliflora 225,228

红花紫玉兰亚种 subsp. panicea T. B. Zhao, Z. X. Chen et X. K. Li 35,118,227

两型花紫玉兰亚种 subsp. dimorphiflora T. B. Zhao et Z. X. Chen 35,118,227

紫玉兰 var. liliflora 225

细萼紫玉兰 var. gracilis(Salisb.)T. B. Zhao et Z. X. Chen 225

黑紫紫玉兰 var. nigra(Nobiolis.)T. B. Zhao et Z. X. Chen 38,225,435

重瓣紫玉兰 var. plena(C. L. Peng et L. H. Yan)T. B. Zhao et Z. X. Chen 226

白花紫玉兰 var. alba T. B. Zhao et Z. X. Chen 34,227

时珍紫玉兰　时珍玉兰 var. shizhenii(D. L. Fu et F. W. Li)T. B. Zhao et Z. X. Chen 226

紫玉兰品种群 Liliflora Group 228

紫玉兰 'Liliflora' 228

'亮紫'紫玉兰 'Darkest Purple' 228

'拟亮紫'紫玉兰　星花玉兰 -2 'Niliangzi' 228

'淡紫'紫玉兰 'Danzi' 229

'紫红'紫玉兰 'Zihong' 229

'毛枝'紫玉兰 'Maozhi' 229

‘毛梗’紫玉兰‘Maogeng’229
‘无毛’紫玉兰‘Wumao’230
‘夏花’紫玉兰‘Xiahua’230
‘尖被’紫玉兰　尖被紫玉兰‘Jianbei’230
黑紫玉兰品种群 Nigra Group 230
‘黑’紫玉兰　全紫花玉兰‘黑紫’紫玉兰‘Nigra’230
‘圆被黑’紫玉兰‘Yuanbeihei’231
‘长被黑’紫玉兰‘Changbeihei’231
细萼玉兰品种群 Gracilis Group 231
‘细萼’紫玉兰‘Gracilis’231
奥尼尔玉兰品种群 O'Neill Group 231
‘长萼’紫玉兰‘Chang e’231
‘锥状’紫玉兰‘Zhuizhuang’231
红花玉兰品种群 Honghua Group 232
‘红花-1’紫玉兰‘Honghua-1’232
‘红花-2’紫玉兰‘Honghua-2’232
‘红元宝’紫玉兰‘Hongyuanbao’232
‘粉红花’紫玉兰‘Fenhonghua’232
‘紫白’紫玉兰‘Zibai’232
‘亮紫红’紫玉兰‘Liangzihong’233
*Magnolia liliflora*Desr.　紫玉兰 224
‘Nigra’‘黑紫’紫玉兰 225,230
cv.‘Quanzi’全紫花玉兰 225,230
‘Darkest Purple’‘亮紫’紫玉兰 228
cv.‘Jianbei’　尖被紫玉兰 230
Magnolia gracilis Salisb. 细萼紫玉兰 225,231
Magnolia polytepala Law,R. Z. Zhou & R. J. Zhang 多瓣紫玉兰 226
Magnolia polytepala Law,R. Z. Zhou 226
Magnoliaplena C. L. Peng et L. H. Yan 重瓣紫玉兰 226
Magnolia quinquepeta(Bu'choz)Dandy 紫玉兰 224
Magnolia‘Gracilis’‘细萼’紫玉兰 231
‘Hongyuanbao’‘红元宝’紫玉兰 232
Magnolia × *soulangiana* Soul-Bod. var. *nigra* Nichols.‘黑’紫玉兰 231
Yulaniashizhenii D. L. Fu et F. W. Li 时珍玉兰 226
腋花玉兰 Yulania axilliflora(T. B. Zhao,T. X. Zhang et J. T. Gao)D. L. Fu 1,3,37,58,78,86,107,109,114,148,260,319,326,331,338,396,416,421,425,432
腋花玉兰 var. axilliflora 2612,416
白花腋花玉兰 var. alba(T. B. Zhao,T. X. Zhang et J. T. Gao)T. B. Zhao et Z.

X. Chen 37,261,432

多被腋花玉兰 var. multitepala(T. B. Zhao,Y. Ren et J. T. Gao)T. B. Zhao et Z. X. Chen 37,261,432

腋花玉兰 'Axilliflora' 2,113,261

'白'腋花玉兰 白腋花玉兰 'Alba' 113,262

'多被'腋花玉兰 'Duobei' 58,78,262

'簇蕾'腋花玉兰 'Culei' 78,262

'卷毛'腋花玉兰 'Juanyehua' 2,78,113,262,417

'猴掌'腋花玉兰 猴掌腋花玉兰 'Multialabastra' 2,78,113,262,417

'猴背子'腋花玉兰 猴背子望春玉兰 'Houbeizi' 3,78,113,263,417

'四季'腋花玉兰 四季腋花玉兰 'Siji' 78,263,332

'铁桃'腋花玉兰 铁桃望春玉兰 'Teitao' 78,263

'序 腋花玉兰 'Xuhua' 2,78,113,263,4343,417

Magnolia axillifolra(T. B. Zhao,T. X. Zhang et J. T. Gao)T. B. Zhao 腋花玉兰 20,22,23,24,25,30,261

cv. 'Alba' 白腋花玉兰 23, 262

cv. 'Duobei' 多被腋花玉兰 23, 262

cv. 'Juanyehua' 卷毛腋花玉兰 23, 262

cv. 'Multialabastra' '猴掌'腋花玉兰 猴掌腋花玉兰 263

cv. 'Siji' 四季腋花玉兰 23,25,263

var. *multialabastra* T. B. Zhao,J. T. Gao et Y. H. Ren 序腋花玉兰 23

cv. 'Xuhua' 序腋花玉兰 265

var. *alba* T. B. Zhao,Y. H. Ren et J. T. Gao 白腋花玉兰 22,261,263

var. *multitepala* T. B. Zhao,Y. H. Ren et J. T. Gao 多被腋花玉兰 22,261,262

var. *axilliflora* T. B. Zhao,T. X. Zhang et J. T. Gao 腋花玉兰 260

var. *multalastra* T. B. Zhao,J. T. Gao et Y. H. Ren 腋花玉兰 260

var. *multialabastra* T. B. Zhao,J. T. Gao et Y. H. Ren 猴背子望春玉兰 263

Magnolia biondii Pamp. var. *multialabastra* T. B. Zhao,J. T. Gao et Y. H. Ren '猴掌'腋花玉兰 猴掌腋花玉兰 23,263

Yulania biondii(Pamp.)D. L. Fu 'Teitao' '铁桃'铁桃望春 263

滇藏玉兰 Yulania campbellii(Hook. f. & Thoms.)D. L. Fu 1,2,15,37,44,101,142,156,432,434

滇藏玉兰 var. campbellii 157

白花滇藏玉兰 var. alba(Treseder)D. L. Fu et T. B. Zhao 15,28,157

狭卵圆叶滇藏玉兰 var. angustati-ovata T. B. Zhao et Z. X. Chen 158

'埃里斯 沃尔特'滇藏玉兰 119

Magnolia campbellii Hook. f. & Thoms. 滇藏玉兰 20,24,106,119,156

var. alba Treseder 白花滇藏玉兰 157

楔叶玉兰 Yulania cuneatifloia T. B. Chao et Z. X. Chen et D. L. Fu 22,32,41,114,126,142,191,434

Yulania guifeiyulan D. L. Fu,T. B. Chao et Z. X. Chen　贵妃玉兰 191

舞钢玉兰 Yulania wugangensis(T. B. Zhao,W. B. Sun et Z. X. Chen)D. L. Fu 1,28,38,66,79,108,114,127,128,131,132,145,210,329,334,394,421,432

舞钢玉兰亚种 subsp. Wugangensis 127,211

舞钢玉兰 var. wugangensis 131,132,211

多油舞钢玉兰 var. duoyou T. B. Zhao,Z. X. Chen et D. X. Zhao 35,131,211,415,435

三型花舞钢玉兰 var. triforma T. B. Zhao,et Z. X. Chen 35,132,212

紫花舞钢玉兰 var. purpurea T. B. Zhao et Z. X. Chen 35,211

毛舞钢玉兰亚种 subsp. pubescens T. B. Zhao et Z. X. Chen 35,41,211

多变舞钢玉兰亚种 subsp. varians T. B. Zhao et Z. X. Chen 35,41,212

舞钢玉兰 'Wugangensis'　212

'圆被'舞钢玉兰 '圆被'朱砂玉兰　'Yuanbei' 212

'粉红'舞钢玉兰 'Fenhong' 212

'多被'舞钢玉兰 'Duobei' 212

'多变' 舞钢玉兰 'Varians' 213

毛舞钢玉兰 'Varians' 213

'肉萼'舞钢玉兰 'Rou È'　213

Magnolia wugangensis T. B. Zhao,W. B. Sun et Z. X. Chen 舞钢玉兰 26,210

Magnolia denudata Desr. subsp. *wugangensis* T. B. Zhao, J. Y. Chen et G. Y. Zhang 23,24

附:河南尚未引种栽培的中国玉兰属植物种、变种(不包括引栽种、亚种、变种、品种及杂交类群)如下:

凹叶玉兰　凹叶木兰 Yulania sargentiana(Rehd. & Wils.)D. L. Fu 24,31,90,93,143,300

健凹叶玉兰 var. robusta (Rehd. & Wils.)T. B. Zhao et Z. X. Chen 300

Magnolia sargentiana Rehd. & Wils. var. robusta Rehd. & Wils. 健凹叶玉兰 101

椭蕾玉兰 Yulania elliptigemmata(C. L. Guo et L. L. Huang)N. H. Xia 143,301

怀宁玉兰 Yulania huainingensis D. L. Fu,T. B. Zhao et S. M. Wang 28,34,143,301

簇花怀宁玉兰 var. caespes D. L. Fu 301

北川玉兰 Yulania carnosa D. L. Fu et D. L. Zhang 143, 302

多花玉兰 Yulania multiflora(M. C. Wang et C. L. Min)D. L. Fu 144, 302

多被多花玉兰 var. multitepala D. L. Fu et T. B. Zhao 302

Yulania sichuanyulan D. L. Fu et T. B. Zhao var. *a* – *spatha* D. L. Fu et T. B. Zhao 无苞多花玉兰　302

Yulania sichuanyulan D. L. Fu et T. B. Zhao 四川玉兰 302

参考文献

中文

二画

丁宝章,王遂义,高增义主编. 1981. 河南植物志 第一册[M]:508~514. 郑州:河南人民出版社.

丁宝章,赵天榜,陈志秀,等. 1983. 河南木兰属新种和新变种[J]. 河南农学院学报,4:6~11.

丁宝章,赵天榜,陈志秀,等. 1985. 中国木兰属植物腋花、总状花序的首次发现和新分类群[J]. 河南农业大学学报,19(4):356~363.

丁宝章,赵天榜. 1985. 辛夷良种——腋花望春玉兰[J]. 科普田园,8:16~17.

丁靖垲,丁智慧,吴玉,等. 1991. 微波吸附法—提取朱砂玉兰鲜花香气成分[J]. 云南植物研究,13(3):344~348.

丁丽凤,吴敏. 2007. 辛夷挥发油的提取工艺研究[J]. 上海中医药大学学报,21(2):65~66.

三画

马履一,王罗荣,等. 2006. 中国木兰科木兰属一新种[J]. 植物研究,26(1):4~6.

马履一,王罗荣,贺随超,等. 2006. 中国木兰科木兰属一新变种[J]. 植物研究,26(5):516~519.

马玉良,韩桂秋. 1995. 辛夷中木脂素成分的研究[J]. 中国中药杂志,20(2):102.

马逾英,马羚,詹柯. 2005. 不同来源及加工方法的辛夷挥发油气相色谱—质谱联用分析[J]. 四川中医,23 (7):17~18.

马惠芬,司马永康,项伟. 2001. 天目木兰的挥发性化学成分[J]. 云南林业科技,4:65~67.

于培明,田智勇,许启泰,等. 2005. 辛夷研究的新进展[J]. 时珍国医国药,16(7):652~653.

山西省林业科学研究院编著. 2001. 山西树木志[M]:212~213. 北京:中国林业出版社.

山东省林业技术学校主编. 1992. 森林昆虫学[M]:212~213. 北京:中国林业出版社.

四画

中华人民共和国卫生部药典委员会. 1992. 中华人民共和国药典(一) [M]:153~154. 北京:人民卫生出版社.

中国科学院西北植物研究所编著. 1974. 秦岭植物志 第一卷. 种子植物(第二分册)[M]:337~339. 北京:科学出版社.

中国科学院中国植物志编辑委员会. 1996. 中国植物志 第三十卷 第一册[M]:126~141. 北京:科学出版社.

中国科学院植物研究所主编. 1983. 中国高等植物图鉴 第一册[M]:788~789. 北京:科学出版社.

中国科学院昆明植物研究所主编. 2006. 云南植物志 第十六卷[M]:27. 北京:科学出版社.

中国科学院西北植物研究所主编. 1989. 中国珍稀濒危植物[M]. 上海:上海教育出版社.

中国科学院武汉植物研究所植物研究所编著. 1976. 湖北植物志 第一卷[M]. 武汉:湖北人民出版社.

中国林业科学研究院主编. 1983. 中国森林昆虫[M]. 北京:中国林业出版社.

中国农业科学院果树研究所编著. 1970. 苹果、梨、葡萄病虫害及其防治[M]. 北京:农业出版社.

中国林木种子公司主编. 1988. 中国林木种实病虫害防治手册[M]. 北京:中国林业出版社.

中国树木志编辑委员会. 1987. 中国主要树种造林技术[M]. 北京:农业出版社.

中南林学院主编. 1987. 经济林昆虫学[M]. 北京:中国林业出版社.
中岛淳子. 1983. 辛夷的抗变态反应作用成分[J]. 国外医学·中医中药分册,5(3):184.
王飞罡. 1986. 一年多次开花的长春二乔玉兰[J]. 植物杂志,4:29.
王飞罡. 2000. 红运玉兰. 品种权号 20000007.
王文魁,沈映君,齐云. 2000. 辛夷精油的抗炎作用[J]. 陕西中医学院学报,23(2):40.
王文魁,沈映君,齐云,等. 2000. 辛夷挥发油的抗炎作用[J]. 中医兽药科技,30(9):29~31.
王文魁,沈映君,齐云,等. 2002a. 辛夷油的药理学研究[J]. 畜牧兽医学报,33(2):145~147.
王文魁,张映,沈映君,等. 2002b. 辛夷油的药效学实验研究[J]. 中国兽药杂志,34(4):23~25.
王志卉. 1998. 玉兰溢清香[J]. 中国花卉报,1998 年 5 月 23 日 59 期.
王亚玲. 2003. 玉兰新品种介绍[J]. 现代种业,2:37~41.
王亚玲. 2006. 玉兰亚属的研究[J]. 西北农林科技大学学报,21(3):37~41.
王亚玲,杨廷栋. 1999. 玉兰育种研究初报[J]. 西北植物学报,19(5):14~16.
王亚玲,崔铁成,王伟,等. 1998. 西安地区木兰属植物引种、选育与应用[J]. 植物引驯化集刊,12:34~38.
王亚玲,马延康,张寿洲,等. 2002. 玉兰亚属植物形态变异及种间界限探讨[J]. 西北林学院学报,21(3):37~40.
王亚玲. 2003. 玉兰亚属的研究(D). 西北农林科技大学硕士论文.
王亚玲,李勇,张寿洲,等. 2003. 木兰科植物的人工杂交[J]. 武汉植物学研究,21(6):508~514.
王亚玲,张寿洲,李勇,等. 2005. 木兰科 13 个分类群和 12 个杂交组合的染色体数目[J]. 植物分类学报,43(6):545~551.
王亚玲,马延康,张寿洲,等. 2003. 几种王兰亚属植物的 RAPD 亲缘关系的分析[J]. 园艺学报,30(3):299~302.
王庆菊,孙新政主编. 2007. 园林苗木繁育技术[M]. 北京:中国农业大学出版社.
王意成主编. 2007. 最新图解木本花卉栽培指南[M]. 南京:江苏科学技术出版社.
王遂义主编. 1974. 河南树木志[M]:167~169. 郑州:河南科学技术出版社.
王建勋,杨歉,赵杰,等. 2008. 朱砂玉兰品种资源及繁育技术[J]. 安徽农业学报,36(4):1424~1425.
王聚平主编. 2009. 河南适生树种栽培技术[M]. 郑州:黄河水利出版社.
王守正主编, 1994. 河南省经济植物病害志[M]. 郑州:河南科学技术出版社.
王罗荣,马履一,王希群,等. 2007. 红花玉兰播种育苗技术的初步研究[J]. 浙江林学院学报,24(2):242~246.
王晓玲,马履一,贾忠奎,等. 2011. 红花玉兰研究进展[J]. 北方园艺,6:202~205.
方红,郭群,苏玮,等. 2002. 高效液相色谱法测定辛夷中木兰木脂素的含量[J]. 药物分析杂志,22(5):342~345.
[日] 町田英夫等著. 孙昌其, 刘汝诚译. 1982. 花木嫁接技术[M]. 北京:农业出版社.
牛春山主编. 1990. 陕西树木志[M]. 277~283. 北京:中国林业出版社.

五画

卢炯林,余学友,张俊朴主编. 1998. 河南木本植物图鉴[M]:23~28. 北京:新世纪出版社.
卢颖. 2007. 药用花卉——玉兰花[J]. 中华养生保健,6:45.
卢金清,徐玉亭,詹晓莲,等. 2008. 望春花挥发油成分 GC-MS 分析[J]. 中药材,31(11):1649~1651.
卢学义主编. 1989. 北方林木育苗手册[M]. 沈阳:辽宁科学技术出版社.
卢艳花主编. 2007. 中药有效成分提取分离实例[M]. 北京:化学工业出版社.
卢艳花主编. 2005. 中药有效成分提取分离技术[M]. 北京:化学工业出版社.
丛生. 1987. 北京几株古老的二乔玉兰[J]. 植物杂志,4:8~9.

冯志丹,杨绍增,王达明. 1998. 云南珍稀树木[M]:118. 北京:中国世界语出版社.
冯述清. 1989. 名花栽培[M]. 郑州:中原农民出版社.
冯高闳,徐叔云. 1956. 辛夷的药理研究[J]. 中华中药杂志,42(10):969.
田永清,王一鸣,王文魁. 2001. 辛夷的古今应用及现代研究. 中兽医医药杂志,41~43.
田国行,傅大立,赵东武,等. 2006. 玉兰属植物资源与新分类系统的研究[J]. 中国农学通报,22(5):405~411.
田国行,傅大立,赵天榜. 2004. 玉兰属一新变种[J]. 武汉植物学研究,24(3):261~262.
田国行,傅大立,赵天榜,等. 2006. 玉兰新分类系统的研究[J]. 植物研究,26(1):35~36.
申俊林. 2007. 武当玉兰繁育技术的研究[J]. 西北农林科技大学学报,10:1.
《四川植物志》编辑委员会编. 1981. 四川植物志 第一卷[M]:261~262. 成都:四川科学技术出版社.
史作宪,赵体顺,赵天榜,等主编. 1988. 林业技术术手册[M]. 郑州:河南科学技术出版社.
北京林学院主编. 1981. 造林学[M]. 北京:中国林业出版社.
北京林学院造林教研组编. 1989. 造林学[M]. 北京:农业出版社.
北京林学院城市园林系主编. 1981. 花木栽培法[M]. 北京:农业出版社.

六画

华北树木志编写组主编. 1984. 华北树木志[M]. 北京:中国林业出版社.
朱长山,杨好伟主编. 1994. 河南种子植物检索表[M]. 116. 兰州:兰州大学出版社.
朱长山,李服,杨好伟,等主编. 1998. 河南主要种子植物分类[M]:115~116. 呼和浩特:内蒙古人民出版社.
朱光华译. 杨亲二,倖宇星校. 2001. 国际植物命名法规(圣路易斯法规 中文版)[M]. 北京:科学出版社.
朱雄伟,杨晋凯,胡道伟,等. 2002. 辛夷成分及药理研究综述[J]. 海峡药学,14(5):5~7.
刘卫东,刘友全等. 2006. 林木种苗繁育新技术[M]. 北京:国防科学技术出版社.
刘天培,李德兴. 1959. 辛夷降压机制的初步分析(摘要)[J]. 南京第一医学院学报,4:405.
刘玉壶主编. 2004. 中国木兰 Magnolias of China[M]. 北京:科学技术出版社.
刘玉壶,高增义. 1984. 河南木兰属新植物[J]. 植物研究,4(4):189~194.
刘玉壶,周仁章,曾庆文. 1987. 中国木兰科植物及其濒危种类引种繁育研究初报[J]. 见:中国植物学会植物园协会. 植物引种驯化集刊,5:39~41.
刘玉壶,周仁章. 1997. 中国木兰科植物及其珍稀濒危种类的迁地保护[J]. 热带亚热带植物学报,5(2):1~12.
刘玉壶. 1984. 木兰科分类系统的初步研究[J]. 植物分类学报,22(2):89~109.
刘玉壶,夏念和,杨惠秋. 1995. 木兰科(Magnoliaceae)的起源、进化和地理分布[J]. 热带亚热带植物学报,3(4):1~12.
刘荷芬. 2008. 玉兰属植物起源与地理分布[J]. 河南科学,26(8):924~927.
刘运爱,周长山,高增义. 1984. 望春玉兰花蕾和嫩枝挥发油的成分研究[J]. 中草药,15(4):23.
刘秀丽. 2011. 中国玉兰种质资源调查及亲缘关系的研究[D]. 北京林业大学博士论文.
刘秀丽,张启翔. 2009. 中国玉兰花文化及其园林应用浅析[J]. 北京林业大学学报,8(3):54~58.
刘艳清. 2008. 紫玉兰花挥发油的成分的气相色谱-质谱分析[J]. 时珍国医国药,19(8):1911~1912.
闫双喜,赵天榜,刘国彦. 1998. 河南木兰属玉兰亚属植物数量分类的研究[J]. 河南林业科技,18(4):5~10.
江苏省植物研究. 1982. 江苏植物志(下册)[M]:197~198. 南京:江苏省科学技术出版社.
江苏新医学院. 1977. 中药大辞典[M]. 上海:上海科学技术出版社.
祁棠才. 1996. 渐危树种——凹叶玉兰[J]. 植物杂志,1:封三.

祁振声. 1985. 莹洁清丽的玉兰树[J]. 云南林业,1:30.

孙立元,任宪威主编. 1997. 河北树木志[M]:154～157. 北京:中国林业出版社.

孙军,赵东武,赵东欣,等. 2008. 望春玉兰品种资源与分类系统的研究[J]. 安徽农业学报,36(22):9492～9493. 9501.

孙军,赵东欣,傅大立,等. 2008. 玉兰种质资源与分类系统的研究[J]. 安徽农业学报,36(22):1826～1829.

孙时轩等编著. 2004. 林木育苗技术[M]. 北京:金盾出版社.

孙时轩主编. 1987. 林木种苗手册[M]. 北京:中国林业出版社.

孙卫邦,周俊. 2004. 中国木兰科植物分属新建议[J]. 云南植物研究,26(2):139～147.

邢福武主编. 2008 中国的珍稀植物[M]:44～47. 长沙:湖南教育出版社.

任诲主编. 2006. 珍奇植物[M]:44～54. 乌鲁木齐:新疆科学技术出版社.

向其柏,臧德奎,孙卫邦泽. 2006.《国际栽培植物命名法规》(第七版)[M]. 北京:中国林业出版社.

西南林学院、云南省林业厅编著. 1988. 云南树木图志 上册[M]. 昆明:云南科技出版社.

吕金顺,郭峰. 2003. 望春玉兰花蕾挥发油的化学成分的分析[J]. 分析化学,31(12):831～832.

汤于曙,张鑫,熊士东,等. 1997. 辛夷挥发油的提取及其化学组分的研究[J]. 精细与专用化学品,18:1～4.

七画

陈涛,张宏达. 1996. 木兰科植物地理学分析[J]. 武汉植物学研究,14(2):141～145.

陈友地,何友仁,李秀玲,等. 1994. 望春玉兰精油化学成分研究[J]. 林产化学与工业,14(4):46～50.

陈业高主编. 2004. 植物化学成分[M]. 北京:化学工业出版社.

陈晓青,蒋新宇,刘佳佳. 2006. 中草药成分分离分析技术与方法[J]. 北京:化学工业出版社.

陈淏子. 1962. 花镜[M]:106～108,157. 北京:农业出版社.

陈稚研,王分,高丛元,等. 1994. 辛夷水溶性成分研究[J]. 药学学报,29(7):506.

陈芳群,王海子. 1985. 湖北木兰水溶性生物碱的研究[J]. 中草药,12(9):5～7.

陈淑莹,周大兴. 1998. 辛夷挥发油的抗炎/抗过敏作用[J]. 中国现代应用药学杂志,15(2):7.

陈汉斌,郑亦津,李法曾主编. 1997. 山东植物志 下册[M]:65～73. 青岛:青岛出版社.

陈封怀主编. 1987. 广东植物志 第一册[M]:9～10. 广州:广东科技出版社.

陈嵘. 1937. 中国树木分类学[M]:285～290. 南京:京华印书馆.

陈植. 1981. 观赏树木学[M]. 北京:中国林业出版社.

陈建业,安利波,赵天榜,等. 2013. 木兰属等3属植物的芽种类、结构与成枝规律研究[J]. 中国农学通报,22(5):405～411.

李书心主编. 1988. 辽宁植物志 上册[M]:450～456. 沈阳:辽宁科学技术出版社.

李恒,郭辉军,刀志灵主编. 2000. 高黎贡山植物[M]. 北京:科学出版社.

李淑玲,戴丰瑞主编. 1996. 林木良种繁育学[M]. 郑州:河南科学技术出版社.

李小莉,张永忠. 2002. 辛夷挥发油抗过敏实验研究[J]. 中国医药学杂志,23(1):58～61.

李法曾主编. 2004. 山东植物精要[M]:237. 图831～836. 北京:科学出版社.

李书心主编. 1988. 辽宁植物志 上册[M]:450～456. 沈阳:辽宁科学技术出版社.

李伯中. 1982. 玉兰的修枝技术[J]. 植物杂志,3:27.

李时珍. 1957. 本草纲目[M]:136～137. 北京:人民卫生出版社影印.

李亚杰编著. 1983. 中国杨树害虫[M]:259～260. 沈阳:辽宁科学技术出版社.

李秀生等主编. 1990. 药用和观赏植物病虫害防治[M]. 北京:气象出版社.

李峰,田来进,邵晶,等. 2000. 紫玉兰叶油化学成分的气相色谱/质谱法分析[J]. 化学分析研究简报,28(7):829～832.

李晓,姚光明. 2002. 超临界 CO_2 流萃取法提取辛夷精油的研究[J]. 河南农业大学学报,36(3):273~275.

李晓,姚光明,邬亚萍,等. 2002. 辛夷挥发油化学组分的 GC/MS 分析及在卷烟加香中的应用[J]. 烟草科技/烟草工艺,4:6~8.

李卫民,田垣康. 1999. 辛夷超临界 CO_2 流萃取物的化学成分研究[J]. 中国民族医药杂志,5:137.

李孟楼主编. 2002. 森林昆虫学通论[M]. 北京:中国林业出版社.

吴征镒主编. 1985. 西藏植物志 第一卷[M]:162~166. 北京:科学出版社.

吴征镒,路安民,汤彦承,等. 2003. 中国种子植物科属综论[M]:57~68. 北京:科学出版社.

吴方征. 2000. 辛夷挥发油的 GC－MS 分析[J]. 中药材,23(9):538~541.

吴其濬(清). 1959. 植物名实图考长编[M]. 上海:商务印书馆.

吴其濬(清). 1959. 植物名实图考[M]. 上海:商务印书馆.

宋留高,陈志秀,傅大立,等. 1998. 河南木兰属特有珍稀树种资源的研究[J]. 河南林业科技,18(13):3~7.

宋留高,傅大立,赵镇萍,等. 1991. 紫花玉兰两新栽培变种[J]. 河南科技,增刊:41~42.

汪宁,武祖发,朱荃. 2005. 玉兰花蕾最佳采收期[J]. 中药材,28(12):1054.

汪洪武,鲁湘鄂,彭艳霞. 2007. 不同季节玉兰花及叶挥发油成分的 GC－MS 分析[J]. 精细化工,24(3):257~260.

[英] 克里斯托弗·布里克尔主编. 杨秋生,李振生主译. 世界园林植物花卉百科全书[M]. 郑州:河南科学技术出版社.

苏玮,郭群,方红,等. 2001. 辛夷薄层色谱鉴别[J]. 中药材,24(12):861~862.

苏中兴,张所明,侯丽琰. 1992. 武当木兰花挥发油的化学成分研究[J]. 中药材,15(5):30~32.

杨柳,李艳福,何娟,等. 2007. GC－MS 法测定 12 个产地辛夷挥发油中 1,8－桉叶素[J]. 中草药,38(11):1729~1730.

杨文娟,李靛. 2008. 辛夷挥发油的包合研究[J]. 陕西科技大学学报:自然科学版,26(4):82~84. 88.

杨健,徐植灵,潘炯光,等. 1998. 辛夷挥发油的成分分析[J]. 中国中药杂志,23(5):295~298.

杨有乾主编. 1988. 河南森林昆虫志[M]. 郑州:河南科学技术出版社.

杨有乾,李秀生编著. 1982. 林木病虫害防治[M]. 郑州:河南科学技术出版社.

杨廷栋,崔铁成. 1996. 珍稀木兰科植物的引种及新品种选育研究[J]. 见:秦巴山区生物资源开发利用及保护研究. 西安:陕西科学技术出版社.

杨廷栋,崔铁成, 王兵, 等. 1999. 玉兰繁育及促花技术的研究[J]. 西北植物学报,14(5):133~137.

杨廷栋,崔铁成. 1993. 玉兰的一新变种[J]. 广西植物,13(1):7.

杨廷栋,崔铁成. 1996. 珍稀木兰科植物的引种及新品种选育研究[J]. 见:秦巴山区生物资源开发利用及保护研究. 西安:陕西省科学技术出版社.

张子明,乔应常. 1982. 紫玉兰[J]. 植物杂志,4:25.

张运生,钱拴堤. 2007. 林木种苗生产技术[M]. 北京:中国林业出版社.

张世宜. 1958. 中药辛夷降压作用/毒性和实验治疗[J]. 湖南医学院学报(中医中药专辑),117.

张启泰,冯志舟,杨增宏. 1988. 奇花异木[M]:94~95. 北京:中国世界语出版社.

张启翔主编. 2007. 中国观赏园艺研究进展(2007)[M]. 北京:中国林业出版社.

张启翔主编. 2013. 中国观赏园艺研究进展(2013)[M]. 北京:中国林业出版社.

张建华,陈跃华编著. 2003. 园林苗圃育苗技术[M]. 北京:化学工业出版社.

张宝贵. 2007. 北京的玉兰[J]. 大自然,2:61.

张宝棣编著. 2006. 木本花卉栽培与养护图说[M]. 北京:金盾出版社.

张绍波. 1985. 宜威东山乡古木兰[J]. 云南林业,4:23.

张珏,毛诗珍,吴采樱,等. 1986. FFAP玻璃毛细管用于辛夷望春玉兰精油化学成分的研究[J]. 分析化学,14(5):325~327.

张坚,孙培龙,徐双阳,等. 2006. 白玉兰精油化学成分[J]. 精细化工,23(4):372~374.

张冀,姜卫兵,翁忙玲. 2009. 论玉兰属树种及其在园林绿化上的应用[J]. 中国农学通报,25(11):128~132.

张鑫,毛多斌,张峻松,等. 2008. 辛夷不同部位化学成分的对比研究[J]. 郑州轻工业学院学报,14(3):24~26.

张鑫,张峻松,李兴波,等. 1999. 超临界CO_2流萃取辛夷挥发油的化学组分的研究[J]. 香料香精化妆品,2:9~12.

张鑫,姚光明,张峻松,等. 1999. 超临界CO_2流萃取及与水蒸气蒸馏法萃取辛夷挥发油的化学组分分析[J]. 精细化工,16(6):10~12.

张涛. 1996. 复方辛夷滴鼻剂的研制及应用[J]. 中国医药学杂志,16(1):37.

张执中主编. 1997. 森林昆虫学[M]. 北京:中国林业出版社.

张晓芳. 2003. 望春玉兰的研究[D]. 河南农业大学硕士毕业论文.

邱琴,刘廷礼,崔兆杰,等. 2001. GC-MS法测定辛夷挥发油成分[J]. 中药材,24(4):269~270.

邵俊杰,林金云. 1991. 实用香料手册[M]:1~49. 上海:上海科学技术文献出版社.

沈熙环. 1990. 林木育种学[M]. 北京:中国林业出版社.

沈德绪. 1997. 果树育种学[M]. 北京:中国农业出版社.

何娟,杨柳,康长安,等. 2008. 辛夷挥发油的GC-MS指纹图谱研究[J]. 分析实验室,27(6):76~80.

八画

宗世贤,陶金川,杨志斌,等. 1987. 木兰属五种珍贵稀有植物的生态特性分析[J]. 植物生态学与植物生理学学报,11(2):113~122.

国家林业局国有林场和林木种苗工作总站. 2001. 中国木本植物种子[M]:145~152. 北京:中国林业出版社.

河南省测绘局编印. 1987. 河南省地图册 第二版[M]. 福州:福建地图出版社.

河南省森林病虫害防治检疫站编. 2005. 河南林业有害生物防治技术[M]. 郑州:黄河水利出版社.

河南省科学院地理研究所本书编写组. 1982. 河南农业地理[M]. 郑州:河南科学技术出版社.

河南农学院昆虫教研组编绘. 1975. 河南园林害虫图册[M].

河北植物志编辑委员会. 1986. 河北植物志 第1卷[M]:198. 石家庄:河北科学技术出版社.

武全安主编. 1999. 中国云南野生花卉[M]. 64~65. 北京:中国林业出版社.

武祖发,唐继如,胡亦平,等. 1993. 安徽产辛夷挥发油的研究[J]. 中草药,24(2):64~65.

周大兴,张红霞,李昌煌,等. 1991. 辛夷油抗慢反应物质及其抗过敏作用研究初报[J]. 中草药,22(2):81.

周仁章. 1990. 全国最大的木兰科植物园[J]. 植物杂志,1:41.

周长山,唐世安,崔波,等. 1984. 河南辛夷主产区辛夷资源考察研究[J]. 河南科学,4:84~92.

周长发,杨光编著. 2011. 物种的存在与定义[M]. 北京:科学出版社.

周家驹,谢桂荣,严新建. 2004. 中药原植物化学成分手册[J]. 北京:化学工业出版社.

周家驹,谢桂荣编. 1983. 中药原植物化学成分集 第一集[M]. 北京:科学出版社.

周家驹,谢桂荣,严新建编著. 2009. 中药原植物化学成分集 第一集[M]. 北京:科学出版社.

周家驹,谢桂荣,严新建编著. 2009. 中药原植物化学成分集 第二集[M]. 北京:科学出版社.

周家驹,谢桂荣,严新建编著. 2009. 中药原植物化学成分集 第三集[M]. 北京:科学出版社.

郑开文,潘景淑. 1983. 紫二乔玉兰扦插育苗[J]. 植物杂志,1:35.

郑万钧主编. 1983. 中国树木志 第一卷[M]. 北京:中国林业出版社.
郑万钧. 1934. 凹叶玉兰 *Magnolia emarginata* (Finet & Gagnep.) Cheng[J]. 中国植物学杂志,1:298. 1934.
郑万钧. 1933. 宝华玉兰 *Magnolia zenii* Cheng[J]. 中国科学院生物研究所丛刊,8:291. fig 20.
郑万钧. 1934. 天目玉兰 *Magnolia amoena* Cheng[J] in Biol. Lab. Science Soc. China, Bot. Ser., 9:280~281.
金红,郭保生,刘彬. 2005. 河南省玉兰属新分布记录[J]. 中国农学通报,9:613~614.
赵天榜,孙卫邦,陈志秀,等. 1999. 河南木兰属一新种[J]. 云南植物研究,2(2):170~172.
赵天榜,陈志秀,傅大立,等. 1994. 河南木兰属 9 种植物过氧化物同工酶分析[J]. 生物数学学报,9(3):85~92.
赵天榜,陈志秀,曾庆乐等编著. 1992. 木兰及其栽培[M]:8~45. 郑州:河南科学技术出版社.
赵天榜,陈建业,张贯银,等. 1991. 玉兰一新亚种[J]. 河南科技,增刊:41.
赵天榜,陈志秀,高聚堂,等. 1991. 望春玉兰叶面积公式测算的研究[J]. 河南科技,增刊:82~88.
赵天榜,陈志秀,黄桂生,等. 1991. 河南辛夷良种推广技术经验[J]. 河南科技,增刊:90~92.
赵天榜,陈志秀,焦书道,等. 1993. 河南辛夷新优品种及快繁技术[J]. 河南林业科技,3:21~23.
赵天榜,陈志秀,焦书道,等. 1993. 河南辛夷优良无性系简介[J]. 河南科技,8:32~34.
赵天榜,李兆镕,陈志秀主编. 199. 河南科技 —林业论文集[M]. 河南科技,8:32~34.
赵天榜,陈志秀,焦书道. 1993. 河南辛夷种质及品种资源的研究[J]. 见:中国植物学会. 中国植物学会六十周年年会学术报告及论文摘要汇编[M]. 481~482. 北京:中国科技出版社.
赵天榜,郑同忠,李长欣,等. 1994. 河南主要树种栽培技术[M]:273~281. 郑州:河南科学技术出版社.
赵天榜,张雪敏,等. 1983. 河南主要树种育苗技术[M]. 郑州:河南科学技术出版社.
赵天榜,傅大立,孙卫邦,等. 2000. 中国木兰属一新种[J]. 河南师范大学学报,26(1):62~65.
赵天榜,高炳振,傅大立,等. 2003. 舞钢玉兰芽种类与成枝成花规律的研究[J]. 武汉植物学研究,21(1):81~90.
赵天榜,田国行,任志锋主编. 2013. 世界玉兰属植物种质资源志[M]. 郑州:黄河水利出版社.
赵天榜,田国行,傅大立,等主编. 2013. 世界玉兰属植物资源与栽培利用[M]. 北京:科学出版社.
赵天榜,陈志秀,杨凯亮. 1990. 望春玉兰幼龄树体结构规律[J]. 河南林业科技,2:16~20.
赵文斌,郭兆刚,张立群,等. 2002. 复方辛夷滴鼻液主要药效学初步研究[J]. 中国实验方剂学杂志,8(4):44.
赵中振,谢万宗,沈节. 1987. 药用辛夷一新种及一变种的新名称[J]. 药学学报,22(10):777~780.
赵东方,张东安,闫惠吾,等. 1988. 河南辛夷卷叶象甲的初步研究[J]. 河南林业科技,18(1):8~10.
赵东武. 2005. 河南玉兰亚属植物的研究[D]. 河南农业大学硕士毕业论文.
赵东武,赵东欣. 2008. 河南玉兰亚属植物种质资源与开发利用的研究[J]. 安徽农业科学,36(22):9488~9491.
赵东欣,赵文杰,卢奎. 2008. 玉兰属 20 种. 植物过氧化物同工酶的研究[J]. 河南师范大学学报,36(50:139~142.
赵东欣,卢奎. 2011. 黄花玉兰辛夷挥发油的化学成分分析[J]. 应用化学,28 增刊:330~331.
赵东欣,卢奎. 2011. 腋花玉兰辛夷挥发油的化学成分分析[J]. 应用化学,28 增刊:332~333.
赵东欣,孙军,赵东武. 2008. 玉兰属植物特异特征的新发现[J]. 安徽农业学报,36(16):6737~6739.
赵东欣,卢奎. 2010. 两产地伊丽莎白玉兰的辛夷挥发油化学成分[J]. 信阳师范大学学报,23(1):72~74.
赵东欣,傅大立,赵天榜. 2008. 玉兰属 35 种植物形态特征性状的排序研究[J]. 安徽农业科学,22(4):327~328.

赵体顺,赵文民,曹冠武,等主编. 2010. 现代林业技术[M]. 郑州:黄河水利出版社.
周长山,唐世安,崔波,等. 1984. 河南辛夷主产区辛夷资源考察研究[J]. 河南科学,4:84~92.
季宇彬,张广美主编. 1995. 中药抗肿瘤有效成分药理与应用[M]. 哈尔滨:黑龙江科学技术出版社.
林启寿编著. 1977. 中草药化学成分[M]. 北京:科学出版社.
罗伟祥,刘广全,李嘉珏,等编著. 2007. 西北主要树种培育技术[M]. 北京:中国林业出版社.

九画

星球地图出版社. 2013. 河南省地图册[M]. 北京:星球地图出版社.
南京林学院树木学教研组编. 1956. 树木学(上册)[M]. 北京:农业出版社.
南京林学院树木育种研究室编著. 1984. 树木育种选育方法[M]. 北京:中国林业出版社.
贺士元,邢其华,尹祖棠编著. 1989. 北京植物志(上册)修订版[M]:265. 北京:北京出版社.
贺善安主编. 1989. 中国珍稀植物[M]. 92~93. 上海:上海科技出版社.
胡随超,马履一,陈发菊. 2007. 红花玉兰种质资源遗传多样性初探[J]. 西北植物学报,27(2):2421~2428.
胡一民,武祖发. 1995. 安徽几种辛夷的挥发油成分及其繁殖栽培[J]. 经济林研究,3:41~42.
胡一民,武祖发. 1995. 几种辛夷的挥发油成分及其繁殖栽培[J]. 林业科技通讯,13(2):26~28.
胡一民. 2003. 观赏花木精英——木兰科植物[J]. 花木盆景,173:7~11.
胡先骕著. 1995. 经济植物手册 上册(第二分册)[M]:380~383. 北京:科学出版社.
胡芳名,龙光生. 1995. 经济林育种学[M]. 北京:中国林业出版社.
胡芳名,谭晓风,刘惠民主编. 2006. 中国主要经济树种栽培与利用[M]. 北京:中国林业出版社.
侯丽琰,张所明,苏中兴. 1994. 武当木兰挥发油的化学成分研究[J]. 兰州医学院学报,2(1):18~19.

十画

徐天公,杨志华主编. 2007. 中国园林害虫[M]. 北京:中国林业出版社.
徐来富主编. 2006. 贵州野生木本花卉[M]:145~152. 贵阳:贵州科技出版社.
徐任生主编. 1993. 天然产物化学[M]. 北京:科学出版社.
徐植灵,潘炯光,赵中振. 1989. 辛夷挥发油的研究[J]. 中国中药杂志,14(5):38~40.
郭玉生,杜广云主编. 2006. 中原地区主要树种育苗技术[M]. 北京:中国林业出版社.
郭春兰,黄蕾蕾. 1996. 木兰属几种药用植物花粉粒形态扫描电镜观察[J]. 武汉植物学研究,14(3):204~206.
郭春兰,黄蕾蕾. 1992. 湖北药用辛夷一新种[J]. 武汉植物学研究,10(4):325~327.
浙江植物志编辑委员会编. 1992. 浙江植物志 第二卷. 木麻黄科—樟科[M]:327~334. 杭州:浙江科学技术出版社.
高炳振. 2002. 二乔玉兰品种资源初报[J]. 河南林业科技,22(4):32~33.
翁建宁,刘继宁,赵高潮. 2005. 辛夷中提取挥发油的体会[J]. 陕西中医,26(5):458.
贾忠奎,管玄玄,郝跃,等. 2009. 玉兰属植物种子预处理及播种技术研究进展[J]. 林业实用技术,1:3~6.
贾敏如,卫莹芳. 1986. 四川药用辛夷挥发油成分的研究[J]. 华西药学杂志,2:97.
贾品芳. 1958. 辛夷花型的研究[J]. 南京药学院学报,3:1.
高增义,周长山. 1984. 河南辛夷—望春玉兰(*Mangolia biondii* Pamp.)挥发油化学成分及药理的研究,河南科学,4:84~92.
高锦明. 2003. 植物化学[M]. 北京:科学出版社.
袁嗣令主编. 1997. 中国乔、灌木病害[M]. 北京:科学出版社.

十一画

黄山风景区管理委员会编. 2006. 黄山珍稀植物[M]:162. 北京:中国林业出版社.

黄从善. 2008. 辛夷挥发油类成分气相色谱－质谱仪指纹图谱研究[J]. 湖北中医学院学报,10(3):51～52.
黄桂生,焦书道,陈志秀,等. 1991. 河南辛夷品种资源的调查研究[J]. 河南科技,增刊:28～33.
黄海欣. 1991. 望春玉兰形态变异观察研究[J]. 武汉植物学研究,19(4):395～387.
黄海欣. 1990. 椭圆叶木兰辛夷的鉴定研究[J]. 中草药,18(5):16～18.
黄增泉著. 中华民国七十二年. 高等植物分类学原理[M] 中国台湾:国立编译馆.
袁以茅,许定发译. 1987. 国际栽培植物命名法规(1980)[M]. 南京中山植物园研究论文集,159～1.
袁嗣令主编. 1997. 中国乔、灌木病害[M]. 北京:科学出版社.
曹治权,李洪刚,杨建萍. 1985. 武当木兰化学成分的研究——武当木兰碱的分离和结构测定[J]. 中草药,16(9):386.
顾国明,周宇红,于桂毕,等. 1994. 辛夷有效成分研究[J]. 中草药,25(8):397～411.
龚洵,数跃芝,杨志云. 2001. 木兰科植物的杂交亲和性[J]. 云南植物研究,23(3):339～344.

十二画

傅大立. 2000. 辛夷植物研究进展[J]. 经济林研究,18(3):61～64.
傅大立. 2001. 玉兰属的研究[J]. 武汉植物学研究,19(3):191～198.
傅大立. 2000. 河南木兰属一新栽培变种[J]. 经济林研究,18(2):46～47.
傅大立,田国行,赵天榜. 2004. 中国玉兰属两新种[J]. 植物研究,24(3):261～264.
傅大立,Dong－Lin ZHANG. 李芳文,等. 2010. 四川玉兰属两新种[J]. 植物研究,30(4):385～389.
傅大立,赵东欣,孙金花,等. 2004. 辛夷挥发油含量及良种选育指标研究[J]. 河南农业大学学报,38(2):179～183.
傅大立,赵天榜,赵东武,等. 2007. 河南玉兰属两新变种[J]. 植物研究,27(5):525～526.
傅大立,赵天榜,陈志秀,等. 2010. 湖北玉兰属两新种[J]. 植物研究,27(5):641～644.
傅大立. 2001. 辛夷植物资源分类及新品种选育研究[D]. 中南林学院博士论文.
傅大立,赵天榜,孙卫邦,等. 1999. 关于木兰属玉兰亚属分组问题的探讨[J]. 中南林学院学报,19(2):23～28.
傅大立. 2002. 辛夷与木兰名实新考[J]. 武汉植物学研究,20(6):471～476.
傅大立,赵东欣,高超,等. 1999. 辛夷选择指标与选择指数的研究[J]. 林业科学研究,12(4):350～356.
傅大立,李芳东,赵天榜,等. 2003. 玉兰属5种植物生理指标的对比研究[J]. 林业科学,39(1):44～49.
傅大立,赵东欣,孙金花,等. 2005. 10种国产木兰属植物挥发油成分及系统学意义[J]. 林业科学,41(3):68～74.
傅立国主编. 1992. 中国植物红皮书——珍稀濒危植物 第一册[M]:410～413. 420～429. 北京:科学出版社.
傅立国,陈潭清,郎楷永,等主编. 2000. 中国高等植物(第三卷)[M]:137～141. 青岛:青岛出版社.
曾庆文编著. 2005. 观赏木兰98种[M]. 北京:北京科学技术出版社.
湖北省植物研究所编著. 1976. 湖北植物志 第一卷[M]. 武汉:湖北人民出版社.
森下义郎,大版浪雄. 1988. 植物扦插原理与技术[M]. 李云森译. 北京:中国林业出版社.
程金水主编. 2000. 园林植物遗传育种学[M]. 北京:中国林业出版社.
程朝辉,龚春晖,金波,等. 2003. 辛夷超临界萃取物气相色谱－质谱分析[J]. 中国食品添加剂,2:109～111.
彭春良,颜立红,廖昉林. 1995. 湖南木兰科新分类群[J]. 湖南林专学报,试刊1:14～17.
韩双红,张听新,宋万忠,等. 1999. 两种辛夷药理的作用比较[J]. 中药材,13(9):33～35.
韩玉林著. 2008. 现代园林苗圃生产与管理研究[M]. 北京:中国农业出版社.

董保华,龙雅宜编著. 2007. 园林绿化植物的选择与栽培[M]. 北京:中国建筑工业出版社.
童玉懿,宋万志. 1958. 中药辛夷的生药鉴别[J]. 药学学报,20(1):22~32.

十三画

裘宝林,陈征海. 1989. 浙江木兰属一新种[J]. 植物分类学报,27(1):79~80.
新华社供稿. 1985. 千年玉兰树[J]. 植物杂志,2:封三.
精细化学品辞典编辑委员会. 1982. 精细化学品辞典[M]. 北京:化学工业出版社.
蒋永明,翁智林. 2005. 绿化苗木培育生产技术[M]. 上海:上海科学技术出版社.

十四画

裴鉴,单人骅,周志炎,等编著. 1959. 江苏南部种子植物手册[M]:293~295. 北京:科学出版社.
熊天群,秦旭华,庞龙,等. 2006. 辛夷挥发油对实验性过敏性鼻炎的作用[J]. 中医药学刊,24(6):1031~1032.
熊毅,席承藩. 1958. 华北平原土壤学[M]. 北京:科学出版社.
熊文愈,汪计珠,石同岱,等. 1993. 中国木本药用植物[M]:153~158. 上海:上海科技教育出版社.
谭仁祥. 2002. 植物成分分析[J]. 北京:科学出版社.

十五画

潘志刚. 漩应天等编著. 1994. 中国主要外来树种引种栽培[M]. 北京:北京科学技术出版社.

十七画

戴天澍,敬根才,张清华,等主编. 1991. 鸡公山木本植物图鉴[M]:95. 北京:中国林业出版社.
戴慧堂,李静,赵天榜,等. 2011.《鸡公山木本植物图鉴》增补(I)[J]. 信阳师范学院学报:自然科学版,24(1):476~479.
戴慧堂,李静,赵天榜,等. 2012. 河南玉兰属二新种[J]. 信阳师范学院学报:自然科学版,25(3):333~335.
戴慧堂,赵天榜,李静,等. 2012. 河南《鸡公山木本植物图鉴》增补(Ⅱ)——河南玉兰两新种[J]. 信阳师范学院学报:自然科学版,25(3):482~485. 489.

十八画

魏刚,赵敏毕,方春亮,等. 2000. 气质联用追踪筛选辛夷挥发油提取工艺[J]. 时珍国医国药,11(2):105~106.

日文

工藤佑舜. 昭和八年. 日本有用樹木學 (第三版) [M]. 東京:丸善株式会社.
大井次三郎. 昭和31年. 日本植物誌 (第二版) [M]:552. 東京:株式会社至文堂.
白澤保美著. 明治四十四年. 日本森林樹木図譜 上册[M]. 東京:成美堂書店.
最新園芸大辞典辞典編集委员会. 昭和五十八年. 最新園芸大辞典 第7卷 L·M[M]:166~170. 東京:株式会社 誠文堂新光社.
東京博物学研究会. 明治四十一年. 植物圖鑑[M]. 東京:北隆馆书店.
浅山英一著. 太田洋愛,二口善雄画. 1986. 園芸植物圖譜[M]:324. 東京:株式会社 平凡社.
牧野富太郎. 昭和五十四年. 牧野 新日本植物圖鑑(改正版)[M]. 地球出版株式会社,東京:北隆馆 穿35版.
仓田 悟. 1971. 原色 日本林業樹木図鑑 第1卷(改正版)[M]:128~131. 東京:地球出版株式会社.
仓田 悟. 1971. 原色 日本林業樹木図鑑 第3卷[M]:18~21. 東京:地球出版株式会社.
朝日新闻社. 1987. 朝日園芸植物事典[M]:67,96,113,148,247,260. 東京:朝日新闻社.

野間省一. 昭五十五年(1980). 談社園芸大百科事典. 第1卷 早春の花[M]:136～138. 東京:株式会社.

英文

A

Akad W. 1845. *Buergeria stellata* Sieb. & Zucc. , in Abh. Math. – Phys. Cl. (Königl Bayer.) Akad. Wiss. Mönch. 4(2):186. t. Ⅱα (Fl. Jap. Fam. Nat. 1:78)

B

Bailey L H. 1925. TREES OF NORTU AMERICA

Bean W J. 1920. *Magnolia conspicua* Spach var. *purpurascens* sensu Bean, ew Bull. ,1920:119.

Blackburn B C. 1957. *Magnolia kobus* DC. var. *stellata*(Sieb. & Zucc.) Blackb. ,Baileya. 5(1):3～13.

Blackburn B C. 1954. *Magnolia kobus* DC. f. *Stellata*(Sieb. & Zucc.) Blackb. ,Popul. Gard. 5(3):73.

Bond J. G. 1984. *Magnolia sprengeri* Pamp. 'Eric Savill' in Magnolia. Issue 37 20(1):16.

C

Callaway D J. 1994. THE WORLD OF Magnolias. Oregen:Timber press

ChenBao Liang and Nooteboom H P. 1993. Notes on Magnoliaceae Ⅲ:Magnoliaceae of China. Ann. Miss. Bot. Gard. 80(4):999～1104

CHENZhong – yi, HUANG Xiang – xu, WANG Rui – jiang et al. , CHROMOSOME DATA OF MAGNOLIACEAE. in Proc. Internat. Symp. Fam. Magnoliaceae 2000. pp. 192～201.

Cheng 1933. *Magnolia zenii* Cheng in Contr. Biol. Lab. Sci. Soc. China Bot. 8:291.

Cheng 1934. *Magnolia fargesii* (Finet & Gagnep.) Cheng in Journ. Bot. Soc. China. 1(3):296.

Curtis. 1797. *Magnolia purpurea* Curtis Bot. Mag. II:t. 390.

D

Dandy J E. 1950. *Magnolia* Linn. sect. *Buergeria*(Sieb. & Zucc.) Dandy in Camellias and Magnolias Conf. Report. ,73.

Dandy J E. 1934. *Magnolia heptapeta*(Buc'hoz) Dandy in Journ. Bot. 72:103.

Dandy J E. 1950. *Magnolia* Linn. subgen. *Pleurochasma* Dandy in J. Roy. Hort. Soc. ,75:161.

DandyJ E. 1950. *Magnolia* Linn. sect. *Tulipastrum* (Spach) Dandy in Camellias and Magnolias Rep. Conf. 74.

Dandy J E. 1950. *Magnolia* Linn. subgen. *Yulania sect. Yulania*(Spach) Dandy in Camelias and Magnolias. Rep. Conf. 72.

Dandy J E. 1934. *Magnolia quinquepeta*(Buc'hoz) Dandy, Journ. Bot. 72:103. 1934, non Buc'hoz

Desrousseaux L A J. 1791. *Magnolia denudata* Desr. in Lama. ,Encycl. Méth. Bot. 3:675. 1791. exclud. syn. "Mokkwuren Kaempfer"

Desrousseaux L A J. 1913. *Mgnolia denudata* Desr. in Sargent,P1. Wils. I:399.

Desrousseaux L A J. 1791. *Magnolia liliflora* Desrousseaux in Lamarck, Encycl. Méth. Bot. 3:675. 1791, exclud. syn. "Mokkwuren fl. Albo Kaempfer"

F

Figlar R B. 2000. Proleptic branch initiation in Mochelia and *Magnolia* subgen. *Yulania* provides basis for combinations in Subfamily Magnoliaceae. in: LIU Yu – hu, FAN Han – ming, CHEN Zhong – yi et al. ,Proc. Internat. Symp. Fam. Magnoliceae. Beijing:Science press:14～25.

G

Gresham T. 1964. *Magnolia campbellii* Hook. f. & Thoms. var. *alba* Treseder ' Maharanee ' in Morris Arb. Bull. ,15:31.

H

Hamelin. 1827. *Magnolia* × *soulangeana* Hamelin in Ann. Soc. Hort. Paris,1:90.

Hooker J D. 1885. *Magnolia campbellii*. Curtiss Botanical Magazine. III:6973.

Hook. f. & Thoms. 1855. *Magnolia campbellii* Hook. f. & Thoms. Fl. Ind. 1:77.

J

Johnstone G H. 1955. *Magnolia sprengeri* Pamp. in Asiat. Magnol. in Cult. 79.

Johnstone G H. 1955. *Magnolia sprengeri* Pamp. var. *elongata*(Rehd. & Wils.) Johnstone, Asiatic Magnolias in Cultiovatia 87.

M

McDaniel J C. 1976. *Magnolia biondii* at last. Journal of the Magnolia Society,12(2):3 ~ 6

McDaniel J C. 1974. *Magnolia cylindrica*, a Chinese puzzle. Journal of the Magnolia Society,10(1):3 ~ 7.

N

Nicholson G. 1884. *Magnolia* × *soulangiana* Soul – Bod. var. *nigra* Nichols. in Gard. ,25:276.

Nooteboom H P. 2000. *Magnolia* Linn. subsect. *Cylindrica*(S A. Spongbr.) Noot. in LIN Yu – hu, FAN Han – ming, CHEN Zhong – yi et al, Proc. Intemat. Symp. Fam. Magnoliaceae 2000. Beijing, China: Science press, 37. 2000

Nooteboom H P. 1993. *Magnolia sprengeri* Pamp. n Chen Bao Liang and H. P. Noot. in Ann. Miss. Bot. Gard. 80(4):1022 ~ 1023.

P

Pampanini R. 1915. *Magnolia sprengeri* Pamp. in Nouv. Giorn. Bot. Ital. new. ser. 22:295.

R

Reichenbach H G L. 1841. *Magnolia* Linn. subgen. *Yulania* (Spach) Reichenbach in Der Dectsche Bot. , 1:192.

S

Schneider C K. 1905. *Magnolia denudata* Schneid. , Handb. I. 330. 1905 (non Desr.)

Sieber F W. & Zucc J G. 1846. *Buergeria* Sieb. & Zacc. Abh. Math. – Phys. Cl. Kön. Bayer. AK. Wiss. 4(2):186.

Sieber F W. & Zucc J G. 1845. *Buergeria stellata* Sieb. & Zucc. in Abh. Math. – Phys. Cl. (Königl Bayer.) Akad. Wiss. Münch. 4(2):186. t. 11α(F1. Jap. Fam. Nat. 1:78)

Siebold F A M. & Zuccacarini J G. 1843. *Buergeria* stellata Sieb. & Zucc. , in Abh. Math. – Phys. Cl. Konigi. Bayer. Akad. Wiss. 4(2):187. (Fl. Jap. Fam. Nat. 1:79)

Spach E. 1839. Yulania Spach, Hist. Nat. Vég. Phan. 7:462.

Spongberg S A. 1976. *Magnolia sprengeri* Pamp. in Journ. Arn. Arb. 57:286 ~ 287.

Stapf O. 1927. *Magnolia sprengeri* Pamp. var. diva Stapf in Curtis ' s Bot. Mag. 152.

Sun W B. et Zhao T B. 2000. *Magnolia* Linn. sect. *Yulania* ((Spach) Dandy) W. B. Sun et Zhao, syn. nov. , in Liu Y H et al. , ed. Proc. Interational Symp. Family. Magnoliaceae 2000. 52 ~ 57. Beijing: Science press. 2000

Suringar J V. 1928. *Magnolia liliflora* Suringar in Meded. Rijk ' s Landbouw – hoogesch. 32. Verh. 5:43.

T

Treseder N G. 1978. *Magnolia campbellii* Hook. f. & Thoms. var. *alba* Treseder, Magnolias. 90 ~ 93. Plates 17 ~ 18.

V

Vietch et Bean. 1914. *Magnolia liliflora* Desr. 'Nigra' Vietch et Bean, Thees and Shruss Brit. Isl. ,2:74.

W

Walther E. 1961. *Magnolia campbellii* Hook. f. & Thoms. var. *alba* Treseder 'Stark's White' in Jour. Calif. Hort. Soc. ,23:36.

Walther E. 1961. *Magnolia campbellii* Hook. f. & Thoms. var. *alba* Treseder 'Strybing White' in Jour. Calif. Hort. Soc. ,23:31. photo 34.

Williams J C. 1951. *Magnolia campbellii* Hook. f. & Thoms. var. *alba* Treseder 'White Form' in Jour. Roy. Hort. Soc. ,76:218.

Z

ZHAO D X, ZHAO D X, ZHAO D W, SUN J. 2008. The New Discoveries of Spécific Characteristics of Yulania Spach. A Gricultural Ricultural Science Tecnnology, 9(1):54 ~ 57.

ZHAO D X, 2011. Chemical Compositions of Volatile Oils of Xinyi Growing in Henan. 2011 International Confernce on Agricultural and Nstural Rewsoures Enginering Advances in Biomedical Engineering, 3:87 ~ 90.

ZHAO D X, ZHAO T B, FU D L. 2011. A New Species of Yulania Spach and Chemical Components of Xinyi Essential Oil of the New Species. 2011 International Confernce on Agricultural and Nstural Rewsoures Enginering Advances in Biomedical Engineering, 3:91 ~ 94.

ZHAO D X, LU K. 2011. Essentia Oil Constituents of Flower Buds of Yulania biondii (Pamp.) Growing in Different Areas. 2011 International Conference on Agricultural and Biosystems Engineering Advances in Biomedical Engineering. 1 ~ 2:23 ~ 24.

Zhao D X, Lu K. 2011. Chemical Compositions of Volatile oils from Flower Buds of Four Yulania biondii (Pamp.) Cultivated Species. 2011 International Conference on Agricultural and Biosystems Engineering Advances in Biomedical Engineering. 1 ~ 2:25 ~ 26.

ZHAO Dong - xin, ZHAO Dong - wu, SUN Jun, 2008. The New Discoveries of Specific Characteristics of Yulania Spach. A GRICULTURAL SCIENCE & TECNNOLOGY, 9(1):54 ~ 57

1. 望春玉兰天然群落　（赵天榜　摄影）

2. 滇藏玉兰天然分布　（高聚堂、靳三恒　摄影）

3. 两型花康定玉兰天然分布　（高聚堂、靳三恒　摄影）

4. 望春玉兰天然分布　（赵天榜　摄影）

5. ‘铁桃’腋花玉兰天然分布　（高聚堂、靳三恒　摄影）

6. 伏牛玉兰天然分布　（赵天榜　摄影）

7. 鲁山辛夷基地　（赵天榜　摄影）

8. 南召辛夷之乡　（赵天榜　摄影）

图版 1　滇藏玉兰等天然分布与其他

1. 朝阳玉兰叶 （赵天榜　摄影）

2. 紫玉兰叶 （赵天榜　摄影）

3. 滇藏玉兰叶 （赵天磅　摄影）

4. 玉兰叶 （赵天榜　摄影）

5. 望春玉兰叶 （赵天榜　摄影）

6. 多型叶玉兰叶 （赵天榜　摄影）

7. 鸡公玉兰叶 （戴慧堂　摄影）

8. 两型玉兰叶 （赵天榜　摄影）

9. 青皮玉兰叶 （陈俊通　摄影）

10. 奇叶玉兰叶 （赵天榜　摄影）

11. 拟莲武当玉兰叶 （赵天榜　摄影）

12. 黄山玉兰叶 （赵天榜　摄影）

图版 2　玉兰属 12 种植物叶形

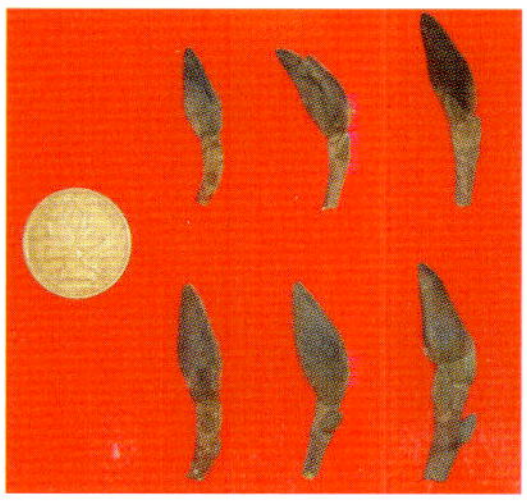

1. 安徽玉兰玉蕾
（赵天榜　摄影）

2. 飞黄玉兰玉蕾
（赵天榜　摄影）

3. 河南玉兰玉蕾
（赵天榜　摄影）

4. 罗田玉兰玉蕾
（赵天榜　摄影）

5. 石人玉兰玉蕾（赵天榜　摄影）

6. 信阳玉兰玉蕾（赵天榜　摄影）

7. 腋花玉兰玉蕾（赵天榜　摄影）

8. 黄山玉兰玉蕾（赵天榜　摄影）

9. 异花玉兰玉蕾（赵天榜　摄影）

10. 紫玉兰玉蕾（赵天榜　摄影）

11. 望春玉兰玉蕾（赵天榜　摄影）

12. 青皮玉兰玉蕾（赵天榜　摄影）

13. 玉兰玉蕾（赵天榜　摄影）

图版 3　玉兰属 13 种植物玉蕾形状

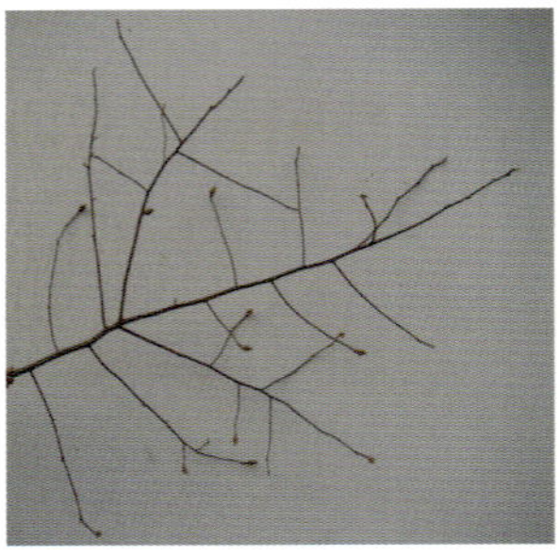

1. 玉兰长枝成枝成蕾规律 （赵天榜 摄影）

2. 玉兰中枝成枝规律 （赵天榜 摄影）

3. 玉兰中枝、短枝成枝成蕾规律（赵天榜 摄影）

4. 玉兰短枝成枝成蕾规律

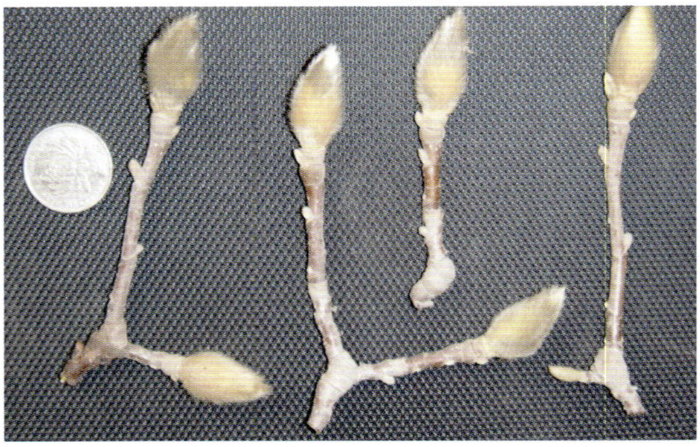

5. 玉兰短枝成枝成蕾规律

6. 玉兰缩台枝成枝成蕾规律

7. 玉兰缩台枝组成枝成蕾规律 （赵天榜 摄影）

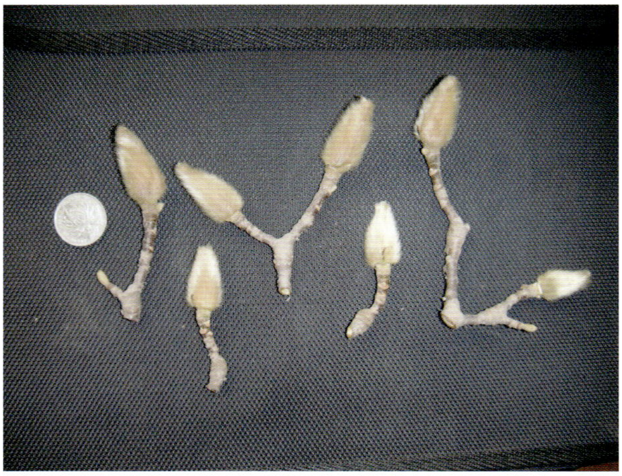

8. 玉兰叶丛枝、缩台枝成枝成蕾规律（赵天榜 摄影）

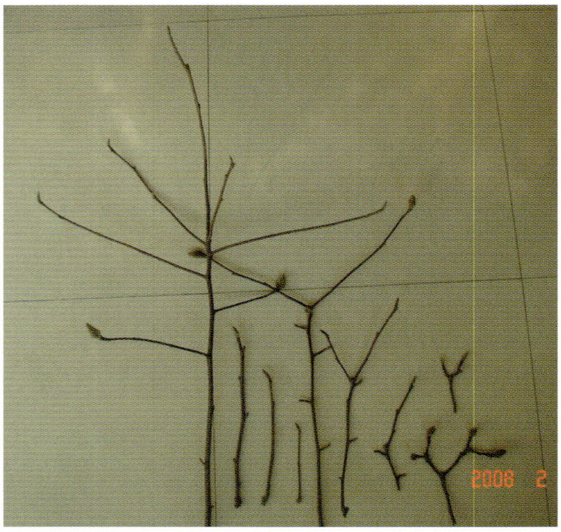

9. 玉兰各类枝成枝成蕾规律（赵天榜 摄影）

图版 4　玉兰成枝成蕾规律

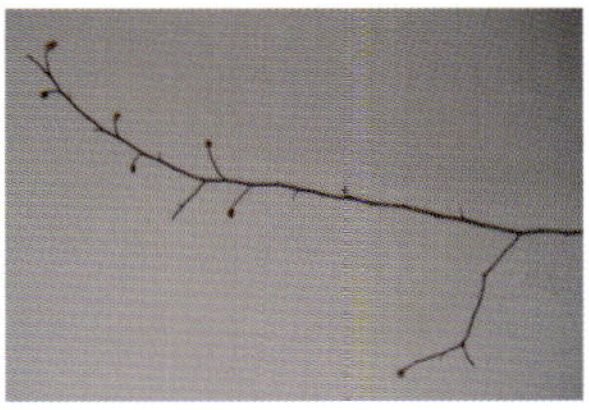

1. 望春玉兰中枝成枝成蕾规律

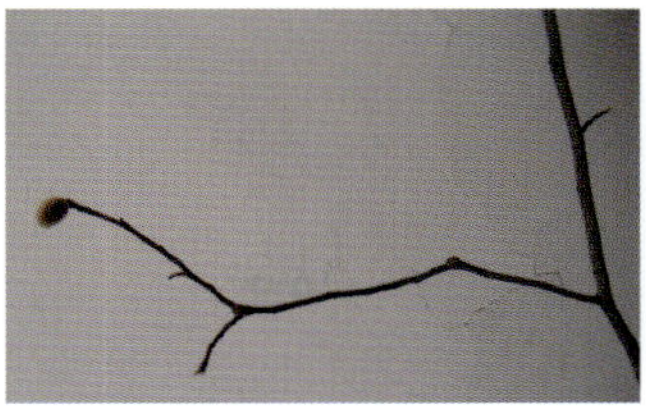

2. 望春玉兰中枝成枝成蕾规律 （赵天榜 摄影）

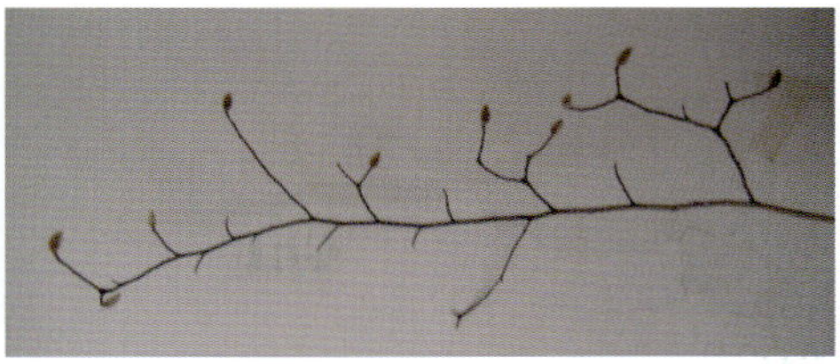

3. 望春玉兰短枝成枝成蕾规律 （赵天榜 摄影）

4. 望春玉兰长枝成枝成蕾规律 （赵天榜 摄影）

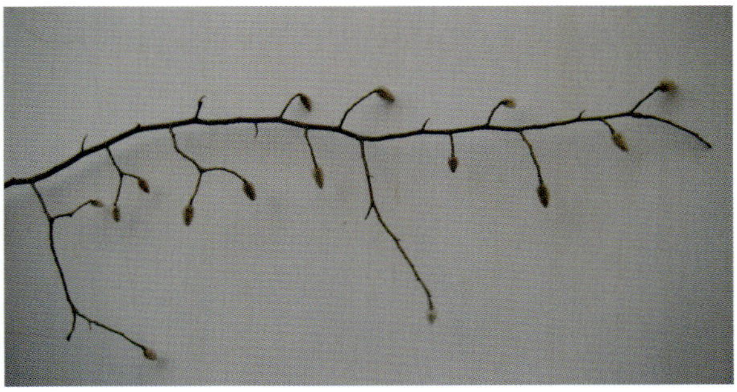

5. 望春玉兰中枝、短枝、缩台枝成枝成蕾规律 （赵天榜 摄影）

6. 望春玉兰缩台枝成枝成蕾规律

图版 5 望春玉兰成枝成蕾规律

1. 舞钢玉兰中枝、短枝成枝成蕾规律 （赵天榜　摄影）

2. 舞钢玉兰短枝成枝成蕾规律 （赵天榜　摄影）

3. 舞钢玉兰短枝、叶丛枝成枝成蕾规律 （赵天榜　摄影）

4. 舞钢玉兰短枝、叶丛枝成枝成蕾规律

5. 舞钢玉兰缩台枝成枝成蕾规律

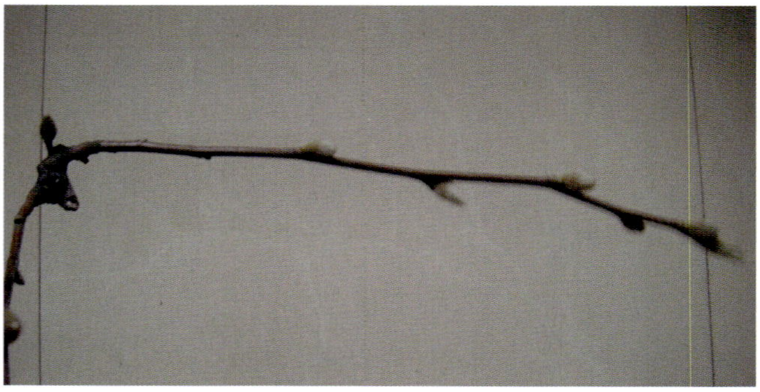

6. 舞钢玉兰休眠芽成枝成蕾规律 （赵天榜　摄影）

图版 6　舞钢玉兰成枝成蕾规律

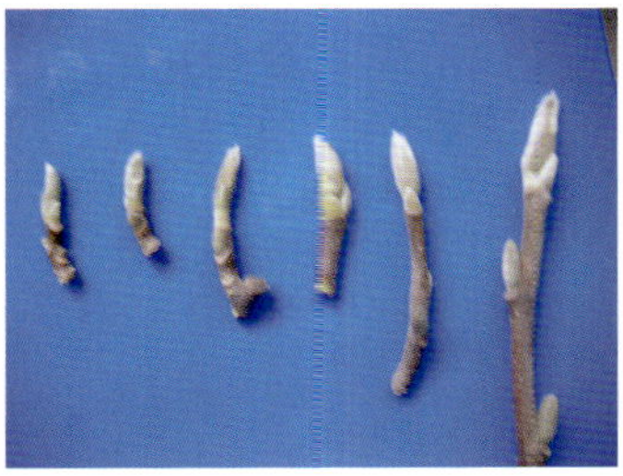

1. 玉兰叶芽形状 （陈志秀 摄影）

2. 玉兰顶叶芽与解剖 （陈志秀 摄影）

3. 玉兰侧叶芽与解剖 （陈志秀 摄影）

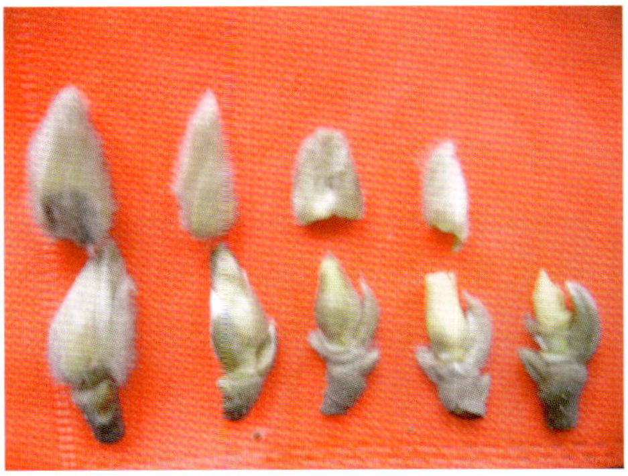

4. 玉兰玉蕾形状与解剖 （陈志秀 摄影）

5. 玉兰托叶革质化 （陈志秀 摄影）

6. 望春玉兰玉蕾形状与解剖 （陈志秀 摄影）

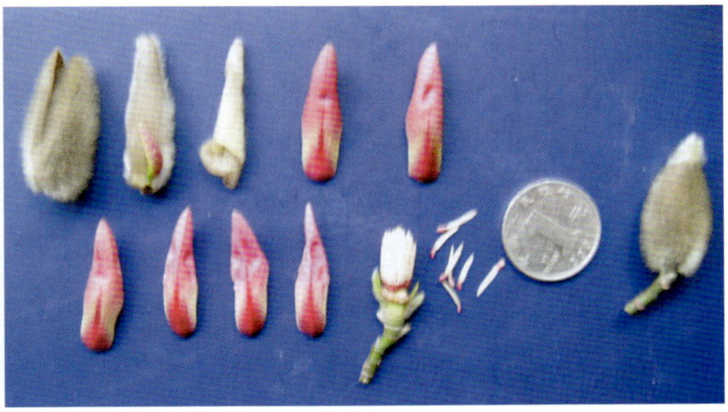

7. 两型花望春玉兰玉蕾形状与解剖 （陈志秀 摄影）

8. 两型花望春玉兰玉蕾形状与解剖 （陈志秀 摄影）

9. 青皮玉兰玉蕾形状与解剖 （陈志秀 摄影）

图版 7 玉兰叶芽、玉蕾形状与望春玉兰、青皮玉兰玉蕾形状与解剖

1. 飞黄玉兰玉蕾 （陈志秀 摄影）

2. 飞黄玉兰玉蕾内含 2 枚雏花 （陈志秀 摄影）

3. 飞黄玉兰玉蕾与解剖 （陈志秀 摄影）

4. 飞黄玉兰 2 种玉蕾解剖 （陈志秀 摄影）

5. ‘多被’飞黄玉兰 3 种玉蕾解剖 （陈志秀 摄影）

6.‘多被’飞黄玉兰玉蕾解剖 （陈志秀 摄影）

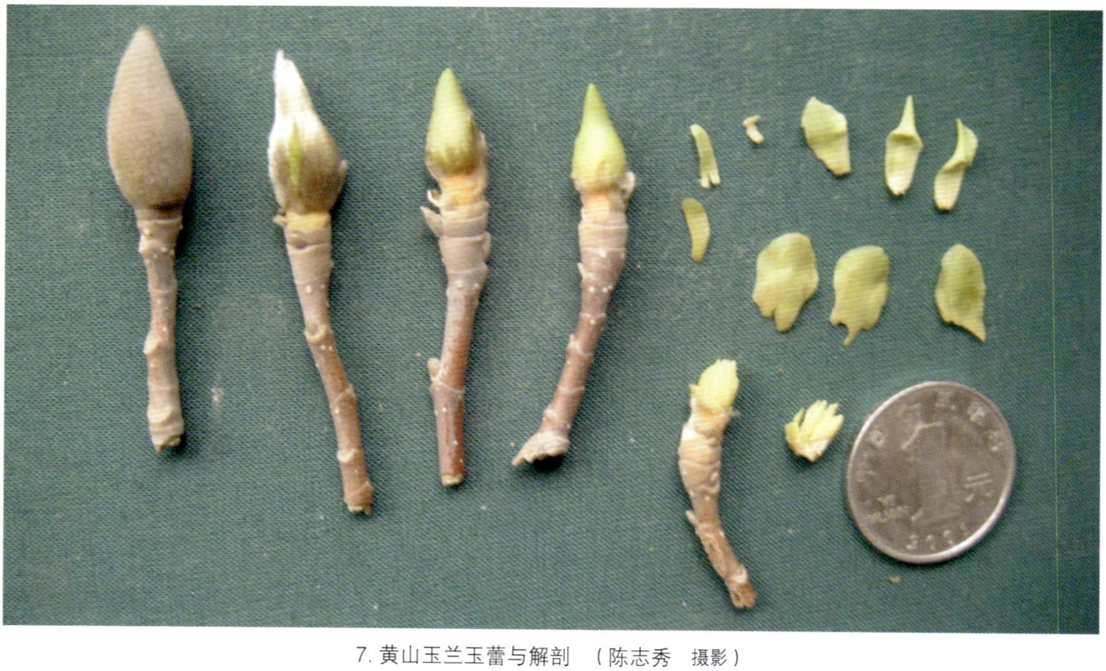
7. 黄山玉兰玉蕾与解剖 （陈志秀 摄影）

图版 8　飞黄玉兰、黄山玉兰玉蕾形状与解剖

1. 异花玉兰玉蕾和混合芽 （赵天榜　摄影）

2. 异花玉兰玉蕾与解剖 （赵天榜　摄影）

3. 异花玉兰混合芽
（李小康　摄影）

4. 异花玉兰混合芽 （李小康　摄影）

5. 异花玉兰混合芽 （李小康　摄影）

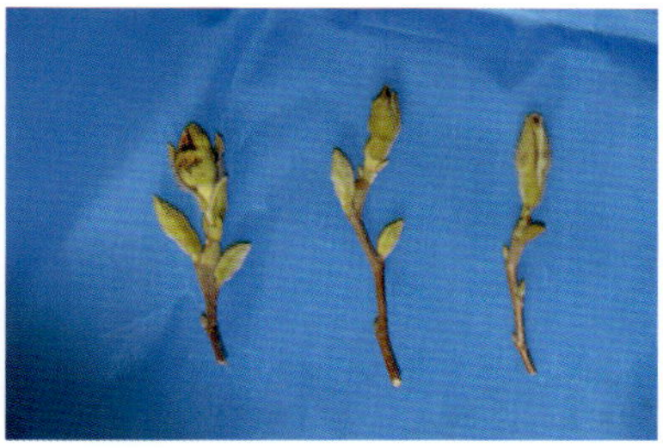
6. 异花玉兰花蕾形状 （陈俊通　摄影）

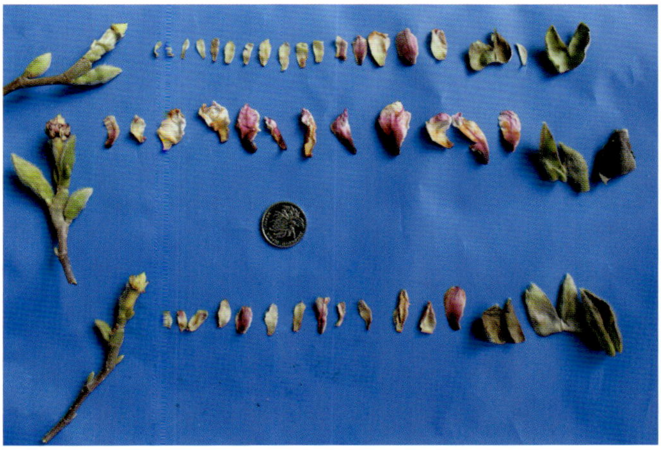
7. 异花玉兰花蕾形状与解剖 （李小康、陈俊通　摄影）

8. 异花玉兰花蕾解剖 （李小康、陈俊通　摄影）

图版 9　异花玉兰玉蕾、混合芽、花蕾形状与解剖

1. 黄山玉兰聚生蓇葖果 （赵天榜 摄影）

2. 舞钢玉兰枝叶与聚生蓇葖果 （赵天榜 摄影）

3. 紫玉兰枝叶与聚生蓇葖果 （陈俊通 摄影）

4. 青皮玉兰聚生蓇葖果 （陈俊通 摄影）

5. 飞黄玉兰聚生蓇葖果 （赵天榜 摄影）

6. 飞黄玉兰不育果 （李小康、陈俊通 摄影）

7. 紫色望春玉兰聚生蓇葖果 （赵天榜 摄影）

8. 白花鸡公玉兰聚生蓇葖果 （赵天榜 摄影）

9. 中州玉兰枝叶与聚生蓇葖果 （陈俊通 摄影）

10. 狭被信阳玉兰枝叶与聚生蓇葖果 （赵天榜 摄影）

11.‘多被’玉兰聚生蓇葖果 （赵天榜 摄影）

12.‘小白花’朱砂玉兰聚生蓇葖果 （赵天榜 摄影）

图版 10　玉兰属 12 种植物聚生蓇葖果

1. 玉兰聚生蓇葖果 （赵天榜　摄影）

2.‘卷被’玉兰聚生蓇葖果 （陈俊通、杨红震　摄影）

3.‘青果’玉兰枝叶、玉蕾与聚生蓇葖果 （赵天榜　摄影）

4.‘紫枝’玉兰聚生蓇葖果 （赵天榜　摄影）

5. 黄花玉兰枝叶、玉蕾与聚生蓇葖果 （赵天榜　摄影）

6. 豫白玉兰聚生蓇葖果 （陈俊通、杨红震　摄影）

7.‘喙蕾’玉兰枝叶、玉蕾与聚生蓇葖果 （赵天榜　摄影）

8.‘紫红基’玉兰聚生蓇葖果 （陈俊通　摄影）

9.‘喙果’玉兰聚生蓇葖果 （赵天榜　摄影）

10. 毛玉兰聚生蓇葖果 （赵天榜　摄影）

11. 11种蓇葖果果爿形状 （赵天榜　摄影）

图版 11　玉兰 11 品种聚生蓇葖果

1. 滇藏玉兰古树与花　（选自冯老舟等.《云南珍稀植物》）

2. 滇藏玉兰花　（选自贺善安主编《中国珍稀植物》

3. 滇藏玉兰枝叶、玉蕾与花被片等　（赵天榜　摄影）

4. 滇藏玉兰花　（赵天榜　摄影）

5. 滇藏玉兰花　（赵天榜　摄影）

6. 滇藏玉兰聚生蓇葖果　（选自刘玉壶主编　《中国木兰》）

7. 白花滇藏玉兰枝叶与玉蕾　（赵天榜　摄影）

8. 白花滇藏玉兰花
（D. J. Callaway）

9. 白花滇藏玉兰花被片与雌雄蕊群　（李万成　摄影）

图版 12　滇藏玉兰

2. 武当玉兰枝叶与玉蕾　（赵天榜　摄影）

3. 武当玉兰花（选自徐来富主编.《贵州野生木本花卉》）

4. 武当玉兰花　（选自刘玉壶主编.《中国木兰》）

5. 武当玉兰花　（选自刘玉壶主编.《中国木兰》）

6. 武当玉兰幼叶与花　（选自曾庆文编著.《观赏木兰 98 种》）

7. 武当玉兰初花等　（选自曾庆文编著.《观赏木兰 98 种》）

1. 武当玉兰树形　（李小康　摄影）

8. 武当玉兰玉蕾与花　（选自曾庆文编著.《观赏木兰 98 种》）

9. 德维武当玉兰花　（D. J. Callaway）

图版 13　武当玉兰

1. 拟莲武当玉兰树形 （赵天榜 摄影）

2. 拟莲武当玉兰短枝叶与玉蕾 （赵天榜 摄影）

3. 拟莲武当玉兰花枝 （郭保生 摄影）

4. 拟莲武当玉兰花枝
（郭保生 摄影）

5. 拟莲武当玉兰花 （郭保生 摄影）

6. 拟莲武当玉兰花花被片雌雄蕊群
（郭保生 摄影）

7. 拟莲武当玉兰花 （赵天榜 摄影）

8. 拟莲武当玉兰花雌雄蕊群 （赵天榜 摄影）

9. 拟莲武当玉兰枝叶与聚生蓇葖果 （赵天榜 摄影）

图版 14 拟莲武当玉兰

1. 康定玉兰花

2. 两型花康定玉兰树形（高聚堂、靳三恒　摄影）

3. 两型花康定玉兰枝与叶（高聚堂、靳三恒　摄影）

4. 两型花康定玉兰花型　（田文晓　摄影）

5. 两型花康定玉兰 1 种花型花被片 11 枚　（田文晓　摄影）

6. 两型花康定玉兰 2 花型花被片 12 枚　（田文晓　摄影）

7. 两型花康定玉兰花花被片 12 枚与雌雄蕊群　（田文晓　摄影）

8. 两型花康定玉兰花花被片 13 枚　（田文晓　摄影）

9. 两型花康定玉兰花花被片 15 枚　（田文晓　摄影）

10. 两型花康定玉兰花花被片 15 枚与雌雄蕊群　（田文晓　摄影）

11. 两型花康定玉兰两型花花被片与 2 种雌雄蕊群　（赵天榜　摄影）

图版 15　康定玉兰、两型花康定玉兰

1. 红花玉兰花 （马履一等　摄影）

2. 红花玉兰花 （马履一等　摄影）

3. 红花玉兰花 （马履一等　摄影）

4. 红花玉兰枝叶与聚生蓇葖果
（马履一等　摄影）

5. 红花玉兰初花 （赵东欣　摄影）

6. 红花玉兰初花 （赵东欣　摄影）

7. 红花玉兰花 （赵东欣　摄影）

8. 红花玉兰 （赵东欣　摄影）

图版 16　红花玉兰

1. 湖北玉兰枝叶与玉蕾 （赵天榜 摄影）

2. 湖北玉兰膨大玉蕾 （傅大立 摄影）

3. 湖北玉兰花 （傅大立 摄影）

4. 湖北玉兰花雌雄蕊群 （傅大立 摄影）

5. 湖北玉兰花雌蕊群雄蕊 （傅大立 摄影）

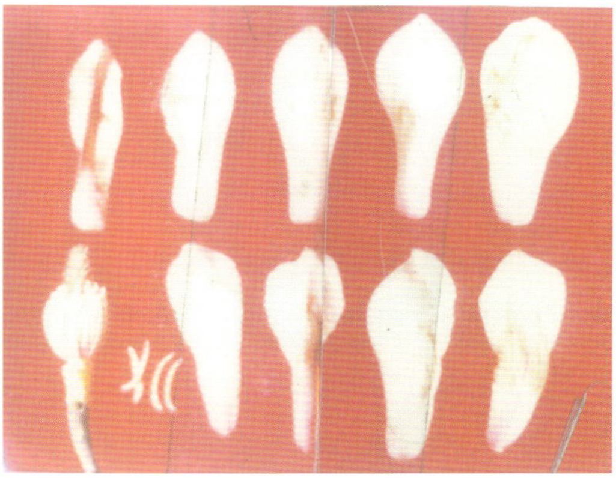
6. 湖北玉兰花花被片与雌雄蕊群 （赵天榜 摄影）

7. 湖北玉兰花花被片与雌雄蕊群 （赵天榜 摄影）

8. 湖北玉兰枝叶与聚生蓇葖果 （傅大立 摄影）

9. 毛湖北玉兰初花与幼枝叶 （选自曾庆文编著.《观赏木兰 98 种》）

10. 毛湖北玉兰花 （选自曾庆文编著.《观赏木兰 98 种》）

11. 毛湖北玉兰枝叶与聚生蓇葖果 （陈俊通、杨红震摄影）

图版 17 湖北玉兰

2. 玉兰枝叶与玉蕾 （赵天榜 摄影）

3. 玉兰花枝 （赵天榜 摄影）

1. 玉兰树形 （赵天榜 摄影）

4. 玉兰花花被片雌雄蕊群等 （赵天榜 摄影）

6. 玉兰花 （选自刘玉壶主编.《中国木兰》）

7. 玉兰花 （选自刘玉壶主编.《中国木兰》）

5. 玉兰花 （赵天榜 摄影）

8. 玉兰枝叶玉蕾与聚生蓇荚果（赵天榜 摄影）

9. 玉兰枝叶玉蕾与聚生蓇葖果 （赵天榜 摄影）

图版 18 玉兰

1. 塔形玉兰树形　（赵天榜　摄影）

2. 塔形玉兰枝叶与玉蕾　（陈俊通　摄影）

3. 塔形玉兰玉蕾　（赵天榜　摄影）

4. 塔形玉兰枝叶与聚生蓇葖果　（赵天榜　摄影）

5. 塔形玉兰枝叶、玉蕾与聚生蓇葖果　（赵天榜　摄影）

6. ‘疏枝’塔形玉兰树形　（李小康、陈俊通　摄影）

7. ‘疏枝’塔形玉兰枝叶　（李小康、陈俊通　摄影）

8. ‘疏枝’塔形玉兰聚生蓇葖果　（李小康、陈俊通　摄影）

图版 19　塔形玉兰

1. 淡紫玉兰幼树 （赵天榜　摄影）

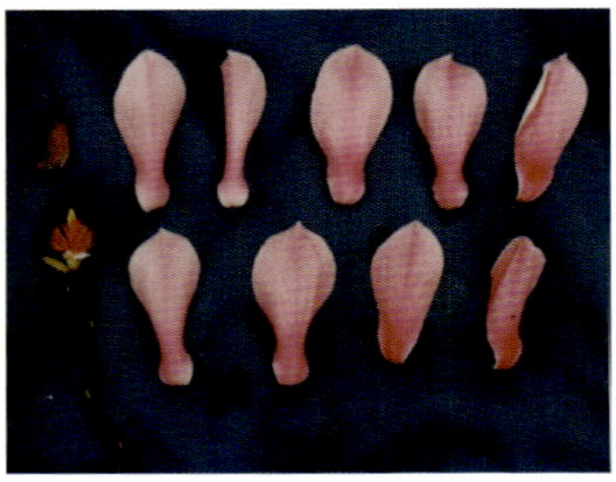

2. 淡紫玉兰花花被片与雌雄蕊群等 （赵天榜　摄影）

3. 淡紫玉兰花花被片与雌雄蕊群等（赵天榜　摄影）

4. 淡紫玉兰花花被片与雌雄蕊群等（赵天榜　摄影）

5. ‘浓紫’玉兰花 （赵天榜　摄影）

6. ‘浓紫’玉兰花花被片与雌雄蕊群等 （赵天榜　摄影）

7. ‘浓紫’玉兰花雌雄蕊群与缩台枝（赵天榜　摄影）

8. ‘紫花’玉兰初花（赵天榜　摄影）

9. ‘紫花’玉兰花花被片与雌雄蕊群等 （赵天榜　摄影）

10. ‘紫花’玉兰花花被片 （赵天榜　摄影）

图版 20　淡紫玉兰

1. 多被玉兰花 （赵天榜 摄影）

2. 多被玉兰枝叶玉蕾与聚生蓇葖果（赵天榜 摄影）

3. 多被玉兰枝叶与聚生蓇葖果 （赵天榜 摄影）

4. 多瓣玉兰花

5.‘多瓣白’玉兰花 （选自刘秀丽 摄影）

6. 长叶玉兰幼枝幼叶 （赵天榜 摄影）

7. 长叶玉兰幼枝叶 （赵天榜 摄影）

8. 长叶玉兰枝叶与玉蕾 （赵天榜 摄影）

9. 长叶玉兰枝与叶 （赵天榜 摄影）

10. 长叶玉兰枝叶与夏花（赵天榜 摄影）

图版 21 多被玉兰、长叶玉兰

1. 鹤山玉兰花 （选自刘玉壶主编.《中国木兰》）

2. 鹤山玉兰花 （选自刘玉壶主编.《中国木兰》）

3. 鹤山玉兰枝与聚生蓇葖果 （选自刘玉壶主编.《中国木兰》）

4. 白花玉兰花枝 （赵天榜 摄影）

5. 白花玉兰花 （赵天榜 摄影）

6. 白花玉兰花 （赵天榜 摄影）

7. 白花玉兰花 （赵天榜 摄影）

8. 白花玉兰花花被片与雌雄蕊群等 （赵天榜 摄影）

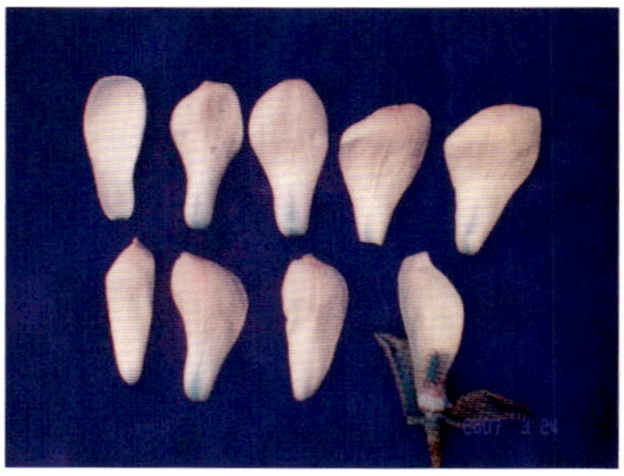

9. 白花玉兰花花被片与雌雄蕊群 （赵天榜 摄影）

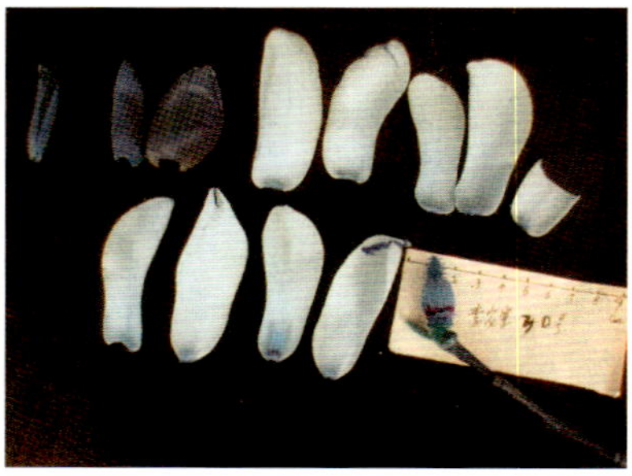

10. 白花玉兰花花被片与雌雄蕊群等 （戴慧堂 摄影）

11. ‘粉晕轻含’玉兰花 （选自刘秀丽 摄影）

12. ‘窄被紫眉’玉兰花 （选自刘秀丽 摄影）

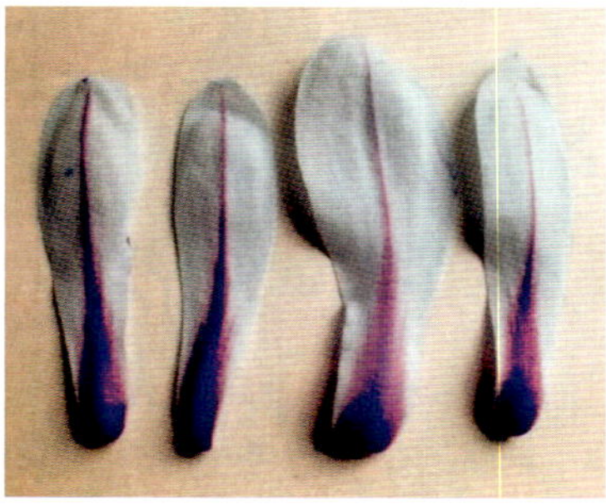

13. ‘窄被紫眉’玉兰花被片 （选自刘秀丽 摄影）

图版 22 鹤山玉兰、白花玉兰

1. 黄花玉兰树形 （赵天榜 摄影）

2. 黄花玉兰花 （赵天榜 摄影）

3. 黄花玉兰花 （赵天榜 摄影）

4. 黄花玉兰枝叶玉蕾与聚生蓇葖果 （赵天榜 摄影）

5. 菱形果玉兰枝叶 （李小康、陈俊通 摄影）

6. 菱形果玉兰枝叶与玉蕾 （李小康 摄影）

10. ‘紫红基’玉兰树形—花期 （赵天榜 摄影）

7. 菱形果玉兰聚生蓇葖果 （李小康 摄影）

8. 菱形果玉兰蓇葖果开裂方式 （赵天榜、陈俊通 摄影）

9. 菱形果玉兰聚生蓇葖果果爿形状与拟假种皮种子 （赵天榜 摄影）

11. ‘紫红基’玉兰花 （赵天榜 摄影）

图版 23　黄花玉兰、菱形果玉兰等

1. 豫白玉兰树形—花期 （赵天榜 摄影）

2. 豫白玉兰枝叶与玉蕾 （赵天榜 摄影）

3. 豫白玉兰花枝 （赵天榜 摄影）

4. 豫白花玉兰花 （赵天榜 摄影）

5. 豫白玉兰叶与聚生蓇葖果 （陈俊通、杨红震 摄影）

6. 豫白玉兰枝叶与聚生蓇葖果 （赵天榜 摄影）

7. 毛玉兰树形—花期 （赵天榜 摄影）

8. 毛玉兰枝叶 （赵天榜 摄影）

9. 毛玉兰花 （赵天榜 摄影）

10. 毛玉兰枝叶、玉蕾与聚生蓇葖果 （赵天榜 摄影）

11. 黄蕊玉兰花 （赵天榜 摄影）

图版 24 豫白玉兰、毛玉兰等

1. 两型花玉兰 2 种花型花 （赵天榜 摄影）

2. 两型花玉兰 1 种花花被片雌雄蕊等 （赵天榜 摄影）

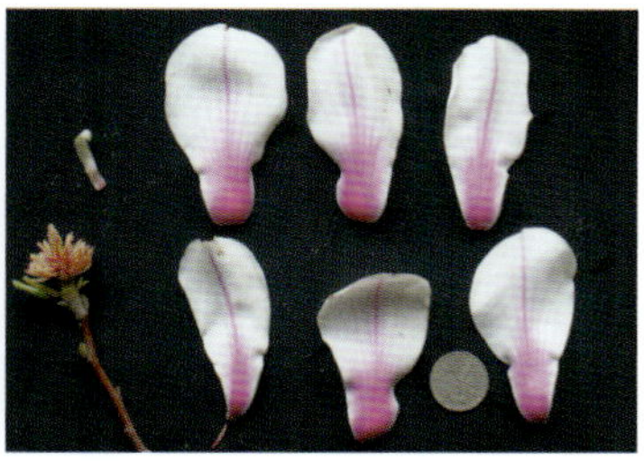
3. 两型花玉兰 1 种花花被片雌雄蕊等 （赵天榜 摄影）

4.‘淡紫’两型花玉兰 2 种花型花 （赵天榜 摄影）

5.‘水粉’两型花玉兰 1 种花花型 （赵天榜 摄影）

6.‘水粉’两型花玉兰 2 种花型花 （赵天榜 摄影）

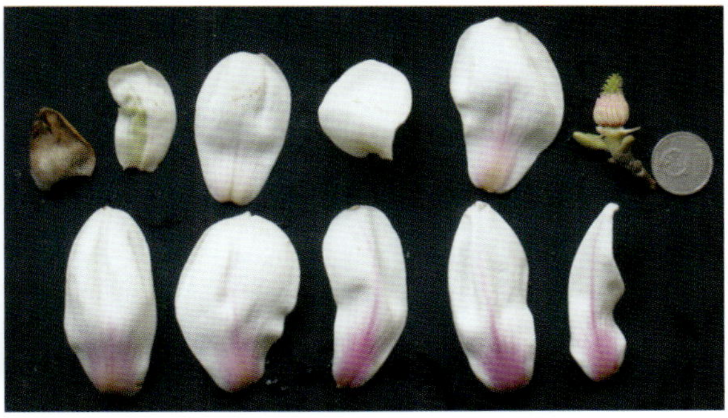
7.‘水粉’两型花玉兰 1 种花花被片与雌雄蕊群等 （赵天榜 摄影）

8.‘水粉’两型花玉兰 1 种花花被片与雌雄蕊群等 （赵天榜 摄影）

9.‘狭被’两型花玉兰 2 种花型花 （赵天榜 摄影）

图版 25 两型花玉兰等

1.‘凹缺叶’玉兰叶与聚生蓇葖果（赵天榜　摄影）

2.‘长叶艳紫红’枝叶与玉蕾（陈俊通　摄影）

3.‘长叶艳紫红’玉兰玉蕾（陈俊通　摄影）

4.‘长叶艳紫红’花枝（赵天榜　摄影）

5.‘长叶艳紫红’玉兰花一雌雄蕊群等（赵天榜　摄影）

6.‘长叶艳紫红’枝叶与聚生蓇葖果（陈俊通、杨红震　摄影）

7.‘香蕉’玉兰初花（选自刘秀丽　摄影）

8.‘红脉’玉兰花（赵天榜　摄影）

9.‘紫花’玉兰花（赵天榜　摄影）

10.‘微粉’玉兰花示雌雄蕊群等（赵天榜　摄影）

11.‘喙蕾’玉兰枝叶、玉蕾与聚生蓇葖果（赵天榜　摄影）

12.‘宽被’玉兰花花被片雌雄蕊群等（赵天榜　摄影）

13.‘异被’玉兰花（选自刘秀丽　摄影）

14.‘异被’玉兰花（赵天榜　摄影）

图版 26　‘凹缺叶’玉兰、‘香蕉’玉兰‘长叶艳紫红’玉兰等

1.‘卷被’玉兰树形 （赵天榜 摄影）

2.‘卷被’玉兰枝叶与玉蕾（赵天榜 摄影）

3.‘卷被’玉兰花 （赵天榜 摄影）

4.‘卷被’玉兰花与雌雄蕊群 （赵天榜 摄影）

5.‘卷被’玉兰花花被片与雌雄蕊群 （赵天榜 摄影）

6.‘青果’玉兰枝叶与聚生蓇葖果 （赵天榜 摄影）

7.‘狭被’玉兰花枝 （谢学军 摄影）

8.‘狭被’玉兰花 （赵天榜 摄影）

9.‘双雌蕊群‘玉兰花的双雌蕊群果轴等 （赵天榜 摄影）

10.‘小叶’玉兰 （赵天榜 摄影）

11.‘卷瓣’玉兰 （选自刘秀丽 摄影）

12.‘卷瓣’玉兰 （选自刘秀丽 摄影）

图版 27 ‘卷被’玉兰等

1.‘小白花’玉兰花花被片 7 枚 （赵天榜 摄影）

2.‘小白花’玉兰花花被片 8 枚 （赵天榜 摄影）

3.‘小白花’玉兰花 （赵天榜 摄影）

4.‘粉基’玉兰花 （赵天榜 摄影）

5.‘曲被’玉兰花 （赵天榜 摄影）

6.‘曲被’玉兰花花被片雌雄蕊群 （赵天榜 摄影）

7.‘曲被’玉兰花示雌雄蕊群 （赵天榜 摄影）

8.‘娇容三变’玉兰花 （选自刘秀丽 摄影）

9.‘娇容三变’玉兰花 （选自刘秀丽 摄影）

10.‘紫蝶飞’玉兰花 （选自刘秀丽 摄影）

11.‘紫暮渐浓’玉兰花 （选自刘秀丽 摄影）

12.‘白荷粉露’玉兰花 （选自刘秀丽 摄影）

图版 28 ‘小白花’玉兰等

1.‘粉紫基’玉兰花枝 （赵天榜 摄影）

2.‘粉紫基’玉兰花 （赵天榜 摄影）

3.‘粉紫基’玉兰花 （赵天榜 摄影）

4.‘粉紫基’玉兰花 （赵天榜 摄影）

5.‘粉紫基’玉兰花被片雌雄蕊群等 （赵天榜 摄影）

6.‘紫枝’玉兰枝叶与玉蕾 （赵天榜 摄影）

7.‘紫枝’玉兰混合芽枝叶与花 （赵天榜 摄影）

8.‘紫枝’玉兰枝叶玉蕾与聚生蓇葖果 （赵天榜 摄影）

9.‘夏花’玉兰枝叶与夏花 （赵天榜 摄影）

10.‘长瓣玉女’玉兰花 （选自刘秀丽 摄影）

11.‘晚叶’玉兰幼枝叶 （赵天榜 摄影）

12.‘光梗’玉兰花 （选自刘秀丽 摄影）

图版 29 ‘紫粉基’玉兰、‘紫枝’玉兰、‘夏花’玉兰等

1.‘艳紫红’玉兰树形 （赵天榜 摄影）

2.‘艳紫红’玉兰花花被片 （赵天榜 摄影）

3.‘粉基红’玉兰花 （赵天榜 摄影）

4.‘黄脉’玉兰花 （选自刘秀丽 摄影）

5.‘黄脉’玉兰花 （选自刘秀丽 摄影）

6.‘水粉’玉兰初花 （赵天榜 摄影）

7. 水粉玉兰花与叶 （选自刘玉壶主编.《中国木兰》）

8.‘舟被’玉兰花 （赵天榜 摄影）

9.‘舟被’玉兰花示雌雄蕊群 （赵天榜 摄影）

10.‘柱蕾’玉兰 （陈俊通、杨红震 摄影）

图版 30 ‘艳紫红’玉兰等

1.‘密枝’玉兰树形　（赵天榜　摄影）

2.‘密枝’玉兰初花佛焰苞状托叶小叶　（赵天榜　摄影）

3.‘密枝’玉兰花　（赵天榜　摄影）

4.‘密枝’玉兰花　（赵天榜　摄影）

5.‘密枝’玉兰花　（赵天榜　摄影）

6.‘喙被’玉兰花　（赵天榜　摄影）

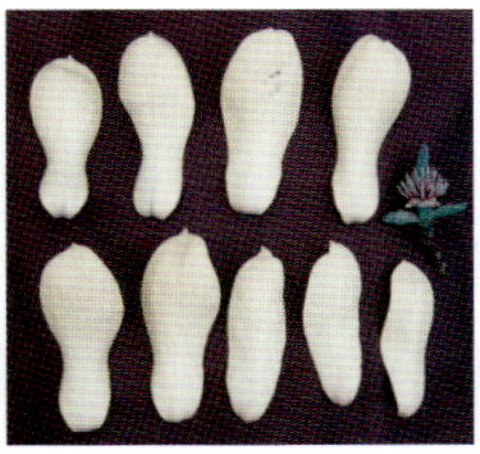

7.‘喙被’玉兰花被片雌雄蕊群等　（赵天榜　摄影）

8.‘大叶’玉兰叶　（赵天榜　摄影）

9.‘宽被’玉兰花（赵天榜　摄影）

10.‘宽被’玉兰花　（赵天榜　摄影）

11.‘疣果’玉兰枝叶与聚合蓇葖果　（赵天榜　摄影）

12.‘疣果’玉兰聚生蓇葖果　（赵天榜　摄影）

13.‘玉蝶’玉兰花　（选自刘秀丽　摄影）

图版 31　‘密枝’玉兰、‘喙被’玉兰等

1. 飞黄玉兰幼树树形 （李小康 摄影）

2. 飞黄玉兰叶 （李小康 摄影）

3. 飞黄玉兰长枝叶与玉蕾 （赵天榜 摄影）

4. 飞黄玉兰长枝叶芽 （赵天榜 摄影）

5. 飞黄玉兰枝与玉蕾 （赵天榜 摄影）

6. 飞黄玉兰初花 （赵天榜 摄影）

7. 飞黄玉兰初花 （赵天榜 摄影）

8. 飞黄玉兰花枝 （赵天榜 摄影）

9. 飞黄玉兰花 （赵天榜 摄影）

10. 飞黄玉兰花 （赵天榜 摄影）

11. 飞黄玉兰花 （赵天榜 摄影）

图版 32　飞黄玉兰

1. 飞黄玉兰花花被片与雌雄蕊群 （赵天榜 摄影）

2. 飞黄玉兰枝、幼叶、花被片（裂被）与雌雄蕊群等 （赵天榜 摄影）

3. 飞黄玉兰花花被片与雌雄蕊群 （赵天榜 摄影）

4. 飞黄玉兰花雌雄蕊群与缩台枝 （赵天榜 摄影）

5. 飞黄玉兰不育果 （李小康、陈俊通 摄影）

6. 飞黄玉兰混合芽枝叶与花 （赵天榜 摄影）

7. 飞黄玉兰混合芽枝叶、夏花与花被片等 （赵天榜 摄影）

8.‘多被’飞黄玉兰花 （赵天榜 摄影）

9.‘六被’飞黄玉兰花 （赵天榜 摄影）

图版 33 飞黄玉兰

1. 楔叶玉兰枝叶 （赵天榜　摄影）

2. 楔叶玉兰膨大玉蕾 （赵天榜　摄影）

3. 楔叶玉兰初花 （赵天榜　摄影）

4. 楔叶玉兰花 （赵天榜　摄影）

5. 楔叶玉兰初花与芽鳞状托叶等 （赵天榜　摄影）

6. 楔叶玉兰花雌雄蕊群 （赵天榜　摄影）

7. 凹叶玉兰花

8. 凹叶玉兰花 （选自祁棠才　摄影）

9. 凹叶玉兰花 （选自刘玉壶主编.《中国木兰》）

10. 凹叶玉兰枝叶与聚生蓇葖果 （赵天榜　摄影）

11 健凹叶玉兰花 （D. J. Callaway）

12. 健凹叶玉兰花枝（D. J. Callaway）

13. 健凹叶玉兰花 （D. J. Callaway）

14. 多花玉兰花 （选自刘玉壶主编《中国木兰》）

15. 多花玉兰花 （选自刘玉壶主编《中国木兰》）

图版 34　楔叶玉兰、凹叶玉兰、多花玉兰

1. 青皮玉兰幼树树形 （赵东欣 摄影）

2. 青皮玉兰幼枝叶 （赵东欣 摄影）

3. 青皮玉兰枝叶与幼果 （赵东欣 摄影）

4. 青皮玉兰枝与玉蕾 （李小康、陈俊通 摄影）

5. 青皮玉兰玉蕾 （李小康、陈俊通 摄影）

6. 青皮玉兰枝与玉蕾 （李小康、陈俊通 摄影）

7. 青皮玉兰花枝 （赵东欣 摄影）

8. 青皮玉兰玉蕾 （李小康、陈俊通 摄影）

9. 青皮玉兰花 （王中超、赵东武 摄影）

10. 青皮玉兰花 （王中超、赵东武 摄影）

图版 35　青皮玉兰

1. 青皮玉兰花枝 （赵东方　摄影）

2. 青皮玉兰花 （赵东方　摄影）

3. 青皮玉兰花 （赵东方　摄影）

4. 青皮玉兰花 （赵东方　摄影）

5. 青皮玉兰花 （赵东方　摄影）

6. 青皮玉兰叶与夏花 （赵东方　摄影）

7. 青皮玉兰枝叶与聚生蓇葖果 （李小康　摄影）

8. ‘白花’青皮玉兰枝叶与夏花 （赵东方　摄影）

9. ‘白花’青皮玉兰叶与夏花 （赵东方　摄影）

10.‘紫蕊’青皮玉兰花 （选自葛亚英　摄影）

11.‘多瓣’青皮玉兰花 （选自刘玉壶主编《中国木兰》）

图版 36　青皮玉兰

1. 玉灯玉兰幼树树形与花 （赵东欣 摄影）

2. 玉灯玉兰枝与叶 （赵东欣 摄影）

3. 玉灯玉兰壮枝叶 （赵天榜 摄影）

4. 玉灯玉兰花枝 （赵东欣 摄影）

5. 玉灯玉兰花 （赵天榜 摄影）

6. 玉灯玉兰花 （赵天榜 摄影）

7. 玉灯玉兰花 （赵天榜 摄影）

8. 玉灯玉兰花 （赵天榜 摄影）

9. 玉灯玉兰花 （赵天榜 摄影）

10. 玉灯玉兰花 （赵天榜 摄影）

图版 37 玉灯玉兰

1. 玉灯玉兰花 （赵天榜　摄影）

2. 玉灯玉兰花 （赵天榜　摄影）

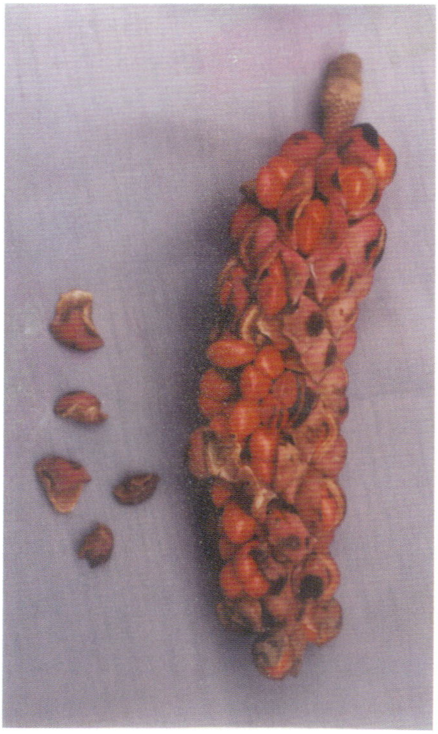

3. 玉灯玉兰聚生蓇葖果 （赵天榜　摄影）

4. ‘白牡丹’玉灯玉兰花 （赵天榜　摄影）

5. ‘狭被’玉灯玉兰花 （赵天榜　摄影）

6. ‘狭被’玉灯玉兰枝叶与聚生蓇葖果 （李小康、陈俊通　摄影）

7. ‘狭被’玉灯玉兰玉蕾与聚生蓇葖果 （李小康、陈俊通　摄影）

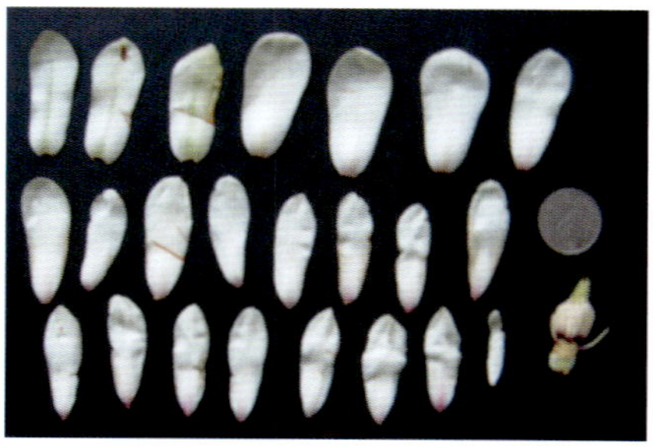

8. ‘狭被’玉灯玉兰花花被片与雌雄蕊群 （戴慧堂　摄影）

9. ‘粉基’玉灯玉兰花雌雄蕊群等 （戴慧堂　摄影）

10. ‘粉基’玉灯玉兰花花被片与雌雄蕊群等 （戴慧堂　摄影）

图版 38　玉灯玉兰

1. 奇叶玉兰枝与叶 （赵天榜 摄影）

2. 奇叶玉兰叶 （赵天榜 摄影）

3. 奇叶玉兰叶 （赵天榜 摄影）

4. 奇叶玉兰叶 （赵天榜 摄影）

5. 奇叶玉兰枝叶与玉蕾 （赵天榜 摄影）

6. 奇叶玉兰花 （赵天榜 摄影）

7. 奇叶玉兰花 （赵天榜 摄影）

8. 奇叶玉兰花 （赵天榜 摄影）

9. 奇叶玉兰枝芽花花被片与雌蕊群 （赵天榜 摄影）

图版 39 奇叶玉兰

1. 信阳玉兰枝叶与玉蕾 （赵天榜 摄影）

2.信阳玉兰枝叶与玉蕾（赵天榜 摄影）

3. 信阳玉兰花枝 （赵天榜 摄影）

4. 信阳玉兰初花花被片与雌雄蕊群等 （赵天榜 摄影）

5. 信阳玉兰花 （赵天榜 摄影）

6. 信阳玉兰花 （赵天榜 摄影）

7. 信阳玉兰花 （赵天榜 摄影）

8. 信阳玉兰枝叶与聚生蓇葖果 （赵天榜 摄影）

9. 狭被信阳玉兰花 （赵天榜 摄影）

10. 狭被信阳玉兰花（赵天榜 摄影）

11. 狭被信阳玉兰花被片雌雄蕊群等 （赵天榜 摄影）

12. 狭被信阳玉兰聚生蓇葖果 （陈俊通、杨红震 摄影）

13. 狭被信阳玉兰枝叶、玉蕾与聚生蓇葖果 （赵天榜 摄影）

图版 40 信阳玉兰

1. 朝阳玉兰枝叶 （赵天榜　摄影）

2. 朝阳玉兰枝叶 （赵天榜　摄影）

3. 朝阳玉兰枝芽 （赵天榜　摄影）

4. 朝阳玉兰花枝 （赵天榜　摄影）

5. 朝阳玉兰花 （赵天榜　摄影）

6. 朝阳玉兰花 （赵天榜　摄影）

7. 朝阳玉兰花花被片等 （赵天榜　摄影）

8. 朝阳玉兰花雌雄蕊群等 （赵天榜　摄影）

9. 朝阳玉兰花被片、缩台枝等 （赵天榜　摄影）

10. 朝阳玉兰枝叶与不全发育果 （赵天榜　摄影）

图版 41　朝阳玉兰

1. 华丽玉兰枝叶等 （陈俊通　摄影）

2. 华丽玉兰枝叶 （赵天榜　摄影）

3. 华丽玉兰花 （赵天榜　摄影）

4. 华丽玉兰花雌雄蕊群、雌蕊群柄与缩台枝等 （赵天榜　摄影）

5. 华丽玉兰与玉兰雌蕊群比较（右华丽玉兰） （赵天榜　摄影）

6. 华丽玉兰花雌蕊群雌蕊群柄具毛等（赵天榜　摄影）

7. 华丽玉兰枝叶与聚生蓇葖果 （陈俊通　摄影）

8. 华丽玉兰聚生蓇葖果与拟假种皮种子 （赵天榜　摄影）

9. 华丽玉兰聚生蓇葖果 （陈俊通　摄影）

图版 42　华丽玉兰

1. 中州玉兰树形 （李小康　摄影）

2. 中州玉兰枝叶与玉蕾 （赵天榜　摄影）

3. 中州玉兰花枝 （赵天榜　摄影）

4. 中州玉兰膨大玉蕾与花 （赵天榜　摄影）

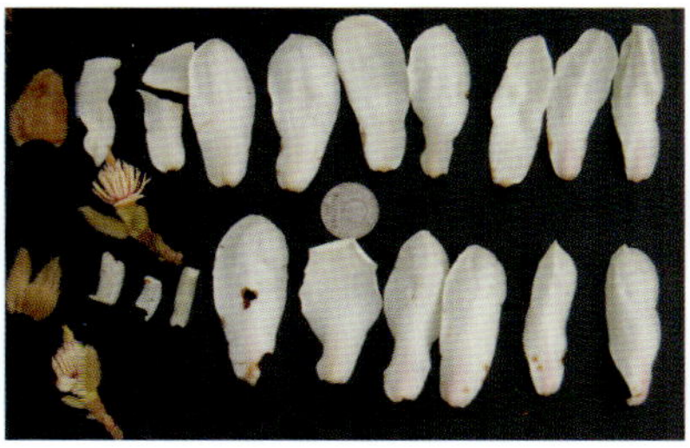

5. 中州玉兰花花被片雌雄蕊群等 （赵天榜　摄影）

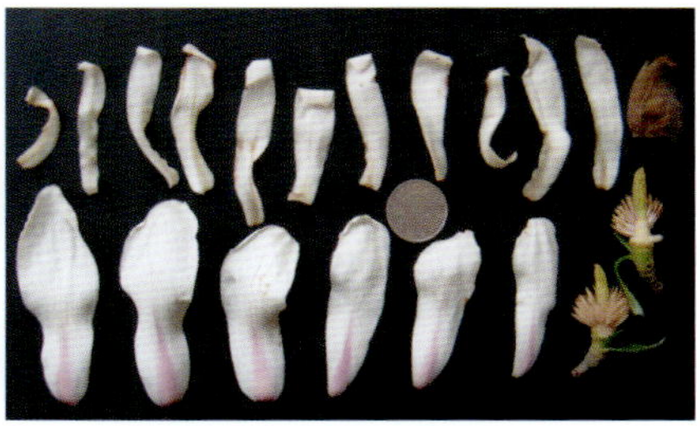

6. 中州玉兰花花被片雌雄蕊群等 （赵天榜　摄影）

7. 中州玉兰枝叶聚生蓇葖果 （赵东欣　摄影）

8. 中州玉兰枝叶与夏花 （陈俊通　摄影）

9. 中州玉兰枝叶与幼聚生蓇葖果与夏花 （陈俊通　摄影）

图版 43　中州玉兰

1. 两型花中州玉兰树形 （赵天榜　摄影）

2. 两型花中州玉兰枝叶 （陈俊通　摄影）

3. 两型花中州玉兰枝叶 （陈俊通　摄影）

4. 两型花中州玉兰花枝 （赵东欣　摄影）

5. 两型花中州玉兰花 （赵东欣　摄影）

6. 两型花中州玉兰花 （赵东欣　摄影）

7. 两型花中州玉兰花 （赵东欣　摄影）

8. 两型花中州玉兰花 （赵东欣　摄影）

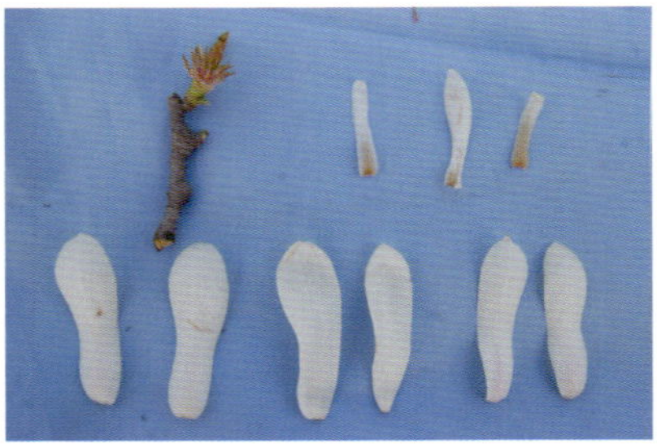

9. 两型花中州玉兰 1 种花型花被片与雌雄蕊群 （赵天榜　摄影）

10. 两型花中州玉兰花雌雄蕊群等 （赵天榜　摄影）

图版 44　两型花中州玉兰

1. 罗田玉兰枝叶与玉蕾 （赵天榜 摄影）

2. 罗田玉兰枝叶与玉蕾 （赵天榜 摄影）

3. 罗田玉兰长枝叶 （赵天榜 摄影）

4. 罗田玉兰初花 （赵天榜 摄影）

5. 罗田玉兰花 （赵天榜 摄影）

6. 罗田玉兰花 （赵天榜 摄影）

7. 罗田玉兰枝叶与不完全发育果 （赵天榜 摄影）

8. 罗田玉兰枝叶与聚生蓇葖果 （赵天榜 摄影）

9. ‘椭圆叶’罗田玉兰枝叶与玉蕾 （赵天榜 摄影）

10. ‘椭圆叶’罗田玉兰受冻花花被片与雌雄蕊群等 （赵天榜 摄影）

11. ‘椭圆叶’罗田玉兰枝叶与夏花 （赵天榜 摄影）

12. ‘红基’罗田玉兰花枝叶与夏花 （赵天榜 摄影）

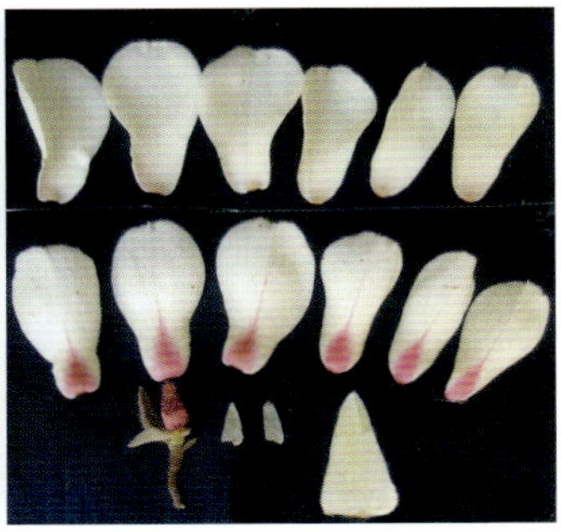

13. ‘红基’罗田玉兰花雌雄蕊等 （戴慧堂 摄影）

图版 45 罗田玉兰

1. 鸡公玉兰枝叶与玉蕾 （戴慧堂 摄影）

2. 鸡公玉兰叶 （戴慧堂 摄影）

3. 鸡公玉兰长枝叶 （戴慧堂 摄影）

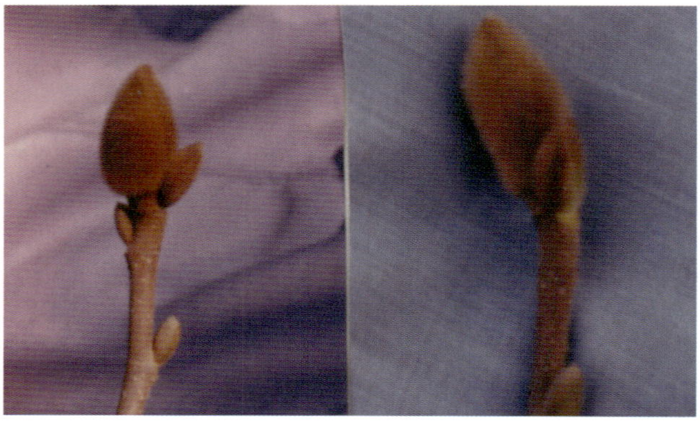

4. 鸡公玉兰玉蕾 （戴慧堂 摄影）

5. 鸡公玉兰膨大玉蕾初花 （戴慧堂 摄影）

6. 鸡公玉兰花 （戴慧堂 摄影）

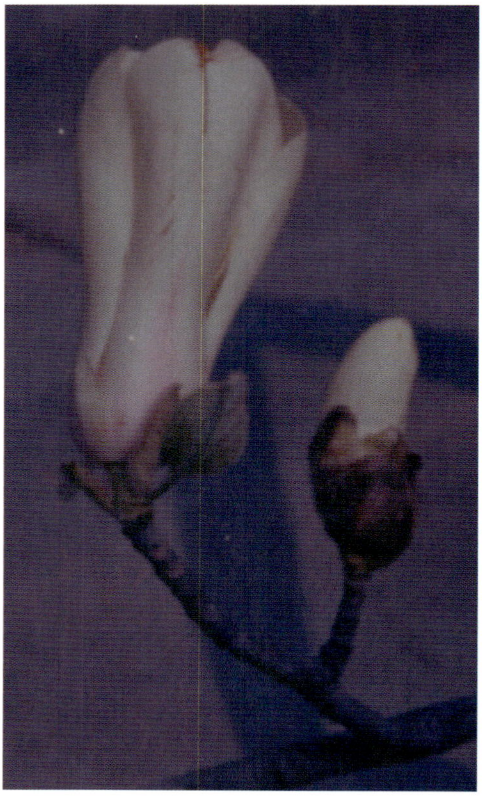

7. 鸡公玉兰花 （戴慧堂 摄影）

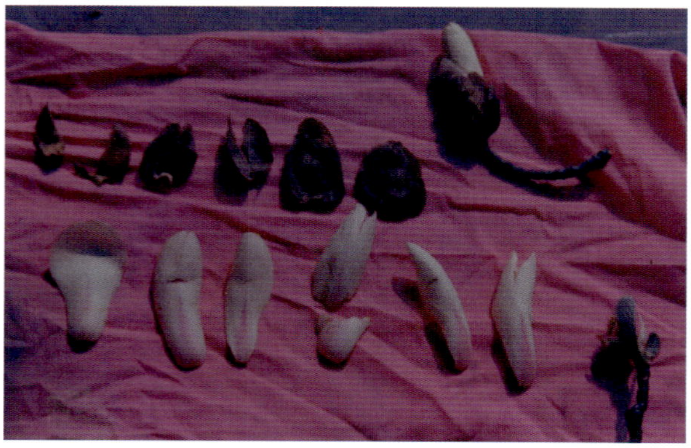

8. 鸡公玉兰芽鳞状托叶、花花被片与雌雄蕊群 （戴慧堂 摄影）

9. 鸡公玉兰枝叶、玉蕾与聚生蓇葖果 （戴慧堂 摄影）

图版 46 鸡公玉兰

1. 白花鸡公玉兰幼树树形 （赵东欣　摄影）

2. 白花鸡公玉兰枝叶 （赵东欣　摄影）

3. 白花鸡公玉兰枝叶与玉蕾 （赵东欣　摄影）

4. 白花鸡公玉兰花 （赵东欣　摄影）

5. 白花鸡公玉兰花与雌雄蕊群 （赵东欣　摄影）

6. 白花鸡公玉兰花 （赵东欣　摄影）

7. 白花鸡公玉兰枝叶与雌雄蕊群等 （赵东欣　摄影）

8. 白花鸡公玉兰枝叶与聚生蓇葖果 （李小康、陈俊通　摄影）

图版 47　白花鸡公玉兰

1. 两型玉兰枝叶与玉蕾 （赵天榜 摄影）

2. 两型玉兰叶与玉蕾 （赵天榜 摄影）

3. 两型玉兰 2 种初花 （赵天榜 摄影）

4. 两型玉兰花枝 （赵天榜 摄影）

5. 两型玉兰 2 型花花被片与雌雄蕊群等 （赵天榜 摄影）

6. 北川玉兰枝叶 （傅大立 摄影）

7. 北川玉兰花 （傅大立 摄影）

8. 北川玉兰 1 种佛焰苞状托叶 （傅大立 摄影）

9. 北川玉兰 1 种佛焰苞状托叶 （傅大立 摄影）

10. 北川玉兰花花被片 （傅大立 摄影）

11. 北川玉兰花花被片 （傅大立 摄影）

12. 北川玉兰花雌雄蕊群、雄蕊等（傅大立 摄影）

13. 北川玉兰枝与聚生蓇葖果 （傅大立 摄影）

图版 48 两型玉兰、北川玉兰

1. 舞钢玉兰树冠 （张贯银　摄影）

2. 舞钢玉兰初花枝 （赵天榜　摄影）

3. 舞钢玉兰花枝 （赵天榜　摄影）

4. 舞钢玉兰 1 种花型花 （赵天榜　摄影）

5. 舞钢玉兰花 （赵天榜　摄影）

6. 舞钢玉兰玉蕾与花 （赵天榜　摄影）

7. 舞钢玉兰枝叶与聚生蓇葖果 （陈俊通、杨红震　摄影）

图版 49　舞钢玉兰

1. 舞钢玉兰长枝叶与玉蕾 （赵天榜 摄影）

2. 舞钢玉兰簇生花 （赵天榜 摄影）

3. 舞钢玉兰花佛焰苞状托叶等 （赵天榜 摄影）

4. 三型花舞钢玉兰花 （赵天榜 摄影）

5. 三型花舞钢玉兰花花被片与雌雄蕊群等 （赵天榜 摄影）

6. ‘肉萼’舞钢玉兰花花被片与雌雄蕊群 （赵天榜 摄影）

7.‘肉萼’舞钢玉兰玉蕾与聚生蓇葖果等 （赵天榜 摄影）

图版 50 舞钢玉兰

1. 华夏玉兰树形 （赵天榜　摄影）

2. 华夏玉兰枝叶 （赵天榜　摄影）

3. 华夏玉兰枝叶与玉蕾 （赵天榜　摄影）

4. 华夏玉兰玉蕾 （赵天榜　摄影）

5. 华夏玉兰花花被片与雌雄蕊群等 （赵天榜　摄影）

6. 华夏玉兰玉蕾芽鳞状托叶与花花被片等 （赵天榜　摄影）

7. 华夏玉兰枝叶与夏花 （赵天榜　摄影）

8. 华夏玉兰枝叶与夏花 （赵天榜　摄影）

9. 华夏玉兰枝叶与夏花花被片等 （赵天榜　摄影）

10. 华夏玉兰枝叶与夏花花被片等 （赵天榜　摄影）

11. 华夏玉兰枝叶、玉蕾与幼果 （赵天榜　摄影）

12. 华夏玉兰夏花与幼果 （赵天榜　摄影）

13. 华夏玉兰聚生蓇葖果 （陈俊通　摄影）

14. ‘红基’华夏玉兰花 （赵天榜　摄影）

图版 51　华夏玉兰

1. 宝华玉兰树形 （赵天榜　摄影）

2. 宝华玉兰枝叶 （赵天榜　摄影）

3. 宝华玉兰枝叶 （赵天榜　摄影）

4. 宝华玉兰枝叶 （选自刘玉壶主编.《中国木兰》）

5. 宝华玉兰花 （选自刘玉壶主编.《中国木兰》）

6. 宝华玉兰花老被片与雌雄蕊群等 （赵天榜　摄影）

7. 宝华玉兰叶与聚生蓇葖果 （选自刘玉壶主编.《中国木兰》）

8. 多被宝华玉兰初花与花 （赵天榜　摄影）

9. 多被宝华玉兰花花被片等 （赵天榜　摄影）

图版 52　宝华玉兰

1. 白花宝华玉兰花 （赵天榜　摄影）

2. 白花宝华玉兰花 （赵天榜　摄影）

3. 白花宝华玉兰花示雌雄蕊群等 （赵天榜　摄影）

4. 白花宝华玉兰花 （D.J.Callaway）

5.'淡紫基'宝华玉兰花 （赵天榜　摄影）

6.'淡紫基'宝华玉兰花 （赵天榜　摄影）

7. '淡紫基' 宝华玉兰花示雌雄蕊群等 （赵天榜　摄影）

图版 53　白花宝华玉兰

1. 天目玉兰树形 （赵天榜 摄影）

2. 天目玉兰叶 （赵天榜 摄影）

3. 天目玉兰花 （选自刘玉壶主编.《中国木兰》）

4. 天目玉兰花 （选自刘玉壶主编.《中国木兰》）

5. 天目玉兰花 （选自徐来富 摄影）

6. 天目玉兰聚生蓇葖果 （选自刘玉壶主编.《中国木兰》）

7. 伏牛玉兰树形 （高聚堂、靳三恒 摄影）

8. 伏牛玉兰枝叶、玉蕾 （高聚堂、靳三恒 摄影）

9. 伏牛玉兰花枝 （赵天榜 摄影）

10. 伏牛玉兰花花被片与雌雄蕊群等 （赵天榜 摄影）

11. 伏牛玉兰枝叶与聚生蓇葖果 （赵天榜 摄影）

12. 景宁玉兰叶 （傅大立 摄影）

13. 景宁玉兰花枝 （陈俊通 摄影）

图版 54 天目玉兰、伏牛玉兰、景宁玉兰

1. 石人玉兰树形 （张东安　摄影）

2. 石人玉兰枝叶与玉蕾 （赵天榜　摄影）

3. 石人玉兰壮枝叶与玉蕾 （赵天榜　摄影）

4. 石人玉兰壮枝叶与玉蕾 （赵天榜　摄影）

5. 石人玉兰玉蕾 （赵天榜　摄影）

6. 石人玉兰膨大玉蕾 （赵天榜　摄影）

7. 石人玉兰花花被片等 （赵天榜　摄影）

8. 石人玉兰花雌雄蕊群与缩台枝 （赵天榜　摄影）

图版 55　石人玉兰

1. 渐尖玉兰幼树树形（花期） （D.J.Callaway）

2. 渐尖玉兰叶与花 （D.J.Callaway）

3. 渐尖玉兰花（日）

4. 渐尖玉兰枝叶与不完全发育 （D.J.Callaway）

5. 美丽玉兰初花枝（赵天榜 摄影）

6. 美丽玉兰花枝 （选自曾庆文编著.《观赏木兰 98 种》）

7. 美丽玉兰花 （选自曾庆文编著.《观赏木兰 98 种》）

8. 美丽玉兰枝叶与夏花 （赵天榜 摄影）

图版 56 渐尖玉兰、美丽玉兰

1. 紫玉兰高接树形 （赵天榜 摄影）

2. 紫玉兰叶 （赵天榜 摄影）

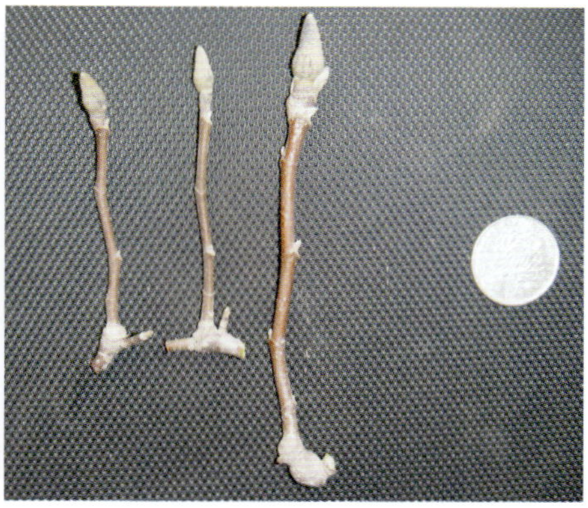
3. 紫玉兰玉蕾 （赵天榜 摄影）

4. 紫玉兰膨大玉蕾与初花 （赵天榜 摄影）

5. 紫玉兰花 （选自刘玉壶主编.《中国木兰》）

6. 玉紫兰花 （赵天榜 摄影）

7. 紫玉兰花 （选自武全安 摄影）

8. 紫玉兰花花被片、雌雄蕊群 （赵天榜 摄影）

9. 紫玉兰枝叶与聚生蓇葖果 （陈俊通 摄影）

图版 57 紫玉兰

1. 黑紫紫玉兰高接树形 （陈俊通　摄影）

2. 黑紫紫玉兰膨大玉蕾与初花 （赵天榜　摄影）

3. 黑紫紫玉兰初花与幼叶 （赵天榜　摄影）

4. 黑紫紫玉兰花与幼枝叶 （赵天榜　摄影）

5. 黑紫紫玉兰初花与佛焰苞状托叶等 （赵天榜　摄影）

6. 黑紫紫玉兰花 （赵天榜　摄影）

7. 黑紫紫玉兰花花被片、雌雄蕊群等 （赵天榜　摄影）

8. 黑紫紫玉兰夏花花被片等 （赵天榜　摄影）

9. 黑紫紫玉兰聚生蓇葖果 （赵天榜　摄影）

图版 58　黑紫紫玉兰

1. 红花紫玉兰花枝 （赵天榜 摄影）

2. 红花紫玉兰花枝 （赵天榜 摄影）

3. 红花紫玉兰花枝 （赵天榜 摄影）

4. 红花紫玉兰枝叶与夏初花 （赵天榜 摄影）

5.‘锥状’紫玉兰花 （赵天榜 摄影）

6. 时珍紫玉兰枝叶与玉蕾 （傅大立 摄影）

7. 时珍紫玉兰花 （傅大立 摄影）

8. 时珍紫玉兰雌蕊群等 （傅大立 摄影）

图版 59 红花紫玉兰、时珍紫玉兰等

1.‘夏花’紫玉兰树形 （李小康 摄影）

2.‘夏花’紫玉兰圆被花花被片 （赵天榜 摄影）

3.‘夏花’紫玉兰圆被花花被片 （赵天榜 摄影）

4.‘夏花’紫玉兰被花 （赵天榜 摄影）

5.‘夏花’紫玉兰花 （谢学军 摄影）

6.‘尖被’紫玉兰枝叶与花 （赵天榜 摄影）

7.‘尖被’紫玉兰枝叶与夏花 （赵天榜 摄影）

8.‘尖被’紫玉兰叶与花 （赵天榜 摄影）

9.两型花紫玉兰花 （赵天榜 摄影）

10.两型花紫玉兰花 （赵天榜 摄影）

11.两型花紫玉兰花花被片与雌雄蕊群等 （赵天榜 摄影）

图版 60 ‘夏花’紫玉兰、两型花紫玉兰等

1.‘亮紫’紫玉兰花 （赵天榜 摄影）

2.‘亮紫’紫玉兰花 （赵天榜 摄影）

3.‘亮紫’紫玉兰花被片雌雄蕊群 （赵天榜 摄影）

4.‘亮紫’紫玉兰花 （选自邢福武 摄影）

5.‘亮紫’紫玉兰花 （赵天榜 摄影）

6.‘亮紫’紫玉兰花 （赵天榜 摄影）

7.‘亮紫’紫玉兰花花被片与雌雄蕊群等 （赵天榜 摄影）

8.‘重瓣’紫玉兰花 （选自刘玉壶主编.《中国木兰》）

9.‘重瓣’紫玉兰聚生蓇葖果 （选自曾庆文编著.《观赏木兰98种》）

10.‘紫白’紫玉兰花 （赵天榜 摄影）

图版 61 ‘亮紫’紫玉兰等

2.‘亮紫红’紫玉兰枝叶与玉蕾 （李小康 摄影）

1.‘亮紫红’紫玉兰高接树形 （李小康 摄影）3.‘亮紫红’紫玉兰花枝 （李小康 摄影）4.‘亮紫红’紫玉兰花 （李小康 摄影）

5.‘亮紫红’紫玉兰花 （李小康 摄影）

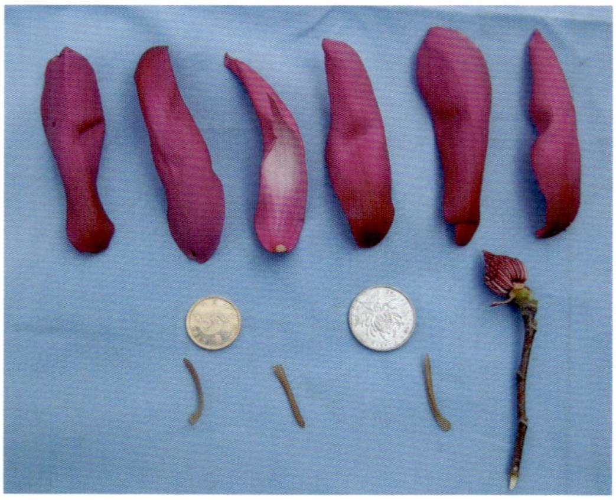

6.‘亮紫红’紫玉兰花花被片雌雄蕊群等 （李小康 摄影）

7.‘亮紫红’紫玉兰雌雄蕊群缩台枝 （李小康 摄影）

8.‘亮紫红’紫玉兰雌蕊群缩台枝 （李小康 摄影）

9.‘长被黑’紫玉兰花 （赵天榜 摄影）

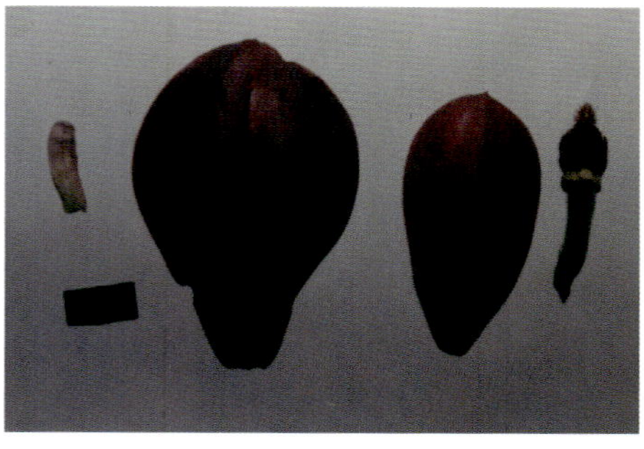

10.‘圆被黑’紫玉兰花花被片雌雄蕊群 （赵天榜 摄影）

图版 62 ‘亮紫红’紫玉兰等

1. 望春玉兰树形 （赵天榜　摄影）

2. 望春玉兰树形 （赵天榜　摄影）

3. 望春玉兰枝与叶 （赵天榜　摄影）

4. 望春玉兰玉蕾 （赵天榜　摄影）

5. 望春玉兰初花与花 （赵天榜　摄影）

6. 望春玉兰花型 （赵天榜　摄影）

7. 望春玉兰 4 种花型花被片与雌雄蕊群等 （赵天榜　摄影）

8. 望春玉兰聚生蓇葖果 （赵天榜　摄影）

图版 63　望春玉兰

1. 狭被望春玉兰枝叶 （赵天榜 摄影）

2. 狭被望春玉兰初花 （赵天榜 摄影）

3. 狭被望春玉兰花 （赵天榜 摄影）

4. 狭被望春玉兰初花与花 （赵天榜 摄影）

5. 狭被望春玉兰花 （赵天榜 摄影）

6. ‘狭叶’望春玉兰花 （赵天榜 摄影）

6. ‘狭叶’望春玉兰枝叶与聚生蓇葖果 （赵天榜 摄影）

8. ‘黄籽’望春玉兰果 （赵天榜 摄影）

图版 64 狭被望春玉兰等

1. 黄花望春玉兰树形 （赵东方 摄影）

2. 黄花望春玉兰枝叶与玉蕾 （赵天榜 摄影）

3. 黄花望春玉兰花枝 （李小康 摄影）

4. 黄花望春玉兰花枝 （赵天榜 摄影）

5. 黄花望春玉兰花 （赵天榜 摄影）

6. 黄花望春玉兰聚生蓇葖果 （赵天榜 摄影）

7. 富油望春玉兰花 （赵天榜 摄影）

8. 富油望春玉兰花 （赵天榜 摄影）

图版 65　黄花望春玉兰、富油望春玉兰

1. 紫色望春玉兰树形 （赵天榜 摄影）

2. 紫色望春玉兰花枝 （张东安 摄影）

3. 紫色望春玉花 （张东安 摄影）

4. 紫色望春玉兰花 （张东安 摄影）

5. 紫色望春玉兰花 （张东安 摄影）

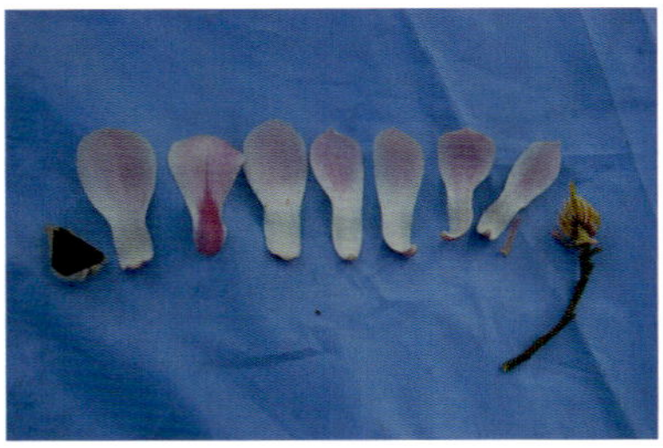

6. 紫色望春玉兰花花被片与雌雄蕊群 （赵天榜 摄影）

7. 紫色望春玉兰花蕾、花被片与雌雄蕊群 （赵天榜 摄影）

8. 紫花望春玉兰枝叶与聚生蓇葖果 （陈俊通 摄影）

9. 白花望春玉兰树形 （张东安 摄影）

10. 白花望春玉兰花枝 （赵天榜 摄影）

11. 白花望春玉兰花 （赵天榜 摄影）

图版 66 紫色望春玉兰、白花望春玉兰

1.‘卷被’望春玉兰花　（赵天榜　摄影）

2.‘卷被’望春玉兰花　（赵天榜　摄影）

3.‘卷被’望春玉兰花　（赵天榜　摄影）

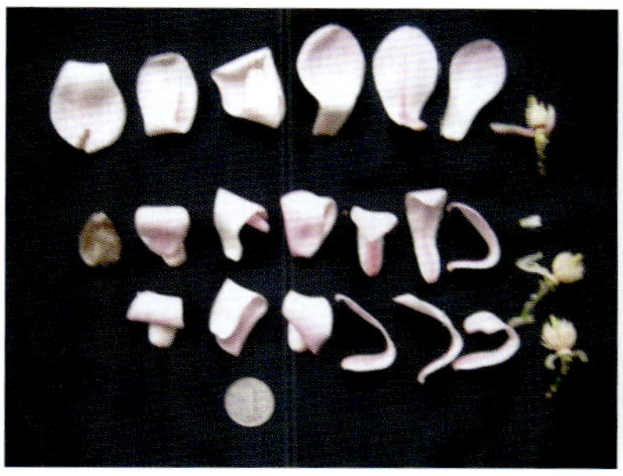

4.‘卷被’望春玉兰花花被片与雌雄蕊群　（赵天榜　摄影）

5.‘卷被’望春玉兰花　（赵天榜　摄影）

6.‘卷被’望春玉兰花　（赵天榜　摄影）

7. 两型花望春玉兰 2 种花色、花被片与雌雄蕊群　（赵天榜　摄影）

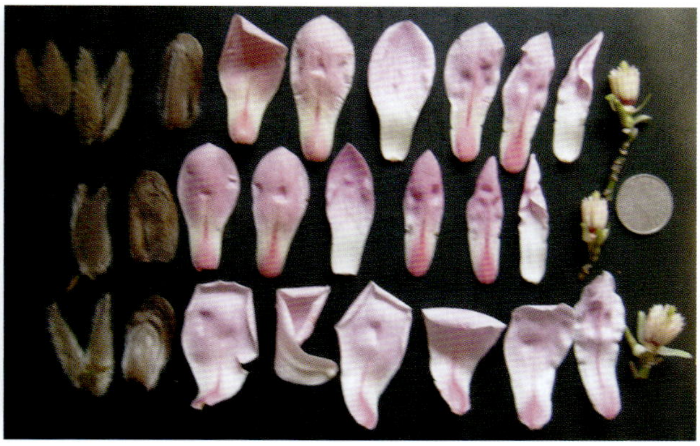

8. 两型花望春玉兰花被片与雌雄蕊群等　（赵天榜　摄影）

9. 两型花望春玉兰雌雄蕊群等　（赵天榜　摄影）

1C. 两型花望春玉兰雌雄蕊群等　（赵天榜　摄影）

11.‘紫基’望春玉兰花　（赵天榜　摄影）

图版 67　‘卷被’望春玉兰、两型花望春玉兰等

1.‘卷被’两型花望春玉兰花 （赵天榜 摄影）

2.‘卷被’两型花望春玉兰花 （赵天榜 摄影）

3.‘卷被’两型花望春玉兰花背面（赵天榜 摄影）

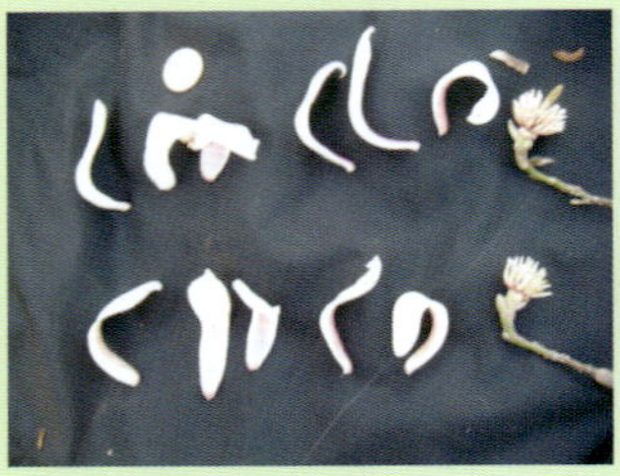

4.‘卷被’两型花望春玉兰花被片雌雄蕊群群 （赵天榜 摄影）

6.‘桃实’望春玉兰枝叶与玉蕾（高聚堂、靳三恒 摄影）

7.‘桃实’望春玉兰玉蕾与花枝（赵天榜 摄影）

8.‘桃实’望春玉兰花 （赵天榜 摄影）

5.‘桃实’望春玉兰幼树树形 （高聚堂、靳三恒 摄影）

9.‘桃实’望春玉兰芽变花（赵天榜 摄影）

10.‘小桃’望春玉兰枝叶与玉蕾 （赵天榜 摄影）

11.‘小桃’望春玉兰枝叶与玉蕾 （赵天榜 摄影）

图版 68 ‘卷被’两型花望春玉兰、‘桃实’望春玉兰

1.‘紫果’望春玉兰玉蕾花花被片与雌雄蕊群等 （赵天榜 摄影）

2.‘紫果’望春玉兰枝叶与不发育果 （陈俊通 摄影）

3.‘紫果’望春玉兰聚生蓇葖果 （赵天榜 摄影）

4.‘两色花’望春玉兰花 （赵天榜 摄影）

5.‘塔形’望春玉兰树形 （陈俊通 摄影）

6.‘塔形’望春玉兰聚生蓇葖果 （陈俊通 摄影）

7.‘塔形’望春玉兰枝叶与聚生蓇葖果 （陈俊通 摄影）

8.‘玖瑰’望春玉兰花 （赵天榜 摄影）

9.‘玖瑰’望春玉兰花 （赵天榜 摄影）

10.‘小蕾’望春玉兰 （赵天榜 摄影）

11.‘小蕾’望春玉兰枝叶与聚生蓇葖果 （赵天榜 摄影）

图版 69 ‘紫果’望春玉兰等

1.‘菩莲’望春玉兰枝叶、玉蕾 （高聚堂、靳三恒 摄影）

2.‘鼠皮’望春玉兰树形 （高聚堂、靳三恒 摄影）

3.‘鼠皮’望春玉兰枝叶玉蕾 （高聚堂、靳三恒 摄影）

4.‘变紫’望春玉兰花 （赵天榜 摄影）

5.‘宽被’望春玉兰花 （赵天榜 摄影）

6.‘尿骚黄’望春玉兰花 （赵天榜 摄影）

7.‘狭叶’望春玉兰枝叶与玉蕾 （赵天榜 摄影）

8.‘喙被’望春玉兰枝叶与玉蕾 （赵天榜 摄影）

9.‘喙被’望春玉兰 （赵天榜 摄影）

图版 70 ‘菩莲’望春玉兰等

1.‘淡粉’望春玉兰花 （张东安 摄影）

2.‘淡粉’望春玉兰花 （赵东欣 摄影）

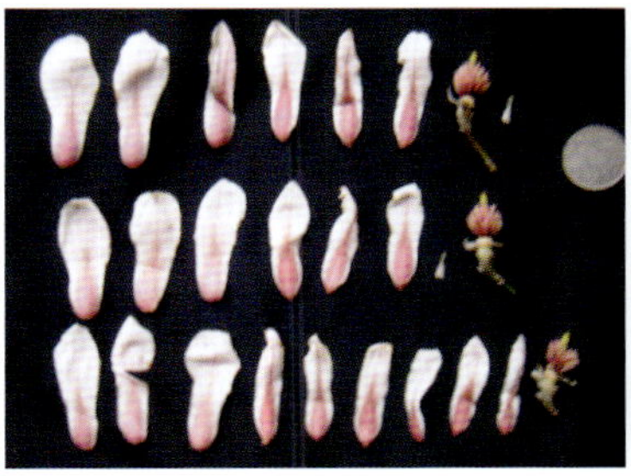
3.‘淡粉’望玉兰花花被片与雌雄蕊群等 （赵东欣 摄影）

4.‘紫基’望春玉兰花 （赵天榜 摄影）

5.‘紫基’望春玉兰花 （赵天榜 摄影）

6.‘亮紫’望春玉兰花 （赵天榜 摄影）

7.‘微粉’望春玉兰花 （赵天榜 摄影）

8.‘微粉’望春玉兰花被片与雌雄蕊群 （赵天榜 摄影）

9.‘微粉’望春玉兰花花被片与雌雄蕊群等 （赵天榜 摄影）

10.‘紫红基’望春玉兰花 （张东安 摄影）

图版 71 ‘淡粉’望春玉兰、‘紫基’望春玉兰等

1. 日本辛夷树形 （傅大立　摄影）

2. 日本辛夷长枝叶 （赵天榜　摄影）

3. 日本辛夷花 （D.J.Callaway）

4. 日本辛夷(日)

5. 变异日本辛夷枝叶 （赵天榜　摄影）

6. 变异日本辛夷花 （赵天榜　摄影）

7. 变异日本辛夷花 （赵天榜　摄影）

8. 变异日本辛夷花雌雄蕊群等 （赵天榜　摄影）

图版 72　日本辛夷

1. 星花玉兰树形 （赵天榜 摄影）

2. 星花玉兰花 （D.J.Callaway）

3. 星花玉兰花 （选自曾庆文编著.《观赏木兰 98 种》）

4. 星花玉兰花 （选自曾庆文编著.《观赏木兰 98 种》）

5. 星花玉兰花 （选自曾庆文编著.《观赏木兰 98 种》）

6. 星花玉兰花 （赵天榜 摄影）

7. 星花玉兰花 （赵天榜 摄影）

8. 星花玉兰花（日）

9. 柳叶玉兰枝叶 （赵天榜 摄影）

10. 柳叶玉兰花枝（日）

11. 安星紫玉兰花 （D.J.Callaway）

图版 73 星花玉兰、柳叶玉兰、安星紫玉兰

2. 腋花玉兰枝叶与玉蕾（赵天榜、赵东武 摄影）

3. 腋花玉兰顶生腋生与簇生玉蕾（赵天榜、赵东武 摄影）

4. 腋花玉兰簇生玉蕾（赵天榜、赵东武 摄影）

1. 腋花玉兰树形（赵天榜、赵东武 摄影）

5. 腋花玉兰枝叶与簇生玉蕾（赵天榜、赵东武 摄影）

6. 腋花玉兰初花与顶生、腋生玉蕾（赵天榜、赵东武 摄影）

7. 腋花玉兰顶生花（赵天榜、赵东武 摄影）

8. 腋花玉兰簇生花（赵天榜、赵东武 摄影）

9. 腋花玉兰枝叶、玉蕾与聚生蓇葖果（赵天榜、赵东武 摄影）

10. 腋花玉兰夏花（赵天榜、赵东武 摄影）

11. ‘铁桃’腋花玉兰枝叶与玉蕾（高聚堂、靳三恒摄影）

12. ‘铁桃’腋花玉兰枝叶与玉蕾（高聚堂、靳三恒摄影）

13. ‘铁桃’腋花玉兰腋生玉蕾（高聚堂、靳三恒摄影）

14. ‘铁桃’腋花玉兰发育不全果（赵天榜、赵东武 摄影）

图版 74 腋花玉兰

1. 黄山玉兰枝叶 （赵天榜、赵东武 摄影）

2. 黄山玉兰枝叶与玉蕾 （赵天榜、赵东武 摄影）

3. 黄山玉兰枝叶与玉蕾 （赵天榜、赵东武 摄影）

4. 黄山玉兰初花亮粉红色与腋生玉蕾 （赵天榜、赵东武 摄影）

5. 黄山玉兰花 （赵天榜、赵东武 摄影）

6. 黄山玉兰花 （赵天榜、赵东武 摄影）

7. 黄山玉兰花雌雄蕊群 （赵天榜、赵东武 摄影）

8. 黄山玉兰花花被片与雌雄蕊群等 （赵天榜、赵东武 摄影）

9. 黄山玉兰花 （选自曾庆文编著.《观赏木兰 98 种》）

10. 黄山玉兰花 （选自刘玉壶主编.《中国木兰》）

图版 75　黄山玉兰

1. 黄山玉兰枝叶与聚生蓇荚果 （赵天榜、赵东武 摄影）

2. 黄山玉兰聚生蓇葖果 （赵天榜、赵东武 摄影）

3. 黄山玉兰枝叶与聚生蓇葖果 （赵天榜、赵东武 摄影）

4. 黄山玉兰聚生蓇葖果 （赵天榜、赵东武 摄影）

5. 黄山玉兰聚生蓇葖果 （赵天榜、赵东武 摄影）

6. ‘皱被’黄山玉兰花枝 （赵天榜、赵东武 摄影）

7. 两型花黄山玉兰花花被片与雌雄蕊群等 （赵天榜、赵东武 摄影）

8. ‘亮紫红基’黄山玉兰花枝 （赵天榜、赵东武 摄影）

9. ‘亮紫红基’黄山玉兰花 （赵天榜、赵东武 摄影）

10. ‘紫基’黄山玉兰花 （赵天榜、赵东武 摄影）

图版 76 黄山玉兰、两型花黄山玉兰

1.‘紫红基’黄山玉兰花雌雄蕊群 （赵天榜、赵东武 摄影）

2.‘紫红基’黄山玉兰花 （赵天榜、赵东武 摄影）

3.‘紫红基’黄山玉兰花 （赵天榜、赵东武 摄影）

4. 卵叶黄山玉兰枝叶与玉蕾 （赵天榜、赵东武 摄影）

5. 狭叶黄山玉兰枝叶玉蕾与聚生蓇葖果 （赵天榜、赵东武 摄影）

6. 狭叶黄山玉兰枝叶 （赵天榜、赵东武 摄影）

7. 狭叶黄山玉兰枝叶 （赵东欣 摄影）

8. 狭叶黄山玉兰枝叶与聚生蓇葖果 （李小康、陈俊通 摄影）

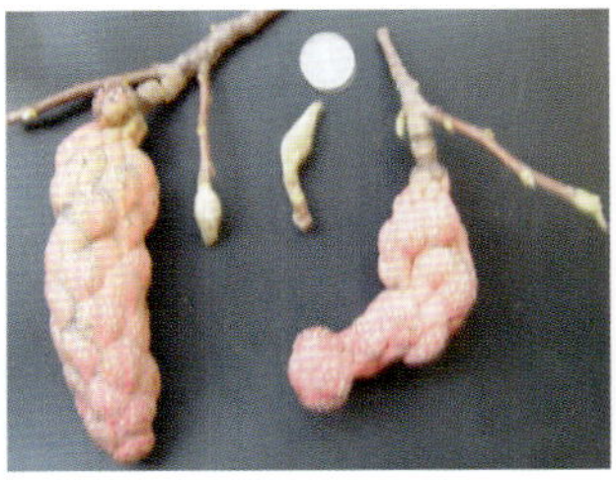

9. 狭叶黄山玉兰聚生蓇葖果 （赵天榜、赵东武 摄影）

10.‘黄花’黄山玉兰花 （赵天榜、赵东武 摄影）

图版 77　‘紫红基’黄山玉兰、‘狭叶’黄山玉兰

3. 具柄玉兰玉兰初花 （赵天榜、赵东武 摄影）

1. 具柄玉兰幼树树形 （赵天榜、赵东武 摄影）2. 具柄玉兰玉蕾 （赵天榜、赵东武 摄影）

4. 具柄玉兰花 （赵天榜、赵东武 摄影）

5. 具柄玉兰花 （赵天榜、赵东武 摄影）6. 安徽玉兰枝叶与玉蕾 （赵天榜、赵东武 摄影）

7. 安徽玉兰玉蕾 （赵天榜、赵东武 摄影）

9. 安徽玉兰花 （赵天榜、赵东武 摄影）10. 安徽玉兰 1 种花型花被片雌雄蕊群等 （赵天榜、赵东武 摄影）

8. 安徽玉兰花 （赵天榜、赵东武 摄影）

11. 安徽玉兰 2 种花型花被片雌雄蕊群等 （赵天榜、赵东武 摄影）12. 安徽玉兰 2 种花型花被片雌雄蕊群缩台枝 （赵天榜、赵东武 摄影）

图版 78 具柄玉兰、安徽玉兰

1. 莓蕊三兰枝叶 （赵天榜 摄影）

2. 莓蕊玉兰玉蕾 （赵天榜 摄影）

3. 莓蕊玉兰膨大玉蕾 （赵天榜 摄影）

4. 莓蕊玉兰玉蕾膨大玉蕾与花 （赵天榜 摄影）

6. 莓蕊玉兰膨大玉蕾与花 （赵天榜 摄影）

7. 莓蕊玉兰花 （赵天榜 摄影）

5. 莓蕊玉兰花 （赵天榜 摄影）

8. 莓蕊玉兰花多雌蕊群 （赵天榜 摄影）

9. 莓蕊玉兰花多雌蕊群 （赵天榜 摄影）

10. 莓蕊玉兰枝叶与聚生蓇葖果 （赵天榜 摄影）

图版 79 莓蕊玉兰

1. 莓蕊玉兰花示雌雄蕊群　（赵天榜　摄影）

2. 莓蕊玉兰芽花示雌雄蕊群等　（赵天榜　摄影）

3. 莓蕊玉兰花示亮紫色特异花被片等　（赵天榜　摄影）

4. 莓蕊玉兰枝叶与 2 次花（赵天榜　摄影）

5. 莓蕊玉兰枝叶与 2 次花　（赵天榜　摄影）

6. 莓蕊玉兰枝叶与 2 次花等　（赵天榜　摄影）

7. 莓蕊玉兰枝叶与 2 次花　（赵天榜　摄影）

8. 莓蕊玉兰枝叶与 2 次花（赵天榜　摄影）

9.'九被' 莓蕊玉兰花　（赵天榜　摄影）

图版 80　莓蕊玉兰

1. 异花玉兰树形 （李小康　摄影）

2. 异花玉兰树形 （李小康　摄影）

3. 异花玉兰枝叶与玉蕾 （李小康　摄影）

4. 异花玉兰顶生玉蕾 （赵天榜　摄影）

5. 异花玉兰顶生玉蕾 （李小康　摄影）

6. 异花玉兰腋生混合芽 （李小康　摄影）

7. 异花玉兰腋生混合芽 （李小康　摄影）

8. 异花玉兰混合芽与玉蕾 （赵天榜　摄影）

9. 异花玉兰 1 种花型 （李小康、赵天榜　摄影）

10. 异花玉兰 1 种花型 （李小康、赵天榜　摄影）

11. 异花玉兰 2 种花型 （李小康、赵天榜　摄影）

12. 异花玉兰 2 种花型 （李小康、赵天榜　摄影）

13. 异花玉兰 2 种花型 （李小康、赵天榜　摄影）

图版 81　异花玉兰

1. 异花玉兰 5 种花型 （李小康、赵天榜 摄影）

2. 异花玉兰 1 种花型 （李小康、赵天榜 摄影）

3. 异花玉兰 3 种花型 （李小康、赵天榜 摄影）

4. 异花玉兰花与芽鳞状托叶 （李小康 摄影）

5. 异花玉兰花 （李小康 摄影）

6. 异花玉兰花 （李小康 摄影）

7. 异花玉兰花 （李小康 摄影）

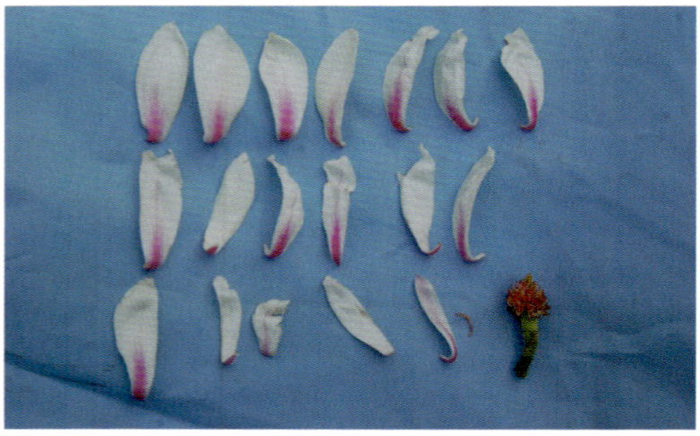

8. 异花玉兰花花被片与雌雄蕊群 （李小康 摄影）

9. 异花玉兰花花被片与雌雄蕊群 （李小康 摄影）

10. 异花玉兰花雌雄蕊群与缩台枝等 （李小康 摄影）

11. 异花玉兰花雌雄蕊群示含离生单雌蕊等 （李小康 摄影）

图版 82 异花玉兰

1. 异花玉兰 （李小康、陈俊通、赵天榜 摄影）

2. 异花玉兰月玉蕾混合芽与花蕾 （李小康、陈俊通、赵天榜 摄影）

3. 异花玉兰混合芽枝叶与花 （李小康、陈俊通、赵天榜 摄影）

4. 异花玉兰混合芽枝叶与花 （李小康、陈俊通、赵天榜 摄影）

5. 异花玉兰混合芽枝叶与花 （李小康、陈俊通、赵天榜 摄影）

6. 异花玉兰混合芽枝叶与花 （李小康、陈俊通、赵天榜 摄影）

7. 异花玉兰混合芽枝叶与花 （李小康、陈俊通、赵天榜 摄影）

8. 异花玉兰混合芽枝叶与花枝 （李小康、陈俊通、赵天榜 摄影）

9. 异花玉兰枝叶与花蕾花 （李小康、陈俊通、赵天榜 摄影）

10. 异花玉混合芽枝叶与花 （李小康、陈俊通、赵天榜 摄影）

11. 异花玉兰混合芽枝叶与花 （李小康、陈俊通、赵天榜 摄影）

12 异花玉兰混合芽枝叶、花与花被片等 （李小康、陈俊通 摄影）

13. 导花玉兰枝叶、花、雌雄蕊群与花梗 （李小康、陈俊通、赵天榜 摄影）

图版 83 异花玉兰花蕾形态与花蕾花等

1. 异花玉兰枝叶与花蕾 （李小康、陈俊通 摄影）

2. 异花玉兰枝叶与花蕾 （李小康、陈俊通、赵天榜 摄影）

3. 异花玉兰枝叶与花蕾 （李小康、陈俊通、赵天榜 摄影）

4. 异花玉兰花蕾形态比较 （李小康、陈俊通、赵天榜 摄影）

5. 异花玉兰花蕾形状 （李小康、陈俊通 摄影）

6. 异花玉兰枝叶与花蕾花 （李小康、陈俊通 摄影）

7. 异花玉兰花蕾花与雌雄蕊群等 （李小康、陈俊通 摄影）

8. 异花玉兰花蕾花——雌雄蕊群等 （李小康、陈俊通 摄影）

9. 异花玉兰枝叶花蕾花与芽鳞状托叶等 （李小康、陈俊通、赵天榜 摄影）

10. 异花玉兰枝叶花蕾与花蕾初花等 （李小康、陈俊通、赵天榜 摄影）

11. 异花玉兰枝叶花蕾花花被片等 （李小康、陈俊通、赵天榜 摄影）

12. 异花玉兰混合芽枝叶与花等 （李小康、陈俊通、赵天榜 摄影）

图版 84 异花玉兰花蕾形态与花蕾花等

1. 异花玉兰混合芽枝叶与花 （李小康 摄影）

2. 异花玉兰混合芽枝叶与花 （李小康 摄影）

3. 异花玉兰混合芽幼枝叶与花雌雄蕊等 （李小康 摄影）

4. 异花玉兰枝叶与花蕾花（李小康、陈俊通 摄影）

5. 异花玉兰枝叶花蕾与花蕾初花 （李小康、陈俊通 摄影）

6. 异花玉兰枝叶与花蕾花 （李小康、陈俊通 摄影）

7. 异花玉兰枝叶与花蕾花 （李小康、陈俊通 摄影）

8. 异花玉兰枝叶与花蕾花 （李小康、陈俊通 摄影）

9. 异花玉兰花蕾花花被片与不发育雌雄蕊群等 （李小康、陈俊通 摄影）

10. 异花玉兰花蕾花花被片与不发育雌雄蕊群等 （李小康、陈俊通 摄影）

11. 异花玉兰花蕾花花被片与不发育雌雄蕊群等 （李小康、陈俊通 摄影）

图版 85 异花玉兰花蕾花与花花被片等

1. 大别玉兰枝叶 （李赵天榜、赵东武 摄影）

2. 大别玉兰 4 种花型花 （李赵天榜、赵东武 摄影）

3. 河南玉兰树形 （赵天榜、赵东武 摄影）

4. 河南玉兰枝叶 （赵天榜、赵东武 摄影）

5. 河南玉兰 3 种花型花 （赵天榜、赵东武 摄影）

6. 河南玉兰枝叶与聚生蓇葖果 （赵天榜、赵东武 摄影）

7. 椭圆叶河南玉兰干与枝 （赵天榜、赵东武 摄影）

8. 椭圆叶河南玉兰花枝 （赵天榜、赵东武 摄影）

9. 椭圆叶河南玉兰枝 （赵天榜、赵东武 摄影）

图版 86 大别玉兰、河南玉兰

1. 多型玉兰枝叶 （赵天榜、赵东武 摄影）

2. 多型玉兰枝叶 （赵天榜、赵东武 摄影）

3. 多型叶玉兰 2 种花型花 （赵天榜、赵东武 摄影）

4. 多型叶玉兰花 （赵天榜、赵东武 摄影）

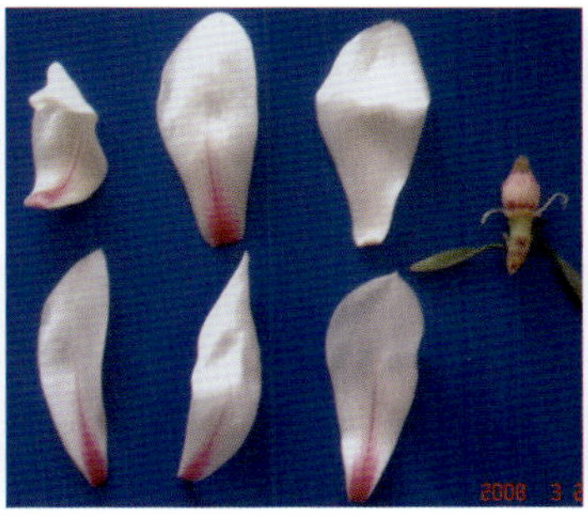

5. 多型叶玉兰花花被片与雌雄蕊群等 （赵天榜、赵东武 摄影）

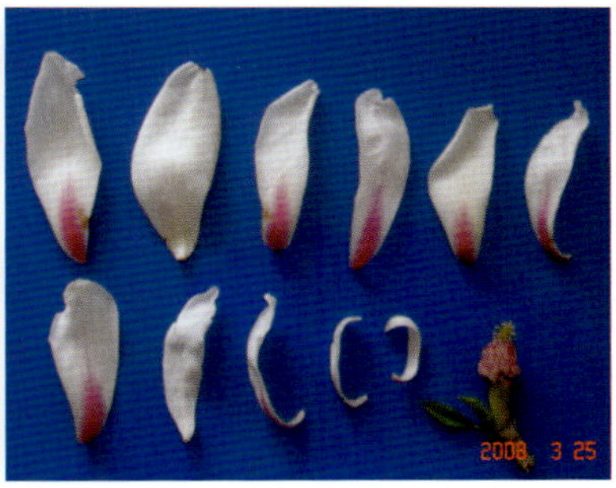

6. 多型叶玉兰花花被片与雌雄蕊群等 （赵天榜、赵东武 摄影）

7. 怀宁玉兰树形 （傅大立 摄影）

8. 怀宁玉兰枝叶与玉蕾 （傅大立 摄影）

9. 怀宁玉兰花 （傅大立 摄影）

10. 怀宁玉兰花与雌雄蕊群 （傅大立 摄影）

11. 怀宁玉兰花雌蕊群缩台枝 （傅大立 摄影）

12. 怀宁玉兰花背面 （傅大立 摄影）

图版 87 多型叶玉兰、怀宁玉兰

1. 朱砂玉兰幼树树形 （李小康 摄影）

2. 朱砂玉兰枝叶与玉蕾 （赵天榜 摄影）

3. 朱砂玉兰花枝 （赵天榜 摄影）

4. 朱砂玉兰花 （赵天榜 摄影）

5. 朱砂玉兰花 （赵天榜 摄影）

6. 朱砂玉兰花 （选自曾庆文编著.《观赏木兰98种》）

7. 朱砂玉兰花 （选自曾庆文编著.《观赏木兰98种》）

8. 朱砂玉兰花 （选自刘玉壶主编.《中国木兰》）

9. 朱砂玉兰 （选自刘玉壶主编.《中国木兰》）

10. 朱砂玉兰 （选自刘玉壶主编.《中国木兰》）

11. 朱砂玉兰 （选自刘玉壶主编.《中国木兰》）

12. 朱砂玉兰 （选自刘玉壶主编.《中国木兰》）

13. 朱砂玉兰 （选自刘玉壶主编.《中国木兰》）

图版88 朱砂玉兰

1.‘白花’朱砂玉兰花　（赵天榜　摄影）

2.‘萼’朱砂玉兰花　（选自刘玉壶主编.《中国木兰》）

3.‘圆萼’朱砂玉兰花　（赵天榜　摄影）

4.‘白花 粉基’朱砂玉兰花　（赵天榜　摄影）

5.‘白花 粉基’朱砂玉兰花—雌雄蕊群　（赵天榜　摄影）

6.‘白花 粉基’朱砂玉兰枝叶与夏花　（赵天榜　摄影）

7.‘紫花 萼’朱砂玉兰初花　（赵天榜　摄影）

8.‘紫花 萼’朱砂玉兰花枝　（赵天榜　摄影）

9.‘紫花 萼’朱砂玉兰夏花　（赵天榜　摄影）

10.‘紫花 萼’朱砂玉兰夏花　（赵天榜　摄影）

11.‘紫花 萼’朱砂玉兰夏花花被片与雌雄蕊群等　（赵天榜　摄影）

12.‘紫花 萼’朱砂玉兰枝叶玉蕾与聚生蓇葖果　（赵天榜　摄影）

13.‘肉萼’朱砂玉兰花　（赵天榜　摄影）

图版 89　‘萼’朱砂玉兰等

1. 变异朱砂玉兰枝叶 （赵天榜 摄影）

2. 变异朱砂玉兰玉蕾 （赵天榜 摄影）

3. 变异朱砂玉兰花枝 （赵天榜 摄影）

4. 变异朱砂玉兰多花型与芽鳞状托叶 （赵天榜 摄影）

5. 变异朱砂玉兰聚生蓇葖果 （陈俊通 摄影）

6.‘三色花’朱砂玉兰花枝 （赵天榜 摄影）

7.‘两型 紫花’朱砂玉兰花 （赵天榜 摄影）

8. ‘棱被’朱砂玉兰花 （赵天榜 摄影）

图版 90 变异朱砂玉兰等

1.‘正昊’朱砂玉兰初花（赵天榜 摄影）

2.‘正昊’朱砂玉兰花花被片雌雄蕊群等 （赵天榜 摄影）

3.‘正昊’朱砂玉兰 2 种花型花被片与雌雄蕊群等 （赵天榜 摄影）

4.‘宽被’朱砂玉兰花 （李小康 摄影）

5.‘宽被’朱砂玉兰花 （赵天榜 摄影）

6.‘宽被’朱砂玉兰花 （赵天榜 摄影）

7.‘宽被’朱砂玉兰花花被片与雌雄蕊群 （赵天榜 摄影）

8.‘粉红’朱砂玉兰花 （赵天榜 摄影）

9.‘粉红’朱砂玉兰花（赵天榜 摄影）

10.‘水粉’朱砂玉兰花 （赵天榜 摄影）

11.‘水粉’朱砂玉兰花 （赵天榜 摄影）

图版 91 ‘正昊’朱砂玉兰等

1.‘淡紫’朱砂玉兰花 （赵天榜 摄影）

2.‘淡紫’朱砂玉兰花花被片与雌雄蕊群等 （赵天榜 摄影）

3.‘宽被 微粉’朱砂玉兰花 （赵天榜 摄影）

4.‘宽被 微粉’朱砂玉兰花示雌雄蕊群等 （赵天榜 摄影）

5.‘宽被 微粉’朱砂玉兰花花被片与雌雄蕊群等 （赵天榜 摄影）

6.‘亮粉红’朱砂玉兰花 （赵天榜 摄影）

7.‘亮粉红’朱砂玉兰花花被片与雌雄蕊群 （赵天榜 摄影）

8.‘水粉’朱砂玉兰花 （赵天榜 摄影）

9.‘水粉’朱砂玉兰花 （赵天榜 摄影）

10.‘水粉’朱砂玉兰花花被片与雌雄蕊群 （赵天榜 摄影）

11.‘水粉’朱砂玉兰花 （赵天榜 摄影）

12.‘橙红’朱砂玉兰花 （选自刘玉壶主编.《中国木兰》）

图版 92 ‘淡紫’朱砂玉兰等

1.‘红运’朱砂玉兰花 （赵天榜 摄影）

2.‘红运’朱砂玉兰花 （选自曾庆文编著.《观赏木兰98种》）

3.‘红运’朱砂玉兰花 （选自刘玉壶主编.《中国木兰》）

4.‘小白花’朱砂玉兰树形 （赵天榜 摄影）

5.‘小白花’朱砂玉兰枝叶与玉蕾 （陈俊通 摄影）

6.‘小白花’朱砂玉兰花 （赵天榜 摄影）

7.‘小白花’朱砂玉兰聚生蓇葖果 （陈俊通、杨红震 摄影）

8.‘亮粉红’朱砂玉兰花 （赵天榜 摄影）

9.‘亮粉红’朱砂玉兰花 （赵天榜 摄影）

10.‘亮粉红’朱砂玉兰夏花 （赵天榜 摄影）

11.‘淡黄 紫基’朱砂玉兰花 （选自刘玉壶主编《中国木兰》）

图版 93 ‘红运’朱砂玉兰等

1.‘紫霞’朱砂玉兰花 （崔铁成 摄影）

2.‘紫霞’朱砂玉兰初花 （崔铁成 摄影）

3.‘紫霞’朱砂玉兰初花 （赵天榜 摄影）

4.‘紫霞’朱砂玉兰花 （赵天榜 摄影）

5.‘紫霞’朱砂玉兰花 （赵天榜 摄影）

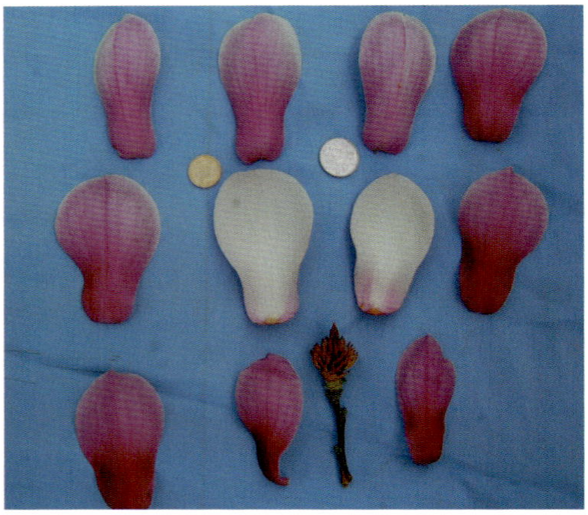

6.‘紫霞’朱砂玉兰花花被片与雌雄蕊群 （赵天榜 摄影）

7.‘紫霞’朱砂玉兰花花被片与雌雄蕊群 （赵天榜 摄影）

8.‘紫霞’朱砂玉兰花雌蕊群与花梗 （赵天榜 摄影）

9.‘紫霞’朱砂玉兰 （葛亚荣 摄影）

10.‘紫霞’朱砂玉兰 （赵天榜 摄影）

11.‘紫霞’朱砂玉兰枝叶与夏花花被片等 （赵天榜 摄影）

图版 94 ‘紫霞’朱砂玉兰

1.‘亮紫霞’朱砂玉兰幼树树形（李小康　摄影）

2.‘亮紫霞’朱砂玉兰玉蕾枝　（赵天榜　摄影）

3.‘亮紫霞’朱砂玉兰花　（赵天榜　摄影）

4.‘亮紫霞’朱砂玉兰花　（赵天榜　摄影）

5.‘亮紫霞’朱砂玉兰花　（赵天榜　摄影）

6.‘亮紫霞’朱砂玉兰叶腋芽与花　（赵天榜　摄影）

7.‘亮紫霞’朱砂玉兰夏花植株　（赵天榜　摄影）

8.‘金球’玉兰花　（选自刘秀丽　摄影）

9.‘香型’玉兰花　（选自刘秀丽　摄影）

图版 95　‘亮紫霞’朱砂玉兰

1.‘长春’朱砂玉兰初花 （赵天榜 摄影）

2.‘长春’朱砂玉兰花 （赵天榜 摄影）

3.‘长春’朱砂玉兰花雌雄蕊群等 （赵天榜 摄影）

4.‘长春’朱砂玉兰枝叶 2 次花雌雄蕊群 （赵天榜 摄影）

5.‘丹馨’朱砂玉兰膨大玉蕾 （赵天榜 摄影）

6.‘丹馨’朱砂玉兰初花 （赵天榜 摄影）

7.‘丹馨’朱砂玉兰玉蕾与花等 （赵天榜 摄影）

8.‘丹馨’朱砂玉兰花花被片与雌雄蕊群 （赵天榜 摄影）

9.‘丹馨’朱砂玉兰花 （选自刘秀丽 摄影）

10 ‘丹馨’朱砂玉兰膨大玉蕾 （选自刘秀丽 摄影）

图版 96 ‘长春’朱砂玉兰、‘丹馨’朱砂玉兰

1.‘大花嫣紫’朱砂玉兰花 （选自刘秀丽 摄影）

2.‘粉绫’朱砂玉兰花 （选自刘秀丽 摄影）

3.‘红霞’朱砂玉兰花 （李小康 摄影）

4.‘红霞’朱砂玉兰花 （李小康 摄影）

5.‘红霞’朱砂玉兰花 （选自刘秀丽 摄影）

6.‘红霞’朱砂玉兰花 （选自刘秀丽 摄影）

7.‘美丽’朱砂玉兰花 （选自刘秀丽 摄影）

8.‘红脉’朱砂玉兰花 （选自刘秀丽 摄影）

9.‘阔瓣’朱砂玉兰花 （李小康 摄影）

图版 97 ‘大花嫣紫’朱砂玉兰等

2. 杂配玉兰枝叶和玉蕾 （赵天榜 摄影）

3. 杂配玉兰初花 （陈俊通 摄影）

1. 杂配玉兰树形 （陈俊通 摄影）

4. 杂配玉兰花 （陈俊通 摄影）

5. 杂配玉兰夏花 （赵天榜 摄影）

6. 杂配玉兰夏花 （赵东方 摄影）

7. 杂配玉兰夏花、花被片与雌雄蕊群等 （李小康、陈俊通 摄影）

8. 杂配玉兰秋花、枝叶与玉蕾 （陈俊通 摄影）

9. 杂配玉兰秋花的 3 种缩台枝与雌雄蕊群（赵天榜 摄影）

10. 杂配玉兰冬花（11 月上旬）（陈俊通 摄影）

11. 杂配玉兰冬花萼状花被片（12 月中旬） （陈俊通 摄影）

12. 杂配玉兰玉蕾、冬花花被片与雌雄蕊群等 （赵天榜 摄影）

13. 杂配玉兰枝叶、玉蕾与聚生蓇葖果（李小康、陈俊通 摄影）

14. 景宁玉兰花 （陈俊通、赵天榜 摄影）

图版 98 杂配玉兰、景宁玉兰

1. 朱砂玉兰苗木　（王锦恩　摄影）

2. 朱砂玉兰大苗木区　（赵天榜　摄影）

3. 飞黄玉兰苗木　（王锦恩　摄影）

4. 青皮玉兰苗木　（王锦恩　摄影）

5. 望春玉兰 1 龄实生苗　（谢学军　摄影）

6. 朱砂玉兰大苗培育区　（赵东方摄影）

7. 玉兰大苗培育区　（赵天榜　摄影）

8. 大苗带土包扎　（赵天榜　摄影）

9. 玉兰大树高接紫霞朱砂玉兰与飞黄玉兰　（赵天榜　摄影）

10. 望春玉兰大树高接紫霞朱砂玉兰　（张东安　摄影）

11. 望春玉兰扦插幼苗生根状况　（赵天榜　摄影）

图版 99　望春玉兰等苗木与大树高接

1. 荷花木兰与玉兰等混栽 （赵东方 摄影）

2. 望春玉兰与玉兰混栽 （赵天榜 摄影）

3. 玉兰、蜡梅与龙柏单行混栽 （赵天榜 摄影）

4. 玉兰与桃叶卫矛混栽 （李小康 摄影）

5. 路旁栽植朱砂玉兰 （赵东方 摄影）

6. 路旁栽植望春玉兰 （赵天榜 摄影）

7. 宅旁栽植望春玉兰 （张东安 摄影）

8. 宅旁栽植望春玉兰 （张东安 摄影）

9. 楼旁栽植紫色望春玉兰 （赵天榜 摄影）

10. 石质山地栽植望春玉兰 （赵天榜 摄影）

11. 望春玉兰大树栽植 （赵天榜 摄影）

12. 望春玉兰单行栽植 （赵天榜 摄影）

13. 望春玉兰滩地造林 （赵天榜 摄影）

14. 全面整地栽植 （赵天榜 摄影）

15. 路旁栽植 （赵天榜 摄影）

图版 100 望春玉兰栽培

1. 望春玉兰荒山造林 （张东安　摄影）

2. 望春玉兰荒山造林 （张东安　摄影）

3. 望春玉兰荒坡造林 （张东安　摄影）

4. 望春玉兰荒坡造林 （张东安　摄影）

5. 望春玉兰荒坡造林 （张东安　摄影）

6. 望春王兰水源涵养林 （张东安　摄影）

7. 望春玉兰水源涵养林 （张东安　摄影）

8. 望春玉兰水源涵养林 （张东安　摄影）

图版 101　望春玉兰栽培技术

1. 腋花玉兰人工林 （谢学军　摄影）

2. 腋花玉兰人工林 （谢学军　摄影）

3. 腋花玉兰人工林 （赵天榜　摄影）

4. 坡地腋花玉兰人工林 （张东安　摄影）

5. 平岗地腋花玉兰人工林 （张东安　摄影）

6. 岗地望春玉兰人工林 （张东安　摄影）

7. 平地望春玉兰人工林 （张东安　摄影）

8. 坡地望春玉兰人工林 （张东安　摄影）

图版 102　腋花玉兰、望春玉兰人工林

1. 腋花玉兰梯田造林 （张东安 摄影）

2. 腋花玉兰梯田造林 （张东安 摄影）

3. 腋花玉兰梯田造林 （张东安 摄影）

4. 腋花玉兰梯田造林 （张东安 摄影）

5. 腋花玉兰梯田造林 （张东安 摄影）

6. 腋花玉兰梯田造林 （张东安 摄影）

7. 腋花玉兰梯田造林 （张东安 摄影）

8. 腋花玉兰退耕还林 （张东安 摄影）

9. 腋花玉兰退耕还林 （张东安 摄影）

图版 103 腋花玉兰山区造林

1. 腋花玉兰与小麦间作 （赵天榜 摄影）

2. 腋花玉兰与玉米间作 （赵天榜 摄影）

3. 腋花玉兰与芝蔴间作 （赵天榜 摄影）

4. 腋花玉兰与落花生间作 （赵天榜 摄影）

5. 腋花玉兰与甘薯间作 （赵天榜 摄影）

6. 腋花玉兰与望春玉兰苗木间作 （赵天榜 摄影）

7. 腋花玉兰与板栗育苗间作 （赵天榜 摄影）

8. 腋花玉兰林下栽培木耳 （赵天榜 摄影）

9. 腋花玉兰与中药材间作 （赵天榜 摄影）

图版 104 腋花玉兰与农作物等间作

1. 青皮玉兰叶片日灼 （李小康、陈俊通 摄影）

2. 玉兰叶片日灼 （赵天榜 摄影）

3. 干皮日灼 （赵天榜 摄影）

4. 葛危害 （高聚堂、靳三恒 摄影）

5. 鸟危害望春玉兰花 （赵天榜 摄影）

6. 雾凇危害望春玉兰大树 （高聚堂 摄影）

7. 卷叶蛾危害望春玉兰叶 （赵天榜 摄影）

8. 卷叶蛾危害望春玉兰叶 （赵天榜 摄影）

9. 卷叶蛾危害望春玉兰叶 （赵天榜 摄影）

10. 辛夷卷叶象甲危害望春玉兰叶 （赵天榜 摄影）

11. 尺蠖危害望春玉兰叶 （赵天榜 摄影）

12. 菱形果玉兰聚生蓇葖果遭虫害 （赵天榜 摄影）

图版 105　望春玉兰等病虫与其他灾害

1. 玉灯玉兰花受寒流危害 （赵天榜 摄影）

2. 望春玉兰叶受褐斑病危害 （赵天榜 摄影）

3. 望春玉兰叶受丛枝病危害 （赵天榜 摄影）

4. 望春玉兰病害叶 （赵天榜 摄影）

5. 望春玉兰立木腐朽病 （赵天榜 摄影）

6. 玉兰聚生蓇葖果炭疽病 （赵天榜 摄影）

图版 106 望春玉兰等病虫害、其他灾害

1. 砍大枝采玉蕾 （张东安 摄影）

2. 斜倒树采玉蕾 （谢学军 摄影）

3. 低干栽培采玉蕾 （谢学军 摄影）

4. 无主干栽培采玉蕾 （谢学军 摄影）

5. 人工上树采摘玉蕾 （赵天榜 摄影）

6. 汽车运送采摘玉蕾 （赵天榜 摄影）

图版 107 望春玉兰玉蕾采摘等

1. 赵天榜等研究玉兰属植物新品种 （侯传超 摄影）

2. 宋良红介绍中州玉兰新种 （李小康 摄影）

3. 赵天榜与李小康给学生介绍玉兰属植物资 （李小康 摄影）

4. 赵天榜等研究玉兰属植物新品种 （侯传超 摄影）

5. 李小康等向学生介绍郑州植物园特异珍稀玉兰新种 （赵天榜 摄影）

6. 赵天榜与陈俊通研究华夏玉兰新种变异 （李小康 摄影）

7. 中国长垣第二届玉兰文化学术研讨会合影留念

图版 108　作者进行玉兰属植物研究活动

1. 郑州植物园玉兰属植物区 （李小康 摄影）

2. 郑州植物园玉兰属植物区 （李小康 摄影）

3. 郑州市碧沙岗公园玉兰属植物区（陈俊通 摄影）

4. 郑州市人民公园中望春玉兰片林 （赵天榜 摄影）

5. 郑州市人民公园玉兰属植物区（赵天榜 摄影）

6. 河南长垣县万亩玉兰生态园 （赵天榜 摄影）

7. 鲁山县望春玉兰环保林 （张东安 摄影）

8. 鲁山县森林公园 （张东安 摄影）

9. 装饰瓷片 （赵天榜 摄影）

10. 装饰瓷片 （赵天榜 摄影）

图版 109 玉兰属植物园与观赏

1.《玉兰花》特种邮票 （2005-5T）

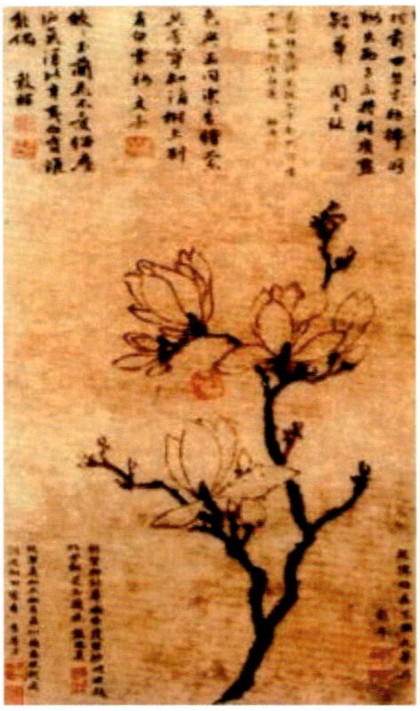

2. 明代王榖祥《木兰图》 （选自刘秀丽博士毕业论文《中国玉兰种质资源调查及亲缘关系的研究》）

3. 清代郎世宁《孔雀开屏图》 （选自刘秀丽博士毕业论文《中国玉兰种质资源调查及亲缘关系的研究》）

4. 清代汪士慎《玉兰图》 （选自刘秀丽博士毕业论文《中国玉兰种质资源调查及亲缘关系的研究》）

5. 清代虞远《玉堂富贵图》 （选自刘秀丽博士毕业论文《中国玉兰种质资源调查及亲缘关系的研究》）

6. 现代于非闇《黄鹂玉兰》（选自刘秀丽博士毕业论文《中国玉兰种质资源调查及亲缘关系的研究》）

7.《玉兰芝兰图》 （选自郑州晚报）

图版 110　中国玉兰文化

1. 南召县望春玉兰古树 （高聚堂、靳三恒 摄影）

2. 南召县望春玉兰古树辛夷王 （赵天榜 摄影）

3. 南召县望春玉兰古树 （赵天榜 摄影）

4. 南召县望春玉兰古树 （高聚堂、靳三恒 摄影）

5. 南召县望春玉兰古树 （高聚堂、靳三恒 摄影）

6. 鲁山县望春玉兰古树 （高聚堂、靳三恒 摄影）

7. 鲁山县望春玉兰古树 （张东安 摄影）

8. 鲁山县望春玉兰古树 （张东安 摄影）

9. 鲁山县望春玉兰古树 （张东安 摄影）

10. 鲁山县望春玉兰古树 （张东安 摄影）

11. 玉兰古树 （选自刘玉壶主编.《中国木兰》）

图版 111 中国玉兰属植物古树